U0789786

2012 年度水利水电工程建设工法汇编

水利部建设与管理司
中国水利工程协会 编

黄河水利出版社
·郑州·

图书在版编目(CIP)数据

2012年度水利水电工程建设工法汇编/水利部建设与管理司,中国水利工程协会编.—郑州:黄河水利出版社,2014.11

ISBN 978-7-5509-0965-6

Ⅰ.①2… Ⅱ.①水… ②中… Ⅲ.①水利水电工程-工程施工-建筑规范-汇编-中国-2012 Ⅳ.①TV5-65

中国版本图书馆CIP数据核字(2014)第260023号

出 版 社:黄河水利出版社 网址:www.yrcp.com

地址:河南省郑州市顺河路黄委会综合楼14层 邮政编码:450003

发行单位:黄河水利出版社

发行部电话:0371-66026940、66020550、66028024、66022620(传真)

E-mail:hhslcbs@126.com

承印单位:河南省地质彩色印刷厂

开本:880 mm×1 230 mm 1/16

印张:39.25

字数:1 100千字 印数:1—1 000

版次:2014年11月第1版 印次:2014年11月第1次印刷

定价:120.00元

《2012年度水利水电工程建设工法汇编》

编委会名单

主　　任：孙献忠

副 主 任：徐永田　安中仁

编　　委：韩　新　张雪虎　傅夏冰　苏孝敏　朱丽燕　姚　杰　苏战军

工作人员：孙以三　孙燕贺　杨清风　李　瑾　陈淑珍　周尚昆

前 言

水利水电工程建设工法，是以水利水电工程为对象，施工工艺为核心，将先进技术与科学管理相结合，经过一定的工程实践形成的施工工法。

根据《水利水电工程建设工法管理办法》，协会于2013年5月组织开展了2012年度工法评审工作，审定水利水电工程建设工法66项，其中土建工程55篇，机电及金结工程4篇，其他工程7篇。

这批工法是水利水电施工企业科技创新的成果，是广大工程技术人员对施工方法的科学总结。经过工程实践检验，行之有效。为促进这些新技术、新工艺的推广和应用，我们将工法汇编成书，展现给大家。

本书凝结了工法完成单位和完成人员的智慧，同时要感谢各位专家对稿件的精心修改，以及黄河水利出版社的编辑们所付出的辛勤劳动。

由于时间紧、内容多、专业性强，书中难免有错漏之处，敬请专家和读者批评指正。

中国水利工程协会

二〇一四年十月

中华人民共和国水利部办公厅

办建管函〔2009〕902号

关于委托开展水利水电建设工程工法评审工作的函

中国水利工程协会：

为了鼓励企业科技创新，促进水利水电建设工程新技术、新工艺、新材料和新设备的推广应用，提高水利水电建设工程施工水平和工程质量，经研究，现委托你协会承担水利水电建设工程工法评审等工作。具体管理办法由你协会组织制定，报部核备后印发实施，工法评审结果报部备案。

二〇〇九年十一月十三日

中国水利工程协会文件

中水协〔2010〕20号

关于发布《水利水电工程建设工法管理办法》的通知

部直属有关单位,各流域管理机构,各省、自治区、直辖市水利(水务)厅(局),新疆生产建设兵团水利局,各有关施工企业,各有关单位:

根据水利部《关于委托开展水利水电建设工程工法评审工作的函》(办建管函〔2009〕902号),我会制定了《水利水电工程建设工法管理办法》,经第一届理事会第六次会议(通讯)表决通过,报水利部建设与管理司备案同意,现印发施行。

附件:水利水电工程建设工法管理办法

二〇一〇年十月二十六日

附件

为鼓励企业科技创新,促进我国水利水电工程建设新技术、新工艺、新材料和新设备的推广和应用,提高水利水电工程施工水平和工程质量,参照《工程建设工法管理办法》,根据中国水利工程协会章程,结合水利行业实际,制定本办法。

本办法所称的水利水电工程建设工法为水利水电行业建设工法,是指以水利水电工程为对象,施工工艺为核心,运用系统工程原理,将先进技术与科学管理相结合,经过一定的工程实践形成的综合配套的施工方法。

水利水电工程建设工法划分为土建工程、机电与金结工程、其他工程3个类别。

本办法适用于水利水电工程建设工法的申报、评审和成果管理。

中国水利工程协会受水利部委托,承担水利水电工程建设工法管理工作。

水利水电工程建设工法由施工企业申报,由中国水利工程协会组织评审,评审结果报水利部备案后公布。

水利水电工程建设工法原则上每2年评审一次。

申报水利水电工程建设工法应具备以下条件:

(一)符合国家水利水电工程建设的方针、政策和技术标准,具有先进性、科学性和实用性;

(二)工法的关键性技术应处于水利水电工程行业内领先水平,工法中采用的新技术、新工艺、新材料和新设备在现行水利水电工程技术标准的基础上有所创新；

（三）工法至少经过两个工程的应用，并得到建设单位认可，经济效益和社会效益显著。

企业申报水利水电工程建设工法，中央和水利部直属单位企业直接到中国水利工程协会申报；流域管理机构所属企业须由流域管理机构出具推荐意见后申报；其他企业由注册所在地省级行政主管部门或水利工程行业自律组织出具推荐意见后申报。

两个单位共同完成的项目可联合申报，同时要明确主要完成单位。

多个单位同期申报的同类项目，可以同时参加评审，评审通过后，由评审委员会根据工程完成时间、专利号时间和科技创新水平等来确定申报单位排序，征求申报单位同意后予以公布。

水利水电工程建设工法编写内容要齐全完整，应包括：前言、工法特点、适用范围、工艺原理、施工工艺流程及操作要点、材料与设备、质量控制、安全措施、环保与资源节约、效益分析和应用实例。

工法编写应层次分明、数据准确可靠、语言表达规范、附图清晰，应满足指导项目施工与管理的需要。

工法中若涉及需保密的关键技术，应在申请专利后申报，在编写时可以省略，但需注明专利号。

申报材料包括：

（一）水利水电工程建设工法申报表；

（二）工法具体内容材料；

（三）由科技查新机构出具的科技成果查新证明材料；

（四）由省部级科技成果鉴定部门出具的关键技术评价（鉴定）证明材

料；

（五）其他证明材料。

中国水利工程协会组织成立水利水电工程建设工法评审委员会，下设土建工程、机电与金结工程、其他工程3个专业评审组。

水利水电工法评审程序：

（一）工法评审实行主、副审制，由专业评审组组长指定每项工法主审1人、副审2人，主、副审审阅申报材料，提出基本评审意见。

（二）专业评审组审查材料，查看工程施工影像资料，听取主、副审对工法的基本评审意见，在此基础上提出初审意见。

（三）专业评审组初审通过的工法项目提交评审委员会审核，评审委员会听取和审议专业评审组初审意见，采取无记名投票方式表决，同意有效票数达到评审委员会总人数三分之二及以上的为通过。

（四）评审委员会提出审核意见，并由评审委员会主任签字。

（五）中国水利工程协会将评审情况报水利部主管司局备案。

中国水利工程协会对工法评审结果进行公示，公示时间为10天。经公示无异议后，予以公布。对符合申报国家级工法条件的工法予以推荐。

已批准的水利水电工程建设工法有效期为6年。

中国水利工程协会对获得水利水电工程建设工法的单位和个人颁发证书。工法所有权单位应对开发编写和推广应用工法有突出贡献的个人予以表彰和奖励。

如发现已批准的水利水电工程建设工法有剽窃作假等问题，经查实后，撤消其工法称号，3年内不再受理其单位申报工法。

本办法自发布之日起施行。

中国水利工程协会文件

中水协〔2013〕40号

关于公布2012年度水利水电工程建设工法的通知

各有关单位：

2013年9月5~6日，我会就北京金河水务建设有限公司等35家单位申报的112项工法，召开了评审会议。经评审并报水利部备案，审定“强渗水隧洞复合砌衬支护与防排水一体化施工工法”等66项工法为2012年度水利水电工程建设工法，现予以公布。

附件：2012年度水利水电工程建设工法名单（略）

中国水利工程协会

2013年10月16日

目　录

大型钢闸门振动时效施工工法

中国水利水电第八工程局有限公司

1 前言

大型钢闸门在焊接过程中，在工件表面和内部会产生不均匀的残余应力，在时效作用下可能导致闸门结构变形，影响闸门的正常运行功能。为保证闸门的正常使用，对残余应力较大的大型钢闸门，一般要求在焊接后进行去应力处理。

我单位在制造构皮滩水电站工程泄洪洞超大型弧形闸门和中孔超大型弧形闸门时，成立了研究采用振动时效方法进行大型钢闸门消应处理的科研项目，该科研项目成功将振动消应方法用于大型钢闸门去应力处理，有效解决了传统热处理消应方法的不足。科研成果取得《中国水利水电建设集团公司科技成果鉴定证书》(中水鉴(2008)字05号)，鉴定为国内领先。并获得中国水利水电建设集团公司科技进步二等奖。成果先后成功应用在构皮滩水电站超大型弧形闸门和中孔超大型弧形闸门制造、思林水电站超大型表孔弧形闸门制造、光照水电站放空底孔弧形闸门制造等项目上，得到业主的好评。

2 工法特点

传统的热处理去应力方法存在能耗高、周期长、环境污染重、工件尺寸不宜太大等缺点，而水电站钢闸门等金属结构外形尺寸较大，生产工期短，单一的热处理去应力方法难以满足生产需要。振动时效方法有效解决了热处理消应方法的不足，能显著降低闸门残余应力且不会产生氧化脱碳现象，具有能耗低、效率高、低污染、不受工件尺寸限制等优点。

(1)振动时效后金属构件机械性能显著提高。经过振动时效处理的构件其残余应力可以被消除30% ~90%左右，高应力区消除的比例比低应力区大。因此可以提高使用强度和疲劳寿命，降低应力腐蚀；可以防止或减少由于热处理、焊接等工艺过程造成的微观裂纹的发生；可以提高构件抗变形的能力，稳定构件的精度，提高机械性能。

(2)实用性强。由于设备体积小、移动方便，因此可以在任何场地进行现场处理，它不受构件大小和材料的限制。特别是对于一些大型构件无法使用热时效处理时，振动时效就具有更加突出的优越性。

(3)高效、节能、环保。与热时效相比，振动时效节约成本90%以上，自然时效周期要半年以上，热时效要2~3天，而振动时效通常仅需半小时，最长不超过50分钟。而且工件没有氧化脱碳现象，无须清理氧化皮，工件保持原有的金属光泽。时效过程中仅有较低的噪声污染(实测值≤80dB)，环保性能优越。

3 适用范围

本工法适用于各种大型、超大型水工钢闸门的消应处理，也可广泛应用于各种大型刚性金属结构件的去应力处理。

4 工艺原理

振动时效技术，是通过专业的振动时效设备，使被处理的工件产生共振，并通过这种共振方式将一定的振动能量传递到工件的所有部位，产生动应力，使工件内部发生微观的塑性变形——被歪曲的晶格逐渐恢复平衡状态，从而使工件内部的残余应力得以均化，防止工件在使用中因内应力释放而产生变形，保证工件尺寸的稳定性。

5　施工工艺流程及操作要点

5.1　术语

(1)激振点 exciting point。振动时效时给构件的施力点称为激振点。

(2)支撑点 support point。为了对构件进行振动时效而选择的支撑构件的位置。

(3)动应力 dynamic stress。激振力引起构件谐振时，在构件内部产生的应力称为动应力。矢量，符号为σ_d(幅值)，单位为(MPa)。

(4)共振 resonance。当激振力提供的周期性激振力的频率与系统固有频率接近或相等时，构件的振幅急剧增大的现象为共振。

(5)振型 vibrationmode。共振时，构件表面上所有质点振动的包络线(面)，即为振型，包括弯曲、扭转、扭曲、钟振型和鼓振型。

(6)振动波节点(节线)node，node line。振动时效时，构件振幅最小处称为振动波节点(节线)

(7)扫频 frequency sweep。固定偏心，将激振力的频率由小到大的过程称为扫频。

(8)扫频曲线 the curve of frequency sweep。随着频率的变化，构件振动响应发生变化，反映振动响应与频率之间的关系曲线称为扫频曲线。如 $A \sim F$ 称为振幅 - 频率曲线；$a \sim f$ 称为加速度 - 频率曲线；振动时效装置绘制的是加速度 - 转速($a \sim n$)曲线。

其中：A 表示振幅；a 表示加速度；f 表示频率；n 表示电机的转速。

(9)时效曲线 aging curve。在确定的振动频率和激振力下，对构件进行振动处理所得到的加速度 - 时间曲线记为时效曲线($a \sim t$ 曲线)

其中：a 表示加速度；t 表示时间。

5.2　振动时效设备选用

振动时效设备包括控制箱、激振器和振动传感器及附件。

选择振动时效装置，关键是选择激振器的激振力。激振力的大小应根据待振工件的材质、几何形状、刚度的大小及重量来确定。从国内外资料及试验中证明，铸铁件的动应力在 1 ~ 2.5 kg/mm^2，焊接件在 3 ~ 6 kg/mm^2。我单位在构皮滩水电站泄洪洞弧门振动时效实例中对外形尺寸在 10 m×4 m×2 m，重量为 50 吨的焊接构件，采用了转速在 4 000 ~ 8 000 rpm(r/min)范围，档位在 3 ~ 8 挡，激振力在 4 000 ~ 38 970 N 之间的 TFT - LCD - C 型振动时效装置。

选择激振设备还应考虑如下几条：

(1)装置的最大激振频率应大于工件的最低固有频率。激振器的频率即为转速，工件的固有频率和工件的具体结构有关。

(2)装置的最大激振频率小于工件的最低固有频率时，应采取倍频(或称分频)、降频等措施。

(3)装置的激振力应能使工件内产生的最大动应力为工作应力的 1/3 ~ 2/3。

(4)装置应具备自动扫频、自动记录扫频曲线、指示振动加速度值和电机电流值的功能。

5.3　振动时效工艺流程

振动时效的工艺流程图如图 1 所示：

(1)振前无损检测：振前须对大型闸门的重要焊缝进行无损检测，发现超标缺陷须返修至合格，记录发现的所有缺欠，同时出具探伤检测报告。

(2)布置弹性垫：弹性垫是振动时效所必须的支撑物，实践中对于水电站弧门门叶按四点支撑，弧门支臂为三点支撑，每个支撑点均布置在振动波节点(线)处。弹性垫的安放应保证 2 点：①

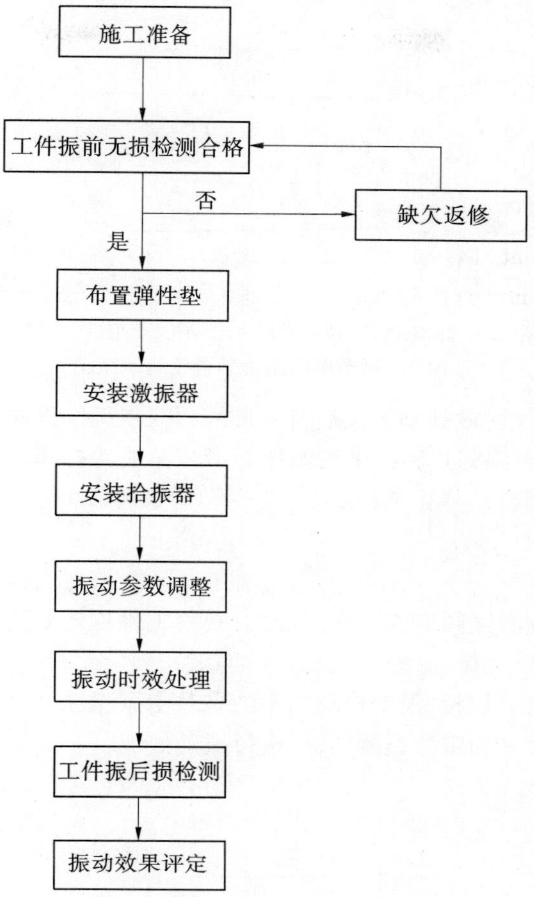

图1　振动时效工艺流程图

构件应平稳安放在弹性垫上；②被振工件与周围固定物及基础之间应保持200 mm以上的安全距离。

(3)安装激振器：激振器应安装在工件主振点处(工件在自由振动时的振幅最大处)。激振器底座与工件须刚性连接(必要时可焊接临时座板)，并用专用卡具卡紧。将偏心控制调到1档，连接控制线。

(4)安装加速度传感器(也叫拾振器)：加速度传感器应安装在闸门的波峰处，固定后连接信号线。图2为弧形闸门振动装置安装示意图。

(5)调整振动参数：通过试振调整支撑位、激振器和拾振器位置，确定激振器档级。

(6)振动时效处理：

①自动模式

首先打开绘图仪电源，绘图仪自检完成后打开控制箱电源，自检完成后按启动键，机器进入智能工作程序：

第一步：振前扫频，同时跟踪扫频结果绘制振前工艺曲线并打印(如果第一次扫频结束时机器停止工作，说明机器没有找到合适的共振峰，此时应调节工艺参数，即用手动工作模式来调整橡胶垫支撑位置、激振器装卡位置以及加速度传感计的安装位置，调整后重新作振前扫频)。扫频结束后自动进入振动时效处理工序。

第二步：机器自动优化工艺参数后进行振动时效处理(选择合理共振峰对振动时效处理效果影响很大，实践中选用的HRFVSR－2000型振动时效设备由工艺软件自动选择该参数，即自动选

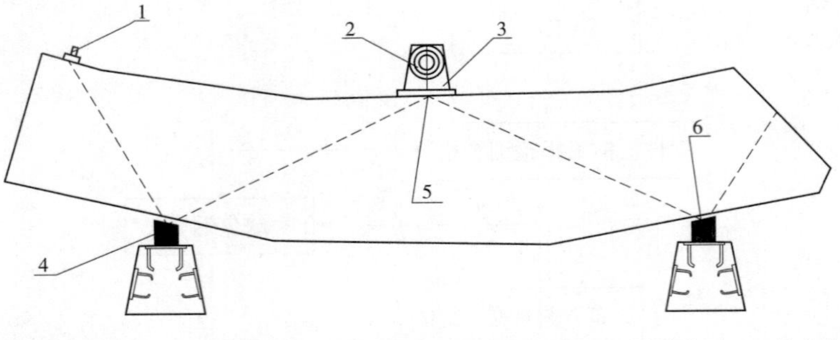

1—加速度传感器;2—激振电机;3—偏心箱体;4—弹性支撑垫;5—波峰位置;6—波节位置

图 2　弧形闸门振动装置安装示意图

择时效转速、时效时间等)。时效处理结束后自动进入第三步工作程序。

第三步:振后扫频,同时跟踪扫频结果绘制振后工艺曲线并打印(图 3 为弧形闸门扫频记录曲线样例)。扫频结束后机器自动停止工作。

②手动模式

第一步:工件的试振

手动调整调频旋钮,使激振频率逐渐升到最大,观察工件振动状态。并在每个共振点上停留,观察振型,记录共振频率。

第二步:重新开机后自动扫频,根据自动扫频结果对支撑、激振点、拾振点等位置作适当调整。

第三步:根据动应力要求确定激振器档级,进行振动处理。

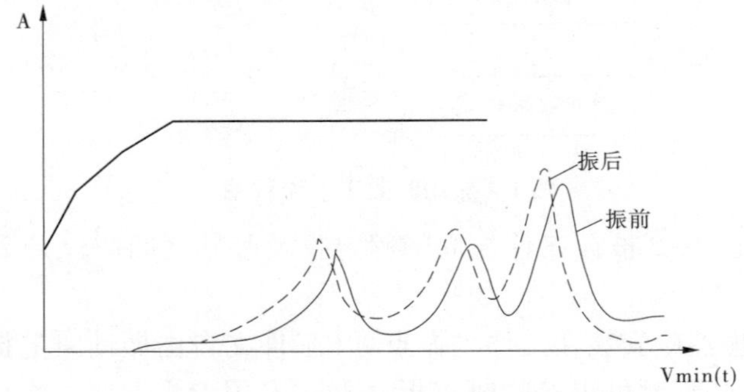

图 3　扫频记录曲线

(7)振后无损检测:对振前记录的所有缺欠进行复检,判断其有无扩展。

(8)振动时效效果评定。振动效果根据 JB/T5926《振动时效效果评定方法》进行评定:

①参数曲线评定法

ⅰ. 可根据振动时效重打印的时效曲线(a－t 曲线)或振后扫频曲线(a－n 曲线)相对振前扫频曲线的变化来监测。

ⅱ. 出现下列情况之一时,即可判断工件达到了时效效果。

a:a—t 曲线上升后变平;

b:a—t 曲线上升后下降然后变平;

c:a—n 曲线振后加速度峰值比比振前升高;

d:a—n 曲线振后的共振频率比振前变小;

e:a—n 曲线振后的比振前的变宽变窄;

f:a—n 曲线共振峰有裂变现象发生。

②残余应力消除率评定

ⅰ. 被振工件振前、振后的残余应力检测点应大于 5 个点。

ⅱ. 用振前残余应力平均值(应力水平)、振后残余应力平均值来计算应力消除率,焊接件的应力消除率 k 值应大于 30%,铸、锻件、模具、机加工件的应力消除率应大于 20%。

参照 JB/T5926《振动时效效果评定方法》,残余应力消除率按下式计算:

$$k = \frac{\sigma_1 - \sigma_0}{\sigma_1} \times 100\% \tag{1}$$

式中 σ_1——振前应力平均值;

σ_0——振后应力平均值。

6 材料与设备

工程实践中本工法投入的设备见表 1。

表 1 振动时效设备配置表

序号	设备名称	型号	单位	数量	备注
1	激振器	TFT - LCD	台	1	
2	磁弹法应力测试仪	STRESSCAN500C	台	1	
3	数字式超声波探伤仪	EPOCH4 型	台	1	
4	磁粉探伤仪	Y - 6 型	台	1	
5	射线探伤机	XXH - 3005	台	1	
6	焊缝检测尺		台	5	
7	电解抛光机	DJP - Ⅱ型	台	1	

7 质量标准

本工法主要执行以下标准:

(1) DL/T5018《水利水电工程钢闸门制造安装及验收规范》;

(2) GB/T11345《钢焊缝手工超声波探伤方法和探伤结果分级》;

(3) JB/T5926《振动时效效果评定方法》;

(4) JB/T10375《焊接构件振动时效工艺参数及技术要求》。

8 安全措施

(1) 作业前在作业范围须设置安全警戒线,作业时禁止非工作人员进入;

(2) 被振工件与周围固定物及基础之间应保持 200mm 以上的安全距离;

(3) 被振工件应稳固摆放于弹性垫上,弹性垫支撑位置离工件边缘应大于 200mm。

9 环保措施

作业时间应选择在白天正常工作时间,避免在夜间作业。

10 效益分析

传统热处理一般需要二天以上时间,需消耗大量的煤油、电等能源。而振动时效只需 30 分钟左右即可转入下道工序,仅消耗少量的电能。相对于热时效而言,振动时效首先可以节省建造大型焖火窑的巨大投资,其次在使用过程中可节省能源 95% 以上,节省生产成本费用 90% 以上,更避免了热时效带来的环境污染，仅构皮滩水电站弧门振动时效就节省费用 78 万元，经济效益和社会效益显著。

11 应用实例

11.1 构皮滩水电站弧形闸门振动时效

构皮滩水电站泄洪洞弧门和中孔弧门设计为焊后需作消应处理：

(1) 泄洪洞弧门(1 套)：潜孔式高水头弧形闸门，设计水头 81 m，闸门尺寸为 10 m×9 m×2 m，弧面半径 18 m。门叶沿主纵梁方向分三节制作，单节最大重量为 49.6 t。

(2) 中孔弧门(7 套)：潜孔式高水头弧形闸门，设计水头 80 m，闸门尺寸为 7.2 m×6 m×1.78 m，弧面半径 12 m。门叶沿主纵梁方向分两节制作，单节最大重量为 37.6 t。

弧门采用振动时效消应，残余应力消除率在 32% 以上，并经水利部水工金属结构质量检测中心检测合格。

11.2 思林水电站弧形闸门振动时效

思林水电站表孔弧形闸门共 7 扇，门叶结构为主横梁式斜支臂球铰弧形门，设计水头 22 m，闸门尺寸为 13 m×22.76m×1.86 m，弧面半径 27.5 m，门叶沿高度方向分 8 节制作，单节最大重量为 40 吨。门叶和支臂采用振动时效后，有效降低了焊接残余应力，保证了闸门尺寸稳定性，为闸门顺利安装提供了质量保证。

11.3 光照水电站弧形闸门振动时效

光照水电站放空底孔弧形闸门为潜孔式直支臂球铰弧形门，设计水头 107.27 m，闸门尺寸为 5.0 m×8.6 m×1.45 m，弧面半径 10.5 m，门叶沿宽度方向分两节制作，单节最大重量为 36 t。闸门面板要求整体机加工，对闸门尺寸稳定性有较高要求。制造时在焊接后采用振动时效对闸门进行消应处理，有效降低了焊接残余应力，保证了闸门弧面加工后的尺寸稳定性，得到业主的好评。

(主要完成人：毛 健 殷永忠 李如钢 王文明)

大型膜袋吹填施工工法

中国水利水电第八工程局有限公司

1 前言

大型膜袋吹填施工技术主要聚合了土工膜袋应用技术和吹填施工技术的优点，膜袋长20.0～70.0 m，宽35～164.0 m，高50～70 cm，每个膜袋容砂量为1 225～2 450 m^3，现主要应用于围海造地、海港码头、沿海河涌内挡潮排洪水闸和生态环保等工程领域。在海相淤泥质沉积软弱地层上，采用该技术建造堤坝基础或围堰，较传统的土石方填筑工程，可解决断面尺寸大、施工工期长、沉降变形大、取材困难及渗漏等问题。

该施工技术2006年8月～2007年11月成功应用于珠海鸡啼门西滩东大堤工程堤基基础处理，该工程应用后，经专家评定，达国内领先水平。2010年11月～2012年1月应用于珠海乾务赤坎大联围加固达标工程雷蛛堤段应急项目江湾、大涌等水闸全断面围堰建造。

该施工技术是中国水利水电第八工程局有限公司科研项目《海堤堤身自重预压法在浅海软基处理中的施工技术研究》中的关键技术。《海堤堤身自重预压法在浅海软基处理中的施工技术研究》项目2010年获中国水利水电第八工程局有限公司科技进步一等奖、2011年度中国施工企业管理协会科技成果创新二等奖、2013年中国电力建设科技成果三等奖。

2 工法特点

大型膜袋吹填技术具有以下特点：

（1）该工法广泛适用于淤泥质软基上修筑构筑物如：海堤基础或围堰等。大型膜袋水下铺设和定位应采取可靠技术措施；

（2）大型膜袋砂吹填要依潮流按顺序进行，并注意排除泥水；

（3）采用牛皮砂（含泥量大的细砂及粉细砂俗称）吹填，便于就近取材，节约土石资源；水上施工，不受陆地场地限制。

（4）与常规采用土石修筑堤坝或围堰相比较，具有型体轻、断面小，自身稳定性好，对淤泥质地基变形适应性强，工后沉降时间短，沉降量小，施工简单、快速，施工机械化程度高，节约成本。

3 适用范围

该工法广泛适用于在深厚层淤泥质软基上修建构筑物如：海堤基础、道路、围堰等。

4 工艺原理

膜袋砂吹填主要原理是采用水力机械，以适当的压力，将牛皮砂以浆体形式灌入土工膜袋内，由于膜袋在一定水压下具有包裹约束效应，砂料在膜袋中受挤推作用泌水固结形成填筑体。固结后的大型膜袋砂填筑体因土工膜袋织物对下伏淤泥层具有隔离、排水和加筋功能，从而形成涂膜效应和船壳效应作用，加速了淤泥地基的固结，大大降低填筑体的整体沉降量，缩短工后沉降时间，提高了膜袋砂填筑体的稳定性。

5　施工工艺流程及操作要点

5.1　大型膜袋砂吹填施工

工艺流程如图1所示。

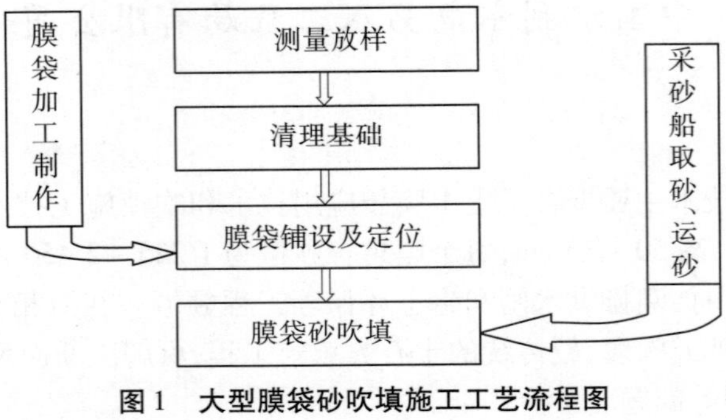

图1　大型膜袋砂吹填施工工艺流程图

5.2　操作要点

(1)测量放样:按设计图纸尺寸坐标,对每层膜袋砂填筑体结构进行测量放样,确保其按设计施工。

(2)清理基础:采用利用人工配合水上作业船只清除膜袋砂吹填施工区内的杂物,保证基底平顺。

(3)膜袋加工制作:大型膜袋在专用厂场内按设计尺寸要求,采用三线缝纫机缝制。

(4)膜袋铺设及定位:在膜袋砂吹填区基底两侧沿基底外边线以外2~3 m,每隔5~10 m采用人工配合船只将6~7 m长竹杆或镀锌钢管插入淤泥层内定位膜袋。然后人工配合船只顺潮流方向铺设膜袋,膜袋的铺设定位宜选在低平潮水位时进行。铺设前仔细检查膜袋质量,待检查合格后,将膜袋卷在专用铺袋船上的滚筒上将铺袋船定好位,利用浮筒人工配合将膜袋沿一端滚铺至另一端。待基本铺到位后,两侧每隔10 m左右利用竹杆或镀锌钢管临时固定。然后,水下由潜水员配合展平膜袋,并用块石或砂包将膜袋压伏在基底上。

(5)采砂船取砂、运砂:采用抓斗船、绞吸船或耙吸船在勘测好的砂料场取砂,利用驳船或拖船将砂运到吹填部位。

(6)膜袋砂吹填:采用抽砂船进行充填灌砂,人工将泥砂泵前端的软管插入膜袋袖口内,并扎紧袖口内,然后开机吹填。同时,把稳袖口,不断用脚踩袖口处堆积的砂,并注意充实边角。通过倒链随时调整松紧度,使吹填后紧贴基底面。一个袖口孔进砂,其他的袖口排水,一个袖口吹填满砂后,依次换袖口依次进砂。如此依次吹填,分层立体交错铺设至设计高程。膜袋铺设定位及膜袋砂吹填结构示意如图2。

(7)后续工作:膜袋吹填完成后,为保护膜袋,减轻海浪的冲击,可视工程需要在其外围进行抛石护坡;同时,为进一步加快膜袋砂的泌水后达到稳定,可进行塑料排水板插板施工。

6　材料与设备

6.1　主要材料

(1)牛皮砂:细砂或粉细砂,大于0.075 mm的颗粒含量占全部质量50% -85%,含泥量不大于10%。

(2)土工膜袋:采用防老化的土工布,工业缝纫机缝制,缝线采用强度不宜小于30 kN的尼龙线,土工布宜选用220 g/m^2以上的睛纶(PP)纺织布,纵、横向断裂强度30 kN/m,撕破强力≥0.8 kN,断裂伸长率<30%。

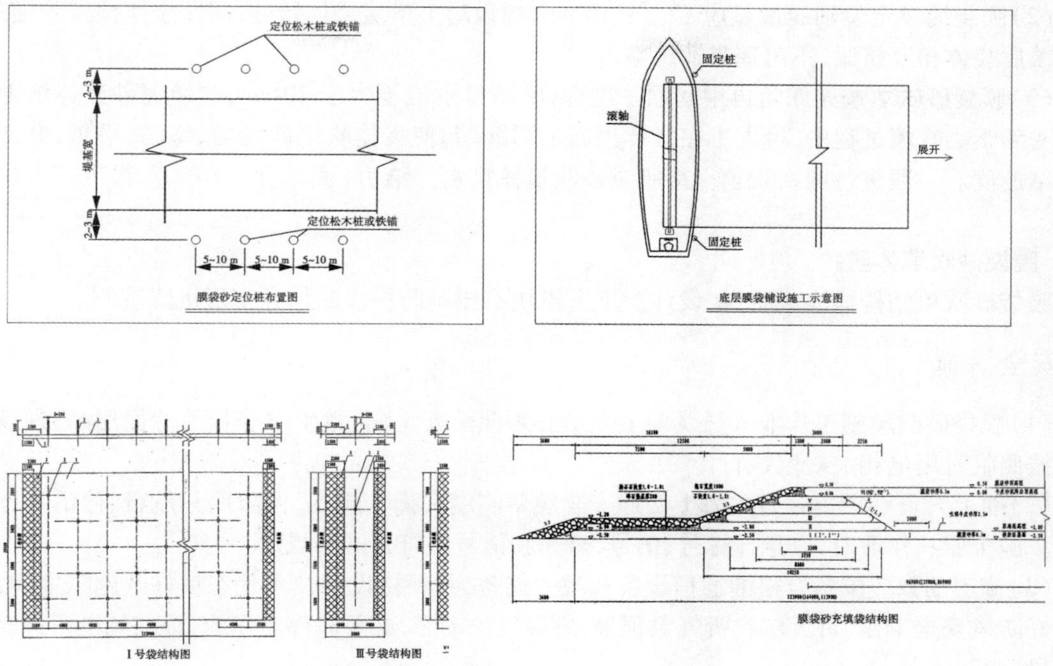

图 2　膜袋铺设定位、膜袋砂吹填结构示意图

6.2　主要设备

(1)采砂设备

①绞吸式挖泥船:200 ~ 500 m^3/h,船体结构选用整体式。

②自航耙吸式挖泥船:500 ~ 800 m^3/h。

③抓斗式挖船:4 ~ 8 m^3/h。

(2)运砂设备

①拖轮:400 ~ 1 200。

②泥驳:280 ~ 500 m^3。

(3)吹砂设备

吹砂船:300 ~ 800 m^3/h。

(4)其他设备

①交通艇:40 ~ 60 t。

②全站仪、水准仪等测量设备。

7　质量控制

7.1　原材料、中间产品质量控制

(1)牛皮砂:进行料场勘测,其储量应满足结构吹填工程需要,含砂率不小于 90%,粒径不小于 0.075 mm 含量宜为 50% 及以上。

(2)土工膜袋:加工膜袋用的土工布应符合《土工合成材料应用技术规范》要求,单位面积质量、断裂强度、撕破强力和伸长率等指标按规范检测要求进行试验检测,不符合设计要求的,不得选用。膜袋加工尺寸偏差不大于 10 cm。

7.2　膜袋砂吹填质量控制

(1)基底清理应平顺、无杂物,以利膜袋铺设。对局部不平处,可抛投中粗砂整平。

(2)膜袋铺设定位轴线偏差应不大于 10 cm,铺设时上下层袋体错缝,同层袋体预留收缩量,确保吹填后袋体相互挤紧,不出现贯通缝隙。

(3)膜袋砂吹填按先四角再中间顺序进行,吹填厚度应不大于 70 cm,吹填泥砂浆体浓度宜为 35% ~50%。吹填过程中,可人工在袋体顶面来回踩踏,使袋体吹填砂均匀、饱满、平整,并加速排水固结速度。一般进行两次吹填。待膜袋砂吹填体排水固结后(固结度 >70%),再进行上层砂袋吹填。

7.3 膜袋砂吹填体防护

膜袋砂吹填结构体完成后,按设计要求抛投块石压脚防护。并加强变形沉降观测。

8 安全措施

(1)膜袋砂吹填施工作业人员及船上人员必须佩戴安全帽、救生衣等相关劳保用品,现场用电严格按照临时用电相关规定执行。

(2)船上人员必须遵守有关海上交通安全规章制度和操作规程,保障船只航行、停泊和作业的安全。施工船只作业时,应悬挂灯号、信号,灯光和信号应符合国家规定。

(3)施工船只应配备合格的通信设备和救生设备,并保持设备技术状态良好。施工期间,船只应做好防风安全工作,每天应收听气象预报,掌握气象动态,必要时停止作业,提前到港内或避风锚地避风。

(4)船只施工前应与港航部门协调,解决船只施工与航行干扰问题,制订相互避让办法,并由港航部门发布航行通告。

(5)根据施工场范围条件,制定必要的防护应急预案。

9 环保措施

(1)在工程施工期间,对噪声、废水、废气和固体废弃物进行全面控制,最大限度地减少施工活动给周围环境造成的不利影响。生活污水、施工废水处理达到国家标准后进行排放,同时做好施工弃渣的治理措施。在施工期间保持环境与原环境持平或更好。

(2)对生活区、施工场地采取设排水沟、截水沟、护坡等水土保持措施,防止施工过程中的新增水土流失,做好施工弃渣的治理措施,防止破坏植被,避免土壤侵蚀,造成水土流失。

(3)结合各施工岗位,制定严格的作业制度,规范施工人员作业行为,做到文明施工,科学施工,避免有害物或不良行为对环境造成污染或破坏。

10 效益分析

采用膜袋砂吹填技术处理软土堤基,缩短工后沉降时间,节约了成本,加快了施工进度,提高了施工质量。珠海鸡啼门西滩东大堤工程采用大型膜袋砂吹填技术进行淤泥堤基处理,较强行挤淤法建堤减少工程量 60% ~80%,降低了工程造价 7.9% ~30.3%,平均节约成本 19.34 元/m^3,缩短工后沉降时间 15 ~20 年,效益显著。

采用膜袋砂吹填技术在海相淤泥软基河道内建造全断面围堰,可减少围堰断面尺寸,缩短工期,工后沉降量小,节约了成本,加快了施工进度,提高了施工质量。珠海乾务赤坎大联围加固达标工程雷蛛堤段应急项目采用膜袋砂吹填技术在海相淤泥软基河道内建造全断面围堰,较常规土石方填筑围堰,减少工程量 35%,平均节约成本 11.26 元/m^3,经济效益显著。

此外,运用膜袋砂吹填形成建筑物,可直接利用海底的大量沉积砂,一方面避免了从陆上开挖山石取料,有利于保护环境;另一方面可直接利用大型船舶运输,运距一般较近,有利于节能。因此,工法产生的社会效益非常显著。

11　应用实例

(1)珠海市鸡啼门西滩东大堤南段工程。本工程为珠海市高栏港经济区围海造地工程的一部分,是一座新建的斜坡式海堤,全长3.52 km,堤顶路面宽7 m,堤底宽135～145 m,平均堤身净高6～7 m。堤基基础落建在近海浅滩的淤泥层上,基础采用堤身自重预压法处理:铺膜袋砂、筑子堤、吹填牛皮砂、铺设土工栅格、顶层膜袋砂、插打塑料排水板再填筑开山混合料的处理方式。工程于2006年8月～2007年11月采用“大型模袋砂吹填技术”进行堤基基础处理,膜袋长20 m,宽123.9～164.0 m,高50 cm,每个膜袋容砂量为1 239～1 640 m^3,模袋砂吹填量达668 105.00 m^3,有效吹填率可达95%以上。

本工程采用大型膜袋吹填技术在浅海淤泥质地基中进行堤基础处理,较强行济淤法建堤可减少工程量60%～80%,工程造价可降低7.9%～30.3%,平均节约成本19.34元/m^3,同时可缩短工后沉降时间15～20年(即可提前15～20年投入使用),施工质量满足要求,经济效益和社会效益都非常显著。

(2)珠海乾务赤坎大联围加固达标工程雷蛛堤段应急项目。本工程的两个单位工程江湾闸工程和大涌闸工程分别于2010年11月～2010年12月、2011年12月～2012年1月采用“大型膜袋砂吹填技术”在海滩滩涂淤泥质地基中进行中型水闸围堰建造施工,膜袋长50.0～70.0 m,宽35.0～50.0 m,高70 cm,每个膜袋容砂量为1 225～2 450 m^3,模袋砂吹填量达166 250.00 m^3,有效吹填率可达95%以上。

本工程采用大型膜袋吹填技术分别在两个单位工程中建造全断面围堰,对于减小围堰断面尺寸,缩短工期,效果都非常明显,且工后沉降量小,加快了施工进度,施工质量满足要求。较常规采用土石方填筑相比,可减少填筑工程量35%。,平均节约成本11.26元/m^3,同时可就地利用海底泥砂,节省了土石方资源,经济效益和社会效益都非常显著。

(主要完成人:曾金石　姜命强　曾庆贺　贺　磊　李志亮)

大型人工骨料生产系统料场开采工法

中国水利水电第八工程局有限公司

1 前言

大型人工骨料生产系统料场开采相对于一般开挖工程存在规模大、施工强度高，地形、地质条件复杂，施工难度大，边坡高且要求下降速度快等施工特点和爆破岩块质量要求高、爆破粒径控制等技术难题。

中国水利水电第八工程局有限公司针对大型人工骨料生产系统料场开采的施工特点和技术难题，依托所承建的长江三峡水电站下岸溪砂石系统料场开展科技创新，广泛地开展了施工技术研究，取得了“大型人工骨料生产系统料场开采工法”这一具有国际先进水平的新成果。并应用于四川向家坝水电站太平砂石料场、云南阿海水电站新源沟砂石料场等施工，取得了显著的经济效益和社会效益。

大型人工骨料生产系统料场开采施工工法技术先进，有明显的社会效益和经济效益。一是新型的、机械化的混装车设备的使用，提高了施工效率，降低了施工成本，施工安全可靠；二是爆破粒径控制技术有效地控制了最大岩块的粒径，降低了爆破大块率，提高了挖装运输效率、减少二次解炮、使得运输和破碎加工容易，大大地降低施工成本；三是双聚能预裂与光面爆破技术加快了施工进度，节约了施工成本，边坡平整稳定。四是从源头上控制了人工骨料软弱颗粒含量和含泥量，保障了混凝土人工骨料的质量。

2 施工工法的特点

（1）大型人工骨料生产系统料场开采施工采用了新型的、机械化的混装炸药车设备代替了传统的人工装药方式，大幅度提高了爆破作业效率，降低了钻孔、装药成本，改善了安全生产条件，有效实现了大规模开采的目标，满足了高强度毛料开采要求，是大型石方开挖一种技术创新。

（2）该工法采用了方型、梅花型布孔和“V”型、“W”型或斜线起爆方式代替了传统的排间微差起爆方式，使得最大岩块的粒径得到了有效的控制，满足了人工骨料生产系统中粗碎破碎机最大进料粒径要求，减少二次解炮，提高挖装运输效率和加工破碎效率，降低了料场开采和骨料加工成本。

（3）该工法采用双聚能预裂与光面爆破技术代替常规的预裂（光面）爆破施工，节约了成本，加快了施工进度，边坡半孔率高，马道平整，坡肩完整。

（4）该工法合理组织施工，采用先剥离无用层，后开采有用岩石的开采程序，严格区分有用料和无用料，从源头上控制了骨料含泥量和软弱颗粒含量，满足爆破岩块质量要求。

3 适用范围

适用于对爆破岩块有质量要求和有最大岩块粒径要求的大规模、高强度开挖作业，可广泛应用于水利、水电、铁道、建材、交通、矿山等行业。

4 工艺原理

利用爆破粒径控制技术，选择合适的孔网参数和起爆方式，满足爆岩最大粒径要求；采用混装炸药车新型施工设备，集约了机械化作业，提高劳动效率，实现了安全的、高效率的、大规模的爆破作业;利用双聚能预裂与光面爆破综合技术,减小对采场边坡的破坏影响,从而使得采场边坡半孔率高,马道平整,坡肩完整,降低施工成本;采用先剥离无用层,后开采有用岩石的开采程序,从人工骨料生产系统源头上控制了毛料软弱颗粒和含泥量。采用上述综合开采技术,使得大型人工骨料生产系统料场的开采具有安全、高效、美观、环保、节能等特点,爆破岩块满足质量要求和粒径要求。

5 施工工艺流程及操作要点

5.1 施工工艺流程

大型人工骨料生产系统料场开采的施工工艺流程见图1。

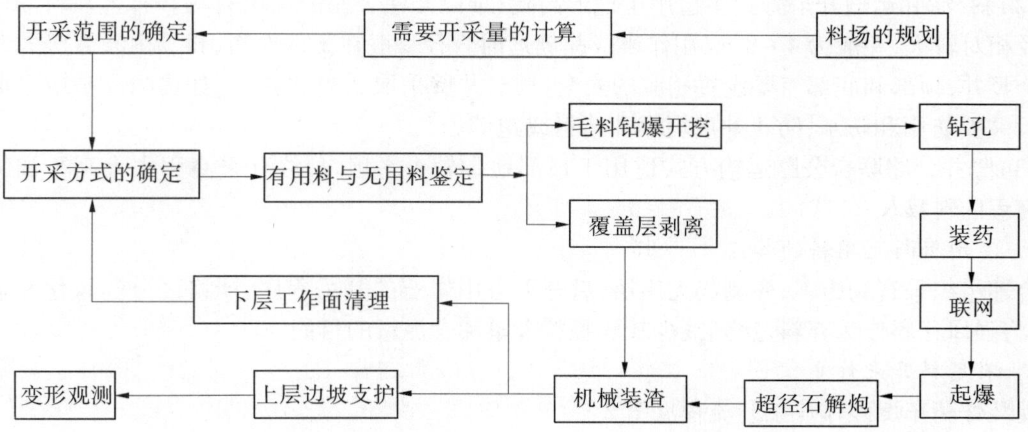

图1 大型人工骨料生产系统料场开采工艺流程

5.2 工艺操作要点

5.2.1 料场规划

人工砂石料料场主要规划的主要内容有需要开采量、开采范围、剥离量、开采运输条件及方式等内容的确定和选择。

5.2.1.1 需要开采量计算

在料场规划开采之前,首先要计算砂石原料需要的开采量,其开采量与混凝土工程量、料源的性质及加工运输条件等因素有关。其计算公式见(1)。

$$Q_d = Q_{mc} \times A\left(\frac{1-r}{\eta_1} + \frac{r}{\eta_2}\right) \tag{1}$$

式中 Q_d——砂石原料需要开采量,t;

Q_{mc}——工程混凝土总量,m^3;

A——每立方米混凝土骨料用量,无试验资料时,一般可取2.15~2.2 t/m^3;

r——平均砂率,一般大体积混凝土为0.25~0.3,薄壁和地下工程时为0.3~0.35;

η_1——原料加工成粗骨料的成品率,根据原料和加工工艺确定,一般取0.85~0.95;

η_2——原料加工成细骨料的成品率,根据原料和加工工艺确定,一般取0.55~0.75;

规划储量在砂石料原料需要开采量的基础上考虑1.1~1.3的储量系数。地质比较均一,夹层较少,勘探精度较高,取小值,反之取大值。

5.2.1.2 开采范围

(1)料场的开采范围主要与砂石原料的开采量、料场的地形、地质条件、周围建筑物的情况、周围自然环境条件、水文气象条件等有关。

(2)料场可采贮量一般按开采终平面图计算。确定开采终平面图,首先要确定最低开采高程。

然后根据地平面宽度，最终坡面角、梯段坡面角及开采运输方式，由下向上绘出各梯段的坡脚和平台，直至上部边界。

5.2.2　开采方式确定

料场开采的方式有多种，常见的有公路运输开采方式、斜/竖井运输开采方式及两者联合运输开采方式。

(1)公路运输方式适用于地形坡度较缓(地形坡度不大于 25°)，上下高差不大(一般不超过 200 m)，易于修建公路的料场。公路运输方式是料场开拓运输方式的首选，当公路布置困难时再考虑采用其他方式。

(2)斜/溜井运输开采方式多适用于地形高陡、难以修建公路的高山料场。布置在料场内的竖井直径相对较大，一般为 4 ~ 8 m，用作半成品储运时直径一般在 3 m 左右，料场内布置竖井时一般为两个竖井，顶部和底部需要设置相应的安全设施，井壁采取适当的防护(如锚喷支护或素混凝土衬砌)，并要防雨和防水，防止井壁坍塌和堵料或跑矿。

(3)竖井公路联合公路运输方式适用于顶部地形较为平坦，最终开采高程大大高于加工系统所在高程的料场。

5.2.3　有用料与无用料的鉴定

合理组织采石场施工，先剥离无用层，后开采有用岩石的开采程序，严格区分弱风化和强风化界限，将强风化料作为弃料，达到减少软弱颗粒含量和含泥量的目的。

5.2.4　有用料开采作业

混装炸药车爆破作业工艺流程见图 2。

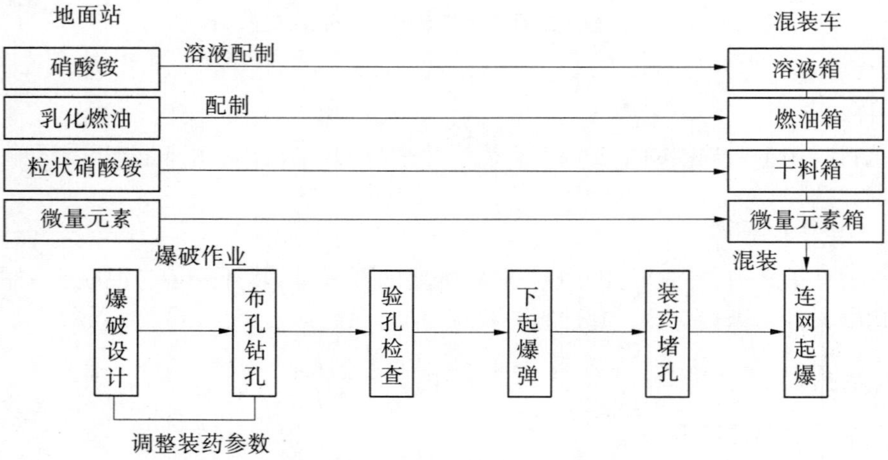

图 2　混装炸药车爆破作业工艺流程图

下面以下岸溪料场的地质情况简单介绍混装炸药车爆破操作要点。

(1)爆破设计及钻孔施工

人工骨料生产系统料场一般采用最大块石粒径的指标来控制其钻爆作业的设计。为保证粗碎机正常工作，最大块石粒径最大边尺寸应小于粗碎机进料口的 85%。

根据下岸溪料场的地质情况及乳化炸药的性能参数设计，爆破参数见表 1，边坡采用聚能预裂爆破技术方式。

表1　强风化层爆破参数表

项目	爆破孔				减弱爆孔
钻孔	ROC742HC	CM351	DM45	KY200	CM351
梯段高度	12	12	12	12	12
钻孔倾角	90°	90°	90°	90°	75°
钻孔长度	12.5 mm	12.5 m	13 m	13.5 m	
钻孔直径	90 mm	105 mm	150 mm	200 mm	105/90 mm
药卷直径	液态乳化炸药(耦合装药)				60 mm
装药结构	连续	连续	连续	连续	连续或间隔
一、强风化层爆破参数					
排距	2.5 m	3.5 m	4.5 m	8 m	—
孔距	4.5	6 m	8 m	8 m	2 m
单耗药量	0.42 ~ 0.46 g/m^3				
堵塞长度	2.5 m	3.5 m	4 m	4.5 m	
二、弱风化层爆破参数					
排距(m)	3.3	4 m	5.2 m	7 m	—
孔距(m)	3.3	4 m	5.2	7 m	2 m
单耗药量	0.58 ~ 0.6 kg/m^3	550 ~ 600 g/m			
堵塞长度	2.5 m	3 m	4 m	4.5 m	
三、弱风化下部爆破参数					
排距(m)	3.1	3.6	5 m	6.5 m	—
孔距(m)	3.1	3.6	5 m	6.5 m	2 m
单耗药量	0.78	0.78	0.78	0.78	
堵塞长度(m)	1.8	2 m	3 m	4.0	

(2)装药堵孔:

①混装车到达爆破作业现场,清理炮孔,根据孔网参数确定单孔药量。先下起爆弹,再由外向内进行装药,以免装药压堵炮孔。孔深小于 15 m 的炮孔采用孔底 1 发起爆弹,孔深大于 15 m 的炮孔,采用分层装药结构,上下两层各 1 发起爆弹。起爆弹采用专用的低能导爆索起爆,真正实现了孔底起爆。

②干孔装药时,输药软管应插至孔口堵塞长度处(不低于 2.5 m),以避免炸药粘在堵塞部分的孔壁上。开始装药前,应将起爆弹轻轻提起 50 cm 左右。

③水孔装药时,输药软管末端必须下到孔底,并将起爆弹与软管接触,以免药柱与起爆弹被水隔离而拒爆,同时保证装药到孔底。

④装药前要严格根据孔网参数确定设计药量,装药过程中,要测试炸药密度 3 - 5 次,抽测至少 10 个炮孔的堵塞长度,以检查装药设计是否准确。

⑤装最后一个炮孔时,提前通知操作工,以便输药管内的炸药全部装孔。

(3)爆破网络敷设

混装炸药作业多为大规模梯段爆破,一次爆破孔数多,药量大,为保证作业速度,采用非电雷管复式交叉接力分段网络，详见图3。

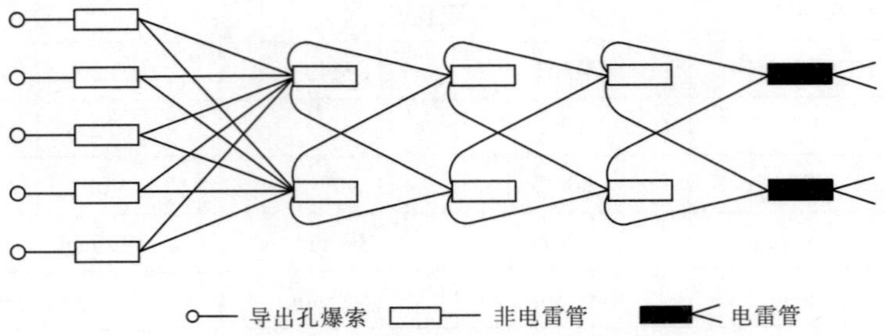

图3 非电雷管复式交叉接力分段网络

5.2.5 超径石的处理

超径大块石常用的处理方法是浅孔爆破，一般按 2 m^3/m 布孔，孔径 32～50 mm，爆破单耗在 0.06 kg/m^3 之内。也有采用风动和液压破石锤处理超径大块石的。

5.2.6 高边坡支护工程施工

高边坡支护施工在分层开挖过程中逐层进行，上层的支护应保证下一层的开挖施工安全，施工期的安全支护（随机锚杆）与开挖工作面的高差不大于 10 m，永久支护的系统锚杆和喷混凝土与开挖工作面的高差不大于 20 m，永久支护的预应力锚索与开挖工作面的高差不大于 40 m，并满足边坡稳定和限制卸荷松弛的要求。

5.2.7 高边坡变形观测

通过及时分析各阶段高边坡变形监测资料，及时地对高边坡的安全状态作出了评价，同时对安全隐患作出的预报，保证了生产连续安全的运行。

6 材料与设备

6.1 主要材料

主要使用的火工材料有炸药、雷管、导爆管、导爆索等。

6.2 主要施工机具设备

根据料场梯段高度和开采方式的不同，可参考表2选取设备配置。根据开挖强度、台阶高度合理选择机具设备，常见的机具设备见表3。

表2 梯段高度（m）和设备配置关系表

钻爆方法	挖装设备		
	1 m^3	2 m^3	3～5 m^3
浅孔爆破	<5		
深孔爆破	8～10	10～12	12～15

表3 常用机具设备表

序号	设备名称	型号	单位	备注
一	钻机	KY200	台	钻孔直径Φ200、150
		CM351	台	钻孔直径Φ105
		YT－26	台	钻孔直径Φ42
二	挖掘机	WK－4	台	斗容 4 m^3
		CAT330B	台	斗容 2.0 m^3

续表 3

序号	设备名称	型号	单位	备注
		CAT330B	台	斗容 1.8 m^3
		CAT330A	台	斗容 1.8 m^3
		PC－360	台	斗容 1.8 m^3
		CAT365	台	斗容 3.3 m^3
三	装载机	ZLC－50C	台	斗容 3 m^3
		988F	台	斗容 5 m^3
四	推土机	TY－320	台	
		D8	台	
		D9	台	
五	自卸汽车	3305B	台	载重 32 t
		斯太尔	台	载重 20 t
六	空压机	GA132－8.5	台	风量 22 m^3/min

7　质量控制

（1）设专职质量检查机构，严格按照有关操作规程执行，制定质量检查表，规范化、标准化组织质量检查工作。实行三检制，做好爆破施工原始记录，质量检查记录。

（2）施工前认真做好土石方开挖施工措施和爆破设计，并结合施工开挖做好各项爆破试验，不断调整爆破参数，控制爆岩最大粒径。

（3）发现超径石在料场内进行二次解炮，防止其进入破碎车间。

（4）加强毛料的质量检测，对于不能满足质量要求的岩石，首先予以清除，以确保砂石加工原料的质量。

（5）为保证边坡开挖质量，采用预裂或光爆爆破技术进行开挖边坡。施工中，严格控制预裂或光爆爆破钻孔质量和线装药密度等爆破参数，确保边坡开挖成型完整，坡面质量检查各项指标满足设计要求。

8　安全措施

（1）认真贯彻"安全第一，预防为主"的方针，根据国家有关规定、条例，结合施工单位实际情况和工程的具体特点，组成专职安全员和班组兼职安全员以及工地安全用电负责人参加的安全生产管理网络，执行安全生产责任制，明确各级人员的职责，抓好工程的安全生产；

（2）加强对爆破材料的管理，保证爆破材料在运输、制备、储存、使用等环节中安全可靠，防止流失；

（3）建立安全警戒、警报系统，在爆破安全警戒区边线（500m 范围）由安全人员手持红旗站岗进行警戒，爆破警戒系统采取预报（撤离）、爆破、解除三种警报信号形式；

（4）通过现场爆破试验，确定质点震动衰减规律，优化爆破参数，控制单响药量，保证安全质点振动速度在规定范围之内，避免对开挖边坡和其他临近建筑造成损坏；

（5）开挖边坡的支护工作应在分层开挖过程中逐层跟进，上层的支护应保证下一层的开挖安全顺利进行。

9　环境保护措施

（1）组织开展环境保护的宣传教育，强化施工人员环保意识，使环境保护成为职工的自觉行为；

（2）尽量选用低噪声或装有消声器的施工机械，加强施工机械的日常维修保养工作，从本质上减少噪声源；

（3）所有爆破石渣按要求堆放至指定堆渣场，并对渣场作好排水措施，防止水土流失；

（4）造孔施工采用湿法工艺，严禁采用干法施工，减少粉尘的产生；

（5）出渣前，采取先对爆堆进行洒水处理后，再进行出渣作业，以减少粉尘的产生。

10　效益分析

（1）混装车单孔装药效率为 200 kg/min，实际生产中由于移孔及辅助作业时间，平均每 20t 炸药从装药到连网起爆约 3 ~ 4 小时，班作业人员为 8 人，而常规装药在同等强度下需 42 人。比常规装药作业减少 65% 的人工，且节省时间 60% 以上。提高了工作效率，节省了施工时间，从而也形成了较好的经济效益。

（2）采用乳化炸药混装车作业比常规装药作业要减少钻孔进尺 30% 以上。

（3）大块率控制在 1.5% 以内，爆破规模达到 3 ~ 4 万 m^3 以上；底坎水平已控制在正负 0.5 m 之内。

11　应用实例

四川金沙江向家坝水电站马延坡混凝土人工骨料料场的开采。

11.1　工程概况

向家坝水电站是金沙江梯级开发中的最后一个梯级，位于四川省与云南省交界处的金沙江下游河段，坝址左岸下距四川省宜宾县的安边镇 4 km、宜宾市 33 km，右岸下距云南省的水富县城 1.5 km。该水电站工程枢纽建筑物主要由混凝土重力挡水坝、左岸坝后厂房、右岸地下引水发电系统及左岸河中垂直升船机等组成。向家坝水电站太平料场主要承担向家坝水电站一期主体工程标、二期导流基坑开挖及非溢流坝与泄水坝工程标、二期厂坝及升船机工程标等主体工程约 1 220 万 m^3 混凝土所需骨料的毛料开采与供应任务。该料场位于库区右岸绥江县新滩溪镇，新滩溪沟内的大湾口处，距新滩溪镇约 15 km，距坝址公路里程约 59 km，直线距离约 30 km。灰岩出露高程 1 120.00 ~ 1 500.00 m，料场呈"⊓"形，宽约 500 ~ 700 m，进深约 300 m。开采总量约 1685.0 万 m3，深孔梯段爆破方式。

11.2　料场的规划

11.2.1　储量计算

招标文件料场开采面积约为 0.054 km^2（275 m × 230 m），有用层开采量 188.56 万 m^3，无用层挖除量 58.54 万 m^3，剥采比 0.32。该范围内分布岩石主要为浅变质的长石石英砂岩夹少量细砂岩。

本工程主要担负向家坝水电站 105.76 万 m^3 混凝土及 2.12 万 m^3 反滤料所需毛料的生产任务。考虑损耗 2.2，由此计算需要的毛料需求储量 113 万 m^3，再考虑 20% 的备用量后，毛料的备用储量约需 135.6 万 m^3，料场规划储量完全可以满足要求。

由此确定毛料开采储量为 135.6 万 m^3（自然方）。

11.2.1　开采范围的确定

根据料场地质和取料标准，以及储量的计算结果，在不突破招标文件规定的石料场开采范围线的前提下，确定石料场开采范围见《料场总平面布置图》（TZ/C09 - 采场 - 01 - 001），以 a2 点（2985007.362，36645772.161）为原点，以 a3 点（2984942.320，36645889.254）为断面增大方向，采用平行断面法计算料场开挖量，最终确定高坡砂岩料场开挖总量 180.4 万 m^3，根据招标文件剥采 0.32，由此计算出毛料可开采量 136.7 万 m^3，完全满足 135.6 万 m^3 毛料开采储量。同时▽ 270 m 以上无用料剥离量为 43.7 万 m^3。

11.3 开采作业

料场的梯段分层高度与开采作业所采用的采装设备有关，同时要保证有较好的爆破效果。根据我们采石场的开采经验，本采石场由于场地较小，场内施工设备不宜过多，宜采用较大型的设备而减少施工设备的总台数，为提高大型设备的采装效率，现确定梯段分层高度为 12 m。

主要钻爆参数见表 4。

表 4　主要钻爆参数表

梯段爆破三要钻爆参数

钻孔机械	孔径（mm）	梯段（m）	孔距（m）	排距（m）	药卷直径（mm）	单耗（kg/m^3）	堵长（m）	最大单响（kg）
潜孔钻	105	12	5.2	4.5	混装药	0.36 ~ 0.45	5.0	<300
潜孔钻	165	12	8.0	5.5	混装药	0.36 ~ 0.45	6.5	<300

预裂爆破三要钻爆参数

钻孔机械	孔径（mm）	梯段（m）	孔距（m）	排距（m）	药卷直径（mm）	线装药密度（g/m）	堵长（m）
潜孔钻	105	12	1.2	2.0	ϕ32/ϕ70	340 ~ 380	2.0 ~ 3.0

11.4 工程评价

向家坝水电站马延坡混凝土人工骨料料场自 2007 年 6 月 28 日正式开采以来，至 2012 年 9 月 30 日，累计开采总量为 1 550 万 m^3，其中毛料开采量为 1 310 万 m^3，覆盖土开采量为 240 万 m^3，大块率为 1.5% 左右，爆破最大规模为 4 万 m^3，满足了向家坝水电站高峰混凝土骨料的需求。

向家坝水电站马延坡混凝土人工骨料料场总高度 252 m，21 个梯级（顶部 1 492 m—终采 1 240 m），半孔率高，马道坡肩平整，坡面拉裂少，边坡处于稳定安全状态。

向家坝水电站马延坡人工骨料生产系统生产的骨料含泥量、软弱颗粒含量均满足质量要求，获得了监理和业主的一致好评。

采用混凝土人工骨料生产系统料场开采施二工法不管在加快施工进度还是在降低施工工程成本还满足质量要求等方面都明显优于一般土石方开挖，具有极大的推广应用价值。

（主要完成人：罗　艳　蹇尚友　刘金明　宁梅珍　季土荣）

风力发电机基础环安装施工工法

中国水利水电第八工程局有限公司

1　前言

我国幅员辽阔，风能资源比较丰富。全国陆地上可开发利用的风能约 2.53 亿 kW。从 20 世纪 80 年代发展并网风电开始，我国政府高度重视风电等新能源发展，先后出台了一系列政策法规以促进风电等新能源发展。2000 年以来我国风电装机容量快速增长，据最新数据，2011 年我国新增风电装机 1 763 万 kW，累计风电装机总量已达 6 236 万 kW，位居世界首位。根据国家风电发展规划，2020 年前我国将建成哈密、酒泉、河北、吉林、江苏沿海、蒙东、蒙西七个千万千瓦风电基地。预计到 2020 年，我国风电的发展规模将达到 1.5 亿 kW。

作为风机基础的关键部位，基础环是风力发电机组的重要受力结构，由于风力发电机组塔架高，风机运行中风轮的转动及风力的不均一性产生不均衡动荷载，使得基础环受力条件差，其安装的水平精度和混凝土浇筑质量要求非常高。虽然近几年我国风电规模发展迅猛，但由于我国在风电安装施工技术上积累不够，风电基础施工质量参差不齐，加之风电施工现场往往气候条件较为恶劣，相邻风机间距大，造成基础环施工质量良莠不齐；基础环施工质量成了保证风机能否正常运行的重要影响因素之一。鉴于此，我们总结近年来我公司在江苏、甘肃等地从事风机基础施工经验，形成风机基础环安装施工工法，以指导类似的陆地风力发电机基础环安装施工。

2　工法特点

风机基础环安装采用 50t、25t 汽车吊进行基础环吊装；采用全站仪、水准仪进行联合测量，并在施工中进行校准、微调。安装施工采用常规工艺和常用设备，投资小，精度高，有利于保证安装施工质量，保证风力发电机运行安全。随着我国风电建设的大力发展，该技术有较高的推广应用价值。

3　适用范围

本工法适用于沿海滩涂和陆地风电场 3 MW 以下风机基础环安装施工。

4　工艺原理

风机基础环安装主要包括：预埋板、基础环支柱、调节螺栓和基础环安装以及调平等工作。安装施工中采用 50t、25t 汽车吊进行基础环支柱和基础环安装，采用全站仪和水准仪进行控制测量，最后采用水准仪进行控制测量调平，以满足水平精度要求。

5　施工工艺流程及操作要点

5.1　施工工艺流程

成品验收→基础环预埋钢板安装→基础环支柱安装与焊接→基础环和调节螺栓吊装→基础环吊装后调平和固定→基础混凝土浇筑前基础环精确调平→浇筑过程中的反复校正→浇筑完成后基础环平整度最终复核。

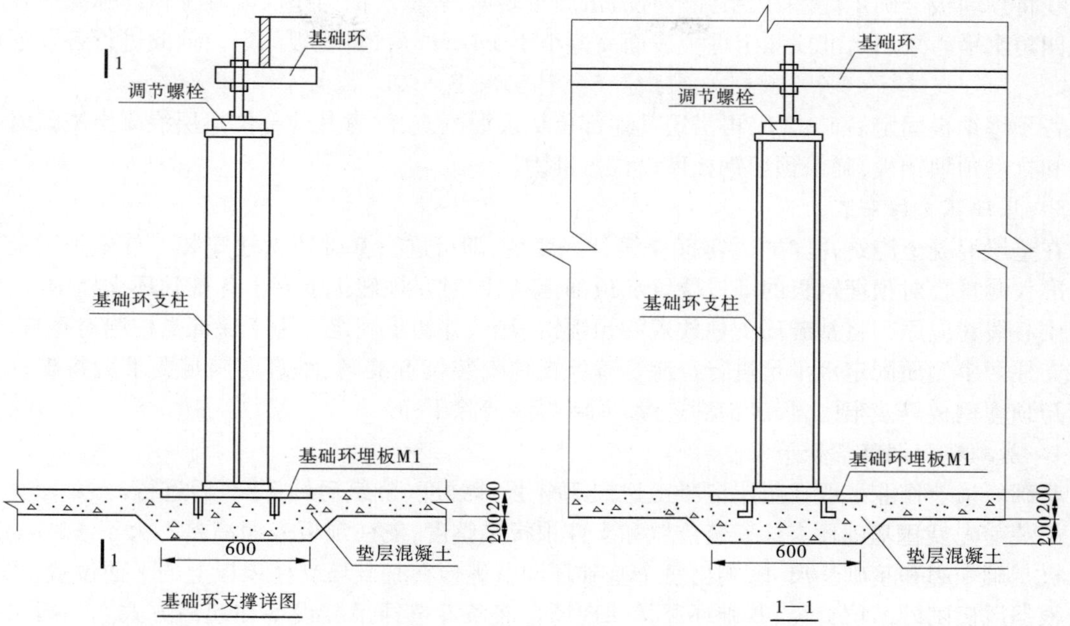

图1　基础环支撑结构图

5.2　操作要点

5.2.1　成品验收

(1)基础环规格型号与设计相符,表面涂层完整无损,上法兰表面平整度达标(±1 mm以内)。

(2)预埋钢板规格尺寸与设计相符,钢板表面平整、无变形和弯曲,钢板底面钢筋撑脚与钢板焊接牢固。

(3)基础环支柱支腿长短一致,H型钢无扭曲变形,型钢与两端钢板焊接牢固,焊缝饱满。

(4)调节螺栓丝扣完好无损,螺栓、螺帽相匹配且与设计相符。

5.2.2　预埋钢板埋设

(1)根据风机基础下部持力层结构形式不同、风力发电机型号不同,预埋钢板埋设也不尽相同。沿海滩涂地基上的风机基础下部结构一般为PHC桩(高强预应力管桩),此种结构的风机基础预埋钢板一般焊接在PHC桩桩头上;内陆或山地上的风机基础一般采用开挖后的天然岩石基础作为持力层,此种结构的风机基础预埋钢板一般埋设在垫层混凝土内。目前国内1.5 MW及以下风机基础预埋钢板数量设计为3块,而1.5~3 MW风机基础预埋钢板数量设计为6块,各预埋钢板均布在基础环下法兰圆周上。

(2)PHC桩基础预埋钢板安装。采用全站仪测量,将风机基础中心引入基坑内,并设置木桩或钢筋桩。根据基础中心位置测定各预埋钢板位置,并确定与预埋钢板对应的PHC桩,在桩头画出各预埋钢板十字交叉中心线,同时在每块预埋钢板表面画出十字交叉中心线。根据中心线对应原则将预埋钢板安放在对应的PHC桩桩头上并初步固定,采用水准仪测量预埋钢板表面高差小于±1 mm后,将预埋钢板与桩头端板焊接牢固。

(3)天然地基基础预埋钢板安装。采用全站仪在风机基础基坑内测设南北向与东西向相互垂直的两条控制线,测出基础中心点,分别埋入控制木桩,同时将垫层混凝土顶部标高引测到木桩上。根据基础中心位置测定各预埋钢板位置,测出各预埋钢板的十字交叉中心线并分别埋设控制桩,同时在每块预埋钢板表面画出十字交叉中心线。

首先浇筑预埋钢板下部垫层混凝土,之后将预埋板埋设在垫层混凝土内。预埋板就位后,利用中心线将预埋板准确定位，采用手锤轻轻敲击埋板表面，埋板表面与垫层混凝土顶部标高一致后使埋板四角水平。采用水准仪测定埋板表面高差小于 ±1 mm 后，将埋板固定。依此进行各预埋钢板安装。

各预埋钢板固定后 1 ~2 h，再浇筑其他部位垫层混凝土，注意其他部位垫层混凝土浇筑时不得碰撞和扰动预埋钢板，确保预埋钢板埋设位置准确。

5.2.3 基础环支柱安装

在垫层混凝土浇筑并养护达到 50% 设计强度后，即可进行基础环支柱安装。首先采用全站仪和水准仪测量校对预埋钢板的埋设位置和顶部标高，同时在预埋板上测出各基础环支柱中心，依据十字中心线对应原则将基础环支柱放置在预埋钢板上，并初步固定。为了保证支柱绝对垂直，焊接时在支柱两个侧面固定水平尺进行控制。确保支柱安装位置准确、垂直度满足要求后将支柱下部端板与预埋钢板焊接牢固，焊缝饱满连续，并将焊渣清除干净。

5.2.4 基础环和调节螺栓吊装

基础环吊装作业一般在垫层混凝土达到 70% 设计强度（浇筑后约 7 天）后进行。

吊装前先复测基础环支柱安装位置和支柱顶板平整度，支柱顶板表面高差不大于 ±1 mm。根据风机基础中心和基础环尺寸，测出每个基础环调节螺栓在基础环支柱顶板上的平面位置。

根据风机基础基坑直径、基础环重量和现场自然条件选择吊装设备和起吊方式。一般选择不小于 50t 的汽车吊进行基础环吊装。吊车就位前应根据现场条件选择吊车就位点，确保就位点坚实、平稳。

在基础环上均匀选择 3 点作为起吊点，采用专用吊具连接基础环与钢丝绳，注意 3 根钢丝绳长度一致。缓慢提升吊车吊钩，将基础环吊离地面 20 cm 后稳定，人工将调节螺栓按设计位置连接在基础环下法兰上，注意各调节螺栓连接高度基本一致。将基础环和调节螺栓缓慢吊至基础环支柱顶面以上，待调节螺栓底面距基础环支柱上顶面约 10 cm 时稳定吊车，人工牵引基础环和调节螺栓，将各调节螺栓牵引至对应支柱顶面并与之前在支柱顶面测定的螺栓位置对中，人工牵引稳定基础环并匀速缓慢下降直至调节螺栓全部稳定的落在支柱顶面。检查各调节螺栓均正确的安放在支柱顶面后方可卸钩、取下吊具和钢丝绳。

5.2.5 基础环吊装后的初步调平和固定

（1）基础环吊装就位后，将调节螺栓和基础环支柱顶板焊接固定，之后进行基础环的初步调平。

（2）测点设置：通常设置六个观测点，见图 5.2，其中 1、2、3 点为主点（对应基础环三个支撑），4、5、6 点为辅点（相邻两个主点的中间点），且测点设置在基础环法兰表面靠外侧。

（3）基础环初调及自身水平度检查：基坑上口架设 2 台水准仪，粗调前准备 3 个 1.5 ~2t 的小型液压千斤顶，安排 2 个专人进行调平。首先采用 3 点调平，在三个支柱对应的基础环法兰上安放测尺，由测量人员逐点观测水平高差并记录数据，在三点观测中可视任意点为基准点，观测基础环相对正负误差，对高点原则上不动，对低点顶升。顶升时先旋松上部紧固螺母，然后安放千斤顶，并匀速顶升。顶升过程中调节螺栓下部螺母跟进旋升，顶升高度以螺母丝扣为参照物进行调节，一般每一丝扣高度约为 2 mm。依此调节，直至 3 主点基本水平（最大偏差不超过 0.5 mm）；完成后观测辅点数据，根据观测数据确定基础环本身水平度是否满足要求（基础环主点最大误差不超过 ±1.0 mm，基础环主点及辅点最大误差不超过 ±1.5 mm），若不满足要求，则通知业主单位进行处理。

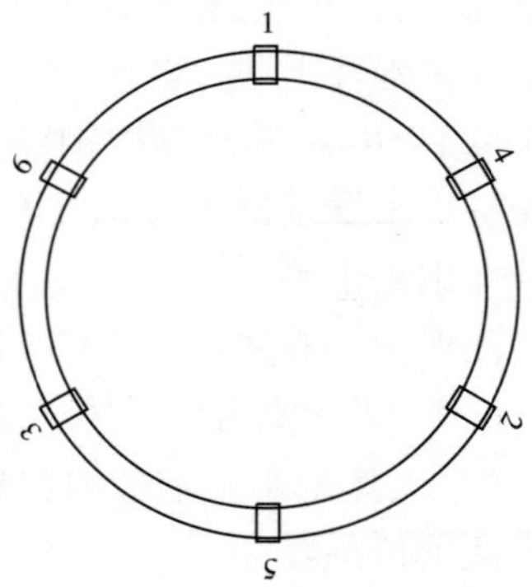

图 2　基础环测点布置图

5.2.6 基础混凝土浇筑前基础环精确调平

当基础环自身水平度满足要求时，但辅点相对水平度偏差较大时(即各测点水平度偏差满足要求，但却接近设计要求的极限值)，则应通过调节主点来对辅点进行适当调节。如4号点相对5、6号点偏差均相差较大，则可通过调节3号主点进行调节，即升高3号主点达到降低4号辅点的目的，或降低3号主点达到升高4号辅点的目的。调节过程中应同时注意观测其他测点的变化。调节高度以丝杆的丝扣作为参照，调节时，由调两丝变调一丝，由调一丝变调半丝，使基础环平整度控制在±1 mm允许偏差范围内。最终紧固调节螺栓上下螺母，将基础环固定。

风机基础钢筋绑扎完成，混凝土浇筑前，再次观测基础环平整度，如平整度变化则再次用同样的方法进行调平。

5.2.7 基础浇筑过程中的反复校正

为确保基础混凝土浇筑后基础环的平整度，在混凝土浇筑至基础环下部调节螺栓处时暂停浇筑并再次观测基础环平整度，确认基础环平整度满足要求后继续浇筑基础混凝土。

5.2.8 基础浇筑完成后基础环平整度最终复核

在基础混凝土浇筑完成，经养护、防腐和基础土方回填后，在塔筒安装前对基础环进行复测验收，同时办理工序交接验收记录。

5.3 PHC桩结构基础环安装特殊工艺

对于沿海滩涂地区通常采用的PHC桩结构作为风机基础，在PHC桩沉桩完成后，可将基坑分两期开挖。首先开挖内圈PHC桩基坑，内圈PHC桩桩头开挖出露后进行桩头清理并安装埋板，之后进行基础环支柱和基础环安装，基础环安装后再开挖外部基坑和浇筑垫层混凝土。此工艺可减小基础环安装时的吊装距离，采用小吨位的25t或30t汽车吊即可进行安装，节省成本。

6 材料与设备

材料与设备及人力资源见表1、表2。

表1 主要设备

设备名称	规格型号	单位	数量	备注
全站仪	C402	台	1	型号不唯一
水准仪	N2	台	2	型号不唯一
电焊机	ZX7－400S	台	2	型号不唯一
汽车吊或履带吊	50T/75T	台	1	根据现场条件选择
小型液压千斤顶	2T	台	3	

表2 主要人力资源

工种	数量	备注
起重工	3	
测量工	4	
电焊工	2	
辅助工种	4	

7 质量控制

(1)基础环吊装应垂直起吊，轻起轻落，吊车由专人操作和指挥，安装完毕后及时进行后续工序施工。

(2)水准仪、全站仪等测量仪器经检校合格,其测量精度满足施工要求。

(3)为提高基础环支柱支腿的强度和稳定性,防止支腿位移或变形,必要时可对支腿加设斜支撑和水平支撑。

(4)基础钢筋绑扎过程中,不得碰撞基础环及其支腿;钢筋绑扎完成、基础混凝土浇筑前复核基础环位置和标高;混凝土浇筑时,基础环周边均匀对称下料,振捣棒不得靠近和触碰基础环及其支柱,以防基础环发生位移。

(5)基础混凝土浇筑至基础环下部调节螺栓位置时,应复核基础环位置及标高,并报请监理验收。

(6)基础施工完毕,应防止机械碰撞外露基础环引起变形或位移。

8 安全措施

认真贯彻"安全第一、预防为主"的方针,根据国家相关规定、法规和结合施工实际情况制定适合项目施工及运行需要的安全管理制度和办法,并督促按制定的规章制度和管理办法执行。

从安全体系、安全措施、安全管理制度上实现工程的安全生产管理,首先从思想上认识安全生产的重要性和紧迫性,制定了安全工作目标,制定安全考核和奖惩办法,与主要施工负责人员签订安全考核指标;从安全技术上、措施上、制度上、人员上严把安全关,加大人力、物力、财力的投入,牢牢把握住重点、高危作业部位的安全防护;每月进行一次安全检查,对施工环节存在的安全问题,提出整改意见并要求限期落实;提高工程参建人员安全意识,增强安全责任。

吊车司机应严格按规程操作。起重机在坑沟、边坡工作时,应与坑沟、边坡保持必要的安全距离(一般为坑沟、边坡深高的1.1~1.2倍),以防塌方倾翻。所在场地不平或松软时,应采取填木或走道板等措施。起重吊运作业前必须做好各方面的准备工作,以防出现意外情况而发生事故。

9 环保措施

施工过程中,严格遵守国家和地方的有关环境保护法规和规章以及合同的有关规定。

施工前,对施工人员进行保护环境的教育,并在施工中坚持做到保护环境,保持生产、生活区域内整洁、卫生。

为了保持施工区的环境卫生,在工地现场设置足够的临时卫生设备,及时清理垃圾,并运至监理单位或业主指定的地点进行堆放或处理。

施工过程中,合理地保持施工场地不出现不必要的障碍,合理布置存放设备及多余材料,及时从现场清除所有垃圾及不再需要的临时设施。防止任意堆放器材、杂物阻塞工作场地周围的通道和破坏环境。

10 效益分析

本工法根据基础环的重量和基坑尺寸选择合适的起重设备,节约了一定的设备投入费用,同时运用此工法可有效保证施工质量,加快施工进度,具有较好的经济效益及良好的社会效益。

我公司在多个工地运用此工法进行基础环安装施工,有效的保证了工程施工质量,其中我公司参建的江苏如东二期风电特许权项目一期(100.5MW)扩建工程荣获2010~2011年度"国家优质工程银质奖"和2011年度"中国电力优质工程奖",华能启东风电一期91.5 MW风电场工程荣获2011年度"中国电力优质工程"奖。

11 应用实例

11.1 应用实例:江苏如东风电特许权二期项目

江苏如东风电特许权二期项目位于南通市如东县东北部沿海滩涂上,为第二批国家发改委特许权示范项目。风电场共布置67台单机容量1.5MW风机,总装机容量100.5MW。

我公司中标本项目环港外滩33台风机基础施工工程,主要施工内容包括:预应力混凝土管桩基础、基础环支撑及基础环安装、风机重力式现浇钢筋混凝土基础及箱变基础、基础环止水及安装等。

本项目施工时间为2008年12月~2009年7月,目前该项目已投产发电、运行良好。同时该项目荣获2010~2011年度“国家优质工程银质奖”和2011年度“中国电力优质工程奖”。

11.2 应用实例:马鬃山公婆泉(49.5 MW)风电场项目

马鬃山公婆泉风电场场址位于酒泉市肃北蒙古族自治县马鬃山镇西南约15 km处。风电场共安装33台1 500 kW风电机组,总装机规模为49.5 MW。

我公司中标该项目的风机基础及箱变基础施工工程,主要施工内容包括:33台风机基础土方开挖和填筑;地基处理;基础环卸车、安装就位及调平;基础混凝土浇筑和预埋件埋设,预埋接地、电缆套管等;基础防腐密封;基础防洪;33台箱式变电站基础土方开挖和填筑;开挖边坡的支护;混凝土浇筑,预埋件埋设、和基础接地引出。

本项目施工时间为2011年6月至2011年10月,目前该项目风电机组已全部投产发电,风机运行良好。

11.3 应用实例:龙源如东风电项目三期(150 MW)工程

龙源如东风电项目三期(150 MW)工程位于江苏省如东县的沿海滩涂上,本期共安装100台1.5 MW的风力发电机组,总装机规模为150 MW。

我公司中标本工程Ⅱ标段33台风机基础施工工程,主要施工内容包括:风机基础土方开挖、填筑;基础环卸车、安装;风机基础承台钢筋混凝土施工等。

本项目施工时间为20101年4月至2010年12月,目前该项目风电机组已全部投产发电,风机运行良好。

(主要完成人:贺　磊　姜命强　史强亮　何庚生　李　伟)

高拱坝U型预应力锚索施工工法

中国水利水电第八工程局有限公司

1 前言

目前,我国正处在一个水利水电建设的新高潮,许多规模宏大的水利枢纽和水电站正在开工兴建,以拱坝为代表的筑坝技术也迅速发展,如二滩水电站、构皮滩水电站、溪洛渡水电站等大坝均采用双曲拱坝形式,一般均在闸墩部位布置预应力锚索来满足结构受力要求,保证拱坝安全运行。

我国高拱坝闸墩预应力锚索型式,原设计一般为直线形锚,二滩水电站是第一个采用U型锚索的国内高拱坝。采用U型锚索无需设置廊道、竖井等,达到了不削弱坝体结构,又改善了锚索周围坝体应力分布条件的目的,同时起"锚固端"作用的环形段的应力分布较均匀,有利于坝体结构的稳定和安全运行。但同时,U型锚索长度比直锚要增加一倍以上,锚索的运输、安装、张拉和灌浆难度都大大增加。

高拱坝闸墩U型锚索施工具有高临空面、狭窄施工场地、施工干扰大、安全风险突出等特点,预埋管施工技术、锚索运输、制锚、穿索安装、灌浆等施工难度大,技术要求高。中国水电八局有限公司在高拱坝闸墩预应力U型锚索施工技术方面经过了二滩水电站、构皮滩水电站、溪洛渡水电站多个工程施工,在长期的实践探索和研究中,已形成了一套科学、系统的施工工法。

2 特点

(1)预埋定位管长,高差大,密封及精度要求高,与混凝土施工干扰大。

(2)高临空面、狭窄施工场地、施工干扰大,安全风险突出。

(3)U型锚索一般吨位大,单索钢绞线多,重量大,预埋孔道倾角一般较大,锚索在孔道内穿索难度大。

(4)U锚张拉需两端同步对称张拉,每一级的张拉都必须精细化操作。

3 适用范围

本工法应用于水电站高拱坝U型预应力锚索施工。桥梁等领域预应力混凝土施工中可参考采用。

4 工艺原理

浇筑大坝闸墩混凝土时埋设定位钢套管,形成封闭孔道,同时在孔道内预埋钢丝绳作为穿索时索体牵引工具。利用牵引绳的牵引,使索体穿过预埋孔道,通过张拉机具对索体进行张拉,施加预应力在钢绞线上,从而满足结构受力要求。张拉后通过真空泵使孔道内形成负压真空,进行回填灌浆,增加浆液密实度,改善锚索整体受力性能。

5 施工工艺流程及操作要点

5.1 施工工艺流程

5.2 施工准备

(1)U型预应力锚索施工前应做好施工组织设计,明确施工方法、施工工艺、工序流程、人员组

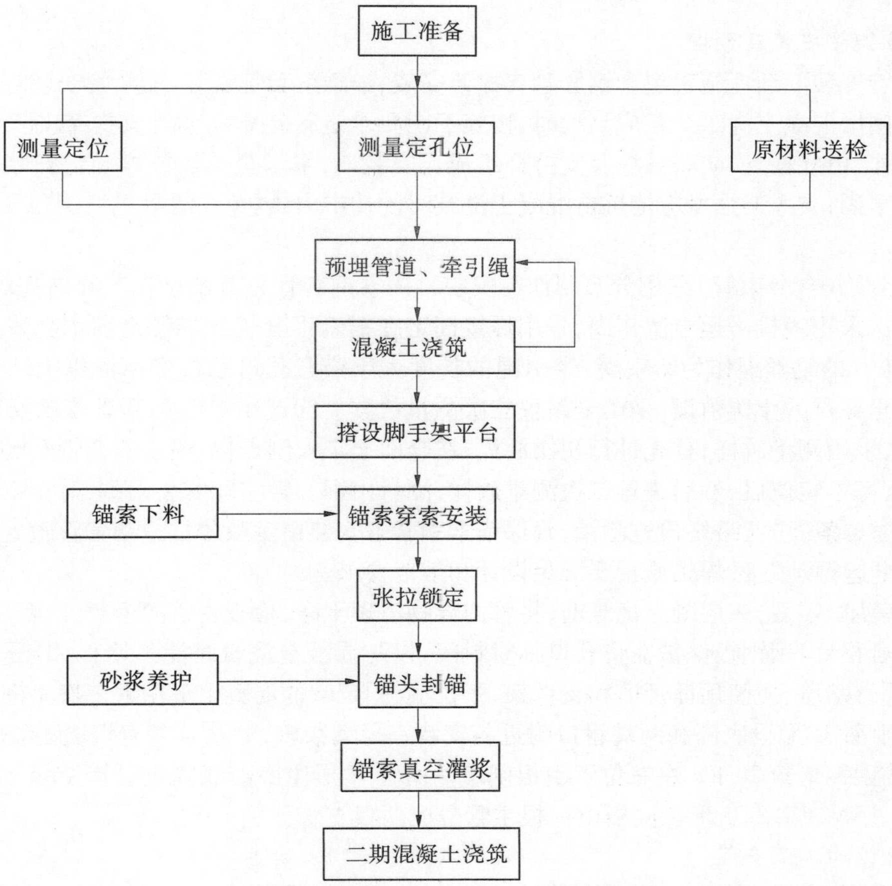

图1 预应力锚索施工工艺流程图

织和施工设备、材料、试验、监测安排及安全、质量管理。

(2)测量放样:根据测量控制网点,由专业测量人员用全站仪会同监理对每束锚索的控制坐标进行现场放样,并在支架制安、钢管和分束管预埋时跟踪放样检测,严格按设计图中的控制坐标进行孔道定位管的预埋。

(3)预埋管加工:U 型管在车间加工,预埋钢管采用现场焊接的方式进行连接,焊接质量应满足设计要求,施焊后管内焊缝应平滑、无凸出管壁的焊瘤,管外周边焊缝均匀、密实、无砂眼、不渗漏。

采用分束管技术的,分束管加工要求各分束管之间全程均需焊接密实且不得焊透,成型后分束管内光滑,与设计线形一致,保证钢绞线能够平顺穿过分丝管。分束管加工完成后在运输及吊装过程中需采取措施进行保护(如绑扎固定、相互隔离、严禁碰撞等),防止变形或破损。

(4)施工辅助设施:施工前,需完成水电、制浆站、钢筋支架制安等。

5.3 现场工艺试验

为确保施工生产的正常进行,按规程规范和设计有关技术要求,在施工前,主要需要对穿索工艺进行比较论证和真空管中进行灌浆试验,试验材料、施工工艺及施工设备均采用拟将用于施工的材料、设备和方法。试验时详细记录相关试验数据,并在工程施工前及时向监理、设计单位提交试验报告,以验证和调整设计参数。

5.4 施工工艺

闸墩 U 型预应力锚索一般呈对称分布,主锚索垂直于坝轴线,而次锚索布置于主锚索之间,互相垂直。

5.4.1　定位钢管安装及预埋

定位钢管安装及预埋施工包含钢套管支撑架安装、锚索钢套管安装、灌浆管安装等。

坝体及闸墩混凝土浇筑至相应高程时,按施工图要求进行锚索钢套管支撑架的安装。支撑架采用槽钢制作,由立柱、横向联系杆及支持杆组成。安装前,采用全站仪放样确定安装位置。支撑架要求焊接牢固,支撑架强度应能抗击混凝土浇筑时的冲击力,以免在混凝土浇筑和其他外力作用下发生位移。

锚索钢套管(含分束管)采用分节制作与安装。锚索钢套管分节制作在车间内完成,需安装各节钢套管依次采用缆机吊运至工作面,采用焊接固定在锚索钢套管支撑架上。钢套管内预先穿入1根直径为Φ 6的钢丝绳作为牵引绳,牵引绳的长度大于锚索孔道总长度4 m以上。锚索钢套管按设计控制坐标点的位置敷设,采用全站仪三次测量放样。为严格控制钢套管安装位置精度在±10 mm以内,采用测量放样,首先进行初次放样,在仓面上定控制点位,便于钢套管及支撑排架初安装,当钢套管基本定位后,然后进行二次测量放样,测量出钢套管实际安装误差,对于钢套管超标位置进行微调整,最后进行最终检查测量,确保锚索钢套管安装精度和质量。钢套管随着混凝土往上浇筑逐节加长,现场焊接,焊接质量要满足设计和规范要求。

管道安装、固定后,在混凝土浇筑前,将管内异物清理干净,检查管道的密封性、畅通性,经监理工程师验收合格后,用钢板保护盖将孔口临时封闭,以防混凝土浇筑时漏浆堵孔,混凝土浇筑时派专人看护,不得踏压、碰撞预埋管道和支撑架,张拉端、固定端的混凝土采用人工振捣密实。

锚索钢套管U形段底部和两端管口附近各安装一根灌浆管,灌浆管随着混凝土浇筑上升逐仓上引,在距锚索钢垫板20 cm左右位置引出闸墩。由于U形段底部灌浆管引管长度大,次数多,为防止在引管过程中堵塞,U形段底板由一根主管分成两根支管分别上引。

5.4.2　钢垫板加工及安装

钢垫板采用Q345B加工,主次锚索钢垫板尺寸以及中心圆开孔直径均根据设计图纸进行加工。钢垫板的安装按设计图纸准确定位,其所在平面与相应的锚索垂直,安装误差不得大于±10 mm。

5.4.3　锚索施工平台

高拱坝U型锚索施工平台由支撑桁架和钢管脚手架组成。

支撑桁架起承重支撑作用,采用型钢制作,结构形式根据闸墩结构设计,断面一般为三角形结构,其中一边固定在闸墩斜面上,另外两边向下游悬空延伸出去,设计荷载根据钢结构设计规范计算,需满足使用最大荷载要求。混凝土浇筑时,在闸墩锚索孔口混凝土表面按设计图纸位置准确预埋一定数量的钢板用于安装固定支撑桁架,支撑桁架在车间统一制作,底面满铺钢板网,制作完成后整体吊装至锚索施工面,按设计要求焊接固定在预埋钢板上。

钢管脚手架在支撑桁架上搭设,钢管采用ϕ48×3.5 mm烧焊钢管,搭设形式在确保施工安全的前提下,可根据锚索孔位、穿索及张拉需要灵活设计,一般脚手架采取纵距×横距×步距=1×1×1 m。为确保施工安全,沿闸墩斜面设置简易爬梯,脚手架外侧临空面设置竹夹板挡墙,满挂密目安全网,并设置危险警示标志。

5.4.4　下料及穿索

(1)采用分束管技术的钢绞线下料和穿索可同步进行,整体体式穿索时钢绞线下料加工可在加工车间进行,也可在施工现场利用栈桥、马道、平洞等作为钢绞线下料临时平台。钢绞线采用砂轮机切割,要求切口整齐无散头,钢绞线的下料长度按设计图中锚索的净长度加上千斤顶、工作锚、工具锚以及监测仪器长度确定,并在两端留有30~50 cm的富余长度。钢绞线采用细粒砂纸加棉纱除锈,采用锯木加棉纱出除表面污垢、油污和润滑剂。钢绞线下料后,钢绞线两端均缠标示牌进行标识，避免混淆。

（2）穿索前应仔细检查管道是否畅通，如有杂物应清除；清除方法采用压力水进行冲洗等，冲洗后应用风将管道内的水赶出。

（3）穿索按设计图中每根锚索的编号顺序依次进行。

（4）分束管穿索。U 型孔道两端安装张锚板，锚板的锚孔排列与分束管座排列一致。分束管穿索时先将钢绞线端头的钢丝用切割机切除，露出 50 ~ 60 mm 长的中心钢丝，穿过连接器后用钢丝墩头器把中心钢丝墩头，再将牵引绳穿入连接器的另一端，用自制千斤顶挤压装置将连接器挤压，与牵引绳连接。然后用 0.5 t 卷扬在另一端拉动牵引绳，使钢绞线依次穿入上端临时撑脚、上直线段钢管、分束管座、下直线段钢管、下端临时撑脚、锚板；每穿完一根钢绞线后需将其预拉绷直并临时固定，以防止与其他钢绞线打绞，每根钢绞线的预拉力可取 15 kN。

（5）整体式穿索。

①钢绞线下料完成后，利用固定式分隔卷盘进行卷束。固定式分隔卷盘由底座和转盘两部分组成，底座断面为三角形，槽钢制作；转盘为圆柱形，中心轴固定在底座上，转盘可绕中心轴灵活转动。转盘的外圆柱体用隔板分隔呈多个个分束槽，每个分束槽只允许安放 1 根钢绞线。卷束前钢绞线一端用 U 型卡固定在卡盘上，转动转盘将钢绞线卷在固定式分隔卷盘上，一次可卷 2 ~ 4 根钢绞线，卷束完成后将钢绞线的另一端也固定在卡盘上。

②锚索穿索前采用专用清孔器梳通与清扫锚索孔道，清除锚索孔道内异物残留。孔道清理后将孔道内Φ 6 的预埋钢丝绳换成Φ 16 钢丝绳作为锚索穿索牵引绳。

③单束锚索编索和穿索连续进行，一次性完成。施工步骤为：第一步，将整束锚索的钢绞线端头从分束转盘上拉出，通过安装在脚手架特定位置上的导向杆调整钢绞线的弯曲方向，整束按一定排列顺序穿过专用疏孔器；第二步，按照相同的排列顺序在钢绞线上装入设计数量的隔离支架，并将钢绞线端头切平；第三步，同样按照相同的排列顺序在钢绞线端部安装整体穿索导向器；第四步，穿索时 U 型锚索孔道上部孔口作为锚索索体进口，下部孔口作为出口，上部孔口的牵引绳与整体穿索导向器连接，下部孔口牵引绳与 5t 电动葫芦连接，电动葫芦挂点设置在上部孔道延伸方向上，以便于牵引索体；第五步，启动电动葫芦，带动钢丝绳牵引成束钢绞线进入锚索孔道，成束钢绞线在牵引力作用下沿孔道移动，直到从另一端穿出为止。在牵引过程中，人工同时转动固定式分隔卷盘，并将预先穿好的内隔离支架固定在成束钢绞线相应位置上。

④下索完成后，卸下疏孔器和整体穿索导向器，观察锚束两端头钢绞线编号，编号必须左右和上下对称。如果锚束编号不符合对应关系，则应沿阻力较小的方向小角度转动锚束，直到锚束转动后不回弹且两端头编号满足对应关系为止。

5.4.5 锚索张拉

（1）张拉前的准备工作。张拉前，清除施工区内与张拉施工作业无关的材料、设备；用脚手架、工字钢等搭建张拉所需的工作平台并可靠固定，设置安全防护设施；对张拉机具进行空载试运行检查和每束锚索两端钢绞线对位是否一致进行检查；监测仪器是否已按要求进行安装、所有操作人员是否已按要求就位等，经检查全部符合要求后，方可进行张拉作业。

（2）张拉方式及设备。闸墩混凝土达到设计强度后，即可进行张拉，采用分级整体张拉的方式进行锚索的张拉。张拉设备宜采用 · C 系列千斤顶预紧、YCW 系列千斤顶进行整体张拉，ZB 系列高压电动油泵配用 HVM 工作锚具。张拉前对千斤顶、电动油缸、压力表等进行率定，并在使用过程中定期率定。根据率定结果，绘制张拉吨位与压力表读数之间的关系线。

（3）安装前工作锚具上的锥形孔及夹片表面保持清洁，工具锚夹片外表面和锚板锥孔内表面在使用前涂抹黄油。工具锚具上孔的排列位置须与前端工作锚相一致，使工具锚和工作锚之间各根预应力钢绞线相互平行。

(4)U 型锚索两端均为张拉端,两端张拉需同步进行。张拉时,先对单根钢绞线进行预紧,再将所有锚索一起按设计及规范要求分级张拉至超张拉吨位锁定,并及时准确进行记录。

(5)锚索张拉时及时准确记录油压表编号、读数、千斤顶伸长值、夹片外露长度等。张拉力以压力表读数控制为主,并辅以钢绞线伸长值进行校核验算,张拉时记录每一级荷载伸长值和稳压时的变形量,张拉各级加载稳压前后,均量测钢绞线的伸长值与回缩值,若实测伸长值与理论计算伸长值相差超过允许范围时,停止张拉,查明原因并采取有效处理措施。

(6)预应力锚索张拉锁定后,对张拉记录和锚固情况进行复核,经确认合格后用砂轮机切割位于锚具之外的多余部分,切割后预应力筋外露长度按规定要求为 5 cm。

5.4.6 锚索真空灌浆

U 型锚索张拉完成后采用真空灌浆工艺进行灌浆处理。灌浆材料采用强度等级为 42.5 级的普通硅酸盐水泥、真空灌浆专用外加剂灌注,浆液的强度等级应达到设计要求。

(1)水泥浆液的性能要求:按设计要求执行,可通过试验确定。一般要求水灰比 0.3∶1 ~0.4∶1;浆液的流动性≤30 s;浆液的泌水性 3 h≤1%,最大不超过 2%,24 h 为零,之前所泌出的水能够自吸;初凝时间≥3 h,终凝时间 <24 h;体积变化率为 -1% ~5%;标准养护条件下,7 天龄期强度≥30 MPa,28 天龄期强度≥45 MPa;抗渗性能≥1 MPa;浆液对钢绞线无腐蚀作用;具体根据试验室浆液配比试验结果进行配制。

(2)灌浆施工前的准备工作。检查管道是否畅通,如有少量杂物堵塞可用高压水冲洗,冲洗完成后再用高压风吹干。

采用无收缩水泥砂浆封堵锚头。封堵前将钢垫板清理干净,保证平整,锚罩内涂抹一层黄油,然后将锚罩与钢垫板上安装孔对正,使倒浆口朝正上方,用螺栓拧紧,将已拌制好的无收缩水泥砂浆自倒浆口倒入并捣实。

清理钢垫板上的灌浆孔、排气孔,以保证灌浆通道畅通。

检查抽真空端及灌浆端,安装引出管、球阀和接头,并检查是否正常。

(3)真空灌浆施工要求。①在双层搅拌桶内需设置 1.2 mm 筛网对水泥浆进行过滤,并在现场对搅拌后的水泥浆进行流动性、泌水性测试,浇筑浆体强度试块送实验室进行检测。浆液搅拌后,应在 30 min 内进行灌浆。

②灌浆工作应连续进行。灌浆工作应连续进行,中途换管时间内,应继续启动灌浆泵,使僵液循环流动。

③灌浆孔数和位置应及时记录,以防漏灌。储浆罐的体积需大于所要灌注的一条预应力孔道的体积。

④真空度不得低于 -0.08 MPa。

⑤关闭出浆的阀门后要施以 0.5 MPa 以上的正压力持压最少 2 min。

⑥专人操作压浆设备、抽真空设备,进行压力、真空度的控制。

5.4.7 封头二期混凝土浇筑

(1)锚索灌浆完成后,按设计要求及时浇筑二期混凝土封头。

(2)二期混凝土浇筑前,应将相应部位闸墩混凝土凿毛后清理干净,并适当洒水,以利于混凝土的结合,浇筑完成后加强养护。

5.4.8 监测

在张拉过程中对闸墩关键部位混凝土、钢筋及钢绞线的应力和变形进行监测。张拉时,派专人在闸墩关键部位观察混凝土是否有开裂、破碎现象,如有异常现象发生,应停止张拉并和设计监理协商采取处理措施。

施工过程中,需对监测仪器妥善保护,避免仪器损坏。

6 材料与设备

6.1 施工主要原材料及设备

（1）锚索所需的水泥、外加剂、钢材、预应力钢铰线及锚具等各类材料必须和工程锚索施工所需的完全相同，具有出厂检验合格证，并符合国家标准。使用前需对各种材料做必要的物理力学试验，提供材料检验合格证书等资料。预应力锚索使用的千斤顶、压力表等使用前必须进行标定或检验。真空灌浆泵选用符合施工技术要求。

（2）其他配件及材料如钢垫板、镦头机、连接板、分束管等，均采用相关厂家生产的配套产品，导向帽（穿孔器/连接器）、牵引绳等需满足牵引力要求。。

（3）钢管：主锚索预埋钢管采用无缝钢管。主锚索弧线段采用 D30 mm×3 mm 无缝钢管加工成分束管座，分束管座及锥管，采用广西柳州欧维姆机械股份有限公司生产的 OVM 系列定型产品。

6.2 主要施工设备

主要施工设备及指标见表 1。

表 1 主要施工材料及仪表配备表

序号	材料名称	规格	单位	数量	备注
1	钢丝墩头器	LD 型	台	1	
2	油泵	ZB	台	2	
3	千斤顶	YCW 系列	台	4	
4	千斤顶	·C 系列	台	2	
5	真空灌浆泵		台	1	
6	压力表		块	10	
7	高速搅拌机		台	1	
8	灌浆泵		台	2	
9	搅拌桶		台	1	
10	记录仪		套	1	

7 质量标准

（1）施工前应认真进行技术交底，施工中明确分工、清楚责任、统一指挥，严格按设计图纸及相关规范要求施工；施工中严格按工序顺序，严格把好各工序质量关，对隐蔽工程做好施工记录。

（2）锚索孔道穿索前、真空灌浆前均采用空压机进行将积水吹出。

（3）锚索的张拉必须按张拉程序进行，即：从上到下的原则进行张拉、锁定。

（4）保护罩与锚垫板间的玻璃胶应密封完好不漏气。

（5）钢套管预埋安装及施工平台焊缝质量要求满足 GB 50205—2001《钢结构工程施工质量验收规范》Ⅲ级焊缝检验标准。

（6）其他质量标准参照现行《DL/T 5083—2004 水电水利工程预应力锚索施工规范》以及《TB/T 3192—2008 铁路后张法预应力混凝土梁管道压浆技术条件》执行。

8 安全措施

（1）施工前进行安全技术交底，施工过程中要明确分工，统一指挥。

(2)坚持“安全第一、预防为主、综合治理”的安全生产方针，定期检查、落实安全责任，严格执行安全生产奖惩制度，对违章作业者要追究责任，严肃处理。

(3)上岗前要做好安全培训工作，施工人员进入现场要戴好安全帽，操作人员遵守有关安全操作规程。

(4)各种机具设备应处于完好状态。

(5)施工平台的搭设必须有设计计算说明书，对紧固体的紧固必须有人复核。平台搭设完成后需进行荷载试验合格后方可投入使用。

(6)高空作业要设置必要的防护措施，临空面防护符合《水电水利工程安全防护设施技术规范》(DL 516—2002)的规定。作业人员必须佩戴安全带。高处作业人员应具有相应的健康证明。

(7)切割钢绞线使用的砂轮切割机要设置安全护罩，以防断片伤人。

(8)张拉机具各部件应牢靠，特别是高压油管的联接点，以避免突然断裂脱口喷出伤人。在张拉过程中，千斤顶出力方向不得站人，以防锚索断裂造成事故。

(9)注浆管路应畅通，不得有堵塞现象，操作压浆的工人应佩戴防护眼镜，避免浆液突然喷出伤人，注浆管路不使用时要及时冲洗干净。

(10)夜间一般不允许进行穿索、张拉和灌浆作业，特殊情况下夜间施工时应有足够的照明。

9　环保措施

(1)灌浆须采用无毒害、对混凝土无腐蚀的材料。

(2)现场各种器材、材料分类堆放整齐；施工期间的污水做到定点排放，施工弃渣派专人每天清理，确保场地清洁，做到文明施工。

(3)收集现场锚索清理油污，集中储存，集中处理，防止废弃油污对环境污染。

10　效益分析

(1)二滩水电站闸墩中孔在我国高拱坝工程中第一次采用U型锚索结构，避免了在坝体中设置交通廊道和锚固端竖井，避免削弱坝体和闸墩的结构；起“锚固端”作用的环形段的应力分布较均匀；即使锚索张拉失效，也可重新更换和安装，具有较大的推广价值。

(2)构皮滩水电站U型锚索施工中通过采用分束管技术，改进锚索运输、制锚、穿索等施工工艺，大大降低了锚索运输和安装的难度；采用分束管技术，可进行单根穿索，解决了锚索整体穿索的施工难度大、场地要求宽、施工危险性较大的缺点，且可采用小型卷扬进行牵引，降低了劳动强度，确保了工程优质、高效完成，经济社会效益显著。经综合成本核算，本工程中应用该工法创造的直接经济效益达近860万元，经济效益显著。

(3)溪洛渡水电站底孔、深孔和中孔闸墩均采用了U型锚索结构，施工中采用了整体穿索、整体张拉的工艺。通过针对本工程设计出特制的固定式分隔卷盘和梳孔器，并在施工平台上合理布置，顺利解决了整体穿索施工难度大的问题，具有显著的经济效益和社会效益。

(4)真空灌浆新工艺彻底改变了传统的压力灌浆工艺不密实、钢绞线得不到有效保护的弊病，解决了后张预应力的关键技术问题，增加了后张预应力混凝土结构的安全度和耐久性，从而延长了建筑物的使用寿命，具有很高的经济效益及长远的社会效益。

11　工程实例

11.1　二滩水电站拱坝中孔闸墩U型预应力锚索工程

二滩水电站构皮滩水电站为混凝土双曲拱坝，最大坝高240 m，布置1~6号泄洪中孔，工作弧门布置于坝后中孔悬臂闸室内，坝身下游面设置悬臂闸墩结构。闸墩最大悬臂长约21 m，最大高度约 38 m。为保证结构安全可靠运行，闸墩采用预应力钢筋混凝土结构。主锚索选用多锚束、分层布置的方案，每个闸墩分两层布置，每层 3 束，单个闸室共 12 束，单束锚索为 14 根 7φ5 的钢绞线组成，工作吨位为 2 100 kN，支承大梁底部布置 3 束次锚束，单束锚索为 11 根 7φ5 的钢绞线组成，工作吨位为 1 700 kN；支承大梁顶部布置 5 束次锚束，单束锚索为 13 根 7φ5 的钢绞线组成，工作吨位为 2 000 kN。主锚索结构为 U 型（当时称环形），最大长度为 74 m，这也是我国水电工程中第一次采用这种结构。

在混凝土浇筑时，进行闸墩主锚索孔定位预埋，定位管造孔采用了外径 203 mm，内径 191 mm 的钢管，所有连接均采用承压式接头焊接，定位管的施工精度控制在 ±（10—30）mm 之间，在定位管内放置了一根 5 mm 的钢绳，作为锚索安装穿束时的牵引绳，并在护管环形段的最低部位安装了灌浆钢管。锚头和锚具采用意大利 15PTA15 定型号产品。锚索在专用车间内制作，锚索安装在专门设计的施工平台上进行，14 根钢绞线通过梳孔器理顺，锚索牵引头通过专门的钢罩连接在牵引绳上，另一端用低速卷扬机牵引，稳定行进。锚索张拉按规范要求进行，张拉合格后通过预埋的灌浆管进行灌浆，灌浆液采用 0.38 浓浆，并加入情入理% 的微膨胀剂，最后封堵锚头。

11.2　构皮滩水电站拱坝中孔闸墩 U 型预应力锚索工程

构皮滩水电站为混凝土双曲拱坝，最大坝高 232.50 m，布置 1 ~ 7 号中孔闸墩，每个闸墩均布置预应力锚索，以满足结构受力的要求。每个中孔闸墩的预应力锚索的均分为主锚索和次锚索两种，主锚索布置成 U 型，每个中孔闸墩布置 12 束；次锚索直线型，每个中孔闸墩布置 15 束。图 2 为构皮滩水电 1、7 号主锚索布置图。主锚索最长为 63.19 m，每束 23 根钢绞线，设计吨位为 3 500 kN，超张拉吨位为 4 025 kN，次锚索设计吨位为 2 500 kN，超张拉吨位为 2 875 kN，张拉时按照“先次后主、对称同步”的原则和顺序进行张拉作业。

本工程 U 锚采用分束管技术，根据混凝土浇筑进度，预埋分束管、钢管及牵引绳，待混凝土强度达到设计要求后，开始进行穿索张拉。

构皮滩闸墩预应力锚索于 2007 年 5 月开始进行试验，并根据混凝土进度预埋分束管等预埋件，2008 年 2 月开始进行穿索、张拉工序，2009 年 3 月完成锚索真空灌浆，共施工 84 束主锚索、105 束次锚索。施工中通过改进钢绞线牵引连接器和千斤顶挤压装置，为在高悬空、狭窄场地内进行大吨位 U 锚施工积累了施工经验，增加技术储备，取得了较好的社会效益和经济效益。

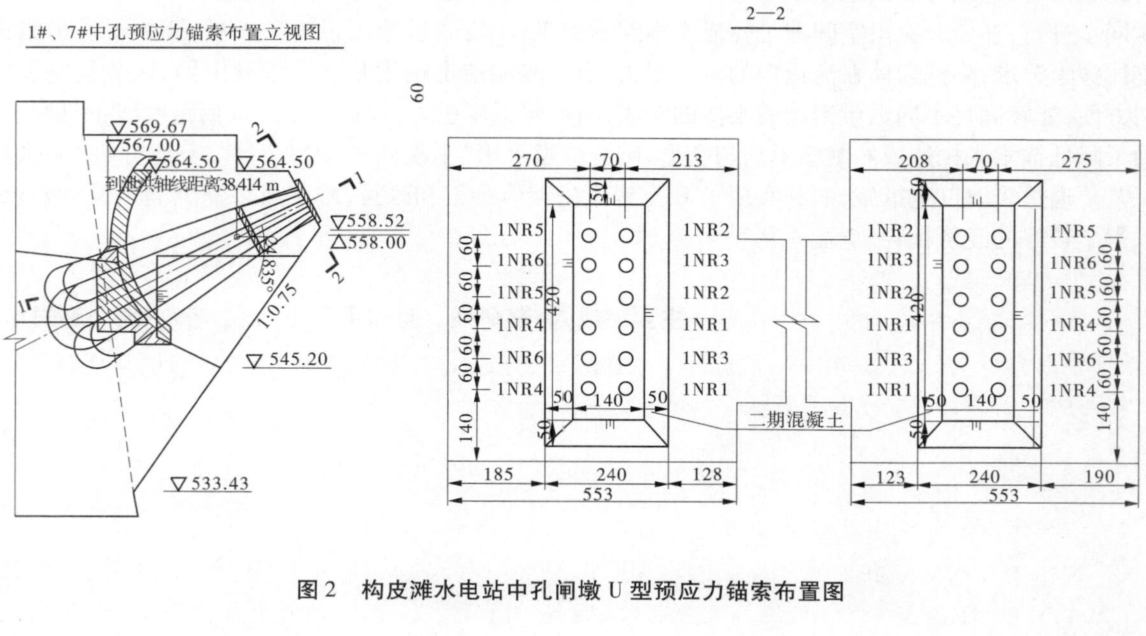

图 2　构皮滩水电站中孔闸墩 U 型预应力锚索布置图

11.3 溪洛渡水电站拱坝导流底孔U型预应力锚索工程

溪洛渡水电站为混凝土双曲拱坝，最大坝高285.5 m，坝身EL.470 m以下布置了3号、4号、7～10号导流底孔，每个导流底孔闸墩均布置了预应力锚索，以满足结构受力的要求。每个导流底孔闸墩预应力锚索均分为主锚索和次锚索两种，主锚索设计为U型，3号、4号闸墩各12束，7号和8号闸墩共16束，9号和10号共16束。U型锚索采用预埋钢套管技术，根据混凝土浇筑进度，预埋钢套管、灌浆管及牵引绳，待混凝土强度达到设计要求后，开始进行穿索张拉。主锚索最长为92.15 m，每束19根钢绞线，设计吨位为3 000 kN，超张拉3 300 kN，锚索张拉时按照“主次同步、左右对称”的原则整体进行张拉作业。

本工程临时导流底孔闸墩预应力锚索于2010年9月开始施工，2012年5月完成锚索真空灌浆，共施工56束主锚索、32束次锚索。本工程临时导流底孔闸墩预应力U型锚索施工具有钢套管曲率半径小，预埋施工工艺复杂、高临空面、狭窄施工场地、施工干扰大、安全风险突出等特点，通过改进锚索运输、制锚、穿索等施工工艺，采用整体穿索、张拉技术，确保了工程优质、高效完成。

11.4 溪洛渡水电站拱坝深孔U型预应力锚索工程

溪洛渡水电站为混凝土双曲拱坝，最大坝高285.5 m，坝身高程EL.470 m～EL.527 m之间布置了1～8号泄洪深孔，每个深孔闸墩均布置了预应力锚索，以满足闸门挡水受力的要求。每个深孔闸墩预应力锚索均分为主锚索和次锚索两种，主锚索设计为U型，每个闸墩18束，共144束。主锚索最长为101.08 m，每束24根钢绞线，设计吨位为3 500 kN，超张拉3 850 kN，锚索采用整体式穿索，张拉时按照“主次同步、左右对称”的原则整体进行张拉作业。工程于2012年12月开始穿索，2013年4月完成施工。

溪洛渡水电站大坝闸墩锚索与国内已施工的二滩水电站大坝闸墩锚索、构皮滩水电站大坝闸墩锚索相比，无论是吨位、长度，还是难度，都是最大的。施工中存在以下难点：①锚索带内隔离支架整索穿索施工难度大，目前除溪洛渡水电站大坝施工外，国内还没有成熟的施工工艺；②锚索张拉难度大，由于穿索过程中极易造成U型端钢绞线之间打搅，相互摩擦，张拉过程中会出现单根钢绞线受力不均匀，实际伸长值与理论伸长值不匹配，张拉吨位锁定损失和长期损失大情况；③设计通过计算认为，张拉过程中有可能造成闸墩裂缝或者不均匀变形等情况，施工过程难以控制。为了解决以上存在的难题，施工前在已有材料、设备基础上进行了改进和创新，制定出科学的、切实可行的施工措施：①设计和制造出锚索整体穿索卷盘装置，该装置可实现钢绞线卷盘、锚索编索、整体穿索同步进行，在十分有限空间即可完成整索穿索施工，不需要投入大量施工人员；②为了满足锚索整体穿索要求，降低索体在流道内的牵引阻力，设计和制造出锚索整体穿索导向器，该装置安装使用方便，能够满足不同数量钢绞线索体的穿索，有效降低牵引力，保证穿索完成后钢绞线不打搅；③为了降低锚索张拉造成的闸墩不均匀变形，闸墩锚索采用“主次同步、左右对称、分序分级“的张拉工艺。通过采取以上措施，顺利实现了U型锚索的整体穿索和张拉，施工成果完全满足设计要求，取得了较好的经济社会效益。

（主要完成人：姜命强　蒋和平　王海东　贺　毅　郭国华）

高拱坝混凝土分期通水冷却施工工法

中国水利水电第八工程局有限公司

1 前言

随着国家西部大开发、西电东送战略的实施，混凝土高拱坝施工技术发展迅速。高拱坝施工是一个复杂的系统工程，混凝土温度控制标准高、温控防裂要求严。目前高拱坝普遍采用“早冷却，慢冷却，小温差”温控防裂设计理念，严格控制浇筑块本身的温度变化、坝段竖向浇筑块之间（灌区之间）和相邻坝段之间的温度变化梯度。为适应温度梯度控制和拱坝分期冷却要求，一般要求大坝均匀上升，严格控制相邻块高差和最大高差，同事还需注意相邻坝段浇筑进度的匹配关系，特别是岸坡坝段，合理的浇筑高度应大于河床坝段，以确保沿高程也有合适的温度梯度。

拱坝混凝土分期通水冷却施工过程是一个复杂的、多环节的重点控制过程，通过多个高拱坝工程施工实践，总结提炼了二滩、东江等高拱坝的分期通水冷却施工工法，并根据目前特高拱坝混凝土通水冷却的相关设计、规范要求及温控施工实践，在构皮滩、溪洛渡等高拱坝施工中进一步完善了高拱坝分期通水冷却施工工法。该工法工艺先进、成熟可靠，可有效规范拱坝混凝土通水冷却施工工艺和实现标准化、程序化作业，便于施工人员操作执行，并做到通水冷却精细化施工，保证高拱坝施工质量和温控防裂。

工法已成功推广应用于构皮滩、溪洛渡等大型及特大型水利水电工程拱坝施工，确保了高拱坝快速施工和工程施工质量安全，为二滩、构皮滩、溪洛渡等电站安全优质高效快速施工打下了良好基础，采用该工法的《构皮滩双曲拱坝快速施工成套技术》科研课题获中国电力建设科学技术成果一等奖和中国水利水电建设股份公司科技进步一等奖、二滩拱坝获詹天佑奖，经济和社会效益显著，节能、环保效益明显，推广应用价值广阔。

2 工法特点

（1）本工法详细地阐述了高拱坝混凝土分期通水冷却施工工艺及过程控制。

（2）遵循“小温差、早冷却、慢冷却”温控防裂设计理念，采用一期通水冷却、中期通水冷却和二期通水冷却等三个阶段多过程精细化控制程序和措施，控制混凝土的冷却过程和各期冷却的降温幅度，通过设置拟灌区、同冷区、过渡区、盖重区的分区冷却控制形成高度方向的温度梯度，从而控制上下层温差，减小温差应力，满足混凝土高拱坝温控防裂要求。

（3）采取初期动态通水冷却削峰的个性化通水方式和全年通水冷却工艺，实施混凝土通水冷却的全过程监控、管理和精细化操作。

（4）高拱坝混凝土防裂、温控要求高，本工法的实施有利于预防和控制高拱坝混凝土裂缝的发生。

3 适用范围

本工法适用于混凝土高拱坝分期通水冷却施工。同时也可供中、小型拱坝施工参考。

4 工艺原理

遵循“小温差、早冷却、慢冷却”的指导思想，采用一期通水冷却、中期通水冷却和二期通水冷却等三个阶段多过程控制程序和措施，控制混凝土的冷却过程和各期冷却的降温幅度，通过设置拟灌区、同冷区、过渡区、盖重区的分区冷却控制形成高度方向的温度梯度，从而控制上下层温差，减小温差应力，满足混凝土高拱坝温控防裂要求。

本工法的核心部分即拱坝混凝土通水冷却施工工艺，其主要原理：大体积混凝土由于其自身水泥水化热较高，其自身散热效果满足不了设计要求，因此必须采用预埋在坝体内部的冷却水管进行通水冷却，以带走混凝土内部水化热温升。高拱坝坝体混凝土分一期通水冷却、中期通水冷却和二期通水冷却，采取个性化通水方式，实施混凝土通水冷却的全过程监控、管理和精细化操作。通过一期通水冷却削减浇筑层混凝土初期水化热温升，控制混凝土温度不超过允许最高温度，同时削减坝体混凝土内外温差，降低二期冷却开始时的混凝土温度，减小温度应力；通过中期冷却控制一期冷却闷温结束后至二期冷却开始时坝体混凝土内部温度回升，降低二期冷却开始时的混凝土温度，减小温度应力；通过二期通水冷却降低坝体混凝土内部温度使其达到设计要求的封拱灌浆温度，以使缝面张开，进行接缝灌浆；最终确保工程优质完成。

5 施工工艺流程及操作要点

5.1 工艺流程

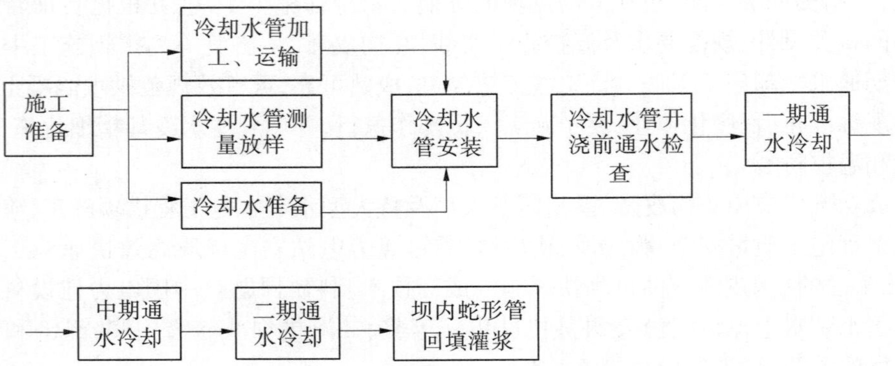

图1 总体施工工艺流程图

5.1.1 总体施工工艺流程如下：

5.1.2 分期通水冷却冷却过程控制

为将施工期混凝土温度降低至封拱温度，根据拱坝混凝土温控防裂特点，分一期冷却、中期冷却、二期冷却等三个时期进行混凝土冷却降温，如图2所示，各时期温度控制内容如下：

5.1.3 温度梯度控制

(1)坝段各灌区在施工过程中，按照分期冷却要求进行逐步冷却，进行温度梯度控制，使各灌区温度、温降幅度形成合适的梯度，以减小混凝土梯度温度应力，防止混凝土出现开裂现象，温度梯度控制示意见图3。

(2)按自下而上顺序分为已灌区、灌浆区、同冷区、过渡区和盖重区等五区进行温度控制，通过各期冷却降温及控温时间协调，确保接缝灌浆时上部各灌区温度及温降幅度形成合适的温度梯度，同时兼顾各坝段施工进程不一致出现的温度差异情况。温度梯度分区及循环示意见图4，基础约束区各温度梯度分区形成过程示意见图5，孔口约束区各温度梯度分区形成过程示意见图6。

(3)灌浆区接缝灌浆开始时，各灌区应同步控温，且温度应满足如下要求：

①已灌区：结束二期冷却二次控温，温度为设计封拱温度 T_c；

②灌浆区：进行二期冷却灌浆控温，温度为设计封拱温度 T_c；

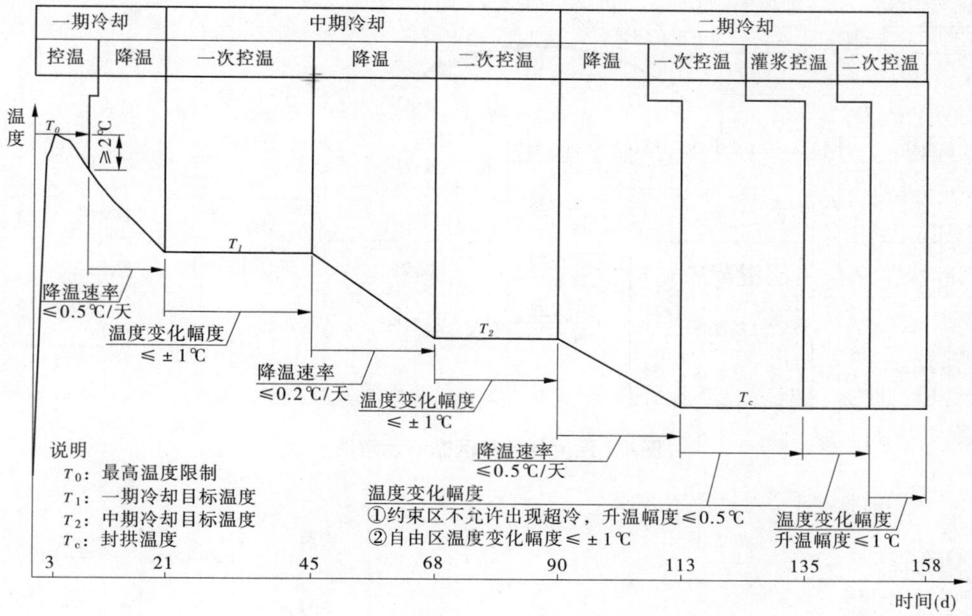

图2　分期冷却降温过程示意图

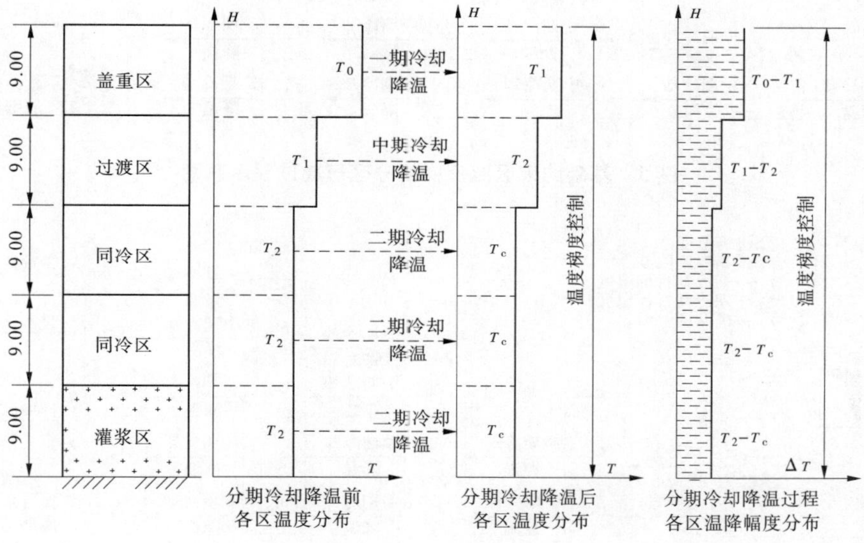

图3　温度梯度控制示意图

③同冷区:进行二期冷却一次控温,温度为设计封拱温度 T_c;

④过渡区:进行中期冷却二次控温,温度为中期冷却目标温度 T_2;

⑤盖重区:顶层混凝土结束一期冷却降温,温度为一期冷却目标温度 T_1。

(4)同冷区、过渡区和盖重区应进行同步降温过程,降温过程和降温幅度应满足如下要求:

①已灌区:进行二期冷却二次控温,温度为设计封拱温度 T_c;

②灌浆区:进行二期冷却一次控温,温度为设计封拱温度 T_c;

③同冷区:通过二期冷却降温过程,温度由中期冷却目标温度 T_2 降为设计封拱温度 T_c,降温幅度为 T_2-T_c;

④过渡区:通过中期冷却降温过程,温度由一期冷却目标温度 T_1 降为中期冷却目标温度 T_2,

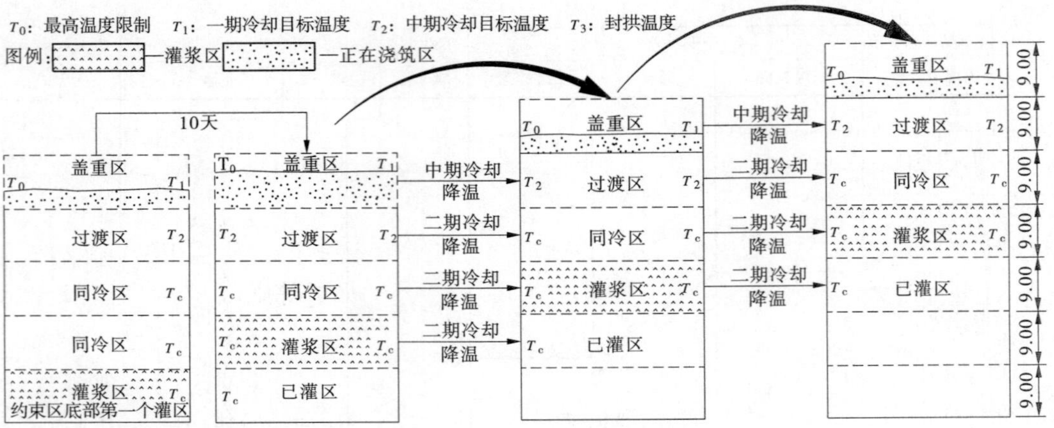

图 4　温度梯度分区循环示意图

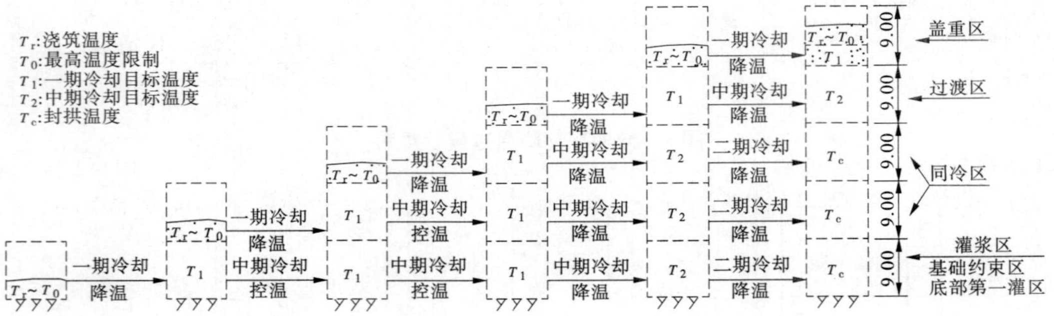

图 5　基础约束区温度梯度分区形成过程示意图

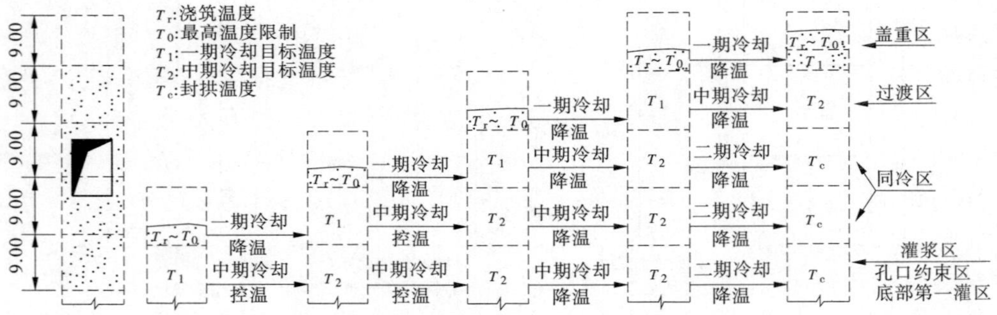

图 6　孔口约束区温度梯度分区形成过程示意图

降温幅度为 $T_2 - T_1$；

⑤盖重区：底层混凝土通过一期冷却降温过程，温度由最高温度 T_0 降为一期冷却目标温度 T_1，降温幅度为 $T_0 - T_1$。

5.2　操作要点

5.2.1　通水冷却施工一般要求

（1）随着大坝混凝土浇筑的逐步升高，每隔 20 m 左右需设置一层栈桥（孔口部位根据冷却水管管口部位则可适当增加栈桥），以供冷却水输送管道的布置和方便通水流量、进、回水温度的检测，并要求冷却水输送主、支管道和分水器及时跟进，以保证蛇形冷却水管的随时接通。

（2）在每仓混凝土开仓浇筑前，现场准备充足的冷却水管，并严格按设计要求进行冷却水管的布置和埋设。

(3)在混凝土开仓浇筑前,应对已铺设好的冷却水管进行通水检查,如发现渗漏和堵塞现象,及时处理好后方可开仓浇筑;在混凝土浇筑过程中应注意避免水管受损、折断、碰坏和堵塞,以保证冷却水管的通畅性。

(4)定期检查冷水机组的运行情况,保证冷水机组的出水量、出水压力、出水温度等满足各阶段通水冷却的要求。

(5)现场冷水机组运行管理人员、冷却水输水管道焊接及布置施工人员、蛇形冷却水管布置埋设施工人员、通水流量检测人员、进回水温度检测人员、闷温检测人员等施工人员必须经培训合格方可上岗。

5.2.2 施工准备

对要进行冷却水管施工的仓面,提前一周完成冷却水管布置图的设计,在设计时综合考虑与冷却水管布置有干扰的相关因素,如:固结灌浆孔、温度计、测缝计、预埋件等埋件。根据布置图加工冷却水管。

5.2.3 冷却水管加工运输

冷却水管的在加工时(特指钢管),按照图纸设计加工,圆弧段的加工偏差不允许超过±10 mm,整个加工运输过程冷却水管不允许出现变形或硬折角,确保冷却水管的净截面面积。

5.2.4 冷却水管的测量放样

冷却水管测量放样时,在混凝土面上放样,平面位置点位误差不大于15 mm,高程点位误差不大于50 mm,在岩基上放样,平面位置点位误差不大于150 mm,高程点位误差不大于100 mm。

5.2.5 冷却水制备

冷却水制冷设备采用移动式冷水站,左右岸对称布置。冷却供水管路采用两套供水管路,一套供8~10 ℃的冷却水,一套供16~18 ℃的冷却水。

5.2.6 冷却水管的安装

冷却水管安装施工前,完成仓面施工缝面处理等其他施工。冷却水管安装前需进行测量放样。当第一层冷却水管布置在老混凝土面上时,老混凝土收仓后于初凝前,由测量人员根据冷却水管布置详图在仓面放样,预埋固定冷却水管的铁件。第二或三层冷却水管直接埋在刚施工的混凝土层面上,铺设好后用ϕ6~8长40 cm的钢筋U型卡将冷却水管固定在层面上,U型卡间距不超过2.0 m,拐角处和圆弧段进行加密,为防止冷却水管在浇筑过程发生偏移,U型卡,两个插入段都必须混凝土至少10 cm。对有铺设钢筋网要求的仓面,冷却水管可以直接用铅丝绑扎在钢筋网上。冷却水管需经质检及监理人验收后方可开仓浇筑。

5.2.7 冷却水管开浇前的通水检查

冷却水管在开浇前需进行通水检查,冷却水管以不出现破裂和渗漏为标准,如出现破裂或渗漏,对冷却水管破裂或渗漏位置进行修补或更换,直至无破裂和渗漏出现。同时,在浇筑过程中加强巡视检查,及时发现问题及时进行解决。

5.2.8 一期通水冷却施工工艺

一期通水冷却的主要目的是削减浇筑层混凝土初期水化热温升,控制混凝土温度不超过允许最高温度,同时削减坝体混凝土内外温差,降低二期冷却开始时的混凝土温度,减小温度应力。

根据温度控制目的,一期冷却分为控温和降温两个阶段。控温阶段要求将混凝土最高温度控制在设计值T_0以内;降温阶段要求将混凝土温度降低至一期冷却目标温度T_1。主要控制点:最高温度T_0、温降速率、一期冷却目标温度T_1。在各期通水冷却中,应对各种典型浇筑块(不同气温、不同浇筑温度、不同水管间距)的温度进行全过程的跟踪,建立温度—时间过程线,进行反馈复核,总结经验,用以指导以后混凝土的温度控制。相关反馈复核成果应纳入温控周报及月报,并报监理

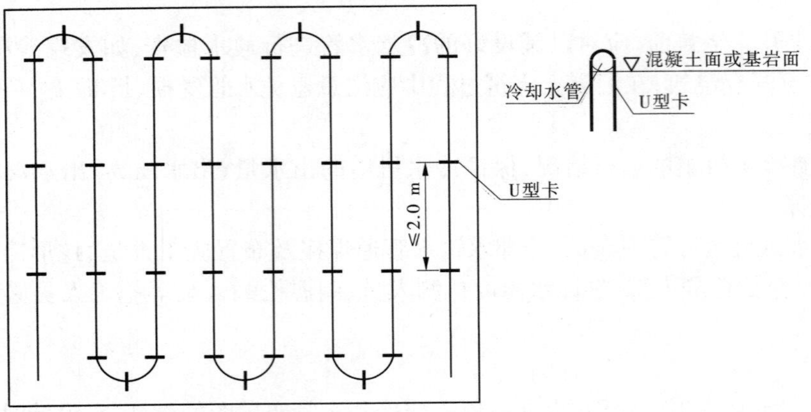

图7　冷却水管固定工艺图

人。

(1)混凝土下料浇筑即开始一期冷却,一期冷却总时间约为21天,控制通水水温与混凝土内部温差在21 ℃以内,同时每24 h改变一次通水方向。

(2)控温阶段。

①一期控温阶段参考通水水温8～10 ℃,通水流量2.0～2.5 m^3/h。

②控温目标要求:由于高拱坝规模巨大,混凝土材料抗裂性能一般,从提高施工期混凝土抗裂安全性出发,应按设计混凝土最高温度进行控制。评价标准为:内部温度传感器测点测量的历时平均温度最高值。

③控温结束要求:混凝土测量温度出现最高值,降温幅度大2 ℃后,控温阶段结束,并进入降温阶段。评价标准为:实测最高温度和内部温度传感器测点测量的历时平均温度之差。

④控温要点:应进行最高温度预警控制,根据温度测量成果,混凝土温度达到警戒水平,预计混凝土温度将超过设计允许值时,提前采取加大通水流量措施进行控温。根据温度测量成果,混凝土温度达到实测最高温度后,提高通水温度或减小通水流量,开始冷却降温控制。需采用增加冷却水管方法控制最高温度时,可适当提高通水温度,并控制通水流量,确保混凝土内部温度梯度在合适的范围内。

(3)降温阶段。

①一期降温阶段参考通水水温16～18 ℃,通水流量1.2～1.5 m^3/h。

②降温目标要求:控温阶段结束后,应立即调整相应通水冷却措施,继续冷却,使浇筑层混凝土温度降低至一期冷却目标温度T_1,一期冷却目标温度可参考表1。评价标准为:浇筑块在一期冷却期末,内部温度传感器测点测量的平均温度。

③降温速率要求:一期冷却降温阶段日降温速率应≤0.5 ℃/天。评价标准为:内部温度传感器测点测量的日平均温度之差。超出此要求时,调节通水流量和通水水温,使之12 h内降温速率回到要求范围内。

④控温要点:降温阶段要求冷却降温过程应连续平顺,防止由于通水不足及通水中断等原因造成的温度回升,测量温度达到一期冷却目标温度T_1时一期冷却结束。一期冷却降温过程中为避免温降速率过大,宜动态控制通水温度和通水流量。一期冷却未达到降温结束温度标准要求时适当延长通水冷却时间,同时,为防止一期冷却降温幅度过大,一期冷却降温末期,应进行一期冷却目标温度预警控制,根据温度测量成果,混凝土温度达到警戒水平后,应加大温度观测频次,在混凝土温度达到设计值后,及时调整通水措施,进入中期冷却一次控温阶段。

冬季浇筑混凝土时,外界气温低于10 ℃左右时,由于水温、气温相对较低,采用天然水即可达到较好的控温效果，但应注意调整通水流量，避免出现混凝土降温速率超标现象。

表1　大坝混凝土一期冷却目标温度控制参考表

部位	一期冷却目标温度(℃)
约束区	20
自由区	22

5.2.9　中期通水冷却施工工艺

中期通水冷却主要目的是控制一期冷却闷温结束后至二期冷却开始时坝体混凝土内部温度回升，降低二期冷却开始时的混凝土温度，减小温度应力。中期冷却分为一次控温、中期冷却降温和二次控温三个阶段。一次控温阶段要求将混凝土温度维持在一期冷却目标温度 T_1 附近；中期冷却降温阶段要求将混凝土温度降低至中期冷却目标温度 T_2；二次控温阶段要求将混凝土温度维持在中期冷却目标温度 T_2 附近。

主要控制点：一期冷却目标温度 T_1、温度变化幅度、温度回升、温降速率、中期冷却目标温度 T_2、温度梯度。

(1)中期冷却在一期冷却结束后，至二期冷却开始前进行，中期通水温度与混凝土温度之差控制在15.0 ℃以内。

(2)中期冷却一次控温阶段。

①控温目标：使混凝土温度维持在一期冷却目标温度 T_1 附近，混凝土温度变化幅度不超过1 ℃，混凝土龄期大于45天后，应结合下部接缝灌浆施工计划及温度梯度控制要求，及早安排进行中期冷却降温。评价标准为：一期冷却目标温度 T_1 和内部温度传感器测点测量的平均温度之差的绝对值。

②通水温度及流量：参考通水温度为14～16 ℃，参考通水流量为0.3～0.5 m^3/h。早期施工时，应根据温度测量成果，综合考虑混凝土温度、水管密度、通水流量、环境温度等综合因素，及时总结合适的控温通水流量、通水温度和通水时间，并用指导后期的施工。

③控温要点：为防止一次控温阶段温度变化幅度过大，中期冷却一次控温阶段实施个性化通水，根据温度测量成果，混凝土温度回升值偏大时，应及时进行通水冷却，混凝土温度接近允许值下限时，应及时调整通水措施。施工过程中应总结不同龄期混凝土合适的控温通水流量和通水时间，避免出现多次短间歇通水冷却现象。

冬季浇筑混凝土时，外界气温低于10 ℃左右时，由于水温、气温相对较低，连续通水时可能会出现混凝土降温超标现象，必要时可暂停通水冷却，避免过度冷却和气温骤降叠加对混凝土带来的不利情况。

(3)中期冷却降温阶段。

①混凝土龄期要求：应结合下部接缝灌浆施工计划及温度梯度控制要求，尽早进行中期冷却降温，开始中期冷却降温时要求混凝土龄期大于45天。

表2　大坝混凝土中期冷却目标温度控制表

封拱温度	中期冷却目标温度(℃)
12 ℃、13 ℃	16 ℃
14 ℃、16 ℃	18 ℃

②降温目标要求：对于过渡区和当年9月以前浇筑需在冬季(11月)前降温的灌区，混凝土温度应降低至中期冷却目标温度 T_2，中期冷却目标温度 T_2 见表2。同时要求降温阶段日降温速率≤

0.2 ℃/天。混凝土温度达到中期冷却目标温度后，开始进行二次控温，应及时调整通水冷却措施。评价标准为：内部温度传感器测点测量的平均温度，测量温度达到中期冷却目标温度 T_2 时中期冷却降温阶段结束。

③通水温度及流量：中期冷却降温原则上采用连续通制冷水的方式实现，参考通水温度为 14~16 ℃，参考通水流量 1.0~1.2 m^3/h。早期施工时，应根据温度测量成果，综合考虑混凝土分区、水管密度、通水流量、环境温度等综合因素，及时总结合适的降温通水流量、通水温度，并用指导后期的通水冷却施工。

④降温速率要求：中期冷却降温阶段日降温速率应≤0.2 ℃/天。评价标准为：内部温度传感器测点测量的日平均降温幅度。

⑤控温要点：中期冷却降温阶段通水可采用混合水，降温过程中，应根据温度测量成果，及时调整通水流量，在确保降温速率满足要求的前提下，减少降温速率过低对施工工期的影响。为防止中期冷却降温幅度过大，中期冷却降温末期，应进行中期冷却目标温度预警控制，根据温度测量成果，混凝土温度达到警戒水平后，应加大温度观测频次，在混凝土温度达到设计值后，及时调整通水措施，进入中期冷却二次控温阶段。

冬季浇筑混凝土时，外界气温低于 10 ℃左右时，由于水温、气温相对较低，通水量偏大时可能会出现混凝土过冷现象，应根据具体情况对通水流量进行调整。

(3)中期冷却二次控温阶段。

①控温目标：在中期冷却降温结束后，以中期冷却目标温度 T_2 为基准，混凝土温度变化幅度不超过 1 ℃，直至二期冷却降温阶段开始时结束。评价标准为：内部温度传感器测点测量的平均温度和中期冷却目标温度 T_2 之差。

②通水温度及流量：参考通水温度为 14~16 ℃，参考通水流量为 0.3~0.5 m^3/h。早期施工时，应根据温度测量成果，综合考虑混凝土温度、水管密度、通水流量、环境温度等综合因素，及时总结合适的控温通水流量、通水温度和通水时间，并用指导后期的通水冷却施工。

③控温要点：中期冷却二次控温阶段通水可采用混合水，为防止二次控温阶段温度变化幅度过大，应根据温度测量成果，混凝土温度回升值偏大时，应及时进行通水冷却，混凝土温度接近允许值下限时，应及时调整通水措施。施工过程中应总结不同龄期混凝土合适的控温通水流量、通水温度和通水时间，避免出现多次短间歇通水冷却现象。

冬季浇筑混凝土时，外界气温低于 10 ℃左右时，由于水温、气温相对较低，连续通水时可能会出现混凝土降温超标现象，必要时可暂停通水冷却，避免过度冷却和气温骤降叠加对混凝土带来的不利情况。

5.2.10 二期通水冷却施工工艺

二期通水冷却的目的是降低坝体混凝土内部温度使其达到设计要求的封拱灌浆温度，以使缝面张开，进行接缝灌浆。

(1)混凝土二期冷却在中期冷却结束、混凝土龄期大于 90 d 后开始进行的，分为二期冷却降温、一次控温、灌浆控温、二次控温四个阶段，其中控温阶段混凝土冷却器 180 d 内总体温度回升不得超过 3.0 ℃。

二期冷却通水混凝土龄期及温度应满足二期冷却要求，通水温度与混凝土温度之差控制在 10.0 ℃以内。

(2)二期降温阶段。

①二期降温阶段参考通水温度为 8~10 ℃，通水流量 1.2~1.5 m^3/h；

②降温目标：根据温度测量成果及时调整通水流量控制日降温速率不大于 0.5 ℃/d，降温目标达到封拱温度；

③降温过程中应根据温度测量成果，及时调整通水流量；在混凝土达到设计值后，及时调整通水措施，进入二期冷却一次控温阶段。

表 3　大坝封拱温度控制参考表

坝段编号	高程范围(m)	封拱温度(℃)
1 ~ 10	≤575	13.0
	575 ~ 584	14.0
	584 ~ 610	16.0
11	≤575	13.0
	575 ~ 610	14.0
12 ~ 19	≤467	13.0
	467 ~ 610	12.0
20	≤575	13.0
	575 ~ 610	14.0
22 ~ 31	≤575	13.0
	575 ~ 584	14.0
	584 ~ 610	16.0

(2)二期冷却一次控温阶段。

①通水温度及流量：二期冷却一次控温采用间歇通水方法实现，参考通水温度为 8 ~ 10 ℃，参考通水流量 0.2 ~ 0.5 m^3/h。间歇模式为：根据温度测量成果，升温幅度较大时开始通水，达到封拱温度时结束通水。

②控温目标：使混凝土温度维持在设计封拱温度附近，要求约束区混凝土不允许出现超冷，温度升高幅度应≤0.5 ℃，自由区温度变化幅度应≤1.0 ℃。

③温度回升值偏大时，应及时进行通水冷却，混凝土温度接近允许值下限时，应及时调整通水措施。

(3)二期冷却灌浆控温阶段通水冷却要求。

①控温目标：和一次控温阶段相同。

②通水温度及流量：和一次控温阶段相同。闷水测温期间应停止通水冷却。

③控温要点：在接缝灌浆以前，应在各灌区选取 3 ~ 4 层冷却水管进行闷温测温，结合温度传感器测温成果，综合判定是否达到设计封拱温度，不满足要求的灌区，还应继续通水冷却，直至达到要求为止。

(4)二期冷却二次控温阶段通水冷却要求。

①控温目标：使混凝土温度维持在设计封拱温度附近，要求混凝土温度升高幅度应≤1.0 ℃，直至上部灌区接缝灌浆开始时结束。

②通水温度及流量：采用间歇通水方法实现，参考通水温度为 8 ~ 10 ℃，参考通水流量 0.2 ~ 0.5 m^3/h。间歇模式为：根据温度测量成果，升温幅度较大时开始通水，达到封拱温度时结束通水。早期施工时，应根据温度测量成果，综合考虑混凝土温度、水管密度、通水流量、环境温度等综合因素，及时总结合适的控温通水流量、通水温度和时间，并用指导后期的施工。

③应根据温度测量成果，混凝土温度回升接近封拱温度时，应及时进行通水冷却。

6 材料与设备

6.1 冷却水管

6.1.1 冷却水管的材质及制作

(1)固结灌浆层以下在已硬化的混凝土面上和预应力闸墩支撑大梁中冷却蛇形管采用外径 2.54 cm 的金属管;固结灌浆层以上的浇筑层及其余部位铺设的冷却水管均采用 HDPE 塑料管。

(2)金属管宜预先加工成弯段和直段两部分,在仓内拼装成蛇形管圈,并应清除表面的鳞锈、油漆和油渍等物,管道的连接一般采用焊接方法,确保接头连接牢固,不得渗水。当用丝扣、法兰等其他连接方式时,需做接头的现场试验。

(3)HDPE 塑料管应满足表 4 所列指标要求。

表 4 塑料水管指标要求

<table>
<tr><th colspan="2">项目</th><th>单位</th><th>指标</th></tr>
<tr><td colspan="2">管径(内径)</td><td>mm</td><td>28</td></tr>
<tr><td colspan="2">管壁厚度</td><td>mm</td><td>2.0</td></tr>
<tr><td colspan="2">导热系数</td><td>kJ/(mh℃)</td><td>≥1.0</td></tr>
<tr><td colspan="2">拉伸屈服应力</td><td>MPa</td><td>≥20</td></tr>
<tr><td colspan="2">纵向尺寸收缩率</td><td>%</td><td><3</td></tr>
<tr><td colspan="2">破坏内水静压力</td><td>MPa</td><td>≥2.0</td></tr>
<tr><td rowspan="2">液压试验</td><td>温度:20 ℃
时间:th
环向应力:11.8 MPa</td><td colspan="2">不破裂
不渗漏</td></tr>
<tr><td>温度:80 ℃
时间:170 h
环向应力:3.9 MPa</td><td colspan="2">不破裂
不渗漏</td></tr>
</table>

6.2 供水系统

(1)冷却水由布置在坝后不同高程的集装箱式移动式冷水机组供应,冷却干管和支管布置在坝体下游的栈桥、马道或贴角平台上。

(2)冷却供水干管和支管均需包裹保温材料(宜选用橡塑材料),冷却蛇形管进口水温与冷水厂出口水温之差不宜超过 2 ℃。

(3)支管与各条冷却水管之间的连结应可靠有效,并能快速安装和拆除,同时应安装阀门对通水流量进行适时调节,并保证调节某条冷却水管的流量时不致影响其他冷却水管的通水流量。

(4)冷水机组的冷却水供水量、出水温度均需满足相关技术要求,并定期对机组进行保养和维护,机组值班人员应熟悉冷水机组运行工况,能及时并有效的解决运行过程中常见的问题,最终确保冷却水的正常供给。

(5)为满足每 24 小时变换一次水流方向的需要,须在冷却水输送主管或支管上安装水流换向装置:同时为满足冷却水输送管道系统的排气、排污要求,须在冷却水输送主管或支管上安装排气阀和排污阀。

7 质量控制

(1)建立可靠的质量保证体系,加强施工质量管理,把好技术标准关、测量控制关。

(2)配备有经验的施工人员进场施工,确保施工既有高速度又有高质量。

(3)认真执行"三检"(即施工前,施工中和竣工后检查),严格把好"四关"(即图纸复核关、技术交底关、工程试验关及隐蔽工程检查签证关)。

(4)开展对重点难点工序的技术攻关,通过二序控制、工艺控制及标准化作业规程,杜绝质量通病,消除操作中的薄弱环节。

(5)检测工艺。大坝混凝土通水冷却检测项目包括(但不限于):机组供水量,进、回水温度,进、回水流量,各冷却阶段的闷温温度等。

①水温检测:供水主管和冷却水管进、回水温度主要采用红外线点温仪检测,并采用电子温度计或玻璃棒温度计进行校核,无论采用何种温度计均需进行定期校验和率定。同时要求温度计误差控制在 1 ℃以内,采用温度计检测水温时,插入水中 2 ~ 3 min 稳定后读数。水温检测包括供水温度、冷却水管进、回水温度、闷温温度等(每组数据测取 3 个或多个数值的平均值作为最终结果)。

②流量检测:通水流量采用水表和 TDS - 100H 超声波手持式流量计检测。对冷却水管的通水流量一般使用 TDS - 100H 超声波手持式流量计进行检测。

③水温及流量检测频次:冷水机组出水温度、坝体蛇形冷却水管进、回水温度要求每 4h 测量 1 次;坝体蛇形冷却水管通水流量的测量一般与进、回水温度的测量同步进行,一冷、二冷通水流量每 4 h 测量 1 次,中冷通水流量每 12 h 测量 1 次。

④闷温检测:各阶段通水冷却准备结束时,应进行全面的闷水测温,以确定冷却效果是否达到设计要求。若未达到设计要求应继续通水,直至达到要求为止。

8 安全措施

(1)建立健全可靠的安全保护组织体系,加强对职工的施工安全教育,工人上岗前进行安全操作培训和考核。

(2)严格遵守国家现行的有关安全防护技术规程、文件,制定各项专用安全防护管理措施,如防洪、防火、救护、警报、治安、危险品等防护措施。

(3)严格遵守国家劳动法律、法规的规定,及时配备、发放和更换各种劳保用品。劳保用品必须经安全部门检查合格后方可投入使用。

(4)以班组、部门为单位,进行安全学习和总结,及时消灭安全隐患。

(5)作好各项技术准备,经审核批准后的施工技术措施,逐级对施工人员进行交底,并认真贯彻执行,保证安全生产。

(6)在施工区内设置一切必须的信号装置,并严禁施工人员随意移动安全标志。

(7)在施工作业过程中,严格按照各项安全操作规范组织施工作业,并配备足够的应急医疗设施和医务人员。

(8)在施工区域范围设置必要的安全保卫人员,严禁无牌设备、无证人员进入施工区域,严禁不同作业点的设备、人员超越自身的作业范围。

(9)配置专业电气工程师负责和维护整个施工现场的照明系统,为夜间高强度施工创造有利条件,避免夜间施工带来的各种事故隐患。

9 环保措施

做好施工期废水处理和循环利用,按照有关规范规程严格执行。

10 效益分析

施工工法的应用,确保了高拱坝施工质量,经济效益和环境效益明显,节能减排效益突出,社会效益广泛。本施工工法可有效地解决高拱坝混凝土温度控制施工技术难题,对于在越来越复杂的边界条件下进行高拱坝建设,具有重要的社会效益。目前该施工工法已经成功推广应用到了构皮滩、溪洛渡等国内外大型特大型水利水电工程高拱坝施工,具有广阔的推广应用前景。

11 应用实例

11.1 溪洛渡水电站高拱坝工程

溪洛渡水电站大坝为混凝土抛物线双曲拱坝,坝顶高程 610.00 m,建基面最低高程为 332.00 m,最大坝高 278 m,坝顶拱冠厚度 14 m,坝底拱冠厚度 60.00 m,最大中心角 95.58°,顶拱中心线弧长 681.51 m,厚高比为 0.216,弧高比为 2.451。泄水及消能建筑物由双曲拱坝坝身 7 个表孔和 8 个深孔、坝后水垫塘和二道坝、左右岸各 2 条泄洪洞组成。大坝从左到右分成 31 个坝段,坝段宽度从 21 m ~ 23 m 不等,混凝土工程量约 634 万 m^3,最大仓面面积 1 600 m^2,采用不设纵缝的通仓薄层连续浇筑、短间歇、均匀上升的施工工艺。

通过计算及温控分析,混凝土拌和时充分加冰、加冷水,同时采用一、二次风冷,将混凝土粗骨料冷透,可将混凝土出机口温度控制在 7 ℃以下。在夏季高温时段施工时,采取必要的降温及仓面喷雾、新浇混凝土采保温被及时覆盖等项措施,同时加快混凝土入仓及浇筑速度,可将混凝土浇筑温升控制在 5 ℃以内。混凝土浇筑过程中,即进行一期通水削峰,温控要求最严部位,对一期通水采取动态控制,加大初期削峰力度,必要时采取表面流水养护,可将混凝土内部最高温度控制在设计要求的范围内。

溪洛渡水电站高拱坝施工得到了社会和业内专家的一致好评,不仅确保了后续主体工程顺利开展,也为以后类似工程提供了宝贵的成功经验。

11.2 构皮滩水电站高拱坝工程

构皮滩水电站大坝建筑与金属结构设备安装工程施工中通过应用“混凝土高拱坝通水冷却施工工法”,取得了很好的成效。拱坝从 2005 年 10 月开始混凝土浇筑,截至 2007 年 3 月底,拱坝平均上升高度 120 m,完成混凝土浇筑约 125 万 m^3。先进的施工技术在规范的管理体制下得到了较好的应用,特别是各种用途的施工设备和设施定期得到维护保养,利用率很高,施工设备利用率达到 87%,为企业创造了良好的经济效益。细心的管理使拱坝施工质量和进度达到国内一流水平,工程质量优良率达 91.5%,合格率达 100%,为企业创造了良好的社会效益。

(主要完成人:黄　巍　于永军　杨　静　方林飞)

拱坝孔口钢衬混凝土施工工法

中国水利水电第八工程局有限公司

1 前言

拱坝作为挡水建筑物，根据其结构特点、在建期间的度汛需求及完建后的泄水要求，一般设置有底孔、泄洪深孔、表孔等结构，其中泄洪深孔一般处于拱坝中间坝段，具有水头高、输沙量大、断面尺寸大、孔内流速高等特点，为保证拱坝安全运行，深孔流道一般采用全断面钢衬结构进行衬护（包括进口段、孔身段、出口段），如已建的二滩水电站、构皮滩水电站、小湾水电站、三里坪水电站，在建的溪洛渡水电站等。拱坝孔口钢衬部位施工主要包括钢衬安装、多层钢筋网安装、混凝土浇筑等，结构复杂、工程量大、工序多、且一般施工场地狭小，造成孔口钢衬仓层施工间歇期长，混凝土浇筑质量难以保证。而孔口钢衬部位一般为拱坝施工关键线路，该部位施工进度直接关系到拱坝整体上升进度，仓层长间歇期还将增大混凝土温控防裂难度，孔口钢衬部位混凝土浇筑难度大，浇筑质量将直接影响拱坝后续挡水运行的安全性能。

水电八局在溪洛渡拱坝孔口钢衬部位施工过程中通过实践总结了《拱坝孔口钢衬混凝土施工工法》并进行了充分运用，工法成熟可靠，溪洛渡拱坝深孔钢衬底板仓层施工间歇期为 27～36 天，较施工前计划间歇期（36～40 天）最多提前了 13 天，众多混凝土浇筑措施及施工手段使孔口钢衬部位混凝土浇筑密实，并有效的防止了仓面裂缝的发生。采用该工法的《构皮滩双曲拱坝快速施工成套技术》科研课题获中国电力建设科学技术成果一等奖和中国水利水电建设股份有限公司科技进步一等奖、二滩拱坝获詹天佑奖，经济和社会效益显著，节能、环保效益明显，推广应用价值广阔。

2 工法特点

拱坝孔口钢衬部位施工主要包括钢衬底板仓层施工、过流道仓层施工、流道封顶施工，其中钢衬底板仓层施工是孔口钢衬部位施工的重点，控制好该仓层的施工进度及质量，是孔口钢衬部位施工关键。拱坝孔口钢衬混凝土施工工法主要是钢衬底板部位施工方法总结，具有以下几个特点：

（1）能有效缩短仓层施工间歇期。在孔口钢衬仓层施工时，重难点在于钢衬底板仓层的施工。钢衬底板仓层施工工序多（主要包括钢衬吊装、底板及侧墙钢筋安装、混凝土浇筑等）、工程量大（钢衬在底板仓层集中吊装到位，钢筋安装量大）、施工场地狭小、施工难度大，钢衬底板仓层施工间歇期控制难度大。

本工法施工过程中主要通过优化钢衬吊装方案及优化仓层施工工序等措施有效的降低了钢衬底板仓层施工间歇期，加快孔口部位施工进度。

（2）能有效防止仓面裂缝的发生。孔口钢衬仓层施工间歇期较普通仓层长，且溪洛渡孔口钢衬仓层施工时正好处于秋冬季，仓层温控防裂难度更大。

本工法主要通过降低仓层间歇期、掺加 PVA、保温养护、控制混凝土浇筑温度及最高温度等措施来防止仓面裂缝的发生。

（3）能有效保证混凝土浇筑质量。深孔钢衬底部被钢衬底板及侧墙钢筋网等分隔成相对封闭区域，且钢衬底板部位有横向和纵向加劲板，钢筋密集，混凝土入仓困难，控制好钢衬底板部位混凝土浇筑质量，保证该部位混凝土浇筑密实是施工重点。

本工法主要通过在底板开浇筑孔和排气孔、钢衬底板部位浇筑高流态混凝土并利用泵车配合浇筑、埋设接触灌浆系统进行后期接触灌浆等措施来保证混凝土浇筑质量，使钢衬底板部位混凝土浇筑密实。

3 实用范围

本工法主要适用于水利水电工程拱坝孔口钢衬部位混凝土施工。

4 工艺原理

4.1 钢衬吊装优化措施

(1)钢衬预拼装。钢衬一般分为多节进行安装，在吊装入仓前，提前在其他工作面按顺水流方向摆放整齐并进行预拼装，以缩短入仓后的调整拼接时间。

(2)钢衬两两焊接抬吊。钢衬制作时就进行了分节，在预拼装时提前将两两分节进行焊接施工，并利用缆机进行抬吊入仓，大大降低了在仓面上的钢衬焊接工程量及钢衬环缝焊接所占直线工期，并将钢衬吊装次数降低到原来的一半。

(3)钢衬在坝段上的安装。钢衬在进行坝段安装时，首先吊装坝段中部两节进行定位，然后从中部向上、下游两个方向进行安装，上下游钢衬焊缝可同时施工，缩短钢衬环缝焊接所占直线工期。

4.2 仓层施工优化工序

(1)仓层上下游模板施工与钢衬安装施工同步进行，模板施工不占直线工期，模板施工完成后，相继进行上下游坝面及闸墩钢筋安装施工，亦不占直线工期。

(2)钢衬从中部向上下游进行安装施工，钢筋安装施工从已完成钢衬安装段同步向上下游进行施工，大大缩短了钢筋施工所占直线工期，缩短了仓层间歇期。

4.3 浇筑高流态混凝土

(1)高流态混凝土是一种仅靠混凝土自重作用，无需振捣便能均匀密实成型的高性能混凝土，具有良好的流动性、抗离析性和良好的填充性。为保证混凝土浇筑质量，钢衬底部采用高流态混凝土施工。

(2)浇筑高流态混凝土前，先进行钢衬两侧常态混凝土的浇筑，并在钢衬部位形成“U”型槽，以保证混凝土顺利进入钢衬底板部位。

(3)为防止常态混凝土与高流态混凝土搭接部位出现初凝现象，高流态混凝土浇筑时，进行多点定点下料，最快速度完成高流态混凝土的下料浇筑施工。

(4)在钢衬底板上开设浇筑孔，在高流态混凝土淹没钢衬底板钢筋时，利用混凝土泵车对钢衬底板部位进行辅助浇筑，保证该部位混凝土浇筑密实。

4.4 对底板脱空部位进行灌浆处理

(1)混凝土收仓后，钢衬底板部位脱空现象不可避免，为确保钢衬底部混凝土密实，在钢衬底部混凝土浇筑完成后，须对钢衬底部进行接触灌浆。钢衬接触灌浆采用“预埋拔管灌浆槽 + 补钻孔灌浆”相结合灌浆方式。

(2)预埋拔管灌浆槽是在钢衬制作时预先布置灌浆槽，钢衬安装时设置拔管，混凝土浇筑完成后进行拔管形成灌浆槽后利用灌浆槽进行接触灌浆方法。

(3)“补钻孔灌浆”是在灌浆槽接触灌浆后，经检查由于接触灌浆槽覆盖范围有限造成部分空腔需要灌浆部位采用钻孔接触灌浆方法。

4.5 孔口钢衬各仓层掺加 PVA

PVA 是一种高强高弹性模量的合成纤维，能有效抑制混凝土的早塑性裂缝，而且可以提高混凝土强度。孔口钢衬部位各仓层间歇期长，各仓层均掺加适量 PVA，防止仓面裂缝的产生。

4.6 **混凝土温度控制**

（1）严格控制混凝土浇筑温度，包括出机口温度、入仓温度、浇筑温度。

（2）严格控制混凝土最高温度。通过布置数字式温度计对仓层混凝土温度进行实时监控；钢衬混凝土初凝后，在钢衬内进行了冷却水流水养护；钢衬底部相对封闭区域及钢衬两侧部位冷却水管均布置单独回路，通过冷却水管通冷却水控制混凝土最高温度。

5 工艺流程及操作要点

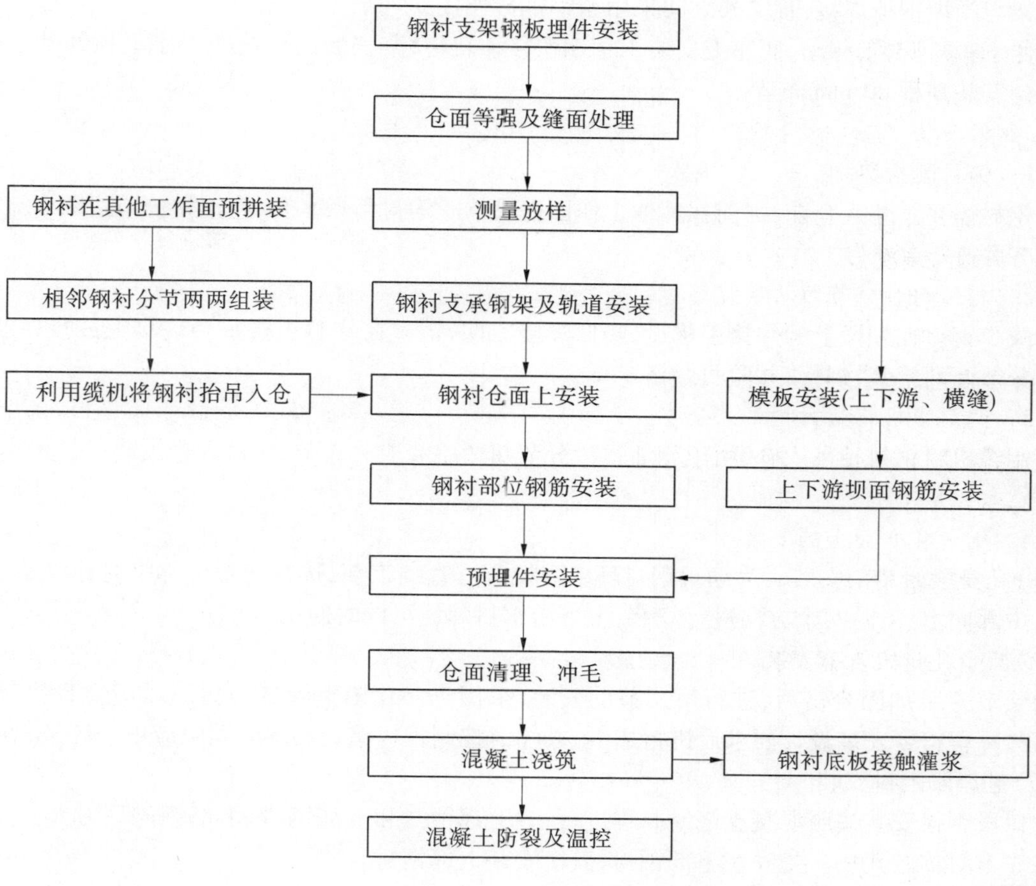

图1 施工工艺流程图

5.1 施工工艺流程

5.2 施工操作要点

5.2.1 钢衬支架钢板埋件安装

在钢衬安装层上一仓混凝土浇筑前，提前完成钢衬支架钢板埋板及斜拉杆埋板等预埋件加工，并在混凝土收仓时根据钢衬位置对钢衬支架钢板埋件进行放样安装。

5.2.2 仓面等强及缝面处理

在钢衬安装层上一仓混凝土浇筑完成后等强1～2天，待强度达到2.5 MPa后，才准许施工人员进入进行后续施工。

缝面处理主要是对混凝土水平施工缝面及坝段横缝面利用高压水冲毛机进行冲毛施工，局部辅以人工凿毛。

5.2.3 测量放样

在仓面缝面处理完成后，利用全站仪、水准仪等设备在仓面进行放样作业，主要是对模板安装及钢衬安装进行精度控制。

(1)模板安装放样。模板安装前，根据坝段体型放出控制线及控制坐标等，作为后续模板提升安装施工基线、基点，保证模板安装精度。

(2)钢衬安装放样。为了保证钢衬安装的准确性，根据设计图纸，采用全站仪放置钢衬安装时需使用的里程、中心、高程等控制样点。

5.2.4 钢衬支承钢架及轨道安装

钢衬支承钢架是实现钢衬调整、定位安装的基础，进行支承钢架安装时，根据钢衬分节位置将支承钢架与预埋钢板焊接，且支架之间采用型钢进行连接。

为便于钢衬调整、移动，底座上安装工字钢作移动轨道，其安装高度按照工字钢顶部低于钢衬底部理论安装高程 80 mm 布置。

5.2.5 钢衬安装

5.2.5.1 钢衬预拼装

在钢衬需要吊装入仓前，提前在其他工作面搭设临时钢衬组拼平台，将钢衬分节按顺水流方向摆放整齐并进行预拼装。

5.2.5.2 相邻钢衬分节两两组装

为减少钢衬在坝段上的焊接工程量，降低焊接工期，钢衬在临时组拼平台现场完成预拼装后，将相邻分节两两组装、焊接，并验收合格。

5.2.5.3 利用缆机将钢衬抬吊入仓

利用缆机将钢衬抬吊入仓，由于相邻钢衬分节两两组装成一大节，钢衬入仓吊装次数相应减少一半。

5.2.5.4 钢衬在仓面上的安装

(1)孔身段始装节安装。为缩短钢衬环缝焊接所占直线工期，选择孔身中部钢衬作为始装节，然后从中部向上、下游两个方向进行安装，上下游钢衬焊缝可同时施工。

(2)其余孔身段管节安装

始装节安装加固合格后，进行第二节的安装，采用千斤顶调整管节，使管节的上、下游管口中心、里程、高程符合安装设计要求后进行压缝，并注意控制钢衬错边和环缝间隙应小于等于 3 mm。

(3)进口段钢衬安装

进口段钢衬安装按照混凝土浇筑高程进行，分上部钢衬和下部钢衬，下部钢衬呈 U 型，上部为平行且左右对称的瓦块。先安装下部钢衬，其次安装上部钢衬。

(4)出口段钢衬安装

出口段钢衬安装按照混凝土浇筑高程进行，从底部到顶部的顺序进行安装。

(5)与门槽相接处处理方法

与门槽相接处先预留一定余量，以便误差调整和与门槽相连。

5.2.6 模板施工

大坝孔口钢衬部位仓层模板施工主要为大坝上下游面模板、横缝面模板、预留二期混凝土的相应模板等。

根据模板安装与钢衬安装在施工空间上相互之间并无很大干扰，模板施工与钢衬安装施工可同步进行。

(1)上游面模板。深孔上游倒悬牛腿部位起始层采用内拉组合钢模板配合木模板立模，上部采用混凝土预制模板，牛腿直立段采用组合钢模板配合木模板立模。牛腿侧面采用组合钢模板配合木模板立模。

(2)下游面模板。拱坝孔口钢衬部位仓层下游面均设有倒悬牛腿结构。下游牛腿倒悬面起始层均采用外撑式支撑结构，面板采用组合钢模板配合木模板立模；上部采用1.8m宽悬臂大模板立模；牛腿侧面采用悬臂大模板和定型钢模立模，局部辅以木模板补缝。

(3)横缝面模板。孔口钢衬部位仓层横缝面模板采用全悬臂键槽模板，立模时直接将键槽模板向上提升。

(4)门槽二期混凝土模板。孔口钢衬部位仓层均设置有事故门和工作门结构，门槽二期混凝土预留空间采用埋设定型木盒形成。

5.2.7 钢筋安装

拱坝孔口钢衬部位仓层钢筋主要包括钢衬部位钢筋、上下游坝面钢筋、上下游闸墩钢筋等。

(1)钢衬部位钢筋施工。由于深孔钢衬先进行安装，钢衬底部钢筋施工条件将受到限制，钢衬底部底板钢筋安装顺序为先安装最高层底板钢筋，然后向下逐层安装。钢衬底部底板钢筋由于受钢衬安装轨道和钢衬锚筋影响，安装间距可根据实际情况适量微调，钢筋总量不变。钢衬从中部向上下游进行安装施工，钢筋安装施工从已完成钢衬安装段同步向上下游进行施工，可缩短钢筋施工所占直线工期。

钢衬两侧及顶部钢筋施工时先安装里层钢筋，后安装外层钢筋，钢筋安装需严格控制钢筋保护层厚度及钢筋间、排距，以满足钢筋图纸要求。

(2)上下游坝面及闸墩钢筋安装

上下游坝面及闸墩钢筋须待上下游模板施工完毕后进行安装施工，上下游模板施工与钢衬安装施工同步进行，模板施工不占直线工期，模板施工完成后，相继进行上下游坝面及闸墩钢筋安装施工，亦不占直线工期。

5.2.8 预埋件安装

根据孔口钢衬部位各仓层实际需求，进行预埋件安装施工。包括模板定位锥的埋设，钢衬底板部位冷却水管回路的提前埋设等。

5.2.9 仓面清理、冲毛

孔口钢衬仓层主要备仓工作(钢衬安装、钢筋安装、模板安装等施工)完成后，对仓面进行清理，将备仓设备吊运出仓，将相关材料进行分类整理回收，将垃圾废物等打扫干净。

仓面清理完成后，利用高压水冲毛机再次对施工缝面进行冲毛处理。

5.2.10 混凝土浇筑施工

5.2.10.1 混凝土浇筑分层

孔口钢衬部位混凝土浇筑分层原则上按3 m厚进行。但因各工程钢衬底板高程所处位置的不同，浇筑分层可进行适当调节，以满足钢衬安装的需要。

5.2.10.2 混凝土拌和及运输

(1)混凝土的拌和生产。混凝土由混凝土拌和系统进行生产，由于孔口钢衬部位各仓层间歇期长，各仓层均应掺加适量PVA，防止仓面裂缝的产生

(2)混凝土的运输。混凝土水平运输采用侧卸车，垂直运输采用缆机。

5.2.10.3 常态混凝土浇筑

孔口钢衬部位仓层的常态混凝土主要浇筑在钢衬两侧与横缝之间的区域。常态混凝土除保证自身浇筑质量外，需要为后续钢衬底板部位高流态混凝土的浇筑提供条件。

(1)混凝土浇筑开仓前，应根据仓层实际情况认真编制仓面工艺设计，现场施工严格按照仓面工艺设计执行。

(2)入仓混凝土按先平仓后振捣的顺序进行施工。孔口、钢衬周边、闸墩等部位浇筑混凝土时，不具备机械平仓及振捣条件，均采用人工平仓振捣；其余部位主要采用机械平仓振捣。平仓振捣设备根据仓面情况和浇筑强度进行配置。仓面第一层常态混凝土浇筑时，分别从上游、左侧及右

侧三个方向同时开始浇筑，向下游推进。

（3）常态混凝土主要浇筑在钢衬两侧与横缝之间的区域，由于钢衬周边立筋、底板断水流钢筋、斜筋密集，常态混凝土端头部位需与钢衬钢筋之间预留一定距离，在钢衬侧边形成“U”形槽，以便高流态混凝土进入钢衬底板。

（4）为保证高流态混凝土入仓强度，孔身段两侧相对固定布置 2 ~ 3 个高流态混凝土进料点，这些部位常态混凝土下料、平仓时，靠钢衬侧不下料或少下料，以形成高流态混凝土进料的受料坑。

5.2.10.3　高流态混凝土浇筑

钢衬底板部位浇筑高流态混凝土并利用混凝土泵车进行补充浇筑

（1）深孔钢衬断面为矩形，横向加劲板及钢筋网布置较密，若采用常规混凝土浇筑，钢衬底部人工无法振捣，难以回填密实。为保证混凝土浇筑质量，钢衬底部采用高流态混凝土施工。

（2）为保证钢衬底部浇筑密实，在钢衬制作过程中按要求在钢衬底板上开设有浇筑孔和排气孔。钢衬底板布设的浇筑孔、排气孔被充分利用，这些孔在混凝土浇筑过程中被用于进行布设泵管浇筑、使用振捣棒辅助振捣、排气、观察、测量等作业，对浇筑过程的精细化控制及底板部位混凝土浇筑密实起到了至关重要的作用。

（3）仓层浇筑施工过程中自上游往下游推进，先常态混凝土后高流态混凝土，常态混凝土在钢衬底部形成“U”形槽后，进行高流态混凝土浇筑。为防止常态混凝土在高流态混凝土浇筑过程中，由于浇筑时间持续太长导致该搭接部位发生初凝等现象，主要注意以下几点：

高流态混凝土浇筑时机的选择。常态混凝土浇筑完第二（或第三）坯层时，在钢衬两侧形成了“U”形槽，此时常态混凝土顶部比槽底高 100 cm 左右，马上开始高流态混凝土浇筑，在高流态混凝土浇筑完一个（或两个）坯层后，马上开始进行常态混凝土的下料振捣，防止搭接部位出现初凝现象；待浇筑完常态混凝土第四（或者第五）坯层后，开始第 2 次高流态混凝土浇筑，第 2 次高流态混凝土需保持连续浇筑，在此过程中常态混凝土与高流态混凝土交替下料，但“U”形槽始终保持 50 cm 以上的高差，保证高流态混凝土由足够压力流入钢衬底板部位。

高流态混凝土下料点的布设。为保证高流态混凝土浇筑速度足够快，提高高流态混凝土入仓强度，降低常态混凝土与高流态混凝土搭接部位发生初凝现象的风险，钢衬两侧各设置 2 ~ 3 个下料点同时下料。

泵送混凝土进行辅助浇筑。在深孔钢衬底部混凝土浇筑施工前，在相邻坝块布置 HTB – 60 混凝土输送泵，泵管从钢衬进口架设进入流道内。浇筑过程中随时检测高流态混凝土距离钢衬底板钢筋的距离，当高流态混凝土上升至距钢衬底板约 50cm，即混凝土尚未并即将淹没顶层钢筋时，此时高流态混凝土浇筑进入关键阶段，务必一次浇筑完成，同时钢衬内开始泵送混凝土输送。

（4）钢衬底板高流态混凝土浇筑时利用浇筑孔等对钢衬底部混凝土的密实性进行现场控制：在浇筑最后一坯层高流态混凝土时，自上游往下游推进，在上一个浇筑孔泵送混凝土时，混凝土流至下一个浇筑孔振捣区域，观察周边孔口动态，同时在底板浇筑孔插入振捣棒尽可能赶料振捣并充分排气，当浇筑孔、排气孔孔口开始有混凝土溢出，继续供料约 5 ~ 20 s，将泵管转入下一个浇筑孔供料。

5.2.10.4　混凝土浇筑过程中对钢衬进行监测

钢衬安装要求精度高，除在钢衬安装过程进行精细控制外，在钢衬底板仓层混凝土浇筑过程中也必须格外关注钢衬的抬动变形、钢衬整体侧向移动变形等。

（1）为防止钢衬底部混凝土浇筑造成钢衬整体抬动，在钢衬两侧利用工字钢设置斜拉杆，斜拉杆间距为 3 m 左右，斜拉在钢衬两侧。

（2）在钢衬内部利用钢衬底板排气孔设置抬动变形观测装置，浇筑过程中安排专人进行监控，发现异常及时通知仓面总指挥及盯仓领导，对混凝土浇筑入仓强度进行调节。

(3)为保证钢衬安装精度,防止钢衬整体向左、右岸偏斜,除在钢衬两侧设置斜拉杆外,钢衬两侧混凝土浇筑过程中也必须严格控制了上升速度,保证两侧混凝土均匀上升。

5.2.10.6 混凝土收面

浇筑前在仓内四周施工缝面或模板上标注收仓线。收面时,将仓内脚印、棒坑抹平。

5.2.11 钢衬底板部位接触灌浆

混凝土收仓后,钢衬底板部位脱空现象不可避免,为确保钢衬底部混凝土密实,在钢衬底部混凝土浇筑完成后,须对钢衬底部进行接触灌浆。钢衬接触灌浆采用"预埋拔管灌浆槽 + 补钻孔灌浆"相结合灌浆方式。

5.2.11.1 预埋拔管灌浆槽灌浆

预埋拔管灌浆槽是在钢衬制作时预先布置灌浆槽,钢衬安装时设置拔管,混凝土浇筑完成后进行拔管形成灌浆槽后利用灌浆槽进行接触灌浆方法。

(1)接触灌浆系统的组成。接触灌浆系统由灌浆(排气)槽、灌浆(排气)支管、灌浆并联管和灌浆引管组成。

(2)灌浆槽的形成。外翻边C型钢管采用定制加工,钢衬加工时安装在钢衬底板相应位置,点焊连接。C型钢安装完成后,在其中穿两根Φ 4 mm钢丝,用作牵引塑料拔管。

拔管根据灌浆槽长度、混凝土浇筑分层高度,埋设高度等进行布设,一个灌浆槽各端安装一根拔管,中间位置不得留置空间。拔管安装到位后进行充气,充气根据平时试验结果适量,确保拔管上下面接触紧密不至于拔管冲破。C型钢两端分别焊接一根ϕ40钢管,钢管制作成弧形,端头高出预浇筑混凝土顶面0.3 m。拔管穿过钢管一定长度,长度需满足拔管作业要求。混凝土浇筑完成24小时后开始放气拔管。

(3)灌浆支管的布设。灌浆支管是在混凝土浇筑完成拔管形成灌浆槽后与灌浆槽相连的钢套管,其与灌浆主管及排气主管连接。

(4)钢衬底板接触灌浆施工。接触灌浆时机的选择:为保证接触灌浆质量,且不能影响大坝横缝接缝灌浆施工,钢衬底板接触灌浆在各孔底板高程相应的横缝灌区接缝灌浆完成后进行。

接触灌浆材料选择:采用P·O 42.5普通硅酸盐水泥浆液或者磨细水泥浆液灌浆,必要时采用LPL化学灌浆材料灌浆。

接触灌浆设备选择:灌浆采用小型灌浆泵灌注,管道畅通性检查采用自来水和人工记录,控制阀门控制通水压力,灌浆施工过程进浆情况采用三参数记录仪记录,孔口放浆浓度采用比重称控制,排浆压力采用压力表控制,人工记录。

接触灌浆压力及控制:应严格控制预埋灌浆系统灌浆压力及灌后补灌压力。

接触灌浆施工顺序:灌浆应自低处开始,并在灌浆过程中敲击震动钢衬,待各高处灌浆管分别排出浓浆后,依次将其孔口阀门关闭。同时应记录各孔排出的浆量和浓度。不同灌浆分区的灌浆槽分别依次灌浆,同一灌浆分区的灌浆槽依次自低向高灌浆。

接触灌浆结束标准:灌浆(排气)管排出最浓一级浆液后闭浆,在规定的压力下,灌浆管停止吸浆,延续灌注5 min,即可结束。

5.2.11.1 补钻孔灌浆

"补钻孔灌浆"是在灌浆槽接触灌浆后,经检查由于接触灌浆槽覆盖范围有限造成部分空腔需要灌浆部位采用钻孔接触灌浆方法。

(1)对检查的钢衬脱空部位采用磁座电钻开灌浆孔和排气孔钻孔,对孔距进行合理控制。

(2)灌浆前应用风检查缝隙串通情况,吹出空隙内的污物和积水。风压必须小于灌浆压力。

(3)灌浆压力必须以控制钢衬变形不超过设计规定值为准。

(4)灌浆自低处孔开始,并在灌浆过程中敲击震动钢衬,待各高处孔分别排出浓浆后,依次将其孔口阀门关闭。同时应记录各孔排出的浆量和浓度。

(5)在规定压力下,灌浆孔停止吸浆,延续灌注5min,即可结束。

(6)灌浆结束后采用焊补法封孔,焊后用砂轮磨平。

5.2.12 混凝土防裂及温控

拱坝孔口钢衬部位由于其结构的复杂性及重要性,需要做好温控工作,保证施工质量,不出温度裂缝。在施工过程中,为防止深孔坝段钢衬底板仓层在备仓过程中,由于长间歇期出现仓面裂缝,并保证该仓层混凝土浇筑完成后,很好的控制最高温度,应采取多种措施。

5.2.12.1 混凝土掺加PVA

拱坝孔口钢衬部位仓层间歇期较长,为增加混凝土的抗裂性能,降低仓面开裂风险,故在钢衬底板仓层下部仓号混凝土浇筑施工时全仓混凝土掺加了PVA。

5.2.12.2 铺设冷却水管

钢衬底部相对封闭区域冷却水管布置单独回路,钢衬底部至混凝土面的区域内,冷却水管按根据空间大小进行铺设,并在混凝土浇筑施工前提前铺设固定到位。钢衬两侧部位冷却水管布置单独回路,布置两层。

5.2.12.3 混凝土温度控制

(1)混凝土浇筑温度控制。浇筑过程中严格按相应设计要求控制混凝土出机口温度、入仓温度、浇筑温度,安排测温人员对外界气温、仓内气温、混凝土原材料(粗骨料)、混凝土机口温度、入仓及浇筑温度进行检测,做好记录并适时预警。

(2)混凝土最高温度控制。通过布置数字式温度计对仓层混凝土温度进行实时监控;钢衬混凝土初凝后,在钢衬内进行了冷却水流水养护;钢衬底部相对封闭区域及钢衬两侧部位冷却水管均布置单独回路,冷却水管铺设完成后便开始通水,控制混凝土最高温度。

5.2.12.4 覆盖保温被

若孔口钢衬部位仓层施工时处于低温季节,气温较低,为减小内外温差,可在混凝土浇筑冲毛后,及时在仓面覆盖保温被,并在保温被上洒水,保持湿润。

6 材料与设备

6.1 施工材料

6.1.1 钢衬安装主要施工材料

钢衬安装施工材料主要用于钢衬在仓面安装时的支承及环缝焊接。

(1)钢衬安装前仓面支承钢架埋板主要使用Q235钢板。

(2)支承钢架主要使用槽钢,型号及数量根据工程确定。

(3)钢衬安装轨道主要使用Q235工字钢及角钢,型号及数量根据工程确定。

(4)钢衬环缝焊接时需搭设施工平台,搭设材料主要使用钢管,型号及数量根据工程确定。

(5)钢衬环缝焊接使用焊条,型号及数量根据工程确定。

6.1.2 混凝土浇筑主要施工材料

混凝土浇筑施工材料主要使用在备仓过程及浇筑过程。

(1)钢筋、模板安装过程中用于支撑的施工筋。

(2)混凝土浇筑过程中,一些部位需使用钢管搭设溜槽,使用铁丝进行绑扎。

(3)冷却水管铺设过程时,各种固定设置使用圆钢制作而成。

(4)混凝土浇筑完成后保温养护使用保温被。

(5)电焊条

以上材料型号及数量应根据工程确定。

6.1.3 钢衬底板部位接触灌浆主要施工材料

钢材底板部位接触灌浆施工材料主要使用在灌浆系统的布设。

(1)形成灌浆槽主要使用C型钢、塑料拔管、钢丝。

(2)灌浆管路主要使用钢管,管路连接使用各类接头、管路固定使用钢筋及铁丝。

(3)电焊条。

以上材料型号及数量应根据工程确定。

7.2 施工设备

工程所需设备情况见表1。

表1 施工设备

	序号	设备名称	型号规格	数量	备注
钢衬安装使用设备	1	30t缆机	30t	2	各类设备仪器类型及数量应根据具体工程确定
	2	逆变焊机	ZX7-400S	150	
	3	碳弧气刨装置	ZX7-630	8	
	4	焊条干燥箱	FN202-4	4	
	5	空压机	13L-10/8	1	
	6	磁座钻	J3C-03	4	
	7	电子水准仪			
	8	水准仪	S3	4	
	9	经纬仪	J2	2	
	10	超声波探伤仪	EPOCHIII(2300)		
	11	磁粉探伤仪	CDX-4型	2	
	12	全站仪	Lika8801	1	
混凝土浇筑使用设备	序号	型号及规格		数量(台套)	备注
	1	拌和楼	4×4.5	3	各类设备仪器类型及数量应根据具体工程确定
	2	吊罐	9.0 m^3	4	
	3	缆机	30T	3	
	4	平仓机		2	
	5	振捣车		2	
	6	振捣器	ϕ100 mm	16	
	9	变频机		8	
	10	4-14W/M钢筋调直机		2	
	11	WLQ70型冲毛机		2	
	12	QJ40-2Q钢筋切断机		4	
	13	三一-60/80型混凝土泵		2	
	14	9 m^3 集料斗		2	

续表 1

	序号	设备名称	规格	数量	备注
钢衬底板接触灌浆使用设备	1	高速制浆机	ZJ－400	1	各类设备仪器类型及数量应根据具体工程确定
	2	灌浆泵	小型泵	2	
	3	储浆桶	1 m^3	1	
	4	空压机	5 m^3	1	
	5	双层搅拌桶	200L＊200L	2	
	6	压力表	0.4 MPa	10	
	7	千分表		6	
	8	汽车	5 t	1	
	9	电焊机		2	
	10	磁座电钻		1	
	11	施工锤		2	

7　质量控制

7.1　质量管理体系

(1)为确保孔口钢衬部位施工质量,建议成立质量专项管理小组,负责各工序施工组织管理工作,保证该部位各项施工按工艺组织施工,从而保证施工质量。

(2)严格按规程、规范及施工技术要求施工,以工序过程控制为中心,对施工过程中的“常见病”、“多发病”进行重点检查、整改,杜绝违规施工。

(3)各项施工检查严格实行“三检制”。

7.2　钢衬安装质量控制措施

(1)采取支承钢架做安装固定底座,采用槽钢做斜拉筋,便于安装定位,防止混凝土浇筑时钢衬跑位。

(2)焊接时对称施焊,减少焊接变形。

(3)中心线(水平投影)放样一次完成,避免分段放样误差。

(4)要求混凝土浇筑时对称下料、对称震捣,减少混凝土浇筑对钢衬侧向受力的不均衡因素,并在浇筑过程中跟踪检测。

7.3　混凝土浇筑质量保证措施

(1)开仓前认真编制仓面工艺设计,施工过程中严格安装工艺设计要求执行。

(2)进、出口钢衬严格按照施工方案进行安装及固定,钢衬肋板设置足够的反拉支撑,确保钢衬在混凝土浇筑过程中不发生移位和变形。

(3)在钢衬部位混凝土浇筑前,设定监测控制点,进行浇筑过程中的变形移位观测。确保浇筑过程模板的变形及位移控制在规范允许的范围之内。

(4)混凝土浇筑过程中,指派专人监护上、下游面模板,对过程中的位移进行及时的调整及加固。

(5)混凝土浇筑前,配备足够的保温被、设置专门的保温被覆盖施工人员,及时对坯层面进行保温覆盖,严格控制混凝土浇筑温度。

(6)设专人负责混凝土的保温及养护,严控混凝土出现温度裂缝。

(7)对于钢筋密集区混凝土不易直接下料的部位,在钢筋网顶部架设简易集料斗并采用溜筒入仓的方式进行混凝土浇筑,人工振捣区域配备足够的手持振捣棒进行振捣作业。

(8)由于深孔孔身段钢衬距左、右横缝面最近处直线距离在6m左右,加上布置钢衬安装需要的加固斜撑及钢衬锚筋,导致缆机卸料和浇筑空间比较狭小,为确保混凝土吊灌顺利下料,应配置经验丰富的信号工在仓内指挥下料。

(9)混凝土浇筑前,组织施工人员对自密实混凝土浇筑施工工艺进行专门的技术交底,使现场施工人员熟悉浇筑工艺,确保自密实混凝土浇筑施工质量。

7.4 钢衬底板部位接触灌浆质量保证措施

(1)做好开灌的准备工作,逐项检查人员到位情况、机具运行是否正常、供浆系统是否正常、管路连接和水、电是否可靠,通讯是否正常等,保证灌浆的连续性。

(2)严格按照拔管成孔试验成果进行拔管施工,对混凝土各项参数、出仓时间及与拔管接触时间详细记录,并安排专人专管,对整个混凝土浇筑及拔管成孔进行全程控制,保证拔管成孔质量。

(3)所有灌浆管路必须进行详细编号,粘贴明细牌并进行保护,保证灌浆质量。

(4)严格控制灌浆压力,安排专人看守压力表和抬动变形观测,如发现有抬动,应立即采取回压或停止灌浆,并查明原因,并做好详细记录,及时报告监理工程师研究处理,保证灌浆部不出现有害抬动变形。

8 安全措施

8.1 安全管理体系

(1)执行安全法规。坚持“安全第一,预防为主”的方针,坚定不移地贯彻执行国家及上级主管部门颁发的有关安全生产的法规和规定。经常教育职工文明施工,把安全生产放在首位,牢牢树立“安全第一,预防为主”的指导思想,遵守各项安全操作规程。坚持全员、全过程、全方位、全天侯的“四全”动态管理,及时消除事故隐患,努力实现安全生产“零”事故。

(2)制定施工安全技术措施。组织工程技术人员对安装施工作出策划,策划安全施工技术方案时,安全员参加,所有的施工组织设计和技术措施文件,必须有明确的安全技术措施。

(3)加强安全教育。对全体职工进行经常性的安全教育和技术培训,提高职工的安全素质和自我保护能力。安全员每天巡视各施工面,检查施工现场的安全情况及是否有违章作业情况,一旦发现及时制止,班前交待注意事项,班后讲评安全,把事故消灭在萌芽状态。

8.2 安全管理措施

(1)在工程区内行驶和进行运输作业的车辆必须遵守交通安全管理规定和施工安全管理规定。在交通要道及交叉路口设醒目标志牌及专职车辆安全指挥人员;

(2)所有机械操作人员必须持证上岗,按照操作程序正确操作,严禁违章作业,杜绝酒后上机,起重机操作人员必须按照安全要求正确指挥及操作;

(3)施工现场应实施机械安全管理安装验收制度,机械安装要按照规定的安全技术标准进行检测。所有操作人员要持证上岗。使用期间定机定人,保证设备完好率;

(4)混凝土运输车辆及钢筋、模板等运载车辆均不准超载、超宽、超高运输;

(5)运输车输应文明行驶,不抢道、不违章,隧洞内行驶速度不能超过15 km/h,施工区内行驶速度不能超过25 km/h;仓面内行驶速度不能超过5 km/h;

(6)各类车辆必须处于完好状态,制动有效,严禁人料混载;

(7)指挥人员统一指挥信号,信号要鲜明、准确,门机、缆机及塔机驾驶人员应听从指挥。

(8)施工现场用电设备定期进行检查,防雷保护、接地保护、变压器等每季度测定一次绝缘强度,移动式电动机,潮湿环境下电气设备使用前检查绝缘电阻,对不合格的线路设备及时维修或更换,严禁带故障运行。

(9)检修、搬迁电气设备(包括电缆和设备)时,先切断电源,并悬挂“有人工作,不准送电”的警告牌。

(10)非专职电气值班员,不得操作电气设备。

9 环保措施

严格遵守国家的环境保护法,为确保环境保护满足要求,建立健全以“预防为主,防治结合、综合治理”的环境保护原则。

(1)施工区和生活营地布置合理,环境整洁、优美,通道畅通。

(2)施工操作地点和周围保持清洁整齐,施工和生活垃圾应丢到指定的垃圾堆放处,做到活完脚下清、工完场地清。

(3)生产和生活废水经沉淀处理,达到排放要求后,排至场区以外指定的排水沟。

(4)对施工中产生的废气、废(污)水、粉尘、噪声、振动和电磁等进行相应处理和采取有效的防治措施,达到国家规定的排放和环境质量标准。

(5)机械设备根据规定,安装消音装置。严格遵守机械设备操作规程,定期维护保养,降低机械噪音。

(6)加强现场生产管理,设专人清理打扫施工现场。原材料分类堆放整齐,并将废旧材料及时清理运输出施工现场。

(7)灌浆施工作业前,对作业现场进行统一文明施工规划,废水废浆有序排放。

(8)设立专职文明施工负责人,及时清理施工现场废水、废浆、生活垃圾,保持施工现场整洁。

10 效益分析

10.1 经济效益

(1)本工法在施工过程中优化了钢衬安装方案及仓层备仓工序,大幅度缩短了孔口钢衬仓层间歇期。

钢衬安装前在其他工作面进行了预拼装,并将相邻钢衬分节两两提前组装好形成一个吊装单元,使用两台缆机将单个吊装单元进行抬吊入仓,钢衬从坝段中部向上下游同时安装,大大减少了钢衬吊装次数,并降低了仓层上钢衬焊接所占直线工期。钢衬安装与其他部位模板、钢筋安装等并行施工,降低了仓层备仓时间。

经过优化施工措施,深孔钢衬底板仓层施工间歇期为27~36天,较施工前计划间歇期(36~40天)最多提前了13天,进度有明显提升。孔口钢衬部位施工进度的提升能有效加快坝体上升速度,为工程的蓄水发电目标的实现打下基础。而且本工法中,由于钢衬吊装入仓次数的大幅度减少,对缆机的占用率大大降低,为其他仓面混凝土浇筑的施工提供条件,能很好的提升工程产量,具有良好的经济效益。

(2)本工法中,钢衬底板部位浇筑高流态混凝土。孔口钢衬部位施工场地狭小,利用缆机下料施工,若采用以往其他施工方法对钢衬底板部位进行浇筑施工,还需要搭设溜槽等,混凝土的下料、平仓、振捣更费时费力,本工法中,常态混凝土浇筑时在钢衬侧形成“U”槽(无需搭设溜槽),为高流态混凝土浇筑提供条件,且高流态混凝土无需振捣,可自流密实。本工法与其他施工方法相比,更节约材料及人力。

10.2 社会效益

一般来说,拱坝孔口钢衬施工直接制约大坝的上升,是拱坝施工的重点工作之一。该工法经过溪洛渡拱坝孔口钢衬部位施工检验,最早27天完成4号泄洪深孔首个孔口钢衬仓层混凝土施工,为实现发电目标创造了有利条件,也为其他工程孔口钢衬混凝土施工积累了经验,具有良好的示范意义。

11 实用实例

11.1 工程实例:溪洛渡水电站工程

11.1.1 工程概况

溪洛渡水电站大坝为混凝土双曲拱坝,最大坝高 285.50 m,坝顶高程 610.00 m。溪洛渡拱坝设置有 10 个底孔(包括 6 个低位导流底孔,4 个高位导流底孔),8 个泄洪深孔,7 个表孔。其中,8 个深孔结构形式左右对称,每孔孔道内设钢衬衬护,由顶衬、侧衬和底衬组成。深孔钢衬标准节典型断面尺寸为 10.5 m×5.2 m(内壁)。

11.1.2 施工情况及施工效益

溪洛渡工程于 2007 年 11 月 8 日实现了大江截流,2009 年 3 月 27 日开浇坝体混凝土,拱坝孔口钢衬部位混凝土施工于 2011 年 9 月开始,2012 年 6 月全部完成。计划 2013 年 5 月水库开始蓄水,2013 年首批机组发电,2015 年工程完工。

溪洛渡拱坝孔口钢衬部位混凝土施工采用本工法,取得了良好的施工效益:

钢衬安装前在其他工作面进行了预拼装,并将相邻钢衬分节两两提前组装好形成一个吊装单元,使用两台缆机将单个吊装单元进行抬吊入仓,钢衬从坝段中部向上下游同时安装,大大减少了钢衬吊装次数,并降低了仓层上钢衬焊接所占直线工期。钢衬安装与其他部位模板、钢筋安装等并行施工,降低了仓层备仓时间。

钢衬底板部位浇筑高流态混凝土,并使用泵车进行配合浇筑,混凝土浇筑完成后利用埋设的接触灌浆系统对脱空部位进行接触灌浆,使钢衬底板部位混凝土浇筑质量良好。

在孔口钢衬部位仓层施工过程中,通过参加 PVA、控制混凝土浇筑温度及最高温度、对仓面进行保温养护等措施,有效的防止了仓面裂缝的发生。

11.2 工程实例:构皮滩水电站工程

11.2.1 工程概况

构皮滩水电站大坝为抛物线型双曲拱坝,最大坝高 232.5 m,坝顶高程 640.50 m。构皮滩拱坝设置有 6 个表孔、7 个中孔、2 个放空底孔及 4 个临时导流底孔。其中,7 个中孔结构形式左右对称,每孔孔道内设钢衬衬护,由顶衬、侧衬和底衬组成。中孔钢衬标准节典型断面尺寸为 7 m×6 m(内壁)。

11.2.2 施工情况及施工效益

构皮滩拱坝自 2005 年 10 月 17 日开浇坝体混凝土,2007 年 6 月 16 日开始安装中孔钢衬,2007 年 7 月 24 日开浇钢衬外包混凝土,工程于 2008 年 11 月 28 日具备导流洞下闸蓄水条件并开始蓄水,2009 年 6 月 8 日导流底孔下闸蓄水,2009 年 7 月第一台机组发电,并于一年内完成所有 5 台机组发电,施工快速高效。

构皮滩拱坝孔口钢衬部位混凝土施工采用本工法,取得了良好的施工效益:

中孔钢衬采用整体安装快速施工工艺,解决了中孔钢衬安装制约坝体混凝土快速施工的技术难题。钢衬安装施工进度的加快确保坝体混凝土的均衡、快速上升,为工程按期蓄水发电打下良好基础。

中孔钢衬底部混凝土浇筑采用钢衬底部开设浇筑、振捣孔后采用混凝土输送泵浇筑,钢衬底部接触灌浆采用水泥砂浆和素水泥浆联合灌注的施工工艺,形成了一套切实可行的中孔钢衬部位混凝土施工技术,保证了该部位混凝土浇筑质量良好。

11.3 工程实例:三里坪水电站工程

11.3.1 工程概况

三里坪水电站大坝为抛物线型双曲拱坝,最大坝高 141 m,坝顶高程 420 m。拱坝设置有 3 个表孔、2 个中孔。中孔结构形式左右对称,每孔孔道内设钢衬衬护,由顶衬、侧衬和底衬组成。中孔钢衬标准节典型断面尺寸为 7 m×5 m(内壁)。

11.3.2 施工情况及施工效益

三里坪拱坝自 2008 年 3 月 10 日开浇坝体混凝土,2009 年 12 月 15 日开始安装中孔钢衬,2010 年 3 月 12 日开浇钢衬外包混凝土,工程于 2011 年 3 月具备导流洞下闸蓄水条件并开始蓄水,2011 年 10 月第一台机组发电,并于同年完成第 2 台机组发电,施工快速高效。

三里坪拱坝孔口钢衬部位混凝土施工采用本工法,取得了良好的施工效益:

中孔钢衬采用整体安装快速施工工艺,解决了中孔钢衬安装制约坝体混凝土快速施工的技术难题。钢衬安装施工进度的加快确保坝体混凝土的均衡、快速上升,为工程按期蓄水发电打下良好基础。

中孔钢衬底部混凝土浇筑采用钢衬底部开设浇筑、振捣后采用混凝土输送泵浇筑,钢衬底部接触灌浆采用水泥砂浆和素水泥浆联合灌注的施工工艺,形成了一套切实可行的中孔钢衬部位混凝土施工技术,保证了该部位混凝土浇筑质量良好。

(主要完成人:王　沁　于永军　吴林艳　刘　锐　刘　密)

混凝土人工骨料生产系统干湿法结合生产工法

中国水利水电第八工程局有限公司

1 前言

目前，随着国民经济的快速发展，基建项目对混凝土需求量大幅度提升，混凝土人工骨料生产系统的加工工艺技术也得到了长足发展，现代水利水电工程处于不同的地理位置，就地取材，根据不同料源、选择相应的加工工艺、加工设备、合理的布置方式进行人工骨料生产。随着可持续发展战略思想深入人心，环保水保、节能减排的要求日渐严格，干式或湿式的传统生产工艺模式已逐步被打破，干湿结合的生产工艺得到了广泛的应用。云南金安桥电站、向家坝电站、大岗山电站等大中型水电站人工骨料生产系统采用了干湿法结合生产工艺，体现了绿色环保、节能减排的巨大优势，成为工程建设环保化、节能型发展趋势的典范。

向家坝砂项目部于2010年获国家“五一”劳动奖章。

2 工法特点

传统的加工工艺有湿式、干式生产，近年来出现的干湿结合生产工艺形式，改变了传统的工艺特点，为人工骨料加工工艺拓展了发展空间。

本工法具有“干湿结合、调控灵活、节能环保、绿色发展”的特点。

(1)当料源含有较多软弱颗粒时，在粗碎车间去除软弱颗粒，再通过预筛分干筛后，预筛分生产的粗骨料在进成品仓前进行冲洗。后道工序的分级筛分加水冲洗后粗骨料进仓，检查筛分则采取干式筛分。

(2)当料源含有黏性泥团时，在预筛分筛面加水冲洗，预筛楼下设洗泥机清除黏性泥团，在分级筛分筛面加水冲洗，检查筛分采用干式筛分的工艺。

(3)当料源比较洁净时，预筛分和检查筛分采用干法生产，分级筛分加水冲洗工艺。从而达到节约用水，又能使成品粗骨料颗粒洁净、细骨料入仓含水率低、石粉流失较少、各车间扬尘点少的目的。

干湿结合法生产工艺兼有干式生产和湿式生产的优点，同时避免了干式和湿式生产的缺陷，系统占地范围小，布置方便，工艺流程相对简单，一次性投资少，运行管理成本低，具有系统耗水量较少、废水处理量小、粗骨料表面清洁、细骨料石粉流失少、扬尘点少等优点，经济效益显著。

3 适用范围

本工法适用于水利水电工程的人工骨料加工系统，也可用在机场、公路、铁路以及工业与民用建筑的人工骨料加工系统。

4 工艺原理

本工法的原理主要是根据料源情况，采用干法筛分和湿法筛分相结合的工艺。从而达到节约用水、降低能耗、产品质量满足相关规范要求的目的。

5 工艺流程及操作要点

(1)预筛分加水，分级筛分加水，检查筛分不加水。当料源含有黏性泥团时，在预筛分筛面加水冲洗，预筛分筛底部设螺旋式洗泥机，对 40 mm 以下的物料进行搓洗，经冲洗后合格的粗骨料（ >40 mm）直接进入成品仓，超径石和多余的物料进入后道工序的中、细碎车间破碎。经过中、细碎后的物料进分级筛分进行加水冲洗，筛分后粗骨料（ <40 mm）直接入仓，分级筛分后的砂子经洗砂机分级脱水后进成品料仓，剩余物料通过脱水后进入制砂车间制砂，制砂车间采用立轴破碎机制砂或者立轴破碎机和棒磨机联合制砂，立轴破碎机破碎后的物料进入检查筛分车间，检查筛分车间采用干式筛分，筛分后细骨料直接进仓，所有的生产废水进入废水处理系统进行处理。该工况下的工艺原理如图 1 所示。

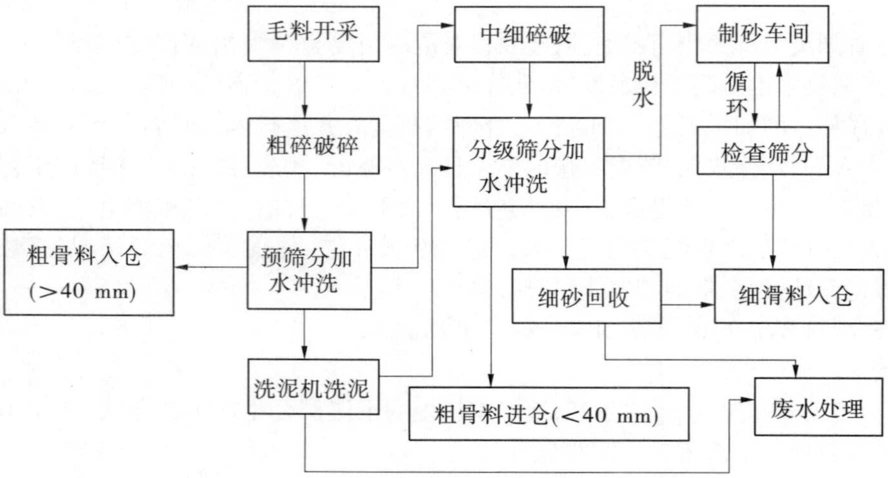

图 1　干湿结合生产工艺原理图（料源含有黏性泥团）

（2）在粗碎车间除去软弱颗粒，预筛分不加水，分级筛分加水，检查筛分不加水。当料源含有软弱颗粒时，在粗碎车间先去掉大部分软弱颗粒，预筛分采用干式筛分，预筛分筛分后的粗骨料（ >40 mm）在进仓前进行冲洗，超径石和多余的大于 40 mm 进中、细碎车间破碎。在分级筛分车间的筛面加水对物料进行冲洗筛分，筛分后粗骨料（ <40 mm）直接入仓，剩余物料通过脱水后进入制砂车间制砂，制砂车间一般采用立轴破碎机制砂或立轴破碎机和棒磨机联合制砂，物料经立轴破碎机破碎后进入检查筛分车间，检查筛分车间采用干式筛分，筛分后的细骨料直接进仓。生产废水进废水处理车间进行处理。该工况下的工艺流程如图 2 所示。

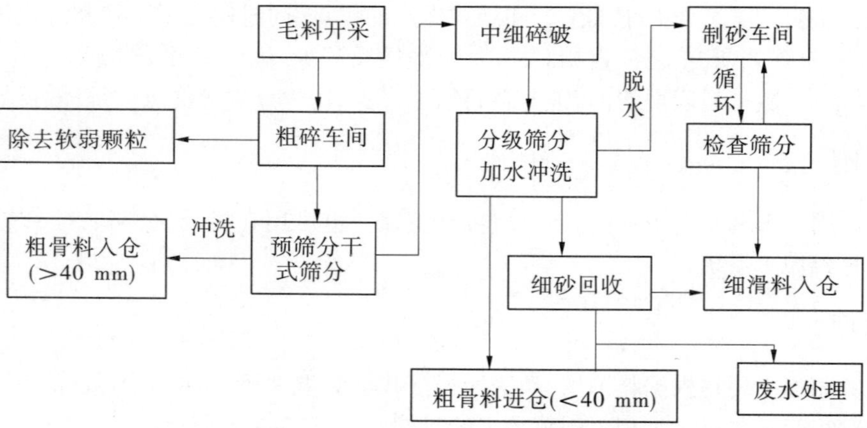

图 2　干湿结合生产工艺原理图（料源含有软弱颗粒）

（3）预筛分不加水，分级筛分加水，检查筛分不加水。当料源比较洁净时，预筛分筛分后的粗骨料(>40 mm)在进仓前进行冲洗,超径石和多余的大于40 mm进中、细碎车间破碎。在分级筛分车间的筛面加水对物料进行冲洗筛分,筛分后粗骨料(<40 mm)直接入仓,剩余物料通过脱水后进入制砂车间制砂,制砂车间一般采用立轴破碎机制砂或立轴破碎机和棒磨机联合制砂,物料经立轴破碎机破碎后进入检查筛分车间,检查筛分车间采用干式筛分,筛分后的细骨料直接进仓。生产废水进废水处理车间进行处理。该工况下的工艺流程如图3所示。

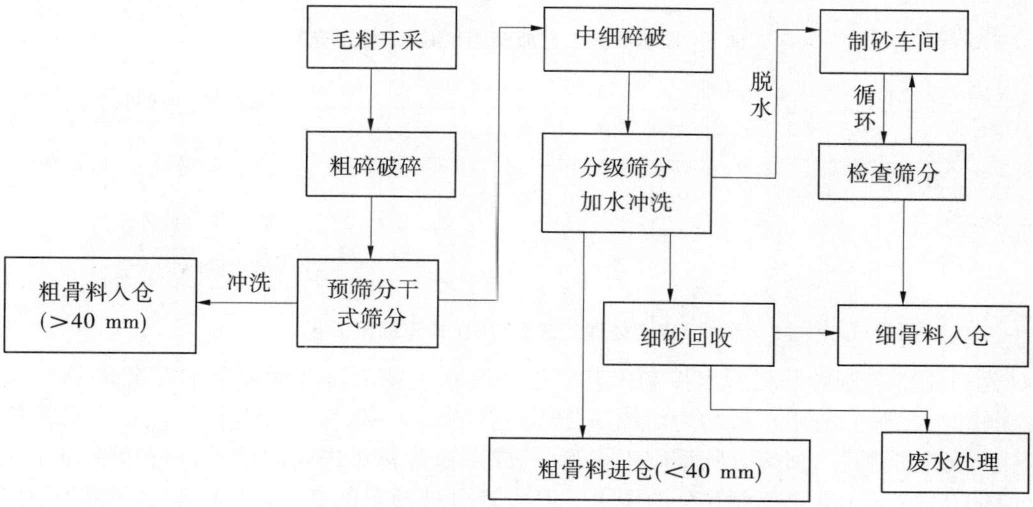

图3　干湿结合生产工艺原理图(料源比较洁净)

(4)粗碎车间除去软弱颗粒工艺技术。根据所开采原料的质量情况,如果料源中含有较多的软弱颗粒,为了保证成品骨料质量,特在粗碎车间布置一道检查筛分设备。在石料场料源情况较差的情况下,启动检查筛分车间,将20 mm以下的颗粒作弃料处理。

(5)除尘工艺技术。在未加水的筛分车间和部分破碎车间(如立轴式冲击破碎机),干法生产过程中产生较大粉尘,造成粉尘污染。对产生粉尘部位配置除尘设施,使车间粉尘控制达到国家大气污染物综合排放标准。立轴破碎、干法筛分车间的主要扬尘点是:立式冲击破的入料口及出料口;振动筛的入料端及第一层筛面;振动筛出料下料点。在各扬尘点采用局部密闭罩,局部密闭罩与运动部件之间留有一定的间隙,在密闭罩内抽吸一定量的空气,使罩内维持一定的负压以防污染物逸出罩外污染环境。根据粉尘浓度,选取风速、风量,然后分配风量计算管径,选择相应的除尘设备,除尘设备多采用脉冲袋式除尘器。

其余部位如中、细碎车间、胶带机机头部位,采取高压雾化喷水的降尘措施及落料点密闭措施进行除尘。

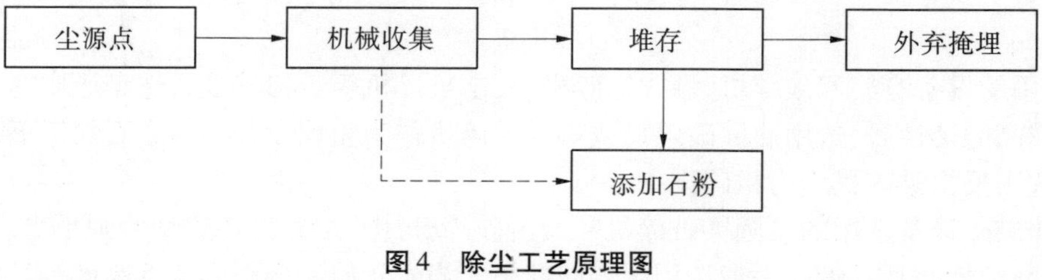

图4　除尘工艺原理图

(6)废水处理、细砂回收工艺技术。生产中的废水主要来自加水的筛分车间。其石粉和细砂含量较高,可采用物理沉淀和机械干化的方法,进行细砂回收、清水循环利用,达到环保节能的目的。

其主要成熟工艺如图5所示:

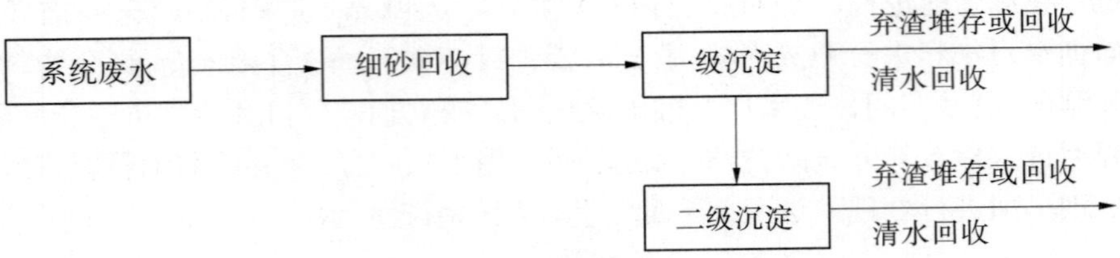

图 5　废水处理工艺原理图(机械干化工艺)

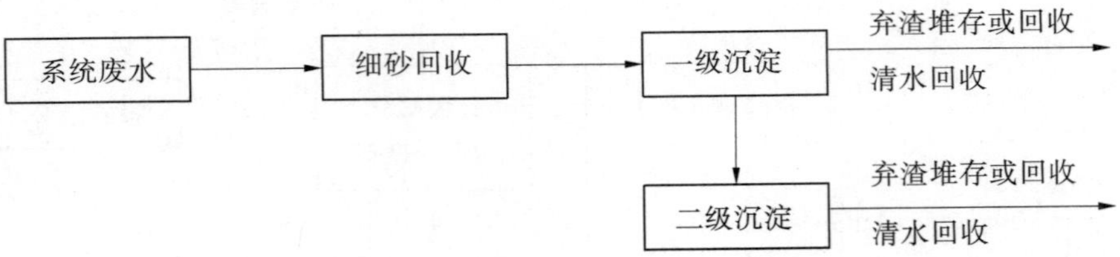

图 6　废水处理工艺原理图(物理沉淀工艺)

(7)运行用水与制砂原料脱水控制工艺。生产用水主要来自湿法环节的筛分环节,当料源含有黏性泥团时,预筛分的用水量约为料源筛分处理量的 0.3 ~0.5 倍。当料源含有软弱颗粒,粗碎去除了大部分软弱颗粒,预筛分则采用干式筛分,成品粗骨料在进仓前用水进行冲洗,冲洗用水则为进仓量的 0.3 ~0.5 倍。分级筛分的用水一般为筛分处理量的 0.2 ~0.4 倍,棒磨机用水一般为处理量的 0.8 ~1 倍,根据不同料源情况,对预筛分,分级筛分,检查筛分采用干湿结合的工艺,用水一般能控制在处理量的 0.7 倍以下。

采用立轴破制砂,制砂原料的含水率要控制在 3% 以内。制砂原料的脱水措施:一是制砂原料在进入制砂料仓之前采用直线筛脱水;二是加大立轴破制砂料仓容量,其活容积满足立轴破处理量的 8 小时以上。

6　材料与设备

6.1　材料

在砂石加工系统工程中,常用的材料是筛网、衬板、反击板、抛料头、钢棒等易损耗材料。筛网主要是用来筛分分级的易耗材料,主要用于筛分车间,衬板主要是破碎物料消耗的易耗材料,用于各种破碎车间,抛料头为立轴破碎机的易耗材料,用于立轴破碎机,钢棒为棒磨机的易耗材料,用于棒磨机制砂。

6.2　设备

破碎设备主要是根据岩石特性(破碎功指数和磨蚀指数等)和处理量来确定设备的种类、规格、型号。

粗碎选用的设备有旋回破碎机、颚式破碎机、反击破碎机等。粗碎设备选型原则是当岩石属于中、高硬度或高磨蚀性时,选用旋回破碎机或鄂式破碎机作为粗碎设备。当岩石属于低硬度或低高磨蚀性时,选用反击破碎机作为粗碎设备。

中、细碎破碎设备选用的有圆锥破碎机和反击破碎机,中、细碎设备选型原则是当岩石属于中、高硬度或高磨蚀性时,中、细碎一般选用圆锥破碎机。当岩石属于低硬度或低高磨蚀性时,中、细碎一般也选用反击式破碎机。

在干湿结合生产工艺中,制砂设备选用的设备一般有立轴破碎机和棒磨机,立轴破碎机与检查筛分构成循环闭路,采用干法制砂,棒磨机采用的是湿法制砂,制砂设备选型原则是根据料源情况,当料源为高磨蚀性,则采用石打石型立轴破碎机,当料源为低磨蚀性,则采用石打铁型立轴破碎机。

输送设备采用带式输送机。根据生产流程中输送量大小，确定带宽和带速，在正常情况下的带速为1.6 m/s、2.0 m/s 和2.5 m/s，带宽有1 400 mm、1 200 mm、1 000 mm、800 mm、650 mm 和500 mm 等都多种规格。

筛分设备是干湿法生产工艺中的重要设备。筛分设备选型原则是根据处理量和粒径来选择筛分面积，根据筛分面积选择相应的筛分设备型号。粗骨料分级选用圆振筛，细骨料分级采用圆振筛或高频振动筛均可。高频振动筛主要用于细骨料筛分环节。

脱水设备一般选用直线脱水筛。

水处理设备选型原则是根据水处理工艺选择设备，水处理设备主要有泥浆泵、螺旋分级机、细砂回收装置、卧式螺旋离心脱水机、陶瓷过滤机、板框式压滤机、真空带式过滤机等设备。

除尘设备选型原则是根据除尘量来选择设备，混凝土人工骨料生产系统主要除尘设备有布袋式除尘器。

7 质量控制

7.1 质量控制标准

成品骨料质量标准按国家现行《水工混凝土施工规范》(DL/T 5144—2001)、《水工碾压混凝土施工规范》(DL/T 5112—2000)、《建设用砂》(GB/T 14684—2011)及《建设用卵石、碎石》(GB/T 14685—2011)执行。

7.2 质量控制措施

成品粗骨料：在干湿结合生产工艺流程中，成品粗骨料主要控制表观密度，堆积密度，吸水率，坚固性，针片状颗粒含量，含泥量，泥块含量，硫酸盐及硫化物含量，有机质含量，超径含量，逊径含量等指标，在粗骨料入仓前进行冲洗。

成品细骨料：需要控制的主要指标有表观密度，堆积密度，含泥量，泥块含量，石粉含量，坚固性，硫酸盐及硫化物含量，云母含量，有机质含量，细度模数，表面含水率，轻物质含量等指标。

为了最大限度的减少成品细骨料仓内脱水时间，尽量控制入仓前细骨料含水率。即计算干筛车间成品细骨料占总量的比例，同时对湿砂进行脱水，使干、湿砂混合入仓含水率尽量降低。以此可适当减小砂仓容积，提高运行效率。

细度模数的调整，是通过调整筛分车间成品砂筛网孔径，同时，分析成品细骨料的各车间组成比例，确定开机组合，来调整细度模数。

对于石粉含量的质量控制指标，当石粉含量低于技术要求指标时，一般通过细砂回收装置进行调整石粉量添加比例。当石粉含量高于于技术要求指标时，一般通过风选或洗粉去除部分石粉。

8 安全措施

8.1 执行的法规和技术标准

认真执行国家和地方(行业)法规和国家颁布的《安全法》、《国家电力公司水电建设工程安全明生产管理规定》、《劳动保护法》、《施工现场临时用电安全技术规范》和《爆破安全规程》。严格按照《水电施工企业安全文明施工考核标准》建立健全安全保障体系和安全监督体系，坚持实施全过程安全目标管理。

8.2 安全措施

建立安全管理制度体系，执行应急救援和现场处置预案。运行期间，做好防火防漏电施工措施，做好破碎设备、筛分设备、胶带机的封闭，安全防护设施到位，避免高空坠物、物体打击以及皮带机卷动衣裤伤人等事故发生。设备检修过程中，应有完整严密的管理流程，现场竖立标志标牌，禁止无关人员操作或相关人员误操作运行设备。运行人员配备相关的防护用品。

9 环保措施

(1)生产运行期间,必须符合《中华人民共和国水污染防治法》、《中华人民共和国环境噪声污染防治法》、《中华人民共和国固体废物污染环境保护法》和《中华人民共和国大气污染防治法》,以及国家和地方现行的其他相关法律法规要求。

(2)对易产生粉尘等大气污染的工序和作业,均采用洒水或设除尘设施,破碎机口采用喷雾除尘,在干法生产车间采用专门的除尘设备。其相应的作业人员配备必要的劳保用品。配备洒水车,对施工道路随时进行洒水或其他降尘措施,使其不出现明显的扬尘。

(3)生产废水和车间清扫冲洗废水均要进行专门处理。废水处理后的固体物需要定期挖除、外运、掩埋,处理后的清水进行回收再利用。

(4)对产生强烈噪声或震动的施工工序或作业,均采取减振措施,选用低噪弱振设备和工艺。对固定的大的噪声源,设置必要的隔音间或隔音罩。

(5)在合同规定的施工活动范围以外的植物、树木,尽力维护原状。若因修建临时工程破坏了现有的绿色植被,负责在拆除临时工程时予以恢复。

10 效益分析

以向家坝砂石系统工程为例计算经济效益,采用干湿结合生产工艺,则比全湿法生产工艺减少用水量约 1 680 万 t,按施工用水 0.5 元/m^3,同时考虑废水处理费用,则可节约投资约 908 万元。

另外,在工程所处人口密集区、受场地限制地区等条件下,比较适合采用干湿结合生产工艺,该工艺综合利用了干法生产和湿法生产的优点,规避了其缺点,可发挥更大的经济效益和社会效益。

11 应用实例

11.1 向家坝电站马延坡砂石系统情况

向家坝水电站是金沙江梯级开发中的最后一个梯级,位于四川省与云南省交界处的金沙江下游河段,本工程为一等大(1)型工程,工程枢纽建筑物主要由混凝土重力挡水坝、左岸坝后厂房、右岸地下引水发电系统及左岸河中垂直升船机等组成。太平料场及马延坡砂石加工系统,主要承担向家坝水电站Ⅳ标(即一期主体工程标)、Ⅴ标(即二期导流基坑开挖及非溢流坝与泄水坝工程标)、Ⅵ(即二期厂坝及升船机工程标)、Ⅶ(即右岸地下厂房工程标)等主体工程约 1 220 万 m^3 混凝土所需骨料的供应任务,共需生产混凝土骨料约 2 680 万 t,其中粗骨料约 1 820 万 t、细骨料约 860 万 t。

该砂石系统根据所处地理位置以及石灰岩的特性,采用干湿结合生产工艺,第二筛分和第四筛分车间采用湿法生产,其余筛分车间采用干法生产。该工艺既能保证粗、细骨料各项质量指标的合格,又能确保了环保水保、节能减排的实施,为电站工程的顺利建设,发挥了极大的经济效益和社会效益。

11.2 金安桥左岸砂石加工系统情况

金安桥水电站位于丽江市古城区与永胜县交界处,是金沙江中段"一库八级"水电站开发方案中的第五级,正常水位 1 410 m,库容 6.63 亿 m^3,设计洪水位 1 415.2 m,最大坝高 156m,总装机容量 250 万 kW,年发电量 114.17 亿 kW·h,其中一期装机 160 万 kW,后期装机 90 万 kW。本合同工程由左岸砂石加工系统、金安桥玄武岩石料场和金安桥桥头(不含 R110 +200 m 段)至玄武岩石料场的 R11 主线公路及场内若干支线公路组成。

左岸砂石加工系统布置于坝轴线下游五郎河口左侧。系统主要承担上游碾压混凝土围堰、大坝、引水发电系统等主体工程约 528×10^4 m^3 混凝土所需砂石料的生产任务。共需制备砂石骨料约 1 180 × 10^4 t，其中碎石 730 × 10^4 t，碾压混凝土用砂 230 × 10^4 t，常态混凝土用砂 220 × 10^4 t。加工系统按满足混凝土高峰时段浇筑强度 22.7 万 m^3/月设计。系统毛料处理能力 2 000 t/h，成品料生产能力约 1 687 t/h。

金安桥水电站人工骨料加工系统毛料是开挖的玄武岩，其具有成砂率低、产粉率低、脱水困难等特点。金安桥水电站砂石系统采用了干湿结合生产工艺，将一筛、二筛车间的干砂与三筛、棒磨机的湿砂分仓堆存、掺配销售，并进行了干、湿砂分仓堆存和掺配试验研究，总结了很多成功经验，从而解决了成品脱水困难的问题。同时降低了生产成本，满足了系统安全生产、环保节能的要求，节约运行成本约 800 万元，是一种具有显著的经济效益和良好的社会效益的先进施工工法。

11.3 官地电站竹子坝人工骨料生产系统情况

官地水电站位于雅砻江干流下游、四川省凉山彝族自治州西昌市和盐源县交界的打罗村境内，系雅砻江卡拉至江口河段水电规划五级开发方式的第三个梯级电站。上游与锦屏二级电站尾水衔接，下游接二滩水电站。碾压混凝土重力坝坝顶高程 1 334 m，最大坝高 168 m，坝顶长度 516 m。右岸地下厂房装机 4 台 600 MW 机组，总装机容量 2 400 MW。

竹子坝人工骨料生产系统主要承担官地水电站大坝（含消力池）、进水口闸门井及引水洞上平段和斜井段、下游河道整治等工程的混凝土所需的骨料供应任务。系统位于坝址上游右岸约 300 m（直线距离）的竹子坝沟内的缓坡地上。本系统承担约 400 万 m^3 混凝土和约 2 万 m^3 喷混凝土的骨料生产，其中碾压混凝土约 308 万 m^3，常态混凝土约 92 万 m^3，共需生产成品粗骨料约 640 万 t，碾压混凝土细骨料约 265 万 t，常态混凝土细骨料约 75 万 t。料源为竹子坝玄武岩人工骨料场。

本系统满足混凝土浇筑高峰月强度约 25 万 m^3 的混凝土的粗、细骨料供应，加工系统成品料生产能力约 1 750 t/h，其中人工砂生产能力约 600 t/h，毛料处理能力约 2 200 t/h。

（主要完成人：李卫超　刘金明　刘志和　宁梅珍　杨　利）

液压内拉装置安装管道施工工法

北京京水建设集团有限公司

1 前言

液压内拉装置安装管道施工工法是我公司在实践过程中摸索总结出来的,在工程实践中不断改进创新,形成了公司独特的管道安装工法。南水北调中线京石段应急供水工程(北京段)惠南庄—大宁段 DN4000PCCP 的制造和安装,在国内尚属首次,管道安装方法、设备选用等均无经验可借鉴。为优质、高效地完成 PCCP 管道安装任务,各土建安装施工标针对“DN4000 直径 PCCP 管道精确对接”进行了专题研究。经综合比选,确定内拉法作为管道对接方法,并以此作为主攻方向,设计、加工专用管道内拉设备。经过大量的实践和摸索,研制开发了专用液压张拉装置,该装置主要由特制电动液压缸、钢横梁及钢绞线组成,投入使用后,立刻发挥出了其省时、省力、安装效率高、对接精度高、施工环境优良、安全性能好等特点,并且在 PCCP 管道安装全线得到了较好的推广和应用,产生了良好的经济效益和社会效益。2007 年,《液压内拉工法在超大口径 PCCP 管道安装中的应用》被评为北京市总工会群众性经济技术创新工程优秀成果。PCCP 管道安装新型液压内拉装置经中华人民共和国知识产权局批准,获得实用型专利,专利号:ZL201220622818.3。

2 特点

(1)设备携带方便,操作简便。

(2)省时、省力,提高了安装效率和安装精度,节省了投资。

(3)施工过程无噪音、张拉装置小型、低能耗,环境影响小,具有明显的环保效益和经济效益。

3 适用范围

本工法适用于 DN1000 ~ DN4000 的承插口管道安装。

4 工艺原理

(1)液压内拉管道安装工法,其工作原理为在已安装管道的内缝和待安装管道的外口端各架设一台轻便的特制钢横梁,钢横梁的两端钻孔,从两条钢梁对应的孔中穿入钢绞线,一端锚固,另一端利用特制液压缸进行张拉,利用已经安装固定好的 3 到 4 节管道自重和摩擦力,作为固定受力点,完成管道的对接就位。通过理论计算和现场张拉试验,确定了特制液压缸的压力范围和最佳行程,以及钢绞线、钢横梁其他配套设施的设计。

(2)装置应用。

5 工艺流程及操作要点

5.1 工艺流程

5.2 操作要点

5.2.1 管道入槽

由起重机或专用龙门吊将检验合格的 PCCP 管吊入沟槽内。

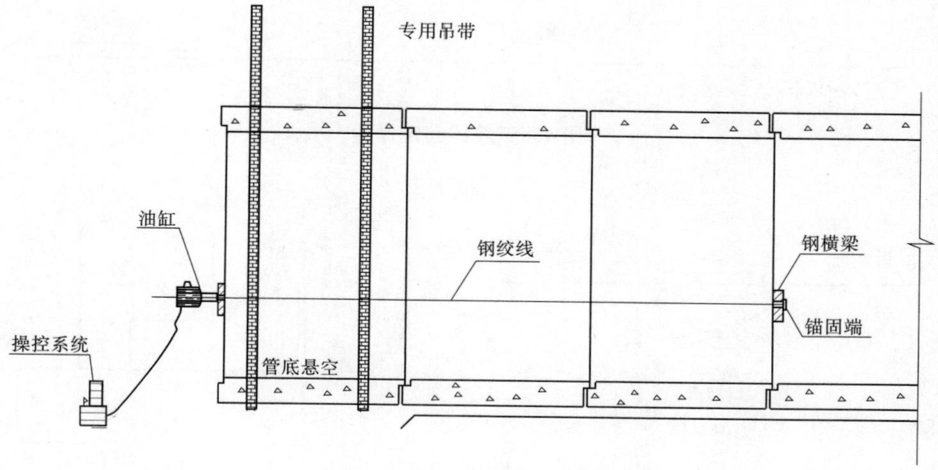

图1　内拉法结构示意图

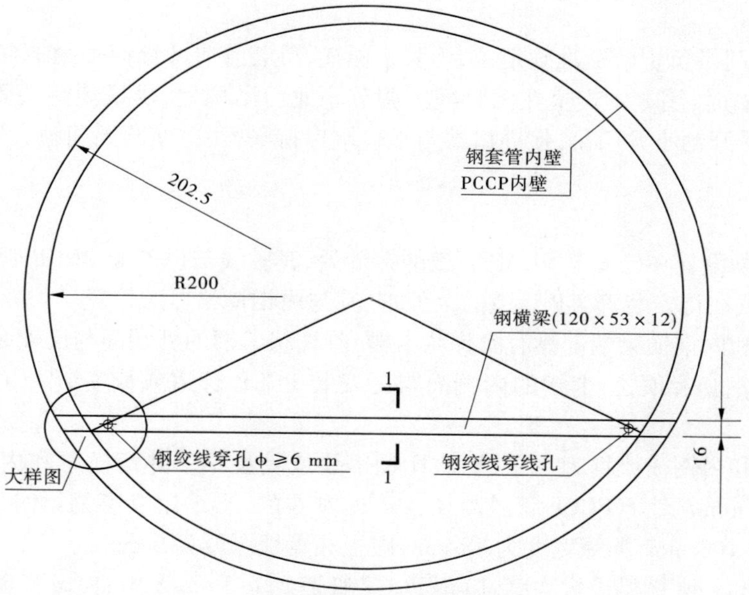

图2　钢横梁架设布置图

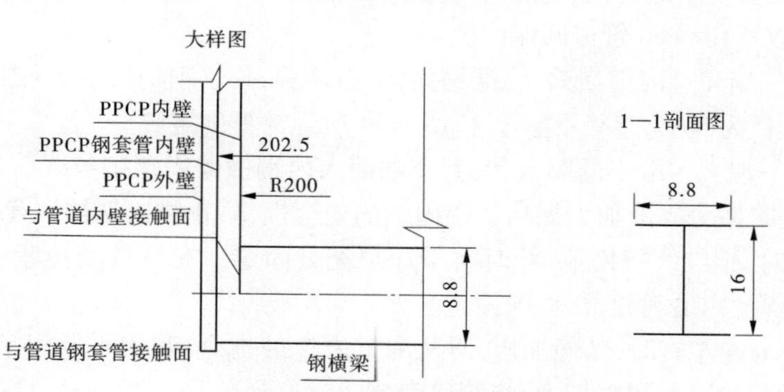

图3　上图中钢横梁局部详图

5.2.2　安装橡胶圈

橡胶圈涂满食用植物油后套入插口环凹槽内,使胶圈在插口的各部位上粗细调匀并均匀地箍

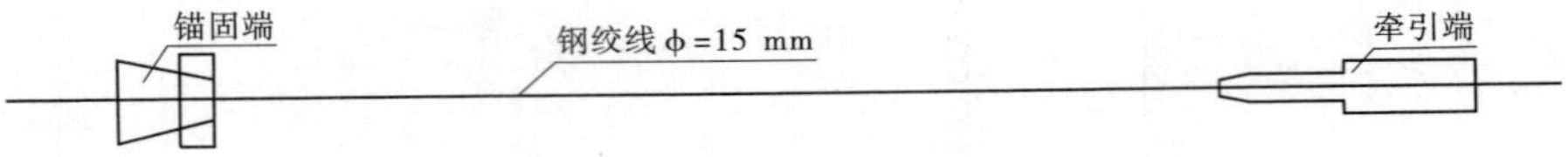

图 4　钢绞线固定详图

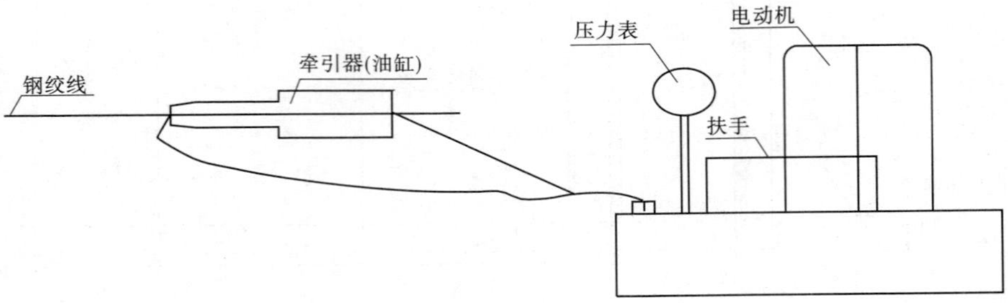

图 5　液压牵引装置详图

在插口环凹槽内，且无扭曲、翻转现象，

5.2.3　管道就位

槽底专用小龙门吊负责管道准确定位，为防止碰撞，待装管应缓慢而平稳地移动。当两管口端面相距 100 mm 左右时，用方木支垫在两管间。调节小龙门吊位置，尽量使待装管处于平衡状态。撤除支垫方木，缓缓开动小龙门吊，使插口端与承口端保持平行，并使圆周间隙大致相等，以期准确就位。

5.2.4　对接

(1)将内钢横梁设置在已安装 PCCP 管道的接缝处，其轴线与已安装 PCCP 管道的水平轴线垂直；将外钢横梁设置在待安装 PCCP 管道的最外端，其与内钢横梁对应设置。

(2)外钢横梁和内钢横梁端部具有阶梯状卡槽，阶梯状卡槽的外端面与已安装 PCCP 管道或待安装 PCCP 管道的钢套管顶紧，卡槽的内端面与已安装 PCCP 管道或待安装 PCCP 管道的内壁顶紧。

(3)外钢横梁和内钢横梁均为工字钢梁、H 型钢梁或箱型梁。外钢横梁和内钢横梁穿线孔直径比钢绞线大约 1 mm。对于 PCCP 管道内径在 4 m 左右的，当采用工字钢梁时，工字钢梁的参考尺寸为截面高度为 160 mm，翼缘宽度为 88 mm，腹板和翼缘厚度为 6 mm。

(4)内刚横梁和外刚横梁设置高度，应距 PCCP 管道底 1/3 ~ 2/5 为宜，设置高度太低则增加管道摩阻力；设置太高会将引起管道失衡。所述内钢横梁和外钢横梁的两端，应加工成与 pccp 管道弧度一致，能直接放置在 pccp 管道两端内侧。

(5)钢绞线的一端穿过内钢横梁，终端锚固，牵引端穿过外钢横梁与液压油缸连接。钢绞线在同一水平面内的数目为两根，直径不宜小于 15 mm(应经计算确定)。

(6)锚固件为一端大一端小的圆台状，其小端插入内钢横梁固定钢绞线。在张拉过程中，锚固件与钢绞线之间的摩擦力逐渐加大提高了锚固端的安全性，防止锚固端被拉开。

(7)初始张拉时，钢绞线较松弛，此时将千斤顶充分固定。在钢绞线拉紧以后，应密切关注压力表读数及油缸行程，如出现异常，立即停止。

(8)在缝宽 45 mm 左右时，暂停加压，听从测量人员的指令，利用小龙门吊的四个吊勾调整管道的轴向、竖向位移。最后，缓缓加力，将管道安装间隙控制在 15 ~ 30 mm 范围内。

5.2.5　一次打压

管道对接完成后立即进行第一次接口打压，先加压至 0.25 MPa，保持 5 分钟压力不下降，然后加压至 0.4 MPa，保持 5 分钟压力不下降即为合格。打压合格后方可进行下一节管道安装(打压压

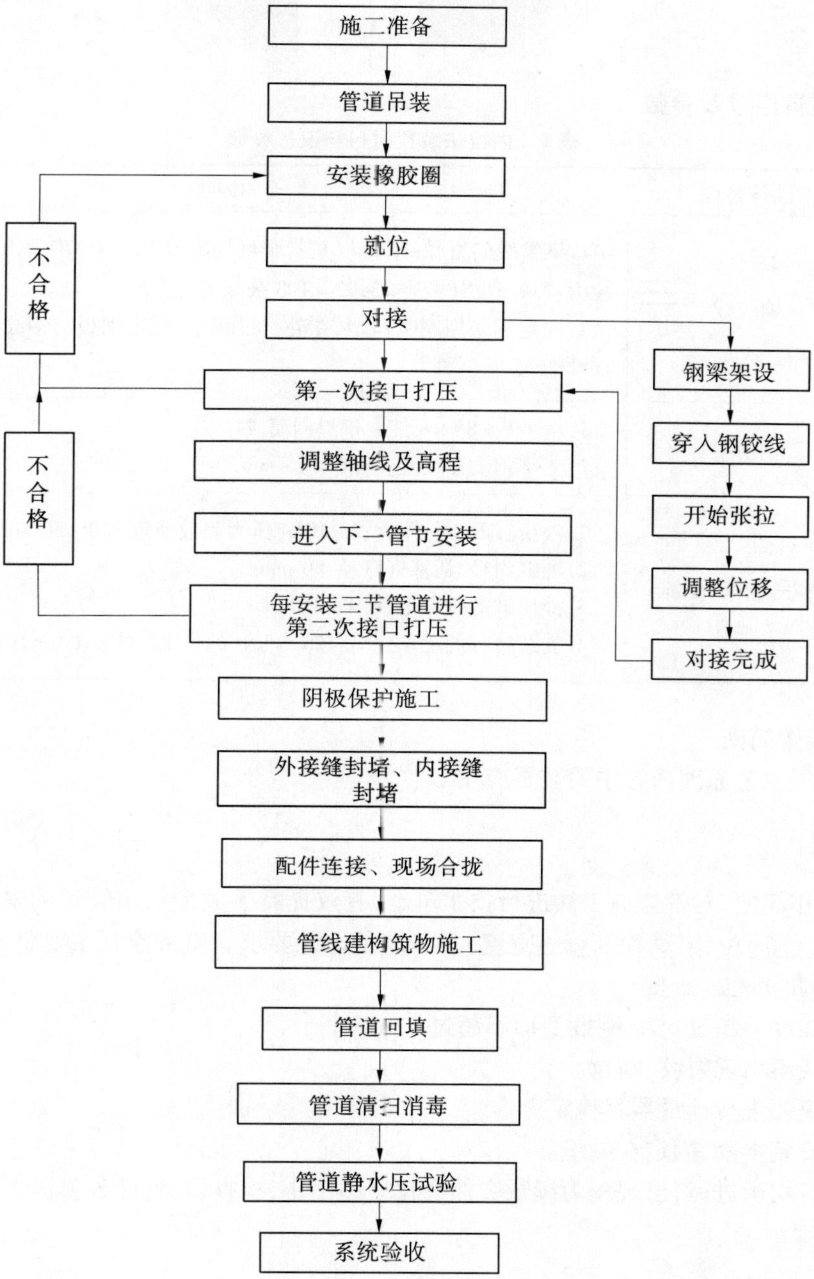

图6　工艺流程图

强以设计要求为准)。

5.2.6　二次打压

每安装3节PCCP管后,对先前安装的第一道管接缝进行第二次接头打压,检验方法同第一次。第二次打压合格后,可进行管道外接缝灌浆封堵、防腐、阴极保护及沟槽回填等工序。

6 材料与设备

6.1 内拉法装置组成及参数

表 1 内拉法装置材料与设备参数

序号	设备名称	说明
1	钢绞线	1. 钢绞线的直径:15 mm(抗拉强度标准值 f_{ptk} = 1 770 MPa),钢绞线的最大拉力:234.5 kN(约合 23.93 × 103 公斤力) 2. 固定端采用喇叭口型,在外拉过程中,固定钢板与钢绞线之间的摩擦力逐渐加大。
2	钢横梁	1. 由 160 × 88 × 6 工字钢焊制而成 2. 工字钢上穿线孔直径 $\phi \geq 16$ mm
3	穿心式液压设备	1. 液压缸的工作压力:25 MPa(压力表数值范围 0 ~ 50 MPa) 2. 油缸内径、活塞杆直径:80 mm 3. 液压缸的行程范围:0 ~ 280 mm 4. 安装过程的工作拉力:125.6 kN(约合 12.82 × 10^3 公斤力)

6.2 内拉法装置简图

详见第三项工艺原理内容中的装置应用。

7 质量控制

本工法操作简便,对常规原工法进行技术革新,有效提高了大型输水管道的安装精度和效率,且使管道安装质量(位移、高程及管缝宽度)易于满足设计要求。质量控制主要是液压张拉装置的材料和设备的质量达到要求。

(1)钢梁挠度不超过 5‰,刚度变形不超过 5 mm。

(2)钢绞线不出现裂纹、断丝。

(3)液压表要进行计量器具检定。

(4)钢架安装牢固,固定在缝里。

(5)加压时均衡进行,出现压力读数突然变化立即停止,检查、调整设备到正常使用。

8 安全措施

(1)施工前对作业人员进行安全技术交底

(2)管道吊装、张拉时设置警戒区,设专人指挥,无关人员不许靠近。

(3)作业前对设备进行安全检查(钢绞线、油缸、液压管等)。

(4)管道对接张拉时缓慢加压,发现异常,立即停止操作。

(5)制定安全应急预案,以便在发生异常情况时能够及时处理.

9 环保与资源节约

(1)液压张拉装置设备在使用过程中,无噪音,不产生废弃物,主要环保控制措施是防止液压设备漏油污染土地,通过设备保养,加强管理,易于达到要求。

(2)安装过程减少了橡胶圈损耗和管壁的损坏,提高了工作效率和安装精度,节省了人工,在节能方面有明显优势。

10 效益分析

液压内拉装置安装管道施工工法，施工速度快、安装精度高，设备携带方便，操作简便，安装过程减少了橡胶圈损耗和管壁的损坏，具有很好的技术经济性。

采用此设备，可大大缩减对接时间，对接时所需时间由 1.0 ~ 1.5 小时缩减为 20 分钟；其次，节省了劳动力，对接时所需的人工由 20 人缩减为 7 人；施工效率较常规工法，可提高 30% ~50%。

11 应用实例

液压内拉装置安装管道施工工法在张坊水源应急供水工程、南水北调中线京石段应急供水工程（北京段）惠南庄—大宁段工程中，得到了广泛使用，充分体现了安装速度快、省时、省力、节能的优势，很好的保证了工程的进度及质量要求。

图 7 管吊装入槽

图 8 安装第一根管

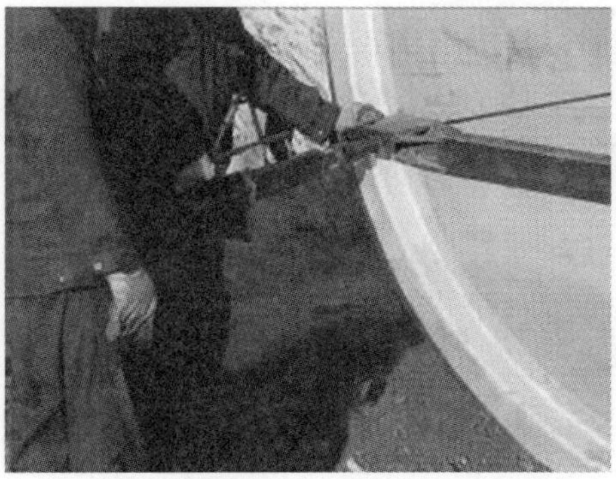

图 9 管道对接

图 10 接口打压

（主要完成人：刘志建 霍治安 朱鸿冰 马建伟 齐春友）

反滤混凝土砌块挡墙绿化技术施工工法

北京亚盟达生态技术有限公司

1 前言

由于观念和技术的制约,传统的水利工程建设及治理的过程中,主要满足于实现行洪、蓄水、排涝、灌溉等功能性要求,不注重生态环境的保护与恢复,挡墙结构多采用浆砌石挡墙或混凝土挡墙,虽满足了挡墙的安全性要求,但造成了环境的胁迫效应。传统的混凝土及浆砌石等重力式挡土墙生态及景观效果差,挡墙结构阻断了水体和近岸陆地土壤之间的联系,隔绝了土壤与水体之间的物质交换,破坏了江河、湖泊原有的生态系统,造成生物多样性下降,水体自净功能降低,结构外立面无法进行植物的生长,立面单调灰暗,与周围环境格格不入,对实现水利工程长期稳定、保护水环境和维持自然生态环境的和谐等方面影响极大。

北京亚盟达新型材料技术有限公司所开发的反滤混凝土砌块挡墙绿化技术是一种全新形式的挡墙技术,改变了传统的浆砌石、混凝土等重力式挡土墙对地基承载力要求高、外观呆板、生态环境影响大等缺点,具有高强耐久、整体透水、整体反滤、结构柔性好、适应变形能力强、施工简便以及实现植物生长、鱼巢功能等保护自然生态环境和营造自然景观等突出的优点,从而实现安全与生态理念并重的建设及治理目的。由此可以看出,反滤混凝土砌块挡墙绿化技术是一种新型的安全性与生态性并重的护岸技术,具有良好的经济效益、社会效益和生态效益,此技术已获《水利先进实用技术推广证书》和相关专利。

2 工法特点

(1)挡墙砌块之间通过垂直向及水平向钢筋网与墙后格栅牢固连接,互相限制位移,保证了墙体的柔性结构,整体性好,能适应一定的不均匀沉降。

(2)良好的透水不透土的过滤性能和排水能力,大大减少了墙体的静水压力,避免了墙后土体的流失。

(3)生态效果明显,重建河岸生态系统。

(4)占地面积小,施工速度快,机械化水平高。

(5)易于攀爬,墙体美观,层次分明。

(6)与传统重力式挡墙相比具有较高的经济性。

3 适用范围

河道、湖泊、水库等生态护岸治理工程;水源地生态保护工程;水景观工程;路域边坡景观挡土墙。

4 工艺原理

反滤混凝土砌块挡墙绿化技术是由反滤混凝土砌块、连接件、块石、植物、土工格栅等共同组成的基于加筋土理论的生态挡墙工程系统,是科学的生态恢复理论体系和土木工程建设理论体系的完美结合。

反滤混凝土砌块挡墙是环境友好型构筑物,由高强度反滤混凝土砌块砌筑而成。砌块形状为双孔箱型结构,由四周侧壁和中隔板组成,上下无顶板或底板。砌块采用渗透系数介于

$1\times10^{-2}\sim1\times10^{-1}$ cm/s之间，强度不低于 C25 的高强反滤混凝土材料预制而成，整体刚度大。考虑到反滤混凝土材料的特性和砌块受力特点，砌块侧壁和中隔板采取不等厚的楔形结构。为保证植物生长空间和日照，砌块前部侧壁上部设置一定宽度和深度的开口。

砌块砌筑时采用层层退台的方式，通过连接件及凹槽互相固定。常水位以下挡墙砌块内回填块石，形成鱼巢，为水生生物提供栖息场所；常水位以上挡墙砌块内回填碎石土，利于灌木及藤蔓植物生长生存。反滤混凝土砌块挡墙绿化技术可保持原有的生态环境不被墙体隔离破坏，形成特有的水岸生物环境系统。

反滤混凝土砌块挡墙绿化技术由于是柔性连接砌筑，能适应一定的地基不均匀沉降。整个墙体整体透水、反滤，墙后的水体可以快速排出，可适应自然水体的水位变化，提高边坡稳定性。

5 施工工艺流程和操作要点

5.1 施工工艺流程

如图 1 所示。

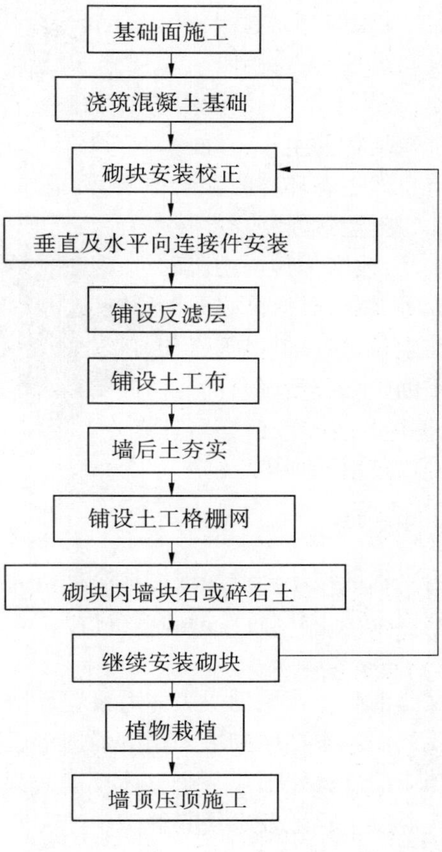

图 1　施工工艺流程图

5.2 操作要点

5.2.1 基础面施工

当地基为硬基时要保证硬基的表面，并进行压实压实度不小于 0.94；需铺设碎石后夯实或开挖深土槽夯实并浇筑 C20 混凝土平台。

5.2.2 浇筑混凝土基础

在地基面上施工上浇筑 C20 素混凝土基础，基础上设固脚挡块（见图 2）。

5.2.3 砌块安装校正

安装前应将混凝土基础找平，并控制水平安装误差不大于 10 mm；

安装第一层砌块，在砌块与抗滑挡块之间的缝隙、砌块空腔内浇筑 0.2 m 厚 C20 混凝土如图 3 所示。

砌块砌筑时采用层层退台的方式，挡墙坡度为 1:0.75 或更缓，上下叠置，上下层砌块前后错开一定距离，下层砌块的开口有部分露出，砌块内部空间可填充土壤，保证植物生长空间（见图 4）。

5.2.4 连接件安装

水平方向上相邻的两个挡墙砌块通过高分子材料、钢丝绳软和双头螺栓等连接件连接安装，竖直方向上相邻的两个挡墙砌块通过凹槽咬合固定（见图 5）。

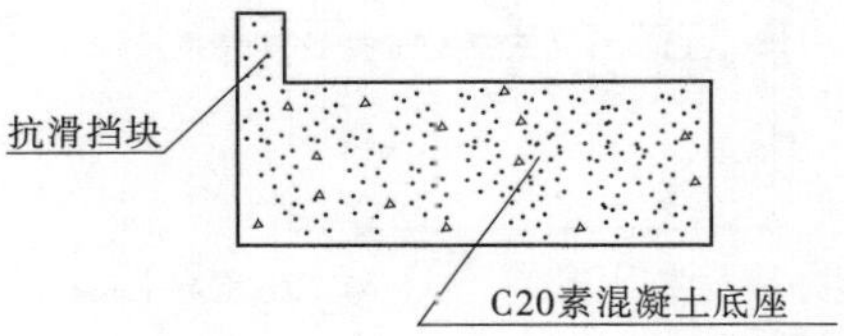

图 2　C20 素混凝土基础

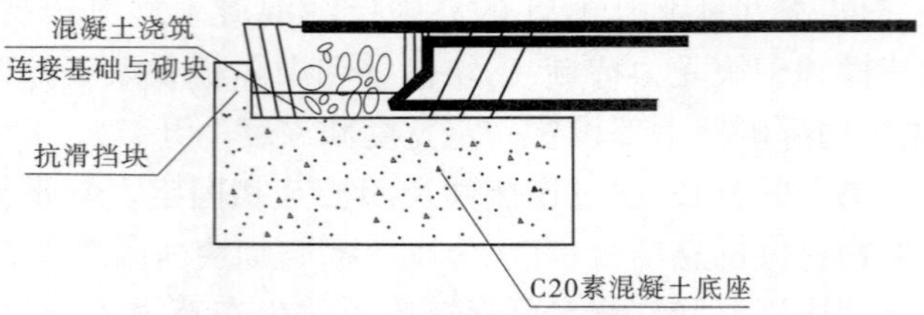

图3　第一层砌块安装图

图4　砌块砌筑结构图

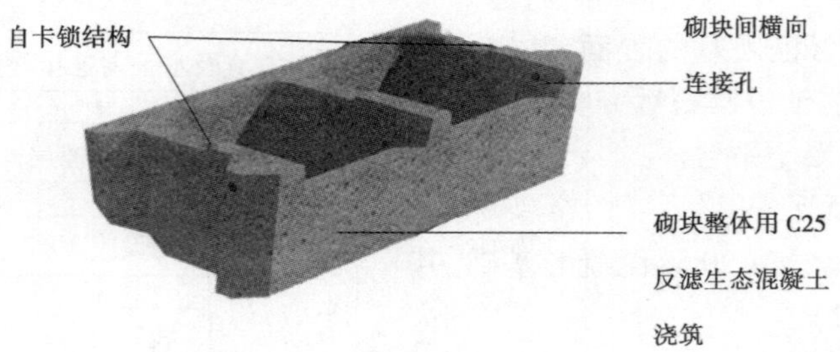

图5　挡墙砌块连说明图

当工程区位于地震区或墙体高度较大，还应设置纵横向钢筋网加强墙体整体性，纵向钢筋应深入基础内不小于0.5 m（钢筋可弯折）。

5.2.5　铺设反滤层

反滤混凝土挡墙砌块墙体后设置反滤层，分别为级配碎石、中砂、粗砂如图6所示。

反滤混凝土挡墙砌块采用高强透水反滤混凝土预制而成，墙体内外的水可以自由出入砌块，挡墙与挡墙的反滤层形成一个整体反滤效果，减少墙体的静水压力（整体透水），又可避免土质颗粒从多孔混凝土孔隙及砌块间缝隙中流失所形成的墙内土体被掏空现象（整体反滤），具有良好的生态效果。

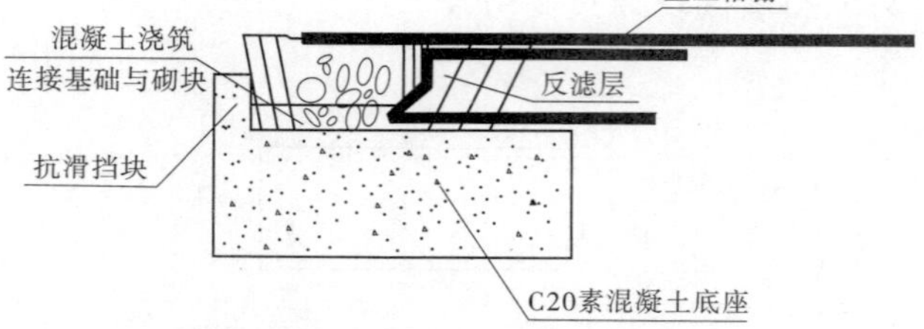

图6　砌块结构图

5.2.6　铺设土工布

在第一层砌块安装后，铺设土工布，包裹住反滤层（如图6所示）。土工布与上层土工格栅搭接长度不小于1.5 m。

一般采用土工布规格:250 g/m^2。

5.2.7 墙后土夯实

墙后土沿挡墙方向整平压实,压实度不小于0.94。

5.2.8 铺设土工格栅网

为保证砌块挡墙的整体稳固性、砌块应分层铺设工格栅(见图6)。每隔0.5 m设一层钢塑双向土工格栅,每层宽度需经坡体稳定计算后确定。土工格栅纵横向极限拉力不小于60 kN/m,伸长率小于4%,一般采用GSZ60-60型土工格栅。

5.2.9 砌块内填块石或碎石土

砌块在常水位下内回填块石或碎石土,块石应采用不大于砌块尺寸的较大块石,块石孔隙内填种植土并设置缓释肥料包;对回填块石或碎石土料进行压实;

挡墙砌块内常水位以下回填块石,形成鱼巢,为水生生物提供栖息场所;常水位以上回填碎石土或壤土,利于灌木及藤蔓植物生长生存。

5.2.10 继续安装砌块

上述流程,采用层层退台的方式安装以上各层砌块,砌成后的挡墙坡度为1∶0.75或更缓,上下层砌块前后切开一定距离,以保证植物生产空间(如图7所示)。

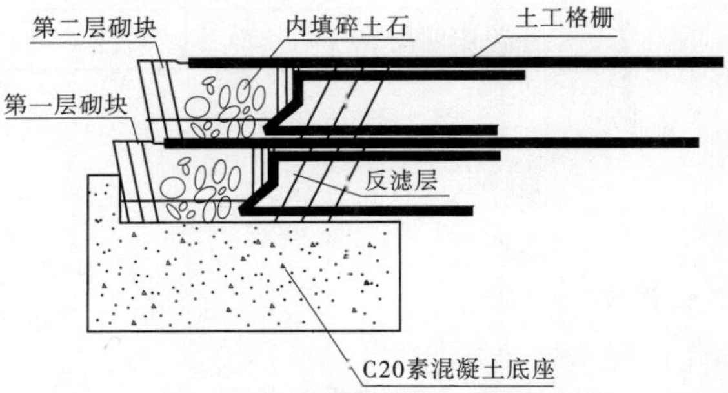

图7 第二层砌块安装图

5.2.11 植物栽植

在碎石或壤土中加入有机资材为植物初期生长提供养分及水分。有机资材由就地壤土、土壤菌、缓释肥料、保水剂等配制而成,有机资材为植物提供C、H、O、N、P、K、Ca、Mg、S等营养元素。

根据景观河当地气候要求,选择合适的植物进行栽植。

加入填充材料后植物栽植。

5.2.12 墙顶压顶施工

生态挡墙压顶可采用多种形式,如景石等。挡墙墙顶与亲水平台路面之间设置防护栏杆。

5.3 劳动力组织

劳动力组织见表1

表1 劳动力组织表

序号	单项工程	人数	备注
1	管理人员	2	
2	技术人员	2	
3	混凝土工	10	
4	电工	1	
5	操作工	10	
6	司机	4	
	合计	29	

6 材料与设备

6.1 本工法特需说明的材料

(1)生态混凝土专用添加剂:能够提高混凝土早期强度和耐久性,还能够确保混凝土孔隙均匀及孔径大小的可控制性;更重要的是改善了生态混凝土的环境亲和性,使混凝土与微生物、动植物和协共存,最终实现生态混凝土与环境相协调性。

(2)反滤混凝土砌块:砌块形状为双孔箱型结构,由四周侧壁和中隔板组成,上下无顶板或底板。砌块采用渗透系数介于 $1\times10^{-1}\sim1\times10^{-2}$ cm/s 之间,强度不低于 C25 的高强反滤混凝土材料预制而成,整体刚度大。考虑到反滤混凝土材料的特性和砌块受力特点,砌块侧壁和中隔板采取不等厚的楔形结构。为保证植物生长空间和日照,砌块前部侧壁上部设置一定宽度和深度的开口。

6.2 机具设备

机具设备见表2。

表2 机具设备表

序号	设备名称	设备型号	单位	数量	用途
1	挖掘机	SY55C-9	台	1	砌块吊装
2	自卸运输车	FC10	台	2	砌块运输
3	备用发电机	东风康明斯 30 kW	台	1	

7 质量控制

7.1 工程质量控制标准

7.1.1 反滤混凝土砌块性能指标

相关性能指标见表3。

表3 砌块性能指标

序号	检查项目	合格范围	方法
1	透水系数	1×10^{-2} cm/s ~ 1×10^{-1} cm/s	
2	抗压强度(28 d)	不低于 25 mp	
3	孔隙率	10% ~20%	
4	反滤效果	明显	目测
5	pH 值	不大于 9	

参考标准:

压缩强度试验——参照《普通混凝土力学性能试验方法(GB/T50081-2002)》标准

透水试验——以 JISA 1218 为标准(日本土木建筑行业标准)

搅拌好的密度——建筑学会参考(日本,单位容积质量 ±3.5%)

7.1.2 反滤混凝土砌块挡墙相关质量标准

相关质量指标见表4。

表4　挡墙质量标准

序号	检查项目	合格范围	标准
1	地基、和墙后土压实度	不小于0.94	
2	土工布与土工格栅搭接长度	不小于1.5 m	
3	土工格栅	纵横向极限拉力不小于60 kN/m;伸长率小于4%	
4	纵向钢筋应深入基础内	不小于0.5 m(钢筋可弯折)	
5	砌块水平安装误差	不大于5 mm	
6	第一层砌块缝隙、砌块空腔内C20混凝土浇筑	浇筑厚度:0.2~0.25 m	

7.2　质量保证措施

(1)反滤混凝土砌块在制作、运输、安装过程中要轻拿轻放,以保证砌块挡墙的质量。

(2)反滤混凝土砌块挡墙绿化技术的隐蔽工程按要求做好施工记录。

(3)砌块砌筑过程中的连接件及凹槽固定,必须严格控制检查调整,这将直接影响挡墙的整体稳定性。

(4)安装第一层砌块必须保证它的牢固。

(5)反滤混凝土砌块挡墙基础必须夯实且检查压实度,以防止挡墙出现不均匀沉降。

8　安全措施

(1)认真贯彻"安全第一,预防为主"的方针,根据国家有关规定、条例,结合施工单位的实际情况和工程的具体特点,建立以项目经理为主要领导的"安全生产领导小组",健全各级各部门的安全生产责任制,坚持执行抓生产必须抓安全的原则,落实各级领导安全责任制,抓好安全生产工作。

(2)施工现场符合防火、防风、防寒、防暑、防雨、防雷、防洪、防触电等安全规定及安全施工要求进行布置,并完善各种施工标识。

(3)各类房屋、厂房、仓库、料场等场所的消防安全距离符合公安部们的相关规定,做到室内不堆放易燃品;严格控制在木料加工厂和易燃材料场所的火源;随时清除易燃杂物;做到生产物资远离火源。

(4)施工现场临时用电严格按照《施工现场临时用电安全技术规范》的有关规范规定执行。

(5)施工现场的配电箱和开关箱应配置两级漏电保护,并选用电流动作型,漏电动作电流不大于30 mA,额定漏电动作时间应不大于0.1 s。潮湿及手持工具末级漏电动作电流应不大于是15 mA。配电箱实行一机一闸,并应有过载、短路、及断路保护功能。配电箱内设备必须完好无损,安装牢固,导线接头包扎严密,绝缘良好,电源线进箱处做固定。箱内分路应标注明确。箱门内侧应标有单线系统,箱门应配锁,并由专人负责。配电箱周围不能有杂物。

(6)吊装过程中需注意安全,吊运过程中砌块下严禁站人。

(7)建立完善的施工安全保证体系,加强施工中的安全监察,确保施工标准化、规范化。

9　环保措施

(1)严格遵守国家有关环境保护法令,施工中将严格控制施工污染,减少污水、粉尘及噪音污染,严格控制水土流失,维护生态平衡。

(2)施工期间,对环境保护工作应全面规划、综合治理,采取一切可行措施,将施工现场周围环境的污染减至最小程度。

(3)科学、合理地组织施工,使施工现场保持良好的施工环境和施工秩序,在施工中体现项目的综合管理水平，体现出良好的精神面貌。

(4)施工所产生的建筑垃圾和废弃物，如清理场地的表层腐殖土、淤泥、砍伐的树木杂草、工程剩余的废料，均应根据各自不同的情况分别处理，不得任意裸露弃置。停车场及修理间等产生的废液按规定排放，严禁污染生活、生产用水水源，防止粉尘噪音污染，防止水土污染和流失，确保文明施工。

(5)在施工活动界限之处的植被、树木及建筑物，必须尽力维持原状，不得将有害物质(含燃料、油料、化学品等，以及超过允许剂量的有害气体和尘埃、弃碴等)污染土地、海域。

(6)采取各种有效的保护措施，防止在其利用或占用的土地上发生土壤浸蚀，并防止由于工程施工而造成开挖料或其他浸蚀物质对施工水域的污染。

(7)搞好现场排水、排浆工作，防止场地泥浆满溢。配备足够的水泵和辅助设备进行施工排水，以保证施工现场清洁，避免环境污染。

(8)工地生活区范围备有临时的生活污水汇集处理设施，不得将有害物质和未经处理的污水直接排入河道。

(9)生产和生活区内，在醒目的地方悬挂保护环境卫生标语，以提醒各施工人员。生活内垃圾定点堆放，及时清理，并将其运至业主指定的地点进行掩埋或焚烧处理。生活和施工区内，设置足够的临时卫生设施，及时清扫。

(10)对施工中占用的临时用地，施工完成应及时予以清理，做好绿化环保工作，努力恢复使用前的面貌。

(11)施工道路进行必要的洒水维护，使来往车辆所产生的灰尘减至最低。

10 效益分析

本技术的应用将推动多个相关产业的发展，并且在自然生态环境保护和恢复方面具有重要的社会、经济及生态效益。

(1)材料及化工产业：直接推动新型环保材料生态护坡专用添加剂的进一步研发生产。

(2)生态护坡工程技术革新：基于生态混凝土专用添加剂的反滤混凝土砌块具有良好的力学性能、透水反滤性能以及可植生等性能，大规模推广应用不仅可以对各类堤岸、边坡等进行可持续性治理，同时也可改善和净化相关水体的水质，提高周边的植被绿化能力并改善了景观，可用于河道、湖泊、水库等堤岸以及各类边坡(高速道路、山体等)的可持续性生态治理和保护。

(3)开辟了一种崭新的环境生态保护治理途径，在有效提高各类工程防护质量的同时，对生态环境进行了有效的恢复和保护，促进了社会与自然的可持续协调发展，产生较大的社会效益。

(4)将会促进绿色生态学(包括生态功能材料、生态结构、生态治理与防护等)基础研究的兴起与科技进步。

11 应用实例一

西宁市北川河朝阳电厂引水口至门源桥河道防洪综合治理工程

11.1 工程概况

由于北川河防洪提上端为L状，L底部为20 cm，生态砌块20 cm座落在硬基混凝土上，但是有30厘米座落在软基回填土上，砌块砌筑时采用层层退台的方式(见图8)，软基部分会出现沉陷可能导致砌块的倒塌。(我们建议软基部分铺设碎石后夯实或开40 cm深土槽夯实并浇筑30 cm宽的C20混凝土平台。从而使挡墙地基更加稳固)。

根据北川河治理平面规划，二级亲水平台以上是缓坡，雨水常年会对缓坡与挡墙造成冲刷，日积月累会带走部分的泥土，从而造成土的流失，破坏景观效果。反滤混凝土砌块采用高强透水反滤混凝土预制，墙体内外的水可以自由进出砌块混凝土；根据反滤混凝土结构透水不透土的特点，建议在砌块墙体后设置反滤层，（铺设碎石反滤层 30 cm 厚）当墙体外的水位下降时，反滤混凝土砌块生态挡墙工程系统既可保证墙体内的水快速排出，减少墙体的静水压力（整体透水），又可避免土质颗粒从多孔混凝土孔隙及砌块间缝隙中流失所形成的墙内土体被掏空现象（整体反滤），更能保护生态景观效果。

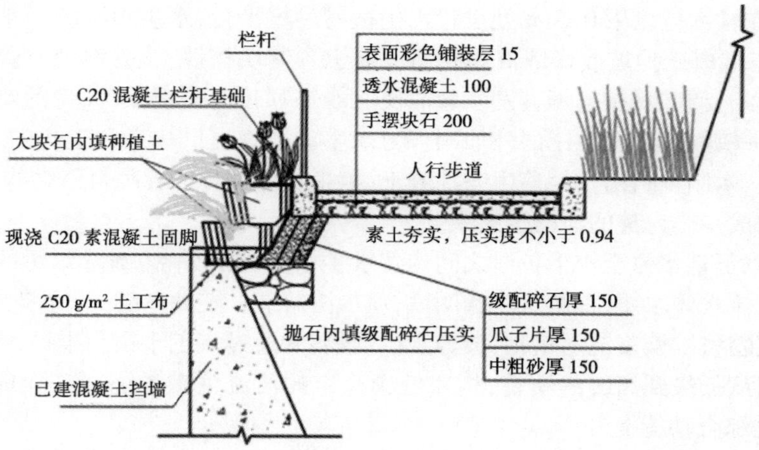

图 8　北川河挡墙断面图

11.2　施工情况：

本工程退台式生态透水砌块形状为双孔箱型结构，由四周侧壁和中隔板组成，上下无顶板或底板，均采用渗透系数不小于 1×10^{-1} cm/s，强度不低于 C25 的高强生态混凝土材料。考虑素混凝土材料的特性和砌块受力特点，砌块侧壁和中隔板采取不等厚的楔形结构。同时为保证植物生长空间和日照，砌块前部侧壁上部设置一定宽度和深度的开口。

砌块砌筑时采用层层退台的方式，挡墙坡度缓于 75°。水平方向上相邻的两个挡墙砌块通过咬合装置互相咬合固定，竖直方向上相邻的两个挡墙砌块通过凹槽咬合固定。挡墙砌块内常水位以下回填块石，形成鱼巢，为水生生物提供栖息场所；常水位以上回填碎石土，利于灌木及藤蔓植物生长生存，且尽可能地保持原有的环境不被墙体隔离破坏。

现场安装生态挡墙砌块过程中，按计划使月 1 辆运输自卸车，装车 2 人，施工现场 10 人做基础安装调适砌块，运输砌块到安装砌块数量为 80 块/天。

施工过程中，先地基夯实（压实度不小于 0.94），有效地控制挡墙的不均匀沉降；再浇筑 C20 素混凝土基础及挡块；然后对基础面进行找平，安装第一层砌块，并在砌块与抗滑挡块之间缝隙、砌块空腔内浇筑 0.2 m 厚 C20 混凝土；砌块内回填块石土，块石应尽量采用不大于砌块尺寸的较大块石，块石孔隙内填种植土并设置缓释肥料包；最后安装砌块之间限位钢筋和填筑反滤料，压实。

工程自 2010 年 3 月 1 日开工，到 2011 年 7 月 15 日竣工。

11.3　工程监测和结果评价

西宁市北川河朝阳电厂引水口至门源桥河道防洪综合治理工程采用北京亚盟达生态技术有限公司专有技术——反滤混凝土砌块挡墙系统，反滤混凝土砌块挡墙具备良好的透水反滤效果，特殊构造使得挡墙整体性及稳定性好，施工快速且生态效果明显，是一种新型的安全性与生态性并重的护岸技术，具有很大的推广意义。

12　应用实例二

内秦淮河中段多元生态水质改善与功能提升示范工程

12.1 工程概况

本工程为内秦淮河中段多元生态水质改善与功能提升示范工程（见图 9），工程内容包括：雨污水深度截流工程、清淤及底质原位恢复工程、景观与生物多样性工程等。

结合雨、污水深度截流工程，在河道较窄段，两侧采用二级挡墙，设计不同标高的亲水堤岸，满足城市居民多样化的亲水需求，其余段河道采用斜坡式护岸，减少土方开挖和施工难度。

河道横断面在常水位以下 0.5 m 处设置水生植物种植平台，水生植物种植平台以下采用现浇 C25 高强反滤生态混凝土护坡或 C25 高强生态混凝土预制块挡墙，该材料透水性良好，强度高，连续孔隙可设计性强，反滤效果好，不会发生管涌及土沙等颗粒流失现象，大量的空隙及混凝土内添加的营养剂和促进植物的光合作用的外加剂可为水生动植物提供栖息和生长的空间；种植平台上采用山石、仿木桩、木制种植槽及植草生态混凝土、植生垫等多种大孔隙自然结构，将护岸和滨水区植被连成一体，构成一个完整的河流生态系统。

在二级平台以下常水位至水下护岸之间构建水生植物种植平台，筛选耐污的挺水植物先锋种进行恢复，改善河流水体水质，提高水体透明度，增加溶解氧。在此基础上，逐步向河流中间延伸生物带，利用生态网箱技术恢复沉水植物，放养水生动物，并通过人工干预和维护，促进动植物群落结构从简单到复杂、从低级到高级的演替，构建健康稳定的河流生态系统，实现河流“净化—绿化—美化”三位一体的综合功能提升。

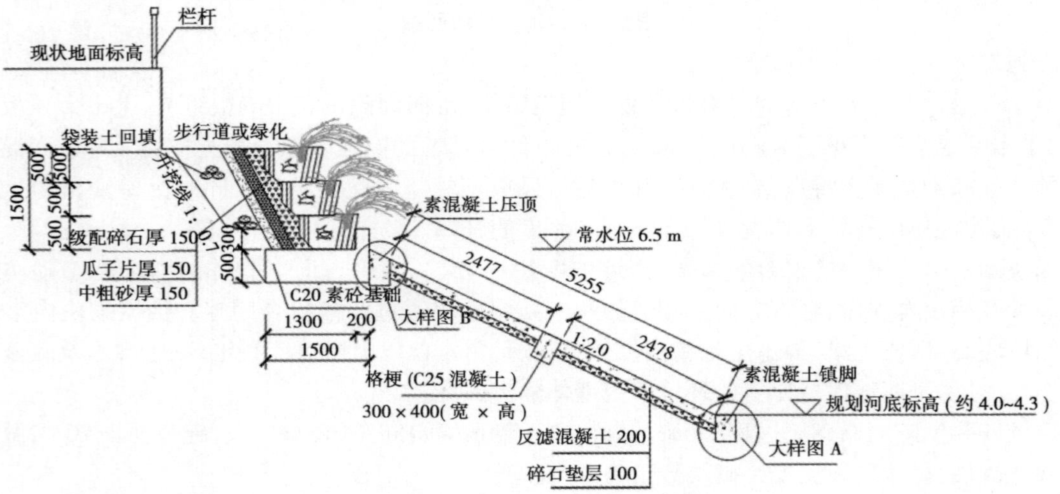

图 9 内秦淮河中段多元生态水质改善与功能提升示范工程断面图

12.2 施工情况

施工过程中，先夯实地基（压实度不小于 0.94），有效地控制挡墙的不均匀沉降后，浇筑 C20 素混凝土基础面及挡块，对基础面进行找平，安装第一层砌块，并在砌块与抗滑挡块之间缝隙、砌块空腔内浇筑 0.2 m 厚 C20 混凝土。再在砌块内回填块石土，块石应尽量采用不大于砌块尺寸的较大块石，块石孔隙内填种植土并设置缓释肥料包；然后安装砌块之间限位钢筋和填筑反滤料、压实；铺设土工布及土工格栅，土工布与土工格栅搭接宽度不小于 1.5 m；最后安装完成第一层后，按以上步骤安装上一层，至反滤混凝土砌块生态挡墙全部完成。

反滤混凝土砌块生态挡墙墙后填土是由土和筋体组成的复合土体。在填土工程过程中铺设加筋带或土工格栅等加筋材料，以增强土体的抗拉、抗剪强度和整体稳定性。墙体较高时，应根据加筋土计算理论设置土工格栅合理宽度，土工格栅每隔 0.5 m 设置 1 层，采用双向钢塑土工格栅，土工格栅纵横向极限拉力不小于 60 kN/m,伸长率小于 4%。

反滤混凝土砌块生态挡墙砌块技术指标如表 5 所示。

表 5 反滤混凝土砌块生态挡墙砌块技术指标

抗压强度(28d)	孔隙率	透水系数
不小于 25 MPa	10% ~20%	0.01 ~0.1 cm / s

工程自 2012 年 2 月 28 日开工,到 2011 年 4 月 18 日竣工。

12.3 工程监测和结果评价

内秦淮河中段多元生态水质改善与功能提升示范工程采用北京亚盟达生态技术有限公司专有技术——反滤混凝土砌块挡墙系统。C25 高强生态混凝土预制块挡墙材料透水性良好,强度高,连续孔隙可设计性强,反滤效果好,大量的空隙及混凝土内添加的营养剂和促进植物的光合作用的外加剂可为水生动植物提供栖息和生长的空间,将护岸和滨水区植被连成一体,构成一个完整的河流生态系统,是一种新型的安全性与生态性并重的护岸技术,具有很大的推广意义。

13 应用实例三

秋浦河石台城区段治理工程

13.1 工程概况

石台县位于秋浦河流域中部,地处皖南山区西北部,东与黄山区交界,南与黟县、祁门县相连,西与东至县接壤,北与贵池区、青阳县毗邻。石台县城东南靠山,秋浦河穿城区而过,顺着秋浦河水流方向,呈东南高,西北低的狭长地貌,地面高程一般在 46 ~75 m。

本次石台县防洪工程包括新建片和垄上片两部分,主体工程包括堤防工程、防洪护岸、撇洪沟等。

防洪护岸采用反滤混凝土砌块挡墙,其具有免烧、节约能源、保护土地资源、无环境污染、强度高、能机诫化施工等优点,同时又能满足护坡材料抗冻、防冲、整体稳定的要求,有效保护河床和堤坡,植物能在砌块缝隙和预留生长槽中生长,具有坡面绿化景观效果。

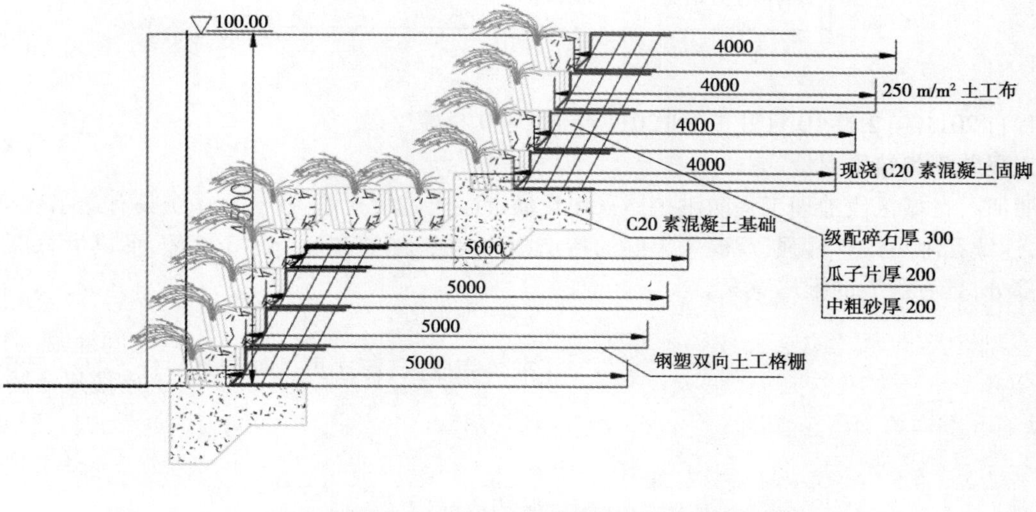

图 10 秋浦河石台城区段治理工程防洪护岸断面图

13.2 施工情况

具体施工步骤如下:

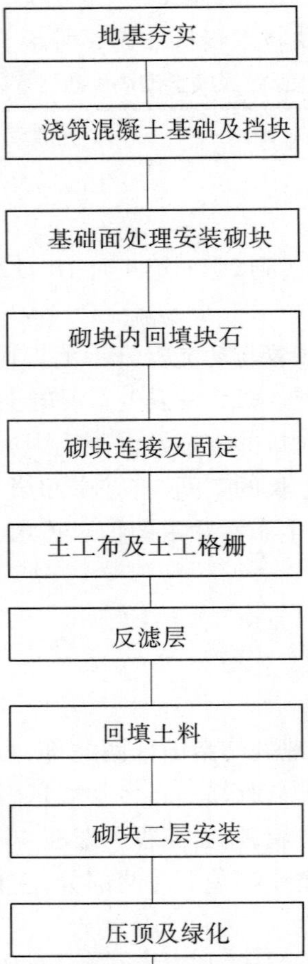

挡墙砌块技术指标如下：

抗压强度(28d)	孔隙率	透水系数
小小于25 MPa	10%~20%	0.01 cm/s~0.1 cm/s

工程自2011年2月10日开工，到2011年4月20日竣工。

12.3 工程监测和结果评价

秋浦河石台城区段治理工程防洪护岸采用反滤混凝土砌块挡墙系统，该系统具有透水性良好，强度高，连续孔隙可设计性强，反滤效果好的特点；可绿化性能够和环境融于一体，形成生态系统整体的一部分，具有很大的推广意义。

（主要完成人：郜志勇　韩征月　任　柯　吕晋旭）

现浇清水混凝土渠道施工工法

常德市天恒建设开发有限公司

1 前言

(1)本工法全称为"渠道全断面内衬现浇清水混凝土施工工法"。

(2)本工法研究创造了在湖区软基地基上,一次成型、渠道内衬全断面连续现浇清水混凝土施工方法。

(3)本工法成功研究前,湖区传统的渠道混凝土施工方法:现浇抹面混凝土。

(4)本工法创新的3项主要施工技术:

①渠道内衬混凝土浇筑全断面整体模板立模施工技术;

②渠道内衬混凝土两侧同时平衡现浇施工方法;

③渠道内衬现浇清水混凝土强度达到1MPa即行拆模的强度控制指标。

(5)本工法与传统施工方法的比较优势:

①大幅度提高了混凝土的可靠性和耐久性;

②大幅度的降低了工程全寿命周期成本。

2 工法特点

(1)按照设计要求成型渠道断面,施工技术控制:

渠道断面线、面规则;

内衬混凝土基础夯实平整。

(2)安装整体模板,施工技术控制:

两侧必须形成整体模板;

两侧模板与基础之间间距等距;

两侧预留空间必须满足混凝土厚度设计要求。

(3)模板压重,施工技术控制:

无论梯形断面渠道,或矩形断面渠道,模板自重必须大于现浇振捣对模板形成的侧压力,以保证不走模。

图1 渠道断面成型控制

图2 模板压重示意

(4)渠道两侧平衡现浇,施工技术控制:

①两侧混凝土平衡入仓;

②两侧混凝土平衡振捣。

(5)正确判断拆模时间:

①混凝土强度达到1 MPa以上;

②先拆除伸缩缝板,再拆除坡模板;

3 适用范围

本工法适用于坡长1.8 m以内的梯形断面或矩形断面沟渠内衬现浇清水混凝土施工。

4 工艺原理

图3 工艺原理图

（1）现浇清水混凝土施工工艺原理：采用现浇工艺一次成型，混凝土表面必须平整光滑、棱角分明、色泽均匀、无碰损和污染，拆除浇筑模板后不再作任何外部抹灰等工序。

（2）清水混凝土强度、工作性、耐久性均需符合设计要求。

（3）模板制作安装工艺要点：①模板龙骨不宜有接头；②模板零部件下料的尺寸应准确，切口平整；③面板、肋、背楞等部件组拼前调平直，应满足强度和刚度的要求；④木模板的材料应干燥，切口宜刨光；⑤模板加工后宜预拼，对模板表面平整度、截面尺寸、相邻板面高低差以及对拉螺栓组合情况进行校核，根据预拼对模板进行编号。

（4）模板安装控制技术：①模板安装前，检查面板清洁情况；②复核基层上内外模板控制线和标高；③脱模剂涂刷均匀；④模板安装应有防漏浆措施；⑤根据模板编号进行拼装，连接紧密。

5 施工工艺流程及操作要点

5.1 渠道土方开挖、整形施工阶段

（1）渠道土方开挖、整形施工是现浇清水混凝土渠道工程的重要基础工作，其施工工艺流程为：土方开挖前的准备→土方开挖、整形→弃土处理→开挖、整形后的检验→渠底垫层的施工（见图4）。

（2）开挖、整形后的检验。土方开挖、整形完成后，在混凝土浇筑施工前，施工单位应会同建设、监理、设计等单位共同进行验收，主要检查高程、线型是否与基准点、基准线相符，地基强度是否符合设计要求等。检验是通过测量、观察等方法作出判断，验收合格后，填写隐蔽工程验收单。

（3）渠底垫层的施工控制要点。

①于渠底混凝土垫层较长且狭窄，应每隔 5 ~ 10 m 设一根中间水平桩，以控制其厚度的准确性；

②当垫层面积较大时，垫层混凝土宜采用分仓浇筑的方法进行，可根据变形缝的位置、不同基础部位等情况进行分仓，也可根据坡面混凝土伸缩缝的相应位置进行分仓；

③浇筑混凝土垫层前，应在地基上洒水湿润表层土，以防混凝土被地基土层吸水而影响混凝土的工作性。

5.2 渠道混凝土浇筑施工阶段

（1）现浇清水混凝土渠道工程对施工工艺流程和技术有着十分严格的要求。其施工工艺流程为：浇筑前的准备→投料与搅拌→混凝土运输→混凝土浇筑→混凝土振捣→模板、伸缩缝板拆除→导滤管安装→混凝土养护→渠底混凝土浇筑与养护→伸缩缝填充、勾缝与土料回填。

（2）模板的清理与涂刷：为防止模板与混凝土粘结，应将粘附在模板表面已干硬的砂浆等粘糊物处理干净，确保模板的光洁，并在模板安装前（木模板应浇水湿润后）认真涂刷浓度较大的肥皂水、油的混合乳剂等隔离剂。

（3）混凝土浇筑控制。

①浇筑混凝土时，应先在仓底铺一层与混凝土内成分相同、厚度约 50 ~ 80mm 的水泥砂浆，再分层浇筑混凝土，分层浇筑厚度为插入式振动器作用部分长度的 1.25 倍。

②浇筑时，应遵循先伸缩缝两边并两边坡面伸缩缝对称同时进行，后两边渠坡仓内的其他部位同时进行的顺序平衡进料、平衡振捣，以保证模板和伸缩缝板不因进料和振捣不平衡被挤压而发生偏移。

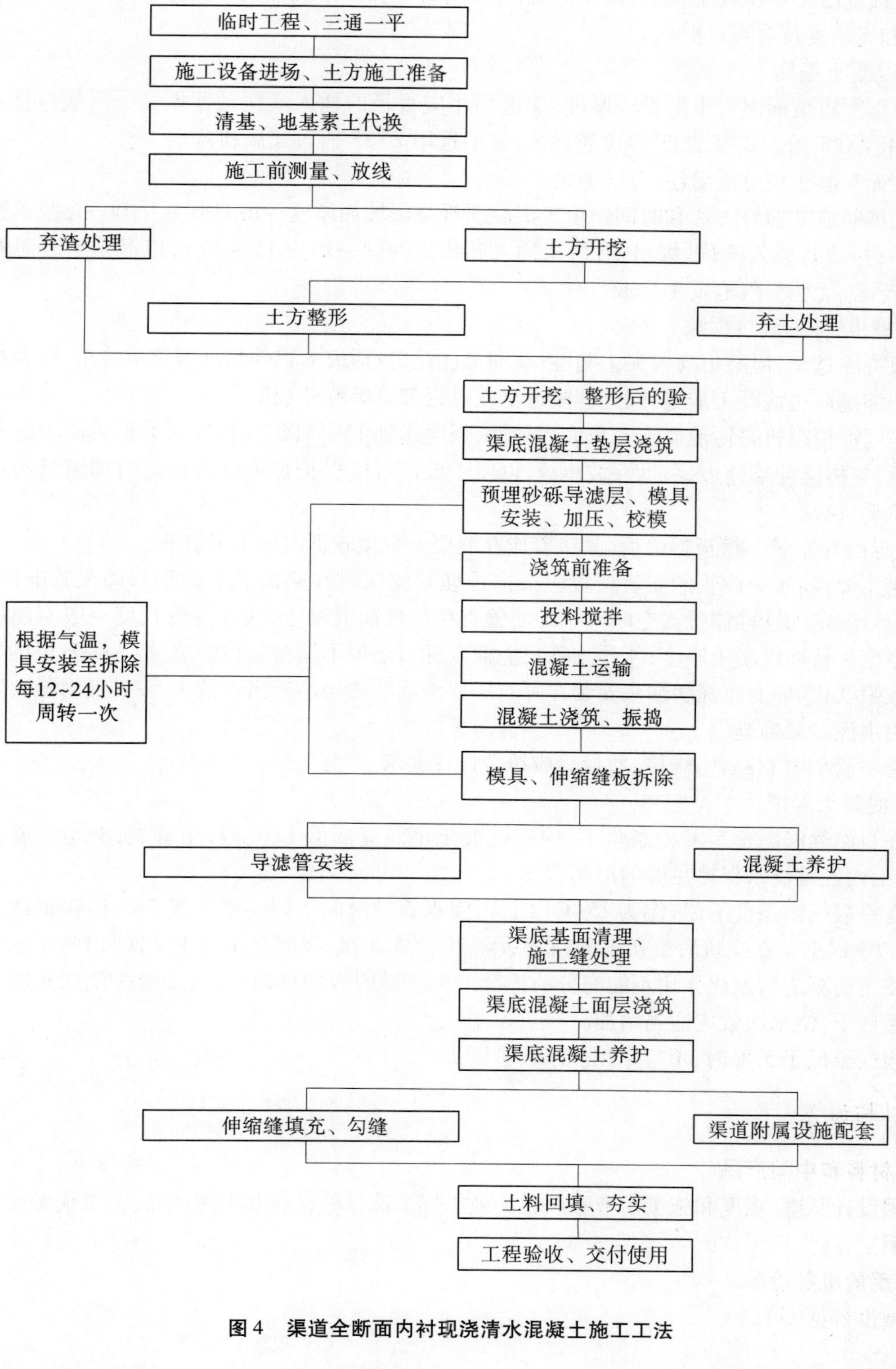

图4　渠道全断面内衬现浇清水混凝土施工工法

③混凝土灌注时应由仓外向仓内安装光洁度较好的溜槽，以防止混凝土产生严重离析，造成坡面下部石多浆少、出现“烂根”而无法振捣密实。

④灌注较长斜坡面混凝土时，为避免混凝土浇筑至一定高度后，由于积聚大量的浆水，而可能造成混凝土强度不匀的现象，宜在浇灌至适当高度时，适量减少混凝土用水量。

⑤压顶混凝土体积较小,施工操作方便,施工时应适当缩小混凝土水灰比,以保证压顶强度、线形、面平和光洁度符合设计要求。

(4)混凝土振捣。

①根据渠道坡面混凝土的设计厚度,应选用相应直径的插入式振动器振捣。一般厚度小于8 cm的选用ZX25插入式振动器,厚度超过8 cm的选用ZX35插入式振动器。

②坡面混凝土应分层灌注,分层振捣。

③振捣时应掌握好方法和时间。由于混凝土现浇渠坡面厚度一般只有8~10 cm,振动器影响半径较小;振捣时插入要快、拔出要慢,从插入到拔出时间一般为15~20 s,以混凝土表面停止沉陷、出现泛浆、无明显气泡发生为准。

(5)模板、伸缩缝板拆除。

模板拆除过早,混凝土尚未失去塑性,坡面可能拉毛;拆模太迟伸缩缝板难以拉出,强制拉出时可能使伸缩缝两边混凝土崩塌,因此拆模过早或过迟都将影响外观质量。

适当的拆模时机是待混凝土完全失去塑性、强度达到1MPa以上时,模板方可拆除。拆模时应轻撬轻拆,先拆除伸缩缝板,再拆除坡模板,以便于坡模板能保护伸缩缝板拆除时伸缩缝两边混凝土不被拉毛、拉缺。

(6)导滤管安装。模板拆除后,紧接着应在混凝土强度较低时安装导滤管。

1)施工要点:①导滤管的安装位置应根据预埋导滤层时在路面做上的记号确定其准确位置;②根据记号确定的准确位置淘空略大于导滤管直径的坡面混凝土;③导滤管长度一般不超过导滤砾石层厚度+坡面混凝土厚度;④导滤管只能插入砾石层但不能接近粗砂层,插入砾石层的导滤管应制作成筛状;⑤导滤管筛状端头安装在砾石层并使筛状端头高于出水端头,安装后对导滤管出水端头采用水泥砂浆勾缝。

2)导滤管的材料品种、规格、数量等应符合设计要求。

(7)混凝土养护。

①在自然气温高于5 ℃的条件下,应在混凝土浇筑完成后12 h内,用草袋、麻袋等覆盖混凝土,并在上面经常浇水保持足够的湿润状态。

②在一般气候条件下(气温为15 ℃以上),浇水养护时间一般不得少于7 d,以保证达到标准强度的60%以上。在浇筑后最初3 d,白天每隔2h浇水1次,夜间至少浇水2次,以防止水分不足而使混凝土初凝之后水化作用不能充分的进行。在以后的养护期内,每昼夜至少浇水4次。在干燥气候条件下,浇水次数应适当增加。

③当气温低于5 ℃时,不宜采用浇水养护。

6 材料与设备

6.1 原材料和中间产品

根据设计厚度、强度和施工季节参照相关施工规范选择原材料和中间产品,本工法无需对其作特殊说明。

6.2 采用的机具设备

机械设备见表1。

表1　机具设备表(1个施工班组使用的机具设备)

序号	设备名称	单位	数量	用途
1	小型挖掘机	台	1	土沟渠开挖
2	正铲装载机	台	2	运土
3	2～3 m 整体模板	套	40	使渠道坡面形成仓面,便于浇筑、振捣。
4	前翻斗车	辆	1	将砂、石、水泥送入混凝土搅拌机
5	自落式搅拌机	台	1	搅拌混凝土
6	后翻斗车	辆	3	运输混凝土
7	插入式振动器	套	2	仓内混凝土振捣
8	平板式振动器	台	1	沟渠底板混凝土振捣
9	称重衡器	台	1	控制混凝土配合比

7　质量控制

7.1　工程质量控制标准

执行《水利水电工程单元工程施工质量验收评定标准—混凝土工程(SL 632—2012)》、《水利水电工程施工质量检验与评定规程(SL 176—2007)》及相关施工规范。

7.2　施工质量保证措施

(1)土方开挖、整形完成后,其高程、线型应与基准点、基准线相符,地基强度必须符合设计要求。

(2)模板、伸缩缝板安装后,模板的轴线、坡比、断面尺寸、标高及安装必须符合要求,支撑牢固并必须有防止施工时模板上浮和伸缩缝板偏移的措施。

(3)导滤层及导滤管安装数量及部位应根据地基渗水程度确定。

(4)模板、伸缩缝板拆除及导滤管安装应把握时机,避免对外观质量造成不利影响。

8　安全措施

(1)渠道施工时段一般集中在冬、春两季,工程运输车辆必然往来频繁,尤其是施工扫尾阶段可能与春耕农忙同步,工程施工与农业生产争道路、争场地的矛盾可能突出。施工现场要提前作好安全警示牌,以防患于未然。

(2)加强对施工作业人员和当地人员的安全教育与管理,加强对运输车辆的指挥与调度,加强现场施工机械设备的养护和安全使用,确保项目工程文明、安全施工。

(3)施工现场的临时用电严格按照《施工现场临时用电安全技术规范》的规定执行。

9　环保与资源节约

(1)成立对应的施工环境卫生管理机构,在工程施工过程中严格遵守国家和地方政府下发的有关环境保护的法律、法规和规章,加强对施工燃油、工程材料、设备、废水、生产生活垃圾、弃渣的控制和治理,遵守有防火及废弃物处理的规章制度,做好交通环境疏导,充分满足便民要求,认真接受交通管理,随时接受相关单位的监督检查。

(2)将施工场地和作业限制在工程建设允许的范围内,合理布置、做到标牌清楚、齐全,各种标识醒目,施工场地整洁文明。

（3）对施工中可能影响到的各种公共设施制定可靠的防止损坏和移位的实施措施，加强实施中的监测、应对和验证。同时，将相关方案和要求向全体施工人员详细交底。

（4）渠道工程弃土、弃渣较多，弃土、弃渣及其他工程废弃物要按工程建设指定的地点和方案进行合理堆放和处治。

（5）优先选用先进的环保机械。尽量采取消音措施降低施工噪音到允许值以下，同时尽可能避免夜间施工。

（6）晴天经常对施工通行道路进行洒水，防止尘土飞扬，污染周围环境。

10 效益分析

（1）常德市农发行业渠道工程采用现浇清水混凝土施工方法以来，有同类工程建设任务的建设单位、主管单位对其耐久性、可靠性和经济性进行了比较，认为经济效益显著，因此而得到了普遍关注与重视。经济效益见表2技术、经济分析。

表2 技术、经济分析

施工方法 / 分项对比	现浇抹面混凝土（传统施工方法）	现浇清水混凝土（本工法）
混凝土密实性、强度	混凝土强度≤C10	混凝土强度≥C20
物理反应	抗渗性≤P4、抗冻性差	抗渗性≥P6、抗冻性好
化学反应	密实性差导致耐蚀性差	密实性好，耐蚀性好
节能与环保	水泥石溶蚀，对环境有不利影响	水泥石无溶蚀，对环境无不利影响
每立方米成本	400元	450元
8年内维保费用	>200元	<5元
安全使用年限	5年左右	20~50年

（2）近几年来已获效益。

①已广泛使用的行业：常德市国土、农业、水利等行业主管的渠道工程；

②本工法研究论文（现浇清水混凝土渠道施工工艺流程与技术）于2010年9月在《水利建设与管理》发表；

③本工法中间成果于2012年11月被评为《常德市第十二届自然科学一等优秀学术论文》。

④大幅度降低工程运行管理成本支出：清水混凝土渠道的平均维保费用不到工程建设成本的1%；而传统采用的抹面混凝土渠道平均维保费用约占工程建设成本的50%以上。

⑤大幅度提高工程使用寿命：清水混凝土渠道使用年限为传统抹面混凝土5倍以上。

11 应用实例

（1）常德市农业综合开发土地治理项目2004~2008年为试验阶段，2009~2012年为普及阶段，总投资约7亿元的渠道建设工程，均采用了现浇清水混凝土施工工法。

（2）常德市2009~2012年国土行业土地综合整治项目，总投资4.7亿元的渠道建设工程，均采用了现浇清水混凝土施工工法。

（3）自2009年研究现浇清水混凝土工法成型以后，常德市水利系统所属工程已经普及了该施工方法（据不完全统计，已经应用的总投资约26亿元），取得了显著的经济与社会效益。

综上所述，渠道工程采用清水混凝土施工方法是提高渠道功能和价值、降低渠道工程全寿命周期成本、确保渠道有效使用年限的最有效方法，并已得到广泛认可，经济和社会效益显著。

（主要完成人：刘　亮　潘平安）

富水砂层大直径顶管施工工法

福建路港(集团)有限公司

1 前言

随着城市建设的发展,水利管网施工的问题日益突出,传统的开槽施工,因破坏道路、影响交通、污染环境等,越来越不适合于城区施工,小口径拖拉管的施工也逐渐不能满足社会高速发展、城市扩张的需求,而顶管施工则切实解决了存在的问题,在水利管网施工中得到了越来越多的应用。我司在采用泥水平衡式顶管施工技术的过程中,经过多年的施工实践,总结出了富水砂层地质条件下大型口径泥水平衡式顶管施工工法,取得了明显的社会效益和经济效益。

2 工法特点

(1)本工法是一种非开挖施工技术,地下穿越能力强,施工工作面不大,可方便在繁华市区施工,对顶进管道周围地层扰动少,能维持不同土质挖掘面上的稳定平衡;土层损失小,产生的地表面变形小。

(2)本工法顶进施工时的连续作业性能好,施工进度快。

(3)采用本工法施工时的总顶力较小,尤其在富水砂层层中的长距离顶进,优于其他类型的顶管工法。

(4)在工作井内的作业环境较好,能够安全地实现顶进作业。

(5)施工噪音小,不破坏道路、不影响交通,环境污染小,施工精度高,技术先进。

3 适用范围

(1)本工法适应于各类大型地下管道施工(管径大于1200毫米),通常包括混凝土管道、钢管、玻璃钢夹砂管、球墨铸铁管道等等。

(2)本工法适应于各种不同的土质条件,尤其对地下水位很高,地下水压力变化较大的富水砂层地质更具有优越性。

4 工艺原理

泥水平衡式顶管机是利用泥水压力来平衡顶进工作面上的水压力和土压力,通过调节出泥舱的泥水压力稳定开挖面,弃土以泥水方式排放出顶管机,在不开挖地表的情况下,利用液压顶进工作站从工作坑将铺设的管道顶入,从而在顶管机之后直接铺设管道。

5 施工工艺流程及操作要点

5.1 工艺流程

当顶管线路选定,各标段的工作井和接收井位置确定后,各标段开始施工的工艺流程可参照图1进行。

5.2 操作要点

5.2.1 施工准备

(1)施工资料准备。①工程施工前应由设计单位进行设计交底及图纸会审,发现问题及时向

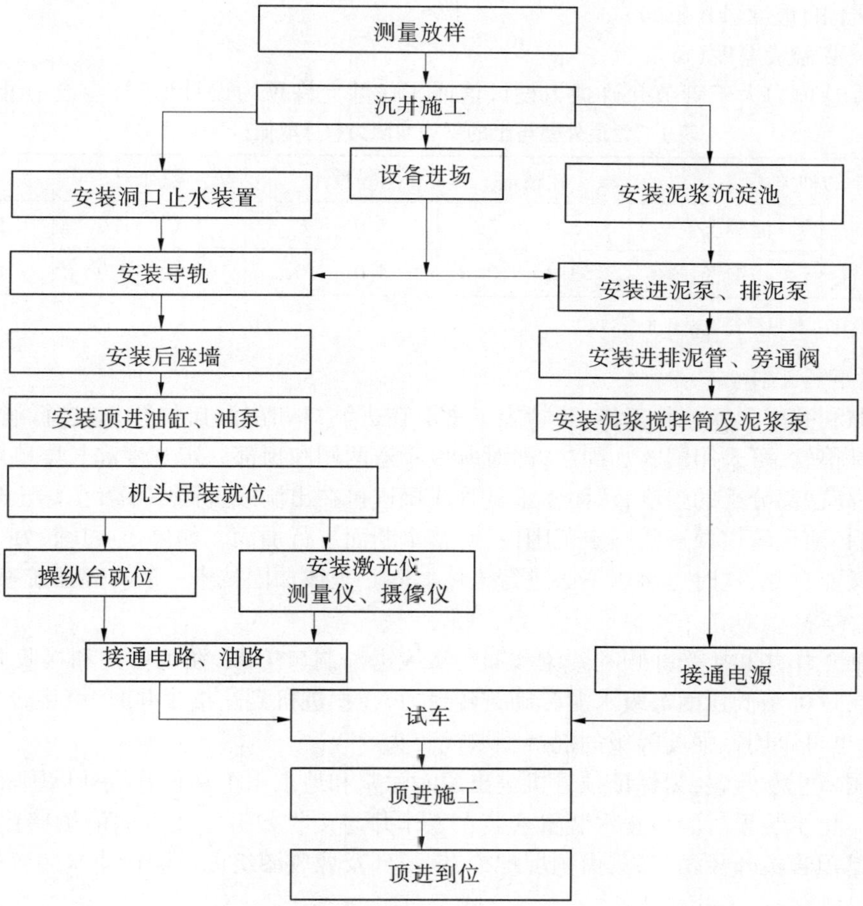

图1　工艺流程图

设计单位提出变更修改。②工程施工前应掌握管道沿线的地形、地貌、建筑物、各种管线及设施情况，熟悉工程地质勘察报告、水文地质资料、气象资料。③结合工程实际，编制施工组织设计，制定保证安全质量的措施。

（2）施工测量：根据测量控制点的坐标和高程，布置现场的测量控制点，并设永久性测量控制桩。

（3）工作井与接收井施工：工作井必须满足在顶力和周边水土压力作用下的强度和变形要求，结构形式应根据顶力大小和地下水情况因地制宜地选择。

（4）顶力估算。

①施工前，应对总顶力进行估算，以验算设备及材料承受力和确定工艺。

②顶力计算参考《给水排水工程顶管技术规程》CECS246:2008

$$F=\pi DLf_k+N_F$$

式中　F——总顶力标准值（kN）；

D——管道的外径（m）；

L——管道设计顶进长度（m）；

f_k——管道外壁与土的平均摩阻力（kN/m^2）（参考表1）

N_F——顶管机的迎面阻力（kN）

$$N_F=(\pi/4)D_g^2 r_s H_s$$

D_g——顶管机外径（m）；

r_s——土的重度(kN/m^3);

H_s——覆盖层厚度(m);

③当估算总顶力大于管节允许顶力设计值或工作井允许顶力设计值时,应设中继环。

表1 管道外壁与土的平均摩阻力(f_k)取值(kN/m^2)

土的种类		软粘土	粉性土	粉细土	中粗砂
触变泥浆	混凝土管	3.0~5.0	5.0~8.0	8.0~11.0	11.0~16.0
	钢管	3.0~4.0	4.0~7.0	7.0~10.0	10.0~13.0

注:玻璃钢夹砂管可参照钢管乘以0.8系数。

(5)顶管准备工作。

①为了顺利完成顶管接收工作,顶管施工之前在进洞口和出洞口位置,应进行洞口土体加固。如果土质不是很软,可采用门式加固法,即对所顶管道两侧和顶部一定宽度和长度范围内的土体进行加固,以提高这部分土的强度,从而使工具管或掘进机在出洞或进洞中不发生坍土现象。如果土质比较软,则必须在管道顶进的一定范围内,对整个断面进行加固。如果土质比较好,比较硬,挖掘面上的土体又能自立,这时也可以不必进行土体加固。土体加固技术一般有高压旋喷技术、搅拌桩技术、注浆技术等。

②为保证工作井和接受井顺利到位和顺利实施进出洞口工序,在工作井和接收井进出洞口应设置封门。洞口可用低强度等级水泥砖砌筑砖封门,在掘进机到达接收井时,可将砖封门挤倒或切削掉。有时,也可以用低强度等级的混凝土取代砖头。

③安装洞口止水装置:为保证顶管机进出洞时泥浆和地下水不从顶管机外周围涌出,需在顶进方向安装洞口止水装置。洞口止水装置安装在工作井与接收井沿管线方向的侧壁预留洞上,预留洞的直径应比顶管机外径稍大,其由预埋螺栓,钢压环及橡胶圈组成。洞口止水装置见图2。

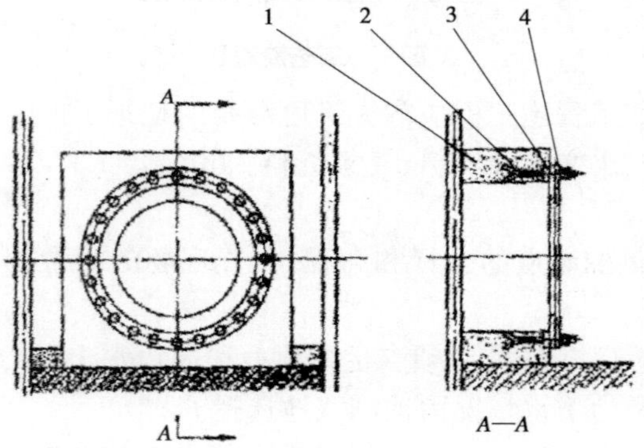

1—前止水墙;2—预埋螺栓;3—橡胶止水圈;4—压板

图2 洞口止水装置图

④轨道及顶进后背安装:轨道安装误差在±5 mm之内,确保背铁与导轨垂直。

⑤机头安装:机头整体吊至基坑导轨上,调正机头,接通自控系统,检查实际数值与计算机显示数值是否相符。

⑥泥水分离系统调试,检查泥路循环是否正常。

⑦工作井顶进系统调试。

⑧供电系统调试。

⑨工作井内高程、中心桩校正。

5.2.2 顶进施工

(1)拆除洞口封门

(2)顶进机头:当机头进入土体时,开动大刀盘和进排泥泵。机头入洞阶段速度控制在 3 ~ 5 mm/min,此阶段重点是找正管子中心、高程,偏差控制在 ±5 mm 之内,所以速度不要太快。

(3)机头顶进至能卸管节时停止顶进,拆开动力电缆、进排泥管、进排泥泵、控制电缆和摄像仪连接,缩回顶进油缸。

(4)将事先安放好密封环的管节吊下,对准插入就位。

(5)接上动力电缆,控制电缆、摄像仪连接、进排泥管路并接通压浆管路。

(6)启动顶管机、进排泥泵、压浆泵、主顶油缸,顶进管节。初始顶进后 500 mm,顶进测量开始,每顶进 300 mm 做一次中心、高程记录,并及时向技术负责人汇报,以便采取措施。

(7)管道减阻措施。

①中大口径顶管(DN1200 以上)应采取措施减少管壁摩擦阻力。

②石蜡、废油脂等可涂于管外壁减少外部磨擦阻力。

③通过在管外壁与土层环状空间注入润滑材料,可以减小施工管道与地层间摩擦力,有利于顺利顶进和长距离顶进。

④通过润滑减摩,避免跳动顶进,使顶力作用均匀,提高施工效率和质量。

⑤管节应有预留注浆孔,可以在几节管节间加入一节预留注浆孔管节。

(8)随着管节的顶进,不断观察机头轴线位置和各种指示仪表,纠正管道轴线方向并根据土压力大小调整顶进速度。纠偏原理是:全站仪发出不可见光到机头中心光靶,光靶把偏移反应到控制台,控制台控制纠偏千斤顶工作,具体方法如下:

①在大口径顶管施工中,一般采用激光经纬仪或激光发射器进行顶管位置测量,这样可以保证在管道内黑暗环境中,比较准确地测量位置偏移。

②激光经纬仪进行顶管测量时,在工作井内安装激光发射器,并按设计要求,调整好坡度和方向,在机头位置安装接收靶标,靶标上有刻度线,当顶进管位置和设计数量一致时,激光点和靶标中心重合,若不重合即可通过刻度线知道偏移方向和程度。

③在操作室内通过摄像机可以清楚地观察到激光靶标的情况,通过激光点偏移中心点的刻度和方向,判断顶管偏离设计要求的位移量,操作顶管机头内置的四只纠偏油缸动作,及时调整至激光点和靶标中心重合。

(9)当一节管节顶进结束后,重复以上第(2)至第(8)项操作程序,实施继续推进。

5.2.3 顶进到位

(1)顶进即将到位时,放慢顶进速度,准确测量出机头位置,当机头到达接收井洞口封门时,停止顶进。

(2)在接收井内安放接引导轨。

(3)拆除接收井洞口封门。

(4)将机头送入接收井,此时刀盘的进排泥泵均不运转。

(5)拆除动力电缆、进排泥管、摄像仪及连线和压浆管路等。

(6)分离机头与管节,吊出机头。

(7)将管节顶到预定位置。

(8)按次序拆除中继环油缸并将管节靠拢。

(9)拆除主顶油缸、油泵、后座及导轨。

(10)清理场地。

5.2.4 泥水控制

(1)在不同土质条件下控制好泥水平衡,方能建立起挖掘面上的压力平衡。

控制泥水相对密度如表2所示。

表2 不同土质条件下控制的泥水相对密度

土质名称	渗透系数(cm/s)	颗粒含量(%)	相对密度
粘土及粉土	$1\times10^{-9}\sim1\times10^{-7}$	5~15	1.025~1.075
粉砂及细砂	$1\times10^{-7}\sim1\times10^{-5}$	15~25	1.075~1.125
砂	$1\times10^{-5}\sim1\times10^{-3}$	25~35	1.125~1.175
粗砂及砂砾	$1\times10^{-3}\sim1\times10^{-1}$	35~45	1.175~1.225
砾石	1×10^{-1}以上	45以上	1.225以上

(2)在顶进过程中,机头密封舱中流入含泥量的泥水,使泥水保持一定压力,这样泥水起到平衡地下水压的作用,且削下来的泥土。泥土压力应高于地下水压。

(3)在掘进过程中,应经常注意排泥处水头变化,观察水头可以看出地下水压力变化。如果出现排出泥水压力水头大增,应及时采取调整顶进压力,增减泥水泵压力,或控制阀门大小等措施,保持挖掘面的稳定。

(4)要经常检查排出泥水浓度和密度,还有所含物质,对照检查排泥泵的流量及压力是否正常,防止排泥量过小造成排泥管淤积和堵塞,过大造成挖掘的失衡。

(5)当掘进停止或者排泥管清淤时,应关闭排泥阀门,防止泥水流出,也应防止泥水从洞口或其他地方流失,防止挖掘面失稳。

(6)泥水分离:对顶进过程中排放出来的泥水进行泥水分离,最常采用的是沉淀池法,就是把排出的泥水排入沉淀池,一定时间后,颗粒较大的自然沉淀于底层,抽去上层清水,下层既是分离出来的泥浆,上层清水可重复使用,泥浆可以处理,这是一种简单而又经济的处理方法。

5.2.5 管节连接

顶完一段(接收井和工作井之间)距离后,检查完每一节项完整性和密封性符合设计要求后,对管接口处进行连接密封,根据管材不同材料采取不同的连接方式,确保接口质量及密封要求。

5.2.6 记录参数

在整个顶管施工过程中应及时测量并记录各项工艺参数。

5.3 劳动力组织

顶管施工一般需要三班制连续作业,每班人员的配备见表3。

表3 顶管施工每班人员配备表

序号	人员	数量	职责分工
1	技术人员	1	施工技术管理、质量管理、数据收集与分析,发现问题并提出解决措施
2	班长	1	在技术人员指挥下进行指挥、调度、计划安排、质量控制
3	顶管机操作员	1	操纵机头运转、顶进、进排泥泵运转、纠偏等
4	起重机驾驶员	1	操作起重机械
5	压浆工	1	拌浆、压浆
6	辅助工	2	接管、拆管、挂钩等

6 材料与设备

6.1 材料

(1)顶管材质应根据管道用途、管材特性等选用混凝土管道、钢管、玻璃纤维加强管等,所用管材必须满足如下基本要求:①能够抵抗管道内外的侵蚀。②能够承受一定的静、动荷载。③能够承受管道内外部的压力。④具有良好的过流性能。⑤较低的成本。

(2)所用管材除了满足上述基本要求之外,还应符合以下要求:①较高的轴向承载能力。②紧密的配合尺寸。③端部要平整、垂直。④管道长度方向上应保证平直度。⑤防水接头应设置在管道壁内,不允许突出于管道的内外壁。⑥管道接头应具有传递轴向荷载的能力,同时在发生一定角度的偏斜时应仍具有防水能力。

6.2 设备

主要机具设备见表4。

表4 三要机具设备表

序号	设备名称	单位	数量	备注
1	泥水加压平衡顶管掘进主机	台	1	包括操纵台
2	后座顶进装置	套	1	包括油缸、油泵、顶铁
3	起重机械	台	1	吊车
4	进排泥浆设备(泵)	台	1	相应配套设施
5	泥水管路及旁通阀	套	1	
6	压浆设备	套	2	包括搅拌筒、压浆泵管路
7	中继顶进装置	套	1-5	视顶程距离而定
8	污泥泵	台	1	井内降水用
9	管道激光导向仪	台	2	
10	管材接缝专用焊枪	台	3	管道连接
11	定向测距仪	台	2	测量控制

7 质量要求

7.1 质量控制标准

(1)顶管施工执行《给水排水工程顶管技术规程》CECS246:2008、《给水排水管道工程施工及验收规范》GB 50268—2008 等规程、规范。

(2)顶管施工贯通后管道的允许偏差应符合表5 的规定。

7.2 质量保证措施

(1)对进场的管材和配件进行外观等方面的检验,各项指标均应符合规范及设计要求,并应有产品出厂标记。

(2)管道的焊接、止水圈的安装及接头密封处理,应符合设计要求及有关标准的规定,并应有材料出厂合格证明。

(3)顶管竣工后管道应进行闭水试验或渗水检验。

表5　顶管施工贯通后管道的允许偏差

<table>
<tr><td colspan="4" rowspan="2">检查项目</td><td rowspan="2">允许偏差（mm）</td><td colspan="2">检查数量</td><td rowspan="2">检查方法</td></tr>
<tr><td>范围</td><td>点数</td></tr>
<tr><td rowspan="3">1</td><td rowspan="3">直线顶管水平轴线</td><td colspan="2">顶进长度<300 m</td><td>50</td><td rowspan="24">每管节</td><td rowspan="24">1点</td><td rowspan="3">用经纬仪测量或挂中线用尺量测</td></tr>
<tr><td colspan="2">300 m≤顶进长度<1 000 m</td><td>100</td></tr>
<tr><td colspan="2">顶进长度≥1 000 m</td><td>$L/10$</td></tr>
<tr><td rowspan="4">2</td><td rowspan="4">直线顶管内底高程</td><td rowspan="2">顶进长度<300 m</td><td>D_i<1 500</td><td>+30，−40</td><td rowspan="2">用水准仪或水平仪测量</td></tr>
<tr><td>D_i≥1 500</td><td>+40，−50</td></tr>
<tr><td colspan="2">300 m≤顶进长度<1 000 m</td><td>+60，−80</td><td rowspan="2">用水准仪测量</td></tr>
<tr><td colspan="2">顶进长度≥1 000 m</td><td>+80，−100</td></tr>
<tr><td rowspan="6">3</td><td rowspan="6">曲线顶管水平轴线</td><td rowspan="3">$R \leqslant 150\ D_i$</td><td>水平曲线</td><td>150</td><td rowspan="6">用经纬仪测量</td></tr>
<tr><td>竖曲线</td><td>150</td></tr>
<tr><td>复合曲线</td><td>200</td></tr>
<tr><td rowspan="3">$R > 150\ D_i$</td><td>水平曲线</td><td>150</td></tr>
<tr><td>竖曲线</td><td>150</td></tr>
<tr><td>复合曲线</td><td>150</td></tr>
<tr><td rowspan="6">4</td><td rowspan="6">曲线顶管内底高程</td><td rowspan="3">$R \leqslant 150\ D_i$</td><td>水平曲线</td><td>+100，−150</td><td rowspan="6">用水准仪测量</td></tr>
<tr><td>竖曲线</td><td>+150，−200</td></tr>
<tr><td>复合曲线</td><td>±200</td></tr>
<tr><td rowspan="3">$R > 150\ D_i$</td><td>水平曲线</td><td>+100，−150</td></tr>
<tr><td>竖曲线</td><td>+100，−150</td></tr>
<tr><td>复合曲线</td><td>±200</td></tr>
<tr><td rowspan="2">5</td><td rowspan="2">相邻管间错口</td><td colspan="2">钢管、玻璃钢管</td><td>≤2</td><td rowspan="5">用钢尺量测</td></tr>
<tr><td colspan="2">钢筋混凝土管</td><td>15%壁厚，且≤20</td></tr>
<tr><td>6</td><td colspan="3">钢筋混凝土管曲线顶管相邻管间接口的最大间隙与最小间隙之差</td><td>≤ΔS</td></tr>
<tr><td>7</td><td colspan="3">钢管、玻璃钢管道竖向变形</td><td>≤$0.03D_i$</td></tr>
<tr><td>8</td><td colspan="3">对顶时两端错口</td><td>50</td></tr>
</table>

注：D_i 为管道内径（mm）；L 为顶进长度（mm）；ΔS 为曲线顶管相邻管节接口允许的最大间隙与最小间隙之差（mm）；R 为曲线顶管的设计曲率半径（mm）。

8　安全措施

（1）顶管施工中，应遵照国家、省市颁发的有关安全操作规程，及施工用电、机械设备安全规程，建立完善的安全保证体系，加强施工中的安全检查，发现隐患及时排查，确保作业标准化、规范化。

（2）顶管施工前，应查明顶管沿线地下障碍物的情况，对管道穿越地段的管线及上部建构筑物等做好安全保护措施。

(3)在施工现场周围有警示挡板,悬挂警示牌。工作井上部设安全平台,周围设护栏杆,井下作业戴好安全帽。

(4)顶管后座安装时,如发现后背墙面不平或顶进时枕木压缩不均匀,必须调整加固,方可顶进。顶进过程中,不得站在顶铁两侧操作,以防止崩铁伤人。

(5)吊装顶铁或管道时,严禁吊臂工作半径内停留。往工作坑内下管时,应穿保险钢丝绳,并缓慢的将管子送入导轨就位,防止滑脱坠落。

9 环保措施

(1)工程施工过程中严格遵守国家和地方政府下发的有关环境保护的法律、法规和规章,加强对施工燃油、工程材料、设备、废水、生产生活垃圾的控制和治理,遵守有防火及废弃物处理的规章制度,做好交通环境疏导,认真接受城市交通管理,随时接受相关单位的监督检查。

(2)施工中采取有效措施控制施工过程中的扬尘、噪声,尽量减少对周围居民的干扰。

(3)合理规划使用施工场地,按施工平面布置图布置设备、设施和材料。规范围挡,设置围栏,做到标牌清楚、齐全,各种标识醒目,施工场地整洁文明。

(4)定期清运沉淀泥砂,做好泥砂、弃渣及其他工程材料运输过程中的防散落与沿途污染措施,废水除按环境卫生指标进行处理达标外,并按当地环保要求的指定地点排放。弃渣及其他工程废弃物按工程建设指定的地点和方案进行合理堆放和处治。

10 效益分析

(1)本工法施工不破坏道路,施工噪音低,对道路、交通、周边环境影响小,工期短,真正实现了环境保护目标,根本改变了先破路后建设的传统施工模式,是一项环保型的施工技术,社会效益非常高。

(2)采用本工法施工,工期较短,投入施工人员少,可节约各项成本,同时减少了降水、土体加固等措施,也避免大面积拆迁工作,避免了交通绕行,减少了大量的场地占用,所带来的经济效益十分显著的。

11 应用实例

本工法在龙海市东部及招商局漳州开发区供水工程(泵站出口 - 供水点输水线路工程)、晋江市供水二期溪边供水泵站工程、招商局漳州开发区供水工程取水泵站工程等工程中得到成功应用,效果良好,下面作简要介绍:

11.1 龙海市东部及招商局漳州开发区供水工程(泵站出口 - 供水点输水线路工程)

11.1.1 工程概况

龙海市东部及招商局漳州开发区供水工程为漳州开发区招商原水管道工程,管道总长 836 m,该工程采用 DN1600 钢管和 DN1200 钢管,其中 DN1600 钢管顶管为 606 m,DN1200 钢管顶管为 230 m,钢管的对接焊缝均为采用直缝焊接钢管或符合图纸规格及要求的螺旋焊接钢管。本工程具有工期短、管径大,管底深,施工难度大,穿越西溪,且上庆皮革厂顶管段两侧都是居民房、厂房,多处穿越暗河、农田,池塘、河流、道路,沿线地质条件及其复杂、多变,施工工艺复杂等特点。

11.1.2 施工情况

龙海市东部及招商局漳州开发区供水工程,顶管施工均采用泥水平衡式顶管机,其中跨西溪顶管段最大顶力 6 500 kN,管底埋深 12 ~ 14 m,覆土身 10.4 ~ 12.4 m;上庆皮革厂顶管段最大顶力 5 500 kN,管底埋深约 5.2 m 左右,覆土身约 4 m;福河顶管段最大顶力 4 800 kN,管底埋深 7 ~ 8 m,

覆土身 5.4 ~ 6.4 m，均采用智能微机控制的泥水平衡系统，穿越了粉质粘土，砂层，淤泥，砖头等复杂土层。

11.1.3　应用效果

该工程中成功应用了泥水平衡式大型口径顶管施工工法，在节约各项成本及减少大量土地的占用，提高了施工功效，节约施工工期和保证施工质量，突破传统模式的开挖施工技术，效益显著，工程均符合规范要求，质量合格。

11.2　晋江市供水二期溪边供水泵站工程

11.2.1　工程概况

晋江市供水二期溪边供水泵站工程中有四段顶管项目，管道总长为 1 350 m，其中 DN1400 钢管顶管为 800 m，DN1 200 m 钢管顶管为 550 m，钢管的对接焊缝均为采用直缝焊接钢管或符合图纸规格及要求的螺旋焊接钢管。本工程具有工期短、管径大，施工难度大，多处穿越道路、农田、居民房，沿线地质条件及其复杂、多变，施工工艺复杂等特点。

11.2.2　施工情况

晋江市供水二期溪边供水泵站工程，顶管施工均采用泥水平衡式顶管机，智能微机控制的泥水平衡系统，最大顶力 5 500 kN，覆土身约 7 ~ 8 m，穿越了粉质粘土，淤泥，砖头，砂层，树根等复杂土层。

11.2.3　应用效果

该工程中成功应用了泥水平衡式大型口径顶管施工工法，在减少大量土地的占用，提高了施工进度，工程完工后经检测轴线平面、轴线高程偏差均符合规范要求，保证施工质量，效益显著，工程均符合规范要求，质量合格。

11.3　招商局漳州开发区供水工程取水泵站工程

11.3.1　工程概况

招商局漳州开发区供水工程取水泵站工程，该工程管道总长为 1 562.18 m，其中 DN1600 钢管顶管为 1 350.18 m，DN1400 钢管顶管为 212 m，钢管的对接焊缝均为采用直缝焊接钢管或符合图纸规格及要求的螺旋焊接钢管。本工程具有工期短、管径大，施工难度大，多处穿越道路、农田、居民房、池塘、河流，沿线地质条件及其复杂、多变，施工工艺复杂等特点。

11.3.2　施工情况

招商局漳州开发区供水工程取水泵站工程，顶管施工均采用泥水平衡式顶管机，智能微机控制的泥水平衡系统，最大顶力 6 500 kN，覆土身约 10 ~ 12 m，穿越了粉质粘土，淤泥，砖头，砂层等复杂土层。

11.3.3　应用效果

该工程中成功应用了泥水平衡式大型口径顶管施工工法，在减少大量土地的占用，提高了施工功效，节约施工工期和保证施工质量，突破传统模式的开挖施工技术，效益显著，工程均符合规范要求，质量合格。

（主要完成人：黄金星　林万福　何毅伟　陈金龙　刘庆春）

北方寒冷地区堆石混凝土筑坝技术施工工法

河北省水利工程局

1 前言

（1）堆石混凝土（Rock - Filled Concrete，简称 RFC）：是指利用专用自密实混凝土的自密实性和填注性能，填注随机堆积（或辅以人工堆积）的堆石体空隙，所形成的完整、密实、低水化热的一种大体积混凝土。其技术特征是利用专用自密实混凝土（Self - CompactingConcrete，简称 SCC）充填堆石空隙形成完整密实的混凝土，具有低碳环保、低水化热、工艺简便、造价低廉、施工速度快等特点，包括普通型堆石混凝土（见图 1）和抛石型堆石混凝土（见图 2）。

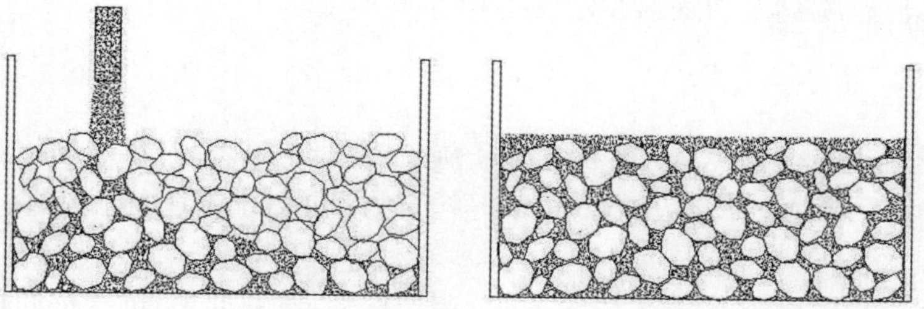

图 1　普通型堆石混凝土示意图

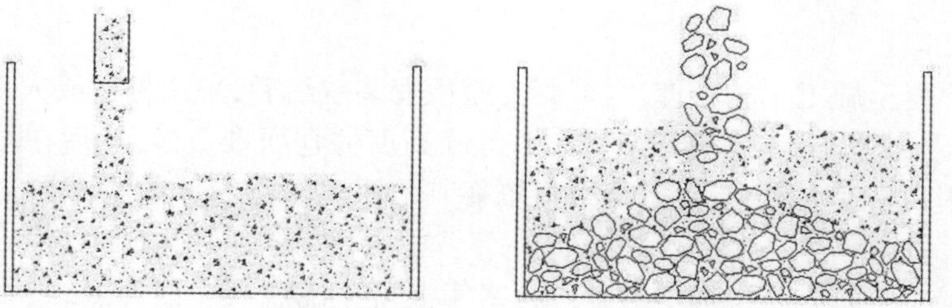

图 2　抛石型堆石混凝土示意图

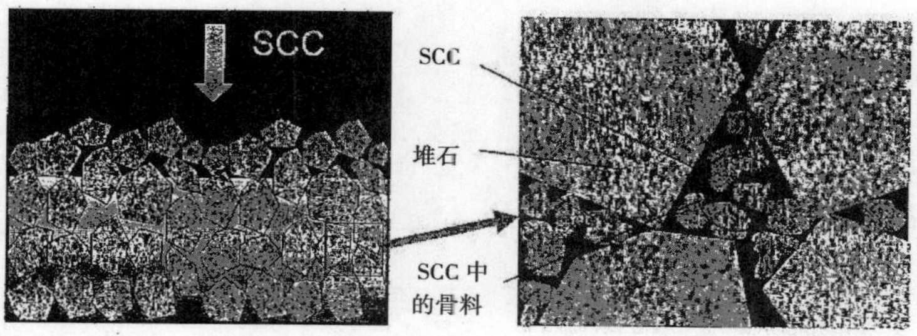

图 3　堆石混凝土构造示意图

（2）普通型堆石混凝土：是指先将满足一定粒径要求的堆石直接入仓，形成有空隙的堆石体，然后在堆石体表面浇筑满足特定要求的专用自密实混凝土，依靠自重，填注堆石空隙，形成的一种堆石混凝土。

（3）抛石型堆石混凝土：先将抗离析性能优越且保塑性能良好的专用自密实混凝土浇筑入仓，

然后将块石或者卵石均匀抛入专用自密实混凝土中,无须振捣而形成的一种堆石混凝土。

(4)自密实混凝土:是一种具有高流动度、不离析、均匀性和稳定性,浇筑时依靠自重流动,无需振捣而达到密实的混凝土。

(5)专用自密实混凝土:专门用于堆石混凝土的自密实混凝土,除具备一般自密实混凝土的特点以外,还具有水泥用量低、水化热低、能够均匀通过并填注堆石体空隙等特点。

2 工法特点

(1)综合造价低;

(2)施工艺简单,减少振捣工序,堆石混凝土施工层面有大量的块石棱角裸露,提高了层间的抗剪能力,简化了层面处理措施,从而显著提高了工效;

(3)大量使用块石,水泥用量少,实际水化热温升仅为常态混凝土的1/2左右,可简化温控措施,形成的大体积混凝土结构收缩量少,具有较强的抗裂能力;

(4)堆石混凝土大量使用块石,显著减少水泥用量,可节约能源,减少 CO_2 排放;

(5)堆石混凝土无需振捣,有效减少了施工噪音。

3 适用范围

普通型堆石混凝土适合于浇筑大仓面混凝土施工:混凝土重力坝、拱坝坝体;各种基础回填,混凝土换基部位;尾水区消力池、海曼、护坦、边墙等构筑物;混凝土围堰;各种堤防工程;各种挡土墙工程。

抛石型堆石混凝土适合于深度较大部位的混凝土施工:沉井回填;抗滑桩回填;高边墙、挡墙等部位。

4 工艺原理

普通型堆石混凝土施工工艺原理,当混凝土模板安装就绪后,采用机械或人工在仓面将满足一定粒径要求的块石(或卵石)自然堆满1.2~1.5 m高度的仓面堆石体,然后在堆石体表面浇注满足特殊要求的专用自密实混凝土,无需振捣仅依靠其自重充填堆石体的空隙所形成的完整密实的混凝土。

抛石型堆石混凝土是先将抗离析型专用自密实混凝土浇注入仓面,然后将石料均匀抛入专用自密实混凝土中自然堆积,无需振捣所形成的完整密实的混凝土。

5 施工工艺流程及操作要点

5.1 堆石混凝土工艺流程

块石开采→基础面处理→模板安装→堆石入仓→自密实混凝土拌和→混凝土运输→自密实混凝土浇筑→堆石混凝土拆模、养护→进入下循环。施工流程图见图4。

5.2 操作要点

5.2.1 块石开采

在施工现场附近选取质地坚硬的山体进行爆破开采块石,所开采的块石满足新鲜、完整、质地坚硬、没有剥落层裂纹的要求,同时粒径大于0.2 m,并小于浇筑厚度1.5 m。

5.2.2 基础面及施工缝处理

基础面包括基岩面、砂砾石、土质及混凝土基础等。

(1)把基岩上的松动岩石进行撬挖,并将浮石虚渣清除,最后用高压风将表面吹干净,仓内积水要排净,如有地下涌水要制定引排措施和方法。在基岩面上可直接进行堆石,也可以先浇筑混凝

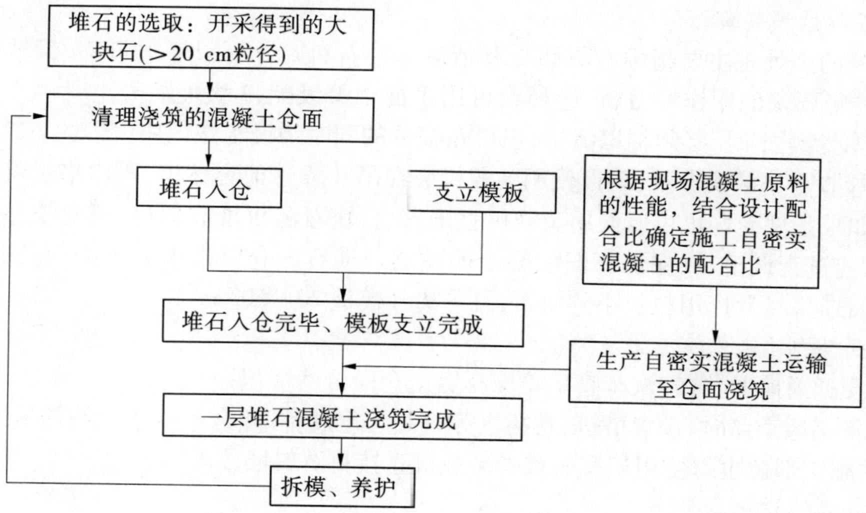

图4　堆石混凝土施工流程图

土垫层然后再堆石。

(2)砂砾石及土质基础要在开挖完成后进行碾压或夯实，经试验取样合格后，再浇筑混凝土垫层，待混凝土达到5 MPa以上且表面进行凿毛后再堆石。

(3)由于在浇筑顶面留有块石棱角，且块石棱角高出自密实混凝土顶面5~20 cm，因此堆石混凝土施工缝一般不需要进行凿毛，只需清除表面积水及渣滓既可，但对于表面积大于0.5 m^2 的自密实混凝土平整面进行凿毛，揭去乳皮。

5.2.3　模板安装

堆石混凝土模板采用钢模板和木模板均可，其中钢模板通常采用Q235钢和16Mn钢，面板厚度不小于4 mm；木模板面板材质不宜低于II等材，面板厚度不小于4 cm。

模板安装前先进行测量放线，按照测量放线所提供的位置，进行模板安装，模板的支撑形式与普通混凝土一样，根据建筑物的结构形式采用相应的支撑，通常采用内拉外顶的形式。由于自密实混凝土流动性高，模板必须密封性好，在模板接缝处粘贴密封条，比如粘贴2 cm宽的双面胶带等。

在堆石混凝土施工过程中，由于专用自密实混凝土的流动性大，会对模板产生很大的侧压力(一般可按照2.5倍水压力计算)。施工时如果对专用自密实混凝土的侧压力估计不足，在浇筑过程中出现跑模。

堆石混凝土对模板的测压力表达式如下：$P = K\gamma H$

K—测压力系数0.6~1.0，γ—混凝土比重，H—混凝土高度。

5.2.4　堆石入仓

在块石进仓前，首先对该批进仓块石进行全面检查，块石材质要新鲜完整，质地坚硬无剥落层和裂纹，对少量粒径小于30 cm的块石要分开运输，分散堆放，不得集中堆放。对于粒径过大的块石要用开石器将其破裂成符合规定的块石或者放置仓面中部。对于石料表面附着的泥土必须清洗干净，堆放块石料场的要硬化且排水要畅通，以免堆石入仓时将泥土带入堆石仓面。

堆石入仓主要包括堆石料的预处理、运输(水平、垂直)、堆放平仓、局部处理等环节。

5.2.4.1　堆石料的来源

在已经实施的堆石混凝土工程中，堆石料的来源主要包括以下方式：①工程自有料场爆破开采；②基岩开挖料、洞挖料，渣场回采料；③河道内卵石；④戈壁土中的砾卵石；⑤砂石料厂超径块石等。

5.2.4.2　堆石料的预处理

(1)堆石料的预处理主要指堆石料筛分和清洗。堆石料筛分可以通过钢筛、钢轨筛等方式进行筛分,满足粒径要求的用作堆石料,逊径料可用于加工1级配、2级配混凝土骨料。当经过筛分的堆石料附着较多泥土时,必须加以清洗,也可在筛分的同时增设水洗工序。

(2)对于检查合格的块石批,可以使用装载机装在吊斗或其他容器里,再由塔吊等吊运设备吊至仓内卸料,如果条件允许也可以使用装载机直接入仓,块石随机堆放即可,但对于基础混凝土接触面大的堆石应进行调整,以保证新旧混凝土的粘结。堆石入仓时带进泥土必须及时清除仓外。在模板附近堆石时,尽量选用粒径小的块石,且需离开模板20~50 cm。

5.2.4.3　堆石料的运输

(1)具备交通道路时:自卸汽车直接将堆石运至仓面自然堆积;

(2)不具备交通道路时:设置塔机、卷扬机等垂直起重设备,配合吊斗或者钢筋笼装运堆石,对于高度不高的施工部位也可使用挖掘机或者装载机直接将石料堆放入仓。

5.2.4.4　堆石料的堆放与平仓

堆石料运至仓面后应遵循自然堆积的原则,进行人工平仓,也可以用挖掘机进行平仓,仓内的块石体积应“下大上小,中大外小”。对仓内的不合格料进行清理,经质检员检查,监理工程师验收后,完成堆石工序再进行自密实混凝土浇筑。

5.2.4.5　堆石料的局部处理

在模板、止水带、大坝分缝等部位附近0.5~1.0 m的位置,宜进行辅助的人工堆石入仓,以避免机械施工对这些部位的损伤。

5.2.5　自密实混凝土拌和

自密实混凝土拌和是堆石混凝土的关键程序,拌和质量的好坏,直接影响堆石混凝土的质量,因此,必须把握好自密实混凝土拌和这道关口。

(1)自密实混凝土拌和的依据是配合比,使用现场材料通过试验室试配得到配合比为自密实混凝土理论配合比,还应根据施工现场生产系统的实际情况进行调整修正,得到最终配合比。但水胶比变化不得超过-0.02~0.01的范围。

(2)在自密实混凝土拌和之前,首先要对场内的原材料进行全面检测,其中对粗细骨料的含水率,含泥量进行测定,根据骨料含水量的变化情况,随时调节用水量。若自密实混凝土生产工程中天气变化较大时或者取料部位发生变化时,应及时对骨料含水量进行重新测定,调整实际用水量。

(3)原材料检测完成后,用水清洗搅拌机并清除内部积水。拌和自密实混凝土必须采用双卧轴强制式搅拌机。所用拌和设备应满足高峰期浇筑强度的要求,所有的称量、指示、记录及控制设备都应有防尘措施,称量设备要确保精度,每仓自密实混凝土浇筑前要认真核对称量设备的精度。根据最终施工配合比,出具配料单,配料单是自密实混凝土拌和的唯一依据。

(4)自密实混凝土拌和时要按照顺序上料,首先将称量好的骨料和胶凝材料分别投入搅拌机进行干拌,在加入水和外加剂继续搅拌约60s,配专业人员进行跟踪拌和,目测自密实混凝土工作性能达到要求时方可出机,在搅拌机出口进行自密实混凝土流动度和扩散度测试符合要求时方可运输。

5.2.6　自密实混凝土运输

自密实混凝土的运输采用混凝土罐车,由于自密实混凝土的流动性对于浇筑时的效果有很大的影响,因此由混凝土出机后的30 min必须浇筑完成。根据运输距离配备足够的运输设备,以保证自密实混凝土连续浇筑。

在混凝土罐车装料前,要清洗混凝土罐车内的残留其他品种的混凝土,并将车内的积水排尽。运输过程中严禁向车内的混凝土加水。

卸料前将混凝土罐车高速旋转1 mins以上,如果对自密实混凝土扩度进行调整时,加入外加剂后将混凝土运输罐车高速旋转3 min,使自密实混凝土均匀一致,经检测合格后方可卸料。外加剂的种类、掺量应事先试验确定。

5.2.7 自密实混凝土的浇筑

自密实混凝土的浇筑是整个堆石混凝土施工过程中的最后一个环节,在其他工序完成,并通过验收方可进行。

(1)自密实混凝土的浇筑采用泵送、挖掘机挖斗、溜槽及吊罐等方式入仓。如果采用泵送先浇筑1~5 m^3 的自密实砂浆,把输送泵管润滑通畅,然后泵送自密实混凝土入仓。

(2)不合格的自密实混凝土严禁入仓,已入仓的不合格自密实混凝土必须清理出浇筑仓,弃置到指定地点。

(3)浇筑自密实混凝土时,严禁在仓内加水。如发现混凝土和易性较差,应采取加强措施(如添加外加剂、重新拌和等),以保证质量。

(4)在浇筑仓面较大时,应采取多点的浇筑方法,一般采取9 m^2 布置一个浇筑点,浇筑点间距不大于3 m,在每个浇筑点必须使自密实混凝土灌满后方可移至相邻的浇筑点,并且浇筑点应连续布置,以保证堆石内混凝土的密实。浇筑顺序应做到单向顺序, 不可在仓面往复浇筑。

(5)在堆石下方密实后,混凝土到了仓面时,应控制浇筑的高度,一般情况下混凝土面低于堆石面10~20 cm,这样更利于下个仓的粘结。整个浇筑就完成后,等到自密实混凝土强度达到一定强度时,便可进行下层浇筑。

(6)自密实混凝土采用泵送入仓时,在泵送前,应检查泵管,和各截泵管接头处加密封圈,连接是否紧密,保证整个管路不漏气、不漏浆。连接前,泵管内不得有杂物及未清理的的混凝土,以保证泵管壁光。

(7)泵送自密实混凝土应按照以下顺序操作:①先向输送泵内加0.5~0.8 m^3 清水润湿和清洁泵管;②在灌注自密实混凝土之前,需使用同配比水泥砂浆润泵;③再泵送自密实混凝土。

(8)专用自密实混凝土施工

专用自密实混凝土必须使用强制式拌合机进行生产,运输必须使用混凝土搅拌车。在浇筑方式上,专用自密实混凝土具有高流动性和高抗离析性,因此能够适应工程所需要的不同要求,主要包括:①混凝土输送泵;②混凝土搅拌车直接卸料;③溜槽、串筒浇筑;④吊罐浇筑;⑤装载机、挖掘机挖斗浇筑等。

5.2.8 自密实混凝土的养护

浇筑完成的堆石混凝土,在养护前宜避免太阳曝晒。堆石混凝土在浇筑完毕6~18 h内开始洒水养护。混凝土应连续养护,养护期内始终使混凝土表面保持湿润。混凝土养护时间,不宜少于28 d,有特殊要求的部位宜适当延长养护时间。

6 材料与设备

6.1 堆石混凝土原材料的基本要求

堆石混凝土的材料组成主要有水泥、粉煤灰,特种外加剂,水、粗细骨料及块石等。专用自密实混凝土原材料除应满足国家和行业的相关规范标准外,还应结合堆石混凝土施工特点进行要求。堆石混凝土技术所需要的原材料与常规混凝土基本一致,结合其自身特点仍有以下特殊要求。

6.2 水泥

可选用硅酸盐水泥、普通硅酸盐水泥、矿渣硅酸盐水泥,应满足相关国家标准的要求,优先选用硅酸盐水泥或普通硅酸盐水泥,并考虑与专用外加剂的相容性,强度等级不低于42.5。一般情况下,不宜使用凝结速度较快的水泥,如硫铝酸盐水泥、铝酸盐水泥等。

6.3 掺合料

专用自密实混凝土的掺合料包括粉煤灰、矿渣粉、硅粉等活性掺合料,也可以使用石粉等惰性掺合料。一般粉煤灰的使用较为普遍,粉煤灰应满足国家标准《用于水泥和混凝土中的粉煤灰》(GB/T 15962005)中的相关规定,所使用的粉煤灰等级不低于Ⅱ级粉煤灰,具体指标见表1。C类粉煤灰的体积安定性检验必须合格。

表1 粉煤灰性能指标要求

项目名称		级别及性能技术指标
		Ⅱ级
细度(um方孔筛筛余),%,≤		25
需水量,%,≤		105
烧失量,%,≤		8
含水量,%,≤		1
三氧化硫,%,≤		3
有理氧化钙,%,≤	F类粉煤灰	1
	C类粉煤灰	4

6.4 外加剂

专用外加剂应具有减水率高、混凝土拌合物坍落度损失小、能改善混凝土收缩等性能,满足专用自密实混凝土流动性较大、粘聚性良好的要求。

在堆石混凝土施工中,对专用自密实混凝土的工作性能要求很高,不仅要具有卓越的流动性、抗离析性和强充填性,而且要具有较长时间的自密实性能保持时间。在水利工程中,由于胶凝材料的地区差异性较大,须针对工程选用的水泥、粉煤灰等胶凝材料进行专用外加剂配方设计,确保其能够满足相应要求。专用自密实混凝土一般不宜选用速凝剂或促凝类外加剂,也不应选用早强剂或早强型外加剂。

6.5 细骨料

细骨料应质地坚硬、清洁、级配良好;人工砂的细度模数宜在2.4~2.8范围内,天然砂的细度模数宜在2.2~3.0范围内。使用山砂、粗砂、特细砂应经过试验论证。

细骨料在开采过程中应定期或按一定开采数量进行碱活性检验,有潜在危害时,应采取相应措施,并经专门试验论证。细骨料的含水率应保持稳定,人工砂饱和面干的含水率不宜超过6%,必要时应采取加速脱水措施。细骨料品质要求见表2。

6.6 粗骨料

粗骨料宜采用连续级配或2个单粒径级配的卵石、碎石或碎卵石,最大粒径不宜大于20 mm。

粗骨料的含泥量不得超过1%,针状片状颗粒含量不得超过8%;粗骨料空隙率宜小于40%。

6.7 堆石料

堆石料应新鲜、完整,质地坚硬,不得有剥落层和裂纹。

堆石料可以使用毛石、块石、粗料石和卵石,其中部或局部厚度不宜小于30 cm,最大粒径以运输、入仓方便为限,且不宜超过1.0 m;允许使用少量片石但其重量不得超过堆石料总重的10%。堆石料的饱和抗压强度(R_s)宜满足表3。

表 2　细骨料的品质要求

项目名称		指标		备注
		天然砂	人工砂	
石粉含量%		—	6～18	
含泥量%	≥C9030 和抗冻要求的	≤3	——	
	＜C9030	≤5		
泥块含量		不允许	不允许	
坚固性%	有抗冻要求的混凝土	≤8	≤8	
	无抗冻要求的混凝土	≤10	≤10	
表观密度(kg/m³)		≥2 500	≥2 500	
硫化物及硫酸盐含量(%)		≤1	≤1	折算成 SP3,按质量计
有机质含量		浅于标准色	不允许	
云母含量(%)		≤2	≤2	
轻物质含量(%)		≤1	—	

表 3　堆石料满足的饱和抗压强度要求

堆石混凝土强度标号	≥C15	≥C20	≥C25	≥C30	≥C35
堆石料饱和抗压强度(MPa)	≥C40	≥C50	≥C60	≥C70	≥C80

6.8　设备

用于堆石混凝土拌和设备主要有拌和站或双卧轴强制式搅拌机;堆石混凝土运输设备主要有混凝土罐车、混凝土输送泵或泵车、塔吊或汽吊等;堆石料平仓可用人工和挖掘机等。

7　质量控制

混凝土原材料、配合比、施工各主要环节及硬化后的混凝土质量均应进行控制和检查。

7.1　原材料的质量控制

堆石混凝土各种原材料,应按照相关规范和技术要求进行检测,经检验合格后方可使用。

混凝土生产过程中,必要时在拌和楼抽样检验水泥的强度、凝结时间和掺和料的主要品质。

7.2　自密实混凝土质量控制

(1)在自密实混凝土拌和生产中,应定期对混凝土拌和物的均匀性、拌和时间和称量衡器的精度进行检验,如发现问题应立即处理。

(2)在自密实混凝土拌和生产中,应对各种原材料的配料称量进行检查记录,每 8h 不应少于 2 次。

(3)混凝土的坍落度、坍落扩展度、V 漏斗通过时间每 4 h 应检测不少于 1 次,出泵口自密实性能指标必须满足坍落度,250～280 mm,坍落扩展度 550～720 mm,V 漏斗通过时间 4～20 s。

(4)引气混凝土的含气量,每班应检测 1 次。含气量的范围应满足 5.0% ±1.0% 。

(5)混凝土拌和物的温度、气温和原材料温度,每 4 h 应检测 1 次。

(6)混凝土浇筑温度的测量,每 100 m² 仓面面积应不少于一个测点,每一浇筑层应不少于 3 个测点。测点应均匀分布在浇筑层面上。

(7)自密实混凝土强度等级评定标准参考常规混凝土相关标准执行。

7.3 堆石混凝土密实度质量控制

7.3.1 堆石混凝土容重及孔隙率

堆石混凝土每浇筑4 000～6 000 m^3,挖试坑一个。或者按照建筑物高度和面积进行挖试坑。一般在10～15 m高度度挖一次试坑,按照面积挖试坑需根据堆石混凝土的厚度确定,如果堆石混凝土厚度小于2 m,可不用挖试坑。试验方法《浆砌石坝施工技术规定》(SD 120—84)中的相关规定执行,容重和孔隙率应满足设计要求。

7.3.2 堆石混凝土预埋孔密实度检测

在堆石中预埋直径5～10 cm的钢管,待堆石混凝土硬化后拔出,通过对孔内密实度的观测评定堆石混凝土的密实性,孔内缺陷面积不得超过总面积的5%。

对预埋孔进行注水试验检测,注水试验方法可参考《水利水电工程注水试验规程》(SL 345—2007)中的相关规定,检测结果应满足设计要求。

检测点由监理工程师随机选取,检测频率为每层每100 m^2 铺设一根检测管。

7.4 堆石混凝土力学性能试验

采用堆石混凝土施工方法浇筑边长>50 cm的堆石混凝土试块,进行主尺寸的试验检测,得到堆石混凝土的力学性能指标。试验方法可参考《水工混凝土试验规程》(SL 352—2006)中全级配混凝土试验的相关内容,检测结果应满足设计要求。

7.5 堆石混凝土耐久性能试验

每季度施工中,取样成型1～2组自密实混凝土抗冻试件,进行自密实混凝土的抗冻性能检验,检验结果应满足设计要求。

进行堆石混凝土主尺寸(大试件)试件的抗冻性能检验。试验方法可参考《水工混凝土试验规程》(SL 352—2006)中全级配混凝土试验的相关内容,检测结果应满足设计要求。

8 安全措施

坚持"安全第一,预防为主"的安全方针,针对工程项目的具体情况采取相应的安全措施。项目部有专门管安全的副经理,在施工现场配备专职安全员和兼职安全员进行安全生产管理。明确安全生产责任制度,合理制订安全检查、追究等制度。主要安全措施有:

(1)混凝土拌和站作业人员按规定戴防尘口罩和穿戴好其他劳动防护用品;所有机械转动部位的防护设施保持完好,并经常检查发现缺陷及时消除。

(2)拌和站楼梯和挑出的平台设置安全防护栏,马道板不得腐烂、缺损;检修时,应切断相应的电源、气路,并挂上"有人工作,不得合闸"的警示牌。

(3)进入料仓、拌和筒内工作,外面设专人监护,设备运转时,不得擦洗和清理。

(4)所有施工运输车辆经过公路或街道时,都应遵守交通规则;并在施工出入口处安设提示牌。

(5)所有垂直运输设备必须保证完好,不得带病工作,电气设备和线路必须绝缘良好,临时停电或停工时,必须拉闸上锁。

(6)起重设备上的操作人员必须持证上岗。

9 环保措施

(1)坚持保护周边地区的生活环境和生态环境,防治污染和其他公害,保障人体健康的环保方针。

(2)遵守国家有关环境保护的法律、法规和规章,按照招标文件的有关规定,做好施工区的环境保护工作。

(3)在工程施工期间,对土石渣料、噪声、扬尘、振动、废水、废油固体废弃物、生活垃圾等进行全面控制,防止由于工程施工造成施工区附近的环境污染和破坏。

10 效益分析

通过对自密实堆石混凝土施工技术的应用与研究,有效地保证了工程质量和施工进度。自密实堆石混凝土的检验批符合设计要求及规范规定,施工工艺成熟,有经验可循。自密实混凝土施工方便,缩短了施工工期,降低了施工成本。不论从施工质量还是施工进度,受到了监理单位、设计单位、建设单位的一致好评。取得很好的社会效益和经济效益。并具有广阔的推广和应用价值。

怀安县水沟口二库除险加固工程中的大坝加固项目,到目前为止共完成堆石混凝土浇筑5020.55 m^3,如果采用常态混凝土的施工方法,单价346.89元/m^3,而采用堆石混凝土,单价为323.36元/m^3,仅此一项就是节省投资11.81万元。采用堆石混凝土施工方案,混凝土使用水泥量大大降低,加上堆石体较高的比热容,可以吸收大量水化热,因此堆石混凝土水化热温升大幅降低,温控措施可以省略。

堆有石混凝土中水泥用量大幅减少,用粉煤灰(工业废料)代替,节省了材料,符合低碳环保的要求。堆石混凝土是将大粒径块石直接入仓,形成空隙的堆石体,然后在其表面浇筑自密实混凝土,利用其高流动性,依靠自重充填到堆石空隙中而形成密实的混凝土,因此无须对混凝土进行振捣,降低了振捣混凝土时对环境的噪声污染。

11 应用实例

11.1 张家口市怀安县水沟口二库除险加固工程

11.1.1 工程概况

水沟口二库位于河北省张家口市柴沟堡镇洪塘河支流水沟口河上。控制流域面积223 km^2,总库容716万 m^3,水库工程于1979年建成蓄水,是以防洪为主,兼顾灌溉、发电和养殖的小(1)型水利枢纽工程。水库经过多年运行存在一系列病险问题,经鉴定需要进行除险加固。工程建设资金短缺、工期紧张,经过综合比选大坝加厚部分采用了堆石混凝土技术,不仅能够确保工程的施工质量和速度,而且在造价方面较常态混凝土可节约近30%。该坝为双曲拱坝,坝高最高处49.1 m、底长102.1 m、顶长202.4 m、呈倒梯形体。本次加厚堆石自密实混凝土厚度从坝底到坝顶为5.86~0.5 m,纵坡比为1:0.2、按原坝体分缝划分为10个坝块,单个坝块长平均约为20 m,隔缝材料使用沥青木板。施工中采取先人工堆石再支立模板最后浇筑自密实混凝土。

11.1.2 施工情况

工程所用的堆石料是新鲜、完整、质地坚硬、不得有剥落层和裂纹,采用毛石、块石、粗料石和卵石,其粒径不宜小于300 mm,最大粒径以运输、入仓方便为限,且不宜超过1.5 m。堆石料的饱和抗压强度不得小于40 MPa,其含泥量和泥块含量均不得大于0.5%。粗骨料粒径应满足一级配的要求,即5~20 mm。

工程堆石的运输采用塔吊吊装入仓的方式,在基础仓混凝土强度达到5 MPa以上,先要清洗干净石料表面附着的泥土方可进行堆石入仓。堆石入仓过程应控制不对基础仓混凝土产生较大的冲击,以免下层低龄期混凝土内部产生微裂缝,对建筑物造成早期损伤。每仓堆石厚度不超过1.5 m。

工程专用自密实混凝土采用双卧轴强制式搅拌机进行专用自密实混凝土的拌合,并在专用自密实混凝土配合比使用过程中,根据原材料的变化或专用自密实混凝土质量动态信息及时进行调整。专用自密实混凝土采用混凝土罐车运输,泵送方式入仓。在浇筑过程中浇筑点均匀布置于整个仓面,其间距不得超过3 m;在浇筑点的自密实混凝土填满后方可移至下一浇筑点浇筑,浇筑顺序应做到单向顺序，不在仓面上往复浇筑。除表层自密实混凝土外，每一仓的浇筑顶面应留有块石棱角，块石棱角的高度高于自密实混凝土顶面约 5 ~ 20 cm，以便于下一仓的粘结。

11.1.3 结果评价

张家口市怀安县水沟口二库除险加固工程中的拦河坝加固工程，是河北省内北方寒冷地区第一座采用堆石混凝土筑坝技术施工工法施工的水库大坝工程，同时也是河北省内第一项采用该技术的工程，该工程共设计堆石混凝土 11 197.37 m^3。采用堆石混凝土技术较常态混凝土，不仅节省了投资，因为采用粉煤灰代替水泥，大大减少了水泥的用量，因此更加低碳环保，同时由于水化热的降低，省略了温控环节，而且由于不用振捣，降低了噪声对环境的污染，取得了较好的经济效益和社会效益。通过对该工程采用自密实堆石混凝土的施工，取得了好的效果，积累了一些施工经验，为今后同类工程施工奠定了良好的基础。

11.2 秦皇岛市石河水库除险加固工程

11.2.1 工程概况

石河水库位于秦皇岛市山海关西北约 6 km 的石河上，是一座以供水为主，兼顾防洪、发电、旅游等综合利用的中型水利枢纽工程。水库原设计总库容 7 000 万 m^3，校核洪水位 60.30 m。按目前的洪水和调度运行方式调洪，校核洪水位 59.35 m，总库容 5 989 万 m^3。除险加固后总库容 6 060 万 m^3，兴利库容 4 838 万 m^3。

枢纽工程由大坝（溢流坝和非溢流坝）、泄水洞、输水洞、发电洞和电站等建筑物组成。现状大坝为浆砌石重力坝，分为溢流坝段和非溢流坝段。坝顶总长度 365 m，其中非溢流坝段长 275 m。泄水洞为钢筋混凝土结构，2 m × 2 m 矩形压力洞，最大泄量 57.0 m^3/s。输水洞为钢筋混凝土结构，2 m × 2 m 矩形压力洞，最大输水流量 10.88 m^3/s。发电洞为直径 1.5m 的钢筋混凝土圆形压力洞。坝后建有装机 960 kW 的电站一座。

加固后坝顶宽度由现状 5 m 增加至 10 m。重建因泄水洞、输水洞、发电洞启闭机室改造而拆除的上游防浪墙，增加大坝右侧岸坡防浪墙，防浪墙高 1.2 m，厚 0.3 m，钢筋混凝土结构。拆除现有坝顶下游侧防浪墙，结合下游贴坡重建防浪墙。贴坡堆石混凝土表面压光作为坝顶路面。

大坝除险加固的主要内容：

（1）非溢流坝：非溢流坝段下游采用堆石混凝土贴坡方式进行加固。在坝体下游侧加厚 4.5 ~ 5.0 m，下游坡比变为 1:0.7，坝顶宽度由原来的 5.0 m 变为 10 m。堆石混凝土中的混凝土采用自密实混凝土。

（2）溢流坝：溢流坝段采用钢筋混凝土贴坡进行加固。

（3）坝体渗控措施：大坝防渗墙混凝土质量较差，防渗墙上游为厚度 2 m 的浆砌石，防渗采用喷涂聚脲方案。

11.2.2 施工情况

工程堆石的运输采用塔吊吊装入仓的方式，在基础仓混凝土强度达到 5 MPa 以上，清洗干净石料表面附着的泥土后进行堆石入仓。每仓堆石厚度不超过 1.5 m。自密实混凝土采用双卧轴强制式搅拌机进行专用自密实混凝土的拌合，并在专用自密实混凝土配合比使用过程中，根据原材料的变化或专用自密实混凝土质量动态信息及时进行调整。专用自密实混凝土采用混凝土罐车运输，泵送方式入仓。

11.2.3 结果评价

秦皇岛市石河水库除险加固工程中的大坝非溢流坝加固工程，是河北省内继张家口市怀安县水沟口二库除险加固工程后第二座在北方寒冷地区采用堆石混凝土筑坝技术施工工法的水库大坝工程。

该工程共设计堆石混凝土 47 870 m^3。采用堆石混凝土技术较常态混凝土，不仅节省了投资，因为采用粉煤灰代替水泥，大大减少了水泥的用量，省略了温控环节，由于不用振捣，降低了噪声对环境的污染，取得了较好的经济效益和社会效益。

（主要完成人：王文田　李进亮　田军领　邢彦波　马巧果）

南水北调配套工程 PCCP 管道集成施工技术施工工法

河北省水利工程局

1 前言

(1)PCCP 钢筒型预应力混凝土压力管,是英文单词 Prestressed Concrete Cylinder Pipe 的缩写。这种管材是由混凝土管芯、内衬钢筒、高强度预应力钢丝和水泥砂浆保护层制成的复合管材。它既发挥了钢板的抗拉、抗渗性能,又利用了混凝土抗压、耐腐蚀的特点,具有能承受较大内外荷载、抗渗性能好、接头密封性好、经久耐用等优良特性,是大型引水工程和城市给排水工程理想的输水管材。

(2)南水北调配套工程廊涿干渠 PCCP 管道安装工程是河北省南水北调配套工程最大的输水工程,从南水北调中线京石段主渠道引水,直供廊坊市广阳水库。在此输水工程中,输水管道工程管材采用预应力钢筒混凝土 DN2200 双胶圈承插管。PCCP 输水管线具有其自身独特的优点,应用前景广阔,近几年在国内发展较快,有明显的社会效益和经济效益。

(3)本工法已经在南水北调中线京石段应急供水工程(北京段)惠南庄至大宁段工程、南水北调配套工程廊涿干渠工程(保定段、廊坊段、石家庄段)等南水北调工程中得到应用和推广。

2 工法特点

(1)本工法指导了明挖沟槽、隧洞内、顶管(涵)法、管线建(构)筑物等 PCCP(预应力钢筒混凝土管)的安装施工,便于编制施工组织设计,确保 PCCP 安装质量。工法并以廊涿干渠 DN2200PCCP 管道为例在总结国内外 PCCP 工程施工安装经验的基础上做到了安全、环保、文明施工,提高经济效益。

(2)结合南水北调配套工程廊涿干渠 DN2200PCCP 管道直径和重量,根据工程项目的情况采用开弧法施工,管道安装采用100 t 履带吊车、龙门吊、槽内龙门架相互结合的方法进行安装。在总结国内外 PCCP 工程施工安装经验的基础上工法提出的单人弧形捣实方法,解决了 PCCP 管道安装腋角垫层砂石料填筑不压实,但要求填筑密实、均匀的要求保证了施工管涵腋下角区回填质量。

(3)通过承插口部位增设“米字”支撑和“楔形垫块”,解决了大口径 PCCP 管接口处椭圆度“失圆”、对接内缝卡液压系统现象,即保证管道平稳,又可高效对接。

(4)随着南水北调中线配套工程的全面开展、水利输水工程等 PCCP 安装施工,本工法也将逐步代替原有施工方案。

3 适用范围

适用于不同管壁厚度、不同地质条件、不同结构型式的水利输水工程 PCCP 管道安装施工的过程,包括测量放线、沟槽开挖、PCCP 管吊装入槽、管基处理、管道安装、管道回填,保护、充水、试运行等。

4 工艺原理

PCCP 管道安装过程中常遇到明挖沟槽、隧洞内、顶管(涵)法、管线建(构)筑物等施工,针对上述不同施工环境有沟埋式、上埋式、开弧法和填弧法等几种施工方法。

结合廊涿干渠 DN2200PCCP 管道直径、重量和开弧法施工方法，工法介绍了管道安装从材料运输采购保管、测量放线、沟槽开挖和管道回填、明挖沟槽安装、隧洞内安装、顶管法施工、吊装设备选型等各施工工序的施工质量保证措施和技术措施，系统运行维护与安全监测。

5 施工工艺流程及操作要点

5.1 施工工艺流程

本工法施工工艺流程如图 1 所示。

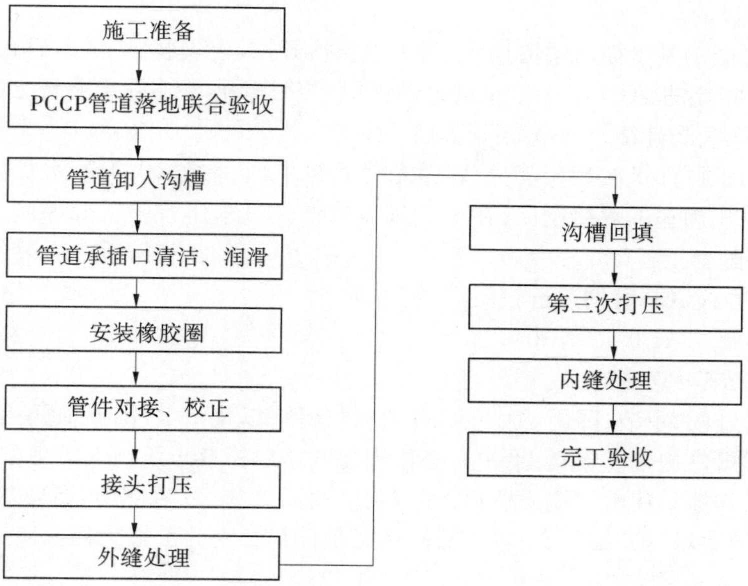

图 1 PCCP 管道安装施工流程图

5.2 名词解释

（1）沟埋式：是指在开挖宽度小于临界沟槽宽度的窄槽内铺设管道，然后回填至设计高程。

（2）上埋式：是指在天然地表面或经过充分压实的回填土上铺设管道，然后回填至设计高程。管道埋设在开挖宽度大于或等于临界沟槽宽度的沟槽时，也应视为上埋式。

（3）临界沟槽宽度：随着沟槽宽度的加大，回填土同沟槽壁之间发生的向上的摩擦力已经不能抵消填土荷载作用时的沟槽宽度。沟槽宽度的衡量以管顶高程平面处的宽度为准。

（4）回填分区：根据填土同管道相互作用和回填密实度的不同要求，对于回填土划分的各个区域。各回填区的密实度指标由设计确定。

（5）开弧法：管下腋角区（当管下腋角区较厚时可以是其一部分）系采用先分层碾压使其达到规定的密实度之后，再按照略小于管道外轮廓的尺寸开挖成槽，然后铺设管道。此种方法适用于宽沟槽中的大直径管道。

（6）填弧法：先铺设管道，然后按照规定密实度振动压实以形成管下腋角区。

（7）管基中心角：能够对管道提供有效反力的土壤区域所对应的管道中心角。可以按设计管基中心角和施工管基中心角加以区分。

（8）现场合拢：按照分段安装施工计划，来自不同方向的管道在某一个位置连接贯通时，其连接点的安装施工作业。

（9）止推系统：管线上以镇墩、侧向止推墩、限制性管段，以及使管道接头小角度偏转以形成弯道等所有用于平衡推力的各种止推形式的统称。

5.3 PCCP 管的优缺点

PCCP 管兼具了钢管和预应力水泥管的优点，具有抗渗、抗压、抗腐蚀，安装速度快等特点，经济效益也具有明显的优势。但其也有对地基特别是地基地质变化段的要求比较高，安装时受电力通信线缆及其他外部影响比较大等缺点，由于其采用柔性接口连接，抗拉性很差，受外力作用时接口容易拉开，所以竣工通水后管理难度和风险比较大，修复较困难。

(1) PCCP 管壁厚远大于钢管，刚性强，能承受较大的管外荷载，但由于其采用柔性接口连接，对基础及回填土要求较高。

(2) 管壁混凝土强度不低于 C40 级，其强度远大于钢管内的水泥砂浆保护层，因此管道的耐用性和永久性是很明显的。

(3) PCCP 管采用钢制承插口柔性连接，施工中可边开挖、边安装、边试压、边覆土，其方便快捷是钢管焊接所无法相比的，但由于单节重量大，所以安装时对吊装设备要求高，工作面宽度要求比钢管宽，且受周边环境影响较大，不如钢管安装灵活。

(4) PCCP 管为工厂加工成型，其内壁表面光滑无瑕，摩阻系数 <0.012，水头损失小。

(5) PCCP 管采用内置的焊接钢筒，在生产过程中都经过水压检验以确保滴水不漏，因此具有和钢管一样的抗渗性。

(6) 相对于钢管，PCCP 管的造价较低。

5.4 现场条件

5.4.1 自然条件和现场设施

掌握施工现场气候、季节、降雨、河流水情等自然条件，以及供水、供电、通信等设施的情况。

对于合同文件提供的现场资料，承包人必须进行认真地核查。承包人应搜集（或核实）施工区域的气象、水文、工程地质和水文地质资料，和有关交通设施如公路、隧道、桥梁等条件，以及材料、设备供应，环境保护要求等方面的资料。此外，还必须搜集和充分了解工程区地下管线及构筑物位置类型等资料。

应根据气象、水文、地质资料对施工期间的地面、地下水的时空分布、强度进行分析评价并预测可能产生的后果，确定汛期工程区防护设计。对于采用施工降排水方法的地段，还应根据周围建筑物的分布情况，提出确保安全的防护和监测等技术措施。

在管道工程施工中，要重视地面水的侵入，特别在多雨时节和汛期，必须有防止雨水侵入和排除的措施，确保正在施工的构筑物的安全和管道施工的顺利进行。

在管道同河流交叉的施工场地或分期施工须构筑施工围堰时，要认真进行施工防护和施工导流设计，以保证防洪安全和防护建筑物的渗透稳定性。

承包人应当保护施工场区和场区以外的所有地面、地下设施和树木、草地、农作物。

当沟槽开挖发现地下文物时，应采取妥善保护措施，并及时通知有关单位处理。

5.4.2 管道运输条件

本工程所有管材运输均采用公路汽车运输。运输中防止超高、超宽现象，在管材运输前，对允许通过或允许有条件通过的交通设施，应根据《道路大型物件运输管理办法》、《超限运输车辆行驶公路管理规定》、《公路超限运输的申办程序》等规定，向交通运管部门申请办理超限运输许可证。

5.4.3 料场与渣场

料场的储量、质量和开采条件，以及料场和渣场的位置和运输、交通条件是制约工程的重要因素，应注意搜集。

对于合同文件中提供的料场资料，应就其范围、储量、质量指标等进行核实，并按照施工规程进行必要的试验。自行开采的料场，应办理好土地使用、环保和商务等方面的所有手续。在开采生产过程中，应切实保护环境。

对于合同文件中规定的渣场，承包人应对其占地范围、容量等指标进行核实，并落实渣场范围内的土地、附着物是否办理征用手续，进、出场道路是否满足使用条件，以及堆积形态、堆积过程和防护设计等是否满足环境保护要求。

5.4.4 地面障碍物、构筑物拆除及征地地界

承包人应将自己的生产活动限制在已经征用的土地范围内。

开工前必须清楚地掌握工程施工的征地地界，并合理使用永久征地和临时征地。

按照合同进行地面障碍物和建(构)筑物的拆除时，应当充分了解有关手续办理情况，并做好相关的记录；必要时应当保留声、像资料。对于须部分拆除的建(构)筑物，应注意其结构特点和不同的使用要求。部分拆除的路面工程，应采用机械切割措施；路面恢复时，应遵守各有关专业规程、规范，注意衔接处的整体性要求和变形允许值。

5.4.5 现场设施的使用、保护和完工清场

使用现场设施、材料，应弄清权属关系，以避免产权纠纷。

要注意保护施工现场内外的所有公、私财产，避免不必要的索赔。当施工涉及到已建工程或管线时，应提前通知设施产权人，使他们对自己的财产、设施提出或采取保护措施，或者监督施工过程。

要遵守合同文件关于完工清场的规定，对需要保留的现场施工临时设施应尽到保留和在责任期内管护的责任；对应该拆除的，应连同地面以下的基础、管线全部拆除，并恢复原地面；对于应恢复的耕地，应保证有必需厚度的适宜耕种的土层。

5.5 PCCP 装卸运输和留置时间

5.5.1 出厂与交货

应当在合同文件中明确管材运输和交接地点、检验项目等事宜。由管材供应方负责送货到现场，或由安装承包人负责直接从生产厂提货。后一种形式更有利于承包人统筹协调管材的生产、运输和安装进度。

PCCP 的出厂验收资料应完整。现场交货时，应在现场进行交货验收；有转运周转环节时，可在每一个周转点进行交接验收，以保证到达现场供使用的管道质量合格。出厂交货时，应在工厂进行交货验收，应由建设(监理)单位和管道安装施工单位共同参与。

5.5.2 PCCP 装卸

(1)起吊设备应具备足够的起吊能力，严禁超负荷或在不稳定的工况下进行起吊、装卸。管材起吊采用两点兜身吊，或使用专用的起吊工具，严禁采用穿心吊。避免起吊索具的坚硬部件损伤管材。

(2)在装卸过程中应始终保持轻装轻放，严禁溜放或用推土机碰撞和推拉管材。

(3)对管材的承、插口应予妥善保护，以防损坏。

(4)管材起吊时，管腔内不得有人。管材下方不准有人通过或逗留。

(5)管材应使用木质垫块支垫或隔离，支垫应稳固、不脱落。

(6)装车后应将管材与车厢绑扎牢固。

5.5.3 运输

(1)采用专用管材运输车，车上应设置前后两道弧形支座，支座面应有弹性缓冲垫层。车上还应有在运输时防止管材震动、碰撞、滑移的可靠措施。

(2)管材运输时，禁止在其上面或管腔内部搭载装运人和其他物品。

(3)应对专用管材运输车驾驶员加强安全教育，确保在批准的路线上行走，防止发生因超限造成的车辆、管材损坏和对道路(桥梁)及附属设施的损坏。

(4)场地条件允许时，应优先采用由专用管材运输车直接将管材运至沟槽内的方法。此时，应

合理安排车辆的出入及停留位置、起重机停放位置同开挖、垫层回填的空间和顺序关系。

5.5.4 现场堆放及留置时间

(1)管材运至现场,应沿管线预定位置摆放,摆放位置应不妨碍沟槽的土方施工及管材的运输通道。

(2)根据结构设计时确定的 PCCP 从制作完成后到埋设完毕、以及到充水的两个时间参数,严格控制管材留置时间和整体工程进度。

(3)管材长期存放时,应经常洒水使其表面保持湿润;在炎热和干燥条件下长期放置时,应按照规范规定进行保护。

5.6 沟槽开挖与管道回填

在工程开工前,承包人应就沟槽开挖、管道铺设及回填施工的方法,以及使管道的制造、运输、安装进度协调、顺畅进行研究,并制定切实可行的计划。

5.6.1 线路复测与勘探(测)

(1)测量基准及复测。沟槽开挖前,应当对线路进行复核性测量;如有问题,应及时反馈给设计单位。控制测量完成后,按规定进行管线测量放线。

①交桩。交桩时应备齐平面和高程系统的控制网、测量基准等。交接完成后,承包人应在整个使用期内维护所有测量控制点。

②测量放线。应测定管线的中心线和转角,并在规定误差范围内闭合。管道中心线应按照一定间隔设一个中心桩;中心线转折和各类构筑物处要设中心桩和建筑物控制桩。

③临时水准点。管道埋设开工前要沿管线设置一定数量的临时水准点,并同固定水准点连线。水准点应设置在不受施工影响的坚实地面或构筑物上,以便于施工时对管线标高进行控制。应注意保护标点和作好点记录。

(2)补充勘查。工程线路长、占地宽度大,地基变异性大,因此在正式开挖之前,应对拟定线路开挖范围内地下管道、线缆、地下标志点及其他构筑物进行探测,并根据地形地物和已知地下管线构筑物等情况,采取深挖和坑探的方法,查明同施工有关的如地下水位、土质、管线(缆)类型走向以及同待埋管道的相互关系等情况。

5.6.2 降水与排水

对地下水位高于沟槽开挖底高程的管线段,沟槽开挖中必须采取降、排水措施。无自流排水条件时,应采用抽排。当沟底排水方法不适用时,可使用井点法、管井法等方法强排,以降低地下水水位。沟底排水应采用加深积水坑渗流的方式,防止沟底冲刷使细粒材料流失。为防止季节性降水对施工和管道稳定性的影响,沟槽开挖时必须留有排水沟。

在管道和建筑物施工回填高程不高于地下水水位期间,以及建筑物未具备抗浮条件时,降水作业要连续地进行,以保证已安装管道和建筑物的安全。为此应配备双电源和备用抽水设备。

施工期排水、降水的施工措施计划,应包括:排水方法确定,排水量计算,排水系统平面和竖向布置,容泄区条件,监测系统的布置和监测方法、频次,抽排水设备的选型和配套设施的数量。

抽、排水应输送至降水影响半径范围之外;并不得对农田、道路、河岸及建筑物等造成冲刷破坏。

5.6.3 沟槽开挖、支护与宽度控制

5.6.3.1 开挖与支护

沟槽开挖中应根据合同文件或参照有关资料确定沟槽侧壁坡度以及每一级坡的高度。为了保证安全,应当有必要的支护,或在支护保护之下进行管道安装。沟槽以放坡开挖为主。

沟槽开挖施工应遵守以下规定:

(1)沟槽底若为岩石时,应将其开挖至设计高程以下 0.2m,然后铺砂土回填夯实。岩石沟槽基底向土壤基底过渡时，尚应根据管道接头位置进行地基过渡处理。

（2）沟槽不应挖到沟底的设计标高以下，如局部超挖，则应用与垫层相同的材料填补，并须夯实到规定的垫层密实度。

（3）沟槽基土中如遇淤泥、流沙（饱和粉细砂）等异常软弱土壤时，应会同设计部门确定处理方案。

（4）当开挖沟槽附近有已埋设的各种管道时，应采取有效措施保证其原有管道的稳定和安全运行。

（5）槽基底土质不一致或差异较大时，应会同设计部门提出地基处理意见。

（6）沟槽附近有其他工程的地基基础施工时，要防止施工振动影响沟槽边坡的稳定，同时应避免沟槽开挖对其他工程的影响。

（7）在既有管道的一侧开挖沟槽时，要保持不小于原有管道埋深的净距，以防止其填土遭受剪切破坏；当沟槽开挖深度大于原有管道时，尚应核算原有管道的稳定性，并会同设计单位研究处理。

5.6.3.2 宽度控制

沟槽开挖宽度应遵从合同文件规定。

在沟槽内铺设 PCCP 因设备原因须增加沟槽宽度时，应征得设计同意。

5.6.4 地基处理与垫层

安装施工中必须高度重视管道纵向的结构安全问题，防止管道发生纵向断裂和承口破裂。这就需要注意保持管道纵向支座（垫层）的连续和均匀，并需避免在管道的某一端形成强约束。

管道基础垫层的材质和形式应由设计确定。

在承载力满足要求的未经扰动的原状土上的管基施工应符合下列规定：

（1）采用开弧法铺设管道，其开口尺寸应比管道外轮廓小 30～40 mm（开弧深度不变）；开口段的长度不应大于每天的施工安装的长度；并且应注意保护已经修整过的开口区段。

（2）采用填弧法铺设管道，首先应铺设一层厚度不小于 0.15 m 松散垫层，宽度为管道外径的 1/2。在垫层区回填压实时，应将松散垫层一起压实，但对位于管道正下方、宽度为管道外径的 1/3 范围内的填料无密实度要求。

（3）管下腋角区回填材料的组成以及压实度，应当满足设计文件的规定。

（4）在管道接头承插口部位，应事先留出深度不小于接头灌浆厚度、垂直于管道方向的浅槽。

（5）对于地基岩性变化较大，或临近线路建筑物之处的管道基础，应遵循设计要求。

5.6.5 管道回填

5.6.5.1 管道回填分区、回填土质和密实度要求

PCCP 属于刚性管，回填可以有多种方法。

设计管基中心角范围内的地基要求充分压实，管道的回填施工必须保证管道垫层形成等于或大于设计管基中心角的包角。

为了使管道处于有利的受力状态，可以将垫层中间部位、其宽度相当于管道外径 1/3 的部分降低压实度。形成这种管道垫层的方法有“开弧法”和“填弧法”两种。

PCCP 回填应遵守分区控制的原则。其回填由下到上可分为：垫层（管下腋角）区、管侧回填Ⅰ区、管侧回填Ⅱ区和一般回填区。回填密实度从上向下逐渐提高，回填分区和压实度要求由设计确定。

（1）垫层（管下腋角）区。是对管道受力状况影响最大的一个回填区域，其对应的管中心角由设计文件确定。

（2）管侧回填Ⅰ区，系指垫层区顶面至管中心高程处的回填区域。该区对管道受力状况的重要性仅次于垫层（管下腋角）区。

(3)管侧回填Ⅱ区，系指管中心高程至管顶以上300 mm范围内的回填区域。回填Ⅱ区的管顶以上约相当于1/2管径范围内不应碾压。当采用石渣类回填料时，应在管外壁周围铺设一层0.15～0.2 m厚的细颗粒材料保护层。

(4)一般回填区。管侧回填区以上即为一般回填区，其回填密实度要求较低，达到相对密度0.6，或压实度85%即可。

(5)沟槽内或填方区的埋管，达到规定密实度的垫层（管下腋角）区和管侧回填区的范围为：其上部宽度应不小于管道外径的1/6或0.6 m（取大值），其外侧边界按照不陡于1∶1的坡率，直到延伸至沟槽底或沟槽壁。两条管道的中间部分回填不得小于两侧的回填密实度。

回填料的土质要求为：回填料级配应均匀，颗粒尺寸一般不大于50 mm。粗粒土和细粒土混填时应搅拌均匀。当沟槽壁的土质同回填土有显著差异时，为了防止水力冲刷使细颗粒迁移、流失，可在二者界面处铺设反滤型土工材料。回填料中不应含有树根、树枝、草、垃圾等有机物，也不允许有大粒径的石块。粘性土应事先调整好含水率，不允许边碾压、边加水。靠近管道的回填土中不得含有石块等硬物，冬季施工时要清除冻土。

厂区外非交通要道及农田等允许下沉的地段，管顶500 mm以上的回填土可以简易夯填或不夯实，但应留有高度不小于0.3 m的余土，使之高于原地面，以作为自然沉实补偿之用。

5.6.5.2　回填

南水北调中线干线配套工程廊涿干渠工程DN2200双排PCCP管线，沟槽开挖宽度大，为便于大型机械碾压，宜采用开弧法施工。

管道埋设施工

(1)管道及其附件安装完成经验收合格后，应及时进行回填。一般每安装完成6～10节管道回填一次。不允许已完成安装的管道长期外露，更不允许使其跨越汛期和冬季，以免发生管道损坏和汛期漂管事故。分段回填、压实时，相邻段的接茬应为梯形，其阶差不得超过2个填筑层；接茬处的碾压应相互重叠至少0.6 m，不得漏碾。

(2)回填前应清除沟槽内杂物，并排除积水，不得在有积水的情况下进行回填。

(3)回填前，应清理并确认沟槽边壁无松散土体和坍滑体，当回填过程中发生塌方时，应将塌方和已松散材料全部清出。

(4)回填时，应从管道两侧均匀下料，两条管道中间部分可采用可移动式小型皮带机下料。管道之间的回填压实应与管道至沟槽壁之间的回填压实对称进行，每侧回填高度差不应超过一层填筑厚度。分层回填的每层铺料厚度一般为15～30 cm，可根据土质情况和压实机械、压实方法，经过试验确定。压实过程中，不得造成管线位移和管道损伤。

(5)应沿沟槽壁的溜板（槽）下料、铺料。不得在管道上方高处向下集中倾倒回填料。严禁单侧回填或用推土机从一侧向沟内推埋，造成漏夯和填料分选离析，以及导致管道轴线位移和接口变形。

5.6.5.3　压实设备选用

回填及碾压机械应与施工进度相匹配。

垫层（管下腋角）区采用开弧法时，可以使用振动碾分层碾压，小型开槽设备开弧，配合人工修整；当采用填弧法施工时，应使用小型气动夯、内燃夯、蛙式夯实机和手扶振动碾，接近管道处、特别是管道侧下方应辅以人工夯实。

管侧回填Ⅰ区和管侧回填Ⅱ区，可以使用小型振动碾压设备，条件许可时可以使用平碾、轮胎碾或凸块碾等碾压设备；但距离管道外壁0.6 m范围内只能使用小型设备。

高于管顶300 mm以上时，可以使用链轨式土石方机械，但须对称进行。

距离管道外壁超过1.0 m时，方可使用大型土方机械跨越上部和碾压、夯实作业（使用大型机械时,应对管体承载能力进行复核)。

5.6.5.4 回填质量检验

回填质量检查和质量控制方法为:

首先针对每一种回填材料进行最大干密度或相对密度测试;当材料级配或塑性有明显改变时,应进行补充试验。

在管道回填过程中,应按照管道的各个回填分区进行回填密度现场取样试验。首次取样试验低于要求标准时可以补试,但补试不满足要求则应判定为不合格。试验可采用环刀法(对细粒土)或灌水(沙)法(对粗粒土)。当具有针对不同土类的充分可靠的对比资料时,也可以采用核子密度法、贯入法等其他方法。试验取样的位置、数量,以及试验的频次应满足合同文件的规定。

5.7 明挖沟槽的 PCCP 安装

5.7.1 测量控制

5.7.1.1 方向、坡度控制

管道安装的方向和坡度偏差,应满足以下要求:

(1)每节管道安装时,在水平方向的偏差不应大于 20 mm。

(2)每节管道安装时,在竖直方向的偏差不应大于 ±20 mm。

(3)设计接头偏转和安装偏差在内,单个接头处的总偏转不得大于 0.3°。

5.7.1.2 里程(长度)控制与调整

管道安装应按照批准的设计图纸进行。

管道的实际安装位置应同管道安装配管图一致,施工过程中应严格控制管线转折点、管道曲线段的起止点位置偏差。管道同建筑物交点的偏差应符合设计要求。

管道安装前,要依据管道制造商的产品图纸和实物进行对照。并充分了解其公称长度、设计安装正、负偏差等尺寸关系。充分考虑安装过程中发生的偏差,当出现较大系统偏差时,应掌握好调整时机,以保证管线符合设计要求。

5.7.1.3 管线转折

管线转折可采用异型管、配件或标准 PCCP 接头偏转等型式。采用接头偏转的方法可以调整管道安装方向,包括设计偏转和纠偏。

使用斜口异型管、配件等可以容易地实现管线转折。可以根据实际转折角度设计弯头,也可以采用标准角度的弯头同接头小角度偏转来进行组合。

对于较小角度转折,宜利用标准 PCCP 接头偏转来实现。但应考虑预留接头变形余度,最大偏转角不宜大于 0.3°。

5.7.2 安装

5.7.2.1 PCCP 就位与偏差控制

管道安装一般应将承口端面向安装方向。沟槽验收合格后方可吊管入沟槽。

管道入沟槽前,应逐根检查管材和承、插口有无损坏现象。如有损坏,应对损坏部位修补合格后方可使用。承插口应清理干净,如有飞边毛刺应予处理,以防划破橡胶密封圈,同时清除管内杂物。

下管时,在沟槽作业面的下方不得有人停留。不论采用何种机具下管,都应使管道一次大体就位,避免在沟槽内多次搬运、移动管道。管道入沟槽后,应保证在悬吊状态下移动和对接。不得使管道在沟底拖拉、牵引,更不得使用挖掘机铲头撞击或试图移动管道。

应根据施工控制网引测的控制点平面、高程参数通过可靠方法投测到沟槽底部。可使用龙门板、水准仪、专用尺等放坡、放线,还可以在管道内部测量管道平面位置和坡度。按施工测量控制点仔细校测管道的轴线和标高,并做好施工记录。

5.7.2.2 作业程序

(1)安装密封橡胶圈。安装前,应仔细清洗管道的承插口环工作面,然后对承口工作面涂刷植物类润滑剂。严禁使用石油类润滑剂,否则会损害橡胶圈和污染饮用水。橡胶圈在套入插口环凹槽之前,应将橡胶圈涂满润滑剂,或在装有润滑剂的专用容器内浸过;套入插口环凹槽后,应使用一根钢棒插入橡胶圈下绕整个接头转一圈,将胶圈在插口的各部位上粗细调匀,使其均匀地箍在插口环凹槽内,且无扭曲、翻转现象。

当必须在低于0 ℃气温下进行管道安装时,应当改变或调整橡胶材料配方,使其适合于在低温条件下作业;或采取能够防止橡胶圈变硬的措施(如在热水中浸泡使其升温)。

(2)就位。管道安装时,为防止承插口环碰撞,待装管应缓慢而平稳地移动。对口时,应使插口端与承口端保持平行,并使圆周间隙大致相等,以期准确就位。

管道卸入沟槽方法:采用两种施工方法进行:①采用额定起重量20 t,跨度23 m的龙门吊(详见图2)进行安装;②100 t履带吊(详见图3)方法进行安装。对有外部干扰,不具备正常条件的安装的地段,将管道初步摆放到沟槽内,然后用槽内4×4t人力起重机将管道安装就位(详见图4)。

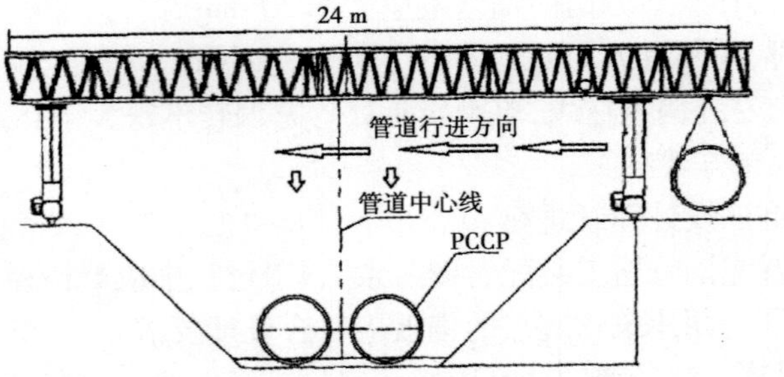

图2 龙门吊安装示意图

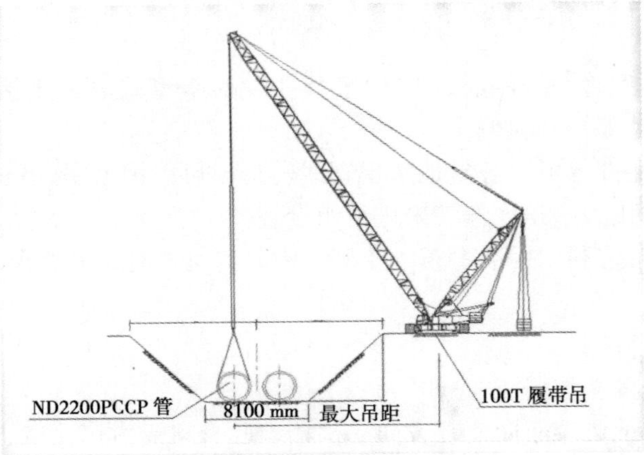

图3 100T履带吊安装示意图

(3)对接。当管道移动至距已装好管道的承口10~20 cm时,宜用方木支垫在两管间。各项准备工作完成后,撤除支垫方木,采用内拉法或外拉法,使待装管徐徐平行移动,直至达到规定的安装间隙。对于直线段,安装间隙应控制在(25±10)mm。管道接头设计有转角时,接头的最小间隙不小于10 mm。

每节管道安装完毕后,应采用专用量具(钢制测隙规)检查密封橡胶圈是否仍然在插口环的凹槽内,检查接口间隙是否符合规定要求。如发现橡胶圈位移或接口间隙超差,应拆除重新安装。经检验合格后,才能将吊具移开。

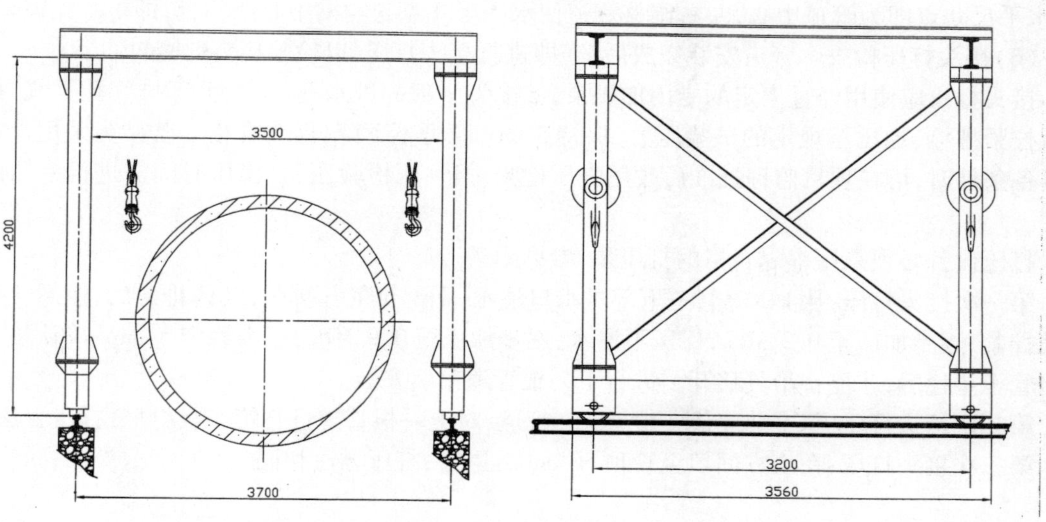

图4　4×4t 人力起重机

每班安装工作开始前，应对此前已安装好的前一节管道进行复查，如发现位移，应重新复位，合格后再继续安装。

管道对接采用内拉法进行，内拉工具采用专用的施工设备。并在承插口部位增设“米字”支撑和“楔形垫块”，解决了大口径 PCCP 管接口处椭圆度“失圆”、对接内缝卡液压系统现象。在已安装完成管道缝隙的中部，架设受力内梁，受力内梁就位后，调整丝杆螺栓，使槽钢向外移动使弧板进入管道缝隙中，并贴紧受力一侧 PCCP 内壁混凝土端面。在待装管外部端口中心位置架设受力外梁，用倒链和内拉装置将内梁和外梁连接。所有连接件连接完毕，检查无误后，逐渐通过液压千斤顶顶拉，使各部件受力，缝隙接近设计要求时，采用已制作好木质块控制管道间隙，满足设计要求。参见图 5 和图 6。

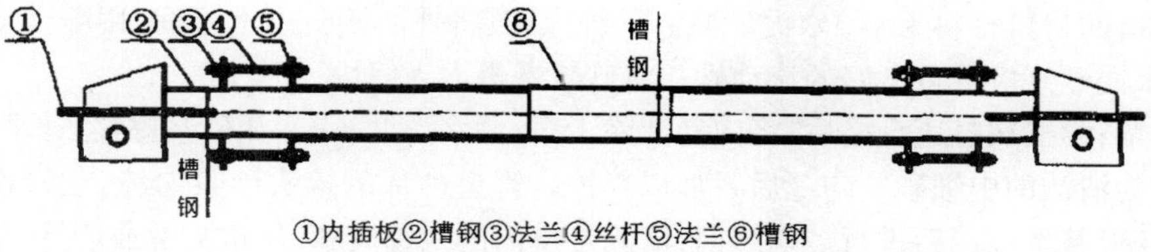

①内插板②槽钢③法兰④丝杆⑤法兰⑥槽钢

图5　受力内梁接示意图

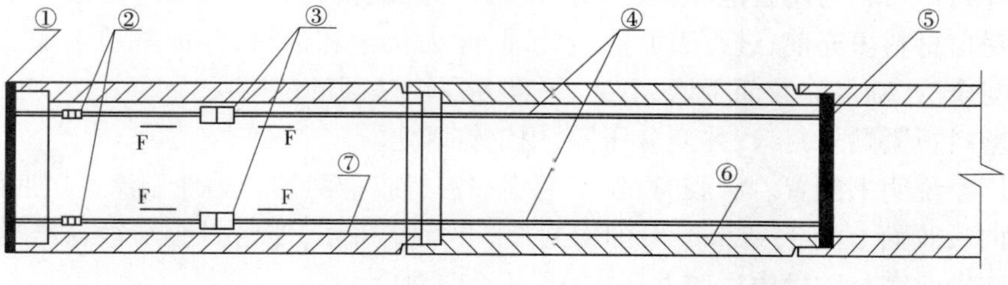

①受力外梁;②拉力器;③内拉装置;④连接杆件;⑤受力内梁;⑥已装PCCP;⑦待装PCCP

图6　内拉装置管道安装对接示意图

(4)调整管道标高。使用水准仪进行观测，通过龙门吊或履带吊车起降，管底填充砂石料，将管道调整到设计高程，尽量保持承口和插口之间的间隙均匀，调整到合适位置后，即高程无偏差。

(5)调整管道中心线。将水平尺放置与要调整的管道内，将水平尺调整水平，水平气泡居中时，水平尺0点即为管道中心，左右调整管道使水平尺0点与沟槽中心线相合，即中心无偏差。

(6)接头打压检查。管道安装完成后，随即进行接头打压，以检验接头的密封性。

接头打压应使用经过率定的专用加压泵，从接头下部的进水孔压水，上部排气孔排气；排气结束后拧紧螺栓，加压至规定的试验压力，保持5 min压力不下降，即为合格。若接头采用水压检验不具备条件时，可在项目监理批准后改用气压检验，但气压检验压力、稳压时间需进行专门的研究确定。

打压设备必须采用率定合格的打压泵，参见图7。

第一次接头打压：从PCCP管道下部进水口注水，上部排气孔排气，气体排出后，用螺栓将上部气孔拧紧，逐步加压至0.3 MPa，保压不漏水，逐步加压至0.9 MPa，压力稳定5 min；确认检验合格后将管子垫稳后，才能将吊具移开。进行下一根管道吊装安装。

第二次接头打压：每安装完成一根PCCP管道，对上一根管道进行第二次打压，打压方法相同。

第三次接头打压：在土方回填至管顶50 cm后进行，打压方法相同。

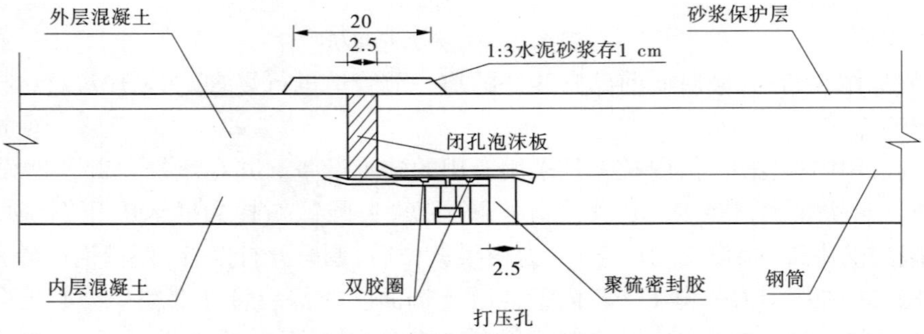

图7　打压孔及橡胶圈示意图

(7)接缝灌浆。为保护外露的承插口钢构件不受腐蚀，需要在管接头外侧进行灌浆保护。PCCP管道连接采用两种接口方式：刚性接口和柔性接口。刚性接口和柔性接口的数量比例为4∶1。

刚性接口的封口材料为1∶3水泥砂浆。外缝灌浆：将外部接头用水湿润，用薄铁皮作为灌浆接头的外膜，水泥砂浆应具备良好的流动性。将砂浆慢慢灌入缝内。

内缝封堵：第三次打压合格后，将内缝清除干净，洒水湿润，用水泥砂浆捣实、抹平。

砂浆应为清洁的中细砂。勾缝后要加以养护。管道内部的接头砂浆勾缝，在管道安装回填到管顶，管道变形基本稳定后进行。勾缝前，清除接缝内的杂物废料，用水喷洗或刷洗，使接头表面清洁、湿润。

柔性接口的外封口材料为闭孔泡沫板，内封口材料为聚硫密封胶。闭孔泡沫板和聚硫密封胶选用合格材料。封口材料填充前，进行表面清洁处理，除去灰尘和油污，保证基层干燥。清理净内封口槽内的尘土与余渣，确保涂胶面干燥、清洁、平整并露出坚硬的结构层。

将闭孔泡沫塑料板紧贴外封口，并充分压实，用钢钉固定。

密封胶按照厂家说明书配置。涂胶时，先用毛刷在密封胶槽两侧均匀地刷涂一层底涂料，20～30 min后用刮刀向涂胶面上涂3～5 mm厚的密封胶，并反复挤压，使密封胶与被粘结界面更好地结合。然后用注胶枪向密封胶槽内注胶并压实，保证涂胶深度。

接头的包带、灌浆应按下列方法进行：在接头的外侧裹一层宽度为25 cm的包带，作为灌浆接头的外模(套)。应事先将外模(套)材料的两边折回后缝制成孔道，用铁条穿入后裹好、扎紧，只在最上面留出灌浆口。然后灌入1∶2～1∶2.5的水泥砂浆，水泥砂浆应有较好的流动性，以使其均匀、密实、无空隙。

待砂浆灌满接头后,灌浆口上部用干硬砂浆填满抹光。

接头灌浆宜一次完成,灌浆完成后到回填前,静置时间不少于 15 min。

接头灌浆用包带应有足够的强度以防止破裂或发生较大的鼓胀变形;管道有防腐要求时,接头包带内侧可衬垫由设计确定的防腐膜料。

5.7.3 PCCP 与配件连接处的施工

为了避免相邻两种管材接口处发生的附加应力,在连接处应根据两种管材的不同外径,确定管道沟槽底部高程。

PCCP 与配件连接接头不应包裹在混凝土镇墩或建筑物内。

5.8 现场合拢

由于管道安装采用分段施工,所以会形成现场合拢。要求承包人在施工组织设计时,应合理安排安装区段和起始点,尽可能减少现场合拢的数量。安装过程中应严格控制合拢处上下游管道安装长度、中心位移偏差,并根据实际偏差情况及时进行调整,以便形成直管对接合拢。现场合拢应优先选择在设有检查人孔或设备安装孔的配件附近,以方便合拢作业时设备和人员进出。不允许在管线转折处合拢。现场合拢施工焊接不宜选择在高温时段内进行。

现场合拢有以下几种常用的形式:

5.8.1 套筒式合拢管

套筒式合拢管俗称"套袖管",分为可伸缩套筒式和焊接套筒式两种。后者制造成本较低,施工简便、快速,故较多地使用于现场合拢。

焊接套筒式合拢管由以下三个组件组成:

(1)承口(或双插口)短管

(2)插口短管

(3)根据现场尺寸制作或切割的套管("套袖")。

使用焊接套筒式合拢管现场合拢时,各组件的组合原则如下:

(1)现场合拢的套筒式合拢管,包括承、插口短管的有效长度和套管长度之和,应不少于合拢段缺口长度加两倍的合拢套筒搭接长度(L)。L 值不宜小于 150 mm。

(2)优先考虑使用较短的套管,这样可以减少现场内衬砌工作量。

(3)承口和插口短管中,二者至少应有一件其直线段长度大于套管长度。

(4)承、插口短管和套管应有较高的制作精度。套管内径同短管外径之差,应不少于其圆度偏差的 2 倍。

套筒式合拢管各部件就位后,对套筒两端的环状缝隙进行焊接,焊缝高度或截面应符合设计要求。焊接完成后,在合拢点处内外侧布置钢丝网并作好内水泥砂浆衬砌和外保护层。

5.8.2 从动环合拢管

从动环合拢管用于现场合拢施工速度快,但制造成本较高,一般多用于运行期间管道发生事故时的快速抢修。

每套从动环合拢管由以下组件组成:

(1)双插口短管

(2)根据现场尺寸裁切的合拢短管

(3)两个套在合拢短管之上的从动环承口

从动环现场合拢方法为:

(1)检查待连接的缺口方向和尺寸。

(2)按照缺口尺寸减 24 mm 裁切合拢短管。

(3)合拢短管套上从动环承口之后就位。

(4)用辅助工具使承口就位,并紧固螺栓使之密封止水。

(5)布置钢筋(铅丝)网后浇筑混凝土保护层,并完成内防腐水泥砂浆衬砌。

5.8.3 对接双面焊合拢

对接双面焊合拢是较经济的合拢方法,但现场焊接难度较大。合拢管均为钢板制作,总长不应小于1.2 m,分为承口段、插口段和凑合短管段三部分。凑合短管段长度不宜小于300 mm。焊接前应双面打坡口;焊缝按一类焊缝质量要求。焊接完成后进行内、外防腐层制作。

5.8.4 搭接焊合拢

搭接焊接合拢的方法,工作量大,施工难度大,材料消耗多。搭接尺寸按设计要求进行。搭接板可以在圆周方向分为3块或多块,搭接板的钢板性能应同母材完全一致。焊缝均为一类,按规范要求执行。焊接完成后进行内、外防腐层制作。

5.8.5 注意事项

合拢施工过程中,需要在管道内部临时焊一些辅助就位的钢板和吊耳等,就位、焊接完成后,应及时拆除。

焊缝经检验合格后,按设计规定进行内外防腐衬砌。管内衬砌和外防腐方法与配件内外衬砌防腐方法相同。

5.9 清扫(理)和消毒

施工过程中,应重视对管道的保护,包括保持管道清洁,特别是接头处的清洁。在施工将要完成前,应当进行一次系统检查,防止施工工器具和工程、生活垃圾等遗留在管道内。完成检查后,应对管道进行一次系统消毒,并结合静水压试验进行管道冲洗。

5.10 隧洞内的PCCP安装

5.10.1 准备工作

隧洞与PCCP外轮廓之间的空隙很小,隧洞内安装PCCP应当使用专用设备,采用有轨运输的方法完成。除了铺设轨道和隧洞断面测量复核外,还应对隧洞进、出口处管基的岩、土界面进行分析,进而提出处理技术方案。

(1)测量。根据控制点放出隧洞的轴线,同时将高程点引至洞口附近,以便以后使用。轴线确定后,测量隧洞的断面,报项目监理审批。断面测量宜以5 m长度为单位进行。

(2)安装轨道。根据专用运管车的特征数据和各个起始点的高程和管道设计坡降,放线定出运管车轨道中心高程和坡降,然后安装轨道。其步骤如下:

打插筋孔,调整轨道安装垫板是否水平。确定无误后,清基、浇筑混凝土。混凝土以浇至轨道底部、垫板上平面为宜。之后将轨道放置在垫板上,调整轨道中心,然后将轨道直接与垫板连接,再复测轨道的中心线与坡度。轨道安装执行起重机轨道安装标准,可参见起重机验收规范。

(3)试行走。轨道安装完毕、混凝土强度达到要求后,将专用运管车安装到轨道上,先空车试走整条隧洞,检查轨道安装情况。之后将事先按照PCCP外形尺寸做好的模型管放在运管车上,模拟实际运输沿轨道行走整个隧洞,检查隧洞的欠挖情况。若欠挖处超过要求(要求空隙不得小于10 cm)用油漆作出标记,随后进行处理。

(4)隧洞外设备。隧洞外场地安装的管道吊装设备,在安装完成后,应参照“起重机试运行负荷试验”对其作负荷试验,试验合格后方可使用。

(5)复核进、出口施工配管图。隧洞进、出口处,管道的埋深往往较大,因此应当针对岩土界面与施工配管图(即说明包括所有全部标准管道、异型管、配件和管线建筑物在内的管道预定安装位置的施工图)的相互关系进行分析。并应针对管道外悬(即岩石基础上混凝土包覆之后的悬出端)部分进行专门设计,并经工程师的批准;必要时应当调整配管图。

5.10.2 隧洞内运输安装

隧洞内管道安装工艺流程：管道吊装—运管机运管道至安装位置—调整待装管中心及高程—清口、涂润滑剂、套橡胶圈—管道承插口连接及检查支撑加固—接头密封实验—内口接缝摸平—复测并记录中心高程—进入下一节管道安装

准备工作完成后，开始正式安装管道。

(1)利用吊机(根据现场条件可以选用门机、龙门吊或者汽车吊)将验收合格的管道吊放于洞口，再由专用隧洞运管车提起。初步调整运管车的各液压装置，使管道安全地悬挂于驮梁上，启动运管车。将管道运到待装位置后，操作前轮油缸，使前轮稳定的落在已装管道上，操作管道推进油缸，使待装管缓缓靠近已装管。对承插口进行清洗、涂润滑油、套橡胶圈，在承插口之间距离约有20 mm左右时，检查和调整已装管和待装管的同心度，直至同心度满足承插口的插入要求后，再次操作管道推进油缸，缓缓将承插口插入。

(2)由在管道内的工作人员监视插入情况，待间隙达到要求后及时发出信号，停止插入。检查间隙是否均匀，用专用塞尺检查橡胶圈的位置，确认无误后，方可在管道端口约50 cm处加预先制作的混凝土块，进行初步支撑。

(3)根据轨道中心和轨道高程、坡度，再次检查、调整管道中心高程坡度。

(4)管道调整完毕后，对管道进行最终支撑和加固。支撑和加固可以使用预制混凝土块或型钢固定。在加固时，应注意支撑体与管壁成面接触。必要时可对未衬砌洞壁进行修整，使支撑和加固牢靠。

(5)加固完毕后，对接头进行水压试验。

(6)全部项目检查合格并经监理工程师签认后，就可以进行下一节管道的安装。

5.10.3 隧洞与管道外壁之间空隙回填

当隧洞内的管道安装达到预定长度时(一般为20～30 m)，经监理工程师批准后，就可以进行回填。

(1)隧洞与管道外壁之间空隙回填材料可选择混凝土，也可选择蜂窝混凝土。

(2)隧洞内回填混凝土采用泵送法。回填之前，要用水泥砂浆砌砖对分段截止处的环形空隙进行封堵。混凝土按高流动性设计，并掺加适量的粉煤灰，以增加和易性。短隧洞使用一台混凝土泵输送，水平入仓；长隧洞使用多台混凝土泵接力输送，水平入仓。有的隧洞坡度较大，逆坡方向施工时，每仓回填长度应取得短一些。

(3)为了防止混凝土回填时管道上浮，应事先在每节管道的四周用预制混凝土块或型钢固定。回填时，应注意从管道两侧均匀进料，并密切注视仓面情况，选择适当的泵送压力。

(4)应作好混凝土配合比设计，并随时根据情况进行调整，以确保回填质量。

5.11 顶管(涵)法施工

5.11.1 箱涵施工的重点注意事项和技术措施

箱涵由于其重量大、重心高，顶进方向控制比较困难，应当特别注意顶进过程中的偏心和栽头问题。为此，应采取以下技术措施：

(1)尽可能增加每一个顶进节的长度；

(2)在箱涵前端的底部，应随顶进随制作混凝土滑床；

(3)必要时，在相邻的各个顶进节之间用焊接或后张预应力钢筋联结，使之成为整体。

5.11.2 为了顺利通过不良地质条件的地段，可采取的措施

(1)箱涵前端可制作成上部突出的楔形；

(2)切土刃口镶型钢；

(3)在松散沙层中顶进时，在顶进端安设隔栅砂板。

5.11.3　箱涵顶进施工，应尽可能采用机械挖、运土设备以提高工作效率。

5.11.4　施工方法要点

顶管(涵)法穿越铁路、公路及其他必须下穿的障碍物时，其施工方法如下。

(1)应事先进行施工组织设计，包含以下内容：①设计现场平面布置图。确定顶进方法和箱涵单元长度、断面尺寸。②工作坑位置选择及结构设计。③顶力计算和后背设计。④测量和纠偏方法。⑤箱涵运输吊放方案。⑥减阻方案。⑦地下水排除措施。⑧安全措施。

(2)顶进法施工设备。顶管法施工一般需要数台大吨位千斤顶，以及底轨、钢背桩(钢轨或H型钢)、楔块等支撑材料和起重机。还须有减阻材料的配置、压送设备和开挖运输设备，如挖掘机、装载机、皮带运输机等。

(3)工作坑的要求。工作坑应按设计尺寸挖出，并装好挡背楔块和背桩，以便将顶力传递给后面的土层。

事先浇筑好混凝土滑床底板。滑床顶面应平整光滑，必要时涂刷减阻材料。以保证顶进方向和坡度正确。

工作坑周边应进行必要的支护，防止塌落和地面水流入。

坑内应设有排水设施。

(4)顶进施工前，全部顶管设备应经过试运转，确保工作正常。

(5)箱涵顶进，应采取机械挖土为主、人工辅助的方法。采用机械挖土、皮带机出渣时，效率将大大提高。每顶进100 cm应测量中心线一次，或使用激光指向系统连续监测。

(6)顶进应不停顿地持续进行，以防止静摩擦力加大增加顶进难度。

5.11.5　管道在箱涵内的安装

管道在箱涵内的安装可以利用已有的顶管设备，将管道一节一节地顶进去。顶进时，应在管道底部固定好硬木垫块(应使其顺木纹摩擦)，并使用润滑剂。

5.12　管线建(构)筑物

PCCP输水工程，通常包含很多管线设备，如检修人孔、空气阀、排水阀、计量设备和检修截止阀等。根据建(构)筑物同管道的位置关系可以分成三类，即线上式、线外式和间隔式。

5.12.1　线上式建筑物

DN2200管道的小型建筑物可以直接建在管道上。由于建筑物的容积重度一般小于土壤重，不会给管道造成更多压力。而且混凝土结构刚度大，建筑物荷载对管道的影响非常有限。施工中，应该按照设计文件要求，作好建筑物同管道的细部连接，不要损伤管道。

当建筑物的体量较大时，基础可以建在管沟内的垫层上；同样要作好混凝土结构同管道的连接施工。

5.12.2　线外式建筑物

线外式建筑物要特别注意的是同主管道的连接构造。由于主管道同建筑物的施工时间、施工条件以及荷载分布、加载过程有差异，有的还存在使用期间的荷载差异和外荷载干扰。因此，要特别注意不均匀变形，包括不均匀沉降、侧移和倾斜。

为了保证输水安全，应当在分支管道和主管道的连接处加设可挠伸缩节。

5.12.3　间隔式建筑物

间隔式建筑物即在管线上使管道发生中断的建筑物。间隔式建筑物一般规模较大，通常有现浇混凝土整体式底板，同时建筑物基础底面低于管道基础。在结构布置方面，建筑物的平面形状宜为矩形，建筑物内的管道应使用穿墙管类的配件，连接进、出管道的接头，应设置在靠近建筑物外壁处，使其具有较好的受力条件。要特别注意进、出建筑物之处管道的地基基础处理问题，避免发生管道承受集中荷载，造成管道断裂漏水事故。地基基础施工要严格按照设计要求进行；当设计文件无具体规定时,一般应在连接建筑物的第一根管节长度内,浇筑混凝土弧形底板基础作为过渡;当二者的基础底面高差过大时,可考虑先回填碎石类材料并压实,或设计连体承台。此时尚应根据实际开挖线同管道的相互关系,对更多根管道设置混凝土底板。

5.12.4　止推体系

止推体系对管线安全关系重大,同时对管线造价也有显著影响。

管道接头的小角度偏转可以有效化解侧向推力。在一般情况下,应尽可能采用管道接头的小角度偏转或承接接头来形成弯道。当不能采用此种方法时,则应考虑采用其他方法。建议按照表1的优先顺序选择止推型式。

表1　选择管线转折型式的综合列表

型式 特点	接头小角度 连续偏转	斜口管接头 连续偏转	承接短 管偏转	限制型管段	侧向 止推墩	镇墩	联合 止推
偏转角	每处0.3°	全斜口4.8° 半斜口2.4°	10°/处	不限(可用单个或多个组合形成弯头)			
特点	半径大	半径较大	半径小	管道承受轴力	管道本身 不承受拉力		管道承 受轴力
止推力	土壤反力或管、水、土重的摩擦力			管、水、土重 的摩擦力	土壤 反力	重力的 摩擦力	反力加 摩擦力

(1)限制性管段和限制性接头的应用,限制性管段的偏转。DN2200PCCP管线在线路方向改变、分支管、端头或截止阀关闭时,将会承受巨大的轴向力。应用限制性接头、借以形成限制性管段的方法,可以有效地平衡该项推力,并且不需要额外的止推建筑物。

形成限制性接头的方法很多,可以参照有关手册。但应当针对不同的情况进行具体分析。

(2)侧向止推墩。设置侧向止推墩,要考虑土壤的安全承载力和土壤的稳定条件。止推墩处的沟槽深度,必须大于止推墩高度的两倍,以防发生剪切破坏,并且不能使用计算的被动土压力。止推墩混凝土应当直接浇筑在开挖后稳定的原土上。此外,还要考虑止推墩的后面有没有影响背土稳定的相临开挖,或今后会不会发生相临开挖。对于双排管道,可能会受到可利用空间的局限;但无论如何必须保证每一条管线都具有可靠的稳定土壤条件。

当止推墩体积过于巨大时,可以考虑采用构架式钢筋混凝土结构,以减少工程量。

(3)镇墩。镇墩受力体系明确,工作稳定可靠,但工程量较大。必须使用镇墩时,应当审慎确定摩擦系数等主要参数,并须在施工中作好地基处理。

在管道由下坡转平(或转缓)处,应核算地基的反力和变形;即使按照计算不需要镇墩,也应设置混凝土底板,以分散应力,防止发生管道脱口事故。

(4)联合止推的应用与监测。有的时候靠单一的止推手段还不足以平衡推力,需要上述几种方法联合应用。由于联合止推涉及管道、侧向止推墩和其他建筑物同地基之间的力、变形等的恰当分配问题,目前还难以量化,建议在管道工程中使用时,应有一定的安全度,并布置必要的监测设施。

6　材料与设备

本工法所使用的主要材料名称、规格、主要技术指标及主要施工机具、仪器、仪表等名称、型号、性能、消耗及数量分别详见表2。

表 2　主要机械设备、机具一览表

名称	基本特性	用途
100T 履带吊	额定起重量 100T,高度 20 m、起吊高度 10 m	PCCP 管道安装
液压系统	推力,拉力	管道对接
龙门架	额定起重量 20t,跨度 23 m	PCCP 管道安装
4×4t 人力起重机		PCCP 管道安装
打压泵	0～1 MPa	接缝打压
专用运管车	隧洞内运输管道	隧洞内 PCCP 管道安装
混凝土输送泵	混凝土水平运输	隧洞与管壁间空隙回填混凝土
千斤顶		顶进法施工
GPS	三鼎 T20	控制中心线
水准仪		控制管道轴线
经纬仪		控制管道高程

7　质量控制

质量控制和检验是完成和交付合格工程的重要保证,也是工程参与各方对工程质量的共同见证。承包人应建立健全质量保证体系,保证施工生产的全过程处于受控状态。

施工生产中使用的所有原材料、中间产品均应按照要求提供产品合格证、试验资料等;施工生产的每一个环节和最终产品都应有检验资料。所有书面材料都应由有关当事人合法有效的签署。

7.1　标志与标识

7.1.1　地下彩带标识

PCCP 安装完成后,需按管道回填要求分层回填。为防止可能的其他工程施工开挖破坏已埋置于地下的 PCCP,应在输水管线地面以下 1 m 左右深处埋设彩色土工织物标识带。彩色土工织物标识带应防腐、耐久性好。标识带的颜色一般为黄色。标识带的长度、宽度及间隔根据工程设计或场地情况确定。

7.1.2　管线地面标志

为便于 PCCP 输水工程运行管理维修,PCCP 输水工程施工完成后,应在 PCCP 输水管线沿线地表面埋置管线里程桩,管线里程桩应分别埋置于 PCCP 管轴线中心,一般在每 500 m、1 000 m 整数桩号处,以及管线转折点处埋设。里程桩采用钢筋混凝土结构,其上应标明工程名称、竣工折点号、竣工桩号等。如为曲线段,则应在曲线起点、曲线中点,以及曲线终点分别埋设标志桩,并标明转弯半径。

7.2　静水压试验、充水和试运行

7.2.1　静水压试验

7.2.1.1　试验方法与标准

PCCP 工程某一区段施工结束后或工程完工后,需进行管线静水压试验。

静水压试验在管道充满水 72 h 后方可进行,加压至设计确定的试验压力,维持时间不小于 2 h。

静水压试验标准:静水压试验期间,焊接接头管道不允许出现渗漏;胶圈接头管道,每 mm 额定内径的管道每 24 h 每 km 长度范围内最大渗漏量不超过 1 L。各试验区段实际渗水量不大于允许

最大渗漏量即表明静水压试验合格。

静水压试验可以同管道冲洗、试运行等结合进行。

7.2.1.2 试验设计与过程

静水压试验应根据工程实际情况进行试验设计,以满足工程安全运行要求。

静水压试验设计:包括试验前的准备工作,管线充水设计及静水压试验设计等,所有静水压试验设计及方法均应由监理工程师审查通过。

静水压试验过程:试验前的准备工作就绪后,采用能够控制注水流速的设备对管线静水压试验区段进行充水,选择合适的加压设备进行加压,然后按静水压试验方法进行试验。各试验区段实际渗水量不大于允许最大渗漏量即表明静水压试验合格。

充水水源及排水出路按照设计或合同文件执行。

7.2.1.3 辅助设施的设置与代用

较大直径的管道分段进行静水压试验时,其辅助设施(堵头、注水设备、加压设备、压力表等)的规模也可能相当庞大,经过设计复核并征得管线设备制造厂家同意后,可考虑使用这些设施替代。

7.2.2 充水

在以下情况下,系统作业、运行前需充水:①管道输水系统在静水压力测试前;②管道输水系统在试运行或者运行前,处于全线排空或非满水状态;③在运行期间因管线故障形成了部分管段排空时。

7.2.2.1 充水前的准备工作

充水前至少应进行以下必要的检查及准备工作:

(1)管道安装完毕、沿线建筑物全部完成并通过验收;

(2)沿线各井室机电、金结设备安装完毕,并通过无水调试;

(3)沿线各设备量测数据信号接入响应的控制装置安装完成,并通过了调试;

(4)沿线各排气阀调试完毕,可正常进、排气,空气阀前的阀门打开;

(5)供电、通信、照明设备及仪表等处于完好状态;

(6)配备了同充水有关的必要资源。

充水前必要的检查及准备工作完成后,根据工程实际情况,按充水设计方案确定的充水流量进行充水。

7.2.2.2 充水过程控制

PCCP 输水工程充水过程控制要根据系统的实际情况区别对待,主要是根据线路长度、设施配备情况,以及管线纵坡大小等综合考虑,可全线充水也可分段充水。至关重要的一点是,必须严格控制充水流量,以免造成管线水锤破坏。根据工程经验,充水流量以不超过满管平均流速 0.3 m/s 时的计算流量为宜。

7.2.3 试运行

7.2.3.1 试运行条件

试运行条件应根据系统的特点进行确定。主要包括以下几方面:

(1)PCCP 输水管线经过了静水压试验,并处于充满水状态;

(2)管线设备检验合格、运转灵活;

(3)全线监测系统可投入使用。如为自动化监测,则应可实现统一调度管理;

(4)制定有完善的事故处理预案;

(5)值班人员处于随时待命状态。

7.2.3.2　试运行程序

试运行程序应根据系统的实际情况个别进行设计。包括管道系统、供电系统、通信系统、水质监测系统、水力量测系统、事故处理系统等。

7.2.3.3　水力量测

PCCP 输水工程在试运行过程中，根据实际情况，可能会进行水力量测。由于试运行期间管道通过流量较小，同时设计的正常测流设备往往需要调试、率定，因此，应尽可能采用多种测流设备和方法进行观测和对照。

7.3　系统验收、运行与安全监测

7.3.1　系统检查验收

PCCP 输水工程的质量检查和分段验收，由工程参建各方共同参与，伴随工程施工的全过程。验收应按照国家有关部门颁发的规程规范进行。

主要验收规范：

水利水电建设工程验收规程 SL223；

水利水电基本建设工程单元工程质量检验与等级评定标准 SL249.1～7；

水利水电工程施工质量评定规程（试行）SL176。

验收资料：除 SL223 规定的资料外，尚须分阶段准备以下验收资料：

现场静水压试验报告；

永久设备清单以及这些设备和设施运行与维护手册、保修证书；

本输水管线与其他地下管线等隐蔽工程的平面与高程关系及施工过程中保护措施的有关资料；

工程主要事故（如有的话）处理记录；

工程施工中主要事件（如有的话）记录；

主要质量问题（如有的话）专题报告；

地质记录报告，包括建筑物和管线地质断面图；

测量报告，包括基本横断测量、竣工测量、主要测量事件处理记录，及原现场说明书；

监测仪器质量证书及校准报告、监测报告；

管道安装日记。

7.3.2　系统运行管理与调度

系统运行管理与调度，应根据整个系统及设备等具体情况，结合设备说明书，进行专门设计。

7.3.3　系统数据与安全监测

PCCP 输水工程运行期，进行系统运行及安全监测数据采集、状态跟踪以及对这些数据的分析整理，是一项关系到系统安全和正常运行的重要工作。管理部门应根据设计要求及管理工作的实际需要，重视并处理好。

7.4　系统的维护与防护

7.4.1　系统维护

PCCP 输水工程是一个大的系统工程，系统涉及到土建、水机、电气、金结、自动化等方面，为使系统运行管理方便，应当分门别类，针对各类工程和设施委托相关部门进行专门设计，编制详细的整个系统维护手册。

7.4.2　管道防护

PCCP 输水工程一般线路较长，输水线路沿线地质情况复杂多变，应针对输水线路沿线可能遇到的冲刷、坍塌、滑坡、泥石流等，以及河流水情、沿线地质灾害，依据相关的规程规范，进行专门设计，提出管道防护措施并逐项实施。

7.5 施工记录文件和运行维护资料

必须注重施工期间各种记录文件的收集和归档保管工作，所有原始记录资料都应当在验收后归档，妥善保管。其中包括所安装的每一节 PCCP 的安装位置、顺序和编号都必须记录准确，做到完全可追溯。

施工记录文件和运行维护资料的保管，必须保持连续性；当发生人员变动时，要有完备的交接手续。工程资料应采用微机管理。

对于重要的大型设备、特别是外文图纸文件，还须委托设计单位或专业部门进行翻译、整编。

工程竣工图纸和工程设备图纸、说明、运行维护资料，必须保持完整。因此，应当在工程实施过程中随时收集，妥善保管。

8 安全措施

(1)沟槽开挖应进行边坡稳定分析，高度较大的边坡应在适当高度处设置马道。放坡开挖有困难时，应采用安全支护措施。同时应密切注意边坡的安全状况，特别是雨后(季)开挖时，应随时检查沟壁是否有开裂、滑、塌等迹象。

(2)施工作业场地应精心规划，保持交通畅通、秩序良好。重型起重运输机械设备在沟槽边停放时，其停放点应位于安全界限(按照土壤稳定边坡计算的坡顶线范围)之内。

(3)起重、运输机械作业时，应保证地面及高空线缆的安全；当起重机在高压输电线路附近作业时，与线路间的安全距离应符合电力管理部门的规定。

(4)所有机械设备和运输设备操作人员必须是熟练的持证人员。

(5)施工道路应符合相关标准要求。

(6)爆破安全及路障、警示灯，以及夜间照明等应符合有关规定。

(7)施工区应备有医疗急救设施和可以随时到场的救护人员。

(8)承包人施工前应制定实施细则和安全手册。

9 环保措施

(1)承包人应遵守国家有关环境空气质量、锅炉污染物综合排放、水污染物排放、城市(施工)环境噪声控制的法律法规，以及地方政府颁布的地方性法规。同时还应遵守水土保持法(条例)和实施办法，以及文物保护法实施细则和管理条例等。如有针对本工程的环境和水保方面的规定，应当切实遵守。

(2)本工法施工中产生的少量废弃物，如机械设备保养的废机油等，按有关环保要求运至规定地点要求处理，防止污染环境。

(3)对开挖沟槽边坡的冲刷和水土流失的防止，施工中应建立完善的排水体系，并与永久性排水设施相连接，保证不引起淤积和冲刷。

(4)为保证施工期的水质不受污染，施工期对生活污水和生产废水进行处理，定期监测，实现达标排放。

(5)加强机械设备的维护，防止漏油，禁止机械在运转中产生的油污水未经处理直接排放。

10 效益分析

根据工法提出的不同地质条件环境、不同的施工方案所确定的 PCCP 管道按照施工参数，各种资源达到了合理配置，避免了资源的闲置和浪费，加快了机械化施工的速度。

按照工法施工，通过人、机、料、法、环等全面质量管理，以南水北调配套工程廊涿干渠工程(廊坊段)SG03 标段施工为例：5m 长两排 DN2200PCCP 钢筋混凝土安装费为 310 元/m，机械费按 207

元/m,人工费 57 元/m,其他费用 46 元/m。在原有施工方案和工法施工下,机械费按 176 元/m,人工费 50 元/m;按照本工法施工,机械费降低约 15%,人工费降低约 12%,每延米钢筋混凝土管减少工程造价额 = 207 × 15% + 57 × 12% = 37.89 元/m。

南水北调配套工程廊涿干渠工程(廊坊段)SG03 标段标段全长 7.5 km,此项工程共计节约投资 = 标段长度 7 500 m × 2 排 × 延米节约成本造价 37.89 元/m = 56.835 万元。

11 应用实例

11.1 南水北调配套工程廊涿干渠工程廊坊段(SG03 标)及保定段(SG03 标)工程概况

南水北调配套工程廊涿干渠 PCCP 管道安装工程是河北省南水北调配套工程最大的输水工程,从南水北调中线京石段主渠道引水,直供廊坊市广阳水库。最大引水流量 11 m^3/s,采用双排 DN2400、DN2200、DN2000 预应力钢筒混凝土管输水,穿越公路采用顶进箱涵和顶进钢筋混凝土管施工,工程等级二等。主要建筑物级别为 2 级。设计洪水标准为 50 年一遇,校核洪水标准为 100 年一遇。PCCP 输水干线总长 48.813 km。

廊涿干渠(廊坊段)施工 SG03 标段(桩号:LZ45 + 200 ~ LZ52 + 700),全长约 7 500 m。位于廊坊市固安县境内,与 106 国道(LZ46 + 587)、京九铁路(LZ47 + 602)相交叉。在桩号 LZ48 + 484 位置设计固安电厂分水口。沿途设计 7 个拐点,在桩号 LZ46 + 011.666 处的拐点设计混凝土镇墩。主要工程量:PCCP 压力管道(2 排 DN2200)安装约 14 032 m。

南水北调配套工程廊涿干渠工程保定段(SG01 标)起止桩号为 LZ0 + 000 ~ LZ31 + 185,全长 31.185 km,采用双排 DN2400 预应力钢筒混凝土管输水,穿越高等级公路 6 处、穿越高速公路1 处、穿越铁路 2 处、穿越河流 3 处。全长约 9 145 m。位于保定涿州市境内,由三岔沟分水口至黄家屯连接线工程,穿越涿涞路和松兰路。沿途设计 13 个拐点,设计 5 个混凝土镇墩。主要工程量:PCCP 压力管道(2 排 DN2400)安装约 17 914 m。

11.2 施工情况

施工过程中,两个标段的 DN2200 及 DN2400PCCP 管道安装施工采用了南水北调配套工程 PCCP 管道集成施工技术施工工法,从人、机、料、法、环等环节按照工法要求配置资源,结合管道直径、重量和开弧法施工方法,管道安装从材料运输采购保管、测量放线、沟槽开挖和管道回填、明挖沟槽安装、随洞内安装、顶管法施工、吊装设备选型等各施工工序严格按照工法施工和控制。目前施工 SG03 标段已完成 PCCP 管道安装任务,工程进度提前,施工质量得到有效控制,施工成本大大降低,在南水北调配套工程廊涿干渠工程中获得了成功和应用。

11.3 结果评价

施工过程中按相关行业规范以及《给水排水管道工程施工及验收规范》(GB 50268—2008)、《水利水电建设工程验收规范》(SL 223—2008),并采用水利输水工程中预应力钢筒混凝土管(PCCP)安装施工刚发进行施工,不仅解决了不同地质条件、不同结构型式、不同输水管涵的施工的要求,同时施工检测检验和质量评定标准也均满足相应规程和规范的各项设计指标。按照工法针对不同施工环境、不同施工方案所提出的施工工法中的施工参数施工,能够规范和指导南水北调中线干线工程输水 PCCP 工程施工管理,为合理配置各种资源提供了依据,确保工程质量按期保质保量完成。

(主要完成人:王步新　李进亮　聂欣岩　娄素丽　王乃超)

锁坝应用施工工法

黑龙江第二水利工程处

1 前言

锁坝又称堵坝,是一种拦断河流汊道的水工建筑物,常用以堵串沟、调整汊道分流比等。1928年美国的密西西比河进行了大规模的航道整治工程中利用了丁坝、锁坝等河道整治建筑物,我国在1949年后,随着水运事业的发展,中国在航道整治工程中大多都用到丁坝、锁坝、顺坝等整治建筑物。黑龙江省的重点江河护岸工程设计中,为了调整流向,改变流速,增加主河道的流量,在江河上布置了多处锁坝。

2 工法特点

锁坝工法在使用功能和施工方法上与传统方法比较,具有工艺新颖,工期短,保证质量,保证安全,造价低等优点。

3 适用范围

适用于寒冷地区、界河、内河的河道水流的治理。适用于需要调整水流流向、改变流速、有冲淤的航道。

4 工艺原理

在锁坝的施工中,先用抛石堆成坝体,然后在坝体表面铺设上下两层钢筋网,纵横联系,上下形成立体网箱结构,将石块固定在网内。将石笼与石笼进行搭接形成一个防护整体,钢柔结合,防冰防汛。

5 施工工艺流程及操作要点

5.1 施工工艺流程图

施工准备→测量放样→坝体清基→坝体及护坦抛石→坝面整形→钢筋石笼制作及安装→验收

施工准备测量放样坝体清基坝体及护坦抛石坝面整形钢筋石笼制作及安装验收

5.2 操作要点

5.2.1 概述

漠河县黑龙江干流古城岛护岸工程位于黑龙江兴安—古城岛江段,地处漠河县东北部的兴安乡境内,地理位置为北纬53°02′02″~53°22′15″和东经124°01′39″~124°01′50″。古城岛锁坝是古城岛护岸工程的一个重要部分,锁坝位于古城岛三岛(2)、(3)号岛小岛之间水道进、出口处,如图1所示。

5.2.2 锁坝在工程的作用

5.2.2.1 雍高上游水位、调整比降、增加航深

锁坝堵塞支汊后,使主汊流量增加、水位抬高。主汊内水位的抬高以进口处最大,至出口段沿程递减。如建有岛伟顺坝,则水位抬高可影响到出口处。锁坝能够锁水和雍水,主汊水位抬高是这两种作用综合的结果。由于山区河流的落差较大,作为锁水建筑物的锁坝可以促淤赶沙,减小过水

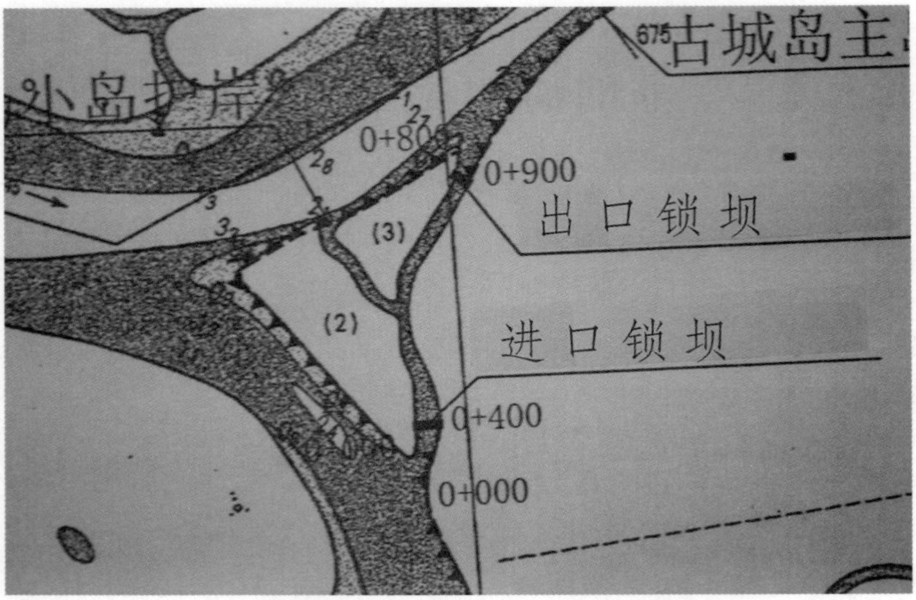

图1 锁坝位

面积、消除不良流态。

5.2.2.2 堵塞河道汊道或河流的串沟

堵汊目的是：塞支强干、集中水流、增加水深利于航运，防止汊道演变为主流引起大的河势变化，如古城岛锁坝位于古城岛主岛于(2)、(3)号岛小岛之间水道进、出口处，如图1所示，由于古城岛江岸土质松散，由亚砂土和粉细砂组成，抗冲刷能力差，尤其此段又是冰坝易发区，在冰凌撞击的作用下，江岸坍塌严重，根据地形图套绘比较，古城岛主岛于小岛之间水道由解放初期的5 m左右冲宽至70 m，在锁坝建成之后，能有效的减小流速。

5.2.2.3 增加水流输沙能力

增加水流输沙能力是整治浅滩的主要手段。当支汊封闭后，主汊的来沙量增加。因此，仅靠抬高水位是不够的，还必须提高水流的输砂能力，才能达到整治效果。实践证明，具有一定高度的锁坝，不但提高了主汊水位，也增大了流速，延长了水流对浅滩冲刷的过程，能够起到增加水流输砂能力的作用。

5.2.2.4 抵抗冰排撞击

黑龙江省地处高纬度地区，冬季漫长寒冷，封冻期冰层较厚，一般冰层厚度在80～120 cm左右，古城岛护岸工程位于兴安—古城岛江段。此段为分汊性河道，属黑龙江上中游12处大型汊道之一，此段是冰坝易发区，在大流速顶冲、冰凌撞击的作用下，江岸坍塌严重，锁坝采用抛石结构，长度73 m，于冰接触60 m，顶宽4 m，上下游边坡坡比1∶3，坝体顶部及上下游边坡均设厚度为0.6 m的钢筋石笼护面；上下游侧分设长度为10 m及20 m的钢筋石笼护坦，钢筋石笼厚度为0.6 m，下设0.4 m厚抛石垫层及无纺布一层。

根据前苏联冰荷载规范(SNiP－11－57－75)，流动冰排对斜面水工建筑物的撞击荷载：

水平冰力 $$F_h = K_\beta m_l R_f h_d^2 \quad (1)$$

垂直冰力 $$F_{b,w} = F_h / m_l$$

式中 K_β——系数，对斜坡建筑物取0.1b；

m_l——系数，按表2取；

R_f——冰的抗压强度，取最大值1 470 kPa(冰温－10 ℃，气温零下)；

h_d——冰的厚度，根据实测取0.8 m。

具体系数见表1、2。

表1　系数 K_β 取值

障碍物或建筑物形式	矩形界面墩柱		圆锥形墩柱	斜坡式建筑物
系数 K_β	b/h_d 值		$1+0.05b/h_d$	$0.1b$
	≤5	>5		
	1	$0.2b/h_d$		

表2　系数 m_l 取值

建筑物切割面对水平面倾角 β(°)	15	30	45	60	75	80	85
系数 $ml=\tan\beta$	0.27	0.58	1	1.73	3.73	5.67	11.43

水平力　　$F_h=K_\beta m_l R_f h_d^3=0.1\times60\times1/3\times1470\times0.8^2=1\ 881.6$(KN)

竖直力　　$F_b, w=F_h/m_l=1881.6/0.33=5\ 701.8$(KN)

2013春季开江后，经过观测，锁坝未发生严重的变形，有效的抵挡了冰排的撞击，起到了保护。

5.2.3　锁坝的施工要点

古城岛护岸工程锁坝采用抛石结构，坝体顶部及上下游边坡均设厚度为0.6m的钢筋石笼护面，在施工过程主要分为两个部分，一是基础面清理和坝体抛石，二是钢筋石笼的制作和安装，由于在锁坝中采用钢筋石笼护面技术在界河护岸项目中尚属首次，所以在施工存在很多困难，下面就把本锁坝的施工程序和主要技术特点介绍一下，

5.2.3.1　坝基清理

本锁坝工程由于是冬季施工，所以在清基上和夏季施工的锁坝不同，本锁坝坝基清理主要是清除冰层，清冰采用挖掘机破除，用装载机运到锁坝施工范围以外的方法，当冰层全部清除之后，铺设一层无纺布，最后进行抛石垫层和坝体的施工。

5.2.3.2　坝体抛石填筑

先根据测量技术人员的测量放样，采用机械抛投、分层填筑的方法，用挖掘机抛投到每层的指定高程(每层不超过60 cm)，抛投完成后，用挖掘机进行简单碾压，质量检查后再进行下一层的抛填。当距设计高程30 cm时，采用机械配合人工方式进行抛填，最后进行人工挂线整平，使坝面平整，为下一步钢筋石笼施工做好准备工作。

5.2.3.3　钢筋石笼施工

(1)钢筋石笼的制作及组装。钢筋石笼的制作是锁坝施工中的一个重要工序，钢筋石笼采用ϕ16和ϕ12的钢筋焊接而成，长5 m、宽2 m、高0.6 m，钢筋间距0.1 m。焊接方式为钢筋电阻点焊，焊接的要求不允许有裂缝、脱焊点、漏焊点，表面平顺，没有明显的咬边、凹陷、气孔等，钢筋不应有明显烧伤。先把钢筋按照尺寸焊接成为单个的钢筋片，将其运至施工现场进行组装焊接。

(2)装填石料。组装完成后进行石料装填。石料要求质地坚硬、密实无裂纹、不易泥解、或崩解，石笼内所填石块为人工装填，其中大块垫底，并且大面向下，石块相互挤紧，其空隙应采用较小粒径的块石、碎石填充密实，填石表面应平整至设计高程面。

(3)钢筋石笼封盖及笼体搭接。石料装填完成后，进行钢筋石笼封盖(施工方法与钢筋石笼的组装方法相同)。钢筋石笼与钢筋石笼的搭接处理为相邻两个钢筋石笼要求排列紧密，做到无空隙，采用焊接的方式连接。

6　材料与设备

6.1　机具设备表

见表3。

表3　机具设备表

序号	设备名称	型号	数量	备注
1	挖掘机	360	1台	
2	装载机	ZL50	1台	
3	全站仪	GTS－102N	1台	
4	水准仪		1台	
5	发电机	30 kW	2台	
6	发电机	15 kW	1台	
7	电焊机	BX－300	7台	
8	钢筋切断机	GJ40	1台	

6.2　劳动力配置

见表4。

表4　劳动力配置表

序号	工种	人数	工作内容
1	施工管理人员	5	全面组织安排
2	施工技术人员	2	技术管理
3	测量人员	4	测量放样
4	电焊工	10	钢筋焊接
5	电工	1	电路维护
6	机修	1	机械维修
7	试验人员	2	试验、检验
8	司机	5	驾驶设备
9	石匠	10	砌石
10	普工	20	

7　质量控制

建立质量管理体系，形成“金字塔式”管理。

7.1　原材料质量控制

（1）对进场的原材料要有出厂合格证。

（2）对于Φ 12、Φ 16 的钢筋，块石等主要材料要进行送检。

（3）每期进场的材料要有验收记录备查。

7.2　施工过程质量控制

（1）严格控制钢筋笼的尺寸、焊点、钢筋间距等技术参数。

(2)每天定时、定量进行抽检，并做好记录。

7.3 质量保证措施

(1)技术交底书面化

(2)严格执行工序交接和报检制度。

(3)采用了“技术量化承包”的管理模式，实现了成本节约目标，质量目标，职工收入目标的“三赢”。

(4)大力开展技术革新活动，提高施工质量与工作效率。计划安排具体到边角，工序负责具体到个人。

8 安全措施

8.1 危险源

(1)发电机

(2)电焊机

(3)钢筋笼吊装

(4)冬季防火

8.2 安全保证措施

(1)执行《水利水电工程安全技术规范》《中华人民共和国道路交通安全管理规范手册》等国家标准及相关要求。

(2)制定详细的交通分流和施工车辆行驶方案。

(3)过江冰桥设示宽标志、有专职安全员看守。

(4)施工现场设有警示灯、牌、标语及有电危险标志。

(5)施工现场临时用电严格遵守《施工现场临时用电安全技术规范》的有关规定执行，室内配电柜，配电箱前要有绝缘垫，并安装漏电保护装置。

(6)对参与施工人员应穿戴好劳动保护用品。

9 环保及资源节约

(1)执行《建设项目环境保护条例》《建设项目环境保护管理办法》《水利水电环境保护设计规范》及当地有关部门的要求。

(2)选择的加工厂应远离居民及村镇，无法避开应选择在村镇主风向下方。

(3)发电机等设备噪声，应符合当地环保部门要求，不符合者应采取措施。

(4)废弃的混合料、燃油、废水等应指定地点废弃，以减少对环境、农田的污染。

10 效益分析

(1)古城岛位于黑龙江省大兴安岭地区兴安镇东北约 4 km 的黑龙江中，总面积 15 km^2，为黑龙江第二大岛，与雅克萨城(阿尔巴金诺)隔江相望，岛上有古城遗址，故称此岛为“古城岛”。原为额木尔乡古城村及乡政府驻地，人口 200 多。1961 年额木尔公社机关从岛上迁至兴安村。因黑龙江水患，古城村于 1985 年被黑龙江春汛冲毁后，全村居民从岛上迁出，建立古城新村，由此可见春汛的破坏力，古城岛护岸整体完工之后，把古城岛防洪、防汛能力提高到 5 年一遇。能较好的保护古城岛上的耕地。

2013 年 4 月 27 日黑龙江漠河县兴安—古城岛江段开江兴安江段有大量冰排涌上沿岸 3 km 江畔，在古城岛锁坝工程前方，冰排更是形成了长 1 km、宽 70 m、最高叠峰约 5 m 冰坝。通过计算锁坝经承受水平力 1881.6(kN)，竖直力 5701.8(kN)，经过观察锁坝在冰排的撞击下未发生严重变形,有效的阻止冰排对河岸两侧的撞击。防止了内汊的继续扩大,有效的防止了国土的继续流失。

(2)锁坝采取冬季施工,消耗的主要物料是钢筋和块石,工时省,造价低,锁坝长 72 m,施工期31 天,同国内类似工程比符合环保节能及经济效益

(3)锁坝有效堵汊支流,防止汊道演变为主流引起大的河势变化。锁坝工程抗冰排撞击能力强,固床效果好,施工相对简单,在国土防护中应加以改善并广泛应用。

11 应用实例

漠河县黑龙江干流古城岛护岸工程第一标段

漠河县黑龙江干流古城岛护岸工程第三标段

本工法的应用中,施工质量达到优良,工程安全无事故,受到业主、监理单位的一致好评。

(主要完成人:梁革新 陈振宙)

冲切成槽建造薄壁混凝土防渗墙

湖北大禹水利水电建设有限责任公司

1 前言

混凝土防渗墙是水利水电建设中较普遍采用的一种地下连续墙,是透水体防渗处理的一种有效措施。混凝土防渗墙或地下连续墙除在水工建设中用于防渗加固外,还广泛应用于民用建筑、城市公共设施建筑、交通和矿山基础建设中,并起到挡土和承重作用等。

混凝土防渗墙技术在1958年引用我国,首先在水坝地基防渗处理中应用。经过几十年的实践、发展,已广泛运用于各个建筑工程领域。在水利水电工程系统混凝土防渗墙施工技术运用的范围从围堰基础、土石坝坝体及坝基防渗处理,到病险水库的防渗加固,已成为垂直防渗的主要形式之一。半个世纪来,尤其是改革开放以来通过大量的工程实践和科学实验,防渗墙施工设备、施工方法不断改进,施工效率不断提高,施工能力不断扩大,发挥了巨大的经济效益和社会效益。

混凝土防渗墙的墙厚一般为0.6~1.0 m。根据江河堤防和中、小型水利工程的特点;则要求采用薄壁混凝土防渗墙,其墙厚为20~40 cm。而现有的机械设备和施工方法都无法完成。

冲切成槽工法,主要是在原冲击钻成槽的基础上,将原冲击圆钻头、十字钻头改为扁钻头,并改进施工工艺,极大的提高了工效、缩短了成槽时间,提高了造槽质量,成功的建造了薄壁混凝土防渗墙。

本工法曾在湖北省漳河水库副坝防渗墙工程中试验成功,后在武汉市新洲区橡胶坝、湖北省京山县余家河等10余座水利工程推广运用。2001年荣获湖北省经贸委、省科协等五家单位联合授予本工法为“先进操作法”。2004年全国总工会授予本工法主要完成人李长华为“全国职工创新能手”称号。

2 工法特点

(1)造槽。采用冲击钻机悬吊提升扁形钻头,靠钻头自重下落,往复冲击,将土层、砂砾石层或岩层破碎成槽孔。冲击过程中,依靠泥浆系统及时将槽孔内的碎渣或岩屑携带出槽孔,完成冲切成槽。扁钻头宽2.0 m,每个单孔长即2.0 m,若一个单槽采用三钻,则单槽长6.0 m。薄壁防渗墙墙厚一般为2~4 m,则采用相应厚度的钻头作业。

(2)混凝土浇筑。本工法防渗墙混凝土浇筑与常规防渗墙施工相同。采用泥浆下直升导管法进行浇筑,导管直径与墙厚匹配。造槽和混凝土浇筑时,均分槽段进行。墙段连接采用接头管法或钻凿法。

3 适用范围

(1)墙厚。本工法适用于薄壁混凝土防渗墙造槽施工,墙厚20~40 cm,若墙厚超过40 cm则采用其他施工方法。

(2)地层。本工法冲切成槽适用于土层、砂层、砂砾石或砂卵石、非坚硬岩石。因此,地层适用性广。

4 工艺原理

(1)冲切成槽。利用冲击钻的原理,配用扁钻头对地层进行冲击成槽。钻头宽2.0 m,单孔一次成槽宽2.0 m。每个单槽长一般为6.0 m,即三孔成槽。

冲切成槽的主要施工机械为ZN－CJ型冲击钻机,最大提升能力为5 t,冲程可人工调节。对于不同地层可采用不同冲击行程和冲击频率,软基采用小冲程,砂卵石层、岩基则采用大冲程。钻头重2.5～3.0 t,由于钻头底部两侧镶焊有钢轨爪齿,断面积小,破碎土石的压强大,冲击成孔效率高。

(2)泥浆循环系统。本工法建造混凝土防渗墙施工过程均采用泥浆固壁。泥浆系统包括搅浆系统、沉淀池、储浆池和泥浆回收及处理。施工中,采用正循环和反循环两套系统。冲击钻进时,采用正循环泥浆泵及时将槽孔内泥渣冲排出槽孔,当槽孔内泥渣较多或清孔时则采用气举反循环作业,确保槽底沉积厚度符合规范标准。气举反循环采用2.6～3.0 m^3/min的空压机提供压缩空气,主管为ϕ108 mm套管,出浆管接塑胶软管,抽排出的泥渣进入沉淀池。

(3)混凝土浇筑。本工法进行墙体混凝土浇筑时,采用常规防渗墙混凝土浇筑的方法。单槽浇筑时,在槽段下入导管,采用直升导管法在泥浆下进行浇筑,自下而上置换槽孔内的泥浆,在浆柱压力的作用下自行密实,不用振捣。

(4)墙段连接。墙段连接采用接头管法,接头管的直径与墙厚适应,即略小于墙墙厚。接头管为钢管,随着浇筑的进展,采用16t的汽车吊逐渐从槽孔或墙体内拔出。一期槽浇筑时,即槽段两端下入接头管。浇筑过程中和浇筑后将接头管拔出,而在墙体两端形成接头孔,其与二期墙段为圆弧连接,延长了渗径,保证了防渗墙连续完整性。

5 施工工艺流程及操作要点

5.1 施工工艺流程

冲切成槽建造薄壁混凝土防渗墙的施工工艺流程为:施工准备—测量放线—修建导墙和施工平台—制浆—分段造槽—清孔和验槽—单槽混凝土浇筑——期槽浇筑时下设接头管—二期槽造槽和混凝土浇筑。

5.2 操作要点

(1)准确划分槽段。若单槽长定为6.0 m,则宜在每个单槽分界点设定明显的标志,便于检查。

(2)保持槽孔垂直。规范要求,槽孔的垂直度应达到4‰。检查孔斜率时,一般采用钢丝绳检测,即根据钢丝绳在槽口的位置,利用相似三角形的原理计算孔斜率。

(3)防止钻头旋转,安装钻头提升钢丝绳时,控制好固定装置和钢丝绳的方向,防止钻进时钻头旋转。

(4)及时清孔。钻进过程,泥浆管随钻头下入槽孔内,钻孔时启动泥浆泵,通过泥浆正循环将钻渣及时排除出槽孔外,槽孔终孔后及时清孔。清孔标准为槽底沉积物厚度不超过10 cm。清孔合格后应在4 h以内开始进行混凝土浇筑。

(5)控制导管的间距和埋深。规范规定,进行混凝土浇筑时,单槽内两根导管的间距不得大于4.0 m,导管与槽端距离为1.0～1.5 m。导管下至槽底后,再上提15～25 cm。浇筑时,导管在混凝土内的埋深为1.0～6.0 m,即不得小于1.0 m,不宜大于6.0 m。混凝土面上升的速度不应小于2.0 m/h。

(6)墙段连接。①宜采用接头管法,接头管的直径应与墙厚相匹备,或略小于墙厚。浇筑之前,在一期槽两端下设连头管。浇筑过程,根据混凝土的凝固时间逐渐将接头管拔出。接头管起拔过程要避免槽孔内坍塌,一旦发现有塌孔迹象时,应暂定起拔。②二期槽成槽浇筑前,采用钢丝刷钻头,对接头孔进行刷洗,其标准为刷子钻头基本不带泥屑,孔底淤积不再增加。

6 材料与设备

冲切成槽建造混凝土防渗墙施工主要材料与设备见表1。

表1 冲切成槽建造混凝二防渗墙施工主要材料与设备表

序号	材料或设备名称	规格型号	单位	数量	备注
一	造槽和泥浆部分				
1	冲击钻机	ZN-CJ	台	1	数量依工程量而定
2	冲切钻头	宽2 m	个	1	数量依工程量而定
3	泥浆泵	3PN	台	2	
4	抽水机	3B33	台	2	
5	空压机	3 m^3/min	台	1	配输气胶管
6	气举反循环器		套	1	
7	套管	ϕ108 mm	m		数量依槽深而定
8	塑胶软管	ϕ110 mm	m		数量依沉浆池距离而定
9	黏土或膨胀土		T		制泥浆用,数量依工程量而定
10	比重秤		台	1	检测泥浆用
二	混凝土浇筑部分				
10	混凝土搅拌机	JS500	台	2	
11	装载机	ZL40型	台	1	
12	混凝土输送泵	HB60	台	1	
13	导管		m		
14	汽车吊	16t	台	1	
15	坍落度筒		套	1	
16	水泥、砂、碎石				数量依据混凝土量而定

7 质量控制

7.1 按规范施工

混凝土防渗墙工程施工应严格执行《水电水利工程混凝土防渗墙施工规范》(DL/T 5199—2004),确保工程质量。

7.2 按设计要求施工

防渗墙工程应按设计要求施工,如防渗墙部位、墙厚、嵌岩要求、墙体混凝土性能指标等均应满足设计要求,保证工程质量。

7.3 严格执行“三检制”

冲切成槽建造混凝土防渗墙施工时,为保证施工质量,应严格执行“三检制”,加强每道工序的检查和验收。上道工序未经检查或检查不合格,不得进行下道工序施工。施工中,应按施工和质量检查程序,及时进行工序验收和单元工程、分部工程质量评定,保证每道工序和整个工程的施工质量。

7.4 搞好施工过程控制

防渗墙属于隐蔽工程，其施工质量不易直观，搞好施工过程控制显得尤其重要。防渗墙的施工过程控制主要包括搞好施工记录，健全和完善工序检查制度，严格执行“三检制”等。

7.5 质量检查项目和内容

(1)工序质量检查包括终孔、清孔、接头处理及接头管安拔，混凝土拌制与浇筑等检查

(2)槽孔终孔质量检查与验收：①孔位、孔深、孔斜与槽宽；②槽底岩性鉴定；③接头连接。

(3)浇筑前槽孔的清孔质量检查与验收：①孔内泥浆性能指标；②孔底淤积厚度；③接头孔壁刷洗质量。

(4)混凝土浇筑质量的检查与接收：①导管间距；②浇筑混凝土面的上升速度和导管埋深；③混凝土的浇筑高程；④混凝土原材料检验；⑤混凝土出机口和现场取样的物理力学性能检验。

(5)质量检查试件数量：抗压强度试件每 100 m^3 成型一组，每个墙段至少成型一组；抗渗性能试件每 3 个墙段成型一组；弹性模量试件每 10 个墙段成型一组。

(6)墙体质量检查与验收：一般以在成墙 28 d 后钻进检查孔为主。检查孔布置在墙体施工薄弱部位，并有 1 ~ 2 个骑缝孔。检查孔要求取芯样，观察芯样的密实程度和夹泥情况，并送实验室进行检测。检查孔应分段进行注水或压水试验。

7.6 主要质量控制点

(1)基岩面鉴定及嵌入岩深度：要求岩面深度鉴定准确，嵌入岩深度符合设计要求。

(2)墙段连接：采用接头管施工时，墙端接头孔应认真洗刷，达到刷子上基本不带泥屑、孔底淤积不再增加。

(3)孔底淤积厚度：清洗换浆完成 1 h 后，孔底淤积厚度不大于 10 cm。

8 安全措施

冲切成槽建造混凝土防渗墙工程施工，主要为野外工地机械作业，施工内容主要包括造槽、混凝土搅拌和浇筑等三部分，每部分均有不同的特点和安全措施内容。

8.1 冲切成槽安全措施

(1)保证冲击钻机性能良好，能正常运转，施工中不出安全故障；

(2)钻机卷扬机的闸把和刹车装置系统运转正常，操作中不能出现失控现象；

(3)钻机塔架安装正确，紧固件性能良好，施工中不能出现松脱和倒塌事故；

(4)经常和定期检查钢丝绳，若发现有毛刺或断股现象，应立即更换钢丝绳，以防钢丝绳崩断砸伤人；

(5)经常和定期检查钻头和钢丝绳连接是否牢靠，若发现有松动和损坏，应及时处理；

(6)上、下钻头时，应集中注意力，相互配合，并注视钻头状态，防止钻头倾倒砸伤人；

(7)采用气举反循环捞渣和清孔时，由专人掌握和控制出浆管，防止泥浆损伤人。

8.2 混凝土搅拌安全措施

(1)所有电器设备均有接地装置，防止漏电伤人；

(2)混凝土搅拌机性能良好，运转正常，不出或少出机械安全故障。

(3)混凝土搅拌机进料口设防护网，以防操作人员掉入进料斗；

(4)装载机行走和作业时，注意安全，严防伤击人身；

(5)装载机卸料时，对准料仓、轻放慢卸，以免损坏其他设施和伤害人员；

(6)搅拌机运转时，严禁人体或手进入搅拌机内部，以防伤害人体。

8.3 混凝土浇筑安全措施

(1)汽车吊安装平稳，能适应正常起吊作业，保证起吊时不倒翻，不失控；

(2)上、下导管时,有专人指挥起吊,防止起吊时误伤人;

(3)安装导管时,按要求上好所有丝扣,防止上、下导管和施工中导管丝扣脱落;

(4)分节上、下导管时,及时在槽口用井型架卡好,以防导管失控伤人。

9 环保与资源节约

本工法施工的环保重点是废水,废浆的有序排放,减少对道路和施工场地的污染。施工时,应修建施工平台和排浆沟,用水管及时将施工平台的废浆和泥渣冲洗干净,废水废浆通过排浆沟流入沉淀池。废浆经沉淀后可回收利用,沉积的泥沙、岩渣用挖掘机挖出,采用自卸汽车运至指定的弃渣场地

施工时,造槽和混凝土浇筑基本上是错开或轮流施工,暂时未施工的机械,应拉闸停止运转以节约能源混凝土搅拌时,混凝土拌制的数量应根据实际工程量而定,防止多拌或超拌,以节约资源。

10 效益分析

本工法与其他工法相比具有以下主要优点

(1)施工效率高、工期短、成本低;例如,墙厚25 cm的防渗墙采用ϕ250 mm的冲击钻头造孔,一个6m长的槽段要钻打24个孔,还要打小墙和进行全槽清孔,而采用扁钻头2 m宽,只要钻打3个扁形孔,造槽工效大大提高。

(2)冲切成墙钻机结构简单,操作和维修方便,机械设备购量和维修费用低

(3)本工法主要适用于薄壁混凝土防渗墙,墙厚为20~40 cm,而常规混凝土防渗墙厚为60~100 cm。相比之下,本工法建造防渗墙,造槽费用低、混凝土方量少,整个工程建设成本较低

(4)本工法造槽适用于软硬各种地层,施工中只需采用本工法的一种钻机即可完成。而采用其他工法施工,则要2种或几种机械配合,施工投入和施工成本较高。

11 应用实例

11.1 漳河水库副坝混凝土防渗墙工程

(1)漳河水库为大(1)型水库,坝坝长8.14 km,坝型为均质土质,最大坝高15.7 m。坝基岩石为泥质或钙质胶结的粉细砂岩,胶结较差,并存在生物孔洞,使基础渗漏加剧。

(2)为了解决副坝基础渗漏问题,1987年曾实地进行高压喷射灌浆试验,试图在坝基构筑截渗墙。因坝基粉细砂岩有一点的强度,高压喷射灌浆不能将其冲开,无法形成防渗板墙。试验结果防渗效果较差。2000年正式施工时,有的施工单位曾采用射水成槽工法,因无法嵌岩(设计要求嵌岩10 m),也宣告失败。后又改用CZ-22型冲击钻机造槽,也因冲程偏小,冲切能力有限,效果不理想,被迫放弃此工法。

(3)1999年12月至2000年2月在副坝采用冲切成墙建造混凝土防渗墙工法进行实地试验。试验结果表明,本工法先进可靠,对地层的适用性强,被上级主管部门和设计单位选为副坝防渗处理的正式方案。

(4)本期工程分布在两处,共完成防渗墙长630 m,成墙面积13 539.38 m^2。其中桩号5+400~5+700,轴线长300 m,成墙面积7111.32 m^2,桩号7+050~7+380,轴线长330 m,成墙面积6 428.06 m^2。本期工程于2000年3月10日正式开工,2001年元月1日完成现场施工,总工期为10个月。施工时,投入4台套冲切成槽钻机和相应的泥浆及混凝土系统。

(5)设计要求防渗墙穿过红砂岩层,深入粘土岩1.0 m。一般深入红砂石10 m,最深达14.70 m。成墙后,布置3个检查孔,分段进行压水试验,透水率很小,$q=1.0$ Lu,说明墙体防渗性能良好。

混凝土浇筑过程,按要求共取样124组,经室内检测其抗压强度$R_{28}=8.9\sim17.2$ MPa,渗透系

数 $K=(1.8\sim8.64)\times10^{-8}$ cm/s。试块检测指标全部满足设计要求。坝后渗透量减少明显,防渗效果显著。

(6)漳河水库副坝防渗墙工程采用冲切成墙新工法施工成功,施工效果良好,后被上级主管部门同意推广运用。

11.2 武汉市新洲区城关橡胶坝防渗墙工程

(1)本橡胶坝位于举水河上,防渗墙左段桩号 0+00~0+50 区段,深度 0~4 m 为淤泥层,4.0 m 以下为砂层;桩号 0+50~0+240 m 区段,深度 0~4 m 为砂层,4 m 以下为淤泥层;桩号 0+240~0+252.2区段,深度 0~2.8 m 为砂层,2.8 m 以下为淤泥层。采用本工法施工时,槽孔塌孔严重,有的墙段有缩孔现象,因此采用优质膨润土泥浆护壁,反复冲切,完成了造槽任务。

(2)本工程施工于2000年12月6日开始,2001年1月4日完工,历时28天,完成墙厚30 cm,成墙面积2 187.57 m^2 的混凝土防渗墙工程,为整个工程施工争取了时间。施工中投入2台套冲击钻,平均每天完成防渗墙 78.13 m^2。

(3)本工程施工中,单槽长 4.0~7.2 m。槽深 7.0~12.0 m,导管内径 ϕ 220 mm。扁钻头宽 2.0 m,高 2.5 m,厚 0.3 m,重 2.0 t。

11.3 京山县余家河水库混凝土防渗墙工程

(1)余家河水库为位于湖北省京山县境内的一座中型水库,大坝为粘土心墙坝,坝顶长 412 m,最大坝高 30.7 m。枢纽工程于1965年开工,1972年5月完工。由于历史原因,坝体填筑较差,坝体心墙渗透严重。1980年前后曾采用冲抓套井回填对心墙进行处理,处理深度为20.0 m。套井回填粘土后,深度 20.0 m 渗漏有所减少,但坝体深度 20.0 m 以下和两坝肩渗漏仍然严重。2009年11月至2010年10月进行了除险加固处理

(2)本工程大坝防渗加固方案为沿心墙设置混凝土防渗墙、坝肩为帷幕灌浆。混凝土防渗墙墙厚40 m。施工时心墙中段长240 m,槽长6 m;心墙两端深度小于4 m 的坝段采用人工开挖和回填混凝土;其他坝段的槽长为 8 m 左右。其完成防渗墙混凝土 2 739.12 m^3,折合成墙面积为 6 847.8 m^2。

(3)本工期防渗墙采用冲切成槽建造混凝土防渗墙法施工。墙厚40 cm,冲切扁钻头厚度加工成略小于40 cm。钻头宽 2.0 m,高 3.0 m。本工程共投入3台 ZN-CJ 型冲击钻。造槽时,采取三冲法,先施工 1、3 号单孔,再施工 2 号单孔,最后用冲击钻头清理全槽完成单槽段造孔。坝基岩石为砂岩,设计要求槽底嵌入基岩 1.0 m。本工程冲切成槽建造混凝土防渗墙工程施工,其施工程序、泥浆护壁和混凝土拌制及浇筑均与常规施工相同。

本工程防渗墙混凝土设计技术指标为抗压强度 $R_{28}\geqslant7.0$ MPa、弹性模量 $E\geqslant12\ 000$ MPa、渗透系数 $K\leqslant i\times10^{-8}$ cm/s。防渗墙混凝土配合比:每 m^3 用量为水泥300 kg、砂785 kg、碎石945 kg、外加剂 1.2 kg、水180 kg。

(4)质量评定和效果分析。①防渗墙施工时,试块检测结果:$R_{28}=7.1\sim8.3$ MPa、$K=(6.7\sim1.1)\times10^{-8}$ cm/s、$E=12\ 300\sim15\ 300$ MPa,全部满足设计要求。②防渗墙检查孔芯样检测结果:$R_{28}=7.5\sim8.3$ MPa、$K=(1.30\sim1.38)\times10^{-8}$ cm/s、$E=14\ 900\sim15\ 300$ MPa。③防渗墙3个检查孔现场注水试验结果:孔深 0.5~29.2 m,$K=(3.2\sim7.8)\times10^{-8}$ cm/s。④防渗墙工程完成,大坝背水坡原浸水和湿润部分已全部消失,坝下渗漏量减少95%以上。经质量评定和验收,渗透效果显著,工程施工质量合格。

11.4 其他防渗墙工程

其他防渗墙指标统计见表2。

表2　已完成冲切成槽混凝土防渗墙工程统计表

序号	工程名称	工程规模	墙厚（cm）	成墙面积（m^2）	完成日期	备注
1	漳河水库副坝	大(1)型水库,副坝为均质土坝,最高15.7 m,墙底深入红砂岩10 m	25	13 539	2001.1	
2	武汉市新洲区城关橡胶地	防渗墙全长252.2 m,地层为砂层和淤泥层	30	2 188	2001.1	
3	樊口大闸	大闸位于长江中游鄂州市,排水量1 050 m^3/s,基岩为石英砂岩	30	1 156	2001.3	
4	应城市黑石咀水库	中型水库,坝高38.8 m,墙底嵌入片麻岩1 m	30	4 000	2002.9	
5	红安县金沙河水库	大(2)型水库,防渗墙深35 m,墙底嵌入片麻岩5 m	30	7 000	2003.2	
6	英山县张家咀水库	大(2)型水库,坝高72 m,坝后截渗墙为砂卵石层	40	1 900	2003.12	
7	兴山县新县城橡胶坝	防渗墙位于河滩砂卵石层内	30	1 940	2004.4	
8	武汉市黄陂区三姑井水库	中型水库,坝长1 037 m,墙底嵌岩1 m	30	2 736	2004.12	
9	蕲春县大同水库副坝	大(2)型水库,副坝防渗墙嵌入花岗岩1 m	30	2 140	2004.12	
10	钟祥市陈坡水库	中型水库,长950 m,坝基为砂卵石层	30	7 448	2006.11	
11	京山县余家河水库	中型水库,防渗墙嵌入坝基灰岩1 m	40	6 848	2010.6	
12	通城县左港水库	中型水库,防渗墙嵌入片麻岩1 m	30	3 850	2010.11	

（主要完成人:李长华　聂小红　郭祥初　王亚莉　何龙兵）

强透水地层可控挤入复合膏浆防渗灌浆工法

湖南宏禹水利水电岩土工程有限公司

1 前言

针对砂砾石、碎块石、漂卵石、岩溶洞穴、堆积块碎石和强风化等强透水性地基的防渗加固处理，已有的高压喷射灌浆法、防渗墙法、常规帷幕灌浆法等通常存在造价高、施工难度大、工期长等致命弱点，为了降低工程造价、加快建设速度，使工程朝着低碳、节能、环保方向发展，我公司在可控挤入灌浆原理的基础上，利用最新开发的设备和材料，开发了可控挤入复合膏浆防渗灌浆技术。

本工法已经应用于南水北调中线一期工程总干渠鹤壁 III 标砂卵石段基础处理（桩号 171 + 000 ~ 173 + 000）工程，江西省宜丰县铜铅锌矿主井、副井、回风井岩溶帷幕灌浆工程等。实践表明：该技术对于强透水性地基防渗处理，具有施工成本低、工艺简便、过程易控、环保节能等优点。本工法关键技术已申请国家发明专利，申请专利号为：201210172437.4；本工法所采用的关键设备已获国家实用新型专利，专利名称为一种高稠度膏浆泵泵头结构，专利号：201120419489.8。

2 工法特点

（1）采用可控挤入复合膏浆防渗灌浆技术对松散强透水地层进行防渗灌浆处理，能快速形成较为完整的防渗帷幕体，其渗透系数小于 10^{-5} cm/s，具有见效快、可靠、经济等优势。

（2）采用可控挤入复合膏浆防渗灌浆技术进行灌浆时，工艺简便、过程易控、工程质量能得到可靠保证。

（3）可控挤入复合膏浆防渗灌浆技术施工深度已达到 80 m 以上。

（4）可控挤入复合膏浆防渗灌浆采用的灌浆浆材为粘土复合膏浆，原材料来源广泛，成本低；具有良好的水下抗分散性、抗冲蚀稀释性能；

（5）浆液在混合后早期塑性强度上升快，15 分钟到 2 小时内处于膏状，灌浆时具有足够的灌浆实施时间。

3 适用范围

本工法适用于松散软弱强透水地层的防渗、加固处理。如第四系人工堆积的块、碎石，冲洪积砂层、砾石层、卵石层、漂卵石层，岩溶洞穴堆积，强风化以上破碎岩体，断层破碎带、裂隙密集带等散体结构，孔隙度大，连通性好、透水性强烈地层的防渗加固处理。

4 工艺原理及优点

可控挤入复合膏浆防渗灌浆技术是一种可控制性灌浆技术。通过一次性成孔、自下而上分段、高压、限量灌浆，形成竖直方向上的阻水幕体。

以粘土为主的膏状浆液，浆液流动度（用圆盘法所测得，参照规范 GB/T8077）控制在 80 ~ 130 mm 之间，采用高压力、大流量的膏浆泵，在钻孔内逐段高压挤入粘土复合膏浆。利用浆液自身较大的内摩擦阻力与灌浆压力平衡的特性，通过控制灌浆压力实现灌入量可控；

本工法采用专门的灌浆工艺、材料，对于强透水地层防渗、加固具有如下优势：

（1）可以根据地层的可灌性，随时调整浆液的流动度和工艺参数，控制灌入量和扩散半径。一般而言，对于砂层、砂砾石层或卵石层等可以调节浆液的流动度在100～130 mm，主要以挤入方式进行灌浆；对于土洞中的流塑、软塑状土时，可以调节浆液的流动度在60～80 mm，灌入量根据地层孔隙率大小可和工程重要性进行任意调整。

(2)灌浆工艺简单。在灌浆过程中，利用浆体自身内摩擦力阻挡后续浆体返浆，不需要专门封孔，攻克了松散地层栓塞难以止浆的难题；通过自下而上、分段提管灌浆、全孔一次灌注，使灌浆过程连续，同时能均匀形成竖直方向上的防渗固结体，同时对周边地层起到压密作用，使地层形成良好复合防渗幕体。

(3)材料价格成本低。粘土复合膏浆采用以粘土为主，粘土固化剂、速凝剂及少量的增稠剂。粘土可就地取材，节能环保。粘土复合膏浆相对于水泥浆体或其他浆体，在相同的结石体体积下，成本降低30%以上；渗透系数更低，耐久性更好。

5　施工工艺及控制要点

5.1　施工工艺流程

帷幕灌浆施工总程序：施工准备→钻孔放样→水位观测孔→抽水试验孔→帷幕先导孔施工→单排Ⅰ、Ⅱ序孔施工→帷幕质量检查→资料整理→单元工程质量评定。

单孔施工工艺流程如下图1。

5.2　操作要点

5.2.1　钻孔及灌浆管下入

(1)先导孔施工。按照每20～40 m布置1个先导孔，进行全孔取芯和注水试验，注水试验采用常水头方法，确定该段的帷幕灌浆上、下限和查明砂砾石、残坡积层的渗漏情况。对先导孔所取得的岩心摆放整齐，并标明岩土名称，土样位置等详细信息，及时、准确地做好施工原始班报表记录工作和地层岩心编录工作。

(2)钻孔施工。钻机就位：钻机就位前进行施工场地平整，场地平整后钻机就位，孔位误差小于5 cm。

钻机水平校正：钻机就位安装后，进行钻机水平校正，确保钻孔的垂直，孔斜率小于1%。

(3)钻孔孔径：开孔直径为ϕ110 mm或130 mm。采用潜孔锤钻进成孔者，土层及砂卵石层终孔直径为不小于ϕ91 mm；采用地质钻机成孔者，土层及砂卵石层终孔直径为为不小于ϕ75 mm。

(4)埋设孔口管：在孔壁不稳定或有承压涌水的地段应埋设孔口管，埋设深度大于3 m，管径应大于终孔直径1～2个等级。

(5)钻孔深度：钻孔以深入相对不透水层0.5～1.0 m为原则进行布置。

(6)钻孔施工工艺：土层采用泥浆护壁钻进成孔，砂卵石层及残坡积层采用跟管钻进或泥浆护壁钻进成孔，基岩可采用清水或泥浆护壁钻进成孔。

(7)灌浆管设置：在钻孔结束，提出钻杆后，应该尽快下入注浆管，注浆管下入不少于设计孔深20 cm。

5.2.2　灌浆顺序

分排分序进行施工，先施工先导孔，后施工Ⅰ序孔，再施工Ⅱ序孔，帷幕灌浆孔完成14天后再施工检查孔。在有动水的情况下，原则上先灌迎水流方向的一排，后灌下一排；在多排布置时，最后灌中间排。

5.2.3　灌浆工艺参数

(1)在灌浆开始时，先灌注300～500 L稠浆，流动度控制在80 mm左右，填塞注浆管与钻孔之间的空隙，防止后续浆液往孔口返浆；后再灌浆流动度为100～120 mm的浆体

(2)灌浆压力：依据地层的深度、孔隙率及孔隙大小和浆液的流变性能，灌浆表压力一般控制

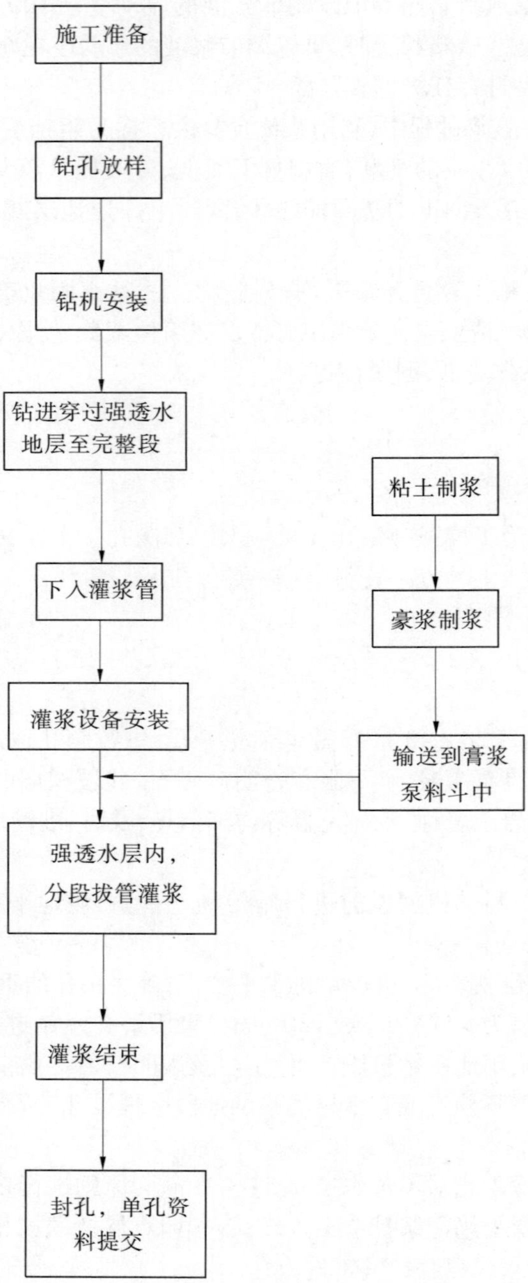

图1　单孔施工工艺流程图

在1.0～5.0 MPa范围内。

5.2.4　结束标准

(1)生产性试验确定。在项目总体施工之前,先应该进行生产性试验,以确定最佳工艺参数。一般情况下,依据灌入量进行结束控制。即达到预定注入量即可结束灌段,预定注入量 Q 是根据地层孔隙率 n、孔距 z 和段长 L 确定,按 $Q=k\pi nR^2\cdot L$ 公式估算,R 为孔距 z 的1/2,然后提升灌注上一段。一般而言,Ⅰ序孔最少灌入量不少于400 L/m,Ⅱ序孔不少于300 L/m,Ⅲ序孔不少于200 L/m。

强透水地层中砂砾石、砂卵石、漂卵石、人工堆积块碎石、洞穴堆积等天然孔隙率多在50%以上。不同的地层中颗粒大小、级配各不相同,孔隙之间连通性程度各异。注浆时,可灌性通常受连通性程度所制约。通常情况下,可灌孔隙率天然砂层按 20% ~30%、砂砾石 25% ~35%、砂卵石 30% ~40%、漂卵石 35% ~45%、人工堆积块碎石 50% ~70%、洞穴堆积 40% ~60% 初步确定。

(2)在地层情况复杂时,应分段设定压力上限。当注入量达到某一值时,注浆压力达到设定压力,即可停止该段注入,提升注浆管,进行下一段注浆。

一般情况下,在深度 5 ~20 m 时,进行可控挤入复合膏浆灌浆,可采用设计上限压力 1.0 ~1.5 MPa;在深度 20 ~50 m 施工时,采用设计上限压力 1.2 ~3.0 MPa;在深度 50 ~80 m 进行可控挤入灌浆时,采用设计上限压力 2.5 ~5.0 MPa;具体工程施工前须根据地层的可灌性、水头压力、工程重要性等条件进行试验确定。

5.2.5 特殊孔段处理

特殊孔段施工中如出现孔口冒浆、地表冒浆、大吸浆量时,分别采用以下方式进行解决。地表冒浆或孔口冒浆时可降低浆液的流动度或待凝 10 ~20 min 解决;遇大吸浆量段时,应降低浆液流动度,增大注浆量至设定注浆量的 2 ~3 倍,在达到设定注浆量和最小注浆压力时,即进行提升,灌注下一段。

5.2.6 封孔结束

按要求全孔灌段灌浆完成后,拔出灌浆管,用浓浆或粘土球封满孔内剩余的空间。当承压水头高出孔口的灌浆孔,封孔灌浆完成后,必须及时将孔口管加盖封闭,待浆体凝固后能抵抗承压水头顶托时,方能打开。

6 材料与设备

6.1 材料

6.1.1 主要原材料

(1)粘土。①塑性指数不宜小于 14;②粘粒(粒径小于 0.005 mm)含量不宜小于 35%;含砂量(0.05 ~0.25 mm)不宜大于 5%;有机物含量不大于 3%。③粘土配制浆液前,应进行粉碎、除砂、细分后,再入池进行浸泡溶胀后待用。

(2)粘土固化剂。市售土壤固化剂、水泥或对粘土浆固化能力强的产品。如采用市售的固化剂,在同等条件下,相对于采用水泥固化粘土,该类产品的价格应与水泥接近,但固化效果须达水泥固化强度的 2 倍左右。

(3)硫铝酸盐水泥。初凝时间不少于 10 min,终凝时间不大于 60 min。

(4)增稠剂。为使浆液能达到需要的流动度,需加入增稠剂。增稠剂主要有聚合氯化铝、纤维素、阳离子型聚丙烯酰胺、膨润土等。

(5)水。一般工业用水,灌浆用水水质符合水工混凝土拌制的要求。

6.1.2 制浆工艺

(1)粘土浆制备。将粘土送至 NTJ – I 型粘土复合制浆机中,制成粘土原浆,密度控制在 1.30 ~1.35 g/cm^3,并存放在浆池中备用,必要时加入微量抗粘土沉淀剂。

(2)粘土复合膏浆制备。将粘土浆抽到膏浆制浆机中,加入粘土固化剂搅拌三到五分钟,加入硫铝酸盐类水泥搅拌两分钟,最后加入增稠剂,进行搅拌均匀。

6.1.3 浆液性能

材料配比(质量比):粘土: 粘土固化剂: 硫铝酸盐水泥: 增稠剂: 水 =100:(10 ~50):(1 ~3):(0.01 ~0.05):(100 ~150)。

要求浆液在配制完成 10 分钟后,其流动度为 80 ~130 mm,浆液结石体无侧限抗压强度(28 天)为 0.8 ~3 MPa,抗渗系数小于 10^{-7} cm/s。

6.2 设备

设备指标见表1。

表1 设备指标

序号	项目	名称	规格型号	数量	备注
1	钻孔	钻机	HGY－200C	多台	
2	注入材料配制系统	粘土复合制浆机	NTJ－Ⅰ型	1台	
		膏浆制浆机	GJ	1台	
3	材料注入系统	膏浆泵	GMJB	1台	
		注入材料输送管	内直径不小于30 mm	300 m	含卡具
		橡胶软管	高压	2根	
		液压拔管装置	BY－30	1台	50吨
4	辅助	离心泵	D150－6	2台	
		灌浆自动记录仪	NW2005－Ⅳ	1台	灌浆计量
		截锥圆模	上36 mm,下60 mm	1个	
		千分表	最小感应0.001 mm	1个	
		试模	150×150×150 mm^3	10组	
		对讲机		6台	
		水箱	5t	1个	

7 质量控制

7.1 工程质量控制标准

防渗工程以施工检查孔注水试验或压水试验成果,并结合钻孔取心及其他方法测试成果综合进行评判。

(1)检查孔质量检查。帷幕灌浆结束后,进行钻孔质量检查,检查孔施工由承包人自检和监理工程师抽检,检查孔数不少于总孔数的5%,且每40 m至少应布置一个检查孔,钻孔获取岩芯了解浆液的挤入情况。

(2)注水试验检查。帷幕质量检查以检查孔注水试验成果为主,结合灌浆成果分析,进行综合评定;检查孔按设计及监理工程师要求进行。检查孔注水试验自上而下逐段进行,以3～5 m的孔段长控制,合格标准灌后渗透系数不大于1×10^{-5} cm/s。

所有检查孔至少应90%的孔段满足防渗标准要求,对于不满足防渗标准要求的孔段,其透水率不得超过规定值的一倍,且不集中。

(3)开挖检查。在条件允许的工程中,可在帷幕形成28天之后,进行开挖。渗水量采用三角堰进行测量,测量其总的渗水量是否满足要求。

(4)在投入运行后,对观测设施进行经常性的观测,并对资料进行整理分析,判断其防渗效果。

7.2 质量保证措施

(1)研究工程部位水文、工程地质条件:工程目的、要求确定后,必须详细研究工程所处部位的地质条件,地层的透水性能,发生涌、透水的途径。

(2)进行全面的防渗灌浆设计:防渗灌浆设计必须建立在充分掌握工程所处部位的水文、工程地质条件的基础上,结合工程要求,确定具体的施工方法、工艺参数。如:帷幕排数、孔、排距、灌浆方法、工艺参数、技术要求等。

(3)配制防渗性能良好的可控粘土复合膏浆:通过试验确定粘土复合膏浆配比,再结合工程对象的具体情况,进行现场生产性试验,调整各种材料添加比例,进一步优化浆液配比,达到浆液灌注性能可靠,封堵效果良好,扩散范围可控的要求。

(4)选择可靠经济的设备配置:成孔设备根据地层条件、场地情况、灌浆孔深度、工程量与工期要求选择钻机类型、型号与数量;灌浆设备须选择高压力、大流量的双缸往复式膏浆泵,泵上带有自推进浆体结构;制浆设备依据浆液类型、场地条件、工程量与工期要求选择制浆站类型与数量;使之满足工程、工期、特有技术要求的需要。

(5)不断总结经验,提升灌浆技术水平:由于灌浆工程的隐蔽性,灌浆效果通常由灌浆前后漏水量或渗透系数(透水率)的改变进行评价。施工过程中必须详细收集分析各孔段、序次及特殊情况等相关资料,掌握地层透水性、注入量变化情况,不断发现和改进灌浆工艺,提升灌浆技术水平。

8 安全措施

(1)坚持“安全第一,预防为主,综合治理”方针,认真贯切国家及地方有关安全生产法规、法令与规定。

(2)建立以项目经理为首的安全保证体系,全面负责施工安全工作。

(3)制订完善的安全生产规章制度,制定施工期间年度安全施工总目标。严格按国家颁发的安全法令、法规和安全生产技术规程和合同中有关安全生产的规定施工。

(4)项目部对安全施工做到奖惩严明,安全与经济挂钩,对安全生产有贡献的班组和个人给予奖励,对造成安全事故的施工队、班组和个人给予经济处罚。将安全施工情况与月、季、年奖挂钩。严格执行安全检查制度,并坚持经常检查和定期检查相结合,普遍检查与重点检查相结合。查出事故隐患,并及时采取相应的控制措施。

(5)按时发给现场施工人员安全帽、水鞋、雨衣、手电筒、电池、安全带、手套等必须的劳动保护用品,并发给特殊工种作业人员的劳动保护津贴和营养补助。

(6)制订严格的劳动纪录,进入施工现场,必须戴安全帽,从事高空作业时系安全带、必要时挂安全网、搭设安全平台、严禁在无任何安全措施的情况下上、下交叉作业,严禁穿拖鞋和打赤脚施工。

(7)制定施工机械、车辆操作人员、驾驶员安全管理细则,确保机械、车辆、操作员、驾驶员的作业安全。

(8)认真做好施工区域内及附近的社会治安、保卫、消防、防汛工作,自觉接受当地有关职能部门的监督与管理。

(9)做好施工机械设备的安全保养及防护,对机械设备每周检查一次,每月一次机械保养,严禁带故障运行;施工机械设备操作人员必须为经过专门培训并取得相应证书方可上机;

(10)加强交通安全和对周围行人的保护,在布置的临建设施附近显要位置设置安全标语和安全警示牌。

(11)按规定架设供电线路,施工场内供电线路一律使用电缆,并不得与行车、现场施工发生干扰,以防发生触电事故。各种电气、设备线路、开关箱安装后要验收合格才可启用,所有用电设备做好接零保护,传动部分设安全防护罩,施工过程中经常对用电设备进行安全检查测试。线路维护要专人负责,严禁非电工操作用电设备。

(12)因灌浆压力高,在灌浆过程中,所有人须站在安全距离以内;在制浆过程中,做好相应的围挡措施。

9 环保与资源节约

(1)砌筑专门的饮用水水池并进行密封,以防饮用水被污染。

(2)施工区域内的废水在进行沉淀、过滤净化后再排入指定地点;要求施工人员收集施工中和修理机械时产生的废油,并将收集的废油送到指定地点进行处理。

(3)保持施工区和生活区的环境卫生整洁,在施工区和生活区内分别设置男、女厕所,男、女浴室和更衣室等临时卫生设施,并每天由清洁工打扫卫生。化粪池内的粪便定期清理,并运送到指定地点。施工区和生活区内产生的垃圾,运送到监理工程师指定的地点掩埋或焚烧处理。

(4)施工过程中产生的废渣、废浆,及时运送到监理工程师指定的地点进行处理。

(5)在完工后的规定期限内,拆除施工临时设施,清除施工区和生活区及其附近的施工废弃物,并按监理工程师批准的环境保护措施计划完成环境恢复。

(6)材料进场和当日未用完料的回收堆放,由材料组指定地点并做到合理整齐。

(7)机械要经常保养、清洁,按平面布置设计的位置停放,每日收工停放由保卫组指挥,做到有序整齐。

(8)施工现场道路形成后,由专人负责管理,努力保持道路平整、畅通,并经常巡查,发现有积水,及时排除。

(9)施工现场做到工完料净,日作日清,垃圾及时清运到指定地点堆放,严禁乱堆放。

(10)在粘土复合膏浆中,采用粘土代替大量的水泥,这就是节约能源,减少温室气体排放。

10 效益分析

以南水北调中线一期工程总干渠施工阶段鹤壁 III 标砂卵石段基础处理(桩号 171 + 000 ~ 173 + 000)工程为例:

依据鹤壁第Ⅲ标段地勘资料和施工阶段地质复核情况,桩号 IV171 + 160 ~ IV172 + 896 范围有连续卵石及胶结体层,渗透系数大,施工期实测水位较预测多年平均水位上升 3.58 m ~ 5.634 m,高出渠道底板高程 4 ~ 4.6 m,设计变更处理范围为桩号 IV171 + 160 ~ IV172 + 896 渠道,设计长度为 1 736 m。

采用多种处理方案,在经济上进行了对比结果如下:

混凝土截渗墙方案:在渠道两侧一级马道▽ 97.5 m 平台各布置一道混凝土截渗墙。截渗墙厚度 0.6 m,墙顶深入覆盖层 1.0 m,底部深入粘土岩(泥灰岩)0.5 m,截渗墙墙体材料采用 C20 混凝土。截渗墙成槽面积 26 118 m^2,成墙面积 19 218 m^2,工程造价预算 2 618 万元。

高压旋喷防渗幕墙方案:根据区域内地层情况和地下水位情况,高压旋喷防渗幕墙同样布置在渠道两侧一级马道▽ 97.5 m 平台上。双排布孔,呈梅花型错开,孔间距为 1.6 m,排距 0.5m。旋喷深度从覆盖层内 1.0 m 至粘土岩(泥灰岩)0.5 m,最大施工深度 22 m。平均深度超过 13 m,灌浆深度为 2.5 – 13 m。钻旋喷灌浆 2875 孔,钻孔进尺 33 062 延米,灌浆 24 438 延米,工程造价预算 2 294 万元。

可控挤入灌浆防渗堵漏技术方案:根据区域内地层情况和地下水位情况,可控挤入双液灌浆帷幕布置在渠道两侧一级马道▽ 97.5 m 平台上。双排布孔,呈梅花型错开,孔间距为 2.5 m,排距 1.0 m。灌浆深度从覆盖层内 1.0 m 至粘土岩(泥灰岩)0.5 m,最大施工深度 22 m。平均深度超过 13 m,灌浆范围为 2.5 – 13 m。钻帷幕灌浆 1940 孔,钻孔进尺 21 642 延米,灌浆 16 490 延米,工程造价预算 1 769 万元。

可控挤入复合膏浆帷幕方案:根据区域内地层情况和地下水位情况,可控膏浆灌浆帷幕布置在渠道两侧一级马道▽ 97.5 m 平台上。双排布孔,呈梅花型错开,孔间距为 2.5 m,排距 1.0m。灌浆深度从覆盖层内 1.0m 至粘土岩(泥灰岩)0.5 m,最大施工深度 22 m。平均深度超过 13 m,灌浆范围为 2.5 ~ 13 m。钻帷幕灌浆 1 940 孔,钻孔进尺 21 642 延米,灌浆 16 490 延米,工程造价预算 1 508 万元。

采用可控挤入复合膏浆灌浆技术,节省工程成本 17% 以上;大幅度减少水泥用量,降低 CO_2 排放。

11 应用实例

11.1 南水北调中线一期工程总干渠施工阶段鹤壁Ⅲ标砂卵石段基础处理(桩号 171 +000 ~ 173 +000)

(1)工程地质概况。南水北调中线一期工程总干渠施工阶段鹤壁Ⅲ标中桩号 171 +000 到 173 +000 段,其地质条件为:上部为重粉质壤土(局部为砂壤土),中下部为卵石层(局部存在胶结现象),下部为泥灰岩。卵石层厚 5.5 ~ 12.5 m 之间,卵石多呈次圆 ~ 次棱状,母岩主要成份为长石、石英,灰、褐黄色,粒径一般在 2 ~ 15 cm,卵石层部分为泥质、泥钙质胶结,不连续,呈透镜体,可见孔洞;卵石层孔隙率一般在 25 ~ 35%。钻进时,多数钻孔存在塌孔现象;在卵石层钻进时,钻进速度十分缓慢,回水较少,部分孔段钻孔冲洗液漏失严重。由于该段渠道卵、砾石渗透系数 $K = 5.8 \times 10^{-2} \sim 1.6 \times 10^{-1}$ cm/s,属强透水性。若施工期间采用抽排水措施,因抽排时间长、范围大,将造成周边地下水位的大范围下降,并严重影响渠道周边群众的生产、生活及建筑物安全,同时因强排可能带出卵石层中的细小颗粒,使渠道周边卵石层透水性加强,不利于渠道建设和建成后的安全运行。鉴于上述原因,必须对强透水的卵石层进行适当的防渗处理。

(2)施工工艺。布孔方式:按双排布置,孔距 2.5 m,排距 1.0 m,钻孔终孔孔径≥75 mm,钻孔进入相对不透水层 1 m;

浆材配比:粘土: 水泥: 硫铝酸盐水泥: 早凝外加剂: 水: 增稠剂 = 1 000: 800: 150: 50: 1 600: 4,形成的浆材料流动度为 100 ~ 130 mm。

灌浆压力见表 2。

表 2　灌冻压力

位置	Ⅰ序孔	Ⅱ序孔
外侧排孔	0.6 ~ 0.8 MPa	0.8 ~ 1.5 MPa
内侧排孔	0.8 ~ 1.5 MPa	1.0 ~ 1.8 MPa

控制提升标准为:

达到以下条件之一,可结束本段提升灌浆管灌注上一段。

①达到设计压力上限,注入率 <5 L/min,结束本段灌浆上提;

②达到设计压力下限,注入量达到 600 L/m,结束本段灌浆上提;

③吸浆量较大的段,注入率达到拟定注入量无法提升至设计压力下限者,加大注入量至设计的 1.5 倍时,可结束本段灌浆。

(3)灌浆结果。本工程自 2011 年 11 月到 2013 年 5 月,累计完成主要工程量:土层钻孔 9 506 m,卵石层钻孔 18 209 m,岩层钻孔 915.5 m,灌浆 20 677 m,注入浆量 12 550 m^3,相对于混凝土截渗墙,节省投资近千万元。灌浆处理后渗透系数小于 5×10^{-4} cm/s,满足设计要求。

11.2 江西宜丰竖井帷幕防渗工程

(1)工程概况。工程位于宜丰县新庄镇口溪村与高安市村前镇交界处,主井拟建井筒直径 4.0 m,井深 500 m。副井拟建井筒直径 5.0 m,井深 500 m。

主、副井上部分布第四系砂卵石和砾岩岩溶强含、透水层。前期勘察时，揭露红层砾岩溶洞岩溶水含、透水层后，抽水试验深井潜水泵安装在孔深28 m处，采用大吸程、大泵量进行，测得单井最大出水量为3 442.18 m^3/d，渗透系数为1.701 m/d，单位涌水量为118.73 $m^3/(d \cdot m)$。据水文、工程、环境地质预测，主、副提升井开凿时，将对紧邻主、副提升井的周边房屋建筑、地面、地表水系产生不同程度影响，甚至引发地质灾害。因此，设计对砂卵石层采用高喷灌浆（上部0～11.3 m），对砾岩岩溶层进行帷幕灌浆（下部11.3～80 m）防渗处理，确保施工及周边建筑物安全。

（2）工程地质条件。工程部位自上而下岩性为：

①0.0～11.30 m为第四系粉质粘土、中粗砂、砂卵石，其中中粗砂、砂卵石透水强烈；

②11.30～63.70 m为白垩系南雄群，灰白色、棕红色、浅灰色砾岩，层状构造。砾质成分大部为灰岩、花岗岩，少量为砂岩、硅质岩，钙、泥质胶结，裂隙较发育，裂面见溶蚀现象。

③63.70～500.30 m为花岗斑岩。上部风化较剧烈，裂隙发育，下部岩体完整。

主、副提升井白垩系南雄群灰白色、棕红色、浅灰色的砾岩中钻孔遇有六层溶洞，其中规模最大的溶洞为43.05～46.15 m段，洞高3.10 m，其余洞高分别在0.20～0.85 m之间。溶洞内砂、砾石及泥质物充填，半充填状，与上部第四系连通性好，含丰富的岩溶地下水，钻进该层时，回水全部漏失。

（3）帷幕灌浆设计。针对地层的可灌性，灌浆孔按单排布置，孔距2 m，灌浆孔深进入花岗斑岩层内透水率＜3Lu以下5 m。覆盖层用ϕ130开孔，埋入ϕ127 mm钢管（埋管既作为灌浆孔口管，又作井筒护壁钢管桩使用），灌浆孔分Ⅱ序施工，采用粘土复合膏浆和水泥灌浆两种工艺综合进行处理，Ⅰ序孔中11.30～63.70 m强透水层全部采用粘土复合膏浆进行挤入灌浆处理，灌浆压力都采用2～3 MPa；其他孔、段采用水泥灌浆进行处理。粘土水泥复合膏浆材料配比为粘土：水泥：硫铝酸盐水泥：增稠剂＝600：400：20～30：1～2，浆液流动度控制在为70 mm～85 mm。

（4）灌浆效果。该工程主井、副井按照相关设计布置和相关技术要求，施工共完成32个孔，累计灌浆段长2 362.4 m，灌入水泥1 773.7 t（包括水泥灌浆工艺中所使用的水泥），单位注入量728.3 kg/m，灌入粘土881.25 t。帷幕灌浆施工完成后，综合效果表明帷幕灌浆质量较好，达到预期效果。

①单位注入量逐序减少明显。主井先施工的Ⅰ序孔单位注入量1 225.7 kg/m，后施工的Ⅱ序孔单位注入量165.2 kg/m。副井先施工的Ⅰ序孔单位注入量1 589.3 kg/m，后施工的Ⅱ序孔单位注入量145.3 kg/m。

②砾岩内岩溶充填密实。通过检查孔钻孔表明，钻孔岩芯多呈柱状，胶结良好，可见明显长柱状粘土水泥结石体，说明灌浆效果较好。

③主井、副井岩溶帷幕灌浆检查孔压水试验透水率均＜3Lu，满足设计要求。施工检查孔3个（主井两个，副井一个），压水试验39段，透水率均＜3Lu，全部合格。

（主要完成人：彭春雷　贺茉莉　龚高武　宾　斌　丁剑波）

超大型护镜闸门移位安装工法

江苏省水利建设工程有限公司
江苏省水利机械制造有限公司

1　前言

随着城市防洪标准的提高，结合现代城市景观工程的需要，同时又要符合交通部门规划的要求，一种超大型护镜闸门应运而生。受浮吊起重能力限制，有些超大型闸门结构在某些区域不能直接进行浮吊就位；此外由于闸室工况的制约以及水工薄壁混凝土结构的特点，大吨位汽车吊装存在较大风险，迫使闸门安装单位要寻找安全、经济的安装就位方法。因此闸门移位安装的技术就出现了。大型闸门移位安装的技术，主要是针对体积较大、吨位较重，起重机械无法直接一步吊运到位结构的安装工艺，此方法在亚洲尚未有应用记载。

我公司在南京三汊河护镜闸门安装工程中成功应用了此项技术。该工程设计采用的护镜门结构尺寸和规模空前，双孔 90 m 大跨度，外弧半径 22.8 m，展开长近 72 m，约 1 320 t，护镜门内再设有活动小门成为全国水利工程之最。该工程在国内尚无运用先例，在国际上虽有类似工程，但结构构造形式不同，没有现成的施工经验可借鉴，护镜门的安装是本工程施工的一大技术难点。尤其是超大型护镜门需在独立门库测量放样的工况下安装就位，需要综合考虑各方面的因素，如弧门移位时因重心高存在构件易失稳倾覆的风险，两侧支铰同轴度问题，以及施工过程中各种累积误差等客观因素的影响等。

为了寻找安全、经济的安装就位方法，我们在运用结构力学、温度学、力学动态平衡等方面知识的基础上，运用计算机建立数学模型，顺利地完成了南京三汊河护镜闸门的就位施工，探索出独特的移位安装施工的新技术。

2　工法特点

(1)采用厂内分节制造、整体组装，并用驳船运输至工地上游围堰水域，采用浮吊卸货并转运的方案，打破了超大、超重构件陆地运输的瓶颈，降低了吊装的难度。

(2)通过吊车的协同工作来完成移位作业，解决了护镜门部份分段结构不能直接进行就位焊接的难题。

(3)通过护镜门在各自独立的门库测量放样、安装就位，解决了弧门曲率半径和外型几何尺寸的控制，超远距离两支铰座相对位置控制等。

(4)护镜门铰链铰座组件达 28 000 kg，自润滑球关节轴承(内径 400 mm)装配后转动面要求转动灵活、无卡阻现象，球铰上下摆动角度可达 2°。

(5)采用先进的施工工艺和方法，如计算机辅助施工、温度学的应用等，解决了闸门运行关闭时侧止水施工的技术难题，以及温差对门叶曲率半径相对吻合度的影响。

3　适用范围

(1)适用区域：此工法适用于薄壁混凝土结构，不能采用大型汽车吊装的作业以及远距离大型构件浮吊不能直接吊装就位，需在门库内测量放样、移位安装就位的工况。

(2)适用规模：此工法适用于单孔跨径 20 ~ 100 m 左右，1 000 t 以上大跨度护镜闸门需定位拼装、移位焊接、再移位组装的工况。

(3)此工法适用于水利工程大跨度、结构复杂的大型(超大型)构件,在厂内分节制造,现场组装的水工钢结构,以及交通、港航大型结构件的移位安装。

4　工艺原理

4.1　技术路线

(1)工艺方案制定:根据水闸前期已进行的闸门结构静动力分析,结合闸门抗振优化方案等采取技术骨干会审并咨询专家,根据专家咨询意见进行工艺文件的制订。

(2)施工建造:根据施工图纸、设计方案以及相关的技术文件对护镜门结构进行1∶1比例大样的测量与放样,按工艺文件编排箱体内外弧面板、挑流板以及隔板等施工工艺图,采取数控切割和半自动割刀下料,成型坡口、部件预拼装焊接再进入胎模总装焊接等。

4.2　护镜门技术参数

以两侧支铰旋转中心为基准点测量放样,在独立门库内采用汽车吊分节吊装、移位并反拉就位总装的施工方案。双孔护镜门平面布置见图1。

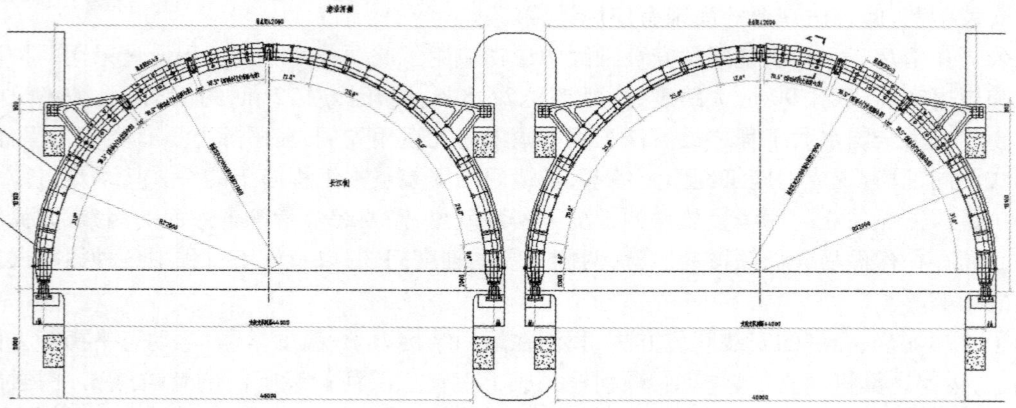

图1　双孔护镜门平面布置图

4.3　工艺原理

(1)护镜门主体分为9×2共计18个安装单元,安装遵循按编号由门端至门中顺次对称进行的原则。

(2)利用立体几何学的原理,测放弧门的旋转中心,并互为基准复核,确保门叶在关门位置安装的大样,同时随着工序的推进,采集旋转中心,确保不同工序构件的安装采用同一旋转中心。

(3)通过移位原理,将按大样吊装就位的分段门叶1-2-3和7-8-9拼接后,移出轨道进行外弧面板对接缝的施焊,再移进并按大样就位,其余构件逐一依次就位对接。

5　施工工艺流程及操作要点

5.1　工艺流程

5.1.1　工艺流程

着重介绍护镜门主要部位的安装、控制方法,其安装工艺流程见图2。

5.1.2　操作要点

5.1.2.1　准备工作和测放控制线

(1)编制安装方案,包括卸船方案、吊装方案、移位和就位方案等;并组织各工种负责人勘探现场,学习安装方案等有关文件。

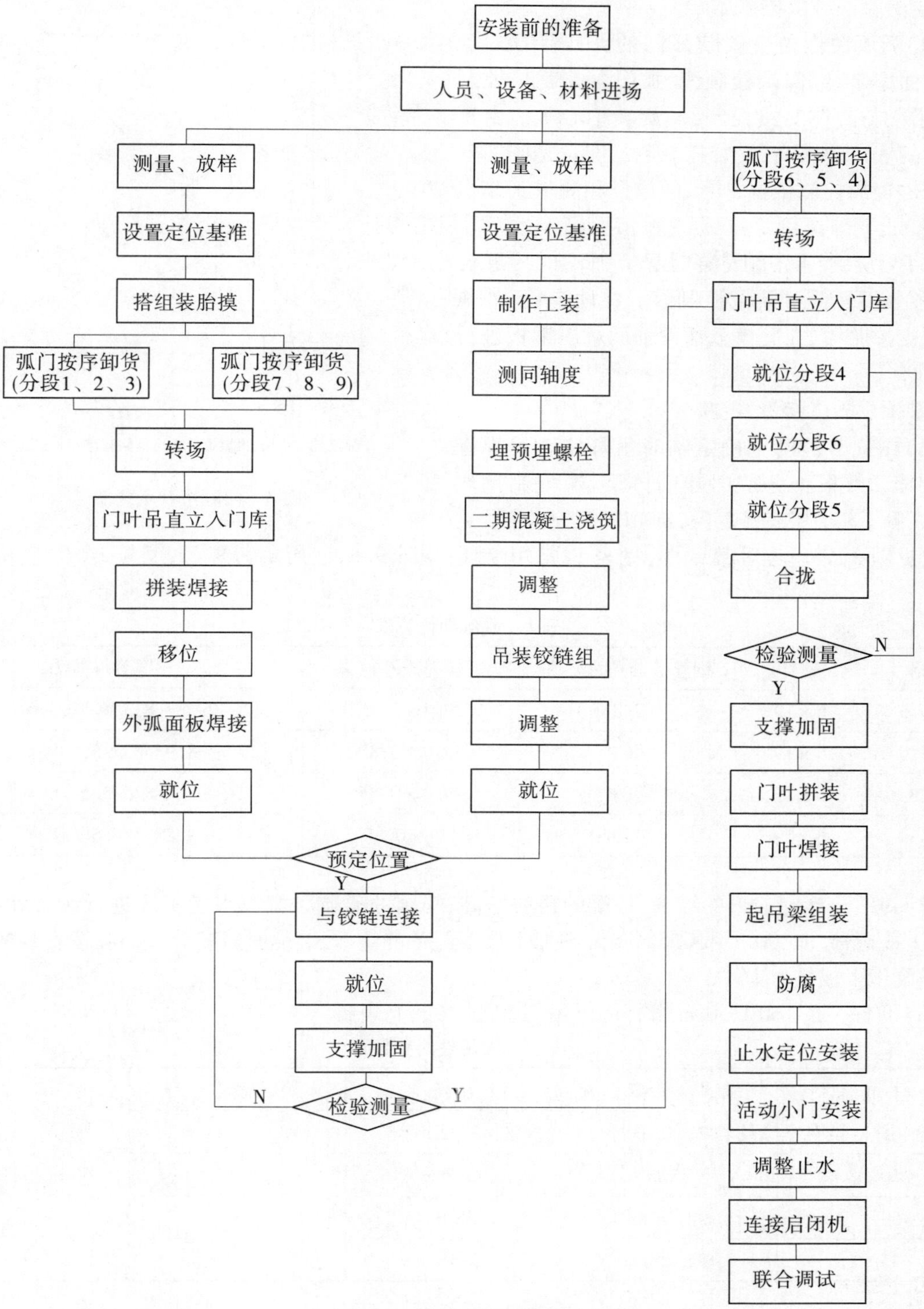

图2　安装工艺流程图

(2)在建筑物沉降稳定之后,安排部分人员先期进场,清理安装场地,组装及工作场地要求坚实平整,所有地面及空中障碍物清除干净。

(3)安排施工人员、设备进场,进行现场的布置,确定进场构件的堆放位置、运输通道和门体吊装位置等。准备好安装过程中所需的辅助材料、工器具等,工器具和辅材用量参见计划表。

(4)清理工作面,校核高程线:底轨高程线、旋转中心高程线,计算埋设高程和设计高程的误差，确定消除误差的措施。

(5)测放关门位置安装弧门的大样：中心线、内外弧曲率半径、门端控制线、弧门分节就位控制线、起吊梁与门体对接控制线、旋转中心等。由于护镜门的安装要求高，安装控制测量网点是闸门安装几何位置的控制依据，样点的放设和测量工作很关键。

(6)测放关门位置安装时分节弧门的接缝位置，在各分段处设置就位控制线。在轨道内、外弧侧铺设支撑胎模，在胎模上铺设辅助承压钢板进行放样。

5.1.2.2 分节门叶吊装、移位

(1)在分节门叶上确定临时吊耳位置后焊好临时吊耳。并根据分节门叶门体重量，配制钢丝绳：外弧侧2根，内弧侧2根，卸扣4只，门叶吊装示意图见图3，钢丝绳计算说明，见表1，常用卡环：型号9.5，使用负荷9.5t，型号14.0，使用负荷14t。

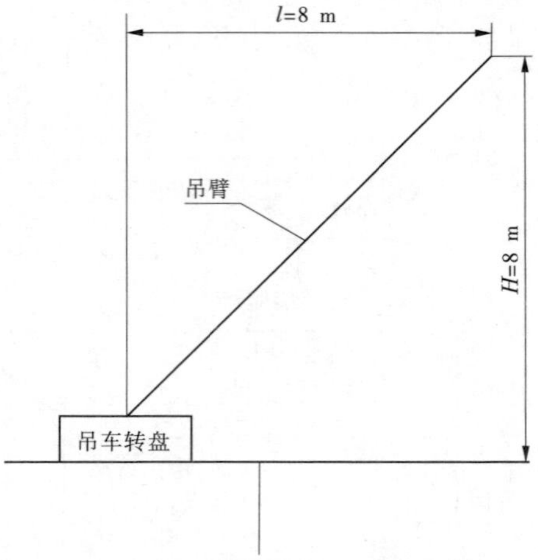

在幅度11 m时，吊臂高度8 m，回转半径8 m

图3 门叶吊装示意图

表1 钢丝绳计算表

规格	型号	钢丝破断拉力总和	钢丝绳破断拉力	钢丝绳容许拉力
Φ21.5	6×19	298	29.8×0.85	29.8×8.5/5.5=4.6
Φ24.5	6×19	38.9	38.9×0.85	38.9×8.5/5.5=6
Φ28	6×19	49.8	49.2×0.85	49.2×8.5/5.5=6.3
Φ43	6×19	119	119×0.85	119×8.5/5.5=18.4

(2)对沿途运河航道的级别、桥梁的通航净高、船闸的通航净宽等水运工况进行调查和勘测，确定运输船舶为1 000 t甲板船3条。在船上放置配备的垫木，装船时将各分节门叶按安装的先后顺序平放于甲板垫木上。

(3)准备一条160 t、50 m臂杆的浮吊，其性能参数见表2。

表2 浮吊性能参数

吊角	平伸距离	吊高	荷载	
65°	21.13 m	45.32 m	130 t	50 m吊杆时
60°	25 m	43.3 m	110 t	
50°	32.14 m	38 m	85 t	
45°	35.36 m	35.36 m	65 t	

(4)第一批次1号孔，吊装顺序：铰链支座，护镜门门叶部分依次1#、2#、3#、7#、8#、9#、4#、6#、5#吊装，活动小门吊装，走台吊装，起吊梁吊装和启闭机吊装等，第二批次2号孔，同上。

(5)单扇护镜门共分9节(门端为1#、2#、3#、7#、8#、9#)，移位的三节弧门重量达205t，门叶支撑在底轨上就位，重心偏上。

(6)用浮吊将分节门叶平吊到平板车上转运到闸室后，用汽车吊卸货；分节门叶平吊到▽1.0 m底槛上后，换位吊点于门顶，将门体调整姿态从平置改为竖立，吊竖立起来后转入门库已设定的位置,缓缓落下放置于轨道上。

(7)1#分节吊装到位后,放置于底槛轨道上,搭焊固定支撑架。按同样方法依次吊装2#、3#、7#、8#、9#。

(8)按大样就位分段门叶1#、2#、3#和7#、8#、9#,拼接后进行内弧侧和弧门箱体内焊缝的施焊,焊接完毕移出轨道进行外弧面板对接缝的施焊,并进行隐蔽部位的防腐处理。

5.1.2.3 支铰组装

(1)护镜门通过支座焊接件与支铰铰链连接,铰链和铰座组件重约28 t,其中铰链重约16 t,铰座重约12 t。护镜门支铰径向受力状况与普通弧门支铰相同,轴向力方向垂直向下,支铰轴向平面旋转角度比普通弧门支铰要大,铰链和铰座装配见图4。

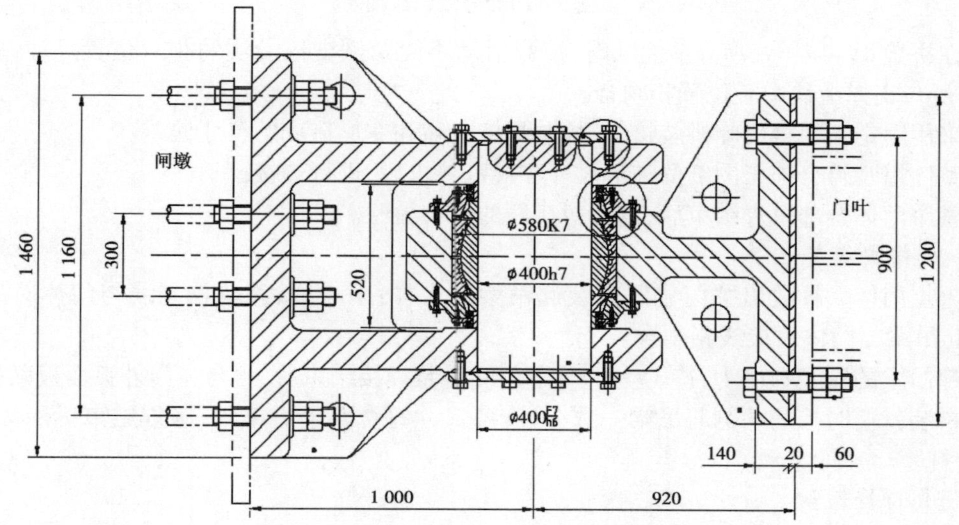

图4 铰链和铰座装配图

(2)铰链和铰座组件通过预埋螺栓连接固定在闸墩上,预埋螺栓的位置精度是关键之一。

(3)护镜门支铰采用球关节轴承,不仅能承受很大的径向力,也能承受一定的水平轴向力,正确装配球关节轴承是铰链和铰座装配的关键。

(4)关节轴承采购的是大连三环的产品,所有密封圈的材质均由轴承供应商根据水质检验情况采用满足使用要求的配方,其外形、误差满足相关规范的要求。

(5)关节轴承装配时涂润滑脂,润滑脂采用含有 MoS_2 的锂基脂,采用专用工装进行装配,装配后各转动面间转动灵活,无卡阻现象。调整垫板的螺栓孔分别与铰链和铰座上的螺栓孔配钻。

5.1.2.4 门叶组装

(1)复核关门位置安装护镜门的大样:中心线、内外弧曲率半径、门端控制线、门叶分节就位控制线、旋转中心等。

(2)根据以支铰中心测放出的门叶就位大样,定出末端固定位置、搭焊靠山。

(3)已预组装的分节门叶1#-2#-3#大段和7#-8#-9#大段直接由汽车吊吊装,分别由两侧入位依次入门库就位,并与铰链固定。

(4)分节门叶直接搁置在弧门底轨上拼装,拼装基准以地样为准,并按平面控制大样就位,分段示意见图5。

(5)拼装就位时,严格控制门叶因日照、温差等造成结构在整个安装过程中的无序变形影响(这种变形并非计算机所能精确模拟)产生尺寸偏差。曲率半径以外弧面为基准,控制其垂直度,保证符合规范要求。在确保垂直的前提下,控制曲率半径尺寸统一,并控制到最小偏差。

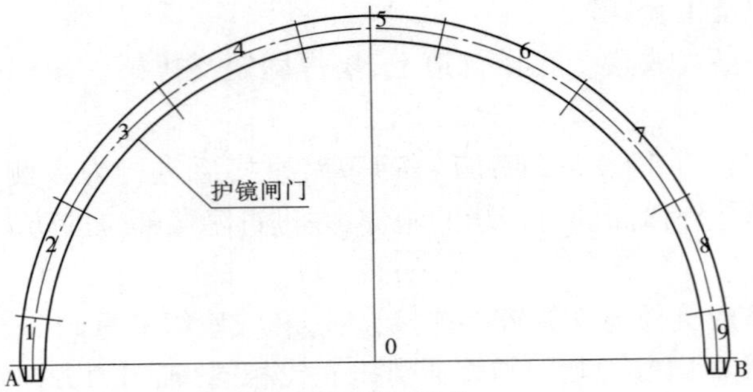

1-9：指9节分段

图5　门叶分段示意图

(6)在拼接3#、4#、6#、7#分节门叶时,控制活动小门两侧支撑滑块的相对位置尺寸,确保活动小门安装后与支撑滑块中心位置相吻合。

(7)采用固定板联接门叶拼装接缝,控制焊接收缩和变形造成的尺寸偏差。

(8)整体组装符合施工图纸的外形尺寸和规范要求后,进行焊接。

(9)整个门体全部拼焊结束后,进行对接缝的探伤检验。

5.1.2.5　起吊梁组装

(1)根据门体大样放出关门位置安装起吊梁的大样:中心线、就位控制线与门体对接控制线等,确保起吊梁与门体对接线相吻合。

(2)起吊梁的安装顺序为:待1#~9#分节门叶拼装焊接结束后,再与弧门外弧面板联接。

(3)拼装就位时控制两侧起吊梁一致,检查各尺寸符合要求后施焊,施焊结束拆除固定板,清理现场并打磨。

(4)进行探伤检验。

5.1.2.6　活动小门安装

(1)吊装活动小门、走道平台,定位和焊接;

(2)通过调试,测出活动小门端部与立柱上尼龙滑块底座间的间隙,MGC尼龙块按实测的数据加工并对应编号;

(3)加工过的尼龙块运至现场对号装配并调试;

(4)活动小门顶止水的安装与调试。

5.1.2.7　止水定位安装

(1)测放底、侧止水控制线,活动小门顶止水以及两侧滑动支撑控制尺寸等。

(2)底止水橡皮是特制的,材质LD19,既长又薄、性能满足承压和止水要求。止水压板角钢上肢螺孔开成左右方向腰形工艺孔,便于安装时水平连接螺栓的拧紧。进行底止水的定位,控制护镜门底止水座的位置,与已埋底轨的吻合度,并根据实际尺寸进行调整,最终确定安装位置,确保满足规范要求,其结构见图6。

(3)侧止水安装。侧止水采用插拔式结构,其结构新颖独特,安装定位要求较高。

①原有结构。护镜门的起落较为特殊,转动方式为球铰型。在门体调试过程中,发现因结构的限制,门启闭时侧止水座围绕旋转中心而旋转,原先在橡皮内的弧面座板直接挤压橡皮,这部分的橡皮最大压缩量为17 mm(原先橡皮的压缩量为8 mm),见图7。长时间启闭闸门将会增大橡皮的疲劳,减小橡皮的使用寿命。且在启闭门时,挤压力过大,弧面座板带动橡皮翻转,影响了止水功能。

②结构改进。经研究门侧的起落运动轨迹,是沿一条中轴线进行转动的。故在原有的方案基础上对侧止水结构进行了改进。增大座板弧面半径,见图8,将弧面半径增加到2 000 mm,宽度仍

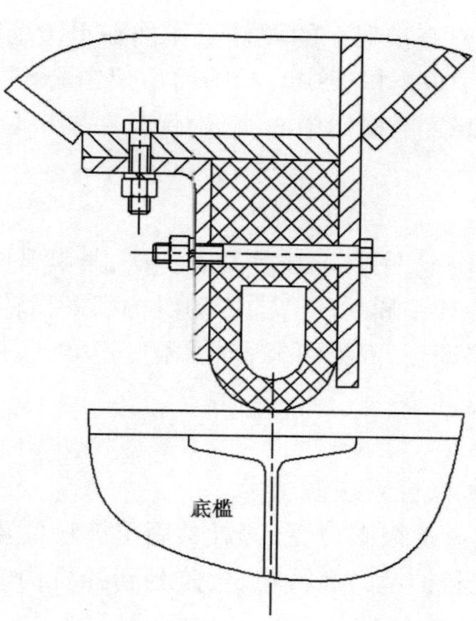

图6 底止水结图

为400 mm,座板开角减小到11.5°,这样压缩量为6 mm,最大压缩量为10 mm。

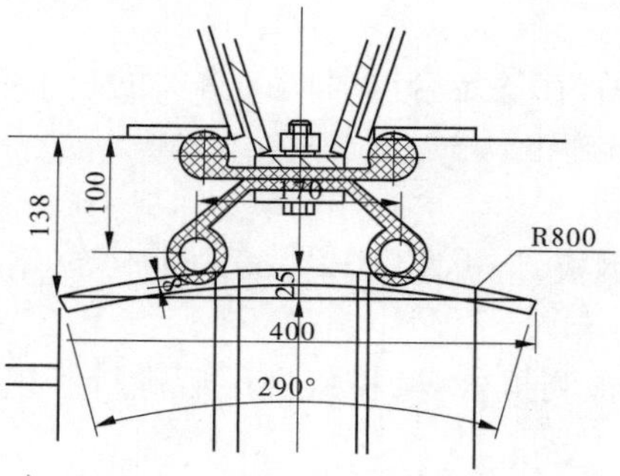

图7 原侧止水结构图

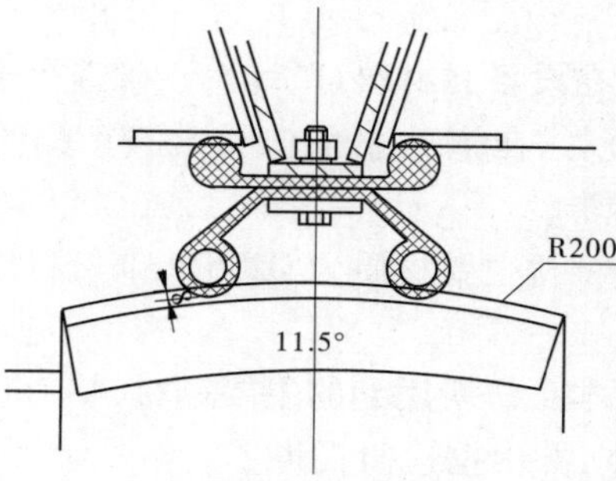

图8 改进后的侧止水结构图

插拔式的侧止水结构,随着护镜门的启与闭,能很好的脱开和接合。门关闭时,左右压缩橡皮止水,门开启时,橡皮直接脱开。方便了门体开启,门侧座板未到最底部,底部设一尼龙橡皮块,与侧止水挤压来达到止水的目的。

(4)安装时,控制弧门侧止水座在门体上的位置,并根据实际尺寸确定安装位置。

(5)报验合格后,穿钢丝绳与启闭机联接,并安装底止水、侧止水等附件。

5.1.2.8 盘香式启闭机安装

(1)清理现场,根据启闭机安装布置图,在底板上测放中心位置大样和控制线。

(2)用汽车吊将启闭机机架分别吊装到位,调整启闭机位置,根据吊点中心线找正其纵、横中心线偏差不应超过±3 mm。用水准仪测量机架控制面高差,其偏差不超过4 mm、水平偏差不大于0.5/1 000。

(3)根据启闭机制造厂的编号及定位块,先安装卷扬装置的起升机构,安装后检查各项尺寸至符合图纸要求。

(4)安装荷重仪、高度指示器和起升极限位置开关等安全保护装置,严格按设计要求进行施工,保证其正常的安全功能。

(5)钢丝绳组件从卷绳盘开始安装,把钢丝绳组件的卷筒端绳套安装在卷绳盘和挡盘的开槽处,并用钢丝绳缠绕压紧。

(6)导向卷筒装置的安装，检查排架上的埋件工作面在 R16 500 mm 的圆弧面上，如不在同一圆弧面上加调整垫板进行调整。根据机架中心和闸门吊架中心定出同侧导向卷筒装置的中心，用经纬仪测放出同一组导向卷筒装置的横向中心线，确保其在同一位置及卷筒绳槽底径在同一标高上，拼焊剪力块。

(7)空载试车

试车前作充分准备和仔细检查，吊具全扬程升降三次，吊具升降时制动四次。

用手转动制动轮，当卷筒旋转一周后所有的传动机构都平稳转动，无卡阻现象。

制动器工作灵活，润滑油路通畅，润滑可靠；轴承温度正常，限位开关灵敏，极限位置正确；钢丝绳在卷盘上缠绕正确，两个吊点同步。

5.1.2.9 联合调试

(1)护镜门和盘香式启闭机联合系统调试。

(2)整定闸门开度仪全开、全关极限位置的数值，固定极限位置行程开关。

(3)联调试验：测试启闭机和护镜门运行稳定，监测到各机构电动机及电气设备运转时无异常声响，电机及各轴承处无异常发热。

(4)做好调试过程的记录，为运行提供参数保障。

6 材料与设备

(1)在设备和材料订货前，正确选择生产厂家的产品，在签定合同时明确有关的技术要求和随行技术资料，在施工过程中，严格按产品的有关要求进行施工。

6.2 材料

(1)钢材主要材质为 Q235B，部份材质为复合不锈钢板，钢板厚度 12 ~ 60 mm 不等，用钢量约 1 300 t。

(2)本工法所用到的主要钢材，均有出厂合格证和检测报告等，材料进厂后进行了现场见证，抽样检查，并出据检验报告。

(3)本工法所用到的焊条：均满足《碳钢焊条》(GB 5117—85)、《不锈钢焊条》(GB 983—85)、《焊接用钢丝》(GB 1300—77)《碳素钢埋弧焊用焊剂》(GB 5293—85)等标准和规范的要求。

6.3 机具设备

本工法的机具设备，按 2 扇护镜闸门分期吊装、安装的特点考虑，因受现场条件所限，护镜钢闸门事先在厂内分段制作好，然后船运到现场吊装入门库，现场不再另设构件制作场地，机械设备见表 3。

表 3 机械设备一览表

序号	名称	规格要求	数量	备注
1	浮吊	50 m 臂杆，160 t	1 艘	起重设备
2	汽车吊	50 t	2 辆	
3	汽车吊	16 t	1 辆	
4	千斤顶	100 t	9 只	
5	卷扬机	5 t	2 台	
6	撬扛		12 根	
7	卸扣 D 型	$d=60, d1=70$		

续表 3

序号	名称	规格要求	数量	备注
8	大型运输船	39 m×9.7 m	4 艘	运输设备
9	大型平板车		2 辆	
10	空压机	12 m^3/75 KW	1 台	防腐设备
11	喷涂设备		1 套	
12	探伤机			检测设备
13	手拉葫芦		8 只	安装设备
14	滑轮组		5 只	
15	卧式千斤顶		6 只	
16	空压机	0.6 m^3	2 台	焊接设备
17	CO2 焊机		10 台	
18	硅整流焊机		2 台	
19	焊条烘箱		2 只	
20	碳刨机		2 套	
21	交流焊机		10 台	
22	通风设备		6 套	
23	全站仪		1 台	装配设备
24	经纬仪		1 台	
25	水准仪		2 台	
26	三维仪		1 台	
27	千斤顶	30t	12 只	
28	千斤顶(矮型)	20 t	16 只	
29	等高铁	300×400×400	28 只	
30	花篮螺丝	M20	60 只	
31	扳手		8 套	根据螺栓配
32	拉马		20 只	
33	潜水泵		2 只	

7 劳动组织

本工法的劳动组织，根据 2 扇护镜闸门需分期吊装、同步安装，且工期紧的特点配备。施工人员见表 4。

7.1 组织机构

本项目组织机构如图 9 所示。

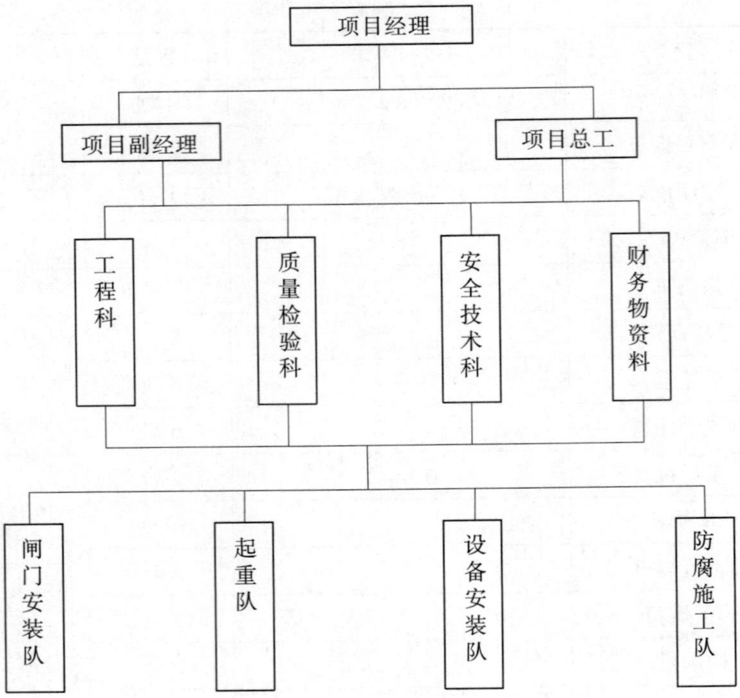

图9 项目组织机构

7.2 施工人员

见表4。

表4 施工人员一览表

序号	岗位	人员	序号	岗位	人员
1	项目经理	1人	13	起重	12人
2	项目副经理	2人	14	闸门安装	36人
3	项目总工	1人	15	防腐队	5人
4	项目安全工程师	1人	16	测量放样员	1人
5	施工工艺工程师	2人	17	电工	2人
6	焊接工程师	1人	18	设备保障	1人
7	起重吊装工程师	1人	19	辅助工	20人
8	焊接专职检验员	2人	20	采购员	1人
9	钢结构专职检验员	1人	21	仓库保管员	2人
10	防腐专职检验员	1人	22	后勤	4人
11	专职安全员	2人	23	财务	1人
12	焊接	20人			

8 质量控制

8.1 质量要求

(1)超大型护镜钢闸门的安装满足《钢结构工程施工质量验收规范》(GB 50205—2001)的相

关要求。

(2)护镜闸门的安装满足工程设计技术文件的相关要求。

8.2　质量标准及检测方法

(1)护镜闸门安装检测项目、允许偏差和检测方法参照表5。

表5　护镜门安装检测项目、允许偏差表

序号	检测项目	允许偏差(mm)	设计值(mm)	实测值(mm)	检验方法
1	拼装组合处错位	2		1、2	用钢尺测量、塞尺
2	纵向隔板错位	2		2、1	经纬仪、钢卷尺测量
3	门叶厚度 b	±5	1 600	3、-2、2	用钢卷尺量
4	门叶外形高度 H	±8		4、3、	用水准仪、钢卷尺量
5	门叶高度 H 对应边之差	≤8		6	用钢卷尺量
6	扭曲	≤4		4、3	经纬仪、钢尺测量
7	门叶竖向直线度 f_2	≤3		2、1	吊线锤、用钢尺量经纬仪
8	侧止水座面直线度	≤2		1、1.5	吊线锤、用钢尺量经纬仪
9	门叶底缘平面度	≤3		1、2	水准仪、钢尺测量
10	外弧曲率半径	±5	22800	22798、22802	全站仪、钢尺测量
11	闸墩平行度	≤3		1	经纬仪、钢尺测量
12	闸墩垂直度	≤2		1	经纬仪、钢尺测量
13	底止水橡皮压缩量相对设计压缩量	-1		-1	目测、塞尺量
14	侧止水橡皮压缩量相对设计压缩量	-1		-1	目测、塞尺量
15△	侧止水橡皮与预埋件吻合度	符合图纸或规范要求		符合	目测检查
16△	活动小门侧止水与承压块吻合度	符合图纸或规范要求		符合	目测检查
17	铰链座与支座连接吻合度	符合图纸或规范要求		符合	用塞尺量
18	现场拼装一、二类焊缝	符合图纸或规范要求		符合	X光、探伤检查
19	现场焊缝外观、密封检查	符合图纸或规范要求		符合	量规、煤油渗透检测

(2)护镜闸门铰座及埋件安装检测项目、允许偏差和检测方法参照表6。

表6　护镜门安装检测项目、允许偏差表

序号	检测项目	允许偏差(mm)	设计值(mm)	实测值(mm)	检验方法
1	铰座中心对孔口中心距离	±3	22000	220002、22001	全站仪测量
2	铰座轴孔中心至底轨中心曲率半径	±4	22130	22132、22128	全站仪、钢尺测量
3	铰座高程	±2	▽3.5	▽3.501	水准仪、钢尺测量
4△	铰座轴孔倾斜度	1/1000		0.5/1000	吊线锤、钢尺测量水平尺
5	两铰座轴孔中心距	±6	44000	44002、44004	全站仪、钢尺测量
6△	所有联接螺栓拧紧	均匀		符合	测力板手

8.3 质量控制

(1)建立健全规章制度,落实各项责任措施,编制了《南京市三汊河护镜式钢闸门工程质量管理办法》和《南京市三汊河护镜式钢闸门工程质量管理实施细则》。

(2)建立该工程质量责任人网络,明确各层次的质量责任人,实行工程质量终身负责制,并对该工程质量责任人网络报质检站存档备案,随工程建设的不断进展,适时增加相关质量责任人。

(3)施工人员进场进行技术交底,熟悉图纸和规范要求,严格按照施工图尺寸和工艺进行施工。树立"质量第一、争创精品"的理念,创"优质工程"的目标。

(4)加大检测设备、仪器的投入,做好温控措施和检测仪器的标识,并增加检测频率。

(5)运用主动的动态控制方法,跟踪金属结构制作、安装的全过程。

(6)把质量责任落实到每一个环节、每一道工序和每一个人员,切实加强超大型护镜闸门的尺寸控制、焊接质量控制和预埋件的制作、安装精度控制等。

(7)质检员严格按照标准检验,把好每一个关键点,执行"三检"制度,一次报检合格率达98%以上。

9 安全措施

(1)结合工程施工实际,实施了工程安全事故月报表制度,组织编制了本工程安全生产措施方案和安全生产事故应急救援预案。

(2)成立了安全生产工作领导小组,建立安全生产责任网络,明确了安全生产责任人,同时吊装作业现场配备专职安全员,负责做好安全教育、安全检查及安全技术交底。

(3)起重作业人员经过特殊性工种培训,有上岗证,严格按照操作规程执行。起重作业人员和安装人员进场前进行安全技术交底,明确分工和责任、规程的要求。

(4)邀请专家组对多种吊装方案反复比较,并对最终确定的安装方案进行可行性认证,同时对安装过程可能产生的意外情况进行细致的分析和预测,制订了详细的应急预案,确保工程万无一失。

(5)对分节闸门运输、吊装和移位拼装方案进一步细化,充分估计可能发生的每一个细小问题,每个过程、各项程序、每道工序均严格审核把关,超前谋划,确保吊装、移位顺利完成。

(6)分节门叶较大、吨位较重,吊装时选择符合安全规定的起重设备。起吊重物时,预先进行试吊,试吊高度约50 cm,试吊发现无危险、重心找准稳定时进行正式吊装。

(7)运用动态控制方法,门叶移位过程中,有专人指挥,专人跟踪门叶移位、安装就位的全过程等。

10 环保措施

(1)认真学习环境保护法,执行当地环保部门的有关规定,接受环保部门的监督管理,督促本公司员工自觉做好环境保护工作。

(2)加强工区内社会治安环境的治理,搞好与工地周围群众关系,工地实行封闭管理,创造安定的施工和生活环境。加强现场作业及生活环境的卫生、文明状况的管理;提高职工就餐、居住条件,划分若干个卫生包干区,包干到班组,落实责任人,并定期检查评比;定期对员工进行健康检查,保障职工的身体健康。

(3)加强工区内及现场作业环境管理,施工作业做到不扰民,现场门叶堆放、施工机械停放整齐、有秩序,临建房屋、各种管道等设施按设计规定进行布置。

(4)门叶喷砂、喷锌施工时进行必要的遮挡,以防扬尘飘出,污染周围环境。风力大时停止施工,做到不影响周围群众的健康生活。

(5)保护施工现场的环境,对施工垃圾定点堆放及时清理,不污染周边环境。工程竣工结束撤场时及时、全面的清理施工现场,做到施工垃圾的无害化处理。

11 效益分析

11.1 经济效益

(1)本工法的经济效益主要表现在:质量易于控制、安装速度快捷,降低安全事故的发生率,节省了安装费用和建设投资。

(2)直接效益

我公司在南京三汊河工程超大型护镜门安装过程中,采用在独立门库移位安装的方案,直接为公司节约安装经费约759920元。

表7 护镜门移位安装工日、经费统计表

项目名称	安装子目	安装时间(2005年)	安装工日	安装单价(元/天)	安装经费(元)	备注
超大型护镜闸门	吊装	2.25~3.6			153 000	浮吊
	1#门拼装	3.7~3.22	288	120	34 560	
	1#门移位	3.23~4.2	198	120	23 760	
	1#门焊接	4.3~4.17	210	120	25 200	
	2#门拼装	4.18~4.30	234	120	28 080	
	2#门移位	5.1~5.10	180	120	21 600	
	2#门焊接	5.11~5.23	234	120	28 080	
	试运行	5.24~5.28	90	120	10 800	
	50 t 汽车吊				138 000	配合
	16 t 汽车吊	3.7~5.23			62 500	配合
	消耗性材料				100 500	
	合计				626 080	

如果按常规状态即关门位置下安装,采用大型吊车吊装,则需安装经费约:1 050 元/t×1320t=1 386 000 元;则直接节约安装经费约:1 386 000 元-626 080 元=759 920 元。

(3)间接效益

南京城墙脚下,被称之为南京的"母亲河"——秦淮河,是一条闻名中外的河流,是一条历史文化的长廊,近年来,城市的发展日新月异,而秦淮河的河道及其两岸却不堪重负,水质严重污染,河床淤积,沿河环境破旧杂乱,众多文化古迹湮没其中,如同珍珠蒙了尘,与城市发展极不相适应。因此,整治秦淮河成了民心所向,也成了构筑南京山、水、城、林特色自然风貌和人文景观的重要一步。秦淮河上游有武定门节制闸控制,旱抽涝排,下游下关近长江口的地方,以前一直是敞开口,水多则河流涌动,水少则干涸见底。为再现秦淮河的历史人文景观,实施外秦淮河整治工程,其中有一项重要的水利工程——三汊河河口闸工程。它是外秦淮河整治工程中的重要的调水工程。河口闸工程,历经近一年的规划、设计、论证,于2004年8月5日正式开工,原定两个枯水期建成,实际施工工期仅用了十个月的时间,主体工程就通过了水下验收。

河口闸建成以后,宛若张开的双臂,守护在秦淮河入江口。这道融防洪、景观和环境于一体的现代化景观,其新颖的造型、满眼的绿地、变幻的灯光、涓涓的流水,不仅亮丽了市民的心情,更提升了南京的城市形象。秦淮河成为一条流动的河，除了每年三个月的汛期，河口闸开闸泄洪外，其他时段秦淮河的水位则保持在一定高度，使这条母亲河常年涌动不息，改善了南京城的景观。让烟雨秦淮人文历史焕发出新的生命力。

此为三汊河口闸工程护镜闸门创造的间接效益。

11.2 社会效益

(1)本工法能够解决在独立门库移位安装施工的问题。

(2)超大型护镜闸门在独立门库移位安装施工，国内尚无运用先例，采用本工法保证了工程的顺利实施，有利于企业扩大自身的知名度，增加企业本身的竞争力。

(3)该工程设计为全国水利工程之最，为今后设计向大型化、新颖化方向发展，大胆构思、设计同类型大跨度、大型水工钢闸门安装开拓了思路、提供了范例。

12 应用实例

12.1 南京三汊河口闸工程

三汊河口闸工程位于南京市外秦淮河入长江口处，采用国内首座“双孔护镜门”结构形式，双孔 90 m 大跨度，外弧半径 R22.8 m，展开长近 72 m，约 1 320 t。护镜门开启后挂于离水面 15 m 的高空，河面整洁，环境优美，当行洪时护镜门打开，在空中与水面相呼映成河床的眼镜。护镜门内再设有活动小门成为全国水利工程之最。

南京三汊河护镜式钢闸门结构形式在国内是新颖独特的，护镜门采用的施工技术及工艺方法在国内尚无应用先例，在国际上虽有类似工程，但结构构造形式不同。此工法在三汊河工程中得以实际应用，取得了良好的经济效益和社会效益。为整个工程安装节省了成本，降低了施工费用，缩短了工期，深受工程建设、设计、监理单位的好评。

12.2 北京清河下段水环境治理羊坊闸工程

北京羊坊闸工程半园弓形闸门为护镜门结构，共 2 孔，单孔闸门支铰间距和吊点间距分别为 21 m，门叶高度 3.2 m，厚度 1 m，门顶带溢流堰 6 孔，挡水高 2 m，并设有人行便桥。双向面板属箱形结构，闸门材质有 Q235B 和不锈钢复合板(Q235 +1Cr18Ni9)组成，重约 450 t。工程在施工中坚持科技创新的理念，推动了施工技术的进步，提高了工程施工管理的水平。在护镜式钢闸门安装过程中应用此工法，取得了良好的经济效益和社会效益。

12.3 青岛即墨市大任河工程

青岛即墨市大任河工程，钢闸门采用 2 扇护镜式闸门结构，闸孔净宽 20 m * 2，钢闸门加轨道重量约 780 t，其结构形式在国内是新颖独特的。此工法在青岛即墨市大任河工程护镜式钢闸门安装过程中得以实际应用，取得了良好的经济效益。节省了安装成本，并为提前灌溉通水带来巨大的收益。

(主要完成人：王　兵　顾世民　凌　建　严朝阳　尤广生)

河道格宾网生态石笼护坡施工工法

江苏盐城水利建设有限公司
深圳市中邦(集团)建设总承包有限公司

1 前言

传统的河道护坡结构往往只考虑河道的防洪、引水、排涝、蓄水和航运等功能,较少考虑河道的生态功能,因此河道的护坡结构多数采用浆砌块石或混凝土等刚性硬质材料,从而破坏了河道的生态环境。盐城市区饮用水源生态净化工程从生态的角度考虑,在取水口外的蟒蛇河、朱沥沟上及库区水位变化区采用格宾网生态石笼护坡。格宾网生态石笼由矩形式网箱这种基本元件叠加而成,类似于堆积木形成的蜂巢型结构,具有良好的生态性、透水性、柔韧性、抗冲性、防浪性等多项优点,在水环境综合治理中逐步得到广泛应用。瞻于此,很有必要对格宾网生态石笼护坡的施工技术、工艺方法进行研究。2010 年 6 月起盐城市盐龙湖工程建设处组织江苏盐城水利建设有限公司等单位相关技术人员对河道格宾网生态石笼护坡的综合施工技术进行研究,经过总结形成了本工法。

2 特点

河道格宾网生态石笼护坡施工技术、工艺具有如下特点:

(1)工期短。不用水、水泥和模板,无需电力供应,不需要熟练的技术工人也能现场施工,施工方便,好赶工,可缩短工期。

(2)组合性能好。格宾网成品加工运输方便,易于现场搬运。可按设计要求捆扎成各种形状,适应河坡、岸滩和堤防的形状。

(3)生态性能好。采用 PVC 保护层的格宾网,可设计与自然环境协调的 PVC 颜色,如与水色相近的白色或灰白色、与水生植物相近的草绿色或墨绿色等,不仅能增强网的耐久性,更符合生态环境的视野。填于笼体内的块石料,更加回归了自然生态环境。石料之间的缝隙终究会被泥土充填(人工或自然),植物的根系可以通过石料之间的泥土深深扎人边坡,从而工程措施与植被措施相结合,形成柔性的整体护面,满足水土保持和绿化环境的需要,从而恢复原始生态环境。

(4)柔韧性能好。格宾网成品由一种柔性良好的线性材料织成,这种线性材料的外形和结构,与 4 mm^2 塑料铝蕊电线相比,差别在于内蕊为低碳钢丝,这种网丝,不仅强度高,柔性更好;成网后,适应变形的能力极强,更不易被拉断。当地基的土层发生沉降、松动等不良现象时,网体自身的柔性能随之适度微调,网线交错拉紧,网内块石受力挤压,整体结构不因地基土层变化而破坏,与刚性结构相比,无沉降缝、温度缝、伸缩缝等硬性指标的要求,更具安全稳定性。

(5)抗冲性能强。格宾网石笼中的块石,因其自重的作用,与表土紧紧相贴;特别是表土浸水后,部分块石在其自重的长期作用下,渐渐沉入土层的表里;为此,河水无法对河坡表土产生直接的冲刷,从而有效保护坡面表土层不被破坏。根据实验进一步证明,格宾网护垫的抗冲刷能力在一般抛石防护工程防冲系数的两倍以上,防冲的水流速度在 6 m/s 左右。

(6)透水性能好。格宾网石笼,内填块石为松散体,经测算其孔隙率在 20% ~30% 之间,它不仅能免去河岸护砌的排水管设置,更能消除护坡在地下水压力时的塌坡隐患;同时,它良好的透水性能,在地表水体与河流水体之间起到了蓄水、补枯、过滤等作用,促进了水分的相互依赖、补充、净化,从而增强了水体的自然净化力。更重要的是地表水向河道渗透时,土壤中的微量元素随之分解到河道水体中，丰富了水的质量。

(7)防浪性能好。在风浪、潮汐、水流过程中，不可避免地产生波浪拍击坡面，格宾网石笼块石的空隙率，将浪花粉碎，从而起到了消浪、消能作用；在风浪、潮汐退下时，也因块石护砌的空隙率，消除了风浪的真空吸力，从而又减少了风浪对护坡的破坏力度。因此，格宾网石笼增加了河岸粗糙系数(m)的预定值，为修复河道护岸工程，减少工程措施，提供了修护生态的新思维。

(8)施工成本低。因地制宜，选用各种石料；与浆砌石、混凝土挡墙及护坡相比，施工成本大大降低。

(9)有效改善河道水环境。由于利用石头天然材料的多孔性构造，通过水边绿化、设置生物的生长区域，保护了生物多样性，避免了材料的二次性环境污染问题，同时利用水生植物对水体净化能力，使水质得以改善。

3 适用范围

该工法适用于水利水电、交通、市政等工程中的以下几种：①闸上下游防冲槽护砌石；②闸上下游末节护坡护砌石；③导流堤或丁坝的表面护砌；④其他护底、护坡、坡脚、冲沟等的防护。因其治水净化的作用，特别是在水环境综合治理河道工程中，具有广阔的应用前景。

4 工艺原理

通过对河道格宾网生态石笼护坡施工的工艺流程、格宾网石笼性能、石笼镇脚干法施工与水下施工比较、顶埂与镇脚施工工艺、石笼护坡施工技术、石笼护坡施工质量控制标准、石笼坡面草坪种植及水生植物栽植等进行研究，总结得出河道生态石笼护坡施工的综合技术。

经过对河道生态石笼护坡施工工艺的研究，进行相关技术指标的检验与控制，得出河道格宾网生态石笼护坡施工工法，并能推广应用。

5 工艺流程及操作要点

5.1 施工工艺流程

根据现场情况分别采用干法与水下施工方案对生态护坡进行试验。经比较，石笼镇脚及抛石采用填筑围堰进行干法施工，坑底可以采用人工修整，基坑成型好，施工质量得到保证。

施工工艺流程如下：

测量放样→围堰填筑→顶埂和镇脚施工→护坡施工→外侧抛石→围堰拆除→石笼护坡草坪种植→生态河道水生植物栽植。

5.2 操作要点

5.2.1 测量放样

根据提供的施工坐标控制网络施测镇脚1米控制线(内侧)，圆弧段根据圆弧半径大小对控制桩适当加密。用红漆对桩位做好标记，以便于识别，施工放样结束后，进行复核和验收。

5.2.2 围堰填筑

根据镇脚控制线确定施工围堰的中心位置，用两栖挖泥船在滩面上顺河向修筑一道施工围堰。因施工围堰内外侧水位差较小，围堰设计为：顶高程2.3 m，顶宽2 m、坡比1∶2。围堰施工时，必须保证填筑土方密实。在外侧易冲刷的围堰施工时，采用码叠袋装土措施保护围堰的安全。

5.2.3 顶埂施工

顶埂施工工艺为：施工放样→基坑开挖→模板支立→混凝土浇筑。

(1)根据提供的施工坐标控制网络施测顶埂50 cm控制线，放样结束后，进行复核和验收。

(2)采用挖掘机沿顶埂中心线开挖出一条宽130 cm的操作平台，人工带线开挖基坑，并修整

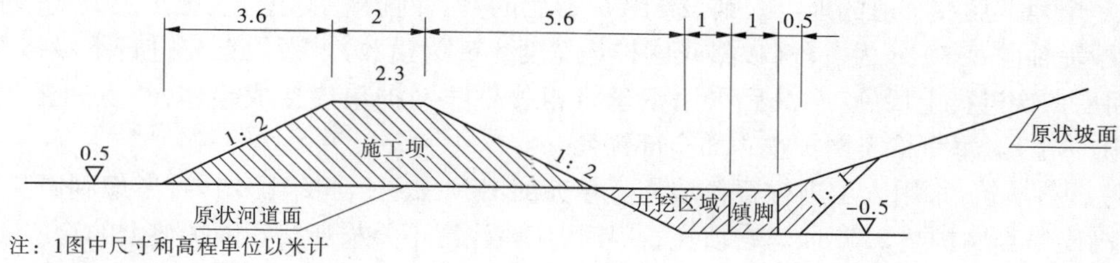

图 1　镇脚基坑开挖与施工围堰图

到位。

(3)采用木模或大规格钢模板施工。直线段使用大规格钢模板或规格为 500 × 30 cm 木模板，圆弧段 250 × 30 cm 木模板。表面有凹坑、皱褶等缺陷的模板禁止使用。

使用前，将模板调直，并保证表面光滑，表面涂刷隔离剂。模板安装时，按施工图纸进行模板安装的测量放样，沿线设置控制点，以便检验校正。模板安装结束后，全面检查模板的尺寸、平整度、接缝和支撑情况，使允许偏差控制在规范允许范围内。

(4)顶埂采用商品混凝土浇筑。混凝土运输车将混凝土运至工地，通过滑槽将混凝土输送入仓，插入式振捣器振捣密实。

5.2.4　镇脚施工

镇脚施工工艺为：施工放样→基坑开挖→搭设钢管控制线→土工布铺设→格宾网石笼安放→石料填充→土方回填。

(1)根据提供的施工坐标控制网络施测镇脚 100 cm 控制线，施工放样结束后，进行复核和验收。

(2)围堰施工结束后，用泥浆泵排除积水。根据施工控制线定出镇脚的基坑位置，用挖掘机配合人工开挖基坑，开挖出的土方用施工船运离施工场地。

(3)在施工中为防止格宾网石笼产生变形，基坑开挖结束后，根据控制线，在基坑内施打双排(排距 110 cm)竖向钢管桩，间隔 300 cm，在钢管桩上布置 2 道横向钢管，形成镇脚顶面控制线，有效控制镇脚轴线与高程。

(4)人工将土工布铺设到位，布面要求平整，并留有适当变形余量，保证最小搭接宽度为 1 m。

(5)根据镇脚控制线确定格宾网石笼的安放位置，安放时注意不能使格宾网石笼产生变形，保证底部的搭接长度。施工过程中，控制好格宾网石笼的上口高程和内外侧的线条平顺。

(6)运输船将石料运到码头后采用浮吊船装卸，运输车运送石料至现场，再用人工搬运至格宾网石笼内。为防止格宾网石笼变形，填充石料全部用人工码放到位，保证侧面和顶部平整，石料填充分段、分层进行，结束后再将上口封盖盖紧。

(7)为防止格宾网石笼变形，施工结束后立即采用人工对称回填镇脚两侧土方。

5.2.5　护坡施工

护坡施工工艺为：边坡修整和格宾网护垫组装→铺设土工布→铺设格宾网护垫→石料填充→加盖网盖及锁边。

(1)坡面整理：先用挖土机开挖，预留 20 cm 保护层由人工挖除。坡面平整度控制在 5 cm 以内。部分需填筑坡段，采用推土机分层碾压，然后采用反铲挖掘机结合人工修整坡面。

(2)土工布铺设：采用滚铺法人工将土工布铺设到位，布面要求平整，并留有适当变形余量，坡面土工布尽量采用缝合法连接。

(3)格宾网护垫组装和铺设：将折叠的单个格宾网护垫取出并放置在坚固和平整地面上，然后展开并压平成原形状，检测网眼尺寸是否符合设计图纸要求。在完成组装并经检测合格后，网垫被一个接一个地摆放在合适的地点。铺设组装成形后的格宾网护垫采用分段施工及流水作业的方法进行。顺堤轴向每 30 m 为一段(以格宾网护垫宽度 3 m 为模数)。每段首先进行下段格宾网护垫施工,而后依次进行上段施工,最后采用钢丝将相邻格宾网护垫连接成整体,扎点间距为 24 ~ 30 cm(三孔一扎)。每个格宾网护垫 4 面全部锁死。

(4)石料填筑:采用人工进行石料填充。填充时必须注意石料级配均匀,考虑到石头沉降,填充石头高出格宾网护垫 2.5 cm。在填充石料时,应该注意不要损坏格宾网护垫上的涂层。

(5)加盖网盖:石料填筑完毕后,把垫盖和所有的边、尾端和间隔板紧紧地绞合在一起。邻近的垫盖可以同时安全地联好,扎点间距为 24 ~ 30cm(三孔一扎),把垫盖连接在格宾网护垫的端板、边板和隔板上。邻近的垫盖可以一次性连接。

5.2.6 外侧抛石

采用挖泥船将抛石断面的土方开挖到设计高程。采用浮吊抛投块石。

5.2.7 围堰拆除

生态石笼镇脚施工结束后,采用两栖式挖泥船拆除施工围堰。拆除围堰拆除土方覆盖在镇脚及抛石上。土方高程低于水面,便于水生植物种植。

5.2.8 草坪种植和水生植物栽植

在蟒蛇河、朱沥沟及东涡河侧的围堤外侧高程 1.5 m 以上边坡,籽播百慕达,草籽撒播密度为 200 kg/hm^2;高程 1.5 m 以下边坡及滩面种植芦苇等水生植物。

石笼护坡施工结束后,在面层块石之间的缝隙内用细土回灌,浇水密实,保证土填满块石的缝隙,再在块石护坡上面覆盖一层 10 cm 的耕植土。

草坪种植:种植前用细齿耙将表层土耙碎,采用人工撒播草籽,撒播完毕再人工耙覆耕土 2 ~ 3 cm,用镇压器压实。根据土壤潮湿程度进行必要的洒水养护。

水生植物栽植:现结合生态河道建设,充分发挥河道的生态功能,在平台上及高程 1.5 m 以下坡面上种植芦苇、茭草等净化功能较强的水生植物,构建健康良性的河滨缓冲带。芦苇种植密度为 8 株/m^2,3 ~ 4 芽/株;茭草,≥40 cm,种植密度为 6 株/m^2。采用扦插法种植。

6 材料

6.1 格宾网石笼和护垫

镇脚采用格宾网石笼,规格为 300 cm × 100 cm × 100 cm,中间设 2 道隔片。护坡采用格宾网护垫,规格为 480 cm × 300 cm × 30 cm,中间设 4 道隔片。

6.2 土工布

土工布的规格为 300 g/m^2 无纺长丝反滤土工布,沿顶埂底部到抛石外侧长 15.93 m。

6.3 块石

镇脚和护垫采用 80% 粒径为 10 ~ 18 cm 的石料。外侧抛石采用单重不小于 30 kg 的石料。

6.4 混凝土

顶埂采用商品混凝土浇筑,强度等级为 C20。

6.5 草籽和水生植物

草皮护坡品种为百慕达,草籽撒播密度为 200 kg/hm^2。

水生植物为芦苇、茭草。芦苇种植密度为 8 株/m^2,3 ~ 4 芽/株;茭草,≥40 cm,种植密度为 6 株/m^2。

7 机具设备

7.1 施工设备投入情况

1 m^3 挖掘机 2 台，两栖式挖泥船 1 艘，混泥土输送泵 1 台套，洒水车 1 辆，镇压器 1 台。

7.2 检测设备投入情况

配备全站仪 1 台，S3 水准仪 2 台。

8 劳动组织及安全

8.1 劳动组织

施工工种有木工、混凝土土工、石工、普工等。采用分段施工及流水作业的方法，共计分四个作业组，每组 10 人。

8.2 安全生产

(1)严格安全生产责任制，遵守安全操作规程，施工机械进场后必须进行试运转，不准机械带病工作。

(2)做好职工的安全教育，按照"三级"安全教育学习，考核上岗，针对生态石笼施工特点做好安全技术交底，提高思想认识。

(3)定期召开安全会议，要求施工作业组进行班前五分钟安全教育。

(4)搞好个人劳动保护，作业人员必须戴安全帽。

(5)水上施工时，所有的施工人员必须穿救身衣。

9 质量要求

9.1 本工法遵照的标准、规范

《水利水电工程施工质量检验与评定规程》(SL 176—2007)。

《江苏省水利工程质量检验评定标准》。

9.2 质量要求

9.2.1 质量标准

(1)钢丝。生态石笼网线钢丝直径 2.2 mm，边线钢丝直径 3.0 mm。绑扎钢丝直径 2.20 mm，钢丝外表经镀锌及包 HDPE 处理。

钢丝力学性能符合 GB/T 228—2002 标准，钢丝镀锌层符合 GB/T 1839—2008 标准。

线径 mm	抗拉强度(MPa)	延伸率(%)	镀锌量(g/m^2)
2.20	380 ~ 450	> 12	240
3.00	380 ~ 450	> 12	250

HDPE 涂塑厚度≥0.50 mm，比重 0.94 ~ 0.96，抗拉强度≥18 MPa、伸长率≥180%；HDPE1000 时耐酸老化后强度≥15 MPa，老化后伸长率≥180%，老化后抗拉强度变化率≤10%。

(2)土工布。反滤土工织物采用 300 g/m^2 无纺长丝土工布，质量标准应符合 GB/T 17639—1998 标准。

(3)石块。格宾网石笼和网垫填充石料 80% 粒径为 10 ~ 18 cm，d_m = 14 cm，d_{90} = 17 cm。

抛石石料质地新鲜，坚硬完整，无风化剥落和裂纹，具有良好抗水性能的岩浆岩块石，其单重≥30 kg。

序号	项目	单位	指标	备注
1	质量	g/m^2	300	
2	经向断裂强力	kN/m	≥15	
3	纬向断裂强力	kN/m	≥15	
4	经向断裂伸长率	%	40~80	
5	纬向断裂伸长率	%	40~80	
6	CBR 顶破强力	kN/m	≥2.6	
7	等效孔径(O_{95})	mm	0.07~0.2	
8	垂直渗透系数	cm/s	$K\times(10^{-1}\sim10^{-3})$	$K=1.0\sim9.9$

(4)预拌混凝土。根据《水工混凝土试验规程》(SL 352—2006)规定的方法进行混凝土配合比试验,C20 混凝土水胶比宜控制在 0.4~0.5 之间,用水量宜控制在 170 kg/m^3 以下,胶凝材料总量宜控制在 350~400 kg/m^3 之间,混凝土运送到浇筑地点的坍落度宜控制在 10~15 cm。

(5)格宾网石笼和网垫。格宾网网目尺寸为 80 mm×100 mm,允许公差为±5%。格宾网石笼和网垫装料前允许公差:长宽为±5%,高为±10%。

9.2.2 质量控制要求

(1)格宾网石笼和护垫。①格宾网石笼和护垫成捆运到工地后,要在靠近安装位置的平整场地上打开。避免损坏笼(或垫)体和网线表面 HDPE 涂层。②格宾网石笼和护垫的几何尺寸、安装平面位置、高程均要符合设计要求。③相邻笼(或垫)体进行绑扎连接。用钢丝扎牢,扎点间距为 24~30cm(三孔一扎)。

(2)土工布搭接与铺设。①在场内进行土工布缝合,所有的缝合必须连续进行。在缝合前,土工布必须重叠最少 150 mm,最小缝针距离织边(材料暴露的边缘)至少是 25mm。用于缝合的线应为最小张力超过 60 N 的树脂材料,并有与土工布相当或超出的抗化学腐蚀和紫外线能力。土工布上的“漏针”必须重新缝合。②现场采用自然搭接法施工,搭接长度不小于 100 cm。③在坡面上,对土工布的一端进行锚固,然后将卷材顺坡面放下以保证土工布保持拉紧的状态。④检查宽度是否合适,搭接处应平整,松紧适度。

(3)坡面土方平整。①坡面保护层土方 20 cm 采用人工开挖。因挖掘机开挖镇脚的临时平台回填时采用②层土分层回填,层厚控制在 30 cm 以内,挖掘机压实,密实度不小于 0.94。

②坡面土方采用人工整修。在顶埂和镇脚之间用尼龙线控制。

(4)石料填充。①石料填充密实稳固,填充石料时,认真细心操作,要轻搬轻放,禁止乱抛乱砸,以免损坏笼(或垫)体和网线表面上 HDPE 涂层。

②护坡底边线、顶边线要顺直、整齐。

(5)抛石。①定位要准确,定位要根据测量人员给出的位置准确定位,定位船的内外八字锚要拉紧,防止定位船有大的摆动。②为便于网格方量控制,所选用料船大小要基本一致。③力求抛石位置准确,抛石覆盖均匀。④抛石量要足,施工中实行三方(业主、监理和施工单位)共同验收制度,并检查验收核实,认真做好记录,严禁漏抛和少抛。⑤检测控制,每个网格除满足设计量外,每抛完一组网格应进行一次检测,将检测结果与抛投前测量成果进行比较,抛投厚度及均匀度是否达到设计要求。若发现漏抛、少抛,及时进行补抛,确保每个网格实际的抛投体积与网格设计抛投量控制在 0~+10% 范围内。

9.2.3 质量检测要求

质量检测要求符合表 1~表 6 要求

表1　石笼护坡允许偏差

序号	检测项目	允许偏差（mm）	检测频率		检测方法
			范围	点数	
1	砌体厚度	+50，-30	每段(15m)	3	钢尺量
2	坡面平整度	70	每段(15m)	3	用2 m靠尺和钢尺量
3	坡面坡度	1:n(1±2%)设计值:1:3	每段(15 m)	3	坡度尺量
4	坡底边线	不高于设计高程	每段(15 m)	3	水准仪测量
5	绑扎间距	±50	每段(15 m)	3	钢尺量

表2　石笼镇脚允许偏差

序号	检测项目	允许偏差（mm）	检测频率		检测方法
			范围	点数	
1	轴线位移	15	每段(15 m)	3	经纬仪测量
2	顶面标高	+50;0	每段(15 m)	3	水准仪测量
3	断面尺寸	+50；-10	每段(15 m)	3	用尺量
4	顶面平整度	50	每段(15 m)	3	用2 m靠尺和塞尺量

表3　基坑开挖允许偏差

序号	检测项目	允许偏差（mm）	检测频率		检测方法
			范围	点数	
1△	坑底标高	±20(有垫底混凝土) 0～-20(无垫底混凝土)	块或100 m^2	4	水准仪
2△	轴线位移	±30	块或100 m^2	2	经纬仪
3	基坑尺寸	不小于设计规定值	座、块	4	钢尺
4	基坑边坡	设计的10%	座、块	3	坡度尺或计算

表4　顶埂允许偏差

序号	检测项目	允许偏差（mm）	检测频率		检测方法
			范围	点数	
1	轴线位移	15	每30延米	2	用经纬仪测定
2△	长度	±20	每30延米	2	钢卷尺量
	宽度	±20		2	
	厚度	±10		2	
3	顶面标高	±10	每30延米	4	用水准仪测定
4	表面平整度	+15	每30延米	3	用2米靠尺和塞规量

表 5　护坡整坡允许偏差

序号	检测项目	质量标准(mm)	检查频率	检测方法
1	边坡	设计值的 ±2%	每 100 米不少于 2 点	用坡度尺量
2	顶标高	±100	每 100 米不少于 2 点	用水准仪测
3	断面饱满率	±3%	每 100 米不少于 2 点	尺量、验方、计算

表 6　土工合成材料铺设允许偏差

检测项目	允许偏差	检测频率	检测方法
土工合成材料	表面平整度(30 mm)	每 10 延米	用靠尺量
	搭接宽度(bd/10)	每 10 延米	用钢尺量

10　效益分析

河道格宾网生态石笼护坡综合施工技术的研究成果,在盐城市区饮用水源生态净化工程(盐龙湖)中实际应用,取得了良好的效益。河道格宾网生态石笼护坡综合施工技术、工艺具有施工方便、工期短、生态性、透水性、柔韧性、抗冲性、防浪性等特点。由于该成果的成功运用,河道堤防工程工期比计划工期提前了一个月,生态围堤护坡的冲刷得到了有效控制,河道滩岸种植芦苇、茭草等水生植物进一步净化了蟒蛇河原水,工程发挥了良好的经济效益、环境效益和生态效益。根据投资概算比较,本工程生态围堤边坡采用生态护坡方案的工程投资为 1085 万元,采用混凝土护坡及浆砌块石挡墙方案投资为 1160 万元,生态护坡方案可节约投资 75 万元。该单位工程经盐城市水利工程质量监督站核定为优良工程。

11　应用实例

盐城市区饮用水源生态净化工程(盐龙湖)位于盐都区龙冈镇境内,蟒蛇河南岸,东侧以通冈河为界,西南侧以朱沥沟及东涡河为界。该工程运用生态湿地对水质的净化作用,使原河水经净化处理后,水质指标达到Ⅲ类饮用水标准。工程通过在取水口外的蟒蛇河、朱沥沟上培土构建宽度不等、总长度 2 755 m 的生态河道,河道滩岸种植芦苇等具有净化水质功能的水生植物,充分利用河道滩地及护岸带的各种水生植物来净化河道水质,缓解水污染事件对取水水质的不利影响。

取水泵站上下游生态围堤外侧(蟒蛇河、朱沥沟右岸)设置生态护坡,工程总面积 25 320 m^2。生态护坡自上而下由 50 × 80 cmC20 混凝土顶埂、30 cm 厚格宾网护垫护坡、100 × 100 cm 格宾网石笼镇脚以及 300 cm 宽 60 cm 厚抛石组成,从顶埂到抛石下面均铺设一层 300 g/m^2 无纺长丝土工布。生态护坡镇脚及抛石均在常水位以下。

在蟒蛇河、朱沥沟及东涡河处的围堤外侧平台上及高程 1.5 m 以下坡面上种植芦苇、茭草等,总面积为 9 560 m^2;高程 1.5 m 以上石笼护坡上籽播百慕达,草籽撒播密度为 200 kg/hm^2,总面积为 40 520 m^2。格宾网生态石笼护坡工程于 2010 年 9 月开工,2010 年 12 月完工,经过 2011 年汛期的考验,生态围堤护坡稳定。随着春天的来临,草籽已发芽,且生长茂盛;水生植物部分已长出新芽,出现多处绿色景观长廊。

河道格宾网生态石笼护坡施工工法,在盐城市区饮用水源盐龙湖工程中成功应用,具有方便流水作业施工,缩短工期,提高工效等特点,同时由于研究制定了格宾网生态石笼护坡的质量控制与检验标准,确保了工程的施工质量。

随着河道堤防与大坝护坡材料的逐渐老化,如何提高堤防与大坝的生存能力,实现河道与湖泊的生态环保，将成为我国水利工程面临的一次巨大挑战。展望未来，作为格宾网生态石笼护坡综合技术以其强大的生态优势，将对我国传统的浆砌块石护坡系统形成强大的冲击，具有十分广阔的应用前景。

（主要完成人：商志清　仓基俊　谷祥先　罗捷旋　朱　峰）

三头小直径深层搅拌二次成墙法建造水泥土防渗墙施工工法

江西省水利水电建设有限公司
深圳市金河建设集团有限公司

1 前言

由于水利工程市场竞争越来越激烈，造成多头小直径深层搅拌水泥土防渗墙（设计最小有效墙体厚度≥180 mm，下同）项目的中标单价都偏低，但是水泥价格和施工人员工资又在不断地上涨，使施工成本直线上升。为了解决多头小直径深层搅拌水泥土防渗墙项目施工中遇到的单价偏低和施工成本不断上涨的问题，研究既能保证施工质量，又能合理降低施工成本的多头小直径深层搅拌水泥土防渗墙施工工法显得尤其重要。

通过分析研究已完工多头小直径深层搅拌水泥土防渗墙工程的成墙工艺、施工效率、单位成墙面积水泥和电能耗用量等技术经济指标，得出了三头小直径深层搅拌机（轴距 450 mm，钻头直径 300 mm）二次成墙法具有施工成墙速度快、单位成墙面积水泥耗用量少、施工质量有保证的结论。

2006 年 12 月以后，本公司的多头小直径深层搅拌水泥土防渗墙项目都采用了三头小直径深层搅拌机（轴距 450 mm，钻头直径 300 mm）二次成墙法施工，根据三头小直径深层搅拌机（轴距 450 mm，钻头直径 300 mm）二次成墙法在江西省鄱阳湖区二期防洪工程第五个单项共青联圩除险加固工程共 3 标等工程中的应用情况，总结形成了三头小直径深层搅拌二次成墙法建造水泥土防渗墙施工工法。本工法经公司工法管理委员会 2010 年 12 月 10 日审定，已批准本工法为企业工法。

本工法后来又在本公司中标承建的江西省五河及鄱阳湖区重点圩堤应急防渗处理工程垂直防渗 1 标、2 标和江西省鄱阳湖区二期防洪工程第六个单项南湖联圩除险加固工程南湖 1 标段等多项工程的多头小直径深层搅拌水泥土防渗墙项目施工中得到了推广应用，取得了较好的经济效益和社会效益。

2 工法特点

（1）施工速度快。本工法与射水法造混凝土防渗墙、高压喷射灌浆防渗墙、单头深层搅拌桩机成墙和三头小直径深层搅拌一次成墙法比较，具有明显的施工速度快的特点。三头小直径深层搅拌二次成墙法建造水泥土防渗墙日平均成墙速度一般为 180～260 m^2，射水法造混凝土防渗墙日平均成墙速度一般为 80～120 m^2，高压喷射灌浆防渗墙日平均成墙速度一般为 60～100 m^2（按常用孔距 1.6 m 的进尺折算成墙面积）；三头小直径深层搅拌二次成墙法建造水泥土防渗墙单位时间内的成墙速度是单头深层搅拌桩机成墙速度的 1.69 倍，是三头小直径深层搅拌一次成墙法成墙速度的 1.18 倍。

（2）施工成本低。本工法与单头深层搅拌桩机（钻头直径 450 mm，桩间套接宽度 50 mm）单位成墙面积的水泥耗用量相比要节约水泥 26.56%，与三头小直径深层搅拌机（轴距 320 mm，钻头直径 380 mm）一次成墙法单位成墙面积的水泥耗用量相比要节约水泥 12.81%，因此水泥耗用量少，施工成本低。

（3）无环境污染。射水法造混凝土防渗墙属于置换法成墙，高压喷射灌浆防渗墙成墙介于转换法和掺搅法之间,因此这两种工法成墙施工时孔口都会排出大量的废液和废渣;而深层搅拌法成墙属于掺搅法成墙,成墙施工时孔口产生的水泥浆废液和废渣极少,与射水法造混凝土防渗墙和高喷灌浆成墙法相比较,几乎可以忽略不计,因此本工法对环境造成的污染最小,基本无环境污染。

(4)施工无振动和噪音。

3 适用范围

(1)三头小直径深层搅拌二次成墙法适用地层范围为黏性土、粉土、砂土,以及黄土、淤泥质土和淤泥、人工素填土、含砾直径小于 50 mm 的砂砾石等土层;应用工程范围为江河堤防的堤身堤基防渗处理,水库土坝坝体及土质坝基防渗处理,公路、铁路和市政工程基础防渗处理,以及深基坑开挖防渗与支护处理等。

(2)双动力(主电机 2×55 kW)三头小直径深层搅拌二次成墙法的最大施工深度为 18 m,三动力(主电机 2×55 kW,加压电机 18.5 kW)三头小直径深层搅拌二次成墙法的最大施工深度为 25 m。多头小直径深层搅拌防渗墙的最小有效墙体厚度≥180 mm。

4 工艺原理

(1)利用深层搅拌机械将水泥浆液材料送到需要防渗处理的土层中并与土体强制搅拌,从而在土体内产生物理-化学反应,形成具有整体性、水稳定性和一定强度的增强体,和原土体构成防渗墙。

(2)三头小直径深层搅拌机就位、调平后,开启灌浆泵输送水泥浆液,深层搅拌机边喷水泥浆液边搅拌钻进到设计墙底孔深,孔底静喷水泥浆液 30 s 后,深层搅拌机边喷水泥浆液边搅拌提升至导向沟底,停止送水泥浆液,完成一序单元桩施工。

(3)三头小直径深层搅拌机向前纵向移动 225 mm 后,对准二序桩位,开启灌浆泵送水泥浆液,深层搅拌机边喷水泥浆液边搅拌钻进到设计墙底孔深,孔底静喷水泥浆液 30 s 后,深层搅拌机边喷水泥浆液边搅拌提升至导向沟底,停止送水泥浆液,完成二序单元桩施工。

(4)一序单元桩与二序单元桩相互套接,套接宽度为 75 mm,形成 1 个长度为 1 350 mm 最小厚度为 198 mm 的单元防渗墙体,如此重复 4.2 和 4.3 动作,就形成一道连续的三头小直径深层搅拌水泥土防渗墙。三头小直径深层搅拌二次成墙法施工顺序如图 1 所示。

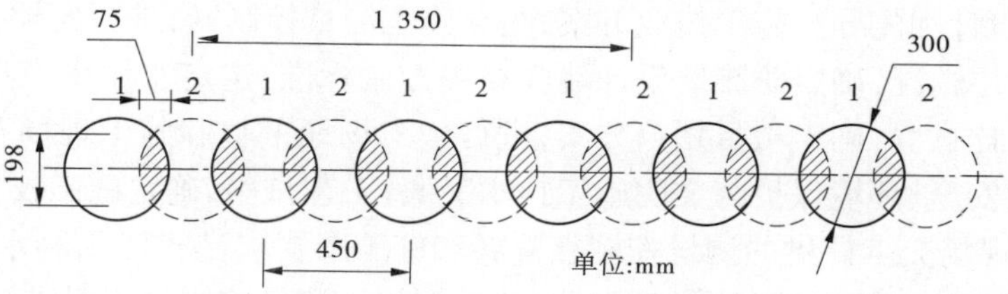

图 1 三头小直径深层搅拌二次成墙法施工顺序图

5 施工工艺流程及操作要点

5.1 施工工艺流程

三头小直径深层搅拌二次成墙法建造水泥土防渗墙施工工法的施工工艺流程见图 2。

5.2 施工操作要点

5.2.1 施工准备

(1)施工准备阶段的主要工作内容是:收集并熟悉设计文件和合同文件要求,参加设计现场交点,熟悉施工环境;进行施工图审查,

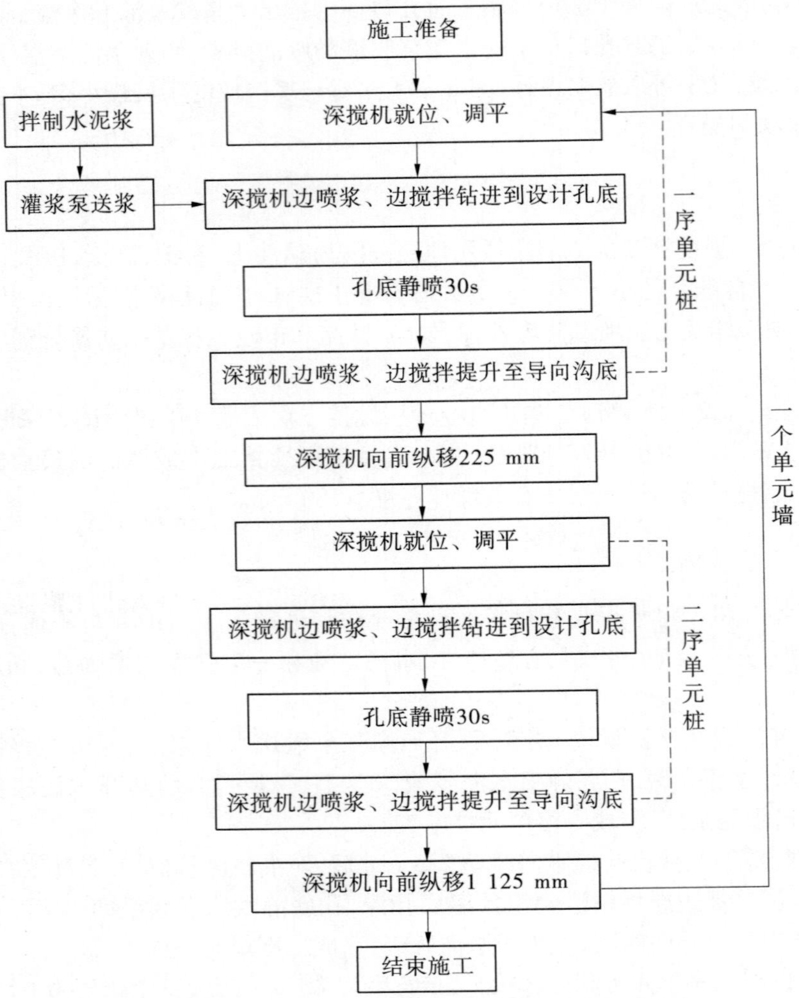

图2　三头小直径深层搅拌二次成墙法施工工艺流程框图

向监理报送施工图审查记录；参加设计交底会议，明确设计意图，解决施工图审查中发现的问题；编制施工组织设计和先导孔施工作业方案；建立施工测量控制网；进行先导孔钻孔施工作业，复核施工范围内的地层情况，确定防渗墙设计墙底高程控制标准；选定水泥生产厂家与水泥品种，进行室内水泥土掺入比试验；确定项目划分方案；进行施工场地平整和施工现场布置；对施工作业人员进行技术、质量、安全、环境保护与文明施工技术交底；工艺试验，确定施工技术参数等。

(2)根据设计现场交点提供的测量控制点资料和施工图要求，按照《水利水电工程施工测量规范》(SL 52—93)的规定，建立施工测量控制网，并根据施工测量控制网资料进行施工测量放样。

(3)根据监理人批准的先导孔钻孔施工作业方案的要求，沿深层搅拌防渗墙轴线每 50 m 布置 1 个先导孔，特殊地质可适当加密。先导孔应伸入设计增强体下限深度以下 5 m，以复核施工图地层资料。先导孔钻孔作业要按照《水利水电工程钻探规程》(SL 291—2003)的规定施工，钻孔记录要现场填写，记录的内容要求齐全、准确、清晰。供室内试验的原状土芯样要当场密封好，按要求妥善保管，并及时送实验室检验。

(4)要根据先导孔钻孔记录资料，及时编制先导孔柱状图和防渗墙先导孔地质纵剖面图。在先导孔施工作业结束后，应及时将先导孔施工报告等资料报送给监理人审核后，再报设计单位确定深层搅拌防渗墙设计墙底高程控制标准。

(5)根据各地层先导孔原状土样和选定施工使用的水泥，按照设计文件的要求和《深层搅拌法技术规范》(DL/T 5425—2009)附录 A 的规定,进行水泥土室内试验,以确定满足工程要求的水泥土材料配比。

(6)进行施工场地平整,低洼时应回填素填土并碾压密实。水泥土防渗墙施工前应沿施工轴线开挖导向沟,沟深 0.5 ~ 1.0 m,宽 0.5 m。处理地上、地下设施及障碍物。

(7)施工测量放样。沿防渗墙轴线每 50 m 打一根木桩并标示出防渗墙桩号,并在导向沟的右侧用尼龙线放出施工轴线控制位置。

(8)进行机械组装和试运转。施工前应测定注浆泵排浆量、水泥浆液经输浆管路到达喷浆口时间以及提升速度等参数。

(9)根据设计要求和室内试验确定的水泥土材料配比,选择有代表性的地层进行工艺试验,并根据工艺试验完成 7 d 后的开挖检查结果,报请设计单位确定施工技术参数。

5.2.2 深层搅拌机就位、调平(同时拌制水泥浆液)

(1)深层搅拌机就位后,通过调节液压支腿的高度和观测机座上的水平气泡是否居中及机架上悬挂的垂球线是否对准垂直标记线来判断和调整深层搅拌机的水平和机架垂直度,并用水平尺检验深层搅拌机的水平和机架垂直度。

(2)按照设计要求和工艺试验确定的水泥浆液水灰比制浆。制备好的水泥浆液不得离析。水泥浆液输送到拌浆机存储时应加筛过滤。

(3)拌制的水泥浆量、拌浆机存储时间等应进行记录。

5.2.3 深层搅拌机边喷浆边搅拌钻进至设计墙底孔深

(1)开启灌浆泵送浆,检查喷浆嘴喷出水泥浆液后,按照设计要求和工艺试验确定施工参数调节好灌浆压力和水泥浆液液排量,进行正常送浆。施工过程中应连续供浆。

(2)启动深层搅拌机,按工艺试验确定的下沉速度,边喷浆边搅拌钻进至设计墙底孔深。

(3)为了保证不偏孔,开始入土钻进时不宜用高速档钻进,遇到土层较硬时,也不宜用高速档钻进。

(4)在喷浆搅拌钻进过程中,如果遇到孔口不返浆时,应降低下沉钻进速度,直到孔口返浆恢复正常后,才能按正常的下沉钻进速度;如果遇到孔口返浆过大时,应提高下沉钻进速度或减小送浆量,直到孔口返浆恢复正常后,才能按正常的下沉钻进速度。

5.2.4 孔底静喷 30 s

搅拌钻头钻进到设计墙底孔深位置后,应停止下沉钻进,原地喷浆搅拌 30 s,直到孔口出现返浆后才能结束孔底静喷。

5.2.5 深层搅拌机边喷浆边搅拌提升至导向沟底

(1)孔底静喷结束后,搅拌钻头自孔底按工艺试验确定的上提速度反转匀速搅拌提升至导向沟底后,停止送浆。

(2)检查搅拌钻头的搅刀是否脱落或搅拌钻头是否被软黏土包裹,发现问题后要及时处理。

5.2.6 深层搅拌机向前纵移 225 mm

深层搅拌机喷浆搅拌提升至导向沟底,结束搅拌钻头检查后,深层搅拌机向前纵移 225 mm,对准二序桩位。

5.2.7 深层搅拌机重复 5.2.2 ~ 5.2.6 动作,完成二序单元桩墙施工,即完成一个单元墙的施工。

5.2.8 深层搅拌机向前纵移 1 125 mm,进行下一个单元墙的施工(循环重复 5.2.2 ~ 5.2.7 动作)。

5.2.9 结束施工

施工过程中结束施工时,应及时用清水将灰浆泵等设备和管路清洗干净。深层搅拌项目结束施工后,应做好施工场地的清理等工作。

6 材料与设备

本工法使用的主要材料、设备与机具见表1。

表1 主要材料与设备表

序号	材料及设备名称	规格或型号	单位	数量	用途	备注
1	三头深层搅拌机	轴距450 mm	台	1	2×55 kW深层搅拌	1个深层搅拌机组配置数量
2	灰浆搅拌机	ZJ800	台	1	15 kW拌制水泥浆	
3	搅拌储浆桶	1.0 m^3	个	2	4 kW储存水泥浆	
4	泥浆泵	BW150	台	1	7.5 kW输送水泥浆	
5	灰浆泵		台	3	5.5 kW深搅灌浆	
6	压力表	1.0 MPa	块	8	测量灌浆压力	
7	电脑喷浆自动记录仪	BJ-A	台	1	记录喷浆等参数	
8	比重计		根	10	测量水泥浆液比重	
9	潜水泵	1.5 kW	台	3	供水	
10	电焊机	BX3-300-2	台	1维修保养		
11	钢圈尺	50 m	把	1	测量放样	
12	水准仪	DS3	台	1	测量放样	项目部配置
13	全站仪	徕卡TCR802	台	1	测量放样	
14	30钻机	台	1	先导孔钻孔		
15	沸煮箱		台	1	水泥安定性检测	
16	雷氏夹		个	10	水泥安定性检测	
17	薄壁金刚石取芯机		台	1	检查墙体侧向取芯	

7 质量控制

(1)三头小直径深层搅拌二次成墙法建造水泥土防渗墙施工工法必须执行的规程规范标准如下：

①《深层搅拌法技术规范》(DL 5425—2009)；

②《水利水电工程混凝土防渗墙施工技术规范》(SL 174—96)；

③《堤防工程施工规范》(SL 260—98)；

④《水利水电工程施工测量规范》(SL 52—93)；

⑤《水利水电工程钻探规程》(SL 291—2003)；

⑥《土工试验规程》(SL/T 237—1999)；

⑦《通用硅酸盐水泥》(GB 175—2007)；

⑧《堤防工程施工质量评定与验收规程(试行)》(SL 239—1999)；

⑨《水利水电工程施工质量检验与评定规程》(SL 176—2007)；

⑩《水利水电基本建设工程单元工程质量等级评定标准水工建筑物(试行)》(SDJ 249.1—88)；

⑪《水利水电建设工程验收规程》(SL 223—2008)

(2)三头小直径深层搅拌二次成墙法建造水泥土防渗墙的施工质量检验方法和标准执行《深层搅拌法技术规范》(DL 5425—2009)8.0.4 和 8.0.5 条的规定。

(3)工序质量控制重点项目是桩位偏差、桩的垂直度、桩的深度、水泥浆液比重、水泥掺入比、单位面积灌浆量与单元墙灌浆总浆量,工序质量控制的关键点是要保证桩位的偏差和深层搅拌机机架的垂直度符合工序质量要求。工序质量控制标准见表2。

表2　工序质量控制标准表

项次		检查项目	质量标准
造孔	1	桩位偏差	≤20(mm)
	2	△桩垂直度偏差	≤0.3(%)
	3	△桩深	设计值桩深 ±0.1(m)
	4	搅拌轴外径	满足最小成墙厚度要求,≥____mm
搅拌参数	1	△搅拌次数	符合设计要求
	2	下沉速度	符合设计要求(m/min)
	3	提升速度	符合设计要求(m/min)
	4	水灰比	0.8~2.0
	5	浆液密度	符合配合比设计要求(g/cm^3)
	6	△水泥掺入比	符合设计要求
	7	△浆液用量	≥____(L)
	8	△单位水泥用量	≥____(kg/m^2)
	9	中断喷浆处理	符合设计或规范要求
	10	桩间接头处理	符合设计或规范要求
	11	浆压	0.2 MPa~0.4 MPa
施工记录	1	△施工记录、图表	齐全、准确、清晰

注:表中△为主要检查项目。

(4)保证施工质量的主要技术措施:

①在施工前,应根据设计要求和室内试验确定的水泥土材料配比,选择有代表性的地层进行工艺试验。工艺试验形成轴线长度为

3~5 m 的水泥土防渗墙。工艺试验完成7 d后,应进行浅部开挖,观察桩体的均匀性,检测桩径、墙厚、桩位偏差及桩(墙)间搭接等是否满足设计要求,并根据工艺试验成果确定施工技术参数。

②在施工过程中,要经常观测和检查深层搅拌机机架的垂直状态,要及时调整机架的垂直度,使深层搅拌机机架始终处于垂直状态。深层搅拌机垂直度偏差不得超过0.3%,桩位偏差不得大于20 mm。垂直度及桩位偏差,每个机位均应检测。要保证深层搅拌机垂直度偏差、桩位偏差大达到允许的最大值时,能保证墙体有效墙厚满足设计要求。

③搅拌叶片直径每个单元工程应检测一次,偏差应控制在3%以内。回转速度、提升速度偏差应控制在5%以内。

④因故停工,按如下方法进行处理:a. 停工时间不超过8~24 h,恢复施工时宜将搅拌桩机下沉至停浆搅拌点以下0.5 m,再搅拌提升;b. 若停工时间较长,无法下沉至停浆搅拌点以下0.5 m时,应使下一序桩(墙)与前序桩在一侧或两侧搭接,搭接长度不小于两根桩径。对于重要的防渗墙,

还应在搭接桩间钻孔灌注水泥砂浆连接。

(5)主要质量管理方法:

①在施工准备工作阶段,项目部应对全体施工人员进行质量法律法规、技术标准和质量控制要求等培训和质量教育,进行技术和质量交底,使全体施工人员了解质量法律法规的相关规定,掌握和遵守本岗位(工种)质量控制要求和技术标准等相关规定。

②根据公司的质量管理体系文件要求,成立以项目经理为组长的质量管理领导小组,项目部设置质量管理机构,配备专职质检员,建立质量保证体系,制定质量管理制度,明确各级各类人员的质量责任制。

8 安全措施

(1)坚持"安全第一、预防为主、综合治理"的安全生产方针

根据国家的安全生产法律法规,水利行业《水利工程建设安全生产管理规定》,以及地方的安全生产法规等规定,结合三头深层搅拌二序成墙法建造水泥土防渗墙的施工安全实际情况,按照公司的职业健康安全管理体系文件要求,成立以项目经理任组长的安全生产领导小组,项目部设置安全生产管理机构,配备专职(兼)安全员,建立安全生产保证体系和应急救援预案,制定安全生产管理制度,明确各级各类人员的安全生产责任制。

8.2 安全用电和恶劣天气

安全生产管理的重点是加强用电安全管理和异常恶劣天气的施工作业管理

(1)安全用电管理。①因露天施工,大部分机电设备是裸露的,因此要保证机电设备的绝缘性能符合安全标准要求,并要做好防雨、防水安全防护。②因电缆线是敷设在地上的,因此确保电缆线的外表不被破损,要防止因电缆漏电发生触电安全事故。

(2)异常恶劣天气作业管理

采取防风、防雷措施,遇大风、大雨、雷电等异常天气应停止深层搅拌施工作业,以免雷击事故、因大风导致的深层搅拌机倾倒事故发生。

8.3 安全管理措施

(1)在施工现场设立重大危险源公告牌和各类安全警示牌。

(2)在施工中,全体施工人员必须严格遵守《水利水电工程施工通用安全技术规程》(SL 398—2007)、《水利水电工程土建施工安全技术规程》(SL 399—2007)、《水利水电工程施工作业人员安全操作规程》(SL 401—2007)等安全规程规范的相关规定。要杜绝违章指挥、违章操作和违反劳动纪律现象,做到安全操作,文明施工。

(3)项目部应对全体施工人员进行安全法律法规、安全技术规范和安全操作规程等培训和开展安全教育,进行安全技术交底,编印安全保护手册发给全体施工人员。工人上岗前应进行安全操作考核,考核合格者才准上岗。电工等特殊工种作业人员必须持证上岗。

(4)施工临时用电严格执行《施工现场临时用电安全技术规范》(JGJ 46—2005)的规定,电器设备和电气线路必须经过绝缘检测符合要求后才能投入使用,电机设备应采用"三相五线制"接线方式,并做到"一机一闸一漏保"。

(5)在施工中,项目经理应重视安全生产管理工作,在布置施工生产任务时,也同时要布置安全生产工作要求,还应定期组织安全生产检查和召开安全生产例会。

(6)项目部要组织全体施工人员进行体检,为全体施工人员建立身体健康档案,防止患有高血压、心脏病、贫血、精神病的人及其他不适于高处作业病症的人从事高处作业,预防传染病和其他危害施工人员身心健康的事件发生。

9 环境保护与资源节约

9.1 环境保护

(1)按照公司的环境管理体系文件要求,成立以项目经理任组长的环境保护与文明施工领导小组,配备环保员,建立环境保护与文明施工保证体系,制定环境保护与文明施工管理制度,明确各级各类人员的环境保护与文明施工责任制。

(2)编制环境保护措施计划,并报送监理人批准。

(3)在施工准备工作阶段,对全体施工人员进行环境保护法律法规、文明施工要求培训,并进行环境保护和文明施工交底,使所有施工人员都了解环境保护法律法规和文明施工的相关规定,掌握施工期内生活区、生产区环境保护、文明施工的有关工作内容与要求。

(4)在施工中,全体施工人员必须遵守有关的环境保护的法律、法规和规章,做到文明施工;履行合同约定的环境保护义务,做好施工期内生活区、生产区环境保护的有关工作。

(5)在施工期内,应按照经监理人批准的环境保护措施计划,做好生活、施工污水和废水处理,固体废弃物处理,完工后的施工场地清理,水泥粉尘接触人员健康防护等工作。

(6)接受国家及地方环境保护与水行政主管部门的监督和检查;配合项目法人和监理人做好环境保护、文明施工检查并执行其指令。

(7)项目经理应重视环境保护与文明施工工作,在布置施工任务的同时也要布置环境保护与文明施工工作要求,在检查施工的同时也要检查环境保护措施计划的执行情况,并及时处理施工中存在的环境保护问题。

9.2 资源节约

(1)根据实际施工需要制备水泥浆液,降低可预见的停止施工时的水泥浆液废弃数量,从而减少水泥浆液废弃量,节约水泥。

(2)拌制水泥浆液前,先对输送水泥浆液的管路的完好性进行输水检查,及时维修好输浆管存在的破损点,减少因输浆管路破损所造成的水泥浆液输送过程中的水泥浆液漏失量,从而减少水泥浆液漏失量,节约水泥。

(3)根据施工技术要求配置密度符合质量要求的水泥浆液,并按设计水泥掺入比确定的水泥浆液使用数量使用水泥浆液,在确保施工质量的前提下,最大限度地合理节约使用水泥。

(4)加强水泥入库验收管理,杜绝野蛮装卸水泥,降低入库水泥破包率,减小因破包而造成的水泥浪废;加强对入库水泥的防雨防潮防护管理,减少因防雨防潮管理不到位等原因所造成的水泥结块浪废。

(5)杜绝施工机械设备的空转现象,提高设备的使用效率,降低单位成墙面积的电能消耗,节约电能。

(6)杜绝生活区和施工现场的长明灯和长流水现象,节约电能。

10 效益分析

10.1 社会效益显著

1998 年长江特大洪水以后,江西省堤防除险加固垂直防渗处理工程措施主要是采用高压摆喷灌浆和射水法造混凝土防渗墙处理堤身堤基渗漏,采用多头小直径深层搅拌水泥土防渗墙处理堤身渗漏。以 2010 底实施的江西省五河及鄱阳湖区重点圩堤应急防渗处理工程垂直防渗处理工程为例,堤身多头小直径深层搅拌水泥土防渗墙的平均单价为 65.55 元/m^2,射水法造混凝土防渗墙的平均单价为 166.60 元/m^2,高压摆喷灌浆防渗墙的平均单价为 368.51 元/m^2。从前面三种处理方案的单价比较可以看出,采用多头小直径深层搅拌水泥土防渗墙工法处理堤身渗漏,可以极大地降低工程造价，同时三头小直径深层搅拌水泥土防渗墙工法的施工速度也比射水法造混凝土防渗墙或高压摆喷灌浆防渗墙工法的施工速度快很多，因此社会效益显著。

10.2 降低水泥消耗，节约施工成本

在满足设计最小成墙厚度≥18 cm 的前提下，建造多头小直径深层搅拌水泥土防渗可选用单头深层搅拌桩机、三头小直径深层搅拌机一次成墙和三头小直径深层搅拌机二次成墙法施工，但是在施工技术参数相同的情况下，其单位成墙面积的水泥耗用量是不同的。单头深层搅拌桩机（钻头直径 450 mm，桩间套接宽度 50 mm）单位成墙面积的水泥耗用量是三头小直径深层搅拌机二次成墙法（深层搅拌机轴距 450 mm，钻头直径 300 mm）的 126.56%，三头小直径深层搅拌机一次成墙法（深层搅拌机轴距 320 mm，钻头直径 380 mm）单位成墙面积水泥耗用量是三头小直径深层搅拌机二次成墙法的 112.81%，因此三头小直径深层搅拌二次成墙法建造水泥土防渗墙施工工法能降低水泥消耗，节约施工成本，提高经济效益。

10.3 节能环保效果显著

与采用射水法造混凝土防渗墙或高压摆喷灌浆防渗墙工法处理堤身渗漏施工方案比较，三头小直径深层搅拌二次成墙法建造水泥土防渗墙施工工法具有显著的节能环保效果。因为射水法造混凝土防渗墙或高压摆喷灌浆防渗墙工法施工过程中需要排放大量的泥浆（水泥浆）废液，其对环境水体会产生污染，水泥浆废液对堤防草皮植被也会产生局部的严重破坏。由于三头小直径深层搅拌二次成墙法建造水泥土防渗墙施工时不会排放泥浆废液，其单位成墙面积耗用的水泥量也比射水法造混凝土防渗墙或高压摆喷灌浆防渗墙工法少得多（江西省水利水电建筑工程预算定额单位成墙面积水泥用量标准是：深层搅拌 63.1 kg/m^2，射水造墙 80.96 kg/m^2，高压摆喷灌浆 331.25 kg/m^2），同时在三头小直径深层搅拌二次成墙法建造水泥土防渗墙施工过程中又需要严格控制孔口的水泥浆溢出量，其施工过程中产生的水泥浆（泥浆）废液量与射水法造混凝土防渗墙或高压摆喷灌浆防渗墙工法相比，几乎可以忽略不计，因此三头小直径深层搅拌二次成墙法建造水泥土防渗墙施工工法节能环保效果显著。

11 应用实例

11.1 江西省五河及鄱阳湖区重点圩堤应急防渗处理工程垂直防渗 1 标

江西省五河及鄱阳湖区重点圩堤应急防渗处理工程垂直防渗 1 标（以下简称垂直防渗 1 标）工程位于南昌市、南昌县和进贤县境内，工程内容为堤身深层搅拌防渗墙和高压摆喷灌浆。工程位置分别分布在南昌县境内的长乐联圩、南新联圩、蒋巷联圩、三江联圩、红旗联圩（南昌县段），红旗联圩南昌市段和进贤县境内的信西联圩。堤身深层搅拌防渗墙顶高程为设计洪水位加 0.5 m，防渗墙底伸入堤基土 1.0 m，施工前应钻先导孔，确定防渗墙深度。堤身深层搅拌防渗墙墙体设计质量指标为：成墙厚度：≥18cm；墙体抗压强度：$R_{90}\geq 1.0$ MPa；墙体渗透系数：$K\leq i\times 10^{-6}$ cm/s（$1\leq i\leq 9$）；墙体渗透破坏比降：$J\geq 150$。垂直防渗 1 标工程合同开工日期为 2010 年 12 月 1 日，合同完工日期为 2011 年 3 月 31 日，堤身深层搅拌防渗墙施工图工程量为 299 593.0 m^2；实际开工日期是 2011 年 1 月 1 日，完工日期是 2011 年 4 月 20 日，实际完成堤身深层搅拌防渗墙工程量为 281 480.9 m^2。垂直防渗 1 标工程于 2011 年 5 月 8 日通过了单位工程暨合同工程完工验收，单位工程质量等级评定为优良，并于 2012 年 6 月 4 日荣获江西省水利厅颁发的“2011 年度江西省水利水电优良单位工程奖”。

11.2 江西省五河及鄱阳湖区重点圩堤应急防渗处理工程垂直防渗 2 标

江西省五河及鄱阳湖区重点圩堤应急防渗处理工程垂直防渗 2 标（以下简称垂直防渗 2 标）工程位于南昌市、新建县和江西省监狱局成新农场境内，工程内容为堤身深层搅拌防渗墙、高压摆喷灌浆、射水法造混凝土防渗墙等。工程位置分别分布在南昌市境内的杨子洲联圩，新建县境内的

药湖联圩、廿四联圩、赣西联圩,江西省监狱局成新农场境内的南湖联圩。堤身深层搅拌防渗墙顶高程为设计洪水位加0.5 m,防渗墙底伸入堤基土1.0 m,施工前应钻先导孔,确定防渗墙深度。堤身深层搅拌防渗墙墙体设计质量指标为:成墙厚度:≥18 cm;墙体抗压强度:$R_{90}\geq1.0$ MPa;墙体渗透系数:$K\leq i\times10^{-6}$ cm/s($1\leq i\leq9$);墙体渗透破坏比降:$J\geq150$。垂直防渗2标工程合同开工日期为2010年12月1日,合同完工日期为2011年3月31日,堤身深层搅拌防渗墙施工图工程量为69 743.0 m^2;堤身深层搅拌防渗墙施工实际开工日期是2010年12月26日,完工日期是2011年5月14日,实际完成堤身深层搅拌防渗墙工程量为70 797.8 m^2。垂直防渗2标工程于2012年6月5日通过了单位工程暨合同工程完工验收,单位工程质量等级评定为优良。

11.3 江西省鄱阳湖区二期防洪工程第六个单项南湖联圩除险加固工程南湖1标段

江西省鄱阳湖区二期防洪工程第六个单项南湖联圩除险加固工程南湖1标段(以下简称南湖1标段)位于南湖联圩3+000~15+030桩号堤段范围内。南湖圩位于南昌市的东北面,赣江北支汊沙叉河与无名汊入湖口之间,距江西省省会南昌市约40 km。圩区东侧为毛细团子河,西侧为沙叉河,两河在东北侧汇合,圩堤呈环形。该圩的西北面隔赣江北支官港河为成朱联圩。东面为磨盘洲及鄱阳湖;南面跨三中河为南新联圩,与蒋巷联圩隔赣江中支相望。堤线全长15.03 km。南湖1标段主要施工项目为堤身土方工程、堤身护坡工程、堤身防渗处理深层搅拌防渗墙工程等。堤身防渗深层搅拌防渗墙工程位于南湖联圩3+000~4+800、6+600~7+000、13+100~13+850桩号堤段,施工图工程量为23 475.0 m^2,堤身深层搅拌防渗墙墙体设计质量指标为:成墙厚度:≥18 cm;墙体抗压强度:$R_{28}\geq0.8$ MPa;墙体渗透系数:$K\leq i\times10^{-6}$ cm/s;堤身深层搅拌防渗墙施工实际开工日期是2009年11月22日,完工日期是2010年2月2日,实际完成堤身深层搅拌防渗墙工程量为23 806.95 m^2。南湖1标段单位工程于2012年11月11日通过了单位工程暨合同工程完工验收,单位工程质量等级评定为优良。

(主要完成人:郭洪有　王元旦　廖会文　林　俊　彭和平)

液压抓斗纯抓法造槽建造嵌岩混凝土防渗墙施工工法

江西省水利水电建设有限公司
深圳市金河建设集团有限公司

1 前言

为了解决用“三钻两抓”法、冲击式钻机钻劈法、射水法等造槽方法建造水库土坝防渗加固混凝土防渗墙槽孔存在的造槽施工速度慢、施工设备和施工人员投入多、造孔泥浆用量大、施工干扰大、施工成本高等缺点，达到提高施工质量，加快施工进度，降低施工成本的混凝土防渗墙施工新目标，通过查阅大量的技术资料，并对混凝土防渗墙造槽施工设备与造槽工艺方法进行市场调研后，选定了最大成槽深度可达60 m，最大成槽宽度可达1.2 m，配置有自动测斜和纠偏装置，成槽垂直精度高，抓斗斗体重量大、闭合力大，卷扬机配置有自由落钩装置使抓斗具有冲击功能，可以使用抓斗冲击坚硬地层，能够有效地在坚硬地层中成槽的国内当前最先进的GB30型液压抓斗机作为本公司混凝土防渗墙施工的造槽设备。

2008年10月，使用GB30型液压抓斗采用三抓纯抓法抓斗入岩造槽施工工艺施工油罗口水库除险加固工程主坝和副坝坝体防渗混凝土防渗墙项目，并取得了成功，后又将GB30型液压抓斗三抓纯抓法抓斗入岩造槽施工工艺用于北槎龙水库除险加固工程坝体防渗混凝土防渗墙造槽施工。通过总结油罗口和北槎龙水库除险加固工程坝体防渗混凝土防渗墙造槽施工工艺方法，形成了《液压抓斗纯抓法造槽建造嵌岩混凝土防渗墙施工工法》。经本公司工法管理委员会2009年8月18日审定，已批准该工法为本企业工法。此后，又应用本工法在江西省境内完成了七一水库除险加固工程、潘桥水库除险加固工程等十余座水库除险加固工程的坝体防渗混凝土防渗墙项目施工，取得了较好的经济效益和社会效益。

2 工法特点

(1)造槽速度快。目前国内常用的混凝土防渗墙造槽设备的造槽速度比较排序，最快的是液压铣槽机(其造槽速度是冲击式钻机钻劈法、射水法等冲击式造槽工法的10～20倍，是常用抓斗设备及相应造槽工法的2～4倍)，第二是液压抓斗机。由于液压铣槽机设备昂贵、国内市场数量极少，不适宜用于小规模工程施工。目前中小型水利水电工程混凝土防渗墙造槽常用抓斗设备中，GB系列液压抓斗具有闭合力大(800～1 200 kN)，闭斗/开斗时间短(6～10 s)，最大提升力300～600 kN，主卷扬机的单绳提升速度达80 m/min等优势。因此，目前中小型水利水电工程混凝土防渗墙常用造槽抓斗设备中造槽速度最快的是GB系列液压抓斗机。

(2)槽孔垂直精度高。本工法造槽使用的液压抓斗机配置有先进的电脑测斜和纠偏装置(在国内抓斗设备中处于领先水平)，测斜系统测量精度可达0.01度。在抓斗斗体上安装了一个用于监测槽孔孔壁垂直度的测斜仪，抓斗控制系统不间断地在抓槽过程中监测成槽的垂直度，测斜仪的数据经由一条加强型电缆从斗体传输到驾驶室，该电缆由液压绞盘控制，自动收放。测斜仪监测的数据由加强型电子部件来进行数据收集、处理计算并显示在驾驶室内安装的彩色电脑触摸屏上。

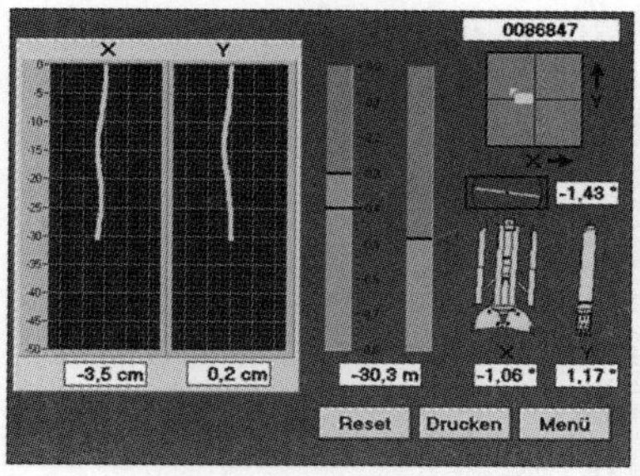

图 1　驾驶室电脑测斜显示屏显示的槽孔孔斜立面状态

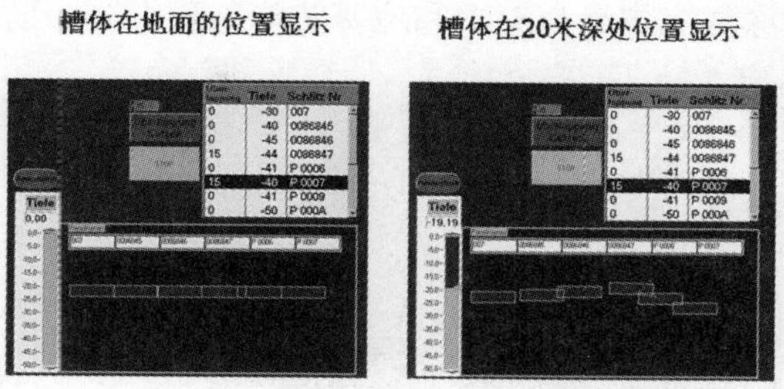

图 2　驾驶室电脑测斜显示屏显示的槽孔孔斜平面状态

驾驶室内安装的彩色电脑触摸屏控制系统,可准确地显示抓斗的偏斜度,以便纠偏。斗体上配置的纠偏装置(推板纠偏/重力式纠偏/回转纠偏)可自动实施纠偏,能有效地保证槽孔的垂直精度符合设计要求。其中推板纠偏可选择 8 块推板或 12 块推板,推板行程达 150 mm,且与槽壁的接触面积大,纠偏效果好。纠偏操作:驾驶员从根据驾驶室内彩色电脑触摸屏显示的槽孔 X 向和 Y 向的孔斜数据,按控制面板上的 4 个方向控制按钮中的一个按钮,Y 方向的四块推版或者是 X 方向的两块推版就会伸出来进行纠偏,通过纠偏推板伸出与收回来控制斗体的开挖角度,达到纠偏的效果。当提升抓斗的时候,按一下推版回位按钮,所有的推板就会全部收回。

图 3　斗体上配置的推板纠偏装置

(3)资源投入少,施工成本低,节能降耗效果显著。与三钻两抓法、钻劈法等常规造槽工艺比较,本工法只需要投入一台液压抓斗机就可完成造槽施工,所以本工法造槽机械与人力资源投入最少;由于是固体排渣,所以壁泥浆用量也最少,并且成槽速度快燃油消耗也最少。因此本工法资源投入少,有效地降低了施工成本,节约了燃油和固壁泥浆用量,节能降耗效果显著。

(4)施工无振动,安全性能好。本工法在坝体土中造槽施工时无振动;进入强风化基岩层施工时,由于抓斗闭合力大,基本上是直接抓槽,不需要冲击抓槽。因此造槽施工时基本上无振动,对槽孔的孔壁稳定性和坝体的安全基本无危害,所以安全性能好。

(5)固体排渣,无环境污染。

图 4　抓斗操作面板

3　适用范围

(1)本工法适用的地层范围是土质土层、砂卵石地层、弱风化(中等风化)上带以上岩层(瑞昌市幸福水库除险加固工程混凝土防渗墙液压抓斗造槽进入了坝基弱风化上带砂岩中,坝基弱风化砂岩力学指标:单轴烘干抗压强度 27.8 MPa,单轴饱和抗压强度 22.3 MPa,软化系数 0.80)。

(2)本工法适用的工程范围是水库除险加固土坝垂直防渗加固工程、新建水利水电工程基础防渗和围堰防渗工程混凝土防渗墙造槽施工,也适用于房屋建筑、市政、公路、铁路、地铁、港口码头等工程的深基坑防渗与支护和地基防渗处理混凝土防渗墙造槽施工。

图5　市政工程防渗与开挖支护

图6　市政工程挡土墙

(3)本工法使用不同型号的GB系列液压抓斗建造的混凝土防渗墙墙体厚度范围是0.35 m～1.50 m,最大墙体深度可达60.0～80.0 m。

4　工艺原理

本工法的工艺原理是使用当前国内最先进的,具有自动测斜和纠偏装置,抓斗斗体重量大(9～30 t)、闭合力大(800～1 200 kN),卷扬机配置了自由落钩装置使抓斗具有冲击功能,可以使用抓斗冲击坚硬地层(弱风化上带岩层)的液压抓斗机,分两期槽段施工,每期槽段采用三抓纯抓法抓斗入岩造槽,泥浆固壁,泵吸法清孔换浆,直升导管法浇筑泥浆下墙体混凝土,接头管法连接墙段混凝土,从而形成一道连续的混凝土防渗墙。

5　施工工艺流程及操作要点

5.1　施工工艺流程

(1)液压抓斗纯抓法造槽建造嵌岩混凝土防渗墙施工工艺流程图见图7。

(2)液压抓斗纯抓法造槽建造嵌岩混凝土防渗墙施工工法每期槽段的抓槽顺序示意图见图8。

5.2　操作要点

5.2.1　施工准备

(1)施工准备阶段的主要工作内容是:收集并熟悉设计文件和合同文件要求,参加设计现场交点,熟悉施工环境;进行施工图审查,向监理报送施工图审查记录;参加设计交底会议,明确设计意图,解决施工图审查中发现的问题;编制施工组织设计和先导孔施工作业方

案;建立施工测量控制网;进行先导孔钻孔施工作业,复核施工范围内的地层情况,确定防渗墙设计墙底高程控制标准;选定水泥生产厂家与水泥品种,进行室内防渗墙混凝土配合比设计试验;确定项目划分方案;进行施工场地平整和施工现场布置;对施工作业人员进行技术、质量、安全、环境保护与文明施工技术交底;工艺试验,确定施工技术参数等。

(2)根据设计现场交点提供的测量控制点资料和施工图要求,按照《水利水电工程施工测量规范》(SL 52—93)的规定,建立施工测量控制网,并根据施工测量控制网资料进行施工测量放样。

(3)按监理人批准的先导孔钻孔施工作业方案的要求,根据混凝土防渗墙轴线地质纵剖面图和钻孔柱状图等地质资料及《水利水电工程混凝土防渗墙施工技术规范》(SL 174—96)的规定,沿混凝土防渗墙轴线每20 m布置1个地质先导孔,局部建基面变化大的部位应加密布置先导孔。先导孔应伸入设计防渗墙墙底深度以下5 m,以复核施工图地层资料。先导孔钻孔作业要按照《水利

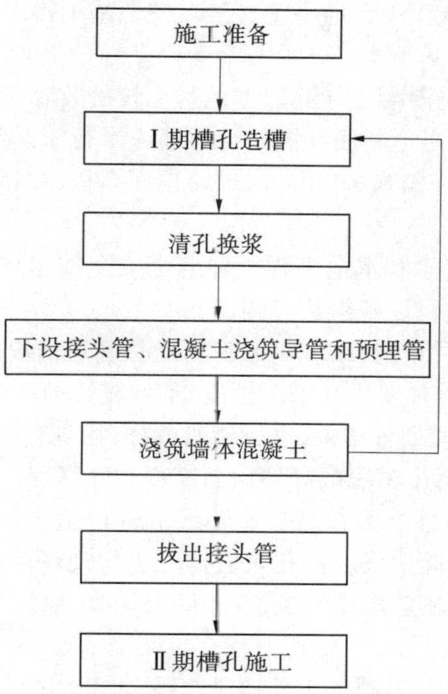

图7　施工工艺流程图

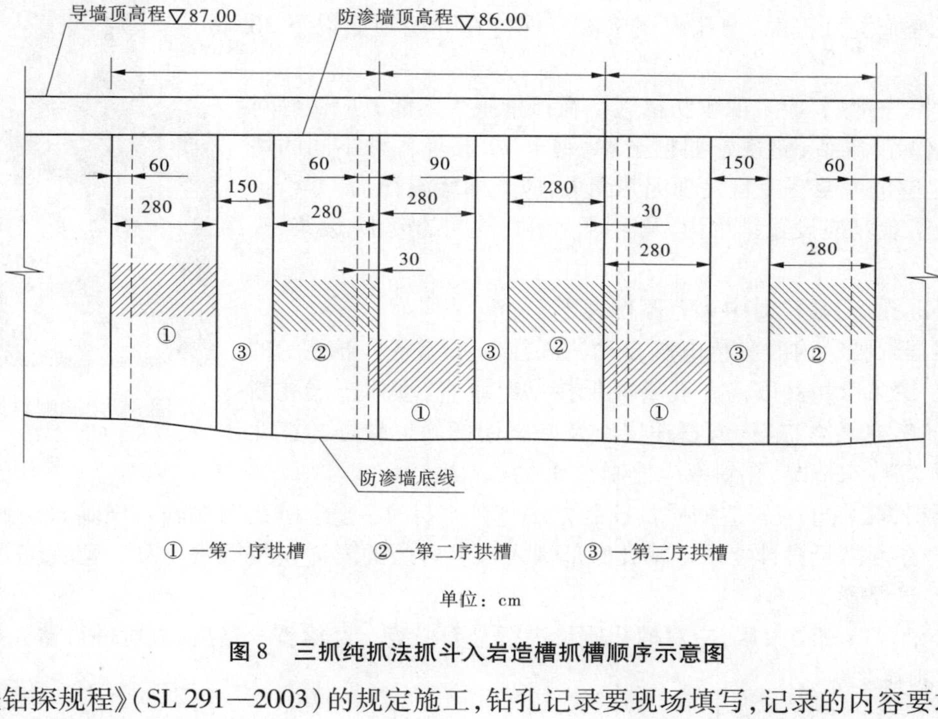

图8　三抓纯抓法抓斗入岩造槽抓槽顺序示意图

水电工程钻探规程》(SL 291—2003)的规定施工,钻孔记录要现场填写,记录的内容要求齐全、准确、清晰。

(4)要根据先导孔钻孔记录资料,及时编制先导孔柱状图和防渗墙先导孔地质纵剖面图。在先导孔施工作业结束后,应及时将先导孔施工报告等资料报送给监理人审核后,再报设计单位确定混凝土防渗墙设计墙底高程控制标准。

(5)平整施工场地,构筑混凝土导墙。

①平整施工场地：液压抓斗施工平台应平整、坚实，使地基不得产生过大或不均匀沉陷，地面低洼时应回填石渣并碾压密实。

②构筑混凝土导墙：采用现浇混凝土导墙。当地基土较松散时应采取加密措施，其加密深度为5～6 m。混凝土导墙采用直立式矩形断面。混凝土导墙应平行于防渗墙中心线，其允许偏差为±1.0 cm；导墙顶面高程（整体）允许偏差±1.0 cm；导墙顶面高程（单幅）允许偏差0.5 cm；导墙间净距允许偏差1.0 cm。

（6）机械组装和试运转。按《水利水电工程土建施工安全技术规程》（SL 399—2007）4.1.1～4.1.6、4.2.1～4.2.8条的规定进行设备组装与调试。

（7）槽段划分。根据坝体土质情况，结合类似工程经验确定槽段的划分方案和划分标准，合拢段的槽孔长度以短槽孔为宜，应尽量安排在槽深较浅、条件较好的坝段。

（8）槽段测量放样。根据槽段划分结果，进行槽段放样，用红色油漆在混凝土导墙上标出每个槽段的位置和槽段编号，并测定每个槽段的导墙顶面高程和底高程。

（9）根据设计要求，选择代表性坝段在防渗墙轴线上进行施工试验，由业主、设计、监理、施工和运行单位的技术人员共同对试验槽段的槽孔入岩情况进行现场验收鉴定，并确定以后槽孔入岩验收鉴定的判定标准和根据施工试验取得有关造孔、固壁泥浆、墙体浇筑等资料。

5.2.2　Ⅰ期槽孔造槽

（1）槽孔建造分两期槽段施工，先施工Ⅰ期槽段，后施工Ⅱ期槽段。

（2）每期槽孔建造采用液压抓斗三抓纯抓法抓斗入岩造槽，泥浆固壁方法施工。每个槽段的抓槽施工顺序如图7所示。

（3）抓槽施工过程中，槽孔内泥浆面应保持在导墙顶面以下30～50 cm。

（4）对漏失地层，应采取预防措施。在抓槽施工之前就应做好对漏失地层堵漏的准备，储备好如粘土球、锯末、水泥等各种不同的堵漏材料和足够的泥浆。一旦发现泥浆漏失，应立即堵漏补浆。

（5）施工现场应设置排水沟，及时排除槽孔周围的废水、废浆、废渣。

（6）对准孔位，孔位对中偏差不得大于3 cm。

（7）根据驾驶室内的彩色电脑自动测斜控制系统显示屏显示的抓斗偏斜度，实时纠偏，以槽孔孔壁应保持平整垂直，坝体土层孔斜率不得大于0.4%，含孤石、漂石地层以及基岩面倾斜度较屏与抓斗操作面板大等特殊情况，孔斜率应控制在0.6%以内。

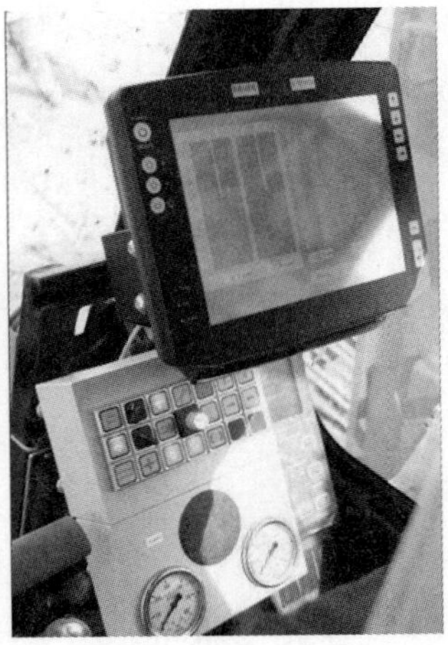

图8　电脑测斜显示

（8）要根据《抓斗入岩造槽质量控制方法与判定标准》鉴定槽孔底部嵌入坝基岩层的深度，确保槽孔入岩深度满足设计要求。槽孔底部嵌入坝基岩层的岩样要按顺序、深度、位置编号，填好标签，装箱，妥善保管。

9 每个槽段造槽结束后，应对槽孔质量进行全面检查。经检查合格后，方可进行清孔换浆。

5.2.3　清孔换浆

（1）清孔换浆采用泵吸法。

（2）清孔换浆结束后1 h，应达到下列清孔标准：

①孔底淤积厚度不大于10 cm；

②当使用粘土泥浆时，孔内泥浆的密度不大于1.30 g/cm^3，粘度不大于30 s，含砂量不大于10%；当使用膨润土泥浆时，应根据实际试验检测情况确定。

（3）二期槽孔清孔换浆结束前，应清除接头混凝土孔壁上的泥皮。宜用钢丝刷子钻头进行分段刷洗,刷洗的合格标准是:刷子钻头上基本不带泥屑,孔底淤积不再增加。

(4)清孔换浆合格后,方可进行下道工序。

5.2.4　下设接头管、混凝土浇筑导管和预埋管

(1)接头管下设位置和深度应准确,管节间应连接牢固。

(2)下设混凝土浇筑导管:

1)槽孔内使用两套以上导管时,间距不得大于3.5 m。一期槽端的导管距孔端或接头管宜为1.0~1.5 m,二期槽端的导管距孔端宜为1.0 m。当槽底高差大于25 cm时,导管应布置在其控制范围的最低处。

2)导管的连接和密封必须可靠。应在每套导管的顶部和底节管以上设置数节长度为0.3~1.0 m的短管。导管底口距槽底应控制在15~25 cm范围内。

(3)下设预埋管应遵守下列规定:①下设前,应先在地面上试组装,检查其是否顺直,其弯曲度应小于1%。②预埋管位置应布置在两相邻混凝土导管间的中心位置或槽孔端头。③预埋管底部和上端应予以固定。④应保护好预埋管,防止异物坠入。

5.2.5　浇筑墙体混凝土

(1)清孔合格后,应于4 h内开浇泥浆下墙体混凝土,如因下设埋设件,不能按时浇筑,则应与监理单位协商确定。

(2)采用直升导管法浇筑泥浆下墙体混凝土,导管内径215 mm。

(3)混凝土拌和应按配合比设计配料单上料拌制,拌制的混凝土料,入孔坍落度应为18~22 cm,扩散度应为34~40 cm,坍落度保持15 cm以上的时间应不小于1 h;初凝时间应不小于6 h,终凝时间不宜大于24 h;混凝土的密度不宜小于2 100 kg/m^3。

(4)混凝土的拌和、运输(混凝土搅罐车、混凝土泵或汽车装混凝土罐方式运输)应保证浇筑能连续进行。若因故中断,时间不宜超过40 min。

(5)应保证运至孔口的混凝土具有良好的和易性。

(6)开浇前,导管内应置入可浮起的隔离塞球。开浇时,应先注入水泥砂浆,随即浇入足够的混凝土,挤出塞球并埋住导管底端。

(7)浇筑过程需遵守下列规定:

①导管埋入混凝土的深度不得小于1 m,不宜大于6 m;

②混凝土面上升速度不应小于2 m/h;

③混凝土面应均匀上升,各处高差应控制在0.5 m以内,在有埋设件时尤应注意;

④至少每隔30 min测量一次槽孔内混凝土面深度,至少每隔2 h测量一次导管内混凝土面深度,并及时填绘混凝土浇筑指示图,以便核对浇筑方量;

⑤槽孔口应设置盖板,避免混凝土散落槽孔内;

⑥不符合质量要求的混凝土严禁浇入槽孔内;

⑦应防止入管的混凝土将空气压入导管内。

(8)混凝土终浇顶面宜高于设计高程50 cm。

5.2.6　拔出接头管

(1)接头管表面应平整光滑,其节间连接方式应简便、可靠、易操作。

(2)应根据预计的最大拔管阻力,选用有足够起拔能力的液压拔管机起拔接头管。

(3)开始拔管的时间通过试验确定。

(4)浇筑过程中应经常活动接头管。

(5)起拔接头管过程中,必须做好混凝土浇筑和起拔记录。

(6)液压拔管机起拔接头管,应验算地基及导墙的承载能力,并采取措施防止孔口坍塌。

5.2.7 Ⅱ期槽孔施工

拔出接头管后方可进行Ⅱ期槽孔施工。Ⅱ期槽孔施工操作要点与Ⅰ期槽孔施工操作要点相同,即按本节5.2.2~5.2.5条的要求施工。

6 材料与设备

本工法使用的主要材料、设备与机具见表1。

表1 主要材料与设备表

序号	材料及设备名称	规格或型号	单位	数量	用途
1	液压抓斗机	GB30及以上型号	台	1	主机
2	液压斗体	根据墙厚配置	个	1	抓槽
3	灰浆搅拌机	ZJ800	台	2	7.5 kW拌制固壁泥浆
4	泥浆泵	BW150	台	2	7.5 kW输送泥浆
5	砂石泵	6BS	台	1	30 kW吸浆清孔
6	空压机	3 m^3	台	1	泥浆池搅动泥浆
7	液压拔管机	SCH-BZJ-00	台	2	起拔接头管
8	接头管	依墙厚配置	m		墙段连接
9	集料斗	1 m^3	个	2	导管上部集料
10	¢215混凝土导管	依最大墙深配置	节		泥浆下浇筑混凝土
11	混凝土搅罐车	3 m^3	台	2	混凝土运输
12	混凝土搅拌机	JS750	台	1	拌和混凝土
13	配料机	PLD1200	台	1	混凝土配料
14	装载机	ZL50	台	1	砂石上料
15	柴油发电机组	110 kW	台	1	备用电源
16	水泵	依供水高程确定	台	2	施工用水
17	电焊机	BX3-300-2	台	1	维修保养
18	汽车吊	25t	台	1	现场吊装
19	比重计		根	10	测量泥浆比重
20	粘度漏斗	500/700 ml	个	1	测量泥浆粘度
21	含砂量测定仪		个	1	测量泥浆含砂率
22	沸煮箱		台	1	水泥安定性检测
23	雷氏夹		个	10	水泥安定性检测
24	坍落度筒		个	1	检测混凝土坍落度
25	混凝土抗压试模		组	6	成型抗压试块
26	混凝土抗渗试模		组	2	成型抗渗试块
27	钢直尺	50 cm	把	1	混凝土试验检测
28	钢圈尺	50 m	把	1	测量放样
29	水准仪	DS3	台	1	测量放样
30	全站仪	徕卡TCR802	台	1	测量放样
31	地质钻机	XY-2PC	台	1	先导孔和检查孔钻孔
32	薄壁金刚石取芯机		台	1	检查墙体侧向取芯
33	膨润土或粘土				拌制固壁泥浆
34	水泥	PO42.5	t		混凝土

7 质量控制

(1)液压抓斗纯抓法造槽建造嵌岩混凝土防渗墙施工工法必须执行的规程规范标准如下:①《水利水电工程混凝土防渗墙施工技术规范》(SL 174—96);②《水利水电工程施工测量规范》(SL 52—93);③《水利水电工程钻探规程》(SL 291—2003);④《通用硅酸盐水泥》(GB 175—2007);⑤《水利水电工程施工质量检验与评定规程》(SL 176—2007);⑥《水利水电基本建设工程单元工程质量等级评定标准水工建筑物(试行)》(SDJ 249.1—88);

(2)液压抓斗纯抓法造槽建造嵌岩混凝土防渗墙施工质量检验方法和标准执行《水利水电工程混凝土防渗墙施工技术规范》(SL 174—96)9.0.3~9.0.8条的规定。

(3)工序质量控制重点项目是槽孔的入岩深度与槽孔的垂直度、清孔换浆1h后孔底的淤积厚度、泥浆下混凝土浇筑上升速度与导管的埋深。工序质量控制的关键点是要保证槽孔的垂直度及入岩深度要符合设计要求,要确保在浇筑过程中导管埋深符合工序质量要求,防止导管拔出混凝土造成断墙。工序质量控制标准见表2。

表2 混凝土防渗墙工序质量标准表

项次	检查项目		质量标准
1	造槽	槽孔中心偏差	≤3 cm
2		△槽孔孔深偏差	不得小于设计孔深
3		△孔斜率	≤0.4%
4		槽孔宽	满足设计要求
5		△入岩深度	满足设计要求
6	清孔	△接头刷洗	刷子、钻头不带泥屑,孔底淤积不再增加
7		△孔底淤积	≤10 cm
8		孔内浆液密度	粘土泥浆≤1.3 g/cm^3,膨润土泥浆≤1.15 g/cm^3
9		浆液粘度	粘土泥浆≤30 s,膨润土泥浆≤32 s~50 s
10		浆液含砂量	粘土泥浆≤10%,膨润土泥浆≤6%
11	混凝土浇筑	清孔后与混凝土浇筑间隔时间	≤4 h
12		导管间距与埋深	两导管距离<3.5 m;导管距孔端:一期槽孔为1.0 m~1.5 m;二期槽孔为0.5 m~1.0 m;埋深小于6 m,但大于1.0 m。
13		△混凝土上升速度	≥2 m/h,或符合设计要求
14		混凝土塌落度	18 cm~22 cm
15		混凝土扩散度	34 cm~40 cm
16		浇筑最终高度	符合设计要求
17		△施工记录、图表	齐全、准确、清晰

(4)保证施工质量的主要技术措施:

①在施工前,应根据设计要求选择代表性坝段进行施工试验,由业主、设计、监理、施工和运行单位的技术人员共同对试验槽段的槽孔入岩情况进行现场验收鉴定,以确定以后槽孔入岩验收鉴定的判

定标准，并根据施工试验取得有关造孔、固壁泥浆、墙体浇筑等资料。

②在施工中，应执行“三检制”，严格控制过程施工质量，只有上道工序经检验合格后，才能进入下道工序的施工。

③混凝土浇筑过程中导管堵塞、拔脱或漏浆需重新下设时，必须采用下列办法：①将导管全部拔出、冲洗、并重新下设，抽净导管内泥浆继续浇筑。②继续浇筑前必须核对混凝土面高程及导管长度，确认导管的安全插入深度。

④在混凝土浇筑过程中发生质量事故，可选取以下办法进行处理：①凿除已浇入孔内的混凝土，重新浇筑；②在需要处理墙段上游侧补贴一段新墙；③地层可灌性较好时，宜在需要处理的墙段上游面进行灌浆或高压喷射灌浆处理。④施工记录应及时、准确、完整、清晰。

(5)主要质量管理方法：

①在施工准备工作阶段，项目部应对全体施工人员进行质量法律法规、技术标准和质量控制要求等培训和质量教育，进行技术和质量交底，使全体施工人员了解质量法律法规的相关规定，掌握和遵守本岗位(工种)质量控制要求和技术标准等相关规定。

②根据公司的质量管理体系文件要求，成立以项目经理为组长的质量管理领导小组，项目部设置质量管理机构，配备专职质检员，建立质量保证体系，制定质量管理制度，明确各级各类人员的质量责任制。

8 安全措施

(1)坚持“安全第一、预防为主、综合治理”的安全生产方针。根据国家的安全生产法律法规，水利行业《水利工程建设安全生产管理规定》，以及地方的安全生产法规等规定，结合液压抓斗造槽建造混凝土防渗墙施工安全实际情况，按照公司的职业健康安全管理体系文件要求，成立以项目经理任组长的安全生产领导小组，项目部设置安全生产管理机构，配备专职安全员，建立安全生产保证体系和应急救援预案，制定安全生产管理制度，明确各级各类人员的安全生产责任制。

(2)安全生产管理的重点是液压抓斗等场内移动施工设备作业安全管理、夜间施工安全和用电安全管理。

①液压抓斗等场内移动施工设备作业安全管理

1)液压抓斗施工作业时，要注意机下作业人员的安全，在液压抓斗作业回转半径范围内严禁人员进入，避免发生人员碰伤等事故。

2)吊车、混凝土搅罐车、装载机等操作人员应持证上岗，严格按操作规程操作，避免机械安全事故和人员伤害事故发生。

②夜间施工，要确保照明条件符合夜间施工安全条件。

③安全用电管理

1)因露天施工，大部分机电设备是裸露的，因此要保证机电设备的绝缘性能符合安全标准要求，并要做好防雨、防水安全防护。

2)因电缆线是敷设在地上的，因此确保电缆线的外表不被破损，要防止因电缆漏电发生触电安全事故。

(3)安全管理措施：

①在施工现场设立重大危险源公告牌和各类安全警示牌。

②项目部应对全体施工人员进行安全法律法规、安全技术规范和安全操作规程等培训和开展安全教育，进行安全技术交底，编印安全保护手册发给全体施工人员。工人上岗前应进行安全操作考核，考核合格者才准上岗。电工等特殊工种作业人员必须持证上岗。

③施工临时用电严格执行《施工现场临时用电安全技术规范》(JGJ 46—2005)的规定，电器设

备和电气线路必须经过绝缘检测符合要求后才能投入使用，电机设备应采用“三相五线制”接线方式，并做到“一机一闸一漏保”。

④导墙严重变形或底部坍塌，宜采取以下处理方法：

1）破坏部位应重新修筑导墙或采取其他安全施工措施；

2）改善地基条件和槽内泥浆性能。

⑤在施工中，全体施工人员必须严格遵守《水利水电工程施工通用安全技术规程》（SL 398—2007）、《水利水电工程土建施工安全技术规程》（SL 399—2007）、《水利水电工程施工作业人员安全操作规程》（SL 401—2007）等安全规程规范的相关规定。要杜绝违章指挥、违章操作和违反劳动纪律现象，做到安全操作，文明施工。

⑥在施工中，项目经理应重视安全生产管理工作，在布置施工生产任务时，也同时要布置安全生产工作要求，还应定期组织安全生产检查和召开安全生产例会。

⑦项目部要组织全体施工人员进行体检，为全体施工人员建立身体健康档案，防止患有高血压、心脏病、贫血、精神病的人及其他不适于高处作业病症的人从事高处作业，预防传染病和其他危害施工人员身心健康的事件发生。

9　环境保护与资源节约

9.1　环境保护

（1）按照公司的环境管理体系文件要求，成立以项目经理任组长的环境保护与文明施工领导小组，配备环保员，建立环境保护与文明施工保证体系，制定环境保护与文明施工管理制度，明确各级各类人员的环境保护与文明施工责任制。

（2）编制环境保护措施计划，并报送监理人批准。

（3）在施工准备工作阶段，对全体施工人员进行环境保护法律法规、文明施工要求培训，并进行环境保护和文明施工交底，使所有施工人员都了解环境保护法律法规和文明施工的相关规定，掌握施工期内生活区、生产区环境保护、文明施工的有关工作内容与要求。

（4）在施工中，全体施工人员必须遵守有关的环境保护的法律、法规和规章，做到文明施工；履行合同约定的环境保护义务，做好施工期内生活区、生产区环境保护的有关工作。

（5）在施工期内，应按照经监理人批准的环境保护措施计划，做好生活、施工污水和废水处理，固体废弃物处理，完工后的施工场地清理，水泥粉尘接触人员健康防护等工作。

（6）接受国家及地方环境保护与水行政主管部门的监督和检查；配合项目法人和监理人做好环境保护、文明施工检查并执行其指令。

（7）项目经理应重视环境保护与文明施工工作，在布置施工任务的同时也要布置环境保护与文明施工工作要求，在检查施工的同时也要检查环境保护措施计划的执行情况，并及时处理施工中存在的环境保护问题。

（8）施工污水和废泥浆，应统一收集处理到沉淀池沉淀，做到蓄浑排清，并视沉淀池水的浑浊程度决定排量。

（9）造槽渣土和沉淀池的沉淀泥浆，应运到指定的弃渣场堆放，并做好防护措施，防止渣土因水土流失而对环境造成污染。

9.2　资源节约

（1）根据施工技术要求配置密度符合质量要求的泥浆，在确保回收泥浆质量符合要求的前提下，最大限度地利用回收水泥，以减少泥浆浪费。

（2）拌制混凝土前，应先根据槽段的体积计算混凝土的拌制数量，从而减少混凝土浪费，节约水泥。

(3)在条件允许的情况下,优先使用散装水泥。

(4)加强水泥入库验收管理,杜绝野蛮装卸水泥,降低入库水泥破包率,减小因破包而造成的水泥浪废;加强对入库水泥的防雨防潮防护管理,减少因防雨防潮管理不到位等原因所造成的水泥结块浪废。

(5)杜绝施工机械设备的空转现象,提高设备的使用效率,降低单位成墙面积的电能消耗,节约电能。

(6)杜绝生活区和施工现场的长明灯和长流水现象,节约电能。

10 效益分析

(1)经济效益好。本工法解决了冲击式钻机造槽施工设备与操作人员投入多,膨润土泥浆用量大,成槽速度慢(冲击反循环钻机造槽定额水平是9.66m^2/台班)等直接导致施工成本增大的问题。它具有造槽速度快(实际施工工效一般为55.0~70.0m^2/台班),固壁膨润土泥浆用量小,施工设备和操作人员投入少等特点,施工成本低。因此,应用本工法施工的工程一般经济效益都比较好。本公司应用本工法施工工程的会计核算资料数据显示,各应用工程的混凝土防渗墙项目保证了质量,加快了施工进度,节约了膨润土泥浆用量,提高了设备的使用效率,降低了施工人员工资、膨润土和施工设备费用等成本支出,完成了公司下达的预算成本控制指标,都取得了较好的经济效益。

(2)社会效益显著。江西省水库除险加固工程土坝坝体防渗加固处理工程中,目前普遍采取用混凝土防渗墙方案处理土坝坝体渗漏问题。水库除险加固工程混凝土防渗墙施工工期的长短,又直接制约水库工程效益的发挥,对供水和灌溉等社会效益的影响也很大。但是影响混凝土防渗墙施工工期长短的直接因素又是造槽设备和造槽施工工艺水平。本工法与冲击式钻机等传统造槽施工工艺相比,造槽速度快很多倍,可以大大地缩短混凝土防渗墙的施工工期,能保证混凝土防渗墙按期完工,使水库按期或较早地投入使用,发挥灌溉和供水等作用。因此本工法的社会效益显著。

(3)节能环保效益好。本工法施工投入的设备少,固壁膨润土泥浆用量也少,施工工期短,与冲击式钻机等传统造槽施工工艺相比,可以节约大量的电能和膨润土,因此节能效益好;本工法造槽基本上是排放固体渣土,对环境基本无污染,同时施工无振动和噪音,因此环保效益也很好。

11 应用实例

11.1 江西省玉山县七一水库除险加固工程

七一水库位于江西省玉山县双明镇境内,距玉山县城约16 km,坝址坐落于鄱阳湖水系信江河玉山水支流金沙溪中游棠梨山西侧,水库坝址以上控制流域面积324.0 km^2,总库容2.28亿m^3,是一座以灌溉为主,兼有防洪、发电、养殖等综合效益的大(2)型水库。枢纽工程主要建筑物包括:主坝、副坝、溢洪道、灌溉发电引水隧洞及电站等。主坝为大体积心墙坝,坝顶长420.0m,坝顶宽12.0 m,最大坝高53.1 m;副坝位于主坝左侧约2.2 km的垭口处,为宽心墙坝,坝顶长135.0 m,坝顶宽6.0~12.0 m,最大坝高23.5 m。

七一水库除险加固工程设计单位为上海勘测设计研究院,施工单位为江西省水利水电建设有限公司,监理单位为上饶市水利水电工程建设监理中心。合同总金额为叁仟陆佰伍拾捌万陆仟零拾玖元陆角壹分。七一水库本次除险加固主要工程项目有:主坝加固工程、副坝加固工程、溢洪道加固工程、灌溉引水发电隧洞加固工程、副坝左岸灌溉隧洞加固工程、防汛道路及管理设施工程、西干渠渠首闸与恢复机耕桥工程等。

主坝加固工程主要项目为防渗处理(混凝土防渗墙、帷幕灌浆)、坝顶混凝土路面、上游坝坡混凝土预制块护坡、下游坝坡翻修、右岸下游挡墙预应力锚索抗滑加固、监测设施等;副坝加固工程主要项目为防渗处理(混凝土防渗墙)、坝顶混凝土路面、上游坝坡混凝土预制块护坡、下游坝坡翻修、坝下涵管封堵、监测设施等。

主坝和副坝坝体防渗加固均采用混凝土防渗墙方案。混凝土防渗墙布置在坝顶,其轴线位置位于坝轴线上游侧 1.0 m 处,主坝防渗墙桩号范围是 0 + 015 ~ 0 + 420,副坝防渗墙桩号范围是 0 + 000 ~ 0 + 131,主坝防渗墙墙体厚度 60 cm,副坝防渗墙墙体厚度 40 cm,防渗墙墙底伸入强风化基岩 1.0 m。防渗墙墙体混凝土抗压强度 $R_{28} > 15.0$ MPa,抗渗等级为 W6。

混凝土防渗墙施工采用液压抓斗法造混凝土防渗墙,成槽方法采用液压抓斗“三抓法”造槽,固壁方法采用泵送泵回粘土泥浆固壁,墙体混凝土浇筑采用混凝土泵泵送混凝土入导管上部集料斗直升导管法施工,墙段连接采用接头管法施工。

主坝加固单位工程的混凝土防渗墙分部工程开工日期为 2009 年 11 月 10 日,完工日期为 2010 年 3 月 13 日,实际成墙面积为 16 102.86 m^2。副坝加固单位工程的混凝土防渗墙分部工程开工日期为 2010 年 6 月 6 日,完工日期为 2010 年 7 月 18 日,实际成墙面积为 1 764.97 m^2。主坝和副坝加固单位工程的混凝土防渗分部工程施工质量等级均评定为优良。2010 年 11 月 4 日,主坝和副坝加固单位工程通过了项目法人在玉山县主持的单位工程验收,单位工程质量等级均评定为优良。2010 年 12 月 13 日,七一水库除险加固工程通过了江西省水利厅在玉山县主持的竣工验收。2011 年 8 月 18 日,主坝加固单位工程荣获了江西省水利厅颁发的“2010 年度江西省水利水电工程优良单位工程奖”。

七一水库除险加固工程自 2010 年 12 月 13 日通过竣工验收投入运行以来,运行正常,未出现异常情况。

11.2 江西省丰城市潘桥水库除险加固工程

潘桥水库位于江西省丰城市秀市镇境内,属鄱阳湖区清丰山溪水系支流秀富水上游,距丰城市城区 43 km。坝址以上控制流域面积 72.9 km^2,总库容 1.036 亿 m^3。潘桥水库是一座以灌溉为主,兼顾防洪、发电、养殖等综合利用的大(2)型水库。水库枢纽工程由大坝、泄洪洞、灌溉泄洪洞、节制闸及电站等建筑物组成。大坝为粘土斜墙坝,坝顶长 180 m,宽 9.6 m,坝顶高程 76.87 m,最大坝高 30.0 m。

潘桥水库除险加固工程设计单位为长江勘测规划设计研究有限责任公司,施工单位为江西省水利水电建设有限公司,监理单位为江西省建洪工程监理咨询有限公司。合同总金额为贰仟捌佰肆拾贰万陆仟贰佰元。潘桥水库除险加固工程主要加固项目包括大坝加固、泄洪洞加固、灌溉泄洪洞加固、节制闸加固、泄洪渠和灌溉渠首工程加固、金属结构加固、机电设备更新、安全监测及水情自动测报系统、管理设施及防汛公路等。主坝加固工程包括大坝坝体与坝基防渗加固,坝顶结构改造,上、下游护坡改造,下游坝脚排水棱体改造,大坝全范围进行白蚁治理等。

大坝坝体防渗加固采用凝土防渗墙方案。混凝土防渗墙布置在坝顶,其轴线与坝轴线重合,混凝土防渗墙穿过坝基覆盖层,底部嵌入强风化基岩 1.0 m,结合坝基帷幕灌浆施工需要,确定混凝土防渗厚度为 60 cm,防渗墙墙体混凝土的为抗压强度 $R_{28} \geqslant 10.0$ MPa、弹性模量 $E < 20\ 000$ MPa、抗渗等级 W8、允许渗透比降 $[J] > 80$。

大坝混凝土防渗墙施工采用液压抓斗法造混凝土防渗墙,成槽方法采用液压抓斗“三抓法”造槽,固壁方法采用泵送泵回粘土泥浆固壁,墙体混凝土浇筑采用混凝土泵泵送混凝土入导管上部集料斗直升导管法施工,墙段连接采用接头管法施工。开工日期为 2010 年 1 月 20 日,完工日期为 2010 年 3 月 25 日,实际成墙面积为 3 493.03 m^2。

大坝加固单位工程的大坝防渗分部工程共划分为 39 个单元工程,39 个单元工程质量全部合格,其中优良单元工程 35 个,单元工程优良率为 89.7%(其中混凝土防渗墙共划分单元工程 25

个，优良单元工程22个，单元工程优良率为88.0%）

2010年9月10日，大坝加固单位工程大坝防渗分部工程通过了项目法人在丰城市主持的分部工程验收，分部工程质量等级评定为优良。2010年9月28日，大坝加固单位工程通过了项目法人在丰城市主持的单位工程验收，单位工程质量等级评定为优良。2010年11月8日，潘桥水库除险加固工程通过了江西省水利厅在丰城市主持的竣工验收。2011年8月18日，主坝加固单位工程荣获了江西省水利厅颁发的"2010年度江西省水利水电工程优良单位工程奖"。

在坝体混凝土防渗墙施工结束后，坝脚水塘已经全部干涸，坝后原来的渗漏点和散浸现象已彻底消失了。潘桥水库除险加固工程自2010年11月8日通过竣工验收投入运行以来，已经经过了3个汛期高水位的运行检验，未出现异常情况。

11.3 江西省丰城市紫云山水库除险加固工程

紫云山水库位于江西省丰城市南部的铁路镇境内，距丰城市区50 km，坝址坐落在鄱阳湖环湖区清丰山溪水系上游，水库集雨面积77.04 km^2，是一座以灌溉为主，兼顾防洪、发电、养殖等综合利用的大(2)型水库。紫云山水库工程现主要由主坝(均质土坝，坝顶长380 m，最大坝高25.50 m，)、1#～6#副坝(6座副坝分布于主坝左侧，均为均质土坝)、溢洪道、灌溉发电隧洞、电站及灌溉渠首等建筑物组成。

紫云山水库除险加固工程设计单位为长江勘测规划设计研究有限责任公司，施工单位为江西省水利水电建设有限公司，监理单位为江西省建洪工程监理咨询有限公司。合同总金额为叁仟叁佰陆拾壹万零玖佰捌拾玖元陆角捌分。紫云山水库除险加固工程主要加固项目包括主坝加固工程，1#～6#副坝加固工程，溢洪道加固工程，灌溉发电隧洞加固工程，金属结构及机电设计，安全监测及水、雨情观测设施等工程。主坝加固工程包括主坝坝体与坝基防渗加固，坝顶结构改造，上、下游护坡改造，下游坝脚排水棱体局部翻修，下游泄洪渠改造，上坝道路改造，白蚁治理等项目；1#～6#副坝加固工程包括1#～2#副坝坝体与坝基防渗加固、坝顶结构改造、上游与下游坝坡改造、白蚁治理，3#～6#副坝坝体加高、上游增设粘土斜墙等项目。

主坝和1#～2#副坝坝体防渗加固均采用在坝体中建造塑性混凝土防渗墙方案，塑性混凝土防渗墙布置在坝顶，其轴线位置位于坝轴线上游侧1.5 m处，防渗墙墙体厚度60 cm，防渗墙墙底穿过坝基覆盖层，并嵌入强风化基岩1.0 m，最大墙深36.0 m。防渗墙墙体混凝土抗压强度$R_{28}>$ 10.0 MPa，弹性模量<15 000 MPa，抗渗等级为W6，允许渗透比降$[J]>60$。

混凝土防渗墙施工方案是分两期槽段施工，成槽方法是液压抓斗"三抓法"造槽，直升导管法浇筑墙体混凝土。主坝混凝土防渗墙开工日期为2011年12月16日，完工日期为2012年2月18日，实际成墙面积为9 014.13 m^2；1#副坝混凝土防渗墙开工日期为2012年2月18日，完工日期为2012年2月24日，实际成墙面积为688.54 m^2；2#副坝混凝土防渗墙开工日期为2012年3月1日，完工日期为2012年3月6日，实际成墙面积为719.31 m^2。

主坝与1#副坝加固单位工程的混凝土防渗墙分部工程共划分为76个单元工程，76个单元工程质量全部合格，其中优良单元工程73个，单元工程优良率为96.1%；2#～6#副坝加固单位工程的2#副坝混凝土防渗墙分部工程共划分为18个单元工程，18个单元工程质量全部合格，其中优良单元工程17个，单元工程优良率为94.4%。

2013年5月13日，主坝与1#副坝加固单位工程和2#～6#副坝加固单位工程的混凝土防渗墙分部工程分别通过了项目法人在丰城市主持的分部工程验收，分部工程质量等级均评定为优良。

11.4 江西省大余县油罗口水库除险加固工程

江西省大余县油罗口水库位于章江河上游大余县浮江乡杉树下村，距大余县城约10 km处，坝址以上控制集雨面积557 km^2，是一座以防洪为主，兼顾供水，发电和灌溉等综合利用的大(2)型水利枢纽工程，水库总库容1.1亿m^3。油罗口水库枢纽工程由主坝(最大坝高36.26 m)、副坝(最大坝高 31.00 m)、溢洪道及引水隧洞等建筑物组成。

油罗口水库除险加固工程设计单位为长江勘测规划设计研究有限责任公司,施工单位为江西省水利水电建设有限公司,监理单位为赣州市水利水电工程建设监理站。合同总金额为叁仟零柒拾叁万伍仟肆佰陆拾元。主要加固项目包括主坝加固工程,副坝加固工程,溢洪道加固工程,引水隧洞加固工程,防汛公路,大坝安全监测及水、雨情观测设施等附属工程。主坝加固工程包括上游坝坡改造、下游坝坡改造、坝顶改造、坝体与坝基防渗加固和白蚁防治等项目;副坝加固工程包括上游坝坡改造、下游坝坡改造、坝顶改造、坝体与坝基防渗加固等项目。

主坝和副坝坝体防渗加固均采用在坝体中建造混凝土防渗墙方案,混凝土防渗墙布置在坝顶,其轴线位置位于坝轴线上游 2.0 m 处,防渗墙底部嵌入强风化基岩 1.0 m,防渗墙墙体厚度 60 cm,墙体混凝土抗压强度 $R_{28} > 7.5$ MPa,渗透系数 $K \leqslant i \times 10^{-7}$ cm/s($1 < i < 9$),抗渗等级为 W8,弹性模量 < 15 000 MPa。

混凝土防渗墙施工方案是分两期槽段施工,成槽方法是液压抓斗"三抓法"造槽,直升导管法浇筑墙体混凝土。主坝混凝土防渗墙开工日期为 2008 年 10 月 16 日,完工日期为 2008 年 12 月 5 日,实际完工成墙面积为 4 403.18 m^2,2 个分部工程的质量等级均评定为优良;副坝混凝土防渗墙开工日期为 2008 年 11 月 25 日,完工日期为 2008 年 12 月 10 日,实际完工成墙面积为 2 030.22 m^2,分部工程质量评定为优良。2010 年 10 月 28 日,主坝加固单位工程和副坝加固单位工程分别通过了项目法人在大余县主持的单位工程验收,单位工程质量等级均为优良。2010 年 12 月 2 日,大余县油罗口水库除险加固工程通过了江西省水利厅在大余县主持的竣工验收。2011 年 8 月 18 日,主坝加固单位工程荣获了江西省水利厅颁发的"2010 年度江西省水利水电工程优良单位工程奖"。

主坝坝体混凝土防渗墙施工结束后,坝后原来的渗漏点和散浸现象已彻底消失了。大余县油罗口水库除险加固工程自 2010 年 12 月 2 日通过竣工验收投入运行以来,已经经过了 4 个汛期高水位的运行检验,未出现异常情况。

(主要完成人:郭洪有　王　勇　渠红光　郭　威　熊　波)

长斜井爬罐与反井钻对接施工工法

中国水利水电第三工程局有限公司

1 前言

随着抽水蓄能电站建设的快速发展，电站装机容量和发电水头越来越大，引水系统斜井的长度和坡度大幅度增加。目前，国内斜井施工多采用爬罐或反井钻机导井（孔）开挖施工技术，两种技术在长斜井施工中各有所长，也都有不足，在安全、进度、经济方面已不能满足长斜井施工要求。中国水利水电第三工程局有限公司在呼和浩特抽水蓄能电站长斜井施工中，研究采用爬罐与反井钻相向对接的施工方法开挖斜井导井，获得成功，填补了水利水电建设中爬罐与反井钻机相向对接施工技术的一项空白，充分发挥了爬罐与反井钻机各自优势，降低了施工成本，加快了施工进度，提高了施工安全性，解决了长斜井导井安全、快速施工的难题，取得了显著的经济效益和社会效益。研究成果获得中国水利水电建设股份公司2012年度科学技术进步奖。形成的“长斜井爬罐与反井钻对接施工工法”，由于技术先进，创新性强，被中国水利水电第三工程局有限公司批准为2012年度企业级工法。

2 工法特点

（1）在斜井导井施工中，上部使用反井钻机，下部使用爬罐，两者相向对接开挖，既发挥了反井钻机快速施工的特点，又缩短了爬罐在盲导开挖面施工的里程，充分发挥设备的性能，避免设置施工支洞，简化施工程序，加快施工进度。

（2）解决了爬罐导井开挖测量技术难题，提高了长斜井导井施工精度。

3 适用范围

本工法适用于斜井长度大于250 m、坡度大于40°、断面直径大于4.0 m的斜井导井施工，尤其适用于是斜井长度为250～400 m、坡度大于45°的斜井导井施工，其它参数斜井施工可参考应用。

4 工艺原理

（1）反井钻机施工导孔工艺原理：将钻机安装在上平或地面，先向下钻小直径导孔，用清水或泥浆作循环洗井液排渣。导孔钻透以后，卸下导孔钻头，装上扩孔钻头，然后沿导孔自下而上反拉扩孔。

（2）爬罐施工导井工艺原理：利用爬罐作为施工平台和人员上下的交通工具，采用传统的钻爆法进行斜井的导井施工。

（3）本工法采用反井钻机在斜井导井上部向下钻进，爬罐在斜井导井下部向上掘进，控制导井轴线施工精度，使反井钻导孔和爬罐反导井顺利贯通，然后将反井钻钻杆在无约束的情况下沿爬罐导井下放至斜井下部平洞处，在平洞处安装反井钻机扩孔钻头，然后反拉扩孔钻头形成导井。施工工序见示意图1。

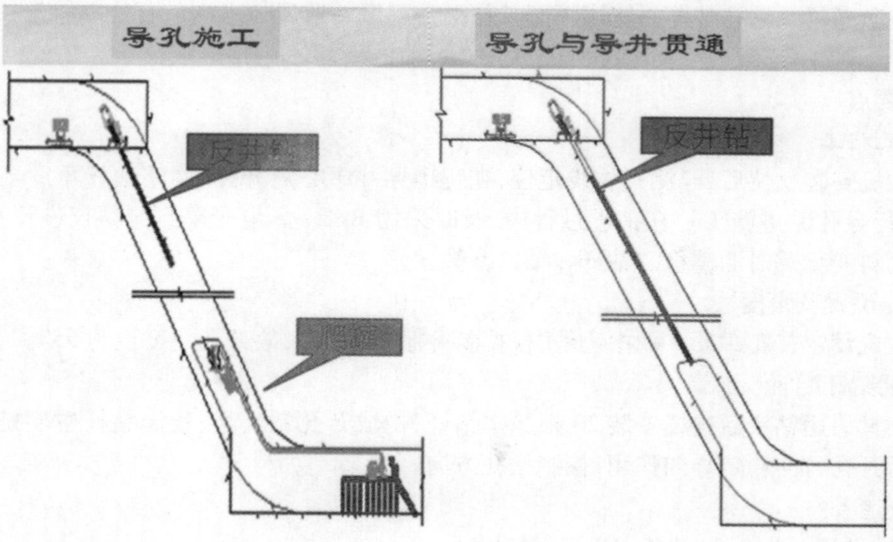

图 1　工法施工工序示意图

5　施工工艺流程及操作要点

5.1　施工工艺流程

工法施工工艺流程见图 2。

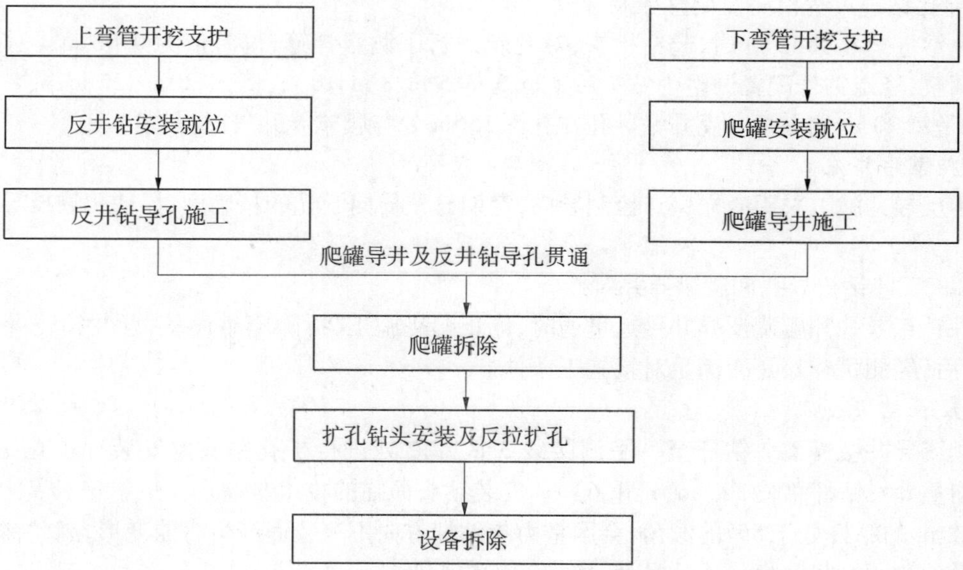

图 2　工法施工工艺流程

1. 反井钻机施工工艺流程

爬罐导井中心点放线→主机基础清理及混凝土浇筑→反井钻主机调平就位→二期混凝土浇筑→ϕ250 mm 导孔正向钻进→ϕ250 mm 导孔与爬罐导井贯通（导孔与爬罐导井轴线综合偏斜值≤0.5 m）→无约束溜放钻杆→拆除ϕ250 mm 钻头安装ϕ1.4 m 反拉扩孔钻头→反拉扩孔→设备拆除。

2. 爬罐施工工艺流程

爬罐安装空间开挖支护→搭设爬罐工作平台→爬罐安装调试运行→斜井导井施工 20m 后安

装控制导向激光仪→钻孔装药→爬罐下至工作平台起爆→通风喷水→危石处理→延长轨道→放样→出渣。

5.2 操作要点

5.2.1 导孔施工

反井钻机安装就位后，经测量放线定位，在爬罐导井中心点开孔，调整钻杆角度至设计开孔角度，方可进行导孔钻进施工。在钻进过程中，及时采用 BZE - S 电子单点测斜仪进行孔斜测量，并根据实测孔斜变化及时调整稳定钻杆和钻进参数。

1. 开孔位置及角度

开孔位置设定在爬罐导井的中心线，根据斜井倾角为55°，故开孔角度设为55°。

2. 稳定钻杆配置

开孔钻具采用钻头后连续安装20根稳定钻杆，构成开孔钻具组，稳定钻杆主要是在钻孔过程中使钻头沿开孔方向稳定导向作用，控制钻孔方向。

3. 钻进参数

开孔：推进压力为0.5 ~ 1.5 MPa；转速为15 ~ 25 r/min。

稳定钻杆段钻进：第一根稳定钻杆进入孔内后，随后的稳定钻杆推进力为1.5 ~ 2 .5MPa，压力从小逐渐增加到正常钻进的最大值3.5 MPa；转速为25 ~ 30 r/min；

正常钻进：推进压力为2.5 ~ 3.5 MPa；转速为25 ~ 30 r/min。

背压：大约钻孔深度超过30 m或钻孔速度超过1 m/h时，调整为背压钻进。之后背压压力2 ~ 10 MPa。

4. 导孔钻进过程检测及调整控制

开孔钻进至孔深32 m时，起钻检查，对孔斜进行了测量计算，偏差值为0.06 m。对钻进参数进行了调整：稳定钻杆配置调整为钻头后1 m、3 m、5 m、8 m、10 m、15 m、20 m、25 m，共8根稳定钻杆，随后是每20 m加一根。反井钻导孔在孔深156m处与爬罐导井贯通。

5.2.2 爬罐导井施工

爬罐反导井施工采用激光斑点控制导向，定期校核导向激光的精确度，保证爬罐反导井的导向精度。

5.2.3 反井钻机导孔和爬罐导井对接

反井钻正导孔和爬罐反导井接近贯通时，停止爬罐施工，拆除爬罐设备，反井钻正导孔继续钻进，贯通后，经测量校核是否满足对接施工条件。

5.2.4 反拉钻头安装

沿爬罐导井缓慢溜放钻杆至下平洞腰线3 m左右处进行扩孔钻头的安装。扩孔钻头直径Φ1.4 m，自重3 t；钻杆总长322 m，自重63 t。安装钻头面临的技术难题是：

1）22 m的钻杆处于55°的倾角，会因重力与钻杆方向不一致而产生弯曲变形，因此钻杆在安装钻头转动的过程中将产生较大的晃动，增加安装钻头难度。

2）在完成扩孔钻头安装后，钻杆加上钻头的重量将近66 t紧贴井壁，井壁对钻杆和钻头产生磨擦阻力，使向上提钻的难度加大。

经研究，反拉扩孔钻头安装时，采用固定钻杆、转动钻头对接安装方案，即在搭设的专用脚手架平台上吊装反拉钻头，同时固定钻杆，采用研发的“转盘悬吊提升器”，人工辅助旋转反拉扩孔钻头，进行钻头与钻杆对接安装。

5.2.5 扩孔施工

1）将钻杆与Φ1.4 m扩孔钻头连接安装完成后，慢速提升扩孔钻头至岩面。

2）将动力水龙头出轴转速调为慢速挡，钻压调至最小值，进行岩体扩孔。

3)在扩孔钻头还未全部进入钻孔时,为防止钻头剧烈晃动而损坏刀具,应使用低钻压、低转速,待钻头全部钻进时,方可加压钻进。

4)围岩较完整的斜井段,钻压和回转扭矩随孔深增加而加大;在遇断层破碎带或更换新滚刀后,应适当减小钻压和回转扭矩。

5)在扩孔结束前3 m范围内,应减小钻压和回转扭矩,直至扩孔结束,最终形成井壁光滑的正导井。

6 材料与设备

6.1 主要材料为炸药、导爆索、导爆管、半秒雷管等火工材料。

6.2 主要施工设备

本工法使用主要设备见表1。

表1 主要设备表

设备名称	规格型号	数量(台)	备注
爬罐	STH－5	1	
反井钻机	ZFY1.8/250(LM－250)	1	
手风钻	YT－28	6	2台备用
装载机	ZL50C	1	
自卸汽车	15t	3	
空压机	20 m^3/min	1	
轴流通风机	2×55 kW	1	
轴流通风机	32 kW	1	

7 质量控制

(1)本工法以《水工建筑物地下开挖工程施工技术规范》和《水利水电工程斜井竖井施工规范》为依据施工和质量控制。

(2)由专职测量人员进行激光指向仪的安装和调整,定期检测复核激光;掌子面由当班钻工班长按设计爆破参数,以激光光斑为依据布置钻孔,并将激光斑点情况、放样情况和施工情况记录,异常情况及时上报。

(3)为保证爬罐运行安全,导井顶板必须进行光面爆破,Ⅲ类以上围岩洞壁两侧及顶板均应进行光面爆破。

(4)反井钻正导孔偏斜值按0.5m控制。

8 安全措施

(1)本工法以《水利水电工程施工安全防护设施技术规范》(DL/T 5162—2002)为依据进行安全控制。

(2)依据STH－5《ALIMAK掘进升降机故障排除与修理手册》、STH－5《ALIMAK掘进升机技术要求》、STH－5《ALIMAK掘进升降机使用维护说明书》和STH－5《ALIMAK掘进升降机装与掘进作业》进行爬罐培训、安装、运行、保养和维修控制。

(3)对于Ⅳ、Ⅴ类围岩或断层破碎带,采取加长膨胀锚杆(辅以树脂锚固剂锚固),围以梅花型布置的Φ25 树脂锚杆焊接加固,个别部位可以井身加挂钢筋网,以保证安全运行。对滞留水采取排导的方法,即提前钻排水孔,后期排水孔布置在靠近底板部位。对于小溶洞采取混土回填法或钢支撑拱架法保证爬罐安全通过。对于胶结不好的软弱断层,应进行超前管棚或小导管灌浆法处理。

(4)为防止通风不良引起爬罐施工人员有害气体中毒,除加强通风外,还应为爬罐操作人员配备氧气袋。

(5)加强观测,做好地质预报,防止发生塌方、涌水等事故。

(6)采用反井钻机施工时,在扩孔期间,严禁人员在孔下方停留、通行或观察;扩孔完毕,必须在井口外围设置栅栏或铺设盖板,防止人员进入。

(7)反井钻操作人员必须严格按照操作规程作业,严禁违章操作。

9　环保措施

(1)在施工过程中,严格遵守国家和地方政府下发的有关环境保护的法律、法规和规章制度,成立环境卫生管理部门,制定环保规章制度,加强施工材料、油料、废水、废渣、废气以及垃圾等的控制和治理,随时接受相关单位的监督和检查。

(2)施工现场各种标识、标牌要求醒目、清楚、齐全,整洁文明,做到工完场清。

(3)加强环境保护宣传工作,提高全员环保意识,并在进行安全技术交底时对环保要求也要进行详细交底。

(4)生产废水、污水按照环境卫生标准进行达标处理,并排放到指定地点;对弃渣和其它废弃物品按照工程建设的要求指定地点堆存和处理;施工道路定期进行洒水除尘,防止污染周围环境。

(5)为保证作业人员身心健康,除加强通风、延长通风排烟时间外,爬罐必须备用氧气袋,每班检查氧气袋内氧气是否充足,有无漏气,如有应及时更换氧气袋。

10　效益分析

采用本工法施工导井较采用反井钻机或爬罐施工导井方案降低了测量控制难度,可缩短工期约三分之一,显著加快施工进度,降低施工成本,保证施工安全,经济效益和社会效益显著。

11　**应用实例**

呼和浩特抽水蓄能电站斜井导井开挖。

呼和浩特抽水蓄能电站引水系统采用一管两机,两条平行输水隧洞,其中反井钻和爬罐成功对接的引水系统 2#下斜井长 322 m,角度 55°,马蹄形断面,最大洞径 6.6 m,最小洞径 5.8 m,围岩类型为Ⅲ、Ⅳ类,岩石主要为斜长角闪岩和片麻状黑云母花岗岩,硬度 11 级。由中国水利水电第三工程局有限公司承建。

采用本工法进行 2#下斜井导孔施工(导孔与爬罐导井位置示意图见图 2),贯通后经测量实测,纵向偏差 $0.354-0.009=0.345$ m,横向偏差 $=1.181-0.581=0.6$ m,综合偏差 $=1.233-0.581=0.652$ m,偏斜值为 0.42%,反井钻导孔钻进过程测斜仪检测的各阶段偏斜统计见表 2,满足反井钻反拉扩孔条件。采用本工法缩短了 2#下斜井开挖施工工期,保证了长斜井导井施工安全、快速,取得了显著的经济效益和社会效益。

表 2　反井钻导孔钻进过程测斜仪检测的各阶段偏斜统计

项目 序号	孔深(m)	倾角(°)	倾角偏斜(%)	偏差(m)	偏斜率(%)
1	32	55.1	0.1	0.056	0.17
2	65	55.3	0.3	0.23	0.35
3	110	55	重合	0.23	0.35
4	140	55.1	0.1	0.28	0.21
5	156	54.5	-0.5	0.14	0.09

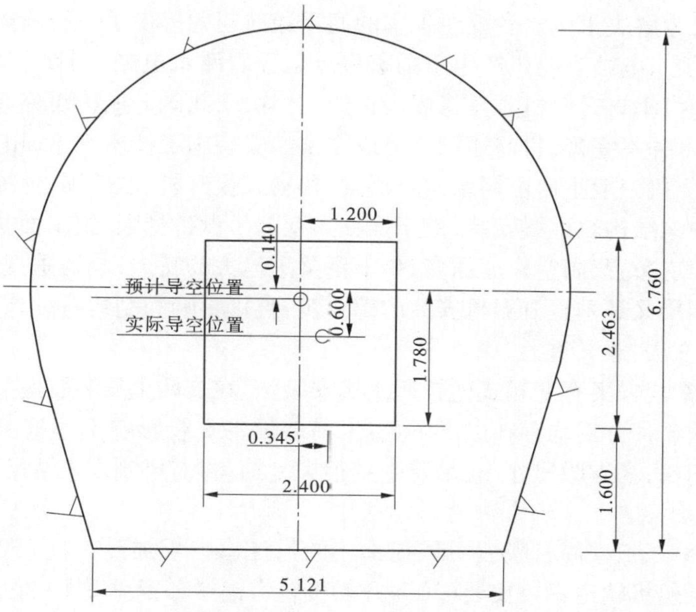

图 2　导孔与爬罐导井位置示意图

11.2　浙江仙居抽水蓄能电站引水系统斜井导井施工

浙江仙居抽水蓄能电站位于浙江省仙居县湫山乡境内，为日调节纯抽水蓄能电站，安装 4 台 375 MW 立轴单级混流可逆式水轮发电机组，总装机容量为 1500 MW，两条引水隧洞布置了四条斜井，斜井总长 1361.73 m，倾角为 53°，其中 1#、2#上斜井长分别为 337.977 m 和 338.381 m，1#、2#下斜井长分别为 343.055 m 和 342.317 m，斜井开挖直径 7.5 m，衬砌后直径 6.2 m。

上斜井洞向：1#引水线为 S82°W，上覆岩体厚度为 96 ~ 310 m，2#引水线为 S88°W，上覆岩体厚度为 110 ~ 351 m，中心轴线高程 370 ~ 609.26 m。洞室围岩为高坞组上段（J3g3）含砾晶屑熔结凝灰岩夹角砾凝灰岩，岩体新鲜、多呈块状结构，岩脉发育，主要为安玄玢岩 $\alpha\beta\mu-1$，产状 N20° ~ 30° W，NE∠80 ~ 90°，宽 5 ~ 6 m，与引水线近正交，出露于 1#线上弯段附近及 2#线斜井段。围岩属Ⅱ ~ Ⅲ类，断层破碎带为Ⅳ ~ Ⅴ类。

采用本工法进行施工，1#上斜井导井于 2012 年 09 月 08 日开始施工，2013 年 01 月 23 日贯通，提前 4 天；2#上斜井导井于 2012 年 12 月 09 日开始施工，2013 年 5 月 25 日贯通，提前 63 天，贯通精度满足要求，保证了施工安全和施工质量，取得了较好的经济效益和社会效益。

（主要完成人：陈忠伟　罗栓定　冯林　侯晓斌　周新旭）

垂直升船机轨道钢梁高空滑移安装(拆除)施工工法

中国水利水电第三工程局有限公司

1 前言

自20世纪90年代以来,我国相继建成了岩滩、水口、隔河岩一级、隔河岩二级、高坝洲等水电工程的垂直升船机,为解决水电水利枢纽工程的高坝通航问题提供了一种新的技术途径,其中国内首台自主设计的高坝水电站升船机产生于国家重点工程岩滩水电站,预计在今后的水电水利工程高坝通航设施选型时,垂直升船机方案将成为首选。但由于我国升船机研究起步相对较晚,在升船机安装中的施工技术并不完善,目前还没有形成完整的安装施工技术理论,相关的验收评定标准也没有形成。垂直升船机一般主要由钢结构轨道梁、移动式提升机、承船厢、浮堤设备、电力拖动与控制设备等组成,其中钢结构轨道梁安装,由于面临大型起吊设备受限、施工面狭窄、与土建交叉作业等难题,而且具有架空布置、高空作业面多、单根钢梁重量大的特点,成为垂直升船机安装施工最大的难点,再者轨道钢梁又是垂直升船机安装的第一步,直接影响和制约后续施工,因此,研究轨道钢梁安装施工工艺和方法,意义重大。

轨道钢梁安装常规方案有变辐式桅杆起重机安装法、在支墩上安装临时悬臂吊施工法、架桥机施工法3种,但是这3种方案均存在以下不足:①吊装设备安装影响土建施工;②吊装设备拆除安装时间长,施工工期长;③支墩尺寸小,吊装受到很大制约;④需要制作安装吊装设备,安全隐患大、施工成本高等。

中国水利水电第三工程局有限公司依托承建的丹江口大坝加高工程150t垂直升船机轨道钢梁拆除、300t垂直升船机轨道钢梁安装(300t升船机轨道钢梁布置见图1),在总结以往安装工艺不足的基础上,研究采用钢梁节间高强螺栓连接、整体水平牵引滑移的新施工工艺,顺利完成工程施工,取得了显著的经济效益和社会效益。研究成果荣获中国水利水电建设股份有限公司2013年度科技进步二等奖及中国电力建设企业协会颁发的2013年度电力建设科技成果奖二等奖。

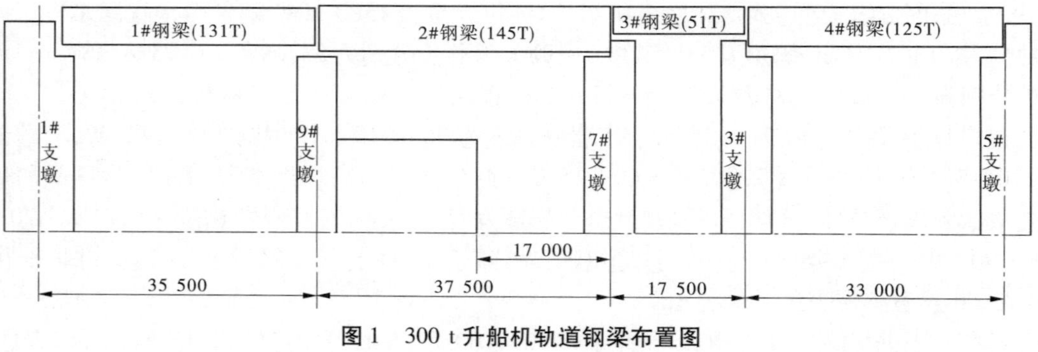

图1 300 t升船机轨道钢梁布置图

2 工法特点

(1)工期短:本工法采用节间高强螺栓连接整体水平滑移工艺,形成边拼装边滑移,与传统桅杆吊吊装工艺比较,节省了大型设备现场安装拆除时间,工期大大缩短。

(2)安全可靠:所有混凝土支墩及坝面钢支墩上均设计有安全防护装置、防倾翻装置,钢梁在整体连接后,滑移稳定性得到提高,钢梁在最不利工况施工前作悬挑试验,保证了滑移施工的安全。

(3)质量保证:本工法设计有专用工装平台,不影响坝面施工交通,与土建施工基本无干扰,而且设计的钢支墩平台充分考虑到现场拼装焊接需要,安装质量容易得到保证,满足设计要求。

(4)成本低、费用少:本工法施工工艺完善、操作简便、实用,滑移牵引设备制造安装简单、方便;单根钢梁分三段运输吊装,单件最大重量减小2/3,运输吊装设备选型小;工装平台也用做后期提升机安装工装的主要组成部分,重复利用,以上各项使得施工综合成本费用减小。

3 适用范围

本工法适用于垂直升船机轨道钢梁的高空安装,以及在施工条件复杂、工作面狭小、起吊设备受限、现场交通不能阻断等情况下,大型悬挑钢梁的现场高空拼装、焊接、滑移安装施工;也适用于单根钢梁整体吊装,高空连接后整体滑移安装。

4 工艺原理

(1)根据钢梁重量及到货长度设计现场拼装焊接平台,保证平台强度、稳定性,在平台上单节吊装、拼装焊接成整根钢梁,平台上布置水平滑移装置。

(2)将钢梁通过高强螺栓连接成整体,底部布设链轮,利用水平牵引滑移技术进行安装,滑移施工时需要计算过混凝土支墩处的力矩平衡,并保证支撑端与悬空端力矩的安全系数大于1.5。

(3)钢梁在安装过程中需要运用顶升、滑移、降落等技术手段,并考虑在合适位置布置防跑偏装置、纠偏装置、牵引装置。

(4)一侧钢梁安装完成后,将工装平台移到另一侧,进行另一侧钢梁的安装。

5 施工工艺流程及操作要点

5.1 施工工艺流程

本工法施工工艺流程见图2。

流程图显示为一侧钢梁安装顺序,在一侧钢梁全部安装完成后,将交通栈桥、坝面钢支墩平台、防倾翻装置、防跑偏装置等移到另一侧,即可进行另一侧钢梁的安装。

5.1.1 施工前准备

施工前的准备分技术准备和工装准备两项内容。

5.1.1.1 技术准备

(1)由于钢梁在工地现场拼装焊接,在制造厂出厂验收时严格进行厂内试拼装检验,满足现场拼装焊接的需要。

(2)对于分段到货的钢梁进行检查和验收,发现有尺寸变形的部位及时处理。

(3)施工人员应熟悉施工图纸及有关技术资料和文件,并对参与施工的人员进行技术交底工作,特别是安装关键点,要使所有人员做到心中有数。

(4)检查轨道钢梁埋件的安装尺寸和质量,以便钢梁安装时进行必要调整。钢梁二期埋件安装根据施工需要进行,可在钢梁安装前施工,也可在钢梁滑移到位后进行,本例考虑到钢梁较高,为降低滑移时的高度,安排在钢梁到位后施工。

(5)检查工装埋件的尺寸和强度,保证所有工装的正常使用。

(6)将钢梁安装时需要的测量点和控制线进行测放,并在混凝土支墩上进行标示。

(7)对施工现场进行清理,检查所有安全防护设施,满足施工安全需要。

5.1.1.2 工装准备

(1)搭设施工栈桥:为方便施工,需要搭设施工栈桥及人行通道,栈桥要满足操作人员在所有混凝土支墩上通行,一侧施工完成后,将栈桥拆除移到另一侧进行安装。

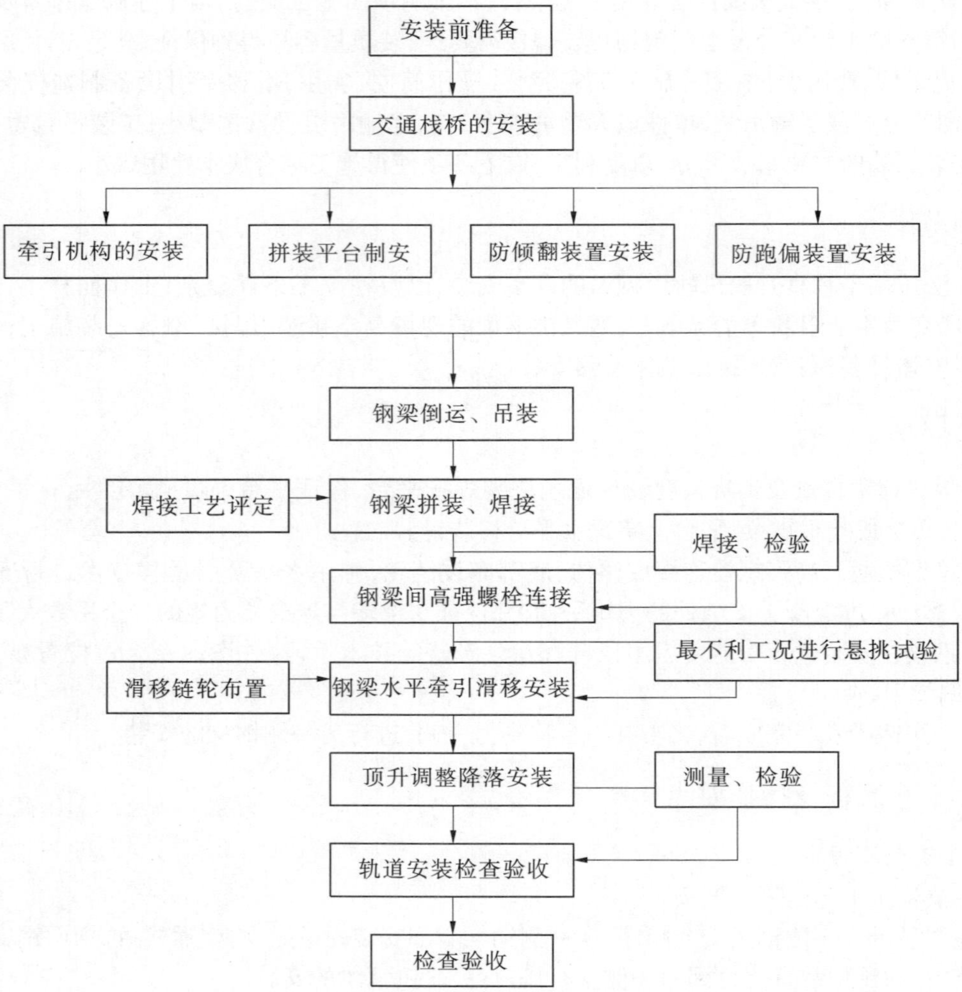

图2　钢梁安装工艺流程图

(2)拼装平台的制造和安装:在钢梁安装前,搭设钢支墩及坝面拼装平台。平台需要具备拼装、焊接、滑移等功能,平台需根据钢梁重量进行强度、刚度及稳定性校核。

(3)防倾翻装置的安装:防倾翻装置主要用来防止钢梁在滑移过程中由于倾斜及风力等因素造成侧翻。

(4)防跑偏装置的安装:钢梁在滑移中如果跑偏还需要有纠偏措置,将钢梁调整到正确位置上来。

(5)牵引机构的安装:钢梁滑移的水平牵引力来自牵引机构,在上下游支墩上布置两台卷扬,牵引力大小通过计算确定,主要取决于滑移时钢梁连接后最大重量、支撑链轮的摩擦系数。

5.1.2　钢梁的倒运及吊装

倒运、翻身及吊装:由于前期分节制造的轨道梁存放在右岸金结拼装场内,安装时需要将钢梁二次倒运到施工现场进行翻身、吊装。

5.1.3　钢梁的拼装及焊接

钢梁的拼装焊接工艺直接影响钢梁的安装质量,需要重点检查控制。

5.1.4　钢梁的节间高强螺栓连接

为了钢梁滑移及悬挑的需要,钢梁间采用高强螺栓连接,连接部位及高强螺栓布置及数量根据钢梁悬挑的最大力矩计算,结构设计在设计时充分考虑,并在制造厂厂内进行试拼装,连接部位全部采用配站打孔。

5.1.5　钢梁水平牵引滑移

钢梁水平牵引滑移工艺顺序由混凝土支墩尺寸及钢梁长度决定，主要考虑原则：①现场安装滑移方便；②尽量减小钢梁悬挑长度和时间；③滑移时的安全及稳定性；④能缩短工期，保证安装质量。

5.1.6　钢梁顶升降落调整安装

由于钢梁在拼装及滑移、钢梁滑移到位后的调整，均要进行顶升，如果一组钢梁高度设计部一致，还需要进行顶升和降落施工。

5.1.7　轨道的安装检查

全部钢梁安装完成后，进行钢梁上的行走轨道安装，轨道安装按照水利水电工程启闭机制造、安装及验收规范（DL/T5019）执行。

5.1.8　最终检查验收

轨道安装完成后，进行最终检查验收。

5.2　施工关键及操作要点

5.2.1　坝面拼装平台的设计

1. 平台设计原则及考虑因素

现场拼装平台的设计需要遵循以下原则：具备足够的强度、刚度和稳定性；方便现场吊装施工，便于拆装（需考虑尺寸、重量等因数）；充分考虑现场拼装焊接及水平滑移的需要（便于布置链轮、支撑、千斤顶等、防倾翻装置等）；尽量不阻碍坝面交通，减小对土建施工的影响。

2. 工装平台简介

根据以上原则设计了坝面钢支墩拼装平台，见图3（剖面图见图4）。平台上部由两根箱型梁组成，底部一端支撑在7号、8号混凝土支墩上的预埋型钢上，另一端支撑在坝面的两个型钢立柱上，钢平台底部高度5.8 m，两立柱间距12 m，满足钢梁运输及坝面交通要求，在上游侧与9号、10号支墩用型钢加固，增加平台的稳定性，为了钢梁水平滑移的需要，平台上布置有链轮装置、防倾翻支架、防跑偏装置等，为焊接及安全需要，平台上布置有焊接工装、安全栏杆、人员工作通道等。

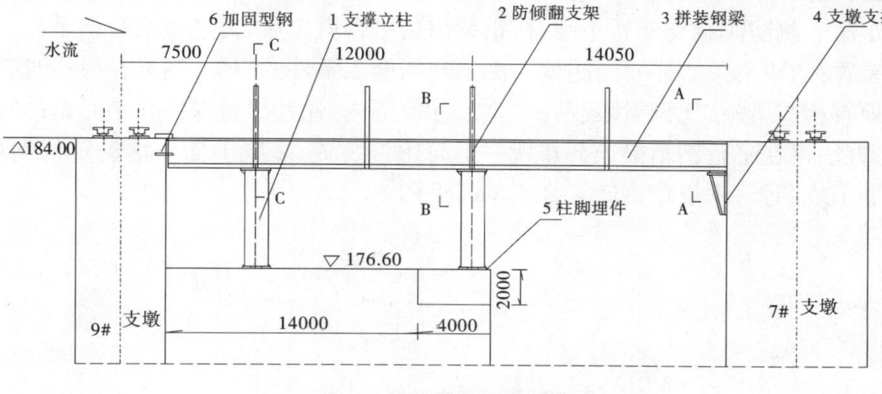

图3　坝面钢支墩拼装平台

5.2.2　吊装方案的选择

翻身后的单件钢梁利用160 t汽车吊移到合适位置，沿上下游方向摆放，紧贴坝面钢支墩，钢梁拼装钢平台高约8 m，钢梁吊装用160 t汽车吊，在工作半径8 m，主臂长21.28 m时可满足吊装要求，现场吊装见：钢梁现场吊装图（图5）。

5.2.3　防倾翻、跑偏装置的布置

1、防倾翻装置：钢梁在水平滑移、顶升等工序作业时，为保证钢梁安全，需要有防倾翻装置，即

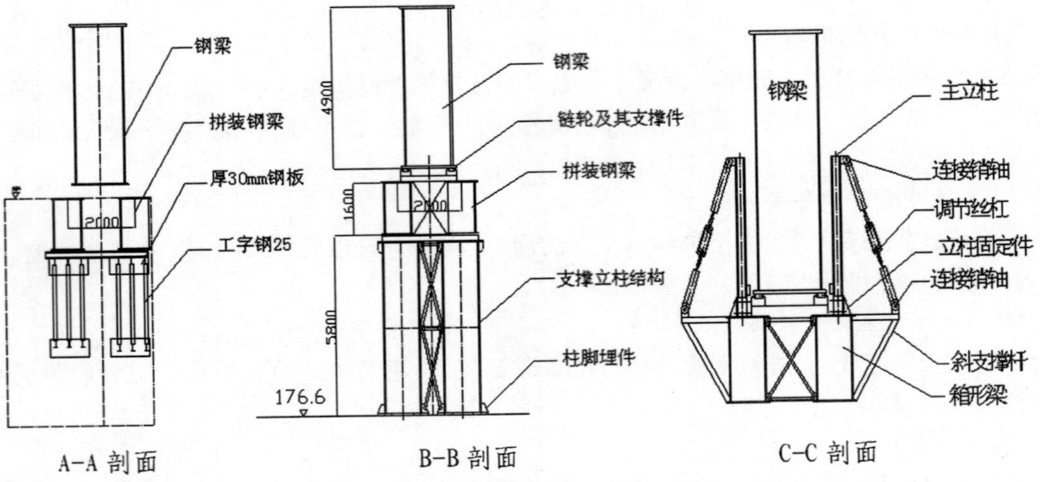

图4　坝面钢支墩拼装平台剖面图

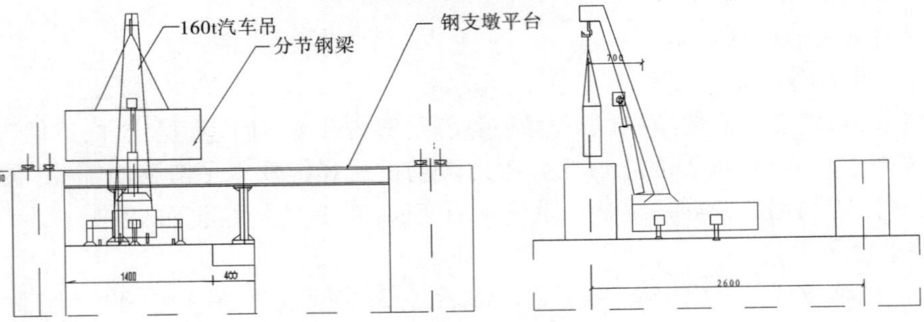

图5　钢梁现场吊装图

在所有混凝土支墩上用型钢形成三角架，支架高度 3 m，约为梁高的 2/3，沿上下游间距 6 m 左右，对称布设两件，位置基本布设在钢梁的两端。为了现场施工及吊装的方便，设计成可拆卸结构，防倾翻支架布置图(见图6)，由立柱、调节丝杆、立柱固定件、斜支撑件、连接销轴等组成(见图7)，在吊装前靠近汽车吊一侧防倾翻支架暂不装，待钢梁吊装平台就位后，再进行安装调整。

2、防跑偏装置：防止钢梁滑移时的跑偏。由于现场施工条件的影响，钢梁在滑移时会产生跑偏现象，对此，必须有相应措施，把钢梁限制在一定尺寸范围内，让其尽量保持在中心基准线上以减少后期调整难度，方法是在平台钢箱梁顶部布置一组防跑偏装置，装置上插一活动定位钢板，钢板与底翼缘接触面加工成圆弧，钢板距离底翼缘 5 mm，见图 8。

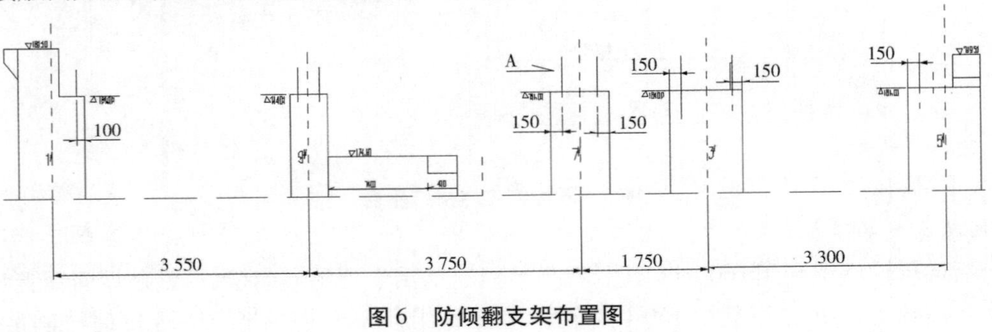

图6　防倾翻支架布置图

5.2.4　支撑链轮的布置

钢梁水平滑移时链轮是主要支撑件，钢梁悬挑时的受力最大，选择并排布置三个链轮，其余工作状态选择两组链轮，链轮分两种规格，考虑到链轮重量以及施工情况，在受力较大或重要部位采用大链轮，其余工作状态可采用小链轮，全部链轮布置高差 2 mm，中心偏差 3 mm，并要求与钢梁腹

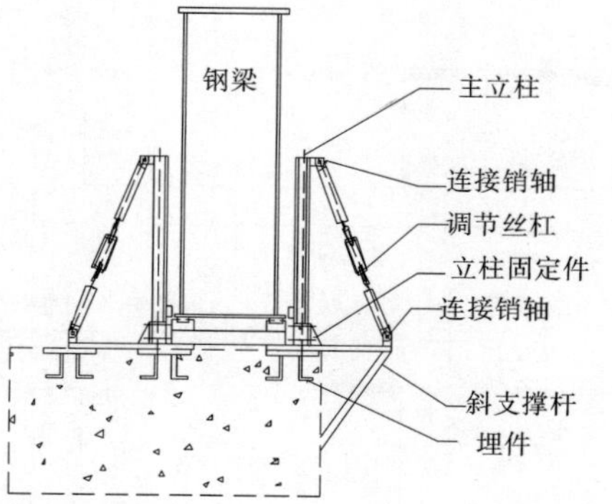

图7　防倾翻支架示意图

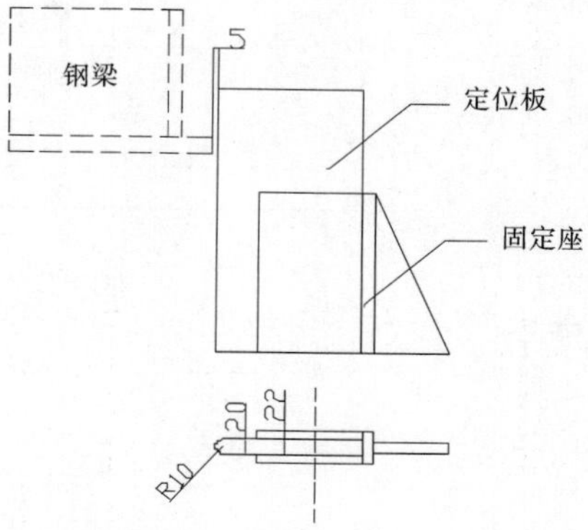

图8　防跑偏装置示意图图

板中心偏差不大于5 mm。支撑链轮见图9，链轮在各支墩布置见图10。

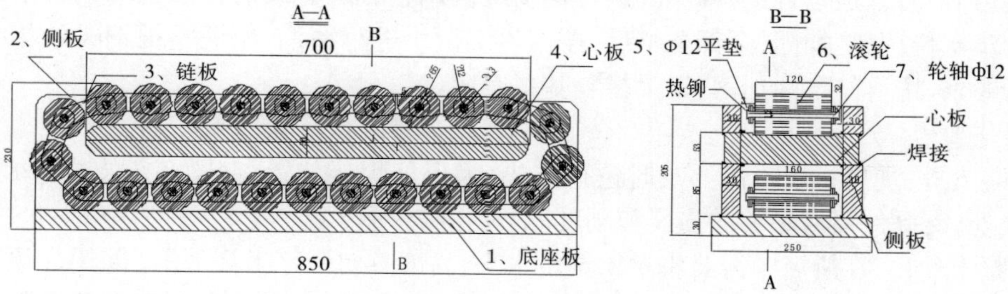

图9　支撑链轮图

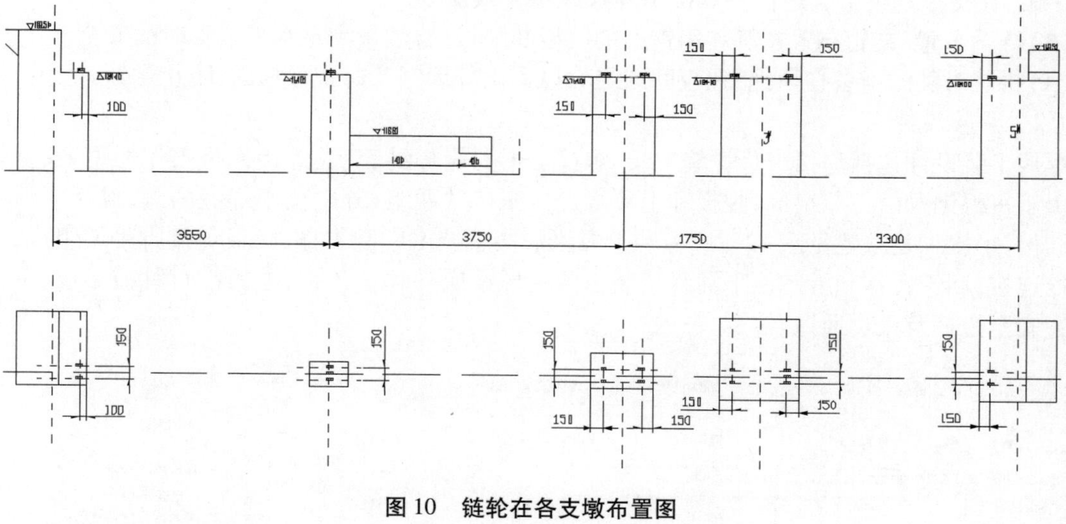

图10　链轮在各支墩布置图

5.2.5　牵引装置的布置

钢梁水平滑移时的牵引机构，主要是由布置在上下游支墩上的卷扬组成，1#、2#钢梁向上游滑移时由布置在上游1#、2#混凝土支墩上的卷扬牵引，3#、4#钢梁向下游滑移时由布置在上游5#、6#混凝土支墩上的卷扬牵引，其余钢梁滑移时为减少钢丝绳长度，根据实际位置可将卷扬布置在7#、8#、3#、4#混凝土支墩上，局部短距离滑移也可采用10 t倒链进行，钢梁快到位时，为避免钢梁间碰撞，宜用5t倒链施工。牵引装置的布置见图11。

5.2.6　拼装及焊接工艺

5.2.6.1　拼装

将单节钢梁吊装到平台后，底部支垫链轮，利用卷扬将钢梁水平滑移到平台下游面，然后吊装

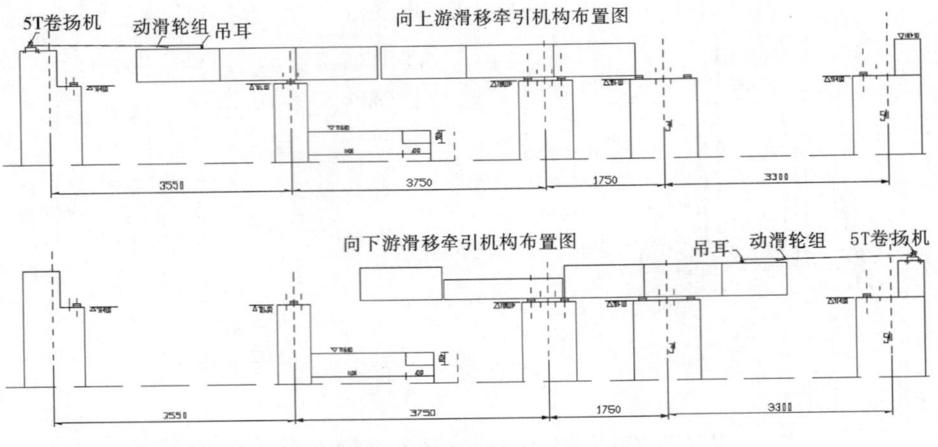

图 11　牵引装置的布置

第二节，滑移到下游合适位置，与第一节进行初步定位调整、加固，最后将第三节钢梁吊装到位，与第二节进初步定位调整、加固，全部调整后，按厂内定位块进行精调，保证整根钢梁的相关尺寸、挠度满足图纸要求，进行必要的加固，钢梁拼装基本完成。

拼装操作要点：

(1)拼装支撑：现场拼装时需要及时进行支垫，为保证焊接位置，钢梁底部支撑应在节间焊缝左右各 1 m 处，支撑件要有足够的强度和刚度。

(2)调整千斤顶：在拼装中需要将钢梁调整水平，高度方向调整工具采用 50t 千斤顶，千斤顶布置位置要在拼装用钢梁的腹板和隔板处，四个千斤顶对称布置；水平方向调整工具采用倒链、千斤顶等手段，在支撑钢梁上合适位置焊接吊耳板或千斤顶支撑件。

(3)链轮布置：链轮布置在拼装用钢梁的腹板和隔板处，数量满足水平滑移时的安全。

(4)拼装时随时准备揽风绳，在夜间或遇大风雷雨等天气及时进行加固，防止意外。

5.2.6.2　焊接工装

焊接工装设计包括焊接腹板焊缝工装、焊接上下翼缘焊缝工装、焊接人员工作通道、安全栏杆等。由于每根钢梁由三节组成，腹板和上翼缘焊接工装共两组，分别位于焊缝两侧，设计成活动可拆卸结构，焊接工装布置见图 12。腹板和上翼缘焊接工装由中间支撑、腹板焊接脚手架组成，两者用螺栓连接，利于转移和拆卸。下翼缘工装由两箱形梁底部焊接角钢，上面铺竹跳板形成，平台两侧设置安全栏杆及人员通道。

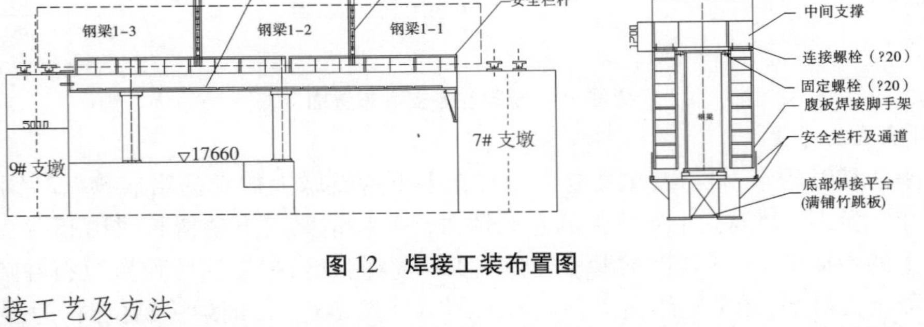

图 12　焊接工装布置图

5.2.6.3　焊接工艺及方法

(1)钢梁组对验收合格后，立即进行整体加固，加固焊缝 6 mm，长度 100 mm，间距 200 mm；

(2)首先焊接腹板对接立缝，按照从下向上，分层焊接顺序进行；

(3)其次焊接下翼缘焊缝、上翼缘焊缝。

(4)最后进行焊缝背面碳弧气刨清根处理后，按照先进行腹板立焊，后进行翼板焊接的顺序施焊。

(5)焊接过程中必须进行监控和测量,必要时及时调整焊接顺序,保证变形在合理范围内。

(6)焊接采用小电流、对称、分层焊接退步跳焊,焊接时采用四名焊工同时在两对接焊缝处对称焊接作业,焊接中力求焊接参数均匀,焊接速度一致。

5.2.6.4　焊接尺寸控制

焊接尺寸控制主要是钢梁整体长度及挠度控制,由于钢梁厂内制作拼装时拱度已经提前预留,现场组对焊接需要增加上拱度,根据我局大型闸门及启闭机钢结构制作焊接经验,结合300 t级垂直升船机轨道钢梁结构尺寸,每节焊缝预留焊接上拱收缩量3 mm,加强焊接监控,焊接后可以保证钢梁预拱度和钢梁整体长度尺寸要求。

具体监控措施如下:

(1)架设水准仪,监测钢梁预拱度变化;

(2)架设经纬仪,监测钢梁直线度变化;

(3)用钢尺测量钢梁总长度尺寸变化;

(4)在钢梁腹板两侧悬挂钢丝线,监测钢梁高度方向的直线度;

在每到工序完成后,或焊接完成一道焊缝后,进行以上各项检测。

5.2.7　顶升及降落工艺

钢梁在拼装及到位安装时都需要进行顶升和降落施工,由于在施工中存在高空及超高空作业,因此钢梁的安全必须保证,特别是3#钢梁需要顶升2.4 m左右,合理的顶升及降落工艺是其重要保证,结合钢梁拆除时的经验,我们制定了以下施工工艺:

用千斤顶逐步将梁顶升,底部用钢支架进行逐节支垫,顶升时两端必须同时进行,保证连梁的平稳上升,采用边顶升边加固,四周千斤顶要同步,每次顶升高度控制在2 cm,一个顶升循环为200 mm,为一个型钢高度,整个梁顶升到一个循环后,将垫高的型钢支架要与支墩上的预埋插筋焊接牢靠。

3#钢梁顶升到位后,用型钢进行支撑加固,并将支撑件一同浇筑。

5.2.8　钢梁高强螺栓连接

钢梁连接采用10.9级承压型高强螺栓,直径m24,构件接触面用喷砂处理,抗滑移系数0.4,连接钢板为16 mn,厚度30 mm,钢梁连接分两种:一是4.9 m高梁与3 m低梁连接;二是4.9 m高梁间连接,其中4.9 m高梁与3 m低梁连接为控制重点,由于存在应力集中,为滑移悬挑时的安全,在高低梁连接处用两根直径159无缝管做加强连接,钢梁连接图见图13,连接螺杆详图见图14。

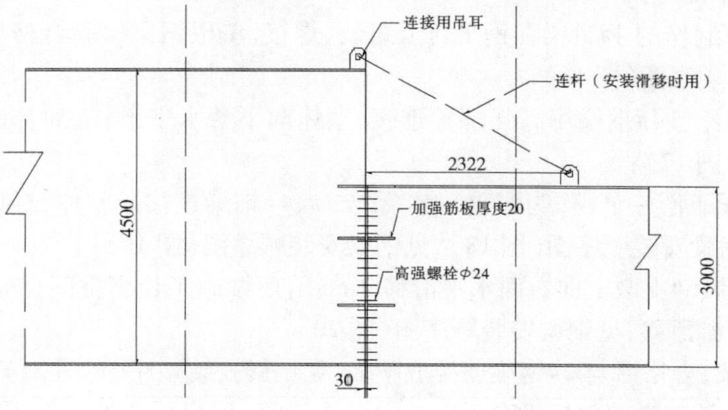

图13　钢梁连接图

5.2.9　悬挑试验

1#、2#钢梁连接后向上游滑移、3#、4#钢梁连接后向下游滑时,由于悬挑长度较大,为了保证钢梁安全滑移到位,有必要在正式悬挑滑移前作一悬挑试验,以检验高强螺栓连接强度、支撑链轮强

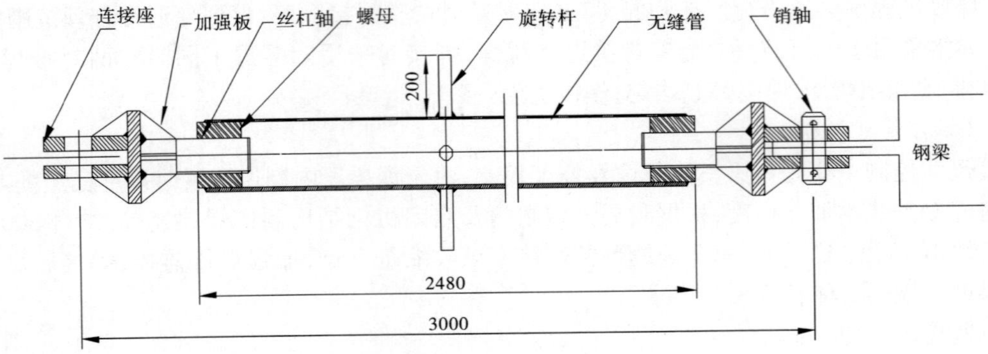

图 14　连接螺杆详图

度、牵引机构工作状态等,保证安装施工万无一失,钢梁在最危险工况停留 1h,检查各部位连接情况,无任何异常后,方可作正式滑移。悬挑试验工艺见图 15。

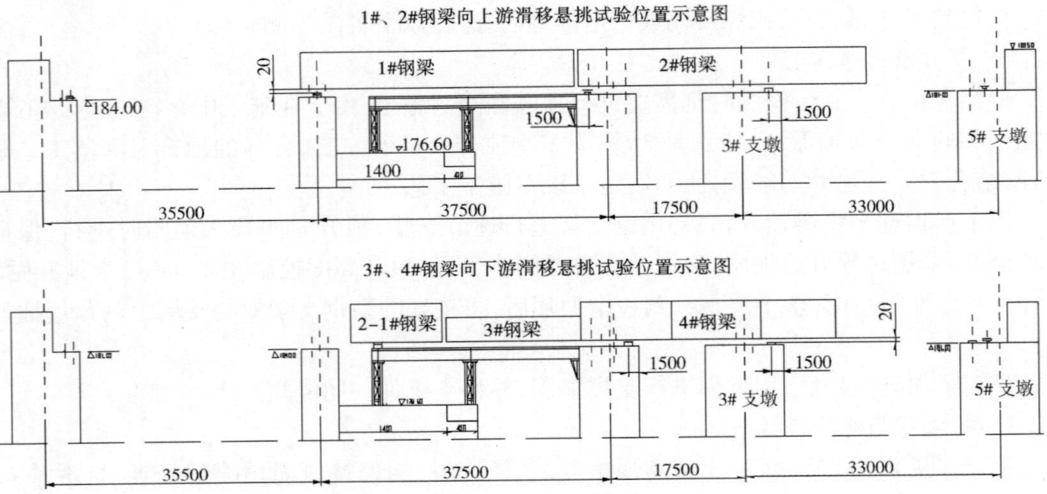

图 15　悬挑试验工艺图

5.2.10　滑移施工工艺

轨道梁滑移顺序说明:

(1)将厂内分节制作的 4#钢梁在钢平台上组装、焊接,单根钢梁检验合格后,向下游滑移到合适位置,见钢梁安装顺序图(图 16);

(2)吊装 3#钢梁,与 4#钢梁用高强螺栓连接,整体向下游水平滑移,到合适位置后暂停滑移,见钢梁安装顺序图(图 17);

(3)吊装 2#钢梁下游一节(作为配重),然后与 3#、4#钢梁连接成整体,继续向下游滑移,到位后 2#钢梁分解,见钢梁安装顺序图(图 18)、见钢梁安装顺序图(图 19);

(4)4#钢梁在 4#、6#支墩上向右面水平滑移 3 m,给后续施工让出空间,然后将 2#钢梁组装完成,检验合格后向下游滑移,见钢梁安装顺序图(图 20);

(5)组装 1#钢梁,合格后与 2#钢梁连接成整体,见钢梁安装顺序图(图 21);

(6)用布置在上游支墩的卷扬机牵引向上游水平滑移,到位后调整 1#钢梁、2#钢梁安装就位,见钢梁安装顺序图(图 22);

(7)接着将 4#钢梁沿支墩向左面水平滑移复位,见钢梁安装顺序图(图 23);

(8)分解 3#钢梁并顶升高 2.4 m,浇筑 3#钢梁底部混凝土支墩,最后将 3#钢梁降落到位,安装调整所有钢梁底座二期并浇筑,见钢梁安装顺序图(图 24);

(9)调整所有钢梁就位，拆除钢支墩及钢平台到左侧安装位置，进行左面一组钢梁安装，见钢梁安装顺序图（图25）。

由于现场混凝土支墩间距以及钢梁重量，分节长度不同，滑移顺序可以有所调整。

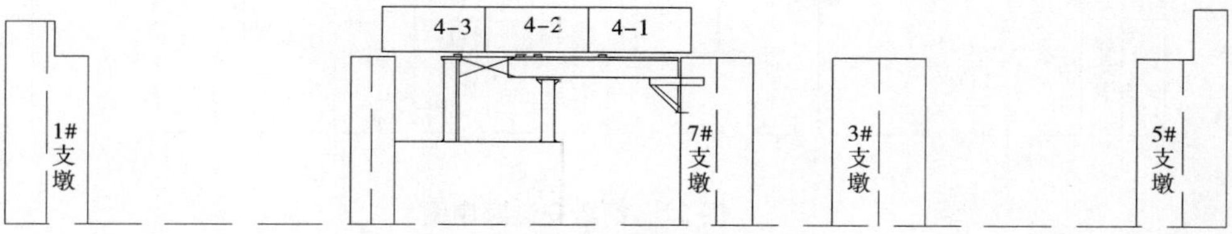

图16　钢梁安装顺序图

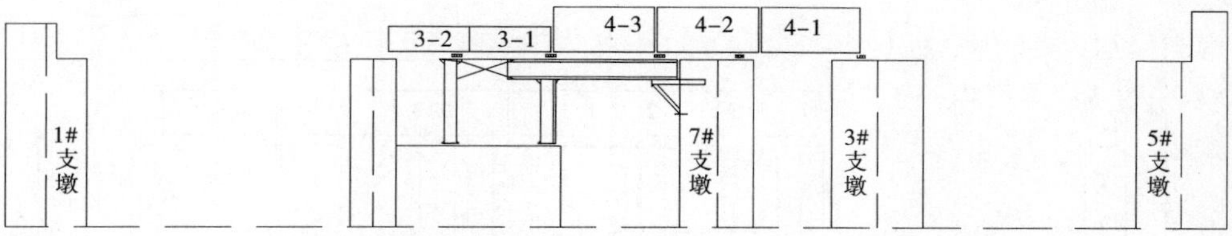

图17　钢梁安装顺序图

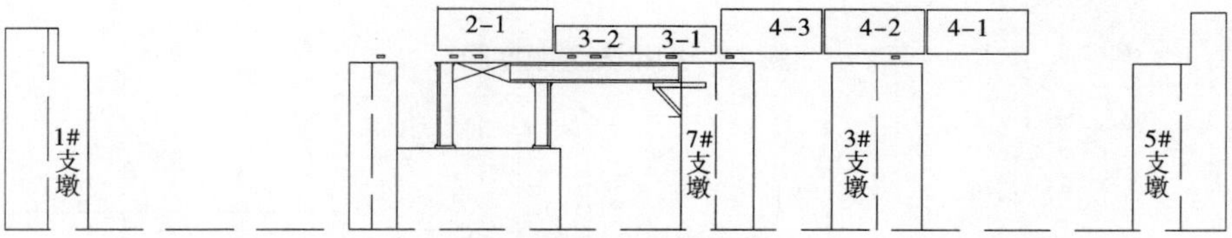

图18　钢梁安装顺序图

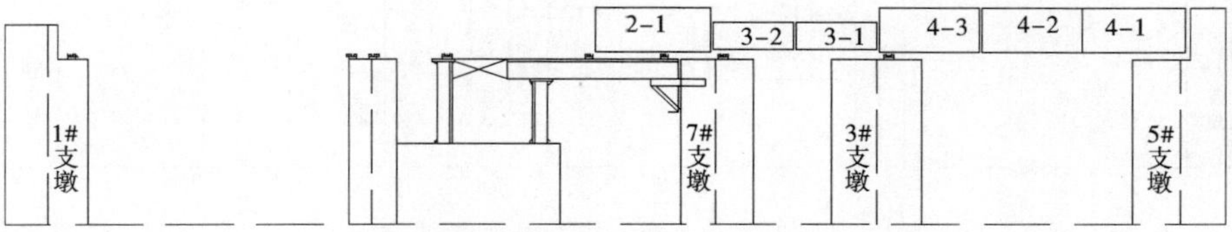

图19　钢梁安装顺序图

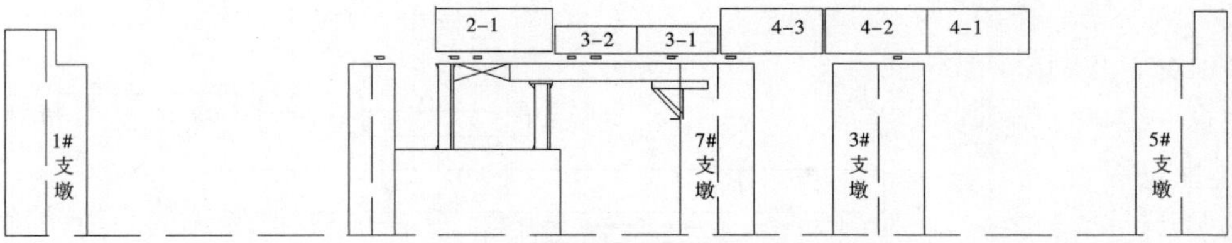

图20　钢梁安装顺序图

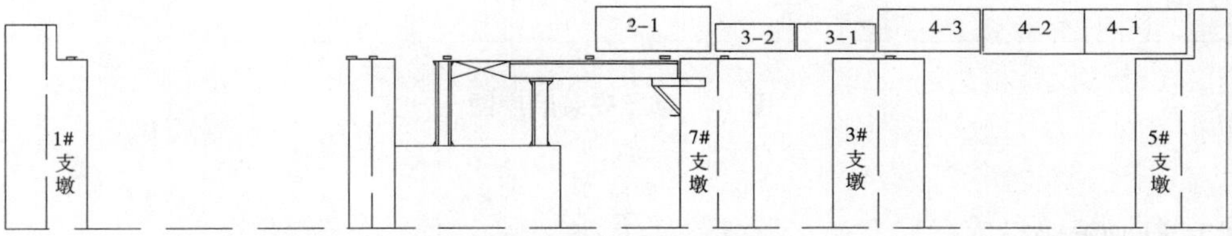

图21　钢梁安装顺序图

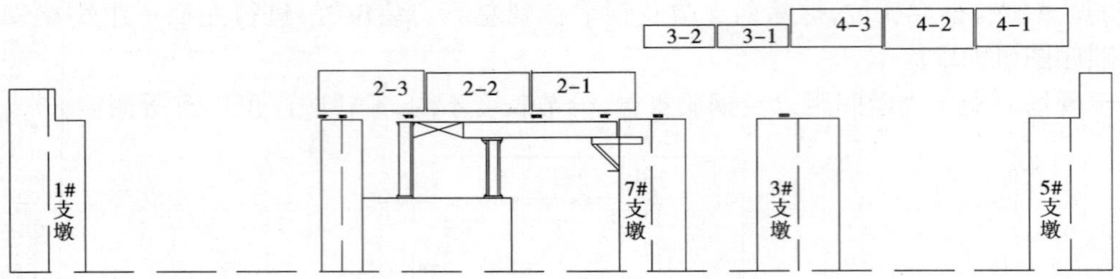

图 22　钢梁安装顺序图

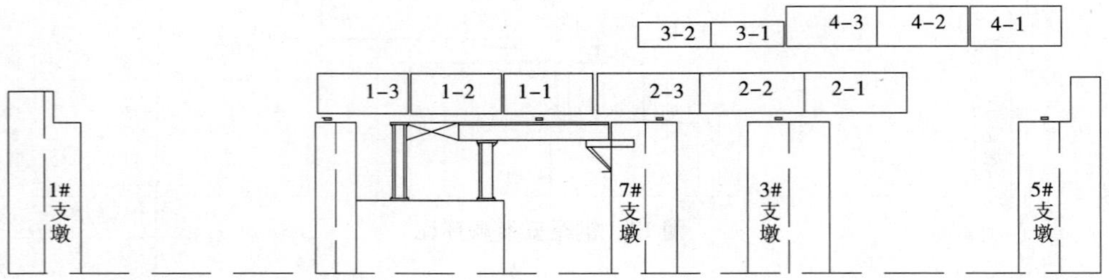

图 23　钢梁安装顺序图

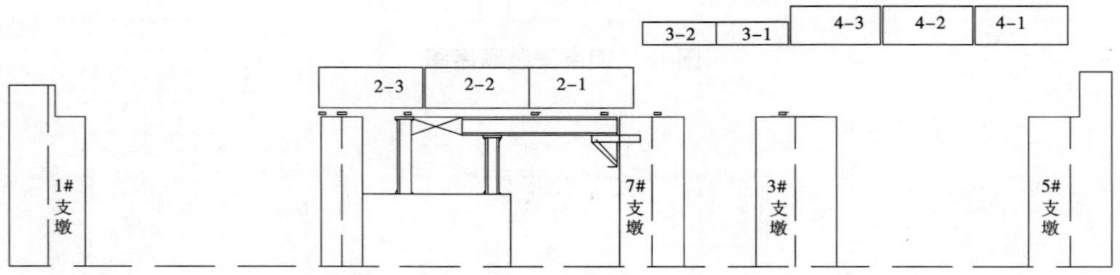

图 24　钢梁安装顺序图

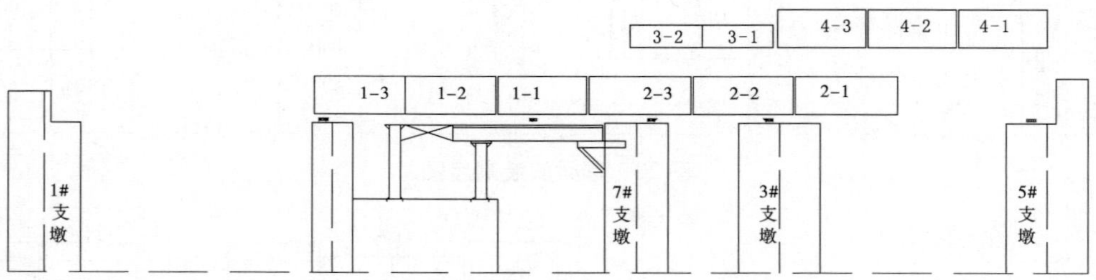

图 28　钢梁安装顺序图

6　设备与材料配置

设备/材料配置见表 1。

表1　设备/材料配置表

序号	名称	规格	单位	数量	备　注
一、焊接设备					
1	逆变电焊机	ZX_5-400B	台	6	可根据实际情况而定
2	交流焊机	ZX_5-500B	台	2	可根据实际情况而定
3	远红外烘干箱	ZCH－180	台	2	可根据实际情况而定
4	碳弧气刨		套	1	可根据实际情况而定
5	焊条保温筒	5kg	个	2	可根据实际情况而定
二、起重吊装设备					
6	施工门机	mQ600B	台	1	可根据设备重量定
7	轮式汽车吊	160 t	台	1	可根据设备重量定
8	轮式汽车吊	70 t	台	1	可根据设备重量定
9	轮式汽车吊	25 t	台	1	可根据设备重量定
10	龙门吊车	10 t	台	1	可根据设备重量定
11	运输平板车	60 t	台	1	可根据设备重量定
12	运输平板车	40 t	台	1	可根据设备重量定
13	重型载重汽车	20、8 t	台	各1	可根据设备重量定
14	电动卷扬机	5 t	台	2	可根据设备重量定
15	螺旋千斤顶	100 t、50 t、32 t	件	各4	可根据设备重量定
16	手动链条葫芦	10 t、5 t、2 t	台	各2	可根据设备重量定
17	滑轮组	5 t、10 t	套	各2	可根据设备重量定
三、测量仪器					
18	全站仪	TC1201 型	台	1	
19	经纬仪	J2	台	1	
20	水准仪	S3	台	2	
21	框式水平仪	0. 02 mm/m	台	1	
22	数字超声波探伤仪	PXUT/230	台	1	
23	X 射线探伤仪	XXQ－3005G	台	1	
24	涂层测厚仪	SCS－3	2		
四、自制装备					
25	钢支墩拼装平台		套	1	现场安装
26	焊接工装		套	2	现场安装
27	防倾翻装置		套	10	数量根据实际情况定
28	防跑偏装置		套	10	数量根据实际情况定
29	支撑链轮	80 t、60 t	套	各10	数量根据实际情况定
30	连接螺杆		套	4	数量根据实际情况定

续表 1

序号	名称	规格	单位	数量	备　注
五、消耗性材料(型钢)					
31	钢板	6 ~ 30 mm	t		可根据实际情况而定
32	工字钢	I14 - I32	t		可根据实际情况而定
33	槽钢	[14 - [32	t		可根据实际情况而定
34	角钢	L45 - L100	t		可根据实际情况而定

7 质量控制

7.1 本施工工法执行的标准、规范

GB984　堆焊焊条
GB986　埋弧焊焊缝坡口的基本形式和尺寸
GB1031　表面粗糙度参数及其数值
GB1300　焊接用钢丝
GB1591　低合金结构钢
GB1720　漆膜附着力测定值
GB1764　漆膜厚度测定法
GB3077　合金结构钢技术条件
GB3274　普通碳素结构钢和低合金结构钢热轧厚钢板和带钢
GB3323　钢熔化焊焊接接头射线照相和质量分级
GB5117　碳钢焊条
GB5118　低合金焊条
GB6067　起重机械安全规程
GB7692　涂装作业安全规程、涂漆前处理工艺安全
GB10854　钢结构焊缝外形尺寸
GB11345　钢焊缝手工超声波探伤方法和探伤结果分级
GB50205　钢结构工程施工及验收规范
GB8923　涂装前钢材表面锈蚀等级和除锈等级
GB10183　桥式和门式起重机轨道安装公差
DL/T5013　水利水电工程钢闸门设计规范
DL/T5018　水利水电工程钢闸门制造、安装及验收规范
DL/T5019　水利水电工程启闭机制造、安装及验收规范
GBJ17　钢结构设计规范
GTB985　气焊、手工电弧焊及气体保护焊焊缝坡口的基本形式和尺寸
JB1152　锅炉和钢制压力容器对接焊缝超声波探伤
JB1150　压力容器用钢板超声波探伤
JB3092　火焰切割面质量技术要求
JB3223　焊条质量管理规程
SDZ014　涂漆通用技术条件
SDZ008　水工建筑物金属结构焊接技术规程

7.2　主要安装检查项目及技术要求

7.2.1　单根钢梁拼装焊接后检验项目

7.2.1.1　外观尺寸检验

见表2。

表2　外观尺寸检验

序号	检验项目	尺寸（mm）	允许偏差（mm）	检验方法
1	轨道梁总长度	34 000	0 ~ -7	钢盘尺、拉力器测量
2	梁上下游支撑中心距	32 000	±4	钢盘尺、拉力器测量
3	梁水平弯曲		≤7	钢板尺、等高线、拉力器测量
4	腹板垂直度		≤10	钢板尺、钢丝线、垂球测量
5	上拱度		18 ~ 22	钢板尺、水准仪测量

7.2.1.2　焊接质量检验

钢梁现场对接焊缝检验按1类缝进行100%探伤检查，采用超声波无损探伤检验，要求合格率100%，如果现场发现焊接不合格，即用X射线探伤仪进行复测检查，同一焊缝返修次数不得超过两次。

7.2.2　钢梁组装完成后整体检验项目

（1）钢结构轨道梁支座中心沿垂直升船机纵、横向中心线方向安装位置偏差≤2.0 mm。

（2）支座钢埋板安装高程误差不大于4.0 mm，且每跨及相对的另一跨的四个支座钢埋板水平面误差≤3.0 mm。地脚螺栓安装位置尺寸允差为2 mm。

（3）轨道梁中心线与其安装基准线的偏差不大于3 mm，轨距误差不大于5.0 mm；

（4）轨道的纵向直线度不超过1/1500；

（5）同跨两平行轨道的标高相对差，其支墩处不大8 mm。

（6）接头处左、右、上三面的偏差均不应超过1 mm。接头间隙不大于2 mm。

（7）轨道与上翼缘板间最大间隙不大于0.5 mm。

（8）大车车轮应与轨道面接触，不应有悬空现象。

以上各项测量检验采用全站仪、经纬仪、水准仪、配合钢板尺、钢盘尺、拉力器、钢丝线等进行。

其他技术要求按图纸、相关规范执行。

7.3　质量保证措施

（1）严格进行单根梁厂内试拼装，作好出厂验收工作，了解钢梁制造情况；

（2）现场安装前对相关人员仔细进行技术交底工作，操作人员做到关键工序心中有数；

（3）单根梁拼装时，现场严格按定位板和定位销调整；

（4）焊接工艺控制及焊接变形监控：钢梁组装时的焊接质量控制及焊接变形监控是整个钢梁安装的重点，施焊前编制合理的焊接工艺顺序，选用合适的焊接材料，并进行焊接工艺评定，通过实验确定工艺参数；

（5）焊接材料采用国家知名品牌产品并与轨道钢梁材质相匹配；金结拼装厂建立焊材库，焊条有专人保管、烘焙和发放；焊接作业时，焊条在保温桶存放，随焊随取，保证焊条在恒温状态；

（6）焊接前，检查焊缝形式及坡口尺寸，满足图纸和规范要求；对称焊接时，严格按工艺控制焊接电流及速度，保证焊接质量；

(7)为防止产生裂纹使用焊前预热的工艺。预热温度为 80 ~ 120C,焊接时层间温度应不低于预热温度,且不高于 300C。

(8)焊接过程中,每焊一层利用风铲及时清理药皮,并配合锤击焊缝使内部应力得到较好释放;

(9)每道焊缝完成后,采用碳弧气刨及时进行背面清根处理,防止夹渣、气孔等缺陷,并用角向磨光机打磨后进行焊接;

(10)对于发现的内部缺陷,及时进行焊缝超声波无损探伤检查,认真分析缺陷原因,会同焊接工程师和监理工程师共同制定缺陷返修措施,编制合理的返修工艺,采用碳弧气刨进行刨削,清除缺陷,保证焊缝合格率 100%。同一部位返修次数不超过两次。

(11)大件运输,大件重心与拖车中心重合,而且必须用倒链将构件与拖车固定牢靠,防止倾翻。

(12)大件吊装前,认真熟悉图纸和起吊设备性能,检查吊装器具、索具等。

(13)每根钢梁验收合格后方能参与滑移施工,滑移前检查钢梁连接情况,钢梁底部水平度,支撑链轮高差均在允许误差范围内,方可正式滑移,

(14)滑移时,牵引速度不得过高,保证钢梁水平滑移的平稳,并在滑移 10 m 左右进行一次检查。

(15)顶升和降落工艺施工时,钢梁四个角点均需有人进行监测,顶升时听从负责人的统一指挥。

(16)高强螺栓连接的部位,须用扭力扳手紧固,扭紧顺序应从梁体的分段接头处联结螺栓中顺序向外拧紧,高强螺栓连接摩擦面应保持干燥、整洁,高强螺栓拧紧分初拧、复拧、终拧,初拧为施工扭矩的 50%,复拧扭矩等于初拧扭矩。

(17)悬挑试验应能真实反映钢梁悬挑工况,悬挑试验时现场监理进行旁站,将实验结果进行记录,悬挑试验合格后方能进行正式滑移。

8 安全措施

(1)施工前编制安全方案,包括施工安全紧急预案,并进行安全技术交底。

(2)吊装前必须对起重机械设备的性能进行全面检查,并要严格检查各钢丝绳、吊索、卡环、手拉葫芦、千斤顶等工具的安全性。

(3)起吊钢梁等重物时,下方严禁站人,严禁由高空抛掷物品,危险面应设置安全网。

(4)全体工作人员应听从统一指挥,吊装时必须由专业人员指挥,并有专人监护,要求指挥哨音清晰,手势规范,吊车、门机司机及卷扬机操作员要与指挥人员密切配合,作到动作正确到位无误。

(5)钢梁滑移前,检查支撑链轮、牵引机构、防倾翻装置、防跑偏装置等的安全,保证钢梁滑移平稳,滑移过程中,各主要监控点必须有专人进行监测,发现问题吊应立即向施工负责人反映。

(6)在钢梁顶升和降落施工时,顶升设备要固定牢靠,严格按照作业指导书的要求进行操作。

(7)在设备加热、焊接、加固操作工作中,要配置灭火器等消防设备,以防火灾发生。

(8)坝面钢支墩平台施工在安装期间,现场作业区进行封闭,周围设警示标志,闲杂人员禁止进入施工场地。

(9)高空作业人员严格按照规范进行施工,应经过安全技术培训,具备相应的防护知识,遵守安全规程制度。

(10)有防大风、雷雨天气的紧急预案,在施工期间,随时根据天气预报进行调整施工,每天在下班前,将钢梁用揽风绳与混凝土支墩固定牢固。

9 环保措施

(1)加强日常监管,通过排污申报登记、监督检查、及时处理突发事故,规范环保工作人员自身工作行为,提高工作效率,加强了执法力度。

(2)强化电站建设“三同时”检查力度。定期检查工区环境保护设施(工程)与主体工程是否同时设计,污染处理设施的设计是否合理,环保设计方案是否报环保局备案等,做到心中有数,及时发现、纠正和查处一些未落实环保“三同时”的项目。

(3)建立报告督察制度。通过排污申报登记、监督检查等措施,对电站环保措施落实情况进行全方位监管,及时掌握污染情况,处理突发事故。

(4)加强环保宣传教育。利用日常检查的机会,加强环保知识宣传,提高各施工单位的环保意识,杜绝“先破坏、后治理”的思想。

10 效益分析

(1)丹江口大坝加高工程150t升船机轨道梁拆除施工采用此工法进行施工,较常规施工方案比较,取得显著经济效益。常规采用桅杆吊施工费用见表3,采用本工法施工费用见表4。

表3 采用桅杆吊施工费用

项目名称	常规费用(万元)			备 注
	机械	材料	人工	
自制变幅桅杆起重机	90.0			吊杆、竖塔、底座、10t卷扬机2台、钢丝绳、滑轮组、吊钩、控制等设计院预测最低投入90万元。
30t施工门机	6			60天
租赁100t汽车吊	20.0			15天(市场价)
25 t汽车吊	5.0			60天(自有)
其他			20+(10)	安装及拆除自制变幅桅杆、多投入1月人工等
安装支架主材、辅助材料			10	
合 计	161.0			

表4 采用工法施工费用

项目名称	费用(万元)			备 注
	机械	材料	人工	
安装辅助设备	10			5 t卷扬机2台、钢丝绳、滑轮组、千斤顶、链轮等
30 t门机(施工门机)	6			60天
25 t汽车吊	5.0			60天
材料费		10		安装预埋件、钢支墩,防倾翻等材料
人工费			20	按3个月工期、20人算
合 计	51			

采用工法施工费用与采用桅杆吊施工费用比较,节省资金110万,经济效益显著。

另外,采用工法施工,节省了桅杆吊的安装、拆除施工,从时间、费用,工期多方面均取得效益,避免了与土建施工的干扰，综合效益显著。

(2)丹江口大坝加高工程300 t升船机轨道梁安装施工采用此工法进行施工，较常规施工方案比较，取得显著经济效益。常规采用桅杆吊施工费用见表5，采用本工法施工费用见表6。

表5　采用桅杆吊施工费用

项目名称	常规费用(万元)			备　注
	机械	材料	人工	
自制变幅桅杆起重机	90.0			吊杆、竖塔、底座、10t卷扬机2台、钢丝绳、滑轮组、吊钩、控制等设计院预测最低投入90万元。
30t施工门机	3			30天
租赁300t汽车吊	40.0			15天(市场价)
租赁70t汽车吊	15.0			30天(市场价)
25t汽车吊	5.0			60天(自有)
其他			30+(10)	安装及拆除自制变幅桅杆、多投入1月人工等
		20		安装支架主材、辅助材料
合　计	193.0			

表6　采用工法施工费用

项目名称	费用(万元)			备　注
	机械	材料	人工	
安装辅助设备	10			5 t卷扬机2台、钢丝绳、滑轮组、千斤顶、链轮等
30t门机(施工门机)	6			60天
70t汽车吊	10			15天(市场价)
160t汽车吊	20			15天(含进出场及设备闲置费)
25t汽车吊	5.0			60天
材料费		20		安装预埋件、钢支墩，防倾翻等材料
人工费			20	按3个月工期、20人算
合　计	81			

采用工法施工费用与采用桅杆吊施工费用比较，节省资金100万，与项目总投资240万比较，节省资金约150万，经济效益显著。而且工法施工在工期、安全等方面具有很大优势，工程与合同方案比较，工期缩短两个月，避免了与土建的施工干扰，取得了技术、经济、质量、安全的综合最优的效益。

11　应用实例

11.1　丹江口大坝加高工程原150t垂直升船机轨道钢梁拆除工程

工程钢梁左右对称布置共计10根，总重460 t，其中最重钢梁达66 t。该工程于2006年5月至2008年7月采用本工法进行施工，保证了施工安全，取得了很好的效果，得到了业主、监理及同行业单位的一致好评，经济效益和社会效益显著。

11.2 丹江口大坝加高工程300t垂直升船机轨道钢梁安装工程

工程钢梁左右对称布置共计8根，总重约1000t，其中最重钢梁达145t。该工程于2010年8月至2012年12月采用本工法进行施工，保证了施工安全，取得了很好的效果，得到了业主、监理及同行业单位的一致好评，经济效益和社会效益显著。

（主要完成人：杨联东　张民　张文华　张德华　李娟）

黄土隧道新三台阶七步开挖施工工法

中国水利水电第三工程局有限公司

1 前言

黄土隧道工程地质条件较差,大断面黄土隧道施工应严格遵循"重地质、管超前、短开挖、强支护、快封闭、早成环"的原则,主要开挖方法有中隔壁法(CD 法)、交叉中隔壁法(CRD 法)、双侧壁导坑法、三台阶七步开挖法等。三台阶七步开挖法在隧道开挖过程中分上、中、下台阶和仰拱 4 部分,前后左右 7 个不同的开挖面相互错开并同时开挖,同时支护,形成支护整体,缩短作业循环时间,逐步向纵深挖掘。其实质为台阶法的一种,拱部采用环形开挖预留核心土,利用核心土施压掌子面,中部和下部也是先开挖两侧,保持中部土体不动,保证掌子面稳定。中国水利水电第三工程局有限公司依托承建的大同至西安客运专线站前 2 标工程,对黄土隧道开挖施工方法进行了创新,在三台阶七步开挖法的基础上形成了新三台阶七步开挖施工方法,并在施工过程中不断改进和完善,形成一套成熟工法,有效的保证了施工安全,加快了施工进度。研究成果荣获中国水利水电建设股份有限公司 2013 年度科技进步奖。

2 工法特点

新三台阶七步开挖法和三台阶七步开挖法的施工工序相同。

三台阶七步开挖法和新三台阶七步开挖法的不同点为:①两种工法上台阶核心土长度不同,受挖掘机臂长限制,新三台阶七步开挖法上台阶核心土长度小于三台阶七步开挖法;②两种工法各分部尺寸不同,新三台阶七步开挖法中台阶的尺寸(面积)小于三台阶七步开挖法,新三台阶七步开挖法的核心土的横断面面积小于三台阶七步开挖法。

通过比对分析,相对于三台阶法开挖,"新三台阶七步法"具有以下特点:

(1)采用本工法具有施工空间大,方便机械化施工,可以多作业面平行作业。部分软岩或土质地段可以采用挖掘机直接开挖,工效较高。

(2)在地质条件发生变化时,采用本工法便于灵活、及时地转换施工工序,调整施工方法。

(3)本工法适应不同跨度和多种断面形式,初期支护工序操作便捷。

(4)在台阶法开挖的基础上,上台阶预留核心土,中台阶不留核心土,在下一循环上台阶和中台阶开挖时挖掘机有更大的操作空间。可左右错开开挖,利于开挖工作面稳定。

(5)当围岩变形较大或突变时,在保证安全和满足净空要求的前提下,可尽快调整闭合时间。

3 适用范围

本工法适用于大断面黄土隧道,不适用有围岩地质为流塑状态、洞口浅埋偏压地段。

4 工艺原理

根据新奥法理论基础,初期支护采用钢拱架、挂网、喷混凝土柔性支护体系,快速施作初期支护,及时封闭成环,减少围岩卸荷,充分利用围岩自稳能力,保证施工安全。

"新三台阶七步法"是在三台阶七步开挖法的基础上,在不同工况条件下,在确保围岩稳定的情况下,对三台阶七步开挖法的施工参数进行调整,通过数字模拟分析,调整后"新三台阶七步法"

与三台阶七步开挖法引起的围岩变形、支护结构受力、塑性区分布量值相差不大、基本相同。

"新三台阶七步法"将上台阶的开挖高度增加到 2.5 ~ 3.0 m，台阶长 4 ~ 6 m，核心土长度减小到 2.0 ~ 2.5 m，宽度宜为隧道开挖宽度的 1/3 ~ 1/2。中台阶的高度降低为 1.0 ~ 1.5 m，不留核心土，台阶长 2 ~ 3 m，左右台阶错开 2 ~ 3 m。下台阶高度增高为 5 ~ 5.5 m，台阶长 8 ~ 10 m，左右台阶错开 2 ~ 3 m。仰拱施作紧跟下台阶施作，距下台阶距离控制在 10 ~ 15 m 内。施工时各部分平行开挖，平行施作支护，各部分支护衔接紧密，及时封闭成环，形成平行流水作业，充分利用机械施工，提高工作效率。

5　施工工艺流程及操作要点

5.1　施工工艺流程

施工工艺流程见图 1。

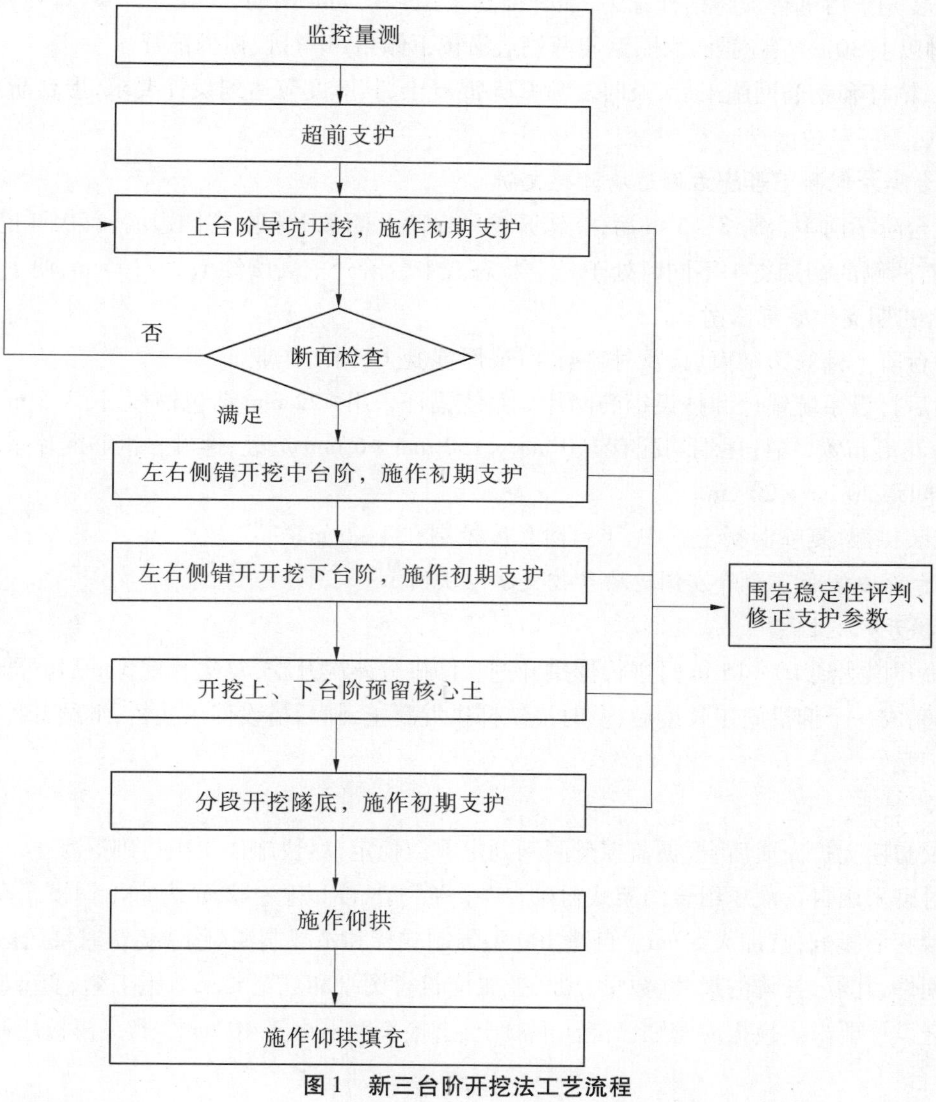

图 1　新三台阶开挖法工艺流程

5.2　操作要点

5.2.1　超前支护

超前支护是黄土隧道施工安全保证，在隧道开挖轮廓线拱部 140°范围打设 ϕ 42 mm 超前小导管。相关施工参数:壁厚 3.5 mm,$L=4$ m,环向间距 30 cm,外插角 5°~10°,搭接长度≥1.0 m。

5.2.2 上台阶导坑开挖支护

(1)在拱部超前支护完成后进行,环向开挖上部弧形导坑,预留核心土,核心土长度宜为 3~5 m,宽度宜为隧道开挖宽度的 1/3~1/2。每循环开挖长度控制在 0.6~0.8 m,即 1 榀钢架的距离,开挖后人工修边,及时喷射 4 cm 厚混凝土,封闭作业面。

(2)后打设系统锚杆和挂设钢筋网片。系统锚杆采用Φ22 mm 药包锚杆,长 3.5 m,间距 1.2 m×1 m,梅花形布置,锚杆尾端均配有 150 mm×150 mm×6 mm 垫板、螺母。钢筋网片采用Φ8 mm 钢筋,网格间距 20 cm×20 cm。

(3)I20b 型钢钢架,上台阶分 3 节安装,环向用钢板螺栓连接,纵向用Φ22 钢筋连接,环向间距 1.0 m,超前小导管尾端焊接在钢架上。

(4)安装完毕后进行锁脚锚杆施工,锁脚锚管采用Φ42 mm 钢筋,长度 4.0 m,每处设置 2 根,在钢架拱脚以上 30 cm 高度处,紧贴钢架两侧边沿按下倾角 30°打设锁脚锚管。

(5)架、锚杆和钢筋网施工后,及时复喷 C25 混凝土,其厚度应达到设计要求,上台阶施工完成形成承载拱。

5.2.3 中台阶左侧和下台阶右侧边墙开挖支护

(1)上台阶超前中台阶 3~5 m 后,交错开挖中台阶左侧和下台阶右侧边墙,每次开挖控制在 1~2 榀,左右两侧的初期支护不同时处于悬空状态。中台阶开挖高度约 1.0~1.5 m,便于人工修边和对上台阶初期支护底部修凿。

(2)中台阶下部修边结束后,及时喷射 4 cm 厚混凝土,封闭作业面。

(3)然后打设系统锚杆和挂设钢筋网片。系统锚杆采用Φ22 mm 药包锚杆,长 3.5 m,间距 1.2 m×1 m,梅花形布置,锚杆尾端均配有 150 mm×150 mm×6 mm 垫板、螺母。钢筋网片采用Φ8 mm 钢筋,网格间距 20 cm×20 cm。

(4)安装拱架,复喷混凝土。中、下台阶长度控制在 4~6 m。

5.2.4 中台阶右侧和下台阶左侧边墙开挖支护方法同上。

5.2.5 仰拱开挖支护

下台阶开挖达到 10~15 m 时进行仰拱开挖。仰拱分两次开挖,每次开挖 3 m 后立即进行仰拱初期支护,完成一个仰拱施工长度后,及时浇筑仰拱混凝土,随后搭设仰拱栈桥,继续开挖前方掌子面。

5.2.6 二次衬砌

开挖及初期支护完成后,根据监控量测判判定收敛稳定,尽快施作二次衬砌混凝土。

二次衬砌采用自行液压组合门架式衬砌台车。台车长度以 9~12 m 为宜。钢模台车加工时,应考虑收敛变形影响,宜加大 5 cm。自建 100 型强制式拌和站拌制混凝土,浇筑时泵送。

各种埋件、孔洞、挂钩的尺寸、数量、现场位置应符合图纸和规范要求。施工缝、变型缝、沉降缝的处理符合设计要求。模板应密贴已浇注混凝土,搭接长度不小于 10 cm。挡头模板应制作工整、平顺、无错台。

5.2.7 监控量测

(1)量控监测必测项目详见表 1。

表 1　监控量测必测项目

序号	检测项目	测量方法和仪表	测量精度	备注
1	洞内、外观察	现场观察，地质罗盘仪		
2	初期支护拱（墙）脚净空变化	采用非接触无尺量测法，全站仪	0.1 mm	
3	初期支护拱顶下沉	采用非接触无尺量测法，全站仪	0.1 mm	
4	地表沉降	水准测量的方法，水准仪	1 mm	浅埋隧道（$Ho \leqslant 2b$）、洞口段、下穿高速公路（建筑物）段必测

注：Ho 为隧道埋深；b 为隧道最大开挖宽度。

（2）净空变化量测测点布置和初读数的读取应符合下列规定。测点、测线布置详见图 2。

①上部弧形导坑开挖并施做拱部初期支护后，布设拱顶下沉测点 A 和第一条净空量测基线 $B—B'$，在 3～6 h 内取得初读数；

②中台阶开挖并施做上部边墙初期支护后，布设第二条净空量测基线 $C—C'$，在 3～6 h 内取得初读数；

③下台阶开挖并施做下部边墙初期支护后，布设第三条净空量测基线 $D—D'$，在 3～6 h 内取得初读数；

④其他量测项目应在开挖后 12 h 内取得初读数，最迟不得超过 24 h，且在下一循环开挖前完成；

⑤拱（墙）脚净空变化、拱顶、地表观测点应布设在同一断面，便于分析、比较。

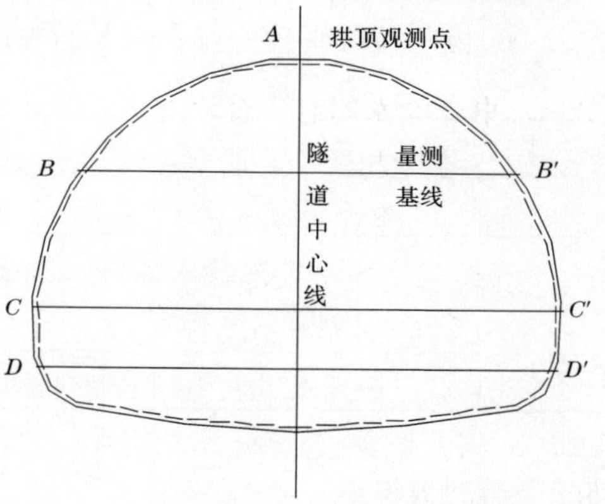

图 2　净空变化测点布置

（3）各测点取得初读数据后，应按照位移速度和量测断面距开挖面距离选择量测频率（见表 2）。当出现异常情况时，应加大量测频率。

表 2　量测频率

位移速度		距开挖面距离	
位移速度（mm/d）	侧量频率	量测断面距开挖面距离（m）	量测频率
≥5	2 次/d	（0～1）B	2 次/d
1～5	1 次/d	（1～2）B	1 次/d
0.5～1	1 次/2～3d	（2～5）B	1 次/2～3d
0.2～0.5	1 次/3d	>5B	1 次/7d
<0.2	1 次/7d		

注：1. B 为隧道开挖跨度；

2. 当按照“位移速度”和“量测断面距开挖面距离”选择量测频率出现较大差异时，宜取量测频率较高的实施。

（4）位移控制基准应根据测点距开挖面的距离，由初期支护极限相对位移按表 3 要求确定。

表 3　位移控制基准

类别	距开挖面 $1B(U_{1B})$	距开挖面 $2B(U_{2B})$	距开挖面较远
允许值	$65\% U_0$	$90\% U_0$	$100\% U_0$

注:1. B 为隧道开挖宽度;

2. U_0 为极限相对位移值,可根据隧道的开挖宽度、埋深,按照不同的围岩等级,参照《铁路隧道监控量测技术规程》或通过工程类比确定。

(5)根据位移控制基准,可按表 4 分为三个管理等级。

表 4　位移管理等级

管理等级	距开挖面 1B	距开挖面 2B
Ⅲ	U < UlB/3	u < U2B/3
Ⅱ	U1B/3≤U≤2£ ,1B/3	U2B/3≤U < ~2U2B/3
I	U >2U1B/3	u >2% B/3

注:U 为实测位移值。

(6)隧道位移管理应符合表 5 的规定。

表 5　变形管理

管理等级	工程对策
Ⅲ	正常施工
Ⅱ	采取工程对策,包括加强超前支护等,缩短台阶开挖长度,调整初期支护强度、刚度等,同时加强监控量测
I	停止开挖,加强初期支护,加强监控量测

5.3　劳动力组织

表 6　劳动力组织

序号	工种或岗位	数量	备注
1	队长	1	组织施工
2	副队长	2	组织施工
3	技术管理人员	1	现场技术控制
4	施工质量管理人员	1	质量控制
5	试验检测人员	2	质量检测
6	施工安全管理人员	1	安全监控
7	测量工	2	测量方样
8	电工	2	电力管线负责
9	司机	12	运输、装运弃碴
10	钢筋工	10	支护
11	喷射工	12	支护
12	辅助工种	24	立架、杂工
13	合计	70	

6 机具设备

主要机具设备(见表7)。

表7 主要设备表

序号	设备名称	规格型号	数量	单位	用于施工部位
1	地质雷达	TRT6000	1	台	地质勘探
2	全站仪	莱卡 TS02	1	套	测量
7	混凝土喷射机	TK－500	3	台	支护
8	管棚钻机	PG－115	3	台	支护
9	液压锻钎机	PYZ－50T	3	台	洞外加工厂
10	挖掘机	PC220	1	台	洞内扒渣
11	侧卸装载机	ZLC50C	2	台	装渣
13	自卸汽车	CQ3260 20t	4	台	出渣
14	混凝土模板台车	整体液压 12 m	1	台	混凝土浇筑
15	混凝土输送泵	HBT60C	1	台	混凝土泵送
16	混凝土输送罐车	AH5253GJB 8 m^3	3	台	混凝土运输
17	仰拱栈桥	L＝15 m	1	个	混凝土浇筑
18	混凝土振捣器	HZ6×70	6	个	混凝土振捣
19	高压双液注浆泵	KBY－50/70	1	台	注浆
20	灰浆搅拌机	TBW50/15	1	台	制浆
22	混凝土拌和站	120 m^3/H	1	个	混凝土拌制

7 质量控制

7.1 引用的相关规范

引用的相关规范见表8。

表8 铁道部施工技术文件、标准、规范及施工指南表

序号	标准名称	文件编号或标准号
1	工程建设标准强制性条文	TB/T 3054
2	建设工程质量管理条例	TB/T 10059－98
3	铁路混凝土结构耐久性设计暂行规定	铁建设(2005)157号
4	高速铁路隧道工程施工质量验收标准	TB 10753－2010
5	铁路混凝土工程施工质量验收标准	TB10424－2010
6	铁路隧道设计规范	TB10003－2005
7	铁路工程水文地质勘察规程	TB 10049－2004
8	铁路隧道喷锚构筑法技术规范	TB10108－2002
9	铁路给水排水设计规范	TB 10010－2008

续表 8

序号	标准名称	文件编号或标准号
10	铁路工程岩土分类标准	TB10077 – 2001
11	高速铁路工程测量规范	TB10601 – 2009
12	铁路工程土工试验规程	TB10102 – 2004
13	铁路隧道辅助坑道技术规范	TB10109 – 95
14	铁路隧道监控量测技术规程	TB 10121 – 2007
15	高速铁路隧道工程施工技术指南	铁建设[2010]241 号
16	铁路混凝土工程施工技术指南	铁建设[2010]241 号
17	铁路隧道施工规范	TB10204 – 2002
18	铁路隧道衬砌质量无损检测规程	TB10223 – 2004
19	铁路隧道工程施工安全技术规程	TB10304 – 2009
20	铁路隧道超前地质预报技术指南	铁建设[2008]105 号
21	铁路混凝土强度检验评定标准	TB10425 – 94
22	铁路工程结构混凝土强度检测规程	TB10426 – 2004
23	铁路工程环境保护设计规范	TB10501 – 98
24	铁路工程建设项目水土保持方案技术标准	
25	铁路工程施工组织设计指南	铁建设[2009]226 号

7.2 注意事项

（1）采用新三台阶法开挖，由于开挖步骤较多，因此工序较复杂，必须合理安排工序，才能保证施工规范、有序进行，从而保证施工进度。

（2）开挖时严格控制欠超挖，机械开挖时应预留 30 cm 由人工开挖，减少对围岩的扰动，并保证岩面圆顺，及时初喷 4 cm 混凝土以封闭暴露围岩，增强岩体整体性，为初期支护后续工作争取安全时间。

（3）各部分开挖时，钢架设计加工与开挖轮廓吻合，支护尽量圆顺，从而减小力集中，地质很差时左右侧上部开挖施考虑预留核心土切环开挖。

（4）严格控制钢架加工质量，减少安装拼接时间，保证安装质量。钢架间应连接牢固，必要时可加焊钢筋。

（5）设置锁脚锚管是保证初期支护安全的重要措施。试验和量测表明，在拱脚和墙脚位置，初期支护受到较大竖向压力和侧向压力，锁脚锚管可保证工字钢受到侧向力时不向洞内位移，同时起到抑制拱架整体下沉作用，保证初期支护结构在施工过程中受力稳定。根据实际变形情况，每分节处锚管可由设计的 2 根增为 4 根，同时应确保锁脚锚管与钢架的焊接质量。

（6）扩大拱墙脚是减少拱顶下沉量的有效措施。扩大拱墙脚增大承压面积，有利于施工过程中竖向压力的传递，也有利于该节点横向受力的稳定。实际施工中，上台阶拱脚宽度由设计的 80 cm 扩大为 100 cm，下台阶墙脚由设计的 50 cm 扩大为 80 cm，另外增设中台阶扩大拱脚，宽度为 80 cm。

（7）在拱墙脚下垫设槽钢或混凝土垫块，以增大地基承载力，减小初期支护闭合前的整体下沉量。

(8)加密初期支护钢架的纵向连接钢管,提高钢架间整体受力能力

(9)喷锚时钢架背面应与围岩喷实密贴,不密贴时可采用同级混凝土垫块填塞或采用注浆,保证初期支护钢架背面无空洞,使钢架与围岩形成联合支护体共同受力。

(10)仰拱及时施作是确保初期支护安全的根本措施,仰拱及填充混凝土要及时浇筑,与掌子面间的距离不得大于规定的安全距离,一般控制在35 m以内,尽早封闭成环,有利于形成完整的初期受力体系。及时跟进二次衬砌施工,有利于尽早形成完整的隧道受力结构,一般控制在距掌子面70 m以内,特殊地段单独考虑。

(11)适当预留开挖变形量,施工前期预留变形量15 cm,在施工工艺及措施优化基础上,通过监控量测及时进行调整。

(12)合理控制步长,上台阶步长控制在3~5 m,中台阶4~6 m,上台阶每次开挖1榀钢架距离,中、下台阶可根据地质情况一次开挖1~2榀钢架距离,仰拱开挖每次控制在3 m。

(13)结合超前地质预报、地表沉降观测、洞内收敛观测,适时调整施工工艺和设计参数,确保施工安全。

(14)施工中特别注意施工用水和隧道渗水的排放。由于工序多,施工用水和隧道渗水容易在边墙处汇集,浸泡拱脚基础,使其变软,从而造成初期支护和围岩的整体下沉。

8 安全措施

(1)如果洞内有害气体超标,施工人员禁止入洞。

(2)开挖成型后要及时进行初喷混凝土封闭开挖面,防止围岩风化。初期支护和临时支护要及时施作,控制围岩的初期变形量,提高隧道围岩的自稳能力。

(3)严格按照机械设备的操作规程合理使用施工机械。对各种机械设备要定期进行检查,保证机械设备在正常状况下工作。

(4)规范施工用电管理。要做到"一机一闸一保护",进洞电缆都要采用绝缘电缆线架空进洞。

(5)要保证工作区的照明亮度满足施工规范要求。

(6)隧道内加强通风和照明,在有粉尘的作业环境中作业,除洒水和通风外,作业人员还必须配备劳保防护用品。

9 环保水保措施

(1)进洞一定距离后要根据洞内净空及人员配置,洞内含氧量等情况设置风机,以及时排除洞内废气。

(2)加强设备养护,减少设备漏油施工机械的废油废水,采用隔油池等有效措施加以处理,不得超标排放。

(3)弃土场要先挡护后弃碴,防止泥沙冲刷污染农田、河流。

(4)洞内外施工场地修筑临时排水设施保证排水畅通。工地废水排放前先经沉淀池沉淀,并采取必要的净化措施处理达标后方可排放。有害物质定点存放并按照有关规定处理。

(5)施工场地和运输道路经常洒水尽以减少灰尘对环境的污染,严格控制洞内空气中微小颗粒的含量符合有关规定要求。

(6)施工完毕后要对弃碴场进行平整,并在其上覆盖厚度不小于100cm的耕植土复耕。采取喷播植草或人工造林的方式进行。

10 效益分析

采用了新三台阶开挖法安全成功地开挖浅埋隧道及软弱围岩,可指导其他工程应用浅埋隧道

提高大型设备利用效率，加快施工进度，对隧道进行分序施作，按期安全地完成施工，很好地解决了软弱围岩及浅埋地段大断面隧道施工中隧道地表的沉陷和围岩变形控制。磨盘山隧道、南山上隧道浅埋段，有效的控制地表沉降在 30 mm 以内，拱底收敛总量最大 36 mm。新三台阶分序施工，全面保证浅埋、软弱地质条件下的工程安全和质量。

11 应用实例

大西客运专线磨盘山隧道进口段 50 m 浅埋段，磨盘山隧道出口段 350 m 浅埋段，南山隧道进口段 21 m 浅埋段。这些隧道采用新三台阶法施工，均无塌方，无安全质量事故，按期、安全地完成任务。

11.1 大西客运专线磨盘山隧道工程

11.1.1 工程概况

磨盘山隧道设计为单洞双线隧道，线间距为 5 m。隧道进口里程 DK211 + 339，出口里程 DK216 + 795，全长 5456 m。

隧道进口至 DK213 + 047.080 位于半径为 10000 的曲线上，DK213 + 047.080 至出口位于直线上。隧道内设人字坡，自进口至 DK213 + 500 为 3‰的上坡，自 DK213 + 500 至 DK215 + 500 出口为 10‰的下坡，DK213 + 500 至出口为 3.1‰的下坡，隧道最大埋深 222 m。隧道区内进口位于忻州市忻府区兰村乡肖家峪村南侧 1 km 处，肖兰公路可达肖家峪村，至进口有土路可达，可通汽车，交通较为便利；出口位于兰村乡向阳村西北侧约 700 m 的黄土缓坡上，由向阳村至隧道出口有水泥路可达，交通便利。在进口段和出口段 350 米范围内采用新三台阶法。

采用新三台阶法，2010 年 11 月 15 日开始开挖，至 2010 年 12 月 9 日顺利完成了隧道进口段(50 m)浅埋地段施工。施工中做到坚持“弱爆破、短进尺、强支护、早封闭、勤量测”施工，有效的控制地表沉降在 30 mm 以内，洞内收敛变形在 36 mm 以内。整个过程中无塌方、无安全事故，全面实现了工程安全和质量目标。

11.2 大西客运专线南山上隧道工程

11.2.1 工程概况

南山上隧道设计为单洞双线隧道，线间距为 5 m。隧道进口里程 DK221 + 596，出口里程 DK227 + 604，全长 6008 m。

隧道自进口至 DK226 + 878.04 位于直线上，DK226 + 878.04 至出口为左偏曲线，曲线半径为 8000 m，隧道内设单面坡，自进口至 DK221 + 750 为 16.5‰的上坡，自 DK221 + 750 至出口为 19 的上坡，隧道最大埋深约为 370 m。

南山上隧道位于山西省忻州市和阳曲县交界处，以北为忻定盆地，以南为太原盆地，属低中山区，进出口附件及中部为第四系覆盖，冲沟发育，地势起伏比较大，隧道顶部植被稀疏。隧道进口段 21 m 采用新三台阶法。

采用新三台阶法，2010 年 12 月 10 日开始开挖，至 2010 年 12 月 21 日顺利完成了隧道进口段(21 m)浅埋地段施工。施工中做到坚持“弱爆破、短进尺、强支护、早封闭、勤量测”施工，有效的控制地表沉降在 30 mm 以内，洞内收敛变形在 34 mm 以内。整个过程中无塌方、无安全事故，全面实现了工程安全和质量目标。

(主要完成人：姚养科　王刚　裴运涛　苏中　王永)

活性粉末混凝土盖板生产工法

中国水利水电第三工程局有限公司

1 前言

活性粉末混凝土(以下简称:RPC)是一种新型超高强水泥基复合材料,是继高强度、高性能化混凝土之后,发展起来的超高强、低脆性、耐久性优异并具有广阔应用前景的新型混凝土,它由级配良好的砂、水泥、掺和料和高效减水剂等组成,显著特点是强度更高、韧性更大,又因其中的空隙量极小,使得空气渗透数低,水分吸收很小,因而具有超高的耐久性。根据铁道部科技司的要求,京沪高速铁路全线的电缆槽盖板均采用RPC生产,其厚度仅为原设计C40细石纤维混凝土的1/3;与普通混凝土相比较,RPC可减少材料用量,降低成本,节约资源,减少生产、运输和施工能耗。

中国水利水电第三工程局有限公司承担了京沪高速铁路三标段试验检测工作,在常规混凝土配合比的设计经验的基础上,结合现场生产工艺,对RPC盖板的生产进行研究、总结,形成本工法。

2 工法特点

(1)采用RPC生产的结构物或构件密实性好,抵御外部侵蚀性介质的能力强,结构物或构件具有高强和耐久的显著特点;可以不设箍筋和受力筋,大幅度减小了结构物或构件的截面尺寸和自重,有利于提高其抗震和抗冲击性能。

(2)本工法采用普通河砂替代传统石英砂生产RPC,可显著降低工程建设和使用的综合造价。

(3)本工法工艺完善,可操作性强,工效高,且生产质量容易得到保证。

3 适用范围

本工法适用于一般铁路及高速铁路电缆槽和人行道盖板的生产、市政工程中各种井盖和排水孔的生产、压力管道和容器的制作及用以输送油气、腐蚀性液气体的输送管道和固体废料(如核废料等)处理容器等构件的生产。

4 工艺原理

常规混凝土是由粗骨料、细骨料和胶凝材料等混合而成的多相复合材料。粗骨料与砂浆之间的过渡区是混凝土结构的薄弱环节,过渡区存在的应力集中、收缩应力和较低的粘结力是影响混凝土受力性能及耐久性的主要因素,因此,改善混凝土组成结构是提高其性能的重要途径。

RPC基本配制原理为:

(1)提高水泥砂浆的力学性能,去除粗骨料,消除粗骨料与水泥砂浆的界面过渡,提高匀质性;

(2)优化颗粒级配,使基体的堆积密度增大,并改善混凝土微结构,以提高拌和物的密实度;

(3)掺加微细的钢纤维以提高韧性;

(4)优化拌和、浇注的方法与程序,以便于工程应用;

(5)进行蒸汽养护。

5 工艺流程及操作要点

5.1 RPC 生产厂功能模块组成及主要技术要求

5.1.1 *主要设备及场地*

RPC 电缆槽盖板生产线由搅拌系统、分料系统、成型系统、养护系统、拆模系统及附属系统等主要部分构成。主要场地设施分为主生产车间、原材料场、搅拌楼、拆模区、养护室、成品场等。附属设施分为锅炉房、水泵房、配电室、试验室、办公生活用房等。

5.1.2 *场地设施要求*

1、原材料场

石英砂料场:要求地面硬化,有防雨措施,有良好通风、排水设施,使石英砂保持干燥状态。不同级配、品种的砂要分类存放,不得混放。

掺合料料场:掺合料为袋装料,储存地要求地面硬化,保持干燥,有防雨水措施,通风良好。掺合料与地面之间有 150 mm 以上的间隙。

水泥料场:建水泥储存筒仓。筒仓上要有破拱装置,要安装上、下料位显示器。

钢纤维料场:场地要求硬化,防雨水,防潮湿,防锈蚀。

外加剂料场:场地要求硬化,防雨水,防撞,防曝晒。

2、RPC 盖板生产设施

原料搅拌过程中要求配备高精度准确计量系统。

砂、水泥、水、减水剂的计量要求自动计量,各材料的计量精度要符合工艺的要求(石英砂 ±2%、水泥 ±1%、外加剂 ±0.5%、水 ±0.5%),并要有实时记录。搅拌过程的控制要自动控制,并有实时记录。

3、RPC 盖板输送设施

输送设施要求设备简单、便于维修,输送流畅,尽量减少混凝土的输送时间。同时应尽量减少拌和料的输送距离,减少因原料粘连而引起的过程损耗。

4、养护设施

建专用养护室,养护要自动控制温度,并有实时记录。

5、成品储存

存放场内的通道应便于堆放和装车,排水通畅。

5.1.3 *动力要求*

动力设备设施包括锅炉房、水泵房、配电室、动力输送线路等。

蒸汽用量:不大于 3000 kg/h,配备一台 4 t 锅炉。

用电量:装机总功率为 450 kW,其中生产及附助设备功率数为 370 kW,生活及照明用电功率数为 80 kW。

用水量:最大用水量按 80 t/天计算。

5.1.4 *交通设施要求*

场内道路为水泥路面。考虑两辆车辆对开行走及车辆与行人混合行走状况。

5.1.5 *公用及生活设施要求*

公用及生活设施包括办公室、宿舍、食堂、公共浴室、厕所、门卫传达室等设施。

5.2 混凝土配合比的选定

混凝土配合比按《客运专线活性粉末混凝土(RPC)材料人行道挡板、盖板暂行技术条件(科技基[2006] 129 号)》标准的要求进行设计、计算、试配和调整,选用较为理想的满足施工要求的配合比。配合比按下列步骤计算：

（1）核对水泥熟料中的化学成分和矿物组成、混合材料种类和数量，根据设计要求，初步选定水泥、矿物掺合料、骨料、外加剂、拌合水用量以及水胶比、胶凝材料总用量。

（2）参照《配合比设计规程》计算单方混凝土中各原材料组分用量，并核算单方混凝土的总碱含量和氯离子含量是否满足要求，否则重新调整计算的配合比，直至满足《客运专线活性粉末混凝土（RPC）材料人行道挡板、盖板暂行技术条件（科技基[2006] 129 号）》要求为止。

（3）采用实际使用的原材料和搅拌方法，通过调整混凝土外加剂用量或砂率，调配出坍落度、含气量、泌水率符合要求的混凝土配合比，该配合比作为基准配合比。

（4）按要求对上述不同配合比混凝土制作力学性能和抗裂性能对比试件，养护至规定龄期时进行试验，其中，标准抗压强度试件每种配合比制作 4 组，标准养护至 1 d、3 d、28 d、56 d 时试压。

（5）从上述配合比中优选出拌合物性能和抗裂性优良、抗压强度适宜的一个或多个配合比各成型一组或多组耐久性试验，养护至规定龄期时进行试验。

（6）根据上述不同配合比对应混凝土拌合物的性能、抗压强度、抗裂性以及耐久性能试验结果，按照工作性能优良、强度和耐久性能满足要求、经济合理的原则，从不同配合比中选择一个最合适的配合比作为理论配合比。

（7）取现场的原材料拌和混凝土，测定混凝土的表观密度，根据实测混凝土拌合物的表观密度，求出校正系数，对理论配合比进行校正（以理论配合比中每项材料用量乘以校正系数后获得的配合比作为混凝土配合比）。校正系数按下式计算：

校正系数 = 实测拌合物密度值/理论配合比拌合物密度值

（8）当混凝土的力学性能或耐久性能试验结果不满足设计或施工要求时，则重新选择水胶比、胶凝材料用量或矿物掺合料用量，按照上述步骤重新试拌和调整混凝土配合比，直至满足要求为止。

（9）当混凝土原材料、施工环境温度等发生较大变化时，及时调整混凝土配合比。

最终选定的混凝土配合比必须经过审批。每次施工时按理论配合比换算成施工配合比计算每盘（每次投料拌合的混凝土重量）各项材料的实际需用数量进行投料拌和。

表 1　混凝土用料量（kg/m³）

水泥	粉煤灰	硅粉	石英砂	水	钢纤维	外加剂
786	157	197	1004	148	80	34.0

5.3　混凝土施工准备工作

（1）混凝土试拌是混凝土施工准备工作的一项重要内容，通过混凝土试拌了解混凝土的工作性能，机械设备的配合与组合是否配套，人员的组织是否合理。

（2）检查混凝土搅拌站、分料系统、振动平台、生产线设备是否正常，所有计量器具是否正常，且在有效期内。

（3）骨料、外加剂、掺合料、钢纤维、模盒、托架是否配备充足。

（4）水电供应系统能否保证，做好意外停盘的措施准备。

（5）安全防护设施到位、安全可靠，拌和前的检查签证及整修手续是否完备。

（6）根据气象预报情况，确定施工措施和配备必要的备用设备。

5.4　混凝土试件留置

（1）RPC 抗压强度、抗拉强度、弹性模量、氯离子渗透系数、抗冻融性能测定试件，应在浇注地点随机抽样制作，其试件的取样与留置应符合下列规定：

①RPC 力学特性(含立方体抗压强度、弹性模量、抗拉强度)每 50 m^3 检验一组,批量不到 50 m^3,按 50 m^3考虑。每次取样应至少各留置两组。

②RPC 氯离子渗透系数与抗冻融性能每 1 000 m^3检验一组,批量不到 1 000 m^3,按 1 000 m^3 考虑。

(2)RPC 试件应以配合比、生产工艺条件、龄期相同的材料组成同一验收批;同一验收批的 RPC 材料强度应以同批内所有各组标准尺寸试件的强度、弹性模量测定值为代表值。

①强度试验方法按 GB/T50081—2002 规定进行,抗压强度试件选用 100 mm × 100 mm × 100 mm 试件,加载速率取 1.2 MPa/s;抗拉强度采用棱柱体抗折强度试验方法,试件选 100 mm × 100 mm × 400 mm 试件,加载速率取 0.08 MPa/s。抗压强度与抗拉强度均不乘折减系数。

②弹性模量试验方法按 GB/T50081—2002 进行,试件选 100 mm × 100 mm × 300 mm 试件,其中加载速率应取 1.0 ~ 1.2 MPa/s。

5.5 施工生产工艺流程

5.5.1 施工生产工艺流程图

采用本工法施工生产工艺流程见图 1。

5.5.2 原材料检验及混凝土配制、拌和

(1)盖板厂设试验室,配齐相关原材料检测仪器,对混凝土原材料按规范要求进行检测,全程监控。并由质检工程师加强混凝土搅拌控制,确保拌制质量。

(2)混凝土开盘前试验员对粗细骨料进行严格的含水率检测,以便及时调整施工配合比。含水率按照每班抽测两次,雨天随时抽测,并按照测定结果及时调整混凝土的施工配合比。

(3)混凝土配料必须按试验员提供的施工混凝土配合比通知单执行。试验人员在开盘时、搅拌过程中须值班,随时掌握和调整搅拌情况。计量采用自动传感器计量,计量系统每年校检一次,每月校准一次,在使用前进行再次的复核,如发现有异常必须及时校验。

(4)在配制混凝土拌合物时,胶凝材料(水泥、粉煤灰、硅粉)称量应准确到 ±1%,干燥骨料的称量应准确到 ±2%(均以质量计),水、外加剂称量应准确到 ±0.5%(均以质量计)。

(5)混凝土拌制过程中投料顺序应为:石英砂、钢纤维、胶凝材料(水泥、粉煤灰、硅粉)、水、外加剂。干料先预搅拌 5 min,然后加水、外加剂再搅拌 4 min。

(6)经检验不合格的混凝土不得灌入模型内,混凝土施工配合比要用试验室当天的通知单,混凝土拌和记录要认真填写并注明所用水泥罐号和批号,签字必须齐全。

(7)混凝土灌注完后,搅拌机及全部容器及时冲洗干净并检修好有关设备,以备下次再用。

5.5.3 混凝土的分料、下料

混凝土拌和完成后,下料至分料机,分料机为 RPC 专用的分料设备,通过分料机下料至模盒,分料机下料量人工进行控制。

5.5.4 混凝土的振动、码垛

(1)仔细检查振动平台所有的振动器及有关部分是否完好,连接是否牢固,振捣器支架有无开裂,电路接通并试运转正常。

(2)下料完成后的模盒经过称量系统确认后,人工运至生产线,由设置在生产线一侧的振动平台进行振实。振实过程一般为 5 ~ 8 分钟,振实过程中人工用大号抹子对 RPC 混凝土拍实,结束后人工收面。

(3)收面完成后人工将模盒搬运至钢托架,然后采用一块模盒一块竹胶板覆盖的方法进行码垛,单个钢托架码垛 20 层后,利用叉车将托架运至静停区存放静停。钢托架的放置和叉车运输要确保水平。

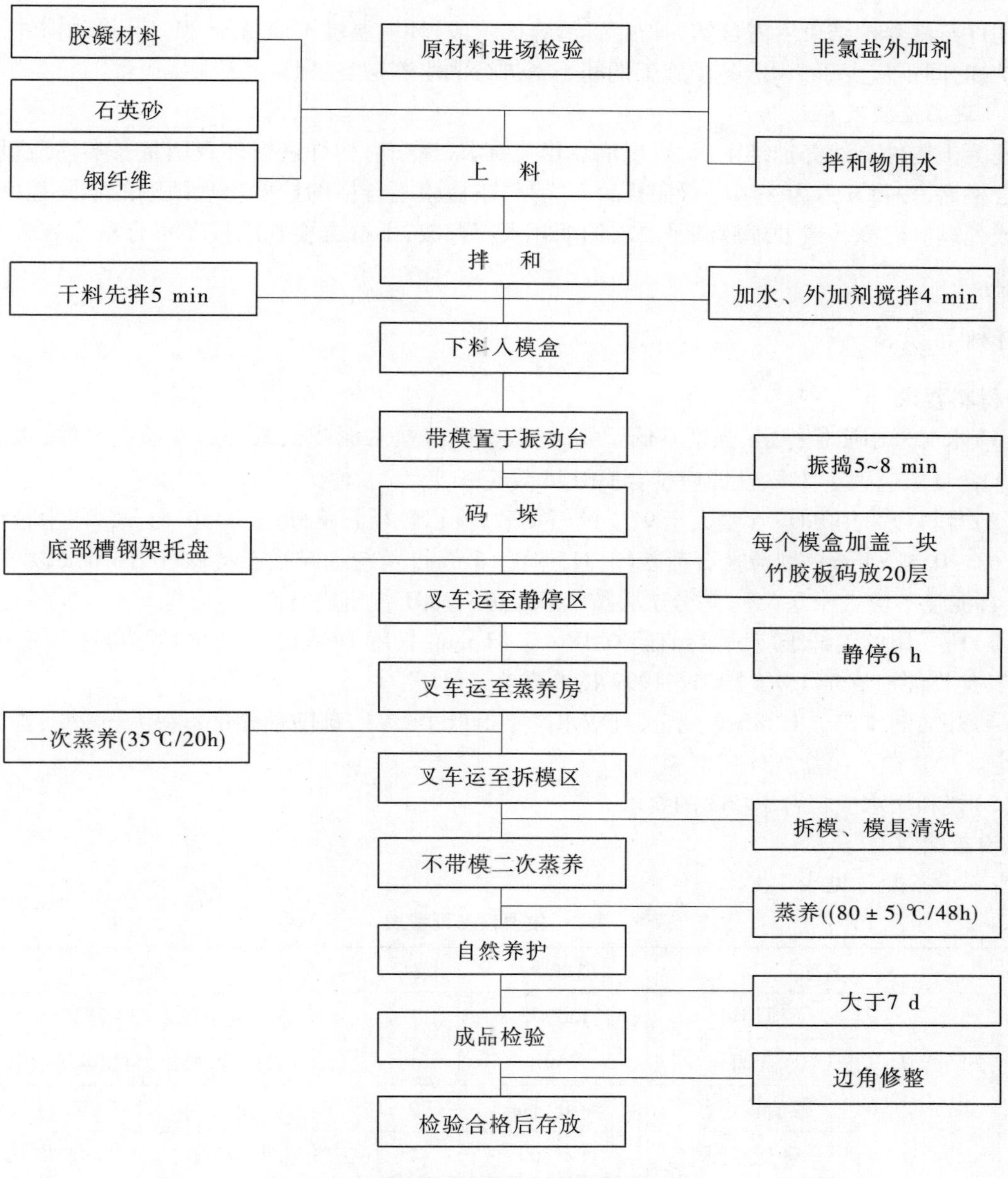

图1　施工生产工艺流程图

5.5.5　混凝土静停、拆模及模具清洗

成型构件静停6h后,用叉车将构件运至蒸养房进行第一次蒸养。第一次蒸养,养护温度为35 ℃,养护时间一般为20 h。一次蒸养完成后利用叉车将构件运送至拆模区进行拆模。拆模完成后将成型构件直接码放到木托架,再用叉车将其运送进终养室进行终养(第二次养护)。拆模后人工将模具码垛放入清洗池浸泡,进行模具清洗。模具在浓度为7%左右的盐酸清洗液中,浸泡2小时后取出模具,用高压水枪将模盒表面浸泡脱落的浮渣冲洗掉,然后人工擦去剩余粘块后,用清水清洗干净晾干,码放后备用。

5.5.6　拆模后混凝土养护

拆模后要对混凝土构件进行终养(第二次养护)和自然养护。终养采用蒸汽养护,恒温温度应控制为(80±5) ℃,养护时间一般为48 h。养护过程分为升温、恒温、降温三个阶段,升温速度不应大于12 ℃/h,降温速度不应大于15 ℃/h。撤除保温设施时,构件表面温度与环境温度之差不应超过 20 ℃。

构件蒸汽养护结束后需自然养护。自然养护阶段,环境温度不应低于 20 ℃,并对构件进行洒水养护,时间不应少于 7 d。冬季施工期间不得进行洒水养护。

5.5.7 *成品检验及存放*

混凝土构件自然养护结束后,按规范及相关要求,逐一对构件进行外观质量及实体质量检验,检验合格后,按每 6 片为一组进行捆扎后入库存放;检验不合格的按照出现缺陷的不同程度,进行修补或处理。经修补或处理后满足要求的捆扎入库存放,不符合要求的按照不合格品有关规定进行处理。

6 材料与设备

6.1 材料要求

(1)水泥采用质量稳定、强度不低于 42.5 低碱硅酸盐水泥或低碱普通硅酸盐水泥,水泥熟料中 C_3A 含量不应大于 8%,性能应符合 GB175 规定。

(2)骨料应采用 SiO_2 含量大于 97% 的石英砂,分粗粒径石英砂(1.0 ~ 0.63 mm)、中粒径石英砂(0.63 ~ 0.315 mm)、细粒径石英砂(0.315 ~ 0.16 mm)及超细粒径石英砂(0.16 mm 以下)四个粒径,含泥量不应大于 0.5%,筛分试验按 TB10210—2001 规定进行。

(3)所采用的钢纤维应满足:直径 0.18 ~ 0.23 mm、长度 12 ~ 14 mm,抗拉强度不得低于 2850 MPa,其他性能应满足 JG/T 3064—1999 技术要求。

(4)外加剂应符合 GB8076 规定,且减水率不得低于 29%,硫酸钠含量不得大于 2%,掺量由试验确定。严禁掺入氯盐类外加剂。

(5)拌和用水应符合 JGJ63 的要求。

6.2 设备配置

主要设备配置见表 2。

表 2 主要设备配置表

序号	名称		规格型号	数量	备注
1	搅拌计量、分料及配料系统	搅拌机	1500 型	1	电功率 2 × 37 kW/台
		水泥筒仓	150 t	1	带除尘、破拱、料位器等装置
		螺旋输送器	Φ200 mm	2	电功率 2 × 7.5 kW/台
		砂配料秤	PZ1200	1	三联仓,计量精度为 2.0%,电功率 12 kW/台
		水储罐	2 m^3	1	带盖、浮漂、加热装置
		外加剂储罐	2 m^3	1	带盖、安装循环泵,高度要适宜
		提升斗		1	电功率 5 kW/台
		装载机	ZL12 型	1	装在高度与配料秤相符
		空气压缩机	1.2 m^3/min	1	输送压力 1.0 MPa
		搅拌及计量控制系统	FSJ – IV	1	
		分料器	FSJ – IV	1	电功率 5.5kW/台
2	成型与传送系统	辊式输送机		4	
		平板输送机	37 × 0.8 m	2	高度 800 mm
		振动台	2.0 × 1.5 m	20	电功率 3 kW/台

续表 2

序号	名称		规格型号	数量	备注
3	养护系统	温控系统	FSW－IV	1	
4	工装与模具	托盘	1.8×1.3 m	360	
		支架	1.8×1.3×1.72 m	180	
		模盒		112000	各型板综合统计
5	叉车		3 t	3	
6	锅炉		4 t	2	装机功率 60 kW

7 质量控制

（1）进行 RPC 配合比优化设计，RPC 力学性能、耐久性能等应满足设计要求。

（2）对每批进场原材料进行检验，检验合格方可用于生产 RPC 盖板。

（3）严格按照 RPC 配合比进行生产。由于水胶比、钢纤维掺量、硅粉掺量对 RPC 强度影响显著，要严格控制其参数和质量。

（4）RPC 生产过程应按要求取样检测。

（5）确保 RPC 盖板养护条件符合要求，避免环境温度差异而影响盖板的性能。

（6）蒸汽养护结束后方可进行拆模，拆模时不得损坏构件的外观及整体质量。

（7）RPC 盖板的外观质量应符合表 3 要求，尺寸偏差应符合表 4 要求。

表 3 外观质量要求

项目	质量指标	检验方法	处理原则
空洞	深度≤3 mm，长度≤10 mm	钢尺、深度尺检测	合格
	不满足上述要求		不合格
平整	凸或凹下（包括错位）≤4 mm/m	钢尺、深度尺检测	合格
	不满足上述要求		不合格
蜂窝麻面	深度≤3 mm，长度≤10 mm 不多于 10 个/m^2	钢尺、深度尺检测	合格
	深度＞3 mm，且＜8 mm，长度＞10 mm，且＜20 mm		修补
	深度≥8 mm；长度≥20 mm		不合格
硬伤掉角	深度≤10 mm，长度≤10 mm	钢尺、深度尺检测	合格
	不满足上述要求		不合格
表面裂纹	不允许出现表面裂缝	10～20 倍刻度放大镜量测 20 倍放大镜检测	合格
	有表面裂缝		不合格

表4　尺寸偏差要求

项目	允许偏差(mm)		检验方法
	人行道挡板	人行道盖板	
长度	+3，-2	+3，-2	钢尺检验钢尺量一端及中部，取其中最大值
高度/宽度	+3，-3	+3，-2	
厚度	+2，-0.5	+2，-0.5	
翘曲	L/1 000	L/1 000	调平尺在两端量测

注：L为在构件翘曲方向的总长度(mm)。

(8)成品完成并检验合格后，采用塑料薄膜进行专业包裹，利用聚丙烯打包条每6片为一组进行捆扎，以便运输。

8　安全措施

8.1　安全生产教育与培训

(1)经常开展安全生产宣传教育活动，使广大员工真正认识到安全生产的重要性、必要性，牢固树立"安全第一，预防为主"的思想，自觉地遵守各项安全生产法令和规章制度。

(2)项目开工前，由安全部门对所有参建员工进行上岗前的安全教育，并做好记录。教育内容包括：安全技术知识、各工种操作规程、安全制度、工程特点及该工程的危险源等。经考核合格后，方可上岗作业。对于从事电器、焊接、机动车驾驶等特殊工种的人员，经过专业培训，获得《安全操作合格证》后，方准持证上岗。

8.2　安全生产检查

开工前，由安全小组进行全面的安全检查验收，检查验收的主要内容包括：施工组织设计是否有安全措施，施工机械设备是否配齐安全防护装置，安全防护设施是否符合要求，施工人员是否经过安全教育和培训，施工方案是否进行交底，施工安全责任制是否建立，施工中潜在事故和紧急情况是否有应急预案等。

8.3　定期安全生产检查

每月组织一次由有关职能部门的负责人和项目专职安全员参加的安全生产大检查，并积极配合上一级进行专项和重点检查；施工队每旬进行一次检查；班组每日进行自检、互检、交接班检查。

8.4　隐患整改

隐患登记、分析。各种安全检查查出的隐患，要逐项登记，根据隐患信息，对安全生产进行动态分析，从管理上、安全防护技术措施上分析原因，为加强安全管理与防护提供依据。

8.5　消防措施

(1)材料储存严格执行《铁路物资仓库技术管理规定》，入库物资填写"物资点验单"，悬挂标识牌，并作好入库物资的防震、防潮、防火、防盗工作。

(2)根据材料特性要求进行保养、维护，按规定堆码，堆垛之间保持一定安全通道，标识清楚，定期检查。落实物资保管"十防"措施，保持材料数量、质量、性能处于良好状态。

9　环保措施

9.1　加强对噪声、粉尘控制

(1)施工噪声主要包括机械作业时、施工现场和车辆运输时产生的噪声。为控制噪声影响，机械设备选型配套时优先考虑低噪声设备，尽可能采取液压设备和摩擦设备代替振动式设备，并采取消声、隔音、安装防震底座等措施。加强机械设备的维修保养，保证机械设备的完好率，确保施工噪声达到施工环保标准要求。

(2)施工现场合理安排噪音较大的机械作业时间,距居民较近地段,设置隔音带,严格控制噪音,尽量避免在夜间进行产生环境噪音污染大的施工作业。

9.2 大气环境保护

(1)在设备选型时选择低污染设备并安装空气净化系统确保达标排放。施工机械设备定期进行维护保养,尽量避免因设备老化,作业时排放过量浓烟或有害气体而污染空气。对不符合尾气排放标准的机械设备,不得使用。

(2)对汽油等易挥发品的存放要采取严密可靠的措施。

(3)运输道路经常洒水,尽可能减少灰尘对生产人员和其它人员造成危害及对农作物的污染。在运输水泥等易飞扬的物料时用篷布覆盖严密并装量适中不得超限运输。

9.3 固体废弃物处理

对于施工中废弃的零碎配件边角料、水泥袋、包装箱等及时收集清理并搞好现场卫生以保护自然环境不受破坏。

10 效益分析

10.1 混凝土力学及耐久性能得到充分保证

通过采取蒸汽养护、压蒸养护的方式能获得130 MPa级RPC,用其生产的盖板厚度仅为原设计C40细石纤维混凝土的1/3,减轻结构自重。

10.2 拓宽了材料种类

砂的种类已不在局限于石英砂,具有合理级配的河砂同样能配置出满足要求的RPC。本工法的使用拓宽了材料种类,多种材料的选择可降低生产成本。

10.3 应用范围广

RPC不仅具有高强度、低脆性、防火性能好、抗腐蚀等优异特点,而且还具有良好的环保性能。同等承载力条件下RPC材料的水泥用量几乎是30 MPa普通混凝土与高性能混凝土(HPC)的1/2,因此同等量水泥生产过程CO_2排放量也只有一半左右。生产过程不可再生的自然资源骨料的用量RPC材料也只占HPC与30 MPa普通混凝土的1/3与1/4。如能充分利用RPC的这些优异特点就能根据施工需要制备各种结构形式的混凝土构件,满足不同工程的需要。

11 应用实例

京沪高速铁路土建三标段DIK412+062.274~DK667+026.73范围内RPC盖板施工。

11.0.1 工程概况

京沪高速铁路土建三标段全长266.617 km,里程DK412+062.274~DK667+026.73,盖板总量51.9万m^2。其中:路基94.418 km,桥梁161.469 km,隧洞10.73 km。桥梁盖板分为C1~C6型、D1~D3型、E1~E4型,共13种类型,板厚均为25 mm;路基盖板分为Ⅰ型、Ⅱ型及异型,共4种类型,板厚均为25 mm。

11.0.2 施工情况

施工中采用RPC生产的电缆槽和人行道盖板均为自行设计配合比、自行建厂生产。使用部分涉及到桥梁、路基、隧道等各个部位。

11.0.3 效果评价

(1)质量有保证,与普通细石纤维混凝土相比自身重量、耐久性都有很明显的区别。

(2)高耐久性能减少维修费用。

(3)减少材料用量,节约资源。

(主要完成人:谢凯军　陈文耀　郭小安　李灼然　高玉生)

客运专线长隧道独立坐标系测量施工工法

中国水利水电第三工程局有限公司

1 前言

由于线路施工坐标系统中央子午线位于本施工坐标系中部，投影面高程也是针对本施工坐标系而定，故对于长大隧道按照常规测量方法施测存在着高斯和高程投影改正的问题，计算、使用较繁琐，隧道贯通精度较难保证。中国水利水电第三工程局有限公司依托承建的大同至西安客运专线Ⅱ标南山上隧道(全长6 008 m)、磨盘山隧道(全长5 456 m)，针对隧道的设计参数，研究建立隧道独立坐标系，采用与线路施工坐标和高程系统相同的椭球参数和高程基准，中央子午线采用隧道中线所处的中央子午线，适应隧道的设计投影面，使投影变形为最小，并且简化了计算，从技术上保证了隧道贯通精度，取得了较好的效果。形成的“客运专线长隧道独立坐标系测量施工工法”，由于技术先进，创新性强，被中国水利水电第三工程局有限公司批准为2012 年度企业级工法。

2 工法特点

本工法使用简便，采用本工法建立隧道独立坐标系后，可以对隧道内导线及水准控制等级提出设计建议，对隧道内外进行连续测量，并对横向贯通误差与高程贯通误差进行估算，从技术角度对贯通误差提出保证措施，科学指导隧道施工，使贯通误差控制在允许误差范围内，避免工程风险。

3 适用范围

适用于高速铁路、公路、水利工程等建筑中长大隧道的施工测量。

4 工艺原理

隧道独立控制网采用隧道工程独立坐标系，即以隧道进口端的中线(切线)点的线路里程值为 X 值，线路前进方向为 X 轴正向，顺时针旋转90°为 Y 轴，并且采用与既有施工坐标和高程系统相同的椭球参数和高程基准，中央子午线采用隧道中线所处的中央子午线，适应隧道的设计投影面，使投影变形为最小，从而保证贯通精度。

5 施工工艺流程及操作要点

5.1 施工工艺流程

控制网设计→选点埋石→数据采集→数据处理→数据对比→成果提交。

5.2 操作要点

5.2.1 控制网设计

根据项目施工技术要求和施工测量有关规范规定，结合工程隧道施工的实际情况，按照控制网设计要素拟定控制网的等级，在外业观测、数据处理及限差要求方面，严格按照上述的相关规定进行设计和施测。由于长大隧道进、出洞口距离较远，采用 GPS 进行布网更加有利。

5.2.1.1 平面控制网设计

洞外平面控制网原则上沿隧道进出口连线方向布设，控制线路中线。平面控制网由洞口子控制网和洞口子网间的联系网组成，同时应考虑 GPS 观测对控制点的要求。如果隧道设计有斜井或者支洞，也应在洞口布设相应的子网。洞口子网一般应由三角形、大地四边形、中点多边形等强度较高的网形构成。联系网均应由图形强度较高的三角网构成。

5.2.1.2 高程控制网设计

高程控制网布设应根据实地交通状况和1:5000地形图按隧道进出口和斜井洞口位置布设。在布网过程中，应首先按地图交通路线进行实地踏勘，然后选择最优路线进行测量。洞外高程控制测量布设主水准附合路线1条。隧道进出口水准点形成闭合环。

5.2.2 选点埋石

控制点的选择既应考虑满足GPS观测的要求，又要考虑适合隧道控制测量对控制点的要求。洞口子网布设的控制点一般应不小于四个，平面网和高程网的点可以共用。在选点时要重点考虑后视进洞方便。布设洞口投点时，应考虑用常规测量方法检测、恢复以及洞内引测的实际需要，洞口子网各控制点间距离应不小于350 m。距离小于350 m时应设置强制归心装置，洞口投点应与子网的其他两个控制点通视。洞口投点连接边的边长不宜小于300 m，连接边的两端控制点宜与洞口线路设计高程尽量等高。

线路中线控制点测设可按设计坐标采用精度不低于“1”级的全站仪进行测设，点位精度满足整网施工坐标系约束平差后得到的本点坐标在设计中线位置处的横向偏差小于5 mm。

5.2.3 数据采集

5.2.3.1 平面控制网数据采集

平面控制网一般采用4台GPS进行观测，一方面提高了作业的效率，另一方面使网形的多余观测量增多，从而使控制网的图形强度得到极大的增强。GPS控制网采用双频GPS接收机，静态作业模式作业，接收机标称精度应不低于5 mm±1pp m，且检定合格。作业前应按规范要求进行相关检测，作业过程中应保持接收设备工作状态良好。

观测前，应按设计的控制网网形、卫星可见预报表、GPS接收机数量、交通情况等编制GPS观测计划；根据确定的作业模式，配置预置作业任务参数；作业中应及时沟通信息。

观测应按设计控制网网形进行，从进口段向出口段推进，洞口子网和联系网可统一观测，每条基线应观测2个时段，时段长度应大于120 min。观测时，为减小对中及相位中心误差，应对GPS天线进行统一定向，第一时段指北定向，第二时段指南定向。

GPS观测应选择卫星数目多、卫星升降少、GDOP值较小且稳定的观测窗口施测，观测应符合GPS测量作业技术要求。

5.2.3.2 高程控制网数据采集

水准观测采用电子水准仪按二等水准要求进行，水准仪的标称精度均为每千米高差偶然中误差±0.3 mm。在开工前和作业期间，应按规定对仪器进行常规检校和经常性检查，保证仪器工作状态良好。

采用单路线往返观测，同一条水准路线的往返观测应采用相同的人员、仪器、转点尺撑，沿相同水准路线。沿公路施测时应使用大于5kg的铸铁尺垫，在山路地段施测应采用尺桩或突出岩石作为立尺转点；使用尺撑扶尺，水准尺气泡居中；使用干湿温度计测定气温。

5.2.4 数据处理

5.2.4.1 平面控制网数据处理

1）基线解算及环闭合差计算

基线解算采用GPS厂商自带的数据处理软件进行解算，导入数据前应将原始观测数据采用专业软件转换成GPS通用数据RINEX格式，解算结果应满足软件规定的指标要求。基线观测值均应按规范的要求进行重复基线检核和异步环闭合差检核，重复基线检核及环闭合差计算应采用经过行业认证的平差软件，例如武汉大学科傻GPS处理软件或同济大学TPGGP6.0处理软件。

根据隧道洞口子网和子网间联系网的不同特点，洞口子网基线构成的异步环三维闭合差限差应小于20 mm；子网间的联系网基线构成的异步环相对闭合差应符合限差要求。

约束平差基线向量改正数与无约束平差的同名基线向量改正数较差（dv_x、dv_y、dv_z）应符合式式(1)～式(3)规定。

$$dv_x \leqslant 2\sigma \tag{1}$$

式中　σ——基线弦长标准差。

$$dv_y \leqslant 2\sigma \tag{2}$$

$$dv_z \leqslant 2\sigma \tag{3}$$

基线解算合格后，将基线数据另存为平差软件需要的基线数据格式，例如武汉大学科傻GPS处理软件默认的格式为＊.asc。

2）施工坐标的平差

以武汉大学科傻GPS处理软件为例，在平差软件中新建工程，输入"工程名称"，选择相应的"等级"和"坐标系统"，选择"基线类型"和"投影类型"，输入中央子午线和仪器的"固定误差"及"比例误差"，输入坐标加常数，选择"确定"进入下一步。

在"GPS数据处理"菜单中，分别输入"三维已知点坐标"和"二维已知点坐标"，导入基线数据文件，进行闭合差的计算，如果同步环和异步环均满足规范要求，进行GPS网"三维向量平差"。合格后，根据工程所处的施工坐标系，选择好相关的参数，进行"二维联合/约束平差"，将控制网的空间直角坐标投影到相应的平面坐标投影带中，计算控制点施工坐标系的坐标，结果应满足技术设计的精度要求，边长精度应满足规范中相应的规定，洞口联系边方向中误差小于1"，满足精度要求后进入隧道独立坐标系的平差。

3）隧道独立坐标系的平差

采用武汉大学科傻GPS处理软件或同济大学TPGG P6.0处理软件，输入设计好的独立坐标系投影参数，输入独立坐标系原点（即进口端线路中线点）坐标，以隧道出口端线路中线点为零方向，输入方位角"0－00－00"，通过"一点一方向"实现独立坐标系下的平差计算，从而得到隧道独立控制网的独立坐标成果。

4）洞外控制测量对隧道横向贯通中误差影响值计算

通过控制网的平差计算获得各点坐标的方差－协方差阵，根据现场可能使用的进洞定向边计算两开挖洞口间的隧道洞外控制对横向贯通中误差的影响值。

由进出口点号、定向边点号、贯通面点号、贯通面坐标、贯通面方位角组成贯通文件，代入平差软件进行贯通误差计算。

5）洞内导线测量对隧道横向贯通中误差影响值计算

根据洞内导线的测量起算位置、测量等级、测角精度和测边相对中误差，按导线对贯通误差的影响理论估算洞内控制测量对横向贯通误差的影响值，采用洞外控制测量对横向贯通误差最大影响值，综合计算隧道洞内外控制测量对横向贯通误差影响之和。

5.2.4.2　高程控制网数据处理

原始数据处理采用电子水准仪自带软件将原始数据处理为高差距离文件，水准网平差采用武汉大学"科傻地面控制网测量数据处理系统"（COSAWIN）进行严密平差，高程成果保留到0.1 mm。每条水准路线应按测段往返测高差不符值计算偶然中误差 mΔ；当水准网的环数超过20个时，还应按环线闭合差计算 mw。mΔ 和 mw 应符合规范的规定，否则应对较大闭合差的路线进行重测。

考虑到隧道洞外水准控制测量等级为二等，为了使隧道与前后构筑物高程的顺接，水准网平差采用约束隧道洞外附近大小里程各两个连续二等水准点，进而得到洞口水准点高程成果。

5.2.5 数据对比

为了检验平面控制网可靠性，在隧道进出口控制网中分别选择一个三角形进行角度和距离检查，与隧道独立坐标系的控制点成果进行比较分析，水平角观测6个测回，距离往返观测2个测回，对比全站仪实测数据与GPS控制网解算成果较差是否满足测量规范要求。

5.2.6 成果提交

成果经检验合格后，需要提交以下资料：

(1)隧道洞外控制测量技术设计书；

(2)隧道洞外控制测量技术总结(含平面、水准平差文件)；

(3)隧道平面控制网图；

(4)控制测量成果表；

(5)线路断链表；

(6)洞外控制测量对横向贯通误差的影响计算(含对洞内导线测量的技术要求和总的横向贯通误差预计值)；

(7)洞口子网布置图和进洞关系图；

(8)隧道平面布置图；

(9)隧道中线及辅助坑道布置图；

(10)隧道二等水准成果表；

(11)隧道水准路线图；

(12)洞口水准点布置图；

(13)隧道高程贯通精度的估算资料。

6 材料与设备

采用测量设备及工器具见表1。

表1 设备及工器具表

序号	设备名称	设备型号	单位	数量	功用
1	双频GPS接收机	徕卡	套	4	数据采集
2	1"以上全站仪	徕卡	台	1	数据对比及洞口投点的放样
3	电子水准仪	徕卡	台	1	数据采集
4	GPS处理软件	科傻	套	1	数据处理
5	水准数据处理软件	科傻	套	1	数据处理
6	基座及棱镜	徕卡	套	2	角度及距离测量

7 质量控制

7.1 规范标准

(1)《高速铁路工程测量规范》(TB 10601—2009)；

(2)《全球定位系统(GPS)测量规范》(GB/T 18314—2009)；

(3)《精密工程测量规范》(GB/T 15314—94)；

(4)《国家一、二等水准测量规范》(GB/T 12897—2006)；

(5)《铁路工程测量规范》(TB 10101—2009)；

(6)《水利水电工程施工测量规范》(DL/T 5173—2003)；

(7)《工程测量规范》(GB 50026—2007)。

7.2 技术文件

(1)测绘项目实施前的技术设计方案或甲方相关要求等;

(2)工程建设期间颁布的有关测量规程、规范。

8 安全措施

(1)应认真贯彻"安全第一,预防为主"的方针,健全安全管理体系,完善安全管理制度。

(2)在进行选点埋石、数据采集等作业时,应指定班组安全负责人,服从施工现场负责人指挥,预防作业人员出现触电、高空坠落、雷击、车祸等安全事故,并制定相应的处理措施,防止出现事故时损失扩大。

9 环保措施

(1)应严格遵守环境保护法律、法规和规章有关要求,在选点埋石、数据采集等作业时,应减少植被破坏,并做好防火。

(2)作业人员产生的生产生活垃圾应按要求集中到指定地点处理,降低作业造成的环境污染。

10 效益分析

采用本工法布网时,进、出洞口均有洞口投点,每个洞口投点都有两个以上的点做为后视方向,使洞内导线的布设灵活方便,极大的方便了隧道施工放样及钢模台车的模板检查,提高了工作效率,从技术上保证了测量精度,避免了隧道不能正确贯通带来的不利后果,具有良好的社会、经济效益。

11 应用实例

11.1 大同至西安客运专线Ⅱ标南山上隧道

大同至西安客运专线Ⅱ标南山上隧道(DK221+596~DK227+604),位于山西省忻州市和阳曲交界处,全长6008 m,设计为单洞双线隧道,为大断面浅埋、偏压黄土隧道,由中国水利水电第三工程局有限公司施工。隧道进口位于直线段,出口位于曲线段(曲线半径8000 m)。采用本工法,隧道洞外平面控制采用GPS一等网控制,高程采用二等水准控制,共测量控制点10个,GPS观测8个时段,水准观测12个测段。通过数据处理,独立控制网最弱边相对中误差1:255102,满足1:250000的要求;基线边最大方位角中误差±0.7″,满足±1″的要求。隧道于2010年6月起施工,2013年12月顺利贯通,隧道贯通后横向贯通误差15 mm,满足贯通限差130 mm的要求;高程贯通误差5 mm,满足贯通限差50 mm的要求,取得较好的经济效益和社会效益。

11.2 大同至西安客运专线Ⅱ标磨盘山隧道

大同至西安客运专线Ⅱ标磨盘山隧道(DK211+339~DK216+795),位于山西省忻州市忻府区境内,全长5456 m,设计为单洞双线隧道,为大断面浅埋、偏压黄土隧道,由中国水利水电第三工程局有限公司施工。隧道进口位于曲线段(曲线半径10000 m),出口位于直线段。采用本工法,隧道洞外平面控制采用GPS一等网控制,高程采用二等水准控制,共测量控制点10个,GPS观测8个时段,水准观测8个测段。通过数据处理,独立控制网最弱边相对中误差1:262517,满足1:250000的要求;基线边最大方位角中误差±0.65″,满足±1″的要求。于2010年5月起施工,2013年2月顺利贯通,隧道贯通后横向贯通误差11 mm,满足贯通限差130 mm的要求;高程贯通误差4 mm,满足贯通限差50 mm的要求,取得较好的经济效益和社会效益。

(主要完成人:马培福　孔海峡　李磊　梅建明　莫东岩)

预制箱梁桥梁体系转换施工工法

中国水利水电第三工程局有限公司

1 前言

随着桥梁技术的发展，上部结构先简支后连续已成为近几年推广的一种新型梁式桥结构。它是通过对箱梁负弯矩区张拉，将箱梁原简支系统转换为连续结构，拆除临时支座，同时永久支座开始承受箱梁及桥面系重量。先简支后连续的桥型综合了纯简支及现浇连续梁的优缺点，具有可预制规模化生产、箱梁安装简便、行车平顺、结构体系完整、梁体受力较好等优点。中国水利水电第三工程局有限公司依托承建南水北调中线一期工程焦作2段第三施工标段项目的演马庄煤矿东北公路桥等四座桥梁，严把施工过程控制，不断总结完善先简支后连续施工工艺形成本工法。本工法由于技术先进，创新性强，被中国水利水电第三工程局有限公司批准为2012年度企业级工法。《桥梁预制箱梁体系转换施工技术》荣获了2013年度中国锥栗

2 工法特点

本工法与传统连续梁的施工工艺相比，具有如下特点：

（1）梁体在预制厂（引道处）内集中预制，有利于工厂规模化生产，减少临时施工征地，缩短了施工周期，便于管理，同时便于梁体的质量控制；

（2）梁体集中预制、现场架设，能够充分发挥机械性能，有效提高劳动效率，节约大量模板及支架，从而加快施工进度，降低施工成本；

（3）结合箱梁设计体形特点，结合施工进度计划需求，优化箱梁模板设计，尽可能采用通用模板，减少模板投入数量。

3 适用范围

（1）本工法适用于桥梁结构体系采用先简支后连续方式设计的桥梁工程；

（2）本工法适用于曲线半径大于400 m、跨度为16～50 m的多跨结构桥梁施工，适用于桥下无支架搭设条件（软土、深水、高墩、通车通航条件限制）的桥梁工程施工。

4 工艺原理

桥梁结构由简支体系转换为连续体系需要在箱梁端部顶部负弯矩区内增设负弯矩预应力束，在箱梁端部布设相应临时支座并适时拆除来实现体系转换。负弯矩区预应力束张拉及临时支座的安装拆除，是能否实现体系顺利转换的重要环节，也是先简支后连续箱梁桥梁施工的难点工序之一。

箱梁在预制场预制并完成正弯矩区预应力施工后，作为简支梁进行安装，并采用临时支座（每片箱梁4个临时支座）支撑于盖梁上。箱梁安装完毕即将每一联的连续端端部负弯矩区预应力束管道和非预应力钢筋进行连接（含连续端横梁）。管道及钢筋连接完毕后，立模浇筑连续端横梁及负弯矩区梁间湿接缝混凝土。立模时确保各永久支座处连续端横梁底部距永久支座间距均为12 mm（确保一联所有永久支座顶部预留间隙相等），待混凝土强度达到设计强度95%以上，即可进行负弯矩预应力束穿束、张拉，张拉完毕进行孔道压浆。此时，桥梁整联上部结构已经形成一个连续

的整体。将一联所有临时支座同时降低,保证一联整个梁体同时平稳降落在永久支座上,拆除临时支座。最后对跨中湿接缝混凝土进行浇筑即完成体系转换。全部湿接缝混凝土达到设计强度即可进行桥面铺装作业。

本工法在进行体系转换中使用的临时支座由钢管制成,由上部、底座和漏砂口构成。安装临时支座时,在上部和底座钢管内腔填充干砂,支撑箱梁时,箱梁压于临时支座上部顶板。当进行体系转换降低梁体时,同时将所有临时支座漏砂口的螺栓打开,临时支座腔内的干砂就均匀缓慢流出,支座上部下降,实现箱梁整体降低,下落于永久支座上,从而实现体系转换。

5 施工工艺流程及操作要点

5.1 施工工艺流程

先简支后连续结构桥梁体系转换施工工艺流程见图1,桥梁箱梁现浇接头施工顺序见图2。

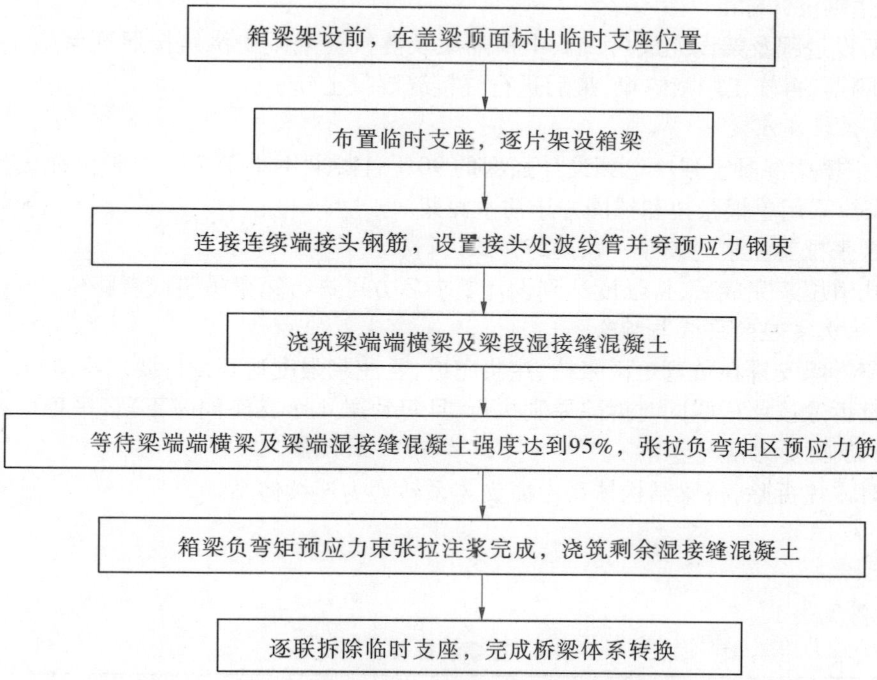

图1 先简支后连续结构桥梁体系转换施工工艺流程

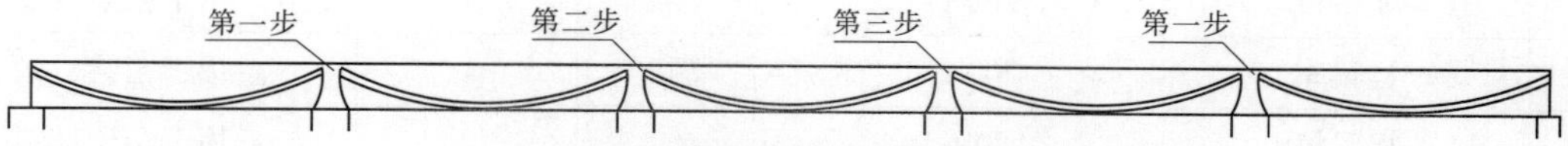

图2 桥梁箱梁现浇接头施工顺序

5.2 操作要点

5.2.1 箱梁预制、预应力张拉及孔道压浆

先在箱梁预制厂预制箱梁,当箱梁混凝土强度、养护龄期达到设计要求后,张拉正弯矩区预应力钢绞线束,压注水泥浆至密实。

5.2.2 箱梁支座安装

(1)本工法临时支座采用砂筒支座,支座整体高度及填砂高度依据设计支座垫石及永久支座结构尺寸计算确定。临时支座内筒中灌注低强度等级的混凝土,外筒中灌注细度模数为2.6~3.0的天然砂。临时支座布设前应经压力实验检测承载力合格,并检查漏砂是否合格。

(2)首先在盖梁顶面布置箱梁支座处测量放点并调平;

(3)按照设计位置布置临时支座及永久支座，临时支座与永久支座同高；

(4)对箱梁支座、支座垫石、支座钢板进行检查，确保其尺寸、标高、平面位置符合设计要求及规范的要求，画上安装轴线，以利安装时控制梁体的位置。

5.2.3　箱梁吊装、运输

(1)根据现场施工条件及箱梁设计体型特点，选择架桥机或大吨位吊车架梁方案。

(2)箱梁起吊时应对吊装机具进行安全检查，各部件及操作系统是否正常，并试运转。

(3)箱梁采用重载汽车运输，起吊后放置在汽车承重轴上，且与定位轴线一致，箱梁与汽车车身应紧固绑扎。汽车前进速度必须缓慢，严禁急转弯、急刹车，规范操作使箱梁顺利运输至架设平台。

5.2.4 箱梁架设及连接混凝土浇筑

(1)根据专项施工技术方案，采用架桥机架设箱梁，箱梁轴线应与支座、支座钢板轴线一致，确保箱梁架设之后达到设计标准。

(2)在箱梁架设过程及架设完成后，端、中横隔梁及湿接缝混凝土浇筑按照逐跨施工原则，单跨内先施工端横隔梁，再施工中横隔梁，最后进行湿接缝混凝土施工。

5.2.5　负弯矩区张拉及注浆

(1)当接头、中横梁混凝土强度达到设计强度的90%且龄期不小于7d时，张拉顶板负弯矩预应力钢束，二次张拉采用单根张拉和锚固并压注水泥浆。

(2)负弯矩区张拉及注浆应按照一联逐跨方式进行；

(3)负弯矩孔道压浆完成后，待强度达到设计要求后方可进行箱梁吊装或者移位。

5.2.6 临时支座、永久支座的安装与拆除

(1)临时支座拆除安排在负弯矩区张拉、注浆完成，且注浆强度达到设计要求后进行。

(2)临时支座拆除按照一联同时拆除原则执行，且每片梁4个支座同时下落，平稳落在永久支座上，以免造成3条腿受力情况。

(3)完成临时支座拆除，桥梁结构体系由简支体系转换为连续体系。

6　材料与设备

采用主要设备见表1。

表1　主要设备表

序号	机具名称	规格型号	单位	数量	备注
1	架桥机	160 t	台	1	用于箱梁架设
2	运梁车	200 t	辆	1	用于箱梁运输
3	提梁机	80 t	台	2	用于箱梁吊装
4	汽车吊	25 t	辆	1	用于提梁机移位
5	电焊机	BX1－400	台	6	用于钢筋焊接等
6	全站仪	莱卡 TS06	台	1	用于放轴线及垫石线
7	水准仪	NL32A	台	1	用于测量梁顶面标高
8	混凝土罐车	10 m^3	辆	2	用于混凝土水平运输
9	软轴振捣器	ϕ50 mm	套	2	用于混凝土振捣

7 质量控制

(1)预制箱梁吊装前,由质量工程师仔细检查其结构尺寸、外观质量、混凝土强度等参数指标是否满足设计要求,并检查盖梁顶面平整度(临时支座布置位置)及支座垫石轴线、顶面平整度,合格后方可吊装。

(2)吊装箱梁应按照专项作业指导书进行,防止梁体质量受损。

(3)临时支座要求:①有足够的支撑强度,保证在体系转换前各项作业顺利完成;②箱梁下落时操作方便,且保证一联箱梁能同时下落。

(4)当预制箱梁吊装在临时支座上后,呈简支状态,连接板端间预留的钢筋,并浇注混凝土使之纵向连续;负弯矩区的顶部钢筋较为致密,特别是顶部锚垫板处为确保锚下混凝土的抗裂性能,钢筋布设较密,再加上波纹管占位置,钢筋安装时应在调整原预埋钢筋的基础上,确保钢筋的间排距及焊接长度,从而保证工程质量。

(5)二次张拉应在现浇段混凝土达到设计强度90%且龄期不小于7d后进行(以设计要求为准)。浇注湿接缝混凝土时,预先埋入波纹管,二次张拉仍采用单根张拉和锚固。张拉结束后,在板间上部形成了足以承受负弯矩的结构。体系转换的目的是将板由简支变为连续,即使原来并不承受弯矩的板端处(墩位)可承担负弯矩,并以此减少在跨中出现的最大正弯矩。

(6)拆除临时支座时,应保证梁同时下落,防止梁体发生扭曲。

8 安全措施

(1)参与桥梁体系转换各工序人员必须经过安全技术培训,进入施工现场必须佩戴安全帽等安全防护用品。

(2)参加运、架梁操作人员首先要认真学习贯彻"安全生产"的方针,落实各项安全生产规章制度,熟悉各项安全操作规程,懂得指挥信号,并严格遵守操作规程和劳动组织纪律,服从分配,对人员要明确分工,并建立岗位责任制。

(3)施工运、架梁现场要严格实行统一指挥,在吊装和运输过程中除现场指挥人员外,任何人不得指挥操作。指挥操作采用各种手势、旗号、嗓音等讯号,应事先做出统一规定,并严格遵守,不得中途随意改变。

(4)箱梁水平运输及垂直起吊前应仔细检查吊索、轨道设备有无异常,及时修理或更换后方可进行作业,以免因设备及工具引发安全事故。

(5)架桥机空载过跨时,要注意悬臂与配重平衡,谨慎操作,匀速行驶,专人指挥观察,避免因操作或指挥不当发生设备倾覆事故。

(6)施工现场设置明显的安全警示标志,提高员工安全防范意识。

(7)负弯矩区张拉时,锚头前严禁站人或布置设备。

(8)高空作业人员要经过体检,明确无心脏病、高血压、贫血病、精神病等不适应于高空作业的疾病。严禁酒后员工进入工作面并参与施工。

(9)夜间施工应照明足够。

9 环保措施

(1)成立环境保护领导小组,设置环境保护管理部门,负责落实环境保护措施及处理有关事宜。加强宣传教育提高员工环保意识,做到人人参与预防为主、防治结合、综合治理。

(2)建立严格的固体、废弃物管理制度,废弃物设专用场地堆放,生活垃圾、建筑垃圾按要求分别投放存储,集中妥善管理,定期进行清除,防止造成二次污染。

（3）对施工便道进行定期养护、清扫，保证其良好的路况，生产、生活区道路要定期洒水，控制扬尘污染。

（4）选用符合国家卫生防护标准的施工机械设备和运输工具，确保其废气排放符合国家有关标准，保证上路行驶的机动车尾气完全达标。

（5）混凝土拌和、养生用水必须集中回收，经过简单处理后再循环使用。建立隔油池，将所稀释的油类混合物分离，确保不对地表水及地下水造成污染。隔油池应定期清理。

（6）合理安排施工，尽可能减少机械作业过程中产生的机械噪音，防治噪音污染。

10 效益分析

10.1 经济效益

本工法中采用的砂筒临时支座方案，与硫磺砂浆支座相比较，节约成本约1.36万元；选用的箱梁预制模板采用通用与非通用块相结合方式，在满足施工进度计划要求的前提下，节约工程成本约130.13万元；采用提梁机代替大吨位吊车提梁方案，节约工程成本约为16.94万元，合计节约施工成本148.43万元。

10.2 社会效益

本工法在中线一期工程焦作2段第三施工标段多座公路桥施工中成功应用，取得了良好效果，可为类似工程提供了有益的借鉴，社会效益显著。

11 应用实例

11.1 南水北调中线一期工程焦作2段第三施工标段演马庄煤矿东北公路桥

南水北调中线一期工程焦作2段第三施工标段演马庄煤矿东北公路桥，长215 m，宽17.5 m，按（20+35×5+20）七跨布置，该桥由简支、连续两种体系组成，其中连续体系采用体系转换施工形成。全桥采用12榀20 m和30榀35 m后张法预应力预制箱梁，架桥机架设。

该桥由中国水利水电第三工程局有限公司于2010年3月~2012年5月承建，采用本工法施工，满足施工技术要求，效果良好，经济效益和社会效益显著。

11.2 南水北调中线一期工程焦作2段第三施工标段张田河东南公路桥

南水北调中线一期工程焦作2段第三施工标段张田河东南公路桥，长225 m，宽9 m，按（30×2+35×3+30×2）七跨布置，该桥由简支、连续两种体系组成，其中连续体系采用体系转换施工形成。全桥采用12榀30 m和9榀35 m后张法预应力预制箱梁，汽车吊架设。

该桥由中国水利水电第三工程局有限公司于2010年8月~2012年10月承建，采用本工法施工，满足施工技术要求，效果良好，经济效益和社会效益显著。

11.3 南水北调中线一期工程焦作2段第三施工标段九里山西南公路桥

南水北调中线一期工程焦作2段第三施工标段九里山西南公路桥，长150 m，宽9 m，按（30×5）五跨布置，该桥属预应力连续桥梁，预制简支梁架设后，经体系转换后形成连续体系。全桥采用15榀35 m后张法预应力预制箱梁，汽车吊架设。

该桥由中国水利水电第三工程局有限公司于2011年1月~2012年12月承建，采用本工法施工，满足施工技术要求，效果良好，经济效益和社会效益显著。

11.4 南水北调中线一期工程焦作2段第三施工标段筑王水泥厂公路桥

南水北调中线一期工程焦作2段第三施工标段筑王水泥厂公路桥，长190 m，宽11.5 m，按（35+25+35×3+25）六跨布置，该桥由简支、连续两种体系组成，其中连续体系采用体系转换施工形成。全桥采用8榀25 m和16榀35 m后张法预应力预制箱梁,汽车吊架设。

该桥由中国水利水电第三工程局有限公司于2010年12月~2012年12月承建,采用本工法施工,满足施工技术要求,效果良好,经济效益和社会效益显著。

(主要完成人:王保春　王敏哲　党虎平)

大型土工织物充填袋筑堤施工工法

山东水利工程总公司

1 前言

大型土工织物充填袋筑堤施工工法是利用土工织物的隔离、排水和防护功能，将土工织物制成带状大型袋体，利用泥浆泵向袋内压力充填砂类土并叠砌而形成的袋体堤。这是一种新型的堤心结构，它具有对软土地基适应强、整体连续姓好、施工速度快、造价低、可就近取材等优点。尤其在土石材料缺乏的沿海地区，采用大型土工织物充填袋施工工法具有更显著的经济效益和社会效益，对沿海城市资源节约，可持续发展和维护生态环境贡献突出。

2 工法特点

对软土地基适应强、整体连续姓好、施工速度快、造价低、可因地制宜，就近取材，无需预打隔水围堰，可直接在水上铺展袋体，充灌成型，堆叠成堤。

3 适用范围

海上工程，大江大河等深水区作业，或水域情况复杂，以及缺少粘土块石等回填材料的地区。

4 工艺原理

可简单总结为“铺、吸、输、灌、堆”五字。即铺展袋体，吸取充填料，通过管道输送至充填袋袖口，充灌成型、堆叠成堤。

如图所示：图1

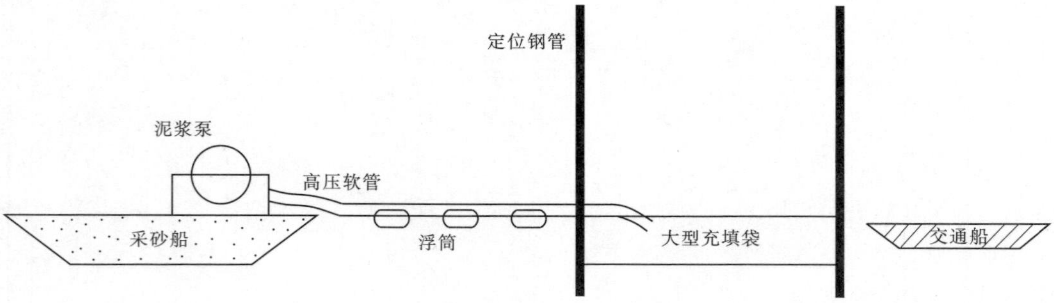

图1 工艺原理

5 施工工艺流程及操作要点

工艺流程见图2。

5.1 充填袋的制作

充填袋的制作材料根据设计要求选用，同时结合施工沉降量的控制增加3%的缩率，充填袋制作成带状，尺寸以棱体断面的不同高程的尺寸加上退档尺寸，在围堰或堤坝横断面方向整块制作，

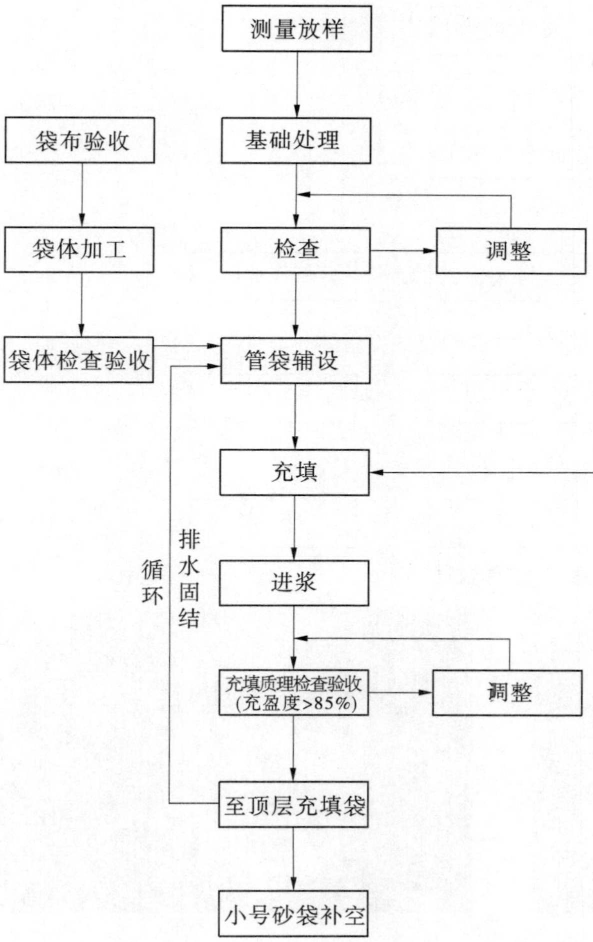

图2　工艺流程

纵向每袋尺寸以利于制作和施工方便为宜,一般在20~30 m,每条充填袋的袖口布置呈梅花型,袖口数量视充泥管袋的大小,土质等情况而定,一般每16~20 m^2 设一只,袖口的长度水上出水部位为30~50 cm,水下以能浮出水面20 cm为宜,袖口直径一般为20 cm,缝制时,袋体的所有接缝均采用包缝法或丁缝法进行缝制,采用柔软、高强涤纶丝线缝制,每道缝三道(先缝一道,折叠后再缝两道),以确保袋体的接缝强度。充填袋制作成型后,对袋布的尺寸和完整性进行检查,每处袋子拼缝不宜过多,相邻间距大于2 m,断面成型后的外露部分不得有拼接缝,符合要求后卷轴或折叠存放于阴凉干燥处,并注明尺寸及使用位置,以备施工时准确取用,由于土工织物不宜长时间暴露日照中,因此充填袋制作成型后,要及时做好覆盖保护。如图3所示。

5.2　充填袋铺设及定位

充填袋铺设前要进行认真的清基、整平工作,将有可能损坏织物的凸出物、杂物、淤泥进行清除;清基结束后,要认真检查清基情况及基底平整度,以保证堤基质量,然后根据图纸设计要求利用GPS对充填袋铺设位置进行准确定位。

5.2.1　浅水区施工

在浅水区可采用人工下水作业,交通船配合,将充填袋铺展到位,见图4~图7。

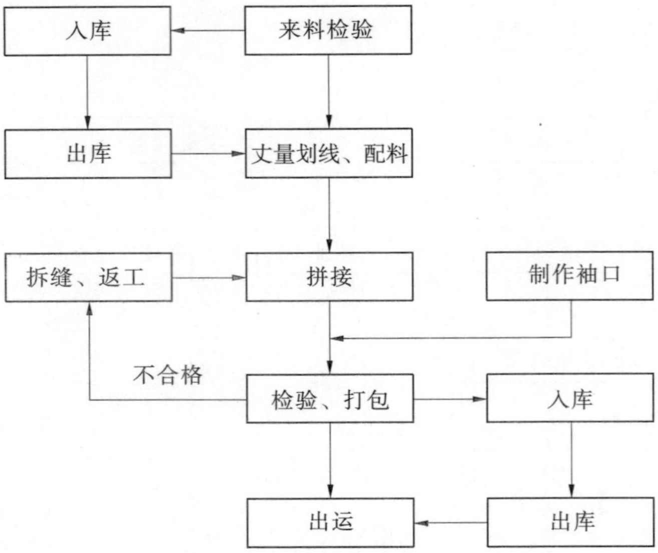

图3　制作过程

图4

图5

图6

图7

5.2.2　深水区施工

深水施工时采用交通船配合定位船进行铺设和定位。

首先，将加工好的充填袋布卷轴，运到交通船上，此交通船的船体在铺设区垂直于堤轴线方向定位，另两艘交通船船体平行于堤轴线方向定位，然后从水流上游向下游展开袋布，然后将输泥管直接充入充填袋，利用砂料的压载作用边充填边沉放。

充填袋在水流上游侧每隔 3 m 左右将预先做好的扣环固定于袋布边缘，在其他三边每 5 m 左右按同样方法将扣环固定于袋布边缘，并系好绳索，然后将袋布沿堤轴线方向卷轴。

根据每个充填袋的容量，预先确定机械配备的数量和充填料的库存，以保证每个充填袋能够在一个潮次中充填结束，并达到理想的充填高度。然后沿充填袋上、下游袖口布置充填管道，并使充填管道的长度满足输送要求。

在充填袋施工位置上下游布置交通船，装有充填袋布的一艘交通船在水流上游垂直于堤轴线方向定位，校正边线位置并抛锚固定，另外2艘交通船在水流下游平行于堤轴线方向定位。交通船上安装卷扬机械，用于收放绳索，使充填袋到达理想的位置。

再将袋体的4个角测量出来，并用钢管插在这4个点上，钢管需露出水面，施工时，人员乘浮漂将袋体4个角上的套环直接套在钢管上，定位船上的施工人员各自牵引袋体的一侧，直到袋体展开在水面上，充填袋的轴向应与坝体的轴向位置一致，上下层充填袋之间必须用拉筋系牢并有3 m的搭接，同层充填袋之间搭接应紧凑。

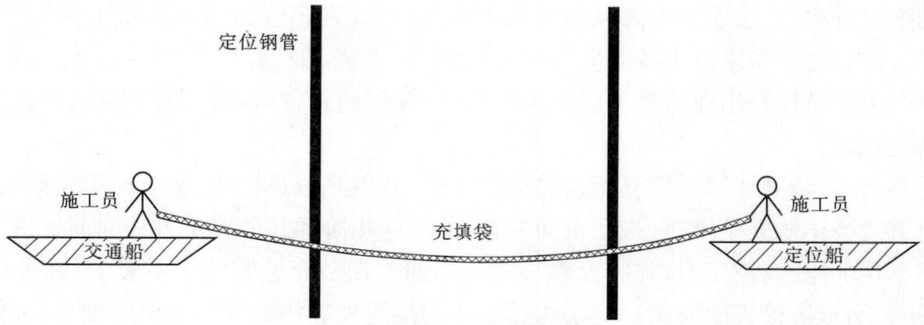

图8　施工示意

5.3　袋体的充填

袋体充填方法主要有沿长边方向进行充填的“长边充填法”和先充填四角后充填中间的“四角充填法”两种方法。两种充填法前期备料和充填完毕后的工艺流程大体相同，区别为充填料进袋方式不同，长边充填法较为适合浅水区施工，且施工组织快捷，方法简便，施工成本也较低。而四角充填法因进料均匀，充填速度快，更适用于深水区和风浪较大的水域需要候潮的施工特点。

5.3.1　充填准备

将泥浆泵放至附近取砂点或采砂船上，开启泥浆泵和高压泵开关，进行冲挖，泥浆经泥浆泵口吸入，通过输泥管输送充入充填袋中。

充填袋缝垂直于坝轴线，沿长边方向，在其两侧每隔1 m左右用袋装碎石压载，防止袋体移位，然后开机充填充填袋。

5.3.2　长边充填法

使用长边充填法进行充填时，避免应力集中损坏袋体，并在充填过程中经常调整出泥管口方向，防止袋体在充填过程中受力不均而移位变形，待袋体固定不再发生位移时，再次充填，直至达到理想的充满度。

充填过程中，人工在袋体顶面来回踩踏，当充填袋充填到一定的饱满度后，用木棍敲打充填袋，使土颗粒重新排列趋于紧密，加快袋体排水固结速度，待整个充填袋达到屏浆阶段，应适当减少充填充填袋机械或停止充填，以防布袋爆裂，留有一定固结脱水时间。

充填袋的充填高度应控制在适宜水平上，每层的充填高度控制在50 cm左右，在充填过程中如一次达不到理想高度，待充填袋稍有固结后，再进行二次或多次充填，直到理想的充填高度。

5.3.3　四角充填法

在深水区或风浪较大水域上施工时，为避免袋体移位，先充填袋体4角，使袋体沉降到设计位置，再充填其余袖口，每个袖口都系有浮漂，施工人员乘小船至袖口处，把充砂管插入袖口；陆上施工时，直接将充砂管插入袖口。每幅袋体制作时，均设有足够量的充砂袖口。充砂时中间插管，两侧出水。当一侧袖口冒黑砂时，立即调转充砂管向另一侧充砂，同时扎紧该袖口；待另一侧袖口也冒黑砂时，立即停机，扎牢余下的两个袖口。扎袖口采用上一道、反扎一道的两道收口的扎袋手法。充填砂采用吸砂泵将砂吸起通过管道送入袋中，由于管道较长，为防止堵管，浆液浓度一般在25%~45%，泥浆泵出口压力宜在0.2~0.3 mPa之间。充填过程中水和少量细砂从袋内析出，较粗的砂粒很快沉积在袋内。在砂未固结前，施工人员可在袋体顶面人工来回踩踏，使充填袋内砂均匀、饱满，确保充填平整，加快袋体排水固结速度，待整个充填袋达到屏浆阶段，适当减少充填速度，防止布袋爆裂。在充填过程中如一次达不到理想高度，待充填袋稍固结后，采用二次充填，但保证每只袋体在下一次潮水来临前完成。待砂料充满整个袋体后（充盈度>85%），此袋充填即告结束，此时可拔出充砂管，扎紧袖口，经过排水固结后（固结度>70%），再进行下一层充填袋的施工。每只充填袋成型后，应对袋体轴线、边线进行测量，保证轴线、边线满足设计要求。

充填袋施工过程中，由于受到海风和潮水的影响，充填袋充填初期容易发生移位和变形，因此充填时出泥管口始终朝着水流上游方向充填，待整个充填袋沉入水底后，开启所有机组进行充填。在充填过程中由人员检查出泥管口的泥砂堆积情况，及时调整管口的位置及方向，确保充填平整。

5.4 充填袋的堆筑

根据所测高程，精确计算上层充填袋的准确位置，并做好醒目标志，便于充填袋铺设。

整个充填袋棱体的充填堆筑，采用全面开花，分层同步阶梯式的施工方法向前推进。相邻袋体间的搭接在1.0 m以上，施工时，先将充填袋的一端铺放在已充填好的充填袋上，确保搭接部位的充填质量，并要满足搭接长度要求。同层相邻棱体间接缝处袋体铺设时预留收缩量，确保充填后两棱体相互搭接挤紧，不留贯通缝隙，上下层棱体间错缝铺设。如检查发现袋体之间缝隙过大时，制作小充填袋筒填塞。

充填袋上下层之间应错缝搭接，其长度大于3.0 m，以免形成“通天缝”影响围堰的充填质量。

5.5 充填袋的防护

由于充填袋堤初步成型时抗风浪能力较弱，为避免风浪造成损失，充填袋施工原则上按照阶梯形流水作业全断面推进，流水步距尽量短，成形后及时进行块石防护，给护面块体安装提供作业面。

6 材料与设备

6.1 袋体材料

选用何种材料来制作充填袋，需要根据袋体的中的充填物，再结合施工过程中的各项技术参数指标，如透水性、强度、抗老化、延伸长率、单位质量等等进行综合考虑。目前制作充填袋的材料主要有聚丙烯土工编织布、编织无纺针刺复合布、长丝机织布等几种材料，见表1。

表1

材料	抗拉	透水性	造 价	其他
编织布（简称）	弱	强	低	由于编织布在针刺缝制过后，缝制处抗拉强度只有原来的70%左右，所以在缝口部位容易破裂，但破裂口不易再继续增大，原因是编织布的每根编丝都较宽，单根编丝抗拉强度较好。
机织布（简称）	强	弱	高	一旦袋体产生破裂，破口容易扩大，原因是机织布每根编丝都较细，单根编丝刚拉强度较差，类似衣物布料，极易从一个小破口处撕开，且透水性不如编织布，施工时，需花更多人工在袋体上踩踏，方可将水排出。

6.2　**充填材料**

一般来讲，充填料的细砂含量越多，充填历时越短，袋体充满度越高，经济效益越高。选择充填土质一般需考虑细砂含量大于20%，粘性含量小于10%，否则不利于充填施工。如果充填料是亚砂土、轻亚粘土或粉砂土时，选用土工布的规格至少为以下标准：经纬密度16×14，单丝强度大于30 N/根，等效孔径 $Q_e<0.5$ mm，透水能力 $q=1.8\sim2.5$ mL/(cm^2·s)。当充填料为中细砂时，由于砂沉降快，排水流畅，故可选用较密袋布，经纬密度16×16，其等效孔径 $Q_e<0.25$ mm，透水能力 $q=0.26\sim0.7$ mL/(cm^2·s)。

以潍坊沿海防护堤人工沙滩工程为例，选用的大型充填袋材料为400 g/m^2 防老化针刺充填袋复合土工布(230 g/m^2 丙纶编织布与170 g/m^2 涤纶无纺布，50年试用期强度指标不低于70%)。(见图9～图14)。

6.3　**机械选型与配备**

在大型土工织物充填袋筑堤施工中，需要采用的机械设备大体有采砂船，交通船，泥浆泵，发电机，高压水枪、输砂管道，充砂软管等等。具体选用型号需根据工程具体情况及工程量而定。现以潍坊沿海防护堤人工沙滩工程，潍坊滨海旅游度假区海河路及人工岛工程为例说明。

每100 m为一个施工作业段，每段配备一艘450～600 t采砂船定位，作为采砂，充填的水上工作平台，船上配1台120 kW发电机，2台EPN－45泥浆泵，4只高压水枪，3艘运料船并充当交通船使用。另配备1台挖掘机，机动供各个施工段使用。

在采砂船的一侧焊接好适当吊杆，用于升降泥浆泵，另一侧安装高压泵，且固定好，待上述工作完成后，采砂船航行至指定地域，配抛好前后各两根呈交叉型八字型的锚缆，固定好船位，准备开始采砂。采砂设备开始吸砂，通过泥浆泵和输送管道，填充软管，将填充料充进袋内。

图9

图10

图11

图12

图 13

图 14

7　质量控制

7.1　浪损控制

大型充填袋施工过程中遇到的最大困难是施工过程中的浪损问题。由于大型充填袋多用于海上施工，不可避免的受到海上风暴潮的影响，袋体被大浪冲刷，发生袋体破裂，填充物被掏空等问题。

7.1.1　充填袋损毁

充填袋损毁的情况主要有如下几种

(1)上层充填袋移位、滑动、坍落。

(2)各层充填袋外露部分，已充填固结的砂性土被海浪掏空。

(3)被掏空部分的充填袋撕裂、由表及内，造成坝体部分地段塌陷。

(4)严重地段整个断面充填袋除最下 3 ~ 5 层外，全部被冲毁。

7.1.2　控制措施

(1)改善充填袋的材质。见图 15 ~ 16。

图 15　230 g/m² 长丝机织布充填袋被海浪淘空

图 16　400g/m² 防老化针刺复合土工布受海浪冲刷较轻

(2)在充填施工过程中，充填袋上每 4 m ~ 5 m 加设一根拉筋，将上层充填袋与已充填的充填袋扎结实，在风浪较大的作业时间，采用在充填袋上扎钢筋棒（海侧、港侧延袋边 1 m 以内，每 4 m 扎一根，扎入下层充填袋），使充填袋稳固，同时对于低潮水位较高的施工作业区域，采用低潮时充填半饱后至高潮时再继续充填饱满的方法，在加快施工进度的同时保证了充填袋砂性土的固结度，并减少"滑包"现象的发生。

（3）通过缩小流水步距尽快形成下道工序的施工。

（4）对于低潮水位较高的施工区域可采用在坝体的两侧抛填块石进行防护，该部分块石在施工后期可作为压脚块石利用。

在充填袋施工过程中，要定期对充填袋施工的沉降速率和土体深层侧向位移进行观测和监控，如沉降速率过快或侧向位移过大，均不能继续施工，应待沉降稳定后才可继续施工作业。

在施工过程中，还应随时控制充填袋的充灌厚度及坝体的整体轴向位置，确保充填袋的中轴线与坝体轴线在同一位置上。

7.2 沉降控制

施工沉降也填充袋施工过程中需研究的主要问题，由于大部分使用填充袋的施工区域地基都较软，且在水中施工，极易发生沉降，这个问题关系到坝体成型后断面尺寸是否符合设计规范的验收要求，因而需在工程施工开始前应认真分析并计算出施工沉降量并在施工过程中加以控制。

7.2.1 施工开始前的沉降量计算及控制

在工程施工开始前应认真分析施工作业区的地形地势情况，根据地形情况和坝体施工过程中的荷载情况计算施工期的沉降量及工程完工后 1 年内的预留沉降量。在工程施工过程中，坝体整体沉降情况是横断面形成锅底状沉降，横断面中心位置一般沉降最大，可采用抛物线图或采用微积分法算出施工沉降量，根据计算结果将底部几层充填袋的横向尺寸加大，同时根据平均沉降量增加几层充填袋，并将增加的沉降量考虑在整个充填袋上，由于充填袋施工的成本比袋装碎石及模袋混凝土施工成本低，因而在对沉降进行充分考虑的同时节约了工程成本。

7.2.2 施工过程中的沉降量控制

充填袋施工过程中的沉降控制是工程中监测工作的重心，在充填袋施工过程中，应每天对各施工段面的沉降情况进行监测和控制，如果沉降速率在设计允许的范围之内，可继续施工作业，如果在设计允许范围之外，则应停止充填施工作业，并认真分析沉降速率过快的原因，一般情况下，沉降速率过快的原因有以下几种：

（1）施工速度过快，下层充填袋还未达到设计要求的固结度之前就开始了上一层的充填袋施工作业。应适当放慢施工速度，待下层充填袋达到设计要求的固结度后再开始上一层的施工作业。

（2）个别地段地基的稳定性较差，在设计阶段未能考虑到个别作业区（一般范围较小）地基不稳定情况。需在分析原因的基础上，请示业主和设计单位，提出设计变更，并积极采取措施进行防护和控制以确保坝体和地基的稳定性。

（3）施工工艺存在问题或充填材料含泥量较高。可改进施工工艺，提高充填材料的质量。从充填袋施工开始直到整个坝体施工完工，每天对沉降速率及沉降量进行监控。在施工过程中，若个别区域由于赶工期，充填袋在未达到设计要求的固结度之前就开始了上一层的充填施工作业，造成在施工后期沉降速率过快现象，则需对施工方案及时进行调整，通过加大施工作业面提高施工进度同时减缓每层充填袋之间的进度将施工沉降量控制在设计范围之内。

7.3 袋体材料质量控制

制作充填袋的材料，其各项物理力学指标必须符合技术规范和设计要求，杜绝不合格材料的使用。土工织物进场前，应审查出厂合格证明、性能鉴定书或试验报告，织物进场时，还应逐卷检查外观质量，进场后的土工织物每一品种、每批抽样检验不少于一次。各规格土工织物布料的克重、延伸率、经纬向抗拉强度、等效孔径及渗透系数等物理力学指标必须达到设计规定的要求，其它指标的允许偏差在5%以内,缝制强度不低于织物强度的70%。

为保证充填料的质量,对充填料进行抽样检测,小于0.005 mm的粘粒含量小于10%,由于充填料源固定,方量较大,经设计和业主同意,试验频率为10000 m^3 取样一个,见表2。

表2　质量控制

序号	项目	允许偏差(mm)		检验数量	单元测点	检验方法
		水下抛筑	水上抛筑			
1	堤轴线	1 500	500	每20~50 cm一个断面	1	用经纬仪、全站仪或GPS、水准仪等测量
2	堤顶高程	±150	±100		1	用测深仪与GPS、水准仪或全站仪测量
3	堤顶宽度	±200	±100		1	用钢尺测量
4	边坡坡度				2	用测深仪与GPS、全站仪、坡度尺等测量

充填袋铺设前,检查铺设位置与所注沉放位置是否一致,检查堤底清理和平整情况;铺设后,对袋体布料进一步进行仔细检查,发现老化、经纬线明显疏密不均或有空洞的地方,用同质布料进行修补,有严重质量缺陷的,禁止使用。

7.4　测量控制

根据充填袋断面尺寸及底高程,根据经验算出每层充填袋的拖放边线,水下充填袋施工时先用经纬仪定出轴线,再用皮尺拖量定出边线位置;出水后的充填袋可直接在下层充填袋上用红绿颜料标记出轴线和边线,确保每层充填袋轴线对齐。

7.5　充填物控制

充填物浓度宜控制在20%~45%,充填饱满度宜为85%,厚度必须控制在50cm左右,管路出口压力宜控制在0.2~0.3 MPa,总之在大量施工充填袋棱体前,应先在滩地上进行充填袋试吹,在掌握了适宜的泥浆浓度,屏浆压力、固结时间、固结速度等经验数据后,再进行大面积施工。

7.5　充填施工控制

(1)当充填袋铺设完毕后,将泥浆泵放于取砂坑中,当听到开机指令后,即行开启机械,开机时多送水,用来检查输泥管路是否堵塞,待输泥管道畅通后,再逐渐加大泥浆浓度,当接到停机指令或泥驳中砂土已冲挖结束后,逐渐降低泥浆浓度,直到输泥管出口为清水时方可停机,这样可确保输泥管道不被堵塞。当泥驳中泥砂冲挖结束后,放水冲管。

(2)充填袋逐渐充满后,在屏浆期间,控制好充填压力,防止袋体爆裂。当棱体充填袋内土料未固结成型,不可进行上层充填袋的充填,否则将压破下层充填袋。

(3)在充填袋施工过程中可采取人工踩踏排水、赶沙,使充填沙均匀向袋体四周分布,保证充填袋密实和整体稳定。

(4)充填袋充填结束后,检查充填袋有无破损,如有破损,应及时修复。在破损处另覆一块布,采用外覆式方法缝制,缝补材料与充填袋材料相同。充填袋袋体之间的搭接应符合设计及《水运工程质量检验标准》要求,相邻袋体间搭接在1.0 m以上,上下两层之间的错缝搭接大于3 m,防止因风浪的冲刷而淘空袋体内土料而拉坏充填袋。

(5)充填袋外露部分,不得长时间暴露日照,应按设计要求铺设袋装砂、袋装碎石及时做好覆盖保护。

8 安全措施

(1)专职安全员每天对施工现场进行安全巡视检查,及时排查安全隐患并做好安全巡查记录。水上作业人员必须穿救生衣,对于不服从管理者处以必要的经济处罚。

(2)在充填袋施工过程中严格按照设计及规范要求施工,防止出现滚袋现象。检查袋体是否有破损,及时将破损部位进行缝补,缝补材料与充填袋材料相同。

(3)船上的人员必须遵守有关海上交通安全的规章制度和操作规程,保障船舶航行、停泊和作业的安全。

(4)施工船舶应配备合格的无线电通信设备,在规定的频道上昼夜连续监听来往船舶的动态,并与有关部门保持信息畅通。

(5)各施工船舶内配备足够数量的救生衣、救生圈及各种消防设施,并按时对施工船舶进行安全检查。船舶内电线不得存在老化、脱皮现象,不得私拉、乱扯电线,如有上述现象必须更换新电线并对电线线路重新布设。

(6)施工期间,每天应接收海上天气预报信息,做好防台、防汛工作。所有施工船舶必须听从项目部指挥调度。

9 环保与资源节约

大型土工织物充填袋筑堤多用于沿海,大江大河等地区的施工,这些地区普遍有地基松软;粘土,块石等回填材料匮乏;施工水域风浪大,水流速度快等特点。传统的粘土堤,抛石堤无法克服上述问题。尤其在海上施工,使用传统施工方法,向海域抛投粘土石块,会造成严重的生态破坏及污染。而就地取材的大型土工织物充填袋筑堤工艺,直接挖取附近海域中的海砂,填充成袋,堆筑成堤。高效节约环保,一举数得。

10 效益分析

以潍坊沿海防护堤人工沙滩工程为例。该工程中400 g/m^2 防老化针刺复合土工布充填袋的结算价格仅为55元/m^3,而100~150 kg块石(抛填)为700/m^3,笼装块石网箱为5000/个。两种施工方式的价格相差十二倍之多。

11 应用实例

潍坊海岸位于山东半岛北部,,以来自开阔外海的NNE向风浪为优势海岸动力。潍坊海岸类型属粉沙质海岸,以粉土、粉质粘土等为主,海水退潮后裸露出的是黑色的泥沼滩涂,所以,潍坊虽为滨海城市,却有着"临海不见海,有海难亲海.亲海难戏海"的尴尬。为打造"欢乐海"休闲旅游品牌;改善生态环境和营造宜居城市的等多个目的,潍坊滨海旅游度假区工程正式开工兴建。

我公司于2011年5月5日和2011年8月19日分别中标承建了"潍坊沿海防护堤人工沙滩工程"和"潍坊滨海旅游度假区海河路及人工岛工程"。

潍坊沿海防护堤人工沙滩工程,位于沿海防护堤二期工程桩号K5+423~K7+000间堤段外海侧,本工程作为滨海开发区重点旅游景观项目,是目前省内唯一的高标准开放式人工沙滩项目,总长度约1600 m。沙滩平均宽度210 m。沙滩主体采用吹填砂和沙滩砂。缓坡段沙滩的顶高程由5.0 m逐步下降为2.64 m,坡度1∶45~1∶56(74);潮间带沙滩顶标高由2.64 m过渡到-0.03 m,坡度为1∶25。挡沙堤外围堰采用100~150 kg块石抛填方案,挡沙堤路面基础采用块石回填夯实,踏步平台全部采用机刨石面层,踏步采用花岗岩料石。

主要工作内容有:人工沙滩两侧挡沙堤施工、踏步1#~7#施工(共17个)、沙滩主体回填砂性土及海滩沙施工等。人工沙滩两侧挡沙堤、内围堰及外围堰充填袋充填方量约为 60365 m^3，挡沙堤块石抛填约 3.4 万 m^3，踏步抛石约 5.5 万 m^3，沙滩主体回填砂性土约 82.44 万 m^3，抛填海沙约 37.5 万 m^3，外围堰抛石约 10500 m^3，土工格栅 34.65 万 m^2，土工布 41.2 万 m^2 等。

潍坊滨海旅游度假区海河路及人工岛工程，位于潍坊滨海经济开发区旅游度假区，编制范围为潍坊滨海旅游度假区海河路及人工岛工程第二标段内河部分，工作内容为 86 号人工岛、1#围堰、88#、89#人工岛、2#围堰、90、91#人工岛、3#围堰。

先由 450 m^3/h 绞吸船进行白浪河河道清淤施工，通过管线先吹至 88 至 91 号人工岛中心位置，然后由吹沙船（带泥浆泵）进行冲砂灌袋，边吹填边灌袋，直至满足充填袋围堤形成。86 号人工岛可由可采砂区域内取砂进行模袋吹填。待 88 至 91 号人工岛土工布软体排铺设完成后，即可按照抛块石、袋装砂堤身、反滤层（土工布及碎石垫层）、浆砌石施工的顺序进行围堤施工。

两个工程中大型土工织物充填部分基本相同，图 17 为一个典型的施工断面图。图 18 为设计图的实际施工效果。

图 19～图 25 为潍坊滨海旅游度假区海河路及人工岛工程中充填袋围堤工程的部分图片。

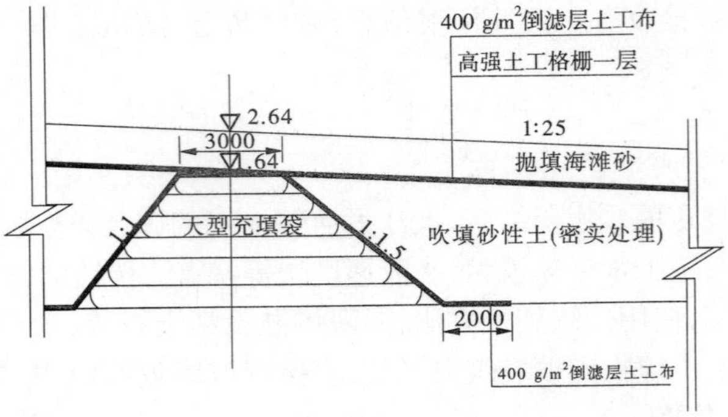

图 17

图 18

图 19

图 20

图 21

图 22

图 23

图 24

图 25

（主要完成人：窦连辉　庄冬一　高敏　侯德国）

五轴抓齿式水泥土搅拌桩施工工法

上海市水利工程集团有限公司

1　前言

目前,多轴搅拌桩主要以三轴搅拌桩为主,近年,为了更好发挥多轴搅拌桩的优点,克服其缺点,桩径 650 mm、850 mm 两种五轴搅拌桩应运而生。五轴水泥土搅拌桩在华东地区多个大型工程中使用,并取得了较为成熟的施工经验。在上海青草沙水库、东风西沙水库防渗施工中,由于大堤防渗较长,五轴水泥土搅拌桩施工很好地解决了工期紧,有效工作面少的难题。抓齿式钻头主要是对原冠状钻头的改进,能够很好地解决在较硬的地质中施工效率低的问题。

2　工法特点

(1)五轴水泥土搅拌桩一次施工长度长,减少搅拌桩套钻桩个数,可以加快围护施工进度、减少水泥用量,降低产生冷缝的可能。

(2)五轴水泥土搅拌桩一次施工面积比同桩径三轴搅拌桩施工可提高 100% 左右;

(3)施工不扰动邻近土体,不会产生邻近地面下沉、房屋倾斜、道路裂损及地下设施移位等危害。

(4)挡水性强,有利于采用坑内降水坑外不降水的情况;

(5)噪音、泥浆、振动等对环境污染小,废弃土外运量比其他工法少;

(6)能适应绝大多数地层(特别是软土地区),它可在粘性土、粉土、砂土、砂砾土中广泛应用;

(7)工期短、造价低。

3　适用范围

五轴水泥土搅拌桩已广泛应用于基坑围护结构工法桩、重力式挡土墙、水库大堤防渗、地基加固等施工。其具有对周围地层影响小、抗渗性好、施工噪音小、无振动、工期短、废土产生量少,无泥浆污染、大壁厚、大深度、适用土质范围广、技术经济指标好等优点。

4　工艺原理

五轴水泥土搅拌桩是以水泥作为固化剂,通过五轴搅拌桩机将固化剂和地基土强制搅拌,使地基土硬化成具有连续性、抗渗性和一定强度的桩体。桩机具有螺旋推进翼和搅拌翼相间设置的特点,随着钻掘和搅拌反复进行,可使水泥系强化剂和土得到充分搅拌,并且桩墙体全长无接缝,比传统的工法有更可靠的止水性,而且不扰动临近土体,较少产生临近地面下沉、房屋倾斜以及地下设施位移等危害。

5　施工工艺及流程

5.1　施工参数的确定

一般情况下,设计单位会根据地质资料以及防渗要求,设计一个施工参数及施工要求,在实际施工中需通过试桩进行实际施工参数的确定。

五轴搅拌桩施工前,先进行试桩试验,在成桩 3 d 后采取轻便触探法,根据触探击数判断桩身强度,14 d 后进行取芯,观察搅拌和喷浆的均匀程度,判断固化剂掺量及施工工艺的施工效果。

(1)通过试桩确定五轴搅拌桩施工时的搅拌下沉和提升速度,检验各种水灰比水泥浆液(水:水泥)在该地层情况下的下钻情况。

(2)检测五轴搅拌桩试桩施工时的送浆方式,搅拌设备系统工作的稳定性测试。

(3)进行水泥浆液的配制测试,检测每桶浆的拌制时间、浆液密度、浆液流动性、浆液的凝结时间(初凝和终凝)等。

(4)制作浆液试块和返浆试块,检测浆液固结体的密度、强度、弹性模量和透水性等。

5.2 施工流程图

见图 1。

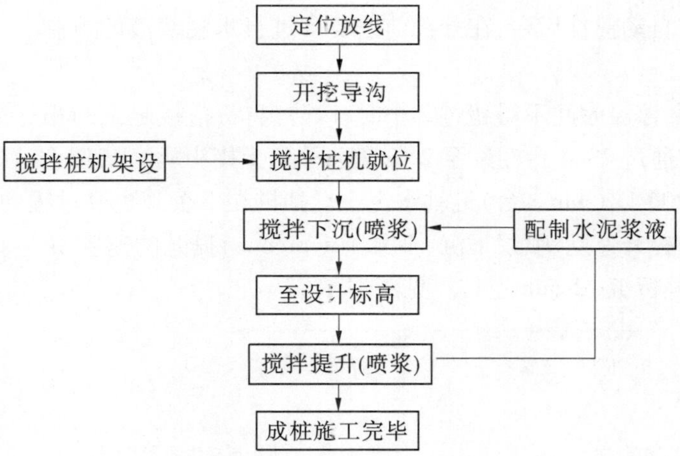

图 1 施工流程图

5.3 施工工艺

5.3.1 场地平整

施工前,必须先进行场地平整,清除施工区域内的表层硬物,素土回填;如施工区域不能满足桩机作业要求,可根据现场施工情况,搭设钢平台等辅助设施。

5.3.2 测量放线

根据甲方及设计图纸上提供的基准点,在施工现场放置搅拌桩的边线,报请监理复核认可后开始进行施工。

5.3.3 开挖沟槽

根据基底加固控制线,采用挖机开挖沟槽,并清除地下障碍物,沟槽深度 0.5 m,保证五轴搅拌桩的正常施工,并达到文明施工要求。

5.3.4 自动拌料平台搭设

使用自动拌浆系统统一拌制水泥浆液,严格按照设计施工参数控制水泥浆水灰比及材料用量。由于坝顶场地狭小,且自动拌浆后台占地较大,因此,自动拌浆后台尽量搭设在多轴钻孔机影响范围以外的部位。

5.3.5 定位、钻孔、移机

机械设备沿防渗墙轴线移动,采用跳槽式(见图)施工方法,该方法适宜大于 25 m 深度的桩体,可避免桩架侧向力偏移。依次循环直至墙体成型。水泥土搅拌桩为防渗隔水帷幕,施工时不容许出现施工冷缝,如出现超过 24 小时的冷缝,需采用搭接套钻或在后排补桩工艺。

5.3.6 搅拌注浆

根据搅拌桩设计深度,钻机在钻孔和提升全过程中,保持螺杆匀速转动,匀速下钻,匀速提升,

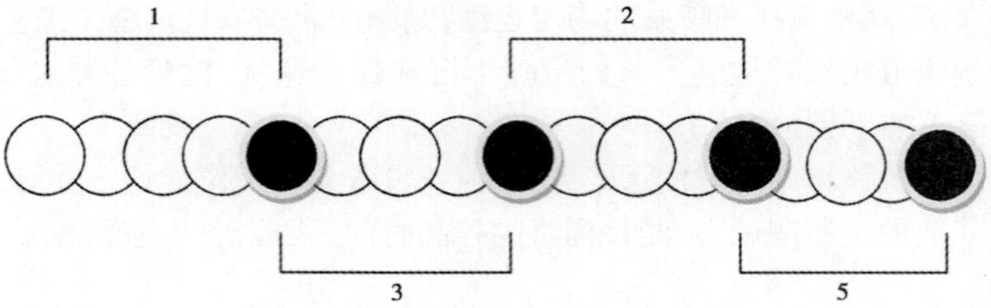

图 2　跳槽式双孔全套复搅式连接图

同时根据下钻和提升二种不同的速度，注入不同掺量的水泥浆液，并采取高压喷气在孔内使水泥土翻搅拌和，在桩底部分必须重复搅拌注浆，保证整桩搅拌充分，均匀，确保搅拌桩的质量。

在施工现场安装自动搅拌后台，在开机前按要求进行水泥浆液的搅制。将配制好的水泥浆送入贮浆桶内备用。

水泥浆配制好后，停滞时间不得超过 2 小时，以防离析；搭接施工的相邻搅拌桩施工间隔不得超过 12 小时；注浆时通过 2 ~4 台注浆泵 2 条管路同 Y 型接头从 H 口混合注入。注浆压力：0. 4 ~0. 6 MPa，注浆流量：200 L/(min · 台)五轴水泥土搅拌桩在下沉和提升过程中均应注入水泥浆液，同时严格控制下沉和提升速度，喷浆下沉、不大于 1 m/min，提升的速度不大于 2. 0 m/min，在桩底部分重复搅拌注浆，停留 1 ~2 min 左右。见图 3。

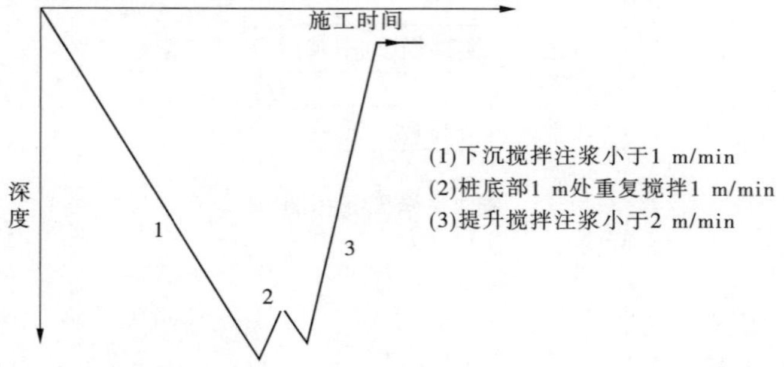

图 3　搅拌时间—下沉、提升关系示意

5.3.7　设备检查和施工记录

单桩施工完成后，对钻头直径、钻杆连接销子、连轴器衬块、钻头等易磨损和掉落的部件进行检查和更换，施工过程中由专人负责记录，详细记录每根桩的施工情况。单桩施工记录表中应记录对易损耗配件的检查维修情况。每日进行资料统计，及时解决施工中的问题，保证质量和进度。

6　材料与设备

6.1　原材料

五轴水泥土搅拌桩原材料主要为水泥、水，水泥一般采用 P · O 42. 5 级普通硅酸盐水泥，水采用一般的自来水或者干净的河水、湖水。

在部分砂质地质中也会掺一定比例的膨润土。

6.2　施工设备

在五轴搅拌桩施工过程中配备专用的五轴搅拌桩桩机及其他辅助设备，具体设备详见表 1。

表 1　五轴水泥土搅拌桩机及辅助设备表

序号	设备名称	规格型号	数量	用电量(kW)	备注
1	Φ650 多轴搅拌头	DKZ650－5	1 组	150	
2	日本履带式桩机架	SP－135	1 台	90	
3	自动制浆控制后台		套	70	
4	潜水泵	QY－25	2 台	2.2	
5	挖机		1 台		
6	履带式吊车	50T	1 台		
7	水泥筒仓	60T	2 组		

6.2.1　DKZ650－5 型多轴钻孔机

目前,五轴搅拌桩桩径有 650 mm、850 mm 两种,配合日系全履带式桩机(SP－135)使用。DKZ650－5 型多轴钻孔机为靖江市金利泰工程机械有限公司研制的专利产品,也是 SMW 工法的最新专业机械。DKZ650－5 型多轴钻孔机主要特点是:钻杆五轴,施工较常规三轴机械理论效率提高 100%;钻杆轴采用合金钢材质,垂直度好,经久耐用;六角接头加长,增加接触面,改进热处理工艺,使用寿命提高;引进国外先进技术,转速改为二级三档,使之具有更快的钻进速度和良好的搅拌效果。

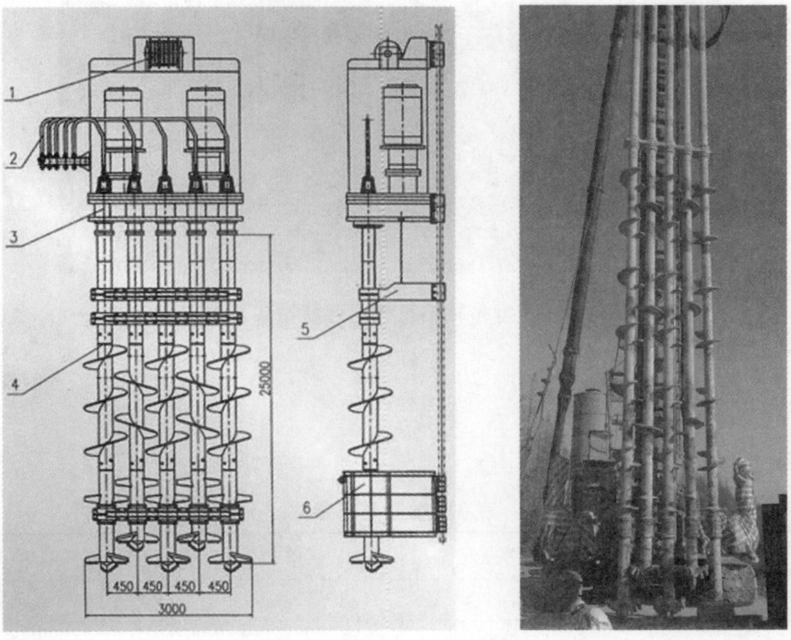

上图:1、提升导向机构 2、水泥浆管支架 3、动力箱 4、钻具 5、中间支承架 6、下部支承架

图 3　DKZ650－5 型多轴钻孔机

表 2　DKZ650－5 型动力头及主要参数

型号		DKZ650－5
钻孔直径	mm	650×650×650×650×650
钻杆中心距	mm	450×450×450×450
最大钻孔深度	m	30
钻杆额定速度	r/mm	15.5
钻杆额定扭距	kN·m	22
钻杆直径	mm	ϕ219
钻杆基本长度	m	3、6、8
电动机额定功率	kW	75×2
导轨中心距×导轨直径	mm	600×102
钢丝绳直径	mm	ϕ21.5
配用浆气管接头尺寸	m	45×2
总重量	t	≈38

6.2.2　钻头的改良

在标准贯入击数在 25 以上左右的中密砂层，或者更硬的地质中施工时，桩机钻杆下沉速度异常缓慢，施工效率极低，各种原材料使用量大大增加，施工成本难以控制，需对原冠状钻头进行改良，改成抓齿式钻头，并在钻头上焊接高强度的钨钢（如图 4 所示），钻头改良后，施工效率提高了近一倍，大大地降低了施工成本。

图 4　DKZ650—5 型多轴钻孔机原冠状钻头及改进之后钻头

7　质量控制

7.1　质量要求

见表 3。

表 3　质量要求参数

检查项目	允许偏差	单位	检测方法
桩顶中心位移	50	mm	用钢尺量
桩顶标高	－50～＋100	mm	水准仪测量
桩径	<4% D	mm	用钢尺量
桩底标高	＋100～－500	mm	测钻头深度
垂直度	<1	%	经纬仪测量
搭接	200	mm	用钢尺量

7.2　**质量控制办法**

7.2.1　自动化控制系统

见图5、图6。

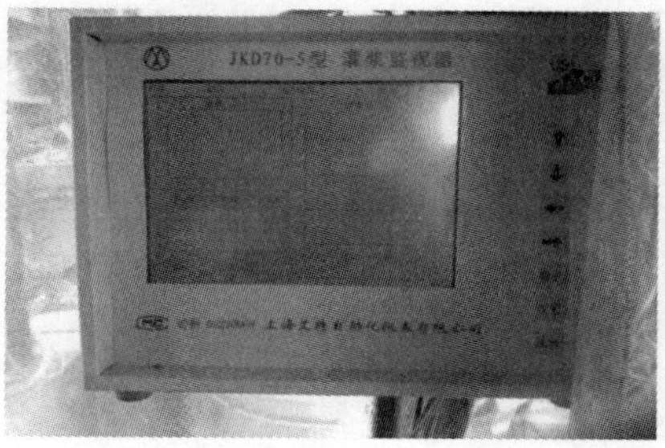

图5　监控数字显示仪

图6　后台制浆系统

（1）五轴搅拌桩使用散装水泥，后台搅拌系统配备数字控制系统，工人只需根据计算好的数量，按动按钮即可下料。

（2）为了有效控制桩机施工过程中的成桩质量，在前台驾驶室采用了五轴搅拌桩自动化流量记录仪，除了可以实时监测输浆管的出浆流量，施工的总浆量外，还能有效监控桩身的垂直度、实际深度、施工的下沉及提升速度等施工参数，保证桩身质量处于可控的范围内。可以直观的了解成桩过程中的各项参数指标，不仅在成桩过程中有指导施工的作用，而且便于施工完成后的检查和对比，可以有效控制防渗墙整体施工质量，保证墙体质量符合要求。

7.2.2　质量控制措施

（1）水泥等材料严格控制质量标准，检查复核质量保证资料，坚持进行必要的实验测试；做到工艺检查，设备检查，施工操作检查，建立严格验收把关制度。

（2）施工现场专职质量检查人员，检查桩机、桩架的走位，钻孔的深度、速度，检查配制水泥浆液的规范操作、控制水灰比在允许范围。下沉提升速度及注浆量的控制搅拌头下沉速度、提升速度及注浆泵的泵量按计算结果控制，不间断的进行供浆。根据施工参数计算可知，下钻、提升速度应与注浆泵的泵量相对应，不得随意更改。钻机在钻进和提升全过程中，保持螺旋杆匀速转动，匀速下沉提升，通过控制下钻和提升的速度均匀一致，使水泥土搅拌桩在初凝前达到充分搅拌，水泥与土能充分拌和，确保搅拌桩的质量。施工过程中必须均匀、连续的注入拌制好的水泥浆液，钻杆提升完毕时，设计水泥浆液全部注完，搅拌桩施工结束。搅拌桩施工前应做工艺性试桩，如下沉提升速度受地质情况影响不能满足施工前确定的施工参数要求，则必须根据试桩数据对施工参数进行调整。

（3）桩机移位、开钻、提升有现场指挥负责，开钻前需检查桩机平稳性，做到固定端正，桩架垂直，并采用测量仪器或其它手段，完成桩架的水平度，桩架的垂直度，在确认无误后，指挥下达操作命令。桩机施工过程中，机身平稳性和垂直度是保证成桩质量的基本要求，由于五轴搅拌桩桩机自重较大，桩架都比较高，施工过程中易产生震动，对桩机摆放位置的地基平整度有很高的要求 。通过铺设道板，可以将桩机的自重分散到道板下的平面上。可以有效保证桩机的平稳性同时通过水准仪检测桩架的垂直度可以保证成桩过程中的桩体垂直度，控制桩机移位时的进尺及施工标高通过在施工位置设定施工标志，可以有效控制桩机的进尺，保证相邻桩体之间的搭接，同时避免施工中出现漏打，重打等现象。

（4）在搅拌桩桩底部分需重复搅拌注浆后提升，直到提升高于设计顶标高50 cm时才关闭注浆泵。

（5）根据设计确定的水泥浆液的配合比，做好量具的检验可行手段，严格控制水灰比，搅拌时间，浆液质量，注浆时控制注浆压力和注浆速度；每台班制作一组（3块）7.07 cm × 7.07 cm × 7.07 cm水泥土试块。

(6)严格控制钻管下钻、提升的速度，若出现注浆阻塞或断浆现象，应及时停泵，排除故障后，再采取有效的措施进行复喷浆，严防断桩、空桩。

(7)为保持工作连续性，严禁钻管下钻提升中途进行换岗接班，建立交接班记录制度。

7.3 质量通病处理

在施工过程中，万一出现大雾、大风等恶劣的灾害性天气停工而出现冷缝时，则需要在冷缝处的桩体外侧补搅素桩。在桩体达到一定强度后进行补桩，以防偏钻，保证补桩效果，素桩与围护桩搭接厚度不小于 10 cm。

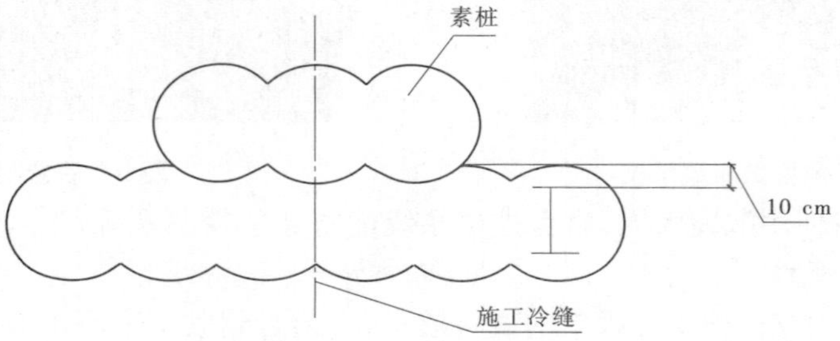

图 7　桩间搭接

7.4 质量检测

五轴搅拌桩的检测目前没有相应的施工规范，按三轴搅拌桩施工规范进行检测，质量检查、验收均应满足建筑地基处理技术规范(JGJ79—2002)和地基处理技术规范(DG/TJ08—40—2010)以及建筑地基基础工程施工质量验收规范(GB50202—2002)等规范的规定。

五轴搅拌桩在施工结束 28 天后进行检测，不合格者应进行补强处理。检测点一般布置在有代表性的剖面和敏感点上，如防渗帷幕的中心线、施工发生异常情况的部位、地层复杂的区段等。

(1)开完检查：防渗墙达到一定强度后采用开挖(开挖深度根据土质情况而定，一般为 2～3 m)检查。检查桩头直径、防渗墙宽度、垂直度、桩头质量、桩体质量、搅拌的均匀度以及防渗墙平整度，桩与桩的搭接情况等，每 500～1000 m 要求开挖一处检查。

(2)防渗墙的渗透系数采用现场钻孔，孔内压力注水(8 m 水头)检测时不大于 5×10^{-6} cm/s 的保证率为 80%，其中最大值不得大于 5×10^{-6} cm/s，且出现位置不得过于集中。压力注水检测检验点数量为防渗桩总根数的 1%。

(3)全桩长钻孔取芯，取芯芯样完整率要求大于 80%，对芯样进行室内抗压试验和抗渗试验，桩身 28d 无侧限抗压强度不小于 0.5～1.0 MPa(淤泥质粘性土取小值，砂性土取大值)，室内抗渗试验不大于 5×10^{-6} cm/s。钻孔取芯检验点数量：防渗桩总根数的 1%；室内抗压试验和抗渗试验为取芯检测孔的 30%。

(4)成桩 7d 内，采用轻型动力触探 N10 检查每米桩身的均匀性。检验数量为施工防渗桩总根数的 1%。

8 安全保证措施

(1)安全员、桩机工、电焊工、电工、吊车工、汽吊指挥工等特殊工种须持证上岗,杜绝无证操作。

(2)施工现场要张贴悬挂醒目的安全宣传标语、标牌。

(3)开工前由项目经理组织安全工作大检查,验收合格方可开工。

(4)现场电缆线架空布设,各种电器控制须设漏电保护装置。

(5)电器线路及靠电运转的施工机械修理须断电进行,并挂警示牌。

(6)进入施工现场须戴安全帽,上塔系好安全带。

(7)外露传动装置系统须有防护网罩。

(8)经常检查各种传动、升降、电器、机械系统以及吊臂、吊绳、吊钩等关键部位的安全性、牢固性,发现隐患及时消除

9 文明施工及环境保护

9.1 现场布置

(1)工地的出入口应竖立规格统一、书写工整、排列整齐的"七牌一图一标志"。

(2)施工现场布局合理、材料堆放整齐,有良好的泥浆循环系统。

(3)施工现场道路畅通、场地平整、无积水。

(4)施工区域或危险区域应有醒目的警示标志,并采取安全保护措施。

9.2 排水要求

场地内应设置连续、通畅的排水设施,尽端设置三级过滤池,防止泥浆、废水、污水外流堵塞地下水道,同时确保排往市政管网的污水满足排水的要求。

9.3 临时设施的设置要求

应布置合理,既要注意安全又要便于安全生产。施工区域与非施工区域应有一定的隔离设施,具体布置详见临时设施搭建方案。

9.4 对运输车辆的要求

运输建材、垃圾和渣土泥浆的车辆,应采取有效的措施(如设置洗车位等),防止建筑材料、垃圾、渣土泥浆洒落、流溢,保证行驶中不污染道路和环境。

9.5 工地环境卫生要求

按标准设置相应的厕所和生活垃圾容器,并落实专人管理,定时清除。设置茶水桶,使用清洁水源,设置更衣室和其他必要的职工生活设施,建立定期清扫制度。工地食堂的设置须符合本市职工食堂管理的有关规定。落实除四害措施,控制四害。职工与民工宿舍保持室内整洁,建立轮流清扫制度。

9.6 施工要求

完善技术和操作管理规程,确保防汛设施和地下管线畅通安全。采取各种措施降低施工噪声。运用其他有效方式,减少施工对市容、绿化、环境的不良影响。将为民、便民、利民、爱民、不扰民措施落实到实处。

9.7 竣工后要求

竣工后应及时拆除设施,并将工地及四周环境清理整洁,做到工完料净场地清。

10 效益分析

(1)五轴搅拌桩比三轴搅拌桩一次施工长度长,减少搅拌桩套钻桩个数,可以加快围护施工进

度、减少水泥用量，降低产生冷缝的可能，五轴搅拌在工期、材料成本、降低工程成本等方面具有明显的优点和不可比拟的综合优势。

(2)以桩径为650 mm的水泥搅拌桩为例，三轴搅拌桩(ϕ650@450)平均一次施工防渗墙面积为0.9 m×L(L为桩长)，五轴搅拌桩(ϕ650@450)一次施工面积1.8 m×L，五轴搅拌桩一次施工比三轴搅拌桩施工提高100%。

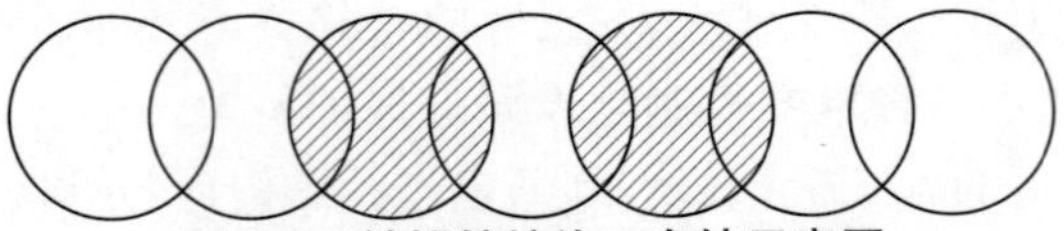

图8　三轴搅拌桩施工套钻示意图

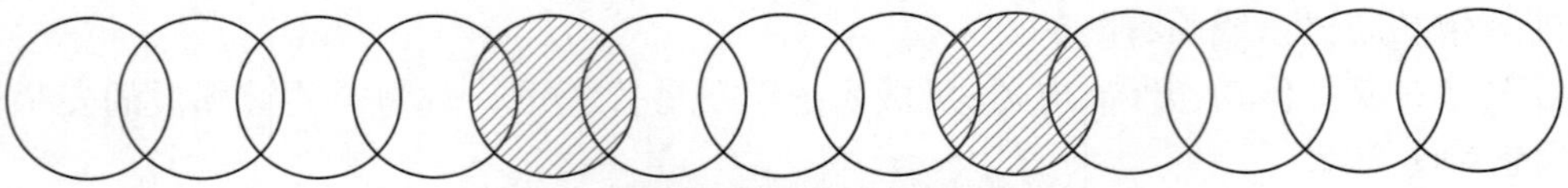

图9　五轴搅拌桩施工套钻示意图

(3)经济优势比对。

以崇明岛东风西沙水库及取输水泵闸工程西堤防渗为例：

根据设计要求，水库堤坝防渗墙设计采用水泥土搅拌桩、ϕ650@450桩位沿堤坝纵向排列，西堤长2352 m。采用套接一孔法施工，水泥掺入量不小于20%。水泥浆的水灰比为(1.50～1.80)：1。经过试桩，水泥掺入量为20%，水灰比为1.5∶1。

五轴搅拌桩施工实际原材料用量与三轴搅拌桩理论用量比较，结果如下表：

材料名称	三轴(t)	五轴理论(t)	五轴实际(t)	材料节省量(t)	备注
水泥	6389	6042.7	6075	346.3	

根据上表所示，水泥原材料节省了5.4%左右。且五轴搅拌桩施工工期比三轴搅拌桩施工可缩短50%，这样大大节省了施工工期，减少了管理成本。

11　应用实例

11.1　本工法在青草沙水库及取输水泵闸工程QSK－C3标工程中的应用

11.1.1　工程概况

青草沙水库是上海市的重大工程，是亚洲最大的江心水库，供水规模719万m^3/d。供水范围为杨浦区、虹口区等10个行政区域及5个行政区域的部分地区，受益人口超过1000万，水库库区总面积约70 km^2，设计有效库容4.35亿m^3，青草沙水库及取输水泵闸工程QSK－C3标工程是青草沙水库的重要组成部分，青草沙的优质原水要通过该工程流经长江原水过江管道自流过江后，由浦东五号沟泵站提升进入各个输水支线到相关水厂，该工程主要由进水渠、防冲槽、翼墙、拦污拦鱼栅、进水池、进水涵闸、输水泵站、进水井、引桥等构筑物组成。

该工程位于上海市崇明县长兴岛老大堤外侧的长江边，需先施工围堰后方能施工主体工程。设计围堰长度533 m。围堰采用充泥管袋加堤心吹填土结构。堰顶高程6.0 m外坡设4.5 m平台。坡比1∶3。平台上、下均采用干砌块石护面保护。由于该地层主要由粉砂土层组成，渗透系数较大(渗透系数2.0×10^{-3} cm/s)。为了保证主体结构干地施工。需采用垂直防渗墙防渗。通过拉森钢板桩防渗墙与五轴水泥土搅拌桩防渗墙的比选，拉森钢板桩防渗墙工期需一个月造价875万元。五轴水泥土搅拌桩防渗墙工期需20天，造价378万元。设计采用工期短造价较低的五轴水泥土搅拌桩防渗墙。

11.1.2　防渗墙工程质量及经济效益

防渗墙施工达到28 d。采用全桩钻孔取芯检查。共钻孔取芯桩数为20根。取芯芯样完整率达到90%，对芯样进行室内抗压试验和抗渗试验，并通过注水试验和围井试验验证防渗墙的渗透系数。桩身28天无侧限抗压强度为1.25～2.36 MPa，渗透系数为$3.27\times10^{-7}\sim1.28\times10^{-6}$ cm/s。完全满足设计要求。

主体工程施工过程中，基坑内通过轻型井点降水达到了干地施工要求。施工进展顺利，主体工程施工结束后，对围堰进行拆除。为了实地验证五轴水泥土搅拌桩防渗墙的质量及防渗效果，采取以下措施：先把防渗墙背后的土全部挖去4～6 m深。把防渗墙露出4～6 m。进行观察了两天。防渗墙墙面平整、施工搅拌均匀、桩与桩搭接良好。墙后滴水不漏，实践证明五轴水泥土搅拌桩防渗墙防渗效果好、进度快、造价低。经济效益和社会效益明显。该工法可以在其他防渗工程中推广应用。具有很高的推广价值和实用价值。

11.2 崇明岛东风西沙水库及取输水泵闸工程

东风西沙水库环库大堤由东堤、南堤、西堤和北堤组成，总长11904 m，其中新建东堤1220 m，加高加固东风西沙海塘(南堤)4798 m，新建西堤2352 m，加高加固崇明大堤(北堤)3638 m。桩深范围在13～33 m。

根据设计要求，水库堤坝防渗墙设计采用三轴水泥土搅拌桩、ϕ650@450桩位沿堤坝纵向排列。采用套接一孔法施工，水泥掺入量不小于20%；防渗墙墙厚不小于450 mm，28天后采用钻孔检测，28天墙身无侧限抗压强度不小于0.5～1.0 MPa，墙体渗透系数$K\leqslant5\times10^{-6}$ cm/s。水泥浆的水灰比(1.50～1.80)∶1。材料采用P·O 42.5级普通硅酸盐水泥；

本工程西堤防渗施工时，根据业主要求工期为60天，采用常规的三轴水泥搅拌桩设备施工需90个工作日，无法按期完成防渗施工，经和业主、设计单位沟通，采用五轴水泥土搅拌桩机设备进行施工，最终施工时间为50个工作日，圆满地解决了工期紧的问题。

(主要完成人：茆海峰　秦明　张光远　洪东亮　丁育南)

穿越公路浅埋暗挖施工工法

中国水利水电第十三工程局有限公司

1 前言

中国水利水电第十三工程局有限公司承接的南水北调中线一期工程天津干线在河北省徐水县南孙各庄西南需穿越张石高速公路。为保证道路正常通行和施工安全，天津干线西黑山进口闸至有压段输水箱涵穿越张石高速公路的输水箱涵采用浅埋暗挖法开挖，现浇法衬砌。该区域开挖地层为壤土和粘土，且建筑物埋深较浅，上部覆盖层较薄，洞顶距自然地面仅三米。浅埋暗挖隧洞施工技术在国内地铁项目、铁路穿越和公路穿越项目中得到广泛应用，但在壤土地质条件下的水利工程中属于首次应用。该工法关键技术获中国水利水电建设股份有限公司2013年度科技进步三等奖。

浅埋暗挖法是参照新奥法的基本原理，开挖过程中采用多种辅助施工措施加固围岩，充分调动围岩的自承能力，开挖后随即支护，封闭成环，使其与围岩共同作用形成联合支护体系，有效地抑制围岩过大变形的一种综合施工技术。如何进洞是施工中的重点和难点，洞口上方土体受施工扰动和汽车通过时造成的震动等，受力复杂。因此进洞前一定要做好临时支撑体系。

2 工法特点

(1)采用锚杆、大管棚、小导管注浆、型钢支护、喷射混凝土等对土体进行加固，增加围岩的自承能力，减少围岩的变形。

(2)有效地减小了地表沉降等环境问题，使施工对周边环境的影响降低到最低程度。

(3)及时调整、优化支护参数，提高了施工质量和速度。

3 适用范围

适用于埋深浅、地层岩性差、存在地下水、周围环境复杂的隧洞施工，近年来在地铁和南水北调公路交叉等工程中得到了广泛应用。

4 工艺原理

(1)采用施作大管棚使洞口上方土体形成类岩体，以承受开洞后力的转换，提高洞口土体的自稳能力。通过掌子面小导管注浆提高土体的整体性，防止坍塌。

(2)开挖一段(0.5 m)完成后，立即设置型钢、打锁脚锚杆、挂钢筋网、喷射混凝土，封闭成环以确保安全。

(3)采用简易衬砌拱架和定型模板进行衬砌施工，左右两线同时施工，单节长度12 m，由箱涵下游向上游顺序施工。

5 工艺流程及操作要点

5.1 大管棚施工工艺

基坑下挖5.5 m后，平整工作面，采用管棚钻机在隧道进洞口处顶面打入外径108 mm、壁厚8 mm、长6 m的钢管，环线间距300 mm。管棚施做时要按测量人员所布设的管棚位置点先钻设有孔钢花管，注浆后再钻设无孔钢花管，无孔钢花管作为检查孔检查注浆质量。管棚长 12 m，考虑钻杆下垂因自重会产生一定弯曲，为保证管棚不侵入隧道净空，钻杆设 1°的仰角。为保证钻孔方向准确，用光耙测斜仪，测量钢管钻机的偏斜度。管棚安装完毕后在钢花管内注 1:1的水泥浆，注浆压力为0.5～1 MPa 浆。注浆结束后用 M10 的水泥砂浆充填钢管，以增强管棚的强度。大管棚布置图见图1。

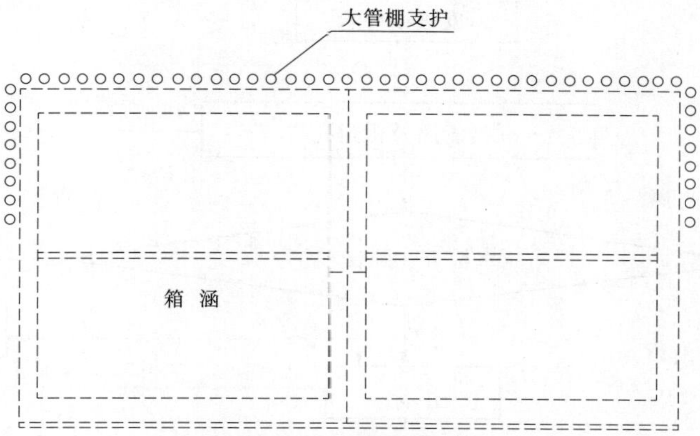

图1　大管棚布置图

操作要点：

(1)钻孔开口时设导向管或导向架，导向管及导向架安设要严格测量，保证开口方向、方位的准确。

(2)钻进过程中，严格按操作要点施钻，控制好转速及进度，同时钻进时注意钻机的平稳及钻杆的铅直。发生异样时停机检查，及时对产生的钻孔偏差予以纠正，防止废孔。

(3)每钻一孔进行一次终孔检查，孔位的偏差、终孔端的偏移值不大于 10 cm，并不侵入开挖边界。

(4)采取跳位钻孔法钻孔，以防坍孔。

(5)管内注浆，一定要安设排气管，并使终压值达到 1.0 MPa，并稳定 5～10 min。

(6)浆液配制过程中严格计量，保证浆液流动度、凝固时间、强度发展及最终强度均符合设计要求。

5.2　小导管注浆施工工艺

小导管支护技术采用外径φ42 小导管，小导管单根长 4 m，在掌子面全断面范围内布设，外插角 1°～2°，管环向间距 0.3 m。

小导管注浆施工包括封闭工作面、钻孔、安设小导管、注浆、效果检验等工序。其施工工序流程如图2所示。

5.2.1　小导管加工制作

小导管采用外径φ42 mm，壁厚 4 mm，长 4000 mm 的无缝钢管，钢管前端呈尖锥状，尾部焊上钢筋环筋，将小导管制成花管，并向地层注浆，小导管中间部位钻孔φ 10 mm，呈梅花形布置（防止注浆出现死角），间距 20 cm，尾部 1.0 m 范围内不钻孔防止漏浆，末端焊φ6 环形箍筋，以防打设小导管时端部开裂，影响注浆管联接。

5.2.2　小导管安装

小导管采用高压风吹孔或煤电钻钻孔，插管时用气动锤振入，注浆采用注浆泵。根据地层选配浆液。注浆压力根据现场试验而定。注浆材料、注浆方式及配比还将根据现场地层情况调整。

5.2.3　注浆工艺及设备

注浆管联接好后，注浆前先压水试验管路是否畅通，然后将配制好的水泥浆、水玻璃浆液分别

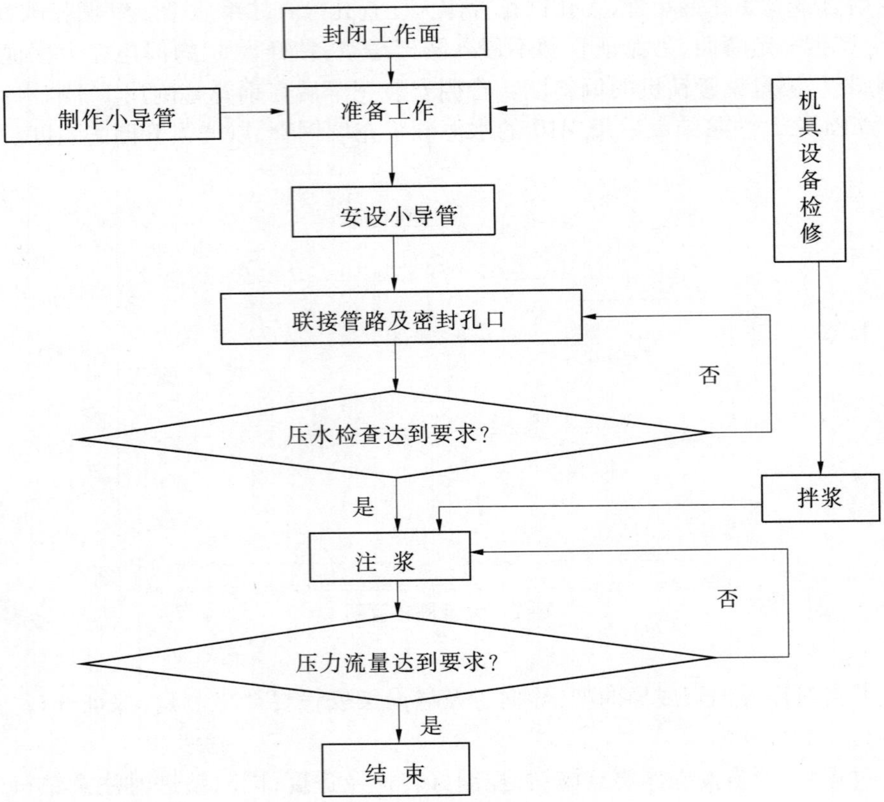

图2 小导管施工工序流程图

倒入双液注浆泵贮浆桶内，开动注浆泵，通过闸阀使水泥浆与水玻璃浆在注浆管内混合，再通过小导管压入土体。

5.2.4 注浆的关键技术措施

(1)严格控制配合比与凝胶时间，初选配合比后，用凝胶时间控制调节配合比，并测定注浆结实体的强度，选定最佳配合比。

(2)注浆过程中，严格控制注浆压力，注浆终压必须达到设计要求，并稳压，保证浆液的渗透范围，防止出现结构变形、串浆而危及地下构筑物、地面建筑物的异常现象。注浆过程中进行跟踪监测，当出现异常现象时，立即采取下列措施：

降低注浆压力或采用间隙注浆。

改变注浆材料或缩短浆液凝胶时间。

调整注浆实施方案。

(3)注浆效果检查：因为注浆方法为周边单排固结注浆，开挖隧道后检查固结厚度，如达不到要求，及时调整配合比并改善注浆工艺。

(4)为防止孔口漏浆，在花管尾端用麻绳及胶泥(水泥+少许水玻璃)封堵钻孔与花管的空隙。

(5)注浆管与花管采用活接头联结，保证快速装拆。

(6)注浆的次序由两侧对称向中间进行，自下而上逐孔注浆。

(7)拆下活接头后，快速用水泥药卷封堵花管口，防止未凝的浆液外流。

注浆过程有专人记录，完成后检验注浆效果，不合格者进行补注。注浆达到设计强度后方可进行开挖作业。

5.3 破洞开挖

在大管棚和掌子面注浆完成24小时后，进行隧洞破口施工。左右洞口破口施工应错开，左线破口掘进 15 m 后，再破除右线。破口施工时，将洞口分为左上、左下、右上、右下四部分，先破除箱涵左上断面，及时支护，待开挖进尺 3 m 以后，开始破除左下断面，跟进施工。然后依次破除右上、右下断面。

5.4 初期支护施工工艺

5.4.1 型钢支撑、锁脚锚杆、挂网

型钢支撑在破洞开挖后及时进行，型钢在钢筋加工厂内制作成半成品，型钢之间采用连接板连接，型钢与连接板要焊接牢固。型钢支撑安装到位后由现场质检员对型钢的位置、榀距、水平偏差、高程偏差、垂直度、保护层厚度等进行检验，及时调整。调整后焊接连接筋，并用锁脚锚杆对型钢进行固定。钢筋网要与型钢钢架焊接牢固，在喷射混凝土时不能晃动，见图 3。

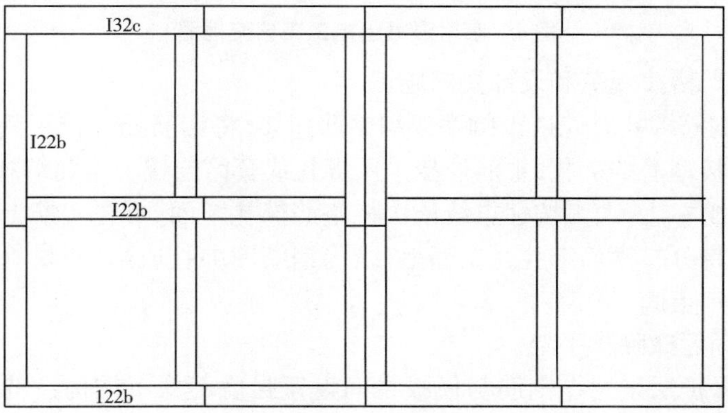

图 3 型钢支撑示意图

5.4.2 喷射混凝土

喷射混凝土由下向上分段、分片、分层螺旋式喷射。每段长度按循环进尺，每层厚度控制：拱部 5 ~ 6 cm，墙部 7 ~ 10 cm。喷射混凝土配比，喷射方法按设计参数及施工规范进行，仰拱喷射混凝土前要把基坑杂物和土清理干净。

喷射混凝土采用罐式喷射机湿喷工艺，减少回弹及粉尘，创造良好隧道施工条件。喷射用混凝土采用现场拌合，由下料管入运料车运至喷射工作面。喷射混凝土配合比由现场试验室根据现场实验选择，并经过试验验证。喷射混凝土施工工艺流程图见图 4。

喷射机械安装好后，先注水、通风、清除管道内杂物，同时用高压风吹扫岩面，清除岩面尘埃。

保证连续上料，严格按施工配合比配料，严格控制水灰比及坍落度，保证料流运送顺畅。

操作顺序：喷射时先开风，后送料，以凝结效果好，回弹量小，表面湿润光泽为准。

严格控制喷嘴与岩面的距离和角度。喷嘴与岩面应垂直，有钢筋时角度适当放偏，喷嘴与岩面距离控制在 0.6 ~ 1.2 m 范围以内。

喷射时自下而上，即先墙脚后墙顶，先拱脚后拱顶，避免死角，料束呈螺旋旋转轨迹运动，一圈压半圈，纵向按蛇形喷射，每次蛇形喷射长度为 3 ~ 4 m。

5.5 二次衬砌施工工艺

二次衬砌混凝土浇筑流程如图 5 所示。

5.5.1 钢筋工程

钢筋材质符合规范规定和设计图纸要求，并分批进行机械性能试验，不合格产品不得用于本工程。

(1) 钢筋在洞外加工厂加工成半成品，在洞内现场绑扎、焊接成型。钢筋现场运输采用人工抬运，避免在运输过程中引起钢筋变型；钢筋绑扎采用现场手工绑扎，绑扎前对仓面进行清理，然后进行划线、布料、绑扎、焊接固定等工序，对于个别单根长度太长运输不便的钢筋可采用现场焊接，不

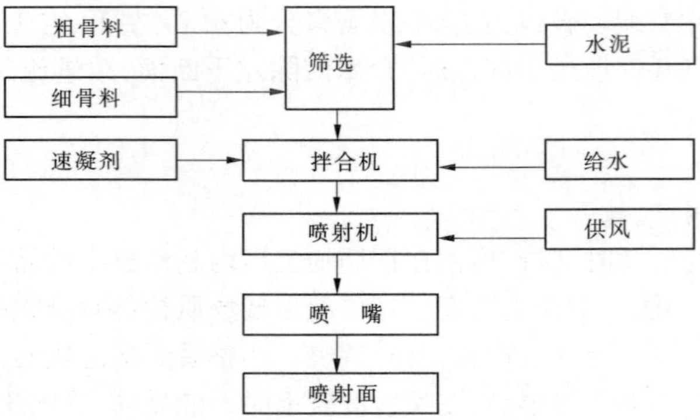

图4　喷射混凝土施工工艺流程图

论采用哪种接头均要严格按规范和设计要求施工。

(2)边墙和顶板钢筋绑扎时先搭设脚手架和钢筋托架,将钢筋托架校正到钢筋设计位置,校正后即可进行边墙和顶板钢筋的绑扎,主筋连接采用绑扎或套筒连接。主筋绑扎时,在钢筋托架上由技术员按钢筋间距做出标志,人工按标志线依次将主筋绑扎牢固,再在主筋上标出分布钢筋标志,由人工从下向上依次将分布钢筋绑扎在主筋上,结构钢筋网绑扎成形,测量检查验收合格后,将钢筋网片按结构位置固定牢固。

(3)钢筋绑扎牢固后撤除脚手架

(4)混凝土钢筋保护层采用在钢筋与模板之间设置强度不低于结构设计强度的混凝土垫块。垫块用20#铁丝与主筋绑扎牢固。垫块摆放互相错开,分散布置。

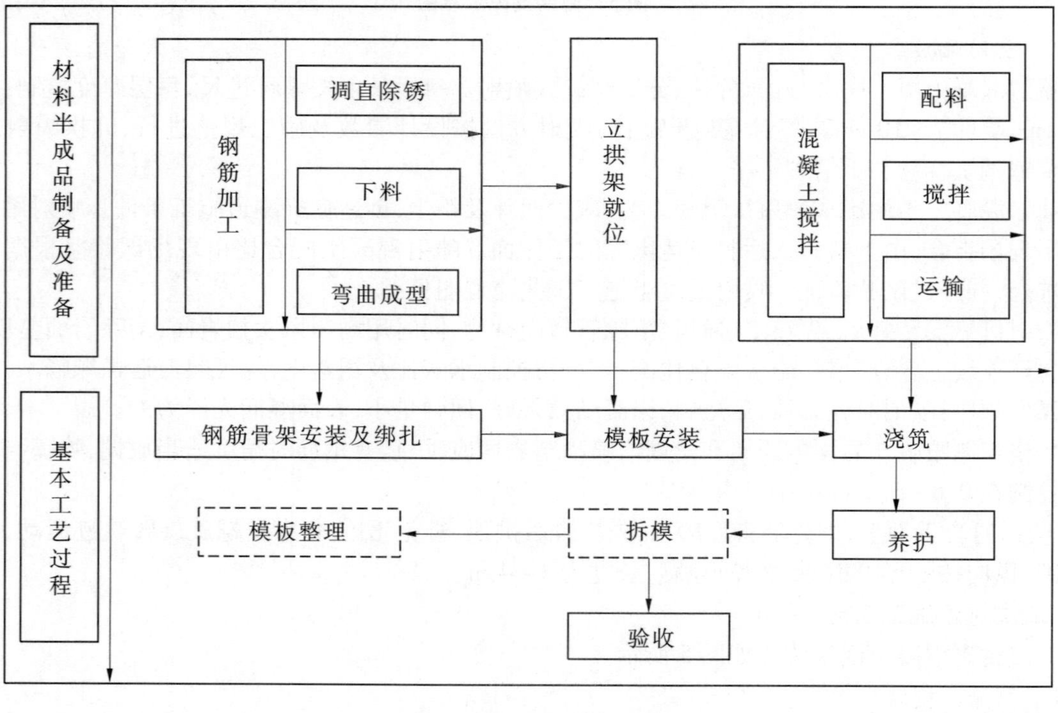

图5　二衬施工工艺流程图

5.5.2　模板施工

底板模板采用定型钢模板,脚手架管支撑,模板下面用对拉螺栓作为内部撑杆,保证模板的稳定性。

边墙和顶板采用简易衬砌拱架、碗口脚手架、方木配 1500 × 900 × 70 mm 定型钢模板施工。模板支撑系统示意如图 6 所示。

模板安装应牢固，尤其是挡头板，不能出现跑模现象；混凝土挡头板做到模缝严密，避免出现漏浆现象。每次衬砌完成后，及时对模板支架进行修整，清理干净模板内的油污、泥土等杂物，模板上刷涂脱膜剂。

侧墙模板在顶板倒角位置，每隔 5 m 设置一个 0. 5 m × 0. 5 m 的窗口，用于进人、观察及振捣，当混凝土浇筑至该高度时及时封堵。

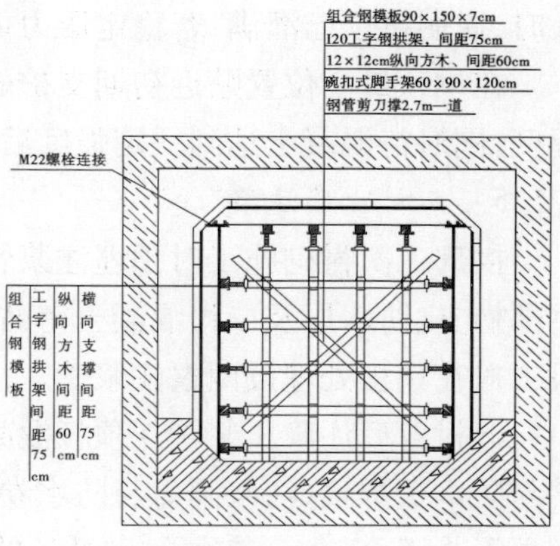

图 6　模板支撑体系示意图

5. 5. 3　混凝土施工

混凝土分底板和侧墙顶板两次浇筑，第一次浇筑至倒角以上 50c m 处，第二次浇筑墙身和顶板，施工缝处留置凹形槽。混凝土采用输送泵泵送入模，为确保混凝土质量，混凝土泵送入模时，须水平均匀入模，分层浇筑分层振捣，层厚不超过 400 mm，相邻两层浇注时间间隔不超过 1. 5 小时，确保上下层混凝土在初凝前结合好不形成冷缝。

模板加固验收后，开始混凝土浇筑。浇筑每循环为 12 m。边墙及顶板混凝土灌注时按照模板设置的灌注孔从下游至上游顺序进行，灌注孔设在顶模底部，每 4 m 设一个。混凝土自落高度要小于 2 m，浇筑时按照分层、均匀、对称灌注，边墙混凝土衬砌下料采用橡胶软管接泵管，为避免下料点集中，人工用绳子拴住橡胶软管，拖动橡胶软管向左右方向调整，随着浇筑高度，将橡胶软管逐段拆除，为便于排水，每层混凝土亦可由中部向两边分坡或一边向另一边放坡，仓内混凝土高差以不大于 1 m 为原则。边浇筑边振捣，附着式振捣器振捣，附着式振捣器布置间距通过试验确定，并与模板相连。

5. 5. 4　拱顶混凝土灌注的特殊要求

对于采用暗挖法施工隧道结构的拱顶混凝土灌注，往往会产生拱顶混凝土不密实、不满灌、漏振捣、易收缩现象，故对此部位的混凝土施工除在混凝土性能上减少其收缩率以外，还需对其灌注工艺作特殊要求，根据工程经验及教训，拱顶混凝土的灌注宜采用加强封堵板泵送挤压灌注混凝土施工工艺，见图 7。

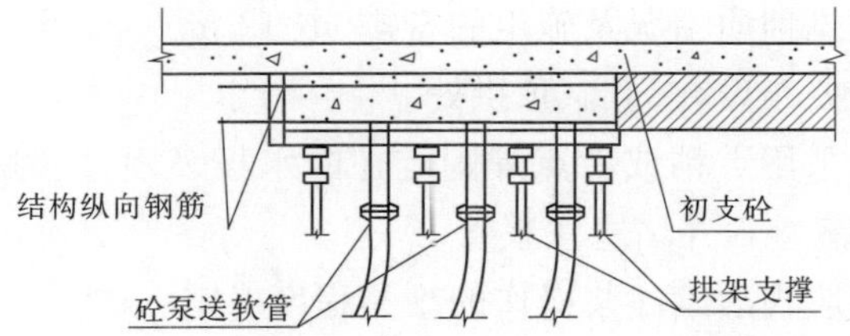

图 7　泵送挤压灌注混凝土工艺图

选择具有足够刚度的拱顶施工模板拱架体系，保证在一定压力下模板拱架不失稳。

设计具有能承受一定挤压的挡头模板，采用结构纵向钢筋作为拉杆加固挡头板，钢筋与模板体连接采用倒楔形螺杆锚固结构。

灌注混凝土时先从新旧混凝土接面处开始均匀分布灌注，最后在单元体中间位置进行挤压泵送灌注，待混凝土自挡头板挤出浆来时，稳压持续几分钟，看混凝土是否灌满，如稳定压力不能再灌入时,说明拱顶已灌满,若稳定压力仍能灌入,则应稳压持续到不能灌入为止。

在拱顶最高位置贴近初期支护面布设二次衬砌混凝土背后补偿注浆管,一则检查混凝土灌满程度,同时待混凝土达到一定强度后注浆,以补偿混凝土因收缩或未灌满造成的拱顶空隙。

5.5.5　二衬背后注浆

拱部二次衬砌施工时预埋注浆管,二衬混凝土达到设计强度后,进行背后压注水泥砂浆,确保拱部初支、防水层及二衬混凝土密贴,提高拱部防水效果。隧道根据施工缝设置实行分区注浆,每段二衬在顶板处埋设两根注浆管。注浆管安装示意图见图8。

二衬背后注浆压浆管在顶板混凝土浇筑之前预埋在顶板处,压浆管采用注浆圆盘,注浆圆盘上端与防水板焊接,注浆圆盘与防水卷材之间留有空隙,通过注浆圆盘引出注浆塑料管,塑料管穿过模板不小于10 cm。在每衬砌循环的隧道拱部中间设置和可能出现渗水处设置。当混凝土强度达70%后并形成完全封闭圈后即可进行。先压水泥砂浆,然后采用水泥浆进行二次注浆处理。

水泥砂浆采用1∶1,水泥浆水灰比为1∶(0.45～0.5),并添加2%～3%的微膨胀剂,注浆压力根据实际情况确定,但不得小于0.2 MPa。

压浆顺序应从低处向高处,从下坡方向向上坡方向,从两端向中间压浆。每段压浆长度一般不宜大于20 m。

图8　注浆管安装示意图

填充压浆在防水层和二次衬砌有缺陷时可以起到补救作用,是全封闭防水施工不可缺少的一个步骤。

注浆防水施工注意事项:

(1)环向施工缝间距根据地质情况及施组的安排,取12 m。

(2)分区防水注浆管主要布设在侧墙、顶拱处。

(3)注浆管的固定圆盘采用点粘或者点焊固定在防水板表面,同时用胶粘带将圆盘四周临时封住,防止浇注混凝土时浆液进入并堵塞注浆管。

(4)注浆管的引出位置应视后续注浆操作的难易程度确定。

(5)控制措施:注浆过程中,应严格控制注浆压力,防止出现结构变形、串浆,危及地下构筑物、地面建筑物的异常现象。当出现异常现象时,宜采取下列措施:降低注浆压力或采用间隙注浆,直到停止注浆;改变注浆材料或缩短浆液凝胶时间;调整注浆实施方案。

6　材料与设备

主要机械设备见表1。

表 1　主要施工机械表

机械名称	规格型号	额定功率(kw)或容量(m^3)吨位(t)	数量(台)
空压机	SA5152W	10 m^3/min	2
灰浆泵	UB3C		1
直流电焊机	BX1－500		7
混凝土搅拌机 400L	JZC－350	5.5KW	2
混凝土喷射机	PZ－5B	5 m^3/H	2
钢筋弯曲机	GW40		3
钢筋调直机	GT4/40		3
钢筋切断机	GQ－40		3
轮胎式装载机	ZL－50C	5 m^3	2
混凝土泵	HBC80C	60～80 m^3/h	2
混凝土拌合站	HZS90		1
混凝土运输罐车	8 m^3		3
风镐	G10	0.63 MPa	30
汽车吊	QY25	25 t	1
轴流式通风机		1250 m^3/min	2
变压器		400 kVA	1
离心泵	3BA－6	60 m^3/h	6
发电机	240GF	240KW	3

7　劳动力配置

暗挖段隧道开挖,左、右两线两个工作面同时开挖,每个工作面安排两班施工,两个工作面开挖计划投入劳动力为:小导管安设及注浆分两组,每组 4 人,共 16 人，钢筋工 8 人,喷锚工 8 人,电焊工 8 人,电工 4 人,维修工 4 人,机械设备司机 8 人,装载机司机 2 人,普工 20 人,合计 78 人。

二次衬砌分两个工作面施工,每个工作面考虑两个班次流水作业。施工高峰期间劳动力计划为:钢筋工 10 人,木工 8 人,混凝土工 8 人,防水工 6 人,电工 4 人,电焊工 8 人,普工 12 人,合计 56 人。

8　质量保证措施

8.1　参照的技术规范

(1)《水利水电工程结构可靠度统一设计标准》(GB50199—94);

(2)《水工建筑物荷载设计规范》(DL5077—1997);

(3)《水工钢筋混凝土结构设计规范》(SDJ20—78);

(4)《水工混凝土结构设计规范》(SL/T191—96);

(5)《水工建筑物抗震设计规范》(SL203—97);

(6)《水工建筑物抗冰冻设计规范》(SL211—98);

(7)《渠道防渗工程技术规范》(SL18—2004);

(8)《渠系工程抗冻胀设计规范》(SL23—2006);

(9)《公路工程技术标准》(JTG B01—2003);

(10)《建筑地基基础设计规范》(GB50007—2002);

(11)《公路桥涵地基与基础设计规范》(JTG D63—2007);

(12)《公路钢筋混凝土及预应力混凝土桥涵设计规范》(JTG D62—2004);

(13)《公路隧道设计规范》(JTG D70—2004)。

8.2 开挖

(1)采用激光指向仪和人工测量相结合控制结构开挖轴线。

(2)加大断面测量频率,直线段每 12 m 测量一次,保证其开挖精度。

(3)人工开挖,施工预留核心土。

(4)结构开挖尺寸不合格,不进入下道工序。

8.3 初期支护

(1)在喷射混凝土前对断面的超欠挖进行测量,欠挖部分及时处理。

(2)在喷射面上插标尺钢筋,按标尺钢筋来控制喷射厚度,厚度不足处补喷至设计厚度。

(3)喷射混凝土前对风压、喷射距离等参数进行调整。

(4)控制每次的喷射厚度,分层喷射,保证混凝土表面基本平顺。

(5)提高型钢钢架的加工精度。

(6)型钢钢架加工完毕后在加工场试装,合格后按榀堆放,作好标记,防止错用。

(7)利用经纬仪及钢尺对型钢钢架定位。

(8)定位准确后进行钢架固定,经再次测量合格后,焊接连结筋。

(9)初支后结构净空不满足要求,不进入下道工序。

8.4 小导管注浆施工质量保证措施

(1)严格控制配合比与凝胶时间,初选配合比后,用凝胶时间控制调节配合比,并测定注浆结实体的强度,选定最佳配合比。

(2)注浆过程中,严格控制注浆压力,注浆过程稳压,保证浆液的渗透范围,防止出现结构变形、串浆而危及地下构筑物、地面建筑物的异常现象。注浆过程中进行跟踪监测,当出现异常现象时,立即采取下列措施:

①降低注浆压力或采用间歇注浆。

②改变注浆材料或缩短浆液凝胶时间。

③调整注浆实施方案。

(3)注浆效果检查:因为注浆方法为周边单排固结注浆,开挖隧道后检查固结厚度,如达不到要求,及时调整配合比并改善注浆工艺。

(4)为防止孔口漏浆,在钢管尾端用麻绳及胶泥(水泥+少许水玻璃)封堵钻孔与钢管的空隙。

(5)注浆管与钢管采用活接头联结,保证快速装拆。

(6)注浆的次序由两侧对称向中间进行,自下而上逐孔注浆。

(7)拆下活接头后,快速用水泥药卷封堵钢管口,防止未凝的浆液外流。

(8)注浆期间定期对地下水取样检查,如有污染须采取措施。

(9)注浆过程有专人记录,完成后检验注浆效果,对不合格的进行补注。注浆达到要求强度后方可进行开挖作业。

9 安全措施

9.1 暗挖隧道防坍塌安全措施

隧道处于软弱地层，把防止坍塌放在首位，遵循浅埋暗挖法“管超前，严注浆，短开挖，强支护，快封闭，早成环，勤量测”的施工原则，结合实际制定出施工方案，确保安全生产。

(1)超前预注浆，根据工作面地质情况，拟定注浆的方案，精心布管，严格注浆工作，控制好注浆压力，密切关注注浆量，确保达到理想的加固效果。

(2)严格控制开挖循环进尺，对不良地质地段，适当缩短开挖进尺，环形开挖留核心土，必要时喷混凝土封闭开挖工作面，并选用具有足够刚度和早强的支护设计，如适当加厚喷层，喷射早强混凝土，及早完成锚喷网联合支护。

(3)相邻开挖工作面应在前洞室结构形成闭合环，围岩趋于稳定后方可开挖相邻洞室，施工时采取可靠措施，确保施工各阶段支护和围岩的稳定。

(4)洞室开挖前应根据地质条件、覆土及开挖断面等因素，确定开挖和支护方式所需材料、构件和设备，备好抢险物资。所用材料、构件和设备应符合现行国家或行业标准的规定以及设计要求，应具有出厂合格证和质量证明文件。

(5)暗挖隧道的开挖应采取超前支护和地层加固措施，做到预加固、开挖、支护三环节紧密衔接，当地层自稳能力较差或开挖工作面停工时间较长时，应采取稳定工作面的措施。

(6)开挖过程中监控量测发现拱顶、拱脚或边墙位移速率值超过设计允许值或出现突变时，及时施工临时施工支撑或仰拱，形成封闭环，控制位移和变形。

9.2 注浆安全措施

(1)注浆人员必须经过专门培训，并熟练掌握有关作业规程。

(2)严禁在不停泵的情况下进行任何修理。

(3)注浆泵及管路内压力未降至零时，不准拆除管路或松开管路接头，以免浆液喷出伤人。

(4)注浆泵由专人负责操作，未经同意其他人不得操作。

(5)注浆人员在拆管路、操作注浆泵时应戴防护眼镜，以防浆液溅入眼睛。

(6)保持机械及管内整洁，工作结束后必须对设备清洗保养，并清理周围环境。

9.3 预防空气中毒

针对本工程长距离暗挖施工和施工工期较长的特点，预防井下施工人员空气中毒是十分重要的环节因素。

(1)洞内通风

由于本工程暗挖距离较长，自然通风不能满足空气正常流通和施工人员正常新鲜空气摄入量，在进行施工作业时，隧道内采用轴流风机、风筒强制通风，以保证洞内空气新鲜、流通。

(2)有毒、有害气体检测

在暗挖施工过程中由安全人员定期、定时采用气体检测仪器进行有毒、有害气体检测，发现异常及时解决

10 环保与资源节约

环境保护总目标：施工期间所有活动符合国家环保法律、法规要求。所有活动符合本工程地方政府的规定要求，达到文明安全工地要求。

10.1 噪声排放

目标：施工现场场界噪声达到排放标准，符合《中华人民共和国环境噪声污染防治法》的要求。

10.2 生产生活污水排放

目标:生活污水应经污水处理,满足《污水综合排放标准》(GB8978－1996)中的一级排放标准后方可排入附近河渠。

措施:拌制混凝土产生的废水,经沉淀后排入污水系统。

10.3 固体废弃物

目标:节约材料,控制废弃物的产生;废弃物分类堆放,提高废弃物的回收率;符合《中华人民共和国固体废弃物污染环境防治法》。

措施:废弃物分类堆放;充分利用钢材、木材等下角料。

10.4 扬尘

目标:符合《中华人民共和国大气污染防治法》的有关规定

措施:合理安排施工期。在干燥天气施工时,采用湿法施工,严防施工粉尘和扬尘干扰。

10.5 运输遗洒

目标:施工运输无遗洒。

11 效益分析

(1)新奥法施工多用于破碎围岩地质情况下,用于壤土或粘土的情况实属罕见,本课题的实施及研究成果可以在我国水利工程中大力推广,为我们的水利建筑业发挥更大的作用。

(2)通过浅埋暗挖及二次衬砌施工技术的实施,起到了加固围岩的作用,有效地抑制围岩过大变形,减小了由于地层损失而引起的地表移动变形等环境问题,使施工对周边环境的影响程度降到最低。本工程上方张石高速公路最大路面沉降为25 mm,远低于设计≤50 mm的指标。

(3)由于及时调整、优化支护参数,提高了施工质量和速度,使浅埋暗挖法特点得到更进一步的发挥,为地下工程设计、施工提供了一种非常好的方法,对类似工程施工具有一定的借鉴意义。

本工程左右两洞错开施工,左洞进尺6 m后,右洞跟进施工,形成流水作业。二次衬砌采用跳仓浇筑,加快了施工进度,节约工期45天,降低施工成本60万元。

(4)本工程采用超前小导管注浆加固围岩,每循环开挖进尺为50 cm,开挖后及时进行初期支护,将安全风险降到了最低,整个课题项目没有发生任何安全问题,对工程进度提供了保障。

(5)通过此次探索和研究,为公司培养出一批隧洞施工专业技术人员、专业技工,通过论文、企业级工法的总结,将为公司今后类似工程施工提供经验借鉴。

(6)通过该工程的成功完成,提高了我公司在浅埋暗挖隧洞建设领域的工程业绩,提高了企业的综合实力和市场知名度,为公司进一步开拓市场做出了贡献。

12 工程实例

南水北调中线一期工程天津干线穿越张石高速公路路段长200 m,起止桩号XW4＋034.277～XW4＋234.277。天津干线穿越张石高速公路的涵洞为无压箱涵。现浇钢筋混凝土箱涵设计流量50 m^3/s,加大流量60 m^3/s,涵底纵坡1/800。过水截面为2孔3.7 m×3.7 m,顶板为平顶式,厚度900 mm(含初衬400 mm),底板厚度850 mm(含初衬300 mm),边墙厚度750 mm(含初衬300 mm),中墙厚度1500 mm(含初衬600 mm)。加腋尺寸为400 mm×400 mm。箱体全宽10.4 m,全高5.45 m,暗挖段覆土厚度约5.9 m。采用自防水和外防水相结合,自防水采用C30防水混凝土,其抗渗等级为W8,外防水采用箱体外粘单面自防水卷材;箱体分段长度一般为9～11 m,缝内止水采用中埋式止水带,高压低发泡聚乙烯闭孔板嵌缝,缝内侧设30 mm双组份聚硫密封胶封口。

张石穿越采用浅埋暗挖法施工,工程开工以来,平均每天开挖进尺1.5 m,比原施工计划提前45天完成贯通目标。施工中没有出现任何质量和安全事故。

在张石穿越施工基础上，南水北调天津干线 TJ2 －2 标亦采用浅埋暗挖法施工，取得了良好的经济效益和社会效益。

浅埋暗挖施工工法在青岛地铁工程也得到了很好应用。青岛地铁上层覆土厚 5 ~8 m，强风化岩层后厚 8 ~13 m，中风化岩层顶面埋深 13 ~20 m，是典型的上软下硬底层，非常不利于施工。施工中利用压力拱理论，将上部荷载转化为拱内的切向应力，对围岩的稳定起到了关键作用。

（主要完成人：尚召云　史运通　田春光　张茂勇）

大粒径泥砾料填筑施工工法

中国水利水电第十三工程局有限公司

1 前言

中国水利水电第十三工程局有限公司2010年1月承接南水北调中线一期总干渠漳河北～古运河南中线建管局直管工程磁县干渠工程第二施工标段土建及设备安装工程，本工程渠道全长13.37 km，该工程是国家重点工程之一。本工程渠堤填筑约120万 m^3，工程所在地适合筑堤的壤土非常少，不能满足筑堤需求量，而沿线渠道开挖段又产生大量的大粒径泥砾料（卵石最大粒径20 cm，泥砾料属巨粒土）需要弃掉，项目部因地制宜，大胆创新，经过仔细研究和各种试验，最终在国内首次采用粒径6～15 cm的泥砾料进行渠堤填筑，圆满完成了渠堤填筑任务，经检验其级配范围、压实度、渗透系数、抗剪强度、临界水力比降等参数均满足均质坝填筑要求。该工法的关键技术大粒径泥砾料筑堤施工技术研究与应用获中国水利水电建设股份有限公司2013年度科技进步三等奖。

2 工法特点

本工法可以有效的对泥砾料的回填指标进行控制，把施工中不易进行控制的施工参数给出可控的数值范围，使填筑质量的控制得到保证。适用于南水北调大规模渠堤土方填筑施工，为泥砾料填筑施工提供了技术保障。

3 适用范围

适用于南水北调主干渠两侧渠道渠堤粒径≤15 cm泥砾料的土方填筑以及有防渗要求的水库、输水渠道、堤防等类似工程。

4 工艺原理

采用渠道开挖泥砾料，人工剔除大于15 cm的卵石，对料场勘探泥砾料中土的天然含水率进行检测，测得泥砾料中土的天然含水率在16%～22%，通过泥砾料中砾石和土的含量的修正，确定可以进行碾压泥砾料的含水率在7.5%～12.5%，对于含水率不在该范围之内的泥砾料不能直接用于填筑，选择就地晾晒至符合要求的含水率区间时再用于填筑碾压。

根据泥砾的指标选择2种或大于2种铺筑厚度的碾压区域进行泥砾料的碾压，碾压时选择不同的碾压机械与碾压遍数、静动压进行组合，以此确定泥砾料在不同施工碾压参数下的干密度、含水率。由不同条件下的干密度、含水率绘制曲线图，最终确定泥砾料的最大干密度及最优含水量，将两项指标作为控制泥砾料填筑的主要指标，从而进行大规模的渠道泥砾料土方填筑施工。

依据泥砾碾压试验中干密度与碾压遍数的关系，编制出两者的关系曲线图（见图1、图2图中干密度均为压实层厚度的干密度）：

从图1、图2可以看出：铺料厚度在40 cm时，碾压遍数小于10遍时，干密度随碾压遍数的增多而增大，当碾压遍数大于10遍时，干密度（实测碾压遍数为12遍的干密度）反而降低；铺料厚度在45 cm时，干密度随碾压遍数的增多而增大，但当碾压遍数达到10遍后，干密度的增长值极其小。由此分析铺土厚度在40～45 cm之间时，碾压遍数为10遍时，填筑料干密度达到极值点2.12 g/cm^3。

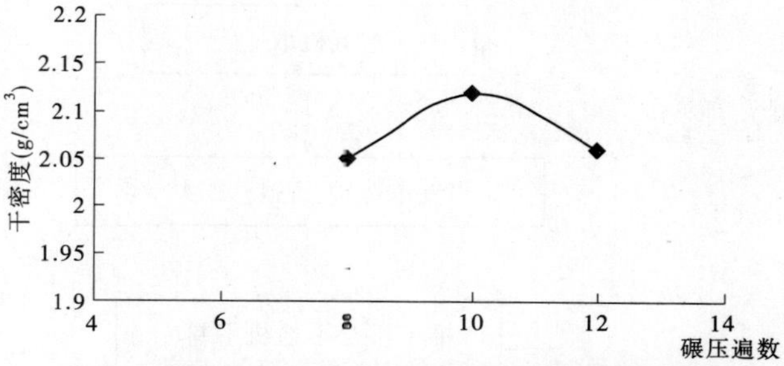

图 1　铺土 40 cm 厚干密度与碾压遍数关系曲线

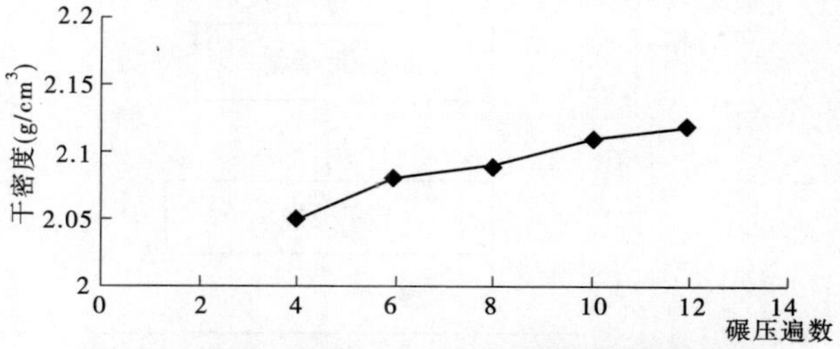

图 2　铺土 45 cm 厚干密度与碾压遍数关系曲线

5　工艺流程及操作要点

5.1　泥砾碾压工艺流程

工艺流程见图 3。

5.2　渠堤泥砾碾压操作要点

5.2.1　渠堤填筑技术参数

见表 1、表 2。

表 1　碾压机械组合参数

序号	机械组合	铺土厚度(cm)	碾压遍数	备注
1	推土机推料、平地机刮平、18 t 振动平碾、18 t 振动凸块碾	45	18 t 振动平碾静压 2 遍,动压 10 遍	最后用 18 t 凸块碾静压 1 遍进行刨毛
2	推土机推料、平地机刮平、18 t 振动平碾、18 t 振动凸块碾	40	18 t 振动平碾静压 2 遍,凸块碾动压 10 遍	

表 2　泥砾碾压施工技术参数

项次	项目	参数
1	最大干密度值	2.12 g/cm^3
2	最优含水率	9%左右
3	压实度	不小于 98%
4	建议施工控制干密度	不小于 2.05 g/cm^3
5	铺筑厚度	40 cm 或 45 cm

5.2.2　施工放样

泥砾填筑施工放样按照设计渠道成型的尺寸线,并根据预留保护层厚度,计算出超宽量,在平

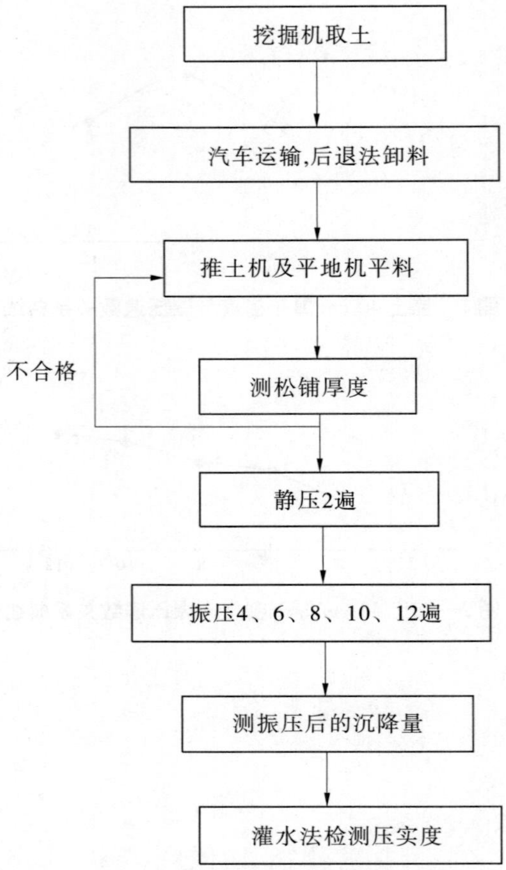

图 3　泥砾碾压工艺流程图

行于渠道中心线的方向上每 10 m 断面设 2 个控制点进行渠堤填筑边线的放样。回填一层按边坡坡度与高程的换算关系,做好每层渠堤填筑边线的控制。

5.2.3　基面清理

采用 1 台推土机对填筑范围内的施工作业面进行清表,1 台挖掘机对不易清除的树根进行挖除,使清表以后基面能够满足填筑作业。

5.2.4　对填筑泥砾料的要求

(1)填料中不得含植物根茎、瓦块垃圾等杂物。

(2)有机质含量(按质量计)不大于 5%,水溶盐含量(按质量计)不大于 3%。

(3)渗透系数不大于 1×10^{-4} cm/s。

(4)控制土料填筑的最优含水量,其上下限偏离最优含水率不超过 -3% ~ +3%。

5.2.5　对填筑作业的要求

(1)地面起伏不平时,按水平分层从低处开始分层填筑,不得顺坡填筑;填筑水平面与原坡接茬处坡度不能小于 1:3;填筑时,对于碾压段较长的工作面,且为了保证土料的最佳含水率,要分段进行碾压。

(2)新老接茬部位的渠坡回填段处理,特别是在泥砾土回填时,必须清除接茬处填筑较为密集的砾石,特别是超过 15 cm 的大块砾石。对于接茬处,填筑工作面比较久的部位要洒水,且必须挖到硬茬,才能与下一段碾压工作面相接。在新老接茬部位必须碾压密实,以保证相邻两块的碾压质量。

(3)机械施工时分段作业面的最小长度不应小于 100 m;边角、跨线桥、建筑物等部位人工施工时，长度可适当减短。

(4)作业面应分层统一铺土、统一碾压，并配备人员或平地机具参与整平作业，严禁出现界沟。

(5)已铺土料表面在压实前含水量较低时，应洒水湿润；对于较湿的土料在使用前要进行晾晒，防止土料的含水率过高。

(6)凡压实表面已形成光面时，铺土前应洒水湿润并将光面刨毛。在进行泥砾土刨毛时，要注意在碾压完成以后，必须立即进行刨毛作业，以防止碾压面停滞时间过长，无法保证碾压的质量。

(7)若发现局部"弹簧土"、层间光面、层间中空、松土层或剪切破坏等质量问题时，应及时进行处理，并经检验合格后，方可铺填新土。

(8)施工过程中应保证观测设备的埋设安装和测量工作的正常进行，并保护观测设备和测量标志完好。

(9)对于坡与坡之间的缺口进行修补时，应将已板结老土刨松，然后再与新铺土料统一按填筑要求进行分层压实。

(10)堤身全断面填筑完毕后，应作整坡压实及削坡处理，并对堤防两侧护堤面的坑洼处进行铺填整平。特别是对于填筑高差较大处进行填筑时，尽量形成区段，每段拉平后，进行下一段填筑作业。

5.2.6 对铺料作业的要求

(1)应按设计要求将土料铺至规定部位，上堤填筑土料中的杂物应予以剔除。

(2)填筑料最大粒径不能超过 15 cm，铺料时剔除大于 15 cm 的卵石。

在开挖过程中即对粒料进行控制(采用目测方式)，不合格料或超径的直接装车运至弃渣场，填筑面施工人员对运到填筑面的土料进行检查，不能满足填筑的土料不准卸车，对部分不能在开挖场地剔除的超径砾质土，在填筑面采用人工挑拣(目测方式)，打堆后装车运至弃渣场。

(3)铺料至堤边时，应在设计边线外侧各超填相应宽度。

为保证削坡后的渠堤压实度，铺料至堤边时，在设计边线外侧各超填填筑宽度不小于 110 cm，为更好的控制填筑宽度，采用撒白灰线及专人控制倒料。

通过泥砾碾压试验，现场泥砾料虚铺厚度控制为 40 cm，采用设置标杆及水准仪测高程进行控制，并在填筑面配有施工技术人员。

(4)填筑应连续作业，填筑期间若需短时间停工，其表面土层应洒水湿润，保持含水率在控制范围之内。如需长时间停工，则应铺设保护层。复工时予以清除，经监理工程师验收后，方可填筑。

5.2.7 对压实作业的要求

(1)碾压作业按 5.2.1 中施工控制性参数进行施工。

在碾压之前将碾压参数及控制要点对现场施工技术人员、设备操作手进行技术交底，并在现场摆放质量控制标识牌，提示现场操作人员，保证施工质量。施工技术人员在回填过程中进行全程控制。

(2)碾压时振动碾的行进速度不宜超过 2 km/h。

(3)采用前进、后退全振法，静压 2 遍、动压 10 遍，前进、后退 1 个来回按两遍计，碾压搭接宽度不小于 30 cm。每两遍的搭接处要错位，严禁漏压和过压。

(4)分段填筑，各段应设立标志，以防漏压、欠压和过压。上下层的分段接缝位置应错开。

(5)机械碾压不到的部位以及局部二次回填的部位，应辅以夯具夯实，夯实时应采用连环套打法，夯迹双向套压，夯压夯 1/3，行压行 1/3；分段、分片夯实时，夯迹搭压宽度应不小于 1/3 夯径。

(6)渠堤填筑碾压应沿堤轴线方向进行。如特殊部位只能垂直堤轴线方向碾压时，在铺料和碾压过程中应加强控制，严禁铺料超厚、漏压或欠压。

5.2.8　雨天与低温时对填筑的要求

(1)雨前应及时压实作业面,并做成中央凸起向两侧微倾。降雨时应停止筑堤。

(2)下雨时不宜人行践踏,并应严禁车辆通行。雨后恢复施工,填筑面应经晾晒、复压处理,必要时应对表层再次进行清理,并待质检合格后及时复工。

6　材料与设备

表 2　泥砾料碾压施工设备

序号	设备名称	型号	单位	数量	用途
1	GPS	华测 s90	台	1	施工边线的测量
2	水准仪	SD32	台	1	铺筑高程测量
3	18t 振动平碾	双钢轮	台	1	泥砾碾压
4	18t 振动凸块碾	XS182	台	1	泥砾碾压
5	平地机	6D22	台	1	基面平整
6	自卸汽车	20T	辆	6	泥砾运输
7	挖掘机	PCLC－8	台	2	清表及粗平
8	推土机	SD22	台	2	清表及摊铺
9	洒水车	8 m^3	辆	1	洒水养护

7　质量控制

通过碾压试验的施工压实参数:铺筑厚度、泥砾限制粒径、碾压机械、含水量的适宜范围、压实方法和压实遍数,使泥砾料压实后是否能够达到设计要求。

依据试验规范主要有:①《碾压式土石坝施工技术规范》DL/T5129—2001;②《堤防工程施工规范》SL260—98;③《土工试验规程》SL237—1999;④《南水北调中线一期工程总干渠河北省磁县段筑堤土碾压试验大纲》;⑤《南水北调中线一期工程总干渠河北省邯邢段主体工程施工技术要求》;⑥招标文件技术条款中的有关要求。

(1)填筑土料的种类、含水量、土块大小、超径颗粒等均须符合设计规定。不合格填筑料不得运入填筑面。填筑料在装卸时,注意避免分离,不允许从高坡向下卸料,严防架空填筑。在施工现场,采用酒精燃烧法测定土料含水率,采用含水率适中的土料进行填筑,对含水率过大的土料进行晾晒,含水率不足的土料采用洒水的方式,使土料含水率保持含水率在控制范围之内。

(2)根据填筑料土质情况,进行与实际施工条件相仿的现场碾压试验,以取得最优碾压施工参数指导碾压施工。

(3)填筑施工严格按碾压试验确定的松铺厚度、土料含水量、碾压机具、碾压遍数等参数进行控制。

(4)质量控制与检查贯穿整个填筑过程,检查填筑料、检测含水量变化、铺层厚度、碾压遍数、层间结合、压实后的干密度、以及边坡尺寸等。

(5)压实度检测由试验人员采用灌水法检测。采用直径 1200 mm 套环,内铺质地好的塑料薄膜,使膜与坑壁密贴。

8　安全措施

本工法执行《中华人民共和国安全生产法》。

(1)回填土时，装载机范围内不允许有人进行平土等作业活动。

(2)推土机碾压起步前，要先检查机械四周是否有人靠立，以及履带上是否有人或其它物件，确认没有时，方可起步。起步、刹车或转弯等操作均不应过猛。转弯时，应观察是否有人。

(3)自卸汽车运输土料时，在发动机起动前，应按照例行保养的规定项目，做好各项检视工作。在工作中驾驶员必须听从指定指挥人员的指挥，经低、中、高速运转，接到指挥人员的旗语、哨音、信号后方可进行操作，操作时驾驶员必须先鸣喇叭。

(4)回填使用打夯机时，由专人检查电源线是否有缺陷和漏电，机械运转是否正常，机械不得带病运转，操作人员要带绝缘手套，并派专人负责电源线的移动。修坡应满足施工图纸要求的坡度和平整度。

9 环保与资源节约

本工法执行《中华人民共和国环境保护法》。环保与文明施工控制措施：

(1)施工便道平坦整洁，经常洒水，避免扬尘现象发生。

(2)车辆经常检修保养，防止漏油污染土地和水源。

(3)除按设计要求外，不随意开挖和破坏原有地貌和生态环境。

10 效益分析

大粒径泥砾料筑堤碾压试验结果满足均质坝相关施工技术指标，证明泥砾料作为壤土替代料可进行大规模的渠堤填筑工作。用开挖出的泥砾料作为筑堤土，不仅可以节约土地资源，还可以大大降低整个工程的造价。以南水北调磁县段二标为例，渠堤填筑共120万 m^3，1 m^3 弃土按10元计算，若开挖的泥砾不外弃，全部直接用于回填，可节约工程造价1 200万元。另外泥砾筑堤施工技术还可以为具有防渗要求的水库、输水渠道、堤防等类似工程施工提供可借鉴的经验。

泥砾料填筑施工工法成功应用于南水北调工程中渠道填筑施工中，总结出了一套成熟的施工经验。该工法节约了土地资源，同时也减少弃土及料场占用耕地资源，保护了自然生态平衡，而且还大大降低工程造价。由此可见，该工法的应用将为今后的水利工程建设起到积极的推动作用。

11 应用实例

(1)南水北调中线直管工程磁县段二标起自磁县西槐树村，桩号15+190；止于磁县白村，桩号29+056，总长13.866 km，其中渠道长13.370 km，建筑物长0.496 km。渠道设计横断面为梯形断面，受地形起伏变化影响，本标段渠道为全挖和半挖半填两种型式。其中半挖半填长度9.389 km。全挖段长度为3.981 km，均为土质渠段，设计流量235 m^3/s，设计水深6.0 m，设计纵坡1/23000、1/25000，渠道设计底宽为19.5~23.5 m，内边坡系数为1:2~1:2.75。

(2)南水北调中线直管工程磁县段一标起自磁县漳河北岸，桩号0+000；止于磁县西槐树村，桩号15+190，总长15.190 km，其中渠道长15.040 km，建筑物长0.150 km。渠道设计横断面为梯形断面，受地形起伏变化影响，渠道分为全挖、全填、半挖半填三种型式，其中全挖段长度为3.545 km，全填段长度为1.835 km，半挖半填长度9.66 km。该标段均为土质渠段，设计流量235 m^3/s，加大流量265 m^3/s，设计水深6.0 m，设计纵坡1/25000~1/26000，渠道设计底宽为21~24.5 m，内边坡系数为1:2或1:2.75。

(3)南水北调中线直管工程总干渠桩号175+000~177+400范围内水电十一局施工的高邑赞皇段高填方渠段，渠道堤基高程在71.4~74.5 m之间，渠道两侧渠堤最大填筑高度13 m，堤顶宽5 m，两侧边坡坡比为1:2，设计建议采用本标段渠道开挖的泥砾土进行填筑。要求泥砾填筑料中大于5 mm粒径颗粒含量要小于70%，粘粒含量大于15%。最大粒径不超过20c m；当泥砾中粗粒径含量大于70%时,调整级配按剔除超过15 cm、8 cm 等粗粒径依次进行试验。泥砾料填筑设计指标为压实度不小于0.98,干密度不小于1.6 g/cm^3。

上述三个标段内渠道挖方段的壤土不能满足渠道填方段填筑土的需用量,在开挖土料中,砾质土(泥砾)占相当一部分,可作为壤土填筑的代替料。

(主要完成人:苏宗义　张士斌　张茂勇　褚晓香　张云利)

挤密砂石桩静压施工工法

中国水利水电第十三工程局有限公司

1 前言

南水北调中线工程潮河七标段位于河南省中部新郑市、中牟县及管城区境内，本标段渠道长6727.8 m，桩号SH(3)173+450~SH(3)174+320段长870 m，其地基为砂性土结构，渠底板有细砂和重砂壤土地质，渠坡主要由细砂构成。细砂(alQ4)厚3.0~11.6 m，中等透水，土质不均，存在地震液化潜势，设计采用挤密砂石桩抗液化措施消除地震液化，确保渠坡稳定。因常规振动沉管法施工很难穿透深度不一的细砂层(主要为风积砂，夹层多)，而且施工区域在风积砂区，砂体比较松散，振动沉管时容易坍塌，而后采用柴油爆发锤也无法正常成桩，长螺旋钻引孔振动沉管法效率较低。最终项目部采用静力压桩机进行挤密砂石桩施工能够较好成桩，并取得了较好的地基处理效果。

2 工法特点

(1)与传统挤密砂石桩施工方法相比较，本工法特别强调了空桩区有效桩处理深度和桩长的控制，能够较好的保证含空桩区挤密桩的施工质量(见图1)。

(2)静力压桩机施工效率稳定，每台班可施工ϕ600、长10 m桩40根，较振动沉管成桩效率高一倍有余，能够缩短施工工期。

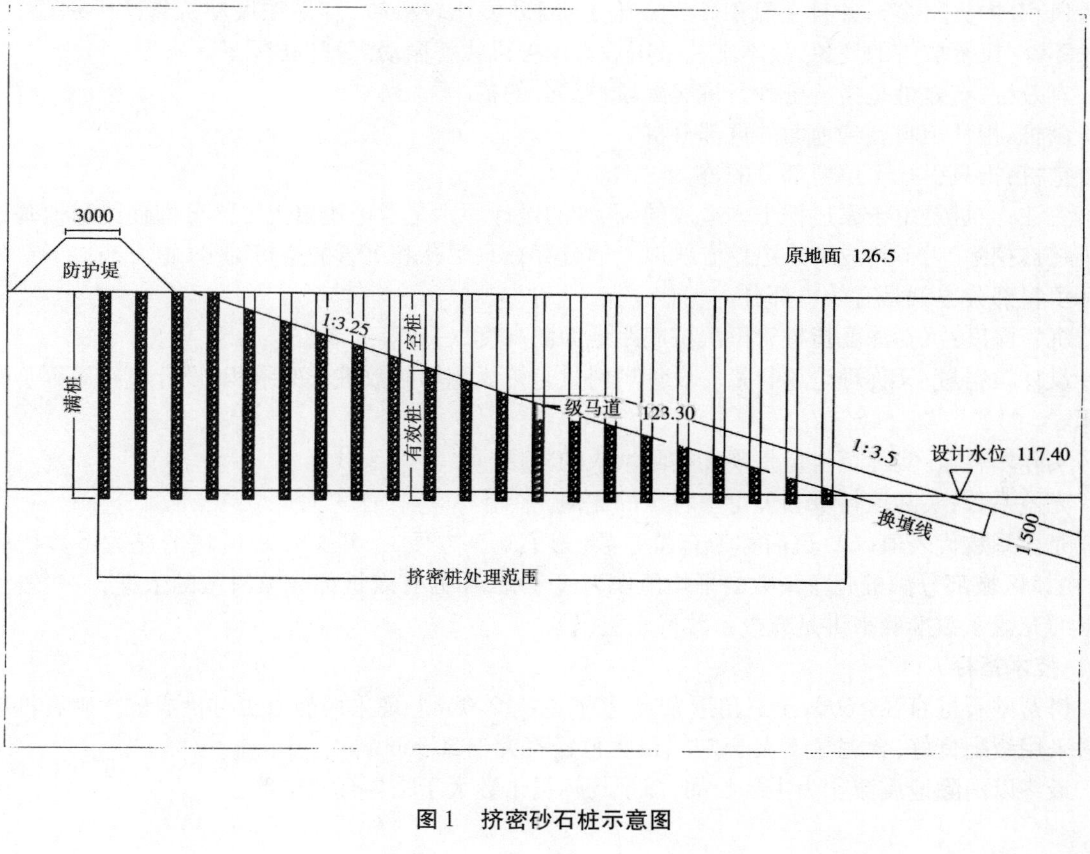

图1 挤密砂石桩示意图

3　适用范围

本工法适用于具备地震液化趋势而采用传统振动沉管等工艺无法施工的砂性土、非饱和粘性土，以炉灰、矿渣、建筑垃圾为主的杂填土以及松散的素填土地基，处理深度一般在 8 ~ 15 m 黄河冲积平原粉土、砂土质地质段、地下水位较高且表层坚硬土层尤其适合采用本方法进行施工。

4　“静力压桩法”挤密砂石桩工艺原理

“静力压桩法”挤密砂石桩是通过沉管的震动挤密砂土，提高砂土的密实度；再灌入砂石作为排水通道，将地震振动时因孔隙度减小所排出的水通过砂石导入到非液化层内，从而达到消除饱和砂土的地震液化问题。

5　施工工艺流程及操作要点

5.1　名词解释

饱和砂土液化：饱水的疏松粉、细砂土在振动（一般是地震作用）作用下突然破坏而呈现液态的现象。产生的危害：饱和液化砂土地震液化将使地基软化，地面产生不均匀沉陷，对于南水北调工程，将影响渠道渠坡的稳定性和安全性，严重将导致渠道渠坡失稳后滑坡、破坏。

挤密砂石桩：用振动、冲击或水冲等方式在软弱地基中成孔后，再将碎石挤压入孔中，

形成大直径的碎石或砂所构成的密实桩体。在发生地震液化时，能够将产生诱发液化的主要成分——水，导入下层土层中，从而防止失稳发生。

静力压桩机：静力压桩机是利用静压力（压桩机自重及配重）将预制桩或钢管等逐节压入土中的一种压桩机械。因在常规振动沉管法施工中，发现振动沉管法很难穿透深度不一的细砂层（主要为风积砂，夹层多），并且在风积砂区域施工，因砂体比较松散，容易在振动沉管法中坍塌，造成桩长不够、反复成桩的现象，故本工艺采用静力压桩机代替振动沉管机成孔。

有效桩：有效桩是指挤密砂石桩实际填料部分的桩。

满桩：指从填料底到地面的这部分桩。

空桩：指只引孔不填料部分的桩。

备注：空桩是由于渠道挖土方造成的，图纸的设计原则是考虑挖出土方部分即使经过地基处理后仍将被挖除，为节约成本渠道挖方线以上部分存在只引孔和沉管的空桩部分，挖方线以下部分是实际填料部分也就是有效桩部分。

沉管深度：沉管深度指桩管下沉桩底距地面的高度，一般等于满桩长。

设计填料量：又称理论填料量。设计填料量是桩面积和有效桩长的乘积，设计填料量等于有效体积。

实际填料量：实际填料量是现场实际填入的料量。

充盈系数：实际填料量和理论填料量的比值。

充盈系数代表值（k）：也简称为充盈系数，为了施工方便，一般某一块区域的充盈系数代表值（k）由该区域部分满桩充盈系数的平均值作为代表值，作为有效桩部分填料量的依据，一般表格上记录的充盈系数准确来讲是充盈系数代表值（k）。

5.2　技术指标

挤密砂石桩直径ϕ600，正三角形布置，桩长 8 ~ 12.0 m。现采用静力压桩机成桩。砂石桩填充材料采用级配良好，含泥量不大于 5%，最大粒径不大于 50 mm 碎石。

最终以消除地震液化为主要目的，即现场标贯击数大于临界标贯击数。

5.3 施工准备及布桩顺序

5.3.1 静力压桩施工准备

(1)做好人员安排、所用物资设备以及现场控制工具等准备。

(2)静压成桩法挤密砂石桩施工前,要对每个工人进行施工工艺和安全技术交底。

(3)进行骨料颗粒级配和含泥量检测,各项检测结果均应合格,挤密砂石桩体的填料采用碎石需有较好级配,最大粒径不宜大于 50 mm,含泥量不得大于 5%。

(4)施工用电:施工电网已接通,并配有 200 kW 发电机。

(5)桩点布置图绘制:技术人员根据设计图纸进行各段桩点 CAD 桩点布置展图,并将该图报给监理人员。桩点布置图经监理人员审核后方能作为挤密桩现场点位布置的依据。

(6)装载机斗容量标定:邀请监理工程师共同进行装载机斗容量的标定,并记录。方法如下:用一圆形铁桶(铁桶体积 $V=S\times H$ 已知)进行标定,用铁桶标定装载机实际斗容量,标定后的装载机容量计为 V_z。

(7)桩管刻度标示:将静力压桩机桩管进行标示,每隔 1 m 用喷漆或焊机标记刻度线,作为标示依据。注意刻度线会随着桩管摩擦而损耗调落,建议经常更新刻度线。

5.3.2 静力压桩施工顺序

施工时,间隔(跳打)进行,由外侧向中间施工;在既有建(构)筑物邻近施工时,应背离建(构)筑物方向进行。设计桩位进行试桩,试桩数量见图 2,以此为一个试桩单元。试桩顺序以图 2 中的编号为准。

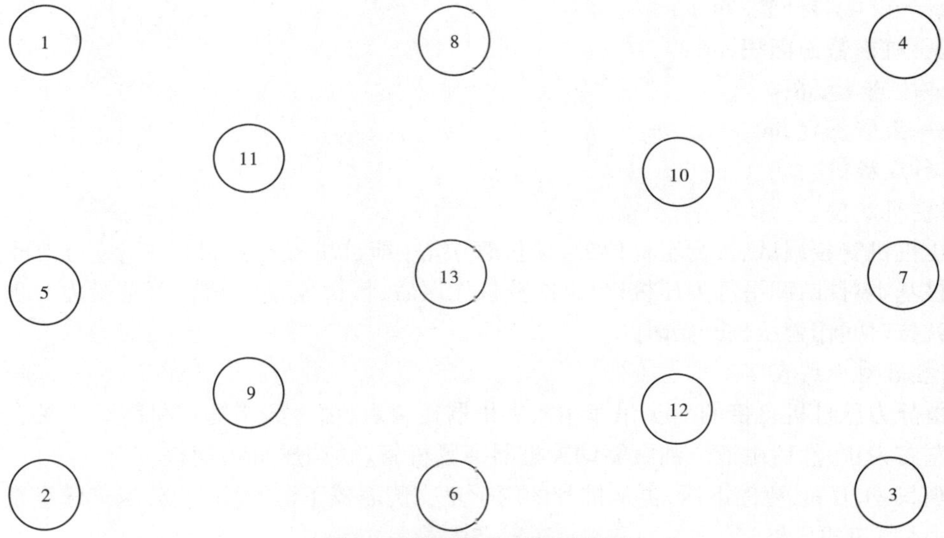

图 2 挤密桩桩位布置示意图

5.4 满桩区域静力压桩施工工艺

5.4.1 施工工艺流程

工艺流程见图 3。

5.4.2 桩位布设和设计填料量计算

测量人员依据施工图纸和布设点位图用 GPS(或全站仪)测量放线,定出控制轴线、边线并打桩标识。

桩点布设:测量放样完成后,施工现场作业人员根据桩点布置图、控制轴线和打桩场地边线用钢卷尺拉出各个桩点,桩位处埋设长 15 cm 木桩,通过 50 m 尺子拉线找准桩位。现场技术人员对各桩点偏差进行校核无误后,用竹签对桩点进行标记。

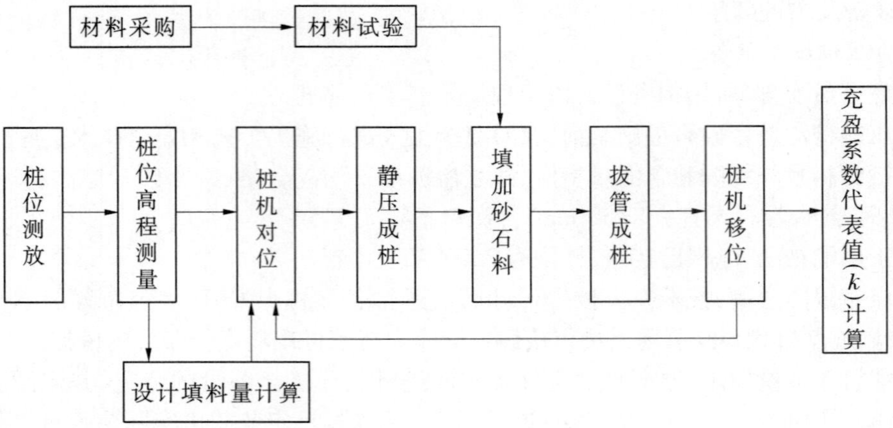

图3　满桩区静压成桩施工工艺流程图

桩位高程测量:用水准仪测出各桩位处高程,并记录作为该桩位处地面高程。

计算设计填料量:根据桩位标高(记录表格上为地面标高)与设计桩底高程的差值计算设计沉管深度,设计沉管深度与桩横截面积的乘积为设计填料量。

计算式为:

$$V_d = S \times h = \pi \times r^2 \times h \tag{1}$$

式中　V_d——设计填料量, m^3;

S——桩横截面面积, m^2;

r——桩半径,m;

h——沉管深度,m。

5.4.3　填料成桩

5.4.3.1　桩机就位

静力压桩机安装调试后,行至桩位处,使桩管中心(即桩机夹桩器钳口中心)与地面上标识桩位的小木桩基本对准,调平静力压桩机,再次校核无误后,将长步履(长船)落地受力。现场技术员记录桩基就位时间作为压桩开始时间。

5.4.3.2　桩管对中调直

桩管由静力压桩机自带的16 t吊车吊入夹桩器钳口后,由专人指挥司机缓慢将桩尖降到离地面10 cm左右为止,然后由液压油缸驱动夹桩器夹紧桩管,微调压桩机使桩尖对准桩位,并将桩管压入土中0.5~1.0 m,暂停下压,再从桩管的两个正交侧面校正桩管垂直度,当桩管垂直度偏差小于0.5%时才可正式压桩管。

5.4.3.3　压桩管

压桩管是通过主机的压桩油缸伸程的力将桩管压入土中,压桩油缸的最大行程为2.2 m,所以每一次下压,桩管入土深度约为2.2 m,然后松开夹桩器—油缸回程、夹桩器上升—再夹紧桩管—再下压,如此反复进行。当桩管被压入标注的尺寸深度(即设计深度)时,便可终止下压。

5.4.3.4　填碎石

当静力压桩机将桩管压到设计高程时,利用压桩机上的起重机吊碎石料罐将碎石通过料斗灌入桩管内。灌入碎石前要根据挤密桩的理论填料量(充盈系数暂按1.05)估算装载机填料斗数,以此为指导进行填料直至桩管内填满料为止。现场技术员记录实际填料量。

5.4.3.5　拔桩管

拔管时,先拔50 cm左右,应停顿10秒钟左右,使桩管下部的斗门打开,确定碎石落下时,才能继续拔管，通过液压油缸反复伸程、回程将桩管拔出来，拔管速度不宜过快，油缸每个伸程(2.2 m)控制在20~23 s，一个回程控制在38~42 s。现场技术员记录桩管拔出时间为结束时刻。

5.4.4 充盈系数代表值(k)计算

根据实际填料量和设计填料量的比值计算各桩充盈系数，取满桩各桩充盈系数的平均值作为充盈系数代表值(k)指导空桩部分施工。地质条件变化较小的

区域以50 m一段为宜。

5.5 有空桩区域静力压桩施工工艺

5.5.1 有空桩区域静力压桩施工工艺流程

工艺流程见图4。

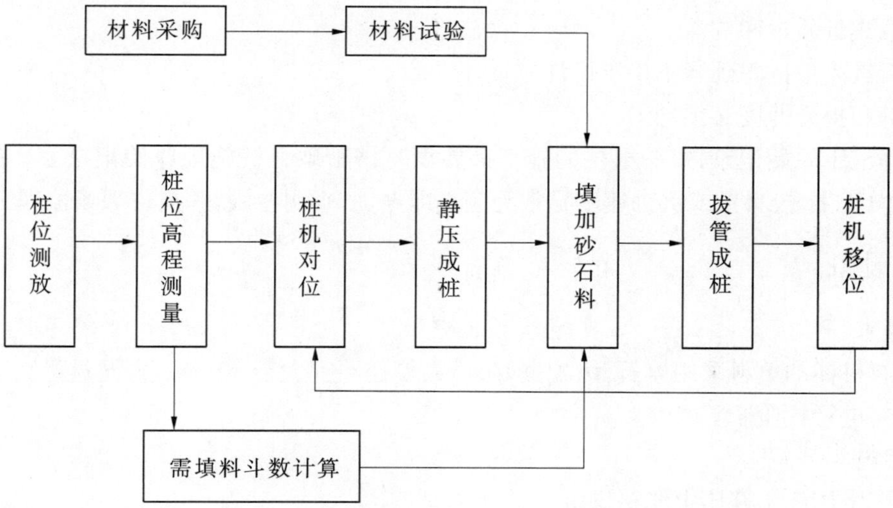

图4 有空桩区静压成桩施工工艺流程图

5.5.2 桩位布设和设计填料量计算

测量人员依据施工图纸和布设点位图采用GPS(或全站仪)测量放线，定出控制轴线、边线并打桩标识。

桩点布设：测量放样完成后，施工现场作业人员根据桩点布置图、控制轴线和打桩场地边线用钢卷尺拉出各个桩点，桩位处埋设长15 cm小木桩，通过50 m尺子拉线找准桩位。现场技术人员对各桩点偏差进行校核无误后，用竹签对桩点进行标记。

桩位高程测量：用水准仪测出各桩位处高程，并记录作为该桩位处地面高程。

计算设计填料量：根据桩位标高(记录表格上为地面标高)与设计桩底高程的差值计算设计沉管深度，设计沉管深度与桩横截面积的乘积为设计填料量。

计算式为：

$$V_d = S \times h = \pi \times r^2 \times h \tag{2}$$

式中 V_d——设计填料量；

S——桩横截面面积；

r——桩半径；

h——沉管深度。

每桩需填料量计算和填料斗数计算

桩需填料量计算：

$$V_t = Vd \times k \tag{3}$$

式中　V_t——需填料量；

k——该段充盈系数代表值。

填料斗数计算

$$n = V_t / V_z \tag{4}$$

式中　n——填料斗数；

V_z——装载机斗容量。

5.5.3　填料成桩

步骤同5.4.3。

5.6　挤密砂石桩施工操作要点

(1)注意成桩质量和桩深。

(2)碎石贯入量按每延米不少于设计方量计。

(3)压桩和提升速度必须均匀。

(4)做好施工原始记录，每一根桩的施工都要填写挤密砂石桩施工原始记录表。施工中如发现土层有较大变化，投料量或沉桩速度异常等应立即停工，查明原因，并报告现场监理工程师。

6　材料与设备

6.1　材料要求

挤密砂石桩体的填料采用碎石，级配良好，最大粒径不宜大于50 mm，含泥量不大于5%，在施工前对原材料进行检验。

6.2　施工用电

施工用电采用施工高压电线路供电。

6.3　设备及人员

投入主要设备见下表1：主要机械设备计划表；根据以前相同工程经验，投入人员、设备能满足此工程要求。

静压挤密桩设备

采用YZY600T步履式全液压静力压桩机成孔，整机尺寸长×宽×高：13.6 m×8.7 m×7.85 m，额定功率160 kW，整体重量160 t，配重440 t，最大压桩力6 000 kN，液压横向行程2.2 m，纵向行程3 m。

表1　主要机械设备计划表

设备名称	型号	数量	状况
静力压桩机	YZY600T	1台	良好
发电机	200 kW	1台	良好
自卸车	20 m^3	2辆	良好
装载机	ZL50C	2台	良好
推土机	SD22	1台	良好

图5　YZY600T 静力压桩机

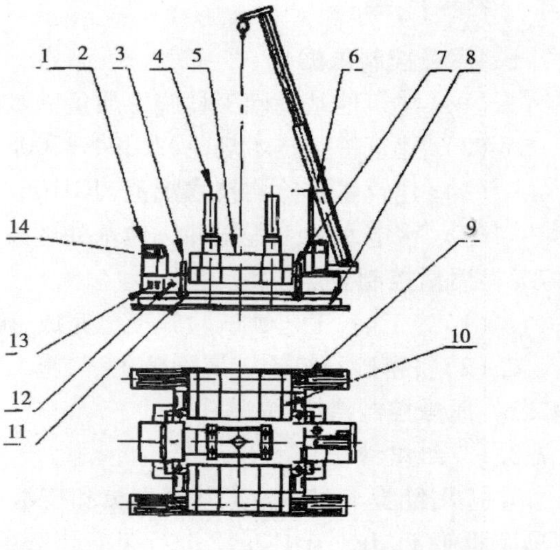

1—司机室；2—控制台；3—升降机构；4—压桩机构；5—液压系统；6—起重机；7—机身；8—纵移机构；9—边桩机构；10—配重；11—横移回移机构；12—油箱；13—泵站；14—电气系统

图6　YZY600T 静力压桩机的结构图

桩管设计：

根据设计要求成孔直径 600 mm，采用直径为 ϕ 500 的桩管，桩管由壁厚 2 cm 钢板卷制而成，端头加大到直径 600 mm，为满足此区域的施工，桩管长度为 18 m。

6.4　人员投入

投入主要人员见表2。

表2　投入人员计划表

序号	职务或职称	人数	职责
1	技术负责人	1 人	全面负责技术工作
2	施工负责人	1 人	全面协调作业工人
3	现场技术员	2 人	现场记录及施工控制
4	试验工程师	1 人	原材料检验及验收
5	测量工程师	1 人	桩位放线
6	质检员	1 人	质量检测及控制
7	安全员	1 人	现场施工、用电安全
8	操作手	2	负责压管和吊车操作
9	工人	3	负责点位及垂直度的控制

7 质量控制

7.1 质量控制依据

(1)《建筑地基基础工程施工质量验收规范》GB50202—2002；

(2)《建筑桩基技术规范》JGJ94—2008；

(3)《建筑基桩检测技术规范》JGJ106—2003/J256—2003；

(4)《水电水利工程振冲法地基处理技术规范》DL/5214—2005。

7.2 质量控制要点

(1)施工前，工艺性试验施工已完成，确定施工控制参数，同时规范操作工艺。

(2)挤密砂石桩施工属隐蔽工程，施工完毕报监理签认后方可进行下一道工序施工。

7.3 质量控制措施

7.3.1 组织措施

选用经验丰富的施工管理人员和技术素质较高具有相应等级上岗证的各工种技术工人负责各项工程施工，并对全体员工进行岗前质量意识教育、技能培训，提高全体施工人员质量意识和工作技能。

设置试验室、测量队并配备专业试验、测量人员，对施工材料、成品、半成

品和各工序质量按规范要求进行检验、试验、测量。测量、检验、试验设备按其检定周期定期送有资质的单位进行检定，保证其完好、精确，并建立台帐。

贯彻执行质量“三检制”，现场进行检查、监督、验收，严格控制工程质量。建立质量记录归档制度，并完善质量信息收集、整理、归档和质量反馈，指导工程施工的质量控制。

7.3.2 技术措施

1. 施工准备阶段

研究和会审图纸，编制专项施工技术方案。图纸是施工的依据，在各分部工程施工前组织施工队技术人员熟悉图纸，仔细研究施工图等技术资料，领会设计意图，以便提前发现设计图纸可能存在不便施工或难以保证质量之处，提出改进意见并与监理工程师及设计部门协商解决。

2. 设备及物资准备

加强对原材料、半成品的质量检验及复检工作，及时取得有关材质单、出厂合格证明等资料，并按规定保存与上报。

认真组织施工所需设备的进场管理，加强对机械设备正常检验与保养。

3. 劳动力准备

对参与关键项目和特殊过程施工的人员，针对本工程的特点，进行上岗前的再培训，持证上岗，使参与施工的人员能够了解本工程的施工特点和施工方法，掌握提高质量水平的控制要点。

4. 施工过程中的控制

为保证施工质量，施工中必须严格按规范及设计要求进行操作，对施工工艺和施工过程进行全面控制。加强测量、监测等手段，确保施工质量满足设计要求。

7.3.3 原材料控制

凡构成主体工程的外购材料(钢材、木材、水泥、外加剂等)，由项目机械物资部负责按规范规定的批次收集生产许可证及产品出厂合格证(无合格证的材料不得入库)，每周向质量管理部递交一次报告，质量管理部负责存档，机械物资部留一份备查。构成主体工程的地方材料、自生产材料、需复检的外购材料由质量管理部按规范规定的批次、频次取样复检并将结果存档。

7.4 检验方法

施工结束后，检验被加固地基的消除地震液化情况，见表3。

表 3　挤密砂石桩地基质量检验内容

项	序	检查项目	允许偏差或允许值		检查方法
			单位	数值	
主控项目	1	标贯击数	现场实际标贯击数≥临界标贯基数		现场标准贯入试验
一般项目	1	碎石料的含泥量	%	≤5	试验室测定
	2	桩位偏差	mm	≤50	用钢尺量
	3	砂石桩标高	mm	±150	水准仪
	4	垂直度	%	≤1	垂直靠尺检查桩管垂直度

8　安全措施

坚持“预防为主,安全第一”的方针,重视和加强安全施工管理工作,保障施工人员生命安全和施工设备良好运转是工地安全文明施工的重要组成部分,为此必须采取相应措施加强安全管理,编制相应的专项安全技术措施并进行交底。

(1)严格执行《建筑机械使用安全技术规范》(JGJ33—2001)和《施工现场临时用电技术规范》(JGJ46—2005)。

(2)全面执行《安全施工管理制度》实行封闭管理,谢绝与本工程无关人员参观。

(3)严禁一人独立操作桩机,必须在机手到位的情况下方可开机。

(4)进入施工现场必须佩带安全帽,高空作业必须系安全带,不得穿拖鞋登高作业。

(5)严禁无证人员操作桩机及电器设备。

(6)所有用电线路都要通过配电盘,盘内安装防触电保护器。

(7)夜间作业照明灯具总瓦数不少于 1600 W,总照明灯具数量不少于 3 盏。

(8)起、落主塔架时严禁人员在塔架下面过往。指挥人员与辅助人员必须在桩机两侧作业,且指挥人员不得和辅助人员在同一侧面作业。

9　环保与资源节约

施工过程中造成的主要污染包括:水源污染、大气污染、噪声污染、垃圾污染及施工过程中的废弃物对环境造成的污染。

针对本工程的情况和环境要求,项目部在进场的同时,指定具有专业水准的、审查合格的专人负责环保工作,建立环境保护保证体系,成立以项目经理为组长的文明环保施工领导小组,下设文明环保施工办公室,按照“谁施工谁负责”的原则,分解文明施工环境保护控制目标。从生产、生活区域抓起,横向问题找部门,纵向问题找个人的文明施工环境保护网络,进而来保护文明施工环境,保护总体目标的实现。

挤密碎石桩施工施工中产生的污染主要是噪声污染和机械振动污染。而采用静力压桩机施工后大大降低了噪声污染,促进了环境保护。

10　效益分析

挤密砂石桩主要消耗材料为碎石,由于静力压桩法挤密碎石桩施工不需要进行“反插”工序,填料充盈系数在 1.0 左右,与振动沉管法的充盈系数 1.3～1.4 相比,可降低碎石用量。

南水北调潮河项目挤密砂石桩总量约为 5 万 m^3，其中 2.5 万 m^3 为振动沉管法施工，2.5 万 m^3 为静力压桩法施工，节约碎石 0.75 ~ 1.0 万 m^3，从而降低了施工成本，节约了资源。

由于潮河项目地质原因，振动沉管法施工需引入长螺旋钻引孔工序，综合考虑振动沉管法在人工、设备投入，其综合成本为 24 元/ m 左右，而静力压桩机施工综合成本为 20 元/ m 左右。

对比可见，静力压桩法每米综合成本低于振动沉管法，每米降低施工成本 4 元左右。

11 应用实例

11.1 在南水北调中线一期工程潮河段潮河五标中应用

南水北调中线工程潮河段潮河五标位于郑州市中牟县张庄镇附近，设计桩号 SH(3)158 + 200 ~ SH(3)164 + 500，长度 6300 m。地震液化处理为挤密砂石桩处理，其中采用静压施工的有 1 万 m^3，挤密砂石桩直径 600 mm，正三角形布置，桩间距 2 m，桩长 8 ~ 12.0 m，施工完成后经过质量检测，各项指标均能满足设计及规范要求，能够达到消除饱和砂土地震液化危害的效果。

11.2 在南水北调中线一期工程潮河段潮河六标中应用

南水北调中线工程潮河段潮河六标位于郑州市中牟县境内，设计桩号 SH(3)164 + 500 ~ SH(3)172 + 500，长度 8000 m。地震液化处理为挤密砂石桩处理，其中采用静压施工的有 3 万 m^3，挤密砂石桩直径 600 mm，正三角形布置，桩间距 1.8 ~ 2 m，桩长 8 ~ 12.0 m，施工完成后经过质量检测，各项指标均能满足设计及规范要求，能够达到消除饱和砂土地震液化危害的效果。

11.3 在南水北调中线一期工程潮河段潮河七标中应用

南水北调中线工程潮河段潮河七标位于郑州市中牟县、新郑市境内，设计桩号 SH(3)172 + 500 ~ SH(3)179 + 227.8，长度 6728 m。地震液化处理为挤密砂石桩处理，其中采用静压施工的有 2.5 万 m^3，挤密砂石桩直径 600 mm，正三角形布置，桩间距 1.8 ~ 2 m，桩长 8 ~ 12.0 m，施工完成后经过质量检测，各项指标均能满足设计及规范要求，能够达到消除饱和砂土地震液化危害的效果。

（主要完成人：景志鹏　刘振界　乔明荣　王书贵　刘英春）

平原水库大面积库盘铺膜防渗施工工法

中国水利水电第三工程局有限公司

1 前言

南水北调东线鲁北段大屯水库为围坝型平原水库，水库设计蓄水位29.80 m，相应最大库容5209万m^3，水库调节库容4464万m^3。水库围坝坝轴线总长8914 m，水库工程总占地面积9732.90亩。水库库盘采用铺设两布一膜防渗，上、下层各铺设一层针刺无纺长丝土工布，设计规格均为200g/m^2；中间PE膜厚0.5 mm。水库共铺设PE土工膜501万m^2、土工布1002万m^2，为目前国内平原水库最大的水平铺塑防渗工程。

库区渗漏一直是平原水库建设和运行管理中的一大难题，尤其是在工程地质条件较差的冲洪积平原和黄泛平原区兴建的平原水库，水库渗漏以及对周围产生的淹没，不仅造成严重的经济损失，也会影响到库区周围群众正常的生产生活。本工法有效解决了上述问题，截渗效果好，施工工期短，取得了较好的经济效益。该工法关键技术平原水库大面积库盘铺膜防渗施工工艺研究获中国水利水电建设股份有限公司2013年度科技进步三等奖。

2 工法特点

（1）土工膜布分层铺设，流水作业，施工快速，效率高效，且需用人员较少，能够取得较好的经济效益。

（2）土工布缝接、土工膜焊接设备结构简单，操作方便、灵活，易掌握。

（3）施工作业面积大，土工膜焊缝多，土工膜焊接质量须严格控制。

（4）膜下排水排气设施关系到膜下气胀问题能否顺利解决，须严格按照规范施工。

（5）土工膜焊接人员、焊缝检测人员必须经过培训后，持证上岗。

3 适用范围

本工法适用于复合土工膜或土工膜（布）分层铺设进行水平铺塑防渗施工的相关领域，还可用于渠道工程、水库大坝、养殖池、隧道等防水防渗工程，也可用于废料场的防污处理。

4 工艺原理

人工铺设复合土工膜或两布一膜，利用专用焊接设备，将铺设在经平整碾压后的水平基面上的各幅土工膜连接在一起形成完整的防渗层，通过膜下盲沟、逆止阀及膜上覆土压重措施，将膜下产生的气体等通过逆止阀单向排出，从而起到良好的防渗作用。

5 施工工艺流程及操作要点

5.1 工艺流程

工艺流程见图1。

5.2 操作要点

5.2.1 施工准备

5.2.1.1 技术准备

熟悉设计文件及其它相关资料，对施工区域的水文、气象认真调查，编制详细的作业指导书并

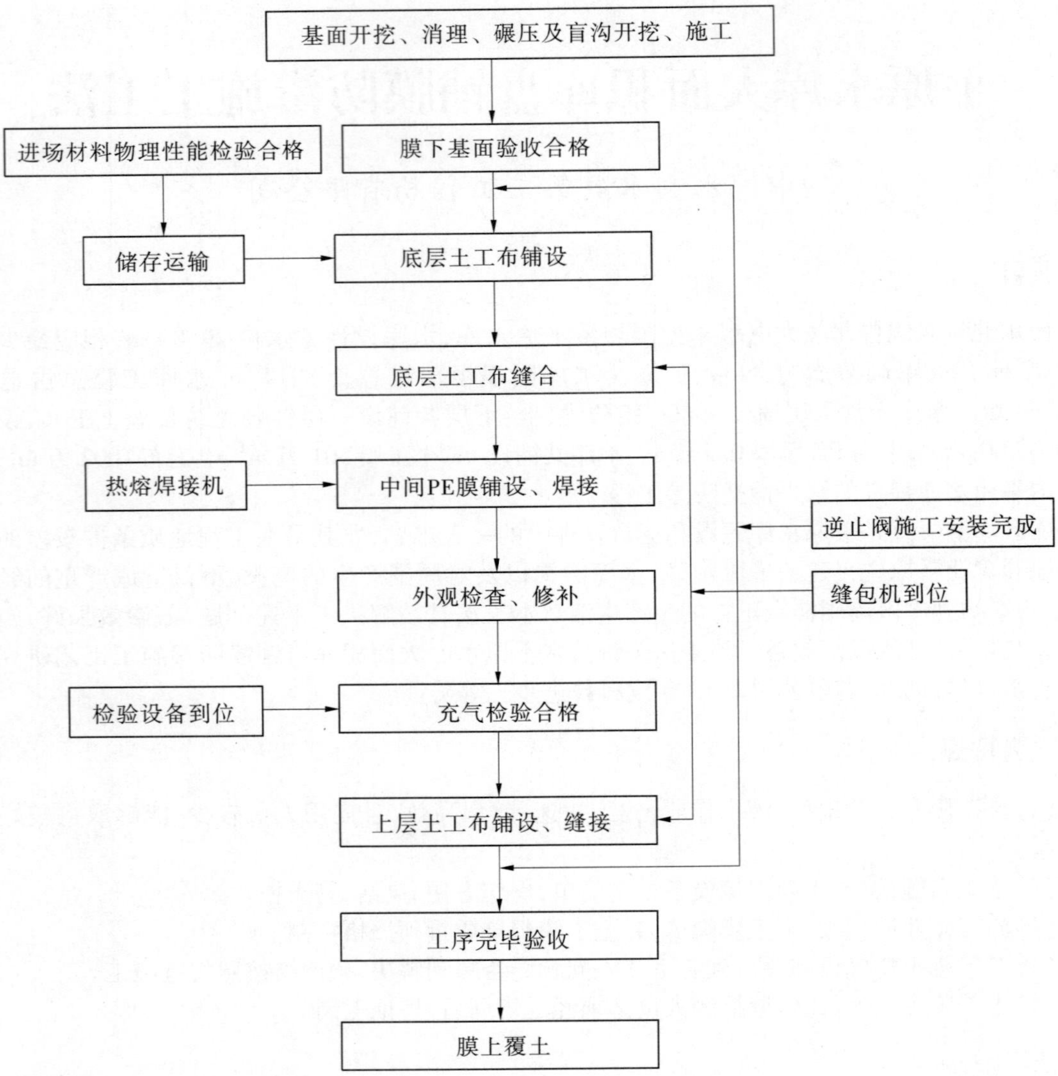

图1　施工工艺流程图

做好施工前的安全技术交底、施工技术培训工作，让所有操作和检测人员都领会各自领域的施工工艺流程和操作要求、技术标准。

所有施工人员，特别是土工膜焊接和质量检测人员，施工前必须进行技术培训和操作考核，考核合格人员持证上岗。

5.2.1.2　原材料检测、试验

施工前，必须确保按进度要求进场充足的材料，且使用前进行以下检测、试验：

(1)出厂报告检测：凡在工程中用到的土工材料，每一批都应具有制造商提供的出厂检测报告原件，注明面积、生产日期、班次和检验员代号。检验时对外包装进行百分之百检查，若发现外包装完全损坏，则应进行外观质量检测。凡原材料出厂检测报告中所标明的试验结果不符合其规定的技术标准时，做退货处理。

(2)内在质量检测：土工材料进库后的验收检验取样批量应按连续生产的同一批次、同一牌号、同一规格、同一工艺的产品，每次取样由供货方、项目部质检部门、监理方和业主方共同进行，各方签字认可有效。

(3)外观质量检测：对所有土工材料摊铺后进行100%的外观质量检测。

(4)现场检测:土工材料在现场焊接前对其外观质量进行检查,检查膜面有无熔点、漏点,留边是否平整无褶皱等,发现质量问题经处理合格后才准予使用。

5.2.2 铺膜基面处理

基面开挖之前对准备开挖的区域进行测量放样,各作业队根据各自土方作业设备确定开挖面,一般宽度不小于三幅膜宽,长度不小于75 m。开挖时测量人员密切配合,严格控制开挖高程及平整度。开挖后用160型推土机推平,人工进行精平后,用8~12t平碾碾压2遍。保证基面干燥平整,自检合格后报监理工程师验收,验收合格后方可进行下道工序。

施工期间排水采取排水沟明排,确保地下水位降低至基面0.5 m以下。施工过程中,注意地面标志物所示的对施工有干扰的埋于地下的各种管、线,提出处理措施,特别要注意排水沟回填处理,库底排水沟等排除积水后,按照筑坝要求分层回填压实。

5.2.3 排水、排气系统

5.2.3.1 盲沟开挖

开挖盲沟前,按照设计断面(30 cm×30 cm)精确放线,撒上灰线。盲沟为75 m×75 m分条设置,在每个逆止阀部位布设测量控制桩,标注逆止阀编号。

用柴油机开槽机进行盲沟开挖(如图2所示),开挖后再按照设计尺寸人工精修。开槽后的土方弃置在沟的边缘,人工将土摊铺在距盲沟边口1 m外的地方,每侧摊铺宽度不小于2 m,然后用平碾单独压平、压实。

5.2.3.2 软式透水管埋设及逆止阀安装

盲沟验收合格后方可进行软式透水管的埋设,先把1.5 m宽、300g/ m^2 的短丝土工布铺设平整,沿盲沟边脚下按,使土工布与盲沟周边靠紧.然后人工回填10 cm厚的粗砂,回填时应注意把砂踩压密实,然后铺设软式透水管,边铺软式透水雪边填第二层砂,确保管体中心与盲沟中心一致,最后人工整平上层砂并人工整平压实。

逆止阀安装前,首先将C20混凝土底座基础人工夯实,再进行混凝土底座及承插管的安装,然后连接四周盲管,回填粗砂至铺膜高程。逆止阀下部的压盘,上部的逆止式排水器及防淤罩由专业厂家进行安装。

5.2.4 下层土工布铺设及缝合

下层土工布采用人工铺设,为了便于拼接,防止应力集中,土工布铺设采用波浪形松驰方式,富余度约为1.5%。摊开后及时拉平,拉开,要求土工布与基础面吻合平整,无突起褶皱。在铺设中,布与布之间接缝的宽度不小于10 cm,土工布铺设单边宽度至少要超过布上土工膜铺设边线50 cm。

土工布采用手提缝包机进行缝合,缝合宽度不小于10 cm。施工时一到二人持布一人缝合,速度适中,所有缝合必须连续进行,不允许点缝,缝合时针距控制在6 mm左右,连接面松紧适度,自然平顺,土工布缝合强度应不低于母材的70%。

5.2.5 PE膜铺设及焊接

下层长丝土工布铺设、缝合完毕,并经联合验收合格后,方可进行土工膜的铺设。

5.2.5.1 土工膜铺设

铺设应在气温5℃以上,风力4级以下,无雨、无雪的天气进行。铺设展开后,检查土工膜外观质量,土工膜不允许有沙眼、疵点杂质,记录并修补出现的机械损伤等缺陷,严重的予以更换。铺设方向沿库区南北方向水平滚铺。

为了便于焊接,防止应力集中,土工膜铺设采用波浪形松驰方式,富余度约为1.5%。摊开后及时拉平,要求土工膜与下层土工布间压平贴紧,避免架空,无突起褶皱。铺设区域为不规则形状时,经丈量其相关尺寸,然后按实际裁切。

为防止大风吹损,在铺设期间土工膜边缘及接缝处均应用沙袋或软性重物压住,直至保护层施工完为止。当天铺设的土工膜应在当天全部焊接完成。

5.2.5.2　土工膜焊接

土工膜焊接采用莱斯特 LST800 土工膜焊接机焊接，采用双轨热熔焊法，其焊缝为两道，并对两端部进行封闭，以便通过对焊缝形成的封闭空间进行密封性测试；接头抗拉强度不低于母材强度；双轨热熔焊机不能到达的部位或其他特殊情况下，可采用热熔挤压焊接。

(1)焊接准备。焊接前应对焊缝结合面进行清理，清除油污、灰土等杂物。焊接部位不得有划伤、污点、水分、灰尘以及其他影响焊接质量的杂质，保证膜面干净。

在正式焊接之前，通常要在现场试焊一条不小于 30 cm×100 cm 的试验小样，搭接宽度不小于 10 cm。根据初定的设备焊接参数进行试焊，然后做撕拉试验，母材被撕裂而焊缝未被撕裂为合格。若检验合格，即可用设定好的焊接参数进行正式焊接；否则，重新调机试焊，直到检验合格为止。一般掌握爬行速度为 2.5～4.0 m/min，试焊温度为 260～350 ℃之间。

(2)土工膜焊接。土工膜焊接工序为调整压力，设定温度、爬行速度，然后装膜入机、启动马达。根据试焊确定的爬行速度和施焊温度进行土工膜焊接，焊接时不许压出死折，焊缝要求整齐、美观，不得有滑焊、跳走现象。确保纵横向焊缝接缝处应成“T”字型，错缝间距大于 50 cm，不得采用“十”字型接缝。焊缝间留有 10 mm 的空腔，用于检查焊缝质量。

(3)修补。焊接时，必须及时将已发现破损的土工膜裁掉，并用热熔挤压法焊牢。对土工膜破损部位修补后，另于其上铺设一层各边长度均大于破损部位 1 m 以上的合格土工膜，并做好相关记录。

5.2.5.3　土工膜焊接质量控制

(1)焊缝外观检查、补焊。每道焊缝焊接完成后，需对焊缝进行外观检查：搭接宽度、焊缝宽度和两焊缝间空腔宽度，焊缝应平整美观、顺直平顺，焊缝轮廓明显，成透明玻璃态，无烫伤、气泡、虚焊漏点。如发现问题，用记号笔做好记号，并立即用热熔风枪进行补焊。

(2)焊接质量检验。土工膜充气检验前，将土工膜焊接区域起始端、终止端各不小于 5 cm 范围内，用热熔风枪烤至软化后粘贴密实，使焊接区域土工膜空腔成为一个封闭的充气区，以便于充气检验。

待焊缝封堵起始端、终止端温度完全冷却后在双焊缝间空腔处缓慢插入针头，针头应保持平行于土工膜，并不得晃动针头，以免扩大针眼。充气检验时，不要人为摁住或扰动针头，当发现针头处漏气时，可用 502 胶或 AB 胶封堵针眼部位。检测完成后，针眼处用焊枪热熔封堵。

当土工膜空腔内气压达到 0.12 MPa 后，开始记录时间，保持 180 s，压力无明显下降即为合格。当充气检验不合格时，及时检查和补焊。

(3)现场检测规定。检测完毕后，应立即对检测时所有的充气打压穿孔全部用挤压焊接法补堵。对质检不合格处应及时标记并补焊。对虚焊、漏焊的接缝应及时补焊，并应对补焊部位进行真空检测。质量检验应随施工进展进行，检验合格后方可进行下道工序。

(4)隐蔽部位的验收。在上层土工布铺设前，按合同或规范的相关规定和质量检查内容，由联合验收小组进行验收。土工膜焊接好后，进行覆盖保护，避免阳光直晒，以防受损。

5.2.6　上层土工布铺设及缝合

本工序与下层土工布铺设与缝合要求一样，但铺设完成后应注意周边的保护，保护方式为两层土工布一起卷好至膜边口，上面在用彩条布等覆盖，上面每 10 m 放置一砂袋或软性重物压住。当天铺设的膜当天完成拼接，裸露时间不得超过 48 h。

5.2.7　膜上覆土

水平铺塑膜上覆土设计图纸要求原状不小于 0.9 m 的原状土回填至膜上，根据试验结论一般膜上实际覆土厚度约为 1.05 m 厚。库底土方挖填采用“倒土”方式施工，开挖时将 23 m 宽度区块分为2半，数台挖掘机同时施工，分别将开挖土方甩至相邻施工区块处，然后铺设土工材料，铺设完毕后，采用挖掘机将相邻施工区块的土方"倒土"回填至铺设膜、布区域，依次循环进行下个施工区块的施工，待膜上覆土厚度达到设计要求后，推土机平整并用8~12T平碾碾压2遍。

6 主要施工人员及设备配置

6.1 施工人员

现场技术员10人，质检员3人，测量员2人，焊工8人，铺设及辅助人员70人，机械驾驶员100人。

6.2 主要施工设备

主要机具设备和检验仪器见表1。

表1 主要机具设备和检验仪器

设备名称	型号或规格	单位	数量	说明
热熔焊接爬行机	LST800	台	8	两台备用
手持缝包机	GK9-8	台	8	两台备用
热熔风枪	5001型	台	8	两台备用
电火花检测仪		台	1	
真空检测仪		台	1	
充气测压装置	打气筒+压力表	套	8	两套备用
秒表		块	8	
自卸车	5 m^3	辆	20	
挖掘机	DH300	台	25	
推土机	SD160型	台	8	
铲运机	2.75 m^3	台	20	
平碾	8~12 t	台	3	

7 质量控制

7.1 工程质量控制标准

质量控制执行以下标准：

《土工合成材料应用技术规范》GB50290—98；

《水利水电工程土工合成材料应用技术规范》SL/T225—98；

《土工合成材料 聚乙烯土工膜》GB/T17643—1998；

《长丝纺粘针刺非织造土工布》GB/T17639—2008；

《土工合成材料短纤针刺非织造土工布》GB/T17638—1998；

《聚乙烯(PE)土工膜防渗工程技术规范》SL/T231—98；

《土工合成材料测试规程》SL/T235—1999；

《水利水电工程施工质量检验与评定规程》SL176—2007；

《水利水电建设工程验收规程》SL223—2008。

7.2 质量保证措施

(1)严把质量关，进场后取样进行检测，不合格的土工膜严禁使用，必须清出施工现场。

(2)土工膜焊接施工前应先进行工艺试验，取得焊接机械的行走速度、控制温度等参数后才能进行施工。

(3)土工膜应剪裁整齐，保证足够的拼结宽度。当施工中出现脱空、收缩起皱及扭曲鼓包等现象时，应将其剔除后重新进行拼结。土工膜与基础面应压平贴紧，避免架空，清除气泡，以保证安全。

(4)空气湿度超过60%、气温低于5℃时，会严重影响焊接或粘接质量，严禁进行施工。

(5)焊接时，严禁施工人员直接踩踏在土工膜上。用木板或梯子放在斜坡上，施工时人员站在木板上施焊；要采取有效措施防止机械损伤已铺设完成的土工膜。

(6)土工膜拼结好后，必须妥善保护，避免阳光直晒，以防受损。对施工过程中遭受损坏的土工膜，应及时进行修补。

(7)焊接过程中，要保持膜面的清洁，各种杂物、灰尘等必须清除干净，水渍要用干净抹布擦净，保持膜面干燥。

(8)土工膜焊接过程中，两幅土工膜搭接的宽度要保持一致且要保持平顺，两侧的膜面土工布要卷至焊机行走轨迹之外，防止焊机在行走过程中因出现折卷、缠绕现象而造成膜面烫伤。

(9)膜面上下层土工布的缝合。土工布搭接部位缝合线要平直，针脚要均匀。缝合时确保没有泥土夹在土工布中。

8 安全措施

8.1 施工中须认真执行以下安全生产法规：

(1)《中华人民共和国安全生产法》；

(2)《中华人民共和国消防法》；

(3)《生产安全事故报告和调查处理条例》；

(4)《工伤保险条例》；

(5)《安全生产事故隐患排查治理暂行规定》；

(6)《特种作业人员安全技术培训考核管理办法》。

8.2 安全保证措施

库盘防渗铺膜施工中，始终贯彻“安全第一、预防为主”的方针，不但要确保施工中的人身及机械设备的安全，还要确保土工合成材料不受损伤。针对本工程特点，将采取以下措施来确保现场安全文明施工：

(1)做好日常安全管理工作，施工班组每天召开班前安全会，专职安全员每天巡检。

(2)进入施工现场的人员必须正确戴好安全帽，按照作业要求正确穿戴个人防护用品，着装整齐。不得穿硬底和带钉、易滑鞋，严禁穿拖鞋、高跟鞋或赤脚进入施工现场。

(3)定期对发电机、焊膜机及缝合机等设备进行安全检查和检测，无隐患后方能投入工作。

(4)铺膜施工现场严禁吸烟和动用明火，严禁携带火种进入材料仓库，仓库及施工现场配备灭火器。

(5)机械设备坚持每日一检制度，确保运行正常，施工时严格按照操作规程进行施工机械的操作，注意行车安全，夜间施工照明必须充足。

(6)炎热季节施工采取防暑降温措施，合理安排作业时间，以免发生人员中暑。

9 环保措施

严格按照环境管理体系 GB/T24001 - 2004 - ISO14001:2004 和工程招标文件对环境保护及水土保持工作的要求，在工程施工过程中遵守国家有关环境保护的法律、法规、规章，切实做好环境保护工作，防止由于工程施工造成施工区附近地区的环境污染和破坏。

(1)现场材料、机具一定按指定的地点摆放，保证安全通道畅通。

(2)现场施工人员佩戴胶皮手套，以防烫伤。

(3)搞好宣传教育工作，争创文明施工、文明队伍的良好形象。

(4)施工完毕要对现场进行清理，做到“工完料净场地清”。

(5)选用符合国家有关标准的施工机具，尽量选用噪声低的施工机械和工艺，加强设备的维护和保养，防止非正常运转噪声。

(6)对施工场地道路进行硬化，并在晴天经常对施工通行道路进行洒水，防止尘土飞扬，污染周围环境。

10 效益分析

(1)人工铺设复合土工膜或两布一膜防渗效果好，能够保证施工质量和设计使用年限，提高效益。

(2)膜下采用排水排气盲沟和逆止阀措施，能够保证膜下产生的气体及时排出。

(3)设备结构简单，土工布铺设及缝接，土工膜铺设、焊接及焊缝气压检测操作易掌握，机械设备使用费用不高。

(4)施工组织安排合理，工序间衔接紧凑，劳动强度低，人工投入少，节省劳力资源。

11 应用实例

(1)南水北调东线第一期工程鲁北段大屯水库工程，位于山东省德州市武城县恩县洼东侧，属围坝型平原水库，设计最高蓄水位 29.8 m，相应最大库容 5209 万 m^3。水库总占地面积 9732.9 亩，围坝大致呈四边形，坝轴线总长 8914 m。其库盘采用分层铺设两布一膜防渗：上、下层各铺设一层针刺无纺长丝土工布，设计规格均为 $200g/m^2$；中间 PE 膜厚 0.5 mm。大屯水库共铺设 PE 土工膜 500 万 m^2、土工布 1000 万 m^2，是目前国内采用水平铺塑防渗的最大的平原水库。针对大屯水库土工膜铺设面积大，地下水埋藏较浅的特点，大屯水库设计采用排水排气盲沟、逆止阀及压重组合措施。土工膜下排水排气盲沟间距为 75 m，矩形布设，盲沟尺寸为 30×30 cm，盲沟内布设一条 Φ10 cm 的软式透水管，管周回填粗砂，粗砂外包一层 $300g/m^2$ 的短丝土工布。每隔一个盲沟交点部位设一处逆止阀，间距 150 m，矩形布设。库盘土工膜上覆土压重厚度不小于 0.9 m。大屯水库通过人工铺设土工膜布，通过精心组织，合理安排，流水作业施工，取得了良好的质量及经济效益。

(2)山西引黄工程北干线金沙滩水库位于山西省怀仁县新家园乡尚希庄村桑干河支流的石头河左侧，该水库为半挖半填型，碾压均质土坝，采用复合土工膜全库盆防渗，坝轴线总长 3992.60 m。主要合同工程量：土方明挖 448.27 万 m^3/s，土石方填筑量 430.04 万 m^3/s，混凝土浇筑 7.02 万 m^3/s，砌石 8.10 万 m^3/s，坝基素土挤密桩 142.4 万 m，复合土工膜铺设 106 万 m^3/s。

(3)山东临清市城南水库库址位于尚店镇洼里村西北，利用现有废弃窑坑扩挖建设。水库总占地面积约计 995.3 亩。库底设计高程 29.5 m，最高蓄水位 44 m，地面以上蓄水深度为 7.5 m，总库容 580 万 m。水库围坝坝轴线总长度为 2733 m，平均坝高 9 m，围坝为复合土工膜防渗体土坝，全库底采用复合土工膜防渗。入库泵站位于围坝东南角，泵站设计流量 6.4 m^3/s；出库泵站位于围坝东北角，库水经坝下涵洞进入出库泵站进水池，设计出库流量 0.43 m^3/s。

（主要完成人：王林勇　李靖　王金超　佡红　张茂勇）

大型圆筒阀现场组装和安装工法

中国水利水电第十四工程局有限公司

1 前 言

阿海水电站位于云南省丽江市玉龙县（右岸）与宁蒗县（左岸）交界的金沙江中游河段，为金沙江中游河段水电规划八个梯级电站的第四级，上游与梨园水电站衔接，下游为金安桥水电站。本工程开发任务以发电为主，电站建成后有利于库区航运和旅游等发展，促进当地经济、社会发展。电站坝址距丽江市公路里程有 130 km、昆明市公路里程有 636 km、攀枝花市公路里程有 299 km。

阿海电站属于大型一等工程，主要建筑物为一级，是以发电为主，兼顾防洪、灌溉等综合利用的水力水电枢纽工程。枢纽建筑物主要由挡水大坝、坝后厂房、左岸溢流表孔及消力池、左岸泄洪（冲沙）底孔、右岸排沙底孔、坝后主厂房、副厂房等组成。

电站采用单机单管引水，管径 10.5 m。主厂房尺寸为 275 m × 29 m × 83 m（净空长 × 宽 × 高），从左至右依次布置副安装间（下部为集水井）、主机段、安装间及卸货间。电站装有 5 台单机容量为 400 MW 的混流式水轮发电机组，总装机容量为 2000 MW，额定水头 77 m，额定转速 88.2 r/min，转轮公称直径 7650 mm。

阿海电站圆筒阀阀体分 2 瓣到货，在现场进行组装，组装后总重量 123.42 t。圆筒阀阀体外径 Φ10004 mm，阀体高度 2633.5 mm，利用 6 个操作油压为 6.3 MPa 的接力器进行控制，同步控制方式为电液式。接力器行程 2563 mm，Φ390 mm、Φ360 mm 接力器各 3 个，对称间隔布置，对称的两个接力器为一组。

随着我国水电事业的发展，圆筒阀作为一种新型的水轮机进水阀，性能和作用更优。圆筒阀装设在水轮机活动导叶和座环固定导叶之间，具有结构紧凑、重量轻的优点。圆筒阀全关时，密封性能较好，多泥沙电站，对停机时导水机构免受间隙空化、泥沙磨损起到了较好的保护作用。当调速器或导水机构失灵时，可进行动水关闭，具有关闭时间短等优点，可以较好的保护机组。继漫湾电站、小湾电站圆筒阀的运用成功后，圆筒阀被广泛的运用于大型水电站。为了适应这样的形势变化，研究大型圆筒阀现场组装和安装工艺是十分必要。本文就阿海水电站圆筒阀的现场组装和安装为例，总结出圆筒阀在现场组装和安装的施工工法，为以后水电站现场组装和安装圆筒阀提供指导和借鉴。

2 工法特点

（1）在安装间专用工位进行分瓣圆筒阀的组装，在直径为Φ9800 mm 的分布圆上均布 8 个高度为 400 mm 的钢支墩（低支墩），在每个钢支墩上摆放成对楔子板并调平，将 2 瓣筒阀吊放在支墩上组合。设置钢支墩和楔子板，方便分瓣筒阀的组装和焊接。

（2）分瓣筒阀组合缝封焊完成后，利用筒阀运输内支撑作为圆度调整工装，降低施工成本。

（3）在组合完成的筒阀内部，在直径为Φ8500 mm 的分布圆上均布 8 个高度为 1200 mm 的钢支墩（高支墩），其上摆放成对楔子板并调平。顶盖预装完成、与座环把合面的定位销孔钻铰完成后，将顶盖吊出机坑并套入筒阀内，最终将顶盖落放在高支墩上，与筒阀进行预装。在安装间专用工位进行筒阀 + 顶盖的预装，大大减少了因筒阀在吊装过程中的变形量，保证了施工质量。

（4）依次吊装 6 个筒阀接力器并摆放在顶盖上安装位置，用临时油压操作系统将接力器活塞杆伸出并落入筒阀连接孔内，用超级螺母临时固定。

(5)用临时油压操作系统控制6个接力器活塞杆的起落，并通过临时油压操作系统进行6个接力器的同步性控制，提高了预装工作的效率，减少了施工人员的投入，压缩了预装时间，保证了施工质量。

(6)筒阀+顶盖在安装间的预装工作完成后，拧紧超级螺母，用临时工装可靠固定6个接力器。用专用吊具将筒阀+顶盖联合吊入机坑进行预装。筒阀+顶盖联合在机坑内预装，预装工效高，且能保证整体预装质量。

(7)筒阀+顶盖吊入机坑预装，调整筒阀和顶盖与底环的同心度满足要求，测量导叶总端面间隙并记录。用临时油压操作系统控制6个接力器，经多次的上下全行程起落筒阀，反复测量筒阀导向槽与座环固定导叶间的间隙值，取最优的一组数据作为导向板的配刨数据。

在筒阀下落时，使筒阀底边距底环上抗磨面有10 mm的间隙，有效的使筒阀处于自由状态，确保筒阀在自由状态下测量其与固定导叶间的间隙，并有一定空间对筒阀水平进行微调，避免了因6个接力器不同步而造成筒阀倾斜，影响间隙测量的准确性，保证了施工质量。

(8)筒阀+顶盖预装完成后，联合吊出机坑，摆放在专用工位钢支墩上。在导向板配刨和安装完成后，再次将筒阀+顶盖联合吊入机坑，进行正式安装。

3 适用范围

本工法适用于大型水电站圆筒阀现场组装和安装工程。

4 工艺原理

圆筒阀组装采用低支墩和成对楔子板、用运输内支撑作为调整工装，降低了施工难度和劳动强度，提高了施工效率，保证了施工安全，降低了施工成本。

圆筒阀+顶盖在安装间预装时，采用高、低支墩配合，用临时油压操作系统控制筒阀接力器的起落和6个接力器的同步性，使圆筒阀悬空和处于自由状态时，测量顶盖与圆筒阀的同心度，确保了测量数据的真实性，保证了施工质量。

圆筒阀+顶盖在机坑内预装时，用临时油压操作系统控制筒阀接力器的起落和6个接力器的同步性，下落时使筒阀底边距底环上抗磨面有10 mm的间隙，使圆筒阀处于自由状态，经多次起落，多次测量圆筒阀导向槽与座环固定导叶间的间隙，以最优的一组测量数据为依据，精确计算圆筒阀导向板配刨数据，提高了圆筒阀预装的有效性，保证了圆筒阀的安装质量，减少了施工成本。

5 施工工艺流程及操作要点

5.1 圆筒阀组装

5.1.1 阀体组装

1、拼装准备

圆筒阀阀体分2瓣到货，到货后摆放在露天堆放场，如图1所示。

分瓣圆筒阀阀体运输至现场后，对阀体分辨组合面及螺孔进行全面清扫、除锈、去毛刺和修磨高点；全面清洗阀体分辨面的组合螺柱、特殊螺母、特殊垫片、销，试配销及螺栓并标记，确保装配中能顺利穿入。

根据圆筒阀阀体图，在安装间ϕ9800 mm的地样圆上均布8个钢支墩及8对楔子板并调整楔子板上平面水平在2 mm以内。对圆筒阀组合缝待焊接部位及周边50 mm范围内的铁锈、油污、水分及保护性油漆进行清除，直至露出金属光泽。

2、阀体组装

图 1　摆放在堆放场的分瓣圆筒阀

在阀体运输支架未拆除的情况下，分别将阀体的各瓣吊放在支墩楔子板上，用千斤顶和楔子板粗调各瓣阀体上平面的水平，使阀体上平面的水平度≤0.03 mm/ m。两瓣圆筒阀的组合如图 2、图 3 所示。

图 2　两瓣圆筒阀组合（一）

图 3　两瓣圆筒阀组合（二）

逐个旋入组合螺栓和销子，利用桥机配合，使两瓣阀体组合面靠拢，调整组合面螺栓和销子对正孔后缓缓穿入组合螺栓和销子，如图 4 所示。

检查并调整阀体组合缝错牙至满足要求后，将两瓣阀体初步对称拧紧。螺栓全部把紧后，组合面间隙不大于 0.05 mm，允许有局部间隙，但用 0.10 mm 塞尺检查，深度不得超过组合面宽度的 1/3，总长不得超过周长的 20%。

阀体组合后，用千斤顶和楔子板精调阀体上平面的水平，使阀体上平面的水平度≤0.02 mm/m。用扭矩扳手对称把紧组合螺栓，把紧力矩 3200 N·m，误差不超过设计值的 ±10% 并记录。组合螺栓全部把紧后，分上下两圈测量圆筒阀外圆圆度，并计算阀体垂直度。

3、圆筒阀内支撑割除

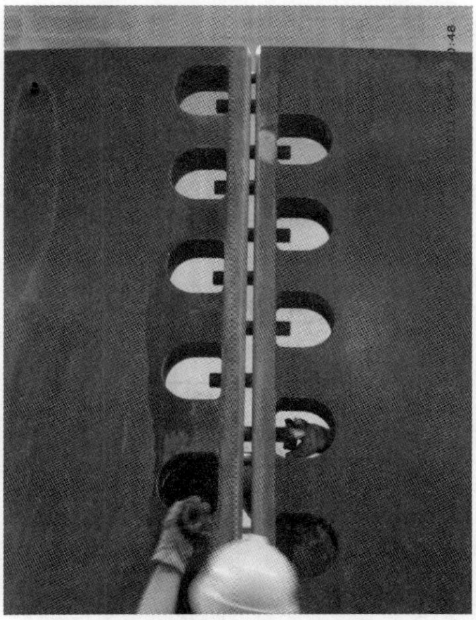

图4　两瓣圆筒阀组合(三)

在圆筒阀外壁轴线方向架设百分表,检测内支撑割除过程中,圆筒阀的变化情况。割除支撑前,用千斤顶和槽钢对支撑进行固定,牢固后进行支撑割除。利用割枪进行割除,与阀体基础部位割除时预留 5 mm,最后进行打磨处理,避免损伤母材。割除完成后,测量圆筒阀外圆圆度,并计算阀体垂直度。若圆度超标,则利用内支撑和千斤顶进行圆度调整直至符合要求。若圆度符合要求,准备圆筒阀焊接。

5.1.2　阀体焊接

圆筒阀焊接采用手工电弧焊,焊材为 J507 和 A307 两种焊条,规格为φ3.0 mm、φ4.0 mm 两种,圆筒阀组合缝处焊缝从顶部内侧向下 70 mm 范围和顶部的区域,以及从底部两侧向上 50 mm 范围和底部的区域采用 A307 焊条进行焊接,其余区域采用 J507 焊条进行焊接,焊接规范如表 1 所示。焊接过程中,在圆筒阀内圆均布 4 块百分表,避开焊缝位置和加热区域。在焊接过程中根据变形量随时调整焊接顺序,将圆筒阀的焊接变形量控制在允许范围内。

焊条在使用前严格按照说明书要求进行烘干,J507 焊条烘焙温度为 350℃,时间为 1 ~ 2 小时,A307 焊条烘焙温度为 250℃,时间为 1 小时,使用时放在保温筒内随用随取。

表1　筒阀组合缝焊接规范

J507	焊条直径(mm)	焊接电流(A)	焊接电压(V)	焊接线能量(kJ/cm)
平焊/横焊	3.2	90 - 130	20 ~ 24	≤40
仰焊/立焊	3.2	70 - 110	20 ~ 24	≤40
平焊/横焊	4.0	130 - 190	20 ~ 24	≤40
仰焊/立焊	4.0	110 - 170	20 ~ 24	≤40
A307	焊条直径(mm)	焊接电流(A)	焊接电压(V)	焊接线能量(kJ/cm)
平焊/横焊	3.2	80 - 120	20 ~ 24	—
仰焊/立焊	3.2	70 - 110	20 ~ 24	—

焊接前采用电加块对焊缝预热至 100 ℃。由两名焊工同时对称焊接,先焊接外侧筒体焊缝,再焊内侧焊缝。在每侧坡口将焊缝全长等分为六段,从中间开始进行多层、多道、分段、退步焊接。当

外侧焊缝打底焊至坡口深度的 2/3 后，进行内侧焊缝的焊接，直到全部焊接完成。

焊接过程中严格控制层间温度，采用 J507 时，焊接区域≤250 ℃；采用 A307 焊接时，焊接区域≤150 ℃。焊接采用多层多道焊，每层厚度应小于 5 ~ 6 mm，且每层接头错开 30 ~ 50 mm；焊缝要求窄道焊，每道熔敷金属表面宽度小于 12 mm。每焊完一道，清渣一次并检查，如发现缺陷及时清除、修补再作检查。阀体组合缝焊接完成立即进行 120 ℃ ×2 小时后热消氢处理。筒阀组合缝焊接顺序如图 5 所示。

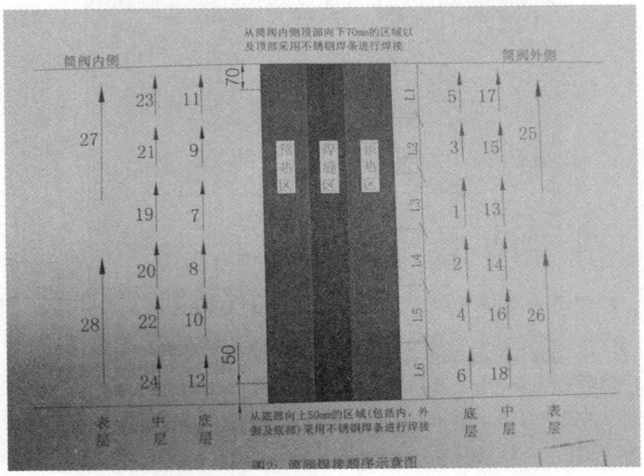

图 5　筒阀组合缝焊接顺序

组合焊缝打磨光滑后进行 100% 目视检查、100% PT 和 100% UT 检查。合格后，复查阀体组合螺栓的预紧量和圆筒阀圆度，计算阀体垂直度，合格后点焊锁固连接螺母。对阀体分辨面组合缝两侧的螺栓预紧通孔用圆板进行封焊。焊接时，薄板在阀体内侧，厚板在阀体外侧。焊后将焊缝表面打磨光滑，作 100% PT 检查。

圆筒阀组合缝的预热和焊接如图 6 所示。

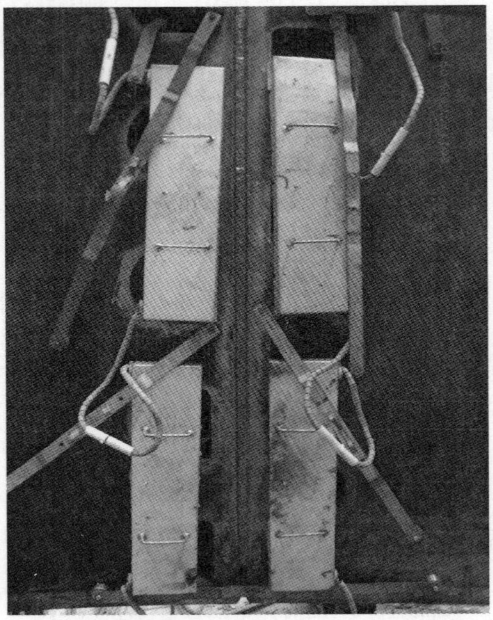

图 6　圆筒阀组合缝的预热和焊接

5.1.3　螺栓孔封堵板焊接

圆筒阀组合缝焊接完成后进行 PT 检测，合格后再次打紧连接螺栓，接着进行连接螺栓孔封堵板的组装、点焊和焊接工作。螺栓孔封堵板的点焊如图7、图8所示。

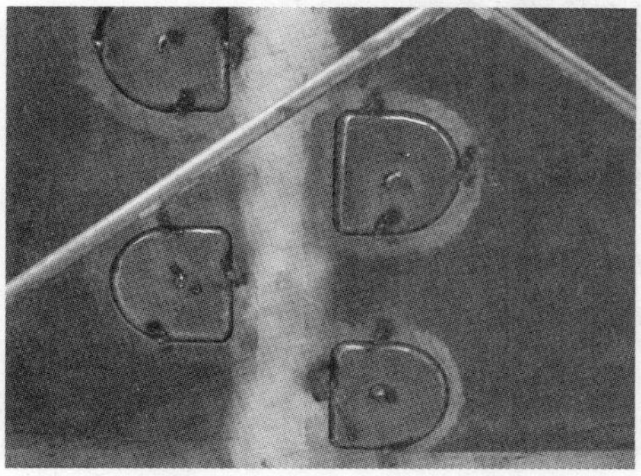

图7　螺栓孔封堵板的点焊(一)

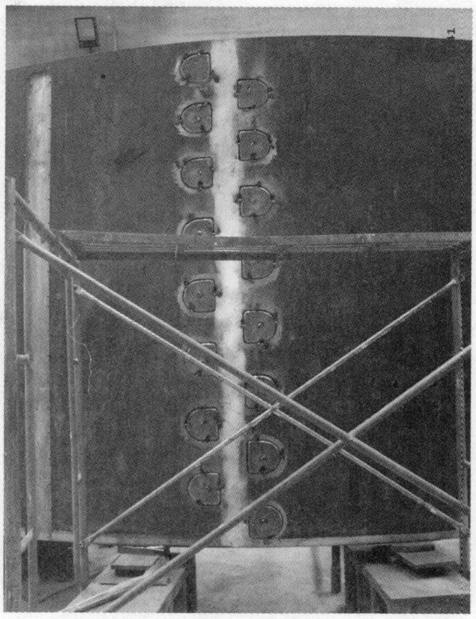

图8　螺栓孔封堵板的点焊(二)

5.2　圆筒阀套装

5.2.1　圆筒阀接力器试验

接力器运至现场后,对接力器进行动作试验和压力试验,如图9所示。利用压力油泵操作接力器由全关至全开、全开至全关,接力器动作平稳、灵活、不发卡;各接力器行程与设计行程偏差≤1 mm。操作压力油泵对接力器前后腔体分别进行压力试验,试验压力9.45 MPa,保压30 min,无渗漏。

图9　接力器动作试验和压力试验

5.2.2　圆筒阀接力器垂直度测量

调整顶盖水平≤0.02 mm/m,测量位置为接力器安装位置,吊装接力器至安装位置,操作接力器至全开状态,悬挂钢琴线按照相互垂直的两个方向分别测量接力器活塞杆垂直度≤0.10 mm/m,不合格要求时,对接力器安装面进行打磨,直至满足要求。完成吊下接力器,准备进行圆筒阀套装。

5.2.3　圆筒阀套装

组装和焊接完成后的圆筒阀如图10所示。

图 10　组装和焊接完成后的圆筒阀

圆筒阀组合后的各项尺寸测量完成并符合要求后，割除内支撑并用桥机吊出。在顶盖套入圆筒阀前，在圆筒阀内ϕ8500 mm 的地样圆上均布 8 个 1200 mm 高的钢支墩及 8 对楔子板并调整楔子板上平面水平在 2 mm 以内，准备进行顶盖的套装。套入顶盖前的圆筒阀和顶盖支墩布置如图 11所示。

图 11　套入顶盖前的圆筒阀和顶盖支墩布置

吊装顶盖，按照方位落至钢支墩上，如图 12 所示。调整顶盖水平≤0. 02 mm/m。利用 6 根自制的两头带 m80 丝牙的圆钢，通过圆筒阀手动锁定螺栓孔及锁定块稍微提升圆筒阀，调整圆筒阀水平≤0. 02 mm/ m，调整圆筒阀与顶盖的同心度≤0. 50 mm。轻轻打紧楔子板，松开锁定块，使圆筒阀处于稳定状态。

5. 2. 4　接力器安装

顶盖套入筒阀预装后，进行接力器安装，如图 13 所示。分别吊装 6 个接力器至安装位置，调整接力器与圆筒阀接力器孔同心，操作接力器往开的方向动作，利用超级螺母连接接力器与圆筒阀，超级螺母安装如图 14 所示。利用临时工装压板和连板固定接力器，用压力油泵操作接力器稍微提升圆筒阀，使筒阀处于悬空状态，复测圆筒阀与顶盖同心和接力器活塞杆垂直度，合格后提升圆筒阀至全开位置，用手动锁定螺栓锁定圆筒阀牢靠，进行接力器与顶盖销钉钻铰和连接螺栓号孔。吊开接力器，功钻接力器与顶盖连接螺栓孔，并利用销钉定位回装接力器。

5. 3　圆筒阀预装

吊装顶盖与圆筒阀至机坑进行圆筒阀的预装工作，如图 15、图 16、图 17 所示。此时导水机构

图 12　顶盖套入圆筒阀内预装

图 13　圆筒阀接力器安装

图 14　超级螺母安装

已预装完成。用销钉定位吊装顶盖到位。利用压力油泵操作接力器动作圆筒阀将近全关位置，距离底环抗磨面约 10 mm 位置，使圆筒阀处于自由状态，调整筒阀水平，用塞规和塞尺分上、中、下分别测量圆筒阀导向槽与固定导叶之间间隙并记录。测量完成后，提升圆筒阀约 500 mm 高，再下落，反复进行全开全关动作和测量间隙。

图 15　圆筒阀 + 顶盖联合吊装(一)

图 16　圆筒阀 + 顶盖联合吊装(二)

图 17　圆筒阀 + 顶盖联合吊装(三)

5.4　圆筒阀导向板厚度计算及安装

5.4.1　圆筒阀导向板厚度计算

对圆筒阀预装时圆筒阀导向槽与固定导叶之间间隙多次测量数据进行分析,选取一组上下间隙均匀的数据计算圆筒阀导向板厚度。圆筒阀与固定导叶间隙设计 1.2(0 ~ +0.4) mm,计算圆筒阀导向板厚度时按照 1.4 mm 间隙进行预留。每条导向板均有两块铜板组成,为了保证上、下两块导向板之间没有错台,计算时使上一块的下部与下一块的上部厚度一致。导向板计算公式如下。

上导向板上部厚度 = 上部实测间隙 - 1.4 mm;

上导向板下部厚度 = 中部实测间隙 - 1.4 mm;

下导向板上部厚度 = 中部实测间隙 - 1.4 mm;

下导向板下部厚度 = 下部实测间隙 - 1.4 mm。

5.4.2 圆筒阀导向板安装

圆筒阀导向板按照计算厚度配刨完成后按照编号安装导向板,安装前对导向板进行复测,确保厚度无误后,开始安装导向板。将侧向调节螺栓先安装在导向板上,将导向板从筒体下部穿入,导向板下部用螺栓与筒体固定。将圆筒阀下放到关闭位置,顶紧导向板侧向调节螺栓后把紧固定螺栓,固定螺栓安装前涂乐泰胶277,配钻销钉孔及打入销钉,销钉装前涂乐泰胶680,安装完成后销钉孔与螺钉孔涂环氧树脂封口,并打磨光滑。检查同一条导向条两块导向板接头处错台应≤0.10 mm,否则应进行打磨,保证光滑过渡。导向板安装完成,进行筒阀 + 顶盖的安装准备,如图18所示。

图18 导向板安装完成和进行正式安装准备

5.5 圆筒阀密封安装

利用圆筒阀密封装拆工具按照设备厂家给定的编号安装上下密封圈和密封压板,密封圈长度根据实际安装长度配割,接头缝斜接并粘结牢固。把合固定螺栓前涂乐泰胶277,把紧螺栓后涂环氧树脂封口并打磨光滑。检查上、下密封凸出底环抗磨面和顶盖抗磨面高度应符合设计要求,确保圆筒阀密封有足够的压缩量,保证圆筒阀的密封效果。

5.6 圆筒阀安装

待活动导叶和转轮主轴安装到位后,吊装顶盖与圆筒阀进行圆筒阀安装,如图19所示。

利用销钉定位,安装顶盖到位,把紧顶盖与座环连接螺栓。为了复核检验圆筒阀导向板与固定导叶间隙,利用压力油泵操作接力器动作圆筒阀将近全关位置,距离底环抗磨面约10 mm位置,使圆筒阀处于自由状态,调整圆筒阀水平,测量圆筒阀导向板与固定导叶间隙并记录。测量完成后,提升圆筒阀500 mm高,再下落,反复测量,检查间隙应符合设计要求。符合要求后,提升圆筒阀至全开位置,用手动锁定螺栓进行锁定。

6 材料与设备

为保证本工法的顺利进行,投入的设备和材料如表2所示:

图 19　筒阀+顶盖吊入机坑进行正式安装

表 2　设备和材料表

设备名称	规格	数量	设备名称	规格	数量
汽车吊	75 t	1	求心器	自制	1
平板拖车	40 t	1	楔子板 250×150×18	斜度 1:40	30
逆变焊机	松下 400A	4	千斤顶 50 t/32 t/16 t		各 10
气刨焊机	熊谷 630A	1	油泵		2
磨光机Φ180/Φ150		各 5	液压磁力钻		2
内径千分尺	150～6000 mm	1	磁力钻		2
水准仪(配套测微仪)	NA2	1	远红外加热设备	含电脑温控仪 DWK－A－360KW	2
百分表	10 mm/5 mm	10	远红外焊条烘箱	YGCH－G－60	2
空压机	0.9 m^3	1	超声波探伤仪	CT－22A	1
框式水平仪	200 mm	1	扭矩扳手	厂家提供	1
手动叉车	2 吨	2	700/150 t 桥机		1
组装用钢支墩	自制	20	依维柯		1
铟钢尺	2 m	1	大巴车		1
塞尺	300 mm	2	圆钢	Φ80 mm	4

7　质量控制

(1)严格履行合同的质检职责,设立专职质检员,对施工过程进行全面质量控制,严格按照施工工艺卡进行施工。质量验收执行“三检制”，严把工序质量关，当发现工程质量不合格时，应及时采取纠正措施，时限进行纠正，指派专人进行纠正结果的验证，杜绝不合格产品进入下道工序。

（2）遵照合同相关条款规定，详细作好质检记录，编写质检报表，并定期向监理工程师及设备厂家提交质量自检报告。

（3）增强施工人员质量意识是提高施工质量的关键，各级质检员应具备高度责任感，严格控制每一道工序的施工质量，对存在问题应查明原因，及时提出质量修正措施和处理意见，经相关技术负责人确认后组织实施。

（4）施工前，加强对施工准备工作及施工条件的检查，确保施工项目能够顺利开展。

（5）每项工程施工前，由工程技术管理科组织施工人员进行技术交底，详细解释施工方案、采用的施工工艺、注意事项、施工图纸、监理通知、技术规程、规范标准等，检查施工人员对施工工艺的掌握情况。对于关键工序，进行现场技术交底，指派专人进行全程旁站、跟踪。

（6）重视施工外观质量控制，做到实体质量和外观质量两手抓，切实做到“外美内实”。

（7）重视施工产品的成品保护，避免重复施工。

（8）坚持特种作业人员持证上岗制度，具备有效的特种人员资质证和特种作业操作证。

（9）制定质量考核制度，将质量考核情况纳入施工效益考核，提高施工人员的质量意识和质量责任感。根据质量考核情况，年底进行考核评分，对施工队主要负责人进行考核，激励施工负责人严格履行质量岗位职责。

8 安全措施

圆筒阀组装和安装涉及到高空作业、切割作业、焊接作业、筒阀动作等，必须加强施工过程中的安全管理，严格按照特殊作业安全操作流程进行操作，确保工程的施工安全。

（1）建立健全安全管理组织机构，健全安全组织保证体系，落实安全责任目标。

（2）施工现场实行机械安全安装验收制度、专职安全员巡检制度，发现隐患及时整改。

（3）严格执行消防制度，施工现场配备足够数量的消防灭火设备，并分配放置合理。

（4）施工前必须对施工人员进行安全教育，施工人员进入现场必须穿戴工作服和安全帽，正确使用劳保用品。

（5）为提高安全防范能力，对整个施工过程进行危险源辩识、评价，并制订安全管理措施，编制应急预案。

（6）装配用钢支墩必须坚实牢固，钢度满足要求，安装作业平台，必须牢固可靠，上下应有牢固的梯子，工作场地的风、水、电、氧气和乙炔严格按规定放置。

（7）指定专人负责定期对桥式起重机进行检查和维护保养，吊装时对软吊带、吊点等进行检查，合格后方可进行吊装。

（8）顶盖上表面的孔用临时木板进行封盖，防止人员踏空受到意外伤害。

（9）在机坑内进行圆筒阀升降和进行导向板间隙测量时，操作圆筒阀动作人员和测量人员，应相互沟通、配合，配备专用的通讯工具，保持通讯畅通，以免轧伤手和脚，蜗壳内应设置足量的安全照明，确保照明充足。

9 环保措施

为提高环境风险防范能力，对整个施工过程进行危险源辩识、评价，环境风险分为：自然风险、地质风险、生物风险、化学风险、物理风险等，它是造成人身伤害的一个重要因素。对此，应进行多方面的预防工作。

（1）地质风险：圆筒阀组装工位靠近卸货间，而卸货间门口为高边坡，碎石较多。特别是 7 ~ 9

月份为汛期，雨水比较集中，短时间降水量比较大，易出现泥石流。预防措施是在危险处挂安全警示牌，对职工进行大力宣传，汛期期间，加强对边坡的关注，避免了人员伤亡，制定专项预案。

(2)物理危险主要是物体打击和高处和坠落等，对此的预防措施是检查处理，施工前对移交的施工工作面进行检查，并填写工作面移交检查记录表，发现问题及时处理；发放劳保用品如安全带、安全帽等，在施工过程中随时监督、检查。

(3)化学风险：主要是针对焊工，锰、药皮、烟雾会对人们的身体造成伤害。预防措施是：项目部对特殊工种最大限度地发放劳保用品(口罩、防毒面具、抽风机等)，做到预防为主。

(4)洪涝灾害：制订防洪防汛专项预案，在汛期强降大暴雨期间，起动"防洪、防汛专项预案"进行抢险，期间停止任何无关人进入施工现场，确保汛期安全。

10 效益分析

阿海水电站圆筒阀组装及安装工程，通过低支墩组装圆筒阀、利用圆筒阀自带支撑做为调整工具、高低支墩配合套装圆筒阀、悬空测量顶盖圆筒阀同心、自由状态测量圆筒阀与固定导叶间隙、精确计算导向板厚度等施工方法。有效的保证了圆筒阀组装和安装质量，降低了施工难度，提高了施工效率，控制了施工成本的投入。

(1)利用400 mm高的低支墩进行圆筒阀组装，降低了圆筒阀组装的难度，提高了圆筒阀组装的效率，降低了劳动强度，节约了施工成本。

(2)利用筒阀自带支撑作为调整筒阀的工具，降低施工成本。

(3)高低支墩配合套装圆筒阀，圆筒阀支墩400 mm高，顶盖支墩1200 mm，中间有800 mm的高差，有利于圆筒阀套装施工质量提高。

(4)悬空测量圆筒阀顶盖同心，有利于圆筒阀内部应力的释放，挺高了调整圆筒阀顶盖同心的准确度，提高施工质量。

(5)自由状态测量圆筒阀与固定导叶间隙，有效的使圆筒阀处于自由状态，避免了因接力器不同步，造成圆筒阀倾斜，影响圆筒阀间隙测量的准确性，保证了施工质量。

(6)精确计算圆筒阀导向板厚度，圆筒阀预装时，按照自由状态测量圆筒阀与固定导叶间隙，经过多次反复测量，直至量圆筒阀与固定导叶间隙稳定为止，精确的保证了圆筒阀安装时间隙的稳定性和均匀行，提高了施工质量。

11 应用实例

11.1 阿海水电站圆筒阀现场组装和安装

11.1.1 工程概况

阿海电站属于大型一等工程，主要建筑物为一级，是以发电为主，兼顾防洪、灌溉等综合利用的水力水电枢纽工程。枢纽建筑物主要由挡水大坝、坝后厂房、左岸溢流表孔及消力池、左岸泄洪(冲沙)底孔、右岸排沙底孔、坝后主厂房、副厂房等组成。电站装有5台单机容量为400 mW的混流式水轮发电机组，总装机容量为2000 MW，额定水头77 m，额定转速88.2 r/min，转轮公称直径7650 mm。

阿海电站圆筒阀阀体分2瓣到货，在现场进行组装，组装后总重量123.42 t。圆筒阀阀体外径Φ10004 mm，阀体高度2633.5 mm，利用6个操作油压为6.3 MPa的接力器进行控制，同步控制方式为电液式。接力器行程2563 mm，Φ390 mm、Φ360 mm接力器各3个，对称间隔布置，对称的两个接力器为一组。

11.1.2 施工情况

通过对施工现场技术研究，确定采用低支墩组装圆筒阀、利用圆筒阀自带支撑做为调整工具、高低支墩配合套装圆筒阀、悬空测量顶盖圆筒阀同心、自由状态测量圆筒阀与固定导叶间隙、精确计算导向板厚度,有利于降低施工成本,有利于改善施工环境,有利于提高工效,有利于工程质量控制,有利于提高施工管理效率。

阿海水电站圆筒阀组装和安装已全部完成(5 台套),其中已有 3 套投运。

11.1.3 工程质量评价

阿海水电站圆筒阀组装和安装已完工的 5 台套,质量检验全部合格。工序一次验收合格率 100%,单元工程合格率 100%,优良率 100%。已投运的 3 台套运行稳定、可靠。

(主要完成人:彭贵军　赵七美　廖劲凯　朱建华　周松林)

千枚状—薄层状软岩隧洞开挖支护施工工法

中国水利水电第十四工程局有限公司

1 前言

目前我国大多数水工隧洞是在坚硬或比较坚硬的岩体中修建的，由于岩体强度较高，围岩较为完整，开挖后围岩的自稳能力较强，只要施工方法得当，支护及时，施工期和运行过程中的安全一般不会出现问题。

在软岩和极软岩中开凿地下洞室，最主要的问题要解决施工过程中的安全问题，保证施工过程中的围岩稳定，减少塌方，避免人员伤亡和设备损失，使人民的生命和财产安全得到有效的保障。由于软岩地质条件复杂，岩体强度极低，又具有特殊的变形和流变特征，在软岩或极软岩中开挖隧洞，一定要对岩体的力学和变形属性进行认真地研究与分析，充分掌握其变形规律，根据变形规律确定设计方法，采取合理的施工方法和程序，才能避免隧洞围岩严重变形、减少洞室塌方，才能保证工程施工工期及施工过程中的安全。

2 工法特点

千枚状—薄层状大变形软岩隧洞开挖支护施工中严格按照先进行水平超前地质预报，再进行开挖的原则施工，并遵照“管超前、严注浆、短开挖、强支护、快封闭、勤测量”的原则组织施工。

(1)所谓“管超前”，指采用超前管棚或超前导管注浆加固围岩。掌子面未开挖前先进行超前管棚或超前导管注浆加固围岩，使松散、软弱的围岩经注浆加固后形成一个壳体，增强其自稳能力，防止隧洞塌方。

(2)所谓“严注浆”，在导管超前支护后，立即进行压注水泥浆液进入松散围岩孔隙中，浆液凝固后，软弱围岩集结成具有一定强度的“结石体”使周围软弱围岩形成一个壳体，增强其自稳能力，为施工提供一个安全环境。

(3)所谓“短开挖”，根据围岩情况不同，采用不同的开挖长度，每次开挖进尺为0.8～1.0 m，由于开挖距离短，可争取时间架立钢拱架，及时喷射混凝土，减少塌方现象的发生。

(4)所谓“强支护”，严格按照超前导管→开挖→架立钢拱架→系统锚杆→挂钢筋网→喷射混凝土的次序进行初期支护施工，在钢拱架底脚浇混凝土垫脚。

(5)所谓“快封闭”，初期支护从上至下及早形成环形结构，是减小围岩扰动的重要措施。采用正台阶法施工，下半断面及时紧跟，及时封闭仰拱。

(6)所谓“勤量测”，坚持监控量测资料进行反馈指导施工。

3 适用范围

适用于千枚状～薄层状大变形软岩或极软岩隧洞的开挖支护施工。

4 工艺原理

软岩隧洞由于岩体强度极低，隧洞开挖后围岩变形较大，且发展迅速，如果产生有害变形，则将失去稳定。软岩隧洞的变形多具有蠕变性质，围岩的蠕变主要受围岩中弹性区蠕变的控制，如果将这一蠕变控制在稳定蠕变范围内，就可以使支护既安全又经济，使围岩处于稳定状态。要达到这一目的的有效途径是:及时提供足以使围岩形成稳定蠕变的支护;采用适度的柔性支护,使支护在恒阻条件下变形,减少无害变形给支护带来的附加压力,并保证提供的支护力使围岩处于稳定蠕变状态。

5　施工工艺流程及操作要点

5.1　施工工艺流程

见千枚状—薄层状大变形软岩隧洞的开挖支护施工工艺流程图1。

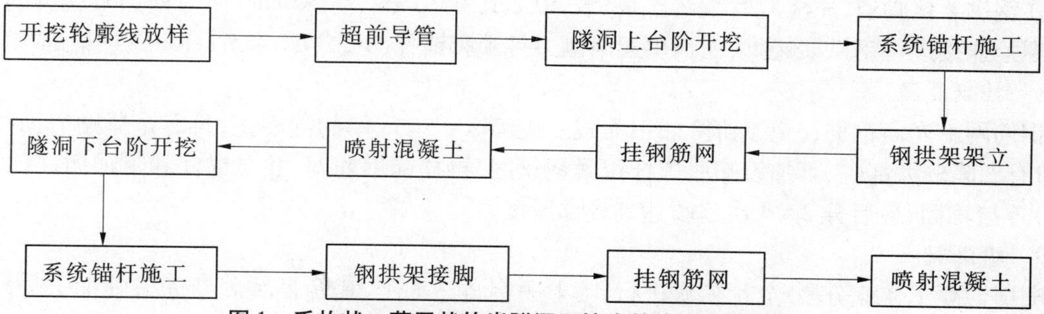

图1　千枚状—薄层状软岩隧洞开挖支护施工工艺流程

5.2　工艺操作要点

5.2.1　隧洞开挖轮廓线放样

隧洞开挖轮廓线放样采用坐标法,使用全站仪、钢卷尺和可编程计算器进行放样。在隧洞开挖掌子面上,一个人用钢卷尺丈量,另一个人用红油漆点画出开挖轮廓线。

5.2.2　超前导管施工

超前导管采用Φ48的钢管加工而成,长度为4.5 m,沿拱顶外廓线范围内进行布置,环向间距采用40 cm。施工时钢管尾部焊箍,顶部用$\delta=4$ mm的铁皮做成尖锥状,管壁按梅花型布置小孔,间距为10~20 cm,孔眼直径为$\phi6\sim8$ mm。从钣架腹部沿隧洞纵向开挖轮廓线向外将加工好的钢管打入孔内,外插角10~20°,钢管入岩长度不小于管长的90%,尾部与钢架焊接成一体。

人工将钢管打入孔眼中,用TTB180/10注浆机压注水泥－水玻璃双液浆,注浆前对开挖面及5 m范围内围岩喷混凝土厚5~10 cm封闭。注浆压力初步选为0.3 MPa,水泥浆的水灰比控制在0.8:1~1:1之间,根据现场试验后最终确定,孔口设置止浆塞。注浆时从拱顶向下注,先注无水孔,再注有水孔,如遇冒浆或串浆,则间隔一孔或几孔分序注浆。

5.2.3　隧洞上台阶开挖

隧洞上台阶开挖采用小反铲,人工配合修整开挖轮廓,根据设计要求预留变形量,台阶开挖长度为1.2~1.6 m。

5.2.4　隧洞下台阶开挖

在隧洞拱部一次支护完后,进行下台阶开挖,下台阶也采用小反铲开挖,人工配合修整。装载机装渣,15 t自卸汽车运渣至渣场。

5.2.5　系统锚杆施工

系统锚杆长度为3.0~6.0 m。边墙部位采用"先注浆后安装锚杆"的程序施工,顶拱部位采用"先安装锚杆后注浆"的程序施工。系统锚杆采用手风钻钻孔。

5.2.6　钢拱架架立

架设钢架在钻架台车上进行。运至现场的工字钢,由1~2名工人将工字钢搬运至架设地点,并将工字钢一端用绳子拴紧,工作平台上3~4名工人将工字钢提到工作平台上,施工人员根据钢架设计间距及技术交底记录找准定位点,先架设钢架底脚一节,架设底脚一节时,工作平台上先放下底脚一节，下边2名工人进行底脚调整，以埋设的参照点进行调整，使钢架准确定位，严格控制底部高程，底部有超欠挖地方必须处理，工字钢底脚必须垫实，以防围岩变形，引起工字钢下沉，工字钢架设的同时，用ϕ25连接钢筋与上一榀工字钢进行连接，并与锚杆头焊牢。工字钢对称架设，架设完底脚一节后，进行拱顶一节的架设，架设拱顶一节时，先上好$m^2$0连接螺栓（不上紧），用临时支撑撑住工字钢，用ϕ25连接钢筋与上一榀工字钢连接，再对称安装另一节拱顶工字钢，安装完成后检查拱顶、两拱脚与测量参照点引线的误差，再进行局部调整，最后拧紧螺栓。

5.2.7 钢拱架接脚

在钢拱架接脚前，先浇C25混凝土块（长40 cm、宽30 cm、高30 cm）作为钢拱架底脚的支垫。采用螺栓连接进行钢拱架接脚，在钢拱架两侧边打锁脚锚杆（ϕ25、L=4.5 m）与钢拱架焊接固定。

5.2.8 挂钢筋网

钢筋网由光面钢筋（Ⅰ级钢筋）加工而成。先喷3～5 cm厚的混凝土，再尽量紧贴岩面挂钢筋网，对有凹陷较大部位，可加设膨胀螺杆拉紧钢丝网，再挂铺钢筋网，并与锚杆和附加插筋（或膨胀螺栓）连接牢固，最后分2～4次施喷达到设计厚度。

5.2.9 喷混凝土

喷射混凝土作业分段、分片依次进行，喷射顺序自下而上，避免回弹料覆盖未喷面。分层喷射时，后一层在前一层混凝土终凝后进行，若终凝1h以后再行喷射，应先用高压风水冲洗喷层面。喷射作业紧跟开挖工作面，混凝土终凝至下一循环放炮时间不得少于3 h。

6 材料与设备

千枚状—薄层状大变形软岩隧洞的开挖支护施工，所需材料及机具设备见表1、表2。

表1 主要施工材料配置表

序号	材料名称	规格	备注
1	速凝剂	RT－S型	
2	普通硅酸盐水泥	P·O.42.5	
3	工字钢	I18	
4	锚杆	φ25	L=4.5 m
5	钢筋网片	φ6.5	网格尺寸15 cm×15 cm

表2 主要施工机具设备配置表

序号	设备名称	型号及规格	单位	数量	备注
1	型钢弯曲机	HD20	台	1	
2	手风钻	YT－28	台	6	
3	灌浆记录仪	LJ系列	台	1	
4	锚杆专用注浆机	GS30EB	台	1	自带搅拌装置
5	钻床	Z3032A	台	1	
6	自卸汽车	15t	辆	3	
7	混凝土运输车	EQ3260	辆	1	
8	小反铲	PC200	台	1	
9	装载机	ZL50D	台	1	

7 质量控制

7.1 原材料质量控制要求

各项材料均应附有生产厂家的质量证明书或出厂合格证，对用于工程的原材料如水泥、速凝剂、锚杆、工字钢必须进行复检，检验合格后，才能用于施工。

7.2 千枚状—薄层状软岩隧洞开挖质量控制要求

(1)采用台阶法开挖，最大限度地减少对围岩的扰动，减少拱部沉降及水平收敛，有效地控制围岩变形和保护围岩的自身承载力。

(2)采用挖掘机开挖断面时，挖掘机不得碰触上一循环初期支护。必须有专人指挥挖掘机工作，无指挥不得施工。

(3)加强开挖净空检查，严格按照设计和规范预留沉降量。对欠挖及时处理，满足设计和规范要求后方可进行喷射混凝土作业。

(4)开挖完成后初喷 8 cm 厚混凝土封闭掌子面，并及时进行支护，防止断面塌方。且开挖前必须按设计要求做好超前支护。对开挖面初喷不小于 4 cm 厚混凝土稳定围岩。

7.3 千枚状～薄层状软岩隧洞支护质量控制要求

(1)超前导管钻孔、方向、外插角要正确，终孔后应将钻孔吹洗干净。超前导管应对中插入，浆液配合比要经过试验确定，调整配合比，适量加入水玻璃，孔口要设止浆塞，注浆时压力由小缓慢增大。

(2)锚杆注浆后，在砂浆凝固前，不得敲击、碰撞和拉拔锚杆。

(3)钢支撑架设前应仔细检查钢支撑安装断面，检查每榀钢拱架的螺栓连接及榀间钢支撑连接钢筋的焊接，检查锁脚锚杆的规格、注浆情况及锁脚锚杆与钢拱架的焊接情况。

(4)钢筋网片紧贴岩面安装，并与系统锚杆焊接固定。

(5)隧道环向每 2 m 布设一个厚度标尺。喷射混凝土时喷嘴宜与喷射面垂直，其间距宜为 0.7～1.5 m，喷嘴应连续、缓慢作横向环形移动。

8 安全措施

(1)成立安全管理机构，组成专职安全员和班组兼职安全员的安全生产管理网络，执行安全生产责任制，明确各级人员的安全职责，确保安全施工。

(2)进入施工区的所有人员必须正确佩戴安全帽、防尘口罩等防护用品。。

(3)钻孔开孔时，风门应开小，把钎的人应戴保护眼镜，钻孔前面不得站人。

(4)灌浆前，应对机械、管路系统进行认真检查，管路连接应可靠。

(5)搅拌机安置要平稳牢固，传动部分的防护罩要完善可靠。

(6)灌浆中需有专人看压力表，防止压力突升突降。

(7)根据隧洞开挖实际情况及时采取初喷混凝土封闭，防止在钢拱架安装过程中出现岩面掉块现象。

(8)开挖支护期间密切注意围岩收敛变形监测，时刻掌握围岩变化，若变形较大时，需另行锚喷加固。

(9)施工过程中应定期检查电源线路和设备的电器部件，确保用电安全。

(10)施工过程中处理机械故障时，必须停机、断电、停风，防止机械误动作造成事故。

9 环境保护措施

(1)在施工过程中严格遵守国家和地方政府下发的有关环境保护的法律、法规和规章，加强对施工工程材料、设备、废水、生产生活垃圾、弃渣的控制和治理，做好文明施工。加强对职工的环保、水保教育，提高职工的环保、水保意识，杜绝人为破坏环境的行为，做好施工区环境保护和水土保持工作。

(2)施工生产废水处理措施

施工区钻孔灌浆产生的废浆在施工区设置废浆处理池，处理后的废浆运到弃渣场并及时掩埋，防止流失污染环境。

(3)施工区粉尘与废气控制措施

施工作业产生的粉尘，除作业人员配备必要的防尘劳保用品外，采取防尘措施，防止灰尘飞扬，使粉尘公害降至最小程度。锚杆造孔时采用湿法作业，使钻进时不起尘。

(4)施工区噪声控制措施

加强设备的维护和保养，保持机械润滑，达到减少噪声的目的；采取必要的预防措施保障职工的听力健康。

10　效益分析

(1)千枚状～薄层状大变形软岩隧洞开挖时根据设计要求预留一定的变形量可以减少隧洞支护好后的变形处理工作量，从而降低施工成本。

(2)对千枚状～薄层状大变形软岩隧洞采用"边挖边衬"的施工方法，即隧洞混凝土衬砌断面距隧洞开挖掌子面30 m左右，这样可避免隧洞一次支护完后没及时进行混凝土衬砌而造成的隧洞大变形，从而节约了隧洞支护大变形处理费用，也避免了隧洞大变形处理造成的工期延误。

(3)采用台阶法开挖支护与采用全断面开挖支护相比，采用台阶法开挖支护可以避免隧洞塌方现象发生，从而可以控制因隧洞塌方而发生的处理费用，也避免了因处理隧洞塌方而造成的工期延误。

11　应用实例

11.1　千枚状～薄层状软岩隧洞开挖支护安全技术在洞松水电站引水隧洞工程中的应用

洞松水电站工程位于硕曲河中下游段乡城县的尼斯乡及洞松乡境内。其引水隧洞长17.862 km，其中暗涵长39 m，隧洞主要傍山通过，侧向埋深180～600 m，垂直埋深150～500 m，最浅埋深70 m(2#施工支洞下游方向拉洼雄沟下部，S3＋995.15桩号)，以板岩和变质砂岩为主。

由中国水利水电第十四工程局有限公司负责承建的洞松水电站引水隧洞A标工程，洞长4.1 km，围岩以Ⅳ2类及Ⅴ类为主，洞轴线位于乡城断裂及索让断裂之间，围岩由泥质、炭质板岩组成，呈千枚状—薄层状；部分洞段地下水较丰富。受乡城断裂及索让断裂等地质构造影响，层理发育，岩石受到挤压，软弱破碎，岩性极不均匀，变化频繁，自稳性极差，遇水崩解膨胀、极易软化、泥化，软岩流变产生较大变形；开挖过程中顶拱、边墙及掌子面极易坍塌，边挖边垮，成洞条件差；已支护洞段在较短时间内(以小时计)围岩发生变形并侵占结构衬砌混凝土尺寸，严重影响施工进度。

在工程生产施工实践中，该公司通过成功应用千枚状—薄层状软岩带大变形长隧洞开挖支护安全技术，即采用"分层分期同步开挖"施工方法，小导管超前予支护、高密度径向分期锚固加密与钢支撑组成的复合一次支护和对开挖掌子面及开挖轮廓线进行及时封闭处理，解决了软岩隧洞施工中的频繁塌方问题，避免了隧洞施工事故的发生，有效的保证了隧洞施工安全；通过预留合适的变形富裕量与采取根据围岩变形速率实施开挖支护与衬砌动态施工，降低了工程成本，有效的解决了施工过程中围岩大变形影响后续衬砌的问题，成功避免了二次扩挖，从根本上杜绝了已开挖段因持续变形乃至坍塌导致"关门"事件的发生，彻底消除了施工中存在的安全隐患，保证了工程安全。通过该施工技术的成功应用，确保了工程项目的顺利实施，取得了良好的社会效益。

11.2 千枚状—薄层状软岩隧洞开挖支护安全技术在金元水电站引水隧洞工程中的应用

金元水电站位于四川省甘孜藏族自治州的康定县境内、大渡河左岸支流金汤河干流中游，为金汤河干流梯级开发的第二级水电站，引水式开发。坝址位于康定县捧塔乡的下关门石，距金汤镇24.5 km，至金汤河河口沿河公路里程约40 km。其引水隧洞长16.225 km，隧洞主要傍山通过，垂直埋深深90～1027 m，最浅埋深90 m（3#施工支洞引水隧洞下游方向钟鼓楼沟下部，（引）6+059桩号），以千枚岩和千枚板岩为主。

由中国水利水电第十四工程局有限公司负责承建的金元水电站引水隧洞C2标引水隧洞中段工程中（引）4+500.000 m～（引）11+000.000 m洞长6.5 km的施工，洞段围岩以Ⅳ类为主，穿越段为泥盆系中统上段，上部为大套灰白色—灰色厚层含生物骨屑细晶灰岩、白云岩化细晶灰岩，夹深灰色千枚岩；中、下部为灰—浅灰色中厚层含生物粒屑微－细晶灰岩、含砾屑白云岩、微－细晶白云岩与薄层泥质灰岩、泥灰岩夹千枚岩不等厚互层；底部为灰白—灰黑色中厚层状砂岩夹千枚岩，自稳性极差，遇水崩解膨胀、极易软化、泥化，软岩流变产生较大变形；开挖过程中顶拱、边墙及掌子面极易坍塌，边挖边垮，成洞条件差；已支护洞段在较短时间内（以小时计）围岩发生变形并侵占结构衬砌混凝土尺寸，严重影响施工进度。

在工程生产施工实践中，该公司通过成功应用千枚状—薄层状软岩带大变形长隧洞开挖支护安全技术，即采用“分层分期同步开挖”施工方法，小导管超前予支护、高密度径向分期锚固加密与钢支撑组成的复合一次支护和对开挖掌子面及开挖轮廓线进行及时封闭处理，解决了软岩隧洞施工中的频繁塌方问题，避免了隧洞施工事故的发生，有效的保证了隧洞施工安全；通过预留合适的变形富裕量与采取根据围岩变形速率实施开挖支护与衬砌动态施工，降低了工程成本，有效的解决了施工过程中围岩大变形影响后续衬砌的问题，成功避免了二次扩挖，从根本上杜绝了已开挖段因持续变形乃至坍塌导致“关门”事件的发生，彻底消除了施工中存在的安全隐患，保证了工程安全。通过该施工技术的成功应用，确保了工程项目的顺利实施，取得了良好的社会效益。

（主要完成人：王来所　郭振华　刘六艺　彭友勤　赵国庆）

三台阶五步开挖施工工法

中国水利水电第十四工程局有限公司

1 前言

目前,国内常用的"浅埋暗挖法"主要有:台阶法、CD法、CRD法、PBA法、三台阶七步法等。但是,这些施工方法进度慢、工效低、存在一定的局限性,如:限制了大型施工机械的使用,基本靠人工开挖,工效低、速度慢,难以满足客运专线工期要求;拆除临时支护时,正洞初期支护会因突然卸载而出现大的变形,存在安全风险;各分部开挖面循环衔接性差,相互干扰大,施工质量得不到充分保证;临时支护反复拆除,成本投入大等。而目前国内大断面软岩隧道施工中,我们往往会面临以下问题:对工期紧迫性的要求,需组织快速施工;工程水文地质复杂,可变性大,须选择一种能适应地质变化而迅速过渡的施工方法;能较大限度地发挥大型施工机械的优势,以求最佳的施工进度;把长期施工实践所积累的作业习惯融合于施工方法中,做到高工效,易掌握,达到快速形成施工能力的目的等要求。

规避传统施工方法的局限性,以加快隧道施工进度、保证隧道施工安全、提高施工质量为目的,提出了三台阶五步开挖法施工的工艺流程、施工步骤、控制要点、劳动组织、机具设备等,突出大断面软岩隧道开挖施工的技术特点,总结完善形成本工法。

2 工法特点

(1)施工空间大,方便机械化施工,可以多作业面平行作业。部分软岩或土质地段可以采用挖掘机直接开挖,工效较高。

(2)在地质条件发生变化时,便于灵活、及时地转换施工工序,调整施工方法。

(3)适应不同跨度和多种断面形式,初期支护工序操作便捷。

(4)在台阶法开挖的基础上,预留核心土,左右错开开挖,利于开挖工作面稳定。

(5)当围岩变形较大或突变时,在保证安全和满足净空要求的前提下,可尽快调整闭合时间。

3 适用范围

本工法适用于开挖断面面积为50~120 m^2,具备一定自稳条件的Ⅳ、Ⅴ级围岩地段隧洞(道)的施工。

4 施工工艺

开挖采用"三台阶五步法"施工,上半洞采用弧形开挖预留核心土法施工,开挖前在洞外采取超前降排措施降低地下水位。具体施工方法为:

4.1 第1步,上半洞施工

为减少开挖对围岩的扰动,上半洞采用挖掘机预留10~20 cm保护层开挖,先开挖拱部环形(1—1部),中间掌子面预留核心土(1—2部),后人工用挖土工具进行保护层开挖,修边至设计开挖线。上半洞开挖步距为1~1.5 m,核心土尺寸为4 m×3 m×3 m,待1部开挖支护到一定距离后,再进行核心土开挖。出渣采用装载机上料,自卸车通过钢栈桥运至洞外。开挖完成后,对掌子面喷4 cm厚C25素混凝土封闭,随即进行钢格栅、挂网施工,打设锁脚锚管,喷射30 cm厚一衬

C25 混凝土。上半洞钢格栅拱脚埋设混凝土预制块，有效抵抗拱脚下沉变形。两侧锁脚锚管与钢格栅焊接，锁脚锚管灌入双浆液水泥浆。第 1 步，上半洞施工横断面图见图 1，纵断面图见图 2。

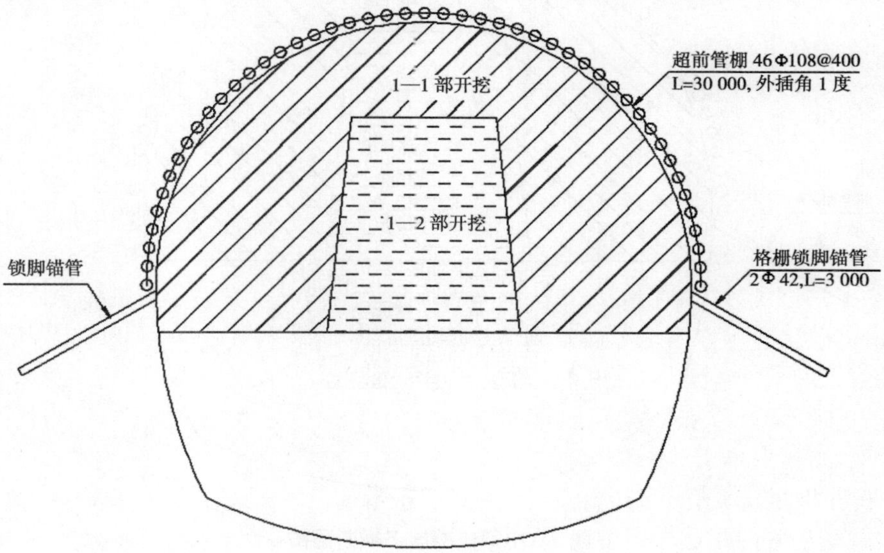

图 1　横断面图见图

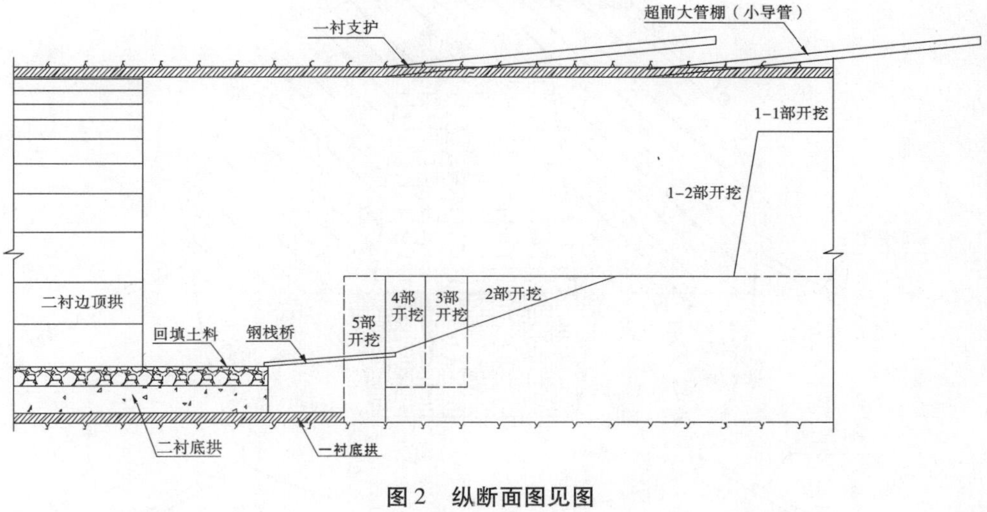

图 2　纵断面图见图

4.2　第 2 步，中部拉槽施工

为最大程度减小开挖对上半洞围岩扰动，同时保证上半洞开挖出渣交通，中部开挖降坡，两侧边墙预留土坎。开挖宽度约 4 m 左右，长度约 20 m，该坡度基本能满足重载车辆通行。中部拉槽与上半洞之间的距离控制在 63 m 左右。第 2 步，中部拉槽施工横断面图见图 3。

4.3　第 3 步、4 步，左、右两侧边墙施工

交错开挖两侧边墙，开挖过程中需提前考虑降排水措施。开挖步距为 3 m 左右，左、右边墙开挖错距在 5 m 以上，避免在同一断面上开挖应力集中影响上半洞围岩变形。边墙钢格栅与上半洞钢格栅连接牢固，进行钢筋挂网、锁脚锚管和喷射混凝土施工。该部位锁脚锚管应尽量打设在钙质胶结或泥岩中，防止围岩变形加大。第 3 步、4 步，左、右两侧边墙施工横断面图见图 4。

4.4　第 5 步，底部仰拱开挖施工

底部仰拱开挖主要为 2 部与 3 部（4 部）之间土体和底部仰拱。开挖次序为：从上至下开挖方法，完成后架设钢栈桥，再开挖第 5 部；5 部开挖采用先拉中槽挖集水井，埋设排水盲管，最后开挖

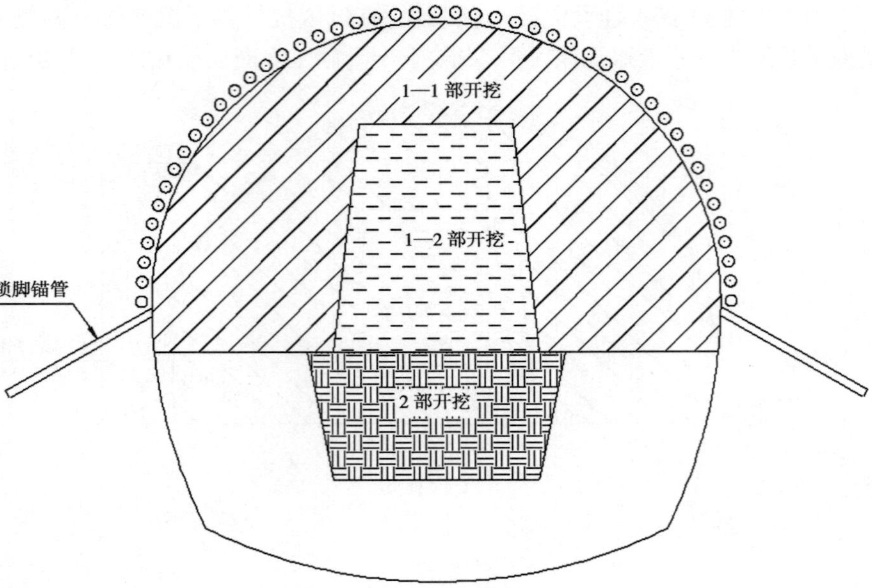

图 3　中部拉槽施工横断面图

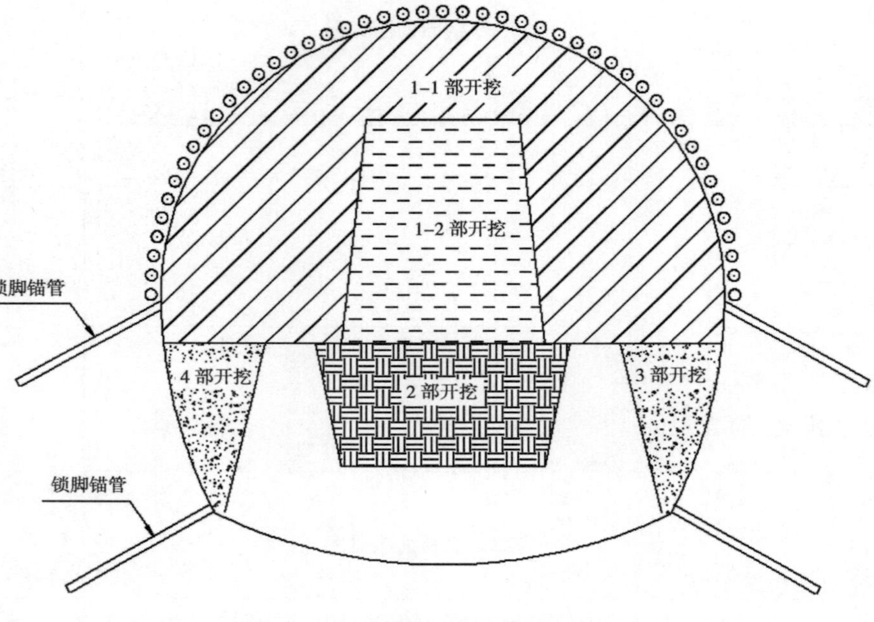

图 4　左、右两侧边墙施工横断面图

两侧仰拱土体。紧接着焊接仰拱钢格栅，铺设钢筋网片，喷射仰拱混凝土形成封闭拱圈。底部开挖步距为 3 m，开挖 10 m 紧接着进行二衬仰拱的衬砌施工。第 5 步，底部仰拱开挖施工横断面图见图 5。

"三台阶五步法"开挖方法立体图见 6。

4.5　三台阶五步开挖法施工注意事项

（1）采用三台阶五步开挖法施工的隧道，应将超前地质预报纳入施工工序，并根据工程水文地质变化情况，及时调整各部台阶长度或施工方法，采取相应的技术措施，及早封闭成环，保证施工安全。

（2）采用三台阶五步开挖法施工的隧道，应根据工程水文地质条件，按设计要求做好超前支

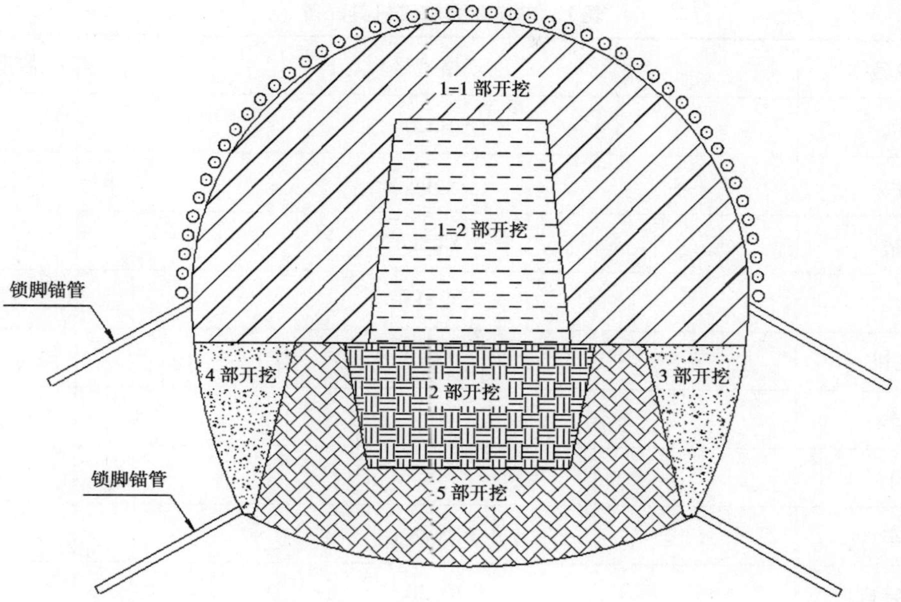

图 5　底部仰拱开挖施工横断面图

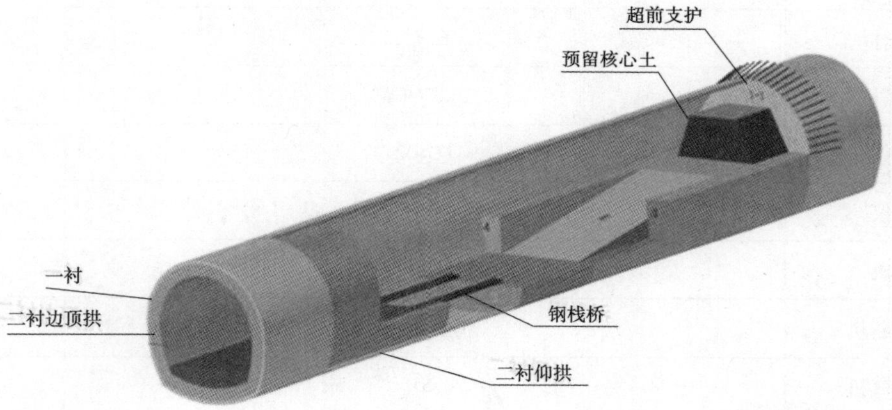

图 6　三台阶五步法立体图

护，防止围岩松弛，保证隧道开挖安全。在断层、破碎带、浅埋段等自稳性较差或富水地层中，超前支护应按设计要求进行加强。

（3）三台阶五步开挖法施工应符合下列要求：以机械开挖为主，必要时辅以弱爆破；弧形导坑应沿开挖轮廓线环向开挖，预留核心土，开挖后及时支护；其他分步平行开挖，平行施作初期支护，各分部初期支护衔接紧密，及时封闭成环；仰拱紧跟下台阶，及时闭合构成稳固的支护体系；施工过程通过监控量测，掌握围岩和支护的变形情况，及时调整支护参数和预留变形量，保证施工安全；完善洞内临时防排水系统，防止地下水浸泡拱墙脚基础。

5　机具设备

本工法操作简单，单作业面施工机具配备见表 1，可根据施工现场情况酌情调整。

表 1　单作业面施工机具配备

施工机械名称	规格型号	数量(台/辆)
挖掘机	DH220	1
装载机	ZL50C	1
手风钻	YT28	6
风镐	G10	8
管棚钻机	100D	1
平台车		1
出渣车		3
自卸车	东风/8 t	1
砂浆搅拌机	JQ350	1
注浆泵	BW250/50	1
喷混凝土机		2
混凝土搅拌车	6 m^3	1
轴流风机	3 × 37 kW	1
全站仪	TC402	1
水准仪	天宝	1
电焊机	ZXT400、BX－500－3	4
钢筋切断机	QJ40－1	1
钢筋折弯机	40	1
喷混凝土拌和站	JS500 型	
1	空压机	L－22/7
发电机组	200 kW	1

6　劳动组织

施工人员应经培训合格后上岗，特殊工种应持证上岗，人员分配和调整应按不同工种配齐、配足，单作业面施工一般需要 58 人左右，并保持相对稳定。人员配备见表 2。

表2　单作业面施工作业人员配备

序号	作业项目	作业内容	人数
1	开挖(18人)	灌浆工	6
		风枪手,打钻工	8
		挖掘机司机	1
		自卸车司机	3
2	初期支护(25人)	制作钢架	5
		安装钢架、格栅	8
		喷射手	2
		喷射机司机	2
		喷射机上料	4
		搅拌机司机	2
		搅拌机上料	2
3	技术及测试(5人)	技术员	1
		试验员	1
		测量班长	1
		测量工	2
4	仰拱(10人)	隧底初期支护及仰拱混凝土浇筑	10
合计			58

7　三台阶五步开挖法质量保证及控制措施

7.1　工程测量及开挖质量控制措施

(1)所有测量设备必须检验合格才能使用。

(2)严格按照设计图纸对洞轴线及开挖轮廓线进行防线,并用醒目的标志标注。

(3)开挖中应及时测绘开挖断面,断面测点相对于洞轴线的点位中误差允许偏差应满足设计要求,施工中应认真作业,及时进行测量放线和组织复测,确保开挖尺寸和规格满足设计要求。

7.2　支护质量控制

(1)支护施工中按设计及规范要求进行喷锚材料、钢管、钢筋等施工原材料必须按照规范要求进行质量检验,合格后方能投入使用。

(2)所有的小导管及管棚必须严格按照设计图纸施工,加强对小导管及管棚角度的控制。

(3)喷混凝土及注浆浆液的配合比及强度应符合设计及规范要求。

(4)钢格栅严格安装设计图纸进行制作安装,安装时要紧贴围岩。

8　开挖支护安全及文明施工保证措施

(1)要求作业人员到达工作地点时应首先了解相邻工作面的当前工序情况,并检查所施工的工作面是否处于安全状态,检查支护是否牢固,顶拱和边墙是否稳定,如有危险块体或裂缝时应先予以清除或支护。

(2)在处于高空作业时,禁止下抛东西,避免物体打击时间出现,并采取有效措施防止高空坠落。在施工现场各临空面、孔洞坑口设置醒目安全警示(告)标牌,必要时需采取临时栏杆防护。

(3)在进行腰线一下开挖时,加强对地下水的处理,防止地下水对围岩的浸泡产生塌滑。

在未曾埋设监控量测点的地段,施工安全员必须注意观测围岩的变化情况,以便及时采取措施。

(4)在开挖施工中作好未开挖洞段的地质预报工作,为开挖支护施工提供有用的信息。

施工弃渣渣料严格按指定地点和要求进行弃渣堆放,负责设计、施工弃渣场防护设施,保护弃渣边坡和施工开挖边坡的稳定,料场、永久建筑物基础和施工场地的开挖弃渣运输装卸过程中,严格规范作业,避免途中撒落。

(5)洞内支护,宜随挖随支护。

(6)施工过程中,应加强对临近已开挖洞室段安全检测工作,派有专人定期巡视,发现问题及时处理,以消除安全隐患。

(7)把喷混凝土层的异常裂缝作为主要安全检查项目以常进行观察与检查,并作为施工危险信号引起高度警惕。

9 社会效益与经济效益分析

隧洞开挖类似工程一般采用“三台阶七步法”,三台阶七步开挖法分为以下主要步骤:A、上部弧形导坑环向开挖,施做拱部初期支护;B、中、下台阶左右错开开挖,施做墙部初期支护;C、中心预留核心土开挖、隧底开挖,施做隧底初期支护。而本工程采用“三台阶五步法”开挖隧洞的方法,简化了施工工序,能够较好的减小围岩的扰动,保证了隧洞安全。由于采用该方法施工机械效率高,替代了传统人工开挖,大大提高了施工效率,顺利的通过山门河暗渠和银河大道,降低了施工期间的安全风险。与常用的开挖方法三台阶七步法相比,简化了下部左右边墙错距开挖两个施工工序,开挖工期缩短了 3 个月,为今后类似项目的施工提高了可靠的数据基础和施工方法,具有较大的社会效益。

10 工程实例

10.1 南水北调中线一期焦 2 – 2 标山门河隧道长度为 550 m,洞身断面形式为马蹄形,开挖尺寸 11.75 × 11.75 m,初支采用钢格栅网喷联合支护,喷混凝土厚度 30 cm,两洞净距 24 m,隧洞顶最小埋深 18 m,洞身围岩以砂砾石和重粉质壤土为主,地下水高于建基面约 5 m。采用“三台阶五步开挖法” 开挖法,与常用的开挖方法三台阶七步法相比,简化了下部左右边墙错距开挖两个施工工序,开挖工期缩短了 3 个月。

(主要完成人:史雁飞　范超杰　林志斌　孙维忠　张进良)

岩壁梁清水镜面混凝土施工工法

中国水利水电第十四工程局有限公司

1 前言

清水镜面混凝土内部密实,表面平整,光洁成镜,色泽一致,纹理细腻,具有大理石材料的镜面装饰美感,在我国公共建筑业得到广泛应用,国内重要水电站近年来也在逐步尝试,并推广应用于部分重要结构部位,特别是地下厂房岩壁梁混凝土。由于清水镜面混凝土对配合比设计、模板规划及混凝土温控措施是要求较高,一般在保证混凝土强度的情况下,确保岩壁梁混凝土浇筑成型质量是施工控制的重点与难点。

2 工法特点

(1)合理设计混凝土配合比。根据岩壁梁结构设计要求,进行混凝土配合比设计及工艺试验,通过方案对比及工艺试验,确定清水镜面混凝土最优配合比。

(2)“维萨模板+钢模板”方案,汽车吊及吊罐入仓。岩壁梁混凝土为清水镜面混凝土,采用定型钢模板内贴12 mm厚维萨模板浇筑,维萨模与钢模板间采用自攻螺丝固定,底模和侧模单独分段加工,且仓内无拉筋,采用汽车吊及吊罐入仓,模板加工简单、方便,可操作性强。

(3)混凝土温控措施。在进行混凝土配合比设计阶段,根据当地材料,采用中热水泥,为降低水化热,适当掺入粉煤灰。采取预埋冷却水管温控措施,可有效降低混凝土浇筑后水化热温升,防止产生温度应力裂缝,混凝土浇筑前将岩壁梁内预埋的排风兼排水管两端堵死,防上管内水流及空气流通时造成混凝土降温过快,导致温差梯度大而产生温度裂缝。岩壁梁混凝土收仓后,及时在其顶面覆盖一层不透气的塑料薄膜,并在膜上再盖一层编织麻袋,进行混凝土早期保温保湿防护,避免早期顶面内外温差过大而产生温度裂缝。

3 适用范围

本工法适用于地下厂房岩壁梁清水镜面混凝土。

4 工艺原理

混凝土外观产生镜面效果的原因主要是水泥水化时产生的水化硅酸钙和水化铁酸钙凝胶及氢氧化钙、水化铝酸钙和水化硫酸钙晶体。不同强度等级混凝土、不同的减水剂掺量、不同的粉煤灰掺量、不同的水泥品种、不同的坍落度以及不同的浇灌方式,其镜面效果均有区别。在保证原材料、混凝土配合比的基础上,采用维萨模板,确保混凝土浇筑成型质量。混凝土浇筑收仓后,采取预埋冷却水管、覆盖保温层等措施进行温控,避免由于混凝土结构内外环境差较大造成表面裂缝现象。

5 施工工艺流程及操作要点

5.1 施工工艺流程

厂房岩壁梁混凝土浇筑之前应先完成厂房Ⅳ层边墙的预裂和岩壁梁锚杆的施工,并将岩壁梁斜岩台岩面彻底的冲洗、清理干净,然后将Ⅲ层底板距边墙2 m范围内用反铲整平。必要时可用压路机或反铲碾压3–5遍,保证该范围内底板的平整度,底板上浇筑一层C20混凝土,宽2.0,厚10

cm，作为脚手架的垫层。脚手架立杆底部铺设方木，其上搭设脚手架，脚手架搭设完成后即安装顶托、型钢三角架及底模，以底模作为施工平台，进行岩壁梁混凝土钢筋绑扎和预埋件的安装，钢筋绑扎及预埋件安装完成后须将底模上的杂物清理干净，并安装底模上的维萨模板，底部维萨模板安装完成后立侧面模板、堵头模板以及键槽，最后进行侧面模板的维萨模板安装，立模完成后，对仓内杂物进行清理，校正模板，验仓完成后即进行一期混凝土浇筑。混凝土浇筑采用吊车配合吊罐，人工入仓，浇筑完成后立即对混凝土表面洒水养护，内部通水冷却，持续养护时间不少于28天。混凝土14天龄期后拆模，并对侧面和底部覆竹跳板作为防护，顶部堆沙袋，以避免爆破飞石损坏岩壁梁混凝土。

厂房岩壁梁混凝土施工总体程序如下：厂房Ⅳ层边墙预裂爆破→施工平台混凝土浇筑→脚手架搭设→型钢三角架及底模安装→钢筋绑扎及预埋件安装→侧模安装→堵头模板及键槽模板安装→模板校核→清仓→验仓→一期混凝土浇筑→一期混凝土养护、拆模、防护。

5.2 操作要点

5.2.1 岩壁梁混凝土分缝、分仓

结合岩壁梁伸缩缝布置、岩壁梁混凝土施工相关规程规范及设计技术要求，岩壁梁混凝土分仓长度可按照9 m，采用跳仓浇筑法。

5.2.2 脚手架施工

支撑系统主要由脚手架和型钢三角架组成，脚手架分为承重脚手架和施工脚手架，均采用ϕ48×3.5 mm钢管单立杆搭设，钢管件连接采用直角扣件。承重脚手架主要用于岩壁梁混凝土及其模板、三角架的支撑，施工脚手架用于承载施工人员及施工机具。

脚手架搭设前用反铲对施工场地进行整平压实，沿厂房边墙浇筑宽度略宽于岩壁梁，厚0.1 m的C20混凝土作为施工垫层，并在垫层混凝土上沿承重脚手架钢管底部垫方木，防止钢管滑动。

承重脚手架搭设参数为：立杆纵距、横距、步距及搭设高度根据不同工程经荷载校核确定。排架采用纵横向剪刀撑和拉筋加固，拉筋焊接于下拐点以下边墙锚杆上。承重钢管上设调节顶托，便于支撑系统搭设完成后微调模板。沿脚手架纵向方向在顶托上铺设一根I18工字钢，用于增加支撑体系的刚度，工字钢上部搭设型钢三角架，用于支撑底部斜面模板。

施工脚手架搭设参数为：杆纵距、横距、步距及搭设高度根据不同工程经荷载校核确定，上部设小横杆，间距1.0 m，用于铺设施工脚手板，施工脚手架利用剪刀撑与承重脚手架连接，作为脚手架横向持力构件，施工脚手架上部外侧设置1.2 m高栏杆，并挂安全防护网。

脚手架按照《建筑施工扣件式钢管脚手架安全技术规范》（JGJ130—2001）校核脚手架结构稳定。脚手架搭设可参考图1。

5.2.3 模板施工

清水镜面混凝土模板采用定型钢模板内贴12 mm厚维萨模板浇筑，维萨模与钢模板间采用自攻螺丝固定，侧面钢模板采用槽钢背枋加固，上下采用ϕ18拉筋与厂房系统锚杆焊接固定，拉筋间距75 cm。底部模板采用承重脚手架及型钢三角架支撑，调节顶托微调。混凝土仓内不设任何拉筋，以保证混凝土整体外表的整洁美观，维萨模板安装前需根据使用部位进行加工，保证模板拼合严密。堵头模板采用木模拼装，ϕ12拉筋固定于厂房系统锚杆上，ϕ48钢管纵横向背牢。键槽采用木模制作成定型模板，用铁钉和背管固定。

5.2.3.1 维萨模板施工方法

维萨模板标准规格为244 cm（长）×122 m（宽）×12 mm（厚），根据地下厂房岩壁梁形体尺寸需对标准模板进行加工，侧面维萨模板与底部维萨模板接缝处切成斜口，便于两块模板拼接，切口必须保证精度，保证维萨模板能拼合严密，模板切割需结合岩壁梁外形尺寸及模板的规格综合考虑，提高模板的利用率。切割机具采用圆形细齿锯刀，切割速度31 m/min，切割完成后采用防水漆

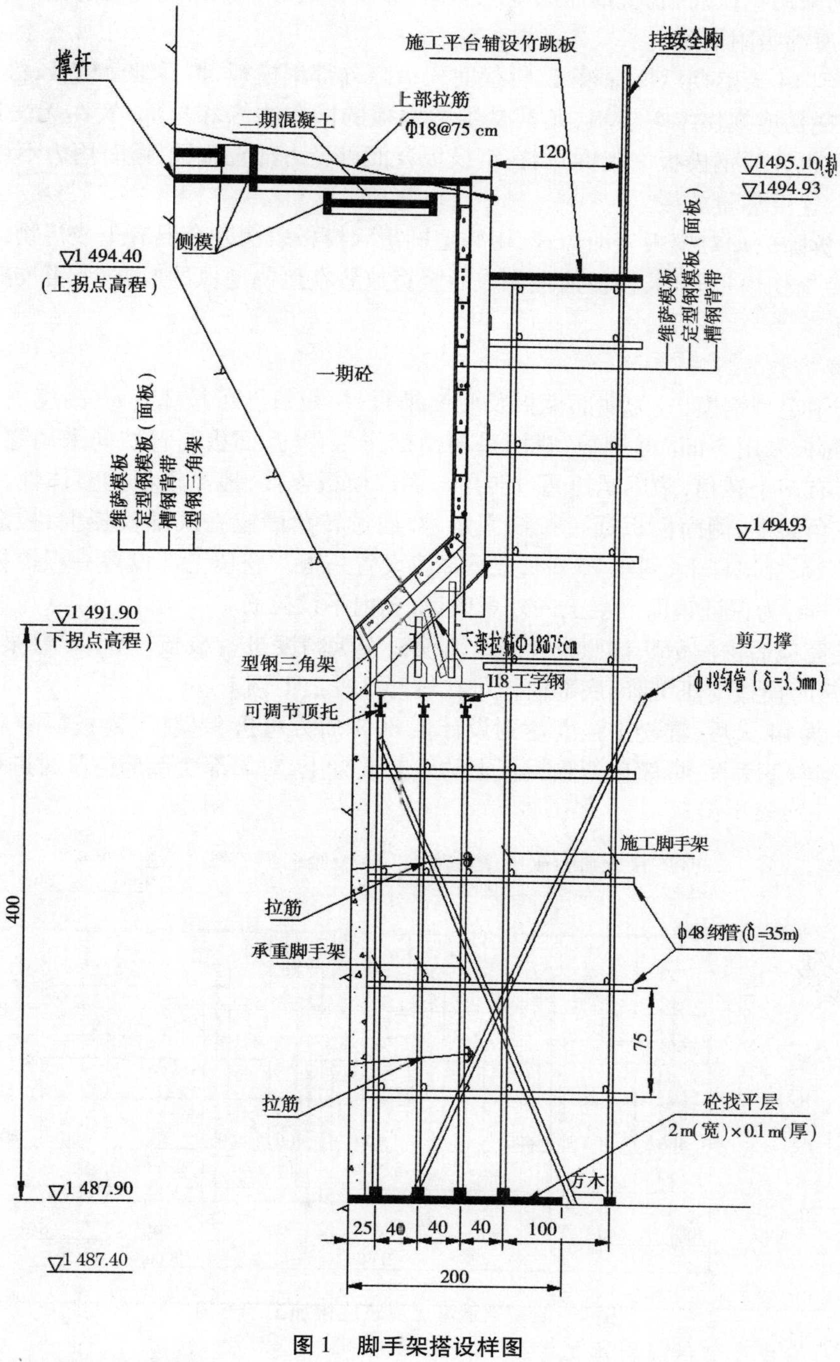

图 1　脚手架搭设样图

涂刷两次，防止维萨模板受潮变形。

维萨模板采用自攻螺丝固定在钢模板上，钢模板上预留有固定螺丝孔，自攻螺丝从钢模板背部穿入，固定维萨模板，自攻螺丝不穿透维萨模板，以保证混凝土外观质量，自攻螺丝螺帽处采用硅胶封闭，防止后期养护时水沿螺丝孔渗入维萨模板。维萨模板拼缝必须严密，防止漏浆，接缝处采用硅胶填缝，并用透明胶带封缝。维萨模板拼缝与钢模板拼缝尽量不重合，防止因模板变形而漏浆。底部模板靠边墙侧局部超挖较大的部位采用木模拼装，木模表面必须刨平，木模仓内侧表面用透明胶带贴面，仓外部木模与维萨模板接缝处及维萨模板与边墙接缝处用砂浆填实、抹平，防止漏浆。

维萨模板安装完成后，应对维萨模板表面进行清理，保证模板表面无污物，再对模板表面涂刷脱模剂，脱模剂采用色拉油，脱模剂需涂刷均匀，底部模板低处可能出现脱模剂汇集的情况，可采用干净的毛巾或海绵吸附清除。

混凝土达到 14 天龄期后拆除模板，拆模时先拆除外部钢模板，再拆维萨模板，维萨模板拆除应注意不可直接撬伤或拖伤维萨模板，尤其是维萨模板的四周边缘和角部，实在无法避免撬除模板时，可将维萨模板连通钢模板一起拆除，在钢模板背面可受力部位施撬，撬时用力不可过猛，可逐步加大撬除力度，速度尽量放缓。

维萨模板拆除后即对模板表面清理，用软毛刷清除模板表面残余混凝土或污物，不可使用钢制工具铲除，以免损伤模板表面，模板清理完成后竖直放置在遮阴通风的地方，不可堆叠放置，亦不能在阳光下暴晒。

5.2.3.2 钢模板施工方法

钢模板采用定型钢模，分为底部模板及侧面模板，模板长度可按 3.6 m、高度视各工程结构尺寸专门定制，面板采用 5 mm 厚钢板，背面采用槽钢作为背枋，面板与背枋间采用螺栓连接。侧面模板下口设计有一个转角，采用螺栓通过转角与底部模板连接，提高模板的整体性，底部模板直接安装在型钢三角架上，侧面模板通过拉筋固定，并通过转角固定在底部模板上，拉筋采用Φ 18 钢筋，焊接于厂房系统锚杆上，间距 75 cm，上下部各设置一根。仓位上部设置一根撑杆，可采用钢管制作，间距 75 cm，为保证镜面混凝土的外观质量，仓内不设拉筋。

模板安装完成后由测量队按照设计图纸对模板安装精度进行校核，由于岩壁梁混凝土体积较大，为防止浇筑时模板受压沉降，底部模板可在设计高程上上调 1 cm。

混凝土浇筑 14 天后，混凝土强度达到设计值 80% 后方可拆除模板，模板拆除后，用绳索逐块吊下，不得直接向下丢掷，拆模后清除模板上的残留混凝土，对局部变形部位及时进行校正，同时刷油、堆放整齐。

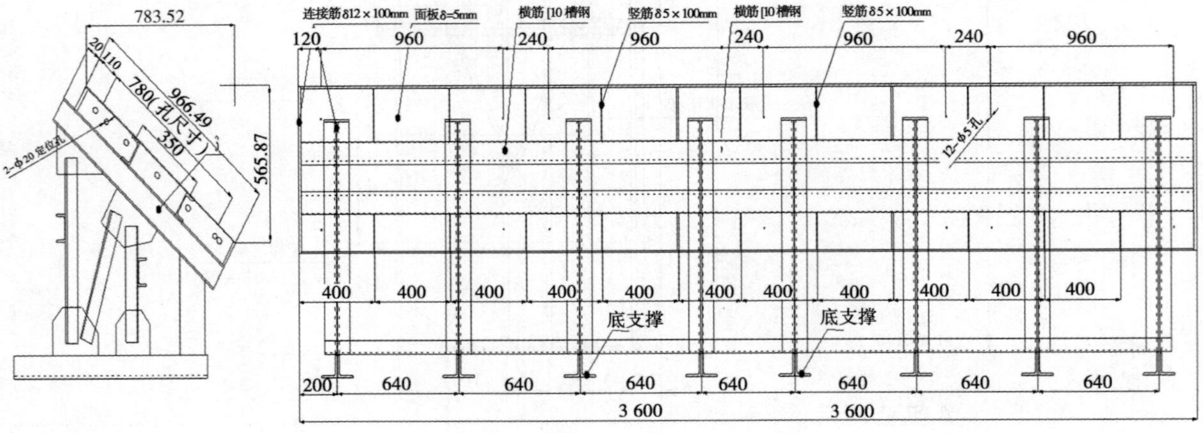

图 2　岩壁梁混凝土浇筑底模加工示意图

5.2.3.3 堵头模板及键槽模板施工方法

堵头模板采用木模拼装，Φ 10 拉筋加固，拉筋焊接于厂房系统锚杆上，模板背面用Φ 48 mm 钢管纵、横向背牢。键槽模板采用木模制作定型模板，由于键槽位置设有过缝钢筋，故键槽模板上应在与过缝钢筋对应的部位开设过筋孔。键槽模板采用纵、横向背管与堵头模板连接。

5.2.3.4 其他模板

岩壁梁混凝土上部排水沟、结构柱、一、二期混凝土接缝处需设置竖向模板，均采用木模拼装，模板采用拉筋、内撑杆固定，模板间采用木板及钉子连接，木模表面需刨平。

5.2.4 钢筋制安

混凝土浇筑施工前，由工程技术人员根据设计图的结构尺寸，结合混凝土浇筑分仓及钢筋安装

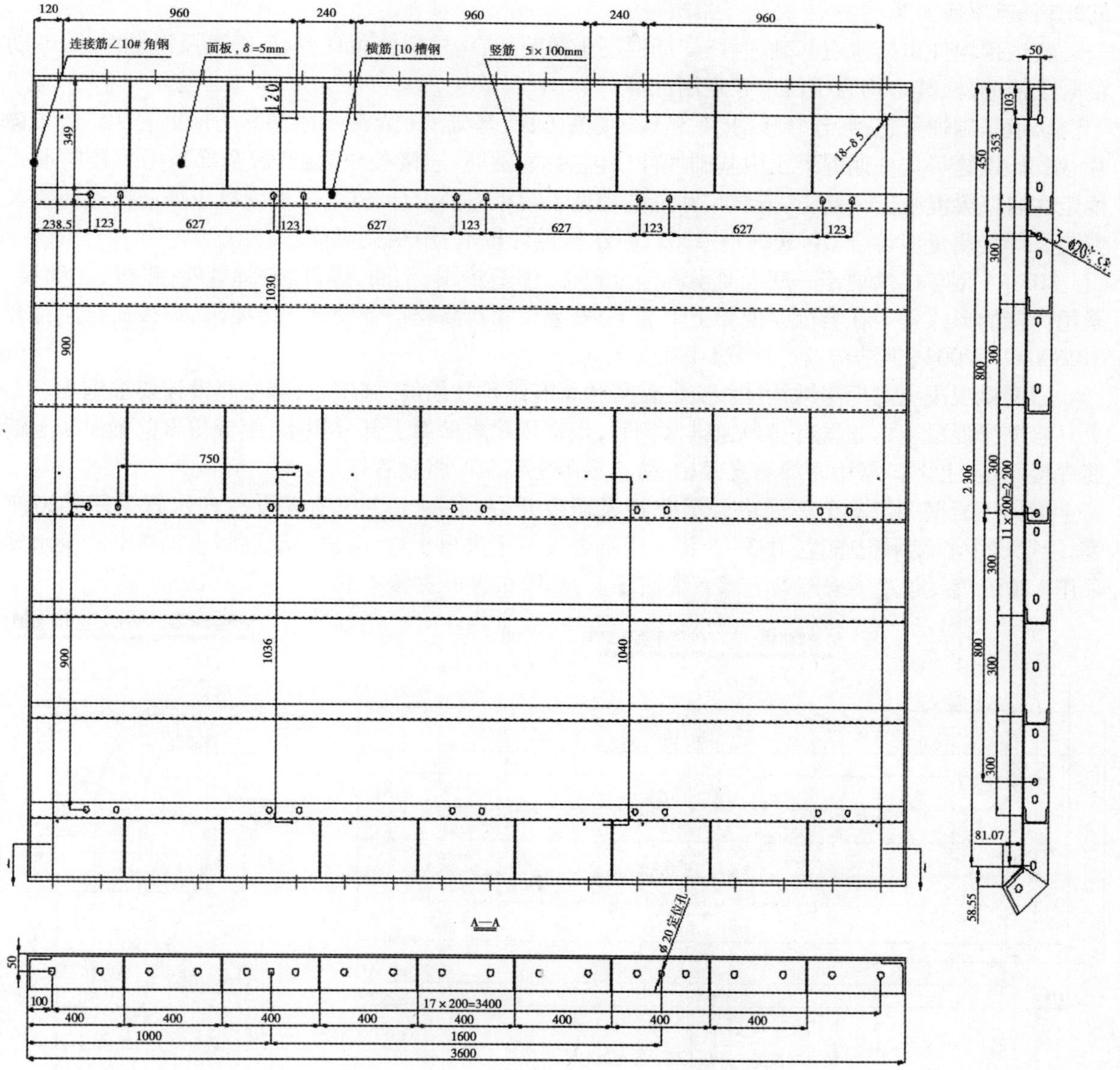

图 3　岩壁梁混凝土浇筑侧模加工示意图

要求，对各施工部位的结构钢筋填写下料单，经审核无误后，交钢筋加工厂加工。加工好的钢筋，按下料单编号并挂牌标识，不同编号、规格的钢筋不得混杂堆放，若加工好的钢筋暂时不能使用，必须采取妥当的保护措施，防止钢筋污染或锈蚀。钢筋采用载重汽车运至现场。

钢筋应根据测量人员放出的控制桩号及高程拉出控制点线，以便施工人员准确控制绑扎位置。钢筋绑扎前，宜根据现场条件先设置样架，样架必须准确、稳定，并在钢筋样架上按施工图的间排距参数画出绑扎位置，再按"先主筋、后分布筋"的顺序依次安装、校正和固定。安装、校正完毕的钢筋应连接成片、成网，并与锚杆焊接牢固，防止移位、变形。

根据施工图要求，钢筋接头采用焊接连接。钢筋焊接作业在施工现场进行，采用单面焊接，焊接长度不小于 $10d$（d 为钢筋直径），每个断面上的接头率不超过钢筋总数的 50%，接头必须间隔分布，相邻钢筋的接头错置长度不小于 $35d$，且不小于 500 mm。主筋连接可采用套筒进行，但使用前应先做试验，提供试验报告。

5.2.5 预埋件安装

轨道预埋件包括轨道基础埋件、二期混凝土插筋、结构柱插筋、CD－4 型车挡及滑触线，除二期混凝土插筋外、其余均为桥机厂家定制件。

轨道基础埋件包括：连接板、接头垫板、接头压板、基础筋（圆钢）、刚垫板、压板、垫片、止动垫片、螺母、螺栓等。一期混凝土内基础埋件仅包括：基础筋、连接板和滑触线，全部采用焊接的形式固定在岩壁梁混凝土钢筋上，安装尺寸及高程见后续相应的设计图纸，二期混凝土插筋按这几要求安装。焊接质量应符合 GB 50017—2003《钢结构设计规范》中相关要求。

CD－4 型车挡预埋于一期混凝土的部分包括：弹簧垫圈、垫圈、螺母、地脚螺栓、垫板、基础板，采用焊接的形式固定在岩壁梁混凝土钢筋上，安装尺寸及高程符合设计图纸要求，焊接质量应符合 GB 50017—2003《钢结构设计规范》中相关要求。

岩壁梁混凝土与厂房结构柱相交的位置预留有结构柱插筋，施工时，应按照设计要求施工。

岩壁梁混凝土内布置有排风兼排水钢管，负责排除岩壁梁上部渗积水，钢管与岩壁梁混凝土钢筋焊接固定，上下口需用海绵填充封堵，防止混凝土浇筑时将钢管堵塞。

为保证岩壁梁混凝土不因内外温差过大而致开裂，混凝土浇筑前埋设冷却水管采用ϕ 20PE 管，沿厂房中心线平行布置，共 3～5 排。两端各设一个进出水口，引出一期混凝土面 27cm，供水管采用ϕ 32PE 管，布置于岩壁梁上部系统锚杆上，具体布置形式参考图 4。

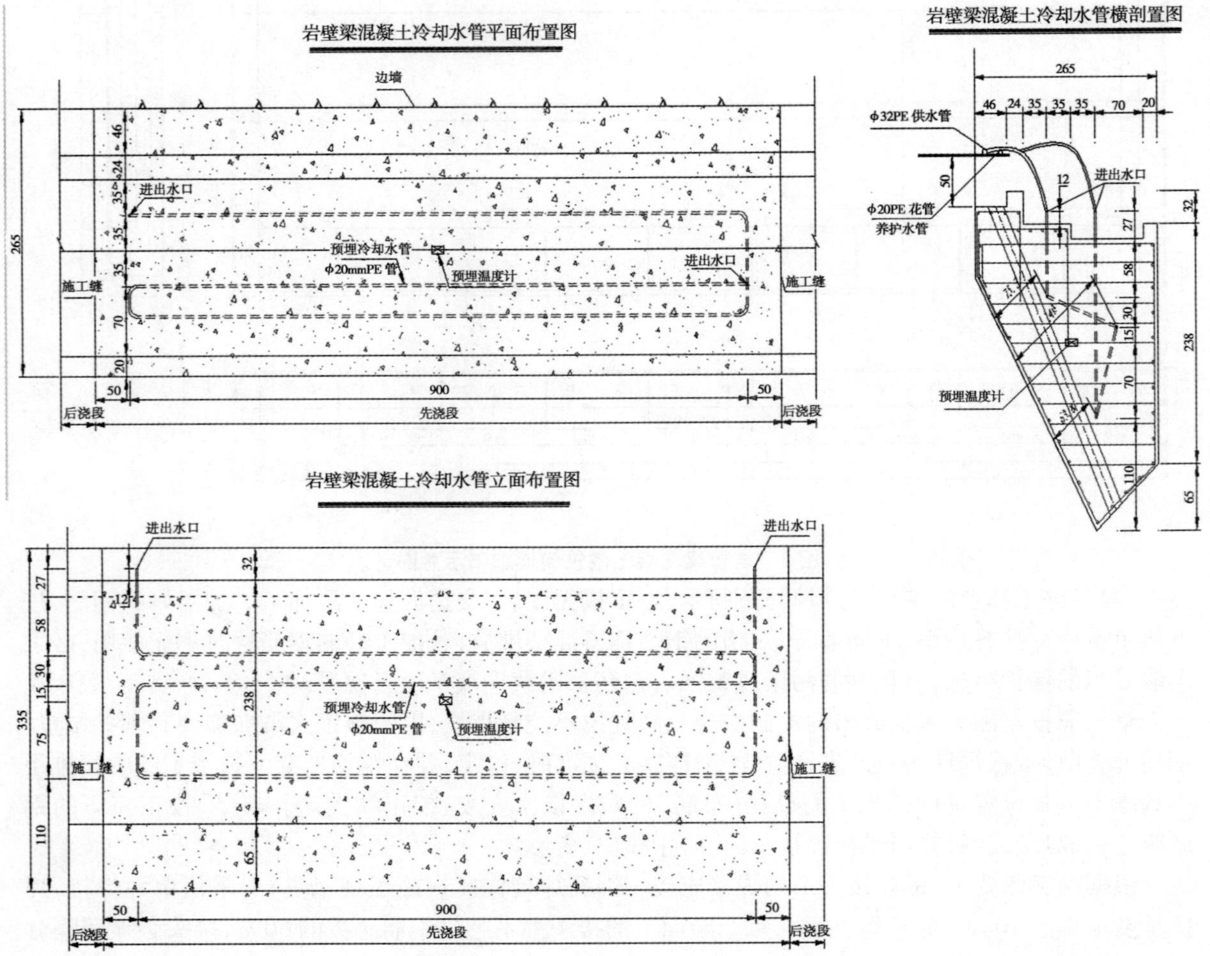

图 4 冷却水管布置图

考虑后期混凝土温控问题，并在岩壁梁混凝土中部位置埋设温度计，以便直观了解混凝土内部温度状况，及时采取温控措施。温度计包括测温探头和读数仪，温度探头绑扎固定在混凝土钢筋上，随混凝土一起浇筑，电缆接出混凝土上表面，方便后期读数。温度计埋设间距可按照 80 ~ 100 m考虑。

5.2.6 混凝土施工

5.2.6.1 混凝土拌制与运输

一期混凝土为 C25 二级配常态混凝土，水泥采用中热水泥 P·mH42.5，为降低水化热，适当掺入粉煤灰，粉煤灰采用Ⅰ级，掺量不大于 25%，外加剂采用羧酸系高效减水剂。混凝土拌制过程中在出机口和浇筑仓面进行取样试验。入仓时坍落度控制在 7 ~ 9 cm 之间，混凝土采用混凝土搅拌运输车运至现场。

5.2.6.2 混凝土入仓、平仓及振捣

混凝土采用 2 台 16 t 吊车各配合 1 m^3 吊罐人工入仓，溜槽输送混凝土，溜槽朝向斜岩台一侧，送料速度不应过高，防止混凝土浆液溅射到维萨模板上形成结痂，影响混凝土外观质量，混凝土浇筑前，底部接缝位置浇筑前先铺一层不小于 10 cm 厚的同标号一级配混凝土，以保证混凝土与基岩及施工缝部位接合良好。混凝土分层铺料，连续浇筑，铺筑厚度 30 ~ 50 cm。

混凝土入仓后采用人工平仓摊铺，舱内混凝土高差以不大于 50 cm 为原则，保证两侧模板受力均匀，防止产生过大变形。

岩壁梁混凝土上部排水沟部位的混凝土采取人工铁锹铲料铺筑的方法入仓。

混凝土入仓后，人工平仓、振捣，仓内若有粗骨料分离堆叠，应将堆集骨料挖除并均匀地散布于砂浆较多处，不得直接用水泥砂浆覆盖，以免造成内部蜂窝；振捣采用φ50/φ30 插入式振捣器。

平仓和振捣两道工序应有层次地分别进行，严禁以振捣代替平仓。振捣器宜垂直插入混凝土中，按顺序依次振捣，应不超过振捣器有效半径的 1.5 倍（一般控制在 50 cm 左右），振捣器距模板的垂直距离，不应小于振捣器有效半径的 1/2，并不得直接与钢筋及预埋件等接触。更不得与维萨模板表面接触，振捣上层混凝土时，应将振捣器插入下层混凝土 10 cm，以保证上下层混凝土的结合紧密。

混凝土拌和物从搅拌站出料后，直至摊铺、振捣、抹面完毕，其间允许的最长时间不能超过初凝时间，防止出现冷缝。混凝土在入仓前初凝时，应作废料处理。为了防止混凝土在运输过程中离析，装料时，混合料从搅拌机落下的高度不超过 1.5 m，同时要控制运输行驶速度。

5.2.6.3 收仓、抹面

混凝土浇筑完成后及时进行收仓、抹面，抹面严格按照一期混凝土高程控制，严禁超浇。

5.2.6.4 养护

混凝土浇筑完成后要及时养护，养护的时间不少于 28 天，拟在岩壁梁上部厂房系统锚杆上布置一条φ20PE 花管，对岩壁梁混凝土洒水，养护期间应保证混凝土构件表面处于湿润状态，养护用水符合相关规范要求。若厂房内温度低于 20℃，可采取在混凝土表面覆塑料薄膜和草席等措施为混凝土保温养护。

5.2.6.5 温度控制

为保证混凝土不出现温度裂缝，混凝土内外温差不能超过 25℃，混凝土浇筑完成后立即进行通水冷却，冷却用水可采用施工供水系统的水，通水方向每 24 小时更换一次，冷却时间 15 天。出水口水温控制在 40℃以下，若出水口温度大于 40℃。可采取加大通水流量，混凝土表面覆盖保温层的措施解决，确保混凝土内外温差不大于 25℃。出水口温度测量频率：浇筑完成后 7 天内 2 小时一次，7 天以后 5 小时一次。

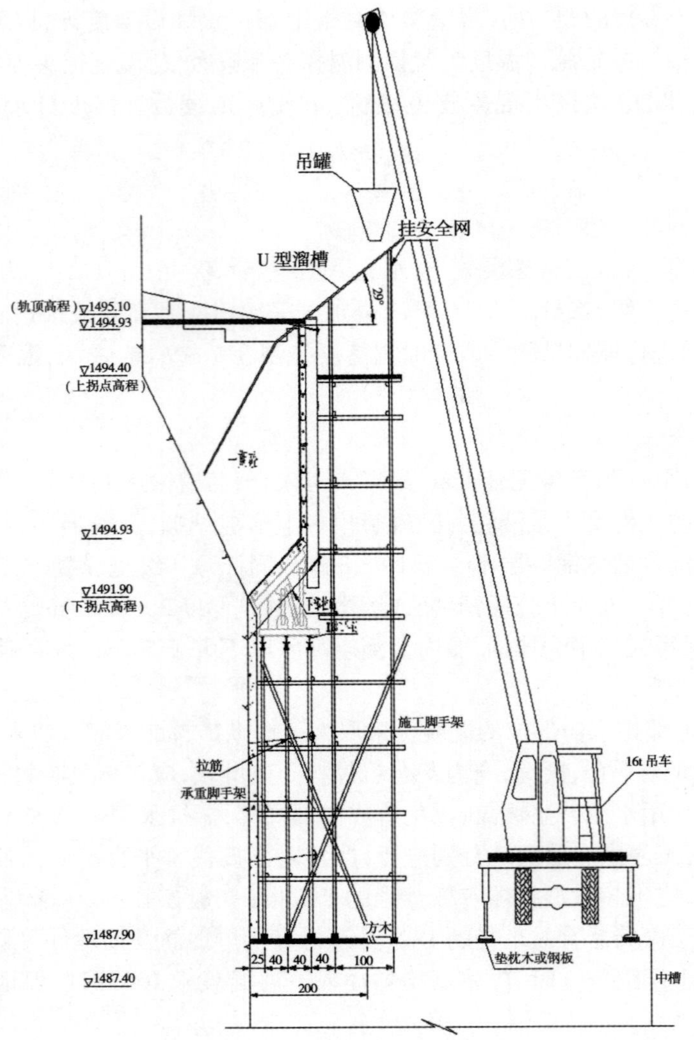

图5 混凝土入仓下料方法示意图

5.2.6.6 拆模

混凝土浇筑14天后,混凝土强度达到设计值80%后方可拆除模板,先拆堵头模板,再拆定型钢模和维萨模板,模板拆除后,用绳索逐块吊下,不得直接向下丢掷,拆模后清除模板上的残留混凝土,对局部变形部位及时进行校正、修补并堆放整齐。

5.2.6.7 缺陷处理

对于出现麻面、漏浆等部位,根据情况采用普通水泥、白水泥、水玻璃等材料调色抛磨处理。凿开麻面、漏浆部位,清洗后扫水泥素浆,用1:2水泥砂浆修补,表面磨板搓平。待水泥砂浆干后(约2 h),用海绵块水拧干,洗深表面3~5 mm,并清除表面砂粒。24 h后,用42.5R硅酸盐水泥与42.5R白水泥按1:1.5比例混合拌匀,加入水与水玻璃按1:1比例拌成的混合液,拌成糊状水泥素浆,抹于构件缺陷处表面,反复压平、刮净。自然风干约12 h后,用水磨砂纸干磨一遍,达到粗平程度即可,淋水养护4 d后,用电动手磨机进行抛光打磨,最后用水磨砂纸干磨数遍即可。针对较大缺陷部位,另报专项措施。

5.2.6.8 施工缝及伸缩缝处理

施工缝在下一仓混凝土浇筑前应先进行凿毛处理,并用水将缝面上的混凝土屑冲洗干净。伸缩缝在下一仓混凝土浇筑前应先用沥青杉板填充,沥青杉板在施工现场加工制作。

5.2.7 混凝土后期防护

混凝土拆模后，用竹跳板沿清水镜面混凝土面铺设，用作混凝土表面防护，防止爆破飞石损坏混凝土面。竹跳板用Φ 20 横向钢筋串联，利用前期混凝土模板拉筋固定在厂房系统锚杆和锁口锚杆上，侧面竹跳板和底面竹跳板间用铁丝绑扎固定。顶部采用沙袋覆盖防护。

岩壁梁混凝土浇筑前应先进行厂房Ⅳ层预裂，混凝土浇筑完成 28 天龄期内不允许在混凝土周边 30 m 范围内进行爆破作业，28 天龄期后的爆破作业应根据厂房爆破振动安全监测数据严格控制单响药量，保证岩壁梁混凝土不因爆破振动扰动破坏。

6. 材料与设备

自由式单孔多锚头防腐型预应力锚索分区分段进行施工，需要的材料及机具设备见表 1、表 2。

表 1　主要施工材料配置表

序号	材料名称	规格型号	备注
1	维萨模板	12 mm	
2	定型钢模板	5 mm 厚	
3	钢管	Φ 48 × 3.5 mm	
4	中热水泥	P. mH42.5	
5	PE 冷却水管	Φ 20PE、Φ 32PE	
6	机制砂	中砂	
7	小石	5 ~ 20 mm	
8	中石	20 ~ 40 mm	

表 2　主要施工机具设备配置表

序号	设备名称	规格及型号	单位	数量	备注
1	混凝土搅拌车	8 m^3	辆	8	
2	汽车吊	16 t	辆	3	一辆备用
3	吊罐	自制/约 1 m^3	个	3	
4	钢筋运输车	东风，10 t	辆	1	
5	装载机	ZLC 50	台	1	
6	反铲	PC300	台	1	
7	手风钻	YT28	台	5	
8	自卸车	T20	辆	5	
9	插入式振捣器	Φ 50	台	15	
10	插入式振捣器	Φ 30	台	5	
11	双层搅拌缸	JJS－2B	台	2	
12	电焊机	ZX7－400	台	4	
13	钢筋切断机		台	1	
14	钢筋弯曲机		台	1	
15	气割设备		套	1	
16	压路机	BW－216	台	1	
17	木工刨床		台	1	
18	污水泵	ZW40－20－15	台	2	

7 质量控制

(1)模板以及三角拱架必须严格按照设计结构尺寸进行制作,其加工尺寸偏差应满足《水电水利工程模板施工规范》的相关规定。

(2)模板安装前,必须由测量按设计图纸进行现场测量放样,并在边墙上明显位置标识出高程,以利现场检查校正;放样数据由测量队以书面形式向混凝土队进行现场交底。

(3)模板支撑体系应严格按照设计图纸的间、排距、步距进行搭设;剪刀撑以及联墙拉筋的布置应满足设计图纸要求。

(4)模板与基岩以及模板与模板之间的接缝位置,必须平整、密合;局部缝隙较大位置采用模板拼缝处理后应增设斜撑进行加固处理。

(5)模板表面涂刷专用脱模剂进行保护。

(6)模板及支撑架上,严禁堆放超过设计荷载的材料及设备。

(7)混凝土浇筑期间,安排专人负责检查模板的位移变形情况,及时采取有效的加固处理措施,以保证混凝土浇筑质量和施工安全。

(8)渐变钢筋制作完成后采取逐根编号的方式以防止出现混乱,钢筋的接头位置应严格按照设计图纸要求进行施工。

(9)拉筋只能焊在普通砂浆锚杆、预埋的插筋上,拉筋的搭接焊缝长度不得小于10d,焊缝必须饱满连续,焊接时,焊缝不允许从上焊到下,必须从下往上焊。

(10) 焊接后的拉筋必须平直,不允许有起弯和松脱现象。拉筋焊完后,应及时将蝶形卡上紧绷直;对于紧堵头模板的拉筋,以手感到受力为准,且不能使堵头模偏转移位。

(11)岩壁梁轨道以及机电预埋件、预埋件应严格按照设计图纸进行施工。埋件数量、位置应满足图纸要求,并采取有效的加固措施以防止其在混凝土浇筑期间发生偏移。

(12)混凝土拌合应严格按批准的设计配合比进行。浇筑过程中,因含砂率和含水率等原因导致混凝土入仓性能较差不利于施工时,必须由试验人员进行调整。

(13)混凝土浇筑时,严格控制混凝土的分层厚度,其浇筑方向和下料顺序应严格按照批准的仓面设计进行。

(14)混凝土浇筑成型后应及时进行冷却水管的通水冷却,并做好相应的测温记录工作。

(15)严格按照质点振动速度要求做好岩壁梁混凝土已浇筑段与开挖爆破作业面的距离以及爆破单响药量的控制,并做好下斜面以及直立面的保护工作。

8 安全措施

8.1 常规安全技术措施

(1)施工排架的临空面位置应按设计图纸要求设置1.5 m高度的防护栏杆并在在栏杆外侧采用密孔防护网进行封闭。所有钢管脚手架、支撑架必须按设计图纸要求搭设牢靠,并经过专项检查、验收合格后方可挂牌投入使用。

(2)施工排架应按规定设置交通爬梯,施工排架搭设占用区域的周边应按规定设置警戒线、挂警示灯、警示牌;其排架区域内应加强照明,并设专职人员24小时指挥交通。

(3)排架搭设以及拆除施工中,作业人员必须按规定配戴安全绳;连接件及工具放在随身工具袋内。其施工过程应严格按照规定的搭设或拆除的顺序进行,现场按要求配置专职安全员进行全过程旁站监督。

(4)支、拆模板时应均匀对称,禁止在同一垂直面内操作,上、下传送模板时,应用安全绳系牢后升降,不得乱扔,并设专人指挥。

(5)模板承重排架的拆除时间必须满足施工规范的要求,其具体拆除时间根据试验室提供的数据确定。

(6)焊接钢筋过程中应严格执行电焊操作规程,焊接现场不得堆放易燃物品,并配备足够的消防器材;焊接工作停止应立即将未使用完的电焊条取下。

(7)吊运钢筋时,要注意前后、左右的施工场所,以免碰伤人、物。吊运钢筋、钢管等要绑扎牢固。

(8)混凝土浇筑过程中,设专人负责检查、维护模板,发现变形必须立即采取加固措施。

(9)加强施工现场的用电管理,供用电设施要有可靠安全的接地装置,经常检查电缆电线,防止漏电,防止触电事故发生;搬移振捣器或中断作业时,必须切断电源。

(10)岩壁梁浇筑施工时段与厂房及其周边洞室的开挖施工存在交叉;因此,应严格执行爆破警戒制度,协调好开挖与混凝土浇筑的关系。爆破时施工人员应安排撤离到安全区内避炮,对设备应采取适当的保护措施。

8.2 吊罐浇筑安全技术措施

(1)必须对起重机械运行人员进行安全教育,并有记录可查。

(2)操作、指挥人员严禁违反操作规程,违章操作。

(3)指挥人员根据设备运行情况必须采用旗语、哨语和手势等信号进行正确指挥。

(4)指挥信号必须清晰、准确、规范。

(5)操作人员等必须持有相应的特种作业人员上岗操作证件。

(6)操作人员、指挥人员严禁疲劳作业,严禁酒后作业,严禁带病作业。

(7)操作人员起吊前必须对起重机械和周围环境进行安全检查,确认无影响因素后再进行作业。

(8)操作人员起吊前必须对吊件的类型,性质,尺寸,重量等搞清楚,不符合吊装要求的一律不准起吊。

(9)起重机械正在运行时,严禁操作、指挥人员嬉笑、打闹或干与本作业无关的事。

(10)浇筑时必须专人指挥,不得多人指挥或无序指挥。

(11)确认吊罐固定挂稳后方能起吊,必须按指挥缓慢均速吊运。

(12)上部吊罐人员必须系好安全带,利用稳绳将吊罐牵引到位并稳定后方能下料。

9 环境保护措施

9.1 施工生产废水处理措施

施工区产生的废浆在施工区设置废浆处理池,处理后的废浆运到弃渣场或监理工程师指定的地方,并及时掩埋,防止流失污染环境。

9.2 施工区粉尘与废气控制措施

施工作业产生的粉尘,除作业人员配备必要的防尘劳保用品外,采取防尘措施,防止灰尘飞扬,使粉尘公害降至最小程度。施工机械设备排放的气体经常检测,排气量大的车辆及燃油机械设备需配置尾气净化装置。

9.3 施工区噪声控制措施

加强设备的维护和保养,保持机械润滑,达到减少噪声的目的,振动大的机械设备使用减振机座降低噪声,各种动力机械设备暂时不用时应关闭发动机;采取必要的预防措施保障职工的听力健康,如给施工作业人员配备耳塞、耳棉等可靠的防护措施;注意施工人员的合理作息,增强身体对环境污染的抵抗力;施工期间,将动力机械设备合理分布在施工场地,尽量避免在敏感受体附近同时布置或运行多套动力机械设备。

9.4 施工废弃物的处理措施

施工中的废弃物，不得随意掩埋和倾倒入江河，以免污染土壤和水体。应按规定对其进行分类，该掩埋的掩埋，该焚烧的焚烧。

9.5 完工后的场地清理规划

工程施工完毕后，须进行施工临时用地场地清理、平整，力求恢复原貌，保持良好的生态环境。

10 效益分析

地下厂房岩壁梁混凝土浇筑完毕，虽然与大理石镜面效果有差距，但构件表面平整光滑、色泽一致、无蜂窝麻面、无明显气泡，无裂缝。梁轴线直顺、几何尺寸准确，混凝土施工质量优良，可以达到预期效果，这表明岩壁梁清水镜面混凝土施工工艺是成功可行的。通过结构荷载校核，采用5 mm厚钢模板内贴12 mm维萨模板，侧模和底模单独分块制作与安装，解决模板笨重、安装困难、降低施工成本等难题，受到了业主、设计及监理单位的一直好评。

11 应用实例

11.1 岩壁梁清水镜面混凝土施工在长河坝水电站工程中的应用

长河坝水电站位于四川省甘孜藏族自治州康定县境内，为大渡河干流水电梯级开发的第10级电站，工程区地处大渡河上游金汤河口以下约4 km ~7 km河段上，坝址上距丹巴县城82 km，下距泸定县城49 km。

长河坝水电站是以单一发电为主的大型水库电站，无航运、漂木、防洪、灌溉等综合利用要求。工程为一等大(1)型工程，挡水、泄洪、引水及发电等永久性主要建筑物为1级建筑物，永久性次要建筑物为3级建筑物，临时建筑物为3级建筑物。电站采用水库大坝、首部式地下引水发电系统开发，电站总装机容量2600 MW。

长河坝水电站厂房岩壁梁布置在上、下游边墙，与厂房中心线平行布置。岩壁梁混凝土形态：高3.20 m，宽2.65 m。上拐点高程EL.1494.4 m，下拐点高程EL.1491.9 m，轨顶高程EL.1495.10 m。起至桩号为：厂(横)0+000.00~厂(横)0+207.90，单侧长207.9 m。

厂房岩壁梁混凝土施工主要项目包括：岩壁梁一期、二期混凝土、钢筋绑扎、轨道预埋件、施工缝键槽、排风兼排水钢管等。根据设计蓝图要求：一期岩壁梁混凝土为C25二级配常态混凝土，二期混凝土为C30一级配混凝土。

岩壁梁清水混凝土施工工法在长河坝水电站工程中进行了成功应用，地下厂房岩壁梁混凝土浇筑完毕，虽然与大理石镜面效果有差距，但构件表面平整光滑、色泽一致、无蜂窝麻面、无明显气泡，无裂缝。梁轴线直顺、几何尺寸准确，混凝土施工质量优良，可以达到预期效果。为创造样板工区及优质工程创造了条件，施工过程中，施工质量、进度及成本得到了有效控制，综合效益显著。

11.2 岩壁梁清水镜面混凝土施工在黄金坪水电站工程中的应用

黄金坪水电站处于大渡河上游河段，系大渡河干流水电规划“三库22级”的第11级电站，上接长河坝电站，下游为泸定电站，坝址位于四川省甘孜藏族自治州康定县姑咱镇黄金坪上游约3.2k m处。黄金坪水电站是以发电为主的大(Ⅱ)型工程。电站采用水库大坝和“一站两厂”的混合式开发，电站总装机容量850 MW(大厂房800 MW、小厂房50 MW)，多年平均年发电量38.61亿kW·h。

地下厂房从山里至山外依次布置副厂房、主机间、安装间。主机间长129 m，安装4台200 MW水轮发电机组及其附属机电设备，机组间距30.5 m。安装间位于主机间的右侧，长54.4 m，主副厂房及安装间总长206.3 m。安装间及主厂房上下游边墙设置有岩壁梁，桩号是：厂横0+000~厂横0+183.4；岩壁梁上拐点高程为EL1421.3，下拐点高程为EL1419.15，梁顶高程为EL1421.83，轨道高程为 EL1422。

岩壁梁清水混凝土施工工法在黄金坪水电站工程中进行了成功应用,地下厂房岩壁梁混凝土浇筑完毕,构件表面平整光滑、色泽一致、无蜂窝麻面、无明显气泡,无裂缝。梁轴线直顺、几何尺寸准确,混凝土施工质量优良,可以达到预期效果。施工过程中,施工质量、进度及成本得到了有效控制,综合效益显著。

(主要完成人:张述毕　王来所　侯孝军　漆智慧　张国良)

倒垂线造孔及仪器安装施工工法

中国水电建设集团十五工程局有限公司科研设计院

1 前言

水利水电工程中的混凝土坝、碾压混凝土坝等工程均建造在地质构造复杂、特性不均匀的各类地基上，在各种力的作用和自然因素的影响下，其工作性态和安全状况随时都在变化。为了保证运行期大坝下游安全，随时监测大坝在运行过程中的变形、位移和安全状况，在坝基及左右岸坝顶分别布置倒垂线，倒垂线均深入基岩，达到变形可忽略处，作为大坝绝对位移量的工作基准点。这个基准点关系到整个工程安全监测中位移和变形监测的成败，安装埋设技术要求高，施工钻孔不同于地质、灌浆的钻孔，钻孔直径 250 mm，孔径尺寸大；钻孔深度 50 多 m，在地质条件差，岩石破碎的情况下，取芯困难，孔斜要求等工艺难度大，废孔率高；成孔后的保护管的安装精度要求高，难度大。通过多个工程的实际经验和不断改进、完善，已形成一套完整的倒垂线埋设技术。

2 工法特点

（1）埋设安装钻孔直径 250 mm，孔径尺寸大，钻孔深度大于 50 m，地质条件差、岩石破碎时，取芯顺利，成孔速度快。

（2）钻孔孔斜要求 1/1 000，精度高，成孔率 100%。

（3）保护管每节重量 80 kg，安装精度高，进度快，安全顺利。

3 适用范围

本施工工法适用于水利水电工程中的混凝土坝、碾压混凝土坝等类似工程的各类地质条件情况下的倒垂线埋设安装和大坝变形监测。

4 工法原理

倒垂线要倒垂固定在相对稳定、不变形的基岩上，一般相对于地面上的大坝等建筑物，都要钻孔很深到深层基岩。由于钻孔孔径大都在 250 mm 以上，孔斜要求1/1 000以上，与地质勘探、工程灌浆钻孔大不相同。钻杆、钻头、岩芯重量大，孔斜质量保证难度大，废孔率高；地质条件不好、岩石破碎时，取芯困难，成孔速度慢。成孔后的保护管安装，每节保护管重量 80kg，中心线孔斜要求 1/1 000，并要求保护管始终在钻孔的中心位置，技术要求高，施工安全隐患多。该工法重点研究了岩石破碎地质情况下的钻孔、取芯成孔、保证孔斜、保护管安装及倒垂线安装的施工工艺和方法。达到施工进度快，质量好，安全顺利的施工目标。

5 工艺流程及操作要点

5.1 工艺流程

工艺流程见图 2。

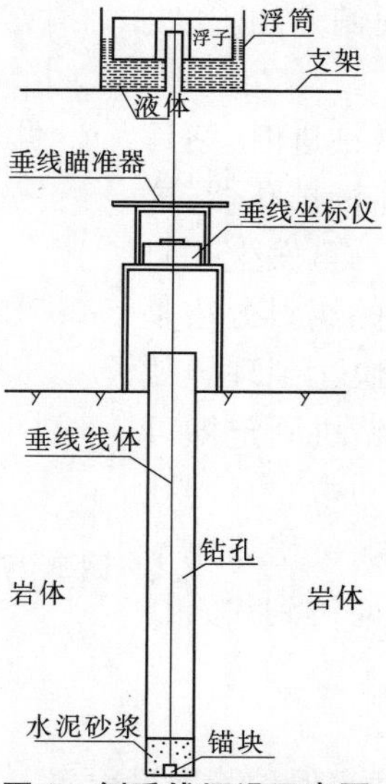

图 1　倒垂线埋设示意图

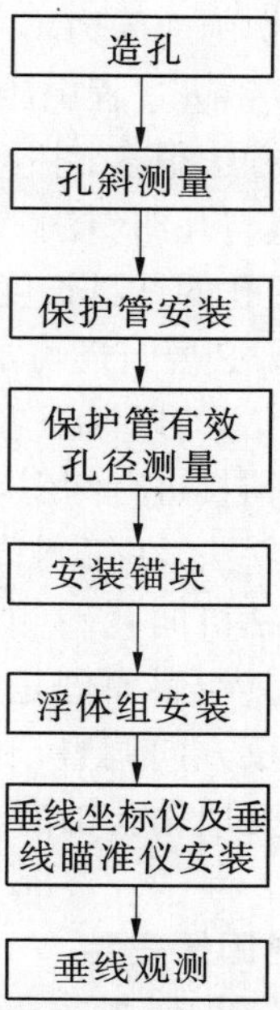

图 2　工艺流程图

5.2 倒垂孔施工

5.2.1 造孔

(1)按设计要求的孔位、孔径和孔深钻孔,采用岩芯钻,终孔有效孔径应满足设计要求。应将岩芯尽量取全,特别对于断层、软弱夹层(带)应尽量取出,按工程地质规范进行详细描述,作出钻孔岩芯柱状图。

(2)钻孔时选择性能好的钻机,人造金刚石孕镶钻头,胎体硬度 HRC22 ~ 30,金刚石粒度 40/50。应在钻孔处用混凝土浇筑钻机底盘,预埋紧固螺栓。用水平尺严格调平钻机滑轨(或转盘),然后用两台经纬仪校正钻机立轴,使其与孔口中心偏差控制在 1 mm 以内,其倾斜度应小于 0.1%。然后将钻机紧固在混凝土底座上。

(3)岩石地质情况破碎时,孔口埋设长度 3 m 的导向管,导向管必须调整垂直,其倾斜度应小于 0.1%,周边用混凝土回填。

(4)钻孔深度较大时,加长岩心管、采用大直径钻杆、钻机钻设时采用低速率、小压力、小水量。

(5)每钻进 1 ~ 2 m 应检测一次钻孔偏斜值,一旦出现偏斜,应首先分析原因,采取切实可行的纠斜措施。检测可采用倒垂浮体组配合弹性置中器进行。

(6)测定钻孔不同高程处钻孔中心线位置与孔口中心位置的偏心距,并严格控制。

5.2.2 孔斜测量方法

倒垂孔孔斜测量方法采用弹簧式弹性置中器配合仪器厂家的浮体组进行测量。测量时,先放好支架和浮筒,基本保持水平,然后向浮筒内注入液体,到浮筒能在液体中自由漂浮为止。将弹性置中器用钢丝与浮子连接,放入钻孔内需要测量的部位,待浮体桶内浮子稳定后,用钢板尺测量钢丝与管口中心的偏离值,求出钻孔偏斜度,如图 3 孔斜测量示意图所示。钻进过程中每钻进 1 ~ 2 m 检测孔斜一次,并记录在测斜记录上,及时掌握和分析孔斜变化情况,如发现孔斜超限时,及时采取措施加以纠正,防止因偏斜值过大而造成钻孔报废。该设备测量精度高、操作简单、测量结果直观、设备成本低。大孔径测量要是采用测斜仪测量设备费用很大,操作复杂。

5.2.3 钻孔纠斜方法

造成钻孔偏斜的因素主要是地质岩石状况和钻机操作两个方面。在遇到裂隙、断层、岩层变化等容易造成钻头切削面受力不平衡产生偏斜;在钻孔过程中,钻机安装不水平、立轴不铅直或钻进过程中压力过大、转速过高等都容易造成孔斜超标。

钻孔纠斜的方法很多,主要有加长钻具纠斜法、调整立轴偏角纠斜法、扩孔纠斜法、回填封孔纠斜法、钻机平面位移纠斜法等。

通过实践,开孔的钻具长度,随钻孔延伸而逐渐加长,正常钻进时,钻具长度不小于10 m,必要时还可加长,并在钻具的两头及中间连接扩孔器,这样就可形成管柱钻具,以保证可靠导向性,可有效避免孔斜。一旦发生孔斜也可以继续加长钻具进行纠斜。在偏斜值不大时最行之有效的纠斜方法是钻机平面位移纠斜法,在偏斜值不大时采取此方法纠斜可很快达到理想效果。此方法是将钻机向孔斜侧平面移动孔斜量的2倍,再将钻机固定即可进行纠斜钻进。其纠斜原理是当钻机平面移动后,钻机立轴的中心点与孔底的中心位置成反方向调整,利用作用力与反作用力使钻头在钻压作用下产生偏压从而改变原钻孔轴向,使钻头沿孔斜反方向钻进,从而达到纠斜目的。

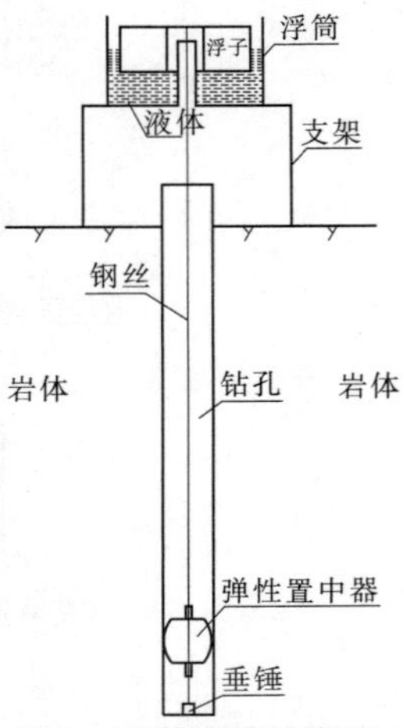

图3 孔斜测量示意图

5.3 保护管及锚固器安装

(1)全面冲洗钻孔,去净孔内残留物。测量钻孔偏斜值,确定保护管埋设位置。

(2)保护管采用ϕ168 mm钢管。安装保护管时在单根保护管外壁相同位置对称焊接40 mm的钢筋头,使保护管始终置于孔中心位置。

(3)保护管应保持平直,底部加以焊封。底部以上0.5 m范围内,内壁应加工为粗糙面,以便用水泥浆固结锚块。保护管采用丝口连接,接头处应精细加工,保证连接后整个保护管的平直度,安装保护管时全部丝口联接缝用防渗漏材料密封。

(4)下保护管前,可在钻孔底部先放入水泥砂浆(高于孔底约0.5 m)。保护管下到孔底后略提高,但不得提出水泥砂浆面,并用钻机或千斤顶进行固定。保护管单根长度2 m、重量80kg,安装时要采用机械安装,保护管的连接为丝扣连接。安装时防止机械伤害,造成保护管的报废和人员的安全事故。

(5)用水泥浆或水泥砂浆将连接倒垂线体下端的锚固器固定在保护管底部设计位置。

5.4 浮体组安装

待倒垂线体锚固端凝固后,按设计位置及方向安装浮筒及支架并仔细调整浮筒位置,使其中心对准有效孔径中心。将铟钢丝与浮筒内浮子连接,拉紧后固定,灌入变压器油使浮子浮动起来,将浮体组的浮力调整到设计浮力,保持浮子水平、连杆垂直,浮子须在浮桶中心,并处于自由状态。

5.5 垂线坐标仪及垂线瞄准仪安装

倒垂线观测墩制作时,定位一定要准确,观测墩与倒垂线有严密的相对位置关系,观测墩的尺寸和位置根据设计图纸及现场具体情况综合考虑,以垂线的最终位置确定观测墩、垂线坐标仪及垂线瞄准仪底座的位置,并使墩边线平行于位移坐标轴线。

安装时,先安装测线,再安装垂线坐标仪及垂线瞄准仪底盘。根据量程、大坝变化范围及方向,确定底盘的具体安装位置。保持仪器导轨平行于监测方向,垂线坐标仪及垂线瞄准仪底盘调整水平后用螺丝固定。然后复查垂线瞄准仪游标卡尺在主尺上能否灵活移动,瞄准针尖部无变形、无污物后盖上保护帽。

5.6 倒垂线观测

倒垂线观测前,首先要检查钢丝是否有足够的张力,是否处于稳定状态,浮体在浮筒内是否成自由漂浮状态,然后打开瞄准针保护帽检查瞄准针的完好性。用垂线坐标仪对钢丝精确观测两个测回,每次观测步骤一致。详细记录左右标尺的刻度,以便于进行资料计算及整理。

6 质量控制

6.1 施工依据

《水电站大坝运行安全管理规定》(电监会,2004.12);

《水电站大坝安全监测工作管理办法》;

《水电站大坝安全信息报送办法》(电监会,2006.9);

《水电水利工程岩体监测规程》(DL/T5006—2007);

《国家一、二等水准测量规范》GB12897—2006;

《水利水电工程施工测量规范》(DL/T 5173—2003);

《国家三角测量规范》GB12898;

《中短程光电测距规范》GB/T16818—2008;

《工程测量规范》(GB 50026—2007);

《水利水电工程钻探规程》DL5013—92;

《混凝土坝安全监测技术规范》DL/T5178—2003;

《混凝土坝安全监测资料整编规程》DL/T5209—2005;

《岩土工程安全监测手册》(中国水利水电出版社 2008)。

6.2 施工质量检测

垂线安装前精确测量钻孔的有效孔径及确定有效孔径的圆心位置,保证垂线的量程。

6.3 施工质量控制

(1)设备的率定:对进场的垂线设备严格按照规定方法和率定标准进行,率定合格后,方能使用。

(2)孔径、孔斜要求:垂线钻孔孔径一般为ϕ250 mm,钻孔深度依据设计要求,钻孔孔斜要求达到1/1 000。

(3)垂线监测:首先要检查钢丝是否有足够的张力,是否处于稳定状态,浮体在浮筒内是否成自由漂浮状态,然后才能进行观测。每次观测两个测回,取两次读数的均值作为该测回的观测值,两次读数差不超过0.15 mm。

7 安全措施

(1)坚持"安全第一、预防为主"的方针,对施工现场进行危险源标识,并制定相应的措施。

(2)落实安全责任制,明确安全责任人,加强对钻机操作人员的安全培训,提高安全防范意识,加强安全管理。

(3)保护管安装必须在白天进行,要在专人的指挥下安装,防止机械伤害事件。。

(4)仪器安装就位后及时安装防护装置,对仪器设备和电缆进行防护,避免施工中受损坏。

8 效益分析

通过本工法在西安市黑河水利枢纽工程、青海公伯峡水电站、陕西洋县卡房子水库、老挝 Na m Ngu m5 水电站等工程中的使用,由于钻孔速度快、精度高、降低了造孔成本,加快了施工进度。在施工期就已开始正常监测,为业主、设计、相关土建单位提供了大量监测数据成果,为大坝的安全运行提供了宝贵的第一手资料及重要的科学依据。。

9 应用实例

通过老挝 Na m Ngu m5 水电站工程倒垂线施工过程,包括倒垂造孔、测斜、纠斜及保护管、锚块、垂线、浮体组、垂线坐标仪安装等的研究，推荐在今后大坝垂线施工过程中，对本工法完善、分析和改进。

老挝 Na m Ngu m5 水电站工程

9.1　工程概况

Na m Ngu m5 水电站位于老挝 Na m Ngu m 河上游右岸支流 Na m Ting 河上，该工程拦河坝为碾压混凝土重力单曲拱坝，最大坝高 100.50 m，坝顶宽度 6.0 m。大坝共设置了 2 条结构缝、3 条诱导缝，分缝间距约 40 m，结构缝采用通缝布置，每个坝段中部上下游面各设置一条诱导缝。首部枢纽区两岸岸坡基本对称，地形坡度一般 35°～55°，局部地段可达 60°以上，形成陡崖，岸坡下陡上稍缓，右岸较左岸陡，坝址右岸进水口上游河谷稍开阔，岸坡稍缓，往下河谷狭窄。坝址两岸发育有数条干沟或顺坡凹槽，切割深度一般 5～20 m，两岸下游侧有冲沟或凹槽分布，但切割较浅。坝址区两岸地形较完整。本工程大坝地层岩性为二叠系下统 Nalang 组（P1nl）灰绿、灰色石英砂岩，灰紫色长石石英砂岩、粉砂岩，紫红色泥质粉砂岩、粉砂质泥岩、泥岩等，局部地带夹有粉砂质泥晶灰岩条带。

为了保证运行期大坝下游安全，监测大坝在运行过程中坝基和坝体水平位移并作为正垂线绝对位移量的工作基准，因此在坝右 0 + 008.31、EL1010 m 高程布置 1 条倒垂线，倒垂线长度为 32 m；在左右岸坝顶分别布置 1 条倒垂线，倒垂线长度分别为 48 m、58 m，倒垂线均深入基岩 30 m，达到变形可忽略处。正垂线布置在坝右 0 + 008.31 m、EL1000.000 m～EL1010.000 m。垂线详细布置见图 4、图 5。

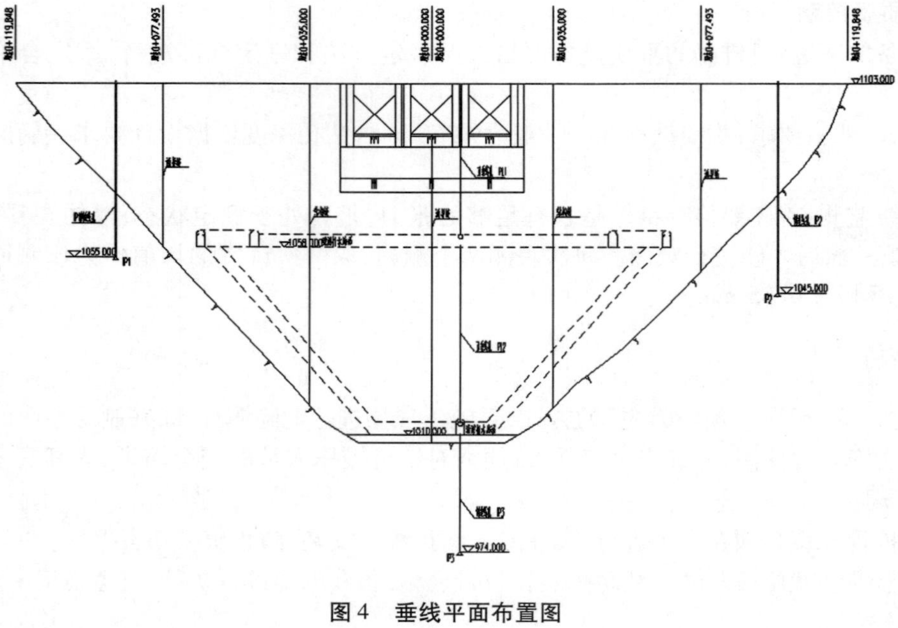

图 4　垂线平面布置图

9.2　施工情况及结果评价

外部变形监测点 DB－TP－08 与大坝内部倒垂线 IP3 与正垂线 PL2 安装埋设位置在坝体同一断面，故此选择具有代表性的大坝外部变形监测点 DB－TP－08 的监测数据与垂线监测数据进行对比分析。

大坝初蓄期正垂线 PL2、倒垂线 IP3 与外部变形监测点 DB－TP－08 测点已经进入正常监测中，垂线测量设备为南京南瑞生产的 mZ－1 垂线瞄准仪，该设备为人工目测位移变化。测量原理：移动游标尺，通过瞄准孔用目视线将瞄准孔与垂线钢丝及瞄准针三点瞄准排列在一条直线上。利用左、右标尺的刻度值来确定垂线位置的坐标值。外部变形监测点的测量设备采用莱卡 2003 机器

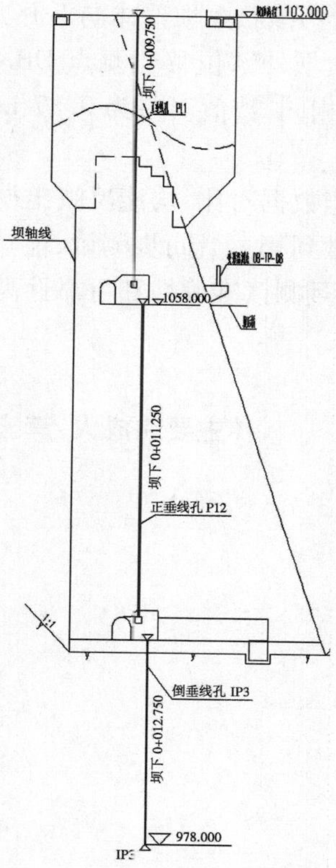

图5 垂线剖面布置图

人。仪器设备的主要技术参数见表1,监测成果过程线见图6。

表1 仪器设备的主要技术参数

序号	设备名称	主要技术规格	备注
1	mZ－1 垂线瞄准仪	测量范围:(mm)X 向(上下游)－15 至＋15、Y 向(左右向)－10 至＋10;最小分辨率值(mm):0.1;测量误差(mm):0.30。	
2	莱卡.2003 机器人	放大倍率:30x;测角精度:0.5 秒;测距精度:1＋1 ppm;测程:3.5 km。	

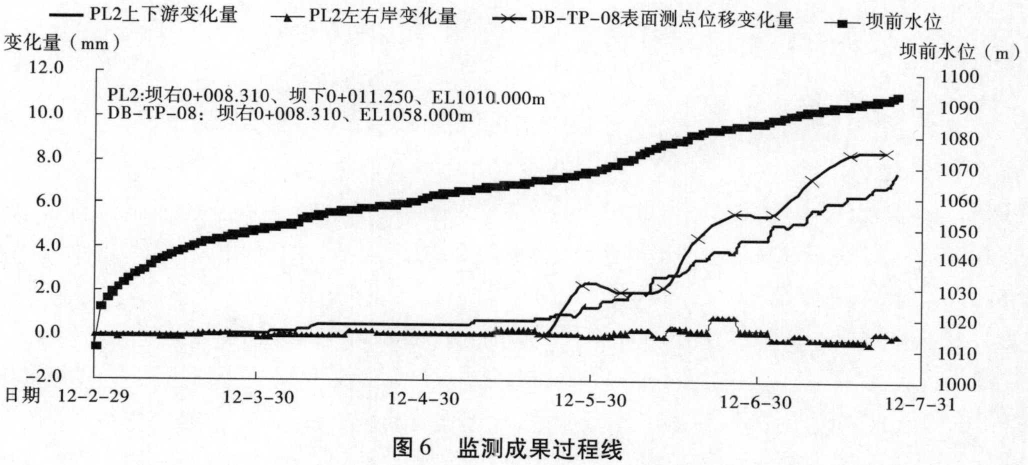

图6 监测成果过程线

通过上图可以看出随着坝前水位升高，大坝整体向下游方向位移。垂线监测坝体的向下游位移7.58 mm、向左岸位移0.12 mm；大坝外部位移监测点 DB－TP－08 监测大坝向下游位移8.45 mm。两种监测手段取得的数据基本相同，数值误差为0.87 mm，测量仪器设备及监测周期不同是导致测量数据的误差的主要因素。

通过两种监测手段所取得的监测数据对比，均能反映出初蓄期大坝的位移变化情况，但是垂线可实现自动化监测，测读及时，能够做到相关量同步测读，能达到多测点、多密次的要求，能提供在时间上和空间上更为连续的信息，而且测读准确性和可靠性高。

（主要完成人：李宏伟　常亮　王星照　李晨　易永军）

高空长悬挑结构预制钢筋混凝土模板施工工法

中国水电建设集团十五工程局有限公司

1 前言

高空悬挑结构的施工是目前国内建筑工程施工中经常出现的施工难点之一。主要问题集中于模板采取何种方法支撑。根据建筑物所实现的功能不同,施工方法也有很大的不同。目前,在高层建筑作业中,主要还是采用悬挑式脚手架支撑。其与落地脚手架相比,使用悬挑式钢管脚手架可以大大降低脚手架费用。但是,在一些悬挑钢管扣件脚手架的设计施工方面,设计时大多都依靠工程技术人员的经验,没有形成规范化。悬挑式脚手架的相关设计计算理论还不是很完善。而且根据三里坪工程孔、表孔距离地面高度高,混凝土体积大的施工特点,若是采用悬挑脚手架施工,悬挑脚手架搭建和拆除的施工难度很大,特别是工期长,工程费用很高。

中国水电十五局通过预制混凝土悬挑模板的施工技术进行中孔、表孔悬挑结构的施工其中在三里坪工程中。在龙桥、麒麟观、罗坡坝等工程中采用预制混凝土悬挑模板预埋插筋的加固的施工方法进行表孔悬挑结构的施工,应用该项技术,完成的工程均取得了较好的施工效果,施工安全得到了保证、节约了成本,加快了施工进度创造了较好的社会效益。由此可见,应用该项施工技术,可取得明显的经济效益和社会效益,具有推广应用价值。

2 工法特点

(1)现场施工安全问题,采用预制钢筋混凝土模板施工悬臂段混凝土,作业人员全部在仓内进行作业,避免高空架子作业,能最大限度的消除安全隐患。

(2)根据工程工期问题,采用高空长悬挑结构预制钢筋混凝土模板施工方法和采用常规脚手架施工相比较,加快了施工进度,节约了施工工期。

(3)根据工程地形限制,距离地面 70 m 左右,采用预制钢筋混凝土模板施工,解决了常规脚手架施工需要大量材料,造成材料费用偏大的问题。

3 适用范围

适用于混凝土高悬挑结构施工。

4 工艺原理

预制混凝土模板的布置按照浇筑层高及施工方便简捷的要求,对单块重量、大小进行分类制作,根据结构应力计算出预制混凝土模板配筋要求、强度等级、模板吊环的布置数量、位置等。

模板与坝体的连接,采用塔机配合人工吊装,在悬臂现浇段部分混凝土中埋设的角钢进行搭接,模板横向之间采用角钢搭接连接,角钢兼作板块间的拼缝模板。纵向连接采用在每块预制模板浇筑混凝土之前预埋工字钢或者预埋插筋进行加固,浇筑至指定高程、达到强度后与下一块模板进行连接,以此类推直至混凝土浇筑结束。

5 施工工艺流程及操作要点

完成的相关工程较多,其中三里坪工程中孔悬挑结构最长,施工方法最为复杂,此处主要介绍三里坪工程泄洪中孔的施工方法,其他工程的施工方法与此基本类似,此处不再赘述。

5.1 施工工艺流程

施工准备→预制模板设计→预制模板加工→预制模板运输→预制模板安装→测量定位→预制模板加固→混凝土浇筑→养护。

5.2 操作要点

预制混凝土悬挑模板施工由悬挑长度、悬挑宽度、相贯线曲线和塔吊吊装重量等确定。预制混凝土悬挑模板施工工艺流程见图1。

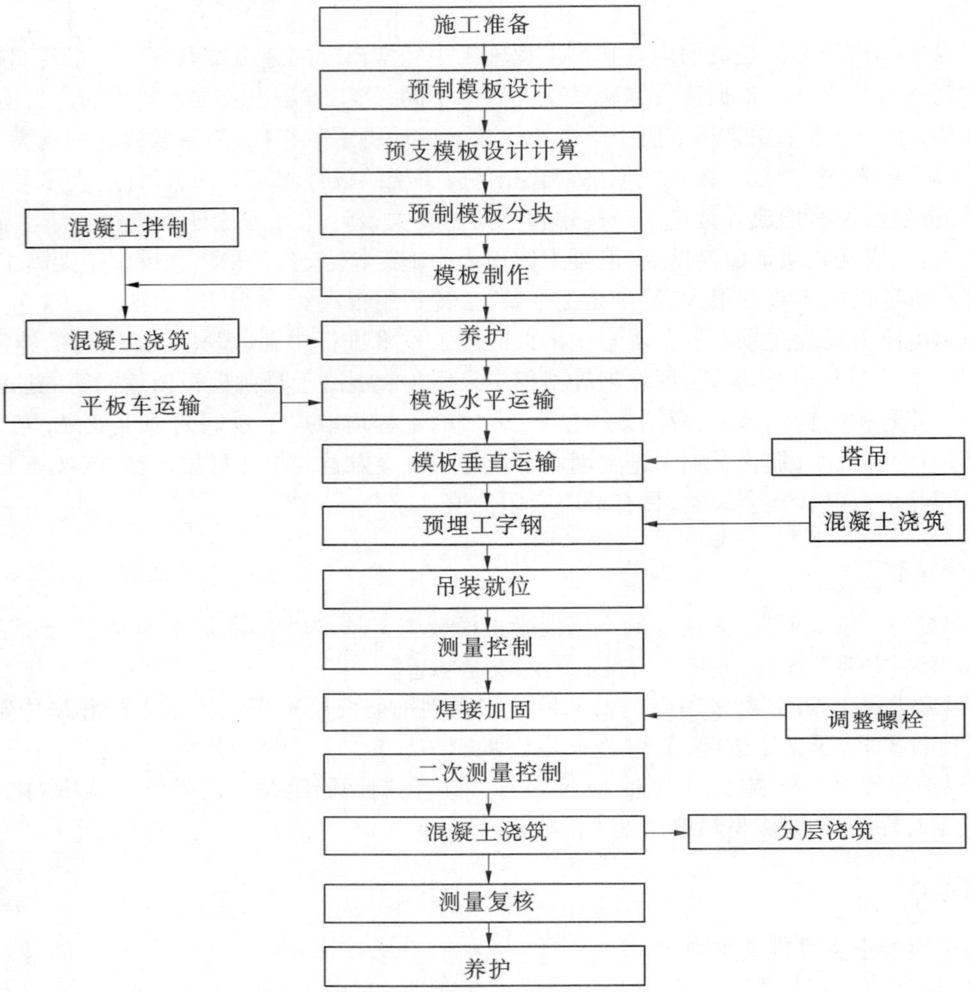

图1 预制混凝土悬挑模板施工工艺流程图

5.2.1 预制模板设计、制作

三里坪水利枢纽工程中由于大坝中表孔全部为常态混凝土,中孔悬臂结构顶部高程374 m,中间碾压混凝土部分高程只在356 m,高度相差18 m,并且在常态混凝土浇筑时不能错台施工,必须全部平起浇筑,所以无法预埋插筋来固定预制混凝土悬挑模板,同时采用预埋插筋的施工方法同一位置混凝土需要分两次进行浇筑,降低了工程进度,并且在坝体内部形成一道平行坝轴线的水平缝,影响大坝的整体性。经研究计算最终形成了采用预埋工字钢来固定预制混凝土悬挑模板的成果应用在三里坪工程。图1工程实践表明,采用此种施工方法是可行并且是安全的,质量也得到了保证。

图 2　预埋工字钢

5.2.2　模板制作

钢筋混凝土预制模板就是以水泥作为胶结料、细河砂为填充料、钢筋或铅丝为抗拉材料、熟石膏粉为加快初凝时间材料等组合而成的，将砂浆在专用模框中浇筑成混凝土薄板。

5.2.2.1　模板的布置及构造

在上、下游悬臂段使用预制混凝土模板是经过多种方案进行比较后确定的比较合理的一种施工方案。预制混凝土模板安装的高程由于两孔起弧线不一致，为了能够统一施工，每孔确定一个平面高程开始安装预制模板，相贯线附近的混凝土采用外部预埋工字钢进行现浇的施工方法，中孔预制混凝土模板布置尺寸及编号如图 3、图 4 所示，2#中孔下游模板安装侧视图如图 5 所示。

预制混凝土模板布置按照浇筑层高及施工方便简捷的要求进行布置，最长长度控制在 6.5 m 以内，最宽宽度控制在 3 m 以内，单块重量控制在 5.85t 以内，厚度 12 cm。根据结构应力计算，预制混凝土模板钢筋设计为单层双向ϕ 12@ 100 mm。每块模板设计的吊环根据计算，按照 75 cm × 75 cm 布置，距离预制板边缘 10 cm 开始安装，吊环和拉锚筋均采用 Φ16 圆钢。模板与坝体的连接，采用在悬臂现浇段部分混凝土中埋设的 L100 × 100 × 8 角钢进行搭接，模板相互间的连接采用 L100 × 100 × 8 的角钢搭接，角钢兼作板块间的拼缝模板。预制模板采用 C30 二级配混凝土。

5.2.2.2　模板的制作

吊环附近钢筋间点焊连接，吊环凸出板面 5 cm，吊环弯钩挂在钢筋网片的对角并点焊连接，钢筋与角钢焊接连接，连接方式为间隔一根钢筋弯起 90 度，弯起长度 5 cm，与角钢双面焊接，间隔一根钢筋端头与角钢焊接，并在上边打斜撑连接，斜撑采用Φ 10 ~ Φ 12 短钢筋，要确保钢筋与角钢可靠连接。焊接时要控制电流，避免钢筋咬边。其余部位绑扎连接。要提前制作垫块，垫块厚度 3.8 cm，确保钢筋保护层厚度。预制场底面采用水泥砂浆抹面后铺设一层塑料簿膜，保证预制板面平整、光滑，侧模板可靠连接，不允许走模变形，底面场地平整度误差为 ±0.5 cm。预制模板编号应与图纸编号对应，并注明成型日期，以便吊装。

预制板制作尺寸比图纸尺寸边长缩小 2 cm。角钢下料长度相应减小 2 cm。预制板钢筋下料

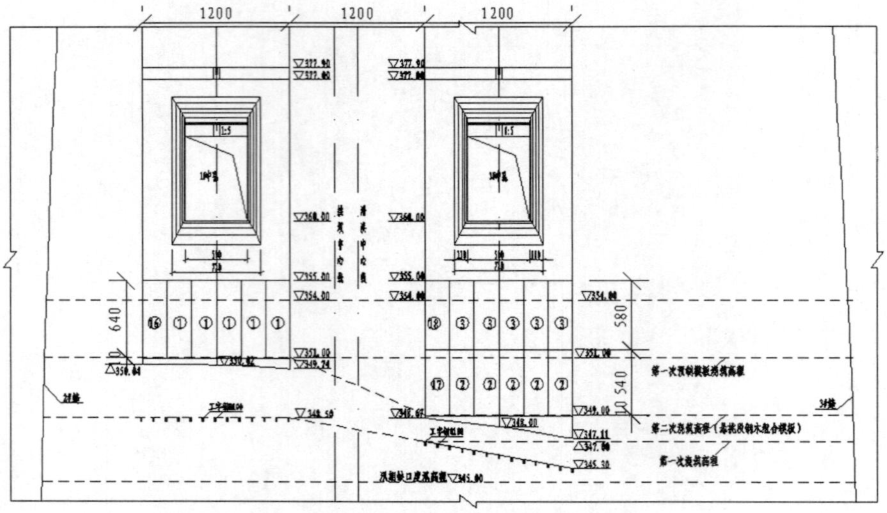

说明:①,⑯ 650×200;②,⑰ 550×200; ①③只有左长边有角铁; ②左长边和上短边有角铁
③,⑱ 580×200; 单位cm; ⑯⑱各边均无角铁; ⑰只有上短边有角铁

图 3 中孔上游混凝土浇筑分层及预制模板安装布置图

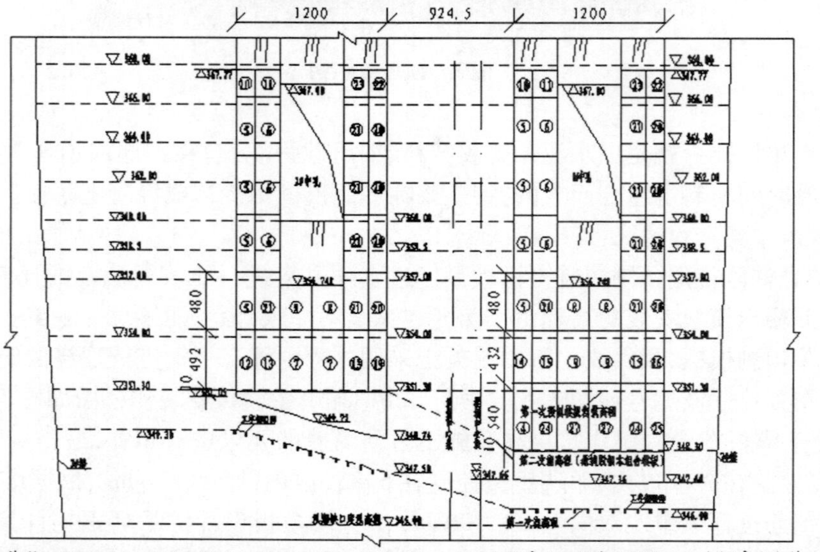

说明:④550×150, ⑳550×200, ⑧380×250, ⑨432×250, ④⑳⑦左长边和上短边有角铁;㉕⑥上短边有角铁
⑤480×150, ⑥480×200, ⑦502×250, ⑩223×150, ⑤㉑左长边和上短边有角铁;⑨⑩左长边有角铁
⑫502×150, ⑬502×200, ⑭432×150, ⑮432×200, ⑫⑬⑦左长边和上短边有角铁;⑬上短边有角铁
⑪223×200, ⑲502×150, ⑳480×150, ㉑480×200, ⑭⑮左长边和上短边有角铁;㉖上短边有角铁;
㉒223×150, ㉕550×150, ㉓223×200, ㉖432×150, ⑳上短边有角铁;㉓⑧左长边有角铁
㉗550×250, 单位cm
⑪㉒各边均无角铁

图 4 中孔下游混凝土浇筑分层及预制模板安装布置图

长度为板边长减 6 cm,上、下两端头各留 3 cm 保护层。其中与坝体现浇内预埋角钢相接的第一层模板边长比设计尺寸伸长 8 ~ 10 cm。靠近坝体的第一层预制模板内的竖向钢筋长度要求伸出混凝土 10 cm,预留在混凝土外,以便于安装时可以和预埋角钢进行焊接连接。

预制模板纵缝埋设 L100 × 100 × 8 等边角钢,上游角钢沿图纸纵缝左侧埋设,下游角钢沿图纸纵缝右侧埋设,上游、下游均从右边孔开始连续布置。水平在同一位置的每一孔最后一块预制模板不安装角钢。预制模板之间上下层连接同样采用角钢进行连接,在预制模板每层的上部短边按照

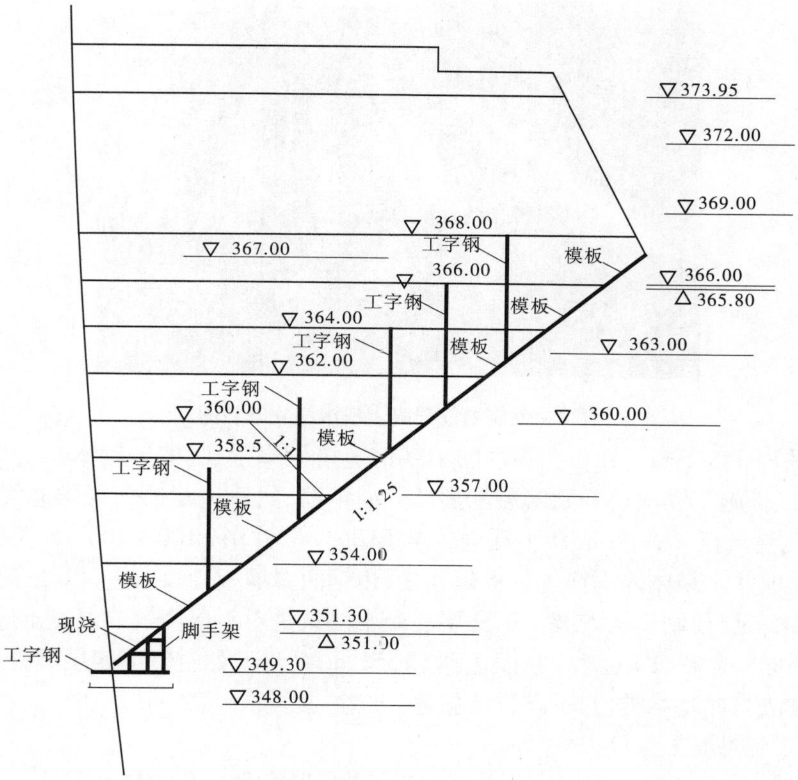

说明:BL357m—BL360m每1.5m—仓
BL360m—BL368m每2m—仓

图5　2#中孔下游模板安装侧视图

角钢,以便于和下一层预制模板连接。在最后一层预制模板的顶层不安装角钢。混凝土要振捣密实,上表面即吊环面待强度达到5.0 MPa时凿毛,不允许提前凿毛,凿毛要均匀,不能破坏混凝土结构。模板预制完成后,要用线毡覆盖并撒水养护7天后,对模板的轮廓尺寸挂线检查,多余部分应凿除。然后起吊,侧立堆放保湿养护至吊装前。见图6、图7、图8。

图6　钢筋混凝土预制模板拉环布置图

图7　预制钢筋混凝土模板成型图

5.2.3　预制模板吊装及混凝土浇筑

5.2.3.1　上游预制混凝土模板安装

中孔上游预制混凝土模板安装时,由于坝体是双曲拱坝,相贯线高程一直在变化,最大高差为2.91 m,2#中孔上游、1#中孔下游从EL347.4 m高程已经开始进行悬挑,如果按照要求3 m一升层,悬挑部分由于人员无法到达外部进行作业而无法施工,计划在相贯线附近进行斜层浇筑。即上游2#中孔至1#中孔位置EL351 m以下进行斜层浇筑,2#中孔第一层浇筑至EL347 m高程,并预埋工字钢,工字钢预埋高程为EL345.3 m～EL347 m,从右向左逐渐升高,以保证距离悬挑段底部距离在1.5 m左右,方便施工人员在外部进行作业。1#中孔浇筑至EL348.5 m高程,并水平预埋工字钢,

图8　预制钢筋混凝土模板侧立堆放图

工字钢预埋高程 EL348.5 m。在各孔预埋的工字钢上搭设脚手架，安装钢木组合模板并按照相贯线进行悬挑，在模板施工完成后开始安装悬挑部分的钢筋，然后进行第二层常态混凝土浇筑，第二层浇筑时2#中孔浇筑至 EL349 m，1#中孔浇筑至 EL351 m，并用 L100×100×8 角钢在坝体悬挑段顶部位置进行预埋并于坝体内钢筋进行点焊连接，角钢两翼缘板开口向上，以便于预制模板的安装固定，然后进行第一层预制模板安装。第三层混凝土浇筑是对斜层浇筑的混凝土进行浇筑，使中孔上游混凝土达到同一高程，即上游全断面达到 EL351 m，然后开始进行第四层混凝土施工。

表孔施工方法与此基本类似，不在进行叙述。

5.2.3.2　下游预制混凝土模板安装

中孔下游1#中孔预制模板安装高程从 EL348.3 m 开始，2#中孔安装高程从 EL351.3 m 高程开始。施工方法同上，也是进行斜层浇筑，即第一层混凝土在1#中孔位置浇筑至 EL346.5 m 并预埋工字钢，工字钢水平预埋，预埋高程为 EL346 m，在2#中孔右边墩浇筑至 EL349.3 m，并预埋工字钢，工字钢预埋高程为 EL347.5 m～EL349.3 m，从左向右逐渐升高。在各孔预埋的工字钢上搭设脚手架，安装钢木组合模板并按照设计相贯线进行悬挑，在模板施工完成后开始安装悬挑部分的钢筋，然后进行第二层常态混凝土浇筑，第二层浇筑1#中孔浇筑至 EL348.3 m，2#中孔浇筑至 EL351.3 m。并用 L100×100×8 角钢在坝体悬挑段顶部位置进行预埋并于坝体内钢筋进行点焊连接，角钢两翼缘板开口向上，以便于预制模板的安装固定，然后进行第一层预制模板安装。第三层混凝土浇筑是对斜层浇筑的混凝土进行浇筑，使中孔上游混凝土达到同一高程，即下游全断面达到 EL351.3 m，然后开始进行第四层混凝土施工。

表孔施工方法与此基本类似，不在进行叙述。

5.2.3.3　第一层预制混凝土模板安装

先吊装下游第一层第一块预制模板，根据预制模板的编号，上游、下游均从大坝右岸开始连续布置。先将模板底部置于坝内预埋的角钢上，模板用法兰螺栓拉Φ12 钢丝绳临时固定，模板位置校正后，将预埋角钢与模板底部伸出的钢筋焊结，模板上的吊环用Φ16 拉锚与先浇筑的混凝土下游面预埋的插筋焊接，拉锚与预制模板面的夹角必须大于45°，模板内拉加固。依照顺序第二块模板左边置于第一块模板的右边预留的角钢上，加固同第一块模板的方式，即角钢兼作板块间的拼缝模板，将模板面预留插筋（外露10 cm）用短钢筋焊结连接进行加固。

模板拉锚筋焊结完成后，安装模板内的闸墩设计钢筋，钢筋保护层10 cm，钢筋先安装至与模板顶部齐平（主筋错接头）。浇筑过程中要严格控制浇筑速度，铺料厚度按50 cm一层，每层浇筑时间控制在2小时以内。混凝土入仓方式采取皮带机和塔吊配合运输。

5.2.3.4　坝体内预埋工字钢

由于中、表孔要求混凝土浇筑平层上升，所以需要在坝体内预埋工字钢进行预制混凝土模板的加固。下层混凝土施工时在混凝土中每间隔 1.5 m 预埋一根工字钢，工字钢伸入混凝土 1 m 外露 4 m，预埋工字钢分两段进行施工，在浇筑底部混凝土时首先预埋 1.5 m 长度工字钢，预埋深度 1 m，在外露工字钢端进行打孔，然后在底部混凝土达到一定强度后，在进行上部工字钢连接加高，连接方法：采用 QTZ7052 塔机配合人工吊装就位，在开始施工前必须准备好连接工字钢用的钢夹板，钢夹板尺寸 50 cm×25 cm，钢夹板厚度 16 mm，要求分别在每块钢板上以同样的孔径打孔。人工迅速用两片钢夹板将工字钢对准孔位并且拧紧螺栓。连接采用现场焊接方式。在工字钢连接完毕后开始安装预制混凝土模板，预制混凝土依靠工字钢进行加固，由于工字钢高度较大，对工字钢也需要进行加固，以防止在施工时工字钢发生变形，引起预制模板的位移。浇筑混凝土时是分层错台施工，所以对工字钢的加固不只是前后的加固，还要考虑由于混凝土不是水平上升，引起的工字钢发生左右偏移的加固。如图 9、图 10、图 11、图 12。

图 9　埋设 L100×100×8 角钢

图 10　模板拉锚钢筋及预埋工字钢

图 11　模板拉锚钢筋及预埋工字钢图

图 12　模板拉锚钢筋及预埋工字钢

5.3　劳动力组织

劳动力组织见表 1。

表 1　劳动力组织情况表

序号	单项工程	所需人数	备注
1	管理人员	4	
2	技术人员	4	
3	预制模板制作	10	
4	现场安装运输	18	
5	钢筋加工	6	
6	杂工	10	
	合　计	52 人	

6 材料与设备

本工法采用的机具设备见表2，材料见表3。

表2 机具设备表

序号	机械名称	设备型号	数量	备注
1	塔吊	TC6072	1	预制模板起吊
2	测量仪器	莱卡	1	测量放线
3	导链	5 t	2	预制模板角度控制
4	电焊机	BX500	4台	预制模板加固
5	吊车	16 t	1台	预制模板转运
6	平板车	5 t	1台	预制模板转运

表3 材料计划表

序号	材料名称	单位	数量	备注
1	100×100×8 角钢	t	6.8	模板间连接
2	32a 工字钢	t	42	预埋
3	φ12 钢筋	t	12.22	预制模板钢筋
4	φ16 钢筋	t	27.05	拉锚筋
5	C30 预制混凝土	m^3	87.36	10 cm 厚
6	20 工字钢	t	15	悬挑架预埋
7	30 mm 钢板	m^2	150	悬挑工字钢用钢板

7 质量控制

为保证混凝土质量满足设计要求，混凝土施工质量达到优良，在混凝土施工过程中，必须严格按规范及设计要求，对混凝土生产的原材料、配合比及仓面作业等混凝土生产过程中的各主要环节进行全方位、全过程的质量控制，不断提高混凝土施工质量。中孔、表孔施工结构复杂、混凝土施工强度大、闸墩结构布筋密集，过流面及上、下游牛腿面平整度要求高、混凝土施工温度控制和施工质量要求高。因此，施工中除建立强有力的质量保证体系，严格执行招标文件规定，加强质量管理外，主要从加强混凝土温度控制和更新、优化混凝土施工工艺方面，采取措施，确保工程施工质量。

7.1 混凝土拌和质量控制

严格按照设计配合比进行拌制混凝土，试验人员根据开仓证要求的混凝土标号、级配，对照技术条款的混凝土标号、级配要求进行核对，然后根据经过监理工程师审批的配合比进行调整，开具配料单。

7.2 混凝土浇筑仓面准备作业质量控制

混凝土施工遵照《水工混凝土施工规范》（SDJ207—2001）规范执行：

7.2.1 测量放样

采用先进的测量方法和测量仪器进行测量放样，以减少系统误差和出错的机会。所有测量数据，都必须通过室内作业和现场计算互相校核，施工放样过程中，严格按照《施工测量控制程序》进行操作。

7.2.2 钢筋施工

钢筋加工必须严格按照设计图纸和加工放样单进行加工,加工后的钢筋应做好标记,并堆放整齐,防止混杂。钢筋的现场绑扎焊接,必须按设计图纸及测量放样点进行施工,钢筋接头采用先进的接头方式,先进行现场接头试验,获取的接头参数经监理工程师审批后,用于现场施工。所有操作工人须进行技术培训,做到持证上岗,提高钢筋施工质量。部分钢筋制安,采用大片整体吊装,并对直径25 mm以上钢筋,采用新的钢筋焊接或连接技术,以加快钢筋制安速度和提高施工质量。施工时按照设计要求进行模板安装、钢筋安装、仓面清理等各道工序,对浇筑的混凝土及时养护至设计规定时间。为保证过流面平整,采用木模板施工,对边角部位采用小直径振捣器振捣。

7.2.3 模板施工

做好模板设计,结合现场施工条件和建筑物特性,采用牢固可靠、施工快速、成型质量好的模板。各种模板出厂前应严格检查,按招标文件和规范要求对模板尺寸、表面平整度、表面光洁度进行检查。模板安装时,必须测放足够精度的控制点,以控制模板安装质量。

7.2.4 预埋件施工

灌浆管、止水片、止浆片等埋设前,仔细检查和核定,并做好标记和记录。预埋件埋设时加固牢靠,并加以保护。混凝土浇筑过程中,必须严格执行经监理工程师审批的施工措施,防止浇筑过程中移动和损坏预埋件。

7.2.5 仓面清理

混凝土浇筑前,使用压力水将缝面冲洗干净,并排干积水、缝面上的浮浆、污染物,使用合适的方法进行清理,不得对混凝土内部造成损伤。

7.3 混凝土浇筑质量控制

(1)混凝土运输:混凝土运输采用皮带机运输,并做好施工组织管理,加快混凝土入仓速度。

(2)混凝土入仓铺料:混凝土下料时均匀铺料,预埋件附近、钢筋密集部位使用人工撮料,以防止骨料堆积。实行混凝土浇筑盯仓制度,每个施工仓位从开仓到浇筑完成,设有专人进行盯仓,对浇筑过程进行质量监督,并对浇筑情况进行实录。

(3)混凝土振捣:混凝土浇筑时,根据混凝土级配、结构部位分别配平板振捣器、手持式软轴振捣棒,以确保混凝土振捣密实。模板附近进行复振,以减少水气泡,提高混凝土表面质量。

(4)严格控制施工过程中的模板变形,保证立模的准确度和稳定性,确保混凝土外形轮廓线和表面平整度满足要求。

(5)加强各施工工序之间的衔接。加强混凝土拌和、运输、浇筑仓面作业"一条龙"的管理,总结国内外已建工程施工中先进的管理经验,充分发挥多台门机入仓联合入仓、生产率高的特点以提高混凝土入仓强度。每一工序必须按照"三检制"的程序进行检查。对施工过程中发生的质量事故坚持"三不放过"的原则,认真分析事故原因,总结事故教训,对肇事者进行严肃处理。

8 安全措施

(1)项目部认真贯彻"安全第一,预防为主"的方针,加强员工安全教育和培训,强化员工安全意识。根据国家有关规定、条例,结合施工单位实际情况和工程的具体特点,落实安全生产责任制,明确各级人员的安全职责。

(2)建立完善的施工安全保证体系,设立专职安全员,加强施工作业中的安全检查,确保作业标准化、规范化。施工前对现场员工进行安全技术交底。

(3)重点抓好工程的机械设备运行安全管理,要求机械设备操作人员持证上岗,严格按照安全操作规程作业,尤其是要坚持班前五分钟安全检查制度,确保机械设备方向和制动系统安全可靠。

(4)每班作业前必须对使用的钢丝绳、吊环等进行检查,发现问题立即进行更换。

(5)所有仓面作业人员必须正确佩戴并使用安全带、安全绳,保证作业安全。

(6)塔吊进行吊装作业必须安排专人指挥。

9 环保措施

(1)加强现场管理,搞好宣传教育,施工场地要求清洁卫生,禁止乱扔乱放,各工序完工后要求工完场清。

(2)要对施工现场场地废料弃料进行指定要求处理,对施工污染施工废水生活污水源采用渗井措施处理,工地垃圾及时运往指定地点深埋,使生产环境减到最低。

10 效益分析

我们将以上施工工法在三里坪工程、龙桥工程、麒麟观工程施工中进行了实际应用,对该工法的经济效益得出了明确真实的数据。

10.1 三里坪经济效益分析

10.1.1 直接效益

上、下游采用承重脚手架施工,需要钢管架 700 t(18 万 m),钢管架租赁费用 0.012 元/(米·天)×180000 米×60 天=12.96 万元,上、下游承重脚手架的体积为 62×34×25/2=52700 m^3,搭设单价为 35 元/m^3,费用为 184.45 万元,合计 197.4 万元。

预埋工字钢 35t,按照制作及安装费用每吨 1 万元计算,合计费用 35 万元,预制混凝土模板制作及安装费用合计为 60.6 万元,合计 95.6 万元。

两种方法相比较后节约费用为 101.8 万元。

提前工期 2 个月,节约机械租赁费和人工费为 79.9 万元。其中:

1、机械租赁费:拌合站 8.2×2=16.4 万元;3 台混凝土运输罐车租赁费 3×2×3.5 =21 万元;塔吊租赁费 12×2=24 万元。

2、施工人员工资:施工管理人员按 30 人计算,人工单价 100 元/天,人工费为 30×100×60=18 万元。

10.1.2 社会效益

三里坪工程中孔和表孔采用钢筋混凝土预制模板,溢流坝段从模板的预制、吊装、钢筋制安到混凝土浇筑完成,无一起安全事故。提前 2 个月发电,按照年平均发电量 1.5 亿度计算,每月平均发电量为 1250 万度,上网电价为 0.385 元/度,发电收入为 1250×0.385=481.25 万元。

10.2 龙桥工程效益分析

10.2.1 直接效益

共计 743.26 万元,其中:

(1)上、下游承重脚手架节约 303.3766 万元;

(2)提前工期 10 个月,节约机械租赁费和人工费为 439.885 万元。

10.2.2 社会效益

电站装机 6 万 kW,电站在丰水月份运行,按 70% 出力计算,收入为 6 万 kW×24 小时×300 天×0.365 元/kWh×70% =11037.6 万元,利润 11037.6×20% =2207.52 万元。(利润=创收×20%)

10.3 麒麟观效益分析

10.3.1 直接效益

(1)上、下游承重脚手架节约费 27.1486 万元;

（2）提前工期3个月，节约机械租赁费和人工费56.085万元。

（3）泄洪表孔在447.528高程以下混凝土可以与坝体同步施工，混凝土从坝面用汽车直接入仓，节约费用为$15\times1200=1.8$万元。

10.3.2　社会效益

电站装机0.64万kW，电站在丰水月份运行，按50%出力计算，收入为$0.64\times24\times90\times50\%\times0.365$元/kWh＝252.288万元，利润$252.288\times20\%=50.46$万元。（利润＝创收×20%）

11　应用实例

11.1　工程概况

湖北房县三里坪工程泄洪中孔高程为EL360 m至EL368 m，孔高8 m，孔宽5 m，中孔轴线长度为50.809 m，设计为两孔。每孔安设两道闸门，在上游－5.5 m为事故检修闸门，下游23.38 m为弧形工作闸门。在上下游均为悬挑结构，上游悬挑长度为6.375 m，下游悬挑长度25.51 m，上下游悬挑坡比均为1∶1.25。上游最大悬挑斜长12.624 m，最小斜长7.936 m。下游最大悬挑斜长32.67 m，最小悬挑斜长26.752 m。

11.2　施工情况

施工中采用预制混凝土悬挑模板孔内预埋工字钢加固的施工方案进行施工，采用分层浇筑，每层浇筑厚度根据预制混凝土模板长度和现场分仓情况确定。施工时上下游两侧悬挑结构同时进行施工，在达到通仓浇筑条件后，要求上下游平起浇筑。三里坪工程大坝中孔施工自2010年12月10日开始至2011年5月25日完成，历时5个半月，施工质量满足设计要求，施工过程安全可控，施工进度和同类工程比较节约工期3个月以上。

11.3　工程监测与结果评价

三里坪工程大坝施工完成，从2011年下闸蓄水至今，运行两年多时间，水库蓄水至设计蓄水位后，运行状况良好，各项性能指标满足要求，现场检测数据正常。

采用预制混凝土悬挑模板的施工工艺进行高空悬挑结构的施工，工程质量满足设计要求，施工过程安全可靠，节约了工程工期，创造了经济效益。中国水电建设集团十五工程局有限公司在施工的湖北利川龙桥水电站、湖北恩施罗坡坝水电站、湖北恩施野三河水电站、湖北五峰麒麟观水电站等工程，表孔悬挑结构混凝土的施工中也采用钢筋混凝土预制模板技术，均取得了良好的施工效果，获得了各方的一致好评。

（主要完成人：党少英　陈艳艳　王树勋　张天亮　刘　斌）

南水北调大断面倒虹吸钢模台车施工工法

中国水电建设集团十五工程局有限公司

1 前言

南水北调工程是缓解中国北方水资源严重短缺局面的重大战略性工程。工程建成后与长江、淮河、黄河、海河相互联接，将构成我国水资源"四横三纵、南北调配、东西互济"的总体格局，以利于实现我国水资源南北调配、东西互济的合理配置格局。

南水北调中线南沙河倒虹吸南段、新卫三标沧河倒虹吸的主要建筑物均以渠道倒虹吸为主，结构形式为三孔一联的混凝土箱型结构，单孔过水净断面最小为高×宽=6.6 m×6.5 m，最大为高×宽=6.8 m×6.8 m，单节倒虹吸管身混凝土量大，混凝土施工强度高，采用常规的满堂支架法施工方案，不仅架子安拆工作量大，而且只能采用小块组合钢模板，混凝土施工质量难以保证。因此，为了满足合同工期要求和提高混凝土外观质量，这两个项目均应用了钢模台车施工工法，该工法不仅大大缩短了模板的支护和拆除时间，而且加快了混凝土施工进度，浇筑成型的混凝土墙面光洁、平整、顺直，符合设计和施工验收规范要求。

2 工法特点

2.1 整体性好

钢模台车由台车架、螺旋丝杠、行走系统、内侧墙钢模、内顶钢模等5部分组成，其中台车架为桁架结构，各部件间采用连接钢板及螺栓进行连接，台车顶部设计有小桁架；钢模台车一次性组装和调试完毕后即可进行整体拆移。

2.2 机动性强

钢模台车下部安设有电动行走装置，施工时可以在相邻倒虹吸管身之间整体移动，移动较为方便、快捷，即使采用分块跳仓法浇筑方案时，钢模台车也可以在未浇筑的管身底板处通过搭设简易栈桥来进行整体快速移动（图1）。

图1　栈桥法移动快速移动钢模台车

2.3 工作效率高

采用钢模台车后，不仅倒虹吸管身由分三次浇筑变为分两次浇筑，侧墙和顶板混凝土一次性浇筑成型，缩短了混凝土施工周期；而且每仓混凝土浇筑完成后，钢模台车可在混凝土强度满足设计要求5～7日内完成拆移、就位，和现浇支架法方案相比，工效提高了2倍。

3 适用范围

适用于高程变化不大的长、大断面倒虹吸平管段混凝土施工。

4 工艺原理

采用钢桁架结构的台车架，通过底部设置机械螺旋千斤顶顶升、定位及卸落台车。其中：通过调节连接台车架顶部及侧墙内模的丝杠，以调节侧墙和顶板底模的安装位置和高程，使其满足设计要求，同时也利于台车落模；底板铺设钢轨通过在台车底部设置电动装置的行走钢轮以实现钢模台车的纵向整体行走；每节管身侧墙和顶板混凝土施工完毕且达到设计要求的混凝土强度后，由人工调节螺旋丝杠，并依靠台车和顶板底模的自重整体下降脱离混凝土以实现脱模，脱模完成后即可将钢模台车开移至下一个仓位进行下节管身钢模台车安装施工，安装完成后即可进行顶板钢筋和止水带安装，直至浇筑混凝土，重复以上程序即可实现管身侧墙和顶板模板快速施工，具体结构形式详见图2。

图2　钢模台车结构体型图

5 施工工艺流程及操作要点

5.1 施工工艺流程

工艺流程见图3。

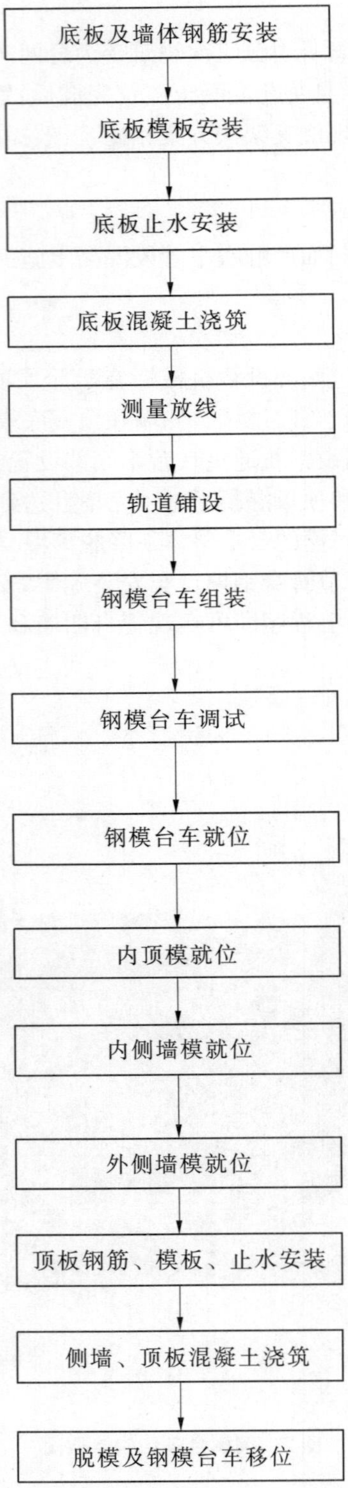

图3　南水北调大断面倒虹吸钢模台车施工工艺流程图

5.2 操作要点

5.2.1 底板及墙体钢筋安装

钢筋在加工厂机械加工成型，钢筋台车拉运至作业面，人工绑扎、焊接钢筋，对于现场安装的钢筋网，其钢筋交叉点的连接按50%的间距绑扎，当钢筋直径小于25 mm时，顶板和墙体的外围层钢筋网交叉点做到逐点绑扎，焊接方式以手工电弧焊为主，当钢筋直径大于25 mm时，优先使用钢筋滚压直螺纹套筒连接工艺。采用与使用部位同标号的预制混凝土垫块控制钢筋保护层，为了有效控制钢筋间距和保护层，项目部推广应用了钢筋梳子控制钢筋间距（图4），采用方钢控制一期墙体混凝土保护层（图5）的新工艺；由于墙体钢筋安装高度超过8 m，为了避免钢筋发生移位和坍塌，项目部采取了在墙体钢筋内侧每隔3 m设置一处钢筋剪刀撑的加固措施（图6）。

图4 采用钢筋梳子控制钢筋间距

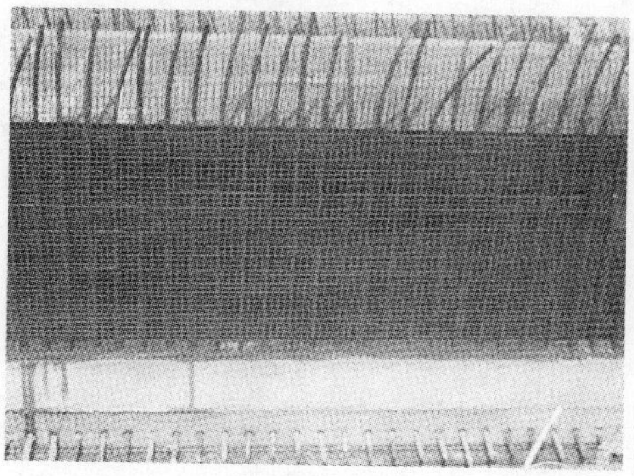

图5 采用方钢控制墙体钢筋保护层

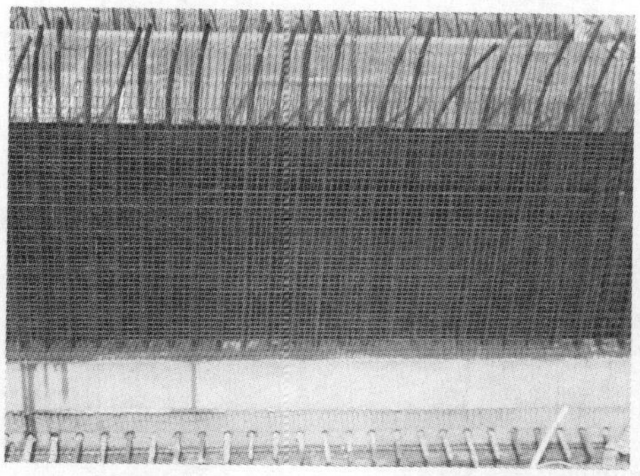

图6 墙体内侧设置钢筋剪刀撑，有效控制了钢筋移位

5.2.2 底板模板安装

5.2.2.1 外模

采用组装式定型模板。采用双钢管围囹，间排距均为0.75 m，采用外顶与内拉相结合的支撑加固方式，在模板外侧沿箱涵纵轴方向混凝土垫层上设两排地锚，模板上部用ϕ48钢管（带可调顶丝）斜撑顶紧，并用钢丝绳及花篮螺栓斜向拉紧；模板下部用地锚和木楔固定；外模内侧设地锚用钢拉杆拉紧固定。

5.2.2.2 内模

八字墙及一期墙体的模板采用整体式定型钢模板。内模悬空支立，八字墙水平部位用钢筋站杆支立固定，钢筋站杆与底板上下层钢筋网焊接牢固，以防模板上浮；八字墙以上墙体模板采用对拉螺栓与外模水平对拉。对拉螺栓与模板接触面采用锥形螺母连接，内模竖向围囹和横向围囹与外模相对布置，具体详见三孔管身底板外模及内模安装示意图7和管身底板模板安装大样图8。

为了消除底板八字墙混凝土表面气泡，提高混凝土外观质量，项目部通过实践，在八字墙模板安装前先敷设一层透水模板布（图9），基本上消除了混凝土气泡，混凝土表面光洁、平整（图10）。

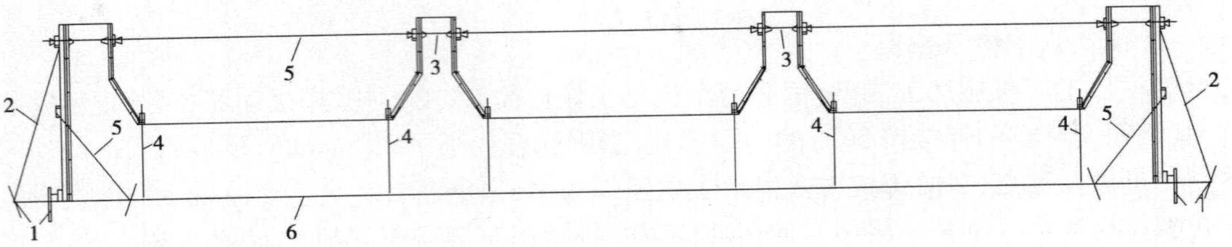

1—地锚;2—钢管支撑(带可调顶丝);3—对拉螺栓;

4—钢筋站杆;5—拉筋;6—混凝土垫层

图 7　三孔管身底板外模及内模安装示意图

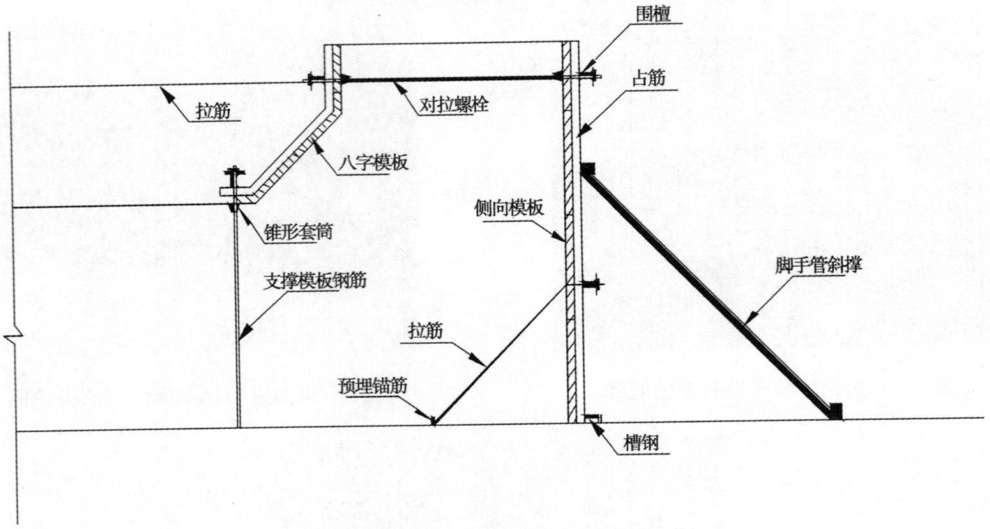

图 8　管身底板模板安装大样图

图 9　八字墙模板敷设模板布

图 10　八字墙处敷设模板布后，基本消除了混凝土气泡

5.2.3　底板止水安装

橡胶止水带根据端头模板支立情况进行安装,端头模板与橡胶止水带接触面上设置限位钢筋,以免混凝土浇筑过程中橡胶止水带位移而影响止水效果。橡胶止水焊接接头应采用硫化接头(图 11),硫化过程中的接头在模具加热关闭后以停留至少 10 min 为宜,其中 T 型接头最好采用厂家加工成型;安装前先用透明胶带封闭保护遇水膨胀胶条,避免膨胀胶条在埋设前提前膨胀失效,然后用彩条布和卡具包裹止水带(图 12),以免止水带被污染、曝晒,过早老化;混凝土浇筑前将埋入混凝土一侧的膨胀胶条上的透明胶带撕掉;混凝土浇筑过程中,橡胶止水带将要埋没时,人工清除其表面溅染的水泥浆等污垢,使橡胶止水带和混凝土紧密结合,确保止水效果。

图 11　止水带焊接接头采用硫化接头

图 12　采用彩条布和卡具包裹保护止水带

5.2.4　底板混凝土浇筑

以南沙河倒虹吸南段管身为例，由于 1 m 厚的底板仓面较大（长×宽 = 23.1 m × 14.98 m，仓面面积为 346.04 m^2），采用平层法混凝土拌和能力难以满足入仓强度要求，宜采用台阶法浇筑方式，浇筑顺序为左孔→中孔→右孔，每孔按左侧墙→底板→右侧墙的对称浇筑次序分层浇筑，混凝土铺料厚度不超过 50 cm，其中模板和止水周边部位、八字墙部位必须采取薄层铺料，铺料厚度不超过 20 cm，第一次振捣完毕后 30 分钟后再进行二次复振，确保该部位混凝土浇筑质量符合设计要求。

采用刮轨和杠尺相结合的方式控制底板混凝土的平整度和高程，先在八字墙与底板交界面安设钢管刮轨，然后人工挂线并用杠尺找平，待混凝土面找平后取出刮轨，再用电动抹光机粗抹 1 遍，最后再由人工用木（塑料）抹子抹压 1 遍，铁抹子抹压 1 遍压光。

5.2.5　测量放线

在底板混凝土面上测量放样单孔中心线，并以此测放出钢模台车轨道线，用墨斗弹线，准确标识。

5.2.6　轨道铺设

依据轨道线铺设台车轨道，轨道下每隔 1 m 铺设一块钢垫板。

5.2.7　台车组装

采用人工配合 25t 汽车吊结合移动门架式布料机上的电动葫芦现场组装钢模台车（图 13）。

图 13　钢模台车组装

钢模台车组装顺序为：行走系统→台车架→螺旋丝杠→内顶钢模→内侧墙钢模。

5.2.7.1　行走系统

台车底部设计有 8 个行走轮，对称布置在单节台车底部纵梁下。行走轮为直径为 400 mm 的槽型轮，行走轨道为 43 kg/m 的轻轨。

5.2.7.2　台车架

台车架设计总长为 17.5 m，共分为 7 节，单节长 2.3 ~ 2.5 m，台车架之间采用连接板螺栓连接。

5.2.7.3 螺旋丝杠

螺旋丝杠分为：顶部垂直螺旋丝杠、底部垂直螺旋丝杠和侧向螺旋丝杠，其中：顶部垂直螺旋丝杠每孔设计 18 个，横向间距 1.4 m，纵向间距 1.6 m。丝杠螺杆为 ϕ 75 × 275 mm，丝杠钢管为 ϕ 89 × 5.5 × 430 mm 无缝钢管。丝杠底部采用钢板与台车架螺栓连接，丝杠顶部采用 – 16 × 100 mm × 110 mm 耳板与顶模连接；底部垂直螺旋丝杠每孔设计 12 个，丝杠布置在台车支柱底下，纵向间距 1.6 m；侧向螺旋丝杠：每孔设计 60 个，两侧各 30 个，单侧分三层布置，每层 10 个，均布置在支柱上。

5.2.7.4 内顶钢模

面板厚 6 mm，两侧铣边。横肋为[8 槽钢，间距 25 cm；纵肋为双[10 槽钢，间距 75 cm；模板两侧设计有 δ10 * 80 法兰，与相邻模板相连。

5.2.7.5 内侧墙钢模

面板厚 6 mm，两侧铣边。横肋为[8 槽钢，间距 25 cm；纵肋为双[12 槽钢，间距 75 cm；模板两侧设计有 δ10 * 80 法兰，与相邻模板相连；模板纵肋外设计横向围囹，采用双[20a 槽钢，每侧模板设计 4 道横向围囹并设有耳板，与台车上的螺旋丝杠位置相对应。

5.2.8 台车调试

钢模台车组装好后，再进行使用前的调试，包括行走系统、螺旋丝杠、内顶模升降、内侧模收放等调试工作内容。

5.2.9 台车就位

采用 5t 卷扬机牵引台车，使台车沿轨道移动至浇筑段设计位置，调整台车底部螺旋丝杠，使丝杠顶紧台车底纵梁，并插好销子紧固。

5.2.10 内顶模就位

人工用油压千斤顶调节顶模安装高程直至符合设计要求，然后调节台车顶部螺旋丝杠，使螺旋丝杠支撑就位，并插好丝杠销子予以固定。

5.2.11 内侧墙模就位

同时开启侧向油压千斤顶，使侧向油压千斤顶同步缓慢顶开内侧墙钢模。检查内侧墙钢模就位是否符合设计，如需微调，可开启单个或多个侧向油压千斤顶进行微调；内侧墙钢模就位后，立即锁定油缸。然后手动调节侧向螺旋丝杠，使其就位，顶紧内侧墙模，并插好固定销子固定紧密。

侧墙模板伸入一期墙体混凝土太长时，容易导致一、二期墙体混凝土水平缝处出现错台，施工实践表明，侧墙模板伸入下层一期墙体混凝土的长度为 5 ~ 10 cm 时，可以有效消除混凝土错台（图 14）。

5.2.12 外侧墙模就位

外侧墙模采用人工搭设单排脚手架，利用移动门架式布料机上的电动葫芦或汽车吊起吊移动模板，人工配合安装。外侧模底部伸入一期混凝土面 10 cm 左右，采用带锥形套的 ϕ 20 mm 高强对拉止水螺杆与内侧墙钢模对拉对撑固定，对拉螺杆按横向间距 75 cm，纵向间距 1.2 m 进行布设，对拉螺杆焊接采用双面焊，搭接长度不小于 10 cm，其焊接和安装质量的好坏直接影响侧墙混凝土面是否存在跑模或鼓包现象。

5.2.13 顶板钢筋、模板和止水安装

人工按设计图纸进行顶板钢筋绑扎焊接；侧模采用组合钢模板，端头模板采用定型钢模板，模板由人工现场安装，采用拉锚筋内拉，双钢管纵横围囹加固支撑方式，其中：纵向围囹间距为 60 cm，横向围囹间距为 75 cm；人工按设计图纸要求安装止水，现场用热焊接机对止水接头进行硫化处理，止水采用挤压法安装固定方式，止水安装中心线偏差不超过 ±5 mm。

图 14　墙体模板伸入下层混凝土面 5 ~ 10 cm，
消除了一二期混凝土接缝处错台

5.2.14　管身侧墙和顶板混凝土浇筑

采用钢模台车施工方案后，侧墙和顶板一次性浇筑，混凝土浇筑量超过 600 m3，采用移动门架式布料机方案时混凝土小时浇筑强度较小，历时太长，而且墙体浇筑时混凝土入仓高度超过 7 m，虽然采用缓降串筒入仓方式，但还是容易导致混凝土骨料分离，以致于在混凝土墙面出现蜂窝、麻面、漏浆等质量缺陷。再加之墙体内钢筋密集，其中：南沙河倒虹吸管身墙体中部每 50 cm 还设计有竖向预应力钢绞线，混凝土入仓难度较大。因此，管身混凝土采用汽车泵入仓分层浇筑方案，混凝土铺料厚度控制 50 cm 以内，侧墙采用平层法浇筑方式，顶板采用台阶法浇筑方式，采用软轴插入式振捣器结合平面振捣器进行振捣密实。

实践表明，墙体混凝土入仓坍落度比顶板混凝土入仓坍落度小 2 cm 左右时，利于侧墙混凝土成型；侧墙混凝土浇筑时做到左右两侧侧墙对称均衡浇筑，为了避免混凝土墙面出现鼓包或胀模现象，侧墙混凝土入仓速度不宜过快，一般控制在 20 ~ 30 m^3/h，顶板混凝土入仓速度不受此限制．为了降低泵送混凝土入仓高度，项目部对汽车泵前端 3 m 长的橡胶软管加长至 6 m(图 15)，保证了混凝土入仓高度不超过 1.5 m；同时，为了消除墙体混凝土容易出现的蜂窝、麻面和气泡等质量缺陷，在墙体顶部设置进人孔，人工入仓振捣，为了控制混凝土振捣深度，项目部在 8 m 长的振捣棒上每隔 50 cm 进行了刻度标识(图 16)，并安排混凝土值班人员检查振捣时间是否满足规范要求，以保证混凝土浇捣质量。

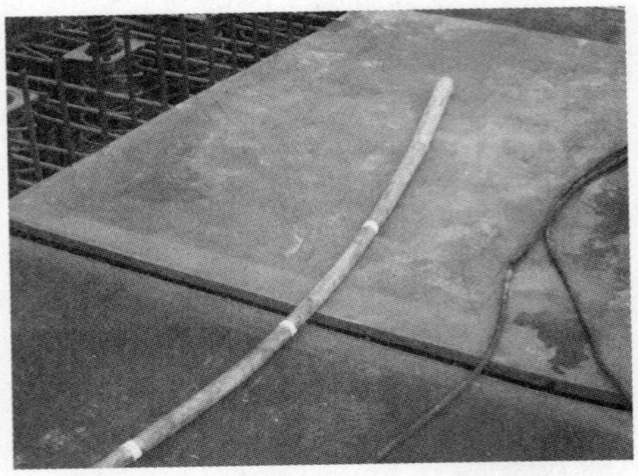

图 15　泵管加长后浇筑管身墙体混凝土

图 16　贴有刻度标识的插入式振捣棒

5.2.15　脱模及台车移位

(1)卸侧向螺旋丝杠。拔掉侧向螺旋丝杠一头销子,卸掉侧向螺旋丝杠。

(2)收内侧模。同步调节侧向油压千斤顶,缓慢收回内侧墙钢模。

(3)卸台车顶部螺旋丝杠。拔掉顶部螺旋丝杠一头销子,卸掉顶部螺旋丝杠。

(4)收内顶模。同步调节台车顶部油压千斤顶,缓慢收回内顶钢模。

(5)卸底部螺旋丝杠。拔掉底部螺旋丝杠一头销子,卸掉底部螺旋丝杠。

(6)台车移位。采用 5 t 卷扬机牵引至下段管身底板。

(7)拆卸外侧墙钢模。人工配合移动门架式布料机或汽车吊自上而下拆除外侧墙钢模。

5.3　劳动力组织

劳动力组织见表 1。

表 1　劳动力组织情况表

序号	工种	人数(人)	备注
1	钢筋、电焊工	40	两班作业
2	混凝土	60	两班作业
3	模板工	40	两班作业
4	起重工	8	两班作业
5	机电修理工	6	两班作业
6	普工	60	两班作业
7	司机	16	两班作业
8	技术及管理人员	20	两班作业
合计		250	两班作业

6　材料与设备

本工法无需特别说明的材料,采用的机具设备配置见表 2。

表2　机具设备配置表

序号	设备名称	型号规格	单位	数量
1	混凝土拌和站	HSZ90	座	1
2	装载机	ZL－50	辆	1
3	混凝土搅拌运输车	10 m^3	辆	3
4	汽车泵	47 m	台	1
5	钢筋台车	拉钢筋用	辆	2
6	汽车吊	20－25t	辆	2
7	钢模台车		套	5
8	移动门架式布料机		台	1

7　质量控制

7.1　钢筋制安施工质量保证措施

(1)钢筋的表面应保持洁净无损伤,集中堆放的钢筋应支垫距离地面至少20 cm,并覆盖篷布或彩条布,以防污染和钢筋生锈。一旦出现,应在使用前清除干净,尤其是带有颗粒状或片状的“锅巴锈”的钢筋不得用于工程实体。

(2)钢筋使用前应调直,使其无局部弯折。钢筋安装位置、间距、保护层及各部位钢筋的大小尺寸均应严格按设计图纸及有关文件的规定进行施工,做到横平竖直、间距均匀。

(3)钢筋焊接头满足设计和规范要求,接头采用电弧焊或机械连接接头,钢筋焊接及绑扎工艺质量控制及允许偏差严格遵照《水工混凝土施工规范》DL/T5144—2001执行。

7.2 模板制安质量保证措施

(1)采用有足够强度和刚度合格的钢模板,要能承受混凝土浇捣产生的侧向压力和振捣力,防止模板移位,确保混凝土结构外形尺寸准确。

(2)模板拼缝处采用双面胶粘贴以防漏浆;模板应及时清理油污等杂物,做到及时整修和刷涂脱模剂,严禁使用变形、破损的模板。

(3)按批准的模板设计方案制作、安装、固定模板,各种连接件、支撑件、加固配件必须安装牢固,且无松动现象。安装过程中,应设置足够的临时固定设施,以防变形和倾覆。

(4)管身底板倒角处采用模板布粘贴在模板上内侧,以减少混凝土中的气泡,墙体上层模板安装时应伸入下层混凝土墙面以下5～10 cm。

(5)混凝土浇筑前,采用全站仪或吊线锤复核模板的垂直度,采用钢尺测量复核外部尺寸是否符合设计要求和外观验收质量标准。

(6)混凝土浇筑过程中安排模板工跟班检查和校正移位的模板;模板在混凝土达到规定强度后拆除。拆模时,先松动模板使其与混凝土面之间预留2～3 cm间隙,以利混凝土内部温度缓慢下降,以防混凝土内部温度突降引起混凝土裂缝。

7.3　混凝土施工质量保证措施

(1)施工缝设置键槽,人工配合电镐凿毛,电动鼓风机清吹,高压水冲洗,浇筑前铺设2～3 cm厚同标号水泥砂浆,以利新老混凝土面结合良好。

(2)混凝土采用汽车泵入仓方案,其中管身墙体采用加长的泵管输送混凝土入仓,保证墙体混凝土入仓高度不大于1.5 m。

(3)管身分两次浇筑,其中:管身底板带1.1 m高侧墙为1仓,侧墙和顶板为1仓;管身底板、顶板采用台阶法分层浇筑方式,管身侧墙采用平层法浇筑方式;管身底板和顶板混凝土铺料厚度不超过40 cm,管身侧墙混凝土铺料厚度不超过50 cm,止水带和底板八字墙部位混凝土铺料厚度不超过20 cm;控制墙体混凝土浇筑速度在20~30 m^3/h。

(4)严格控制入仓坍落度,做到墙体混凝土入仓坍落度较底板、顶板混凝土入仓坍落度小1~2 cm。

(5)人工下墙底振捣,振捣间距在30~50 cm,振捣时间以混凝土粗骨料不再显著下沉并开始泛浆时为准。

(6)对于止水带周边部位、底板八字墙部位、墙体顶面、底板和顶板顶面的混凝土,采用第一次振捣后30分钟后再进行第二次复振工艺。

(7)采用抽井水、冷水机制3 ℃左右的冷水拌制混凝土;浇筑仓面采用高压清洗机喷淋头喷雾增湿、降温调节仓面小气候;外模上搭设橡塑海绵以减少混凝土内外温差。

(8)底板、顶板混凝土采用电动混凝土抹光机提浆铁抹子压光工艺,水准仪测放高程,安设刮轨人工挂线压光收平,收面完成且混凝土接近终凝时,覆盖一层湿润的土工毛毡等透气性好的保温、保湿材料并安排专人进行洒水养护;管身侧墙则采用高压清洗机喷淋养护和喷涂养护剂保水养护方式,养护时间不少于28天。

8 安全措施

(1)台车安装前,操作人员必须熟悉台车的结构、原理、性能和用途,正确掌握操作并排除简单故障的要领,操作人员必须具备使用后进行维护和保养的能力。

(2)拼装台车前,每班安排专人负责,并统一指挥信号;台车组装作业面,必须设有足够的照明设施。

(3)拼装模板台车时,首先将钢轨的内外两侧进行支撑加固后,再行走施工作业,以防钢轨侧翻或移位;吊装台车架时,安装专人监护,起落平稳,确保安全吊装作业;台车两端头的操作平台护栏高度不低于1.2 m,钢梯必须焊接牢固,架设合理,便于操作,不得有钉子露头和突出的尖角,并符合安全要求;台车上严禁堆放撬棒、铁锤等物品,堆放物品必须牢固平放或放入工具箱内;台车下的净空必须满足各种行走机械运输车辆顺利通行的要求;台车上工作台的底板必须铺设严密,端头必须搭在支点上。

(4)台车拆除时,严禁把大梁上的所有螺帽或螺栓全部拆除。

(5)侧顶模安装过程中,侧模与底模之间的铰链联接未断开时,禁止底模油压千斤顶动作。侧模与门架之间的铰链联接未断开时,禁止侧模油压千斤顶动作。

(6)混凝土浇筑时保持墙体两侧对称进料,禁止对台车锤击振动和其它野蛮操作。

(7)脱模时,把底模与侧模铰链联接螺杆和侧模与门架铰链联接螺杆一端的销轴卸下,操作油压千斤顶,先将底模向上翻转,再将侧模向内收拢。把纵梁支承千斤顶旋松取出,将顶模降下;脱模过程中,侧模与底模之间的铰链联接未断开时,禁止底模油压千斤顶动作。侧模与门架之间的铰链联接未断开时,禁止侧模油压千斤顶动作。

(8)移车时钢轨必须保持顺直,在基础面上做到对称平行放置,轨道中心距与滚轮中心距必须相等;台车移动前将门架下方的千斤顶旋松脱离轨道,并确认台车无任何挂靠后方可移车。

(9)每次支模、脱模、移车用电前,应在配电控制箱中将电源开关合上,该项任务结束应立即拉闸断电。

(10)管身侧墙和顶板混凝土浇筑完毕后,及时清理台车上的水泥浆等杂物。

9　环保与资源节约

(1)成立环保和文明施工管理领导小组,施工中严格遵守国家和地方政府下发的有关环境保护的法律、法规和本单位制定的防火及废弃物处理等规章制度,加强对施工燃油、工程材料、设备、废水、生产生活垃圾、弃渣的控制和治理。

(2)将施工场地和作业限制在工程建设允许的范围内,合理布置、采用隔离网栏进行规范围挡,做到环保标牌和标识醒目、齐全,施工现场材料堆放整齐,整洁有序。

(3)设立排浆沟、沉淀池和污水池,对废浆、污水进行集中处理。

(4)定期清运垃圾和沉淀泥砂,做好泥砂、弃渣及其它工程材料运输过程中的防散落与沿途污染措施,废水除按环境卫生指标进行处理达标外,并按当地环保要求的指定地点排放。弃渣及其它工程废弃物按工程建设指定的地点和方案进行合理堆放和处治。

(5)施工道路路面铺设泥结碎石,定期安排专人修整,每天配备洒水车进行洒水抑尘。

10　效益分析

施工实践证明,钢模台车具有操作灵活、方便、行走自如、整体刚度好等特点;采用大块钢模板拼装,25 t 汽车吊可满足吊装要求,混凝土表面光滑平整,接缝处平滑程度高,无错台现象;在台车底部设置电动行走装置,行走方便、快捷;钢模台车可整体移动至下一施工段,减少了模板及台车重复拼装工作量,降低了劳动强度,提高了工作效率,保证了施工质量、安全及施工进度,还降低了工程成本,提高了经济效益,值得在同类工程中推广应用。

南水北调南沙河倒虹吸南段管身利用钢模台车进行倒虹吸管身混凝土施工的效益情况分析见表3。

表3　南水北调南沙河倒虹吸南段钢模台车施工效益分析比较表(以浇筑单节 15 m 长计)

项目	钢材	劳动力	工期
满堂支架法方案	60t	300 工日(20 人/班)	15d
钢模台车方案	50t	105 工日(15 人/班)	7d
单价	5 500 元/t	100 元/工日	
效益	节约投资 55 000 元	节约人工费 19 500 元	提高速度 2 倍
分 析	1. 利用钢模台车施工每节管身可节约工程成本 74500 元; 2. 利用台车施工可提高工效 2 倍。		

11　应用实例

南水北调中线南沙河渠道倒虹吸南段工程位于河北省邢台市与沙河市之间、高店村北 2 km 处的南沙河上,是南水北调中线一期工程大型河渠交叉建筑物之一,标段全长 2315 m,由进口连接渠道、南段倒虹吸、中间明渠三大部分组成,其中:渠道全长 1065 m,倒虹吸总长 1250 m,共 71 节管身,管身长 1070 m,采用 3 孔一联双向预应力混凝土箱涵结构型式,单孔过水断面尺寸为 6.6 m × 6.5 m(高 × 宽),底板和顶板均厚 1.0 m,中墙厚 0.8 m,边墙厚 1.0 m,缝间设两道止水,混凝土标号为 C40W6F100,主要工程量为:C40 混凝土 82840 m3,钢筋 5898t,钢绞线 2366 t。

依据总体施工进度计划,每个月必须完成 6 节管身混凝土施工才能满足总体施工进度要求,因此,倒虹吸管身不仅混凝土浇筑强度高,而且混凝土施工质量标准要求高。如果按通常情况采用现浇支架法施工方案,则需要搭设脚手架及模板的工作量巨大,并且劳动强度大、速度慢、损耗大,施工质量也不易控制；而采用钢模台车整体安拆施工工艺，不仅避免了顶板脚手架的反复安拆，模板的反复拼装，实现了整体安装，整体脱模，整体移动，并将倒虹吸管身由分三次浇筑变为分两次浇筑，简化了施工工序，提高了工效，而且还改善了混凝土外观质量(图 17)。

图 17　钢模台车成型的管身

(主要完成人：黄炎兴　杜立红　龙彦庆　乔勇)

膨胀岩地层长锚杆施工工法

中国水电建设集团十五工程局有限公司

1 前言

南水北调中线工程是目前我国乃至世界上最大的调水工程，跨越3省市，总干渠全长1276.414 km，土质情况复杂，施工种类多样，质量要求高，工期紧迫。由中国水电十五局承建的南水北调中线一期工程安阳段第八标段工程，2011年因膨胀岩加固处理重大设计变更，新增膨胀岩(土)处理工程。

总干渠安阳段渠道(第八标段)膨胀岩(土)处理工程包括Ⅳ(AY)32+168.2~(AY)33+130、(AY)34+215~(AY)34+946、(AY)33+580~(AY)33+780共三部分，加固措施均采用土锚杆+混凝土框格梁。框格梁采用C20钢筋混凝土，设置在换填粘土中间，框格梁顶面与换填粘性土顶面在同一水平面上，框格梁纵、横断面尺寸为0.3 m×0.5m(宽×高)，纵横梁间距为2.0m，沿水流方向，每15m为一单元，即8框格为1单元，单元间间距为1.0m；横梁沿渠坡设置，垂直高度为4.5m，渠底沿坡脚向中心线设置，间距2.0m，每一纵横梁交叉点设置一根土锚杆，垂直于渠道坡面。土锚杆采用Φ28二级钢筋，以岩土锚杆形成抗滑体，对膨胀岩实施加固处理，见图1、图2。

岩土锚杆设计共19606根，框格梁混凝土总量8976.8m^3，钢筋制安574.03t。由于受到通水工期的限制，工期紧，施工强度高。为加快施工进度，提高功效，确保岩土锚杆的质量，项目部成立QC课题小组，开展岩土锚杆施工的研究、探索、总结和改进，进而形成施工工法。该项施工工法经河南省南水北调中线管理局、河南省水利勘测设计研究有限公司和河南省科光监理公司的有关专家、中国水电十五局专家组分别进行了专题研究讨论，并就钻机选型、锚杆孔径、钻孔方式、注浆工艺等关键技术进行了审定。参与施工的课题小组及时总结，形成了比较完善、实用的施工功法。该项施工工法在南水北调工程中得到成功应用，实现大面积机械化施工、提高功效，保证了节点工期目标，达到了预期的效果。取得了显著的社会效益和经济效益。对岩土锚杆施工具有现实的指导作用。

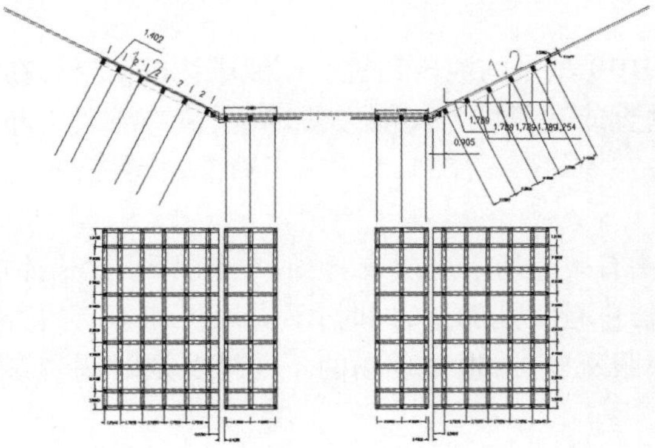

图1 膨胀岩加固典型断面图

图2 膨胀岩加固效果图

2 工法特点

对于渠道岩土锚杆施工，采用液压钻机配合螺旋钻杆施工，具有以下特点：设备自带柴油动力，自重仅3100kg，爬坡能力30°，可在1:2的渠道坡面就位、钻进，不会产生滑移。移动变位快捷，定位准确可靠，钻机角度调节灵活，操作方便，钻孔效率较高；同时机械的推进滑架具有伸缩功能，钻孔时滑架支撑在地面上，稳定性较好。

（1）实行机械施工，进度加快。液压钻机设计以集中操纵液压杆件，实现了钻机整体移位，钻进辅助时间短，钻孔施工周期短，劳动强度低，成功替代了以往的人工搭设简易脚手架，人工安装、拆卸、移动钻机的传统施工作业方式。

液压钻机通过液压系统进行调节，钻机角度调节灵活，定位准确可靠，操作方便，能确保钻孔孔位、钻孔角度和孔斜均满足设计要求，有效的减少了钻机拆装和校正时间，钻孔效率高，从钻机就位到成孔一般需 1.5 ~2 小时，加快了施工进度，缩短了工期。为多快好省的完成钻孔生产任务创造有利条件。

（2）严格过程控制，质量可靠（稳定）。液压钻机扭矩大，力量强，成孔速度快。长度为 9 m 的单孔成孔平均为 40 分钟。有效避免因地质扰动，天气下雨或成孔时间过长造成淹孔、塌孔现象。定位过程采用数字式倾角测量仪 SP－2（量程：±90°（0° ~360°）分辨率：0.1°）成孔精度高，经多次对造孔孔位、孔斜、孔深、孔径进行检测，合格率 100%。钻机配套 55KW 的大功率空压机，在钻孔过程中，风力经钻头出风口将孔内土粒、石屑、岩粉等吹出空口，孔底及孔壁干净无粉尘，有效保证了在注浆时砂浆与孔壁粘接牢固，保证锚杆施工质量。

（3）保持钻机稳定，生产安全。液压钻机整体性好，稳定性强。较传统的人工移动钻机的施工方法，液压钻机施工投入劳动力少，每班配备 3 人就可满足正常作业。钻机主要通过操作集中液压杆件进行钻机就位和钻孔。通过实践，钻机在 1∶2 ~1∶3坡面上行走和钻孔稳定性高，无任何钻机翻车、钻臂倒塌等现象发生，有效的保障作业人员的安全。见图 3。

（4）采用流水作业，功效提高。大型渠道边坡锚杆加固施工，锚杆工程量大，线路长，采用该项工法施工，实现机械化、流水线式施工，较传统的人工搬移小型钻机式作业方式，液压钻机具有移动时间短，成孔速度快，节约了设备、材料和劳力投入，提高了施工功效，降低了施工成本。

3 适用范围

岩土锚杆工法的成功应用，不仅对南水北调中线工程建设具有现实指导作用。同时对于国内外水利水电、公路及市政工程施工领域类似的边坡岩土锚杆加固，具有广阔的推广应用价值。

4 工艺原理

我们项目部选用的是浙江开山集团生产的 KG910B 型号的液压钻机。该液压钻机钻架可在三个平面内调节，特别是设计的摆动机构，使钻架在垂直或者斜坡上均能方便定位，钻臂滑架俯仰角度：俯 118.5° ~仰 23.5°共 142°钻臂滑架摆动角度：左 36.5° ~右 11.5°共 48°轴向摆动旋转，这些特性，使钻机在渠道 1∶2，1∶3工况下均可施工。

液压钻机通过钻具向钻头传递轴心压力，使钻头有效地切入土层或岩石中，土层采用螺旋钻杆和合金钻头钻进，岩石地层利用高压气动潜孔冲击器进行潜孔钻进，同时，不同地层和不同的岩石选用不用的钻速和不同的风压。这就需要技术干部跟班监护，根据现场的不同情况及时调节参数实时进行指导。

5 施工工艺流程及操作要点

5.1 工艺流程

削坡（预留 20cm 保护层）→ 测量放线（布孔）→ 钻孔 →验收 → 安装锚杆 →注浆→拉拔试验→框格梁混凝土浇筑。

5.2 **操作要点**

5.2.1 削坡

在锚杆钻孔前，需先对渠道基础面进行削坡，并预留 20 cm 保护层，考虑到安装锚杆钢筋时需要对每个锚杆孔口开挖到设计坡面下 5 cm，所以削坡保护层不宜太厚，以 20 cm 为宜。

5.2.2 测量放样

在削坡完成后，根据设计图纸要求，测量人员用全站仪施放出孔位，每个单元放 4 个控制点，其余点位测量人员用线绳和钢尺放出孔位，每个孔位采用钢钉插入土层基础作为标记，并用白灰洒出每个孔位，见图 3。

5.2.3 钻孔

(1)把钻机沿坡面或渠底行驶至钻孔附近，调整钻机位置，使钻机与孔位距离相适宜，务必将钻机停稳且与基础面贴实，避免钻机悬空和倾斜放置，用两块方木把钻机履带后方支撑牢靠，保证钻机能够平稳就位，严禁钻机在施工过程当中移位。

(2)钻机固定牢靠，用数字倾角仪(SP－2)调整钻杆的倾角、将钻头对准孔位中心，保证成孔角度及位置与设计要求相一致，见图 4。SP－2 数显电子倾角仪参数见表 1。

图 3 孔位插铁钉、洒白灰标示

图 4 SP－2 数显电子倾角仪

表 1 SP－2 数显电子倾角仪参数表

精度:0.1°	重复误差:0.07°
测量显示范围: ±90°(实际测量范围 360°)	供电:9V PP3 碱性电池
角度补偿功能	角度数据反应快
工作温度－10°～+45℃	IP54 防护等级
带数字保留功能，便于记录	待机时间:长达 700 天
0 度 90 度 180 度自动提示功能	90 秒自动关机

(3)在钻孔过程中应根据地质情况控制进尺速度:对回填压实土层、卵石层和砂层，应采用慢转速慢钻进;当由硬地层钻到软地层时，可适当加快钻进速度;当软地层变为硬地层时，要减速慢进，避免卡钻及损坏钻杆;在易缩径的地层中，应适当增加扫孔次数，防止缩径。

(4)钻孔过程中通过钻杆钻进长度来控制钻孔深度，钻进达到设计深度后不能立即停钻，要求稳钻 3～5 分钟后，采用高压风进行清孔，以免降低水泥砂浆与孔壁岩土体的黏结强度。

(5)钻孔结束后，人工用编织袋装约 1/3 土将孔口封堵，见图 5。

5.2.4 锚杆安装

(1)锚杆按设计图纸要求在钢筋加工厂制作，采用钢筋炮车运输至施工现场，人工抬至工作面

图5　孔口临时封堵图

安装。

(2)锚杆钢筋应平直、洁净,无锈蚀、油污。运输和安放锚杆杆体时,应防止杆体污染、扭曲、变形及损伤。

(3)在锚杆上每隔1.5 m焊一个对中支架(应注意留出注浆管位置),使安好后的杆体始终处于钻孔中心。避免锚杆入孔时锚杆与孔壁间的阻挡,支架型式应做成圆环型。入孔时锚杆角度与钻孔倾角保持一致,不得任意扭转杆体。

(4)对每个锚杆孔口保护层厚度进行测量,人工将锚杆孔口土开挖到设计坡面下5 cm处后,再安装锚杆。

(5)ϕ28锚杆钢筋长度达9 m,自身重量大,加之在较陡坡面施工,因此项目部采用小型卷扬机和自制简易支架安装锚杆,严禁人工依靠体力安装锚杆。防止作业人员滑倒和造成意外损伤。

(6)锚杆钢筋安装应缓慢入孔,入孔时锚杆"拐头"坡面上方以方便混凝土网格梁的钢筋绑扎,在倾角符合设计要求下,锚杆与坡面保持垂直,且锚杆与钻孔中心保持同心,不得任意扭转杆体,使安装好的锚杆始终处于钻孔中心位置。避免钢筋贴孔破坏孔壁或使钢筋受力变弯,若钢筋安装过程中无法顺利入孔或无法完全入孔时,应将钢筋提出孔,并用钻机重新进行扫孔,严禁人为将钢筋压入孔内。

5.2.5　锚杆注浆

(1)锚杆砂浆采用标号为M25的水泥砂浆。

(2)锚杆施工采用"先插锚杆后注浆"的方法,在施工过程中,严格按照经过监理批准的《第三方实验M25砂浆配合比通知单》进行拌制,原材料应现场称量准确;砂子采用中细砂,使用前应经过人工筛分。

(3)锚杆注浆前应对设备进行调试和检查,保证注浆管疏通,管子长度能够满足本批次注浆要求,注浆管的前9 m每米用黄胶带进行鲜明标示,待注浆管入孔到标示处方可注浆。

(4)技术交底。注浆准备就绪后,应及时召开现场技术交底会,再次明确,注浆管必须先插至孔底,然后退出50~100 mm后开始注浆,注浆过程中随砂浆的注入缓慢匀速拔出,使孔内填满砂浆,当砂浆注满从孔口溢出后停止注浆。注浆人员与制浆人员之间,用小红旗进行指挥联系,避免浆液抛洒。

(5)锚杆制浆采用立轴强制式砂浆搅拌机在施工现场集中拌制,锚杆注浆采用螺旋式砂浆泵。拌合时间从加水起3分钟。随拌随用,一次拌和的砂浆应在初凝前使用完,否则应弃用。每次注浆完毕后对注浆设备进行清洗,清洗水指定排放,严禁流入孔内。在砂浆强度未达到设计要求之前

(7天),不应敲击、碰撞和牵拉锚杆。

(6)注浆过程中现场技术人员全程旁站,对浆液未达到施工配合比和设计要求和其他异常情况的孔应进行标记,重新处理后方可注浆。

(7)注浆完毕后对该注浆批锚杆孔进行逐一检查,对有遗漏孔或未注满孔及时处理。

(8)锚杆注浆,严禁负温注浆,严禁夜间注浆,严禁下雨注浆。钻孔与注浆进度相适宜,根据注浆进度确定钻孔的进度。合理配置机械和劳动力组合。使之相匹配。并及时关注天气预报,准备必要的防护材料。对有雨或其他特殊天气发生时,应抓紧注浆施工,对未能及时注浆的孔口要封堵密实,避免雨水或泥土掉入孔内。注浆按照自下而上,先渠底后边坡的顺序进行。对孔内渗水或孔内地质情况不稳地的孔位应优先安排注浆。

6 主要材料及设备

6.1 材料

(1)锚杆体材料:选用安阳钢铁厂生产的Ⅱ级冷轧螺纹钢筋,直径28 mm。

(2)浆液材料:水泥选用河南省鹤壁市同力水泥厂生产P·O 42.5普通硅酸盐水泥;细骨料应选用河南省安阳市盘石头料厂生产的人工砂,人工过2.0 mm的方孔筛。

(3)注浆管材:选用普通PVC管,直径25mm。

6.2 设备配置

设备配置见表2。

表2 主要施工机械设备

序号	名称	规格/型号	单位	数量	备注
1	钻　机	KG910B	台	2	
		ZGY410	台	4	
		ZGY420	台	1	
2	空压机	G55SCF－8	台	5	
		110SCY－8	台	1	
		22SCF	台	1	
3	砂浆泵	XZ－30	台	7	
4	砂浆搅拌机	JS－2B	台	7	
5	高压气动潜孔冲击器	100 mm	台	7	
6	材料运输三轮车	中型	辆	3	
7	拉拔仪	ZY－20	台	1	
8	电子倾角仪	SP－2	把	7	

7 质量控制

7.1 执行标准

(1)南水北调中线一期工程《总干渠安阳段渠道(第8标段)膨胀岩(土)处理措施布置图》;

(2)《水利水电工程喷锚支护技术规范》(SL377—2007);

(3)《岩土锚杆(索)技术规程》CECS 22—2005;

(4)设计通知(安S－2011－29)《安阳段强膨胀及挖深大于15m的中膨胀岩锚杆支护施工技

术要求》。

7.2 保证项目

(1)锚杆工程所用原材料、钢材必须符合设计标准要求；

(2)锚杆砂浆试块按30根取一组,采用28d标准养护检验强度,各组试块的平均强度不低于设计强度,任意一组试块强度不低于设计强度的80%。注浆饱满度不小于0.85；

(3)钻孔的孔径、孔位、杆体长度、杆体插入深度和倾角必须符合设计要求。

7.3 拉拔试验

(1)锚固体砂浆强度达到设计强度的90%后,方可进行拉拔。每300根锚杆抽样一组,每组不少于3根。

(2)锚杆张拉前,应对张拉器具进行标定。

(3)安装拉拔仪,确保锚杆拉力计油缸的中心线与锚杆轴线重合。试验前,检查手动泵的油量和各连接部位是否牢固,确认无误后再进行试验。试验时应缓慢均匀地操作手动泵压杆。当锚杆拉拔力达到设计拉拔力90kN或出现明显位移时,即停止加压,记录锚杆拉力计此时的读数,即为拉拔试验值。

8 安全措施

8.1 执行国家现形的安全规范规程

(1)施工区域应设警示标志,严禁非工作人员出入。

(2)桩孔除出碴面外均应设置围挡设施,围挡设施的高度不得低于1.5m。

(3)施工中应对机械设备,特别是用于钻孔机械应进行定期检查、养护、维修。

钻孔作业时,所有操作工人必须带安全帽,防尘口罩,穿防尘工作服。

(4)机械操作手,除熟悉掌握操作规程外,应经常检查机械稳固程度,控制好钻机的稳定性,根据地层条件控制好风压和钻速钻进速度。

(5)非专职钻机司机严禁擅自操作钻机,钻机在坡面爬行时,应有专人指挥,并将钻臂收回放平,钻机上下位置严禁站人。

(7)钻机在停止钻孔后方可换钻杆。换完钻杆待工作人员离开后方可开动钻孔。

(8)电线必须绝缘良好,设置安全遮拦和警示。禁止裸露。

(9)现场用电必须执行“三级配电,两级接地”。实行一机一箱一闸,配电箱应能防火、防雨,箱内不能放置杂物,并设门加锁,专人管理。

(10)为保证施工安全,现场应有专人统一指挥,并设一名专职或兼职安全员,负责现场的安全工作,坚持安全技术交底和班前5分钟安全教育制度。

(11)运输车辆严禁超载,倒车。卸料、吊装时要有专人指挥。

9 环保措施

执行国家和行业现形的环保规定及指标：

(1)挖出的碴土要弃在指定的位置,并及时外运至专门渣场。施工所产生的垃圾和废弃物质,严禁乱排乱放,统一堆放,定期处置。

(2)清洗施工机械、设备及机具等施工废水、废油等有害物质,必须经处理后再排放到指定地点。

(3)水泥、砂石、泥浆和建筑垃圾等材料运输时应按要求进行覆盖,避免产生扬尘;翻斗车卸料避免产生粉尘;装车严禁太满、超载,避免遗洒、损坏及污染路面等现象发生。

(4)注浆完毕对现场封堵孔口编织袋,水泥和砂料编织袋集中清理回收,保持施工场地整齐、清洁、干净。

(5)施工区域在居民区,禁止夜间施工,防止噪音扰民。

10 效益分析

10.1 施工功效

该工法较传统施工方法比较,节约了人工、材料和机械投入,大幅提高施工效率。我部 19606 根锚杆,采用 7 台钻机,历时 90 天全部完成。单台液压钻机施工功效见表 3:

表 3 单台液压钻机施工功效

钻机	单孔平均钻孔时间	日平均钻孔数 (含夜间施工)	操作人员
KG910B	40min	30	白天 3 人 夜间 3 人

10.2 社会效益

膨胀岩地层岩土锚杆施工工法,在提高施工功效,保证工程质量,降低施工成本,缩短施工工期方面均取得了良好的效果。在顺利完成膨胀岩加固处理重大设计变更中,取得了巨大的经济效益和社会效益,受到业主、监理和各参建单位的好评和肯定。

(主要完成人:王跃刚 郭耀文 程养正 靳中合 华辉)

土石坝沉降测斜管安装埋设施工工法

中国水电建设集团十五工程局有限公司科研院

1 前言

土石坝内部变形监测常用水平层布置和竖向布置监测设备两种方式来实现监测目的，通常采用的监测设备有水管式沉降仪、引张线式水平位移计、电磁式沉降仪、测斜仪、横梁管式沉降仪等，这些监测设备只能实现单一的功能监测，沉降测斜管是集上述监测设备功能为一体，可同时实现坝体内部沉降、水平位移、土体压缩等变形特性监测，广泛应用于均质土坝、心墙坝等细粒土的内部变形监测，近十多年来已逐渐推广到大粒径粗粒料土石坝的内部变形监测，而沉降测斜管完善的安装埋设施工工法是保证监测设施成功与否的关键所在，国内目前没有一套完善的施工工法。

中国水电十五局依托青海公伯峡水电站混凝土面板堆石坝、陕西黑河金盆水利枢纽、青海石头峡水电站面板堆石坝等工程，通过不断的探索和研究，结合粗粒土的施工特性、坝面施工总体布置、施工过程工艺的穿插与协调，从沉降测斜管的定位测量、安装固定、垂线控制、周边坝料回填、施工期安全防护、数据采集处理等全过程制定一套切实可行的施工工艺，系统完善了沉降测斜管的非坑式安装埋设方法和技术，取得了完整的沉降、压缩、倾斜位移等坝体内部变形资料，为分析坝体内部变形形态提供了真实可靠的监测资料，取得了良好效果。

2 工法特点

(1)土石坝坝体施工中坝体内部变形设备安装埋设与填筑施工交叉作业，相互干扰大，极大影响了监测设备的安装成活率，该工法将坝体填筑施工与检测设备安装有机结合起来，通过合理的工艺安排与质量保证措施，达到交叉施工相互协调、减少干扰，有效保证了监测设备的安装质量，提高了埋设成活率。

(2)采用非坑式埋设方法，具有安全、高效、碾压到位和碾压密实的特点，有效解决了因沉降测斜管周边坝料碾压不密实造成监测数据失真的现象。

(3)采用每次精确的测定了管口高程，所有观测数据可以用“上基准”法计算，可以取得坝体分层沉降、坝基岩沉降、分层压缩等资料；而常规采用的“下基准”法，是假定基岩面不沉降的，是以基岩面磁环为基准的，这种方法只能取得压缩资料，遇到高坝或软基岩时，“下基准”法就不能实现真实的变形数据采集。

(4)沉降测斜管是把降管和测斜管结合起来埋设，一管多用，同时实现了坝体内部沉降、水平位移、土体压缩变形量的监测。

3 适用范围

本施工工法适用于采用沉降测斜管进行的各类土石坝工程中的坝体内部变形监测安装埋设施工。

4 工艺原理

沉降测斜管非坑式安装埋设法是在每填筑一层坝料之前，先用装载机或反铲装运较细的坝料堆放在沉降测斜管护钢圈周围，护圈内分层人工填筑并洒水夯实，护圈外用机械堆放出一个高 0.8

m(每层料厚)、直径 6 m 左右的堆石体,与同层坝体填料高度一致,实现坝料同层平齐碾压弥合,碾压合格后,重复以上工序,最终形成的施工方法。

5 工艺流程及操作要点

5.1 工艺流程

工艺流程如图 1 所示。

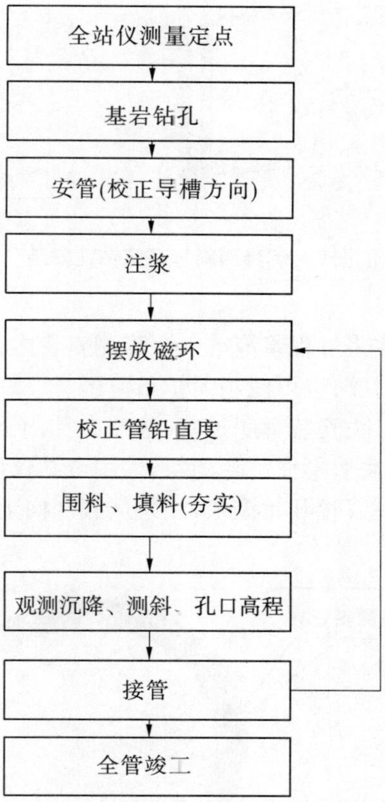

图 1 工艺流程图

5.2 操作要点

5.2.1 深入基岩部分沉降测斜管安装埋设要点

深入基岩部分沉降测斜管按照埋设示意图如图 2 所示。关键流程如下:

(1)基岩钻孔技术质量要求。

①孔深确定:沉降测斜管管底一般布置在基岩内,可实现基岩的沉降变形监测,一般孔深选择原则深入基岩不小于 4 m,当基岩内部存在大的裂隙或断层、夹层时,要进行加深,满足沉降测斜管深入相对稳定基岩区不小于 2 m,同时应考虑坝体埋管过程中的机械施工等带来的异物进入管内而预留的深度。

②孔径:孔径选择以满足坝基沉降测斜管安装后能顺利地完成密实注浆,一般沉降测斜管的外径为,当钻孔较浅时(不大于 4 m)孔径应不小于 110 mm,注浆可采用回填法进行;当钻孔较深或孔内有水时孔径应不小于 130 mm,采用注浆法回填。

③孔斜:深入基岩部分的沉降测斜管段作为测斜的基准管段,成孔时须严格控制孔斜,SL60—94 中规定孔斜不超过 ±1°,SL551—2012 中规定孔斜不超过 ±3°,根据钻机成孔精度和现场施工控制难易程度,沉降测斜管在基岩内的钻孔孔斜应严格按照 ±1°控制。

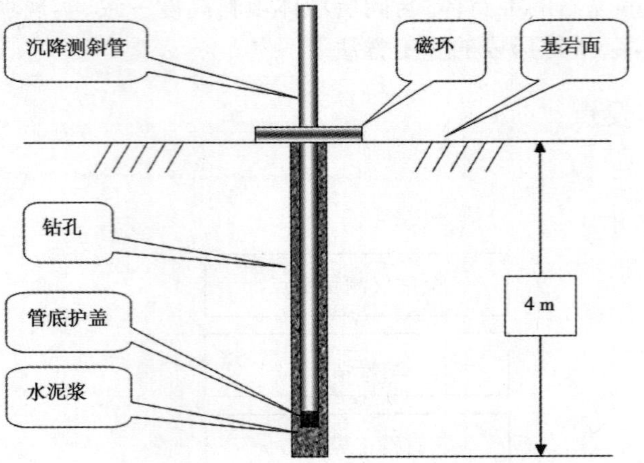

图 2　沉降测斜管基座钻孔安装

(2)基岩部分安装与注浆。

①沉降测斜管密封:为防止注浆过程浆液串入沉降测斜管内,需要对管底护盖及管接头护管进行密封处理,一般使用速凝类密封胶,也可使用无纺布包裹。

②沉降测斜管安装:在首节管头安装管底护盖,逐节向孔内下管,两个接头用专用接头连接牢固,接头处进行密封处理,管子到底后稳住沉降测斜管,用全站仪调整好导槽方向,有偏差时人工进行修正,定位好导槽方向后下入注浆管开始注浆,注浆从底部向上直至浆液出孔口后停止。沉降测斜管导槽如图 3 所示。

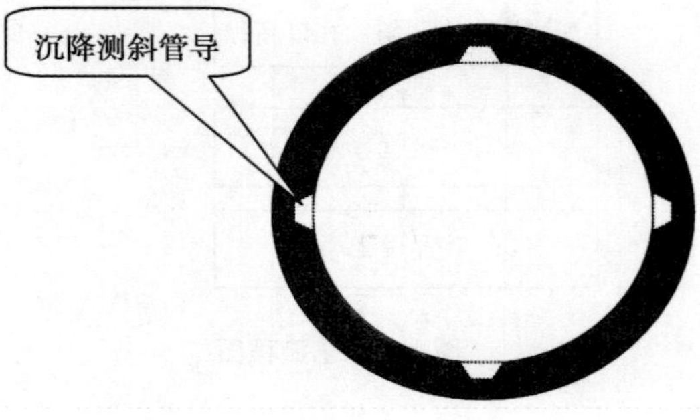

图 3　沉降测斜管导槽

③注浆材料:注浆材料比采用水灰比为 0.6:1,注浆压力为 0.2 MPa,注浆管选用 1 英寸白色聚乙烯软管,

④注浆顺序:注浆管直接下入管底,注满为止,最后拔出注浆管。

(3)沉降测斜管倾斜度调整。

沉降测斜管安装就位好在注浆前,先用测斜仪测定 X 方向和 Y 方向倾斜度,若倾斜度大于 1°时应进行人工修正,使其保持在 1°范围以内进行固定并开始注浆。

(4)电磁沉降环安装。

电磁沉降环安装设计高程和间距进行安装,安装前在沉降环设置位置上用细料找平,在测斜管外部套上沉降环,然后用细料覆盖沉降环,测量沉降环的实际安装高程,安装过程要保持磁环水平。

5.2.2　坝体内部沉降测斜管安装埋设要点

5.2.2.1　挖坑式安装埋设要点

坝体内部沉降测斜管坑埋式安装埋设工序为:管口保护、坝料填筑碾压、开挖、接长沉降测斜管、测斜管定位校正、安装沉降环、设置伸缩节、管口保护。

挖坑式埋设方式常用于细粒土坝体，在沉降测斜深入基岩部分安装完成后，用保护钢板覆盖管口，钢板上部 1 m×1 m 范围内回填细粒土保护层，厚度不下于 30 cm，采用小型夯实机具人工夯实之后，正常填筑坝体土料，当坝体填筑上升达 2 m 时，进行挖坑，坑径 1.5 ~3.0 m，揭开保护钢板，加长测斜管，安装沉降环，用全站仪进行测斜管方位校正，测定沉降环、测斜管按照高程，分层回填土料，土料虚铺厚度不大于 15 cm，小型机具人工夯实，每层进行密度检测和测斜管方位校正，确保密度合格测斜管方位准确，测斜管倾斜度小于 1°，合格后用钢板保护管口，重复以上工序直至安装完成。挖坑式测斜管安装埋设示意图见图 4 所示。

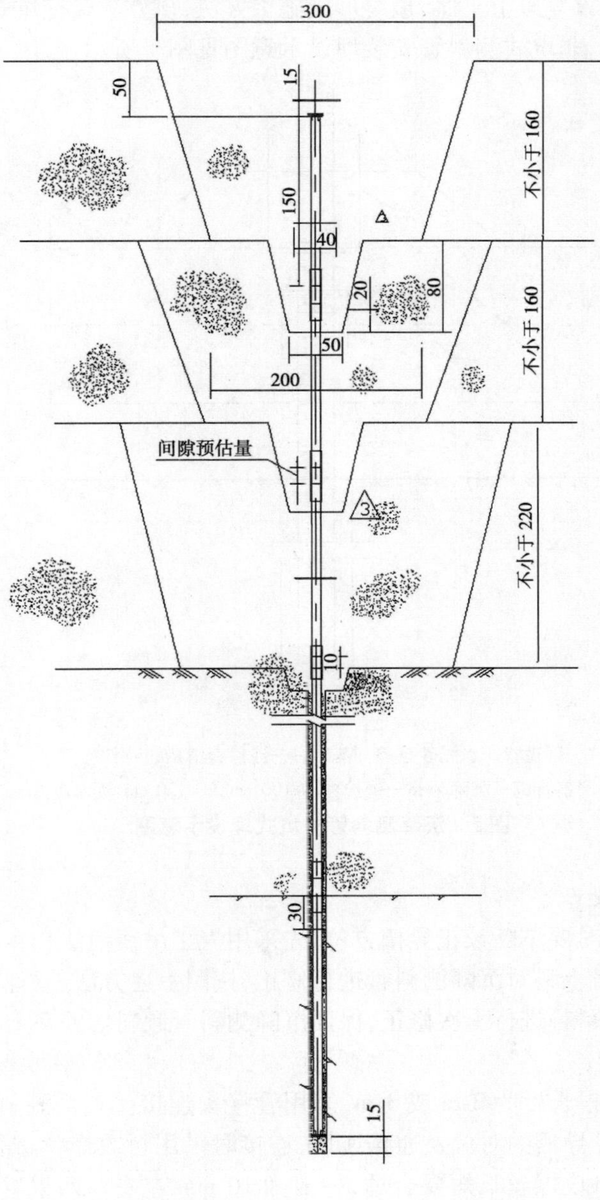

图 4　沉降测斜管挖坑式埋设示意图

5.2.2.2　非坑式安装埋设要点

坝体内部沉降测斜管非坑埋式安装埋设工序为：就位保护桶、桶外坝料回填，接长沉降测斜管、测斜管定位校正、安装沉降环、设置伸缩节、桶内坝料回填、提升保护桶、桶外坝料碾压、安全保护等。

非坑式埋设方法常用于粗粒土坝体，首先在测斜管位置就位保护桶，将安装部位与坝体填筑分离，在保护桶内进行测斜管接长、校正、沉降环、伸缩节安装，尽量减小大坝填筑对测斜管的影响，钢护筒一般选用直径1.2 m，高0.8 m，壁厚6 mm钢板制成，外贴夜光反光警示条；测斜管安装完成后首先回填钢护桶内填料，填料最大粒径不大于8 cm，分层填料厚度不大于20 cm，适当洒水小型机具人工夯实，密度宜用相对密度法测试；合格后对沉降测斜管周围直径6 m范围内回填坝料，厚度为正常坝体填筑一个层厚，之后用千斤顶将钢护筒逐层提升，待整层坝料填筑与钢护筒周围坝料进展弥合后，统一进行碾压，重复以上工序，最终形成施工方法，该方法较挖坑式埋设法，具有安全、高效、回填碾压密实的特点。非坑式测斜管安装埋设示意图见图5所示。

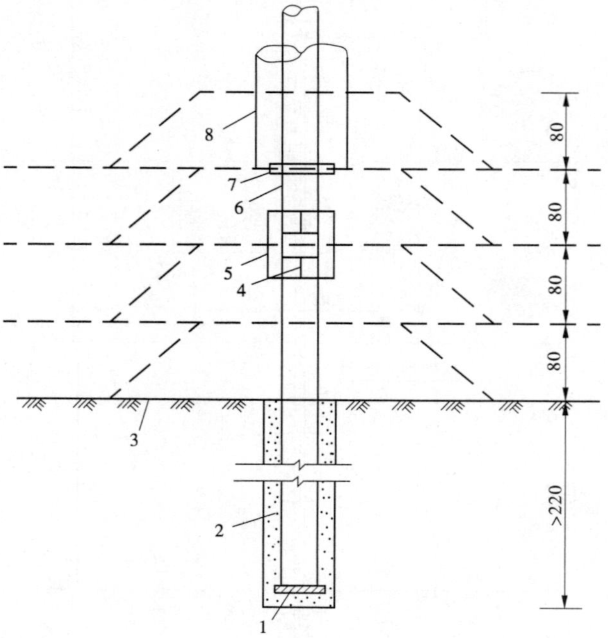

1—管盖；2—水泥砂浆；3—基础；4—连接管滑槽；5—伸缩节；
6—测斜管；7—沉降环；8—保护桶（ϕ100 cm，h = 120 cm，逐层提升）

图5 沉降测斜管非坑式埋设示意图

5.2.3 沉降测斜管埋设校正

沉降测斜管安装埋设时要不断校正导槽方位，先采用人工吊线锤法初步校正，再采用全站仪精确校正，超差时用夯锤夯挤土料对沉降测斜管进行修正，按照上述方法进行测斜管导槽两个方向的校正，一般每夯实完一层填料，进行一次修正，保证沉降测斜管倾斜偏差在1°以内。

5.2.4 测斜管接头连接

沉降测斜管通用的单根长度为2 m或3 m，采用管接头连接接长。测斜管的管接头具有方向定位功能，可以保证测斜管导槽的对位及通畅连接，连接时采用自攻螺丝进行固定，严禁自攻螺丝深入到测斜管导槽内面，自攻螺丝长短要合适，一般为10 mm左右。两根管之间连接时要预留沉降间隙，细粒土坝体每节测斜管接头预留间隙一般为20～40 mm，粗粒土坝体每节测斜管接头预留间隙一般为10～20 mm，具体根据坝料特性、坝体高度估算沉降量进行预留。测斜管接头连接后用无纺布进行包裹。如图6所示：

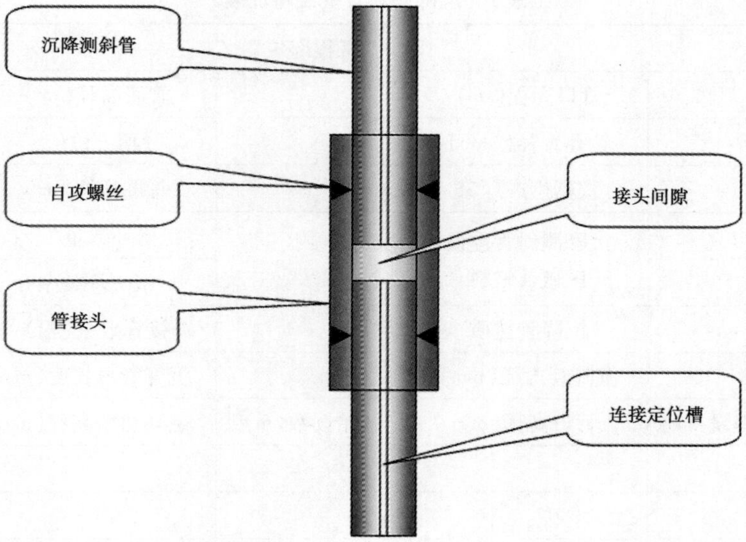

图6　测斜管接头连接示意图

5.2.5　初始观测数据采集

沉降测斜管安装埋设过程，要及时采集初始观测数据，每节测斜管定位完成后，采用水准仪或TC2003全站仪精确测定管口高程，测量精度三等水准精度要求，测量水准基点要定期校核，一般每20天校测一次，校测精度按二等水准精度要求。

每一沉降环安装完成后测定沉降环安装高程，测量精度同上，并用沉降读数仪测量电磁沉降环距管口距离，每测点平行测读两次，其读数差不应大于2 mm。

测斜管安装埋设到坝体内部深度达到4 m以上时开始分段采集监测数据初始值，施工过程按照频次要求进行监测，初始值采集范围考虑到坝体施工对检测结果的影响，在施工过程上部2 m范围内舍去不能作为初始值使用，测斜管全长安装完成后进行全管段测斜观测，并与分段监测数据连接。

5.2.6　沉降测斜管的保护

现场保护时保证监测设备安装成功的关键，要制定完善的保护管理制度，严禁大型设备碰撞测斜管保护桶，测斜管周围有机械施工时，要有观测人员现场配合指导平料工作，施工安全标志牌、标志旗、反光条要齐全醒目，现场实行24小时安全值班制度，确保测斜管不受外力碰撞。若出现意外事件，当测斜管受到外力碰撞时要及时进行复测校正，当沉降测斜管被撞断时，撞断管段要及时更换，并对管内管内杂物采用高压水清理，并对下步的初测数据进行修正。

5.2.7　监测资料整理

资料整理包括填写沉降管测斜埋设考证表、沉降管观测记录表、测斜管观测记录表、沉降管观测计算表、测斜管观测计算表、沉降管观测成果统计表、测斜管观测成果统计表、管口高程测量成果统计表、沉降管沉降观测沉降分布图及压缩分布图、测斜管管位图及位移图等。沉降测斜管监测资料样表见表1～表7。

表1　沉降测斜管安装考证表

工程名称			工程部位		
沉降测斜管编号		管口高程（m）		管底高程（m）	
钻孔深度（m）		钻孔直径（mm）		导槽方位（°）	
仪器型号		仪器生产厂家		每根管长（m）	
埋设桩号(m)		沉降测斜管埋设区域及材料		沉降环数量(个)	
距坝轴距(m)				沉降环类型	
埋设方法		沉降管材质		接管数量(根)	
沉降管外径(mm)		沉降管内径(mm)		沉降管总长度(m)	
沉降环编号	埋设日期	管口高程(m)	初始读数(m)	磁环初始高程(m)	土层初始厚度(m)
埋设示意图及说明					
埋设时段	年　月　日　至　年　月　日				
主管		埋设者		观测者	
校核者				填表者	

表2　沉降管观测记录表

工程部位____________　　沉降管编号：

观测日期				孔口高程（m）		
磁环编号	测尺读数（m）		读数均值（m）	测尺修正值（m）	磁环高程（m）	备注

观测：　　　　记录：　　　　校核：

表3　测斜管观测记录表

工程部位__________　测斜管编号__________　孔深

观测日期		孔口高程（m）		方向 X＋	
				方向 Y＋	
深度（m）	X＋	X－	Y＋	Y－	备注
最深点					
……					
1					
0.5					

观测：　　　　记录：　　　　校核：

表4　沉降管观测计算表

工程部位________________　沉降管编号____________　孔深(m)__________　观测日期

磁环	磁环 (m)	初始 (m)	磁环 (mm)	磁环 (m)	初始 (m)	层压 (mm)	层压 (%)	层累 (mm)	层累 (%)

计算:　　　　　　　　　　　　　　　　　　　　　校核:

表5　测斜管观测计算表

工程部位________________　测斜管编号________________　孔深

观测日期				孔口高程(m)			方向 X+		方向 Y+	
深度 (m)	高程 (m)	X+ (mm)	X− (mm)	Y+ (mm)	Y− (mm)	ΔX (mm)	ΔY (mm)	ΣΔX (mm)	ΣΔY (mm)	备注

计算:　　　　　　　　　　　　　　　　　　　　　校核:

表6　沉降管观测成果统计表

工程部位____________________　剖面____________________　沉降管编号:

观测日期				孔口高程(m)				
磁环 编号	深度 (m)	高程 (m)	测点沉 降量(mm)	分层厚度 (m)	层压缩量 (mm)	层压缩率 (%)	层累计压缩 量(mm)	层累计压 缩率(%)

统计:　　　　　　　　　　　　　　　　　　　　　校核:

表7　测斜管观测成果统计表

工程部位____________________　剖面____________________　测斜管编号:

深度	高程	观测日期	X向位	Y向位	X向位移	Y向位移	备注

统计:　　　　　　　　　　　　　　　　　　　　　校核:

6　质量控制

6.1　施工依据

《碾压式土石坝设计规范》SL274—2001;

《混凝土面板堆石坝设计规范》SL228—1998;

《碾压式土石坝施工规范》DL/T5129—2001;

《混凝土面板堆石坝施工规范》DL/T5128—2001;

《土石坝安全监测资料整编规程》DL/T5256—2010；

《土石坝安全监测技术规范》DL/T5259—2010；

《水利水电工程施工测量规范》SL52—93；

《水电水利工程施工测量规范》DL/T5173—2012。

6.2 施工质量检测

沉降测斜管设备进场后，首先对仪器、传感元件、材料、设备工艺等进行连续性的检验，以验证其质量稳定性，同时对测斜管的导槽方位要就行检验，不合格或导槽变形的测斜管严禁使用；安装检测人员从仪器设备组装率定、安装埋设、观测与记录等每一个环节进行严格控制，达到规范、规程中的质量水平要求。

7 安全措施

(1)坚持“安全第一、预防为主”的方针，对现场范围进行危险源标识，并制定相应的措施。

(2)落实安全责任制，明确安全责任人，加强对操作人员的安全培训，提高安全防范意识，加强安全管理。

(3)对于大型机械设备，倒料时观测人员要远离车辆、推土机反铲等，告诫司机要注意沉降测斜管安全。

(4)沉降测斜管要设立明显标志及夜间反光设备。

8 环保与资源节约

(1)认真贯彻落实国家有关环境保护的法律、法规和章程有关规定，做好施工区域的环境保护工作。

(2)利用现有的施工条件，尽可能的节约资源。

9 效益分析

沉降测斜管安装埋设施工工法在青海公伯峡水电站工程、陕西黑河水利枢纽、青海石头峡、甘肃多儿水电站、新疆克孜尔水库等工程中应用，沉降测斜管安装埋设成活率均达到100%，为监测设备的成功安装埋设起到了有力的保障作用，及时准确的完整采集了坝体内部施工期变形数据，为验证施工质量和大坝运行形态提供了真实可靠的监测数据。

10 工程应用

沉降测斜管施工技术先后在青海公伯峡水电站工程、陕西黑河水利枢纽、甘肃多儿水电站、新疆克孜尔水库和目前正在施工的青海石头峡工程等工程中应用，从已施工完成的工程看均取得了完整的观测资料，从资料分析结果来看，基本上反映了坝体内部的变形量值和变形规律，从工程应用情况看，沉降测斜管施工技术已经取得成功，并已经大范围得到推广。

黑河金盆水利枢纽工程主要有拦河坝、泄水建筑物、引水发电系统三大部分及古河道防渗与副坝、下游护岸组成。黑河金盆水利枢纽拦河坝为粘土心墙砂砾石坝，设计坝高130 m。从1998年开始仪器设备埋设，共计埋设仪器设备500多支(套)，仪器设备成活率99%，沉降测斜管埋设成活率为100%，直至现在运行良好，完整记录了坝体的观测资料，从沉降测斜管的观测资料看反应了坝体的变形规律，为掌握坝体的安全提供了可靠资料。

(主要完成人：汤轩林　杜维山　章天长　常亮　易永军)

斜井压力钢管轨道安装工法

中国水电建设集团十五工程局有限公司

1 前言

在水电水利工程设计中，为了适应工程所在位置的地形要求，得到设计所需的水头，在引水隧洞中布置斜井是经常出现的情况，这不仅增加了隧洞开挖的难度，同时也增加了隧洞内压力钢管的安装难度，尤其是长距离，大倾角，大管径，大重量的斜井压力钢管的安装，这不仅需要解决斜井压力钢管安装的难题，还须保证安装作业人员的人身安全，做到优质高效，保质保量的完成压力钢管安装任务。

老挝南俄5水电站引水隧洞1#斜井全长129.5 m，坡度60°，洞径4.7 m，喷护后4.5 m，压力钢管内径3.5 m，管壁厚20 mm，加劲环高度250 mm，单节管重约5.73t，为长距离、大倾角、大管径、大重量斜井压力钢管安装工程，这在同类水电站斜井压力钢管安装工程中比较少见。针对本工程的特点，开展科技创新活动，取得了"斜井压力钢管轨道安装技术"这一行业领先的新成果，形成了斜井压力钢管轨道安装施工工法。在长距离、大倾角、大管径、大重量斜井压力钢管安装施工方面方法可靠，技术先进，效果明显，成绩显著，具有明显的社会效益和经济效益，值得在同类水电站压力钢管安装施工中推广和应用。

2 工法特点

（1）利用运管平板车运输管节进洞，提高了管节进洞的运输速度，为后续的管节卸车及变位创造了条件，单位管节进洞运输时间的缩短，为整个斜井压力钢管的安装赢得了时间。

（2）利用顶轨小车进行管节卸车，变位，有效的减少管节卸车，变位的中间工序，减少了安装人员的工作量和劳动强度，提高了管节就位的速度，保证了管节卸车，变位的安全。

（3）利用计算机模拟技术，选定最佳的轨道安装高程，轨距，确定最佳的轨道安装高度和滑动架的外形尺寸，确保了施工过程中能安全、快速的将管节运输到安装工作面。

（4）采用红外线指向仪、全站仪配合使用的方法，有效的控制了管节安装尺寸的精度，使误差控制在规范内，确保了管节的安装尺寸满足设计要求，减少了管节轴线偏差造成的校正工序。

（5）在钢管内部设置移动工作平台架，解决了需在斜井内搭设长距离工作平台的问题，使各工序紧密衔接，提高了人员、设备的利用率，减少了搭设及拆除工作平台的工程量。

3 适用范围

适用于洞径2～7 m，长度30～150 m，倾角30°～60°斜井的压力钢管安装工程；适用于管径1.5～6.5 m，壁度10～30 mm，普通钢、高强钢的压力钢管的斜井安装工程。

4 工艺原理

钢管安装时，装载机起吊管节，将管节上游侧朝上平放到运管平板车上，待管节运输至洞内顶轨小车正下方后，利用顶轨小车上设置的倒链及抓钩将管节卸车并进行变位，变位合适的管节被顶轨小车移动到滑动架上方，同时松动两个倒链，使管节下落到滑动架上，用钢丝绳、倒链将其捆绑在滑动架上，使管节与滑动架成为整体，牵引主钢丝绳将管节及滑动架提升，同时松动两个倒链，使得两个抓钩脱落，卷扬机牵引管节，利用自重将管节缓慢下放至安装位置。

管节通过滑动架运输到安装位置后，解除捆绑管节与滑动架的钢丝绳，通过挂在洞壁锚杆上的倒链、洞壁底部设置的千斤顶调整管节位置及高度，利用洞底设置的红外线指向仪发出的红外线光束确定管节轴线，对管节进行定位，到达设计位置后，将加劲环同洞壁上的锚杆连接，用压马、楔子进行管节对口，达到规范要求后，手工电弧焊点焊环缝，提升工作平台架，焊接人员到位焊接管节之间环缝，焊接完成后，检查焊缝外观质量，超声波检测焊缝内部质量，对合格的焊缝进行防腐处理，完成管节安装。

5　工艺流程及操作要点

5.1　工艺流程

斜井压力钢管安装施工工艺流程：安装准备→顶轨及小车设置→轨道及滑动架设置→卷扬机及减速装置设置→红外线指向仪设置→钢管安装（3 节）→工作平台架设置→钢管安装（49 节）→整体检查验收→安装设备拆除

钢管安装施工工艺流程图参见图 1。

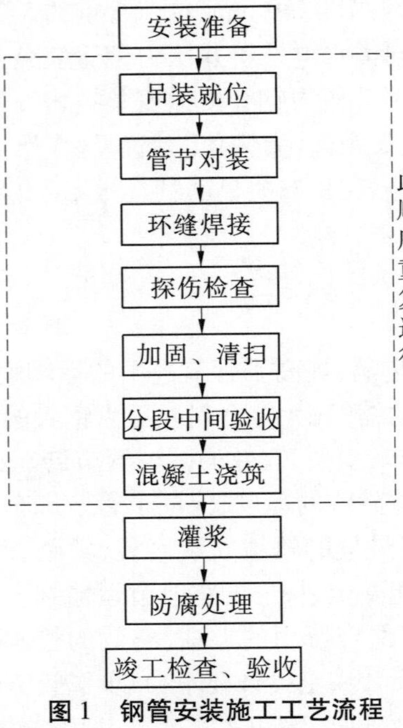

图 1　钢管安装施工工艺流程

5.2　安装准备

5.2.1　顶轨、小车确定与设置

在上平段末端的洞顶上设置顶轨，顶轨安装轴线与隧洞开挖轴线一致，选用 14#工字钢作为顶轨，确定长度 9 m，工字钢上翼缘板与锚杆焊接固定。锚杆间距 2 m，长度 2 m，入岩深 1.9 m，双排布置。工字钢下翼缘板作为移动小车轨道，设置 2 组小车，间距 3.5 m。小车下悬挂 5t 倒链，作提升管节之用，倒链挂钩上悬挂抓钩，起吊过程中抓取管节。

顶轨小车由车架、滚轮、滚轮轴、起吊轴组成，均为机加工件，最后焊接组装而成，车架钢板材质 Q235C，滚轮、轴材质 45#钢，小车整体承载大于 5.0t，小车各部件尺寸为经验数据。两台移动小车用钢丝绳整体软连接，运动过程中同步行走，始终保持相同的间距。顶轨小车结构示意见图 2。

5.2.2　轨道、滑动架确定及设置

根据隧洞的断面形状，在计算机上模拟管节在斜井中的运输情况，选定最佳的轨道中心距为

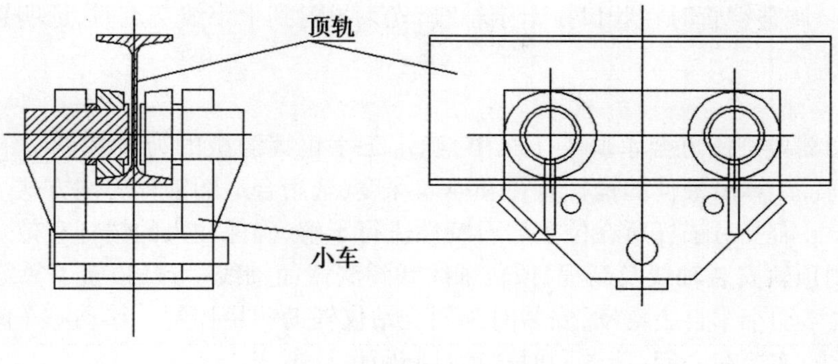

图2　顶轨小车

1.06 m。选用12#槽钢作为轨道，槽钢翼缘板作为轨道面，用洞底锚杆焊接固定。锚杆间距1 m，长度0.5 m，入岩深0.4 m，左右各一排，分别与两根轨道腹板相连。轨道距离洞底留有一定的间隙，防止滑动架的滑靴磕碰、挂擦轨道底部的固定锚杆。轨道防变形支撑采用角钢桁架结构，并与洞底锚杆焊接。

滑动架用型钢焊接而成，外形尺寸2.5 m×1.4 m×0.42 m，滑靴为两根14#槽钢，并在滑靴内镶嵌硬质木板以增加摩擦系数，减少管节运输过程中对顶部定滑轮的拉力。滑动架结构示意见图3。

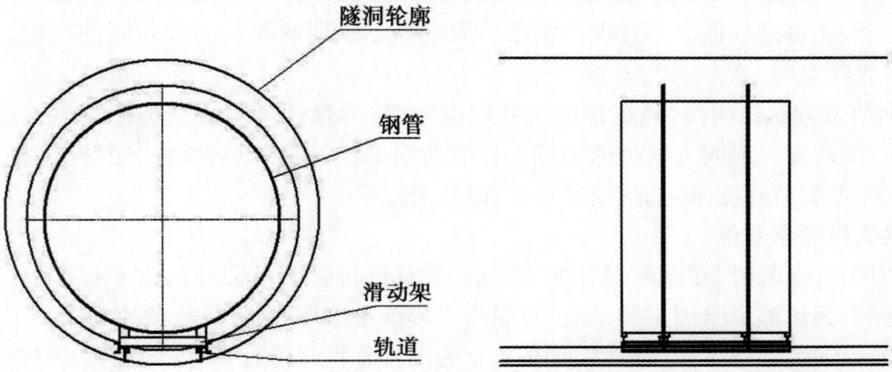

图3　滑动架

5.2.3　卷扬机及减速装置设置

在靠近斜井口6 m左右的一侧洞壁上，开挖一个2 m×2 m×2 m的空间，底部高程略高于洞底高程，底板用混凝土浇筑找平，并预埋地脚螺栓，将卷扬机放置在里面，地脚螺栓固定卷扬机。

全站仪确定定滑轮吊点在上弯管处的设置位置，风钻造孔后灌注锚杆，将钢板焊接在锚杆上，再在钢板上焊接吊耳以悬挂滑轮组。锚杆采用3根ϕ25螺纹钢，长度3 m，入岩深2.8 m，锚固剂灌注。钢板厚度20 mm，材质Q235C，在上面钻3个孔，孔径ϕ30，钢板与锚杆焊接时将锚杆从孔中穿出后焊接，环缝焊接，焊缝高度15 mm。定滑轮选用承载1.0×10^5N的双滑轮组，动滑轮选用承载5×10^4N单滑轮组，采用"动三定四"的绕绳方式进行减速和分力。

5.2.4　红外线指向仪设置及定位

全站仪确定红外线指向仪在下弯管处的安装位置，使红外线指向仪的发射装置轴线与管节的安装轴线相重合，固定红外线指向仪，再在上弯管的洞顶位置，利用全站仪找出钢管安装轴线与洞顶的交点，用红色油漆进行标记，设置一个钢筋桩头，然后调整下弯管处的红外线指向仪，使红外线光束投射到红色油漆标记处的钢筋桩头上，此时，红外线指向仪发出的光束就同管节安装轴线相一致，加固红外线指向仪，并做适当保护，防止扰动或损坏。

安装管节前，检测红外线指向仪的安装位置是否发生变动，光束是否投射到顶部红色标记位置处的钢筋桩头上。调整钢管时在管口拉十字轴线，光束投射到十字线交点时，证明管节安装轴线已与设计轴线一致。

5.3 操作要点

(1)顶轨选型需要查阅五金手册等工具书，确定工字钢翼缘板的力学性能。锚杆的直径和深度同样查阅工具书，计算出最佳的锚杆直径和插入深度，选用合适的锚杆灌注方式。在选择锚杆的形式和灌注方式时，需要对锚杆所在位置岩石特性进行了解，确保注入的锚杆有效。

(2)严格控制顶轨安装轴线及高程，顶轨轴线和隧洞截面轴线一致，顶轨下翼缘板确保在同一高程内，防止顶轨移动小车自由滑动，安装时利用全站仪辅助测量控制。移动小车间距和管径保持一致，且用细钢丝绳连接在一起，能够同时移动且间距保持不变。

(3)严格控制轨道安装轴线及平面度，两轨道的中心线和隧洞轴线平行，安装时利用全站仪、红外线指向仪辅助测量控制，且保证两根轨道在同一平面内，以防止运输管节过程中出现侧翻、卡滞或上下波动，对顶部定滑轮组及锚杆等造成冲击。

(4)轨道的安装高程选取要合理，过高易造成运输过程中管节重心抬高，发生倾翻或侧翻；过低易造成管节加劲环磕碰、挂擦洞壁底部岩石或轨道之间的防变形支撑，且当管节运输到安装位置后，滑动架也不易从管节下拉出，增加了管节提升的高度和安装危险性。

(5)选取最佳的轨道间距值，在斜井内轨道间距与安装高程是相互关联的，轨距值大，轨道高程高，轨距值小，轨道高程低。不合理的轨距易造成和不合理的安装高程相同的问题，选取时需同时考虑，同时兼顾。

(6)根据所选的轨道间距，确定合适尺寸的滑动架，滑靴选择要注意不能在运行过程中磕碰、挂擦到轨道防变形支撑或固定轨道的锚杆。在滑动架上设置管节加劲环固定装置，将加劲环嵌入滑动架内，以降低管节高度，增加运输安全性和稳定性。

5.4 进洞运输与卸车变位

斜井压力钢管安装时，在洞外钢管堆放场地，装载机将管节吊装到运管平板车上，管节上游侧管口朝上，倒链、钢丝绳牵引固定后，拉运至洞内安装准备工作面，停放在顶轨小车正下方。

管节运输到安装准备工作面后，顶轨小车上的倒链分别起吊管节上口上下游对称部位，且始终保持管节水平，管节被吊起 200 mm 后，运管平板车驶离，完成管节卸车。

调整上游侧倒链的起吊高度，使管节上游侧降低，形成管口上游低，下游高的状态，当管节轴线与水平成约 60°夹角时停止调整。管节水平运输及变位见图 4。

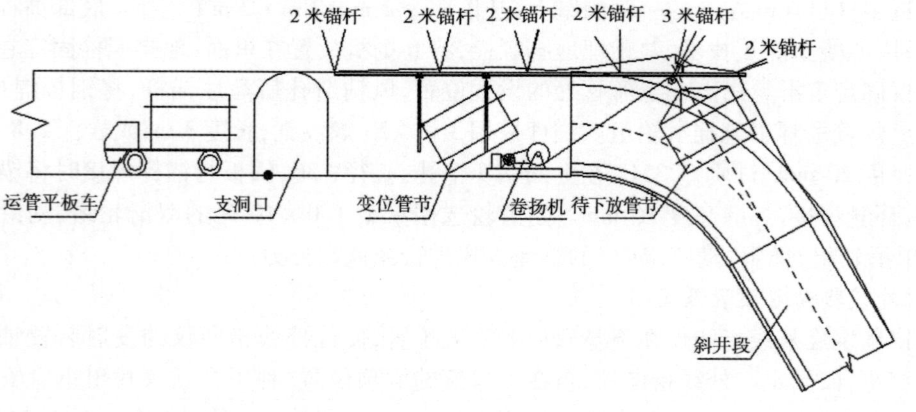

图 4 管节水平运输及变位

5.5 斜井运输

管节运输前，在上游侧加劲环对称设置四个吊耳，四根等长吊绳将吊耳与主钢丝绳吊钩相连，移动顶轨小车到井口后，同时松动两个倒链将管节下放到滑动架上，并用钢丝绳捆绑牢固，解除滑动架在轨道上的束缚，卷扬机主钢丝绳提升使管节上移200 mm，同时使小车起吊抓钩脱扣，利用管节自重沿轨道滑动到安装位置。

斜井运输过程中严格控制管节下降速度，卷扬机低速档起步后，逐渐变换至高速档，防止长时间使用低速档造成电机发热，换至高速档位后，保持档位不变，匀速将管节下放到位。管节下放过程中，观察人员在井口用望远镜监视，并随时向现场指挥人员汇报，发现异常立即停车检查，问题解决后方可继续作业。

5.6 受力分析

5.6.1 顶轨受力分析

顶轨连接锚杆选用Φ25 螺纹钢，长度2 m，锚孔径40 mm，锚固剂灌注，入岩取1.8 m，根据当地的岩质情况，按照板岩夹石英砂岩取岩体与注浆体的极限黏结强度0.8 MPa，计算单根锚杆极限锚固力为：

$$T_u = \pi DL\alpha_s = 3.14 \times 0.04 \times 1.8 \times 0.8 = 1.81 \times 10^5 \text{N} \tag{1}$$

式中 T_u——极限锚固力，N；

D——锚杆直径，m；

L——锚杆长度，m；

α_s——极限黏结强度，MPa；

取管节重量6t，其重力为6×10^4N，取锚杆数量4根，计算顶轨锚杆安全系数为$1.81 \times 10^5 \times 4 \div (6 \times 10^4) = 12.07$，满足《岩土锚杆（索）技术规程》中对锚杆安全系数的要求。查《型钢机械性能手册》知15#工字钢2 m间距内受力6×10^4N时强度及变形满足规范要求；洞顶水平移动小车根据以往安装经验制造，满足受力与强度需要。

5.6.2 主钢丝绳受力分析

斜井运输牵引选用可调速固定式卷扬机，公称牵引力8×10^4N，线速度5～15 m/min的；牵引主钢丝绳型号6×19+IWS，公称抗拉强度1.67×10^3 MPa，绳径20 mm，单位重量1.52 kg/m，长500 m。取管节重量6 t，其产生重力6×10^4 N，动摩擦系数$f' = 0.2$，计算主钢丝绳理论牵引力为：

$$\begin{aligned} T &= F - f = G \cdot \sin\alpha - f = G \cdot \sin\alpha - N \cdot f' = 6 \times 10^4 \times \sin 60° - 6 \times 10^4 \times \cos 60° \cdot f' \\ &= 6 \times 10^4 \times 0.87 - 6 \times 10^4 \times 0.5 \times 0.2 = 4.62 \times 10^4 \text{N} \end{aligned} \tag{2}$$

式中 T——主钢丝绳理论牵引力 N；

F——重力沿轨道方向的分力 N；

f——重力产生的摩擦力 N；

G——管节重力 N；

N——重力对管道的压力 N；

f'——滑动架与轨道的摩擦系数；

取滑轮组机械效率$\mu = 0.8$，计算主钢丝绳实际牵引力为$T/\mu = 4.62 \times 10^4 \div 0.8 = 5.78 \times 10^4$N，计入动滑轮及钢丝绳重力约$0.70 \times 10^4$N，最终牵引力为$5.78 \times 10^4 + 0.7 \times 10^4 = 6.48 \times 10^4$N。计算得主钢丝绳允许拉力为$5.24 \times 10^5$N，安全系数为$5.24 \times 10^5 \div (6.48 \times 10^4) = 8.09$，满足《DL/T5370—2007 水电水利工程施工通用安全技术规程》中对钢丝绳安全系数的要求。受力分析见图5。

5.6.3 定滑轮受力分析

定滑轮锚杆采用3根Φ25 螺纹钢，长度3 m，锚孔径40 mm，锚固剂灌注，入岩取2.8 m，按照板岩夹石英砂岩取岩体与注浆体的极限黏结强度0.8 MPa，计算单根锚杆极限锚固力为：

$$T_u = \pi DL\alpha_s = 3.14 \times 0.04 \times 2.8 \times 0.8 = 2.81 \times 10^5 \text{N} \tag{3}$$

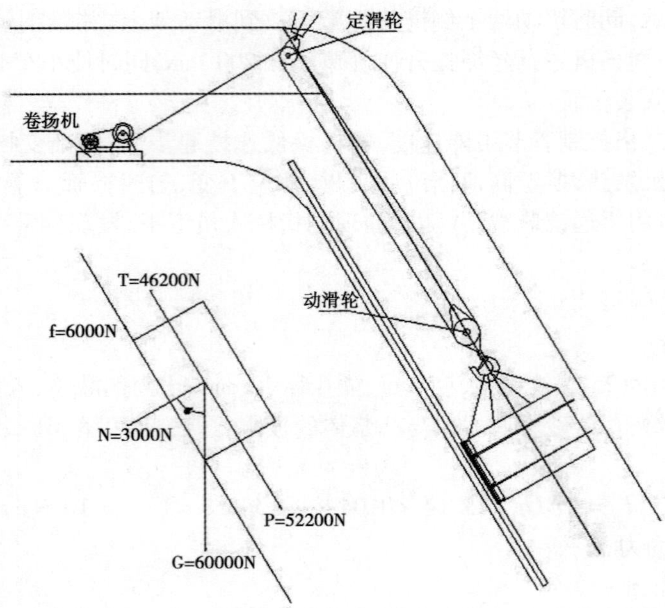

图 5　受力分析

式中　T_u——极限锚固力 N；

D——锚杆直径，m；

L——锚杆长度，m；

α_s——极限黏结强度，MPa；

对定滑轮锚杆进行整体受力分析，计算得出锚杆所受拉力为 9.12×10^4 N，安全系数为 $2.81\times10^5\times3\div9.12\times10^4=9.24$，满足《岩土锚杆（索）技术规程》中对锚杆安全系数的要求。

5.7　安装加固

管节通过滑动架运输到位后，解除管节与滑动架捆绑钢丝绳，用洞壁预先设置的倒链提升管节，同时调整倒链和千斤顶，使上口中心十字线交点经过红外线指向仪发出的可见光束，管节校正到设计位置，将加劲环与洞壁锚杆刚性连接，用压马、楔子对口，管节合口满足规范要求后，分段点焊环缝，并加固加劲环与锚杆连接部位，完成管节安装加固。

将管节牵引钢丝绳松开，卷扬机牵引工作平台架上升 0.5 m 高度后，松开工作平台架保险绳，将保险绳挂在上层管口。待该层环缝焊接完成后，松开工作平台架主牵引绳，卷扬机牵引滑动架提升到井口，固定在轨道上，等待下一管节就位、运输及安装。

5.8　工作平台架设置

起始安装的两节管节，先利用弯管处搭设的焊接作业平台架加高，完成两节管节的安装及焊接，当第三节管节安装到位后，开始搭设工作平台架。

工作平台架为 3 层整体移动式结构，3 级滚轮，每层搭设木板作为工作平台，预留爬梯人孔口，平台间设置钢爬梯连通，安装铁丝网人孔盖。上层平台为安装平台，供管节安装对中、锚杆布设，管节加固使用；中层平台为焊接平台，供设备放置、焊接作业使用；下层平台为检测平台，供设备放置、打磨检测、除锈防腐使用。工作平台的保险装置为 3 根 $\Phi16$ 钢丝绳，用挂钩固定于最上层管节上口。

管节内壁焊接工作平台架支撑块，支撑工作平台整体重量，工作架上升移动时，支撑块自然移动到下层平台，在打磨工序时割除。工作架上移时通过主钢丝绳牵引，一般在管节下放到位安装完成后即可进行，一次提升高度为一层高（上升一个管节）。工作架上移时人员离开，卸掉保险绳，等工作架移动到位后,将保险绳挂放到位置,检查各部无异常后,人员进入工作面开始作业。工作平台示意图见图6。

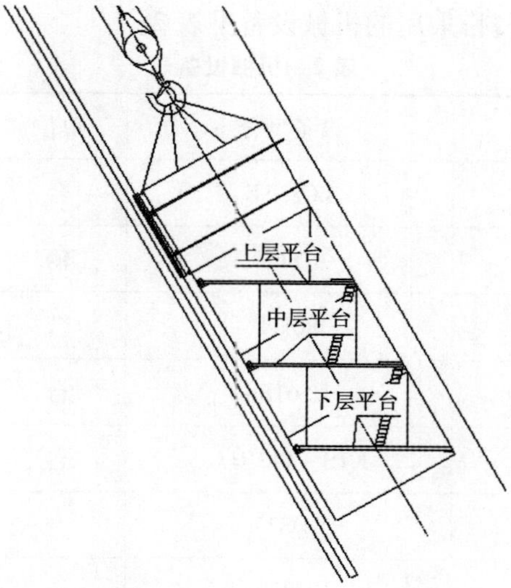

图6　工作平台架

5.9　焊接检测

焊接前编制焊接工艺指导书,进行焊接工艺评定,根据焊接工艺评定确定科学的焊接工艺,选取适合的焊接材料,本部位钢管焊接选用J506焊条,焊条直径为ϕ5.0、ϕ4.0、ϕ3.2。焊条使用时按要求进行烘焙,并用保温桶带至现场。

焊缝坡口形式为内坡口,外缝焊接完成后,气刨清根打磨焊接内缝。因管壁外空间比较小,无法搭设外部工作平台,可使用木板铺设在连接锚杆上形成临时平台,人员佩戴安全带,系安全绳进入作业面,进行管节安装加固、管外支撑,完成外环缝的焊接。

对接环缝焊接结束后打磨内环缝两侧100 mm范围,为后序焊缝检测提供条件。焊缝检测分外观检测和焊缝内部无损检测,均按规范要求进行,满足规范及设计要求后,进行环缝的二次除锈,经除锈后的钢管在2h内完成涂装,保证钢管涂层质量达到设计要求。

5.10　人员配置

人员配置见表1。

表1　人员配置表

序号	单项工程	所需人数	备注
1	管理人员	1	生产管理,外部协调
2	技术人员	2	测量放线,无损检测
3	安装人员	4	管道安装,打磨防腐
4	焊工	4	管道焊接,气刨清根
5	司机	2	装载机,运管车驾驶
6	电工	1	用电保障,卷扬机操作
7	杂工	1	零星杂活、辅助工作
8	安全员	1	现场安全检查与监督
9	合计	16人	根据施工情况随时调整

6 材料与设备

本工法无需特别说明的材料，采用的机械设备见表2。

表2 机械设备表

序号	设备名称	设备型号	单位	数量	用途
1	轮式装载机	LG855E	台	1	装卸管节
2	运管平板车	8t	辆	1	运输管节
3	固定式卷扬机	80kN	台	1	小车牵引
4	超声波检测仪	HS616e	台	1	焊缝检测
5	多功能全站仪	KTS－442RLC	台	1	测量控制
6	自安平水准仪	DS2	台	1	测量控制
7	红外线指向仪	ZJ800	套	1	对中校正
8	自制滑动架	2.5×1.4×0.42 m	台	1	斜井运输
9	倒链	3t、5t	只	5	牵引紧固
10	机械千斤顶	5t、10t	只	4	顶升调整
11	双滑轮组	3t	套	2	减速导向
12	角向磨削机	150/180	台	4	焊缝打磨
13	逆变弧焊机	PE50－400	台	4	焊缝焊接
14	交流弧焊机	ZX5－630	台	1	焊缝清根
15	电动空压机	0.6 m^3	台	1	气刨机用
16	电动空压机	2 m^3	台	1	手风钻用
17	手持式风钻	YZ180	台	2	造孔用
18	手持对讲机	BF5118	只	3	上下通讯
19	双筒望远镜	18－21042	套	1	监视观察
20	安装工具	楔子、压马等	套	2	管节对口

7 质量控制

7.1 质量控制标准

（1）压力钢管安装施工质量执行《DLT5017—2007 水电水利工程压力钢管制造安装及验收规范》。埋管安装中心的极限偏差应符合表3 的规定。

表 3　装中心的极限偏差

序号	钢管内径 D(m)	始装节管口中心的极限偏差(mm)	与蜗壳、伸缩节、蝴蝶阀、球阀、岔管连接的管节及弯管起点的管口中心极限偏差(mm)	其他部位管节的管口中心极限偏差(mm)
1	$D\leqslant 2$	5	6	15
2	$2<D\leqslant 5$		10	20
3	$5<D\leqslant 8$		12	25
4	$D>8$		12	30

(2)压力钢管焊接施工质量执行《DL/T5017—2007 水电水利工程压力钢管制造安装及验收规范》。所有焊缝均应进行外观检查,外观质量应符合表 4 的规定。

表 4　焊缝外观检查

(单位:mm)

<table>
<tr><td rowspan="3">序号</td><td rowspan="3" colspan="2">检测项目</td><td colspan="3">焊缝类别</td></tr>
<tr><td>一</td><td>二</td><td>三</td></tr>
<tr><td colspan="3">允许缺欠尺寸</td></tr>
<tr><td>1</td><td colspan="2">裂纹</td><td colspan="3">不允许</td></tr>
<tr><td>2</td><td colspan="2">表面夹渣</td><td colspan="2">不允许</td><td>深不大于 0.1δ,长不大于 0.3δ,且不大于 10</td></tr>
<tr><td>3</td><td colspan="2">咬边</td><td colspan="2">深不大于 0.5</td><td>深不大于 1</td></tr>
<tr><td>4</td><td colspan="2">未焊满</td><td colspan="2">不允许</td><td>不大于 $0.2+0.02\delta$ 且不大于 1,每 100 焊缝内缺欠总长不大于 25</td></tr>
<tr><td>5</td><td colspan="2">表面气孔</td><td colspan="2">不允许</td><td>直径小于 1.5 的气孔每 m 范围内允许 5 个,间距不小于 20</td></tr>
<tr><td>6</td><td colspan="2">焊瘤</td><td colspan="2">不允许</td><td>—</td></tr>
<tr><td>7</td><td colspan="2">飞溅</td><td colspan="2">不允许</td><td>—</td></tr>
<tr><td rowspan="2">8</td><td rowspan="2">焊缝余高 Δh</td><td>手工焊</td><td colspan="2">$\delta\leqslant 25$　$\Delta h=0\sim 2.5$
$25<\delta\leqslant 50$　$\Delta h=0\sim 3$
$\delta>50$　$\Delta h=0\sim 4$</td><td>—</td></tr>
<tr><td>自动焊</td><td colspan="2">0 ~ 4</td><td>—</td></tr>
<tr><td rowspan="2">9</td><td rowspan="2">对接接头焊缝宽度</td><td>手工焊</td><td colspan="3">盖过每边坡口宽度 1 ~ 2.5,且平缓过渡</td></tr>
<tr><td>自动焊</td><td colspan="3">盖过每边坡口宽度 2 ~ 7,且平缓过渡</td></tr>
<tr><td>10</td><td colspan="2">角焊缝焊脚 K</td><td colspan="3">$K\leqslant 12$ 时,K_{1}^{+2};$K>12$ 时,K_{-1}^{+3}</td></tr>
</table>

注 1:δ 是钢板厚度代号。

2:手工焊是指焊条电弧焊、CO2 半自动气保焊、自保护药芯半自动焊以及手工 TIG 焊等,而自动焊是指埋弧自动焊、mAG 自动焊、mIG 自动焊等。

(3)压力钢管焊缝无损检测数量执行《DLT5017—2007 水电水利工程压力钢管制造安装及验

收规范》。焊缝内部无损探伤长度占焊缝全长的百分比应不少于表5中的规定。

表5　无损探伤长度占全长百分数

钢种	超声波探伤(%)		射线探伤(%)	
	一类	二类	一类	二类
碳素钢和低合金钢	100	50	25	10
高强钢不锈钢 不锈钢复合钢板	100	100	40	20

注1:钢管一类焊缝,用超声波探伤时,根据需要可使用射线探伤复验。

2:探伤部位应包括全部T形焊缝及每个焊工所焊焊缝的一部分。

(4)压力钢管焊缝无损检测质量控制执行《GB3323—2005金属熔化焊焊接接头射线照相》、《GBT11345—1989钢焊缝手工超声波探伤方法和探伤结果分级》。射线探伤的检验及评定按GB/T3323规定执行,检验等级为B级,一类焊缝不低于Ⅱ级为合格,二类焊缝不低于Ⅲ级为合格;超声波探伤的检验及评定按GBT11345规定执行,检验等级为B级,一类焊缝Ⅰ级为合格,二类焊缝不低于Ⅱ级为合格;焊缝表面无损探伤质量评定按JB/T 6061或JB/T 6062标准执行。

7.2　质量保证措施

(1)成立质量管理部,质量管理部和施工技术部技术人员共同组成质量管理小组,质量管理领导小组成员由主管各业务领导组成,组长由项目经理担任。

(2)设专职质量检测工程师,安装队和焊接班组设专职检查员,通过对日常施工过程的检查、监督和检验,具体管理和控制各安装环节的质量,以达到责任层层落实,控制步步到位的目的。

(3)无损检测人员、测量人员、焊工、电工等特种作业人员经过专业技术培训,持有国家相关部门发放的上岗证书,具有长期从事相关工作的经历,且有良好的职业道德和敬业精神。

(4)质量检测工程师具有随机监督检查、随机抽样、强制返工、强制停工、驱逐不良施工人员员、对作业层不予计量支付等的权力,用以控制质量制度及质量措施的实施。

(5)技术管理工作由经理负责,副经理、技术员负责实施。并定期召开技术管理工作会议。

(6)向安装作业队和焊接班组进行技术交底,详细解释工艺过程,由队长、班组长负责实施。

(7)将质量工作贯彻到每一个人的行动中去,质量工作由主管经理直接负责。

(8)严格按审批的安装方案实施施工,由技术员现场监督实施过程,并作详细记录。

8　安全措施

(1)认真贯彻"安全第一,预防为主"的安全生产管理方针,根据国家有关规定、条例,结合安装实际情况和工程的具体特点,组成由专职安全员和班组兼职安全员以及工地安全用电负责人参加的安全生产管理网络,执行安全生产责任制,明确各级人员的职责,抓好工程的安全生产。

(2)安装现场按符合防火、防触电、防坠落、防机械伤害、防高空坠物等安全规定及安全施工要求进行布置,并完善布置各种安全标识、标牌、警示。

(3)各类房屋、库房等的安全距离做到符合公安部门的规定,室内不堆放易燃品;严格做到不在安装现场、库房等处吸烟;随时清除现场的易燃杂物;不在有火种的场所或其近旁堆放生产物资。

(4)氧气瓶与乙炔瓶隔离存放,严格保证氧气瓶不沾染油脂、乙炔发生器有防止回火的安全装置。焊割作业中不使用破损的输气管。

(5)安装现场的临时用电严格按照《施工现场临时用电安全技术规范》的有关规定执行。

(6)电缆线路应采用"三相五线"接线方式,电气设备和线路绝缘良好,场内架设的电力线路其悬挂高度和线间距除按安全规定要求执行外,还应将其布置在专用电杆上。

(7)安装现场使用的手持照明灯使用36V的安全电压。

(8)室内配电柜、配电箱前要有绝缘垫,并安装漏电保护装置。室外配电柜盘要做好防雨保护。

(9)建立完善的施工安全保证体系,加强施工作业中的安全检查,确保作业标准化、规范化。

9 环保措施

(1)成立环境卫生管理机构,在安装施工过程中严格遵守国家和地方政府下发的有关环境保护的法律、法规和条例。

(2)加强对施工燃油、材料、废水、生产生活垃圾、弃渣的控制和治理,遵守有关防火及废弃物处理的规章制度。

(3)将施工场地和作业限制在工程建设允许的范围内,合理布置、规范围挡,做到标牌清楚、齐全,标识醒目,场地整洁,行为文明。

(4)设立专用垃圾桶,对焊渣、焊条头、碳棒头等进行集中收集,认真做好无公害化处理,从根本上防止施工垃圾随处堆放,随处遗落。

(5)定期清运垃圾,做好垃圾运输过程中的防散落与沿途污染措施,弃渣及其它工程废弃物按工程建设指定的地点和方案进行堆放和处治。

(6)废水除按环境卫生指标进行处理达标外,并按当地环保要求的指定地点排放。费油集中收集,统一处理。

(7)优先选用先进的环保机械。采取设立隔音罩等消音措施降低施工噪音到允许值以下,尽可能避免同时运行。

(8)对施工场地道路进行硬化,并在晴天经常对施工通行道路进行洒水,防止尘土飞扬,污染周围环境。

10 效益分析

(1)本工法利用运管平板车将管节运输到安装准备工作面,提高了管节进洞运输的速度,顶拱轨道的设置,解决了管节卸车及变位的问题,减少了卸车及变位的中间工序,利用顶轨小车上的倒链既可以完成卸车,又可以对管节进行变位,并通过顶轨小车将管节移动至滑动架上方,一道工序完成了卸车、变位、洞内水平运输以及放置至滑动架上,完成了钢管安装中最难的几个问题,为下一步管节在斜井的运输创造了条件,赢得了时间,并在最大程度上保证了安装人员的安全,降低了安装人员的工作强度,一举多得,事半功倍。

(2)本工法与同类工法相比,设置顶轨解决管节卸车、变位;选取最佳的定滑轮位置保证滑动架在管节下放过程中不出现倾翻;选取合理的轨距及滑动架尺寸有效防止管节在斜井运输过程中发生侧翻;利用红外线指向仪控制轴线保证了管节安装尺寸的精度;设置工作平台架的方法解决了管道安装过程中需在斜井内搭设长距离工作平台的问题,很大程度的提高了工作效率,缩短了工期,降低了劳动强度,保证了人员的安全,与平洞安装过程速度相当,受到斜井不利条件的影响较小,取得了很好的经济效益。

(3)通过本工法在本工程2#斜井的再次应用,验证了该方法的安全性、实用性、科学性,确保了斜井压力钢管安装的进度和质量,提高了安装效率,达到预期目的,取得了很好的成效,为本工程压力管道安装的进度、质量奠定了良好的基础,值得在同类工程中推广和应用。

11 应用实例

老挝南俄5水电站1#、2#斜井压力钢管安装

11.1 工程概况

老挝南俄5水电站压力钢管为地下埋管，位于调压井下部，采用“一管两机”的供水方式，即一根主管经一个岔管分为两根支管，分别向两台水轮机组供水发电，压力钢管全长1230.3 m，由“三平两斜一岔管”组成，斜井压力钢管由斜井直管段和两个弯管组成。

11.1.1 1#斜井钢管

1#斜井起始桩号为P0+035.278~P0+118.092，高程为EL.935.00~812.44，包括1#弯管、1#斜井直管段及2#弯管。斜井轴线与水平面夹角60°，斜井直管段钢管全长129.5 m，管节长度2.5 m，弯管长度均为10.9 m，共包含直管节52节，弯管节12节。钢管内径3.5 m，管壁厚20~22 mm，管节最大外型尺寸4.05 m，1#弯管总重21.94t，1#斜井直管段总重224.8t，2#弯管总重23.7t，最大管节重约5.7t。1#斜井示意图见图7。

11.1.2 2#斜井钢管

2#斜井起始桩号为P0+750.134~P0+810.273，高程为EL.806.20~722.56，由3#弯管、2#斜井直管段和4#弯管组成。其中斜井轴线与水平面夹角60°，2#斜井直管段长84.358 m，平洞与斜井连接的弯管长度均为10.9 m。开挖为圆形断面，钢管内径3.5 m，管壁36 mm厚，3#弯管36.99t，斜井直管段288.41t，4#弯管总重36.99t。共包含管节46节，管节最大外沿尺寸4.07 m，标准管节长度2.5 m，最大管节重约8.54t。2#斜井同1#斜井形式形同，示意图略。

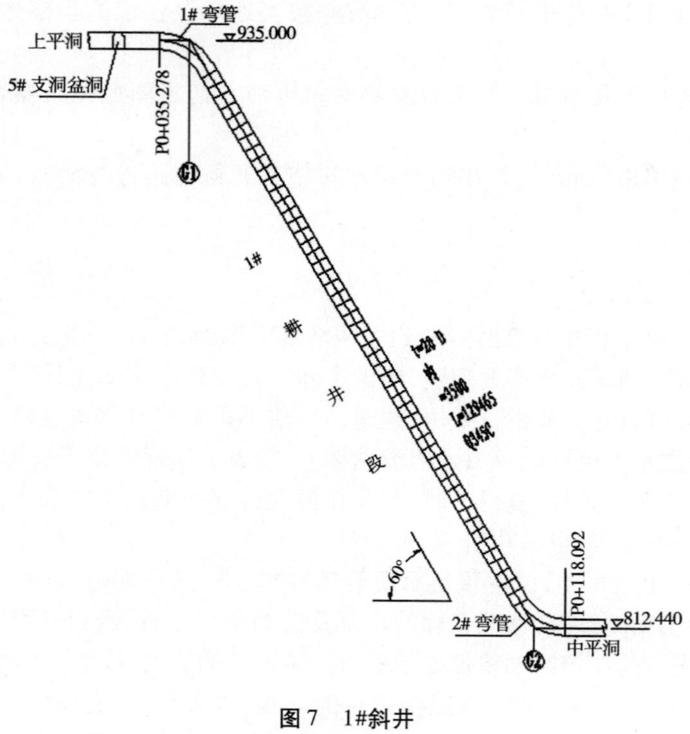

图7 1#斜井

11.2 施工情况

老挝南俄5水电站斜井压力钢管安装施工具有倾角大，距离长，管节重，工期短，工程量大，安装空间小等特点，在同类型水电站压力钢管安装中具有一定的特殊性和代表性。施工过程中能按照预期的施工进度计划进行，施工质量稳定，安装过程顺利，工作强度适中，安全状况良好，设备性能得到发挥。

11.3 结果评价

1#斜井段压力钢管共计52节管节，分为7个单元，其中，7节4个单元，8节3个单元，单元评定合格率97.7%，焊缝一次合格率96%，安装过程中未发生人身及设备安全事故，该部位所在分部工程鉴定合格。

2#斜井段压力钢管共计 34 节管节，分为 5 个单元，其中，7 节 4 个单元，6 节 1 个单元，单元评定合格率 98.5% 以上，焊缝一次合格率 98.7% 以上，安装过程中未发生人身及设备安全事故，该部位所在分部工程鉴定合格。

该水电站已于 2012 年 12 月 9 日投入运行，压力管道各部位运行状况良好。

此工法在老挝南俄 5 水电站 1#斜井压力钢管安装过程中取得成功，并应用到 2#斜井的压力钢管安装中，安装技术指标及施工进度均能符合工程要求，保证了施工质量和安装进度，得到了业主和监理单位一致好评，实践证明此安装方法科学合理，安全措施得当有效，保证了施工工期，降低了劳动强度，增加了安全系数，保障了施工安全，值得在同类水电站压力钢管安装施工中推广。

（主要完成人：牛支现　丁　伟）

袖阀管灌浆施工工法

中国水电建设集团十五工程局有限公司

1　前言

地下工程水泥灌浆施工对水工建筑物基础加固、防渗、堵漏等起到了很大的作用，随着科学技术的发展，地基处理技术日益进步，应运而产生了一些新技术，在建筑工程施工中地基处理工程中起到了不可估量的作用。

南水北调中线温博段大沙河渠道倒虹吸进、出口渐变段底板基础地层主要为卵石层、重粉质壤土层、卵石层，第一层卵石层局部揭露，第二层卵石层埋深较深。卵石层为承压含水层，渗透系数为 $1.0\times10^{-1}\sim2.4\times10^{-1}$ cm/s，为避免承压水对地基产生渗透破坏，从而影响建筑物运行安全，采用袖阀管灌浆施工技术对进、出口段进行地基处理。

2　工法特点

(1)能将浆液限定在注浆区域的任一段范围内进行灌注，达到分段注浆的目的。

(2)具有上下 2 个阻塞器，阻塞器在光滑的袖阀管中可以自由移动，可根据需要在注浆区域内某一段反复注浆。

(3)根据地层特点，可在一根注浆管内采用不同的注浆材料，选用不同的注浆参数进行注浆施工。

(4)可使用较高的灌浆压力，灌浆时冒浆和串浆的可能性较小。

(5)钻孔、注浆可采取分组或平行作业方式，工作效率高，提高了钻孔、注浆设备的利用率。

(6)综合了劈裂注浆法、压(挤)密注浆法与渗入注浆法的优点。

(7)由于被加固的地层中，进行了多点定量、均衡的注浆，注浆体在地层中均匀分布，均匀连接，因此，大大提高来了被加固地层段的整体稳定性。

(8)能有效的按照注浆工程的设计要求，确定注浆的位置和范围。

3　适用范围

地基加固，不良地层处理、控制楼房、桥梁、管线等建(构)筑物沉降等地下工程施工，主要解决工程的基础加固、防渗、堵漏等难题，并可应用于洞内进行水平注浆。

4　工艺原理

袖阀管注浆工法是把水泥浆或其它混合浆液通过压力注浆机加压后，经过连通管进入注浆管，聚集到袖阀管注浆管段，然后通过钻有直径为 8 mm 的溢浆孔 PVC 管(即袖阀管)，在内压力的作用下，将包裹在 PVC 管外的橡胶圈涨开和套壳料挤碎。当压力逐渐增大到一定程度，被加压的浆液就会沿着地层结构产生充填、渗透、压密、劈裂流动，此时由于供浆量小于进入量，压力会自动恢复到平衡状态，续后的浆液在压力作用下，使得劈裂裂缝不断向外延伸，浆液在土体中形成固结体，从而达到增加地层强度，降低地层渗透性的目的。逐次提升或降低注浆内管，即可实现分段注浆。

袖阀管的溢浆孔外部紧紧套着抗爆破压力的橡胶圈，橡胶圈覆盖着袖阀管的溢浆孔，当孔内加压注浆时，橡胶圈涨开，浆液从溢浆孔进入地层，停止注浆时，橡胶圈在袖阀管外部浆液的作用下封闭溢浆孔，地层中的地下水和泥土、颗粒等不能逆向进入袖阀管，达到注浆管的单向阀作用。

袖阀管注浆原理如图1所示。

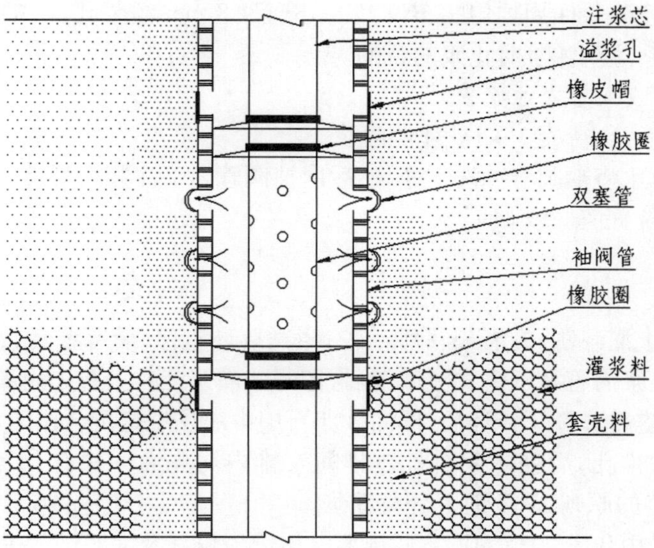

图1 袖阀管注浆原理示意图

5 施工工艺流程及操作要点

5.1 施工工艺流程

施工准备→放样定位→钻机就位→调整对中→开钻→控制垂直度→成孔(做好成孔记录)→复核孔深→下套壳料→移机至下一孔位→安设袖阀管→套壳料养护→下双塞式注浆管→配置浆液→注浆(达到终灌标准,做好注浆记录)→拔管、封孔。

5.2 操作要点

5.2.1 钻孔

采用回转式地质钻机一次成孔法钻孔,合金钻头钻进,泥浆护壁法成孔。钻孔施工遵循“先外排后内排”的原则,排间、孔间钻孔分为二序施工时,先钻一序孔后钻二序孔。

5.2.2 下套壳料

将导管下至孔底10 cm处,用灌浆泵通过导管将套壳料送到孔底,使套壳料自下而上全部置换孔内泥浆,直到套壳料从孔口溢出。

5.2.3 安设袖阀管

5.2.3.1 加工袖阀管

在直径50 mm的PVC管上布设溢浆孔,溢浆孔布设位置根据设计灌浆高程确定,间距根据施工实际情况进行设置,横向4排梅花形布置。在开小孔的管外围套上一层约3 mm厚的橡胶圈(即袖阀),管两端用防水橡胶堵头或PVC套环封闭。PVC管每节长4 m,深度不足以4 m为模数的,按实际长度补充。

5.2.3.2 下袖阀管

套壳料置换结束后,人工把袖阀管插入灌浆孔内。相邻两节袖阀管用长度为20 cm的PVC套管连接,采用U-PVC胶合剂粘接牢靠。袖阀管位置居中并固定,管底高程应满足设计要求,管口出地面10~20 cm,管口用堵头或PVC套环或其它材料加以保护,防止杂物进入管内。

5.2.4 下注浆内管及双塞式注浆管

5.2.4.1 加工注浆内管及双塞式注浆管

注浆内管和双塞式注浆管均采用ϕ22镀锌钢管加工,注浆内管根据施工方便确定每节长度,节与节之间丝扣连接;双塞式注浆管长度根据加工步距需要,一般长 0.6 ~ 1.0 m,与注浆内管连接为丝扣连接。双塞式注浆管四周均匀的布设 12 ~ 18 个ϕ 8 mm 溢浆孔,两端各加上 2 个皮碗式止浆塞,以形成止浆构造,达到注浆时止浆的目的。

5.2.4.2 下注浆内管及双塞式注浆管

套壳料灌注完毕后,须待凝 3 ~5 d 才能灌浆。

待凝结束后,用清水将袖阀管冲洗干净,然后向袖阀管内下注浆内管及双塞式注浆管。灌浆塞出浆口与袖阀管环孔位置应一致。

5.2.5 注浆

5.2.5.1 灌浆

灌浆采用自下而上灌浆法,先灌最底环(第一环),逐环上移,最后灌最上一环。

灌浆工序:安设注浆内管及双塞式注浆管后,即开始灌浆工作。首先用灌浆泵对袖阀管内灌浆段逐渐加压注入清水进行开环。开环后,即向砂卵石层中灌注规定配合比的水泥浆。

灌浆次序:先灌边排孔,后灌中间排孔。排间及排内均先灌一序孔,后灌二序孔。注浆遵循“少灌多复、重复灌浆”的原则,从下而上分段灌浆。

灌浆压力:一般采用 0.2 ~0.5 MPa。具体灌浆压力由设计及灌浆试验决定。

5.2.5.2 灌浆结束标准和封孔

灌浆结束标准:按照设计要求或相关规范要求的结束标准。

封孔:袖阀管灌浆结束并验收合格后对袖阀管进行封孔,封孔采用纯水泥浆。

5.3 施工工艺的改进

5.3.1 袖阀管注浆管材的改进

国内常用的 SX 系列袖阀注浆管每节长 33.3 cm,内径 39 mm,外径 51 mm,是由钙质聚丙烯制成的硬质塑料管。该注浆管内壁光滑,接头有丝扣,端头有斜口,外壁有加强筋以提高其抗折强度。分 A、B 两种,A 种注浆管上未开设溢浆孔,B 种注浆管上开有ϕ 8 mm 溢浆孔 6 个。施工时,将 A、B 管连接,在 B 种注浆管有孔部位外面紧紧套上抗爆破压力为 4.5 MPa 的橡胶套,橡胶套覆盖着溢浆孔。注浆管两段安装上、下闷盖,以防止杂物进入管内。同时,下闷盖还有防止砂、水进入管内的作用。SX 系列袖阀管如图 2 所示。

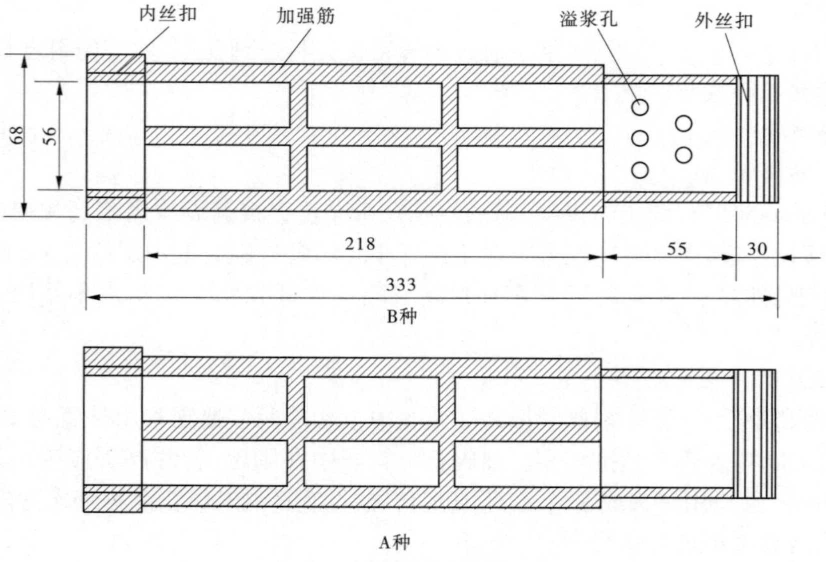

图 2 袖阀管示意图

本工程采用 PVC 袖阀管，其材料为聚乙烯塑料，管壁较厚，使注浆管保持较好的抗折强度。注浆管的设计型式及制作加工等详见前述。

采用注浆内管和双塞式注浆管在袖阀管内输送浆液，注浆内管每节长 1.0 m，灌浆时，把灌浆内管和双塞式注浆管下入 PVC 管内完成注浆。

PVC 袖阀管见袖阀管注浆原理示意图。

改进后，在注浆施工过程中，一旦产生较大的地表隆起变形，可避免局部的丝扣发生脱节现象，从而避免：轻则芯管无法下入，形成袖阀管报废；重则造成串浆现象，形成袖阀管、芯管、止浆系统的全部报废。

5.3.2 钻孔工艺的改进

传统的施工方法是套管跟进成孔法，而套管跟进成孔法施工工艺比较复杂，成本较高。

本工程钻孔孔径 120 mm，灌浆孔孔径 101 mm，采用泥浆护壁成孔，既可以满足成孔要求，也不会影响注浆效果，同时造价也低。

6 材料与设备

本工法无需特别说明的材料，采用的机具设备及人员配备见表 1。

表 1 机具设备及人员配备表

序号	名 称	规格型号	设备数量(台)	配备人员(人)	备 注
1	地质钻机	XY－50	2	6	
2	空压机	VHF12/8	1	1	
3	泥浆泵	TBW850/50	2	2	
4	搅拌机	0.3 m^3	2	4	
5	注浆泵	BW－150	2	2	
6	电焊机、切割机等		各 1	各 1	
7	水泵	WQ7－20－1.5	1	1	

7 质量控制

7.1 工程质量控制标准

(1)袖阀管灌浆施工质量执行《水工建筑物水泥灌浆施工技术规范》、《水利水电工程注水试验规程》及水利水电质量评定相关标准。

(2)施工质量要求。①钻孔的垂直度偏差 <1%；②护壁泥浆要求比重为 1.05～1.15；③制浆材料的称量误差应小于 5%；④钻孔孔位、孔深等应符合设计要求。

7.2 质量保证措施

(1)施工测量控制：加强测量放线及检查工作，配合适当的测量仪器和测量人员，确保钻孔位置和尺寸的准确性。

(2)原材料质量控制：袖阀管灌浆所用主要材料为水泥，可适当掺入一些掺合料及其它外加剂，水泥和掺合料、外加剂的质量应符合规范的要求；材料进场后须检查核对产品的合格证、材质化验单等文件是否齐全，并委托有资质的试验室进行复检，复检合格后才能投入使用；材料堆放在地势高、干燥和交通方便的地方，先到先用；材料必须按规定的浆液配比计量，计量误差应小于 5%。

(3)钻孔质量控制：钻机的安装必须平整稳固，钻孔实际孔位与设计孔位偏差值不能大于 10 cm；钻孔深度应满足设计深度，钻进结束后孔底沉渣厚度不得超过 10 cm；袖阀管应居中安置，安装深度应满足设计要求，误差不得大于 10 cm；袖阀管露出地面高度 10 ~ 20 cm，管底封闭，管口加盖保护。

（4）下套壳料时，应使套壳料将孔内泥浆或其它钻进冲洗液完全顶出孔外为止。插入袖阀管时，为使套壳料的厚度均匀，应设法使袖阀管位于钻孔中心，并应避免套壳料进入袖阀管内。

（5）灌浆质量控制：浆液使用普通搅拌机时应大于 3 min；浆液在使用前应过筛，浆液自制备至用完的时间不宜大于 4h；止塞器止塞于环的上下 20 cm 处，开环压力由小到大，直至开环，当开环压力达到 2 MPa 仍不开环时此环不再开。开环后即灌浆，灌浆吸浆量控制在 20 L/min 以下；灌浆时发现混凝土盖重出现抬动、盖重出现裂缝或边缘地面漏浆，应立即降低灌浆压力、减少进浆量继续灌注直至灌浆结束，对于上述情况久灌（3 小时以上）不能结束者可暂停本环灌浆，待以后复灌。

（6）袖阀管施工过程应做好相应的施工记录，及时整理资料，对注浆过程中存在的问题，及时进行分析采取有效措施处理。

一旦出现质量缺陷时，根据具体情况及时制定相应的处理措施报请监理工程师批准后进行处理，使其达到规范和合同要求，同时进行调查分析，查找原因，制定或完善相应的预防措施，防止类似情况的再度发生。

（7）采用钻孔压水试验检测袖阀管灌浆质量，在灌浆体薄弱部位钻孔，检查孔数量不宜少于灌浆孔总数的 5%，检查时间在灌浆结束 3d 或 7d 以后，试验采用单点法。质量评定标准为：试段的合格率在 85% 以上，不合格时段的透水率不超过设计规定的 150%，且不集中，灌浆质量可评为合格。

8　安全措施

（1）认真贯彻“安全第一，预防为主”的方针，根据国家有关规定、条例，结合施工单位实际情况和工程的具体特点，组成专职安全员和班组兼职安全员以及工地安全用电负责人参加的安全生产管理网络，执行安全生产责任制，明确各级人员的职责，抓好工程的安全生产。

（2）施工现场按符合防火、防风、防雷、防洪、防触电等安全规定及安全施工要求进行布置，并完善布置各种安全标识。

（3）施工现场的临时用电严格按照《施工现场临时用电安全技术规范》的有关规范规定执行。

（4）电缆线路应采用“三相五线”接线方式，电气设备和电气线路必须绝缘良好，场内架设的电力线路其悬挂高度和线间距除按安全规定要求进行外，将其布置在专用电杆上。

（5）施工现场使用的手持照明灯使用 36V 的安全电压。

（6）室内配电柜、配电箱前要有绝缘垫，并安装漏电保护装置。

（7）施工人员进入现场必须佩戴相应的防护用具。

（8）施工人员必须经过培训合格后方可上岗操作，并全面掌握应会的施工安全技术和质量标准，强化安全和质量意识。对相应人员进行安全文明生产教育，树立“安全第一、文明施工”的思想。

（9）作业之前，应详细检查机械设备的完好性，确信设备完好后在进行钻孔等施工作业。

（10）特殊工种作业人员坚持持证上岗操作，确保持证上岗率为 100%。

（11）施工中操作人员不得擅离操作台，严禁用手触摸或修理正在运转的机件。

（12）特殊气候条件下施工应有专门的安全防护措施。

（13）建立完善的施工安全保证体系，加强施工作业中的安全检查，确保作业标准化、规范化。

9　环保措施

（1）成立对应的施工环境卫生管理机构，在工程施工过程中严格遵守国家和地方政府下发的有关环境保护的法律、法规和规章，加强对施工燃油、工程材料、设备、废水、生产生活垃圾、弃渣的控制和治理，遵守有防火及废弃物处理的规章制度，做好交通环境疏导，充分满足便民要求，随时接受相关单位的监督检查。

(2)将施工场地和作业限制在工程建设允许的范围内，合理布置、规范围挡，做到标牌清楚、齐全，各种标识醒目，施工场地整洁文明。

(3)对施工中可能影响到的各种公共设施制定可靠的防止损坏和移位的实施措施，加强实施中的监测、应对和验证。同时，将相关方案和要求向全体施工人员详细交底。

(4)设立专用排浆沟、集浆坑，对废浆、污水进行集中，认真做好无害化处理，从根本上防止施工废浆乱流。

(5)定期清运沉淀泥砂，做好泥砂、弃渣及其它工程材料运输过程中的防散落与沿途污染措施，废水除按环境卫生指标进行处理达标外，并按当地环保要求的指定地点排放。弃渣及其它工程废弃物按工程建设指定的地点和方案进行合理堆放和处治。

(6)优先选用先进的环保机械。采取设立隔音墙、隔音罩等消音措施降低施工噪音到允许值以下，同时尽可能避免夜间施工。

(7)对施工场地道路进行硬化，并在晴天经常对施工通行道路进行洒水，防止尘土飞扬，污染周围环境。

10 效益分析

(1)袖阀管灌浆是一种新的施工工艺，其有很多的特点：能将浆液限定在注浆区域的任一段范围内进行灌注，达到分段注浆的目的；可根据需要在注浆区域内某一段反复注浆；根据地层特点，可在一根注浆管内采用不同的注浆材料，选用不同的注浆参数进行注浆施工；钻孔、注浆可采取分组或平行作业方式，工作效率高，提高了钻孔、注浆设备的利用率等。因此，跟普通的固结灌浆施工相比较，降低了材料使用量，能保证施工质量，提高了工作效率，节约了施工成本，取得了很大的工程效益。

(2)袖阀管施工工艺改进方面，采用 PVC 袖阀管代替传统的 SX 袖阀管，采用镀锌钢管注浆内管及双塞式注浆管代替 A、B 管输送浆液，制作工艺简单，溢浆孔布设间距可根据施工中所选择的的注浆材料和被注地层的特性任意设置，从而达到理想的注浆效果，保证了注浆质量；同时，PVC 管价格较低，较 SX 袖阀管成本降低了 40% 左右，大大降低了工程费用。

采用泥浆护壁成孔代替传统的套管跟进成孔，施工工艺简单，既可以满足成孔要求，又不影响注浆效果，且成本较低，泥浆护壁成孔是套管跟进成孔造价的 35% ~40%。总之，经过施工工艺改进，既保证了施工进度、质量，又降低了工程施工费用，综合效益显著。

11 应用实例

南水北调中线温博段大沙河渠道倒虹吸工程

11.1 工程概况

南水北调中线温博段大沙河渠道倒虹吸进、出口段渐变段底板基础地层主要为卵石层、重粉质壤土层、卵石层，第一层卵石层局部揭露，第二层卵石层埋深较深。卵石层为承压含水层，渗透系数为 $1.0\times10^{-1}\sim2.4\times10^{-1}$ cm/s。为了避免承压水对建筑物基础产生渗透破坏，采用袖阀管灌浆方法进行基础处理，进口段工程量为 7918 延米，出口端工程量为 8019 延米。

钢筋混凝土底板下为 500 mm 厚 C10 盖重混凝土，其下为需处理基础。

灌浆孔布置呈梅花型，孔距、排距为 1.0×1.0 m，孔深 4 ~7 m，灌浆孔内布置有锚固钢筋。灌浆容许压力 0.3 MPa，灌浆后基础的渗透系数要求不大于 1.0×10^{-5} cm/s。

灌浆材料采用纯水泥浆,水泥采用 P·O42.5 普通硅酸盐水泥,水采用洁净的可饮用水。

由于灌浆期间基坑周围管井降排水工作仍在进行,灌浆区域内地下水处于微弱流动状态,为避免地下水流动带走浆液,尽量使用较稠的浆液,因此采用干料与水之比为 1:1。

施工完成后,经过检测,渗透系数满足设计要求。

工程实践表明:该施工方法具有技术先进、质量可靠、工效高、造价低等特点,避免了传统工法繁琐的施工工序,值得在建筑工程基础处理施工中推广和应用。

(主要完成人:孙敬超　范养行　高群斌　王　玮　高奇军)

高原严寒地区水电站混凝土冬季施工工法

厦门安能建设有限公司

1 前言

我国的高原地区主要位于西部，这里日照充足，气压低，气候条件十分恶劣，多属于干冷、半干旱的高原气候或干热的沙漠气候，空气中氧含量低，冬季气温常常达到零下15 ℃以下，在冬天无法进行正常条件的混凝土施工。平原地区的冬季混凝土施工常采用煤炭燃烧加热，塑料薄膜 + 保温篷布暖棚的保温措施，这种方式在高原地区显然不适用，经过研究试验，采用工业电暖风机、电热毯、电加热水池（箱）等电能加热，外加土工布 + 保温棉被钢管暖棚蓄热的冬季混凝土施工工法，在西藏旁多导流洞工程、西藏旁多厂房工程应用，取得了良好的效果，混凝土质量合格，减少了冬季长达近五个月的待工时间，比常规冬季混凝土施工节约20%的成本。

2 工法特点

（1）在混凝土骨料、拌合用水、混凝土拌合场、混凝土运输、混凝土浇筑仓面、养护等施工环节综合采用工业电暖风机、电热毯、电加热水池（箱）等电能加热方式进行加热，热效率高，安全文明施工条件好。

（2）土工布抗拉强度高，抗变形能力强，在跟钢筋、模板、钢管接触时不容易破损；土工布抗冷冻、耐老化，可以重复利用，环保效果好；保温棉被张挂方便、蓄热效果好。

（3）加热拌合用水的电加热水池（箱）可以一次安装到位，工业电暖风机、电热毯可以根据需要轻便移动，操作技术简便、操作人员易懂易掌握。

（4）在负温的条件下采用本工法施工，不增加水泥用量，不添加抗冻剂，降低了施工成本。

（5）采用不同的加热与保温模式，可以在梁、板、柱、墙、大体积混凝土、隧洞等各种作业环境下实施冬季混凝土施工，为赶进度、保质量创造条件。

3 适用范围

本工法适用于高原地区水电站厂房、隧道混凝土冬季施工，其他建筑物、构筑物混凝土冬季施工可以参考执行。

4 工艺原理

4.1 冬季混凝土施工温度控制原理

混凝土拌合物浇筑后之所以能够逐渐凝结和硬化，直至获得最终强度，是由于水泥水化作用的结果，而水泥水化作用速度除与混凝土本身组成材料和配合比有关外，主要是随着温度的高低而变化，当温度升高时，水泥水化作用加快，强度增长也较快；而当温度降低到0 ℃时，存在于混凝土中的一部分水开始结冰，逐渐由液相变为固相，这时参与水泥水化作用的水变少了，因此，水化作用缓慢，强度增长相应较慢，温度继续下降，当存在于混凝土中的水完全变成冰，水泥水化作用基本停止，此时强度就不再增长。

水冰成冰后，体积膨胀9%，同时产生约2500kg/ cm^2 的冰涨应力，这个应力值常常大于水泥石内部形成的初步强度值，使混凝土受到不同程度的破坏而降低强度，此外，当水变成冰后，还会在骨料和钢筋的表面形成颗粒较大的冰凌，减弱水泥浆与骨料和钢筋之间的粘结力，从而影响混凝土的抗压强度，当冰凌融化后，又会形成各种各样的空隙，从而降低混凝土的密实性和耐久性。

此外，新浇混凝土环境温度保持在 5 ℃以上时间越长，混凝土里的水分由液相变成固相的越少，强度损失越小。

可见，要在高原严寒地区实现正常的混凝土施工，采取的主要措施就是提高混凝土施工外部环境温度不低于 5 ℃。

4.2 冬季混凝土施工工艺原理

在下列环节采取措施解决环境温度问题：

(1)用电加热水池(箱)加热搅拌用水，保持水温在 50～60 ℃；骨料场一般采取覆盖保温，温度极低时在出料口搭设暖棚，暖棚内用电暖风机加热，把骨料温度提升到 5 ℃以上；混凝土拌合场搭设暖棚，暖棚内用工业电暖风机加热，暖棚内温度控制在 5 ℃以上；水与骨料、水泥混合后搅拌，出机口温度不低于 20 ℃；

(2)混凝土搅拌车外覆盖保温棉被，减少熟料在运输过程中热量散失，保证混凝土入模温度不低于 10 ℃；

(3)混凝土仓面搭设钢管架暖棚，表面覆盖土工布和保温棉被，在一些薄壁结构的模板外加设土工布、电热毯和保温棉被，暖棚内用电暖风机供热，暖棚内温度控制在 10 ℃以上；

(4)混凝土浇筑完 15 天后拆除暖棚，拆除前保持棚内温度不低于 10 ℃；暖棚拆除后混凝土面覆盖土工布和保温棉被至 28 天。混凝土养护用水温度不低于 20 ℃。

5 施工工艺流程及操作要点

5.1 施工工艺流程

厂房混凝土、隧洞混凝土的施工工艺流程如图 1 所示。

混凝土冬季施工采用“拌合楼热水拌合、混凝土保温运输、仓号搭设暖棚、木模板保温、浇筑后升温养护、拆模后越冬保温”的方法。将混凝土的原材料进行加热后搅拌，在经过保温运输后保持一定温度，在现场搭设暖棚，人工升温保证混凝土的浇筑温度。浇筑后升温养护，拆模后继续越冬保护。

5.2 操作要点

5.2.1 施工准备工作

5.2.1.1 材料准备

(1)冬季施工用保温材料。提前采购足够的塑料薄膜、保温棉被、土工布、钢管、泡沫保温板等冬季施工保温材料，确保整个冬季施工正常进行。

(2)混凝土浇筑材料。骨料场提前准备砂、碎石等混凝土原材料，水泥同水泥厂建立良好的沟通体系，确保了冬季混凝土施工水泥需求。

(3)模板材料准备。提前购买足够的木模、方木、钢管等材料，确保整个冬季施工正常进行。

5.2.1.2 人员准备

按照冬季施工要求，组织足够的木工、钢筋工、浇捣工、保温工等施工人员，确保了整个冬季施工的进行。

5.2.1.3 机械设备准备

根据混凝土浇筑强度，配备足够数量并有一定备用的工业电暖风机、电加热棒、电热毯、碘钨灯，根据用电需要配置足够容量的柴油发电机作为备用电源。

5.2.1.4 混凝土建基面施工准备

为防止接缝面新混凝土受冻，对基岩表面以下 10～20 cm 采用暖风机直吹加热至正温，经过现

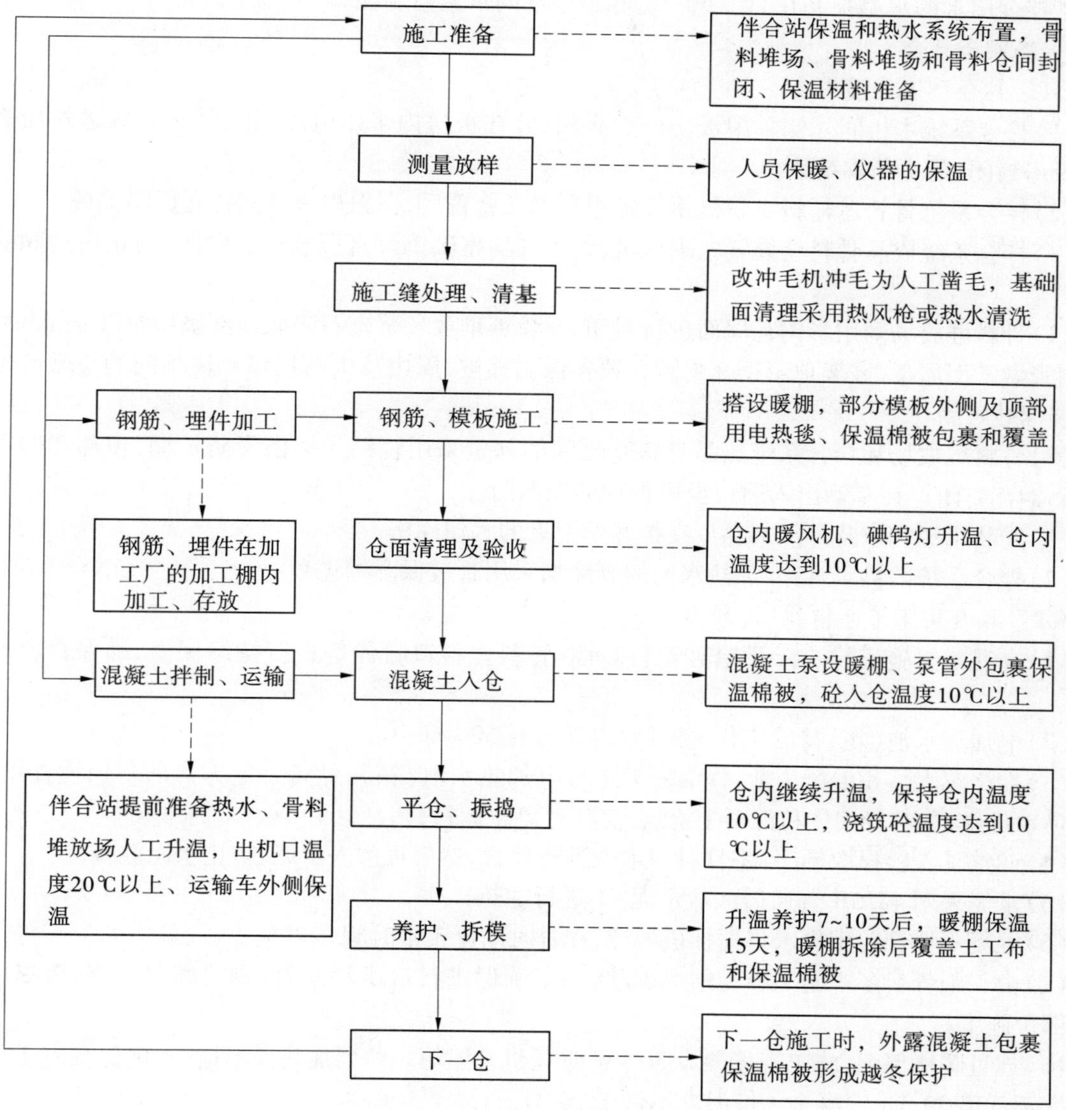

图1　混凝土冬季施工工艺流程及采取的保温措施图

场实测地表温度，达到规范要求后再进行混凝土入仓浇筑。

5.2.2　混凝土原材料

5.2.2.1　砂、石料场

砂、石料场冬季均需覆盖保温，防止砂石料冻结，影响混凝土质量，砂、石料场采用双层塑料薄膜覆盖进行保温。当温度出现极低情况时，在出料口搭管架将暖棚支起，并在棚内用工业暖风机吹出热风加热，提高砂石料温度在5 ℃以上。

5.2.2.2　水泥、外加剂

水泥、外加剂在冬季施工中未采取特别的加热措施。

5.2.2.3　水

拌和站根据生产强度设置修建一个电加热水池和两个水箱。电加热水池为半地下埋设方式，高出地面0.3 m，水池四周及底部采用泡沫保温板进行保温，顶部铺设棉被保温。水池顶部搭设板房封闭。水池设电加热系统一套，加热功率300 kW。一个水箱为20 m^3 的电加热水箱，加热功率120 kW，做供热水的补充和备用；另一个为8 m^3 调温水箱，做水温调节。两个水箱外侧均包裹保温棉被。拌合用水的水温控制在 50 ~ 60 ℃，养护用水的水温控制在 20 ℃以上。

5.2.3 混凝土拌合

5.2.3.1 拌合系统保温措施

(1)拌合系统主机间外侧采用板房进行封闭，并在板房内采用电暖风机供暖。液态外加剂池搭设板房封闭，防止冬季结冰。

(2)拌合系统骨料运输斜皮带机顶部采用彩钢瓦遮盖后，在斜皮带外侧包裹保温棉被。

(3)拌合系统成品骨料仓设置电暖风机，并用大功率碘钨灯直照仓门启动阀，防止启动阀受冻无法开启。

(4)骨料堆放场利用彩钢瓦屋面进行封闭，在骨料堆放场浆砌石隔墙顶部采用ϕ48 mm 和ϕ60 mm 钢管做定型屋架，屋架顶彩钢瓦封闭并覆盖保温棉被，周边浆砌石挡墙和屋顶间的空敞部位采用保温棉被封闭。

(5)骨料堆放场和拌合系统成品骨料仓之间的部位采用轻钢屋架搭设防护棚，顶部和四周均采用彩钢瓦封闭。在车辆出入通道设可推拉的保温门。

(6)袋装水泥和袋装外加剂存放在拌和站附近的水泥库房。

(7)拌合系统的供水管路、加热水池的管路均采用管道保温棉包裹。

5.2.3.2 拌合施工工艺措施

(1)自混凝土施工前一天开始对骨料暖棚、骨料上料口暖棚等进行持续保温，确保骨料不结冰；

(2)电加热水池(箱)持续工作，确保水温保持在 50 ~ 60 ℃；

(3)在浇筑大体积混凝土前，提前一天运行电加热水池(箱)，储备一定方量的备用搅拌用水，保证热水足量供应，待大体积混凝土浇筑完毕后，停止运行；

(4)调整了骨料投放顺序：将骨料与水先进行拌合，然后再掺入水泥，防止水泥假凝；

(5)水泥采用 42.5R 普通硅酸盐水泥，不进行加热；

(6)混凝土拌合前用热水将搅拌机冲洗，拌合时间比正常时间多 20%；

(7)由于细骨料冬季施工极易结成冻块，为了确保进料口供料及时，专门配置了 10 名捣料工在此部位施工。

(8)通过暖棚保温，施工现场架设 30 kW 暖风机升温等一些列加热保温措施，确保混凝土出机口温度不低于 20 ℃，混凝土入模温度不低于 10 ℃。

5.2.4 混凝土运输

5.2.4.1 混凝土搅拌车保温措施

混凝土运输采用混凝土搅拌车运输，混凝土罐覆盖保温棉被，覆盖材料使用帆布，内夹保温棉被，达到防风、保温的要求。混凝土搅拌车在开始运输前清除车上的积雪和冰块，并用热水洗罐预热，防止冰块混入混凝土中。

5.2.4.2 混凝土输送泵保温措施

混凝土输送泵利用保温棉被进行覆盖，泵管包裹珍珠棉保温材料和保温棉被，管道使用前后，用热水清洗干净。

5.2.4.3 混凝土运输工艺措施

混凝土的拌合、运输、浇筑设备及设施，经计算或测量后采用最短运距，保持线路畅通，无堵塞；混凝土拉运到现场后立即入仓，杜绝人为原因造成在现场停、等，以减少中间过程中的热量损失。

5.2.5 混凝土仓面

5.2.5.1 大体积混凝土

厂房底板、蜗壳等混凝土属于大体积混凝，混凝土施工尽可能安排在白天气温较高的时段(10

~17 时)进行,施工前搭设暖棚。

暖棚搭设:在清基结束后,进行暖棚的搭设。暖棚外边界距混凝土结构物外轮廓线最小距离为 3.0 m,以保证通行和升温设备的布设。暖棚采用ϕ48 的钢管搭设支架作为支撑,支架纵、横向间距为 2.0 m×2.0 m、步距为 1.5 m。支架四周和顶部先固定一层 500g/ cm^2 的土工布,再覆盖一层保温棉被,支架顶部与四周的土工布、保温棉被牢固连接,形成封闭的保温暖棚。在材料进出通道口,设可移动保温棉被,保证通行需求。保温棉被和土工布采用铅丝紧固在脚手架外侧,保温棉被接缝部位搭接长度为 50 cm,用铅丝绑扎严实。四周的保温棉被和土工布底部紧贴基面固定,防止漏风,见图 2。

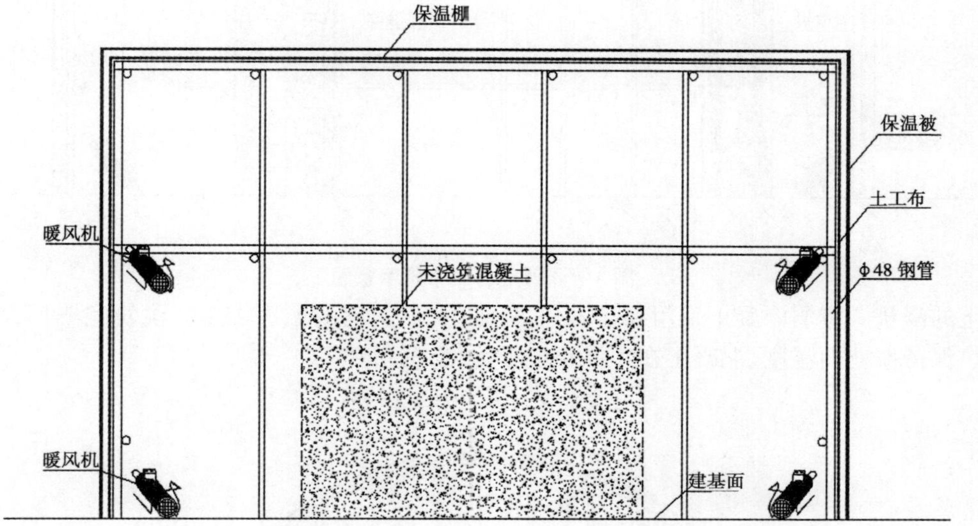

图 2　大体积混凝土暖棚搭设示意图

钢筋架设、模板支立在暖棚内完成。模板主要采用木模板,模板外采用 10×10 cm 的方木围檩加固,围檩纵横向间距约为 40 cm 左右。暖棚内钢管林立,故采用混凝土输送泵入仓,并将混凝土级配均调整为泵送二级配,以利施工,减少堵管现象的发生。棚内钢筋架设、模板支立结束后,开仓前在暖棚配备 3~7 台电暖风机、5~15 盏碘钨灯等措施升温 1~2 天,在棚内温度提升到 10 ℃后,方可进行浇筑。混凝土浇筑作业尽可能在白天进行,入仓温度控制在 10 ℃以上。混凝土运至浇筑部位后,采用混凝土输送泵入仓,人工铺料、人工振捣,浇筑完毕立即用土工布、保温棉被覆盖仓面,以减缓混凝土的冷却速度,使混凝土温度缓慢降低。

5.2.5.2　梁、板、柱、墙混凝土

梁、板、柱、墙混凝土施工在暖棚内进行,暖棚搭设方法同上。模板外包裹保温棉被和电热毯,其顺序为模板外包一层保温棉被、被外一层电热毯、毯外再包一层保温棉被,保温棉被和电热毯采用铅丝紧贴固定在模板外侧,保温棉被接缝部位搭接 50 cm,且用铅丝绑扎严实。保温棉被底部紧贴基面固定,防止漏风,仓号顶面覆一层土工布。一切准备就绪后,利用棚内暖风机、碘钨灯,模板外电热毯等升温设备对棚内和仓面进行升温。升温约 2~3 天后,棚内温度提升至 10 ℃左右,仓号边角处的老混凝土或基础面为正温时,开始浇筑混凝土。混凝土采用混凝土泵入仓浇筑,人工快速摊铺、整平,浇筑完成后在混凝土表面覆盖保温棉被,见图 3。

5.2.5.3　隧洞混凝土

引水隧洞、导流洞等洞内混凝土施工前,在洞口搭设封闭式钢管暖棚 ,加强洞内保温。在高原严寒地区,洞内温度一般在 -7~0 ℃之间。隧洞混凝土浇筑采用木模板,设方木围檩加固。钢筋、模板工程施工完毕后,在仓面附近布置电暖风机对待浇筑仓面进行升温,待仓面温度达到 5 ℃后进

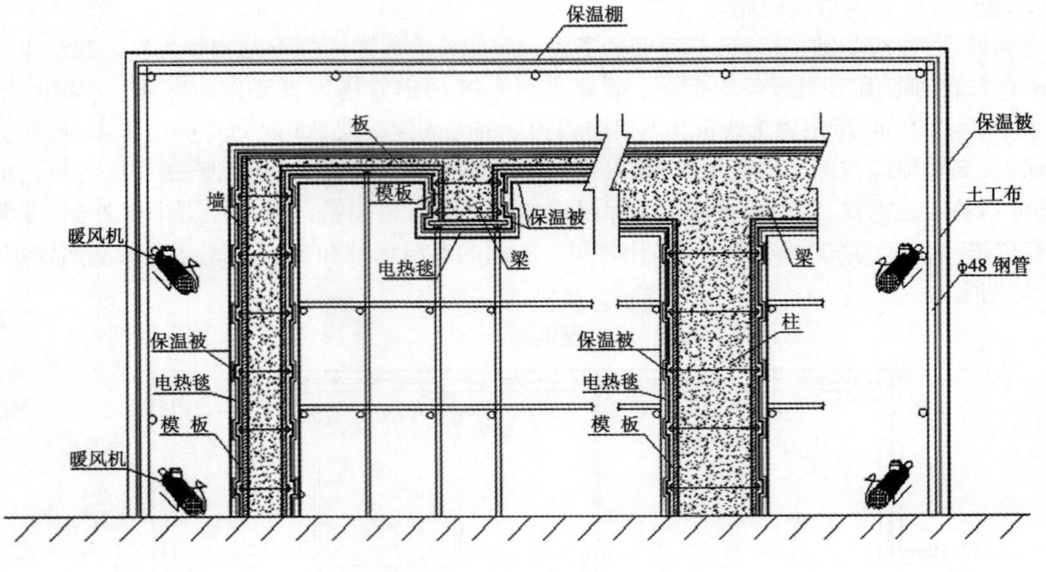

图 3 混凝土仓面布置示意图

行混凝土的浇筑。隧洞混凝土采用泵送入仓，先顶拱、后边墙的顺序施工。浇筑完毕后，电暖风机继续加热保持作业面温度，混凝土在正温环境下硬化，见图 4。

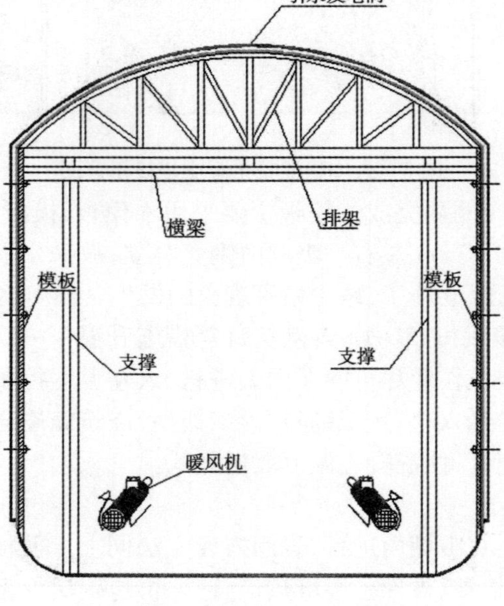

图 4 引水发电洞混凝土仓面布置示意图

5.2.6 混凝土拆模与养护

(1)梁、板、柱、墙、大体积混凝土浇筑后 7～10 天(混凝土强度不低于设计强度的 70%)拆除模板，暖棚保持至 15 天后拆除，拆除前保持棚内温度不低于 10 ℃，混凝土养护用水温度不低于 20 ℃；暖棚拆除后覆盖土工布和保温棉被至 28 天。

(2)梁、板、柱、墙加热养护达到龄期后拆除模板及电热毯和保温棉被，开始第二层施工，拆除模板后外露的混凝土面继续采用土工和保温棉被包裹，保温棉被固定在拉杆上。

(3)隧洞混凝土浇筑后 7～10 天(混凝土强度不低于设计强度的 70%)拆除模板，电暖风机供暖保持作业面环境温度不低于 10 ℃至 28 天，混凝土养护用水温度不低于 20 ℃。

5.2.7 温度控制与测定

5.2.7.1 监测范围

冬期施工的测温范围:大气温度,水泥、水、砂子、石子等原材料温度,仓面温度、混凝土出机口温度、混凝土入模温度、混凝土入模后初始温度和养护温度等。

5.2.7.2 温度测定

(1)项目部设立专职试验测温员两名,准备干湿温度计5支,普通温度计50支,各种温度计在使用前均进行校验,见表1。

表1 现场测温安排计划表

测温项目	测温条件	测温次数	备注
大气温度、暖棚内气温		昼夜6次	
水、砂、石温度		每2 h一次	
混凝土出机口温度、入模温度和浇筑混凝土温度		每2h一次	开盘前加测一次
混凝土养护温度	4 MPa前	昼夜12次	每2 h一次(根据浇筑混凝土时间)
	4 MPa后	昼夜4次	每6h一次

(2)施工现场测温工人在技术人员的指导下,负责工程的测温、保温、掺外加剂等工作,每天要看测温记录,发现异常及时采取措施并汇报有关领导及技术负责人;项目部技术人员要每日查询测温、保温、供热的情况和存在问题,及时向主管领导汇报并协助现场施工人员解决冬施质量问题。

(3)测温人员每天24 h轮流上岗,实行严格的交接班制度,测温记录妥善保存。

(4)气温骤降或寒潮期间,加密观测,测点应设置混凝土温度较低和有代表性的地方。

(5)所用测温位置应编号,绘制测温布置图,测温人员应同时检查覆盖保温情况,并了解结构的浇筑日期,养护期限,以及混凝土的允许最低温度。如发现问题,立即采取措施。

5.3 **劳动力组织**

冬季施工夜间工人施工效率过低,除浇捣班组外,原则上不安排夜班。现以旁多水电站厂房工程冬季混凝土施工组织的劳动力为例配置见表2,其他工程应根据同时施工工作面数、混凝土工程量、混凝土结构形式、最大设备投入量等因素不同而加以调整。

表2 劳动力组织安排表

序号	工程项目	人员数量(名)	备注
1	管理人员	25	隧洞4名,厂房6名,后勤15名
2	驾驶员	8	8 m^3 罐车司机5人,3 m^3 自卸车3名
3	起重机工	4	门机2名,30t吊车2名
4	木工	50	进水口20名,厂房30名
5	钢筋工	40	进水口20名,厂房20名
6	清基工	25	
7	浇捣工	30	
8	架子工	30	
9	辅助用工	25	拌合楼用工
总计		237	

6 材料与设备

6.1 材料

除了正常混凝土施工所需要的材料外，本工法还需要使用以下主要材料（见表3，以旁多水利枢纽厂房工程为例）：

表3 冬季混凝土施工工法材料

序号	材料名称	规格型号	单位	数量	备注
1	土工布	500g/m²	m²	12000	
2	保温棉被		m²	12500	
3	塑料薄膜		m²	80000	
4	钢管	φ48 mm	kg	20822	
5	泡沫保温板		m²	350	
6	彩钢瓦		m²	600	
7	珍珠棉		m²	80	
8	帆布		m²	80	

说明：冬季混凝土施工所用材料的数量根据混凝土数量、结构形式等各类因素根据实际情况配置。

6.2 机械设备与测量仪器

除了正常混凝土所需要的机械设备与测量仪器外，冬季混凝土施工还需要以下设备与仪器（见表4，以旁多水利枢纽厂房工程为例）：

表4 冬季混凝土施工机械设备与测量仪器表

序号	仪器设备名称	规格型号	数量	备 注
1	电暖风机	30 kW	25	
2	电热毯		280	
3	碘钨灯	1 kW	100	
4	电加热棒	30 kW	16	6 根备用
5	柴油发电机	500 kW	1	
6	柴油发电机	300 kW	1	
7	温度计		55	干湿:5 根,干式:50 根

说明：冬季混凝土施工所用设备与测量仪器的数量根据混凝土数量、结构形式等各类因素根据实际情况配置。

7 质量控制

7.1 质量控制标准

水电站冬季混凝土施工执行行业标准《水工混凝土施工规范》SDJ207—82 的有关规定。

根据施工规范的要求，本工法的施工质量控制指标如下：

7.1.1 *砂石骨料*

砂石骨料在进入低温季节前筛洗完毕。成品料应有足够的储备，砂石骨料堆高控制在 6 ~ 8

m,并要有防止冰雪和冻结的措施。

7.1.2 水温

拌合用水的水温控制在 50 ~ 60 ℃,养护用水的水温控制在 20 ℃以上。

7.1.3 拌和时间

根据搅拌机容量、最大骨料粒径、坍落度的不同,由试验确定混凝土的拌合时间,冬季混凝土的比常温季节延长 20%。

7.1.4 混凝土基础面

在岩石基础或老混凝土浇筑混凝土前,检查其温度。如为负温,用电暖风机直吹加热至正温,基础面加热深度控制在为 10 ~ 20 cm。

7.1.5 混凝土温度

采取措施,严格控制混凝土的温度:出机温度不低于 20 ℃,入模温度不低于 10 ℃。

7.1.6 仓面气温

仓面气温控制在 10 ℃以上。

7.1.7 模板拆除

拆模时间及拆模后的保护,应满足温控防裂要求,并遵守内外温差不大于 20 ℃或 2 ~ 3 d 内混凝土表面温降不超过 6 ℃的规定;模板拆除一般控制在 7 ~ 10 d。

7.1.8 混凝土养护

混凝土在浇筑完毕后,外露面应及时保温,养护用水的水温控制在 20 ℃以上。

7.2 质量保证措施

(1)成立冬季施工领导小组。成立冬季施工领导小组,对本工程冬季施工质量安全管理工作进行全面有效控制。

(2)试验室加大对原材料、半成品抽检频率,保证所用材料及加工件符合规范要求。

(3)试验室每天观测室外实际气温,并在施工中定期观测加热水、水泥、砂、石料等温度,并且做好记录。

(4)测量组做到每个施工控制点有放样必复核,保证定位准确。及时检测仪器,保证低温下正常工作。

(5)执行逐级汇报制度,要求各作业队、班组遇到异常情况,及时向项目经理、总工或主管领导汇报。

(6)做好施工过程责任档案记录,交接检记录。

(7)机修部门保证施工期间机械正常运转,没有因为机械故障出混凝土温度过低等质量隐患。

(8)混凝土温度控制管理措施。①工区设立测温组织,每日对大气温度、混凝土温度进行观测,要求专职测温人员认真负责,确保测试数据真实可靠。②测温人员每天 24h 都应有人上岗并实行严格的交接班制度,按分部分项工程填写测温记录,项目技术员每天应将审阅后的测温记录交技术负责人审查备案;③专职质检员每天要抽查测温情况,将其纳入质量控制的范围;④测温人员应与供热、保温人员保持经常联系,如发现供热故障或保温措施不当,使环境或混凝土温度急剧变化,应立即向项目技术负责人报告进行处理。⑤测温组长要定期将测温记录交工区技术人员归档,以备存查。

8 安全措施

(1)认真贯彻执行"安全第一,预防为主,综合治理"的方针,按照国家有关安全管理规定,结合本单位、本项目的实际情况和具体特点,组成专职安全员、班组安全人员等安全管理小组,严格执行安全生产责任制,明确安全职责,确保安全生产。

(2)现场各种安全措施完备,准备突发事件应急方案,配备相应的应急设备、人员。

(3)施工前,组织全体施工人员进行安全技术交底和安全规章制度学习。坚持班前 5 min 安全例会制度,认真开展班前会和危险预知活动并做好记录。明确工作范围安全隐患,提高施工人员的安全意识和自我保护能力。

(4)施工现场设置安全标识、安全标语牌,高空作业设置安全网和必要的作业平台及护栏。进入施工现场必须戴安全帽,超过 2 m 以上进行安装作业时按照安全管理要求必须系好安全绳。

(5)及时排除施工范围及便道内积水,避免结冰路滑存在安全隐患。

(6)加强对电器、电线等进行检查,磨损严重及时更换,配电箱采用标准电箱;电源开关、控制箱等设施要加锁,并派专人负责管理,防止漏电触电;

(7)加强对现场火源的管理,及时对员工进行消防安全知识教育,预防火灾;每套暖棚应配备消防器材,以防止电焊作业等原因可能引燃防雨保温层、安全网等易燃物而出现的火灾。

(8)遇大风、暴雪等恶劣天气而停工时,注意切断电源,保护好各种设备。

9 环保与资源节约

(1)为工程项目配置机械设备时要选用选用技术先进、结构合理、质量优良、安全可靠的设备,保证设备产生的噪声及废气排放符合有关标准要求。

(2)设备安装及过程中用来清洗机件的废水、废油及其他废弃物等有害物质应排放至沉淀池沉淀后排出,不得直接排放于河流、湖泊或其他水域中,也不得倾泻于饮用水源附近的土地上,以防污染水质和土壤。

(3)为防止出现材料运输遗洒,粉状材料应采用袋装或对车辆进行覆盖运输。工程施工用的粉末材料如水泥、石灰、粉煤灰等,宜封闭存放。当受条件限制在露天堆存时,应采取覆盖、搭棚及设置围挡等防止尘埃飞扬和因水流失的措施。

(4)混凝土浇筑时,应加强对混凝土浇筑所需搅拌机、输送泵、混凝土罐车、振捣棒等各种施工机械的维修保养,缩短维修保养周期,采取措施降低施工机械噪声的排放,防止对环境造成噪声污染。

(5)现场制定节约措施,加强管理,杜绝浪费;充分利用场地现有资源,提高资源材料利用率。

(6)减少材料运输过程中材料的损耗率,加强施工过程材料可利用率。

(7)维护好钢管、塑料薄膜、土工布、保温棉被等周转材料,延长周转材料使用寿命,增加周转次数,减少材料用量。

(8)尽可能回收利用施工过程中产生的建筑废弃物。

(9)制定切实可行的施工节水方案和技术措施,加强施工用水管理,尽量做到回收重复利用。比较实际施工用水量与定额计算用水量,提高节水率。

10 效益分析

(1)电加热设备的热效率高于燃烧设备的热效率,电暖风机、电热毯的热效率都可以达到99%以上,而燃烧加热设备除锅炉的热效率达到90%以外,煤炉、火炉等其他燃烧加热设备的热效率仅为30%~50%,可见采用电加热设备具有明显的经济效益。

(2)保温塑料薄膜市场价约 1 元/m^2,500 g/m^2 的土工布价格为 5 元/m^2。塑料薄膜容易破损,很难重复利用;土工布抗变形能力强,不易破损,可以重复使用 8~12 次,节约资源、保护环境,降低成本。

(3)水加热设备 30 kW 电加热棒每根 300 元,每台热水锅炉则至少 5 万元,设备投入资金极大降低。

(4)本工法解决了高原严寒地区水电站冬期混凝土施工问题。在 -15 ℃以下的高原严寒环境下，实现混凝土不间断施工，保证了进度和质量。

(5)本工法简便易行，成本投入小，缩短工期，减少管理费，采用本工法比传统冬季施工方法节约成本 20%。

11 应用实例

1 西藏旁多水利枢纽厂房混凝土工程

旁多水利枢纽工程地处西藏自治区拉萨河流域中游，坝址位于林周县旁多乡下游 1.5 km，距下游拉萨市直线距离 63 km，水库总库容 12.3×10^8 m^3，电站装机容量 160 MW、灌溉面积 65.28×10^4 亩。枢纽主要由碾压式沥青混凝土心墙砂砾石坝、泄洪洞、泄洪兼导流洞、发电引水系统、发电厂房和灌溉输水洞等组成。

发电厂房布置 4 台单机容量为 40 MW 的水轮机组。发电厂房由主机间、安装间、中控楼、220KVGIS 变电站、出线场、尾水渠和厂前区组成。

厂房工程在 2012 年 11 月 1 日 ~2013 年 3 月 15 日进行冬季混凝土施工。本工程的混凝土生产系统为一座 80 m^3/h 的拌合楼，配备的主要保温升温设备如下：2 套电加热系统，5 台电暖气，160 m^2 泡沫板，270 m^2 保温棉被，1 座电加热水池，实测混凝土出机口温度为 14 ~16 ℃，生产能力为 30 ~40 m^3/h。混凝土运输采用 3 台 8 m^3 混凝土搅拌运输车运输，搅拌车采用专用保温棉被包裹，在开始运输前清除车上的积雪和冰块，并用热水洗罐预热，成功降低了混凝土运输的热量消耗，并保证了混凝土浇筑强度的需要。厂房混凝土工程施工搭设暖棚，单仓面高峰配备 7 台 30 kW 的暖风机，20 盏 1 kW 碘钨灯，电热毯、保温棉被、土工布若干，实测棚内温度为 13 ~15 ℃，混凝土仓面温度 14 ~16 ℃，保证了冬季正常施工。

本次冬季混凝土施工总量为 6718 m^3，混凝土取样 79 组，平均强度超过设计抗压强度的 1.25 倍，质量合格。该工程投入冬季混凝土施工费用 960 万元，比采取燃烧加热，塑料薄膜 + 保温棚布的暖棚节约成本 120 万元。该工程成功实现冬季混凝土施工，抢得了个月的施工进度，为确保水利枢纽工程在 2013 年发电创造了条件。

2 西藏旁多水利枢纽引水发电洞工程

西藏旁多水利枢纽引水发电洞为有压隧洞，全长 444.7 m，分为引水渠、进水口、引水隧洞、岔管及压力管道等部分。

引水发电工程部分洞内衬砌混凝土在 2011 ~2012 年的冬季施工，高峰日浇筑强度为 420 m^3。引水发电洞工程混凝土拌合系统布置在厂房下游侧，实测混凝土出机口温度为 14 ~16 ℃。引水发电洞主要利用洞口暖棚密闭保温，仓面附近暖风机强制升温，洞内单工作面施工高峰配备了 8 台 30 kW 的暖风机，保证仓面温度 10 ℃以上，混凝土在正温情况下养护 28d。

该工程冬季施工时间为 2011 年 11 月 5 日 ~2012 年 3 月 25 日，浇筑混凝土总量约为 4395 m^3，混凝土取样 50 组，平均强度超过设计抗压强度的 1.25 倍，质量合格。该工程投入冬季混凝土施工费用 760 万元，比采取燃烧加热，塑料薄膜 + 保温棚布的暖棚节约成本 90 万元。该工程成功实现冬季混凝土施工，抢得了 3 个月的施工进度，为确保水利枢纽工程在 2013 年发电创造了条件。

（主要完成人：陈新泉　程建群　何拥军　陈日雄　徐华宾）

渡槽槽身双控制同步顶升施工工法

浙江省第一水电建设集团股份有限公司

1 前言

以往渡槽检修加固施工中需要顶升渡槽的方案往往考虑拆除或采用大型起吊设备进行,但此类方案投资较大,周期较长,还要影响渡槽供水。凭借我们多年的结构顶升经验,渡槽的顶升可采用高精度的大吨位千斤顶,并采用先进的电控装置和高精度的位移、压力检测系统,用电脑进行双指标精确控制千斤顶的升降速度,实现各点的高精度同步升降的控制。为此,我们专门为渡槽顶升设计了一套4点高精度PLC计算机同步顶升的施工设备。我公司通过对渡槽PLC四点同步顶升的施工实践,证明渡槽PLC四点同步顶升工法成熟,工艺可靠,并在实际工程中获得了较好的社会效益和经济效益。

"PLC计算机同步顶升系统"已获得国家实用新型专利,专利号:ZL 2012 2 0230685.5,"PLC计算机槽身双控制同步顶升施工技术"已申请国家发明专利,受理申请号:201210556712.2。

2 工法特点

(1)电脑进行双指标精确控制千斤顶的升降速度。

(2)实现各点的高精度同步升降的控制。

3 适用范围

本工法适用于所有水利工程引水渡槽的顶升施工,也可以推广应用于桥梁等顶升施工中。

4 工艺原理

本系统采用变频调速闭环控制系统,依靠调节供电的频率,来改变电机转速,达到使油泵的流量连续可调的目的,再配以先进的电控装置和高精度的位移、压力检测系统,就可精确控制千斤顶的升降速,实现四点同步升降的控制,满足同步顶升、同步降落、重载称重等功能。如图1所示。

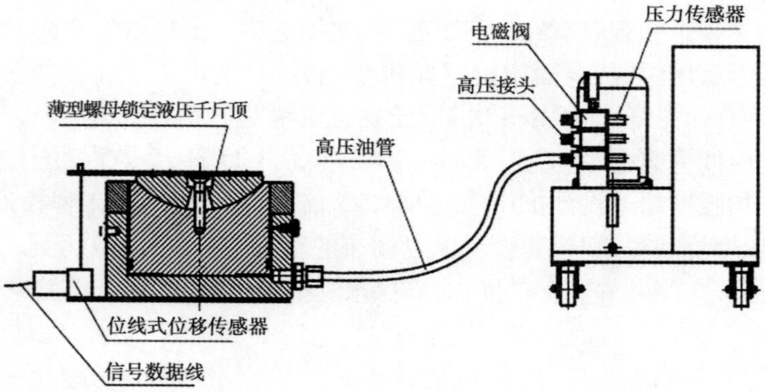

图1 点高精度同步顶升系统主要构造图

5 施工工艺流程及操作要点

5.1 工艺流程

工艺流程见图2。

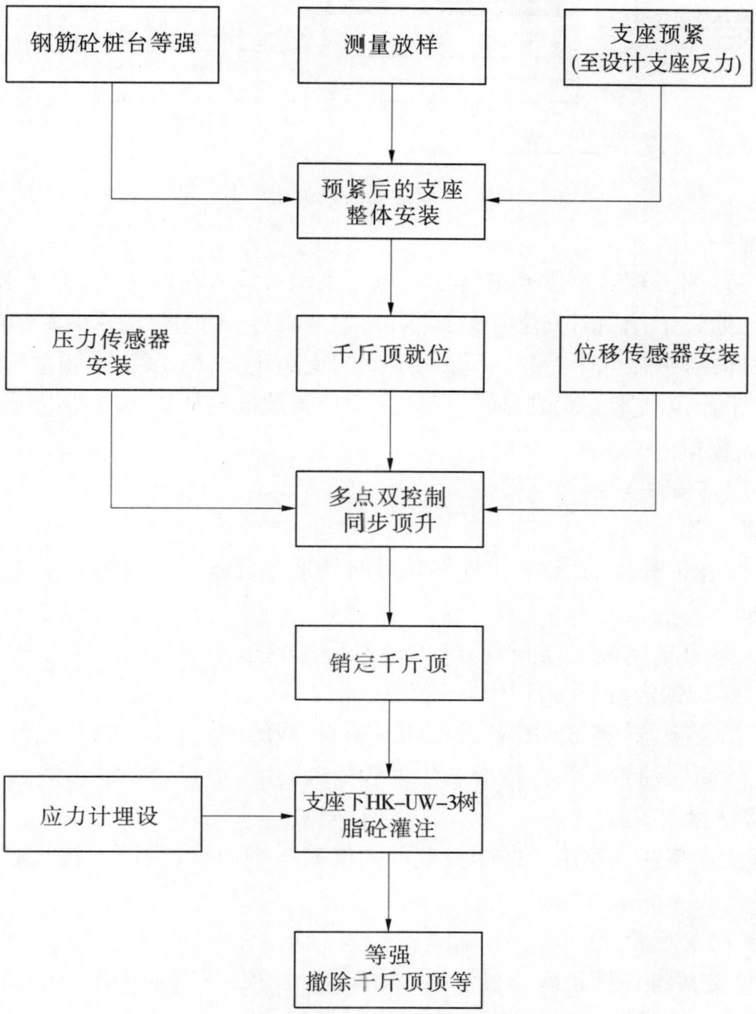

图2 工艺流程图

5.2 操作要点

5.2.1 钢筋混凝土桩台等强

钢筋混凝土桩台到达28天龄期后,开始实施顶升作业。

5.2.2 测量放样

在桩台位置标出新设支座中心线,千斤顶放置位置,位置传感器装设位置。

5.2.3 支座预压(至设计支座反力)

四氟乙烯支座按照设计要求进行预压,达到设计的顶升力后用高强螺栓进行加固。

支座预压目的:因千斤顶卸载后,支座反力的发生变化的主要原因是支座的压缩变形量所决定,因此在顶升前先对支座按设计要求支座反力进行逐一预紧,使支座在安装时预先达到设计荷载下的变形量。通过对四氟乙烯滑板支座的预压,使支座变形量达到正常所受力的形变,使确保在二期混凝土未达到设计强度前支座反力不损失。

支架:采用32槽钢制作成刚架。

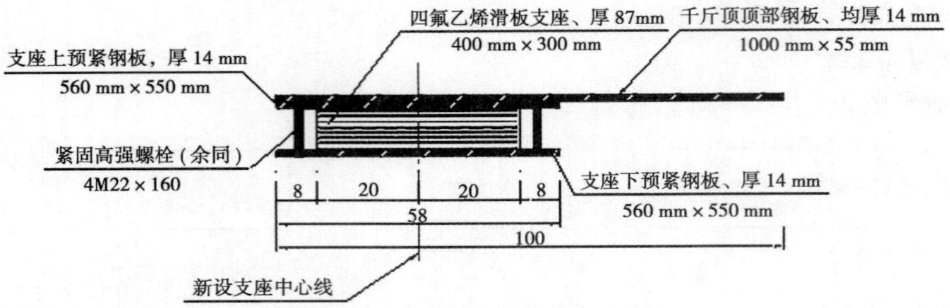

图3　支座预压示意图

时间点:顶升前一天。

预压方法:按设计图纸相对位置要求将支座与支座钢板放置在钢架上,千斤顶放置在支座钢板下部的支座中心处,通过千斤顶对支座进行预紧,预紧至设计强度后,用4M22×160高强螺栓将支座钢板与支座整体固定,再撤除千斤顶,移除固定后的支座预紧体(该预紧体重约180 kg),进行下一块支座的预紧。千斤顶预紧支座时,通过安装在千斤顶顶部的压力传感器以压力控制进行预紧。

5.2.4　预紧后的支座整体安装

预紧后的支座整体安装至预设螺栓位置。

5.2.5　压力传感器安装

压力传感器安装在千斤顶的顶端,以便在顶升时能准确反映顶升力的变化情况。

5.2.6　千斤顶就位

根据设计要求,每个支座最大顶升力100 t,原悬壁端每个支座最大顶升力30 t, 4台FY－CLP－1002单作用薄型螺母锁定液压千斤顶。

在千斤顶安装就位前,要全面检查各设备和连接管、线的完整情况,确保设备不带病运转,同时选择单根同一长度的高压油管安装。检查高压油管的曲直度,尽量避免油管挠曲。

5.2.7　位移传感器安装

位移传感器直接安装在支座附近的槽身底部的混凝土壁上,以便能直接反映槽身的真正位移情况。

5.2.8　多点双控制同步顶升

(1)按油路设计方案将油管正确连接油泵、阀体和千斤顶(顶升时千斤顶的回油路不接油管)。要求每个接头部位采用紫铜垫片作密封垫,连接牢固不得有渗漏。连接好油泵的电源,并把泵体的油箱加满油,顶升过程中应随时观察油泵箱体内储油余量,最低不得少于箱体容积的三分之一。

(2)位移与压力传感器的信号线要与电脑正确连接,连接后需进行人工测试,确保信号传递正常。

(3)槽身预顶与位移置零。正式顶升前要进行槽身试顶与位移置零,方法为:按5 MPa的油压设置位移置零点,先按5 MPa的油压下的顶升力(即贴合压力)进行预顶,当执行置零按钮后,8路千斤顶开始顶升,当画面中的实际载荷达到置零吨位的设定值后,千斤顶自动停止顶升,同时系统自动将伺服千斤顶的位移清零,此时即为同步顶升的基准零点。即置零结束。预顶既是为了位移监测,也是为了使支座钢板与槽底混凝土、千斤顶与桩台混凝土等界面紧密接触,减小位移误差,同时避免顶升安全事故的发生。

(4)顶升。置零结束后,先设定顶升速度0.1 mm/min或5 t/min顶升(具体顶升速度视槽身工况而定),当任何一台千斤顶的位移或顶升力达到设计的限定值时,同步控制系统就会自动发出指令,自动关闭这台千斤顶的顶升供油,这台液压油缸停止运动。当位移达到限定值但顶升力未达到限定值时，先全面检查顶升处的混凝土和槽身结构变化情况后，经设计同意后，再修改该处的位移限定值，再次顶升该点，直至达到设计要求的顶稓力为止，顶升就完成了。

在顶升时，同步控制系统的电脑会自动显示各点的工作状态，如图4，直观方便地了解槽身各点的顶升进程。

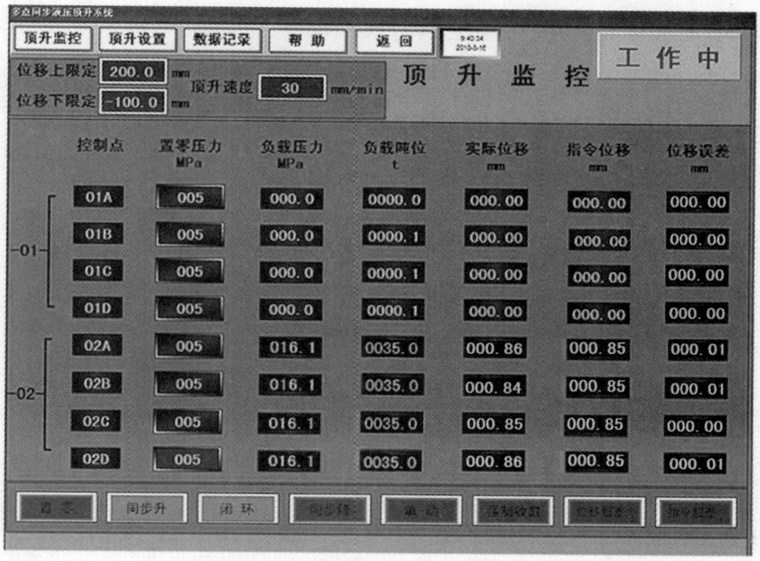

图4 4点同步顶升实时监控系统界面图

顶升达到设计要求后；对千斤顶进行锁定，并注意观察顶升力是否有变动。

5.2.9 锁定千斤顶

顶升力到达设计要求或位置达到1 mm后，开启千斤顶自锁装置。

5.2.10 应力计埋设

应力计紧贴支座下钢板安装，以便支座受力后能直观反应出支座受力情况。

5.2.11 支座下 HK－UW－3 树脂混凝混凝土灌注

顶升结束，在二期混凝土中埋入应力计，以便后期管理中随时测量桩基沉降情况（若以某一天超过限定沉降值，仍可以按本方案再次对槽身进行顶升作业。支座下部二混凝土采用 HK－UW－3 树脂混凝土浇筑。其性能情况如表1所示。

表1 HK－UW－3 树脂混凝土性能表

性　能	指　标
可操作时间(25 ℃,min)	≥15
凝固时间(25 ℃,min)	≤90
抗压强度(24 h,MPa)	≥40
抗折强度(24 h,MPa)	≥15
粘接强度(24 h,MPa)	≥2.5

5.2.12 等强撤除千斤顶等

顶升结束后，再次由测量人员对槽身顶部预埋的沉降观测点进行测量，并与初始值对比，用该观测出的变形值与监控系统中反映的形值对比，进一步校核分析槽身的变形情况，若出现较大误差，找出原因后方可进行下一次顶升。树脂混凝土到达强度后，千斤顶等等拆除，顶升结束。

6 材料与设备

本系统是由1台超高压泵站、一套手持控制器控制系统、4套位移检测装置及附件组成。每台超高压泵站由4台超高压泵、4套变频调试控制装置、4套控制阀组、一套电控系统组成。控制系统是由一套手持控制操纵控制系统、笔记本电脑组成。如图5所示。

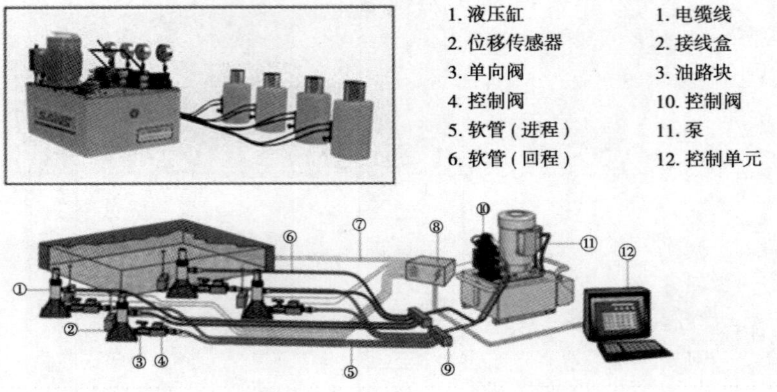

图5　系统结构组成图

7 质量控制

(1)根据本工程分部分项工程的划分,制订详细的《质量检验计划》,并按此计划对工程施工工序进行检查和检验。

(2)根据本工程的施工图、相关标准和规程、规范的施工技术要求和特点,结合公司以往类似项目的施工经验,由技术部门组织制订本工程所需要的槽身双控制高精度顶升作业指导书,主要内容包括:工程概况、施工进度、施工方案、施工资源供应、质量标准、验收依据、安全措施等。

(3)本工程的关键过程有:灌注桩与槽身同步顶升,对以上关键工程的控制重点是:除建立详细的作业指导书外,设立监控措施:对整个工程施工进行计划、实施、验证和改进(PDCA模式),对工程质量特性进行监控。

(4)本工程的特殊过程是槽身同步顶升项目,其控制重点是:制订的作业指导书必须经项目总工程师批准;对操作及管理人员资格、设备和施工工艺(包括参数)进行必要的规定和检查;必要时有监控人员及监控措施;施工过程中或施工后进行必要的跟踪监控和检查。

(5)对参与关键工程和特殊过程施工的人员,针对本工程的特点,进行上岗前的再培训,使参与施工的人员能够清楚地了解和掌握本工程的施工特点和施工方法,掌握提高质量水平的控制要点。

(6)项目经理全面负责工程施工的质量管理,并对工程质量负责。公司质检部门负责对工程质量的监督,项目经理部设专职质量员,负责各施工项目的质量监督和检查,各施工队设专职质检员,负责本施工区的质量检查和监督,各班组设兼职质检员,负责本班组的质量监督和检查,做到各班组(工作面)质量员负责对各施工工序的自检,项目部质量员负责各施工工序的复检,公司驻工地质检员负责各施工工序的终检,最后由监理工程师验收签证,从而使工程质量检查达到真正意义上的"三检制"。

8 安全措施

(1)施工中严格遵守《水利水电工程土建施工安全技术规程》SL399—2007,机械的操作必须符合《建筑机械使用安全技术规程》JGJ33—2001。

(2)进行高空施工作业时,必须遵守国家现行标准《建筑施工高处作业安全技术规范》JGJ80—91 的规定。

(3)电动机械及手持电动工具的安装装置必须符合国家有关标准和安全技术规程,在做好保护接零的同时,按要求装漏电保护器。

(4)所有施工机械、电力、燃料、动力等的操作部位,严禁吸烟和任何明火。

(5)施工机电设备应有专人负责保养、维修和看管,确保安全生产。施工现场的电线、电缆应尽量放置在无车辆、人、畜通行部位。开关箱应带有漏电保护装置。

(6)施工过程中,必须按规定使用各种机械,严防伤及自己和他人。

(7)专业电工持证上岗。电工有权拒绝执行违反电气安全的行为,严禁违章指挥和违章作业。

9 环保措施

(1)加强对作业人员的环保意识教育,材料设备运输、装卸、加工防止不必要的噪音产生,最大限度减少施工噪音污染。

(2)辅助材料应及时收集清理,保持工完场清。

(3)施工产生的废油应及时收集处理,未经处理不得排入农田、耕地、饮用水源和灌溉渠道、养殖场。

(4)施工作业产生的灰尘,除在现场的作业人员配备必要的专用劳保用品外,还应随时进行洒水以使灰尘公害减至最小程度。

10 效益分析

10.1 经济效益

经济效益见表 2。

表 2 经济效益分析表

序号	项 目	费用(元)
单跨渡槽采用大型起重设备需要的费用		
1	材料费	30000
2	人工费	10000
3	机械费	60000
小 计		100000
单跨渡槽采用 PLC 四点同步顶升需要的费用		
1	材料费	4000
2	人工费	1000
3	机械费	20000
小 计		25000
节约费用		75000

10.2 社会效益

采用本工法进行渡槽顶升施工,在不破坏渡槽的前提下,还保证了渡槽不间断通水,使得当地市民的生活用水得到保障,得到了业主、设计单位、监理单位的一致好评。渡槽 PLC 四点同步顶升施工的成功不但提高了本企业的施工技术水平,节约了大量的材料、人力、机械投入,降低了施工成本,也为我公司在社会上树立了良好的形象。

11 应用实例

11.1 赵山渡引水工程沙门渡槽补强处理一期工程

11.1.1 工程概况

赵山渡输水渠系向温州、瑞安、平阳等市县城镇提供居民生活用水和工农业用水,年供水总量7.3亿 m^3,设计引水流量36 m^3/s。赵山渡输水渠系总长62.845 km,由输水进水闸1座、输水隧洞18条、渡槽10座、倒虹吸13处、暗渠6处等组成。赵山渡引水枢纽运行至今,沙门渡槽槽身的底板、侧墙出现了不同程度的细裂缝。2011年2月15日,业主组织召开了“赵山渡引水渠系供水安全技术研讨会”;同年2月25日,业主组织召开了“赵山渡引水渠系供水安全协调会”;两次会议一致认为,鉴于赵山渡引水工程供水的重要性,必须先对沙门渡槽裂缝较严重的部位进行应急处理,并立即实施赵山渡引水工程沙门渡槽补强处理一期工程。

11.1.2 渡槽PLC四点同步顶升施工情况

在施工中通过控制顶升过程中各项重要工序,持续改进,确保了渡槽顶升施工的安全和质量,得到业主及各参建单位的一致好评。

11.2 赵山渡引水工程沙门渡槽补强处理二期工程

11.2.1 工程概况

赵山渡输水渠系向温州、瑞安、平阳等市县城镇提供居民生活用水和工农业用水,年供水总量7.3亿 m^3,设计引水流量36m^3/s。赵山渡输水渠系总长62.845 km,由输水进水闸1座、输水隧洞18条、渡槽10座、倒虹吸13处、暗渠6处等组成。赵山渡引水枢纽运行至今,沙门渡槽槽身的底板、侧墙出现了不同程度的细裂缝。2011年2月15日,业主组织召开了“赵山渡引水渠系供水安全技术研讨会”;同年2月25日,业主组织召开了“赵山渡引水渠系供水安全协调会”;两次会议一致认为,鉴于赵山渡引水工程供水的重要性,必须先对沙门渡槽裂缝较严重的部位进行应急处理。在赵山渡引水工程沙门渡槽补强处理一期工程的基础上,2012年7月3日又开始实施赵山渡引水工程沙门渡槽补强处理二期工程,工作内容还是槽身顶升,加设支座。

11.2.2 渡槽PLC四点同步顶升施工情况

在施工中通过进一步改善PLC四点同步顶升的各项关键指标,确保了渡槽顶升施工的安全和质量,圆满完成了顶升加固工作,得到业主及各参建单位的一致好评。

(主要完成人:雷涛 苏孝敏 许华 应江龙 藤玉楠)

混凝土四脚空心块立浇及安装施工工法

浙江省第一水电建设集团股份有限公司

1 前言

四脚空心块作为一种海堤迎水面防浪消能的预制构件，近年来得到广泛使用。四脚空心块外形比较复杂，体积小，单一工程数量往往比较多，预制施工有一定难度，外观质量不容易保证。传统的预制浇筑方法是平浇法（大面朝下），其施工难度大，施工用地多，底模无法进行有效周转。本施工方法针对四脚空心块浇筑的特点使用一种操作简易、切实可行的立浇预制施工方法，来保证预制块的浇筑质量，减少底模投入量，节约预制场兴建面积。为此，总结了四脚空心块立浇预制的设计、制作、安装等经验编制了本工法。

四脚空心块立浇预制施工工法分别应用于嘉兴市海盐东段围涂一期工程二标、嘉兴市海盐东段围涂二期工程二标、浙能嘉兴独山煤炭中转码头项目围堤工程三个工程。

2 工法特点

（1）本工法改变了传统平浇（大面朝下）的施工工艺，采用立浇工艺。拆模时间早，模板利用率高。

（2）施工工艺简单，投入成本低，操作简易，便于掌握。

（3）采用立浇（小面朝下）预制的施工工艺，能有效减少预制场占地面积，节约施工用地。

（4）混凝土与模板紧密接触，不易产生空腔，施工质量便于控制。

（5）取消预埋吊环，四脚空心块预制完成后，可采用小型叉车直接进行起吊转运，不需辅助人员配合；预制构件起吊转运工作功效高，费用低。

（6）安装时采用专用夹具进行吊装，起吊后四脚空心块呈水平状态，有利于四脚空心块安装，施工效率高，质量易保证。

3 适用范围

本工法适用于：四脚空心块预制施工；小型预制构件预制施工。

4 工艺原理

本工法采用小面朝下的立浇预制工艺，在模板制作阶段将四脚空心块模板立向加工成顶模、侧模、底模、芯模（见图1）。组合钢模直接在混凝土地模上进行支立，采用分层浇筑的方法完成四脚空心块的浇筑预制工作，保证了四脚空心块混凝土的密实性和表面平整度。四脚空心块预制完成后，可利用中心孔洞位置采用叉车进行移位堆放，安装时可采用起重机械利用专用夹具（见图2）进行安装。操作简单、方便。

5 施工工艺流程及操作要点

5.1 工艺流程

工艺流程见图3。

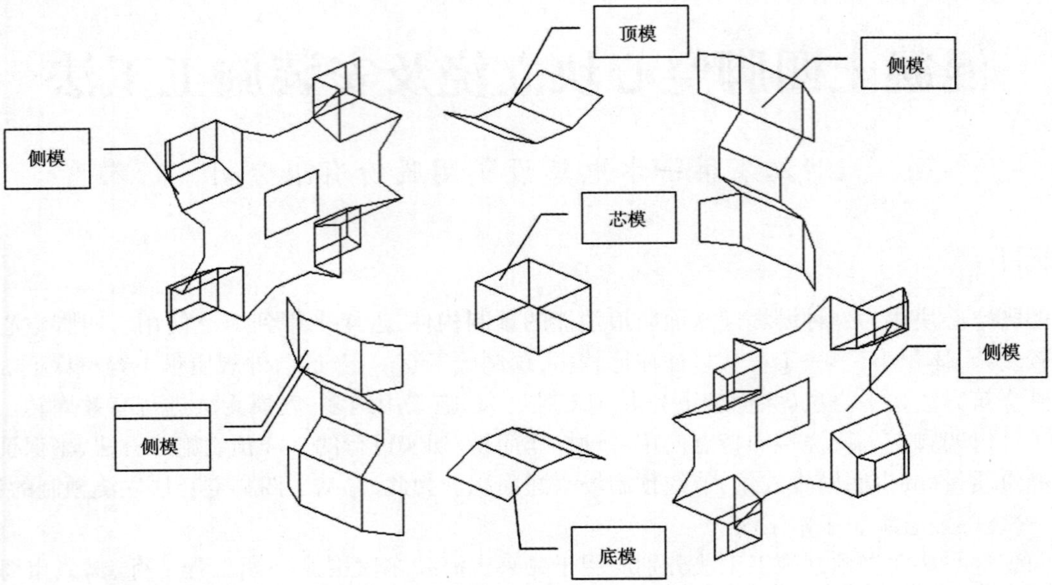

图 1　四脚空心块模板组合大样图

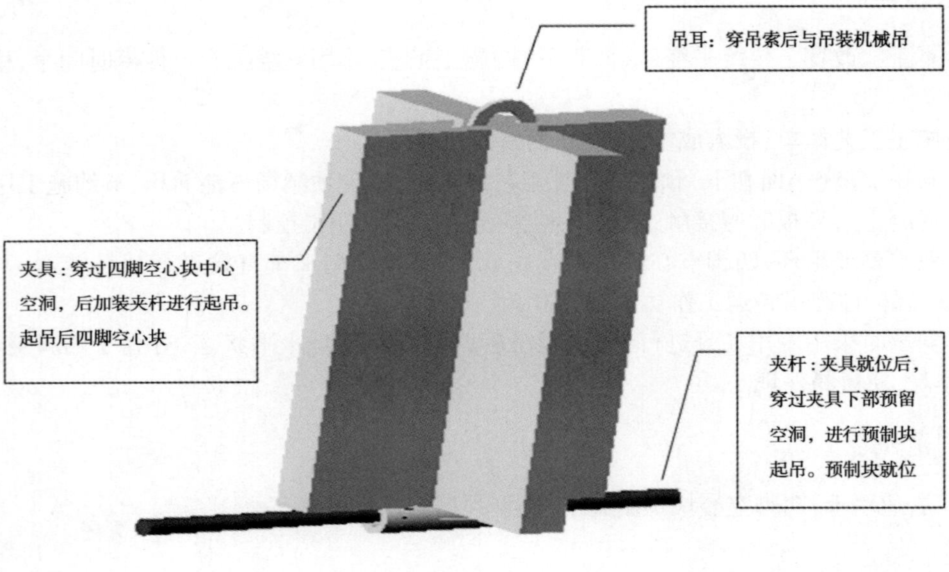

图 2　四脚空心块起吊夹具大样图

5.2　操作要点

5.2.1　模板设计

四脚空心块模板采用组合钢模板，面板厚 4 mm，背部楞骨采用∠4 ×4 cm 角钢，上部平面位置设置进料口，模板采用钢模 U 型卡连接组装，接缝处设置橡胶止浆条。模板与地模接触面设 4 cm 宽、厚 4 mm 橡胶止浆条，芯模上设置拉柄以便于脱模。如图 4 所示。

5.2.2　混凝土地模浇筑

在预制厂道路修筑及场地硬化结束后便可开始地模浇筑，因四脚空心块模板直接安放于地模上，地膜与模板间采用 4 mm 厚橡胶止浆条进行止浆。因此地模平整度的施工质量将直接影响四脚空心块的浇筑质量。

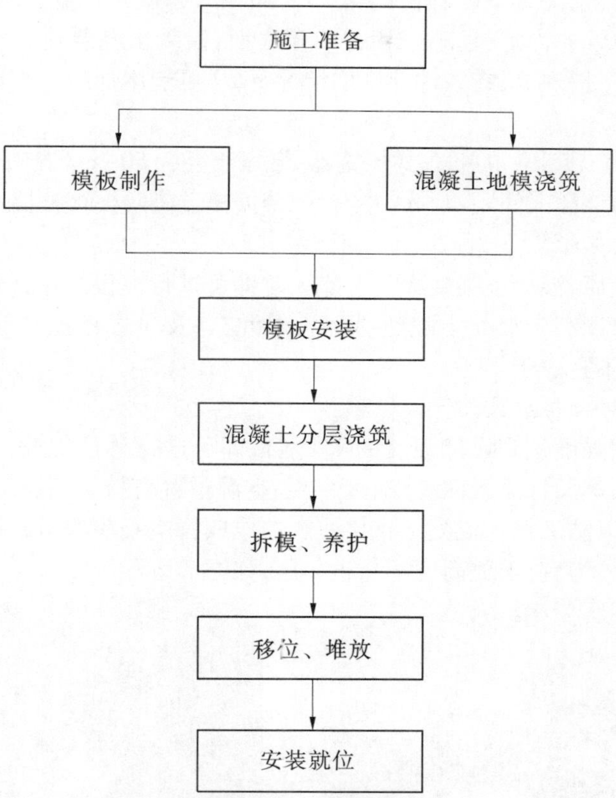

图3　工艺流程图

图4　四脚空心块模板图

地模混凝土标号宜高出预制构件混凝土1~2标号。地模浇筑质量需符合下列规定:底模表面需经压光处理,表面平整度用2 m靠尺测量检查平整度要求小于3 mm。

5.2.3　模板安装

模板拼装前应分别在地模及组合钢模内侧面刷涂脱模剂,并检查模板是否存在缺陷、破损,首次浇筑前还应对模板进行试拼。模板拼接时应在接缝位置安放橡胶止浆条,采用钢模U型卡组装加固,板面缝隙要求小于1 mm。

5.2.4　混凝土浇筑

(1)施工中混凝土在拌和站集中拌和,可用混凝土搅拌车运输直接入模浇筑。混凝土应严格控制入仓分层厚度，混凝土浇筑厚度宜控制为 25 ~ 40 cm，一次性混凝土入仓不宜过多，首层混凝土入仓高度以不超过 30 cm 为宜，且不应超过芯模底面，混凝土浇筑速度应小于 60 cm/h，如浇筑速度过块，会使模板有上抬现象，在条件允许的情况下，尽可能增加组合钢模的自重，必要时可外挂配重。

（2）在施工中，采用 1.5 kW 的插入式振捣器，激振半径为 50 cm。施工时要求振捣棒以插入前一层混凝土深 5 cm 为宜，插入间距 40 cm 左右，严禁振捣器碰触模板振捣。

5.2.5　混凝土的拆模、养护

混凝土在浇筑完成后，混凝土强度大于 5 MPa 时即可进行模板拆除，模板拆除后应及时铺盖草袋、麻袋或养护专用布，以利于混凝土隔热、保温、保湿，并及时进行浇水养护，保持混凝土表面湿润，对混凝土养护时间不宜少于 28 天。

5.2.6　四脚空心块的移位与堆放

当预制四脚空心块强度达到设计强度的 75% 时，即可进行移位堆放，四脚空心块移位可采用叉车进行提升转运。叉车叉杆叉入四脚空心块中心空洞位置直接进行提升转运，施工前需注意在叉车叉杆上外包橡皮，以防叉杆与混凝土直接接触造成四脚空心块楞角破损，如图 5、6 所示。四脚空心块堆放，以竖向堆放为宜，堆放高度不超过 2 层，如图 7 所示。

图 5　叉车插杆外包橡皮

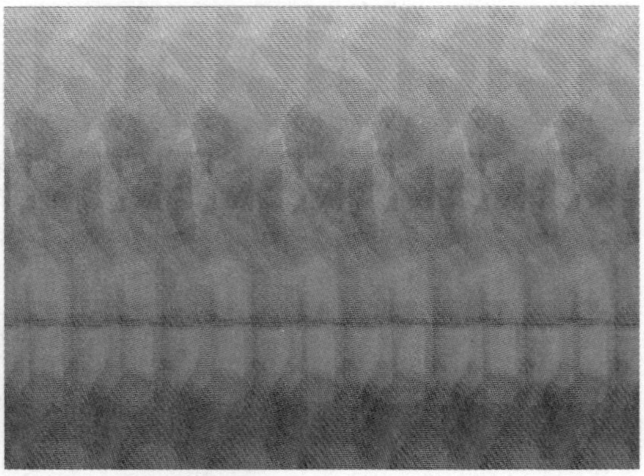

图 6　叉车转运四脚空心块

5.2.7　四脚空心块安装

当预制四脚空心块强度达到设计强度的 100% 时，四脚空心块可出场进行安装。安装时视四脚空心块重量及作业条件选择起重吊装机械。起重吊装时采用专用夹具进行起吊，四脚空心块安装就位后卸下夹具，完成整个安装工作，如图 8 所示。

图 7　四脚空心块堆放

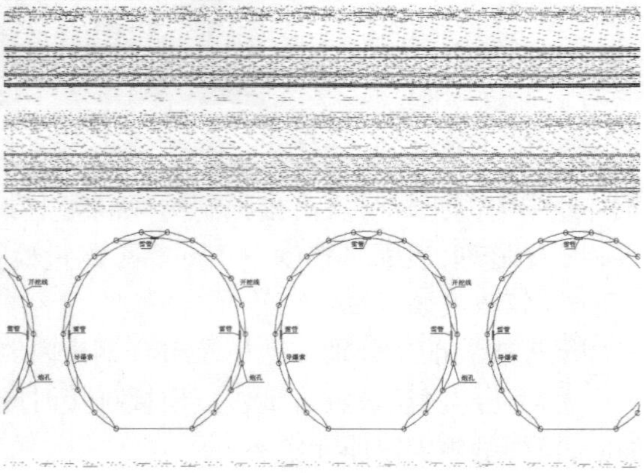

图 8　四脚空心块安装

6 材料与设备

6.1 材料

(1)组合钢模板制作所需的角钢、槽钢、钢板等均采用 Q235 钢,其质量符合现行国家标准《碳素结构钢》GB t/700 的规定。

(2)钢模 U 型卡扣采用φ12 mm 钢模 U 型卡扣。

(3)橡胶止浆条采用天然橡胶制成,止浆条尺寸 4 cm×4 mm。

(4)混凝土采用二级配,粗骨料宜采用 5~20 mm、20~40 mm 碎石,砂宜采用中砂,并符合有关规范规定。

6.2 机具设备和劳动力

(1)模板安装工具:锤子、扳手。

(2)起重吊装工具:专用夹具、钢丝绳等

(3)混凝土浇筑设备:插入式振动器、铁铲、小锤、泥工用铁板、计量器具、试件制作器具。

(4)运输及起吊设备:混凝土搅拌车、5 t 叉车、PC220 反铲挖掘机等。

(5)各种质量检测工具。

6.3 劳动力

所需操作人员主要有:钣金工、钳工、焊工、电工、木工、机操工、普工、起重工、司索工、信号工等。其中焊工、电工、机操工、起重工、司索工、信号工等特殊工种必须持证上岗。

7 质量控制

7.1 质量控制标准

本工法必须符合《组合钢模板技术规范》GB50214—2001、《水利水电工程模板施工规范》DL/T5110—2000、《水工混凝土施工规范》DL/T5144—2001 及其他有关规范规定。必须符合《企业技术标准》有关规定。

7.2 施工操作中的质量控制

(1)严格控制组合钢模板原材料质量及加工质量,钢材的品种、规格、性能等应符合现行国家产品标准和设计要求,采用的原材料及成品实行进场验收制度,各工序按施工规范、标准进行质量控制,每道工序完成后,进行检查,相关各专业工种之间,进行交接检验。

(2)地模表面需经压光处理,表面平整度用 2 m 靠尺测量检查平整度要求小于 3 mm。

(3)四脚空心块预制施工应根据全面质量管理的要求,建立健全有效的质量保证体系,实行严格的质量控制、工序管理与岗位责任制度,对施工各阶段的质量应进行检查、控制,达到所规定的质量标准,确保施工质量及其稳定性。

(4)根据工程的施工机械、现场条件,按四脚空心块立浇预制工艺流程及安装流程编制详细的施工组织设计和实施方案。对施工管理人员、试验技术人员和操作技术工人进行施工技术交底、培训,未经培训的人员不允许上岗操作,特殊工种必须持证上岗。

(5)组合钢模应安装牢固、严密,保证不变形、不漏浆。

(6)严格控制混凝土浇筑速度,浇筑强度需控制在 0.6 m/h。当入仓混凝土坍落度增大时,应减小浇筑速度。不得料多时追赶浇筑,然后随意等待。

(7)上部进料口位置浇筑满仓后需及时用铁板进行压光、扫毛。

(8)预制块移位前需确认混凝土强度是否达到要求,否则禁止进行起吊转运。

(9)预制块安装时其安装精度需符合相关规范要求,安装时应轻拿轻放防止因四脚空心块碰撞,产生棱角破碎。

8 安全措施

(1)加强安全教育,并对操作人员进行详细的安全、技术交底,施工人员分工明确,任务明确,责任明确及工作位置明确。

(2)作业人员必须经过上岗培训,持证上岗,进行现场必须戴安全帽,穿防滑鞋。

(3)施工中严格遵守《水利水电工程土建施工安全技术规程》SL399—2007,机械的操作必须符合《建筑机械使用安全技术规程》JGJ33—2001。

(4)车辆倒退时,车辆应鸣后退警报,并有专人指挥和查看车后。

(5)叉车提升转运四脚空心块时,驾驶员应先确认所载四脚空心块是否平稳可靠后再进行提升转运作业。叉车作业范围内,非作业人员禁止入内。

(6)四脚空心块堆放层数不宜超过2层,堆放区四周需设置安全围栏,禁止无关人员入内。

(7)夜间施工要加强生产安全措施,作业面布置足够的照明灯具。

(8)对所有的起重工具如索具、夹具等进行全面检查并计算,验算后方可使用。

(9)四脚空心块安装时起重吊臂及预制块下严禁站人。

9 环保措施

(1)施工前必须组织作业人员认真学习环境保护法,执行当地环保部门的有关规定。

(2)合理调节作息时间,尽量减少夜间施工时间,不影响现场周围居民的正常休息。

(3)废旧模板多余混凝土应及时收集清理,保持工完场清。

(4)施工废水应及时收集处理,未经处理不得排入农田、耕地、饮用水源和灌溉渠道、养殖场。

(5)注重场内道路和车辆的洒水除尘工作,降低粉尘对环境的污染。

(6)建立、健全工地保洁制度,设置清扫、洒水设备和各种防护设施,防止和减少工地内尘土飞扬,严禁向河道倾倒垃圾和排放污水。

10 效益分析

(1)本工法比较传统的平浇预制工艺,底模可以与侧模、芯模同步拆除,等强时间短,模板周转效率高、预制速度快。拆模后四脚空心块外观光洁,无空腔,表面气孔较少。

(2)可采用叉车进行移位堆放,单人单机即可操作,不需辅助人员配合;效率高,成本低。

(3)同等施工强度,采用立浇预制工艺,预制场兴建面积可较平浇预制工艺减少1/4,预制场兴建成本低。

11 应用实例

本工法于2008年9月~2012年12月间分别应用于浙能嘉兴独山煤炭中转码头项目围堤工程、嘉兴市海盐东段围涂一期工程二标、嘉兴市海盐东段围涂二期工程二标三个工程。

11.1 浙能嘉兴独山煤炭中转码头项目围堤工程。

嘉兴独山煤炭中转码头项目围堤工程位于杭州湾北岸,地处平湖市独山港镇境内,工程东接白沙湾至水口治江围涂工程海堤,西接嘉兴电厂围堤,堤轴线底为 -2.0 m的杭州湾滩上。围垦面积约0.76 km^2,堤轴线全长2.634 km,工程合同造价2.12亿元。其中海堤工程迎海侧护面结构采用四脚空心块防护,四脚空心块预制工程量27833只。该工程采用本工法进行施工、四脚空心块预制单元工程优良率达94.5%,兴建预制场面积较原计划修建面积减少近1/3,投入四脚空心块组合钢模110套,12个月内完成全部预制四脚空心块浇筑任务。

本工法主要针对四脚空心块预制施工,经过多个工程实践,取得了良好的社会效益和经济效益。

11.2 嘉兴市海盐东段围涂一期工程二标

嘉兴市海盐东段围涂工程一期工程由主堤、中隔堤等附属工程建筑物组成,工程位于钱塘江北岸海盐县境内,西接武原镇海滨路附近省管鱼鳞塘,东于郑家埭附近接乍浦港三期围垦工程。

本工程为Ⅲ等工程,主要建筑物级别为3级,次要建筑物(中、东隔堤)为4级水工建筑物。本工程设计在海堤外海侧干砌块石护坡上规则安放一层C25混凝土四脚空心块,共计3266 m^3,预制块要求自下而上安放,块体间应互相靠紧使其稳固。在预制过程中采用小面朝下的立浇预制工艺,在模板制作阶段将四脚空心块模板立向加工成顶模、侧模、底模、芯模。组合钢模直接在混凝土地模上进行支立,采用分层浇筑的方法完成四脚空心块的浇筑预制工作,保证了四脚空心块混凝土的密实性和表面平整度。四脚空心块预制完成后,可利用中心孔洞位置采用叉车进行移位堆放,操作简单、方便。混凝土预制四脚空心块施工于2007年6月3日开始,至2008年1月13日完成。

嘉兴市海盐东段围涂工程一期工程Ⅱ标的C25混凝土四脚空心块预制中采用四脚空心块立浇施工工法,与传统的平浇预制工艺比较,具有模板周转效率高、预制速度快等优点,拆模后四脚空心块外观光洁,无空腔,表面气孔较少,预制场兴建面积可较平浇预制工艺减少1/4,减少预制场兴建成本,预制四角空心块质量优良。

11.3 嘉兴市海盐东段围涂二期工程二标

嘉兴市海盐东段围涂工程二期工程由主堤、中隔堤等附属工程建筑物组成,工程位于钱塘江北岸海盐县境内,濒临东海,外侧面临开敞式海域。

本工程为Ⅱ等工程,主要建筑物级别为2级。海堤堤身结构采用土石混合结构,堤基处理采用插打塑料排水板的排水固结法。堤顶宽度7 m,挡浪墙高度1.1 m。迎海侧上部为50% C20混凝土灌砌块石直立式挡墙,迎海侧5.8 m高程设5.6 m宽消浪平台、3.4 m高程设11.0~15.0 m宽镇压平台,两平台间以1:2.5斜坡连接;本工程高程5.8 m至3.4 m设混凝土四角空心块消浪护坡,单重1.5 t,共计7415块,预制块要求自下而上安放,块体间应互相靠紧使其稳固。在预制过程中采用小面朝下的立浇预制工艺,在模板制作阶段将四脚空心块模板立向加工成顶模、侧模、底模、芯模。组合钢模直接在混凝土地模上进行支立,采用分层浇筑的方法完成四脚空心块的浇筑预制工作,保证了四脚空心块混凝土的密实性和表面平整度。四脚空心块预制完成后,可利用中心孔洞位置采用叉车进行移位堆放,操作简单、方便。混凝土预制四脚空心块施工于2009年4月18日开始,2010年9月8日完成。

嘉兴市海盐东段围涂工程二期工程Ⅱ标的C25混凝土四脚空心块预制中采用四脚空心块立浇施工工法,与传统的平浇预制工艺比较,具有模板周转效率高、预制速度快等优点,拆模后四脚空心块外观光洁,无空腔,表面气孔较少,预制场兴建面积可较平浇预制工艺减少1/4,减少预制场兴建成本,预制四角空心块质量优良。

(主要完成人:张宏刚　吕向炜　苏孝敏　陈焰明　王萍)

水利工程隧洞开挖光面爆破工法

浙江省第一水电建设集团股份有限公司

1　前言

水工隧洞在发电、引水等水利工程项目中被大量使用，水工隧洞往往具有断面较小，线路长、地质情况较复杂等特点，在隧洞爆破开挖施工中经常暴露出炮孔残痕率低、超欠挖较多等现象，隧洞开挖施工质量较难控制。使用光面爆破技术能提高炮孔残痕率，使开挖轮廓得到有效的控制，最大程度保障围岩的稳定，减少补炮、装碴、出碴、初期支护时间，减少二次衬砌费用，是保证隧洞开挖质量、保障施工安全、提高经济效益的前提条件；光面爆破是隧道爆破施工必须掌握、提高的一个技术，为此，总结了水利工程隧洞光面爆破施工经验编制了本工法。

2　工法特点

（1）实施光面爆破，可以减少炸药用量，控制开挖面的超欠挖，最大程度减少爆破对围岩的扰动，减少爆破危害，保障施工作业面的安全。

（2）保证隧洞开挖质量，提高工程优良率。

（3）减少危石处理的工作量，减少围岩支护工程量，节约施工成本。

3　适用范围

本施工工法适合采用钻爆法施工的水工隧洞开挖，其他采用钻爆法施工的隧洞工程也可以作为参考。

4　工艺原理

本工法原理是在隧洞开挖轮廓线布置密集炮孔，采用不耦合装药，用导爆索同时引爆周边孔炸药，以形成平整轮廓面的爆破作业。本工法采用一整套的方法、措施提高水利工程隧洞开挖光面爆破效果，主要包括：①采取先导洞后扩挖的施工方案，以保证周边孔爆破时有较大的临空面，减少周边孔的装药量；②开挖钻孔时确定合理孔深（2～3 m），减少钻孔偏差，保证造孔质量，减少循环间的错台。③周边孔采用不耦合装药、导爆索引爆工艺，有效减少炸药使用量，炸药用量可以控制在0.15～0.25 kg/m 左右，提高光面爆破效果。④为防止先爆孔将光爆孔导爆索拉断，光爆孔的起爆网络要采用环形连接法，以保证光面爆破的成功率。

4.1　隧洞开挖方案选择

隧道开挖方法与隧道爆破方案有着密切关系，隧道开挖方法主要根据隧道断面大小、隧道地质条件、机械设备、技术水平等决定，常用的方法有：全断面开挖法（适合较小断面施工）、半断面法和分部开挖法。为提高光面爆破效果，本工法重点总结分部开挖法：即先以小型断面导洞掘进，然后扩挖到设计断面的方法，主要原因是：①导洞掘进后形成临空面，实施光面爆破时可以减少炸药使用量。②起爆网络简洁、干扰少，可以提高光面爆破成功率。③导洞工作面与扩挖工作面保持一定距离，可以增加工作面，有利于施工组织，加快工程施工进度。

4.2 爆破设计

4.2.1 导洞爆破设计

导洞由于断面较小,采用直眼掏槽方式,导洞单循环掘进长为 2 ~ 3 m。

炮眼数目:$N = qS/ar$

式中 q——单位用药量(kg/m^3);

S——开挖断面积(m^2);

a——炸药装填系数(取 0.8);

r——每米炸药量,取 0.78 kg/m;

隧道开挖每循环炸药用量计算公式:

$$Q = q \times s \times L$$

式中 q——爆破 1 m^3 岩石用药量,Ⅱ类围岩取 1.8 kg/m^3,Ⅲ类围岩取 1.5 kg/m^3,Ⅳ类围岩取 1.2 kg/m^3;

S——开挖断面积;

L——凿眼深。

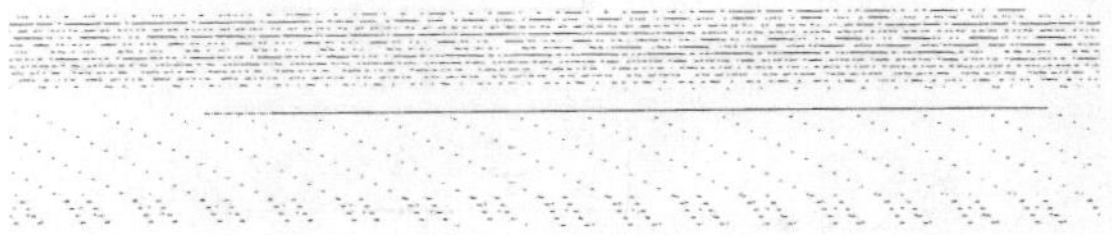

图 1 连续装药结构示意图

4.2.2 周边孔爆破参数

采用经验公式:

$$Q = q \times E \times L \times W_{min}$$

式中 Q——单孔装药量(Kg);

W_{min}——最小抵抗线(m):$W_{min} = (10 \sim 20)d$;

d——钻孔直径(m);

E——孔距(m):$E = (0.6 \sim 0.8)W_{min}$;

L——孔深(m);

q——单位用药量(kg/m^3)一般取 0.15 ~ 0.25 kg/m^3 软岩取小值,硬岩取大值。

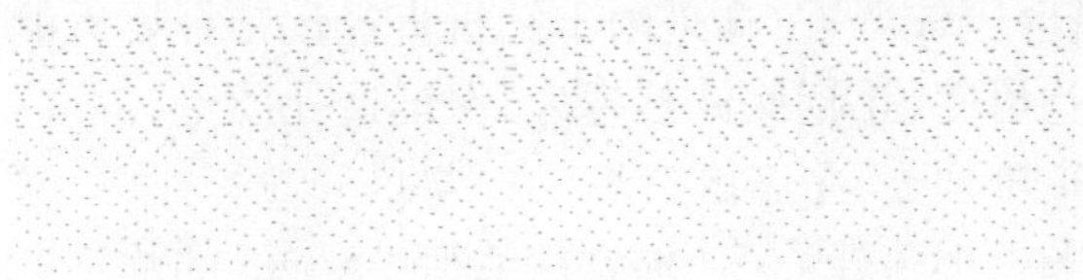

图 2 周边眼光爆孔装药结构示意图

(直径药卷(ϕ32)空气间隔装药结构)

计算所得钻爆参数将根据现场爆破试验和施工实践进行调整和优化。

5 施工工艺流程及操作要点

5.1 工艺流程

工艺流程见图 3。

5.2 操作要点

5.2.1 测量方样

隧道的开挖掘进过程中,洞内工作面狭小,光线暗淡,可以采用激光指向仪控制轴线,它具有直观、对其他工序影响小、便于实现自动控制等优点,以控制中线和腰线方向。然后按照炮孔布置图

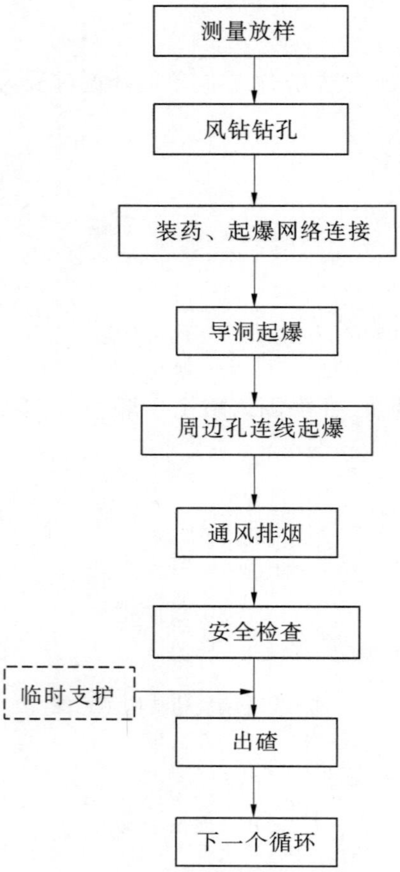

图3　工艺流程

精确测设炮孔位置。

5.2.2　风钻造孔

根据断面的大小及施工条件选用钻孔机具。

周边孔距小于底抗线是光面爆破取得成功的必要条件,孔距40~60 cm。周边孔合理孔深2~3 m,孔深较大时循环间错台比较严重,这是由于钻机直径比钻杆要大的多,施工工艺决定钻孔偏差是必然存在的,同样的偏差角度,孔越深偏差越大,保证造孔质量,

5.2.3　周边孔采用间隔装药工艺、导爆索引爆

采用不耦合装药,即采用小药卷炸药(通常用直径25 mm的炸药),而且采用雷管起爆方式受殉爆距离限制炸药间距不能过大,实施间隔装药难度较大,导致周边孔炸药安装相对集中,爆破能量释放不均匀,导致炮孔残痕率不高。为提高光面爆破的效果,在实施光面爆破时使用导爆索引爆炸药,并采用间隔装药工艺。炸药用量控制在150~250 g/m。

起爆网络连接进入孔内的导爆索,必须与起爆药包紧密结合,起爆导爆索的雷管聚能穴应朝向导爆索的传爆方向,起爆雷管应捆扎在距导爆索末端不少于15 cm的位置上,导爆索搭接处应用胶布缠紧,缠紧段长度不少于15 cm,为保证光面爆破的成功率,防止先爆孔将光爆孔导爆索拉断,光爆孔的起爆网络要采用环形连接法(见图4)。

5.2.4　通风排烟

根据洞室施工程序、方法、施工设备配置及通风方式、方法的安排,以满足施工人员正常呼吸及冲淡、排除爆破、机械废气、有害气体等的最大通风量,并满足洞室最小风速不超过最大容许风速进行施工所需通风量和风机工作风量、风压的计算,并依据计算成果选择通风设施。主要指标有:

图4　引水隧洞光爆破孔导爆索环形布置图

①通风设备全部选用防爆型;②通风时间按45 min计算,风管百米漏风率按2.0%计算,出渣时间按2~4小时计算;③每人每分钟供应新鲜风量不小于4 m^3;④0.15 m/s≤风速≤6 m/s。

5.2.5　安全检查

爆破后作业面的安全检查主要有爆破效果的检查,及时处理瞎炮、盲炮,对围岩的危石进行清除,以确保作业面施工人员设备的安全。

5.2.6　临时支护

按设计、规范的要求,根据不同的地质类型确定是否需要临时支护,以及选用何种方式进行临时支护,保障作业面的施工安全。

5.2.7　出碴

根据断面大小、围岩的地质条件、一次开挖量、机械配套能力、经济效益、作业环境及工期要求等不同的施工要求及施工条件进行综合确定。基本要求是:装碴、运输能力大于最大开挖能力;制定运输计划,统一指挥,提高运输效率。装碴的机械:按扒碴机构型式分为四种。运碴包括有轨和无轨运输两种方式

6　材料与设备

6.1　材料

(1)炸药:主要采用乳化炸药和2#岩石硝铵炸药;

(2)雷管:工业非电毫秒微差雷管,1~15段;

(3)传爆器材:导爆管、导爆索;

(4)起爆器材:优先采用塑料导爆管非电毫秒雷管;

6.2　设备

根据不同施工条件及施工方案选用合理的设备,一般钻孔设备有气腿式风钻、多臂钻机等,通风排烟设备有:不同型号的轴流风机等。

7　质量控制

根据《水电水利工程爆破施工技术规范》DL/T5135—2001、《水工建筑物地下开挖工程施工规

范》SL 378—2007：①径向平均超挖不大于20 cm，地质原因的超挖，应据实确定。②残留孔迹保留率：光面爆破，弱风化岩体30% ~50%，微风化和新鲜岩体应≥50%；预裂爆破，弱风化岩体40% ~80%，微风化和新鲜完整岩体应不小于80%。③孔壁的完整程度：光面爆破无明显爆破裂隙；

7.1　精确方样，严格控制测量偏差

隧洞轴线、高程放样精度要符合设计、规范要求，测量人员做到及时校核，每次爆破均应放样，以提高每循环的放样精度。

7.2　提高造孔质量

严格按照测设的孔位造孔，炮孔轴线基本与隧洞轴线平行，特别是要严格控制周边孔的的角度和方向。

7.3　起爆网络可靠连接

雷管起爆顺序排列正确，起爆网络连接可靠，周边孔口堵塞前应对导爆索进行检查。

8　安全措施

(1)从事爆破工作人员必须进行技术培训，做到持证上岗。安全检查人员和工程监理应按本标准及国家有关规定进行监督检查，使安全生产全过程处于受控状态。

(2)尽量采用非电毫秒雷管起爆，相对而言非电毫秒雷管比电雷管抗干扰能力更强、更可靠。

(3)爆破作业必须统一指挥，进行爆破时，所有人员必须撤至振动及飞石伤害警戒区外，并设置安全警戒，其安全警戒的距离应遵守有关规定。

(4)如发现盲炮，必须由原爆破人员按规定进行处理；

(5)严禁在炸药加工房以外地点进行炸药加工工作，加工人员严禁穿化纤衣物；

(6)爆破器材运输，洞外运输爆破器材，必须遵守现行的《中华人民共和国民用爆破物品管理条例》。在洞内运输爆破器材，用机动车运送炸药用人力由炸药库向工作地点运送爆破器材等，均必须遵守其有关安全规定；

爆破器材的领取、运输和贮存，应有严格的规章制度。雷管和炸药不得同车装运、同库贮存。仓库离工厂或住宅区有一定的安全距离，并严加警卫。

(7)爆破施工前，应做好安全爆破的准备工作，划分好安全距离，设置警戒哨。电闪雷鸣时，禁止装药、接线，同时应迅速将雷管的脚线、电源线的两端分别绝缘，禁止使用不带绝缘包皮的电线。

(8)使用电力线路作起爆电源，必须有闸刀开关装置。区域线与闸刀主线的连接工作，必须是在所有爆破孔均已装药、堵塞完毕，现场的作业人员已退至安全地区后方准进行。爆破中若发现拒爆，亦必须查清原因再进行处理。

(9)起爆之前应对爆破网络进行一次检查，防止接头与地面、岩石接触，造成短路。同时应用欧姆表检查电爆网路的电阻和绝缘，如与计算值相差10%以上时，应查明原因，并消除故障后方可起爆。

(10)编制强渗水预案，编制施工区排水规划及有关排水设备的配置(如：数量、型号、性能等)资料，并备有充足的排水设备及备用设备，以便出现地下水时仍能及时排水。

(11)编制防坍塌预案，光面爆破本身是防止围岩坍塌的重要措施之一，应针对不同的地质情况调整爆破参数，防止安全事故的发生。

(12)各工序应按安全操作规程和作业指导书进行操作，防止事故发生，做到文明施工。

9　环保措施

(1)必要时，爆破前还需事先计算地震、空气冲击波、飞石和毒气的安全距离。

(2)现场设污水处理池，生活、施工废水经处理合格后才进行排放。

(3)按要求布设降尘设施，并保证降尘设施的正常使用，努力减少对施工环境的粉尘污染。

(4)对空压机、排烟机、运输车辆等设备，应按国家标准《建筑施工场界噪声限值》(GB 12523)及《建筑施工场界噪声测量方法》(GB 12524)，采取消声、吸声、隔声等降噪措施，将施工区及其影响区的噪声影响减少到最低程度。严禁噪声超标的机械设备、车辆进入现场。夜间尽量减少施工区、厂区机械设备、车辆的使用量。

(5)调整施工工作，如根据工地实际情况采取统一的爆破时间，对强噪声生产工地合理安排工作时间。必要时，对受噪声影响较大又无法有效降低噪声声级的环境敏感目标进行搬迁安置。合理安置施工作业区和生活办公区，避免相互影响。在对操作人员的噪声防护上，要求使用个人防噪用具，尽量减少噪音的危害。

10 效益分析

10.1 经济效益

(1)直接的经济效益：是减少了炸药的使用量，由于危石较少因而大大减少了危石处理的工作量，减少超挖、欠挖，减少补炮工作量，减少支护二次支护的工程量。

(2)间接的效益：安全风险大为降低。

10.2 社会效益

采用本工法进行施工质量得到了很大的提高，同时也得到了业主、设计单位、监理单位的一致好评。不但提高了企业的施工技术水平，节约了大量的，降低了施工成本，也为我公司在社会上树立了良好的形象。

11 应用实例

11.1 绍兴市城区曹娥江引水工程三标

绍兴市城区曹娥江引水工程三标输水隧洞工程，隧洞开挖断面为圆缺型，洞径6.5 m；洞起至桩号为：洞0+240.00~洞5+155.00，现已完工验收，工程优良。

该工程隧洞开挖用钻爆法施工，气腿钻造孔，钻头直径42 mm，采用先导洞后扩挖的方式，导洞断面3 m×4.2 m城门型，导洞采用直眼掏槽方式，药卷直径32 mm，导洞进尺2.2~2.5 m，导洞工作面先于扩挖工作面8~16m；周边孔距55 cm，孔深3 m，采用直径25 mm的小药卷，装药量0.150~0.25kg/m，导爆索引爆。

11.2 钦寸水库工程输水隧洞2标段

钦寸水库工程主要由拦河坝、溢洪道、放水建筑物、发电引水建筑物(含下游供水管)、发电厂和升压站以及钦寸水库至亭下水库输水建筑物等。输水建筑物主要由进水口、输水隧洞、出水口等组成。输水隧洞采用有压洞，全长28784.00 m，开挖洞径为3.80 m。

输水隧洞2标段主要包括：张家车施工支洞、晚香岭施工支洞及10.19 km的输水隧洞(桩号输9+080.00 m~19+270.00 m)的土建工程，输水隧洞开挖断面为圆缺型，洞径3.8 m。

输水隧洞开挖用钻爆法施工，气腿钻造孔，钻头直径42 mm，采用先导洞后扩挖的方式，导洞断面2.5 m×3 m城门型，导洞采用直眼掏槽方式，药卷直径32 mm，导洞进尺2.2~2.5 m，导洞工作面先于扩挖工作面6~12 m；周边孔距55 cm，孔深2.2 m，采用直径25 mm的小药卷，装药量150~250 g/m，导爆索引爆。

(主要完成人：吴超　王江梅　雷涛　吴志明　官宝军)

水下混凝土预应力管桩水压爆破拆除施工工法

浙江省第一水电建设集团股份有限公司

1 前言

随着近年来港口码头工程、水利工程建设的蓬勃发展,水面以下各种旧有建筑物、临时栈桥或围堰混凝土体需在运行前予以拆除,水面以上部分可采用传统的机械或爆破拆除,施工较为容易,而对水面以下部分的拆除采用机械割除或爆破拆除等方法均较陆上复杂得多;且部分水工、港口高强度预应力管桩的机械水下割除成本较高,割除或拆除速度较慢,不利于建筑物尽早发挥其使用功能,影响经济效益。本施工方法针对高强度预应力管桩水下拆除的施工特点选用了一种较为快速的水压爆破拆除的施工方法,保证了高强度混凝土管桩予以顺利拆除,确保了建筑物尽快投入运行。本文总结了水下混凝土预应力管桩水压爆破拆除的施工经验编制了本工法。

2 工法特点

(1)投入成本低,操作简易、设备常用。

(2)减少水下人工作业时间,较机械拆除高强度混凝土节约了大量的潜水作业。

(3)节省了水下钢筋切割施工,只需在爆破后潜水员水下收集钢筋即可。

(4)拆除不需要钻孔且音量小,也不需要干水爆破,爆破设计技术性强。

(5)拆除速度快,爆破拆除前的技术及物资设备准备工作可与建筑物施工同步,桩体拆除现场作业时间只需数天工期即可完成,使建筑物尽早投入使用。

(6)不需要动力设备,雷管和炸药及附属器材消耗少,无粉尘产生,有毒气体少,飞石和冲击波非常容易控制,破碎均匀、效果好。

3 适用范围

本施工工法适用于直径 300 ~ 800 mm 的混凝土空心管桩或方桩的拆除爆破工程。

4 工艺原理

随着建筑科学技术的发展,目前水工、港工建筑物越来越往深水方向建设,而竣工后需拆除的混凝土临时或旧有建筑物都处于深水位,而且拆除构筑物的强度、刚度及抗弯、抗剪等承载力大幅度提高,施工拆除难度大,为此对工程建设者来说,后续拆除清理工作的技术也要随之向前发展。

本文预制混凝土管桩强度,为便于运输、安装及承受较在荷载的要求,目前一般均采用不少于C80、抗弯承载力强度达到 4.0 ~ 10.0 MPa 的高强度混凝土预应力管桩。而这给后续的拆除工作提出了更高要求,对于处于潮水位以下的拆除作业采用传统的机械割除方法拆除高抗压、抗拉、抗弯强度的建筑物显然更为困难、复杂。

水面以上部分可采用机械或爆破拆除,水面以下部分有如下几种拆除方案:①水下机械割除,②传统爆破法,③水压爆破拆除等方案。由于需拆除的管桩离建筑物的距离(管桩群东面 50 m 为船台的钢结构坞门;西面为大海;南、北两侧没有建筑物)等现场周围环境、海洋环境、管桩强度等因素综合考虑,该处爆破条件较好且由于管桩内径内充满了海水,最终决定采用水压爆破法方案。

水压爆破是将炸药置于受约束的有限水域内,娄炸药爆炸时,利用水的传能作用,通过水中冲击波和气泡脉动的传播将能量均匀地作用于介质上，使其达到破碎。相对空气，水中爆破与陆地爆破具有很大的差别：由于水具有微压缩性，水作为媒介物，起到传播能量的作用，能将炸药爆炸能量均匀传递给拟拆除构筑物；其次水具有高密度性，起着缓冲作用，均匀作用于整个构筑物内，而另外由于水具在强渗溶性所需炸药必须具有抗水性能，建议采用防水的乳化炸药。

为此，管桩拆除水压爆破的施工工法为：采用抗水乳化炸药，充满水的管桩中间悬挂连续装药，利用水中爆炸产生的水中冲击波使管桩产生位移、引起应力、应变，直至裂缝，并在爆炸形成的高压脉动气泡作用产生二次振荡破坏，残压水流又对碎块起到抛掷，进而将桩体破除、粉碎、与钢筋分开；在设计要求拆除深度外超深 1.0 ~ 1.5 m，且底部设置集中加强药包，将桩体混凝土及其钢筋全部炸碎、炸断。

具体拆除布置见图 1。

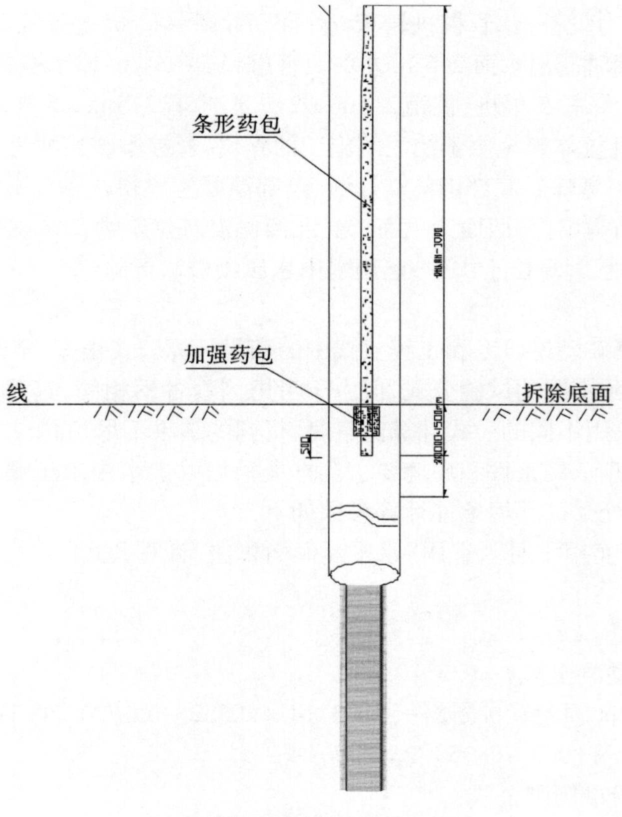

图 1　装药结构图

5　施工工艺流程及操作要点

5.1　工艺流程

水中高强度预应力管桩水压爆破拆除施工流程为：现场勘察→爆破方案设计→方案审批→物资准备→现场清理→爆破试验→炸药加工、安装及起爆网络连接→安全警戒→起爆→检查处理→清理等。

5.2　操作要点

5.2.1　现场勘察

(1) 在进行爆破设计前首先要对施工现场再进一步调查、勘察，掌握一切可了解的信息。对拟拆除物的结构特征、主要尺寸、材质、混凝土或构件的性能批标等状况进行调查、检测，掌握拆除物最真实、准确的状况。

(2)对施工现场的周围环境进行详细调查、记录，如拆除物地点、拟拆除物与永久建筑物的距离、拟拆除物的周围障碍物等覆盖情况、海(河)水位的高程及海洋潮汐规律等进行调查、永久建筑物的保护要求、沿线交通及其他设施的相关情况。

(3)调查拆除物的工程量大小，业主及项目上级部门对拆除爆破的要求，环境、渔业、航道等部门要求。

5.2.2 爆破方案设计

在调查掌握必要的基础数据后，即进行方案比较。本文针对舟山中船重工船业有限公司船台前沿的施工联络桥直径600 mm预制AB管桩爆破拆除实例为例说明其爆破设计如下：

5.2.2.1 工程概况及爆破条件

该联络桥是钢筋混凝土梁板结构，现已机械拆除，留下127根直径600 mm，壁厚13 cm的预制AB形管桩(混凝土预应力管桩)。管桩桩长45 m；桩底标高 -43 m；桩顶标高2 m。管桩高潮时淹没水下0.5 m左右，低潮时露出水面2.5 m左右。管桩口部0.4 m以下被机械拆除的混凝土碎渣所复盖。管桩成排布置，每排5根桩，桩距2.5 m×2.5 m，也有2.5 m×5.0 m的。拆除要求：① -8 m以上的直径600 mm管桩炸碎至便于挖泥船施工的碎块，管桩爆破长度为10 m(包括1 m超深)；②直径600 mm预制管桩爆炸后底部钢筋需炸断、上部混凝土碎块与钢筋分开，便于切割。管桩群东面50 m为船台的钢结构坞门；西面为大海；南、北两侧没有建筑物。爆破周围条件较好。管桩内径34 cm，管内充满海水且管身位于水中，选用水中水压爆破法拆除。

5.2.2.2 爆破参数计算

目前，我国在水压爆破理论研究和工程实践中的药量计算公式很多，不同工程技术人员根据不同的原理和工程实践得到不同的试验公式，但由于考虑因素各不相同，其适用条件出不一样，对于特定的爆破条件和环境，用不同的公式计算药量时，得到的结果不尽相同，甚至相差很大，所以在计算爆破参数时要特别注意适用条件和环境要求。本文根据以上水中水压爆破、高强混凝土钢筋空心管桩及本船坞栈桥所处爆破环境条件计算参数如下：

(1)参照“工程爆破实用手册”，选用“水平断面面积法”计算公式：

$$Q = fA$$

式中 Q——计算装药量，kg；

f——系数，钢筋混凝土取 $f=0.3\sim0.35$；

A——直径600 mm预制管桩断面积 $A=3.14\times(0.32-0.172)=0.192\ \mathrm{m}^2$。

通过计算 $Q=0.192\times(0.3+0.35)/2=0.062$ kg。

(2)根据简化的冲量准则则公式：

$$Q = K(K_2\delta)^{1.6}R^{1.4}$$

式中 Q——计算装药量，kg；

K——爆破破碎系数，与结构物材质、强度、破碎程度、碎块飞掷距离等有关的系数，取 $K=11$；

K_2——构筑物内半径 R 和壁厚 δ 的比值有关的坚固性系数，$K_2=0.69(\delta/R)+0.95=1.478$；

δ——构筑物壁厚，$\delta=0.13$ m；

R——构筑物内半径，$R=0.17$ m；

通过计算 $Q=K(K_2\delta)^{1.6}R^{1.4}=11\times(1.478\times0.13)^{1.6}\times0.17^{1.4}=0.066$ kg。

(3)考虑构筑物截面面积的药量计算公式(适用用小截面、普通混凝土管状构筑物)：

$$Q = C\pi D\delta$$

式中 Q——计算装药量，g；

D——壁子外径，$D=60$ cm；

δ——管壁厚度，$\delta=13$ cm；

C——装药系数，$C=0.04\sim0.05$ g/cm^2；

通过计算 $Q=C\pi D\delta=0.05\times3.142\times60\times13/1000=0.123$ kg。

5.2.2.3　爆破参数选用

根据以上三个计算公式计算所得结果，直径 600 mm 普通混凝土管桩单位长度药量为 0.123 kg，但由于上述所述工程为直径 600 mm 高强度混凝土预应力水中管桩拆除，因此需根据爆破条件再作如下调整：

（1）应考虑水中水压爆破特点，拟爆破拆除的管桩不仅管内充满海水，管外也是无限水域的海水，因此爆破药量需较陆上理论计算药量增加 15% ~20% 的药量；

（2）因预制管桩混凝土强度等级往往在 C80 以上，属于高强度混凝土构筑物，相对于普通 C25 钢筋混凝土，其构筑物破坏的极限抗拉强度、在混凝土中的弹性纵波传播速度均不相同，因此需根据拟拆除构筑物本身的结构材料条件作出调整：

C25 混凝土轴心抗拉强度为 1.78 MPa，弹性纵波的传播速度为 3.5 m/s；

C80 混凝土轴心抗拉强度为 3.11 MPa，弹性纵波的传播速度为 4.25 m/s；

则调整系数 $K_t=(3.11/4.25)\div(1.78/3.5)=1.439$

（3）综合上述两项考虑因素，直径 600 mm 高强度混凝土管桩单位长度药量为：

$$Q_{修}=0.123\times(1+15\%)\times1.439=204\text{ kg}，取 200\text{ g/m} 装药$$

（4）因管桩位于海平面以下，采用潜水员水下机械割除钢筋困难，可采取底部设置加强集中药包将钢筋直接炸断的措施，根据以往施工经验，药量增加 6 ~7 倍，则底部炸药量为：

$Q_{底}=200\times6=1\ 200$ g，因此在计划拆除部位底部设置 1.0 kg 的集中药包即可将混凝土破碎、钢筋炸断。

5.2.2.4　爆破安全及控制

（1）爆破震动安全允许距离的计算：

确定爆区周围水工建筑物的爆破安全震动标准是爆破的最为关键的一项内容。本爆区爆破地震波的计算公式：

$$V=K(Q^{1/3}/R)^{\alpha}\text{ 得 }Q=R^3(V/K)^{3/\alpha}$$

其中：V——质点振速，cm/s；

Q——最大一次齐爆药量，kg，可考照表 1 选择。

R——爆心距，m；

K——与岩石性质有关的爆破系数，取 150；

α——与岩石和爆破方式有关的爆破作用指数，取 1.5，（K、α 的值根据地质资料中岩石的性质，按爆破安全规程规定选取）。

根据一般水工建（构）筑物的设计要求，结合水运工程爆破技术规范，参照有关类似工程，对于距离最近的船台坞门，取其允许最大震动速度为 7 cm/s。

表 1　不同距离允许最大一次齐爆药量

距离（m）	20	30	40	50	60
允许最大齐爆药量（kg）	17.4	58.8	139.3	272	470

综合上述：本工程距离保护建筑物 60 m，结合拟拆除管桩的布置情况，最大一次齐爆药量拟按保护建筑物 20 m 考虑即控制起爆药量 17.4 kg。起爆时采用微差爆破网路，孔间同响，排间孔外微

差接力，以确保坞门与岸坡及其它建筑物的安全。

(2)爆破飞石控制。由于采用水压爆破，炸药不直接接触管桩壁且位于水中，造成的飞石可大大减少，估算最大飞石距离为 100 m。

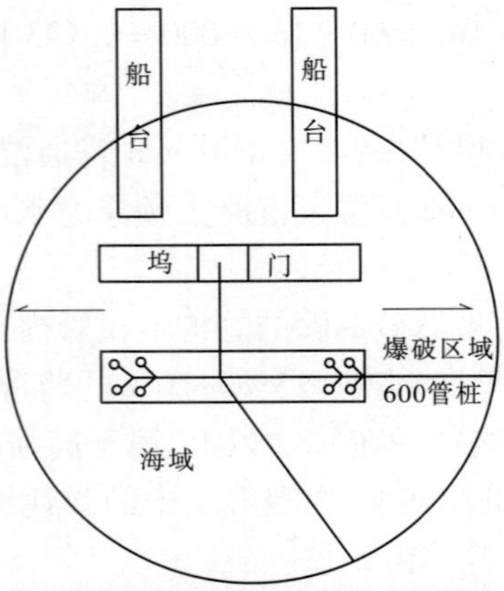

图2 周围环境及爆破警戒示意图

5.2.3 方案审批

在爆破方案确定后，编制爆破拆除施工方案和警戒方案，按程序进行方案审批：

(1)根据国家对爆破拆除的规定，组织相关单位和专家进行专家审查，对爆破设计进行安全评估，并根据审查意见继续补充和完善爆破施工方案和警戒方案。

(2)完善后的方案报施工单位的技术负责人签字，并报监理单位、建设审批。

(3)及时向当地公安、海事、渔业等部门汇报，联系交通管制等事宜，相关部门全部审批后方可实施。

5.2.4 物资准备

(1)按照相关程序采购爆破所需火工材料，落实运输至现场时间或建立临时库房。

(2)防护材料准备。

(3)爆破拆除施工机具准备。

(4)现场拆除施工所需的生产和生活临时设施修建。

(5)通信、警戒所需设施的准备。

5.2.5 现场清理

(1)对已机械拆除的管桩顶部进行必要清理，清理管桩内部的废渣，保证火工材料能按爆破设计方案进行布置。

(2)拆除现场潮水监测、防潮措施的安排。

5.2.6 爆破试验

正式爆破实施前，对 1 ~2 根具有代表性的管桩，根据爆破设计方案进行试爆，确定和调整合理的爆破参数，为爆破工作顺利进行提供依据。

5.2.7 炸药加工、安装及起爆网络连接

(1)采用连续装药布置，单位用药量为 200 g/m，底部设置一个 1 kg 药包。每根桩装药量 $9\times 0.2+1=2.8$ kg(近口部 1 m 不装药)。

(2)加工后的长条形药包捆扎在毛竹条上，用二根导爆索连接出孔口，低潮时悬挂于管桩中。

(3)采用非电导爆雷管起爆网络，孔间两根导爆索连接；考虑冲击波波速远大于导爆管的传播速度，为防止先爆药对后爆药包的影响，段间均采用 3 段非电毫秒延期雷管连接，最大起爆药量为 11.2 kg。

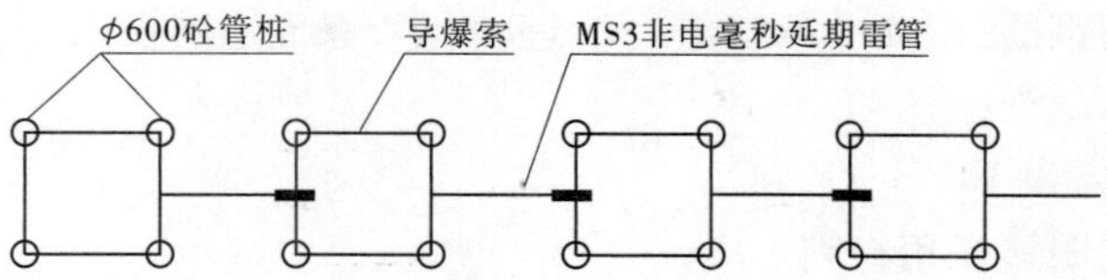

图3　雷管起爆网络联线图

5.2.8　安全警戒

5.2.8.1　爆破安全警戒组织程序

(1)爆破前由业主组织召开协调会,确定警戒范围及警戒方案,落实经济措施。会同各方协调好爆破的具体时间,并得到公安部门和海事部门的批准。

(2)由业主、公安、海事、当地政府、施工单位联合成立爆破指挥部。

(3)装药爆破前1~3天由爆破指挥部及公安部门联合发布爆破通告,张贴安民告示,明确警戒范围,警戒标志,音响信号和爆破作业时间等。提前做好宣传工作。业主向海事主管部门申请局部水域的交通管制时应与相关利益单位做好有关协调工作。

(4)自火工品运至现场开始,对整个装药现场实行警戒,并凭胸牌出入现场,胸牌按各岗位及作业人员分类。

5.2.8.2　爆破警戒范围

本工程根据具体的实际情况,将陆上警戒范围设置为不小于150 m,海上警戒范围设置为不小于500 m。

5.2.8.3　爆破信号

起爆前,必须同时发出声响信号。

第一次信号:预备信号。在起爆前30分钟发出。三次连续长音,每次30秒,所有警戒人员到达指定的警戒地点,开始警戒工作。与爆破无关人员立即撤到指定的安全地点。设备撤离至安全地带或采取有效防护措施,海上由海事部门实行交通管制。

第二次信号:起爆信号。三次连续短音,每次10秒,各警戒地点人员警戒完毕,确认人员、设备全部撤离危险区后,向指挥部报告;指挥部再与各警戒点、起爆站联系确认具备安全起爆条件后,通知起爆站并下达起爆命令。

第三次信号:警戒解除信号。一次连续长音,时间30秒,起爆后15分钟,技术人员进入爆破现场检查,经检查确认安全后,发出警戒解除信号。在没有发出警戒解除信号前,各警戒人员必须坚守岗位,禁止其他人员进入现场。

一次起爆破后如出现哑炮,以挥舞红旗做为信号,技术人员进入现场进行检查处理,在哑炮位置插上红旗做标志,联接网路后进行再次起爆,直至完全排除哑炮为止。经检查确认安全后,发出警戒解除信号。

5.2.9　起爆、检查处理、清理

在各项安全警戒、装药安全检查完成后,即由起爆员在安全避炮点采用起爆器起爆。起爆后按规定检查爆破效果,响炮30 min后方可进入爆区检查,并对爆堆的形状大小、残孔率、飞石最大距离及盲炮情况进行现场记录,掌握一手资料,适时对爆破参数进行调整。如发现盲炮应立即通知专职爆破员进行处理,处理方法为:①二次起爆法:若是由于起爆网络连接不良造成的盲炮,可重新连线起爆;②诱爆法:对于不能二次起爆的盲炮,如果周围环境允许,可准确判明装药的具体位置,在原装药孔附近平行原装药孔进行钻孔,装入少量炸药,利用小装药将其诱爆;在处理盲炮时无关人员不得在场,并在危险区边界设置警戒,危险区内禁止进行其他作业。

盲炮处理后应仔细检查爆堆,并将残留爆破器材清理干净,在潜水员确认达到预期要求后,即对其进行清理，对炸断的钢筋、混凝土碎块进行清理、收集，保证通航要求。

6 材料与设备

6.1 施工过程中消耗或周转使用材料

（1）毛竹、绳、木棒等火工材料捆绑、加工材料。

（2）爆破所需的乳化炸药、非电毫秒雷管、导爆管、导爆索等材料。

（3）清渣运输设备所需的汽油、柴油等材料。

6.2 机具设备

（1）警戒船只：警戒船两艘，参与海上警戒，其中一艘为海巡艇，警戒船舶必须保持适航状态。

（2）炸药加工设备：刀具、竹片加工设备等。

（3）爆破设备：起爆器等。

（4）清渣运输设备：挖泥船、驳船等。

（5）防护设备：警戒船舶应配备高音喇叭和 VHF。

（6）安装于船坞结构物上等各种检测工具。

7 质量控制

（1）根据该工程特点，设立组织管理机构，建立、健全与工程特点相适应的管理运行机制，使管理运行机制与工程施工质量需要相适应。

（2）健全质量保证体系。施工班组以确保爆破质量为总目标，分解为设计、穿孔、装药、联线、防护、警戒、起爆等几个质量分目标，实行全过程的施工管理。并将分目标分解为责任单元，实行责任到人，奖罚分明。通过各组各层次由下而上保障总目标的实现。

（3）安排具有类似工程施工管理经验的技术和管理人员组成高效率的爆破施工班组，全面负责该工程的施工、劳务和机械的调度。

（4）建立讲评制度，实行队、组每班讲评，及时解决施工中的技术问题。按设计方案施工，及时解决施工中的技术问题，如技术方案变更须经技术负责人批准。

（5）拆除质量：①拆除前应准确测量单桩的顶高程，保证拟拆除桩体达设计要求；②装药过程中，应加强现场管理，认真按照爆破图进行装药作业；③装药最底部处应比工程要求拆除的部位超深 1.0～1.5 m；④采用防水炸药或做好火工材料的防水工作；⑤使用导爆索、导爆管、非电毫秒雷管等微差爆破技术控制拆除质量；⑥应严格按照批准的起爆网络进行联线工作；⑦爆破后严格按规定做好检查工作、设计要求的部位进行清理。

8 安全措施

（1）施工中严格遵守相关施工安全技术规程，机械的操作必须符合《建筑机械使用安全技术规程》（JGJ33—2001）。

（2）进行爆破施工作业时，必须遵守国家现行标准《中华人民共和国民用爆炸物品管理条例》、《爆破安全规程》（GB6722—2003）、《爆破工程施工与安全》、《水电水利工程爆破施工技术规范》（DL/T 5135—2001）等规定。

（3）进行爆破拆除开工前，应编制安全施工组织设计，技术负责人审核后，经上级主管部门批准后实施，施工过程中如需要变更安全施工组织设计，应经原审批人批准，方可实施。

（4）施工前必须对施工人员书面进行安全技术交底；建立技术挡案。

（5）施工现场临时用电必须按照《施工现场临时用电技术规范》（JGJ46—2005）执行。

（6）施工过程中，发生重大险情或安全事故时，应立即启动事故应急预案，及时排除险情、组织抢救、向有关部门汇报。

(7)药包制作时,按指定场所进行,不准超出指定范围。制作和装填药包过程中不准抽烟,场外设临时警戒人员,严禁外人入内。

(8)制作药包应按设计规定的药量,不准随意增减,不同重量的药包,不同段别的雷管要分别放置,防止出现差错。

(9)向孔内装填药量,用木质填塞棒将药包轻轻送入孔底,填土时先轻后重,力求填满捣实,防止损伤脚线。

(10)线路联网时,按规定操作,防止联错、漏接,保证可靠起爆。

(11)做好爆破防护工作:对外侧装药部位实施近体防护,用麻袋、防护网包裹固定。

9 环保措施

(1)加强对作业人员的环保意识教育,钢筋运输、装卸、加工防止不必要的噪音产生,最大限度减少施工噪音污染。

(2)现场配备一定的驱鱼设备。

(3)爆破作业产生的灰尘和烟雾,除在现场的作业人员配备必要的专用劳保用品外,还应随时进行洒水以使灰尘公害减至最小程度。

10 效益分析

10.1 经济效益

经济效益见表2。

表2 经济效益分析表

序号	项目	费用
管桩水下割除费用		
1	材料费	100元/根
2	人工费	650元/根
3	机械费	300元/根
小计		1050元/根
水压爆破拆除费用		
1	火工材料	95元/根
2	人工费	20元/根
3	机械费	10元/根
小计		125元/根
合计节约费用		925元/根

10.2 进度效益

采用本工法后解决了水中高强度混凝土空心管桩拆除的难题,减少水下人工作业,较机械拆除高强度混凝土节约了大量的潜水作业所消耗的时间。前期工作与建筑物同时进行,而整个拆除现场只需数次集中爆破即可完成,所需时间仅几天;而相对于机械水中割除速度(约5~10根/日),提高了数倍,大大加快了拆除速度,以利于建筑物尽早投入运行,发挥应有的效益。

10.3 社会效益

采用本工法进行水中高强度混凝土空心构筑物的拆除施工，投入成本低，操作简易；减少了水下人工潜水作业，节省了水下钢筋切割施工；不需要抽干构筑物充填的水即进行爆破；拆除速度快，爆破拆除前的技术及物资设备准备可与建筑物施工同步，桩体拆除现场作业只需数天工期即可完成，建筑物可尽早投入使用，拆除质量也得到了保证；也得到了相关单位和部门的一致好评。本工法的成功实施为本企业节约了大量的人工、材料、机械设备投入，降低了施工成本，也为我公司在社会上树立了良好的形象。

11 应用实例

11.1 舟山中船重工船业有限公司船台前沿联络桥拆除工程

舟山中船重工船业有限公司船台前沿联络桥是钢筋混凝土梁板结构，现已机械拆除，留下127根直径600 mm，壁厚13 cm的预制AB形管桩（高强混凝土预应力管桩）。管桩桩长45 m；桩底标高 -43 m；桩顶标高2 m。管桩高潮时淹没水下0.5 m左右，低潮时露出水面2.5 m左右。管桩口部0.4 m以下被机械拆除的混凝土碎渣所复盖。管桩成排布置，每排5根桩，桩距2.5 m×2.5 m，也有2.5 m×5.0 m的。管桩群东面560 m为船台的钢结构坞门；西面为大海；南、北两侧没有建筑物。爆破周围条件较好。该工程采用水下机械割除每根桩体成本1050元，拆除成本约为127×1050 = 13.33万元；采用本工法进行拆除每根桩体成本125元，拆除成本约为127×125 = 1.59万元；共节成本13.33 - 1.59 = 11.74万元；并在2天内即将全部桩体拆除，大大加快了拆除速度。

11.2 温州瑞安滩涂围垦工程内河闸围堰管桩拆除工程

瑞安滩涂围垦工程，围垦面积12000余亩，围区内设内河三条，其中，中直河与大海相连，在海堤处设6 m×4孔闸一座，主要用于排洪级养殖船出海。中直河闸施工开始，在围堰填筑施工时，由于海涂面较陡、地质差等原因，涂面产生滑动，导致围堰无法按原设计施工，经设计、业主、施工单位协商后，采用外海侧插打ϕ600预制管桩，进行基础处理，后填筑围堰，基础处理共插打管桩45根，深度27 m。中直河闸施工完工，进行围堰拆除，待上部土石围堰拆除完成后，留下的管桩拆除难度较大，为不影响船舶的正常通行要求拆除▽ -6 m以上的管桩，涂面▽ 2.4 m，拆除管桩深度8.4 m。我公司采用本工法对该闸围堰的管桩群进行水压拆除爆破，爆破审批手续齐全后，在1天内爆破完成。经对河道开挖后，水压爆破拆除达到预期效果，管壁混凝土全部碎裂，可直接采用挖泥船挖走，钢筋在底部的加强药包的爆炸作用下，全部炸断，赢得了工期，节约了成本，受到了业主等相关单位的好评。

（主要完成人：李益南　李晓东　唐建智　王佰炯　金华强）

斜墙式橡胶坝安装施工工法

浙江省第一水电建设集团股份有限公司

1 前言

近几年水利建设的蓬勃发展，新技术、新工艺的不断应用，低水头坝采用橡胶坝拦水。橡胶坝系统由橡胶坝袋、坝袋锚固件、坝袋溢流管、取水和排水通道、泵房、充排水泵等组成。充水泵向橡胶坝内充水，坝袋起立，上游蓄水。排水泵抽取橡胶坝内的水，坝袋慢慢降低，最低塌贴至底板，与原河道同高程，全断面泄洪，阻洪很小。一般单跨坝长达100多m，具有投资省、操作简易等特点。高于4 m的坝体采用斜墙式结构，单跨坝袋重达30多t，合理的安装方法来确保橡胶坝质量，显得尤为重要。以往橡胶坝安装采用的是卷扬机加滑轮组，这种安装方法存在展开坝袋较慢；坝袋中心线与坝轴线易偏异；卷扬机设备组移动较慢等不利因素。本工法采用挖机对坝袋进行铺展、调整位置，斜坡段结合简易的手拉葫芦定位，减少了复杂的卷扬机、地锚等牵引系统，投入成本低，操作简易，橡胶坝袋施工质量得到了保证。为此，总结了橡胶坝袋铺开，上、下游锚固，斜墙锚固等安装施工经验，编制了本工法。

2 工法特点

（1）投入成本低，操作简易。

（2）缩短工期，减少大型机械设备的投入，节省了机械费、材料费等工程成本的投入。

（3）坝袋放置到位，避免了重30多t的坝袋摊展困难，展开不平整，摊展过程中移位等问题。

3 适用范围

本工法适用于坝长100 m左右，施工场地较宽敞，挡水高度在4～5 m的斜墙式橡胶坝。

4 工艺原理

本工法为坝床清理→展底垫片→底垫片打孔、安装→止水海绵打孔、安装→水帽安装→展坝袋→坝袋打孔、安装→垫平片安装→下游保护片安装→上压板安装→分次紧固螺母→封下游锚固槽→隔墩斜墙段坝袋打孔、安装、封锚→坝袋充水试验→分二次紧固螺母→封上游锚固槽。

本工法用挖机对坝袋进行铺展、调整位置。斜坡段结合简易的手拉葫芦定位。减少了复杂的卷扬机、地锚等牵引系统。减少了设备、周转材料的投入。用简易的移动设备进行施工，保证了坝袋展开平整度，到位的精确度，操作方便、简单。如图1、图2所示。

5 施工工艺流程及操作要点

5.1 工艺流程

工艺流程见图3。

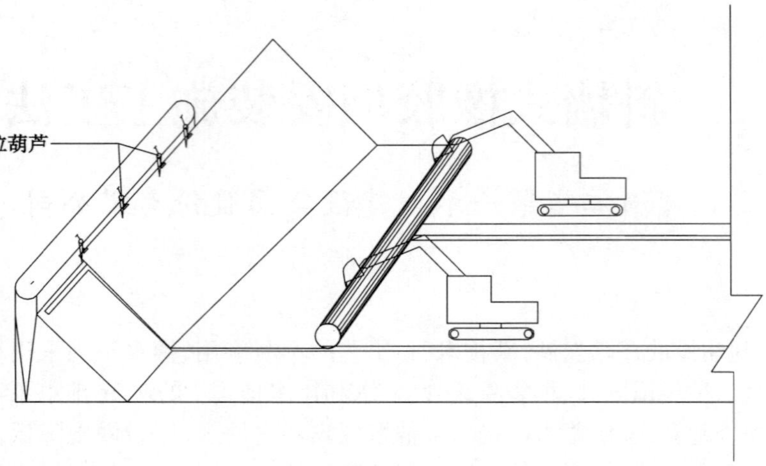

图 1　挖机展坝袋示意图

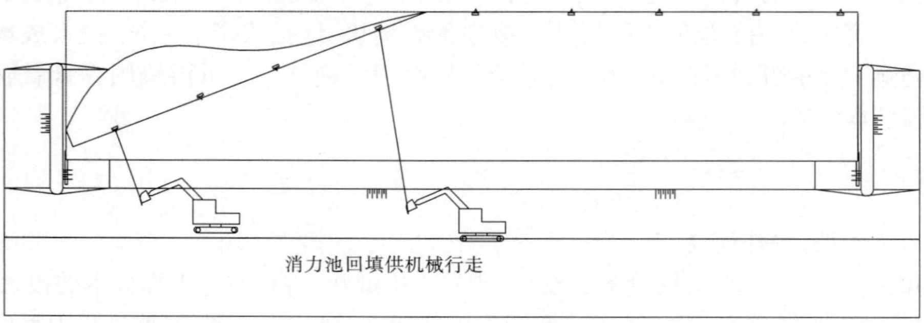

图 2　挖机翻坝袋示意图

5.2　操作要点

5.2.1　锚固螺栓预埋

根据设计施工图纸进行放样，提供的螺栓底部弯钩，与埋设在坝底板内的架立筋、配筋焊接在一起。间距、规格及螺栓埋深符合设计要求。螺栓丝口部分用塑料膜包扎保护。

5.2.2　锚固螺栓校正、底板检查

（1）校正螺栓的垂直度；损坏的丝口用扳牙铰制螺纹。

（2）上、下游锚固槽内侧边的尖角、底板粘附的混凝土、水泥浆、隔墩与坝袋接触面均采用磨光机进行打磨处理，把明显的尖角打磨成圆角，突出、毛刺部分予以彻底磨除。

（3）为确保封锚混凝土与锚固槽混凝土的结合，对于锚固槽外侧混凝土封锚接触面进行凿毛处理。

（4）混凝土面凹坑处采用高标号水泥浆抹面进行处理，形成相对较为光滑平整的表面。锚固槽内的松动混凝土和杂物采用人工凿除和清理，并用水冲洗洁净，以满足坝袋和垫片的安装要求。

（5）检查充排水管、测压管、补水管及超压溢流管管口等是否符合设计要求；检查各管路是否畅通，有无杂物堵塞和渗漏现象。

5.2.3　铺底保护垫

（1）底保护垫较薄、重量轻，用人工铺设到位，使底垫片对准锚固槽后摊平并将其临时固定，在底垫片上分别标出中心线和锚固线；

（2）与水帽、测压管、超压溢流管、补水管的连接：在平展的底垫片上标出水帽、测压管、超压溢

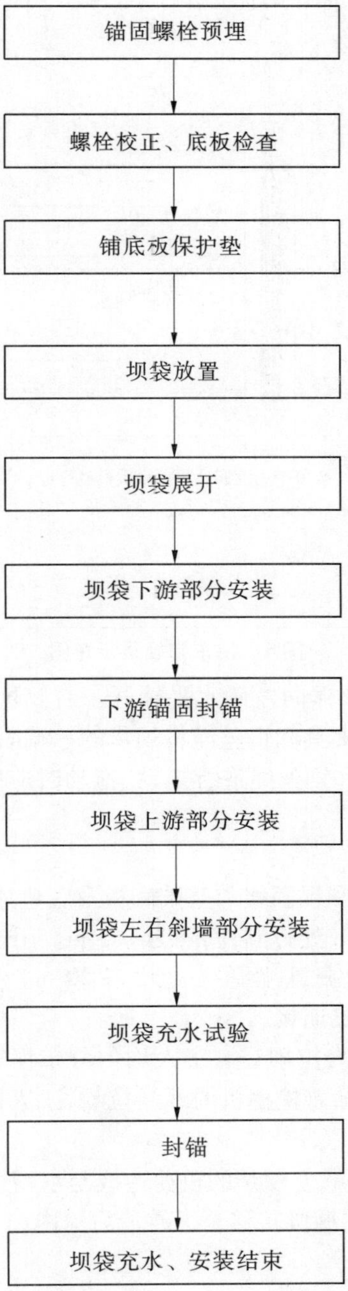

图3　工艺流程图

流管、补水管等的位置，复测无误后，按各管口处螺栓布置尺寸在保护垫相应位置钻孔并将保护垫套入螺栓上。各管口四周与底垫片接触处粘上一层2 cm宽生胶片做补强处理，最后装上水帽和测压管、超压溢流管、补水管的滤网罩，用螺母压实。

(3)底保护垫配钻：底保护垫螺栓中心线对准预埋螺栓的中心线，配相应规格带专用钻头的手持电钻对保护垫钻孔，套入锚固螺栓。再安放20 cm宽、配钻完成的止水海绵胶片。

5.2.4　坝袋展开

(1)坝袋卸车：坝袋重达38 t，采用两台25 t汽车吊抬吊。收回部分保护垫，让两台汽车吊、运坝袋汽车依次开上底板。布置如图4所示。两台汽车吊同时平衡起吊，将坝袋吊离汽车，汽车倒退出底板。两台汽车吊慢慢将坝袋在铺好的保护垫上，使坝袋与锚固线垂直，坝袋下游底边线与坍落线对齐。将收回的保护垫重新安装。

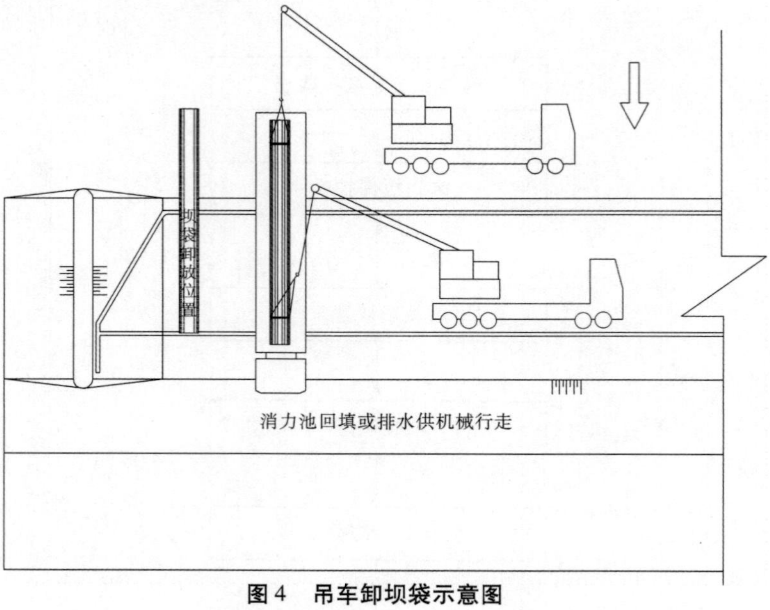

图4　吊车卸坝袋示意图

（2）坝袋展开采用右侧固定，整体向左侧水平铺开。右侧坝袋用专用夹具夹紧坝袋。利用预先埋设在隔墩顶部的吊环、夹紧的夹具和钢丝绳将坝袋的一端固定，另一端利用布置在上游护坦和下游消力池内的两台 1 m^3 挖掘机和钢丝绳进行拖动，拖动时应缓慢并均匀，由现场技术人员统一指挥。

5.2.5　坝袋下游部分安装

（1）坝袋铺开后使坝袋中心线和锚固线与基础底板及底垫片上的对应线重合。

（2）在距坝袋的下游边线 10 cm 处打洞，间隔为 1.5 m。用于人工拉坝袋时的钩子拉力点。

（3）上游护坦布置两台 1 m^3 挖掘机，距左右边墩各 20 m。夹具将坝袋的下游边线部分夹紧，用 30 m 长的钢丝绳将夹具和挖掘机连接。

（4）采用挖掘机和人工同时用力拉坝袋。工人均匀分布坝袋上，用 1.5 m 带钩的钢筋套入坝袋洞内。现场技术人员统一指挥，随着挖掘机的不断拉动，工人同时用力，坝袋下沿徐徐向上游拉升。

（5）坝袋下沿向上游拉升约 4 m，使坝袋的重叠边线与水帽边齐。

（6）上述内容完成后，将两台挖掘机转移至下游消力池内，与⑷项同样的拉法将坝袋下沿拉回至下游锚固线。

（7）按照锚固螺栓间距，距坝袋边缘线 17 cm 处依次打洞，套入螺栓内。依此装入：宽 30 cm 保护垫、坝袋的压板、垫片、螺母。

（8）紧螺母：用风炮初步压紧螺母；用 80 cm 长套筒加力压紧；最后用 1.5 m 长套筒四人、2 m 加力杆加力压紧螺母。

5.2.6　下游封锚

（1）对下游安装完毕的锚固槽进行清理，清除杂物、垃圾及多余的安装部件。

（2）锚固螺栓上露部分添涂黄油，并用塑料薄膜包扎，预防封锚混凝土覆盖螺栓丝杆。

（3）C30 混凝土进行封锚。

5.2.7　坝袋上游部分安装

（1）在距坝袋的上游边线 10 cm 处打洞，间隔为 1.5 m。

(2)下游消力池布置两台 1 m^3 挖掘机,距左右边墩各 20 m。夹具将坝袋的上游边线部分夹紧,用 30 m 长的钢丝绳将夹具和挖掘机连接。

(3)采用挖掘机和人工同时用力拉坝袋。工人均匀分布坝袋上,用 1.5 m 带钩的钢筋套入坝袋洞内。现场技术人员统一指挥,随着挖掘机的不断拉动,工人同时用力,坝袋下沿徐徐向下游拉升。

(4)坝袋下沿向下游拉升约 4 m,使坝袋的重叠边线与边齐。

(5)上述内容完成后,将两台挖掘机转移至下游消力池内,与(4)项同样的拉法将坝袋下沿拉回至下游锚固线。

(6)按照锚固螺栓间距,距坝袋边缘线 17 cm 处依次打洞,套入螺栓内。依此装入:宽 30 cm 保护垫、坝袋的压板、垫片、螺母。

(7)紧螺母:用风炮初步压紧螺母;用 80 cm 长套筒加力压紧;最后用 1.5 m 长套筒四人、2 m 加力杆加力压紧螺母。

5.2.8　坝袋左右斜墙部分安装

(1)斜墙段坝袋铺展开。用四只 3 t 起重葫芦上端固定在斜墙预埋件上,下端与夹紧坝袋专用夹具连接。站在梯上的操作人员同时拉动葫芦,在技术人员指挥下坝袋均匀向上抬升。直止在斜墙段铺平整。

(2)沿斜墙预埋螺栓间距在坝袋打孔,依此装入:宽 30 cm 保护垫、坝袋的压板、垫片、螺母。

(3)将多余的坝袋沿锚固槽上边切除。

(4)紧螺母:用风炮初步压紧螺母;用 80 cm 长套筒加力压紧;最后用 1.5 m 长套筒四人、二米加力杆加力压紧螺母。

5.2.9　充水试验

(1)检查:坝袋锚固结束,工具、设备均拆除;坝袋上无杂物;溢流管畅通。

(2)充水前打开坝袋排气阀,使坝袋在充水过程中一直排气,充水期间安排人员检查。

(3)充水:充水泵向坝袋充水,检查坝袋各锚固线是否渗水和不正常之处。并记录相关情况。正常则充至额定坝高的 80%。拧紧坝袋排气阀。停止充水,坝袋保持 24 小时。

5.2.10　封锚

(1)检查:24 小时后检查锚固线是否渗水,坝袋是否异常;

(2)封锚:一切正常后,把坝袋内的水排除,上游和斜墙锚固件进行再次加固,结束后用 C30 混凝土进行封锚。

5.2.11　坝袋充水、安装结束

充水泵缓缓向坝袋充水,坝袋随上游水位上升慢慢至设计额定坝高。橡胶坝安装结束。

6　材料与设备

6.1　材料

(1)坝袋及紧固件由专业生产厂家提供;

(2)拉坝袋的钢丝绳规格为 $\phi 16$;

(3)夹具采用 20 mm 厚钢板制作。

6.2　机具设备

(1)坝袋装卸设备:25 t 汽车吊;

(2)坝袋展开设备:1 m^3 挖掘机,1 t 起重葫芦;

(3)坝袋钻孔、紧固设备:手持电钻,自制橡胶钻头,空压机,套筒;

(4)混凝土浇筑设备:插入式振动器,铁铲。

7　质量控制

（1）坝袋安装质量应遵照《橡胶坝技术规范》（SL 227—98）及其他有关规范规定。

（2）坝袋安装施工应根据全面质量管理的要求，建立有效的质量保证体系，实行严格的质量控制、工序管理与岗位责任制度，对各阶段的质量进行实时检查、控制，确保安装质量。

（3）根据工程的施工机械、现场条件，按流程编制详细的施工组织设计和实施方案。对施工管理人员、技术人员和操作技术工人进行技术交底、培训，未经培训的人员不允许上岗操作。

（4）装标准符合设计标高与坡度。

8　安全措施

（1）施工中严格遵守《水利水电建筑安装安全技术规程》（SD 267—88），机械的操作必须符合《建筑机械使用安全技术规程》（JGJ 33—2001）的规定。

（2）进行高空施工作业时，必须遵守国家现行标准《建筑施工高处作业安全技术规范》（JGJ 80—91）的规定。

（3）施工机电设备应有专人负责保养、维修和看管，确保安全生产。施工现场的电线、电缆应尽量放置在无车辆、人通行部位。开关箱应带有漏电保护装置。

（4）专业电工持证上岗，严禁违章指挥和违章作业。

9　环保措施

（1）加强对作业人员的环保意识教育，坝袋运输、装卸防止不必要的噪声产生，最大限度减少施工噪声污染。

（2）余混凝土、坝袋应及时收集清理，保持场地清洁。

（3）废旧模板、钢筋头应及时整理、处理，保证工完场清。

（4）施工废水应及时收集处理，未经处理不得排入农田、耕地、饮用水源和灌溉渠道、养殖场。

10　效益分析

10.1　经济效益

经济效益分析表

常规施工：工期为 15 天，人工为 30 人/天。工法施工：工期为 7 天，人工为 18 人/天，见表 1。

表 1　经济效益分析表

序号	项目	费用（元）
1	人工费	12 000
2	机械费	30 000
3	材料费	2 800
4	小计	44 800
间接经济效益：业主发电收入增加。		

10.2　社会效益

采用本工法进行橡胶坝安装施工，缩短了工期，橡胶坝袋施工质量得到了很大的提高。同时也得到了业主、设计单位、监理单位的一致好评，也为业主提前产生效益。节约了大量的人工、设备的投入，降低了施工成本，也为公司在社会上树立了良好的形象。

11 应用实例

11.1 龙游小溪滩水利枢纽工程

小溪滩水利枢纽工程位于钱塘江中游龙游县境内，衢江与灵山港汇合口下游约6.5 km的衢江上。工程以发电为主，水库正常蓄水位40.0 m，电站装机18 MW，主要建筑物有橡胶坝、充排水泵房、船闸、泄洪冲砂闸、电站厂房等。左侧1# ~4#为斜墙式橡胶坝，底板顶高程35.5 m，跨长及跨数为95 m×4跨。

该工程1# ~4#橡胶坝采用本工法进行施工，缩短了工期30天，工程节约44 800×4 =179 200元。业主发电收入增加10万元/天×30天=300万元。

11.2 衢州市龙潭水电站

龙潭水电站橡胶坝工程位于开化县城北4.5 km处的密赛村，钱塘江南源马金溪上。堰址以上集雨面积797 km^2，斜墙式橡胶坝挡水发电。本枢纽工程由挡水建筑物、引水渠道、发电厂房和输变电线路等四大部分组成。橡胶坝设计最大挡水高度4.50 m，坝袋平均长度100 m，经常运行水头4.10 m。电站装机1.5 MW。

该工程橡胶坝采用本工法进行施工，缩短了工期8天，工程节约44 800元。业主发电收入增加1万元/天×8天=8万元。

（主要完成人：傅霞光　杜红霞　胡学军　陈万需　叶桂春）

中小型河道旋挖式清淤施工工法

浙江聚浩水利工程有限公司

1 前言

随着经济社会的快速发展以及水污染的加剧，加上河道的一些自然属性，淤积已成为一个急需解决的问题。进入河道的污染物以及垃圾的大量沉积使得河道淤泥层的急剧增厚，特别是城市及其周围地区，各种水体环境包括水库、湖泊、河道、沟渠等，由于治理难度大，水底堆积的淤泥，使得水质变黑发臭，严重影响了水体环境。河道清淤常用方法为人工清淤和机械清淤，人工清淤费时费力，而在城市河道清淤工程中，喷吸式挖泥船和绞吸式挖泥船由于设备大，泥浆浓度低，增加运输成本。我们通过多个工程实践，旋挖式清淤施工具有设备体积小、施工效率高、泥浆浓度高特点，而且环保，适用于中小型河道特别是城市中有桥的清淤工程，从而保证了清淤施工质量、安全及进度，为此我们总结了多个工程清淤的施工方法，并编制了本工法。

2 工法特点

(1)投入成本低，操作简易，选用常用设备。

(2)泥浆浓度高，缩短工期，降低了施工成本。

(3)体积小，高度不受桥涵的限制，清淤效率高。

3 适用范围

本工法适用于中小型农田水利沟渠、鱼塘、河湖工程的清淤工程，特别是城市河道的清淤工程。

4 工艺原理

本工法在进行河道清淤时，先架设排泥管，施工时对边坡进行支护加固，河道清淤采用旋挖式清淤机施工，旋挖式清淤是目前在疏浚工程中即环保又科学的一种施工方法，适用于常态维护工程，是一种绿色环保的作业方法，清淤机采用无堵塞泵、旋挖头作业，通过液压系统将旋挖头滚动，旋挖头上装有腰带和切割刀，切割刀在水底下的作用是将淤泥、生活垃圾、直径小于 15 cm 的建筑垃圾进行饶松，旋挖头上的腰带将以上饶松的物质旋送至于旋挖头中间无堵塞泵吸口，再通过无堵塞泵直接将以上物质送至于运输船或直接接入排泥管，按要求送到指定的地点。

5 施工工艺流程及操作要点

5.1 施工工艺流程

5.2 操作要点

5.2.1 施工准备

施工准备、测量放样。施工前应对勘测单位提供测量控制点、水准点进行查对复核。当现有控制网点不足时按图根据点测量要求布设三角网或导线网，作为施工的平面控制。放样测站点的高程精度不得低于五等水准测量精度的要求；放样点相对于测站点的点位误差不应超过规范规定值。

放样控制主要包括设计河底高程控制、未清淤泥前淤泥的表面高程。选择风浪小没有雾的好天气进行。出于测量精准度和施工成本的考虑，通常采用一种钢筋混凝土预制块，在预制块上面用

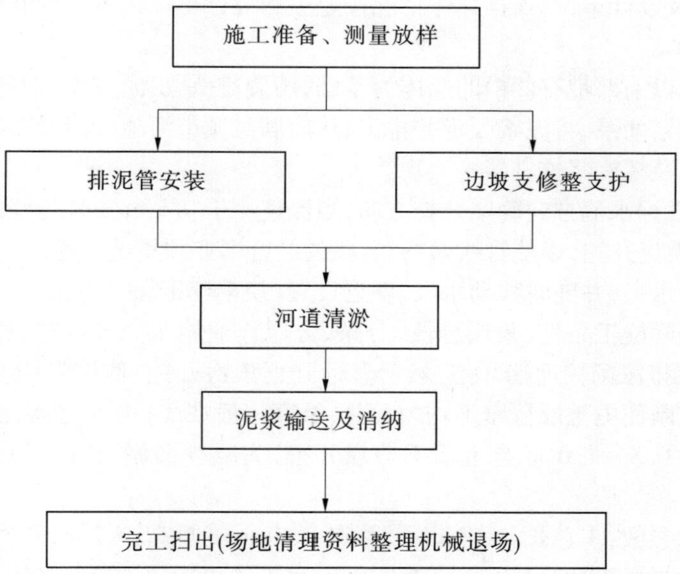

图1　施工工艺流程图

钢缆系红色浮标，不易丢失，又可以重复使用。每个断面两个控制点，左边为控制桩，右边为方向桩，然后根据大样进行加密，每50 m测放一个断面，并用钢管或竹竿放出平面分条开挖的边线及中心线。

5.2.2　排泥管架设

(1)排泥管线应平坦顺直，弯度力求平缓，避免死弯；出泥管口伸出围堰坡脚以外的长度，不宜小于5 m，并应高出排泥面0.5 m以上，并在排泥管出口处加接收缩口以便水流水能扩散，使排泥管排出的水流充分扩散。

(2)水上浮筒排泥管线应力求平顺。为避免死弯，考虑水流及风浪条件的影响，每隔适当距离抛设一只浮筒锚。

(3)排泥管接头应坚固严密，整个管线和接头不得漏泥漏水。一旦发现泄漏，应及时修补或更换。

(4)排泥管支架必须牢固可靠，不得倾斜和摇动；水陆排泥管连接应采用柔性接头(一般为夹钢丝聚酯橡胶管)，以适应水位的变化。

(5)排泥管线尽量避免穿越公路和桥梁。必须穿越时，应按有关部门规定实施。

5.2.3　边坡修整支护

施工时预留一定的厚度土层采用两栖式挖泥船进行修整，修整时按设计图纸要求进行边坡、底高程修整，开挖底高程、边坡满足施工图纸要求。

在清淤施工过程中，不应对跨河建筑物和河岸建筑物的安全造成影响，当遇桥出现异常情况或开挖至驳坎底板顶部时，河岸底部不宜再挖，对于边坡出现滑坡等异常情况应采用松木桩进行加固，松木桩排数、根数根据实情情况而定。

特别是城市河道由于周边建筑物密布，建筑物荷载较大，施工时需对边坡进行支护加固。根据工程实际情况，采用松木桩加固方案。松木桩采用桩径ϕ 140，单桩长4 m的松木桩进行加固。松木桩排数根据现场实情情况而定，松木桩加固不得破坏原有建筑物结构。

松木桩施工选用1～2 t柴油打桩机或挖掘机进行施工。打桩时，起吊正确，垂直度控制在允许偏差范围内，锤击木桩时，为防止受冲击力过大而损坏桩头，力求选用重锤低击，木桩顶高程严格控制在允许范围，严禁木桩顶高程超沉及桩机下站人，防止安全事故发生，在施工中如发现异常情况时,应及时通知监理及设计单位,根据具体情况按业主和设计单位指示进行处理。

5.2.4 河道清淤施工

旋挖式清淤机是以前部带有凹槽的船体为基础,用旋挖头切割、收集水下淤泥,并采用了一种特殊结构的旋流式无堵塞泵,将泥浆吸走并排出,从而满足城市河道的清淤需要。其工作移位及转移由自带的牵引机构及螺旋桨推进器来实现。

挖泥船施工时,根据水流方向确定开挖方向,当流速小于0.5 m/s时,宜采用顺流开挖;当流速大于0.5 m/s时,应逆流开挖,以使管线顺畅,分段的结合部亦须重叠开挖。

通常每条船设一水尺,并随时移动水尺,就近设置,经常校正。

根据河道底宽实际施工条件,采用分段、分条、分层作业施工。开挖时,遵循"远土近排、近土远抛"的原则,先从距排泥场较远端开挖,然后有远到近依次开挖,使挖泥船有一个相对稳定的排泥距离。挖泥船开挖断面内土层分布不均匀,泥层厚度一般在3~4 m之间,因此需采用分层开挖法进行开挖。按每层0.8~1.0 m自上而下分层开挖,为减少回淤,最后一层开挖厚度不宜超过1.0 m。

清淤机主要技术参数:①总长:11.1 m;②总宽:2.7 m;③总高:3.2 m;④吃水:0.7 m;⑤最小工作水深:0.9 m;⑥最小航行水宽:3.0 m;⑦最小航行水深:0.9 m;⑧航行速度:4.0~6.0 km/h;⑨液压系统:采用开式回路与闭式回路;⑩牵引速度:0~10 m/min,工作速度:0~5.5 m/min。

清淤参数:①最大挖掘深度:4 m;②挖掘宽度:2.4 m;③排泥距离:在排高3 m时达400 m;④理论生产率:50~100 m^3/h,主机功率:145 kW。泥浆泵:SSNB-260-30型旋流式无阻塞泥浆泵,清水流量:260 m^3/h,扬程:30 m,吸排泥管直径:ϕ150 mm。

5.2.5 泥浆输送及消滞

泥浆通过清淤机的无堵塞泵直接送至于运输船,由泥浆运输运至吹填区,由吹泥船将泥浆吹填。

6 材料与设备

6.1 材料

(1)排泥管、柴油等安装所需的材料。

(2)排泥管支架采用钢管、卡扣件、铁丝等搭设而成。

6.2 机具设备

经纬仪、水准仪、水准尺、旋挖式清淤机2台、测量设备一套、泥浆比重计、泥浆运输船、排泥管、发电机组。

7 质量控制

(1)根据河道的走向,纵向沿河两岸每隔50 m设置一桩,用水准仪在桩上分别标记淤泥面高度及挖泥高度,在淤泥清理后,复查河床底的标高是否符合设计标高。

(2)疏浚的允许偏差见表1。

表1 疏浚放样点误差要求

序号	项目		平面位置误差(m)
1	疏浚开挖线	岸边	±0.4
		水下	±0.2
2	旋挖式清淤机疏浚定位		±0.2

（3）严格按照开挖标志进行定位和施工，并经常校核和调整船位。

（4）施工前必须正确记录测量人员所设置的水位标尺读数，并严格按照水位标尺进行挖槽深度控制。施工前应检查、校正挖泥船上的挖深指示尺。挖深指示尺的零点可定在挖泥船的实际吃水线上，当挖泥船的荷载以及水位发生变化时，应及时计算出挖深改正值。对挖槽已挖部分要随即进行水深测量，发现欠挖超过允许值时，及时退船处理。

（5）边坡支护松木桩必须材料符合设计施工要求，严禁使用不合格的松木桩，运至现场的松木桩经业主、监理检验合格后方可使用，不合格的松木桩不得进入工地。

（6）分段分条作业中，由于移船容易产生船位误差，使绞刀头横移轨迹不能正常衔接而引起漏挖，造成浅点或浅埂，故移船时必须定准船位，并反复校核，坚持测水深、摸堑口。

（7）分层开挖施工中，针对不同土质的特点，合理调配旋挖装置的下放量，开挖时，要特别注意最后一刀挖到设计深度时，刀头下放深度的控制，要注意其深度与吃水的变化，并经常对挖槽内水深进行校核，以便及时调整刀头下放的最大深度，挖到设计深度时均用反刀操作来完成，防止漏挖及留埂。

（8）为确保河底开挖高程最终达到设计标准，施工时根据退水回淤情况，采取超挖0.1～0.3 m的深度以抵消回淤。

8　安全措施

（1）施工现场成立以安全生产领导组，在项目部安全生产领导组的领导下，设置以专职安全员为组长的安全生产小组，全面负责安全工作，各班组设兼职安全员，由班组长兼任，在队专职安全员的指导下开展班组的安全工作，对本班人员在施工过程中的安全和健康全面负责，确保本班人员按照业主的规定和作业指导书、安全施工措施进行施工，不违章作业。

（2）认真贯彻落实安全生产教育工作，加强操作工作人员的安全技术教育和培训，新入场工人上班前先进行“三级”安全教育。建立安全档案，做好安全技术交底工作，对特殊作业人员应进行专门培训及考核发证，持证上岗。

（3）在醒目位置设置安全警示牌、警示标语等警示标志。

（4）设专职电工，非专职电工不得操作用电设备；36 V以上电器设备必须有保护接地措施，并由安全员进行检查。

（5）船只驾驶员关注气象、阅读气象预报，遇大风浪、暴雨、台风等情况，将船只驶于码头固定，所有作业人员撤离施工现场。

（6）所有作业人员安全防护用品佩戴齐全，水上作业人员必须穿救生衣，船只上设有救生设施。

（7）机械操作人员经常对机械设备进行维护、保养。每次运行前都要经安全检查，严禁带病使用，操作手严禁酒后操作。

9　环保与资源节约

（1）施工废气主要来源于挖泥船、运输船、交通道路运输等，采用湿式除尘技术处理。

（2）当运输船、机动车辆靠近居民区和施工生活区时，减速慢行，禁止鸣喇叭。

（3）交通运输造成的粉尘污染可用洒水车定时洒水，洒水频率以控制道路的扬尘为原则。

（4）集中处理施工废水、生活污水，采取过滤、沉淀池或其他措施，做到达标排放。严格管理施工物料的堆放和储存，防止物料随雨水排入地表及水域造成污染。

（5）严格控制工程破坏植被的面积，保护现有绿色植被。因修建临时工程破坏了现有植被，拆除临时工程时予以恢复。

(6)生活垃圾采取分片管理，每个生活区设一垃圾站，并派专人负责清理。垃圾存放场远离生活区，工程结束后对垃圾存放场复耕还田。

(7)各施工队实际管理区域责任制，挂牌施工，文明施工，定期整治现场环境，保持现场的各类机械设备、材料摆(堆)放整齐有序，严禁乱堆、乱丢、不用的器材要及时回收，已完工的项目要做到工完场清。

10 效益分析

采用本工法进行城市河道清淤施工，由于旋挖式清淤机具有体积小、功效高、泥浆浓度高的特点，非常使用于中小型河道清淤工作，与其他挖泥船相比，具有操作简便，可减少泥浆运输量，在内河行驶方便，大大加快了清淤施工进度，同时避免了河道二次污染，保证施工了施工质量和安全，节约了施工成本，具有显著的经济效益和社会效益。

11 应用实例

11.1 温州市西山河鹿城段、温瑞塘河市区段常态维护项目

西山河鹿城段、温瑞塘河市区段为河床的常态维护项目(即1标段)，西山河鹿城段：西起勤奋河汇合口，东至温瑞主塘河(又称汇昌河)汇合口；温瑞塘河市区段：北起小南门河汇合口，南至吴桥(包括吴桥)。由于近十来年缺少河床疏浚，加之沿岸垃圾、桩泥入河和污水泥砂沉淀，导致河床淤积。现状塘河水质基本为劣Ⅴ类。河道宽度在30 m至160 m不等，据不完全测量和统计，目前塘河河床平均淤积层达0.8～1 m，最深达2.2 m。蓄水、过流能力大大降低，严重影响防洪排涝。同时河床淤积物基本为淤泥，长期存在于河床内，腐化严重，是污染河水的主要污染源之一。采用旋挖式清淤施工作业，确保了清淤施工质量，大大加快了施工进度，节约了施工成本，具有明显的经济效益和社会效益。

11.2 蒲州河(鹿城段)疏浚工程

蒲州河中游鹿城段，上游与划龙桥交接处(新旺桥)，下游至前州河交接处(蒲州桥)，河段总长2 347 m；近年来，由于生活污水排放、居民乱倒垃圾和河床缺乏疏浚造成河床淤积，河水发黑、发臭，水体污染严重。采用旋挖式清淤施工作业，确保了清淤施工质量，大大加快了施工进度，节约了施工成本，具有明显的经济效益和社会效益。

11.3 温州市旺增桥河疏浚工程

旺增桥河南起汤家桥河，北至划龙桥河，全长1.1 km：本次清淤施工为对现状河道进行挖深、挖宽，并清除河岸垃圾，其疏浚方量为2.71万m^3。采用旋挖式清淤施工作业，确保了清淤施工质量，大大加快了施工进度，节约了施工成本，具有明显的经济效益和社会效益。

(主要完成人：黄智文　黄智献　李晶晶　姚春燕　陈　铣)

粉砂土地基无填料振冲挤密施工工法

浙江凌云水利水电建筑有限公司
浙江省第一水电建设集团股份有限公司

1 前言

杭州湾地区其地质构造属于滨海相沉积的第四季松散软弱土层,土层均匀、层次清楚。浅层主要为粘质粉砂土,土的物理力学性能较好,可作一般浅基持力层,但该土体含水量高,透水性强,遇振动易液化失去承载力,作为河岸、滩面,易冲易淤,抗冲刷力极差,在该区域的土方回填工程主要采用的是泥浆泵水力吹填法,在高压清水泵的冲洗下,粉砂土液化形成泥水混合物,经泥浆泵吸取由输水管线输送到回填部位,经自然沉淀而成,虽在粉砂土颗粒沉淀过程中,由人工进行戽水密实,但由于人力操作存在频率小、力度小等缺点,吹填完成的土体还是存在含水量高、空隙多的问题,运用到工程建设中虽然有承载力大的优点,可还是在运行过程中容易造成沉降量大、遇振动易液化失去承载力的危害。就沉降量而言,以往的工程实际是,围涂挡水大堤吹填总度为 15 m,运行一年多,最大沉降量观测值达到 1.0 m。为减少沉降量,以往施工采用过打桩加固、沉井加固和预压堆载两种方法,预压堆载就是在设计高程的地基上先吹填土方进行预压,经过一段时间的沉降后再将堆载土方开挖掉以便建筑物建造。但上述两方法因投资大、施工时间长等原因,无法得到大面积堆广。近年来,通过运用无填料振冲挤密法施工,解决了 25 m 以内粉砂土地基加固问题,取得了较好的经济、社会效益。

经过对曹娥江大闸枢纽施工 7 标、绍兴县滨海排涝闸、曹娥江大闸枢纽施工 4 标等 3 处工程的技术应用实践,提出了一套适用于江浙沿海平原地区粉砂土或细砂质地基的振冲挤密加固施工工艺,采用双头振杆,在加水加气的辅助下由大功率振动器无需填料将地基土体挤密,填补了我国沿海地区进行地基加固施工工艺的空白,具有极高的推广意义。

2 工法特点

(1)无需填加其他建筑材料,只在加压水、加压气的辅助下,利用大功率振动器的振动来挤密,所需要的投资较少,受外部条件影响小,便于大面积推广。

(2)振冲挤密工艺较为简便,且因无需填加其他建筑材料,相互干扰小,在电源保证的情况下在小范围内就可展开施工,可大大提高施工进度。

(3)采用双头振冲器同时作业,既节约资源,又能加快施工进度。

(4)采用无填料振冲挤密工法,经现场实测,在 20 m 深度的地基挤密施工后,地面高程可降低 1.2 m 以上,标贯试验检测值比原状土提高了一倍以上,挤密效果明显。

3 适用范围

适用于江浙沿海粉砂土或细砂质地基的平原地区浅层基础加固工程,也可推广应用在我国东南沿海和长三角地区,土质具有易液化性特点的地基加固工程中。

4 工艺原理

(1)本工法技术是运用大功率振动器的振冲效果,在无需填加其他建筑材料,只在加压水、加压气的辅助下，达到对粉砂土等易液化的地基进行挤密加固的目的，见图1。

图1　振冲挤密工作图

(2)无填料振冲挤密法加固处理水力吹填粉砂土地基是一种全新的地基加固处理方法，它是从加填料的振冲(碎石等无凝聚性颗粒材料)桩加固处理外延开来的，是适合于粉砂、粉细砂等地基加固的一种新工艺。振冲法加固地基就是借助于振冲而产生的重复强烈振动和侧向挤压，还辅以压力水和压力气，使作用范围内的土体暂时发生液化和结构破坏，达到土颗粒重新排列，由不稳定位置移到稳定位置，孔隙减小得到加固的目的，根据有关经验，对于地下水位比较深的地基，在振冲加固前需要向振冲加固的区域灌水，以使表面的砂土饱和，这样加固的效果较好。

(3)根据振冲的工作原理是在一定数值的工作电流、压力水、压力气辅助下通过振冲器的分层提升留振等作用达到挤密效果的，不同的土质所需要的工作参数是不相同的，同一地区的土质是有变化的，为实际振冲效果，根据工程的总体进度安排，在振冲正式开始前在现场进行工艺试验，以确定符合本工程使用的振冲器、振冲器的提升高度、留振时间、挤密工作电流值、加密水压力等工艺控制数据，以确保振后达到设计要求的土层物理力学指标。

(4)节约资源加快施工进度提高振冲挤密效果，采用双头振冲器同时作业方法。双头振冲要自制钢质悬挂构件，由于20多m长振冲器单体重量就达3 t多，构件强度要求高，悬挂构件呈三角形，高为2.5 m，底边长为2.5 m，三角形构件两侧斜边采用直径5 cm的钢管或钢索，顶部连接一个圆环用于吊机吊钩悬挂。下端与底边连接，底边采用20 cm宽的槽钢，在钢板中心处打一排间距为20 cm的圆孔，这排圆孔作为振冲杆的悬吊点，并可以调节振冲杆之间的间距。具体结构见图2。

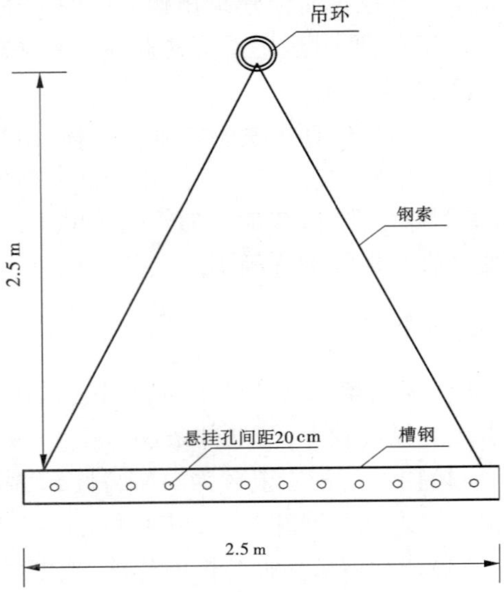

图2　悬挂构件示意图

5　施工工艺流程及操作要点

5.1　施工工艺流程

施工工艺流程见图3。

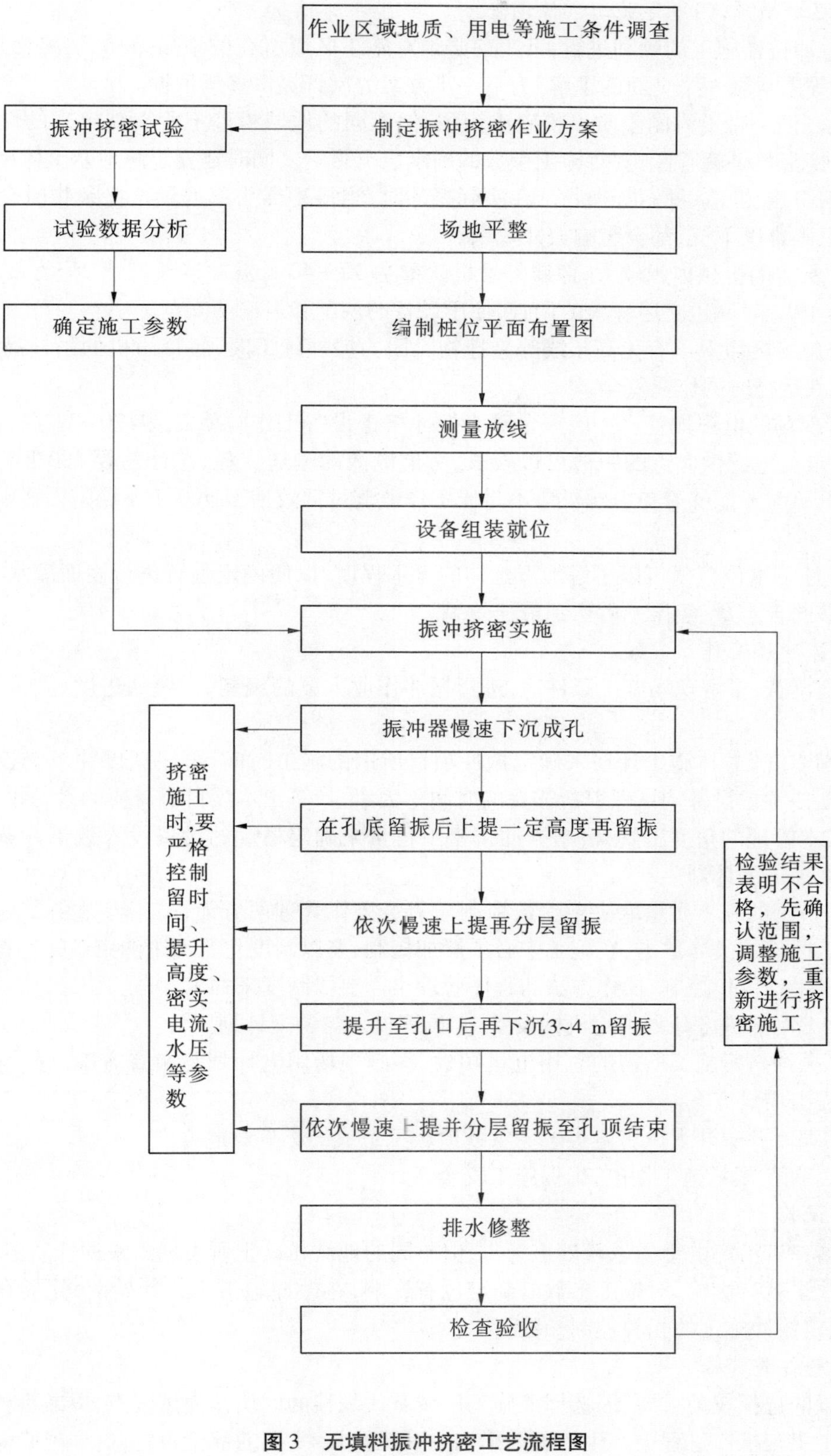

图3　无填料振冲挤密工艺流程图

5.2 操作要点

5.2.1 作业区域地质、用电等施工条件调查

为确保振冲挤密施工的顺利进行，开工前必须对施工区域所在的地质条件、道路交通、施工用电、地下水位等因素做一个全面的了解，为下一步方案的制订提供参考依据。

(1)虽然江浙一带沿海的土质以粉砂土为主，但不同的地域粉砂土所表现出来的性质不尽相同，这对振冲挤密效果就有影响，对施工参数的确定也有影响。同时还要了解地基土体中原施工时是否存在着编织袋、塘渣、抛石等杂物。在实际振冲时，当振冲器头部遇到这些杂物时会使工作电流上升或受阻碍难以下沉，都会影响振冲效果。

(2)振冲所需的机械体积较大，像履带吊机就重达 30 ~ 40 t，振冲器长度达 20 余 m，需要大型运输设备来运输。对周边交通环境的调查，便于设备的调配和运输的安全。

(3)调查施工区域上部有无高压线等悬挂物。因为振冲施工时，履带吊机的吊杆高度就达 40 多 m，要确保其运行时的作业安全。

(4)了解现场的电源配置。一般一台双头振冲挤密设备工作时就需要 170 kW 左右的电源供应，加上施工点与电源供应点的距离可以较长，考虑电源的输送损耗，总计需要 200 kW 的电源供应量。了解电源配置能够避免电源供应不足或工作电流过低致使振冲施工不稳定而影响施工质量和施工进度。

(5)调查地下水位数据可以了解地下土体的含水程度，以便确定是否进行表面灌水，确保施工时土体有足够的含水量，经振冲后达到最佳效果。

5.2.2 制定振冲挤密作业方案

经过实地调查，了解现场施工条件后，进行振冲作业方案的编制，主要从进度、质量、安全三方面进行编制。

(1)根据该工程总体施工计划来确定振冲项目所用的施工时间，再根据以往单套设备单位时间的工作强度并考虑设备调试保养所需要的时间等因素，计算出本项目所需要的设备投入。

(2)从成本管理的角度出发，根据振冲挤密工程量来确定最优的设备投入数量并调整振冲挤密单项作业施工进度计划。

(3)振冲挤密的施工质量取决于参数控制与人员操作管理两方面，施工参数由实地试验得出适用于该施工区域的具体数据，在施工中必须严加控制，要以制度化管理来约束。振冲挤密施工主要参数由工人手动操作控制，操作方法与程序管理也需要以制度来约束。

(4)根据编制的进度计划确定机械设备、人员等投入与调配计划。

(5)计算振冲挤密施工所需的总用电量功效，编制现场用电计划与布置方案。如电源配置不足必须尽早提出增设方案。

(6)计划编制要避开大风雷电等恶劣气候给施工造成的影响及危害。

(7)落实制度，规范施工用电，确保施工安全。

5.2.3 振冲试验

虽然江浙一带沿海的土质以粉砂土为主，但不同的地域粉砂土所表现出来的性质不尽相同，这对振冲挤密效果就有影响，对施工参数的确定也有影响，在振冲施工正式开始前，先要在现场进行挤密试验，确定振冲施工的相关控制参数。

5.2.3.1 试验位置选择

试验位置的选择较为重要，因选择该施工区域有代表性的区块作为试验点，以减少试验确定的参数在对整个工程推广过程中产生的不利影响。一般按 8 × 8 孔的部位布置，这样能确保该区域下所分四个小区块的每个中心点多为同一振冲方法施工，在此点上进行试验所取得的数据极具代表性。

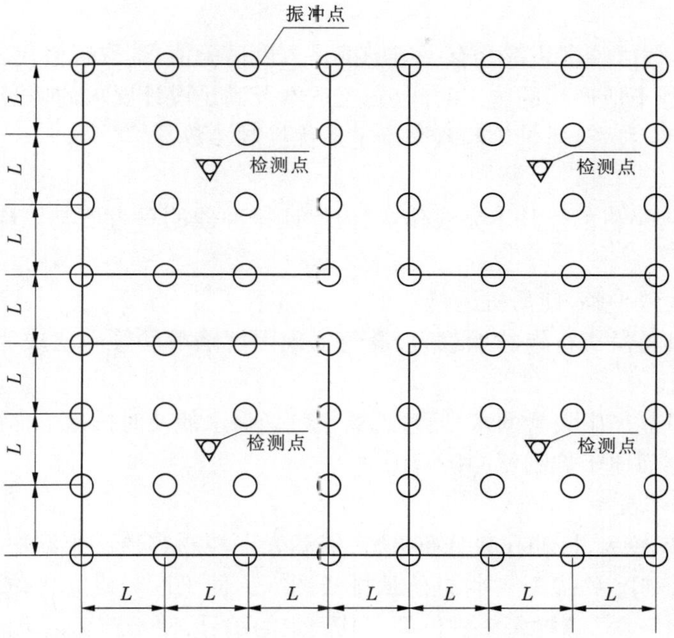

图 4　振冲试验桩位布置图

5.2.3.2　选定合适功效的振冲器，在试验时控制好以下参数

(1)以留振时间≥50 s/m、提升高度 0.3～0.5 m、提升速度 1～2 m/min 为主控参数。

(2)以加密液化电流 45～55 A、加密水压值 0.1～0.2 MPa、气压值 0.6～0.8 MPa 为校核参数。

5.2.3.3　振冲试验

对于试验区域所分区块先采用如下方法进行(选定一组工艺参数)：

(1)设备就位，对准振冲孔位，误差不超过半个振冲器直径，依次开启水泵、振冲器和气泵。

(2)慢速振冲下沉至设计要求，留振 25 s。

(3)慢速振冲上拔 0.5 m，留振 25 s。

(4)依次按每段 0.5 m 上拔，每段留振 25 s，直至孔口处，再留振 60 s。

(5)再次振冲下沉至孔顶以下 3～4 m 处，留振 25 s。

(6)慢速振冲上拔 0.5 m，留振 25 s。

(7)依次按段 0.5 m 上拔，每段留振 25 s，上拔至孔口处留振 60 s。

(8)振冲挤密结束，移动至下一振冲孔位。

等到第一个十六孔的区块试振完成后(使用同一种方法)紧接着下一个区块试振，保持提升高度不变，留振时间按增加 5 s，以此类推使用各个试验区块，在试验过程中必须全程做好记录，在不同的留振时间下记录挤密工作电流、水压、气压(每米记录一次)等数据，便于一步试验总结分析。

对不同的土质情况和设计要求的加固指标，可以得出不同的参数。

5.2.4　试验验收

振冲挤密后一般是有二周的排水固结期，在此之后挤密效果趋于稳定，由专业检测部门对试验点进行效果检测，检测方法以标准贯入度、静力触探等方法来校核。以标准贯入度为检测依据较为直接。标准贯入度采用回旋转钻进、自动脱钩自由落锤法，落锤重量为 63.5 kg，落距为 76 cm，以每米为一层，先将贯入器打入土中 15 cm 后，每打入 10 cm 为一阵，记录每阵的锤击数，共 3 阵计 30 cm 的锤击数，作为该深度的试验实测值。

5.2.5　试验成果总结

经检测后，每组参数试验区块都会有一组标准贯入度试验值，选取合格代表的参数作为备选资料。要根据不同的参数下所产生的施工时间、施工成本及满足设计要求的挤密成果，再综合考虑整个工程的整体施工进度、投资、质量等因素来确定最优控制参数。

5.2.6　场地平整

由于振冲是在履带吊机的悬挂下完成作业，为保证振冲器的垂直度与工作稳定性对吊机的工作环境有较高要求。

(1)要保持地面大致平整，使吊机运行平稳。

(2)尽量使地面具备吊机行走的承载力，避免出现因沉陷滑动等因素成为吊机工作的安全隐患。否则应配备路基板。

(3)挤密过程中可能产生大量的水，通过现场平整确保水能及时排出工作面。

(4)较为平整的基面便于控制振冲挤密深度。

5.2.7　编制桩位平面布置图

由于振冲区域面积较大，振冲孔数分布极密，依靠人工控制容易产生漏振或重复振的错误，需编制挤密桩位布置图，利用CAD软件将桩位编排成图。为便于区分设立桩位编号，横向由左向右按H1～HX，纵向按Z1～ZX，这样每个桩位都有其固定的编号，便于施工记录。

将桩位布置图打印上墙，把每天完成的数量及时进行记录，可确保振冲施工的准确性。

5.2.8　测量放线

正式振冲前先做好测量放线工作，以提高实际振冲的效果。

(1)根据编制的桩位图，利用全站仪将桩位用30 cm左右长的竹签钉出，便于施工操作。在区域外围用木桩钉出控制轴线，施工时再在现场利用经纬仪随时进行校核，确保振冲桩位偏差符合要求。

(2)测量振冲前的原始断面作为备查资料，可以分析振冲沉降量并校核各个桩位的底高程，确保振冲深度满足要求。

5.2.9　设备组装就位

根据计划安排时所确定的机械投入数量，在试桩时就因陆续进场，待放样准备工作完成后，按区块进行组装。

为确保各区块施工独立性，在充分考虑挤密运行方向、交通线路等因素，合理布置输电线路、供水、供气管线。

5.2.10　振冲挤密施工

从外围开始向中间推进。振冲的工艺流程为：振冲下沉至设计高程→留振→振动上拔→分段留振→升到孔顶后再下沉3～4 m振动上拔→分段留振→升到孔顶后振冲结束关闭水泵及振冲器→移至下一孔。在具体施工过程中严格按试验确定的留振时间、振冲挤密电流值、振冲水压力、气压力等参数来控制。

为便于控制振冲深度和提升高度，在振冲杆上用油漆标示刻度尺，刻度尺要大而清晰，这样现场操作人员就较易控制振冲提升高度。

具体方法如下：

以留振时间为30 s、提升高度50 cm的参数为例。

(1)设备就位，在测量人员的指挥下由人工拉线牵引对准振冲孔位，误差不超过半个振冲器直径，依次开启水泵、振冲器和气泵。

(2)使振冲器以1～2 m/min的速度在土层中徐徐下沉。每贯入1 m记1次电流、水压和气压参数值。下沉至设计高程以下1～2 m，留振60 s。

(3)按1～2 m/min的速度振冲上拔0.5 m，留振30 s。

（4）依次按段 0.5 m 上拔，每段留振 30 s，直至孔口处，再留振 60 s。每提升 1 m 记 1 次电流、水压和气压参数值。

（5）再次振冲下沉孔顶以下 3 ~4 m 处，留振 30 s。

（6）按 1 ~2 m/min 的速度振冲上拔 0.5 m，留振 30 s。

（7）依次按段 0.5 m 上拔，每段留振 30 s，上拔至孔口处留振 60 s。

（8）振冲结束。关闭水泵、气泵及振冲器，移动至下一振冲孔位。

在振冲密实中，不但地面下沉，由于振冲的作用使土颗粒重新排列下沉密实，此时孔隙水压力会迅速上升，形成超孔隙水压力，使部分地下水冲破上覆土层涌出地表，使振冲后的场地湿润淌水。为便于施工，振冲采用向后推进的方法，始终让吊机处在未经振冲的高地上。如果振冲时排出的水量不多，也可采用在前开挖明沟排水，吊机停在已振冲过的地面上，向前推进，这样也有一个明显的优点，就是停吊机的地段已经振冲密实，只要排水得当，土体不会液化，有利于吊机的行走。

5.2.11 排水修整

经振冲挤密后的土体需要二周左右的排水固结期，在这一过程中土体表面将由水流排出，应及时安排力量进行排除。

5.2.12 检查验收

振冲挤密地基处理结束后应及时进行检测。一般在振冲挤密后二周对加固的地基进行标准贯入试验，以检验在不同深度处的密实度，确定冲填土层的容许承载力和判定液化值，标贯试验数量按总振冲孔数的 1% ~2% 进行检验。

6 材料与设备

6.1 主要机具设备

主要机具设备见表 1。

表 1 主要机具设备表

序号	机械或设备名称	规格型号	数量	额定功率	用途
1	履带吊机	60 t	1	125 kW	吊用振冲器
2	振冲器	ZCQ 型	2	75 kW	振冲挤密
3	高压水泵	11 kW	2	11 kW	挤密加水
4	空压机	0.5 m^3	2	5 kW	挤密加压
5	挖掘机	1 m^3	1		辅助
6	全站仪	TC302	1		测量放样
7	经纬仪	J2	1		测量放样
8	水准仪	S3	1		测量放样

6.1.1 振冲设备

振冲法施工机具主要是振冲器，它具有振动挤实所需最佳振动频率和射水成孔，冲水护壁使土体和填料处于饱和状态的供水功能等。它是利用一个偏心体的旋转产生一定频率和振幅的水平振动力进行振冲挤密的，其型号及技术参数见表 2，其构造见图 5。

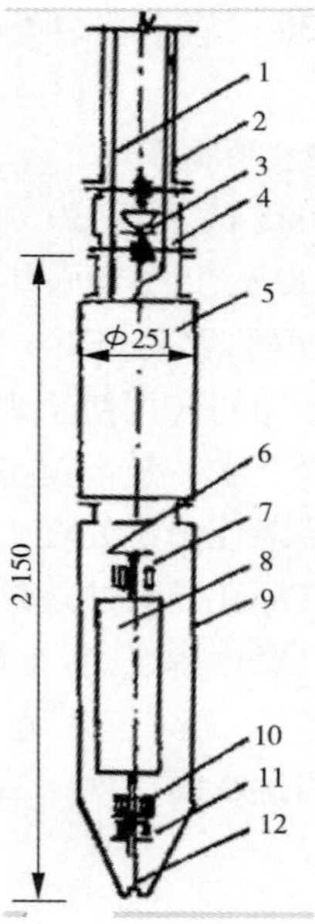

1—电缆;2—导管;3—方向接头;4—水管;5—潜水电机;6—弹性联轴节;
7—空心轴;8—偏心块;9—壳体;10—向心轴承;11—推力轴承;12—射水管

图 5　振冲器构造示意图

表 2　振冲器主要技术参数

振型号	ZCQ－13	ZCQ－30	ZCQ－55	BL－75
电机功率(kW)	13	30	55	75
转速(r/min)	1 450	1 450	1 450	1 450
额定电流(A)	25.5	60	100	150
不平衡重量(N)	290	660	1 040	
振动力(kN)	35	90	200	160
振幅(mm)	4.2	4.2	5.0	7.0
机体外径(mm)	274	350	450	420
长度(mm)	2 000	2 150	2 500	3 000
总重量(kN)	7.8	9.4	16.0	20.5

6.1.2　吊机

要求有效起重高度大于加固深度 2～3 m,起吊能力需大于 100～200 kN。

6.1.3　水泵

规格流量 20～30 m^3/h,出水口压力 400～600 kPa。

6.2　劳动力安排

每班劳动力安排表 3。

表3　劳动力安排表

序号	工种	人数	主要工作内容
1	管理人员	1	施工技术指导、质量记录
2	测量工	1	测量放样及记录
3	吊车驾驶员	1	操作吊机
4	挖机工	1	挖机驾驶
5	普工	6	挤密施工
6	电工	1	电缆架设与维修
7	机修工	1	施工机械维修与保养

7　质量控制

7.1　质量控制的内容

(1)振冲挤密的位置准确无差错。

(2)振冲挤密的施工过程与密实度质量符合要求。

7.2　采取的措施

7.2.1　制度保证措施

(1)建立各种规章制度,落实工程质量责任制。明确质量奖罚,把质量好坏直接与经济分配挂钩。

(2)严格执行质量“三检制”。

(3)工地成立QC小组。

为了及时发现施工中的薄弱环节,组织力量进行技术攻关,建立由技术人员和生产工人参加的QC小组。积极采用新技术、新工艺、新设备,对质量难点集中进行攻关。

7.2.2 施工措施

(1)把好测量关。要根据设计和规范要求,按照测量工作的程序和方法耐心细致地做好测量工作,确保测量工作准确无误。重点加强振冲杆的垂直度、振冲点位精度控制。

(2)把过程控制关。①振冲试验所得出的留振时间、提升高度、密实电流、水压、气压等施工参数,是适用该工程地质的控制参数,在施工时要严格加执行。②建立建全管理制度,用全程旁站、清晰的表格记录等措施,确保整个施工过程符合工艺流程。③土体的含水量影响振冲效果,在施工前做好含水量调查,并采取预先灌水等措施使土体达到含水饱合状态。④落实专人进行现场监督,督促操作人员施工行为符合作业指导书的要求。⑤及时做好施工设备的维修保养工作,减少因设备出现故障发生停机、卡桩等问题而影响施工质量。

(3)把好质量检查关。

充分发挥质量检查员的作用,严格实行“三检制”,对振冲施工记录及时查看,确保每个班次施工处于受控状态。

8　安全措施

8.1　安全管理目标

坚持贯彻“安全第一,预防为主”的方针,加强班组管理,扎实安全工作基础,加大反违力度,杜绝伤亡事故的发生。

8.2 安全生产管理体制

8.2.1 安全生产责任制

建立、健全各级的安全生产责任制，坚持执行抓生产必须安全的原则，落实安全责任制，层层落实，把安全工作真正做到“横向到边，纵向到底”、“人人有其责，事事有其主”。

8.2.2 树立“安全第一”的思想

提高自我保护意识，提高职工的安全认识，思想上保持高度警惕。

8.2.3 宣传与教育并行

定期召开安全生产例会，贯彻、学习（条例），使职工熟悉自身工种操作制度和岗位责任，增强安全生产意识，并对职工进行安全三级教育。

工人变换工种，须进行新工种的安全技术教育。工人应掌握本工种操作技能，熟悉本工种安全技术操作规程。要认真建立“职工劳动保护卡”，及时做好记录。

8.2.4 加强安全技术知识教育

持证上岗率达到100%，各工种人员都持证上岗，操作证按期复审，无过期使用，名册齐全。

8.2.5 安全检查

建立定期安全检查制度。有时间、有要求、明确重点部位、危险部位。

8.2.6 设立安全生产奖惩制度

建立各岗位、各工种安全岗位责任制，对员工实行安全生产百分考核，使安全生产与职工经济效益挂钩，充分调动员工对安全生产的积极性、主动性。

安全检查有记录。对查出的隐患应及时整改，做到定人、定时间、定措施。

8.3 具体施工安全

（1）开工前做好地下管线及施工区域上悬挂物的调查。

（2）现场落实专人进行巡察。

（3）工作地面有足够的承载力，确保履带吊机的运行安全。

（4）合理布置，减少相互之间的施工干扰。

（5）及时了解有无大风、雷电等恶劣天气，合理按排工作时间。

（6）在现场设立警示标志，以示警惕。

（7）夜间施工，要按规定安装照明灯光。

（8）振冲器必须处于垂直状态离开地平才能开机检验及工作，起吊振冲器节点必须加装起吊保护夹套，注意潜水电机的旋转方向，如方向相反，则联结螺丝容易松动脱落。

（9）振冲器工作时，严禁停水。

（10）振冲器在土层深处时，一定不能断电停振。

8.4 施工用电

（1）连接振冲器的电缆必须是耐磨、防水专用电缆，并定期由专人检查，防止电缆损坏发生漏电事故。

（2）支线架设、现场照明、架空线、施工设备设置必须符合规范要求。

9 环保与资源节约

本技术不使用其他建筑材料，，对环境影响少，施工中注意以下工作

（1）严格遵守国家有关环境保护法令，施工中将严格控制施工污染，减少污水、空气噪声污染，严格控制水土流失，维护生态平衡。

（2）施工期间，对环境保护工作进行全面规划、综合治理，采取一切可行措施，将施工现场周围

环境的污染减至最小程度。

(3)施工所产生的建筑垃圾和废弃物质,如清理场地的表层腐植土、淤泥、砍伐的树林杂草料,均根据各自不同的情况,分别处理,不得任意裸露弃置。机修电工班等产生的废液按规定排放到环保部门指定的地点,严禁污染生活、生产用水水源。

(4)在施工活动界限之外的植物、树木,必须尽力维持原状,不得将有害物质(含燃料、油料、化学品等)污染土地、河流。

(5)工地生活区范围配备生活污水汇集处理设施,不得将有害物质和未经处理的污水直接排入河道。

(6)对施工中占用的临时用地,施工完成后及时予以清理,做好事绿化环保工作,努力恢复使用前的面貌。

10 效益分析

10.1 主要成果

采用无填料振冲挤密法进行地基加固,所需要的投资较少,受外部条件影响小,便于大面积推广,加固后的地基具有承载力提高、沉降少、抗液化性能增强的特性,对提高沿海一带工程建筑安全性有着巨大的作用,将产生较大的生态、经济和社会效益。

10.2 经济效益

与常规的打桩加固、沉井加固和预压堆载相比,采用无填料振冲挤密法在取得相同的效果所需的投资较少,且因其施工工艺较为简单,施工进度较快,对总体工期较为有利,并能取得较好的经济效益。

我们以绍兴县滨海闸枢纽工程为例。

该工程其排涝闸与节制闸上下游护坦建在粉砂土之上,如按照以往的设计,为提高其稳定层,减少沉降量将采用沉井基础,需要浇筑下沉沉井 2 550 m^3,由此发生投资 320 万元,所需施工时间 100 d 左右。采用振冲挤密法共振冲 50 000 m,发生费用为 120 万元,所需施工时间为 26 d。

两者相比较,节约施工作业时间 74 d,减少投资 200 万元,经济效益明显。

10.3 社会效益

由于采用无填料振冲挤密法,对减少沉降量效果明显,以曹娥江大闸枢纽施工 7 标为例。

该工程的堵坝作为闸室与右岸堤坝的连接段是一级建筑物,其在减少沉降量、提高抗震防液化性能要求较高,采用振冲挤密法进行加固后,经实测:

(1)未振冲挤密前,标准贯入度检测深度 0 ~5 m 为 5 ~7 击,5 m 以下为 9 ~12 击;振冲挤密后,标准贯入度检测深度 0 ~5 m 为 9 ~12 击,5 m 以下为 15 ~25 击。密实效果明显,抗液化性能大大提高。

(2)振冲挤密后,经一年半的运行期观测,堤顶高程最大沉降量为 16 cm,远远少于未进行振冲挤密的堤坝沉降量。由此可知,采用振冲挤密方法施工后的建筑物安全性能大大提高,对整个工程的运行保护作用巨大,必将发挥巨大的社会效益。

10.4 生态效益

(1)无填料振冲挤密,不会改变地基的土体成分,也不会对地下水质造成污染。

(2)施工时无需其他建筑材料的运输,就不会产生由于运输车辆所造成噪声、粉尘等环境污染。

由此可见,无填料振冲挤密施工方法具有较好的生态效益。

11 应用实例

11.1 曹娥江大闸枢纽工程施工 7 标

曹娥江大闸枢纽工程施工 7 标是曹娥江大闸与右岸堤防的连接段，属于曹娥江大闸的主体工程，全长 611 m。其坝体抗沉降、抗液化要求较高，为此采用了粉砂土地基无填料振冲挤密施工工法作业。振冲挤密项目总投资 400 多万元，总挤密长度为 22 万 m，于 2008 年 7 月开始动工，2008 年 9 月顺利完成。采用振冲挤密法施工作业后，标准贯入度检测 0～5 m 由未振冲挤密前的 5～7 击提高到 9～12 击，5 m 以下由未振冲挤密前的 9～12 击提高到 15～25 击。密实效果明显，抗液化性能大大提高。坝体在一年半的运行期观测得到最大沉降量仅为 16 cm，远远少于未进行振冲挤密的堤坝沉降量。大大提高了整个坝体的安全性能，对整个工程的运行保护作用巨大。

11.2 绍兴县滨海闸枢纽工程

绍兴县滨海闸枢纽工程是绍兴县河网排涝的重要工程，位于绍兴县滨海，下分河道工程、节制闸和排涝闸各一座，为了提高节制闸和排涝闸护坦的整体稳定性，减少沉降量，采用粉砂土地基无填料振冲挤密施工工法进行施工作业，于 2008 年 9 月开始振冲作业，2008 年 10 月完成。根据以往的施工经验，为了达到整体的稳定性，控制沉降量，需要在其基础下设置沉井基础，需要浇筑沉井 2 550 m^3，钢筋 140 t，沉井下沉 7 200 m^3，由此发生投资 320 万元，所需施工时间 100 d 左右。采用振冲挤密法共振冲 50 000 m，发生费用为 120 万元，所需施工时间为 26 d。采用振冲挤密方法施工，在减少投资的同时可大大加快进度，整体效益十分明显。

11.3 曹娥江大闸枢纽工程施工 4 标

曹娥江大闸挡潮泄洪闸总净宽 560 m，闸底板高程 −0.5 m，共设 28 孔，每孔净宽 20 m，分 6 厢布置，闸室顺水流方向长 26 m，为提高粉砂土基础的密实度，减少粉砂土的孔隙率，消除液化，同时减少后期沉降与不均匀沉降，使沉降尽早处于稳定，对闸室及上下游护坦下的基础进行振冲挤密，共进行 17 500 孔，计 26 万 m。振冲后经标准贯入度检测，表层 3 m 以下标贯击数均在 16～30 击之间，表层土经自行式振动碾压配合处理后，标贯击数均在 12 击以上。地基加固效果明显。

（主要完成人：齐金奎　郑基桓　胡金水　苏孝敏　徐　丰）

钱塘江丁坝钢筋混凝土预制桩施工工法

浙江钱塘江水利建筑工程公司
浙江水利水电专科学校

1 前言

桩式丁坝施工工法主要研究在钱塘江等河道内快速、有效地完成预制桩沉放施工难题,充分发挥桩式丁坝的效用,以防止江河水流冲击对河岸的冲蚀破坏为基础,另外发挥丁坝可以减缓冲刷河床,改善航道,形成浅滩,保持水土、维护河相以及保护水生态多样化的功能。

自1998年海塘大堤加固以来,钱塘江的潮灾不再侵害两岸居民,但是由于河道变窄,潮水更加凶险。1998年至今至少有一两百人被潮水卷走,70多人死亡。在治河工程中,丁坝是应用广泛的水工建筑物;在交通建设、河滩围垦和海涂工程中,丁坝也是常用的建筑物之一。丁坝作为广泛使用的河道整治和维护建筑物,其主要功能为保护河岩不受来流直接冲蚀而产生掏刷破坏,同时它也在改善航道、维护河相以及保全水生生息场多样化方面发挥着作用。

为了治理钱塘江,历朝历代发明了很多修筑海塘的做法,而丁字坝是100多年前的发明。实践证明,给大江修筑一段伸入江水的堤,可以减轻潮水对钱塘江堤塘的冲击,延长堤塘的使用寿命和抗潮强度。

传统丁坝所能承受涌潮的冲击力较小,易损毁,且运行期维修工程量较大,频繁抢险。而我们这项桩式丁坝以新的理念采用钢筋混凝土板桩作为丁坝基础替代堆石丁坝,由于排桩式丁坝的基础深,自身能够在涌潮及洪水冲刷作用下维持稳定,因而和传统的堆石丁坝相比,能更好的承受涌潮的冲击,不易损毁,且运行期维修工程量较小,避免了频繁抢险的弊端,该工法施工技术先进,具有明显的社会效益和经济效益。钱塘江北岸险段标准海塘工程海宁段丁坝工程和海宁陈汶岗丁坝工程的钢筋混凝土预制桩均采用本工法施工。该工法相关技术曾获2007年浙江省科学技术奖二等奖。

2 工法特点

(1)本工法针对钱塘江河道的特点提出了河道整治工程中适合不同抢险坝坝体工程结构形式。

(2)本工法是在普通抛石丁坝进行防潮,防冲击改造后,利用规划好的坝身结构进行用材优化。整个实施过程中应进行统一的规划、设计、施工和管理。

(3)本工法采用高频振沉预制桩施工方法,可在短时间内完成水上高频震动沉桩的施工工艺。

(4)本工法使坝的构造包括坝头段和坝身段,连系梁弯曲构成U字形部分和直体部分,坝头段的连系梁部分见装有横梁,这样的设计结构合理,强度高,抗冲刷能力强。

(5)该工法原理简单,实用性强且后期维护成本低具有较强适用性。具有可观的经济效益和社会效益。

(6) 本工法以新的理念采用钢筋混凝土板桩作为丁坝基础替代堆石丁坝,由于排桩式丁坝的基础深,自身能够在涌潮及洪水冲刷作用下维持稳定,因此相较传统抛石丁坝具有更高的质量安全系数。

3 适用范围

桩式丁坝适用于河岸受水流直接冲蚀而产生掏刷破坏,尤其是像钱塘江河床没有石块沉积的河道沿岸。由于排桩式丁坝的基础深,自身能够在涌潮及洪水冲刷作用下维持稳定,因而和传统的堆石丁坝相比,能更好地承受涌潮的冲击,不易损毁,所以该丁坝也适用于水流较急,高潮冲击力较大的河段。另外,由于丁坝具有能够阻碍和削弱斜向波和沿岸流对海岸的侵蚀作用,促进坝田淤积,形成新的海滩,达到保护海岸的作用,所以该坝也适用于河面较宽但河床较高,需要刷深河床,加深航道以及为了保护海岸,保持水土和形成新的海滩的流段。

另外,桩式丁坝采用钢筋混凝土板桩作为丁坝基础替代堆石丁坝,对于缩短工期有一定的优势,所以也适用于对工程工期要求较短的工程。

该结构的桩式丁坝生态效益主要体现多样流效应、庇护效应和饵料效应。多样流使得各种浮游生物和底栖动物在此滞留成为饵料,提供鱼类以嬉戏和觅食场所,框架透水框架形成的庇护空间可供幼鱼等小型动物避敌,成为优良的微小生境,生态效益明显。因此,本施工工法也适用于对保持生态环境要求较高的工程流段。

由于桩式丁坝基础深,自身能够在涌潮及洪水冲刷作用下维持稳定,因而和传统的堆石丁坝相比,能更好的承受涌潮的冲击,不易损毁,且运行期维修工程量较小,避免了频繁抢险的弊端。因此,桩式丁坝更适用于对工程造价及维护费用较低的工程项目。

4 工艺原理

桩式丁字坝施工工艺是先通过现场的数据分析对丁坝的整体结构做出设计。在施工前对施工现场做水流数据分析以及环境安全的考虑为施工组织设计服务,并在考虑施工安全和环境保护的前提下利用现有的建筑工程技术在依照施工组织设计进行施工,使之具有防止江河水流冲击对河岸的冲蚀破坏及冲刷河床,改善航道,形成浅滩,保持水土维护河相以及保护水生态多样化的功能,工艺原理见图1。

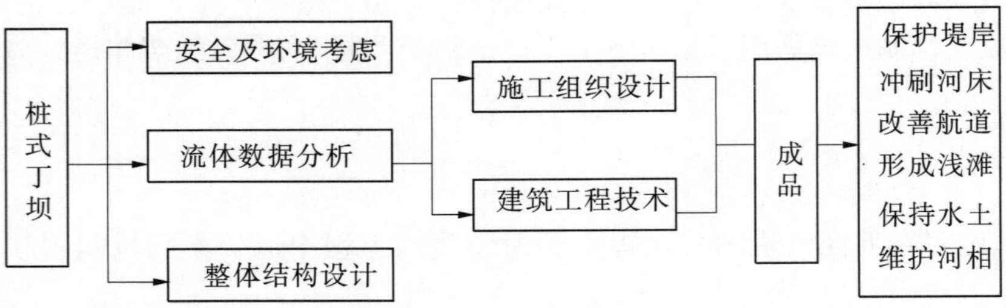

图1 工艺原理图

5 施工工艺流程及操作要点

5.1 施工工艺流程

施工工艺流程见图2。

5.2 钢筋混凝土板桩预制、运输

5.2.1 施工程序

板桩预制运输施工程序见图3。

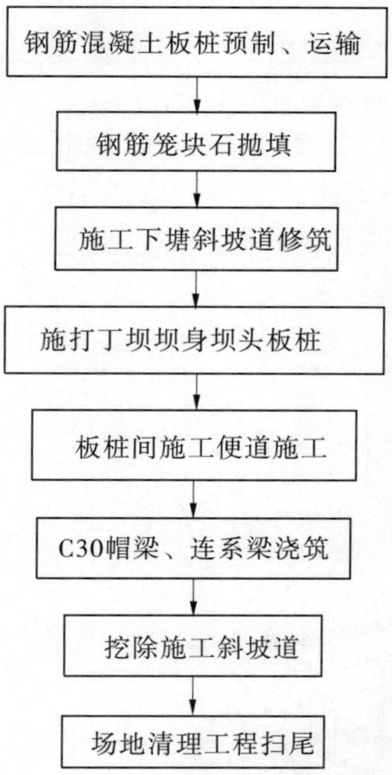

图2　施工工艺流程图

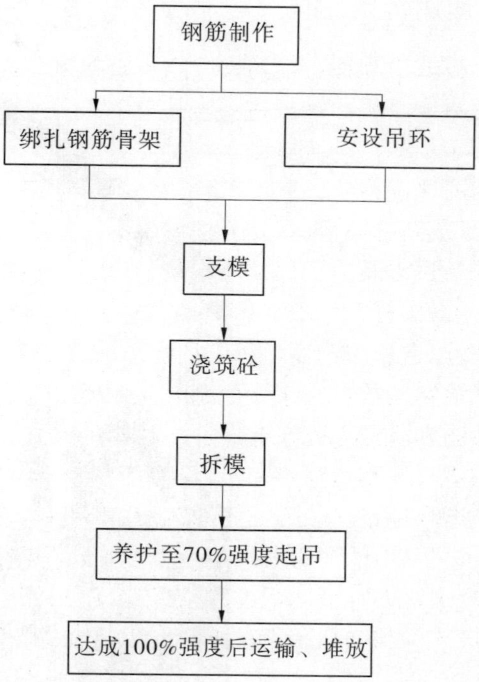

图3　钢筋混凝土板桩预制、运输流程图

板桩达到100%强度后现场运输、堆放见图4。C35钢筋混凝土板桩预制，指定在大缺口预制场。

C35钢筋混凝土板桩运输，距离10 km左右，采用5 t叉车装车，配备三辆加长拖挂车运输，每趟次可运6~8根，运桩安排在涨潮时进行，采用汽吊卸桩、堆放。

5.2.2　钢筋制作、安装

板桩中的钢筋应严格保证位置的正确，桩尖应对准轴线，主筋接头采用电焊，接头配置在同一载面内的数量不得超过50%。钢筋进入预制场后，由专业技术工人按设计要求统一制作成型，如图5钢筋制作、安装图。

5.2.3　混凝土浇筑、养护

采用预制场统一预制，钢模板应平整牢固，尺寸准确；18 m长桩采用分二节制作，每节9 m；桩中的钢筋应严格保证位置的正确，桩尖应对准轴线，主筋接头采用电焊，接头配置在同一载面内的数量不得超过50%。混凝土采用机械拌制，粗骨料用5~40 mm，细骨料用天然中粗砂，外加ST－ⅡB型混凝土早强剂，混凝土浇筑应由桩顶向桩尖方向连续浇筑，不得中断，用振捣器仔细捣实。浇筑完毕应护盖洒水养护不少于14天。

5.2.4　混凝土浇捣

混凝土配合比将由具有相应资质试验单位根据施工使用的材料（水泥、黄砂、碎石）配置确定，现场拌和时，根据石料的含水率变化情况作适当调整，混凝土采用拌和机拌制，人力翻斗车入料磅秤计量。混凝土运输利用人力翻斗车，经人工翻拌后入仓。

混凝土浇筑前，绑扎钢筋网片，制好模板（模板采用钢模），混凝土入仓后，人工平仓，插入式振捣器振捣，振捣时间以混凝土不再显著下沉并不再出现气泡开始泛浆为准，表面人工抹平、压紧，混凝土浇筑时应保持连续性。

浇筑结束后12~18小时后及时进行洒水养护，保持混凝土表面湿润，直至规范规定的期限，做

图 4　板桩现场堆放示意图

图 5　钢筋制作、安装图

好养护记录。模板的拆除时间，根据气温情况，控制在混凝土浇筑结束 18 小时以上，以拆模时不损伤新浇混凝土为准。

5.2.5　起吊、运输、堆放

当桩的混凝土强度达到设计强度标准值的 75% 后方可起吊，桩运输时的强度应达到设计强度标准值的 100%，采用 5 t 叉车装车，配备二辆平板拖车运输，每趟次可运 8 根，20 t 汽吊卸车，桩按规格堆放在塘面上，支承点应设在吊点处，各层垫木上下对齐，堆放层数不超过 4 层，沿护坦施打的板桩堆放应一次就位，避免再次转驳。

5.3　坝身振动沉桩法施工工艺

5.3.1　施工工艺与过程

挖掘机施工斜坡道及便道修筑→吊机把板桩从塘顶吊到下平台→油压振动机液压钳、人工系好保险绳安装到位→油压振动机结合人工扶桩定位→开动油压振动机施打→人工取下保险绳继续施打→送桩器施打至设计高程。

5.3.1.1 施工斜坡道

修筑施工斜坡道是机械下塘作业的保证，是丁坝施工的关键项目之一。施工斜坡道在施工过程中必须确保安全，因此斜坡道必须具有较强的承载力，由于受到钱塘江强涌潮的影响，斜坡道还必须自身具有抗击强涌潮的能力。

斜坡道自高向低方向与涌潮方向相同，斜坡道一侧与钱塘江老海塘靠牢，外露与钱塘江潮水接触面全部采用钢筋笼装块石护面。

在施工过程中，先在斜坡道外侧与潮水接触面抛筑一层钢筋笼，同时使用 EC290 长臂挖机抛填块石混合料，当一层填筑完成后，继续沉放第二层，直到钢筋笼顶层与塘面齐平为止。斜坡道宜在小潮汛期间施工，以减少修筑期间的石料损失。图 6 为机械下江施工斜坡道示意图。

图 6　机械下江施工斜坡道示意图

5.3.1.2 便道修筑

便道修筑于上下游板桩间（见图 7 便道施工示意图），利用抛石钢筋笼填筑，挖机抛石，与板桩施打同步进行，同时在抛筑钢筋笼之前，先对基础用 3 m 长的钢插钎进行探测，测得其滩地高程，并选用合适钢筋笼进行抛填。

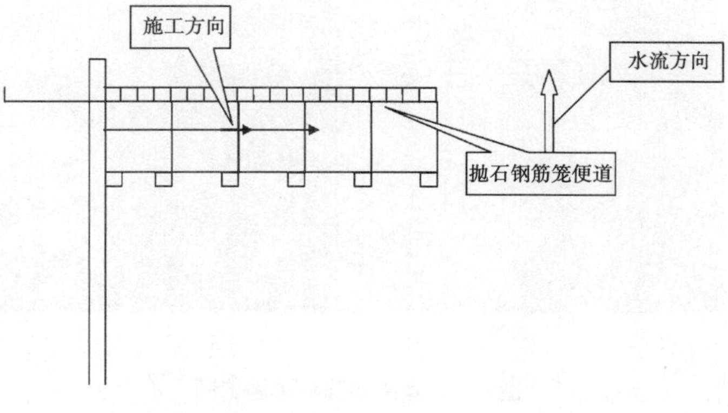

图 7　便道施工示意图

5.3.1.3 沉桩前准备、清基

由于钱塘江涌潮的原因，钱塘江水下地质情况极为复杂，在沉桩施工前，必须进行必要的清基工作。

在水位退至可施打高程时，挖机先下塘对斜坡道进行整修及下平台整平，同时对板桩沉桩轴线位置进行必要的清基，将施工地段的大块石清理掉，这样有利于板桩的施打。

5.3.1.4　吊桩、板桩运输、定位

(1)吊桩：油压振动机下塘后，汽吊在塘顶把板桩吊至下平台，应在板桩放置末段处放一枕木，这样做可以提高板桩放置的稳定及端正，有利于下一步机械夹桩工作。

(2)板桩运输：在板桩吊至下平台后，首先利用油压振动机的液压钳夹住板桩，然后用人工套好保险绳(ϕ17 钢丝绳)，液压钳钳牢板桩后将板桩垂直提起，行进至施工位置，人工扶桩就位。其中在板桩施打到坝身 20 m 以内，采用振动机自身提桩运输；当板桩施打距离超过坝身 20 m 后，采用挖掘机进行驳桩运输，以提高板桩施打的速度。

(3)定位：板桩定位采用油压振动机与人工扶桩相结合的措施定位，轴线控制由施工员通过布置于塘顶的经纬仪进行指挥，控制好缝隙及垂直度后进行沉桩。

5.3.1.5　振沉板桩

板桩定位完成后，即开动振动开关，从低档到高档逐步加强振动频率，根据不同的地质情况，控制板桩施打的下沉速度：

(1)在遇到地基较为软弱的情况，在定位结束后，用低档进行振沉，一般情况就可以施打到位，但需注意在施打过程中，严格控制板桩的下沉速度，均匀下沉，这样比较容易控制桩的垂直度、间隙等指标，也可以确保成桩质量。

(2)在遇到地基基础较为复杂或土基较为密实时，首先在定位结束后，用低档进行振沉，此时减慢施打速度，等板桩沉入河床 1.5 m 以上后，逐步增强振动频率，直到板桩施打到位。

(3)当板桩施打剩下 1.5 m 时，取下板桩保险绳；施打高程至设计以上 50 cm 左右时停止振动，利用特制的送桩器将桩送至一定高程或施打 3～5 根后再一次性送桩，此次送桩桩顶高程一般高于设计高程 20 cm 左右。在坝身、坝头板桩全部施打完成后，进行第二次送桩，在板桩上用水准仪测出设计高程，并用红漆做好标记，然后用送桩器逐一把板桩施打到位。

丁坝板桩沉桩施工整体采用进占法，每一段沉桩采用先下游再上游的作业顺序，如图 8 为坝身振动沉桩法施工图。

图 8　坝身振动沉桩法施工图

5.4　钢筋混凝土帽梁及联系梁施工

钢筋混凝土帽梁断面为宽为 100 cm，厚为 50 cm，联系梁距坝根 38 m 范围内间距 2.0 m，坝头 12 m 范围内间距 1.5 m，施工安排在小潮汛进行。

(1)立模：采用钢模板，坝头圆弧采用定制钢模，其余采用标准钢模，制模达到施工规范标准。立模是整个混凝土浇筑的关键，如何提高模板的稳定性，防止在混凝土浇筑中出现跑模、模板沉降等情况的发生，我公司通过试验丁坝的施工，总结了一些可行的施工经验。首先要解决模板的支撑稳定问题，主要的解决办法是：立模前，在板桩钢板上下游侧，每 0.5 m 焊制一根ϕ 18 七字型钢筋（见图 9 支模示意图）；其次，联系梁模板制作时，底模加固用钢管支撑，用钢管夹头夹紧。

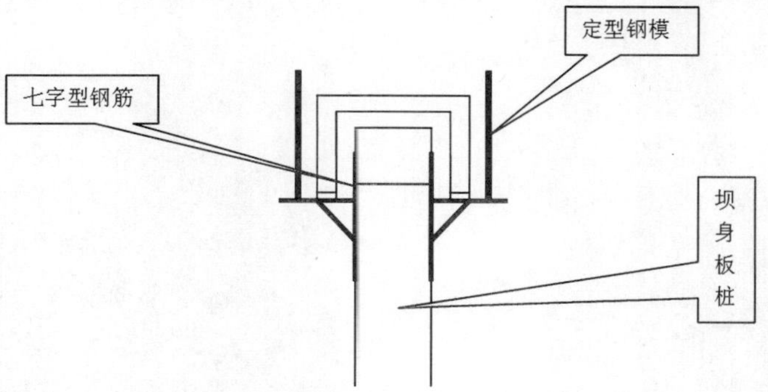

图 9 支模示意图

（2）混凝土拌和：采用 2 台 400 L 拌和机机械拌和，拌和机放至坝根塘顶上。过磅称量，手拉斗车进料，拌和时间不少于规定要求。

（3）混凝土运输：水平运输采用手拉斗车，垂直运输采用溜槽，卸向浇筑仓面。

（4）振捣：采用插入式振捣器振捣，表面再用平板振捣器振捣拖平，最后用泥夹压紧、抹光，如图 10 混凝土帽梁、联系梁浇筑图。

6 材料与设备

混凝土采用的标号为 C30，水泥采用 42.5 的普通硅酸盐水泥。

主要机械设备为 Ph3000 高频液压振动打桩锤，最大振动力 40 t，见图 11，另外重大机械机具见图 12 ~ 图 13，主要设备见表 1。

图 10 混凝土帽梁、联系梁浇筑图

图 11 Ph3000 高频液压振动打桩（用于板桩施打）

图 12　290 型沃尔沃长臂挖
（用于清理基础块石）

图 13　330 及以上的大型挖掘机
（用于坝身板桩施打）

表 1　机具设备表

序号	设备名称	设备型号	单位	数量	用途
1	电焊机	BX1－3－330	台	2	焊接钢筋、钢板
2	水准仪	S1	台	1	测量桩顶高程
3	经纬仪	J6	台	1	控制丁坝轴线、边线
4	汽车起重机	20 t	台	1	起吊板桩
5	叉车	5 t	台	1	搬运板桩
6	长臂挖掘机	290	台	1	清理块石
7	高频液压振动打桩锤	Ph3000	台	1	施打板桩
8	挖掘机	330 及以上	台	1	配合高频液压振动打桩锤施打板桩
9	钢筋剪切机	Gq16	台	1	加工钢筋
10	混凝土拌和机	400 L	台	3	拌和混凝土

7　质量控制

7.1　板桩预制质量控制

钢筋混凝土板桩预制质量按照《水工混凝土施工规范》（DL/T 5144—2001）、《水工混凝土钢筋施工规范》（DL/T 5169—2002）、《水电水利工程模板施工规范》（DL/T 5110—2000）、《通用硅酸盐水泥》（GB 175—2007）、《普通混凝土用碎、石质量及检验方法标准》（JGJ 52—2006）、《水利水电建设工程验收规程》（SL 223—2008）等规范要求，严格控制混凝土原材料、钢筋、模板、混凝土拌和、振捣、养护等重要关口。为提高板桩的预制外观质量，公司在试验丁坝预制板桩时，采用了定型钢模，保证其平整可靠，尺寸准确。同时提高也缩短了拆模时间，提高了混凝土的整体性。

7.2 坝身及坝头板桩施工

施工要求见图14。

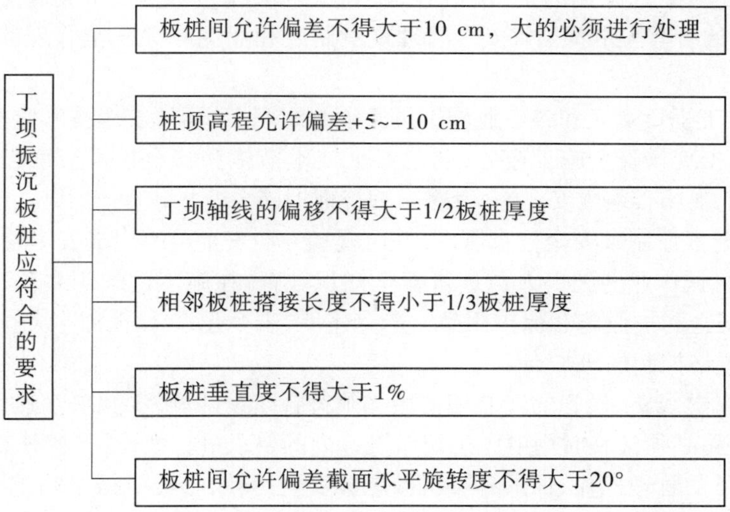

图14 丁坝振沉板桩施工要求

通过对试验丁坝的施工,积累板桩各项质量指标要求的相关数据,质量控制要点如下:

(1)板桩间隙的控制主要方法是:在板桩定位完成后,在板桩刚开始施打时,板桩顶端应略向外倾斜,利用调整振动机的大臂幅度进行控制。在施打过程中,由于随板桩的下沉,振动机小臂时常在进行变幅,容易造成板桩间隙变化。因此,在板桩下沉的同时,也要不断调整机械的角度和振动机的进出。其中下游密排板桩施打,当板桩施打到一半时,应把板桩慢慢调垂直,并尽可能的使板桩靠近内侧,使其与相邻板桩的间隙达到设计要求。对上游板桩及坝头间隔桩的间距控制,采用定位时用花杆进行丈量,使板桩间的距离符合设计要求。

(2)在我们试验丁坝质量情况统计中,相对板桩施打其他的技术指标,板桩的桩顶高程控制较为简单,质量也易控制。这是由于利用油压振动机枕沉板桩,机械灵活性较强,可通过控制油压来控制板桩的施打速度,从而使板桩桩顶高程满足设计要求。板桩的桩顶高程,采用二次施打到位的方法。即当板桩施打高度剩于比设计高程高出30 cm左右时,停止施打,等整个丁坝坝身、坝头板桩施打完成后,统一进行送桩。

(3)板桩的轴线控制主要是要控制好板桩的定位,在板桩定位时,扶桩员应根据塘上施工员的指挥进行调整,施工员根据架设在塘上的经纬仪进行观测,并随时要求扶桩员进行调整板桩轴线位置。当板桩施打过程中,板桩突然发生轴线偏移,应立即停止施打,采取调整板桩施打角度、拔桩重新定位的方法进行控制。

(4)板桩垂直度的控制也至关重要。在施打过程中,如遇板桩向上游倾斜,因立即采取振动机边振边向下游倾斜的方法,切勿立即进行调整,防止板桩因突变而影响板桩质量;如遇板桩刚施打过程中,发现板桩下断向下游跑,应降低振动频率,同时调整板桩倾斜方向,即板桩下端往哪跑,桩顶也往同一方向倾斜,使板桩桩尖回到轴线位置并垂直度符合设计要求,然后继续振沉。如在调整过程中,仍然无法使板桩垂直,必须把板桩重新拔高,重新定位施打。

(5)板桩水平旋转角通过振动机的转动马达自行进行调整。

(6)另外,在坝身及坝头板桩施打前,在施打位置必须用挖机进行清基处理,以提高板桩的施打整体质量。

8　安全措施

（1）贯彻执行“安全第一，预防为主”的方针，做好安全措施和安全技术交底工作。安全生产，人人有责。进入现场的所有人员都须守安全管理规章制度和业主有关安全管理的规定，确保现场施工安全和人员健康。

（2）施工前，单位工程负责人和各专业施工员必须组织职工学习《安全技术监察规程》和《安全技术操作规程》，并根据现场安全施工需要，制定安全技术措施和安全技术交底，不经学习不准进行安装操作，进入施工现场必须戴安全帽，特殊工种持证上岗。

（3）建立安全生产责任制和安全检查制度，并由现场专职安全员等组成安全检查小组。

（4）对从事特种机械作业的施工人员进行安全知识教育，在施工过程中要严格执行安全生产规章制度，正确使用安全防护设施和保护用品。严禁违反“安全生产十不准”，认真贯彻《安全法》，贯彻劳逸结合方针，严格控制加班加点。

（5）施工现场临时电线路、设施的安装和使用必须符合建设部颁发的《施工临时用电安全技术规范》的要求，用电线路必须按临时用电施工组织设计内的要求进行架设，严禁任意拉线接电。

（6）加强机械设备的管理工作，保证各类机械能够安全运转，各类机械必须配备相应的安全防护措施。且定期检查保养，机械操作人员要持证上岗，凡使用机电设备的专业工种均应按规定穿戴绝缘鞋、手套和防护用具，不得违章操作，不得乱顶岗位。

（7）施工过程中现场道路要畅通，以满足机具设备的使用和钢筋混凝土预制板桩的放置运输。材料和构件要按标准堆放。并且要消除场地积水防滑，操作和上下攀登的地方要加设缆绳或防滑设施。

（8）施工过程中大型的运输设备和挖掘设备等要保持一定的稳定性及现场堆放的合理性。加强对设备的检查和维护。

（9）对脚手架的搭设要考虑到风力和潮水的冲击力对脚手架稳定性的考验。

（10）施工时考虑到施工人员水中作业的安全性，包括潮水冲击，水温低，坠物等。

（11）安全检查必须做到经常性和严肃性，应与奖罚制度相结合。隐患必须及时、彻底地整改。

（12）做场地清理，工程扫尾工作时，必须时刻控制场地的各种污染源，以免造成环境污染，危害人体健康。

9　环保措施

（1）施工单位和监理单位的临时驻地和临时施丁现场，必须做好生活用水、生活污水、垃圾处理、控制扬尘、噪声等各项环保工作。生活用水必须符合国家有关生活饮用水卫生标准。临时驻地必须建有化粪池或其他能满足使用要求的系统，并予以管理、维护直至合同终止。

（2）施工过程中对施工现场进行定期或不定期的环境监测，并及时将监测结果通报承包人和总监理工程师．以便双方能够掌握施工现场环境质量动态。及时调整环保监控力度，同时也是对施工现场执行环保措施的客观评价。监测方法按国家环保局的《环境监测分析方法》执行。

（3）施工单位和监理单位的临时驻地和临时施工现场，必须做好生活用水、生活污水、垃圾处理、控制扬尘、噪声等各项环保工作。生活用水必须符合国家有关生活饮用水卫生标准。临时驻地须建有化粪池或其他废品处理设备能满足使用要求的系统，并予以管理、维护。

（4）机械车辆使用过程中，加强维修和保养，防止汽油、柴油、机油的泄露，保证进气、排气系统畅通。另外，运输车辆及施工机械，使用0#柴油和无铅汽油等优质燃料，减少有毒、有害气体的排放量。

（5）施工场地修建给排水沟、沉沙池，减少泥砂和废渣进入江河。施工前制定施工措施，做到有组织的排水。土石方开挖施工过程中，保护开挖邻近建筑物和边坡的稳定。

(6)生产、生活污水采取治理措施，对生产污水按要求设置水沟塞、挡板、沉砂池等净化设施，保证排水达标。生活污水先经化粪池发酵杀菌后，按规定集中处理或由专用管道输送到无危害水域。每月对排放的污水监测一次，发现排放污水超标，或排污造成水域功能受到实质性影响，立即采取必要治理措施进行纠正处理。

(7)施工弃渣和生活垃圾以《中华人民共和国固体废物污染环境防治法》为依据，按设计和合同文件要求送至指定弃渣场，不得就地回填以及直接投入江河中。

(8)按设计和合同要求合理利用土地。不因堆料、运输或临时建筑而占用合同规定以外的土地，施工作业时表面土壤妥善保存，临时施工完成后，恢复原来地表面貌或覆土。

10 效益分析

10.1 经济效益

(1)丁字坝在江面上的修筑，可以减轻潮水对江堤塘的冲击，延长堤塘的使用寿命和抗潮强度。改变水流形势，缓释水流冲击力。

(2)运行期维修工程量较小，维修成本低。而且耐久度高，不易损毁。与传统丁坝比，后期持续投入更低。

(3)该丁字坝能够促进航运经济的发展以及带动当地相关产业经济的发展。

10.2 社会效益

(1)丁字坝能使水流集中在河道中心以增加流速、刷深河床、抑制泥沙沉积、也有利于增加航道水深；同时靠近河岸的流速迂缓，避免水流冲刷河岸，降低河堤的使用寿命或造成一定的水土流失。

(2)丁字坝有增加航道水深的同时，由于两岸丁字坝的下游方向流速小，会带来一定的泥沙沉积有利于形成浅滩。而且流速的降低有利于两岸水土的保持以及延长堤岸的使用寿命。

10.3 生态效益

(1)生态效益主要体现在以下三个方面：多样流效应、庇护效应和饵料效应。这三种效应是相互联系，相辅相成的，多样流使得各种浮游生物和底栖动物在此滞留成为饵料，提供鱼类以嬉戏和觅食场所，框架透水框架形成的庇护空间可供幼鱼等小型动物避敌，成为优良的微小生境，生态效益明显。

(2)丁字坝的建设有利于下游形成浅滩和保持水土。浅滩和湿地具有较等高级的生态结构和较高密度的生态种群。

11 应用实例

11.1 钱塘江北岸险段标准海塘工程海宁段丁坝工程第一标实例

11.1.1 工程概况

钱塘江北岸险段标准海塘海宁段丁坝第一标位于钱塘江北岸海宁市秧田庙至旧仓堤段，地处强涌潮区，桩号 54 + 100 ~ 57 + 100，63 + 900 ~ 64 + 500，75 + 100 ~ 78 + 700 全长为 7.2km，其中 54 + 100 ~ 57 + 100 段为丁坝 1# ~ 13#丁坝，64 + 000 ~ 64 + 500 为 26# ~ 28#丁坝，75 + 100 ~ 78 + 700 为 34# ~ 52#丁坝，共计新建桩式丁坝 35 座。

单条丁坝工程结构为坝长 50 m，坝顶高程 3.0 m。其中坝身、坝根部分长度为 38 m，坝头部分长度为 12 m。坝身、坝根部分下游侧板桩密排布置；在垂直坝轴线方向往上游侧 4.35 m 远间隔 1.5 m 设置一根加强肋板梁，并用连系梁和下游板桩连成整体，连续多条丁坝组成丁坝群。

图 14　盐官丁字坝

11.1.2　施工情况

2002 年 9 月 26 日开始板桩预制至 2004 年 2 月 13 日完成板桩施打，共施工完成丁坝 35 条，共计施打塘前底脚板桩（35 cm × 25 cm × 10.5 m）2 999 支，坝身板桩（25 cm × 40 cm × 11 m）6 079 支，坝头板桩（30 cm × 40 cm × 18 m）9 m 下桩 2 881 支，9 m 上桩 2 662 支，完成 C35 混凝土板桩预制约 15 300.89 m^3，板桩钢筋制安约 3 103.6 t，钢板制安约 670.86 t。

11.1.3　工程结果评价

钢筋混凝土板桩丁坝基础深，能在强涌潮及洪水冲刷作用下维持稳定，克服了抛石丁坝在强涌潮区域容易失稳的缺点，同时该丁坝群建成运行后海宁险段海塘塘前均出现不同程度的促淤，有效地保护了险段海塘工程。它的成功经验为钱塘江强涌区开创了新的治江思路。

11.2　海宁陈汶岗丁坝工程

11.2.1　工程概况

工程位于钱塘江海宁陈汶岗险段强涌潮区。

钱塘江海宁陈汶港丁坝为堆石结构，坝头为挂桩结构，2011 年发现坝头与坝身连接处断裂，坝头塌陷。使得该段海塘存在安全隐患，为海宁段海塘防汛安全薄弱点。考虑直接加固该坝存在后续维护困难、维护资金投入大、经济效能差的缺陷，故计划在该丁坝下游侧插建一座新型桩式丁坝。桩式丁坝长 70 m，坝顶高程 1.3 m，其中坝身部分长度为 58 m，坝头部分长度为 12 m。坝身部分下游侧板桩密排布置；在垂直坝轴线方向往上游侧 4.35 m 远间隔 1.5 m 设置一根加强肋板梁，并用连系梁和下游板桩连成整体。

11.2.2　施工情况

2012 年 7 月 1 日开始板桩预制，至 2012 年 7 月 25 日结束，完成 11 m 板桩预制 273 根，18m 板桩预制 46 根。2012 年 7 月 29 日开始板桩运输及施打至 2012 年 8 月 25 日结束，共完成 11 m 板桩施打 223 根，18 m 板桩施打 46 根。2012 年 9 月 29 日完成帽梁及连系梁浇筑。整个施工过程质量、安全情况可控。

11.2.3　工程结果评价

由于积累了前几次施工项目的经验，该项目施工进度快速，各环节配合密切、娴熟，细节施工更加精细，质量更好，造价更趋合理，效益明显，充分得到了设计、监理、业主的认可。

（主要完成人：吴栋良　方　正　方正龙　柴良华　刘学应）

钱塘江强潮汐环境下冲击成孔灌注桩施工工法

浙江钱塘江水利建筑工程公司
浙江水利水电专科学校

1 前言

钱塘江潮汐是世界三大潮汐之一，是大自然留下的最大的奇观之一，气势磅礴、波澜壮阔，其宏伟壮观的场面令人向往，给人以强烈的震撼！它在给人带来了美感的同时，也会给人类带来了许多灾害，需要水利建设工作合理利用与科学治理！钱塘江强潮汐给水利工程的施工带来了许多难题，如在此环境下的灌注桩施工，如何解决潮汐环境下快速成孔、快速成桩等就是典型的例子。

潮汐环境下较厚块石层（ >2 m）、混凝垢中的灌注桩造孔一直是施工的难题，快速冲击成孔灌注桩施工方法是我们建立在潜孔锤偏心跟管钻进技术的基础上，具有的一种具有设备轻便、快捷、经济、高效等特点的施工工法。在潮汐环境，丁坝施工过程中采用传统的施工钻孔工艺大都采用跟管、冲抓成孔等方法，存在施工速度慢、效率低、施工质量难以保证等难题，不能很好地满足工程需要，且具有不同程度上的局限性。该潮汐环境下快速冲击成孔灌注桩施工工法采用先进的潜孔锤偏心跟管钻进技术改变了传统的成孔作业机理，大大提高了钻进的效率，为后续工作安放钢筋笼、灌注桩的浇筑赢得了宝贵的时间。

我们研发的钱塘江强涌潮汐环境下冲击成孔灌注桩施工工法改善了传统的施工工艺，已经产生了较好的社会效益和经济效益，是水利工程建设行业桩基施工工艺的有效补充，对特定环境效果更加明显，值得推广应用。本工法研发过程中，已经产生了多项新技术，其发明及实用新型专利正在申报受理过程。

2 工法特点

本工法是在潮汐的环境下，解决灌注桩施工在较厚水下块石层（ >2 m）钱塘江内块石层厚，地质复杂的丁坝与多次抛石抢险塘段，能较大程度的缩短施工工期，通过采用钢壁套筒，对桩基起永久性的保护作用，减少因坝体受侵蚀的产生的维修费用。整个实施过程进行了统一的规划、设计、施工和协调管理，采用先进的潜孔锤偏心跟管钻进技术提高钻机的钻杆和跟进套管的单根长度，使用永久性套筒护壁，不存在塌孔及断桩的缺点，改进了钻孔的工艺，经济效益和技术效果十分可观。该工法原理技术比较成熟，施工工艺简单容易实现，实用性强，具有较强的适用性。

3 适用范围

本工法适用于各种环境中，对于埋深较大的块石层、混凝垢、卵砾石层、坡积层、流砂层等无法有效采用常规办法处理的地质条件下，进行灌注桩造孔等基础处理项目的工程建设行业的桩基施工工程，对类似潮汐环境的施工条件效果更加突出。

4 工艺原理

潮汐环境下快速冲击成孔灌注桩施工工艺是在海边潮汐常现的环境中，需要尽可能加快施工进度的条件下，在一个潮汛期间，采用比传统套管要大很多的套筒护壁，运用潜孔锤偏心跟管钻进技术进行冲孔，完成下钢筋笼，浇捣混凝土的过程。该工法工艺原理见图 1。

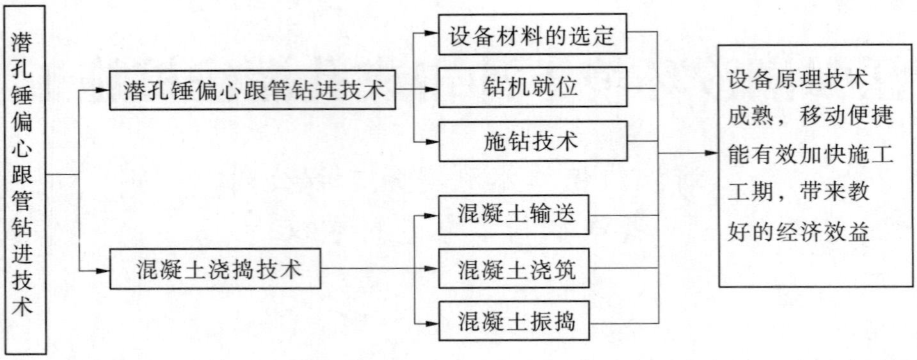

图1　工艺原理图

5　施工工艺

5.1　施工工艺流程图

施工工艺流程见图2。

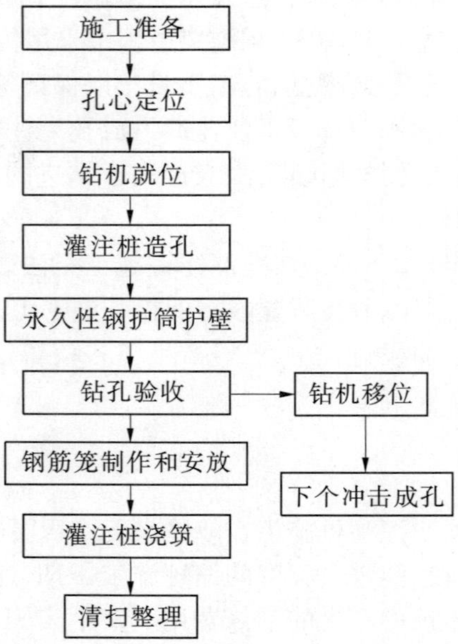

图2　施工工艺流程图

5.2　操作要点

5.2.1　准备工作

施工人员掌握设计意图，进行施工准备。施工准备包括熟悉相关技术设计资料、施工图纸及潜孔锤偏心跟管钻进技术标准规范等工作。施工前由相关技术人员对工程项目所在地的水文气象、潮位特征等进行调查。根据调查报告确定适宜的工作时间。

5.2.2　孔心定位

测量员根据对图纸和实地的详细观察和分析，利用业主提供的测量控制点与本工程坐标之间的相互关系，计算出测量控制点对工程坐标之间的角度和距离，然后采用经纬仪控制，进行本工程控制桩设置。

5.2.3　钻机就位

钻机通过轨道移动至孔心定位点附近，在通过悬吊铅垂线进行精确定位。

5.2.4　灌注桩造孔

首先根据工程设计图纸定位出孔位，然后移动钻机到位，利用水平尺调整钻机，钻机稳固后，在作业面表层用潜孔锤偏心跟管钻具，如图3单偏心三件套跟管钻具组成示意图，如图4大口径钻具，钻进直至1 m为止，钻进过程风压根据情况随时调整，基本维持在0.8 MPa，一般跟管两节后可调整风压至1.1 MPa左右，随着地层变化可调整钻压。冲击成孔，如图5钻具冲击成孔图，钢套管按1.5 m左右一节事先准备，并可安装在钻机上，随成孔进度同时跟进，套管与套管接管采用丝口套接，保证其连接强度，当成孔至设计深度后，提出钻具，钻孔结束，并马上进行后续钢筋笼安装和混凝土浇灌。

本工程钻机进尺3 m/h左右（包括拆除钻杆及人工接管时间），根据设计孔深，大潮汛每根桩需分二潮完成。小潮汛可连续作业，基本可以一潮施打一根。

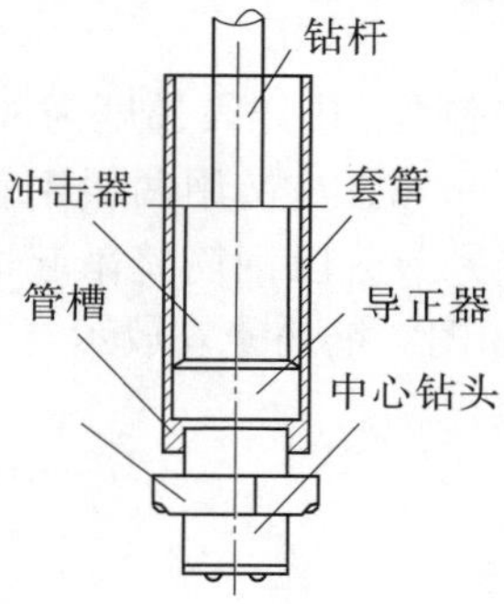

图3　单偏心三件套跟管钻具组成示意图

图4　口径钻具

图5　钻具冲击成孔图

5.2.5　永久性钢护筒护壁

本工程采用的钢护壁重量较大，如图6套管，通过起吊设备，首根套管（含套靴）放置开孔位置，其他套管起吊至首根套管顶部，套管之间的连接为丝口连接，人工配合链钳安装。

5.2.6　钻孔验收

待钻机钻孔至设计标高时，工作人员自检合格后，书面通知监理及业主进行终孔验收。

5.2.7　钢筋笼制作与安放

钢筋笼的制作前，技术人员应根据图纸要求对桩的钢筋进行配料，写配料单，工人在核对钢筋规格、数量等确认无误后在对钢筋进行加工制作。钢筋的连接采用电弧焊接，焊接长度符合规范要求，钢筋笼主筋接头要错开，每一截面上接头数量不超过50%，按设计要求的钢筋位置布置好箍筋，箍筋与主筋连接缠绕紧密，将箍筋点焊在主筋上。成型后的钢筋笼自检合格后报监理验收，验

图6　套管

收合格后挂牌置于专用场地处采用下垫上盖存放，妥善保护。

根据现场实际情况确定钢筋笼的每节长度，在加工场地分节制作，其分段长度为 4.5 m，待安放钢筋笼时，用吊机先将一段钢筋笼吊入孔中，在高于工作面 50 cm 的位置，用两根钢管穿过钢筋笼横截面，搁在永久性套管顶面上，起到支撑的作用，再用吊车将另一分段钢筋笼吊起适宜高度与前一钢筋笼进行电弧焊接，依此方式对于分段钢筋笼进行安放，如图 7 钢筋笼安放示意图。

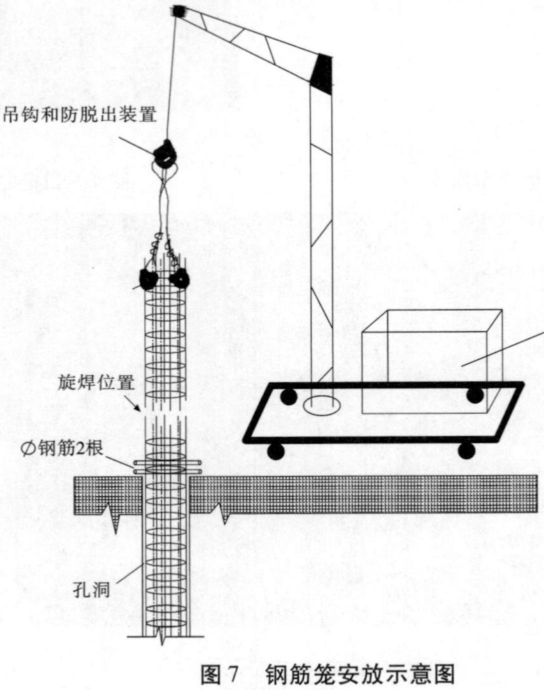

图7　钢筋笼安放示意图

5.2.8　灌注桩浇筑

待安放钢筋笼完毕后，尽可能在最短的时间内进行混凝土浇灌。混凝土采用商品混凝土，经泻槽运至坝面坝根处，经人工二次翻拌后通过双胶轮车运至灌注桩孔位处，人工浇灌，插入式振捣器振捣，人工抹面整平桩顶面。

本工程桩径为 426 mm 的冲击灌注桩，钢筋笼内径为 290 mm，可采用直径 250 mm 的钢管作为浇筑混凝土的导管，使用前在地面进行拼装连接，接头用法兰盘加橡胶垫连接。导管在使用前进行必要的水密性、水压力试验、接头抗拉和隔水栓通过试验，确保无漏水、渗水现象，经验收合格后方能使用。

待导管下完后，在混凝土浇筑前须再用测绳（测锤）量测孔深、孔底沉渣厚度，沉渣厚度等于冲孔的深度与孔的深度差值。直至沉渣厚度符合设计要求后才能允许浇灌混凝土。

混凝土开始浇筑时间应控制在 1 小时之内，不宜超过 2 小时。时间过长，导致孔底沉渣过多，应重新清孔。混凝土浇灌时应检查隔水栓是否放置。

在混凝土浇灌过程中，卸管时须在适宜混凝土面高度时进行，导管根据混凝土的浇筑速度均匀提升。

在混凝土浇筑过程中，必须抽样检测混凝土的坍落度，宜控制在 180 ~ 200 mm 之间，并在现场对混凝土试块进行见证取样。

5.2.9　清扫整理

在灌注完成后，对坝面及桩顶进行清理，以及桩头的保养，防止潮水对桩头的侵蚀破坏。

6　材料与设备

6.1　材料的选择

6.1.1　支架材料

本工程钻机支架采用$\phi 48 \times 3.5$ 钢管，扣件式钢管脚手架，由扣件、立杆、横杆、支座组成。钢管纵横 1.2 m 双向布置，如图 8 钻机支架示意图，两侧立有斜撑和剪刀撑用于抵挡潮水的侧向冲击力。

图 8　钻机支架示意图

6.1.2　商品混凝土

本工程由于在一个潮汛期浇筑的混凝土量不大，考虑产品的经济性，故采用商品混凝土，强度等级为 C30，具有和易性，其配合比应通过实验确定，坍落度宜为 180 ~ 220 mm，水泥的用量不应少于 360 kg/m^3。水下灌注混凝土的含砂率宜为 40% ~ 50%，并选用中粗砂，粗骨料的最大粒径应小于 40 mm。

6.1.3　**导管**

导管的壁厚不小于 3 mm，直径宜为 220 ~ 260 mm，直径制作的偏差不应超过 2 mm，导管的分节长度可视工艺要求确定，底管长度不宜小于 4 m，接头宜采用双螺纹方扣快速接头。导管使用前要应试拼装、试压、试水压力可取为 0.6 ~ 1.0 MPa。每次灌注后对导管内外进行清洗。

6.1.4　**永久性套管**

套管的选择一般遵循耐冲击和轻便、经济等特点，同时需满足屈服强度，抗压强度等要求。普通地质套管（如 DZ40）的屈服强度≥390 MPa，抗拉强度≥680 MPa，且孔径基本在 168 mm 左右，广泛应用于地质勘探中。本施工工法中孔径为 426，远大于普通的地质套管 168 mm 孔径，因此对套管材质及热处理性能要求较高，尤其是管靴的材质，普通地质套管（如 168 mm）采用 40CrMnMo（DZ40）高强度材料，本工艺选取材质为 R780 定做地质套管（屈服≥520 MPa、抗拉≥780 MPa），壁厚为 10 mm，且丝口经过高质量的淬火热处理，以防钻孔过程中由于受到外部地层摩擦阻力及钻头受力不均发生斜孔从而导致套管断裂，因一旦发生断管事故，需将底部套管全数拔出并重新开孔，浪费人力物力。

6.1.5 钻杆

钻杆的选择相对简单，主要是考虑其强度，目前市场主要有两种ϕ73 和ϕ89，本工程施工工艺先采用ϕ89 钻杆作为试验，经试验施打时钻杆断裂（断裂原因主要是冲击器及偏心钻头重量较大，长时间工作后在钻杆薄弱环节发生断裂）；后选用ϕ127 钻杆，该杆体材料也为 R780（屈服≥520 MPa、抗拉≥780 MPa），为防止钻杆与钻机结合部位因旋转产生扭力发生断裂，施工时在该部位加上得当的焊接，基本能满足本工艺使用需要。

6.2 机具设备

工程现场实际需要配置设备机具，基本的主要设备机具见表1。

表1 主要机具设备表

序号	名称	型号	数量	备注
1	精密水准仪	MI005A	1 台	测量放样
2	经纬仪	J2	1 台	—
3	电弧焊机	KRⅡ200－500	1 台	管材焊接
4	潜孔锤冲击器	FWC350	1 台	冲击成孔
5	空压机	750S	1 台	给钻机加压
6	小型吊机，	FQ500G	1 台	吊套筒、导管等
7	发电机 380 kW（VOLVO）	—	1 台	功率为 380 kW
8	人力车	—	若干	运输混凝土等
9	线锤	—	一枚	5 kg

7 质量控制

7.1 质量控制标准

7.1.1 施工质量验收依据

施工技术规范见表2。

表2 施工技术规范

序号	名称	编号
1	水利水电工程施工质量检验评定规程	SL 176—2007
2	混凝土结构工程施工质量验收规范	GB 50204—2011
3	钢筋焊接及验收规范	JGJ18—2003
4	潜孔锤偏心跟管钻进技术	—
5	建筑施工扣件式钢管脚手架安全技术规范	JGJ 130—2011
6	水利水电工程施工通用安全技术规程	SL 398—2007

7.2 钢筋工程质量保证措施

钢筋进场应按规定抽取试件作力学性能检验。钢筋质量必须满足以下要求：①外观平直、无损伤、表面不得有裂纹、油污和绣纹；②具备出厂合格证、标牌；③屈服强度、冷弯性能、抗拉强度等满足要求。

钢筋安装时，受力钢筋的品种、级别、规格和数量必须符合施工图要求。

7.3 钻孔质量控制

7.3.1 人员控制

钻机操作人员在实际操作过程面对复杂地理环境能及时作出调整，避免出现卡钻、断孔、斜孔等事故，因此对机械操作人员的作业素质要求较高。

7.3.2 材料控制

工前认真检查冲击器工作是否正常，偏心钻具张开、收拢是否灵活。连接销和锁紧机构是否牢靠，管靴和偏心钻具的尺寸是否匹配，各连接部位是否可靠。

7.3.3 机械控制

开钻时先不带套管钻进 1 ~ 2 m（为跟管钻进提供定位和导向作用），然后提出钻具，再将首根带套靴的套管放入孔内，钻具放入套靴内，检查各部位工作正常后进行跟管钻进。

钻进过程中，根据地层情况每钻进一定深度要提钻进行排渣，待孔内畅通后方能继续钻进，严禁长时间钻进不提钻排渣，这样会导致钻孔堵塞，又会发生钻具的伸缩部分和偏心的回转部分被岩渣卡住而工作不正常。一旦发生卡钻事故需根据实际情况可继续往下施打并加大风压吹渣，如果仍然卡钻只能将套管及钻具一同拔出。钻进过程切不可强行反转钻具，以免偏心钻头收拢，起不到扩孔作用。

随着钻孔加深，要边加钻杆边加套管，此过程中要检查丝扣的连接是否可靠，以免在钻进时由于冲击而产生脱节。

本工程施工工艺对于地质结构复杂，上部结构为块石层，下部为土层结构时，该钻具在土层钻进过程中也发生堵塞现象，遇此情况可将孔内注入一定量的水后在开风压，在风压和水的冲击作用下将泥吹出，继续施工。

7.4 灌注桩浇筑质量控制

混凝土浇筑前，应详细检查有关准备工作，如基础处理情况、钢筋是否符合设计要求，并应做好记录，检验合格后才能浇筑。选择混凝土的运输设备和运输能力，应与拌合、浇筑能力、仓面的具体情况相适应，充分发挥设备效率，所用的运输设备应使混凝土在运输过程中不致发生分离、漏浆、严重泌水及过多降低坍落度等情况，在运输过程中，尽量缩短运输时间及减少转运次数，按规范要求对混凝土的运输时间应不超过如下规定：气温 5 ~ 10 ℃时，运输时间为 60 分钟；10 ~ 20 ℃时，运输时间为 45 分钟；20 ~ 30 ℃时，运输时间为 30 分钟；因故停歇过久，混凝土产生初凝时，应作废料处理，在任何情况下，严禁在中途加水后运入仓内；不论采用何种运输设备，混凝土自由下落高度应不大于 2 m，超过此界时应采取溜槽等缓降措施。本工程混凝土自由下落高度大于 2 m，故采用溜槽将混凝土卸至坝面，再用人工搬运至浇筑地点。

8 安全措施

（1）贯彻执行“安全第一，预防为主”的方针，技术人员做好对施工操作人员关于施工范围、工程量、施工进度要求等的安全技术交底工作，落实三级安全教育制度。

（2）严格遵守《水利水电工程土建施工安全技术规程》（SL 399—2007），严格执行安全技术措施和反事故技术措施，施工人员进入施工现场必须戴安全帽，穿工作服，高空作业必须系安全带，及时发放和正确使用各种有关作业的劳动保护用品。

（3）做好防火工作，职工宿舍、各类仓库、钢筋加工房设置灭火器，重机修车间配灭火砂箱，并经常检查保养，使其处于良好状态，焊接、切割等明火作业必须在安全地点进行，或监控下进行作业，做到人走火灭。现场活动严格遵守野外防火规定，不准在无人看管时明火焚烧。

(4)确保工地照明安全,各施工点、道路、居住点照明度按需要配置,采用小太阳电灯和其他照明灯具,以确保工作面照明安全。

(5)各种机械实行专人使用,下班前清洗干净,机械设备定期保养维修,确保正常运转,尤其是上路行驶的车辆必须符合交通规则,履带式重机不允许直接上路。现场人员必须严格遵守安全生产规章制度,严禁酒后作业和冒险蛮干。

(6)钻机支架要经常检查其牢固性、稳定性,堆物载荷不得超过设计值,拆除时不得抛掷,脚步手架搭设和使用必须遵守有关安全规定,搞好高空和起重作业安全工作,谨慎操作。

(7)及时制定各单项工程的安全操作规程,特别是基础工程施工,必须制定安全技术措施,采取必要的保护和监测手段,使周围地区的沉降及位移在允许范围之内。

(8)做好施工现场安全信号设置工作,设置警戒线、指示信号、控制信号、危险信号、标准道号信号、报警信号标志等,并维护、使用好,做到信号齐全,口哨、袖章、红旗、人员齐备。

(9)现场设置的安全防护设施、安全警示标志不得擅自拆除、移动。如有变化须经工地负责人和安全部门同意,并采取相应措施。

(10)现场电源一律按规定架空,装置固定的配电箱,随时对漏电及杂散电流进行监测,所有用电设备配置触电保护器,加工机械配置保护装置,正确设置接地及避雷装置,以防电器设备受雷击,并定期专人检查管理维修。

9 环保措施

(1)工程施工现场严格执行《建筑施工场界噪声限值》中有关规定和要求进行,避免夜间施工扰民,在施工前通知施工点周围的单位和居民,施工作业尽量安排在白天进行,为居民提供良好夜间休息环境,噪音大的施工机具应停止夜间作业。

(2)建筑材料应有合格证明,对含有有害物质的材料应进行复检,合格后才能使用。

(3)对于施工中粉尘污染的主要污染源—混凝土拌和、施工车辆、机械运行和运输产生的扬尘,采取有效措施减轻施工现场的大污染,保护人民健康。拌合设备应有较好的密封,或有防尘设备;施工通道、混凝土拌合站经常进行洒水处理。

(4)在施工中,严格遵守国家环境保护部门的有关规定,采取有效措施预防和消除因施工造成的环境污染,对工程范围以外的工地及植被注意保护,并严禁乱倒污泥、垃圾等。

(5)做好设备的保养维修,减少对水体的油污排放,控制并收集船上生活污水,不向江中排放。

(6)浇筑后剩余的混凝土及时收集,用于对现场的硬化,既起到废物利用、减少浪费,又达到硬化现场,减少扬尘的作用。

10 效益分析

钱塘江块石层结构丁坝数目较多,很多坝体经历长期的潮水侵蚀,因工程本身需要已经进行多次进行块石抛放及混凝土浇筑等方法加固处理,但很多仍旧被冲损,在不断地加固过程中浪费很多人力物力,在此情形下本工程主要是针对钱塘江潮汐环境下,尤其是块石覆盖层结构的坝体,试验出一套能够快速、永久性加固坝身的施工方案,因此对传统的潜孔锤偏心跟管钻进技术进行组合优化,配套设施(冲击器、偏心钻头)均由厂家进行设计定做,对永久性钢护筒的材质进行优化(孔径增大,材质从传统的DZ40更改为R780),采用永久性钢护筒护壁可避免施工过程中产生的塌孔,断桩等问题,同时机械轻便易移动,施工进度明显加快,为企业带来了不错的经济效益。

11 应用实例

(1)钱塘江海宁翁东28#丁坝位于浙江省海宁市老盐仓回头潮处,该坝为底部为抛石结构,顶部为混凝土护面结构，见图9 钱塘江海宁翁东28#丁坝，该坝受潮水冲击损毁严重，后于2011年12月份对受损丁坝坝基采取φ426灌注桩外加50 cm×50 cm联系梁加固补强措施、坝面重新进行了混凝土灌砌石施工。本工程施工工艺设计孔深为18 m，工程整个施工过程精细，质量合格，造价合理，效益明显，充分得到了设计、监理、业主的认可。

如图10　钱塘江海宁翁东28#丁坝

(2)钱塘江海宁翁东29#丁坝位于浙江省海宁市老盐仓回头潮处，该坝为浆砌石坝面，坝长94.5 m，长期经受双向潮水的冲击和潮水侵蚀，表层浆砌块石和底部抛石层冲失严重。丁坝被冲损后，钱塘江管理局嘉兴管理处曾落实施工单位对丁坝进行临时加固处理，但处理后仍旧被潮水冲蚀，因此本工程主要是在坝体冲损位置进行φ426造孔、永久性钢护筒护壁灌注桩处理(共计27根，长18 m，间距20 cm)，及时有效的保护了该丁坝见图10、图11。

如图10　钱塘江海宁翁东29#丁坝

图11　钱塘江海宁翁东29#丁坝

(主要完成人：金南兰　黄海珍　张　勇　马炳兴　刘学应)

双排钢板桩围堰施工工法

浙江省水电建筑安装有限公司

1 前言

软土地基大跨度、深基坑围堰的结构形式一般有土石围堰、双排钢板桩围堰以及双排钢管桩围堰三大类。在沿海软土地基上建造体积庞大的土石围堰,其在稳定性、地基承载力和防渗止水等方面均有较大难度,且工期较长。双排钢板(管)桩围堰则体积小,影响范围较小,回收利用更方便,而且建造、拆除施工速度快。双排钢板桩围堰相比与钢管桩围堰,其优点是围堰结构更稳定,能承受更大的变形,止水更可靠。因此双排钢板桩围堰在核电取水泵站、排水口围堰,造船基地的船坞,水利工程浦内建闸或围堤水闸围堰被越来越多的采用。

2 工法特点

(1)钢板桩是一种可重复利用的绿色建材,满足环保和可持续发展要求。

(2)钢板桩有不同形状、型号,长度可根据工程不同要求定制。

(3)双排钢板桩围堰安全可靠,具有强度高、防渗好、防冲刷能力强等特点。

(4)钢板桩围堰施工简单,易拆除,可不用水下施工,施工便捷,施工速度快。

3 适用范围

本工法适用于沿海软基围堰,一般水深大于5.0 m,可用于沿海风力较大,波浪较强地区。

4 工艺原理

双排钢板桩围堰即在围堰轴线两侧各设置一排钢板桩,两排桩之间回填砂或黏土并通过拉杆连接成整体,形成挡水挡土结构。具体见图1。

5 施工工艺流程及操作要点

5.1 施工工艺流程

本功法施工工艺流程见图2。

5.2 施工操作要点

5.2.1 双排钢板桩围堰基础清理

依据施工图纸提供的控制点,进行现场围堰轴线及双排桩位置放样,在此位置上需将障碍物清理干净,以防钢板桩施工时受障碍物影响无法打入。

5.2.2 钢板桩的选用、吊运、堆放

考虑到热轧钢板桩长度一般在15 m以内,小于双排钢板桩设计要求长度,需要接桩后才能使用,而冷弯钢板桩可根据设计要求长度由厂家定制。虽然热轧钢板桩锁口止水效果要优于冷弯钢板桩,但双排钢板桩围堰止水大部分由桩间回填芯土防渗,因此目前双排钢板桩围堰使用冷弯钢板桩居多,而单排钢板桩采用热轧较多。

(1)对进场的钢板桩进行现场随机外观外观检验,以防不合格产品进入施工场地。外观检测项目根据《热轧U型钢板桩》(GB/T 20933—2007)规范执行。

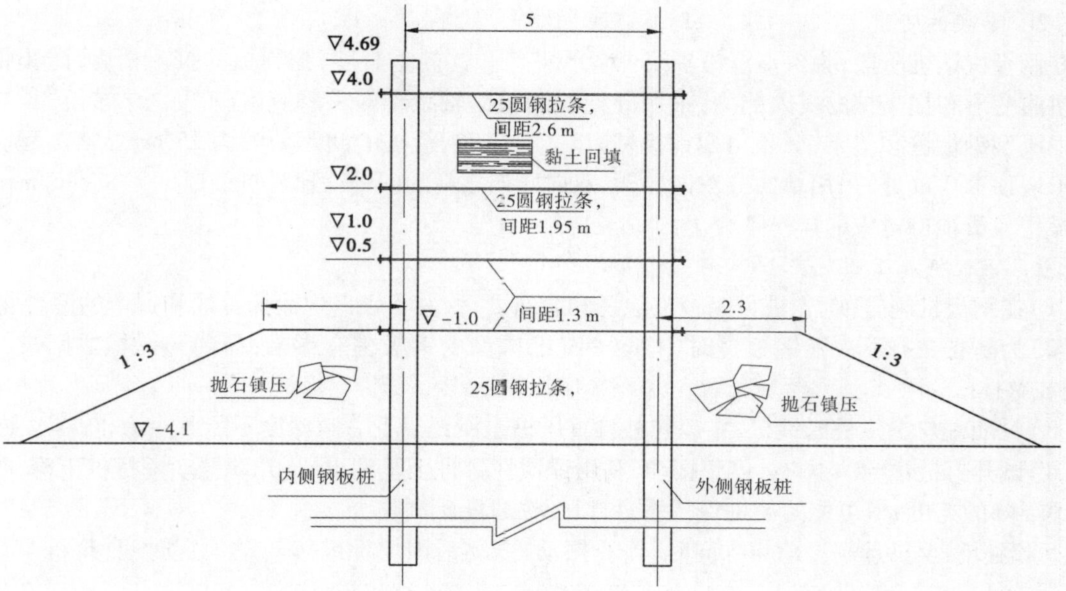

图 1　围堰结构断面图

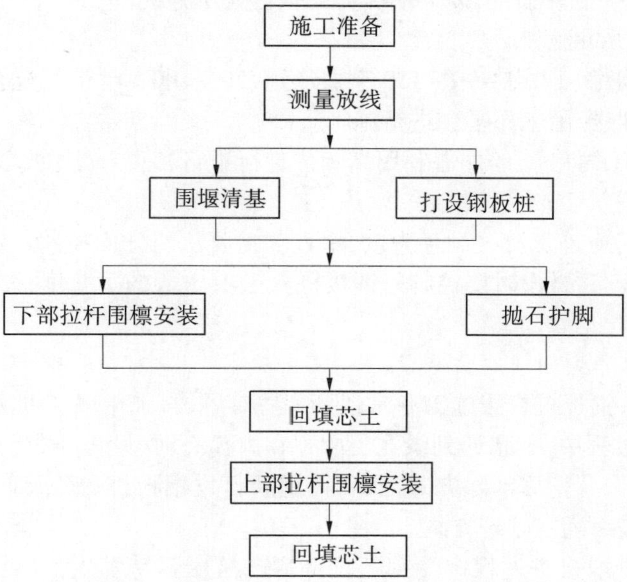

图 2　围堰施工流程图

(2)钢板桩吊运,装卸钢板桩采用钢索捆扎两点吊。装卸吊运时随时注意保护锁口免受损伤。吊运方式有成捆起吊和单根起吊。

(3)钢板桩堆放,钢板桩堆放的地点,选择在不会因压重而发生较大沉陷变形的平坦而坚固的场地上,同时尽量堆放于工作面附近,减少二次搬运。吊运时,安排专职人员现场指挥,确保转运的安全。

5.2.3　钢板桩施打

5.2.3.1　施工顺序

双排钢板桩围堰一般由围堰中部往围堰两侧施打,以减少钢板桩施工时的累计倾斜,可减少异型桩的数量。

5.2.3.2 导架的安装

在钢板桩试桩阶段，为保证沉桩轴线位置的正确和桩的垂直度，控制桩的打入精度，防止钢板桩的扭曲变形和提高桩的贯入能力，采用导架控制桩的轴线走向和垂直度，亦称“导向架”。导架由两根成型钢板桩和工字钢（也可用钢板桩）组成，导架钢板桩的间距一般为 15 m，导架高程布置在低于堰顶 1.0 m 处，采用单向或双向导架，双向导架之间的间距略比板桩墙厚度大 8 ~ 15 mm，又作为操作人员锁口对中的操作平台。

5.2.3.3 钢板桩施工工艺

(1)在钢板桩施打前，先进行钢板桩除锈和防腐处理，并在锁口内涂抹黄油和锯木的混合物。

(2)为防止在打下一根钢板桩时，对前一根已成型的钢板桩有影响，需要与围檩之间进行点焊，连成整体。

(3)对准桩与定位桩的锁口，靠锤与桩自重压桩至淤泥以下一定深度不能下降为止。

(4)试开打桩锤 30 s 左右，停止振动，利用锤惯性打桩至坚实土层，开动振动锤打桩下降，控制打桩锤下降的速度，尽可能的使桩保持垂直，以便锁口能顺利咬合。

(5)钢板桩至设计高度前 40 cm 时，停止振动，振动锤因惯性继续转动一定时间，打桩至设计高度。

(6)松开液压夹口，打下一根桩，以上依次类推至打完所有桩。

5.2.3.4 钢板桩打设施工措施

(1)钢板桩陆上作业采用 DZJ－90 ~ 150 型振动锤、50 ~ 100 t 履带吊配合进行打设，水上作业采用浮吊或平板驳作为履带吊工作平台进行施工。

(2)围堰钢板桩水上作业时，船体需利用高潮位进行进行移位和定位，考虑施工安全尽量安排在白天作业。

(3)钢板桩在施工时应确保打设的垂直度，垂直度主要从两方面控制，一是利用钢板桩自身的重量，在垂吊空中时垂直，在打设时要控制好钢板桩入土前 3 m 的垂直度；二是利用测量仪器进行观测并校核垂直度。

5.2.3.4 钢板桩施工中遇到的问题及处理

由于地质结构复杂，钢板桩打拔施工中常遇到一些难题，常采用以下办法解决：

(1)在钢板桩打设过程中，如果遇到淤泥层中存在大孤石时，则停止打设，拔出钢板桩，对于在表层 5 m 以内的孤石采取开挖后清除方式，然后再重新打设钢板桩；孤石埋置深度大于 5 m，则及时跟各参建方联系，并最终确定处理方案。

(2)钢板桩杂填土地段挤进过程中受到石块等侧向挤压容易发生偏斜，采取以下措施进行纠偏：在发生偏斜位置将钢板桩往上拔 1.0 ~ 2.0 m，再往下打入，如此上下往复振拔数次，可使大的块石被振碎或使其发生位移，让钢板桩的位置得到纠正，减少钢板桩的倾斜度。

(3)钢板桩沿轴线倾斜度较大时，采用异形桩来纠正，异形桩一般为上窄下宽和宽度大于或小于标准宽度的板桩，异形桩可根据实际倾斜度进行焊接加工；倾斜度较小时也可以用卷扬机或葫芦和钢索将桩反向拉住再打入。

(4)在基础较软处，有时发生施工当时将邻桩带入现象，采用的措施是把相邻的数根桩焊接在一起，并且在施打当桩的连接锁口上涂以黄油等润滑济减少阻力。

5.2.4 安装檩、拉条及填筑闭气土、镇压层

安装围檩、拉条及填筑闭气土、镇压层，在上下游两排钢板桩完成 50 m 后，低潮位时安排班组开始从下往上安装围檩和拉条，堰体内闭气土跟进填筑，闭气土采用平驳船进行装运，挖掘机配合抛填。视闭气土的填筑的高程，钢板桩内外镇压层同时跟进镇压。

6　材料与设备

6.1　材料

6.1.1　钢板桩

现阶段国内使用的钢板桩有进口热轧钢板桩和国产冷弯钢板桩两种，进口热轧钢板桩目前国内常用的为 U 型钢板桩，此类钢板桩截面尺寸、截面面积、理论重量及截面特性如《热轧 U 型钢板桩》(GB/T 20933—2007)标准，国产冷弯 U 型钢板桩现有品种较多，现列举欧领特、南京万汇生产的冷弯 U 型钢板桩截面尺寸、截面面积、理论重量及截面特性。欧领特钢板桩特性如《钢板桩工程手册》，南京万汇生产的钢板桩特性如表 1。

表 1　冷弯 U 型钢板桩截面尺寸、截面面积、理论重量及截面特性

U 型冷弯钢板桩								
序号	宽度 (mm)	高度 (mm)	厚度 (mm)	每米单重 (kg/m)	每桩单重 (kg/m^2)	断面面积 (cm^2/m)	每米惯性矩 (cm^3/m)	每米截面模数 (cm^3/m)
1	450	360	8	52.5	116	148.6	18 267	1 015
2	450		9	58.6	129.8	165.9	20 382	1 132
3	450		10	64.6	143.7	182.9	22 443	1 247
4	575		8	60.4	104.5	133.8	19 684	1 093
5	575		9	67.5	117	149.5	21 979	1 221
6	575		10	74.5	129.5	165	24 224	1 346
7	600		8	61.7	102.8	131.4	19 896	1 105
8	600		9	69	115	147.3	22 218	1 234
9	600		10	76.5	127.5	162.4	24 491	1 361
10	650	540	10	96.2	146.9	187.4	69 093	2 559

注：1. 产品宽度在 450 – 600 之间任意尺寸材料厚度为 8 – 10，只要有材料随时可以生产．产品长度可根据要求订制。

2. 以上表格内重量为理论重量，实际生产受材质及工艺等因素，采用材料宽度及厚度公差影响，实际重量略小于理论重量，但不超过 1.5%，材质为宝钢产 MDB350，优于进口热轧的 SY295 材质，相当于欧标的 S355 材质。

3. 重点推荐：575(600) × 360 × 10，相当于拉森三号(底宽 400)钢板桩，650 × 540 × 10 强于拉森四号桩，国内均常用。

6.1.2　拉条、围檩

拉条在国内一般采用 ϕ 22 ~ ϕ 50 mmQ215 圆钢，在国外根据欧标《热轧结构钢产品 – 第 1 部分：交货技术条件》(EN10025)中拉杆材质采用 S235JO 和 S355J0 可焊结构钢，直径可达 150 mm。根据堰内填筑材料的不同、堰体内力的需要采用不同的拉条直径以及拉条间距，一般采用多道拉条更有利于围堰整体受力，更接近于重力式挡墙理论。

围檩采用 14# ~ 22# 背靠背槽钢围檩，根据拉条的排数设置围檩。

6.1.3　围堰芯土、抛石镇压层、被动土加固措施

堰内填筑砂或粘土，当围堰悬臂高度超过 5 m 时，应考虑围堰两侧加抛抛石层或在背水面进行被动土加固。

6.2　设备

双排钢板桩围堰施工所需主要设备见表 2。

表 2　主要设备表

序号	机械名称	型号	单位	数量	使用部位
1	平板船	1 000 t	艘	1	打拔钢板桩
2	液压振动锤	DZJ－120	台	1	打拔钢板桩
3	80T 履带式起重机	SCC800C	台	1	打拔钢板桩
4	汽车吊	25 t	辆	2	钢板桩搬运
5	平板车	35 t	辆	1	驳运钢板桩
6	挖机	PC240	台	2	配合桩机作业、修路及芯土回填
7	气割机械	CG1－30	套	2	切割钢板桩
8	电焊机	XD1－200	台	2	钢板桩焊接
9	全站仪	KTS－472RC	台	1	测量定位
10	水准仪	S3－d	台	1	高程定位
11	自卸汽车	5 t	辆	8	芯土、抛石回填
12	高压水枪	Hd10/23	只	1	清洗钢板桩锁口

7　质量控制

7.1　钢板桩质量控制

7.1.1　热轧 U 型钢板桩

（1）热轧 U 型钢板桩尺寸、外形的允许偏差根据《热轧 U 型钢板桩》（GB/T 20933—2007）标准控制。

7.1.2　冷弯钢板桩

（1）由中国冷弯协会提供的冷弯钢板桩标准见表 3。

表 3　冷弯钢板桩的尺寸、外形及允许偏差

<table>
<tr><th colspan="3">名称</th><th>允许偏差</th></tr>
<tr><td rowspan="8">尺寸</td><td colspan="2">壁厚 t</td><td>符合同牌号钢材相关标准规定</td></tr>
<tr><td colspan="2">宽度 B_1(mm)</td><td>$\pm 0.02 \times B_1$</td></tr>
<tr><td rowspan="5">高度 H_1 (mm)</td><td>≤100</td><td>±4.0 mm</td></tr>
<tr><td>>100～200</td><td>±6.0 mm</td></tr>
<tr><td>>200～300</td><td>±8.0 mm</td></tr>
<tr><td>>300～400</td><td>±9.0 mm</td></tr>
<tr><td>>400</td><td>±10.0 mm</td></tr>
<tr><td colspan="2">定尺长度 L(mm)</td><td>0～＋30 mm</td></tr>
<tr><th colspan="3">名称</th><th>允许偏差</th></tr>
<tr><td rowspan="5">外形</td><td colspan="2">侧向弯曲度（开口朝上）</td><td>每米≤1.0 mm，但最大不应超过 10.0 mm</td></tr>
<tr><td colspan="2">上下弯曲度（开口朝上）C</td><td>每米≤1.0 mm，但最大不应超过 10.0 mn</td></tr>
<tr><td colspan="2">曲度（开口朝下）V</td><td>每米≤1.0 mm，但最大不应超过 10.0 mm</td></tr>
<tr><td colspan="2">端部切斜度</td><td>端部锯切应保持垂直，其切斜度≤1°</td></tr>
<tr><td colspan="2">端头毛刺</td><td>毛刺高度≤3.0 mm</td></tr>
</table>

注：1. 尺寸、外形允许偏差应在距端部至少 200 mm 处测量。

2. 厚度应在产品的平板部分测量。

3. 外形尺寸的测量数据应符合 GB/T 8170 数值修约规则的规定。

(2)冷弯钢板桩接合部位的尺寸、外形组合冷弯钢板桩接合部位应保证可靠连接并有适当的活动余地。当采用两根不短于500 mm的冷弯钢板桩做相互插入咬合时,可分别在0°~45°和0°~30°角度范围内转动不脱落。

(3)标记示例

用碳素结构钢Q235A制造的U500X 120型,其厚度为8.0 mm,定尺长度为6000 mm。标记如下:

钢板桩U500 X 120 X 8.0 X 6000 — Q235A/ YB/T 4180 - 2008

7.2 **过程质量保证措施**

(1)各种原材料,半成品严格按质量要求进行采购。钢板桩送到现场后,应及时检查、分类、编号,钢板桩锁口应以一块长1.5~2.0 m标准钢板桩进行滑动检查,凡锁口不合应进行修正合格后方能使用。

(2)钢板桩质量要求。①桩的垂直度控制在1%以内;② 桩底高程误差控制在10 cm左右;③沉桩要连续,不允许出现不连锁现象;④桩的平面位移控制在15 cm以内。

(3)在使用拼接接长的钢板桩时,钢板桩的拼接接头不能在围堰的同一断面上,而且相邻桩的接头上下错开至少2 m,所以,在组拼钢板桩时要预先配桩,在运输、存放时,按插桩顺序堆码,插桩时按规定的顺序吊插。

8 安全措施

(1)做好安全教育,提高全员安全意识。施工现场设立专职安全员对现场进行监管,班组设立2~3名兼职安全员。

(2)在围堰施工前,必须对施工人员进行详细地安全、技术交底,确保钢板桩施打、围檩拉条安装遵章操作,坚决反对违章指挥、作业。

(3)施工人员必须按要求穿戴好安全防护用品,否则不允许进入施工现场。

(4)钢板桩打设期间,风力大于7级及夜间禁止施工。

(5)在钢板桩打设、围檩安装或围堰拆除过程中,要确保吊装设备运行安全,时常检查吊装设备紧固件是否有松动、吊绳有无劳损。因吊装设备受振动锤影响,要加强对吊装设备的日常维护和保养。

(6)打桩工指挥和机械操作工必须经过体格检查和专门培训,经考核合格后持证上岗。

(7)施工前必须配备相应安全防护设施如临边作业设施、防淹溺设施、安全警标设施等。

(8)在气割施工时,垂直面上不得交叉施工,横向上也要在安全距离之外。气割用的乙炔、氧气按相应的规定摆放在安全距离之外。

(钢)板桩打、拔施工时,钢板桩与振动锤用钢丝绳拆除或固定,操作人员要通过钢爬梯进入高空作业,操作人员要带好安全带、安全帽,并要谨慎操作。

(10)钢板桩拔出后,在着地放置的同时将振动锤液压卡松开,然后将钢板桩慢慢放倒在地面上。在这里要确保钢板桩钢丝绳固定卸扣在震动拔桩后仍旧牢固。

(11)振动锤的使用需要380 V电压,要注意用电的安全,非电工人员不得乱接电线,特别需要注意的是接口处绝缘工作要处理到位,以免漏电。同时按用电规定采用三级配电二级漏保,确保用电安全。

(12)使用履带式起重机时,操作人员首先要检查仪器、仪表是否正常运行,同时在旋转半径范围内和吊臂下方不允许站人,防止伤人。其他要求按相应的操作规程进行操作。

(13)海上作业时要和当地航运部门联系,以求配合和确保来往船只安全。围堰两端设岗,专人管理水上交通,引导过往船只。堰顶有红灯等标志,避免船只碰撞。

(14)施工过程中要加强对施工现场危险点的监护和定期检查。

(15)熟悉、掌握施工区环境对施工的影响。

(16)钢板桩当基础完工后,尽快将围堰拆除,恢复河岸原状,堰脚土方必须挖尽,不许在河底形成“门槛”,以免影响船只通航,造成事故。

9 环保措施

(1)施工机械使用时机械噪音量应控制在范围之内,以免对社区造成噪音污染。

(2)机械用油应节约使用,节约能源。机械冲洗时应节约用水,节约水资源。

(3)带油机械冲洗水应合理排放,以免污染市政管道。带油棉纱、手套应做处理后弃置垃圾堆,以免污染土壤。修理、更换机械零件废弃物要统一回收,集中处理。

(4)为保证施工现场居民的夜间休息,对距居民区 150 m 以内的施工现场,夜间 22:00 ~ 6:00 时间停止施工。

(5)施工道路面每天一次清扫,三次洒水,路面要结合设计中的永久道路布置硬化施工道路,并设有洗车处。清扫生产垃圾要有效防止二次扬尘。洒水、洗车用水适度,不得造成浪费。

(6)各种运输车辆的尾气排放需达到国家有关标准,超标车禁止上路行驶。

(7)充分利用空地搞好绿化工作,美化环境。

(8)吊装运输机械车辆运行前要进行安全检查,杜绝机械车辆带病作业。

(9)机械车辆尾气排放要达到国家标准。

(10)油库地面应做硬化处理,并铺细砂,防止油料渗入地下。

(11)吊车照明不得直接照射居民区,防止光污染影响居民休息。

10 效益分析

本功法在水利、交通、港航等行业中广泛应用具有良好的社会效益和经济效益:

(1)钢板桩是一种可重复利用的绿色建材,满足环境保护和可持续发展的要求,在当前工程建设中应大力推广。

(2)钢板桩围堰比较安全可靠。具有强度高、防渗好、施工便捷、速度快等优点。

(3)钢板桩围堰相对传统的土石围堰较轻便,减少土石方填筑,有较好的经济效益。

11 工程实例

11.1 工程实例一

温州市苍南县朱家站水闸除险加固工程下游双排钢板桩围堰

11.1.1 工程概况

朱家站水闸主体工程为Ⅱ等工程,水闸为 2 级建筑物,根据《水利水电工程施工组织设计规范(SL 303—2004)》的规定,相应的导流建筑物为 4 级。根据现有地形地质条件,本工程施工时,采用土石围堰挡水的导流方式,相应的洪水重现期采用 10 ~ 20 年一遇,下游横向钢板桩围堰设计取梅汛期(挡水时段取 10 月 15 日 ~ 翌年 5 月 15 日)10 年一遇。导流采用非汛期和梅汛期前期(5 月 15 日以前)均利用老闸断流围堰导流方案,采用原水闸作为上游围堰及新建下游横向钢板桩围堰挡水,本流域其他水闸泄水,进行主体工程施工;梅汛后期(5 月 15 日以后)及台汛期拆除下游横向钢板桩围堰 50 m,作为河道过水断面,台汛期主体工程停止施工。

钢板桩围堰总长 242 m,分三大块,其中左右岸长各 33 m,预留破口处长 50 m。钢板桩围堰宽 5.0 m,顶高程 4.69 m,上下游镇压层顶高程 1.0 m,顶宽 3.0 m,边坡 1:3。围檩 4 道,采用背靠背双向 20b#槽钢焊接,拉条采用ϕ25 圆钢,其分别为 -1.0、0.5 m 高程各一道,拉条间距 1.3 m;2.5

m 高程一道，拉条间距 1.95 m；4.0 m 高程一道，拉条间距 2.6 m。

11.1.2 施工情况

本围堰工程钢板桩选用 WRU 26（规格尺寸 650×540×10）冷弯钢板桩，该工程的钢板桩主要长度为 21 m，其参数特性：①截面面积 S：140 cm^2；②惯性矩 I：63 503 cm^4；③弹性截面模量 W：2 590 cm^3。

本围堰工程钢板桩采用 1 000 t 平板船和 70 t 履带吊机结合的方式进行施工，平板船作为钢板桩施工的水上作业平台，施工时间 2012 年 9 月 25 日 ~2012 年 11 月 20 日，施工工期 55 天；在上下游两排钢板桩完成 50 m 后，低潮位时安排班组开始从下往上安装围檩和拉条，堰体内闭气土跟进填筑，视闭气土填筑高程，钢板桩内外镇压层同时跟进镇压。围檩安装施工时间 2012 年 11 月 3 日 ~2012 年 11 月 10 日，施工工期 8 天；镇压层回填施工时间 2012 年 10 月 20 日 ~2012 年 11 月 15 日，施工工期 25 天；围堰芯土回填、龙口合龙、芯土加高施工时间 2012 年 10 月 25 日 ~2012 年 11 月 20 日，施工工期 25 天。本围堰工程于 2013 年 5 月 10 日开始全断面拆除。

11.1.3 总体评价

朱家站水闸除险加固工程下游双排钢板桩围堰自 2012 年 9 月 25 日开始施工至同年 11 月 20 日围堰形成闭气，历时 55 天。为朱家站水闸主体工程水下分部由原计划两个非汛期赶至一个非汛期内完成奠定基础。时至 2013 年 4 月底，朱家站水闸水下分部已全部完成，工程定于 2013 年 5 月 10 日进行通水阶段验收。本工程安全、优质、快速受到苍南县人民政府的通令嘉奖，同时也受到浙江省水利厅的一致好评。

11.2 工程实例二

三门核电一期循环水泵房围堰工程

11.2.1 工程概况

本工程围堰按 20 年一遇临时土石围堰设计，20 年一遇高潮位 4.79 m。围堰顶高程 5.59 m，围堰堰体宽度为 8 m。

围堰桩号 Cw0 - 006 ~ Cw0 + 008（迎水面）和 C0 - 008 ~ C0 + 008 采用厚 8 mm 双排钢板焊接后全断面封闭，钢板与钢板桩交接处采用焊接，钢板外测采用 20#槽钢@ 50 cm 作竖向加强筋，加强筋外侧与设计围檩延长段连接，拉条对拉，采用钢板的桩号位置根据现场开挖情况，再进行适当调整；Cw0 + 008 ~ Cw0 + 155（迎水面）和 C0 + 008 ~ C0 + 140 采用双排冷弯钢板桩；双排钢板和钢板桩内侧回填粘土进行闭气，外侧两边抛石镇压层。镇压层高程为 2.50 m，顶宽 5.0 m，再按 1∶2 放坡。围堰桩号 Cw0 + 140 ~ C0 + 180 采用单排冷弯钢板桩，两侧原石回填至 7.0 m 高程。钢板桩围檩采用三道两条背向并列的 20#槽钢，拉条采用 ϕ22 拉杆，在围檩高程 1.8 m、4.8m、7.8m 上拉条间距分别为 1.5 m、2.0 m、3.0 m。冷弯钢板桩型号：650 mm×540 mm×10 mm（$w \times h \times \delta$）。

11.2.2 施工情况

双排钢板桩围堰内侧土石方高程 3.5 m 以上先进行开挖外运，同时基槽内土石方开挖至外海侧。在外海侧填筑一条 3.0 m 高程施工道路，作为钢板桩施打平台。单排钢板桩外侧按 1∶1.5 放坡开挖，内侧在桩号 C0 + 165 ~ C0 + 180 高程 3.5 m 处修一条宽 6 m 的马道，作为钢板桩施打平台。

本围堰工程施工工期 80 天（不含拆除工期），其中围堰工程钢板桩施工自 2008 年 9 月 3 日 ~2008 年 10 月 28 日工期 55 天，围檩安装自 2008 年 10 月 1 日 ~2008 年 11 月 5 日工期 35 天；围堰土心回填自 2008 年 10 月 3 日 ~2008 年 11 月 23 日工期 20 天。

在钢板桩大部分施工完成后可开始逐步进行堰体土方填筑，在围堰标高 +3.0 m 以下堰体土方可与围堰镇压层同步上升，标高 +3.0 m 以上土方必须在拉条完成后再填土方，围堰土方填筑高度为 +5.50 m。

围堰堰体填筑采用淤泥质粘土，围堰芯土填筑因堰底高程在 -2.0 m，在平均低潮位以下采用和水抛填，并适当增加袋装土，在黏土含水量适当时进行袋装，保证袋子内土的密实性，袋装土回填按60%控制。堰体3.0 m高程以上采用挖机碾压，顶部采用袋装土保护。

11.2.3 总体评价

本围堰工程在2008年下半年开始实施，原设计采用拉森4#钢板桩接桩后实施，在钢板桩材料询价时发现刚开始国产的冷弯钢板桩，21 m钢板桩可在厂家整桩定制，性能优于拉森4#，施工更简便、快速。

产生了良好的经济效益和社会效益。

11.3 工程实例三

三门核电一期循环水排水口围堰工程

11.3.1 工程概况

三门核电一期循环水排水口基坑支护及围堰工程是在拟建永久构筑物一期循环水排水口的外围临时修建的，目的是为了创造旱地作业的施工条件。本工程施工地段地貌为海涂滩地，滩地表面地形较为平坦，退潮时露出水面，靠近东北侧局部地段堆填了厚度不等的碎（块）石，施打钢板桩与深层搅拌桩前需要挖除。

围堰工程：位于排水口永久构筑物外围，采用拉森WRU26钢板桩作为围堰的外壁，围堰宽为10 m，外排长28.5 m，顶标高为6.0 m，内排长25.5 m，顶标高为3.0 m。钢板桩之间为了增加整体性采用围檩固定，内外排之间用两道分别位于-0.2 m、2.8m高程拉条相互固定连接。为了增加外排钢板桩的刚度和稳定性，在每13 m设置一根500×300的工字钢，桩长大于旁侧钢板桩3 m，在工字钢与围檩间隙用开口垫板垫实。

11.3.2 施工情况

根据现场实际情况，钢板桩从围堰中心位置向两侧按顺序进行施打，施打设备采用履带吊与平板驳组合的方式，利用潮汐规律进行船体的移位与行走。钢板桩间流泥抽排采用水力冲挖方式进行抽排。PE防渗土工膜计划采用打桩船的吊机吊装，并经人工配合。回填芯土从围堰两端头向中间回填，采用进占法进行填筑，同时运输机械可以起到压实芯土的效果，当填至▽2.5 m左右，围堰内可以干作业，可以形成对上层围檩、拉杆安装的工作平台。完成上层围檩、拉条安装。围堰内芯土回填至设计标高进行整平，从围堰中心位置向两侧采用倒退法施工，同时为防止海水的淘蚀，采用GB500MB3（1.4m×1.8m）型有纺编织袋，对外侧钢板桩前缘堆砌，一次性铺设到位。按照施工图纸要求，在芯土上顶面挖出排水沟，一定长度后挖出一个集水坑，使之围堰内部形成排水系统，围堰形成闭气，开始运行，此时安全监测工作也开始开展。围堰芯土回填完后，开始着手施工围堰端部混凝土墙浇注等施工工序。

11.3.3 总体评价

三门核电一期循环水排水口围堰工程采用双排钢板桩围堰施工工期比土石围堰提前半年，实现了进度目标要求，施工安全、质量、文明可控性强，采用钢板桩绿色环保可持续，社会效益和经济效益明显。

（主要完成人：张海深　金正平　董旭东　张良斌　苏战军）

移动式桁架门吊结合超短基线定位系统铺设超长护底软体排施工工法

中交上海航道局有限公司

1 前言

随着国民经济的快速发展，港口、航道等工程建设蓬勃发展，为保护水工建筑物或滩涂工程等的软基或覆盖层免遭冲刷，一般采用护底保护，目前较为常见的是砂肋软体排、混凝土联锁片软体排及两者的复合排。通常水上软体排铺设施工由人工趁低潮铺设，水下软体排施工由专用铺排船来实施。目前在感潮河段常规的软体排长度一般在160 m以下，铺设深度10 m左右，铺设时间在10 h以内，即控制在一个潮汛内完成以确保铺排质量。铺设采用GPS定位、锚机锚缆移船、吊机安放联锁片、砂肋压载、翻板溜放的施工工艺。但传统克令吊机在经过升降、变幅、回转三个动作后，现有的施工船舶已经无法再提高安放效率，即软体排铺设施工效率由于受到吊机安放联锁片效率的影响，已无提高的可能；另外铺设质量只能事后检测，没有实时动态反映软体排铺设过程的技术手段，无法实时显示软体排的实际位置。

超长护底软体排铺设施工工法是通过移动式桁架门吊差拍同步吊装混凝土联锁片，然后使用自主开发的软体排铺设监控系统，采集超短基线水下信标数据，实时动态显示软体排水下边线位置和相邻已铺设排体的搭接宽度，并与设计排边线进行对比，动态调整下一张排体铺设位置，实现快速、精确、动态反映软体排铺设过程的施工工艺。

2 工法特点

(1)效率高：使用4吊点的混凝土联锁片吊装方法，效率提高80%，铺排速度明显提高；

(2)适应性强：可用于流速快、风浪大的区域；

(3)安全性高：可以甲板遥控作业，吊安现场无作业盲区；

(4)成本低：使用铺排船双RTK－DGPS信号短基线测量系统的艏向数据，节省了光纤罗经的投入，测量系统成本大大降低；

(5)可靠性高：采用双主机配合多信标的方式解决了排体遮挡水下信标信号传输的问题；

(6)节约工程成本：使用超短基线测量系统，以RTK－DGPS系统测量修正信标方位角，并使用软体排铺设监控系统动态调整排体铺设位置，减少了不必要搭接宽度，杜绝了脱开，避免了补排。

3 适用范围

可广泛应用于港口航道、海上人工岛、河道整治、防洪水利、水库建设等工程的水下护底工程施工，特别适用于施工强度大，铺设时间受限或设计有特殊要求的作业环境。

4 工艺原理

4.1 移动式桁架门吊吊装混凝土联锁片

移动式桁架门吊吊装混凝土联锁片的原理是，在大型铺排船甲板上设置移动式桁架起重架构，架构上布置4台电动葫芦作为起重元件，每台电动葫芦片的额定起吊重量和克令吊实际吊重相当，从运输船把混凝土联锁片驳运到所需指定工作面，差拍同步连续完成联锁片安放。

移动式桁架门吊架构上的4台电动葫芦分别由4个独立的控制系统控制，各运动部件使用变频电机，可以根据铺排要求以及铺排复杂程度分别控制4个行走装置平滑运动，保证了铺排效率、协调性以及精度。4台电动葫芦横向纵向行走都设有限位装置，电动葫芦本身设有超载限制器，这些新技术保证了施工安全。另外，移动式桁架门吊的支腿和大梁采用桁架结构，不仅降低了自身重量轻，而且还使装置的受风面积小，大大提高了铺排作业的稳定性及对恶劣工况的适应性，见图1。

图1　移动式桁架门吊混凝土联锁片铺排船

4.2　基于超短基线测量技术的软体排铺设

基于超短基线测量技术的软体排铺设的原理是，在大型铺排船上安装接收机接收水下信标信号，测出各接收机与水下信标之间的斜距值，通过相应的短基线解算关系获得水下信标相对于接收机的三维位置坐标，实时显示排体水下排边位置及相邻排体的搭接宽度。

4.2.1　铺排船定位

使用GPS系统、超短基线设备及相应的定位软件等实时显示铺排位置，将铺排船移动到起始设计位置，开始铺设。

4.2.2　卷排布

使用吊机将排布吊至甲板上，展开绷紧排布使其无皱折，排尾拉环和滚筒钢缆相系，启动滚筒开关将排布自动卷入滚筒，直至排头平展在翻板前沿。

4.2.3　混凝土联锁片排铺设

使用4台移动式桁车门吊将混凝土联锁片从运输船吊放平铺在甲板（含翻板）上的排布上，用ϕ12 mm丙纶绳将其联结并与排布上的加筋环绑扎在一起，然后将水下信标器与排体（排边）连接好；控制翻板翻至与水平面成35°，使排体在联锁片重力作用下沿翻板下滑紧绷。启动滚筒放排，期间逐排将联锁片吊到相应位置并和排布绑扎好。当排体入水到达河床泥面并有一定富余长度时根据电脑显示的实时排体位置缓慢移动船位，软体排缓慢铺放。重复以上步骤，直至混凝土联锁片排铺放结束。

4.2.4　砂肋软体排铺设

将砂肋穿好，运砂船进档后，用铅丝将砂肋袋袖口拧在输砂管分流口上，打开分流口阀门进行充灌，充灌时注意控制砂浆浓度，并辅以人力踩踏砂肋，使砂流畅通，防止堵塞。充灌完成后进行移船铺放。放排前在排边绑扎好水下信标器，并根据电脑显示的实时排体位置缓慢移动船位，并适时动态调整船位保证排体搭接质量。在软体排铺设过程中及时回收固定在软体排排边上的水下信标，以重复循环使用。

图 2　混凝土联锁片排及砂肋排施工图

5　施工工艺流程及操作要点

5.1　施工工艺流程

施工工艺流程见图 3。

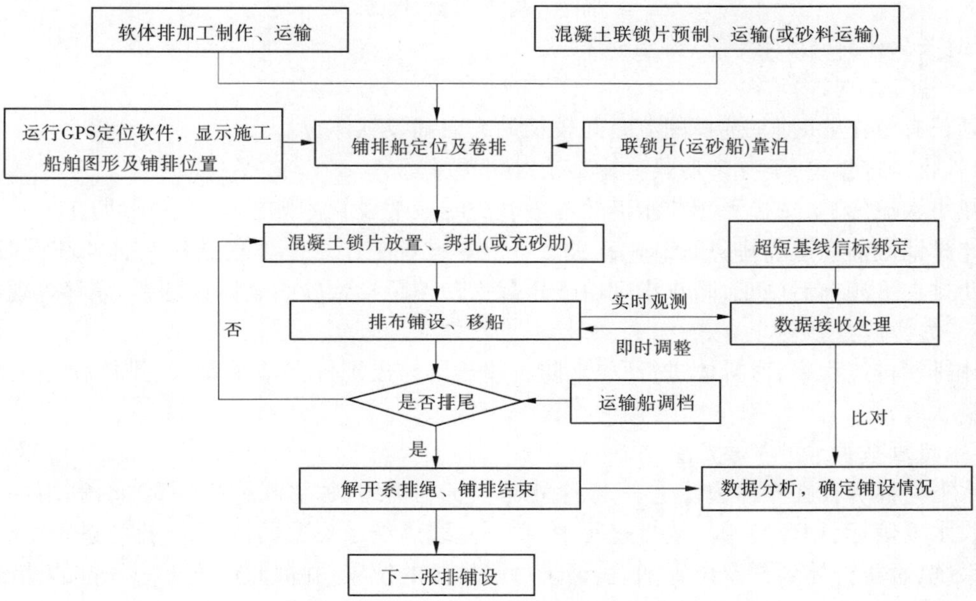

图 3　施工工艺流程图

5.2　操作要点

5.2.1　艏向测量的获取

为了准确获取超短基线艏向数据，提高排体水下定位测量的精度，实施时不采用探头内置的磁罗经，而是采用艏向测量精度非常高、稳定性较好的 OCTANS 进行艏向测量。利用铺排船上双 RTK－DGPS 的测量设备，通过软件开发，实现由双 RTK－DGPS 提供艏向数据的方式，为超短基线测量软件 Ranger 提供准确的 heading 值。

5.2.2　探头轴线方向与铺排船艏向一致性的校准

使用双 RTK－DGPS 背包测方位角的方式进行艏向的校准；分别对船艏、船艉探头进行安装角的测量与校准。现场校准的方法如图 3 所示。

利用超短基线测量软件 Ranger 的测角、测距离功能联合双 RTK－DGPS 进行同步测量，分别获取 Ranger 测量角及 RTK 测量角值，求取其差值在 Ranger 软件中修正探头艏向，再进行坐标比对，从而实现系统的校准与比对，为下一步的正式上排作业做好准备。

图4　艏向现场校准图

5.2.3　超长软体排施工控制

5.2.3.1　施工方向选择

为延长有效作业时间,选择潮流时间较长的方向铺设软体排。

5.2.3.2　软体排排头、堤身砂肋软体排铺设时间选择

为减小水流影响,选择平潮或水流较为缓和的时段铺设软体排排头、堤身砂肋排。

软体排铺设前完成卷排、压载排头、进点定位等准备工作。计算联锁片余排的铺设时间,确保堤身砂肋排在平潮前后施工,防止出现由于压载重量不足导致砂肋软体排翻卷、漂移等现象。

5.2.3.3　卷排质量控制

软体排卷排过程中,对排体进行张拉,防止超长排体出现横向收缩量大、排体线型不顺直等情况。

5.2.3.4　超短基线水下声学测量

将水下信标绑扎在排体边线上,每2个水下信标为1组,每组间距20～30 m,利用水下释放器释放回收水下信标,循环使用。放排过程中,超短基线声纳采集数据,对水下排体进行实时监控,通过锚缆系统,矫正排体到预定位置铺设,记录每张排体的位置,并据此调整下一张排的铺设,确保排体之间的搭接符合设计和规范的要求。

6　材料与设备

6.1　系统的组成

该系统由数据发射系统、数据采集系统及数据处理系统三部分组成,如图6所示。

正常情况下,超短基线发射接收机一次可同时接收水下6个信标的定位信息,能满足常规生产施工的需求。在铺排船的船艏、船艉各安装一套发射接收机探头,如图6所示。

6.2　系统配套设备

6.2.1　材料与运输船

6.2.1.1　混凝土联锁片

混凝土联锁片(规格4 m×5 m)在专业预制厂生产,船舶由码头出运到施工现场。

6.2.1.2　运输船选择

混凝土联锁片运输船舶选择运输能力为单排4组、8组或双排4组、8组的船型。

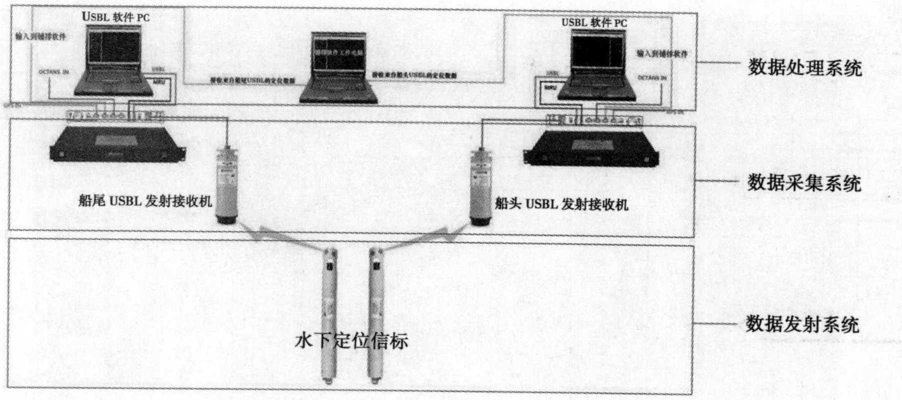

图 5　系统结构示意图

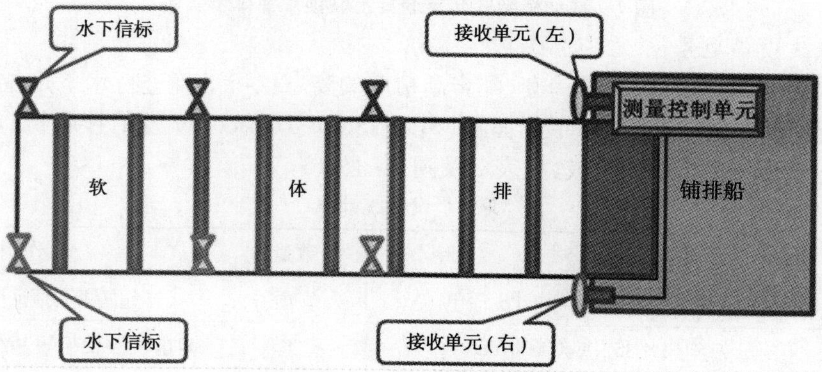

图 6　超短基线铺排施工示意图

6.2.2　移动式桁架门吊

6.2.2.1

技术参数见表 1。

表 1　移动式桁架门吊技术参数

起重量	10t ×4
起升速度	2.9 m/min
葫芦运行速度	13.5 m/min
小车运行速度	6 m/min
大梁跨距	42 m
辅梁跨度	16 m
起重梁船舷外伸距	5.5 m
葫芦行走距	37 m
电制	380 V,50 Hz

6.2.2.2　施工作业要求

移动式桁架门吊一次吊安混凝土联锁片的时间小于 10 min。

6.2.2.3　布置

起重桁架和桁架支撑结构如图 7 所示。

主、辅梁组成起重架构框架,底部为羊角式立柱,支撑上部架构,大车、葫芦行走来保障起重吊运的施工作业面的全覆盖。

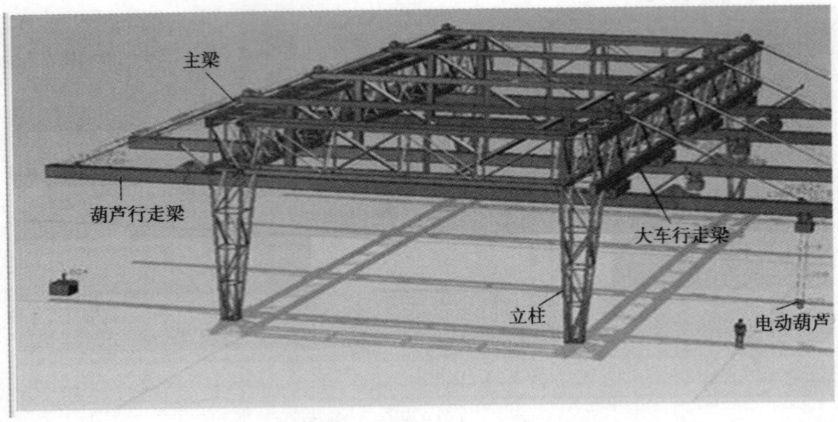

图 7　移动桁架式起重混凝土联锁片铺排示意图

6.2.3　超短基线设备型号

准备高精度超短基线定位系统一套，配合高精度的姿态仪可准确进行水下定位，可实现 0.5% 的测距精度。测量系统主要由接口单元面板（SIU）、Scout Transceiver 发射接收机、水下信标、高精度光纤罗经、定位用双频 DGPS 组成，见表 2 及图 8 ~ 图 13。

表 2　设备统计表

序号	名称	数量	作用
1	天宝 SPS 882 型、双频 GPS 背包	2 套	超短基线测量系统校准
2	天宝 SPS 852 型双频 GPS	2 套	铺排软件及超短基线测量系统定位
3	高精度光纤罗经 OCTANS	1 台	为超短基线测量系统提供艏向数据

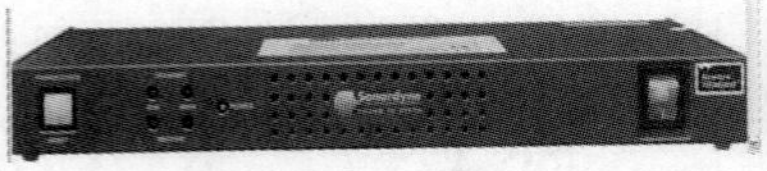

图 8　SIU 外观图

图 9　发射接收机外观图

图 10　水下信标外观图

图 11　水下信标甲板控制单元

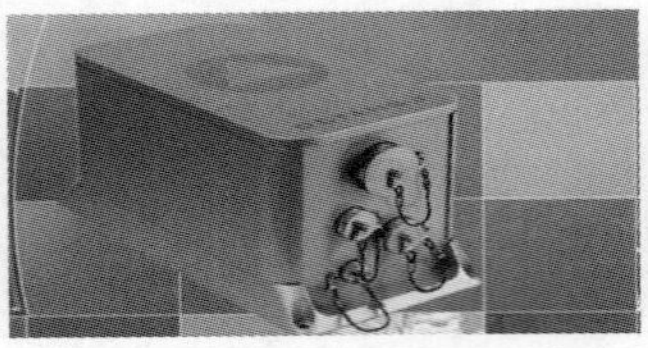

图 12　光纤罗经

图 13　GPS 外观图

7　质量控制

7.1　质量控制措施

7.1.1　定位系统比对

定位系统的精确度，直接影响超短基线检测的可靠度，因此施工前对整个定位系统的比对尤为关键，待定位系统与 RTK 背包的测量误差在规范允许范围内时方可开始施工。

7.1.2　涨、落潮水影响

（1）水深较深时，选择低平潮前1小时船舶进点，到低平潮下排，涨水施工。待落水水流流速较大时暂停施工，据现场实际观测，水流缓慢后继续铺排施工。

（2）因水流流速过大而暂停施工时，采取针对性措施加强对排体的保护和铺设质量的保证。

7.1.3　砂肋排施工控制措施

（1）砂肋条长度长于排宽时，铺设过程中易造成排体横向收缩，故应严格按照实际排体宽度配套加工砂肋条。

（2）采用新型双袖口砂肋条，充灌时人工踩踏，二次充灌，确保充盈率不小于80%，保证排体压载重量，确保铺设质量。

7.1.4　动态调整搭接宽度

根据上张排体实际水下排位实时调整相邻排铺设，确保搭接宽度满足设计要求且无浪费。

7.1.5　信标绑扎位置合适

信标绑扎时，注意预留与排边线足够位置，防止排体入水后压住信标。另外需考虑绑扎信标时预留的绳长不超过30 cm，确保测量数据的精度。

7.2　检测方法

7.2.1　护底软体排水下成型状况探测技术

采用双频旁扫声纳系统进行海底地形地貌和水下软体排的扫测，通过生成的旁扫影像图，对水下软体排位置、成型姿态、软体排搭接等进行监控。

7.3　检测项目

7.3.1　砂肋软体排主要检验项目

（1）砂肋软体排的灌装砂质量应满足设计要求，砂肋饱满度不小于80%；

（2）软体排系压载块质量符合设计要求，系结压载物布置应满足设计要求，并与软体排绑系牢固；

（3）软体排铺设前应清除铺设范围内的障碍物；

（4）软体排铺设方向和范围应满足设计要求；

（5）软体排铺设的搭接宽度必须大于设计搭接宽度；

（6）软体排铺设过程中不得产生皱折和漂移。

7.3.2　系结压载软体排主要检验项目、允许偏差，检验数量和方法

见表3。

表3　系结压载软体排允许偏差、检验数量和方法

序号	项目	允许偏差	检验数量	单元测点	检验方法
1	轴线位置	1 000 mm	每幅	2	GPS、旁扫测量
2	铺设长度	+2 000 mm −1 000 mm		1	
3	搭接宽度	0.5B	每10 m	1	GPS、旁扫、多波束测量
4	压载物脱落	2个	每幅$2\times100\ m^2$	1	观察并检查施工记录
5	联锁片间距	纵横边长10%	相邻边抽查10%	2	用尺测量

8　安全措施

（1）船舶铺排应选择大型专业铺排船，船上要配备自动卷排、放排装置，大型起吊设备，充灌砂

设备及自动化铺排施工定位操作系统等。软体排通过船舶移动船位而铺设,铺排船依靠定位锚所产生的锚抓力移位。因此,要选配抓地好的锚,以防止未铺完的排体随船舶走锚而一起位移。

(2)在施工前,对施工船舶进行施工技术安全交底,介绍施工区域环境和安全注意事项,明确施工船舶的安全责任工作要求。

(3)所有施工船舶必须满足所在作业区的航区安全要求,船舶进入施工区域,应显示作业信号,24 小时监守高频,随时做好与他船联系的准备。

(4)作业人员在甲板上拉排布或冲砂肋过程中,必须穿好救生衣。对甲板上的管路、船舷边的空挡要注意观察,防止盲目拉布、脚踩空,造成人员跌伤或掉入水中。

(5)排布放在甲板上,由于穿砂肋圈带较多,人员在排布上行走要看清脚下圈带。船上要根据日照情况,及时开启甲板照明,防止人员绊跌。

(6)铺排船要了解运砂船装载和吃水情况,根据船旁水位,选择时机落实运砂船靠泊。

(7)运砂船靠妥后,在掉放泥浆泵过程中,要落实人员负责指挥,禁止人员进入吊运范围。在开启电源时,要检查电源走向,防止电缆线被船档挤压、磨损,造成漏电。

(8)联锁片运输船在遇到有大风的情况下,做到≥7 级风力,坚决不开航,同时在航船舶就近避风。

(9)杜绝运输船舶超载现象,防止超载航行。

(10)落实季节性防范措施。在面临台风季节、冬季寒潮或突发性灾害天气时,现场必须制定切实有效的安全防范措施。现场调度一定要按时收听气象预报,做好记录,当遇有恶劣气候情况时,及时通报,统一指挥,采取必要的安全防范措施,确保人身和设备的安全。

(11)铺设联锁片排时,在吊放联锁片在甲板的排布上操作过程中,应按照吊运作业安全措施规定实施操作,禁止人员进入吊运范围。

(12)绑扎、回收信标时须在吊机停止运作时实施。

9 环保措施

(1)大气污染防治措施。

项目部要求所有施工船舶使用符合相关要求的燃油,并且定期对船机进行维修保养,将产生的燃烧废气危害程度降至最低。

(2)水污染防治措施。

公司与有资质的船舶油污回收机构签订了油污回收合同,施工船舶产生的油污统一由回收机构收集处理。

(3)噪声污染防治措施。

对施工现场主要噪声源进行控制,加强对机器、设备的维护和保养,使机器、设备正常运转,降低噪音影响。

(4)固体废物的处理处置措施。

项目部与当地环卫部门签订了垃圾回收合同,施工船舶垃圾统一由项目部交通船收集后,送至岸上码头,再由环卫部门收集处理。

(5)水生态保护措施。

合理安排材料运输方案,降低运输船舶的往返频率,减少水体扰动、悬浮物增加对水生生物和鱼类的影响程度。

10 效益分析

采用超短基线测量技术,可实时动态的监测排体铺设情况。在铺设过程中发现搭接不符合设计要求时，及时进行船舶锚位调整。通过过程监测可以避免搭接不足而进行重新补排，可以避免搭接过多而造出浪费。通常情况下因软体排铺设质量问题而补一张排，需要成本近百万元。在工况条件良好的情况下，采取超短基线测量技术铺设水下软体排比普通方法可至少节约预留搭接量1 m，同时也降低了人工潜摸软体排的风险及投入；混凝土联锁片减少1 m搭接量和软体排潜摸的成本约为120元/m^2。

另外根据几个工程施工现场实际施工情况，在运输船舶满足使用要求的情况下，四台吊机吊运单排联锁片（8片）施工时间为7～8分钟。同样条件下传统的克令吊机单排联锁片（8片）需要15分钟，本项目的船舶总体吊装效率为传统船舶效率的1.8～1.9倍。按现有的综合使用工况和工人熟练程度，混凝土联锁片软体排平均施工效率提高约25%，运行平稳且安全，若按铺排船每月使用成本30万元计，可使单船每月使用成本降低7.5万元；同时由于加快了软体排护底施工速度，以至于满足了一些特定工程因施工强度大，铺设时间受限或设计有特殊要求的需要，确保了工程的顺利实施，因此经济和社会效益显著。

11　应用实例

11.1　长江南京以下12.5 m深水航道治理工程一期工程

长江南京以下12.5 m深水航道治理工程一期工程，其整治建筑物区域泥面标高一般为+2.0～-30.0 m，即滩面坡度变化大，径流、潮流作用均较强，水流动力条件复杂，河势多变，呈现多滩多槽格局，地形冲淤变化敏感，整治建筑物的施工将导致工程局部区域流场变化，产生冲淤变化。由于河势变化敏感，设计对河床的防护要求较高，设计护底软体排长度最长达450 m左右，最大铺设深度达30 m，根据现有的施工设备单张软体排铺设时间耗时超过24小时。该工程软体排的特点是长度大，且属于深水软体排。针对该工程特点，采用移动式桁架起重混凝土联锁片能够克服普通克令吊的缺点，即能满足施工作业区域吊运独立又可相互兼顾、弥补故障停歇；该工艺加快了联锁片吊装速率，同时也缩短了软体排的铺设时间，提高了时间利用率。从施工实际情况来看，吊安混凝土联锁片效率提高1.8～1.9倍。另外通过采用开发的软体排铺设实时位置监控系统，有效解决了软体排铺设施工时的水下软体排的准确定位问题、排体位置自动显示问题、铺排船自动控制问题等，实现了铺排施工的准确化、智能化、高效化，有效降低了人工潜摸软体排的风险及投入，降低了铺排施工中发生的排体搭接不够引起的补排现象、搭接过多的浪费现象，确保了护底质量。

11.2　青草沙水库应急保滩工程

青草沙水库大堤形成后，因上游河势变化，青草沙新建北堤中段江侧高滩持续受到了冲刷，其中15+489～16+200段大堤江侧滩面的冲刷已经对围堤的安全构成了威胁，由于水下滩面冲刷不均衡，地形复杂，软体排铺设施工水深变化大（滩面标高-2.0～15.0 m左右），水下坡度较陡，并且受涨落潮影响，施工难度大，特别是本工程为应急保滩工程，工程迫切，进度及质量要求非常高。实际施工时通过采用桁架式铺排船吊安装致使工程得以高效、优质的推进，取得了较好的效果。

（主要完成人：楼启为　孙卫平　张浩栋　徐　波　俞峥巍）

潮汐河口高流速下大型龙口应用型钢框笼截流施工工法

中交上海航道局有限公司
上海青草沙投资建设发展有限公司

1 前言

随着国民经济的快速发展、近海工程技术的进步，在河口、海岸地区圈围造地成了热点工程类别，圈围范围由数十亩向数十平方公里扩大，水深由高滩逐步向深水推进，此类工程的龙口合龙施工逐渐向大型甚至超特大型龙口发展。与大江截流相比，潮汐河口上圈围工程超大型龙口的截流和合龙工艺与结构，因其软土地基、高速往复双向流速和船机作业等特点有很大不同。

在河口、海岸地区圈造地工程中，目前国内最成熟的是采用袋装砂筑堤工艺技术。常规龙口合龙方法一般都采用软体排护底、构筑龙口袋装砂保护结构，再实施泥浆泵充灌砂袋封堵龙口，这需依靠大量的劳动力进行突击施工，而且合龙时水流一般不超过 2.5 m/s。根据工程经验，在 2.5 m/s的水流作用下，袋装砂内砂土会被吸出，袋体本身也会漂移，而且常规龙口合龙成功的关键是能否在一次潮水历时完成合龙，否则工程失败的风险很大。

青草沙水库处于长江口的上游，施工区域气象、潮汐、风浪以及地质条件复杂，河床易变；设计论证后确定龙口选择在整个圈围区最深处，该处深槽总宽约 1.0 km，最深处高程约 -10.5 m（上海吴淞基面）。龙口为复式梯形断面，主龙口总长 800 m，宽（顺流向）约 170 m。经对青草沙主龙口计算和试验表明，采用常规抛石或网兜石截流工艺，无论采用立堵或是平堵，设计标准下均会发生超过 8 m/s 的流速，立堵时甚至高达 9.5 m/s，抛石或网兜石在如此高的流速下均难以稳定，国内外无论在单项径流的大江截流还是往复潮流的海岸工程中都无成功先例。

青草沙水库 800 m 主龙口结构施工和合龙施工是目前国内潮汐河口龙口合龙难度最高、风险最大、条件最为复杂的水利工程，为有效解决上述施工技术难题，中交上海航道局有限公司、上海交通建设总承包有限公司和上海青草沙投资建设发展有限公司在承担该工程建设中，通过科研和实践研究，开发了潮汐河口高流速条件下采用型钢框笼进行龙口合龙施工技术。该项技术申报并获受理 1 项发明专利和 1 项实用新型专利。

型钢框笼抛石平堵进行龙口截流是针对潮汐河口大库容、大纳潮量、宽龙口、双向高速水流等特点提出的一种新型龙口截流合龙施工方法。首先在龙口及龙口护底基础保护结构构筑完成后，在小潮汛采用浮吊船进行型钢框笼的安放及固笼压载，然后渡过大潮汛后在下一个小潮汛进行分层抛石平堵实现龙口合龙截流。在龙口截流前应完成龙口宽度、型钢框笼的结构设计和型钢框笼稳定性数物模验算以及型钢框笼抛石平堵截流过程的水流数模计算和水流物理模型试验。

2 工法特点

（1）型钢框笼为透水结构受波浪力和水流力作用较小，有利于减小内外侧水位差和结构的稳定，适合高流速下的龙口截流。

（2）采用型钢框笼结构将龙口截流过程分为结构安放和抛石截流两个阶段，避免了大潮汐施工阶段，适合潮汐河口惯用的平堵合龙。

（3）型钢框笼的外形和尺寸可根据需要进行调整，适合不同宽度和水深的龙口截流。

(4)框笼结构将散抛石化为整体，增加高流速、高水位差作业下截流坝的稳定。

(5)型钢框笼为镂空钢结构，重量较轻，适合工程船舶施工，并有足够的强度抵御外力冲击。

(6)型钢框笼底面积较大对水下平整度要求较低。

3 适用范围

(1)适用于潮汐河口超大库容、大纳潮量的龙口截流。

(2)适用于潮汐河口宽龙口截流。

(3)适用于双向高流速的龙口截流。

(4)适用于深水作业区域。

(5)适用于有石料资源的地区。

(6)适用于大型船机设备进行高强度施工作业。

4 工艺原理

大型潮汐河口的龙口截流，地质条件通常较差，主要为粉质砂土，受双向水流的影响，水流动力条件复杂，随着截流口的收缩，流速增大，超过极限流速时就会对龙口护底结构和截流体造成破坏，导致截流失败，同时每次潮时可供水上有效施工作业时间有限，如果截流时机选择不当，也会对龙口截流带来很大风险。

大型型钢框笼抛石截流的基本原理，是通过利用型钢框笼对散块石的集中作用，克服单个块石在高流速下难以稳定的缺点，增强截流坝的整体抗滑、抗倾能力，从而实现在高流速下龙口合龙截流。型钢框笼截流须在龙口护底结构、龙口构筑、基础整平完成后，通过大型浮吊船，依托3台GPS定位安放系统实现精确定位安放，再选择合适的潮位进行笼内分层抛石截流。在大型潮汐河口型钢框笼龙口截流过程中，水流变化复杂，一次潮时往往难以完成截流，须经受不同潮位和水流条件的考验，要避免截流过程中框笼的整体滑移、倾倒。本工艺的关键是型钢框笼大小的设计和分层抛石截流标高的划分，目前具体参数需要针对不同的工程条件，通过物模试验验证后确定。

4.1 型钢框笼设计

根据工程自身的特点，结合数物模成果及边界条件，初步设计型钢框笼结构，以满足吊运安放方便稳定、透水性好、设计高度等要求。初步设计型钢框笼结构后，进行物模试验验证和评估型钢框笼在不同潮位、流速、波浪组合下框笼及笼内抛石抗滑、抗倾稳定性，再根据试验成果调整型钢框笼设计结构和尺寸。型钢框笼尺寸及结构示意图见图1。

4.2 分层抛石标高的划分

潮汐河口大型龙口抛石平堵截流抛石工程量巨大，大潮期间安全施工作业时间短，一般选择小潮汛期间施工，在一个潮时无法完成全部截流合龙时，采用分层截流。随着抛石顶高程平堵抬高，库内蓄水位也抬高，框笼截流堤身阻水作用逐渐明显，过框笼截流堤水流会有一个增大和下降的过程，分层抛石截流需避免在下次潮时抛石截流期间产生不利于施工的流速。在实际工程中可根据主龙口合龙期框笼平堵抛石截流物理模型试验成果，确定每层抛石控制标高，避免分层抛石截流高程划分在最不利位置，见图2。

4.3 三台GPS精确定位安放系统

3台GPS定位系统由定位系统、信息中心两部分组成，定位系统为主要操作界面，信心中心负责数据汇总并提交给定位系统。定位系统根据GPS2和GPS3接收的数据进行船身定位解算，通过GPS1接收的数据进行构件吊放的监控，并显示在电脑操作界面上。3台GPS布置示意图见图3、图4、图5。

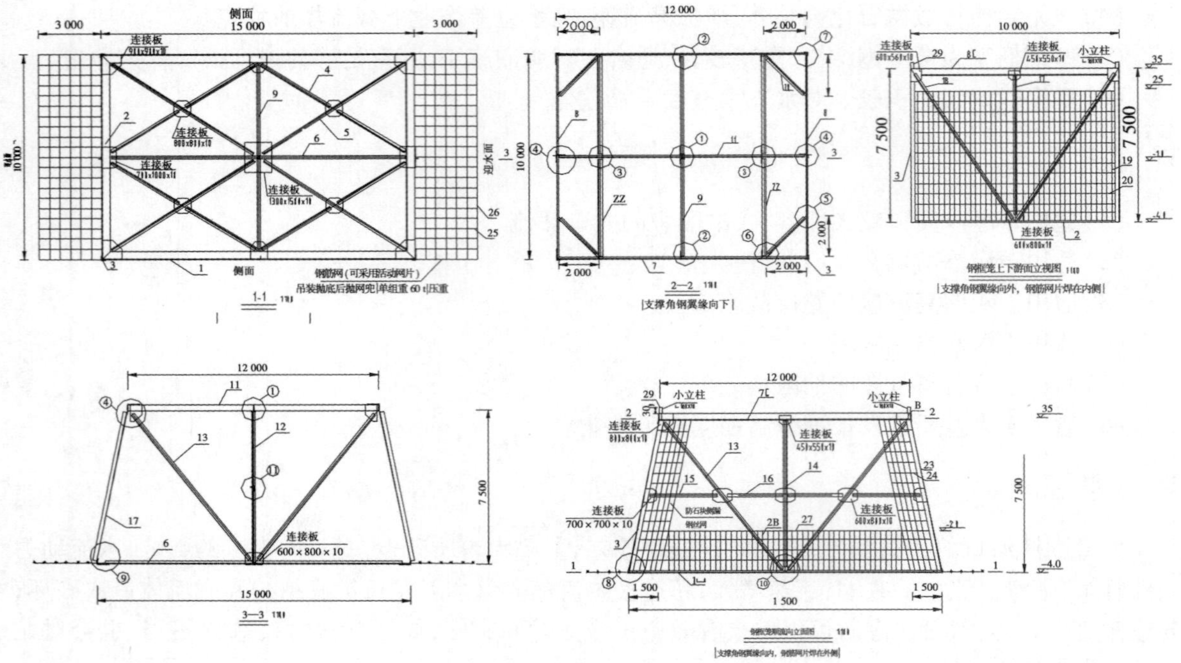

图 1　型钢框笼尺寸及结构示意图

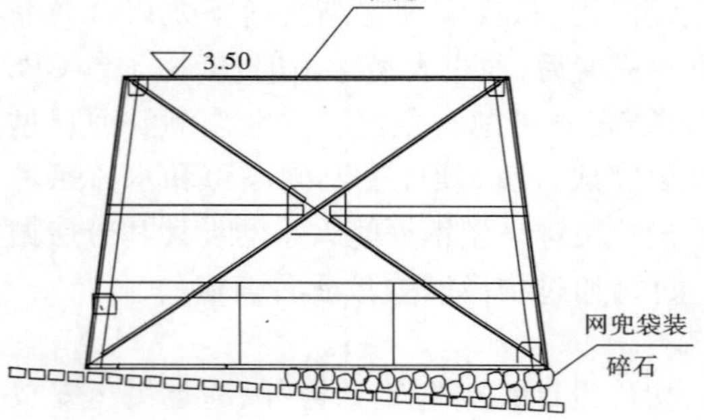

图 2　型钢框笼安放基础找平示意图

图 3　三台 GPS 布置示意图

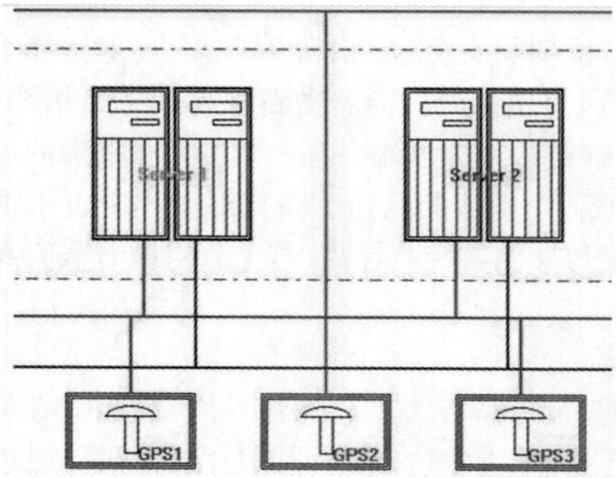

图 4　3 台 GPS 工作原理示意图

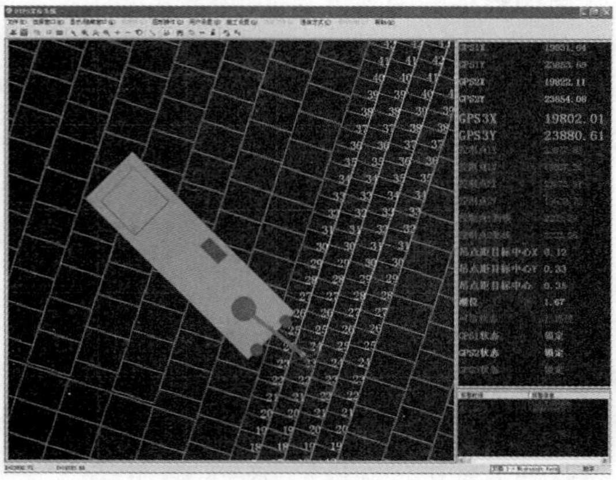

图 5　3 台 GPS 定位施工软件工作界面

在施工船上配备计算机1套，双频GPS接收机2套，在施工前设置好船形文件及施工文件，开启电脑及GPS接收机运行定位软件，计算机显示施工船舶动态船位图形及型钢框笼设计位置，施工操作人员根据电脑显示将施工船移至安放位置；利用吊机顶上单GPS调整吊机入水位置，确定型钢框笼入水点位置。

5　施工工艺流程及操作要点

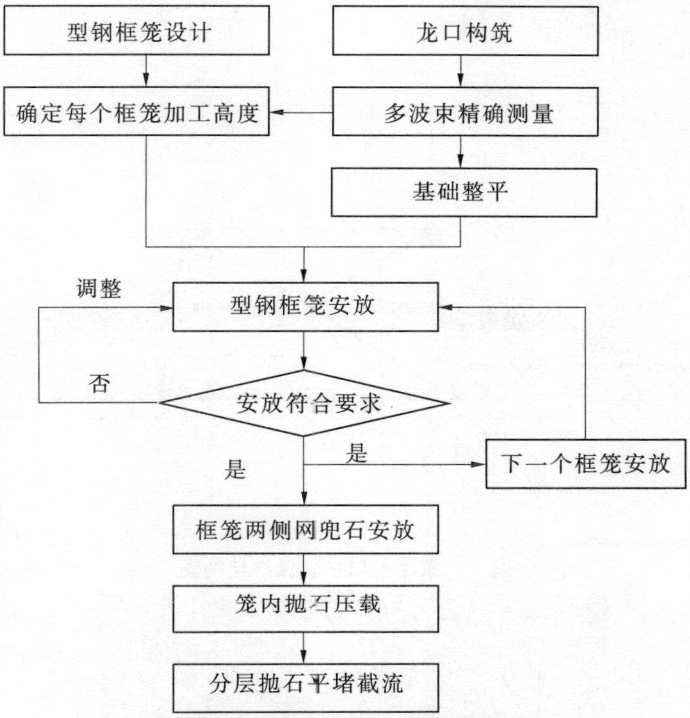

图6　型钢框笼抛石平堵截流施工流程图

5.1　施工工艺流程

5.2　操作要点

5.2.1　龙口护底保护结构施工

在水库建设和沿海圈围工程中一个极其重要工序就是龙口合龙，特别是在高流速状态下，合龙结构型式和合龙施工技术是确保龙口合龙的关键。以青草沙龙口构筑保护为例，根据大量的数物模试验数据和各方面专家的反复论证，最终采月1 300 g/m^2 高强软体排、全联锁片混凝土绞链排、30 t混凝土方块和60 t网兜石护底的保护形式，龙口护底保护结构示意图见图7。

5.2.2　型钢框笼制作

型钢框笼结构需经过相关数物模试验进行验证和评估，通过试验模拟和研究在不同潮位、流速、波浪组合下框笼的抗滑、抗倾稳定性，再根据试验成果进行调整其结构尺寸。框笼主要材料是型钢和钢筋，为"无底"结构，框笼根据设计图纸要求制作，应满足透水性较好、自身结构安全稳定、便于制作运输和安放等要求，迎龙口水流面设置一定间隔的钢筋网避免框中块石外落流失，间隔大小可根据截流所用块石大小调整调整。

5.2.3　型钢框笼基础整平

(1)多波束水深扫测。在进行型钢框笼基础整平前，采用FANSWEEP20浅水型多波束系统进行水下扫测，每次可测得1 440水深点4 096个侧扫测量值，达到了专业的侧扫分辨率，因而可获得非常清晰的侧扫图像。FANSWEEP20 多波束系统通过连接平面定位系统，并经过相对位置关系的改正，就得到精确的测量平面坐标，为水下找平施工提供得到高精度的水下地形及影像图。

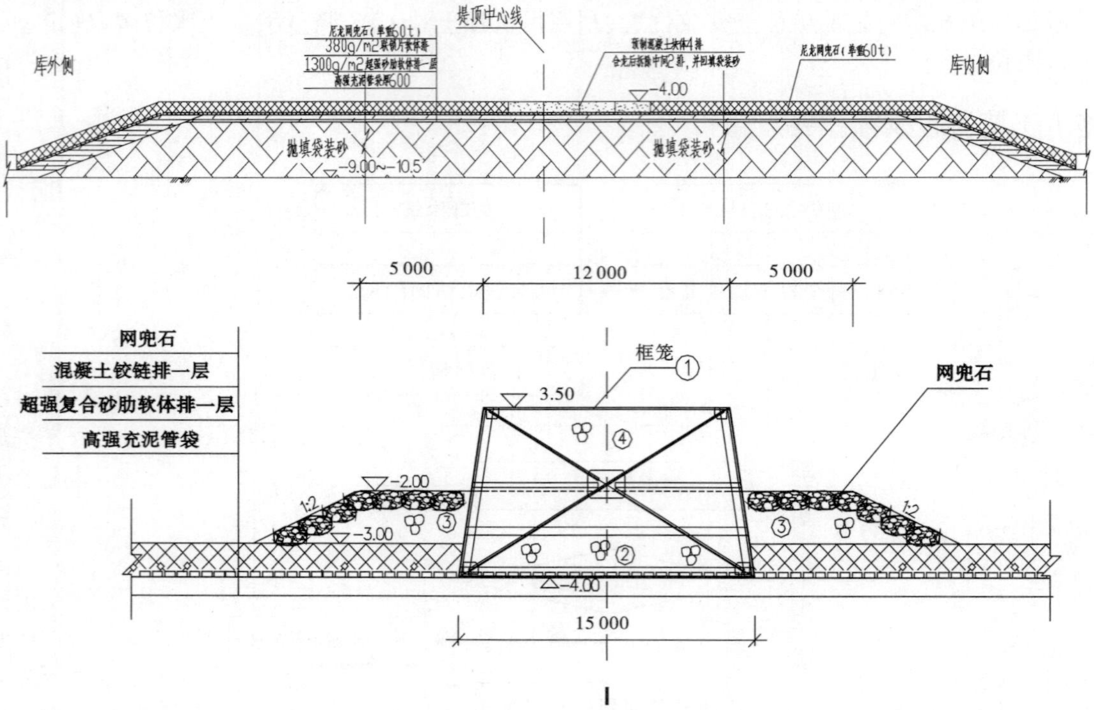

图7　东堤龙口护底保护结构图

图8　型钢框笼成型图

水深测量的定位采用定位精度较高的 RTK – DGPS 方式。数据采集采用水道测量软件，实时采集 GPS 定位数据以及多波束测深系统的条带测深数据，为确保测深精度，测量前后对整个多波束系统进行参数校正改正，同时采用声速剖面仪在测区采集声速剖面数据并进行声速修正。为很好地反映合龙口施工情况，将处理好的多波束数据使用 HYPACK MAX 软件生成三维立体模型，如下图 9 为型钢框笼基础找平多波束检测平面图和断面图，从图中全面准确地反映了水下型钢框笼基础情况。

通过高精度的多波束水下测量，可为框笼安放前龙口护底施工提供详细准确的依据，对于指导合龙口工程施工有着重要的意义。

(2)基础整平。对每个框笼安放位置进行编号规划，根据多波束测深仪测量水深资料，计算出每个框笼位置的整平工作量。对于平整度较好的框笼位置，可直接安放型钢框笼。对于基础平整

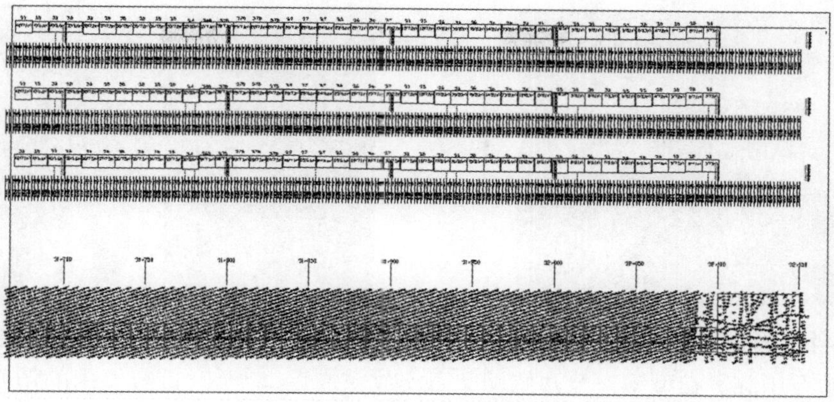

图 9　型钢框笼基础多波束扫测图

度不足的位置，考虑到型钢框笼为空底结构，对基础平整度适应性较好，再加上多波束扫测技术能够提供较高精度和密度水深资料，可实现准确的对框笼四只脚的位置作基础整平处理，从而提高施工效率，节省材料。整平施工采用网兜装袋装碎石抛填，根据 GPS 定位安放，潜水员水下配合理平；对整平工作量较大的位置，先垫网兜石再用网兜袋装碎石找平的方法，最后使用多波束扫测检查，对不足之处继续整平，直至到达整平要求。

(3)型钢框笼安放及两侧网兜石固笼。龙口构筑且护底保护完成后，选择小潮汛进行型钢框笼的安放施工。小潮汛流速小，水流变化慢，对框笼安放影响小，可作业时间长，效率高。型钢框笼安放采用大型全回转浮吊依托于 3 台 GPS 精确定位施工系统进行安放施工。型钢框笼安放前应跟根据多波束定位扫测资料进行框笼安放基础的平整性，由于采用的空底型钢框笼对基础平整度适应性较强，再加上框笼安放位置大部分混凝土联锁块软体排较平整，实际需要整平的范围不大，重点对框笼四只脚的位置作整平处理。框笼安放后及时对四个角进行测量定位判断安放位置的准确性如何，若位置不符合要求，则马上进行调整；安放位置符合要求后，立即将相邻的两个框笼用软钢丝连接，以增加框笼整体的抗滑和抗倾稳定性，同时进行框笼两侧的网兜石反压固笼。

图 10、图 11 为框笼安放后位置测量校正和框笼两侧网兜石反压图片。

图 10　框笼安放位置校正测量

图 11　框笼两侧网兜石反压

框笼安放顺序可根据安放过程的物模实验分单点或多点进行安放，根据工作面安排，最后几个框笼可有单条浮吊船完成。框笼安放到预定位置后，相邻框笼立即用钢丝绳连接起来，成为一个整体，以增加型钢框笼整体的抗滑和抗倾稳定性。

框笼安放施工工艺：全回转浮吊进点定位框笼基础用袋碎找平。

回转浮吊根据预定框笼位置进行安放全回转浮吊吊安网兜石进行两侧固笼全回转浮吊转入下一个框笼安放笼内抛石压载。

图 12、图 13 为型钢框笼安放和成型图片。

图 12　型钢框笼安放施工

图 13　型钢框笼安放结束后鸟瞰图

(4)笼内抛石压载。在型钢框笼两侧网兜石安放完成后,应及时进行笼内的抛石压载,以继续增加框笼的稳定性,提高安全系数。笼内抛石压载厚度,根据物模试验确定,笼内抛石方式可通过典型抛石试验确定。一般可通过库内预埋锚缆带锚和直接系于框笼上抛石两种方式。库内预埋锚缆,工序繁多,带锚困难复杂;在实际工程中,可首先进行典型施工和试验,试验直接系于框笼上带缆施工时,框笼的稳定性,若能满足要求,则用海船直接系于框笼上进行笼内抛石压载施工更为便捷。

(5)分层抛石平堵截流。型钢框笼安全安放完毕后,抛石截流是最后一道工序,也是最终实现型钢框笼抛石截流最重要的一道工序。根据主龙口合龙期框笼平堵抛石截流物理模型试验成果,确定每层抛石控制标高,避免分层抛石截流高程划分在最不利位置。在抛石之前需计算好每层的抛石量,根据不同船舶的装载量和分层抛石量,规划好每条船舶预定框笼抛石位置,并列出详细的表格,把框笼编号与每条船舶、每次抛石量相对应,抛石截流时,每条船根据对应表格中所列的框笼编号和每次抛石量,对号入座,进行抛石截流,抛石截流过程中应严格控制施工标高的统一性,切实实现平堵截流的方针,以降低安全风险。

6　材料与设备

6.1　材料

龙口护底结构根据工程实际情况可采取高强软体排、混凝土联锁片排和网兜石的形式进行构筑保护。抛石截流采用型钢框笼,型钢框笼制作主要材料为［40a、［32a、［25a、扁钢 30×200 及直径 20 钢筋。

6.2　设备

(1)船机设备配备。在型钢框笼安放施工过程中配备大型全回转浮吊船及框笼、网兜石运输船,抛石截流施工以海吊船为主,具体数量视龙口宽度和抛石量决定。型钢框笼安放具体船机配备如表 1 所示。

表 1　型钢框笼安放(单船)船机配备表

名称	数量(艘)	规格	备注
大型全回转浮吊船	1	120 t(起吊能力)	
框笼运输船	2	≥1 000 t	自航驳
网兜石运输船	4	≥1 000 t	自航驳
锚艇	1	500 kW	具备给浮吊船抛锚能力
测量定位辅助船	1	—	配备 2~3 名测量员

(2)大型构件精确定位安放设备。型钢框笼属大型构件,安放过程中,要求平面和立面方向定

位和安放的准确性,常规的双 GPS 定位系统已不能直观反应框笼的安放位置。本工艺采用我公司自主研发的 3 台 GPS 施工定位系统,在常规 2 台 GPS 平面线性平面精确定位的同时引入第 3 台 GPS 实现立面方向的准备定位,通过软件清晰标识施工区和未施工区,实现实时动态定位,有效、直观地控制安放位置和安放精度。

7 质量控制

7.1 工程质量控制依据

型钢框笼抛石截流作为一种新型龙口合龙工艺,其施工质量检验评定标准目前尚无行业规范。青草沙水库工程率先使用了该工艺,为有效控制和检验施工质量,上海青草沙投资建设发展有限公司联合上海市水利(水务)建设工程质量监督站、中交上海航道局有限公司特别制定了《青草沙水库(潮汐河口)龙口工程专项质量检验评定标准》(内含型钢框笼抛石截流施工质量检验评定标准),本工法施工主要根据该标准,同时也参考了国内相关行业规范及标准进行质量控制。

7.2 型钢框笼制作质量控制

7.2.1 检查项目

(1)型钢框笼的制造应有取得生产许可证的工厂生产。

检验数量:施工单位、监理单位全数检查。

检验方法:检查生产厂家的资质。

(2)型钢框笼的制造必须按设计图纸和有关技术文件进行,如有修改应有设计修改通知书。

检验数量:施工单位、监理单位全数检查。

检验方法:检查设计图纸、技术交底,设计修改通知书等。

(3)型钢框笼的钢材必须符合设计图纸规定,性能应符合 GB 700—89 标准的规定,并具有出厂质量证书。

检验数量:施工单位按进场批次抽样复验,监理单位见证取样。

检验方法:检查出厂质量证明文件和抽样检验报告。

(4)型钢框笼焊接质量应符合设计及相关规范要求。

检验数量:施工单位抽样送检,监理单位见证取样。

检验方法:检查抽样检验报告。

7.2.2 检测项目

型钢框笼制作的允许偏差、检验数量和方法见表 2。

表 2 型钢框笼制作的允许偏差、检测数量和方法

序号	项目	允许偏差(mm)	检测数量	单元测点	检查方法
1	上口长	±50	每个框笼	1	用尺丈量
2	上口宽	±50			
3	高度	±50			
4	下口长	±50			
5	下口宽	±50			

7.3 型钢框笼安放及笼内抛石质量控制

7.3.1 检查项目

(1)型钢框笼安放前应检查护底,排体不得有破损,其平整度应符合设计要求。

检验数量:施工单位、监理单位全数检查。

检验方法：检查施工记录，水下探摸检查。

(2)型钢框笼的安装方法应符合相关工艺要求和设计要求。

检验数量：施工单位、监理单位全数检查。

检验方法：检查施工记录，现场观察检查。

(3)型钢框笼笼内抛石石料的品种、规格和技术指标应符合设计要求。

检验数量：施工单位矿上抽样，监理单位见证取样。

检验方法：检查出厂质量证明文件和抽样检验报告。

(4)型钢框笼笼内抛石压载量及分层抛投划分量应符合相关研究成果和设计要求。

检验数量：施工单位、监理单位全数检查。

检验方法：检查施工记录，检查框笼的分层刻度和抛石量。

7.3.2 检测项目

型钢框笼安放及笼内抛石的允许偏差、检验数量和方法见表3。

表3 型钢框笼安放及笼内抛石的允许偏差、检测数量和方法

序号	项目	允许偏差(mm)	检测数量	单元测点	检查方法
1	框笼顶标高	±400	每个框笼	1	GPS采点
2	相邻框笼缝宽	≤300			用尺丈量
3	框笼轴线偏差	±200			GPS采点
4	笼内抛石标高	±300			用尺丈量

7.4 质量保证措施

(1)土工材料(龙口护底排体材料和尼龙网兜)必须通过专门检测机构检测并满足设计要求；

(2)型钢框笼制作必须按照设计图纸和有关技术文件进行，出厂前应具备型钢框笼出厂合格证；

(3)型钢框笼安放前应检查护底，排体不得有破损，其平整度应符合设计要求；

(4)型钢框笼的安装方法应符合相关部门审核通过的施工组织设计要求和设计要求；

(5)型钢框笼笼内抛石石料的规格及分层抛投标高，必须符合相关部门审核通过的施工组织设计要求和设计要求。

8 安全措施

8.1 加强施工作业安全教育

加强工人教育，对施工人员进行三级安全教育，告知施工现场的主要危险源，现场设置安全警示标志。组织安全培训和教育，进行安全知识学习，发放安全学习教材，宣传安全生产知识，提高施工人员安全知识和自我保护意识。

8.2 重大危险源安全检测及预控

根据对主要施工工艺流程的分析，考虑实际工作条件及各设备的安全技术性能，确定下列危险作业工序，见表4。

针对上述危险源，施工之前，专职安全员将各危险作业工序的安全技术措施和可能发生的事故同全体作业人员进行交底，确保施工作业人员熟知工艺流程，掌握危险因素和应变措施。在施工过程中，时刻对危险作业工序进行过程监控。

表4　危险源

编号	危险作业工序	可能发生的事故
1	型钢框笼运输、安放	船舶碰撞、人员落水、机械、起重伤害
2	网兜石运输、安放	船舶碰撞、人员落水、机械、起重伤害
3	抛石截流	船舶碰撞、人员落水、机械、起重伤害
4	潜摸、测量	人员落水、溺水

8.3　施工船舶安全管理

(1)严格执行船舶准入制。严格按照船检和海事部门的有关规定,对船舶安检证书、船员适任证书、船舶适航证书进行核查。对施工船舶进行严格的安全检查,安检主要内容为:船舶操纵性能、船体状况、空气隔舱、主机设备、通讯导航系统、航行海图、救生消防器材、船员的航海技能和应变能力等。

(2)杜绝超载现象,在块石灌装地设立监督船,对运输船进行出航前的装载检查和监督,发现超载坚决卸载后放行,防止超载航行。

(3)握工况条件,注意有关事项。航行及施工船舶必须掌握潮汐变化规律,防止走锚、碰撞等不安全事故发生。

(4)落实季节性防范措施。在面临台风季节、冬季寒潮或突发性灾害天气时,现场必须制定切实有效的安全防范措施。现场调度一定要按时收听气象预报,做好记录,当遇有恶劣气候情况时,及时通报,统一指挥,采取必要的安全防范措施,确保人身和设备的安全。

(5)遇有风浪影响时,各船舶提前进入避风区域,相互间必须保持安全距离,避免船舶走锚发生碰撞损坏。

(6)加强交通管理。人员乘座交通船设有专人管理,乘坐人员必须穿戴救生衣,严禁超载现象发生。

8.4　加强施工设备管、用、保工作

加强设备、机械、电气、易损耗的部件设备的巡回检查和保养工作,使设备始终处于良好的工作状态,避免设备维护保养不当,而造成机损或人身安全事故。

9　环保措施

(1)严格执行《中华人民共和国水污染防治法》、《船舶污染物排放标准》及当地政府有关规定等章程,不违章或超标排污。

(2)参加施工的船舶必须备有船舶油污水、生活垃圾及粪便储存容器,并做好生活垃圾的日常收集、分类储存和处理工作。

(3)及时回收工程中废品垃圾,不得任意丢弃在施工海域。

(4)配备适量的化学消油剂、吸油剂等物资,以防不测;防止施工船舶和辅助船舶的海损、溢油事故发生,一旦发生事故,立即采取措施,收集溢油,缩小溢油污染范围。

10　效益分析

该工法利用型钢框笼的整体稳定性和框笼安放与抛石截流的可分时分步性,有效的解决了施工区域水域开敞、远离岸边、无掩护、浪大流急,气象、潮汐、风浪以及地质条件复杂,河床易变等诸多恶劣环境下的龙口合龙难题,创造性的一举实现了青草沙水库主龙口的顺利合龙,其社会效应不可估量,经济效益可观。

青草沙水库工程型钢框笼安放77个，比预定80个节省3个；框笼安放提前13天完成，抛石截流较预定计划提前了23天。根据测算，与常规袋装砂或抛石相比较，节省工程投资约11%。

11 应用实例

以青草沙水库及取输水泵闸QSK－C1标工程为例。

青草沙水库是我国第一座建于如此动荡变化潮汐河口江心沙滩上的大型水库，面积达54 km^2，水库800 m主龙口合龙，是本项目一个重大的技术难题。该工程为2010年世博会配套工程，根据总体工期安排，必须在2008年底前后完成龙口合龙。该工程采用潮汐河口高流速下大型龙口应用型钢框笼截流施工工艺，确保了一次性顺利实现龙口抛石截流，比原定计划提前了23天，为龙口顺利实现土方闭气合龙打下了坚实的基础，取得了良好的经济社会效益，应用推广前景广阔。

（主要完成人：吴兴元　刘若元　楼启为　刘华锋　丁付革）

大型绞吸船挖吹粗砂夹密实砂性土施工工法

中交上海航道局有限公司

1 前言

粗砂夹密实砂性土是指标准贯入击数大于30击、颗粒粒径大于0.5 mm的含量超过总质量50%的砂性混合体，属风化、冲击等成因形成的疏浚土。随着世界经济的快速发展，海运物流急速增长，水运工程正向离岸深水化和大型化方向发展。粗砂夹密实砂性土在疏浚工程施工中作为一种较难以挖掘和输送的土质，必将给疏浚行业带来严峻的考验与挑战，因此编制和应用大型绞吸船挖吹粗砂夹密实砂性土施工工法，对提高企业经济效益，促进水运事业发展都具有重要的现实意义。

中交上海航道局有限公司自2000年以来，实施了多项大型绞吸船挖吹粗砂夹密实砂性土疏浚与吹填工程，已取得了丰富的实践经验，经总结、完善和提炼，创新形成了大型绞吸船挖吹粗砂夹密实砂性土施工工法，提高了大型绞吸船挖吹粗砂夹密实砂性土施工适应性，已取得了明显的经济效益和社会效益。

2 工法特点

(1)此工法能够确保大型绞吸船及相关设备安全施工，针对粗颗粒砂性土在管道中易沉积在管道底部呈推移运动的现象，提出并验证了"泥泵机组变速施工"和"局部管路变径施工"合二为一的关键施工工艺，有效地避免了大口径输泥管线易产生堵管现象的发生。

(2)通过绞刀齿、齿座的改进，提高了绞刀挖掘密实性粗颗粒砂性土性能，有效地保护挖掘机具，减少了绞刀齿和齿座的损耗，节约了成本，提高了船舶的挖掘效率。

(3)通过对输泥管线的技术创新与改造，增强了管道抗磨性能和降低了沿程阻力损失，提高了管道输送能力。

(4)技术可靠、工艺简单、便于施工操作。

3 适用范围

本工法适用于绞刀功率在1 200 kW左右，泥泵机组额定清水流量在10 000 m^3/h以上的大型绞吸船挖吹标贯击数30击，天然重度19.62 kN/m^3左右的粗砂夹密实砂性土土质的疏浚与吹填工程。

4 工艺原理

绞吸挖泥船的施工主要靠绞刀的挖掘和泥泵的吸输来完成。两者相互制约，相辅相成，粗砂夹密实砂性土由于其特有的物理特性和土质结构，强度大，易沉降，挖掘和输送均较为困难，其工艺原理如下：

(1)根据土质力学特性、绞刀切削原理和绞刀功率，选择合适的绞刀类型和凿型刀齿并根据横移绞车牵引力，选择合理的绞刀转速、横移速度、分层厚度和进关前移量；

(2)根据绞刀挖掘情况，合理确定泥泵机组有效施工总扬程和施工流速来满足泥浆管道输送所需的沿程阻力损失并确定合理的管道输送泥浆浓度和最低施工流速。

(3)根据管路泥浆浓度、流速的变化情况合理调整横移速度，确保泥浆浓度较为均匀，必要时可适当降低一些泥浆浓度输送一段时间，改善管道流态，防止堵管现象。

5 施工工艺流程及操作要点

5.1 工艺流程

见图1为大型绞吸船挖吹粗砂夹密实砂性土泥泵机组变速施工工艺流程图。

见图2为大型绞吸船挖吹密实性粗颗粒砂性土局部管路变径施工工艺流程图。

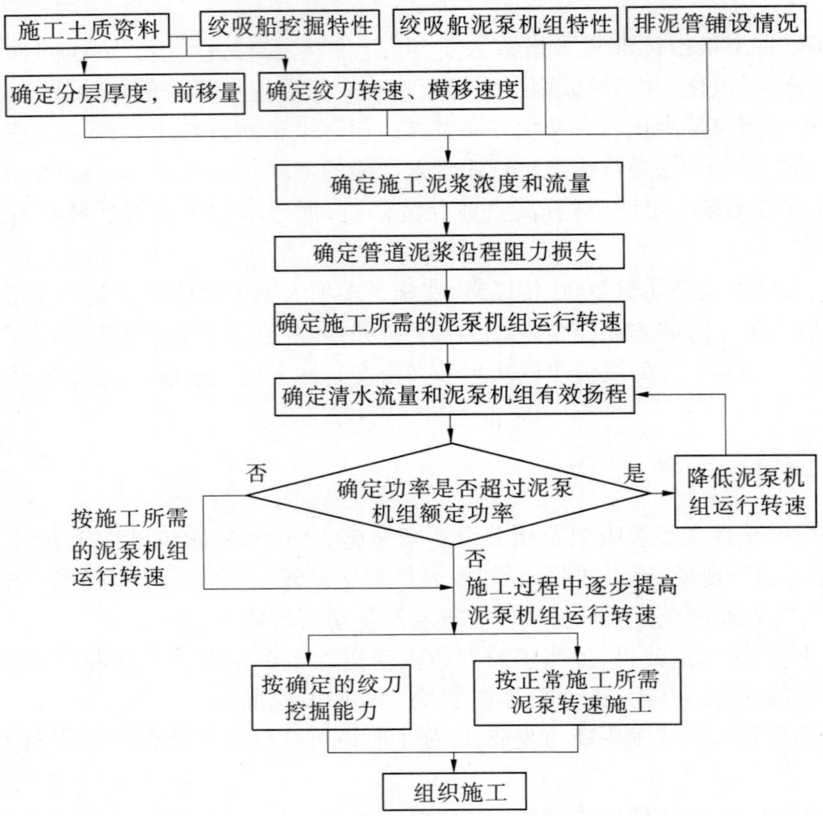

图1 大型绞吸船挖吹粗砂夹密实砂性土泥泵机组变速施工工艺流程图

5.2 施工操作要点

5.2.1 施工工艺准备

大型绞吸船挖吹粗砂夹密实砂性土施工除需了解和掌握常规的大型绞吸船施工工艺以外，其主要的关键性技术还涵盖以下几个方面，因此在组织施工前，必须进行其施工工艺准备，如图3所示。

(1)根据土质力学特性、绞刀切削原理和绞刀额定功率，选择合适的绞刀类型和凿型刀齿；

(2)根据横移绞车牵引力，选择合理的绞刀转速和横移速度，避免在挖掘过程中出现“滚刀”现象及超功率现象；

(3)根据挖掘状况和管道泥浆输送要求，合理选定正常施工状态下的泥浆浓度和施工流速，避免在输送过程中出现“堵管”现象；

(4)根据现场施工条件及管线走向布置情况，确认管路易发生堵管区域，并经过泥浆水力消耗计算，确定变径管路的内径、长度和耐压等相关技术参数；

(5)根据正常施工时的泥浆浓度和施工流速确定管道沿程阻力消耗情况，确定泥泵机组正常

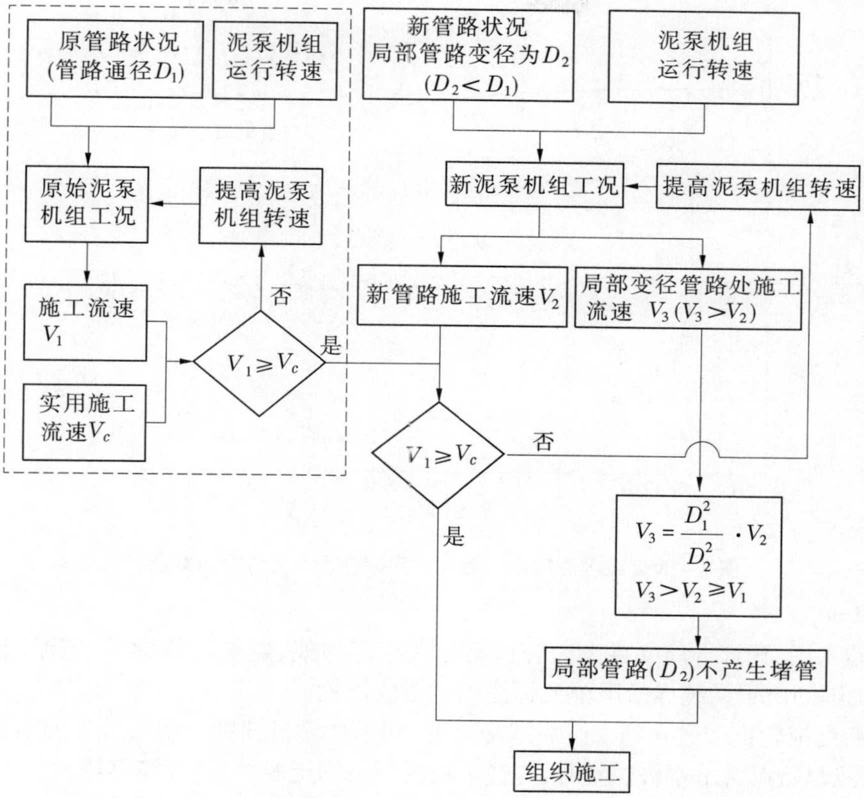

图2　大型绞吸船挖吹粗砂夹密实砂性土局部管路变径施工工艺流程图

施工运行转速；

(6)根据泥浆管道沿程阻力损失和施工流速确定清水流量和清水沿程阻力损失，确定清水状态下的的泥泵机组转速；

(7)根据施工过程中的清水状态与泥浆状态转换情况，确定不同时期的泥泵机组运行转速及操作程序；

(8)根据正常施工时的泥泵最大排出压力和施工流速，确定各段排泥管线的耐压强度，并将最大排出压力提高5%，管道设计耐压强度降低5%的要求，配备足够保证率的耐压高耐磨排泥管道和橡胶软管等相关设备；

(9)根据粗颗粒砂性土在输送过程中，沿程阻力消耗大的特点，在输泥管线上应采用能有效降低局部阻力损失的相关部件设备。

5.2.2　船机配套

(1)装配专门挖掘粗颗粒砂性土绞刀头和凿型绞刀齿；

(2)采用耐磨性焊条加耐磨性保护层材料对各挖(排)泥机具进行防护，船舶吸泥管系采用“SA1750CR钢”材料制成，排泥管系中弯管易磨耗部位，采用“Hardox400钢板”覆板，覆板接缝处采用耐磨焊条堆焊，以增强管系的抗磨耗能力；

(3)排泥管线(高耐磨排泥管、高耐磨橡胶软管、水上管线自浮体等)及陆上工程机械(装载机、挖掘机)；

(4)装配大抓力重型三角宽鳍横移锚，提高横移锚在粗砂夹密实砂性土条件下的抓力，防止走锚。

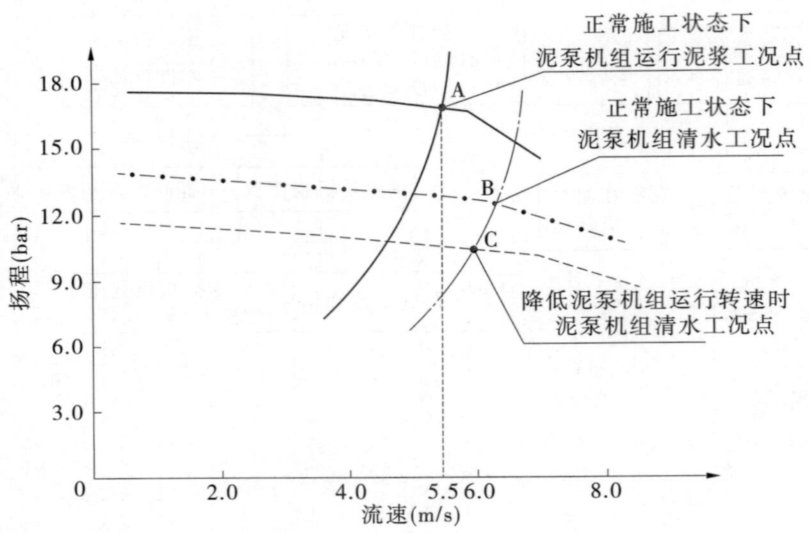

图3　大型绞吸船挖吹粗砂夹密实砂性土水力计算示意图

5.2.3　船舶驻位

(1)根据施工图,设计导航文件。内容包括分条挖泥边线、船舶驻位中线、挖泥起始和终止点等,并在计算机辅助决策系统导航屏幕上标注钢桩下放位置。

(2)挖泥船由拖轮拖带进入施工区后减慢速度,利用计算机辅助决策系统中导航系统,在挖泥船钢桩接近挖泥起始点所示钢桩位置时,匀速下放主钢桩固定船位,下放横移锚。

(3)利用倒桩、摆动和调整横移锚调整船位至设计挖泥中线上。

5.2.4　挖泥施工

挖泥施工除了解和掌握绞吸船正常施工所需的常规工作外,还应根据大型绞吸船挖吹粗砂夹密实砂性土施工特点,做好以下工作:

5.2.4.1　在挖掘方面

利用主桩为定位桩,副桩为步进桩,采用定吸、步进横挖交替进行施工。施工中根据开挖泥层厚度,进行分层施工,在一个开挖端面上控制绞刀逐次下放分层开挖至设计深度或采用在一台车行程内挖完一层后,退台车至起始点挖下层的施工方法。

(1)分条施工:分条宽度应根据挖深情况确定,宜等于钢桩中心到绞刀头水平投影长度,分条数量不宜太多,以免影响整体施工效率。同时根据泥层厚度、砂性土坍塌后形成的坡比,相邻条之间应保留一定的重叠挖掘宽度。

(2)分层施工:根据土质情况、船舶绞刀功率和转速等因素进行分层施工,其中正刀施工时宜厚些,横移速度慢一些,适当增加刀齿的陡坎力,以免产生"滚刀"现象,最后一层应薄一些,并适当放慢横移速度,使泥土能够吸净,宜采用反刀施工,以保证工程质量。

(3)边坡施工:根据坡比分台阶进行施工,在绞刀的作用和水流的冲刷下,粗颗粒砂性土易塌落,阶高宜按 1.5 m 以下为宜,但绞刀摆宽必须到位,至边线处需定吸干净,以保证工程质量。

5.2.4.2　在管道输送方面

(1)根据挖掘状况、泥泵机组性能和排泥管线铺设情况,合理选定正常施工状态下的泥浆浓度和施工流速并确定管道沿程阻力消耗情况,确定泥泵机组正常施工运行转速,避免产生在输送过程中出现"堵管"或泥泵机组超功率现象。

(2)根据泥浆管道沿程阻力损失和施工流速确定清水流量和清水沿程阻力损失,确定清水状态下的的泥泵机组转速,并根据施工过程中的清水与泥浆之间相互转换情况,确定不同时期的泥泵机组运行转速。

(3)针对粗颗粒砂性土在管道输送过程中易沉积,施工中经常出现泥浆流速逐渐变小,甚至低于实用施工流速的现象,在出现明显的流速下降趋势后,应适当逐步增加泥泵机组转速和逐步降低横移速度,达到逐渐降低施工浓度以恢复管道通畅率。

5.2.4.3　施工时注意事项

(1)在绞刀挖掘过程中根据土质特性和绞刀功率,尽量加大绞刀进关量和下放量,下放量应大于半个绞刀直径,以增加工作刀齿量,提高挖掘陡坎力。

(2)注意绞刀转速与横移速度匹配,尽量以稳定的绞刀负荷,较高的绞刀转速、匹配的横移速度,稳定的泥浆浓度进行施工作业。

(3)在清水与泥浆需互换施工情况下,在这一段时间内,应尽量根据管道流速情况适当逐步增减泥泵机组转速,以达到较为稳定的管道流态,避免输泥管道"堵管"现象发生。

5.2.5　吹填控制

开挖的土方经船艉水上自浮管线、水下排泥管管线和陆上管线吹填至规定区域内。随着吹填区吹填高度的增加而不断接长管线,管口粗颗粒砂性土形成自然坡比约 1∶20,吹填区管线布设间距约为 50 m,为保证吹填施工的连续性,同时至少有三个吹填施工管头。

5.2.6　施工测量

施工测量是保证工程质量的关键因素,在施工初期时,每两天测量一次,根据挖掘的实际情况及时调整绞吸船绞刀下放深度,待找准绞刀下放深度和实际挖深之间的规律后,改为每周测量一次。最后一层和边坡施工每进尺 50 m 左右就需要安排施工检测,做好测图质量分析。吹填区也要及时做好标高控制测量,以保证工程质量。

5.2.7　竣工验收

工程施工后期,加强施工质量管理,加密检测频次,及时安排扫浅工作,停工前将排泥管中砂土吹净;提前约定竣工验收测量,根据合同约定,办理竣工验收的各项手续,进行竣工结算。待验收完毕,工程质量合格,船舶接到项目部通知后方可进行收工集合、船舶调迁等工作。

6　材料与设备

6.1　材料

(1)燃、润油:船用柴油及润滑油。

(2)管线及工程机械耗材。主要包括排泥管、橡胶软管、自浮体、浮管定位锚等。

6.2 机具设备

(1)挖泥船:实施本工法施工的主船为大型绞吸挖泥船,我公司参与施工 3 500 m^3/h 绞吸船新海鳄轮、新海鹤轮和新海鹭轮主要疏浚设备性能表见表 1。

表 1　参与施工的大型绞吸船主要设备性能

序号	主要性能	单位	新海鳄轮	新海鹤轮	新海鹭轮
1	总长	m	97.8	104.8	104.8
2	船长	m	77.7	82.6	82.6
3	型宽	m	17.2	18.2	18.2
4	吃水	m	3.67	3.70	3.70
5	挖宽	m	25 ~ 90	25 ~ 110	25 ~ 110
6	挖深	m	6.5 ~ 25.0	6.5 ~ 27.0	6.5 ~ 27.0

续表 1

序号	主要性能		单位	新海鳄轮	新海鹤轮	新海鹭轮
7	吸/排泥管直径		mm	900/850	900/850	900/850
8	公称排距		m	6 000	4 500	4 500
9	绞刀	转速	r/min	0 ~ 27	0 ~ 30	0 ~ 30
10		直径	mm	2 760	2 760	2 760
11		功率	kW	1 200	1 280	1 280
12	水下泵	转速	r/min	280	245	245
13		流量	m^3/h	14 000	14 000	14 000
14		350	扬程	kPa	361	350
15		功率	kW	1 721	1 730	1 730
16	舱内泵	数量	台	2	1	1
17		转速	r/min	257	257	257
18		流量	m^3/h	1 400	14 000	14 000
19		扬程	kPa	760	760	760
20		功率	kW	3 620	3 620	3 620

(2)辅助船舶。配备施工主船的辅助为一艘专业锚艇:航艇 1 号轮,主要功能是辅助施工主船移锚、移船和调整水上自浮管线等。辅助船舶性能见表 2。

表 2　航艇 1 号轮主要性能

序号	主要性能	单位	参 数	序号	主要性能	单位	参 数
1	总长	m	25. 75	8	航行主机功率	HP	425 × 2
2	垂线间长	m	24. 00	9	航速	kn	10. 0
3	型宽	m	7. 60	10	燃油舱容	m^3	39. 153
4	型深	m	2. 55	11	谈水舱容	m^3	24. 153
5	设计吃水	m	2. 00	12	最大起锚力	t	30
6	排水量	t	262. 324	13	A 字架起锚力	t	15
7	载重量	t	64. 648	14	最大起吊高度	m	8. 0

(3)挖泥机具备件及耗材。主要包括绞刀(含齿座、刀齿)和泥泵过流部位磨耗件。

7　质量控制

7. 1　施工质量标准

(1)《疏浚工程技术规范》(JTJ 319—99);

(2)《水运工程质量检验评定标准》(JTS 257—2008);

(3)《水运工程测量规范》(JTJ 203—2001);

(4)《水运工程测量质量检验标准》(JTS 258—2008)。

7. 2　质量控制措施

(1)严格按照工程施工质量管理体系要求,开展各项质量管理工作,确保施工全过程得到有效控制。

(2)工程开工前,向施工船舶作详细技术交底,明确施工工艺、质量控制内容和要点,严格执行操作规程。

(3)工程项目部加强检测力度,对各施工区段定期或不定期进行检测,通过检测图分析施工质量控制情况和影响质量的因素,制定改进措施。

(4)控制超深措施。

①工前疏浚工程师会同挖泥船船长对绞刀下放深度指示器进行校核,误差控制在 ±0.1 m 以内;测量技术人员选择合理位置设定好潮位站台,校准潮位,误差控制在 ±0.05 m 以内,并与绞吸船校核潮位接受情况,确保接受正常。

②通过试挖确定绞刀深度和实际挖深的差值,根据差值选择合理的绞刀下放深度。

③严格执行检测制度,掌握自检与专检的误差规律,总结分析造成的残留程度,及时调整绞刀下放深度。

④在回淤情况较为严重的工程施工中,最后一层尽量在验收前统一开挖,防止淤浅。分段施工项目,应根据施工工期长短,备有一定的超挖深度。

(5)控制超宽措施。

①工前疏浚工程师会同测量技术人员校核船舶 GPS 参数,检测计算机辅助决策系统指示的船位、绞刀头位置和钢桩位置是否正确,误差控制在 1 m 以内。

②应用先进的计算机辅助决策系统指导施工,实时跟踪绞刀所处的平面位置。

③根据船舶最大、最小挖宽要求和工程特点合理分区分条,相邻条应保证一定的重叠量,以免漏挖。

④工程技术人员根据实际开挖土质情况、设计坡比及挖泥机具特性等,设计出正确合理的开挖终止线,码头根部安全距离严禁超挖。

⑤施工操作人员应根据计算机辅助决策系统指示的绞刀位置,土质塌坡情况等确定绞刀到线后的回摆时机,防止超挖和欠挖。

(6)吹填质量控制。

①控制吹填用的临时水准点和标尺应定期校核。

②在吹填过程中,应经常利用高程控制标尺观测吹填土的标高,并进行吹填区的高程测量。及时延长排泥管线、调整管线的间距、管口的位置和方向及泄水口的高度,以达到吹填高程和平整度的要求。

③施工期间应按工程设计要求定期进行沉降观测,并根据观测的地基沉降量和吹填土固结量,及时调整吹填预留的厚度。

8 安全与环保措施。

8.1 安全措施

(1)建立健全安全组织机构和安全管理体系,设立专职安全员。按照工程施工要求配备人员并进行施工安全技术交底。

(2)按船舶证书及工程施工要求要求,为施工船舶配备安全设备,并对船舶设备进行全面检查,消除安全隐患。

(3)保持与项目部、海事、业主、气象相关部门的联系,以便能够获取和处理相关信息。

(4)操作人员严格执行安全操作规程和安全规章制度施工。

(5)认真收听气象预报,并做好记录,根据气象提前做好安全防范措施。

(6)根据正常作业时绞刀负荷和泥浆浓度合理地控制下桥深度和前移量,防止绞刀滚刀等事故发生,保证设备不超负荷运转。

(7)加装燃、润油严格按公司体系文件《加装燃润油防油污染操作须知》执行,一旦溢油按《船舶油污应急计划》和《船舶溢油应变部署表》执行。

(8)定期对设备进行巡回检查,按照规定要求做好设备的管、用、养、修,施工作业时必须正确穿戴规定的劳防用品。

(9)正确悬挂号型、号灯,按当地港口规定保持通信畅通。

(10)做好季节性防范措施,确保船舶安全。

8.2 环保措施

(1)严格执行国家《海洋环境保护法》及 MARPOL 公约的有关规定。

(2)油污水处理严格按公司体系文件《机舱处所防油污及排放操作须知》和 MARPOL 公约的有关规定执行。

(3)施工垃圾、生活垃圾处理严格按公司体系文件《防止船舶垃圾污染须知》和船舶《船舶垃圾管理计划》执行。

(4)积极配合当地海洋环保部门工作,做好当地海洋环保部门要求的其他工作。

9 环保节能措施

(1)减少搬移横移锚、倒换钢桩和移船等生产性停隙时间,提高船舶有效挖泥时间。

(2)根据泥浆浓度情况,合理确定施工流量,减少不必要的燃油消耗。

(3)减少相应设备的使用和消耗。

(4)控制工程施工质量,减少施工废方量。

10 效益分析

采用”大型绞吸船挖吹粗砂夹密实砂性土施工工法”,通过选用适合挖掘粗砂夹密实砂性土的绞刀和绞刀齿、选择适合的横移速度和前移距,充分发挥了大型绞吸船绞刀挖掘能力。采用“泥泵机组变速施工”和“局部管路变径施工”合二为一的施工工艺,有效提高了大型绞吸船吸输能力,真正达到节能降耗的目的,由此产生了较好的经济效益和社会效益。

(1)2009 年 10 月 1 日至 2010 年 4 月 9 日,大型 3 500 m^3/h 绞吸船新海鹤轮参与了湛江港霞山港区散货码头工程水域疏浚工程施工,施工土质以密实性粗颗粒泥沙为主,局部存在铁板砂、块石等,施工排距在 2.0 ~ 3.0 km 之间。输送清水时,泥泵主机负荷较高,正常施工时绞刀堵转和排泥管线堵塞现象较为严重,只能维持低浓度状态施工。通过该工法的应用,采用适应挖掘粗砂的凿型刀齿,合理分层和控制进关量,减小了绞刀压力,并采用“泥泵机组变速施工”和“局部管路变径施工”施工工艺,降低了主机超功率和堵管的风险,据相关统计资料表明,新海鹤轮有效挖泥时间提高了 9%,施工效率提高了约 14%,每月平均增加施工工程量 12.96 万 m^3,工程合同价为 11.76 元/m^3,每月增加产值约 152.41 万元。

(2)2011 年 5 月 2 日至 2011 年 11 月 25 日,大型 3 500 m^3/h 绞吸船新海鹤轮参与了烟台港龙口港区 10 万 t 级航道拓宽工程施工,浚前水深约在 -13.0 m,挖深要求为 -16.0 m,施工排距在 800 ~ 2 700 m 之间,正常施工时泥浆流速较低,控制难度较大。通过该工法的应用,合理分层和控制进关量,减小了绞刀压力,并采用“泥泵机组变速施工”和“局部管路变径施工”施工工艺,降低了堵管的风险,提高了船舶在施工时间利用率。据相关统计资料表明,新海鹤轮有效挖泥时间提高了 11%,施工效率提高了约 13%,每月平均增加施工工程量 5.72 万 m^3,工程合同价为 18.64 元/m^3,每月增加产值约 106.62 万元。

(3)2011 年 9 月初至 2012 年 2 月中旬,大型 3 500 m^3/h 绞吸船新海鳄轮在山东朱旺港务有限公司港池疏浚吹填工程施工中，主要负责港池内粗砂夹密实砂性土的疏浚吹填施工任务，挖深控制在 -9.0 m，施工排距在 2 800 ~ 4 700 m 之间。通过该工法的应用，选用适合挖掘密实粗砂的绞刀和凿型刀齿，有效提高了该轮挖掘效率；通过采用“泥泵机组变速施工”和“局部管路变径施工”合二为一的施工工艺，有效防止了泥泵机组超功率现象和正常施工时发生堵管现象，确保了设备安全运行。据相关统计资料表明，新海鳄轮平均施工效率提高了约 12%，时间利用率提高了约 10%，每月平均增加施工工程量 6.38 万 m^3，工程合同价为 21.0 元/m^3，每月增加产值约 133.98 万元。

11　工程实例

(1)2009 年 10 月 1 日至 2010 年 4 月 9 日，大型 3500 m^3/h 绞吸船新海鹤轮参与湛江港霞山港区散货码头工程水域疏浚工程施工，施工内容为 30 万 t 级码头前沿停泊水域和回旋水域的疏浚及吹填，工程量为 525.14 万 m^3，施工区土质以密实性粗砂为主，局部存在一定量的铁板砂层和块石，施工排距 2.0 ~ 3.0 km 之间。施工时绞刀压力和横移压力都较大，横移速度基本在 3 ~ 6 m/min 之间，仍经常发生绞刀堵转现象，对施工机具损伤较为严重。输送泥浆时平均浓度在 12% 以下，施工流速保持在 5.0 m/s 左右，船舶生产效率仅为 1 300 m^3/h 左右，同时输泥管线磨损较为严重，需经常停工修理维护。通过应用“大型绞吸船挖吹粗砂夹密实砂性土施工工法”，很好地解决了上述施工难点，提高了船舶施工时间利用率和施工效率，确保了工程顺利实施。新海鹤轮在五个月施工期内平均施工效率达到 1 500 m^3/h，共完成疏浚有效土方量 363.5 万 m^3，实现产值 4 274.76 万元。

(2)2011 年 5 月 2 日至 2011 年 11 月 25 日，大型 3 500 m^3/h 绞吸船新海鹤轮参与烟台港龙口港区 10 万吨级航道拓宽工程施工，土质为密实性粗砂，标贯击数超过 30 击，挖掘和输送难度大。在挖掘过程中，绞刀油压基本上都在 120 bar 以上，为了减少绞刀堵转频率，不得不采用降低横移速度、减少切削厚度和前移量。在输送过程中，为防止粗颗粒砂土在管路中沉积，施工时泥浆浓度均在 15% 以下，船舶生产效率仅为 1 100 m^3/h 左右，同时输泥管线磨损较为严重。通过应用“大型绞吸船挖吹粗砂夹密实砂性土施工工法”很好地解决了上述施工难点，提高了船舶施工时间利用率和施工效率，确保了工程顺利实施。新海鹤轮在近七个月施工期内平均施工效率达到 1 400 m^3/h，共完成疏浚有效土方量 196.5 万 m^3，实现产值 3 662.76 万元。

(3)2011 年 9 月初至 2012 年 2 月中旬，大型 3 500 m^3/h 绞吸船新海鳄轮参与山东朱旺港务有限公司港池疏浚吹填工程施工。施工内容为港池扫浅以及航道拓宽和加深，工程量为 250 万 m^3，施工区上层为密实性粗砂，下层为密实性粗砂夹杂硬质粘土，标贯击数超过 30 击。施工时绞刀压力保持在 120 bar 以上，刀齿磨损严重，输送泥浆时平均浓度在 10% 以下，施工流速始终在 4.0 m/s 以下，施工效率低下。通过采用“大型绞吸船挖吹粗砂夹密实砂性土施工工法”和采用高耐磨超高分子量聚乙烯钢塑复合管道替代普通钢质排泥管道，很好地解决了上述施工难点，平均泥浆浓度达到了 15% 左右，平均施工流速达到了 4.2 m/s，平均施工效率达到了 1 280 m^3/h，有效地提高了船舶施工效率。在近 5 个多月施工期内，共完成疏浚工程量 210 万 m^3，实现产值 4 410 万元。

（主要完成人员：陶冲林　李　晟　刘凯锋　秦学明　郭素明）

渗水隧洞复合砌衬支护与防水一体化施工工法

北京金河水务建设有限公司

1 前言

对于结构松散、内外压反复变化的强透水层引水隧洞衬砌混凝土施工，支护与防渗漏、防排水是工程施工的重点和关键。南水北调南干渠工程第四标段，位于大兴灌渠下方，沿线与西五环路并行，地段多中细砂层，围岩结构松散，不能自稳，易发生掌子面坍塌；大兴灌渠为常年排污河道，存在渗漏问题，属强透水层，结构内外压反复变化。为了保证南水北调南干渠工程质量，针对以上工程重点、难点，北京金河水务建设有限公司联合有关单位，进行了反复的技术研究和探索，总结出一套针对结构松散、内外压反复变化的强透水层引水隧洞复合式衬砌支护与防排水一体化施工方法，即初期支护、防水层及二次衬砌三位一体统筹考虑，防水层既起到防水作用，又对初期支护喷射混凝土和二次衬砌的模筑混凝土起到隔离和润滑作用，保护和发挥了二次衬砌模筑防水混凝土的自防水作用。混凝土间采用新型防排水系统、自防水混凝土及衬砌环向接缝处理系统，取得了良好的经济效益和社会效益，通过总结以上工程实践，形成了一套完整的《强渗水隧洞复合砌衬支护与防排水一体化施工工法》。

本工法关键技术《渗水隧洞复合砌衬支护与防水一体化技术研究》2013 年 5 月 31 日通过北京市建委组织的科技签定，签定结果国内领先。2013 年 1 月通过建设部科技信息研究所的查新，查新结论，关键技术未见相同报道。

使用本工法施工的南水北调南干渠工程，获得了 2011 年度城乡建设集团颁发“新技术应用示范工程”二等奖。2010 年度、2011 年度安全生产、质量管理先进集体奖。获得 2012 年度北京市结构长城杯金奖。

2 工法特点

（1）本工法采取隧洞施工防排水设施和结构防排水相结合，保证了施工的质量和安全。

（2）本工法通过提高喷射混凝土支护层的防水质量，减少支护背后和内部空隙，提高了支护层的密实度，保证了工程的防水效果和质量安全。

（3）本工法采用新型防排水系统、自防水混凝土及衬砌环向接缝处理系统，保证了工程的质量，提高了经济效益。

（4）本工法使用的隧道防水板，可采用多种方法进行铺设安装，施工方便，安全快捷，质量可靠。

（5）本工法使用的高密度难降解防水材料，耐腐、耐老化、抗穿刺，保证了隧洞防水质量，降低了日后维护成本。

（6）本工法操作简单、容易掌握。不需要专业的技术人员，只要经过简单培训，按照操作工艺严密操作、控制，即能达到抗渗漏的要求，降低了人工成本。

3 适用范围

本工法适用于引水隧洞、地铁、隧道等对抗渗防水条件要求高的衬砌混凝土施工工程。

4 工艺原理

本工法采用复合式衬砌支护与防排水一体设计施工。内层衬砌主要为了防水、内部装饰和增加安全度，外层支护与围岩形成统一的受力整体，共同承担因隧洞开挖所产生的围岩释放应力。两次支护间，铺设防水层，防水层对初期支护喷射混凝土和二次衬砌的模筑混凝土起到隔离和润滑作用，与二次衬砌混凝土粘结并形成一体，防止二次衬砌模筑防水混凝土开裂。

经过对衬砌结构自防水混凝土研究和衬砌结构预埋式接缝防水技术研究，通过掺入少量外加剂来改善混凝土的和易性，提高其密实性和抗渗性，以适应工程防水需要。同时将初期支护喷射的混凝土厚度深度 h 与跨度 L 之比严格控制在 $h/L<1/6$，保证喷层厚度及密实度、密贴。二次衬砌混凝土采用自防水混凝土，严格控制自防水混凝土的配合比，减少支护背后和内部空隙，提高支护层的密实度。

防水层采用封闭式柔性复合防水层，由土工布缓冲层、防水板、HDPE 保护层组成。防水板铺设采用无钉工艺，无纺布采用水泥钉和塑料圆垫片固定于已达到要求的喷射混凝土基面上，固定点呈梅花形布设，搭接部位采用热风焊枪焊接，三片以上防水板搭接采用 T 形接头。保证了其抗拉伸强度、抗穿刺能力。从而控制了成本，保障了质量，加快了速度。

5 施工工艺流程及操作要点

工艺流程见图 1。

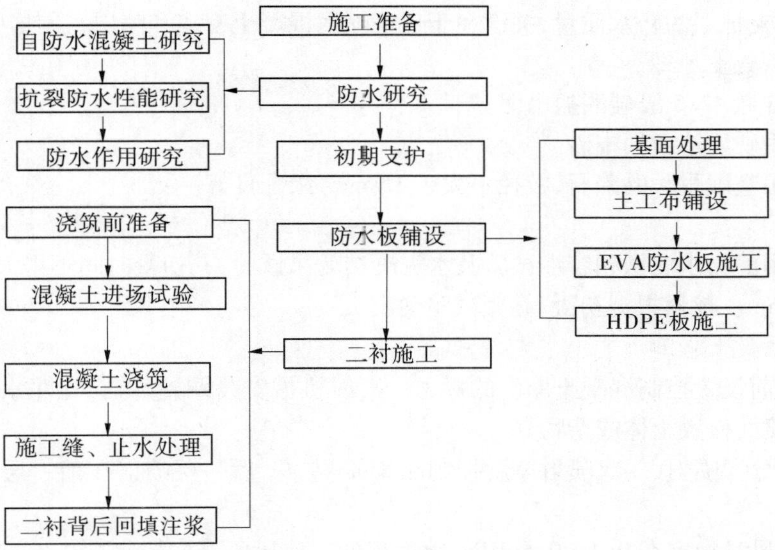

图 1 工艺流程

5.1 工艺流程

5.2 操作要点

5.2.1 施工准备

（1）施工测量：在对路线中线、标高复测闭合的基础上，在输水线路附近设立临时水准点和中线控制桩，对初期支护断面进行复核。

（2）委托试验室进行喷射混凝土配合比试验。

（3）对土工布、EVA 防水板、HDPE 板原材料进行进场检查、验收，抽取原材送检，试验结果合格后进行使用。

(4)委托混凝土搅拌站进行二衬 C30W10 混凝土配合比试配，通过优化混凝土配合比，提高混凝土自密实性能，达到二级自密实混凝土指标，提高混凝土的流动性和填充性，抗渗性能达到 W10 级。

5.2.2 防水研究

(1)衬砌结构自防水混凝土研究：用于试验的外加剂选取外加剂防水混凝土，依靠掺入少量外加剂，来改善混凝土的和易性提高其密实性和抗渗性，以适应工程防水需要。

(2)混凝土抗裂防水性能研究：由多种有机和无机成分配制而成的刚性防水材料不仅含有高效膨胀抗裂成分，而且含有防渗减缩组分，将膨胀与减缩有机结合，可同时具有防渗、抗裂、减水、防冻等功能，达到防渗、抗裂的目的。

(3)抗裂防水剂研究：由于混凝土受钢筋和自身强度的限制不会产生明显的外观体积膨胀。但抗裂防水剂产生的膨胀在混凝土内部却产生了一定的膨胀应力，当混凝土由于干燥产生收缩应力时，该膨胀应力释放，抵消或补偿干缩应力，从而避免混凝土产生裂缝。

(4)防水作用研究：一方面抗裂防水剂的膨胀使混凝土本身由于内部水化产物的相互挤压而密实，另一方面随着水泥水化过程的进行，抗裂防水剂中的防水组分产生细小的颗粒填充于混凝土的微细孔中，起到增加混凝土密实度的作用。

上述两种密实作用共同作用，使得混凝土的密实度提高从而抗渗性提高。抗裂防水剂中的防水组分，自身有黏性使得混凝土不发生离析和泌水现象。

5.2.3 初期支护

初期支护作为复合式衬砌的最外层，不仅起到初期支护的作用，还是隧洞防水的第一道防线，提高喷射混凝土支护层的防水质量，关键在于保证喷射混凝土密实和喷层与围岩的密贴。

5.2.3.1 喷射混凝土材料

水泥：采用普通 42.5 级硅酸盐水泥。

细骨料：采用硬质洁净的中砂。

粗骨料：采用坚硬耐久的碎石，粒径不大于 15 mm，级配良好。

水：自来水。

速凝剂：使用前与水泥做相容性试验及水泥凝结效果试验，其初凝时间不得大于 5 min，终凝时间不得大于 10 min。掺量根据初凝、终凝试验确定。

5.2.3.2 喷射混凝土施工

喷射混凝土前设置控制混凝土厚度的标志。喷射机械安设调整好后，先注水、通风，清除管道内杂物，清扫施喷面松散土体或杂物。

初衬混凝土分层喷射，一次喷射厚度控制在 8 cm 左右，后一层喷射在前一层混凝土终凝后进行。

空压机输出风量稳定在 0.4 ~ 0.6 MPa，喷射机的工作风压严格控制在 0.3 ~ 0.4 MPa 范围内，喷嘴处风压稳定在 0.15 ~ 0.2 MPa。严格控制好喷嘴与受喷面的距离和角度。喷嘴与受喷面垂直，有钢筋时角度适当放偏 30°左右，喷嘴与受喷面距离控制在 1 m 左右。喷射顺序自下而上，料束呈旋转轨迹运动，一圈压半圈，纵向按蛇形状，每次蛇形长度 3 ~ 4 m。

喷射混凝土终凝 2 h 起开始洒水养护，洒水次数以能保持混凝土具有足够湿润状态。

5.2.3.3 初衬背后回填灌浆

初衬背后回填灌浆在初衬混凝土达到 70% 设计强度后进行。灌浆范围为拱顶 270°范围，灌浆采用 0.5:1的水泥浆液，间隔注浆，灌浆压力为 0.2 ~ 0.3 MPa。灌浆由低处向高处，由无水处向有水处依次压注，以利于充填密实，避免浆液被水稀释离析；灌浆时，按分序加密的原则划分灌浆单元，先对一序孔进行灌浆，再进行二序孔的灌浆。

5.2.4　防水层施工

初衬、二衬之间防水层是复合式衬砌结构中防水的重要环节，采用土工布 + EVA 防水板 + HDPE 板结构，其中土工布为缓冲层，起到保护和固定 EVA 防水板的作用，EVA 防水板为主要防水层，采用无钉铺设，首先用塑料圆垫片、水泥钉将土工布缓冲层固定在一衬混凝土基面上，再通过塑料垫片与 EVA 防水板热熔焊接，将 EVA 防水板固定牢固。铺设防水前，先进行基面处理。

5.2.4.1　基面处理

铺设防水层前对一衬支护面进行找平，基层满足喷射混凝土的平整度要求：$D/L \leqslant 1/6$（L：喷射混凝土相邻两凸面间的距离；D：喷射混凝土相邻两凸面间凹进去的深度）。对基面上局部凸凹比较严重的地方，采用砂浆找平，对基面露出的钢筋头在施作防水层前进行切除，并在切除部位用水泥砂浆抹成圆曲面，保证铺设防水板的基面坚实、平顺、圆滑。

5.2.4.2　土工布铺设

土工布缓冲层采用射钉枪和塑料垫片固定在喷射混凝土基面上，固定点之间呈梅花形布设，固定点之间的间距为隧洞两侧中心线上下 45°范围 0.6 m，顶拱 90°范围 0.4 m，底拱 90°范围 1 m，缓冲层之间的搭接宽度 100 mm，缓冲层铺设与基面密贴，同时在分段铺设的缓冲层连接部位预留 200 mm 的搭接余量 。

初衬喷射混凝土密实，强度较高，固定土工布及圆垫片配套的水泥钉在施工时出现折断的情况，损坏率达 45%，水泥钉损耗大，且施工效率低，EVA 防水板厚 1.5 mm，比常规防水板厚，每平米重量大，导致防水板与圆垫片焊接后，出现圆垫片脱落、防水板鼓包的情况，严重影响 EVA 防水板的铺设质量。经过试验，采用与配套水泥钉（长 3 cm、直径 3.4 mm）长度相同，直径 2.2 mm 的射钉，用射钉枪打入，由于接触面积变小，不但打入速度快，而且与初衬混凝土结合更牢固，一个圆垫片用 3 ~ 4 个射钉固定，即可使垫片固定牢固。

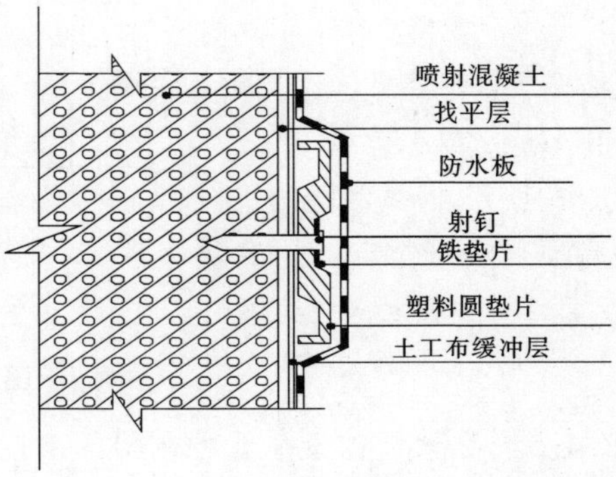

图 2　防水板固定示意图

5.2.4.3　EVA 防水板施工

防水板焊接是防水层施工的重要环节，在正式焊接前，项目部进行了防水板焊接工艺试验，确定焊接参数并通过监理单位审批后，正式施焊。

EVA 防水板幅宽为 3 m、1.8 m 两种配合使用，二衬分仓长度为 10 m，因此防水板第一次铺设长度为 11 m，预留 1 m 的搭接。

防水板固定：利用热风焊枪将裁剪好的 EVA 防水板热熔粘贴在塑料圆垫片上，焊接牢固可靠，防水板固定时避免拉得过紧或出现大的鼓包，铺设好的防水板与基面凹凸起伏一致，保持自然、平整、伏帖。

相邻两幅防水板接缝错开，错开位置距结构转角处大于 600 mm。避免出现十字通缝。

防水板之间接缝采用双焊缝进行热熔焊接，焊缝宽度 15 mm，搭接宽度 100 mm，均匀连续，无假焊、漏焊、焊焦、焊穿等现象。焊接完毕后采用检漏器进行了充气检测，结果满足设计要求。

防水板铺设完毕后对其表面进行全面检查，对于破损部位进行补焊，补丁剪成圆角，补丁边缘距破损边缘的距离 70 mm。

5.2.4.4　HDPE 板施工

底板防水板铺设完毕后施做 HDPE 保护层，保护层采用厚度 1.5 mm 的 HDPE 膜，铺设范围为拱底 90°，点焊在 EVA 防水板上。在进行钢筋安装、模板支设时，可以有效保护 EVA 防水板不受损坏。

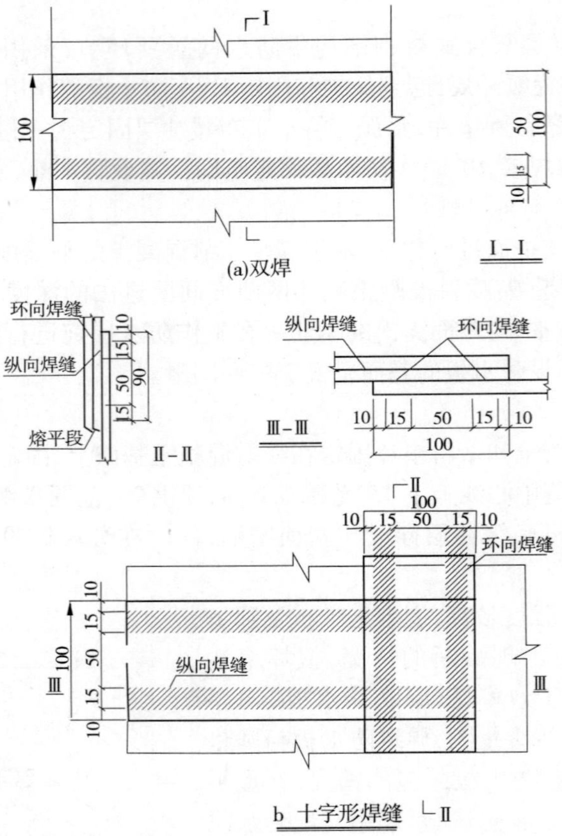

图3 防水板焊接示意图

5.2.4.5 防水板铺设质量控制

(1)固定点间距:固定点间距符合设计要求。固定点之间呈梅花形布设,间距与无纺布铺设相同。

(2)与基面密贴:在拱部用手托起塑料板,各处均与基面密贴,不密贴处小于10%。

(3)焊接质量:防水板焊缝宽度≥15 mm,搭接宽度≥100 mm,焊接平顺、无波纹,无焊焦、烧糊或夹层;进行充气检查时,充气压力为0.25 MPa,稳定时间≥15 min,允许压力下降20%。否则进行补焊,直到达到要求为止。

5.2.5 二衬衬砌施工

二衬衬砌混凝土为C30W10二级自密实混凝土,采用全圆针梁模板台车一次浇筑成型,利用混凝土的自密实性能填充钢筋之间空隙,不用振捣达到混凝土密实的效果。

5.2.5.1 浇筑前准备

混凝土浇筑前对台车、钢筋、预埋件、预留孔洞、施工缝、变形缝止水带等进行检查,清除模板内杂物,隐蔽验收合格后,浇筑混凝土。

(1)自密实混凝土材料要求。

水泥:选用P·O42.5普通硅酸盐水泥。

粗、细骨料:采用级配良好的5~20 mm卵碎石,含泥量0.3%,泥块含量0.0%;细骨料采用水洗砂,细度模数为2.7的Ⅱ区中砂,含泥量2.8%,泥块含量0.0%。

粉煤灰:选用Ⅰ级粉煤灰,碱含量1.57%,细度7.8%,需水量比92%,烧失量4.08%。

矿渣粉:选用S95级矿渣粉,比表面积403 m^2/kg,活性指数(7天80%,28天102%),碱含量

0.68%。

外加剂：YNF－9 聚羧酸减水剂外掺引气剂。（选择性能稳定，工艺成熟，与水泥适应性好的外加剂。所选用外加剂必须与水泥做相容性试验）

（2）自密实混凝土性能指标。

根据《自密实混凝土应用技术规程》，自密实混凝土性能等级分为三级，根据结构物形状、尺寸、配筋状态确定。南干渠钢筋间距 100～200 mm，确定为二级自密实混凝土，即二级适用于钢筋的最小净间距 60～200 mm 的结构。

自密实混凝土的自密实性能包括流动性、抗离析性、填充性，采用塌落扩展度、V 漏斗、U 型箱进行检测，二级自密实混凝土性能指标见表 1。

表 1　二级自密实混凝土性能指标

序号	指标名称	规范标准
1	U 型箱填充	≥320 mm
2	坍落扩展度	650±50 mm
3	T50	3～20 s
4	V 漏斗通过时间	7～25 s

（3）自密实混凝土配合比试验。

在正式浇筑前，与搅拌站联合进行混凝土配合比试验，在类似工程中，二衬断面下部混凝土表面易出现气泡，因此，在配合比试验时，针对减少气泡、提高混凝土自密实性能进行研究。通过多种配比的试配，最终确定的优化混凝土配比为掺入适量 YNF－9 聚羧酸减水剂、引气剂等外加剂，掺入粉煤灰、矿粉的双掺配比见表 2。

表 2　自密实混凝土配合比

材料名称	水泥	粉煤灰	水	砂	石子	外加剂	矿粉
每 m^3 用量（kg/m^3）	280	90	180	821	854	10.75	60

5.2.5.2　混凝土运输

自密实混凝土的运输控制在 90 min 内卸料完毕，当最高气温低于 25℃时，运送时间可延长 30 min。混凝土的初凝时间根据运输时间和现场情况控制和调整。

尽量缩短运输时间，以减少自密实混凝土各项指标的损失，保证混凝土以优良的指标浇筑入仓，见表 3。

表 3　自密实混凝土工作性能稳定性基本要求

	坍落度损失	扩展度损失
1 h（试验室静置）	<10 mm	<10%
1 h（搅拌车内）	<10 mm	<5%

5.2.5.3　混凝土进场试验

进场的自密实混凝土，先测定扩展度、V 漏斗、U 型箱、T50 四项指标。扩展度测定混凝土的流动性，V 漏斗和 T50 检测混凝土的抗离析性，U 型箱检测混凝土的填充性能。经过施工总结，优化后的混凝土控制指标见表 4。

表 4　自密实混凝土控制指标

序号	指标名称	规范标准	施工控制指标
1	U 型箱	≥320 mm	320 ~ 340 mm
2	扩展度	650 ±50 mm	650 ~ 680 mm
3	T50	3 ~20 s	4 ~8 s
4	V 漏斗	7 ~25 s	7 ~16 s
5	坍落度	240 ±20 mm	240 ~ 260 mm

5.2.5.4　混凝土浇筑

混凝土泵送采用拖式混凝土泵，模板验收完毕后，将混凝土地泵拖入浇注仓段附近，将泵管连接到拱顶的浇注口，将混凝土泵送入仓。混凝土入泵前，罐车高速搅拌 1 分钟。

混凝土现场浇注的运输包括包括水平运输和垂直运输两个方面，浇注时的最大自由下落高度小于 5 m，最大水平流动距离小于 7 m。

混凝土浇筑时，根据台车的抗浮能力控制浇筑速度。保持混凝土浇筑的连续性。底板以上腰线以下混凝土浇筑速度稍缓，避免台车上浮过大，整仓混凝土浇筑时间控制在 4 ~5 小时。为防止产生灌注不均与表面气泡，在模板外侧辅助敲击。

浇筑过程中控制好混凝土的和易性，扩展度过大，容易造成离析，扩展度过小，混凝土流动性不佳，填充不密实，易形成缺陷。因此，每车混凝土到场后，测定坍落扩展度、T50 和 V 漏斗，指标均合格者，泵送入仓。

夏季时，选择低温时段浇注混凝土，尽量减小塌落扩展度的损失，保证入仓时混凝土的塌落扩展度在 650 以上。

混凝土灌注至仓顶出现不进料后，间歇 10 分钟，然后进行二次灌注，同理进行第三次灌注，确保仓内混凝土密实、饱满。

5.2.5.5　混凝土拆模养护

混凝土强度达到 5 MPa 后拆模，拆模后混凝土立即养护，采用专人洒水，养护时间 14 天，炎热天气下，养护时间延长至 28 天。

5.2.6　施工缝、止水施工

二衬混凝土纵向每 10 m（标准段）设置一道永久变形缝，缝宽 20 mm；缝内嵌聚乙烯闭孔泡沫塑料板，板厚 20 mm，设置一道橡胶止水带，止水带型号为 B12 000 mm × 380 mm × 12 mm，变形缝迎水面采用双组份聚硫密封膏嵌缝，缝宽 40 mm，深 30 mm。具体见图 4。

5.2.6.1　橡胶止水带

橡胶止水带在生产厂家加工成环，运输至现场安装。在固定堵头模板前，通过放置在钢筋内的 U 型环将橡胶止水带可靠固定在设计位置上，止水带内侧固定方法：将止水带镶嵌在自制的 U 型铁环内，U 型环采用 ϕ6 钢筋弯制，绑扎在内外层钢筋上。U 型环间距为 1 m。

变形缝处保证混凝土浇筑密实，橡胶止水带下部不产生空洞、气孔等隐患。在混凝土浇筑前避免止水带被污物和水泥砂浆污损，表面有杂质清理干净，以免混凝土与其咬合不紧密形成渗水通道。

5.2.6.2　闭孔泡沫板

聚乙烯低发泡闭孔泡沫塑料板在加工厂中加工成需要的尺寸，制作堵头模板时，将泡沫板固定在堵头模板内侧。

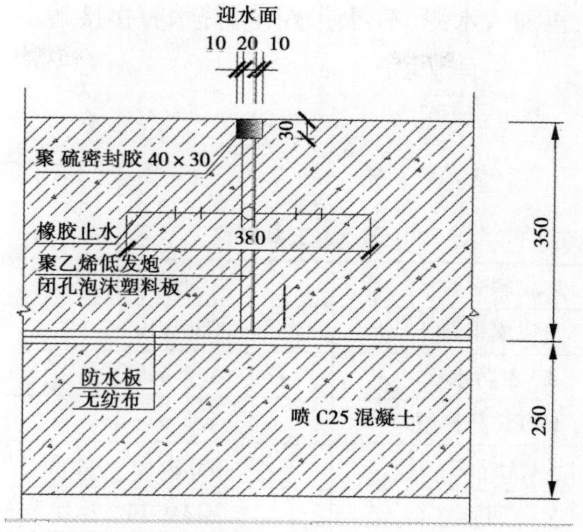

图4　变形缝做法示意图

5.2.6.3　聚硫密封胶

密封胶施工前,用切割机将变形缝切割成宽 40 mm,深 30 mm 的施工缝,切割时保证缝边规整。嵌缝填充前将缝表面清理干净,除去灰尘和污垢,局部潮湿处用碘钨灯烘干,施工时保证基层表面清洁、干燥。

按照配比将密封胶 A 组分和 B 组分按比例取出严格称量,倒在塑料混胶板上,用批刀来回批抹到颜色均匀一致为止,然后将混合均匀的密封胶装至注胶枪内。

为了保证密封膏的黏结效果,首先用毛刷在变形缝两侧均匀地涂刷一层底涂料,20 ~ 30 分钟后用刮刀向涂胶面上涂 3 ~ 5 mm 密封胶,并反复挤压,使密封胶与被粘结面更好的浸润。然后再用注胶枪向变形缝中注胶,注胶过程中保证胶料全部压入并压实,防止气泡混入,保证涂胶深度。

在缝隙的两边各贴 15 mm 宽的防护胶带,以防止施工中多余的密封胶将构筑物表面污损。

涂胶施工完成后 24 小时内保持胶面干燥,避免遇水。

5.2.7　二次衬砌背后回填注浆

二次衬砌背后回填注浆是充填二次衬砌与初支之间由于二次衬砌混凝土浇筑不饱满和二衬混凝土收缩造成的空隙,使结构受力均匀,提高结构的密实度、整体性和防水性能。回填灌浆在二衬混凝土强度达到设计强度 100% 后进行。

回填灌浆采用微膨胀水泥浆。水泥标号 P·O 42.5。水灰比 1∶1。回填灌浆的压力为 0.2 ~ 0.3 MPa。

5.2.8　防止混凝土开裂技术措施

(1)保证混凝土各组成材料的质量,控制混凝土生产过程的质量。

(2)选用优质水泥和级配良好的骨料,适当降低水灰比,减小坍落度。掺入粉煤灰,减少水泥用量。使用减水剂,降低单位用水量。加强振捣,加强养护。选用刚度大、稳定性好的模板及扣件,浇注后检查表面沉陷裂缝。适当加入膨胀剂,防止混凝土收缩裂缝。

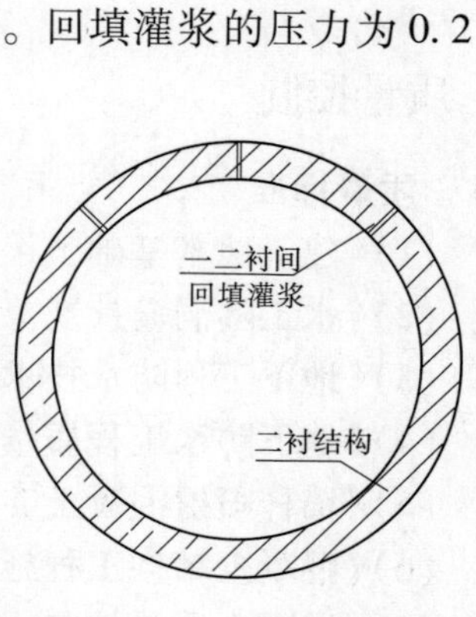

图5　二衬回填注浆管布置示意图

5.2.9　混凝土温度控制措施

夏季采取降温措施,冬季采用加热保温措施。降温措施包括加冰拌合,风冷骨料,料堆搭设防晒棚,从料堆底部取料,运输车辆覆盖篷布等。冬季施工保温措施有加热水拌合,掺加具有减水、早强、防冻性能的外加剂,水的加热温度通过热平衡计算确定,拌制加料顺序为先加入砂石骨料和热水,预拌30 s，使骨料均匀受热，再加入水泥，不得使水泥与热水直接接触。

6 材料与设备

6.1 主要材料

见表5。

表5 主要材料

序号	材料名称	规格	备注
1	自密实混凝土	C30W10	
2	EVA防水板	1.5 mm	
3	HDPE防护层	1.5 mm	
4	无纺布	300 g/m^2	
5	钢筋	Φ22\Φ14	

6.2 主要设备机具

见表6。

表6 主要施工机械机具需用量

序号	机械名称	型号	单位	数量	用途
1	全圆针梁模板台车		台	4	模板\支撑体系
2	单液注浆泵	KZ-2型	台	4	注浆
3	混凝土运输车	9 m^3	量	6	运输
4	混凝土输送泵	80型	台	2	输送
5	电焊机	BX-300	台	10	电焊
6	钢筋弯曲机	GJ7-40	台	2	钢筋弯曲
7	钢筋切断机	GJ5-40	台	2	钢筋切断
8	钢筋调直机	GT8	台	2	钢筋调直
9	闪光对焊机		台	1	钢筋对焊

7 质量控制

7.1 质量标准

(1)《建筑地基基础工程施工质量验收规范》(GB 50202—2002)。

(2)《水工隧洞设计规范》(SL 279—2002)。

(3)《地下工程防水技术规范》(GB 50108—2001)。

(4)《地下防水工程质量验收规范》(GB 50208—2002)。

(5)《锚杆喷射混凝土支护技术规范》(GB 50086—2001)。

(6)《混凝土结构工程施工质量验收规范》(GB 50204—2002)。

(7)《混凝土质量控制标准》(GB 50164—2011)。

(8)《混凝土强度检验评定标准》(GB 50107—2010)。

(9)《喷射混凝土施工技术规程》(YBJ 226—91)。

(10)《水工混凝土施工规范》(DL/T 5144—2001)。

7.2 质量控制

7.2.1 结构防渗漏保证措施

（1）防渗漏的原则和要求：地下结构工程防水遵循“以防为主、防堵结合、因地制宜、综合治理”的原则，采用以提高结构本身自防水性能的材料为主。

（2）防渗漏控制保证措施：成立专门的防水施工作业组织机构和专业的防水组，对每道工序进行检查、监督。严格执行“三检”和旁站监理制，对每道工序进行质量检查，做好记录，在经过自检，质检工程师和监理工程师检查验收签认后，方可进入下一道工序的施工。

（3）混凝土结构自防水是水利工程的最重要环节，施工时必须高度重视，充分认识混凝土防裂、抗裂的机理和重要性。按图纸要求选用相应等级的混凝土，必要时可采用抗裂高性能混凝土。

7.2.2 防水层防渗漏保证措施

（1）各种原材料符合现行国家和行业标准的规定，并符合设计要求，使用前向监理上报质量证明文件和试验资料，得到监理同意后再用于施工，并在施工过程中经常进行检验试验。

（2）防水层的基层牢固，表面洁净、平整。

7.2.3 自密实混凝土是一种“娇气”的混凝土，对材料、环境、模板等各方面都有严格的要求：

（1）原材料性能的稳定性：胶凝材料的品质必须稳定，砂的级配与石子的粒径符合配比设计的指标，砂子含水率变化后，及时调整配合比，进行动态控制。

（2）搅拌能力的要求：使用强制式拌合机，搅拌时间较常态混凝土有所延长，不少于60 s。

（3）气温的影响：低温时易造成离析泌水，高温时流动性损失快。

（4）泵送的要求：自密实混凝土所需泵压更大，通过合理布置泵管预防堵泵，尽量减少弯管段。

8 安全措施

（1）施工过程中严格执行国家《安全生产法》、《建筑施工安全检查标准》及有关部门、地区颁布的安全规程，做好用电、防碰、防坠、防火的教育工作，新工人培训后方可上岗。

（2）建立安全生产领导小组和各级人员安全生产责任制度，明确安全责任。

（3）经常检查施工现场搭设的脚手架、用电及机械设备、防护装置情况，防护装置须经验收合格后方可使用。

（4）坚持安全第一原则，若生产和安全矛盾，应服从安全，不违章指挥并监督工人按章作业。

（5）喷射作业场地要做到机械布置得当，运输道路畅通，风、水、电位置合理，线路顺直互不干扰，管线路不漏风、不漏水、不漏电，场地整洁无积水。

（6）喷射机械设备布置在安全地带，喷浆机安装压力表、安全阀，并在使用前进行耐压试验，合格后方可使用。

（7）掌子面开挖完毕后，及时喷射混凝土封闭。如遇特殊原因，暂停作业时间较长，必须封闭掌子面，必要时采取加强的封闭措施。

（8）防水板作业区严禁吸烟，防止明火引燃防水板；不能穿带钉或铁板的鞋，防止踩穿防水板；防止焊渣直接掉了在防水板表面打穿或引燃防水板。

9 环保措施

（1）严格按照国家颁布的有关环境保护的法律法规进行施工

（2）成立以项目经理为首的环境保护责任小组，明确职责，在技术、质量、机械设备使用、经费保障等多方面进行控制，保证环境管理体系始终处于正常运转状态。

（3）对线路周边环境保护按比当地要求提高一个保护等级处理，工程实施前制定切实可行的施工方案。施工过程中发现文物，及时逐级报告，同时在施工期间对沿线周边绿地进行保护。

(4)施工中产生的粉尘污染采用强力通风解决。洞外污染主要通过场地全面硬化,施工现场每天派人清扫,在装卸、运输过程中对易产生粉尘、扬尘的作业面制定操作规程并洒水降尘。

(5)采取通风、降噪、降温等手段,配齐必要的劳保用品,保证工人的身体健康。

10 效益分析

10.1 经济效益

(1)采用本工法,减少了日后维护成本,降低了施工难度,节约了人工费用。

(2)以北京市南水北调配套工程南干渠工程施工第四标段工程为例,经济效益共节约 10.1 万元。

10.2 社会效益

南水北调工程是国家重点工程,受到社会各界广泛关注。采用本工法施工,解决了防水、防渗问题,保证了工程质量,提高了施工进度,具有良好的社会效益。

10.3 环保节能效益

与普通的施工方法相比,施工方便,拆装方便,有助于提高环保节能效益。

综上所述,采用本工法施工,经济效益、社会效益和环保节能效益良好。

11 应用实例

本工法成功的应用于南水北调配套工程南干渠工程第一标段,第四标段等工程实践中。

11.1 南水北调南干渠工程第一标段

南水北调南干渠工程第一标段位于北京市丰台区卢沟桥老庄子乡。隧洞全长 1 235.95 m,混凝土衬砌面积 26 000 m^2,沿线地质结构和地理位置特殊,结构 1B0 +000.000 ~1B0 +500.000 段在圆砾层中穿过,中间夹部分细砂,地质结构松散透水性强。途中紧邻生活小区和一座天燃气调压站,需下穿超高压燃气管线及五环路;延线存在大规模的垃圾坑,本工程使用本工法施工,即保证了工程质量、安全,又满足了施工进度,节约了工程造价,为在强渗水复合砌衬支护防渗防水施工积累了经验。本工程于 2010 年 12 月 18 日开工,2012 年 12 月 31 日竣工。

11.2 南水北调南干渠工程第四标段

南水北调南干渠工程第四标段中心导线全长 1 396 m,双线长 2 792 m。跨丰台、大兴两个区,开挖断面属极不稳定类土层,极易产生冒顶,大兴灌渠现为常年排污水河道,存在渗漏问题,工程使用本工法施工,为在强渗水复合砌衬支护防渗防水施工提供了经验借鉴。本工程开工日期为 2009 年 12 月 25 日,完工日期为 2012 年 4 月 25 日。

(主要完成人:丁卫东　郭文娟　高喜涛　赵　雪　刘霞)

堤坝防渗加固高聚物注浆施工工法

河南博特工程防护有限公司
水利与交通基础设施安全防护河南协同创新中心

1 前言

堤坝的防渗加固是通过置换、填充、挤密和化学作用等手段在岩(土)层中形成防渗帷幕或防渗墙,从而达到截水阻水的目的。传统常用的防渗技术大体有高喷灌浆防渗、混凝土墙防渗、振动沉模板防渗、水泥土搅拌桩防渗墙技术等。这些传统的堤坝防渗加固技术主要以水泥类材料为主,在坝体内构建的防渗体呈刚性或塑性,变形与坝体不协调,抗震抗裂能力较差;其施工过程"开膛破肚",对堤坝扰动破坏较大,大量泥水进入坝体,对坝体稳定性也会产生影响;另外施工设备体积庞大,对施工场地要求高,对于小型堤坝不适用。

针对这一情况,河南博特工程防护有限公司和水利与交通基础设施安全防护河南省协同创新中心(由郑州大学、黄河水利委员会黄河水利科学研究院等多家单位协同成立)从柔性防渗理念出发,以新型非水反应双组份发泡高聚物注浆材料为基础,充分利用非水反应高聚物注浆材料的自膨胀及防渗等优良特性,以高聚物材料在土体中片状扩散机理为基础,采用静力压槽、套孔封闭、提升注浆等技术,经过不断实践、完善和改进,形成了《堤坝防渗加固高聚物注浆施工工法》,先后在淮河流域临淮岗洪水控制工程史灌河童庙险堤高聚物注浆防渗加固处理、视线行水库除险加固工程高聚物注浆防渗墙等专项工程项目使用。目前该工法已在黄河堤防、南水北调等重大工程得到成功应用,并推广应用于河南、湖北、海南、重庆、浙江等省的水库、堤防、山塘、海堤等防渗加固工程,取得了良好的经济效益和社会效益。

本工法关键技术申请国内外发明专利 12 项,其中 7 项已获授权。2009 年通过经河南省科技厅组织的成果鉴定,认为土质堤坝定向劈裂、超薄型帷幕及防渗墙注浆技术在国内外属首创,为国际领先水平。2010 年 11 月,河南省水利厅、河南省科技厅联合召开成果推广论证会,与会专家一致认为,该项成果是我国自主研发的原创性成果,符合"中小型水库除险加固"、"中小河流治理"等重大民生工程的迫切需要,具备了推广应用的条件。成果《堤坝除险加固高聚物注浆成套技术及装备》2011 年获河南省科技进步一等奖,并被列入 2011 年度水利先进实用技术重点推广指导目录,形成河南省地方标准《高聚物防渗墙技术规范》(DB41/T 712—2011)。

2 工法特点

(1)对坝体扰动小。高聚物防渗墙技术能在坝体内构建 1 ~ 2 cm 厚的防渗墙,是目前最薄的防渗墙;采用静力压槽方式,极大地减少了对坝体的扰动破坏;注浆材料为非水反应类高聚物材料,注浆施工过程中不需要水的参与,也不需要泥浆护壁。

(2)施工快捷方便。高聚物防渗墙技术压槽、封孔、注浆连续作业,自动化程度高,施工速度快;高聚物材料注射后 15 分钟即形成 90% 左右的强度,无需养生;施工装备体积较小,操作方便,适应性较强。

(3)防渗性能优良,耐久性好。高聚物材料性能稳定、耐久。高聚物材料渗透系数达 10^{-8} cm/s 至 10^{-9} cm/s ,几乎不渗水;高聚物防渗墙为柔性防渗墙,墙体弹性模量与土体接近,变形协调,抗震抗裂性能优良;通过注浆方式形成的墙体与土体胶结为一体,增强堤坝的整体稳定性。

(4)经济实用。与混凝土防渗墙、高喷灌浆等防渗技术相比,高聚物防渗墙可显著节省工期和造价。特别是对于施工场地较狭窄的堤坝工程,大型施工设备进场困难,高聚物防渗墙技术更为经济适用。

(5)对环境无影响。高聚物注浆材料对水质和土壤无污染,施工过程不产生污泥污水,对周边环境无影响。

3 适用范围

本工法适用于病险水库、堤防、尾矿坝、储灰坝、截污坝等工程的防渗加固和抢险抢修。

4 工艺原理

(1)本工法采用的高聚物注浆材料为新型非水反应类水不敏感型自膨胀闭孔高聚物,原材料为两种预聚体液体,当这两种预聚体液体材料混合在一起时,预聚体即刻发生自身反应,膨胀并形成泡沫状固体。

(2)高聚物导管注浆技术基本工艺原理是通过高压注射系统和注浆导管,将双组份高聚物材料注入渗漏区域。材料发生化学反应后体积迅速膨胀并固化,填充空隙,压密土体,形成坚固、稳定和持久的防水层,达到封堵坝体、坝基或闸基渗漏的目的。

(3)高聚物防渗墙注浆技术基本工艺原理是采用"三锥头"成槽板和静压成槽机,在坝体形成连续的防渗墙槽孔。采用封闭式注浆技术将相邻槽孔封堵。通过注浆导管从槽底注射高聚物材料,并按一定速度连续提升注浆。材料发生化学反应后体积迅速膨胀,填充满槽孔并固化,相邻槽孔连续胶结,形成连续超薄型高聚物防渗墙。

5 施工工艺流程及操作要点

5.1 高聚物导管注浆技术

导管注浆适用于水利工程中的坝基渗漏、坝肩渗漏、土与结构物接触渗漏、涵闸渗漏等渗漏现象。利用高聚物材料的自身快速膨胀性挤密土体,填塞缝隙,堵塞渗漏。

5.1.1 确定注浆位置

针对不同性质的结构物及不同的渗漏原因,选定适宜的注浆位置,如堤坝坝基渗漏,可在坝顶注浆,或在枯水期在堤坝内侧坝坡注浆;闸基渗漏可以在闸室内,钻穿闸底板注浆。

5.1.2 钻注浆孔

注浆孔直径不小于16 mm,钻孔深至预定注浆点。根据不同的注浆深度,可选用不同的钻孔机械。

5.1.3 下注浆导管

在钻孔内插入直径16 mm的注浆导管,注浆管长度大于注浆孔深度。

5.1.4 安装注浆帽

把已清理干净的注浆帽置入注浆管顶端。

5.1.5 封闭注浆孔

当注浆孔直径大于16 mm时,为防止浆液沿注浆孔上窜,确保浆液膨胀压力,必须在下好注浆导管后用布袋注浆法实施封孔。

5.1.6 实施导管注浆

针对不同的堤坝渗漏病害,实施方案示意图如图1。

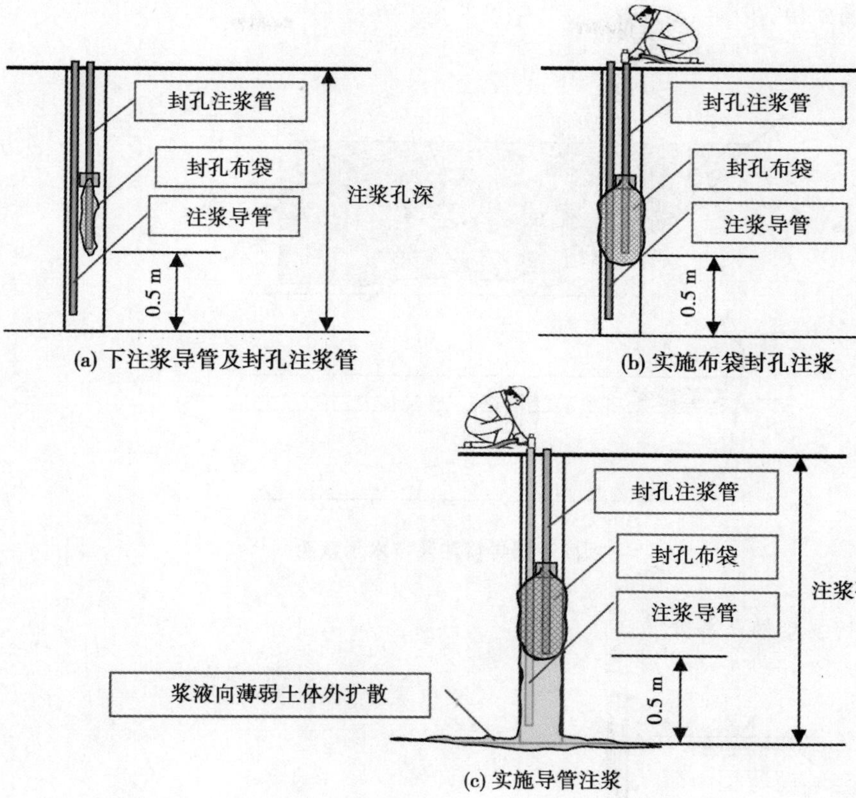

图1　高聚物导管注浆技术示意图

5.1.6.1　坝基渗漏处治

见图2。

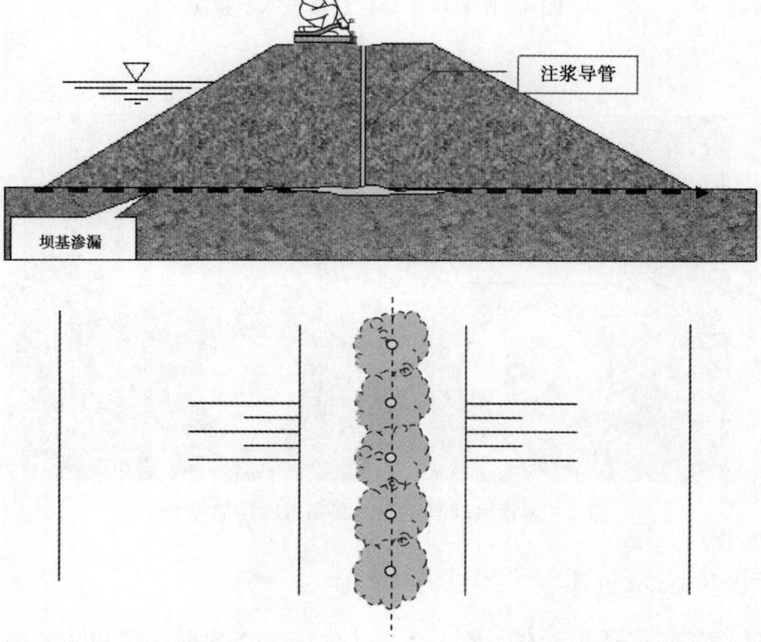

图2　坝基渗漏导管注浆技术示意图

5.1.6.2 坝肩渗漏处治

见图3。

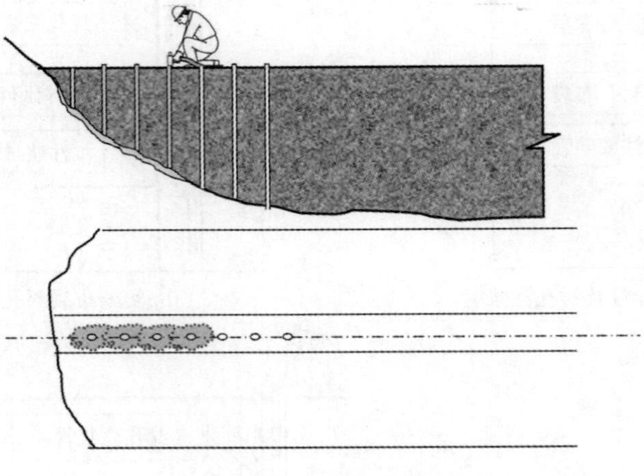

图3 坝肩渗漏导管注浆技术示意图

5.1.6.3 土与结构物接触渗漏处治

见图4、图5。

图4 闸基渗漏导管注浆技术示意图

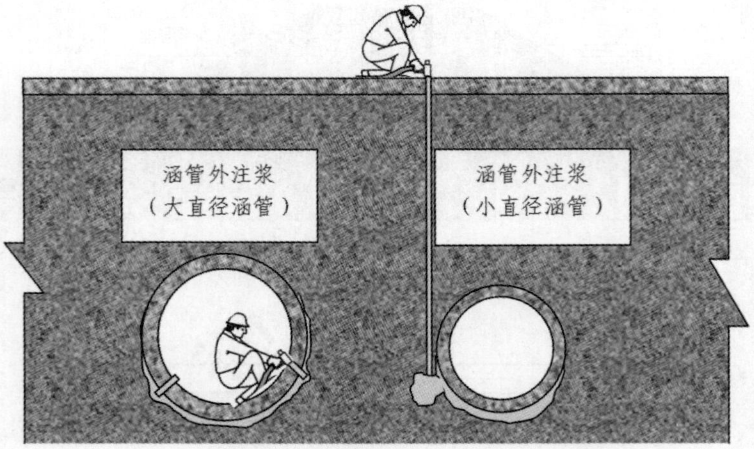

图5 涵管底部脱空及渗漏高聚物注浆示意图

5.2 高聚物防渗墙注浆技术

高聚物防渗墙注浆技术适用于在土质堤坝坝体内施做连续型高聚物防渗墙，处治堤坝坝体或坝基的渗漏病害。

根据联接孔封孔工艺分为土工布袋联接法施工和气袋联接法施工，工艺流程分别见图6和图7。

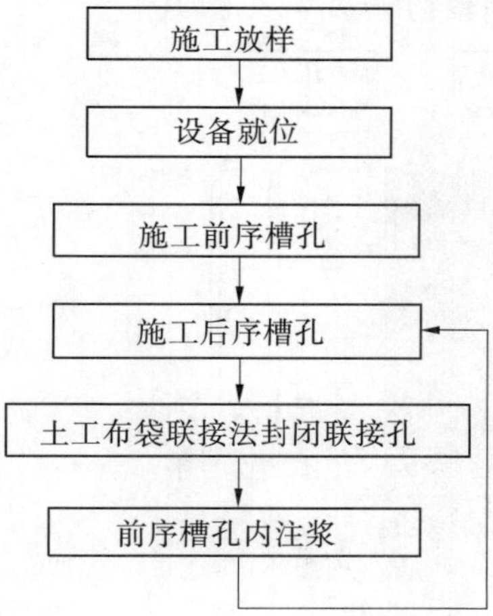

图6　土工布袋联接法施工工艺流程

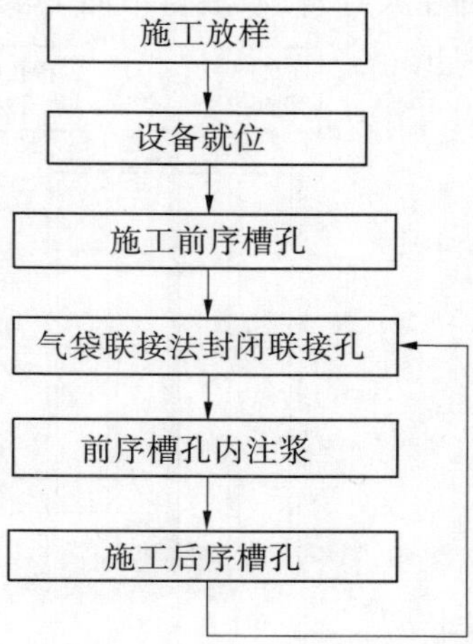

图7　气袋联接法施工工艺流程

5.2.1　槽孔施工

利用静压成槽机，将三锥头成槽板压入土体中至预定深度并拔出后，便形成前序槽孔，见图8。

将三锥头成槽板一侧的锥头对准前序槽孔的联接孔，再次压入并拔出后形成后序槽孔，前序和后序槽孔是连续的槽孔，见图8。

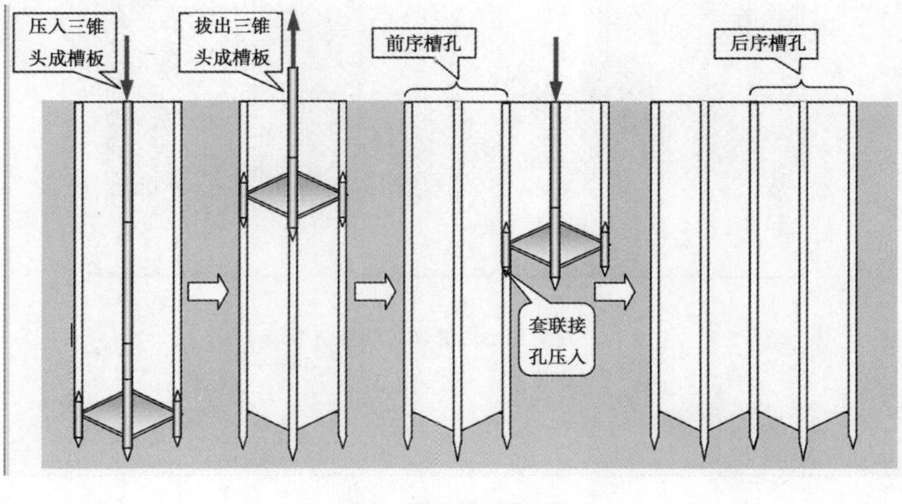

图8　槽孔施工示意图

5.2.2　**槽孔联接**

槽孔可采用土工布袋联接法或气袋联接法联接。槽孔及联接孔布置见图9。

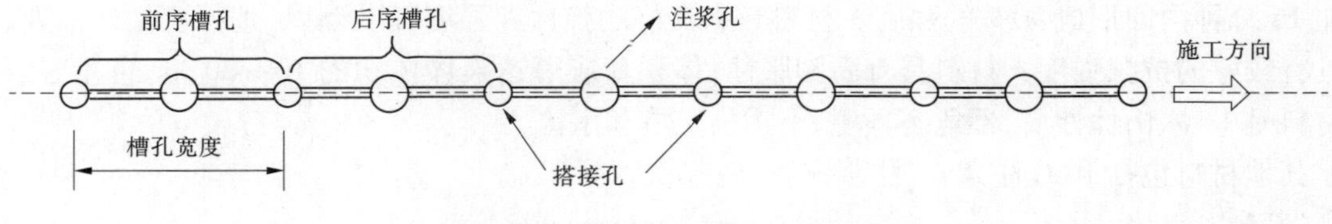

图9　槽孔及联接孔布置示意图

5.2.3　槽孔注浆

在注浆孔中置入注浆管，注浆管深入注浆孔底部。

采用注浆装备向槽孔内注射双组份膨胀性高聚物注浆材料，利用提升注浆装备按设定提升速率连续提升注浆导管，浆液自下而上填满槽孔，形成片状高聚物防渗体，见图10。

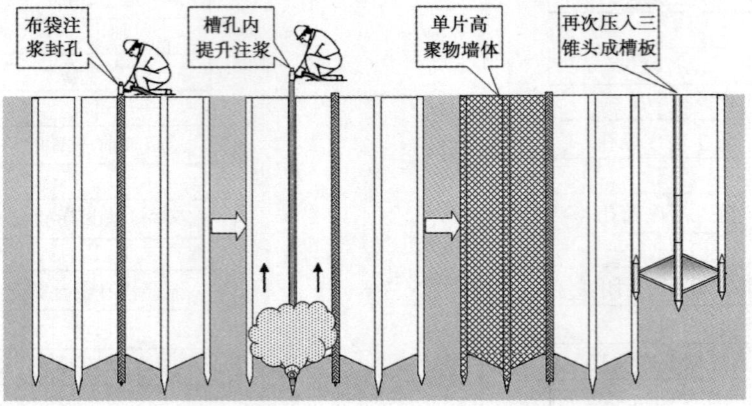

图10 布袋封孔及槽孔注浆示意图

重复上述施工工序，注浆完成后即形成连续联接的高聚物防渗墙，见图11。

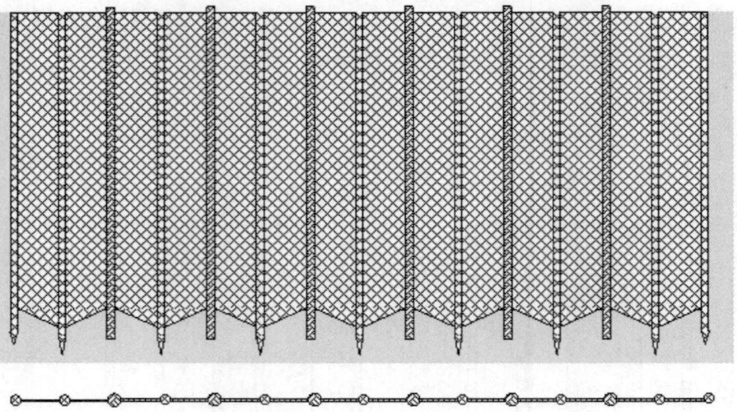

图11 注浆后形成的连续联接防渗墙

6 材料、设备与劳动力配置

6.1 材料

高聚物注浆主要材料为专门研配的非水反应自膨胀闭孔高聚物材料，原材料为双组份液态预聚体，混合后会迅速反应，体积发生膨胀固化，生成闭孔高聚物发泡体。高聚物材料属水不敏感型材料，防水性能优良。材料反应十分迅速，由液体固化反应时间从几秒钟到几十秒钟，可以调控，并且在15分钟内即形成90%的强度。材料具有良好的弹性和强度，能够满足工程应用的需要，特别是具有较好的抗拉强度。材料具有高膨胀性，体积膨胀可达液体体积的10~20倍，自重轻。高聚物材料呈中性、惰性性质，不危害环境，不污染土壤和水。

其他材料包括PVC注浆管、注浆铜管、注浆铁管等。

6.2 设备

(1)高聚物注浆装备。

·集成式高聚物注浆车　　　　1辆

注浆车内集成如下设备：

·发电机 1台
·空压机 1台
·配比仪 1台
·注射枪 1把
·供料桶 2个
(2)静压成槽机 1台
(3)提升注浆设备 1台
(4)成槽板 >1个

6.3 劳动力配置

堤坝防渗加固高聚物注浆需由专业的队伍施工,在项目统一安排部署下合理配置生产要素,高质量、高效率施工。施工劳动力配置情况如表1所示。

表1 堤坝防渗加固高聚物注浆施工劳动力配置表

序号	工 种	数量	主要职责
1	现场负责人	1人	总体现场负责
2	钻孔成槽工	3人	负责钻孔成槽设备操作、对孔、钻杆联接
3	提升注浆设备操作工	1人	负责提升注浆设备操作
4	注浆设备管理工	1人	负责注浆设备运行及注浆管焊接
5	注浆工	1人	负责注浆

7 质量控制

7.1 注浆槽孔

注浆槽孔间距、深度根据要求控制。压入机具在压入前应精确调平,槽孔偏斜率不应超过5‰

7.2 联接布袋

采用土工布袋联接法联接时,布袋应选用规格为200~250 g/m^2 的土工布;布袋长度应大于联接孔深度50 cm,直径宜为联接孔直径的1.1~1.3倍。

布袋内注射的高聚物密度应不小于防渗墙设计墙体密度。布袋内注浆量依据设计密度和布袋体积确定;布袋直径取1.1倍联接孔直径。

7.3 联接气袋

采用气袋联接法联接时,气袋耐压不小于1.6 MPa,气袋长度应大于注浆孔深度50 cm,直径宜为联接孔直径的1.1~1.3倍。

气袋内充压缩空气,气体压应达1.1~1.3 MPa。

7.4 注浆

单个槽孔注浆量依据设计墙体密度和槽孔体积确定。单个槽孔注浆用时依据单个槽孔注浆量和高聚物注浆装备的注浆流量确定。单个槽孔注浆提升速率依据槽孔深度和注浆时间确定。注浆压力根据工程设计和实际调整,一般控制在7 MPa。

8 安全措施

按照国家相关规程和办法执行,严格执行各项安全管理制度和安全操作规程,特别注意如下几点：

(1)坚决贯彻“安全第一，以人为本”的方针。

(2)施工时，严格按照施工工序进行，设备机具操作按照设备操作规程作业。

(3)机械设备安装、拆除应由专业人员担任，特种作业人员应持证上岗。

(4)静压成槽机移位时，非操作人员不得靠近。

(5)高聚物注浆操作人员要配备护目镜、防护服等必要的防护措施。

9 环保与资源节约

按照国家相关规程和办法执行，特别注意如下几点：

(1)防止噪声污染。在施工现场严格遵照《中华人民共和国建筑施工场界噪声限制》来控制噪声，选用低噪音设备，降低施工过程中的施工噪音。

(2)确保工人身体健康。工人施工时必须佩戴劳保用品，不带病上岗。

(3)材料回收。施工用材料按需使用，杜绝浪费。每次注浆完成后回收注浆帽，处理后重复利用。

10 效益分析

10.1 经济效益

高聚物防渗墙为柔性防渗墙，与土体紧密粘合，协调变形，抗震抗裂性能良好。墙体超薄，与其他堤坝防渗墙构筑技术相比，高聚物防渗墙技术可显著节省造价。

10.2 社会效益

高聚物注浆施工方便快捷，不需养生，可以显著节省工期，采用的是静力压入、无水注浆的方式，对坝体扰动较小，适用于大、中、小各类堤坝防渗加固和抢险抢修，综合社会效益十分显著。

10.3 环境效益

高聚物材料对水和环境无污染，施工不开挖，不产生污水污泥，节能环保。

11 应用实例

11.1 实例1：临淮岗洪水控制工程史灌河童庙险堤高聚物注浆防渗专项工程

临淮岗洪水控制工程河南省淹没影响区处理工程位于固始县沿淮地区，淹没影响区总面积306 km^2，其中淹没区140 km^2，影响区166 km^2。淹没影响区内居住人口20.9万人。河南省淹没影响区处理工程为临淮岗洪水控制工程的组成部分，通过工程建设，可以减轻临淮岗工程拦洪运用时对上游河南省境内淹没影响区的洪水损失，保证群众生命财产安全，并改善这一地区的生产条件。

童庙险堤位于史灌河右岸蒋集镇童庙村，属临淮岗洪水控制工程河南省影响区范围。童庙险堤史灌河堤防原是当地群众自建，砂基砂堤，20世纪90年代，曾对该段堤防按十年一遇防洪标准进行过加固，但堤基未做防渗处理，致使渗流不稳定，堤顶高程33.50～35.00 m，堤顶宽6 m，内外坡比1∶3，堤身高5～5.5 m，堤脚紧临史灌河主河道。2003年淮河流域发生超标准洪水，持续的高水位，引发该段堤防堤基渗透，在背水面距堤脚10～20 m处的洼地出现多处翻砂冒水，后经碎石滤料铺填险情得以控制；2007年汛期该堤段再次出现翻砂冒水险情，堤基渗水现象相当严重。因此，该段堤防地基存在安全隐患，急需治理。

经分析对比，设计采用超薄型高聚物防渗墙方案对该段堤防基础进行防渗处理。根据堤坝防渗设计要求，在需要防渗加固的堤防内侧距坡脚2～3 m处，做一道长约700 m，深7 m，厚度为2～3 cm的连续、超薄型高聚物防渗墙。

工程施工于2009年4月6号开工，至2009年7月5日竣工，共施工防渗墙长711.7 m，完成防渗墙面积 4 900 m²。高聚物防渗墙施工完毕后，经过多个汛期观察，以前长期存在的堤基渗漏、冒水问题得到根本治理。

图 12　童庙险堤高聚物防渗墙注浆施工现场

11.2　实例 2：视线行水库除险加固高聚物注浆防渗墙专项工程

视线行水库位于河南省信阳市潢川县付店镇集北，距离县城 11km，处在淮河水系潢河支流上，是一座以防洪、灌溉为主，结合水产养殖等综合利用的小(1)型水库。水库总库容 217.3 万 m³，于 1975 年 3 月建成并开始蓄水，为当地的防洪、除涝、抗旱减灾及灌溉、养殖等发挥了很大作用。水库下游有 1.27 万人、潢川县城、312 国道、万亩良田等，地理位置重要。

由于视线行水库建成于“文革”期间，大坝坝体填筑土料不合格，填筑质量差，坝体渗流逸出点较高，渗漏量大，坝体的渗流不稳定，特别是主河槽段(桩号 0+220～0+480)渗漏严重。

2010 年，视线行水库实施除险加固，在主河槽 300 m 长坝段上采用了高聚物防渗墙注浆技术，成功解决了坝基渗漏、坝体局部渗漏等突出问题。

图 13　视线行水库高聚物防渗墙施工现场

11.3　实例 3：海南田独浆砌石坝坝基渗漏高聚物注浆处治工程

海南田独浆砌石坝 2009 年建设，坝长 50 m，坝高 7.5 m，顶宽 2.35 m，迎水面水泥砂浆抹面防水护坡。但是该水坝修建好后发现坝基渗漏十分严重，根本不能蓄水。

2011 年 3 月，采用堤坝防渗加固高聚物注浆技术对田独浆砌石水坝的坝基渗漏进行了处治。处治后坝基不再渗漏，水库完全恢复了蓄水功能。

图 14　田独坝坝基渗漏不能蓄水

图 15　高聚物注浆施工现场

（主要完成人：王复明　苏茂林　石明生　冷元宝　钟燕辉）

长陡边坡倒虹吸管槽混凝土滑模施工工法

中国水利水电第六工程局有限公司

1 前言

倒虹吸管在底板混凝土施工时，一般均采用常规施工方法组织施工。但由于作业场地狭窄、施工空间小且在大跨度长陡边坡施工条件下，不利按常规方法组织施工。为此我们结合云南省昆明市清水海恩甲倒虹吸管工程、西村倒虹吸管工程、胜利倒虹吸管工程等推广应用了自制简易滑模浇筑混凝土方法组织施工，即由 5 t 手拉葫芦牵引滑模，上、下滑模由预埋锚筋固定的钢丝绳连接，管槽两侧分别设置钢筋滑轨，采用ϕ20 螺纹钢自下而上做插筋，保证了滑模的滑行自如。

为了使施工工艺的规范化，我们通过对实践中的施工工艺加以总结和提升，形成了《长陡边坡倒虹吸管槽混凝土滑模施工工法》。

2 工法特点

（1）长陡边坡倒虹吸管管槽混凝土浇筑，采用自制简易滑模进行施工，分段自下而上进行。

（2）滑模系统由卷扬机、钢丝绳、5 t 手拉葫芦及简易滑模组成，简易滑模宽 4.6 m，长 2 m，分别由 20#工字钢和 3 mm 厚铁皮及ϕ22 螺纹钢组装。

（3）两套滑模通过吊车就位，上下滑模两侧均由钢丝绳连接，钢丝绳固定在预埋好的锚筋上，同时两侧安装 5 t 手拉葫芦，同步前进。

（4）管槽两侧沿混凝土浇筑坡度设定钢筋滑轨，采用ϕ20 螺纹钢自下而上做插筋，使滑模通行自如。

（5）两套滑模同时自上而下组织施工，上中段采用溜槽输送混凝土入仓，中下段采用混凝土泵泵送混凝土入仓。

3 适用范围

主要适用于长（大于 300 m）、陡边坡（42°）倒虹吸管槽混凝土的浇筑，应用此法效果显著，类似工程领域内值得借鉴及推广。

4 工艺原理

长陡边坡倒虹吸管槽混凝土，由于其混凝土浇筑作业场地狭窄、施工空间小且为大跨度长陡边坡施工条件下施工，很难采用常规的方法组织施工。本工法采用自制简易滑模组织施工，施工效果理想。滑模系统由卷扬机、钢丝绳、手拉葫芦及简易滑模组成，简易滑模宽 4.6 m，长 2 m，分别由 20#工字钢和 3 mm 厚铁皮及ϕ22 螺纹钢组装。滑模系统通过吊车就位，上部滑模通过轨道和手拉葫芦牵引至 2#镇墩处就位，上下滑模两侧均由钢丝绳连接，钢丝绳固定在预埋好的锚筋上，同时两侧安装 5 t 手拉葫芦，同步前进。为保证混凝土平整度满足设计要求，沿管槽两侧分别设置滑轨，采用ϕ20 螺纹钢自下而上做插筋，间距 50 cm，插筋之间通过ϕ20 螺纹钢连接，沿混凝土浇筑坡度设定钢筋滑轨，使滑模通行自如。

简易滑模的应用，充分考虑了工程的地形条件，最大限度发挥了斜坡上手拉葫芦牵引的优势，使倒虹吸管槽混凝土浇筑安全可靠，施工方便快捷，有效提高了管槽混凝土浇筑的效率，节省了工期和费用。

5 施工工艺流程及操作要点

5.1 施工工艺

恩甲倒虹吸上游管槽主要由开挖、混凝土、钢管安装等工序组成，施工工艺为：管槽开挖→镇支墩开挖→镇、支墩一期混凝土浇筑→镇墩处钢管安装（钢管已防腐）→镇墩二期混凝土浇筑→钢管顺序安装。

5.2 混凝土施工

上游管槽底板斜长243.6 m，需浇筑20 cm厚混凝土，而上游管槽底板坡度为41.5°～42.4°，坡度较陡若直接浇筑难度大，且不易保证质量，为此决定采用滑模分段自下而上组织施工。

在管槽2#镇墩20 m范围内存在严重超挖，需回填大量混凝土，若采用滑模自下而上组织施工，势必会影响2#镇墩上部底板混凝土浇筑工期，通过调整施工方法，决定底板混凝土自2#镇墩处分开，制作两套简易滑模分别施工。滑模系统由卷扬机、钢丝绳、手拉葫芦及简易滑模组成，简易滑模宽4.6 m，长2 m，分别由20#工字钢和3 mm厚铁皮及ϕ22螺纹钢组装。两套滑模均通过吊车就位后，上部滑模通过轨道和手拉葫芦牵引至2#镇墩处就位，上下滑模两侧均由钢丝绳连接，钢丝绳固定在预埋好的锚筋上，同时两侧安装5 t手拉葫芦，同步前进。

为保证混凝土平整度满足设计要求，沿管槽两侧分别设置滑轨，采用ϕ20螺纹钢自下而上做插筋，间距50 cm，插筋之间通过ϕ20螺纹钢连接，沿混凝土浇筑坡度设定钢筋滑轨，使滑模通行自如。

两套滑模同时自下而上组织施工，上中段采用溜槽输送混凝土入仓，中下段采用混凝土泵泵送混凝土入仓。浇筑时密切监控混凝土坍落度和滑模行进速度，避免坍落度过大及行进速度过快，影响混凝土浇筑。管槽混凝土采用以ZW－50型振捣棒模外敲振为主，插入振捣为辅。

6 材料与设备

见表1。

表1 材料与机具设备表

序号	设备名称	设备型号	单位	数量	用途
1	装载机	ZL50	台	1	
2	简易滑模		套	1	自制
3	搅拌机	JS500	台	1	
4	混凝土泵	BH－60	台	1	

7 质量控制

（1）在系统供应混凝土之前，要了解混凝土材料的质量情况，发现问题，及时上报监理，以便采取措施。

（2）混凝土的自由倾落高度超过规定时，将采用缓降措施予以控制。

（3）混凝土浇筑完毕后，及时洒水养护，以保持混凝土表面经常湿润。

8 安全措施

（1）各种施工操作人员须经项目部安全人员进行入场教育培训合格后，方可挂牌上岗，不得无证上岗。投入使用的各种自制设备、设施通过安全检验及性能检验合格后方可使用。

(2)所有进场人员必须正确佩戴安全帽,高危作业人员佩带安全带、安全绳双保险,并有专人监护。

(3)交通路线图和紧急集合点已上牌,施工人员进入现场后必须仔细观看此牌内容,严格按照路线图交通运输,遇有危险情况立即撤离至紧急集合点。

(4)严格并全面执行施工安全操作规程,严禁酒后作业,发现不安全因素及时进行汇报,并监督处理。

(5)恩甲倒虹吸上游管槽坡度大,在管槽作业时,以及与进口段交叉作业,都存在较大安全隐患。因此经过研究在施工面设置两道防护。首先在进口段与管槽分界面设置第一道防护,在浇筑的混凝土底板上预埋插筋,搭设4.6 m宽,高10 m的围挡,将架子管固定在插筋上,顺势搭设两排架子管,钢管竖向间距为0.5 m,水平间距为1.0 m,并采用剪刀撑加固牢靠,同时将竹跳板捆绑在钢管空隙中,并全部用安全防护网封闭防护。第二道防护设在管槽工作面,做成移动围挡,随工作面上移而前移,即在混凝土底板上预埋插筋,搭设架子管作支撑,并将竹跳板捆绑在架子管上,采用安全防护网全面封闭围挡,隔离高度随工作面调整,主要防止上方坠物。

9 环保措施

(1)将施工场地和作业限制在工程建设允许的范围内,合理布置、摆放有序,做到标牌清楚、齐全,各种标识醒目,施工场地整洁文明。

(2)对施工中可能影响到的各种公共设施制定可靠的防止损坏和移位的实施措施,加强实施中的监测、应对和验证。同时,将相关方案和要求向全体施工人员详细交底。

(3)由于恩甲倒虹吸管施工空间有限,要充分利用现有施工场地,规范合理布置。

(4)在施工中按规定存放施工废渣、弃料,严禁乱堆乱放。

10 效益分析

(1)倒虹吸管混凝土浇筑采用简易滑模进行施工,即克服了混凝土浇筑站立难的问题,又加快了施工进度,更大大减少了人员、机具等的投入,从而也增加了经济效益。

(2)简易滑模制作简单,材料投入少,且操作简便有效,为倒虹吸管混凝土浇筑大大提高了工作效率。

(3)简易滑模的滑轨采用ϕ20螺纹钢自下而上做插筋,间距50 cm,插筋之间通过ϕ20螺纹钢连接,沿混凝土浇筑坡度设定钢筋滑轨,使滑模通行自如。此方法即节省了模板使用量,又保证了滑模工作效率。

11 应用实例

11.1 工程应用实例——昆明市清水海恩甲倒虹吸管工程

11.1.1 工程概况

云南省昆明市清水海供水及水源环境管理项目引水工程(一期)主要是通过输水工程线路将清水海水库水引至昆明,供昆明市相应的工业及生活用水。该输水工程线路全长63.18 km,包括隧洞、渡槽、倒虹吸、箱涵等建筑物。本标段主要进行倒虹吸施工,其由胜利倒虹吸、大水洞倒虹吸、西村倒虹吸及恩甲倒虹吸组成,工程中标额为2 800万元,于2009年10月开工,至2012年10月竣工。

恩甲倒虹吸平面总长628.62 m,跨板桥河,进口接洒底隧洞,出口接恩甲箱涵,进口管道中心线高程2 189.740 m,出口管道中心线高程2 089.950 m。上游管槽开挖长243.6 m,底宽为4.6 m,

两侧边坡坡比为1∶1.25和1∶0.75,原始坡度40°~55°管槽整体开挖后坡度范围为41.5°~42.4°。底板采用C15混凝土,厚20 cm,倒虹吸管为钢管,内径2 m,管壁厚10~16 mm,上游管道由3个镇墩和34个支墩支撑、固定,镇支墩为C15混凝土。

11.1.2 施工情况

由于恩甲倒虹吸管管槽坡度较陡,管槽底板混凝土浇筑采用滑模分段自下而上组织施工。

恩甲倒虹吸管采用上述方法施工,即保证了施工安全,又加快了施工进度,有效的解决了在长陡边坡施工中所带来的难题。

11.1.3 工程监测与效果评价

恩甲倒虹吸管槽底板采用滑模浇筑混凝土,其混凝土质量满足设计要求的同时,混凝土外观质量也较好。

通过采用上述方法施工,即可保证施工安全,又可加快施工进度,且设备投入经济适用,并为今后类似工程施工提供了宝贵的经验,赢得业主等有关各方一致好评。

11.2 工程应用实例——昆明市清水海西村倒虹吸管工程

11.2.1 工程概况

云南省昆明市清水海供水及水源环境管理项目引水工程(一期)主要是通过输水工程线路将清水海水库水引至昆明,供昆明市相应的工业及生活用水。该输水工程线路全长63.18 km,包括隧洞、渡槽、倒虹吸、箱涵等建筑物。本标段主要进行倒虹吸施工,其由胜利倒虹吸管、大水洞倒虹吸管、西村倒虹吸管及恩甲倒虹吸管组成,工程中标额为2 800万元,于2009年10月开工,至2012年10月竣工。

西村倒虹吸平面总长420.233 m,进口接东村隧洞,出口接大湖山隧洞,进口管道中心线高程2 094.592 m,出口管道中心线高程2 094.504 m,管槽底宽为4.6 m,两侧边坡坡比为1∶1.25和1∶0.75,管槽整体开挖后坡度范围为26.5°~39.2°。底板采用C15混凝土,厚20 cm,倒虹吸管为钢管,内径2 000 mm,管道由4个镇墩和39个支墩支撑、固定。

11.2.2 施工情况

由于西村倒虹吸管管槽坡度较陡,管槽底板混凝土浇筑采用滑模分段自下而上组织施工。

西村倒虹吸管采用上述方法施工,即保证了施工安全,又加快了施工进度,有效的解决了在长陡边坡施工中所带来的难题。

11.2.3 工程监测与效果评价

西村倒虹吸管槽底板采用滑模浇筑混凝土,其混凝土质量满足设计要求的同时,混凝土外观质量也较好。

通过采用上述方法施工,即可保证施工安全,又可加快施工进度,且设备投入经济适用,并为今后类似工程施工提供了宝贵的经验,赢得业主等有关各方一致好评。

11.3 工程应用实例——昆明市清水海胜利倒虹吸管工程

11.3.1 工程概况

云南省昆明市清水海供水及水源环境管理项目引水工程(一期)主要是通过输水工程线路将清水海水库水引至昆明,供昆明市相应的工业及生活用水。该输水工程线路全长63.18 km,包括隧洞、渡槽、倒虹吸、箱涵等建筑物。本标段主要进行倒虹吸施工,其由胜利倒虹吸管、大水洞倒虹吸管、西村倒虹吸管及恩甲倒虹吸管组成,工程中标额为2 800万元,于2009年10月开工,至2012年10月竣工。

胜利倒虹吸管平面总长334.694 m,进口接白栗箐箱涵,出口接小碑当箱涵,进口管道中心线高程2 133.457 m,出口管道中心线高程2 133.769 m,管槽底宽为4.6 m,两侧边坡坡比为1∶1.25和1∶0.75,底板采用C15混凝土,厚20 cm,倒虹吸管为钢管,内径2 000 mm,管道由4个镇墩和22

个支墩支撑、固定。

11.3.2　施工情况

由于胜利倒虹吸管管槽坡度较陡,管槽底板混凝土浇筑采用滑模分段自下而上组织施工。

胜利倒虹吸管采用上述方法施工,既保证了施工安全,又加快了施工进度,有效地解决了在长陡边坡施工中所带来的难题。

11.3.3　工程监测与效果评价

胜利倒虹吸管槽底板采用滑模浇筑混凝土,其混凝土质量满足设计要求的同时,混凝土外观质量也较好。

通过采用上述方法施工,既可保证施工安全,又可加快施工进度,且设备投入经济适用,并为今后类似工程施工提供了宝贵的经验,赢得业主等有关各方一致好评。

(主要完成人:申淑敏　相汉雨　赵忠鹏　刘月光)

高浓度瓦斯下的平洞开挖施工工法

中国水利水电第六工程局有限公司

1 前言

瓦斯爆炸有一定的浓度范围，我们把在空气中瓦斯遇火后能引起爆炸的浓度范围称为瓦斯爆炸界限，瓦斯爆炸界限为5%～16%。由于瓦斯的存在在施工过程中可能产生燃烧、爆炸，对人生安全造成极大的威胁。一般情况下瓦斯浓度超过1%，不得施工；超过5%可能发生瓦斯爆炸，施工人员必须撤离现场，及时采取工程措施。只有瓦斯浓度在0.3%以下才能施工。2#平洞局部开挖地段瓦斯浓度最大达到6%，为此在施工中加强了对瓦斯气体浓度的检测，瓦斯稀释采用了堵排结合的方式，并加强支护，取得了较好的效果。

2 工法特点

本工法采取"短进尺，弱爆破，强支护，勤检测"十二字施工方针，施工中采用施钻瓦斯排放孔；爆破执行多钻孔、少装药，减少围岩振动；支护采用超前小导管注浆配合以型钢支撑加上系统锚杆网喷混凝土支护体系进行施工；并采用瓦斯检测仪加强检测，以及加强通风保证工作面充足的供风量是有效冲淡瓦斯、防止瓦斯积聚的重要手段。

3 适用范围

主要适用于地质条件较差并且瓦斯浓度超过5%的平洞开挖施工中。

4 工艺原理

（1）瓦斯探放孔：设5个瓦斯探放孔，一个布设在平洞断面的中间，其余四个分布在平洞断面的四角角平分线上，距四角的距离1 m处，中心孔垂直于平洞断面，其余四角呈扇形分布，与水平、垂直面向外15°～20°。

（2）超前小导管：小导管采用直径ϕ42 mm的热轧无缝钢管，壁厚3.5 mm，长度为3 000 mm，管身设若干注浆孔，注浆孔直径为ϕ8 mm，间距150 mm，呈梅花型布置，小导管注浆孔沿顶拱120°范围内布设，环向每米3根，每环布设17根，施工外插角控制在10°～15°之间，纵向搭接长度为1.5 m。

（3）加强通风：将工作面11 kW通风机更换为22 kW通风机，使通风系统更加健全稳定、合理、可靠。

5 施工工艺流程及操作要点

5.1 施工工艺流程

5.2 操作要点

5.2.1 瓦斯探放孔施工

（1）施工所用的钻机及瓦斯检测仪器，必须检查是否运转正常，并配备于现场由专人负责。

（2）在有煤层地质段时，严格坚持"有疑必探、先探后进，不探不进"的原则，必须施钻瓦斯排放孔，瓦斯排放孔设5个，一个布设在平洞断面的中间，其余四个分布在平洞断面的四角角平分线上，

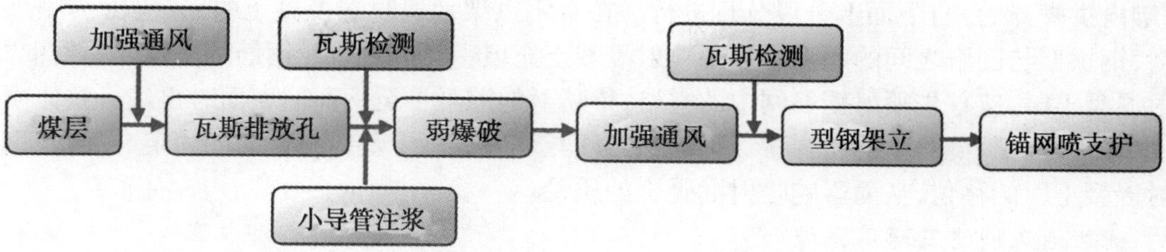

图1　高浓度瓦斯下的平洞开挖施工程序图

距四角的距离1 m处。中心孔垂直于平洞断面，其余四角呈扇形分布，与水平、垂直面向外15°～20°。

(3)在打瓦斯排放孔前，专人负责对平洞内的设备进行专项检查，发现设备不完好，必须先排除、后打排放孔；由专人检测瓦斯的浓度，在打排放孔期间不定时的检测，在穿透煤层后，检测施工现场10 m内的瓦斯浓度，如果瓦斯浓度低于1.0%，则可继续钻进，若瓦斯浓度超过1.0%，必须停止钻进，加强通风，待瓦斯浓度降到1.0%以下后，方可继续钻进，直到穿透煤层进入顶板。

5.2.2　短进尺、弱爆破

钻孔孔位必须按照设计图纸准确标定，确保钻孔角度、方向与设计保持一致。同时严格执行“短进尺，密布孔，少装药”等方针实施爆破，采取孔间顺序微差起爆网络控制爆破方法，根据现场具体情况采用一孔一段、二孔一段、多孔一段等组合。采用该技术爆破即可减少每段起爆单响药量，也可减小爆破震动对围岩影响。

5.2.3　强支护

平洞拱墙初期支护采用小导管注浆配合以型钢支撑加上系统锚杆网喷混凝土支护体系以保证每个循环进尺安全。

(1)注浆小导管采用直径ϕ42 mm的热轧无缝钢管，壁厚3.5 mm，长度为3 000 mm，管身设若干注浆孔，注浆孔直径为ϕ8 mm，间距150 mm，呈梅花型布置，小导管注浆孔沿顶拱120°范围内布设，环向每米3根，每环布设17根，施工外插角控制在10°～15°之间，纵向搭接长度为1.5 m。小导管注浆对提高掌子面前方围岩的稳定能力具有明显效果。

(2)型钢支护型钢采用14#工字钢支撑，型钢间距1.0 m，拱架纵向采用ϕ20钢筋连接，间距1.0 m。钢拱架安装时底脚处浮渣必须清理干净，基脚处设钢板增强拱架承载力，同时拱脚钢板用砂子埋住，以防堵塞钢板螺栓孔。严格控制中线及标高，拱架与岩面安设鞍形混凝土垫块，确保岩面与拱架密贴，钢架各个连接部位采用螺栓连接，必须拧紧、固定牢固。

(3)中空注浆锚杆施工系统锚杆采用ϕ25中空注浆锚杆，锚杆长2.0 m，锚杆间距1.0 m(排)×1.0 m(环)，系统锚杆排距与拱架间距一致，随拱架间距变化而做相应调整，与拱架连接固定以保证拱架的稳定性。严格按设计要求的纵向、环向间距定出孔位，孔位偏差不大于15 cm，钻孔应圆顺，孔口岩面平整，钻孔与岩面垂直。将安装好锚头的锚杆体用风钻顶入锚杆孔，保持锚杆位置居中，锚杆体露出的长度不得大于喷射混凝土厚度。在锚杆尾端安装止浆塞、垫板和螺母，通过快速注浆接头将锚杆尾端和注浆泵联接，调配水泥砂浆。每根锚杆孔的注浆量达到设计注浆量时即可结束。

(4)挂网喷射微纤维混凝土，钢筋网采用ϕ8钢筋网(20 cm×20 cm网格)，洞内铺挂，随开挖面起伏铺设，用定位锚杆固定牢固。钢筋网与受喷面的间隙以3 cm左右为宜，混凝土保护层大于2 cm。在有锚杆的部位用焊接法或用锚杆垫板把钢筋网与锚杆联结在一起，其他部位可利用钻机打浅孔，用锚筋与钢筋网固定，使钢筋网捆扎牢固，在喷射混凝土时钢筋不晃动。混凝土喷射采用C25微纤维混凝土，喷射厚度15 cm，微纤维掺量为1.0 kg/m^3，喷射时按先拱后墙(拱部从拱脚开始,边墙向拱脚开始)自下而上分段分行进行。在有钢拱架地段喷射混凝土时,并应由两侧拱脚向上喷射,钢拱架与围岩之间的间隙必须用喷射混凝土充填密实。对布设钢筋网部位的喷射混凝土,在喷射混凝土时,应首先喷射钢筋网中的空格,待喷射的混凝土至钢筋网表面时再进行整体喷射混凝土,这样可以减少混凝土的回弹量。钢筋网必须与喷射混凝土基面有可靠的固定,以防止钢筋网在喷射混凝土时的移位,从而影响喷射混凝土的质量。

5.2.4 优化通风网络及通风系统

保证工作面充足的供风量是有效冲淡瓦斯、防止瓦斯积聚的重要手段。为此将工作面 11 kW 通风机更换为 22 kW 通风机,使通风系统更加健全稳定、合理、可靠。同时制定相应措施:

(1)平洞坚决执行以风定产,严禁超通风能力掘进;

(2)明确工作面配风标准,对确定为瓦斯异常区的采、掘工作面在正常配风量标准的基础上再增加10%;

(3)严格掘进供风管理,保证风筒出口到迎头距离不超过 10 m,杜绝风筒出现破口、积压、接头漏风现象;

(4)执行计划停风制度,对需要检修停风的工作面提前通知洞内施工人员,撤出全部人员、设备停电后,方可停风。

5.2.5 加强检测

平洞配备两部瓦斯检测仪,一部由作业班长携带实施全时检测,另一部由现场技术员携带进行定期检测,在检测时不放过任何死角全面排查,彻底消除瓦斯泄漏的安全隐患。现场技术员检测完毕后,必须做好实际检测记录。在进行动火作业前必须进行瓦斯检测,合格后方可动火,严肃纪律,严格执行先检测再动火的工作程序。若工作面有瓦斯存在,严禁动火作业。同时配备一部气体检测仪,主要检测 O_2%、CO_2ppm、H_2Sppm、HEL%,由专职安全员定期进行检测,并做好检测记录。

6 材料与设备表

表1 机具设备表

序号	设备名称	设备型号	单位	数量	用途
1	瓦斯检测仪		个	2	瓦斯检测
2	钻机 YT-28		台		
4	钻孔、支护				
3	装载机	ZL50	辆	1	
4	喷浆机		台	1	
5	注浆泵		台	2	

7 质量措施

7.1 开挖质量保证措施

(1)严格按监理工程师批准的爆破方案进行钻孔、装药、连网。

(2)钻孔质量应符合下列要求:

①钻孔孔位依据测量放出的中心线、腰线及开挖轮廓线确定。

②周边孔在断面轮廓线上开孔,沿轮廓线调整的范围和掏槽孔的孔位偏差不大于 5 cm,其他炮孔的孔位偏差不大于 10 cm。

③炮孔的孔底应落在爆破图规定的平面上。

④炮孔经检查合格后，方可装药爆破。

⑤炮孔的装药、堵塞和引爆线路的联结，应由经过考核合格的爆破员负责，并严格按爆破图的规定和要求进行作业。

7.2 喷锚支护质量保证措施

(1)材料控制：锚杆、水泥、外加剂等产品必须有生产厂的质量证明书，并按图纸要求或监理人要求进行试验。

(2)锚杆钻孔应满足以下要求：

①锚杆的开孔应按施工图纸布置的钻孔位置进行，其孔位偏差应不大于100 mm。

②锚杆孔的孔轴方向应满足施工图纸的要求。施工图纸未作规定时，其系统锚杆的孔轴应垂直于开挖面。

③锚杆孔深度必须达到施工图纸的规定，孔深偏差不大于50 mm。

(3)喷混凝土应满足以下要求：

①喷射混凝土作业应分段、分片依次进行，喷射顺序自下而上。

②喷射机应严格执行喷射机的操作规程，应连续向喷射机供料；保持喷射机工作风压稳定；完成或因故中断喷射机作业时，应将喷射机和输料管内的积料清除干净。

8 安全措施

(1)加强进洞人员管理，所有人员进洞必须进行登记、挂牌，同时将手机、对讲机、打火机等带电物品交由现场安全员统一保管。

(2)加强"一通三防"管理工作，加强领导，明确责任制度，完善管理制度，从严管理，切实把预防瓦斯事故当作平洞整个管理和安全工作的重中之重，抓紧落实，务求实效，坚决杜绝瓦斯事故的发生。

(3)加强通风管理，防止瓦斯积聚超限。严格按规定对瓦斯进行检查，杜绝瓦斯检查中空班漏检和假报瓦斯检测数据，健全有效的瓦斯检查和控制的"三道防线"。

(4)恢复正常通风后，所有受到停风影响的地点，都必须经过通风、瓦斯检查人员的检查，证实无危险后，方可恢复工作。

(5)严格禁止在停风或瓦斯超限的区域内二作。

(6)加强爆破管理，严格规范装配引药、装药和爆破操作。

9 环保措施

(1)将施工场地和作业限制在工程建设允许的范围内，合理布置、摆放有序，做到标牌清楚、齐全，各种标识醒目，施工场地整洁文明。

(2)对施工中可能影响到的各种公共设施制定可靠的防止损坏和移位的实施措施，加强实施中的监测、应对和验证。同时，将相关方案和要求向全体施工人员详细交底。

10 效益分析

(1)本工法采取"短进尺，弱爆破，强支护，勤检测"十二字施工方针，既保证施工安全，又加快施工进度，为今后工程施工提供了宝贵经验。

(2)本工法与同类地下工程的工法相比，由于施工思路明确，支护方式简便有效，管理到位，为顺利通过高浓度瓦斯的地质段创造了条件，节省了大量的工期，形成了较好的经济效益。

11 应用实例

11.1 工程应用实例一——拉法基水泥有限公司三期扩建工程1#平洞工程

拉法基水泥有限公司三期扩建工程由1#平洞竖井系统和2#平洞竖井系统两个标段组成，其第二标段主要由1#竖井、1#平洞、1#通风井、1#通风机洞室、1#电器洞室、破碎机洞室、卸料矿仓、检查巷道等组成，第三标段主要由2#竖井、2#平洞、2#通风井、于2#通平洞连接公路、板喂机洞室、2#通风机室、2#电器洞室、检查巷道、1#平洞出口与2#竖井平台平整等组成。

1#平洞总长度307.4 m，截面积21.2 m^2，城门洞型。在洞身桩号0+035.000~0+086 m处，岩层主要以煤层为主并有高浓度瓦斯积聚，且层理间夹有角砾岩、泥岩，结构错纵、劈裂幽比较严重，并出现挤压形成紊乱体；同时存在渗水现象，坍塌严重。

施工中采用施钻瓦斯检测仪排放孔；爆破执行多钻孔、少装药，减少围岩振动。支护采用超前小导管注浆配合以型钢支撑加上系统锚杆网喷混凝土支护体系进行施工，并采用瓦斯检测仪加强检测，以及加强通风保证工作面充足的供风量是有效冲淡瓦斯、防止瓦斯积聚的重要手段。

11.2 工程应用实例二——拉法基水泥有限公司三期扩建工程2#平洞工程

拉法基水泥有限公司三期扩建工程2#平洞，长度为529.731 m，截面面积19.2 m^2，开挖断面城门洞型。在洞身桩号0+310.000 m~0+390.000 m处，岩层主要以煤层为主并有高浓度瓦斯积聚，且层理间夹有夹角砾岩、泥岩，结构错纵、劈裂比较严重，并出现挤压形成紊乱体，同时存在渗水现象，坍塌严重。在施工时采取“短进尺，弱爆破，强支护，勤检测”十二字施工方针，并加强通风及瓦斯监测，有效地解决了此高浓度瓦斯积聚段，顺利通过此地质段。

11.3 工程应用实例三——拉法基水泥有限公司三期扩建工程2#洞室工程

拉法基水泥有限公司三期扩建工程2#洞室，开挖长度19 m，断面宽度12.6 m，其断面长度17.5 m，净断面宽度10 m，底板高程为EL970，顶拱高程为EL985.5，衬砌高度15.5 m。岩层主要以煤层为主并有高浓度瓦斯积聚，且层理间夹有夹角砾岩、泥岩，结构错纵、劈裂比较严重，并出现挤压形成紊乱体，同时存在渗水现象，坍塌严重。在施工时采取“短进尺，弱爆破，强支护，勤检测”十二字施工方针，并加强通风及瓦斯监测，有效地解决了此高浓度瓦斯积聚段，顺利通过此地质段。

（主要完成人：郭忠猛　相汉雨　刘月光　王文武）

激光指向仪控制长斜槽开挖施工工法

中国水利水电第六工程局有限公司

1 前言

在工程施工中，由于受地质地形条件限制，难免会遇到一些特殊情况，对于变坡少、条带状且长度较长、坡度陡不便于人员长时间跟踪测量的渠槽开挖施工中，采用常规的测量控制方法，不仅精度较低，而且不便于现场施工操作。特别是在坡度 > 10°、管槽长度 > 100 m 的输水工程明管槽施工中，由于坡度陡、线路长、高差大，开挖的安全风险极大，而且开挖范围小、挖深浅，开挖工程量相对较小，超挖量和混凝土超填量占合同量比重很大，因此控制管槽超欠挖显得尤为重要。由于是长斜槽开挖施工，施工控制难度大，但要求精度高，传统测量控制方式，存在精度差、超挖大、投入人力大等特点，基于上述因素，将在隧洞开挖施工中使用的激光指向仪引入本类施工项目进行测量控制。

本工法由中国水利水电第六工程局有限公司完成，利用激光指向仪发出的激光束的方向固定性和延程可查性等特点，将激光指向仪用于测量坡度 > 10°、管槽长度 > 100 m 的输水工程明管槽施工中，以控制长斜槽开挖，经工程实践证明其技术先进、效益显著、经济适用、符合节能环保要求。

该工法在云南昆明清水海工程中的四个倒虹吸的管槽开挖控制中得到应用与检验，形成了有实用价值、带有规律性的新的先进施工工艺技术，工艺成熟、结构完整、安全可靠，经济和社会效益明显，其工艺技术水平达到国内行业先进水平，具有较高的推广价值。

此工法以被列为中国水利水电第六工程局有限公司企业工法（详见：关于公布 2012 年度水电六局有限公司施工工法的通知 文件编号：六局总工办［2012］7 号）。

2 工法特点

本工法利用了激光指向仪发出的激光束的方向固定性和沿程可查性等特点，为施工控制创造出一个施工期近乎永久性的控制基点，便于施工控制测量、校核超欠挖，减少了高边坡作业人员数量和工作时间，从而减低了工作风险，由于沿程可查，便于施工员随时对开挖边坡进行检查，及时调整，提高了开挖精度，减少了超欠挖损失。

3 适用范围

本工法适用坡度 > 10°、管槽长度 > 100 m 的输水工程明管槽开挖的测量施工。

4 工艺原理

本工法采用激光指向仪定位渠槽高于底板 10 ~ 20 cm 位置的轴线，在开挖过程中随着开挖的推进，激光点一直指向轴线点，施工人员只需要利用一把卷尺量测开挖底板与激光点的距离即可随时随地查询开挖结果（超欠挖情况），也可以通过激光轴线点检查渠槽的开挖宽度。

5 施工工艺流程及操作要点

激光指向仪指导斜渠槽开挖作业工艺流程图见图 1。

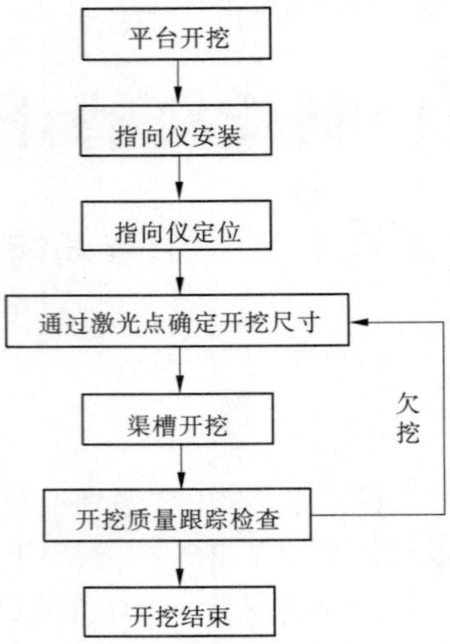

图 1　激光指向仪指导斜渠槽开挖作业工艺流程图

激光指向仪指导开挖作业的操作要点:①激光指向仪的安装精度,要定期校核,以免开挖震动造成激光束偏移,影响开挖精度;②施工员经常性检查开挖面尺寸,以确定超欠挖尺寸,指导下一步施工操作。

激光指向仪的安装、定位方法:在管槽上端开口完成,形成工作面后即可在管槽顶端安装激光指向仪。首先,用全站仪测出管槽轴线点,在管槽轴线偏向左侧 10 cm 范围内选定合适位置固定激光指向仪立杆,再在立杆上初始固定指向仪横杆和指向仪,使指向仪轴线距离设计开挖地板高度在 10 cm 左右范围(我们选定 10 cm,是便于控制超挖,方便施工员随时检查底板高程),方向大体沿轴线方向;分别在距离指向仪 5 m 和 10 m 位置精确测量两个轴线点位,并在两个点位上布置两块塑料板,将 5 m 位置的塑料板上精确标出管槽地板轴线上返 10 cm 点的位置,并在该位置钻一小孔,使之足以穿过指向仪的激光束,在 10 m 位置的板上也精确标出管槽底板上返 10 cm 的电的位置,这样通过这两个点就可以精确找到指向仪固定的位置(上下、左右和方向)使激光束既穿过第一块塑料板的小孔,又能定位在第二块塑料板的点位上,这样激光束所指方向为管槽底板轴线上返 10 cm 的轴线,在开挖面上的激光点都是相同的管槽地板上返 10 cm 的轴线点,见图 2。

图 2　激光指向仪安装图

施工员通过观察激光点位置确定开挖深度、左右宽度以及轴向,从而可以精准地指挥挖掘机司机开挖作业。在开挖完成的部位,施工员通过激光束使用钢卷尺量测开挖面的超欠挖情况。

6 材料与设备

YBJ－500 矿用隔爆型激光指向仪是集电子、光学、精密机械等技术为一体的仪器。主要技术指标如下：

(1)安装方式：悬挂式。

(2)输入电压：AC 127 V/AC 220 V。

(3)工作电流：60 mA。

(4)射 程：800 m，光斑直径≤80 mm，光斑漂移量应不大于 10 mm。

(5)光 功 率：≤15 MW。

(6)防爆形式：矿用隔爆型。

(7)防爆标志：Exd I。

(8)光束调节范围：粗调任意，水平调节不小于 ±1.5°，垂直调节不超过 ±1.5°。

(9)外形尺寸：320×250×155(mm)。

(10)重 量：3.25 kg。

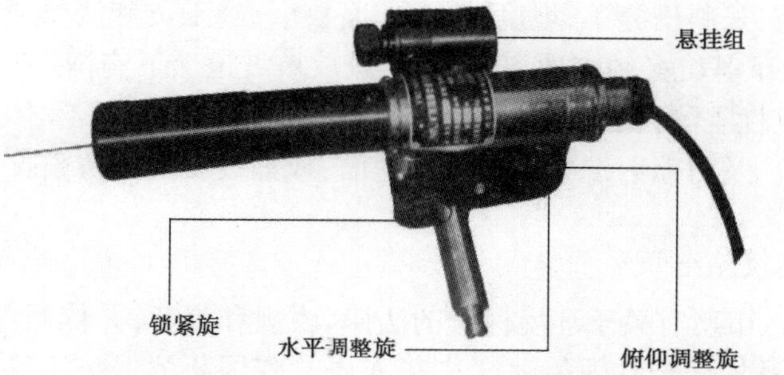

图 3 YBJ－500 矿用隔爆型激光指向仪

7 质量控制

激光指向仪大大方便了施工，提高了施工质量，加快了施工进度。为保证开挖质量，施工中除严格执行现行国家、行业的有关规程、规范外，针对激光指向仪还有以下几个问题需要特别注意：

(1)通过全站仪精确测量检查开挖面的开挖质量。

(2)建立质量管理小组，确立管理人员名单，负责各工序的组织管理工作。

(3)配制满足施工需要的仪器与设备，安装调试，通过鉴定，做好跟踪质量控制，及时反馈信息，指导施工。

(4)施工前，技术人员组织召开专题会议，对施工作业队各个工序有关人员进行技术及工法交底。

(5)加强质检力量，实行班班有质检人员负责工程质量，进行全过程质量检查控制与技术指导、监督。

(6)严格执行质量验收签认制度。

(7)指向仪的精度对施工精度起到决定性影响，由于是长距离控制，稍许的偏差会被放大，距离越远，偏差越大，因此，在开挖一定距离后必须对指向仪的精度进行校核，在实际应用中，我们确定每 20 m 精确校核一次激光指向仪。

(8)在管槽坡度或方向有变化转点处，必须进行精确测量，重新安设激光指向仪。

(9)本工法必须严格执行现行国家、行业的相关规程、规范，主要有：

①DL/T 5173—2003《水电水利工程施工测量规范》；

②DL/T 5389—2007《水工建筑物岩石基础开挖工程施工技术规范》；

③DL 5162—2002《水电水利工程施工安全防护设施技术规范》；

④SL 303—2004《水利水电工程施工组织设计规范》；

⑤SL 176—2007《水利水电工程施工质量检验与评定规程》；

⑥GB 50086—2001《锚杆喷射混凝土支护技术规范》。

8 安全措施

(1)坚持“安全第一,预防为主”的原则,建立建全安全保证体系,制订相应的安全管理办法和规章制度。

(2)健全制度、强化管理,做好仪器保护工作,建立健全严格的仪器使用保管制度和工作人员档案制度,有专人负责保管。

(3)加强学习、提高认识,严格按照有关安全操作规程使用,操作人员在提高自我保护意识的同时做好安全防护宣传,沟槽两端设明显的安全标志,禁止无关人员进行围观。

(4)预防为主、主动防护,佩戴防护用品。

(5)由于是高边坡、长斜槽施工,坡度陡、工作面狭窄,施工员和测量员在工作面必须佩带安全绳,防止高空滑落。上下基坑必须走通道,不得攀登放坡坡道上下沟槽。

(6)加强边坡稳定性观测,发现异常,及时撤离和上报。

(7)开挖完成部位,及时喷射混凝土封闭开挖面,或铺设安全网防止落石。

9 环保措施

严格遵守国家、省、市所有关于环境保护的法律、法规和规章,并依照《中华人民共和国大气污染防治法》《建设项目环境保护管理条例》《中华人民共和国环境保护法等做好施工区的环境保护工作,防止由于工程施工造成施工区的环境污染和破坏。

10 效益分析

激光指向仪的安设,为现场施工提供了不会被破坏的控制点位,施工员可以随时通过激光束所标示的位置检查开挖结果和指挥挖掘机司机开挖作业,通过激光束不仅可以得到底板超欠挖情况也可以快捷的量出底板开挖宽度。与原测控方式相比较还具有诸多优点:

(1)方便易于操作。有了激光束所指示的位置,施工只需要一把钢卷尺就可以完成指挥施工和检查开挖面质量的工作。

(2)安全风险有所减低。由于减少了工作面测控人员人数和测控时间,高边坡作业风险大大降低。

(3)施工进度有所加快。加快了测控速度,降低了测量对施工的干扰,施工进度有所加快。

(4)开挖精度提高,降低超挖。激光指向仪为工作面提供的点位,给施工员经常性测量提供了条件,施工员可以每米或每一个挖渣循环都进行测量检查,大大提高了开挖精度,降低了超挖量和混凝土超填量。

(5)减轻了测量人员的工作。激光指向仪的应用大大降低了测量人员的工作量,只需要经常性校核指向仪的准确性,无须驻守现场进行监控测量。

11 应用实例

11.1 工程应用实例一——昆明市清水海供水及水源环境管理项目引水工程西村倒虹吸工程

清水海项目共有四个倒虹吸工程,其中西村倒虹吸平面总长420.233 m,两岸地形坡度30°～

40°,进口段山坡上基岩零星出露,覆盖层厚0.5～2 m。由于斜槽长、挖深浅、坡度陡,机械作业速度快,对施工测控较高。

激光指向仪的安装使用,为施工控制提供了永久基点,施工员通过观察激光点位置确定开挖深度、左右宽度及轴向,从而可以精准的指挥挖掘机作业。由于控制线是底板上返10 cm控制,最终底板平均超挖量控制在了5 cm以内,局部欠挖通过人工二次清理后即满足施工要求,大大降低了混凝土超填量,经济效益十分可观。

11.2 工程应用实例二——昆明市清水海供水及水源环境管理项目引水工程胜利倒虹吸工程

清水海项目共有四个倒虹吸工程,其中胜利倒虹吸平面总长336.694 m,地形断面呈"W"形,两岸地形坡度30－35°。由于斜槽长、挖深浅、坡度陡,机械作业速度快,对施工测控较高。

激光指向仪的安装使用,为施工控制提供了永久基点,施工员通过观察激光点位置确定开挖深度、左右宽度及轴向,从而可以精准的指挥挖掘机作业。由于控制线是底板上返10 cm控制,最终底板平均超挖量控制在了5 cm以内,局部欠挖通过人工二次清理后即满足施工要求,大大降低了混凝土超填量,经济效益十分可观。

11.3 工程应用实例三——昆明市清水海供水及水源环境管理项目引水工程恩甲倒虹吸工程

清水海项目共有四个倒虹吸工程,其中恩甲倒虹吸横跨板桥河,平面总长628.614 m,倒虹吸左岸坡较陡,坡度在40°～55°,右岸下陡上缓,坡度为10°～40°。由于控制线是底板上返10 cm控制,最终底板平均超挖量控制在了5 cm以内,局部欠挖通过人工二次清理后即满足施工要求,大大降低了混凝土超填量,经济效益十分可观。

(主要完成人:郭忠猛　相汉雨　吕绪坤)

模袋混凝土施工工法

中国水利水电第六工程局有限公司

1 前言

近年来，我国水利及港口建设的迅猛发展，在水利水电、港口、海岸等建筑等工程建设领域经常采用模袋混凝土护坡，它采用土工织物模袋做载体，通过混凝土泵将混凝土充灌进模袋成型，对护岸、围堤、航道整治的大面积护坡、防渗等起到很大的作用，它具有整体性好、耐久性好、地形适应性强、施工速度快、省工省时的优点。

哈达山水利枢纽工程由坝区枢纽工程、防护区工程和输水工程组成，输水工程则包括渠首闸、输水干渠及其交叉建筑物等。

渠道32.95～95.93 km段属于挖方段，挖方渠道的地下水位较高，均在渠道底板以上，最高的为渠道底板以上5 m左右。设计考虑渠床土为冻胀土，采用了、浆砌石护坡、石笼护坡、PP现为混凝土板护坡、模袋混凝土施工护坡等不同的衬砌方案比较，前32 km渠道采用PP纤维混凝土土板衬砌护坡，32 km以后渠段考虑施工进度、成本、现场可实施性等方面综合考虑，最终设计确定采用了模袋混凝土护坡衬砌方案。

2010～2011年度，在模袋施工过程中，为了使施工工艺的规范化和标准化，我们通过在实践中不断的总结和改进，经过业主、设计、监理、施工单位多方面共同努力，结合多个标段现场施工成果，最终制定并通过了模袋施工质量评定标准，使模袋混凝土施工工法有了明确的控制指标，模袋混凝土施工工法在渠道衬砌过程中应用，取得了良好的经济和社会效益。

2012年6月21日，中国水利水电第六工程局有限公司委托了辽宁省科学技术情报研究所进行《模袋混凝土施工工法》的科技查新，2012年8月30日辽宁省科学技术情报研究所查新结论：关于该委托单位研究的具有上述查新点“模袋混凝土施工工法”国内文献检索中未见报道。

在工程施工过程中，为了更好地推广模袋混凝土施工工艺，提升企业的核心竞争力，我们编写形成了《模袋混凝土施工工法》。

2 工法特点

模袋混凝土是通过用高压泵把混凝土或水泥砂浆灌入模袋中，混凝土或水泥砂浆的厚度通过袋内吊筋袋、吊筋绳(聚合物如尼龙等)的长度来控制，混凝土或水泥砂浆固结后形成具有一定强度的板状结构或其他状结构，能满足工程的需要。

具有如下优点：

(1)土工模袋整体性好、抗冲刷能力强、经久耐用、施工采用一次喷灌成型，施工简便、速度快。

(2)可按工程要求制成各种形状，灌注时柔性好，成型后紧贴地面，适用于各种复杂地形；也可水下施工，不需做围堰。

(3)土工模袋具有一定的透水性，在混凝土或水泥砂浆灌入以后，多余的水分通过织物空隙渗出，加快混凝土的凝固速度，增加混凝土的抗压强度。

(4)与砌石护坡相比较，具有机械化施工程度高，工期较短，工程维护费用低，不易被动物破坏等特点。

3 适用范围

本工法适用于适用于各种复杂地形，也可水下施工，不需做围堰，主要应用在江、河、湖、海、渠道等的坝堤护坡、护底、护岸、港湾、码头等防护工程。

4 工艺原理

模袋混凝土施工工艺原理主要是采用土工织物模袋做软模具，通过混凝土泵将砂浆或混凝土充灌进模袋成型（混凝土或水泥砂浆的厚度通过袋内吊筋绳控制）。

混凝土模袋施工工艺原理主要是采用土工织物模袋做软模具，在压力下干袋内充灌流动性混凝土或水泥砂浆，硬化后形成混凝土（或砂浆）板块，起到护坡、护底、防渗等作用。模袋型式主要有矩形、框格形、铰链形、梅花形和哑铃形等系列产品。这种高强机织模袋布选用高强低伸的丙、锦、涤纶复合纤维丝为原料，抗拉强度高、耐磨，抗顶破性能好，抗化学腐蚀。其特点是强度高、抗冻性强（可耐 -40 ℃）、整体性能好，可按实际工程要求制成面积大小、厚度不一的各种几何形状，灌注时柔性较好；可保证成型厚度，并且能够紧贴地面，对于复杂的地形尤其适用。

5 施工工艺流程及操作要点

5.1 施工工艺流程

模袋混凝土施工工艺流程见图 1。

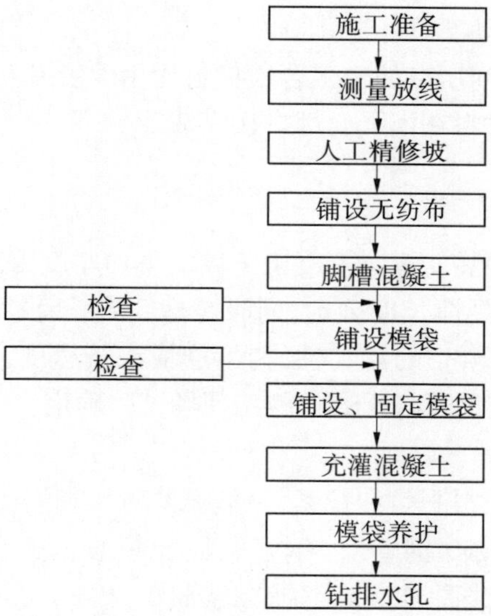

图 1 模袋混凝土施工工艺流程图

5.2 操作要点

5.2.1 施工准备

包括配备所需材料和设备、平整坡面、现场就位、放线定位、开挖顶脚基槽和底脚脚槽。

5.2.2 测量放样

采用全站仪按设计要求结构尺寸进行放样坡面顶角、底脚的控制边线，每隔 20 m 在上、下坡面均设置控制点，两控制点拉线控制边线及高程。边线放样完成后与施工队交接控制点。现场施工人员在根据测量放样加密控制，一般加密采用网格挂线法进行，修坡时随时检查超欠挖进行修补，将平整度控制在 ±5 mm，使用 2 m 靠尺进行检查。

5.2.3　坡面修整及脚槽开挖

在开挖阶段为保证渠堤衬砌的设计结构尺寸，预留了保护层，在衬砌施工前利用1.6 m^3 液压反铲进行粗修坡和人工精修坡。

渠道坡面修整分两步进行，第一步：液压反铲先进行粗修整，但要求反铲在坡面行走或工作时要注意保护层的预留，不能将坡面原土破坏。进行液压反铲粗修整时，先对坡面进行测量放样，并安排人工隔5～10 m的距离按照设计边线预留5～10 cm的保护层进行抽槽。第二步：人工进行坡面修整，人工修坡只需根据测量放样进行加密控制坡顶高程、坡面高程、平整度和渠底的开挖高程。

削坡时每个3 m布置控制桩，桩与桩之间用钢丝进行连接，钢丝之间挂滑动线绳控制削坡厚度。削坡后的平整度采用2 m靠尺进行检查。

脚槽开挖，采用人工进行开挖，由于脚槽结构尺寸较小，不利于机械开挖，首先利用反铲对脚槽部位进行粗开挖，严格控制开挖边线，然后采用人工对脚槽按设计边线进行精细开挖，保证脚槽开挖后的结构尺寸。

5.2.4　无纺布铺设

施工时用8 t载重汽车将无纺布运至现场，采用人工进行现场铺设，无纺布布接头采用搭接，搭接长度200 mm。坡面铺设宜自上而下进行。在顶部和底部固定；坡面上设防滑钉，并随铺随压重。

铺设面上清除一切树根、杂草和尖石，保证坡面平整，不允许出现凸出及凹陷的部位，并应碾压密实。铺设过程中，作业人员不得穿硬底皮鞋及带钉的鞋。不准直接在无纺布上放置混凝土护坡块体，不准用带尖头的钢筋作撬动工具。

为防止大风吹损，在铺设期间所有的土工合成材料均用沙袋或软性重物压重，直至保护层施工完为止。当天铺设的土工合成材料在当天全部拼接完成。

5.2.5　模袋混凝土施工

5.2.5.1　模袋加工

模袋采用丙纶编制布机制模袋。模袋混凝土护坡的平均厚度为120 mm，一般混凝土模袋需要加工成长方形，其宽度根据护面具体长度确定，同时考虑3%富余量以备充灌时收缩量的储备，长度一般不小于5 m；同时，根据混凝土的流动性，为了加快浇筑速度，需要加充灌口，一般充灌口的布设为2 m×2 m，最终合格模袋尺寸必须通过施工现场试验确定。

5.2.5.2　模袋铺设前的准备工作

模袋卷筒为了保证模袋铺设得平整和拉紧，一般需要对模袋进行卷卷，在其上下缘管套中穿入钢管，一般将混凝土模袋卷在Dg50钢管上（钢管长度比模袋两侧各长出50 cm左右，以便于操作），为了模袋铺放就位准确，模袋是自上而下铺在坡面上，因此，卷模袋是从模袋的内、外坡脚端向坡顶卷起。

需要注意的事项如下：

（1）将模袋两个侧边卷齐，以便在铺放过程中掌握模袋边线的就位位置。

（2）将模袋卷紧，卷紧的模袋卷儿不但直径较小，便于人工搬运和铺放，而且模袋卷中封存空气较少，缩短了其浸水下沉所需时间。（由于模袋布质地致密，内部封存的空气不能一下子排出，延长混凝土浇筑时间）。

（3）将卷好的模袋运至铺放地点，按设计坡肩端位置加纵向收缩量（按模袋长度的3%考虑）确定模袋坡肩端位置。

（4）为保证模袋混凝土之间拼缝严密，新铺放的模袋与已充灌完成的模袋混凝土相邻之间应有不小于30 cm的搭接宽度，在确定的位置将模袋卷儿放置好后，即可人工缝制连接模袋。

5.2.5.3 铺放模袋

铺放作业是将卷好的模袋按设计位置在坡面上打开，在打开过程中应使模袋始终保持向下拉紧的状态，因此，操作者不但要向下滚动模袋卷，而且要随时向下拉紧模袋，另外，还应注意使模袋与已有模袋混凝土之间的搭接宽度始终控制在30 cm，这样不仅保证了拼缝严密，而且保证了新铺模袋位置相对于已有模袋混凝土不发生偏斜，使模袋边线与堤轴线之间的垂直关系能很好地承袭下去。最先施工的一块模袋边线需用经纬仪控制，以保证上述垂直关系，具体作法是在设计里程位置用经纬仪测放1根钢管作为模袋边线位置的参照物。模袋下的搭接土工布是缝衬在模袋上的，土工布的搭接也是在铺放过程中完成的，为保证搭接可靠，每隔1 ~1.5 m处，将模袋下衬的土工布与上一块模袋混凝土的搭接土工布缝在一起。

模袋铺至坡脚后，坡顶处用砂袋进行压载，然后将坡肩端的手拉葫芦打紧，模袋铺放即完成。

模袋铺放注意事项：

（1）模袋铺设前应设定位桩及拉紧装置，定位桩宜打设在坡顶距离模袋1.5 ~2.0 m处，其间距宜为1 ~2 m，且每块模袋不少于4根，同时，每根定位桩上均应该设置紧张器或者滑轮。

（2）模袋在铺设时纵横向都应该留有一定的收缩量，纵向收缩较大，一般根据典型施工进行控制。

（3）模袋在铺展、压稳后，应拉紧上缘固定绳索，防止模袋下滑。

（4）为了保证模袋充灌的流畅，混凝土的要求较高，坍落度必须较大，一般在200 mm左右，根据不同的标号还需要现场进行试验施工确定。

（5）一次浇筑混凝土的高度还需要通过计算和典型施工进行确定，其与混凝土的初凝时间、模袋拉紧强度、模袋技术指标等有关。

5.2.5.4 模袋混凝土充灌

（1）充灌混凝土工艺流程。

混凝土搅拌机—混凝土泵—软管插入模袋充灌口—绑扎固定—灌注—质量检验。

（2）充灌混凝土压力控制和充灌疏导。

混凝土灌注速度控制在10 ~15 m/h，出口压力以0.2 ~0.3 MPa为宜。软管的管口应穿过灌口进入模袋内，以便泵压力直接作用于模袋内的混凝土，减小灌口承受的反作用力。充灌时，2人扶住泵软管，以防其有较大的摆动，同时掌握灌口混凝土压力，当该处混凝土压力持续上升时说明混凝土在模袋中流动减慢，此时应适当降低泵车的充灌速度，当发现模袋内混凝土流动受阻时，可采取用脚踩踏的方法进行疏导；如果灌口处混凝土压力已升得很高，或上升速度很快，应停止充灌，进行检查并采取措施，如踩踏疏导无效，可区别下列情况，分别进行处理。

如果阻塞就发生在灌口处，可将泵管拆走，将阻塞的石子或混凝土从灌口内掏出，或用一木杆将阻塞物捣散疏通后，再继续充灌，这种情况往往是混凝土离析造成的，或因为混凝土含有大石子造成的。

灌口周围先充灌的混凝土已没有足够的流动性，这种情况往往由于充灌中途有较长时间的停歇而造成，这时可采用下列措施：

用脚沿最短距离踏出一条凹槽，形成通道，改用砂浆将模袋充满，也可利用上面一个灌口充灌。

如果模袋已被截死，可在未充满部分的上边缘再开一灌口进行充灌，灌口应开在侧边隐蔽处，以保证整体美观。

（3）充灌混凝土顺序。

充灌混凝土的顺序采取自下而上逐排口逐仓充灌（每排3个灌口），每排的充灌顺序为：由模袋搭接的一侧开始向另一侧逐口充灌，采用这样的充灌顺序实际上是几条模袋轮流交替充灌，同一次连续充满一条模袋后再充灌下一条模袋的顺序相比，这样的顺序有以下的优点：

几条模袋内充灌的混凝土量相差最小，模袋因充涨而发生的长度收缩也就相差不多，这样便于掌握模袋坡肩位置。

降低了模袋内混凝土面升高的速度，减小了模袋承受的压力。

先充灌模袋拼缝一侧的灌口，可避免模袋横向收缩造成该侧向位移，从而保证了拼缝严密。在一排灌口充灌完毕后，应将坡肩端的锚固绳具适当放松，以防模袋由于充涨收缩而过分绷紧，造成充灌困难，甚至将模袋拉坏。一个灌口充灌完成后，即将灌布套内混凝土清除，将布套塞进灌口并缝合灌口，然后将模袋表面冲洗干净，这种处置灌口的方法，可使模袋表面平整美观，对于水下的灌口，可以只简单地将布套绑扎封闭。总的来看，充灌混凝土的技术关键是使混凝土具有良好的流动性及和易性，并保证充灌作业的连续进行。

（4）充灌混凝土注意事项。

混凝土的流动性是混凝土在模袋内的流动所要求的，不同坍落度的混凝土在模袋中的流动表现为不同形态，坍落度为 20 ~ 22 cm 的混凝土在模袋中，由灌口向四周呈辐射状流动。这种情况下，混凝土主要是在泵压力推动下强制移动，混凝土压力由灌口向四周，随着离灌口距离的增加而迅速减小，随着模袋中充灌混凝土范围的扩大，充灌的难度增大，需要不断进行踩踏疏导，劳动强度很大，而对于水下来说则几乎无法进行充灌，往往由于灌口处模袋承受的混凝土压力过大而造成破坏，无法将模袋充满。坍落度在 23 cm 以上的混凝土进入模袋后是由灌口直接向下流动，然后自下而上将模袋充满，这种情况下，混凝土在模袋内主要是靠自重流动的，充灌作业极其简便，质量也有充分保证。

应特别注意的是，以上所要求的流动性，应该在充分保证混凝土和易性的基础上取得，和易性较差的混凝土也常常出现充灌时的阻塞，这种现象的原因主要是混凝土的离析，产生离析的混凝土进入模袋后，粗骨料在灌口处集中，形成过滤作用—砂浆在泵压力作用下滤过，石子留下，很快便形成阻塞，这时往往出现泵管剧烈振动，继而灌口被破坏。由于模袋布是透水的，充入模袋内的混凝土由于部分水分渗出而很快失去流动性，水上部分的混凝土在充进模袋后，在气温 25℃条件下，一般只需 40 min 即完全失去流动性，加之减水混凝土具有坍落度损失较快的特点，因此要求保证混凝土充灌的连续性。

5.2.6 养护

全部护坡施工完成后，进行坡顶、坡脚和上下游两侧接头的回填处理，同时进行护坡面混凝土的养护，一般养护期为 7 天。如外界气温较高，为保证护坡表面处于润湿状态，则在浇筑完的模袋混凝土表面及时覆盖一层薄塑料布，并设置专人负责检查洒水养护。

5.2.7 钻排水孔

模袋混凝土成型后，采用混凝土钻孔取芯机进行钻孔。

6 材料与设备

6.1 主要材料

6.1.1 模袋布

（1）单位面积质量≥300 g/m^2；

（2）厚度（mm）≥0.52；

（3）断裂强力（N/5 cm）≥纵向 2 839；

（4）断裂强力（N/5 cm）≥横向 2 730；

（5）断裂延伸率（%）：纵向 20.3；

（6）断裂延伸率（%）：横向 25.2；

（7）CBR 顶破强力（N）：5 805；

(8)等效孔径 O_{90}(mm):0.23;

(9)垂直渗透系数 K_{20}(cm/s):0.005 2;

(10)撕裂强力(kN):纵向887;

(11)撕裂强力(kN):横向669。

6.1.2 长丝土工布

(1)单位面积质量:300 g/m²;

(2)单位面积质量偏差:≤ -5%;

(3)厚度:≥2.4 mm;

(4)幅宽偏差:≤ -0.5%;

(5)断裂强力:≥15 kN/m;

(6)断裂伸长率:30~80%;

(7)CBR顶破强力:≥2.6 kN;

(8)等效孔径:0.07~0.2 mm;

(9)垂直渗透系数:≥10^{-3} cm/s;

(10)撕破强力:≥0.42 kN。

6.1.3 混凝土

配合比见表1。

表1 混凝土配合比

C25F300	模袋混凝土施工配合比				
	水泥	粉煤灰	水	砂	石
	364	121	171	739	798

6.2 主要施工机具

本工法无需特别说明的材料,采用的机具设备见表2。

表2 机具设备表

序号	设备名称	设备型号	单位	数量	用途
1	混凝土泵	HB80	台	1	灌注混凝土
2	混凝土搅拌站	JS500	台	1	拌制混凝土
3	洒水车		台	2	运水
4	发电机	50 kW	台	1	施工供电
5	拖拉机		台	1	用于运输材料
6	泵管		m	700	灌注混凝土

7 质量控制

7.1 质量控制标准

由于国内对于模袋混凝土施工属于起步阶段,没有制定和形成国家和行业标准,本工法遵循的主要是设计指标及哈达山水利枢纽工程模袋护坡质量评定标准,标准如下:

(1)拌和物质量标准:模袋混凝土采用现场拌和,泵送入仓,混凝土坍落度要严格控制在(21±2) cm范围内。

(2)模袋规格尺寸、材质、缝制质量:符合哈达山(一期)输水干渠技术要求及补充技术要求规定,模袋每卷幅宽 2.5 m×12.7 m,材质证明齐全,力学性能及缝制质量检测合格。

(3)表面清洗及养护:模袋灌完后及时冲洗表面、保持湿润连续养护不应少于 14 天。

(4)成型模袋混凝土坡面:整体较平整,无大面积凹陷、隆起,无破损、无胀袋、鼓包。

(5)模袋混凝土顶部高程:允许偏差 -20 ~ +40。

(6)模袋混凝土底部高程:允许偏差 0 ~ -20。

(7)相邻块缝宽:允许偏差≤ 20。

(8)模袋混凝土表面平整度:局部高低不平≤ 30 mm/2 m。

7.2 质量控制措施

(1)施工前必须对所有的水泥、砂、石进行检验,经检验合格后的材料方可使用。

(2)混凝土从配合比设计、拌和系统拌制、运输、浇筑等各环节要严格控制,保证混凝土施工质量。

(3)配备数量充足、状况良好的机械设备,保证施工质量及施工进度;

(4)挑选优秀、经验丰富的拌和站操作人员及实验人员,确保充灌混凝土具有良好的流动性及和易性。

(5)模袋在铺设时纵横向都应该留有一定的收缩量。

(6)模袋在铺展、压稳后,应拉紧上缘固定绳索,防止模袋下滑。

7()为了保证模袋充灌的流畅,混凝土的要求较高,坍落度必须较大,一般在(21 ±2) cm 范围内,现场试验人员随时检测塌落度及混凝土的含气量。

(8)泵送与充灌操作人员之间应随时联系,紧密配合,充灌到位后及时停机,以防充灌过程产生鼓包或鼓破。

(9)加强现场管理,确保模袋基础坡面的平整度,现场配备测量人员,随时跟踪检测坡面质量。

8 安全措施

(1)施工前对所有参加施工的人员进行安全施工的岗前培训,并持证上岗。

(2)由于此工程的特殊性,必须严格遵守有关的劳工安全、建筑安全法规及守则、合同要求之有关安全条款,严格遵守《建设工程安全生产管理条例》。

(3)进一步加强工作人员安全教育,严格执行安全生产的各项规章制度。现场设安全监督员,作业班组要有专人负责安全管理,日常安全监督与定期检查结合起来,及时排.

(4)混凝土搅拌作业前,对搅拌机及配套作业设备进行无符合运转,检测运转正常才可开机工作。

(5)搅拌机上料抖提升后,抖下严禁人员通行。

(6)施工现场电器设备和线路应安装漏电保护器,非电工不得乱动电器设备,并经常测试漏电保护器的动作是否正常。

(7)混凝土泵在料斗内无料时严禁泵送,防止空气进入输送管道内,造成堵管等事故。

(8)混凝土输送管不得在受压情况下拆除,须回抽几次减压后才可脱管卡,拆管时人员必须避开混凝土喷出方向,防止受压混凝土喷射伤人。

(9)在混凝土施工过程中,严禁任何人员敲打、拆移甭管接头锚栓。

(10)装载机上料行走路线严禁非施工作业人员入内。

(11)设备装卸吊装时须认真检查吊缆是否牢固可靠,吊缆位置是否正确,严防设备坠落。

(12)现场已铺设完成的模袋布表面光滑,严禁非作业人员在已铺设和刚浇筑完成的模袋上行走。

(13)现场施工机械设专人指挥,在机械旋转半径范围内严禁站人。

9 环保措施

(1)建立相应的施工环保管理机构。在施工过程中严格遵循国家和地方政府下发的有关环境保护的法律、法规和规章制度,加强对施工粉尘、设备噪音、废水弃浆、生产生活垃圾的控制和治理,遵守文明施工、防火及交通管理的规章制度,随时接受相关单位的监督检查。

(2)保证施工现场道路平整、交通畅通并适量湿润使其无大量扬尘;场内设置连续畅顺的排水系统,使场内无大面积的积水。

(3)拌和站水泥采用人工上料,所有上料人员佩戴安全防护面罩,并每天结束后对面罩进行清洗,并定期更换防护面罩。

(4)现场袋装水泥采用防雨布进行覆盖,将现场使用完毕的水泥袋回收、堆放,集中处理,严禁随意丢弃水泥袋,造成附近草原及耕地污染。

(5)每天在混凝土结束工作面附近开挖集水坑,将冲洗甭管的污水排至集水内沉淀,严禁将冲洗甭管的水排放至草原及农田地

(6)冲洗结束泵管的混凝土残渣集中堆放用于后期修路。

(7)在拌和站附近设集水池、沉淀池,污水不达标不准排放

(8)现场租用的临时堆料场用后及时复耕,表层采用腐殖土回填,防止水土流失。

(9)现场涨袋后产生的混凝土残渣,及时清理至渠底集中堆放,不允许随意丢弃。

(10)冲洗模袋的水,采用渠底集水坑内水,进行循环使用,使用后进行沉淀处理。

10 效益分析

模袋衬砌与渠道 PPS 衬砌机想比较,坡长相同,模袋衬砌每天可以完成 80 m,投入人员 16 人,混凝土泵一台,衬砌机平均每天完成 70 m,投入人员 25 人,8 m^3 混凝土罐车 4 台。

模袋衬砌每公里造价 109 万元,衬砌每公里造价 181 万元。

2011 年 A－15 标共完成 3.8 km,共节约资金 273.6 万元。

经过对比分析,采用模袋施工,在施工速度和成本两方便均有很大的优势。

11 应用实例

11.1 2010～2011 年应用于哈达山水利枢纽工程(一期)输水干渠工程土建施工(A－15)标段 的应用

11.1.1 工程概况

哈达山水利枢纽工程由坝区枢纽工程、防护区工程和输水工程组成,输水工程则包括渠首闸、输水干渠及其交叉建筑物等。

本标段桩号模袋施工桩号为 33＋600～36＋800,渠道边坡为 1∶2.5,设计底宽 50 m,渠道比降为 1∶20 000,设计水深 3.7～5.0 m。对于挖方渠道,护坡顶高程为设计水位加 0.8 m,在护砌顶高程处设一级马道,马道宽 2.0 m,马道上、下边坡分别为 1∶2和1∶2.5;对于半填半挖渠道,护坡顶高程即为两侧的堤顶高程,为设计水位以上 1.2～1.5 m,渠道迎水坡 1∶2.5,背水坡 1∶2。

对于挖方渠道(不包括渠底穿极细砂层段),在坡脚设现浇混凝土脚槽,坡脚脚槽底宽 0.5 m,深 0.8 m,脚槽混凝土的强度等级 C25、抗冻等级 F300;在模袋混凝土护坡下设无纺布,无纺布规格为 300 g/m^2,渠坡采用 12 cm 厚模袋混凝土防护,模袋的规格 2 m×2 m,强度等级 C25,抗冻等级 F300。

11.1.2 施工情况

采用模袋衬砌施工,本工程模袋护坡8月中旬开始施工,至10月下旬,历时70天,其中有效施工期55天,共完成模袋3.8 km,衬砌完成的施工速度较快,模袋外观质量较好。

11.1.3 工程监测与结果评介

采用模袋施工后,本工程模袋护坡平整度均进行全程检测,模袋施工后平整度为±10 cm以内,平整度效果较好,切坡面无裂缝情况发生,施工质量良好。

模袋施工后,施工工期比机械衬砌缩短了一个月,施工速度较快,且模袋投入的人员及机械设备相对较少,节约了工程成本,工程质量优良率达98%以上,无安全生产事故发生,得到了各方的好评。

11.2 2010~2011年应用于哈达山水利枢纽工程(一期)输水干渠工程土建施工(A-18)标段的应用

11.2.1 工程概况

哈达山水利枢纽工程由坝区枢纽工程、防护区工程和输水工程组成,输水工程则包括渠首闸、输水干渠及其交叉建筑物等。

本标段施工桩号为47+800~52+800,长5.0 km,两侧模袋衬砌共10.0 km,渠道边坡为1:2.5,设计底宽30~20 m,渠道比降为1:20 000,设计水深3.7~5.0 m。对于挖方渠道,护坡顶高程为设计水位加0.8 m,在护砌顶高程处设一级马道,马道宽2.0 m,马道上、下边坡分别为1:2和1:2.5;对于半填半挖渠道,护坡顶高程即为两侧的堤顶高程,为设计水位以上1.2~1.5 m,渠道迎水坡1:2.5,背水坡1:2。

对于挖方渠道(不包括渠底穿极细砂层段),在坡脚设现浇混凝土脚槽,坡脚脚槽底宽0.5 m,深0.8 m,脚槽混凝土的强度等级C25、抗冻等级F300;在模袋混凝土护坡下设无纺布,无纺布规格为300 g/m^2,渠坡采用12 cm厚模袋混凝土防护,模袋的规格2 m×2 m,强度等级C25,抗冻等级F300。

11.2.2 施工情况

采用模袋衬砌施工,本工程模袋护坡5月中旬开始施工,至10月下旬,历时160天,其中有效施工期125天,共完成模袋10.0 km,衬砌完成的施工速度较快,模袋外观质量较好。

11.2.3 工程监测与结果评介

采用模袋施工后,本工程模袋护坡平整度均进行全程检测,模袋施工后平整度为±10 cm以内,平整度效果较好,切坡面无裂缝情况发生,施工质量良好。

模袋施工后,相比前A-08~A-15标段的PPS纤维混凝土衬砌节约了工程成本,工程质量优良率达98%以上,无安全生产事故发生,得到了各方的好评。

11.3 2010~2011年应用于哈达山水利枢纽工程(一期)输水干渠工程土建施工(A-19)标段的应用

11.3.1 工程概况

哈达山水利枢纽工程由坝区枢纽工程、防护区工程和输水工程组成,输水工程则包括渠首闸、输水干渠及其交叉建筑物等。

本标段施工桩号为52+800~57+900,长5.1 km,两侧模袋衬砌共10.2 km,渠道边坡为1:2.5,设计底宽30~20 m,渠道比降为1:20 000,设计水深3.7~5.0 m。对于挖方渠道,护坡顶高程为设计水位加0.8 m,在护砌顶高程处设一级马道,马道宽2.0 m,马道上、下边坡分别为1:2和1:2.5;对于半填半挖渠道,护坡顶高程即为两侧的堤顶高程,为设计水位以上1.2~1.5 m,渠道迎水坡1:2.5,背水坡1:2。

对于挖方渠道(不包括渠底穿极细砂层段),在坡脚设现浇混凝土脚槽,坡脚脚槽底宽0.5 m,

深0.8 m,脚槽混凝土的强度等级C25、抗冻等级F300;在模袋混凝土护坡下设无纺布,无纺布规格为300 g/m²,渠坡采用12 cm厚模袋混凝土防护,模袋的规格2×2 m,强度等级C25,抗冻等级F300。

11.3.2 施工情况

采用模袋衬砌施工,本工程模袋护坡5月上旬开始施工,至10月中旬,历时170天,其中有效施工期127天,共完成模袋10.2 km,衬砌完成的施工速度较快,模袋外观质量较好。

11.3.3 工程监测与结果评介

采用模袋施工后,本工程模袋护坡平整度均进行全程检测,模袋施工后平整度为±10 cm以内,平整度效果较好,切坡面无裂缝情况发生,施工质量良好。

模袋施工后,相比前A-08~A-15标段的PPS纤维混凝土衬砌节约了工程成本,工程质量优良率达98%以上,无安全生产事故发生,得到了各方的好评。

(主要完成人:曲川波　李长明　张景华　张　英　吴华北)

射水成槽法浇筑地下防渗墙施工工法

中国水利水电第六工程局有限公司

1 前言

射水法成墙,成型的槽孔孔壁稳定,浇筑的混凝土墙面平整,槽孔链接好,防渗效果好,可满足设计要求垂直偏差小于1/300的地下防渗墙。本施工方法具有技术可靠、设备简单、操作技术易于掌握、施工简便快速、工期短、造价较低等优点,其应用前景广阔,尤其是软塑到流塑状地层中做防渗系统值得推广,通过实际应用,防渗效果显著。

2 工法特点

射水成槽法浇筑地下混凝土防渗墙与比较常用的高喷相比较,工期较短,工程造价低,防身效果显著,安全有保障。射水法成槽相比较常用成槽设备如抓斗,冲击钻有较明显优势。表现在如下几点:

(1)射水造墙机较抓斗设备造价低廉,运输方便,工效与之相当,造价相对低廉,而且射水造墙机清孔效率较抓斗高,清孔好。而且很多因场地道路运输原因很多场地抓斗无法进场,维护费用较抓斗低,经济效益好。

(2)射水造墙机相比较冲击钻工效高,成本造价低数倍。孔型规则,清孔方便。

3 适用范围

根据射水成槽法浇筑地下防渗墙施工工艺是利用高压水破坏原始地质,再由反循环泵抽出相应物质,因此而成槽,槽孔由一定浓度的泥浆护壁。溢出的泥浆与土、砂、卵石等流入沉淀池,土、砂、卵石沉淀,泥浆水循环使用。因此要求地质条件砂砾石不要太多,且砂砾石粒径小于100 mm,含有一定的黏性土层最佳,砾石直径不要太大,地下水位最好低于导向墙孔口1.5 m。这样的地质条件会提高射水造墙施工的效率。

4 工艺原理

射水成槽法浇筑地下防渗墙工作原理是利水泵及成型器中的射水喷嘴形成高速水流来切割破坏土层结构,水土混合回流,用反循环砂石泵吸出槽孔(反循环),同时利用卷扬机带动成型器上下往返运动进一步破坏土层并成型器下沿刀具切割修整孔壁形成具有一定规格尺寸的槽孔;槽孔由一定浓度的泥浆护壁。溢出的泥浆与土、砂、卵石等流入沉淀池,土、砂、卵石沉淀,泥浆水循环使用。槽孔成型后,造墙机移位,混凝土浇筑机就位,采用导管法水下浇筑混凝土建筑混凝土单槽板,并采用平接技术建成混凝土地下连续墙。

5 施工工艺流程及操作要点

5.1 工艺流程图

5.2 射水法造墙施工技术要点

射水成墙技术由造孔和水下混凝土浇筑两部分组成。水下混凝土浇筑采用导管法浇筑,导管法水下混凝土浇筑是一项成熟的技术,因此射水成墙技术关键在于成孔。造孔的关键技术要素有

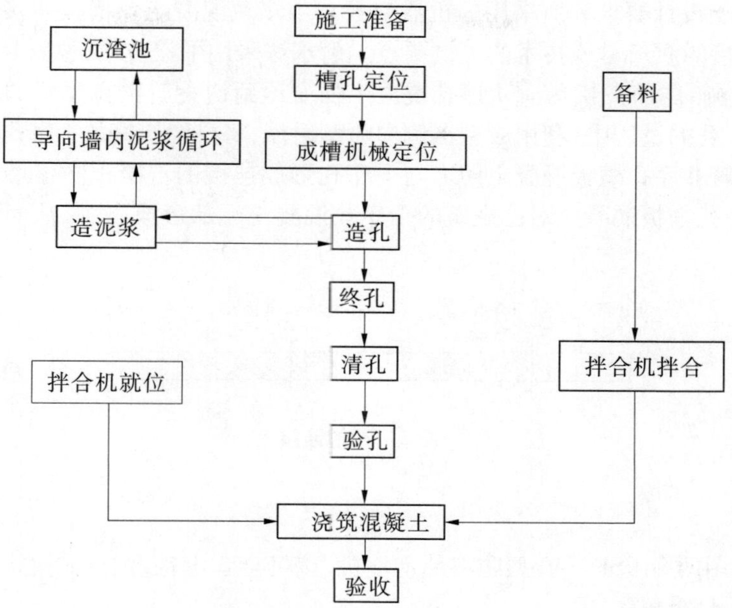

图 1　射水法施工工艺流程图

四个——破土、固壁(保持孔壁稳定不塌孔)、出渣和槽孔的连接。

5.2.1　破土

射水法,其名称源泥浆水射流破土,由并排 8 个垂直向下的喷嘴作为射流破坏土层。它的破土能力、破土范围取决于射流压力、喷嘴几何形状以及对槽孔底距离,可根据土体强度确定水压力。设备水泵所配压力不小于 0.4 MPa(本工程施工所采用的压力在 0.3～0.4 MPa)。

(1)射水造墙的施工之前需要测量人员根据施工图纸测放出防渗墙中心线及控制边线,以小木桩标定桩位并进行复测。之后修建施工导向墙,起到导向和支承定位的作用。

(2)造孔前对槽孔孔位进行统一编号,依次编号为 1#、2#、3#、…。奇数孔为一序孔,偶数孔为二序孔。

(3)在造孔过程中,对机架的平整度和钻杆的垂直度进行校正,以满足孔斜率小于 0.3 % 的要求;槽孔轴线偏差控制在 ±3 cm 以内。孔深快接近设计标高时,用漏网增加捞渣次数,当出渣有较硬的岩块方可终孔,以确保入强风化基岩大于 100 cm。岩样按孔编号分别袋装留存。

(4)终孔后用测绳测量孔深,并进行清孔,清孔后孔底沉渣厚不得大于 10 cm,孔内泥浆密度不大于 1.3 g/cm^3,用泥浆比重器测量。含砂量不大于 10 %,经监理验收合格方可浇筑混凝土。

5.2.2　固壁

施工过程中的孔壁稳定是成孔的关键因素。首先是孔壁保护,破土后的泥浆循环是通过成型器箱和反循环导管导流,为了保护孔壁,必须减小流速,降低对孔壁的破坏。并且水流流速的稳定对孔壁稳定有一定的影响,流速控制根据地下水位对孔壁侧压力而定。在汛期,水流控制 0.15 m/s,枯水期,水流控制在 0.25 m/s。

(1)泥浆固壁槽孔内泥浆水位高于地下水位及泥浆水比重大于地下水位比重形成槽孔内对孔壁的压力达到固壁作用,同时泥浆水在向外渗流的过程中在孔壁上形成泥浆网膜,增大松散地层的粘结性,起到护壁作用。不同地质条件,确保泥浆的质量和性质是非常重要的。

(2)利用行走轮上的螺旋支杆调整机架水平度后锁紧可靠,开始造孔,采用黏土等泥浆护壁,边造泥浆边造孔,孔内泥浆密度控制在≤1.3 g/cm^3。浆液黏度≤30 s,浆液含砂量≤10%。

5.2.3　单、双槽孔的连接

连续墙关键在连续二字,在本工程中造孔过程中形成的单个槽孔宽度为 2.66 m 或 2.86 m 单槽板(这主要取决于设计要求和所采用的机器型号),由多块混凝土单槽板连接形成混凝土连续防渗墙,因此接缝连接的质量是该技术的关键要点。射水法采用平接技术,也就是在同一轴线侧面实现平面对接。首先施工Ⅰ序孔,等到Ⅰ序孔混凝土强度达到初凝后再在预留的位置精确的施工Ⅱ序孔。在施工Ⅱ序孔的过程中,利用成型器侧向喷嘴射流,将已浇筑好的Ⅰ序孔槽板端部泥皮冲刷清洗干净,然后浇筑Ⅱ序孔槽板混凝土使之与Ⅰ序孔形成连接的混凝土防渗墙。由于成型器侧向喷头冲刷使得Ⅱ序孔槽板混凝土对已浇筑的Ⅰ序孔混凝土端部形成裹头,从而形成一道封闭完整的混凝土防渗墙。

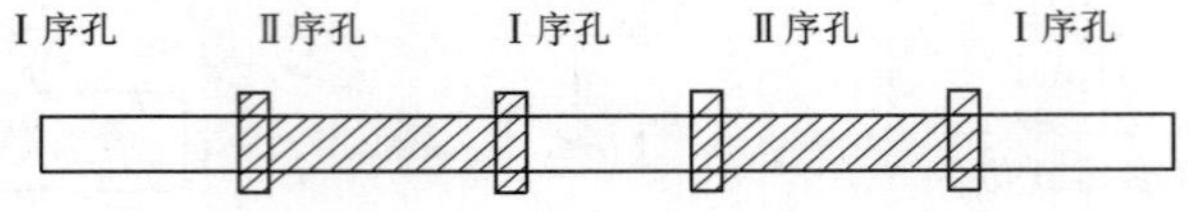

图 2　孔的连接

6　材料与设备

(1)本工程采用两台 CSF—40 型防渗墙造墙机,该机全套设备组成:成槽机、混凝土浇筑机、混凝土搅拌机三大部分组成。

(2)成槽机部分:由 8SH—9 双吸离心泵、6BS 反循环砂石泵、JK5 单筒快速卷扬机,2 600(或 2 800)×300×2 300 mmCSF—Z 钻头(成型器)、CD1 电动葫芦、正循环高压管道、反循环低压管道、成槽机整机组成。

(3)混凝土浇筑机部分:由 3TCD1 电动葫芦、混凝土浇机、灌注导管组成。

混凝土搅拌机部分:JZ350 型强制式搅拌机。

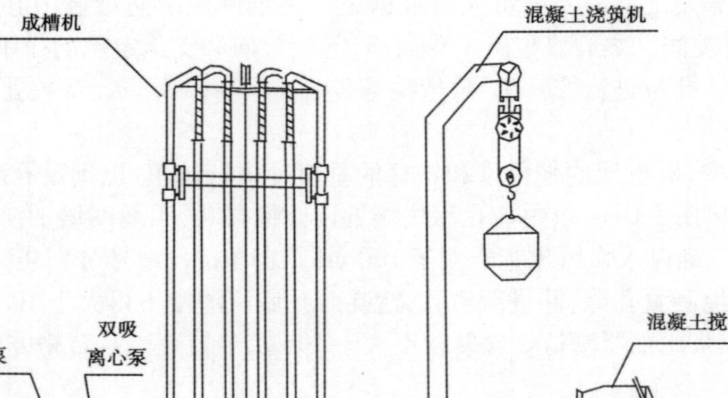

图 3　CSF—30 型防渗墙造墙机示意图

设备总功率为 150 kW ~ 180 kW。

(4)其工作原理是利水泵及成型器中的射水喷嘴形成高速水流来切割破坏土层结构,水土混合回流,用反循环砂石泵吸出槽孔(反循环),同时利用卷扬机带动成型器上下往返运动进一步破坏土层并成型器下沿刀具切割修整孔壁形成具有一定规格尺寸的槽孔;槽孔由一定浓度的泥浆护壁。溢出的泥浆与土、砂、卵石等流入沉淀池,土、砂、卵石沉淀,泥浆水循环使用。槽孔成型后,造墙机移位,混凝土浇筑机就位,采用导管法水下浇筑混凝土建筑混凝土单槽板,并采用平接技术建成混凝土地下连续墙。

7 质量控制

7.1 工艺改善

(1)由于地质条件复杂,河床 3 m 砂层下为 1.0 ~ 2 m 厚砾石层,并且汛期河床地下水位太高,在前期橡胶坝段地下防渗墙施工的过程中经常出现塌孔和扩孔率很高,严重射水造墙成墙的施工。

(2)经过摸索,施工现场对施工设备和泥浆比生重进行控制。分析,可能跟成型器冲击土层产生的震动力有关,因此现场对成型器前的钻头进行改进,由原来的ϕ 30 圆钢,全由市场收购来的车的半轴进行焊接,提高钻头刚度和强度。经过试验,提高了破土的效率,降低侧向土层的震冲击力。此项改进正应了中国有句古话“工欲善其事,必先利其器”,从而提高破土效率,降低对周围土层结构的破坏。通过改进了成型器,从取得提高工效,降低了成本。同时,对在软塑到流塑状地层中如何保证扩孔率也摸索出了有效经验。

(3)由于地下水位高,因此上游水流渗压力偏大,控制对成塌孔成扩孔影响很大为了确保泥浆的黏结性,首先确保制浆采用的材料(黄土和膨润土)。霍林河地区黄土稀少,并且黄土质量不是太好,不是黏土太小,就是太黏了,不好控制泥浆的黏性。黄土取自距工地 50 km 的煤矿,并且量小供不上施工用。因此采用膨润土(从长春购买)、河道右岸地表黑质黏土、矿区黄土,三种材料混合。经过多次摸索试验,泥浆浓度控制在 19 s。在汛期泥浆比重控制在 1.3 g/cm^3,枯水期泥浆比重控制在 1.12 ~ 1.2 g/cm^3。

(4)施工槽孔孔壁稳定,槽段垂直度控制较好,孔斜率均小于 0.4%;Ⅰ、Ⅱ期槽孔的接头套接位置正确,有效墙厚一般大于 32 cm,且接头端最小厚度达到了“大于 30 cm”的技术指标要求,墙段连接质量良好,形成了防渗整体,最终达到了设计要求的工程目的。

表 1 设计参数详见下表

参数名称	设计参数	实际参数
射水压力	0.4 MPa	0.3 ~ 0.4 MPa
循环泥浆比重(g/cm^3)	1.12 ~ 1.25	1.13 ~ 1.15
混凝土坍落度(cm)	18 ~ 22	18.5 ~ 20
混凝土扩散度(cm)	34 ~ 40	37 ~ 41
混凝土强度指标	C25	27MP
混凝土配合比	水泥:细骨料:精骨料(5 ~ 20):粗骨料(20 ~ 40):水:木钙:DH9 = 380:590:459:689:190:0.95:0.114	

7.2 施工质量检查

(1)槽孔的清孔验收包括:孔内泥浆性能;孔底淤积厚度;接头孔壁刷洗质量。

(2)槽孔的终孔验收:孔位、孔深、孔斜、槽宽;基岩岩样与槽孔嵌入基岩深度;一、二期槽孔间接头的套接厚度。

(3)在射水造墙完工后,业主邀请第三方对工程质量进行取蕊和超声波检测,结果全部符合质量要求,证明墙段接缝的施工质量良好,并且实际防渗效果显著,经测量监理对已开挖墙段的轴线位置、墙顶高程进行的校测,证明各项指标都满足了设计要求。

7.3 施工注意事项

(1)要保证射水法成墙的垂直度和接缝质量,对造孔机械设备的就位精度与水平调整必须严格复核控制。

(2)应根据不同的地质条件,调整合适的水泵压力以保证喷嘴出口压力符合设计要求。

(3)射水法造墙采用泥浆固壁法,槽孔孔壁的稳定是关键,因此,必须根据地层地质条件调整泥浆并严格保证槽孔内泥浆水位。

(4)造槽过程中必须经常性检查机架垂直度。

(5)应针对不同的地层条件,对造槽起主要控制作用的成型器等部件进行探索改进,不能拘泥于设备原配装的结构型式,从主、客观方面作出努力,以便提高成槽进度、提高工效。

(6)射水造墙一般划分成双序槽孔,采用跳槽法施工——先施工Ⅰ序槽孔,24~72 小时之内必须安排设备返回施工Ⅱ序槽孔,保证墙体有序连接及接缝质量。

(7)射水法造墙采用的是泥浆固壁法,随着浆液浓度变大,需逐渐弃浆,因此施工所产生的废浆量较大(一般约为成槽实方量的5倍),这些泥浆无法为工程所用,必须清除到施工现场之外进行凉晒平整处理。

8 安全措施

(1)建立健全各级各部门的安全生产责任制,责任落实到人。各项经济承包有明确的安全指标和包括奖惩办法在内的保证措施。

新进工人须进行岗前培训。工人变换工种,须进行新工种的安全技术教育。工人应掌握本工种操作技能,熟悉本工种安全技术操作规程。认真建立"职工劳动保护记录卡",及时做好记录。

(2)分部单元工程安全技术交底。进行全面的针对性的安全技术交底,受交底者履行签字手续。

(3)所有机电设备均匀应制定切实可行符合要求的操作规程。各种机电设备的检查与维修必须停电,停运转,如要试运转应有针对性保护措施。

(4)安全检查。必须建立定期安全检查制度。有时间、有要求,明确重点部位、危险岗位。安全检查有记录。对查出的隐患应及时整改,做到定人、定时间、定措施。

(5)班组"三上岗、一讲评"活动。班组在班前须进行上岗交底、上岗检查、上岗记录的"三上岗"和每周一次的"一讲评"安全活动。对班组的安全活动,要有考核措施。

(6)遵章守纪、佩戴标记。严禁违章指挥、违章作业。各类施工人员佩戴识别卡进入工地。

9 环保措施

(1)做到场地整洁,道路平整,排水顺利,材料堆放整齐,机械设备、电线、水管布置和维护要有计划的进行。

(2)制定文明施工管理实施细则由专人进行检查,发现问题及时改正。

(3)搞好现场泥浆管理,及时外运废浆到指定地点,防止施工场地泥浆满溢。

(4)采取各种有效措施,防止在施工利用和占用的土地上发生土壤侵蚀及河床河岸冲刷,不得随意往周围操场草场排放泥浆。

(5)与当地居民搞好关系,教育职工、民工遵守当地村规村约,避免发生意外的纠纷。

10　效益分析

射水法成墙，成型的槽孔孔壁稳定，浇筑的混凝土墙面平整，可满足设计要求，垂直偏差小于1/300的地下连续墙。墙体接缝能够保证质量，整体防渗性能好。造墙的工效高，工程造价低，经济效益显著。

11　应用实例

11.1　工程应用实例一——霍林河城区段防洪工程第二标段右岸防渗墙

霍林河城区段防洪工程第二标段工程右岸防渗墙，长度1.8 km，堤防为梯形结构的均质土堤，堤顶宽8 m，亲水平台宽3 m。堤防基础防渗结构为混凝土防渗墙，墙厚0.3 m，防渗墙深入强风化层1 m，混凝土强度等级C25，抗渗等级为W4，抗冻等级为F200。

本工程采用"射水成槽法"施工，通过取芯和超声波检测双重检测，结果符合质量要求。项目投入运行后，效果良好，有效地截断了霍林河各坝下游和堤防两侧渗流，保证了橡胶坝地基的稳定和橡胶坝库区蓄水，达到了比预期更为理想的效果。

11.2　工程应用实例二——霍林河城区段防洪工程第二标段左岸防渗墙

霍林河城区段防洪工程第二标段工程左岸防渗墙，长度1.8 km，堤防为梯形结构的均质土堤，堤顶宽8 m，亲水平台宽3 m。堤防基础防渗结构为混凝土防渗墙，墙厚0.3 m，防渗墙深入强风化层1 m，混凝土强度等级C25，抗渗等级为W4，抗冻等级为F200。

本工程采用"射水成槽法"施工，通过取芯和超声波检测双重检测，结果符合质量要求。项目投入运行后，效果良好，有效地截断了霍林河各坝下游和堤防两侧渗流，保证了橡胶坝地基的稳定和橡胶坝库区蓄水，达到了比预期更为理想的效果。

11.3　工程应用实例三——霍林河城区段防洪工程第二标段7#、8#、9#坝体防渗墙

霍林河城区段防洪工程第二标段工程，包括有7#、8#、9#3座橡胶坝，坝袋长180 m，为充水式。坝体分为三跨，两个边跨净宽60 m，中间跨度宽58 m，坝高2.5 m。橡胶坝主要包括基础底板，边墩(岸墙)、中墩、上下游翼墙、上下游护坡、上游防渗铺盖或截渗墙、下游消力池、截渗墙、下游消力池、海漫等结构。其中，闸基下面的防渗结构为混凝土防渗墙，闸基混凝土防渗墙长189.8 m，墙厚0.3 m，防渗墙深入强风化层1 m，混凝土强度等级为C25，抗渗等级为W4，抗冻等级为F200。

本工程采用"射水成槽法"施工，通过取芯和超声波检测双重检测，结果符合质量要求。项目投入运行后，效果良好，有效地截断了霍林河各坝下游和堤防两侧渗流，保证了橡胶坝地基的稳定和橡胶坝库区蓄水，达到了比预期更为理想的效果。

(主要完成人：王太友　申淑敏　宋晓光)

圆形隧洞先边顶拱后底拱混凝土衬砌施工工法

中国水利水电第六工程局有限公司

1 前言

随着科学技术的不断进步,围岩地质条件对地下工程的限制在逐渐减弱,一些工程如江苏溧阳抽水蓄能电站所处地质条件相当复杂,地下厂房、主变洞、尾闸室三大洞室布置在以Ⅲ类围岩为主的地区,其他洞室如尾水主洞布置在以Ⅳ、Ⅴ类围岩为主的地区。尾水主洞围岩以层状分布的石英砂岩、泥质粉砂岩为主,节理裂隙发育,断层、岩脉发育,围岩及岩脉风化程度较高。受地质及水文地质条件及结构形式等特点影响,施工难度大,工程施工期间围岩稳定问题突出。为此,在尾水主洞上层开挖支护后,边顶拱混凝土紧随其后进行施工,距离掌子面一定安全距离,确保开挖完的洞室稳定,边顶拱混凝土施工完成的洞段进行下层开挖支护施工,底拱混凝土紧跟浇筑,保证洞室底拱的稳定。为了使施工工艺的规范化,我们通过对实践中的施工工艺加以总结和提升,形成了《圆形隧洞先边顶拱后底拱混凝土衬砌施工工法》。

尾水主洞最大开挖断面为直径 12.6 m 的圆形,衬砌后断面直径 10 m。开挖需分层进行,围岩以Ⅳ、Ⅴ类为主,支护工作量大且及时性强。特别是在断层、岩脉洞段下层开挖支护施工时洞室安全稳定问题突出,是施工的重点和难点。水电六局联合设计、监理、业主单位开展了科技创新,在施工中采取:隧洞上层开挖支护施工的同时进行边顶拱混凝土衬砌施工,边顶拱混凝土距离开挖面一定的安全距离。边顶拱混凝土衬砌完成的洞段进行下层开挖支护施工,然后进行底拱混凝土衬砌施工。在江苏溧阳抽水蓄能发电有限公司、中南勘测设计研究院、西北监理公司的帮助下,尾水主洞混凝土衬砌施工得以顺利实施,主洞下层开挖时洞室安全稳定问题得到了解决。

2 工法特点

(1)大断面圆形尾水隧洞混凝土衬砌采用“先边顶拱、后底拱”的施工程序,边顶拱衬砌采用钢模台车进行,范围为洞室边顶拱 214°,底拱采用针梁底模进行,衬砌范围为 146°,分块长度均为 12 m。

(2)针对尾水隧洞的特殊地质条件,采用先边顶拱混凝土施工,可在最大限度上紧跟开挖,有利于洞室稳定,消除塌方空腔等不安全隐患,有效保证施工期洞室安全。

(3)结合施工期开挖支护与衬砌混凝土平行作业的特点,可节约工期,为按合同工期完工而提供坚实保障。

(4)尾水主洞衬砌水平施工缝的处理简单、方便,对缝面进行深凿毛处理,在混凝土初凝后立即凿除翻模部位凸出的三角体,并进行原浆压光。

(5)尾水主洞采用“先边顶拱、后底拱”的施工方案,可保证洞室下层开挖时的安全稳定。

3 适用范围

适用于不良地质条件下大断面隧洞混凝土衬砌施工。

4 工艺原理

大断面圆形隧洞先边顶拱、后底拱衬砌混凝土施工技术重点研究边顶拱与底拱混凝土水平缝的位置、形式和边顶拱混凝土结构的稳定,结合边顶拱混凝土结构的受力分析,确定边顶拱混凝土的支护范围、厚度等。通过监测数据分析，得知边顶拱混凝土变形、应力以及水平缝部位的开合度随施工空间及时间的变化关系，明确此施工方案的安全性。

（1）大断面圆形隧洞先边顶拱、后底拱混凝土衬砌是在洞室第一层开挖支护后立即进行边顶拱混凝土衬砌，开挖与衬砌平行作业，底拱衬砌在二层开挖后再进行衬砌。经过对边顶拱衬砌方案计算、分析研究，本工程确定边顶拱混凝土浇筑范围为顶拱214°，混凝土的自身的稳定和强度满足设计要求。

（2）边顶拱混凝土衬砌完成后，在进行洞室底部开挖时，保证了施工期洞室稳定和施工安全。

（3）边顶拱混凝土与底拱混凝土结合部位的水平缝，通过预埋测缝计的数据分析，缝的开合度小于0.5 mm，表明边顶拱与底拱混凝土接触面结合较好，后期可不做处理。

5 施工工艺流程及操作要点

5.1 工艺流程

5.1.1 边顶拱混凝土钢模台车衬砌施工

工艺流程详见图1。

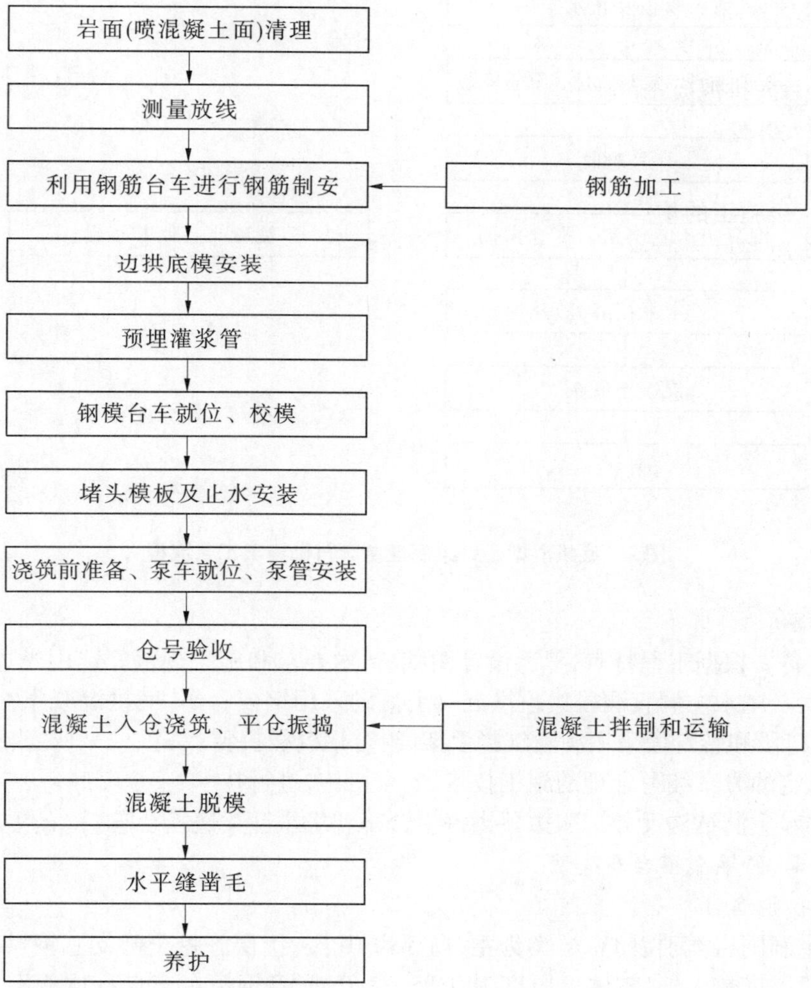

图1 边顶拱混凝土钢模台车衬砌施工工艺流程

5.1.2　底拱混凝土针梁底模台车衬砌施工

工艺流程详见图2。

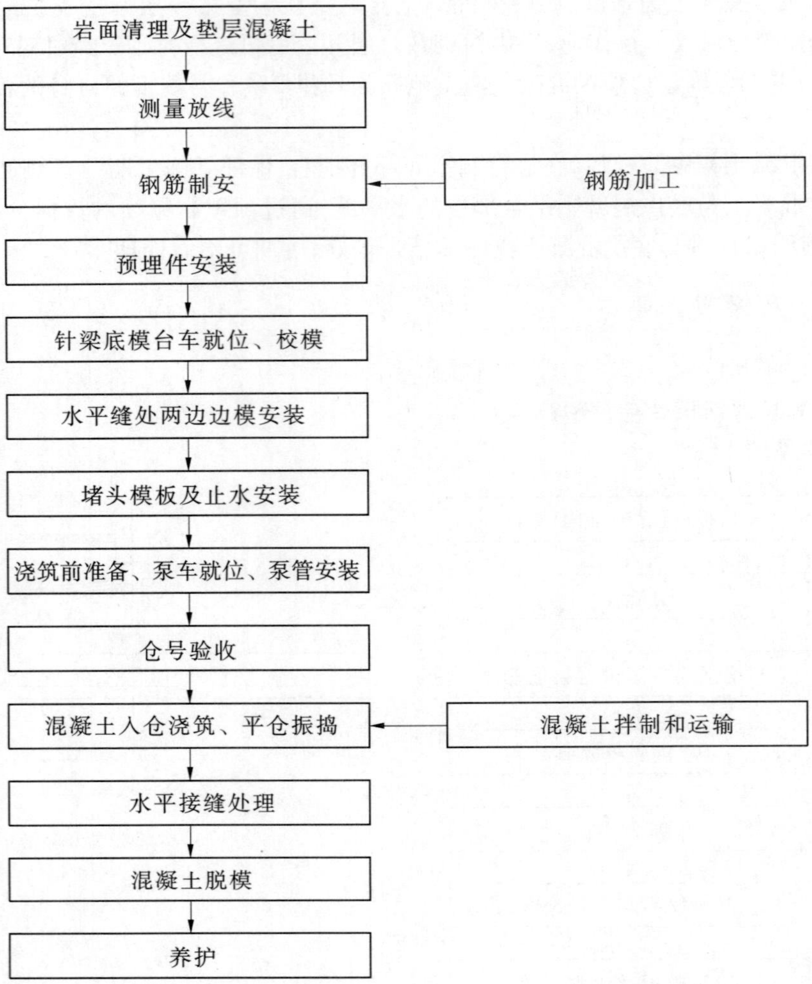

图2　底拱混凝土针梁底模台车衬砌施工工艺流程

5.2　操作要点

5.2.1　施工准备

(1)技术准备。根据工程特点,熟悉设计图纸、技术要求和施工规范。选用先边顶拱后底拱的混凝土衬砌方案。尾水主洞直洞段边顶拱混凝土衬砌采用钢模台车,底拱混凝土衬砌采用针梁底模台车,支洞岔口段和转弯段采用满堂红脚手架、组合钢模板拼装。

(2)根据选定的方案编写合理的施工技术、安全措施,进行技术、安全交底。

(3)根据尾水主洞结构尺寸选购边顶拱钢模台车和底拱针梁底模台车。

5.2.2　钢模台车、针梁底模台车安装

5.2.2.1　边顶拱钢模台车安装

由于尾水主洞围岩类别以Ⅳ、Ⅴ类为主,局部为Ⅲ类,上层开挖全部支立钢拱架,顶拱部位除局部几处塌方段厚度较大外,整体上厚度为0.85～1.0 m,且钢模台车自身重量不大,底部开挖面可以承受台车和混凝土的荷载。所以采用50 cm×50 cm的枕木,间距50 cm布置作为轨道基础。钢轨采用43 kg/m－15000,采用轨道钉固定在枕木上,轨距6.0 m。

边顶拱钢模台车长度为12 m,安装时选择洞室围岩较好部位进行,事先在洞室顶拱安装钢筋吊环，采用5 t卷扬机及5 t手拉葫芦进行吊装，反铲及人工配合。安装时首先安装龙门架及横梁，按设计位置安装液压系统，再安装顶模、侧模及底模等。钢模台车断面形状如图3。

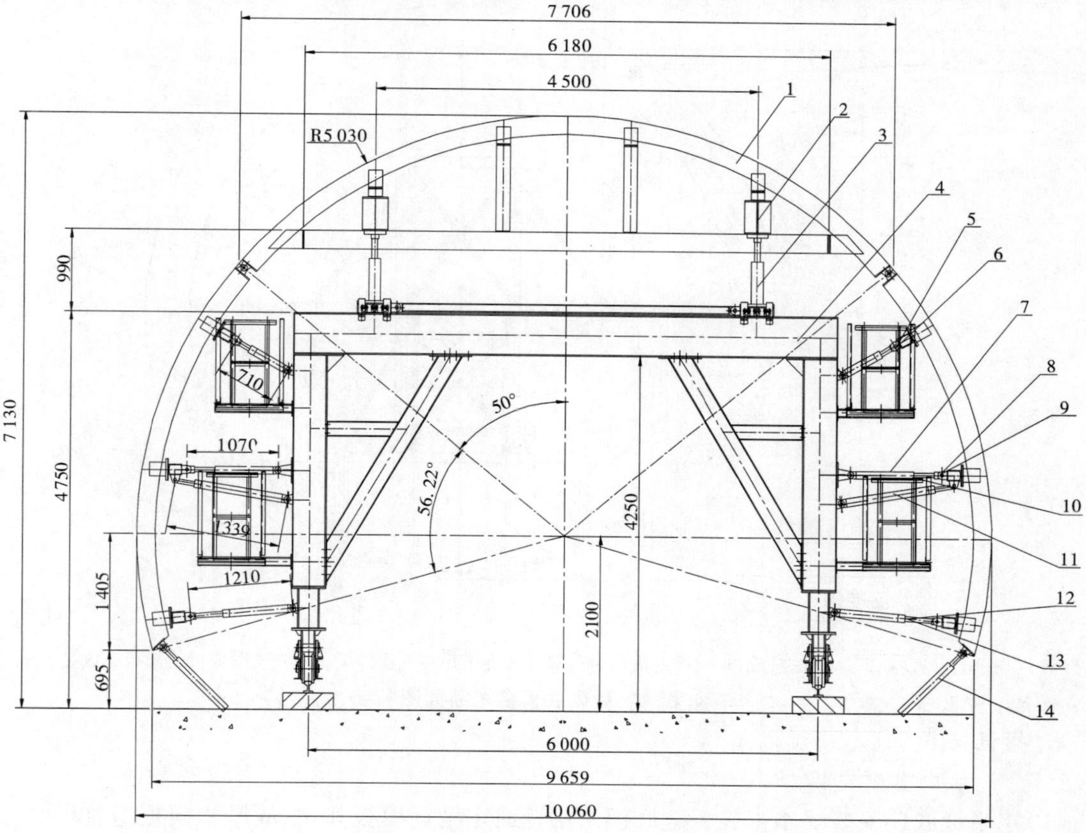

1—模板总成 2—托架总成；3—平移机构 GE160/90－300；4—门架总成；5—单耳螺旋千斤（一）Φ60－700；
6—千斤及模板销轴Φ35；7—水平油缸 GE100/63－400；8—油缸、千斤连接梁；9—油缸销轴Φ40；
10—单耳螺旋千斤（二）Φ60－1200；11—双耳双丝杠螺旋千斤（一）Φ60－1340；12—单耳螺旋千斤（三）Φ60－1210；
13—双耳双丝杠螺旋千斤（二）Φ60－1600；14—地脚千斤Φ60－1150

图3　钢模台车断面图

5.2.2.2　底拱针梁底模台车安装

针梁底模面板长度12 m，安装施工时，先组装底模，再安装针梁，模板的安装需在轨道上进行，以保证模板底面平直，轨道采用两条12.5 m长的钢轨，要求钢轨平直，轨距相等，并支撑牢固。采用8 t吊车吊装，底模板组装完成调整后，安装底模托架及针梁组装。针梁底模台车断面形状如图4。

5.2.3　钢筋制安

（1）技术人员根据设计图纸和通知，配制钢筋加工料表，进场钢筋经过试验室抽检合格在生产营地加工厂按照钢筋料表进行加工成型并分类堆放。

（2）边顶拱钢筋制安采用上层开挖的钻孔台车按照尾水隧洞的结构尺寸改制而成。钢筋安装前，由测量放线控制高程和安装位置。测量按照设计图纸将钢筋位置用红油漆标注在锚杆上，间距4 m，焊接钢筋架立筋，人工安装钢筋。底拱钢筋安装前由测量放线控制高程和安装位置，焊接钢筋架立筋，人工安装钢筋。

（3）现场钢筋连接采用手工电弧焊焊接，钢筋接头的搭接受力筋采用单面搭接焊，分布筋采用绑扎，搭接长度、焊缝长度严格按照施工规范执行。钢筋接头分散布置，并符合设计及相关规范要求。电焊工均持有电焊作业资格证。

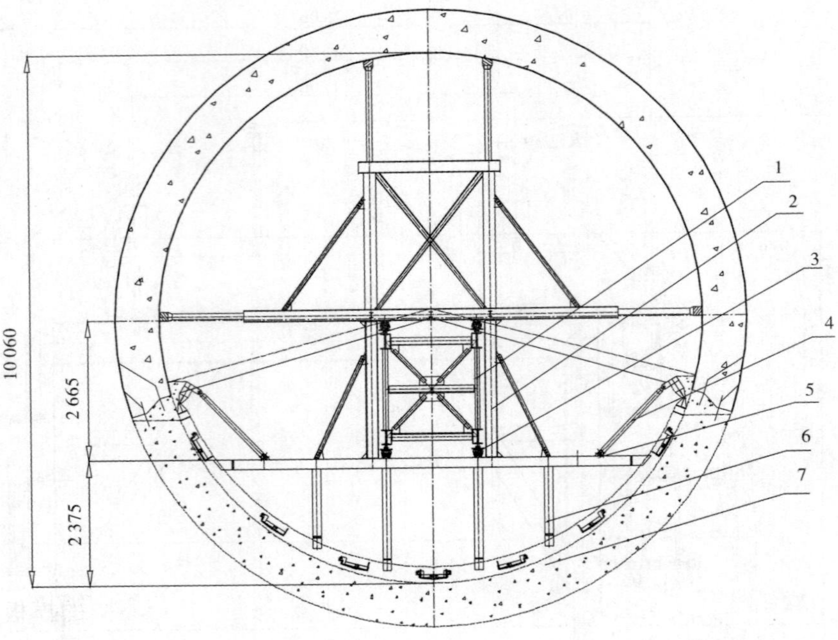

1—针梁总成;2—、梁框总成;3—、行走机构;4—双耳螺旋千斤;5—连接梁;6—托架总成;7—模板总成

图4 针梁底模台车断面图

5.2.4 模板安装

5.2.4.1 边顶拱模板安装

(1)水平缝底模安装。水平施工缝底模采用普通定型钢模板和4 cm厚木模板组合拼装,普通定型钢模板制作成阴角和阳角的“之”字型。模板加固采用内拉外撑的方法,拉筋采用ϕ14光圆钢筋,拉筋均焊接在ϕ25 mm的系统锚杆上,定型钢模板和木模板的组合面外部采用[8槽钢作为横向围图顶在组合模板上,排距为1.0 m,并在横向围图外侧设纵向围图,纵向围图采用ϕ48 mm脚手架钢管,采用拉杆加木瓦斯固定。模板底部采用丝杠进行加固支撑,将洞室两侧边墙底部整平并人工压实,铺设方木,丝杠的一端顶在方木上,另一端顶至组合模板的横向围图上。模板具体支撑加固如图5所示。

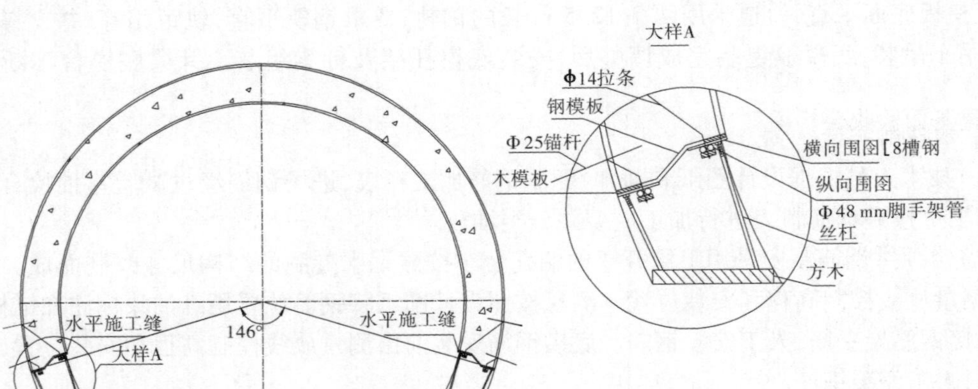

图5 水平缝底模安装图

(2)钢模台车就位。水平施工缝底模安装完成后，进行钢模台车就位，钢模台车利用自身的牵引设备沿轨道行走至所要浇筑的仓号就位后，用夹轨器将台车固定，人工搬动螺旋千金抵紧钢轨，台车边模应抵紧底模，通过液压油缸现移动顶拱模板，再通过测压油缸移动两侧边拱模板，使之达到设计线，整个过程由测量按照设计图纸进行控制。

(3)堵头模板安装。堵头模板在台车就位后安装，根据施工缝及止水的型式采用不同的模板型式。对于结构缝由于钢筋不穿过结构缝和所采用的铜止水片，采用定型钢模与木模拼装而成。对于施工缝由于钢筋过缝和采用橡胶止水条，采用木模拼装而成。封堵模板与岩壁接触部位，在岩壁上钻孔安装插筋，插筋间距不大于1.5 m，并用ϕ14 光圆钢筋作为拉筋加固。

5.2.4.2 底拱模板安装

1)针梁底模台车就位

将台车行走到仓号位置，利用千斤顶调整伸缩模板至设计位置，测量人员进行测量、校正，确保钢模台车与已浇筑混凝土面接触紧密，搭接平顺。为防止混凝土浇筑台车向上或左右发生位移，台车上部及左右两侧采用液压千斤顶至顶拱已衬砌混凝土面，与混凝土面接触部位布设楔木垫块，防止千斤直接接触混凝土面破坏已浇筑混凝土。在台车后端已浇筑完混凝土面上布设地锚，用钢丝绳将台车稳定。

2)堵头模板安装

堵头模板在台车就位后安装，根据施工缝及止水的型式采用不同的模板型式。对于结构缝由于钢筋不穿过结构缝和所采用的铜止水片，采用定型钢模与木模拼装而成。对于施工缝由于钢筋过缝和采用橡胶止水条，采用木模拼装而成。封堵模板与岩壁接触部位，在岩壁上钻孔安装插筋，插筋间距不大于1.5 m，并用Φ 14 光圆钢筋作为拉筋加固。

5.2.5 预埋件安装

(1)根据施工图纸和设计要求埋设止水，止水设施的型式、尺寸、埋设位置和材料的品种规格必须符合施工图纸和规范要求。在底拱仓号模板就位前在边顶拱水平施工缝内安装橡胶止水条。

(2)回填、固结灌浆管按照设计图纸位置，预先埋设ϕ50PVC 管。

(3)观测仪器埋设由相应承包人进行安装，待仓号内具备条件后通知相应标段进行相关观测仪器的埋设工作。

(4)防雷接地采用185 mm^2 铜绞线和接地扁钢(50 mm×5 mm)组成，接地扁钢与铜绞线敷设在尾水主洞两侧，离地面约1 m高，每隔约100 m用接地扁钢将两侧的接地扁钢与接地铜绞线连接起来。接地扁钢过伸缩缝(结构缝)时应埋设保护套管，铜绞线与铜绞线扁钢与接地铜绞线的焊接采用热熔焊。

5.2.6 支洞岔口、转弯段模板施工

建基面验收合格后进行钢筋制安，钢筋工序验收合格后，首先进行底拱模板安装，然后用Φ 48×4.25 mm 钢管进行满堂红脚手架搭设，排架搭设完成后，每排边顶拱圆弧钢管都要经测量验收，验收合格后进行模板拼装，模板采用P3015、P2015、P1015等型号，局部采用木模板拼补。堵头模板采用木模板拼装。模板采用内拉外撑型式，拉筋采用Φ 14 圆钢。

5.2.7 混凝土配合比

尾水主洞混凝土配合比采用C25W8F100 泵送混凝土，二级配混凝土坍落度为16~18 cm，一级配混凝土坍落度为16~18 cm。混凝土配合比见表1。

表1 C25 W8F100 泵送混凝土配合比

配合比编号	设计强度等级	水胶比	粉煤灰(%)	级配	减水剂(%)	引气剂(1/万)	用水量(kg/m³)	砂率(%)	要求含气量(%)	要求坍落度(cm)
18－01	C25W8 F100	0.45	20	一	1.2	0.8	153	46	4 ±0.5	16～18
18－02		0.45		二	1.2	0.8	138	41	4 ±0.5	16～18

配合比编号	设计强度等级	水胶比	粉煤灰(%)	级配	每方混凝土各种材料用量(kg/m³)								
					水泥	粉煤灰	水	砂	小石	中石	大石	减水剂	引气剂
18－01	C25W8 F100	0.45	20	一	272	68	153	843	1 004	0	0	2.72	0.047 6
18－02		0.45		二	245	61	138	791	578	578	0	2.448	0.049

5.2.8 混凝土浇筑

5.2.8.1 混凝土供应及运输

混凝土采用下水库拌和系统提供的成品混凝土。

水平运输:采用4台8 m³混凝土搅拌运输车水平运输,从下水库拌和系统运至尾水主洞工作面。

混凝土入仓方式:采用1台HBT60A拖式混凝土泵泵送入仓,每个工作面1台,共4台。边顶拱混凝土入仓时,按照规范严格控制下料高度,防止混凝土分离,浇筑中仓号内薄层平铺,两层均匀下料,防止模板整体变形,左右两侧对称上升,高差不大于50 cm。底拱混凝土入仓时,先从一侧入仓,待底拱中心部位浇满后,然后左右两侧对称上升,高差不大于50 cm。

5.2.8.2 混凝土振捣

为减少混凝土浇筑过程中出现表面气泡,混凝土铺料层厚及振捣厚度应严格控制,一次铺料厚度不大于50 cm,以防止气泡排除困难。浇筑时作业人员入仓进行振捣,避免出现过振和漏振现象。因钢筋间距较小,混凝土泵管无法进入仓内及人员入仓振捣的需要,需将台车窗口部位的钢筋割断,当混凝土浇筑至窗口时,将割断的钢筋按照规范要求进行焊接。边顶拱浇筑时采用ϕ50振捣棒和12台2.2 kW平板振捣器振捣;底拱混凝土浇筑时采用ϕ50、ϕ70振捣棒和16台2.2 kW平板振捣器振捣。

为确保顶拱混凝土浇筑密实,减少后期回填灌浆量,增加顶拱混凝土与围岩的凝聚力,有利于边顶拱混凝土的稳定性,封拱时顶拱混凝土采用一级配混凝土,顶拱混凝土封拱时,混凝土泵管从顶拱进料口接入仓内,混凝土由泵送入仓,按照仓号浇筑方量和现场实际情况观测浇满时,加大混凝土泵的压力将顶拱剩余空间填满。

顶拱局部由于地质原因塌方或超挖对于面积大于5 m²、最大高度超过1 m的较大空腔采用预埋回填混凝土管,钢管的数量根据塌腔部位的大小及深度确定,钢管的尺寸为5寸,分长短进行预埋,其中较短钢管为进浆管,较长钢管为排气管,同时预埋1.5寸钢管,作为回填灌浆管,排气管放置到塌腔最高处,进浆管比排气管低50 cm。并将所有管路引至混凝土外。待洞室衬砌混凝土达到一定强度后,对塌腔内进行回填混凝土施工,塌腔内混凝土回填结束后,再利用预埋的灌浆管对塌腔处进行回填灌浆,确保塌腔回填密实。

5.2.8.3 拆模

边顶拱混凝土拆模必须在混凝土浇筑完成后等强36 h以上,将钢模台车移至下一仓号,边拱水平缝底模在混凝土达到7 d强度时再进行拆除。底拱混凝土拆模在混凝土浇筑完成后等强24 h

以上，将针梁底模台车移至下一仓号。

5.2.9　水平施工缝处理

5.2.9.1　水平缝设置

根据钢筋接茬错开的要求和满足混凝土结构的需要，边顶拱与底拱混凝土水平分缝设置在顶拱214°范围处，与腰线夹角为-17°和197°。水平施工缝设置成“Z”字形，布置见图6。

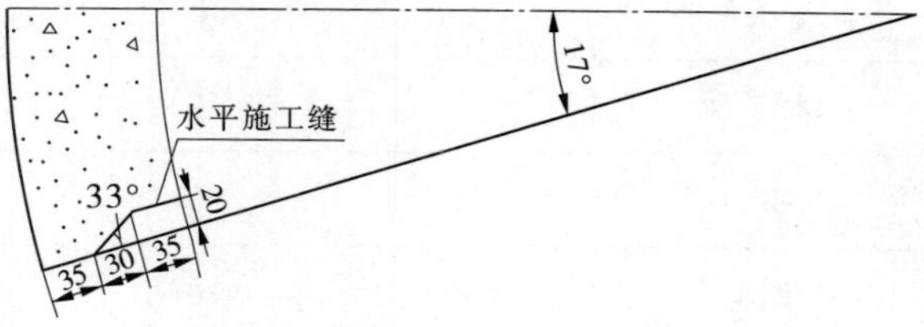

图6　水平缝底模安装图水平施工缝设置图

5.2.9.2　水平施工缝的处理

(1)首先在边顶拱衬砌后对水平缝部位进行深凿毛处理，满足规范要求。

(2)在水平缝中间部位布设一道橡胶止水条，与环向施工缝部位的橡胶止水条或铜止水片封闭成环。

(3)每仓混凝土浇筑施工时，下料从上游向下游方向进行，在浇筑水平缝部位时采用12～14 cm坍落度混凝土，人工加强振捣，使水平缝部位进料饱满；翻板部位应浇满，高出水平缝25 cm，超出设计边线部分待混凝土达到初凝后适当时间采用人工进行凿除，并抹面、压光(见图7)。

(4)底拱衬砌施工前选择试验段进行生产性试验，在水平缝内埋设测缝计对施工缝进行测试，确定上述对水平缝处理的可行性。

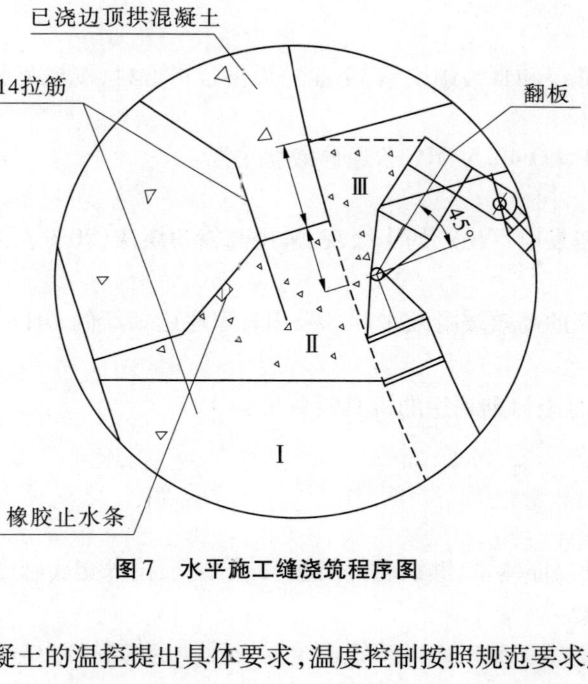

图7　水平施工缝浇筑程序图

5.2.10　温度控制

设计未对尾水主洞混凝土的温控提出具体要求，温度控制按照规范要求进行。

5.3　劳动力组织

劳动力组织见表2。

表2　劳动力组织情况表

序号	施工人员配置	所需人员(人)	备注
1	管理人员	3	
2	技术人员	6	
3	测量人员	4	
4	木工	16	
5	钢筋工	20	
6	电焊工	10	
7	混凝土工	10	
8	架子工	5	
9	机械工	16	
10	电工	4	
11	杂工	10	
	合计	104	

6　材料与设备

6.1　钢筋

本工程主要使用Ⅱ级和Ⅲ级螺纹钢,由业主提供合格材料,按规范要求进行抽检。

6.2　水泥

水泥采用海螺牌 P·O 42.5 MPa 普通硅酸盐水泥。

6.3　粉煤灰

选用江苏镇江谏壁发电厂出产的Ⅰ级灰,采用高掺粉煤灰(20%),降低水化热。

6.4　减水剂及引气剂

采用浙江五龙生产的高效缓凝减水剂。采用石家庄中伟产的 DH－9A 引气剂。

6.5　机具设备

1#、2#尾水主洞混凝土衬砌采用的机具设备见表3。

7　质量控制

7.1　管理措施

(1)良好运行质量保证体系,继续运行质量“三检制”,技术交底制度、质量检查制度、质量考核与奖赏制度等管理制度。

(2)混凝土浇筑前,组织施工人员按施工组织设计制定的混凝土施工工艺、施工技术性能等特点和施工条件,对班组进行交底。物资部门负责组织相应的施工机具。质量部、技术部派专人对混凝土的浇筑过程进行监督。

表3　主要机械设备

序号	设备名称	型号	单位	数量	用途
1	钢模台车	定购	台	2	边顶拱衬砌模板
2	针梁台车	定购	台	2	底拱衬砌模板
3	钢筋台车	自制	台	2	钢筋安装
4	混凝土泵	HB-60	台	4	浇筑混凝土
5	混凝土搅拌运输车	6 m^3	台	6	运输混凝土
6	电焊机	BX_3-500	台	10	钢筋焊接
7	插入式振捣器	Φ50	台	10	混凝土振捣
8	插入式振捣器	Φ70	台	4	混凝土振捣
9	导链	5 t	台	4	安装钢模台车
10	汽车吊	8 t	台	1	安装钢模台车
11	自卸汽车	20 t	台	2	安装钢模台车
12	装载机	50D	台	2	材料运输
13	反铲	CAT220	台	2	安装钢模台车
14	载重汽车	8 t	台	2	材料运输
15	钢筋切割机	GQ40	台	2	钢筋加工
16	弯曲机	GW40	台	2	钢筋加工
17	木工圆锯	MJ225	台	2	木模加工

7.2　技术措施

7.2.1　基础面及施工缝质量控制

（1）基础面无松动、空鼓岩块，并冲洗干净、无积水。

（2）混凝土施工缝采用人工凿毛或高压水冲毛，表面无乳皮、成毛面、冲洗干净、无积水、无积渣杂物。

7.2.2　模板施工质量控制

待台车定位后，利用全站仪检查模板位置、标高，检查模板接缝是否严密，预埋构件位置和数量是否符合图纸要求，支撑是否牢固。此外还需清除模板内的木屑、施工垃圾等杂物，并将水平缝的木末班浇水湿润。

7.2.3　钢筋制安质量控制

主要检查钢筋的规格、数量、位置、接头符合设计要求，表面油渍、漆污、锈皮等清除干净。审查进场钢筋材质证明和复检报告单。

7.2.4　混凝土浇筑质量控制

每次混凝土前，首先做好仓面设计。现场管理人员要严格按照仓面设计的内容进行施工和控制，混凝土入仓前在基础面先铺设一层砂浆厚度3 cm～5 cm，在衬砌浇筑过程中左、右两侧对称入仓，每层铺料厚度控制在30～40 cm，两侧最大高差小于50 cm，混凝土垂直下落高度小于1.5 m，避免混凝土骨料分离和集中。下半洞在底部第三层窗口控制浇筑速度防止模板上浮。

上半洞及下半洞混凝土浇筑完成，混凝土轻度达到2.5 MPa以上时才能拆模，台车脱模后对模板表面进行清理并刷好脱模剂备用。

台车脱模后立即洒水养护，洒水养护次数以混凝土表面保持湿润状态为佳，养护周期7 d。

8 安全措施

施工中始终坚持贯彻落实"安全第一，预防为主，综合治理"的安全生产方针政策，以《安全生产法》、《安全生产许可证条例》等有关安全生产法律、法规和标准为依据，项目部采取了多项制度，保证安全生产。

(1)开展安全检查活动，每月定期进行安全大检查，以及不定期进行抽查，派现场专职安全员24小时值班，每天认真做好《安全巡查日志》，对重点部位进行全过程监控，发现隐患立即消除。

(2)加强全员安全教育培训，提高全员安全素质。

(3)进入施工现场的人员必须佩带好安全防护用品。

(4)做好施工用电安全，保证施工厂区内有足够的照明，并派专职电工对台车上电缆及用电设备进行检查，防止漏电伤及人员。

(5)设备使用安全，运输混凝土和材料的设备必须进行定期检查，并在施工过期间进行精心维护，确保生产的安全。

(6)洞室爆破开挖严格按照爆破设计进行施工，防止爆破震动对已衬砌混凝土产生影响，并做好混凝土的防护工作。

(7)严格按照施工方案进行施工，模板加固牢固，浇筑过程中，应保证边墙两侧对称下料，以防止模板两侧受力不均产生变形。

9 环保措施

(1)现场的机具、材料，全部分类、整齐摆放，严格按现场文明施工标准进行管理，做到"工完、料净、场地清"。

(2)保护施工区和生活区的环境卫生，定时清理垃圾，现场和生活区设置临时卫生设施，定期清扫处理。

(3)施工设备严禁乱停乱放，必须停放整齐、有序，保证施工部位道路畅通。

(4)对施工区域范围的路面进行经常性的检查并及时维护，经常洒水消尘，使路面行车安全，卫生整洁，避免粉尘污染。

(5)施工废水经沉淀后进行排放，以免对环境造成污染。

(6)施工区域水电等管线布置规范，保证施工区域内有足够的照明。

(7)施工区域内重点部位及交通洞口设立安全警示牌。

10 效益分析

10.1 经济效益

圆形隧洞采用先边顶拱、后底拱混凝土衬砌施工，确保了洞室施工期间的安全稳定，加快了施工进度，较采用全断面针梁台车衬砌可提前6个月，保证了尾水系统工程按合同工期完工，为整个电站的投产发电提供了坚实保障，从而为业主创造了较大的经济效益。

10.2 **社会效益**

圆形隧洞先边顶拱、后底拱混凝土衬砌施工工法在尾水主洞的成功应用，为今后类似工程积累了丰富的经验。混凝土施工质量优良，并获得溧阳电站混凝土施工“样板工程”。得到了业主、监理、设计的表扬，同时受到马洪琪院士等专家的好评，创造了良好的社会效益。

11 用实例

11.1 溧阳抽水蓄能电站1#尾水主洞混凝土衬砌项目

溧阳抽水蓄能电站位于江苏省溧阳市境内，电站安装6台单机容量250 MW的可逆式水泵水轮发电机组，总装机容量1 500 MW。1#尾水主洞总长度为1 124.956 m，设计纵坡为4.85%。整个洞室地质差，以Ⅳ、Ⅴ类围岩为主，地下水较丰富，施工期安全问题尤为突出。结合本工程的特点，混凝土衬砌采用先边顶拱、后底拱的施工方法，混凝土衬砌与开挖支护平行作业，即洞室上半洞开挖支护后，边顶拱混凝土紧随其后进行施工，边顶拱混凝土施工完成的洞段，混凝土达到设计强度后，再进行下半洞开挖支护施工，底拱混凝土紧跟浇筑，保证了洞室的稳定和施工期安全。

11.2 **溧阳抽水蓄能电站7#支洞至出口段间2#尾水主洞混凝土衬砌项目**

7#支洞至出口段间2#尾水主洞总长度为306.203 m，设计纵坡为4.74%，净断面尺寸为内径10 m圆形。整个洞室地质差，以Ⅳ、Ⅴ类围岩为主，地下水较丰富，施工期安全问题尤为突出。施工中采用先边顶拱、后底拱的施工工法，保证了洞室的稳定和施工期安全，达到了较好的效果。

11.3 **溧阳抽水蓄能电站2#尾水主洞7#支洞上游段混凝土衬砌项目**

2#尾水主洞7#支洞上游段总长度为905 m，设计纵坡为4.74%，净断面尺寸为内径10 m圆形。整个洞室地质差，以Ⅳ、Ⅴ类围岩为主，地下水较丰富，施工期安全问题尤为突出。施工中采用先边顶拱、后底拱的施工工法，保证了洞室的稳定和施工期安全，达到了较好的效果。

（主要完成人：田贵明　田树申　范志军　牟　洋　肖建斌）